Gesamtverzeichnis des deutschsprachigen Schrifttums (GV) 1700 – 1910

Bearbeitet unter der Leitung von
Hilmar Schmuck und Willi Gorzny
Bibliographische und redaktionelle Beratung:
Hans Popst und Rainer Schöller

39

Fit - Forn

K · G · Saur München · New York · London · Paris 1981

CIP-Kurztitelaufnahme der Deutschen Bibliothek

Gesamtverzeichnis des deutschsprachigen Schrifttums :
(GV). – München, New York, London, Paris : Saur.
Bd. 1 – 6 bearb. unter d. Leitung von Peter Geils
u. Willi Gorzny.
ISBN 3-598-30000-X

1700 – 1910 / bearb. unter d. Leitung von Hilmar
Schmuck u. Willi Gorzny. Bibliograph. u. red.
Beratung: Hans Popst u. Rainer Schöller

NE: Schmuck, Hilmar [Bearb.]

39. Fit - Forn. - 1981.

Techn. Realisierung und Druck: Norbert Gärtner, Mainz-Kastel
Binden: Karl Schaumann, Darmstadt
Printed in the Federal Republic of Germany
ISBN 3-598-30000-X (Gesamtwerk)

Fitch, Edvardvs: De Argonavtarvm reditv qvaestiones selectae ... Gottingae, offic. acad. Dieterichiana typ. expr., 1890; 77 S. 8.
Göttingen, Phil. Fak., Inaug.-Diss. v. [12. Aug.] 1890

Fitch, Ed., de Argonautarum reditu quaestiones selectae. Diss. gr. 8. (77 S.) Göttingen 896. (L Horstmann.) n. 2. —

Fitch, Florence Mary, aus Stratford (Amerika): **Der Hedonismus** bei Lotze und Fechner. *Berlin (1903): E. Ebering.* (61 S.) 8°
Berlin, Phil. Diss. v. 20. Juli 1903

Fitch, **Florence Mary, der Hedonismus bei Lotze u. Fechner. (61 S.) gr. 8. Berlin 903. (E. Ebering.) n. 2.—**

Fitchett, W. H., **fights for the flag. Für den Schulgebrauch hrsg. v. Heinr. Hoffmann. Mit 4 Abb. u. 5 Karten u. Schlachtplänen. (137 S.) 8. Leipzig 909.** G. Freytag. — Wien, F. Tempsky. Geb. 1.40

Fite, de la, s.a. Lafite

Fite, d. Frau de la, **Erzählungen f. Kinder** etc. **aus d. Franz.** 2 Thle. 8. St. Gallen, Huber. 788, 92.

— Eugénie et ses Elèves, ou lettres et dialogues etc. 8. Dresd. Walther. 792.

— Eugenie u. ihre Schülerinnen etc. 8. Bern, Hortin. (a. Typ. Soc. a. Fleischer in Lpz.) 783.

— **Orakel, od. Verf. durch Frag- u. Antwortspiele** etc. 8. Offenbach, Brede. 791.

— **Réponses à démêler**, ou Essai d'une manière d'exercer l'attention. 12. Leipz. Rabenhorst. (a. Soc. Typ. à Bern.) 802.

Fite, **J. la**, Catéchisme. 8. Hanau. 728.

Fitger, A., s. Fitger, Arthur

Fitger, Arthur, Adalbert v. Bremen. Trauerspiel in 5 Aufzügen. gr. 8. (III, 96 S.) Oldenburg 873, Schulze'sche Buchh. *
—— dass. — Nebst einem Nachspiel: Hie Reich! Hie Rom! 2. Aufl. 8. (98 S.; Nachspiel 24 S.) Ebendas. 874. *

Fitger, A., ein Alexanderlied. (58 S.) 8. Bremen 908. G. Winter, Verl. 1.50

—— s. Augier, Em., der Schierling.

Fitger, A., s.: Beiträge, neue Bremer.

Fitger, Arth., der Dom zu Bremen, s. Denkmale der Geschichte und Kunst der freien Hansestadt Bremen.

— **Albrecht Dürer in Bologna. Johann Kepler. Zwei Festspiele. Aufgeführt im Künstler-Verein zu Bremen. gr. 8. (59 S.) Bremen 871. (Kühtmann & Co.) n. 1. 60**

Fitger, A., von Gottes Gnaden. Trauerspiel in fünf Aufzügen. (V, 104 S.) 1883; 2. Aufl. gr. 8. (III, 101 S.) Oldenburg 884, Schulze'sche Hofbuchh. ℳ 2.; geb. *

Fitger, A., v. Gottes Gnaden. Trauerspiel in 5 Aufzügen. 3. Aufl. gr. 8. (III, 104 S.) Oldenburg 895. Schulze. n. 2. —

FITGER, Arthur, Die Hexe. Trauerspiel in fünf Aufzügen. Oldenburg 1876. 8°. 103 S. (Mk. 2—.) (3 Mk., Regie-Expl., W. Jacobsohn & Co., Breslau, 1911.)
Originalausgabe des Stückes.

— **die Hexe. Trauerspiel in 5 Aufzügen. gr. 8. (103 S.) Oldenburg 876. Schulze. n. 2. —; geb. m. Goldschn. 3. —**

— dasselbe, s.: Repertoir d. herzogl. Meiningen'schen Hof-Theaters.

Fitger, A., die Hexe. Trauerspiel in 5 Aufzügen. 3. Aufl. 8. (III, 103 S.) Oldenburg 880. Schulze. n. 2. —; geb. m. Goldschn. n. 3. —

— **die Hexe. Trauerspiel in 5 Aufzügen. 4. Aufl. gr. 8. (III, 103 S.) Ebend. 885. n. 2. —; geb. n. 3. —**

Fitger, A., die Hexe. Trauerspiel in 5 Aufzügen. 5. Aufl. 8. (III, 103 S.) Oldenburg 887. Schulze. n. 2. —; geb. n. 3. —

— **d. Hexe. Trauersp. in 5 Aufzgn. 6. Aufl. gr. 8. (III, 103 S.) Ebd. 895. n. 2. —**

Fitger, Arth. Die Hexe. Opern-Bearbeitg., s. Enna, Aug.

Fitger, A., Jean Moslier. Eine Dichtg. gr. 8. (127 S.) Leipzig 894. G. A. Liebeskind. n. 2. 50

Fitger, Arth., Mozart-Album. Orig.-Zeichnungen, **photogr. von Laura Bette. 1. Serie: Don Juan. Berlin 867. Grieben. Fol. (6 Bll.) n. 5** ₰

NICHTS für Damen. Noch eine Hexe. Ein Apothekermärchen von *A. F . . . . r* (d. i. *Fitger*). O. O. u. J. 8°. 15 S. (4 Mk. Mart. Breslauer's Berliner Oct.-Auct. 1910, no. 703.)

— Requiem aeternam dona ei. Gedichte. gr. 8. (VI, 219 S.) Ebd. 894. n. 4. —

—— Roland und die Rose. Eine Phantasie im Bremer Rathskeller. 1. und 2. Aufl. 8. (27 S.) Oldenburg 872, Schulze'sche Buchh. *

—— die Rosen von Tyburn. Trauerspiel in 5 Aufzügen. 8. (III, 83 S.) Oldenburg 888, Schulze'sche Hofbuchh. * geb. *

Fitger, A., San Marcos Tochter. Ein romant. Trauerspiel. gr. 8. (IV, 104 S.) Oldenburg (902). Schulze. n. 2. —; geb. n. 3. —

Fitger, A., San Marcos Tochter. Ein romant. Trauerspiel. 2. Aufl. (IV, 104 S.) gr. 8. Oldenburg (903). Schulze. **n. 2. —; geb. n. 3. —**

—— Fahrendes Volk. Gedichte. 8. (VI, 256 S.) Oldenburg 875, Schulze'sche Buchh. *

—— fahrendes Volk. Gedichte. 2. Aufl. 8. (VIII, 256 S.) Ebendas. 880. ℳ 4.; geb. *

— **fahrendes Volk. Gedichte. 2. Aufl. 8. (VIII, 256 S.) Oldenburg 883. Schulze. n. 4. —; geb. n. 5. —**

—— fahrendes Volk. Gedichte. 3. Aufl. 8. (VIII, 256 S.) Ebendas. 886. *ℳ 4.—.; geb. *

— **fahrendes Volk. Gedichte. 4. Aufl. 8. (VIII, 256 S.) Oldenburg 894. Schulze. n. 4. —; geb. n. 5. —**

—— Winternächte. Gedichte. 8. (VI, 227 S.) Berlin 881, Oppenheim. *ℳ 4.; geb. *

—— dass. — Gedichte. 2. Aufl. 8. (VI, 227 S.) Oldenburg 884, Schulze'sche Hofbuchh. *

—— **Winternächte. Gedichte. 2. (Titel-)Aufl. (VI, 227 S.) 885 und 3. Aufl. 8. (IV, 212 S.) Ebendas. 887. * geb. ***

Winternächte. Gedichte von A[rthur] Fitger. 4. Aufl. *Oldenburg & Leipzig: Schulze [1902?].* (IV, 212 S.) 8° [F.] (... 10

Fitger, Emil

Fitger, E., die wirtschaftl. u. techn. Entwicklung der Seeschiffahrt von der Mitte des 19. Jahrh. bis auf d. Gegenwart, s. a. Schriften d. Vereins f. Socialpolitik. 103.

Die wirtschaftliche und technische Entwicklung der Seeschiffahrt von d. Mitte d. 19. Jhs bis auf d. Gegenwart. Von E[mil] **Fitger**, (Bremen). Mit e. Vorbemerkung von Prof. Dr. E[rnst] **Francke**, (Berlin). *Leipzig: Duncker & Humblot 1902.* (XI, 141 S.) 8° [5.]
— **Lage**, Die, der in d. Seeschiffahrt beschäftigten **Arbeiter**. Bd 1, Abt. 1.
= Schriften d. Vereins f. Socialpolitik. 103, Abt. 1.

Fitger, E. Zur Geschichte der Grundsteuer. 8°. Berlin 1881.

Fitger, E., ein Jahrzehnt in Schiffsbau, Reederei u. Seeschiffahrt, s.a. **Zeitfragen**, volkswirtschaftliche.

Fitger, Emil: Ein J a h r z e h n t in Schiffsbau, Reederei und Seeschiffahrt. Berlin: Simion 1909. 82 S. 8° (Volkswirtschaftliche Zeitfragen. H. 239/240.)

Fitger, Emil: P r o b l e m e der Einkommen-Besteuerung, s. Z e i t f r a g e n , Volkswirtschaftliche

Fitger, E., die Rückwirkung des ostasiatischen Krieges auf das Völkerrecht, s.a. **Zeitfragen**, volkswirtschaftl. Hft. 206. 207.

Die Rückwirkung des ostasiatischen Krieges auf das Völkerrecht. Die Notwendigkeit e. neuen Seerechtskonferenz. Von E[mil] **Fitger**, Chef-Red. d. Weser-Zeitung. *Berlin: L. Simion Nf. 1904.* (63 S.) 8°
— **Zeitfragen**, Volkswirtschaftliche. H. 206/207.

Fitger, E., Schiffsbau u. Seeschiffahrt in den letzten Jahren, s.: **Zeitfragen**, volkswirthschaftliche.

Fitger, E., die Seehäfen Englands u. ihre Ausrüstung m. Rücksicht auf die Hafenbauten beim Zollanschluss Hamburgs u. Bremens, s.: **Zeitfragen**, volkswirthschaftliche.

— Das Seekriegsrecht nach den Beschlüssen der internation. Konferenzen vom Haag 1907 u. v. London 1908/09, s.a. **Zeitfragen**, volkswirtschaftliche.

Das Seekriegsrecht nach den Beschlüssen der internationalen Konferenzen vom Haag 1907 und von London 1908/09. Von E[mil] **Fitger**, Chefred. Berlin: L. Simion 1909. 63 S. 8°
(Volkswirtschaftliche Zeitfragen. H 245/46.)

Fitger, E., Seeschiffahrt, s. Schriften f. Sozialpolitik.

—— der Steuerreformplan in seiner neuesten Form, s. **Zeitfragen**, volkswirthschaftliche.

Fitger, E., der **Steuerreform-Plan** f. das Deutsche Reich, s.: **Blätter**, freihändlerische.

Fitger, E., s. Zeitfragen, volkswirtschaftliche.

— Der Zollstreit Canadas m. den Vereinigten Staaten, s.a. **Zeitfragen**, volkswirtschaftliche.

Der Zollstreit Canadas mit den Vereinigten Staaten. Von E[mil] **Fitger**. Berlin: Simion 1910. 63 S. 8°
(Volkswirtschaftl. Zeitfragen. H. 252/53.)

Fitger, Emil: Die Z u n a h m e d. Bevölkerung Deutschlands u. d. Handelsvertragspolitik, s. a. Z e i t f r a g e n , Volkswirtschaftliche.

Die Zunahme der Bevölkerung Deutschlands u. die Handelsvertragspolitik. Von E[mil] **Fitger** '(Bremen)'. *Berlin: L. Simion 1897* (a. d. Umschl.: *1896*). (33 S.) 8.
— **Zeitfragen**, Volkswirthschaftliche. H. 144. '(Jg. 18. H. 8.)'

Die Zunahme der Bevölkerung Deutschlands und die Handelsvertragspolitik. Von E[mil] **Fitger** (Bremen). Berlin: L. Simion 1897. (33 S.) 8°
Aus: Volkswirthschaftl. Zeitfragen. H. 144.
— **Mitteilungen** d. Ver. z. Förderung d. Handelsfreiheit. 1897, No 1.

Fitkowitsch, Abraham

— — Bne Reschep. Verschiedene Aufsätze und Gedichte . . . Herausgegeben von Peter **Smolensky**. Wien 1871.

Fitschen, D., Aufsatzstoffe. Erzählungen f. die Mittel- u. Oberstufe mehrklass. Volksschulen u. die entsprech. Klassen der Mittelschule. 1. Hft. 8. (82 S.) Hannover-Linden 890. Manz. n. — 50

Fitschen, Dietr., Aufsatzstoffe f. die Mittel- u. Oberstufe mehrklassiger Volksschulen u. die entsprechenden Klassen der Mittelschulen. 2. Hft. Beschreibungen. 8. (32 S.) Hannover-Linden 891. Manz. n. — 50 (1. 2.: n. 1. —)

Fitschen, Dietr., Raumlehre. E. Lehr- u. Lernbuch f. gehob. Volksschulen u. Mittelschulen. gr. 8. (IV, 68 S. m. Fig.) Hannover 895. Hahn. n. — 50

Fitschen, Eleonore [med. pract. aus Hollenbeck, Hannover]: Die Beziehung der Heredität zum periodischen Irresein. Berlin 1900. 38 S. 8°.
Zürich, Med. Diss. 1899/1900.

Fitschen, Jost, Flora v. Deutschland, s.: **Schmeil**, Otto.

Fittbogen, Ch. M., Hülfsbuch beim deutschen Elementar-Unterricht. gr. 8. (30 S.) Frankfurt a. O. 847, Harnecker.

Fittbogen, Chr. Mor., Jacob Andreä, der Verfasser des Concordienbuches. Sein Leben u. seine theologische Bedeutung. gr. 8. (VII, 84 S.) Hagen 881. Risel & Co. n. 1. 60

Fittbogen, Chr. W.

Fittbogen, Ch. W. De ablativis absolutis. 10 S.
Frankfurt a. O., Progr. 1858

—— de Sophoclis sententiis ethicis dissertatio. 8 maj. (2½ B.) Berolini 812, libr. Voss.

Fittbogen, Chr. W., Observationes Livianae. 8 maj. (4 B.) Francofurti ad Viadrum 812, Hoffmann.

Fittbogen: De Pelasgis. 20 S.–Frankfurt a/O, Progr. 1862

Fittbogen, Gottfr., die sprachliche u. metrische Form der Hymnen Goethes. Genetisch dargest. (VII, 171 S.) gr. 8. Halle 909. M. Niemeyer. 4. —

Fittbogen, J., Jahresbericht üb. die Fortschritte der Chemie der Pflanze, s.: **Jahresbericht** üb. die Fortschritte auf dem Gesammtgebiete der Agricultur-Chemie.

Fittbogen, W., s. Justini historiae Philippicae.

Fittchersvogel, Marilla, s. Aus den Papieren eines Spatzen.

Fittchersvogel, Marilla, aus den Papieren eines Spatzen. Märchen für eine Morgenstunde. gr. 8. (IV u. 84 S.) Berlin 848, Expedition des v. Arnimschen Verl. n. ⅓ Thlr.

Fitte, s.a. L a f i t e

Fitte, ..., Legat.-Secret., über d. Einheitssystem u. den Föderalismus, als Grundlagen e. künftigen Helvet. Staatsverfassung. 8. Bern 1e u. 2e Aufl. 800. Französ. von ihm selbst. Ebd. 800.

Fitte, de la, mémoire militaire sur la frontière de Flandre et de Hainau depuis la mer jusqu'à la Meuse. 8. Bâle. (Tourneysen in Cassel.) 797.

— — le même. gr. 8. Strasb. Levrault. 797.

Fitte, *Carl Emil Hermann* Siegfried [aus Schlawe]: Das staatsrechtliche Verhältnis des Herzogtums Lothringen zum deutschen Reich seit dem Jahre 1542. . . . (Vollst. ersch. als H. XIV d. „Beitr. z. Landes u. Volkeskunde v. Elsass-Lothr." 1891; 102 S., 1 Kart.) Strassburg, J. H. E. Heitz, 1891; 1 Bl., 32 S. 8°
Berlin, Phil. Fak., Inaug.-Diss. v. 23. Febr. 1891

Fitte, Siegfried, Dr.: **Religion** und Politik vor und während des siebenjährigen Krieges. *Berlin: R. Gaertner 1899.* (34 S.) 4°
Berlin, Sophien-G, OP 1899 (64)

Fitte, Siegfr., Religion u. Politik vor u. während des siebenjähr. Krieges. Progr. 4. (34 S.) Berlin 899. [R. Gaertner]. Weidmann. n. 1. —

Fitte, Siegfr. Das staatsrechtliche Verhältnis d. Herzogt. Lothringen zum Deutschen Reich seit dem J. 1542, s. Beiträge zur Landes- u. Volkskunde v. Elsass-Lothringen.

Fitte, Siegfried: Das staatsrechtl. Verhältnis des Herzogtums Lothringen zum Dt. Reich seit dem Jahre 1542. — Straßburg: Heitz 1891. 102 S. mit 1 Kt. (Beiträge zur Landes- und Volkskunde von Elsaß-Lothringen. H. 14.)

Fitterer, Jos., Gespräch von den vornehmsten Religionsstreitigkeiten. Freiburg i. B. 1742. 8°.

—— Neue Glaubensgespräche von den Religionsstreitigkeiten unserer Zeiten als ein Kontroverskatechismus. Augsburg 1750. 4°.

—— Gründliche Verteidigung der christ-kath. Lehre, welche in den neuen Glaubensgesprächen anno 1750 erkläret, anno 1761 von H. Philippo Jakob Daler, Theologo u. Superintendenten im Baden-Durlachischen, wie auch von H. Pfaffio, Kanzlern der hohen Schule zu Tübingen, wider RR. PP. Scheffmacher u. Seedorf S. I. bestritten &c. Das. 1763. 4°.

Fittica, F., Apollina. Eine Tragödie. gr. 16. (VII, 215 S.) Leipzig 872. (Klinkhardt.)

Fittica, F., über die Aufgaben der wissenschaftlichen Chemie. 8. (24 S.) Giessen 877, Ricker. *

Fittica, F., neue Gedichte. 12. (96 S.) Leipzig-R. 897. H. M. Thom. Geb. in Leinw. 3. —

Fittica, F., Geschichte der Sulfitzellstoff-Fabrikation. gr. 8. (III, 47 S.) Leipzig 902. S. Hirzel. n. 1. —

Fittica, F., s. Jahresbericht über die Fortschritte der Chemie.

FITTICA, F. Zur Kenntniss des Thymo-Cymol's. Leipzig, 1872.

Fittica, F., die Ueberführung v. Oxalsäure in Chlor. (7 S.) gr. 8. Göttingen (904). E. Kelterborn. n. — 50
Sonderabdruck aus: „Internat. Wäscherei-Centralbl. Göttingen".

Fittje, Hermann, Marine-Stabsarzt aus Wilhelmshaven: Aus d. pathol. Institute zu Kiel. Verblutung aus der durch zerfallendes Gumma eröffneten Pulmonalarterie. *Kiel 1904: Schmidt & Klaunig.* (18 S.) 8°
Kiel, Med. Diss. v. [13. Aug.] 1904

Fittig, (E[rnst]): Zur Geschichte der weststädtischen höheren Mädchenschule und Lehrerinnen-Bildungsanstalt. Elberfeld (1910): Lucas. S. 1—17. 4°
Elberfeld-Weststadt, st. HM u. Lehrerinnen-Bildungs-A P 1910 [78] [S 10. 112

Fittig, Ernst, a. Meinerzhagen: Levold von Northof. Ein westfälischer Geschichtschreiber des XIV. Jahrhunderts. Bonn 1906: A. Pott, Witten. (89 S.) 8° [F.]
Bonn, Phil. Fak., Ref. Schulte, Diss. v. 25. Juli 1906
[Geb. 13. Juni 80 Meinerzhagen, Westf.; Wohnort: Heesfeld, Westf.; Staatsangeh.: Preußen; Vorbildung: Gymn. Hagen Reife M. 01; Studium: Berlin 3, Heidelberg 2, Bonn 4 S.; Rig. 21. Febr. 06.]

Fittig, Ernst, Levold v. Northof. (Ein westfäl. Geschichtschreiber des XIV. Jahrh.) Eine Monographie. (Diss.) (91 S.) gr. 8. Witten (909). Märk. Druckerei u. Verlags-Anstalt. 1. 50

Fittig, J. A., arithmetische Aufgaben zum Unterricht für Mädchen. 8. Hamburg 836, 2e Aufl. 12. 840. (Herold.) 1/3 ₰

Fittig, J. A., Aufgaben zur Uebung im kaufmänn. Rechnen. gr. 8. (2 B.) Hamburg 832, (Herold.)

Fittig, J. A., Aufgaben üb. Waaren- u. Wechselberechnungen in den bedeutendsten Handelsplätzen der alten u. neuen Welt. Ein Hülfsmittel f. Lehrer u. zum Privatgebr. 2., umgearb. Aufl. Enthalt.: 451 mehrsätzige Aufgaben, wovon jede mindestens 100mal verändert werden kann. gr. 8. (5½ B.) Hamburg 842, Herold'sche Buchh. *

Fittig, Otto [pr. Arzt aus Strassburg i. E.]: Die Cysten des Hodens und ihre Entstehung ... Strassburg i. E., Buchdr. C. & J. Goeller, 1897; 1 Bl., 52 S. 8.
Strassburg, Med. Fak., Inaug.-Diss. v. 1897

Fittig, Paul, Gedichte. (125 S.) 8. Berlin 908. R. Schröder. Geb. in Leinw. 2. 60

Fittig, Rud., über Aceton. Inaugural-Dissertation. gr. 8. (52 S.) Göttingen 858, (Vandenhoeck und Ruprecht's Verlagsb.) **

Fittig, R., Analyse d. Eilser Badeschlammes, s.: Fresenius, C. R., Analyse d. Julianenbrunnens u. d. Georgenbrunnens im fürstl. Bade Eilsen.

Fittig, Rudolf, aus Strassburg i. E.: Beiträge zur Prüfung des additiven Verhaltens der Molekularwärme, speciell organischer Verbindungen. *Göttingen 1900: E. A. Huth.* (49 S.) 8°
Göttingen, Phil. Diss. v. [15. Mai] 1900

Fittig, Rud., Beiträge zur Prüfung des additiven Verhaltens der Molekularwärme, speciell organischer Verbindungen. Diss. gr. 8. (49 S.) Göttingen 900. (Vandenhoeck & Ruprecht). n. 1. 20

Fittig, Rud., üb. die Constitution der sogenannten Kohlenhydrate. gr. 4. (35 S.) Tübingen 871. Fues. n. 1. 20

— Grundriss der Chemie. 1. Thl. Unorganische Chemie. gr. 8. (VII, 482 S.) Leipzig 872. Duncker & Humblot. n. 6. —

— dasselbe. 2. umgearb. Aufl. gr. 8. (XXVI, 523 S.) Ebend. 875. n. 7. 20

Fittig, Rud., Grundriss der Chemie. 1. Thl. Unorganische Chemie. 3., umgearb. Aufl. gr. 8. (XI, 543 S.) Leipzig 882. Duncker & Humblot. n. 7. 20; cart. n. 7. 80

— dasselbe. 2. Thl. Wöhler's Grundriss der organischen Chemie v. Rud. Fittig. 9. umgearb. Aufl. gr. 8. (XX, 627 S.) Ebend. 874. n. 8. —

— dasselbe. 2. Thl. gr. 8. Ebend. 877. n. 10. 80
Wöhler's Grundriss der organischen Chemie von Rud. Fittig. 10., umgearb. Aufl. (XXIV, 755 S.)

Fittig, R., Grundriss der organischen Chemie, s. Wöhler.

Fittig, Rudolph: August Kundt. Ein Nachruf an seinem Sarge gesprochen. Berlin 1894: Haack. 8°

Fittig, R., s.: Liebig's, Just., Annalen der Chemie.

Fittig, Rud., das Wesen und die Ziele der chemischen Forschung und des chemischen Studiums. Akademische Antrittsrede. 8. (16 S.) Leipzig 870, Quandt und Händel. *

—— s. Wöhler's Grundriss der organischen Chemie.

— Ziele u. Erfolge d. wissenschaftl. chem. Forschg. Rede, z. Antritt d. Rectorats d. Kaiser-Wilhelms-Universität Strassburg geh. gr. 8. (18 S.) Strassburg 895. J. H. E. Heitz. n. — 60

Fittig, Walter, Referendar aus Straßburg i. E.: Die rechtliche Stellung des Prokuristen. *Straßburg i. E. 1904: C. Müh & Co.* (66 S.) 8°
Erlangen, Jur. Diss. v. 1. Dez. 1903

Fitting, Friedrich, Dr.: Ein Anordnungsproblem. *Leipzig 1902: B. G. Teubner.* (15 S.) 8°
M.Gladbach, G, P 1902 (494)

Fitting, Friedrich [aus Halle]: Über eine Klasse von Berührungstransformationen .... Halle a/S., *Buchdr. v. H. W. Schmidt,* 1888; 1 Bl. + 87 + 1 S. + 1 Bl. 8°
Halle, Phil. Fak., Inaug.-Diss. v. 30. Jul. 1888

Fitting, F[riedrich], Dr.: Das Rösselsprungproblem in neuer Behandlung. M. 25 Fig. im Text. Leipzig 1904: B. G. Teubner. (55 S.) 8°
M. Gladbach, G OP 1904 (515)

Fitting, F., das Rösselsprungproblem in neuer Behandlung. Progr. (55 S. m. 25 Fig.) 8. Leipzig 904. Buchh. G. Fock. n. 1. —

Fitting, Hans: Bau und Entwickelungsgeschichte der Makrosporen von Isoëtes und Selaginella und ihre Bedeutung für die Kenntniss des Wachsthums pflanzlicher Zellmembranen. Mit 2 Taf. *(Leipzig) 1900: (Breitkopf & Härtel).* (62 S.) 4°
Strassburg, Math.-naturw. Diss. v. 1900

Fitting, Hans, Geschichte d. Hallischen Floristik. [Aus: „Ztschr. f. Naturwiss."] gr. 8. (98 S.) Leipzig 897. C. E. M. Pfeffer. n. 1. 80

Physiologische Grundlagen zur Bewertung der Zapfmethoden bei Kautschukbäumen nach einigen Versuchen an Hevea Brasiliensis. Von Prof. Dr. Hans **Fitting**. Mit 4 Abb. (Berlin: Tropenpflanzer 1909.) 43 S. 8°
(Der Tropenpflanzer. Beihefte. Bd 10, Nr 1.) [10. 4910]

Fitting, Hans, Referendar: Die rechtliche Natur der Anteile der Miterben nach B.G.B. mit Berücksichtigung des gemeinen und preussischen Rechts. *Inowrazlaw 1901: Kujawischer Bote.* (106 S.) 8°
Jena, Jur. Diss. v. (21. Mai) 1901

Fitting, Hans, d. Reizleitungsvorgänge bei d. Pflanzen. Eine physiolog. Monographie. (VII, XV, 157 S. m. 15 Abb.) Lex. 8. Wiesbaden 907. J. F. Bergmann. 3. 60
Sonderabdruck aus „Ergebn. d. Physiol."

Fitting, Hans, aus Halle a. S.: Untersuchungen über den Haptotropismus der Ranken. Mit 7 Textfig. *Leipzig: Gebr. Borntraeger 1903.* (90 S.) 8°
Tübingen, Naturw. Hab.-Schr. v. 1903
(Nicht für den Austausch)

Fitting, Henricus Hermannus, s. Fitting, Hermann Heinrich

Fitting, Hermann (Heinrich)

Fitting, Herm. Heinr., über das Alter der Schriften römischer Juristen von Hadrian bis Alexander. gr. 4. (IV und 55 S. mit 1 Tab. in Imp.-Fol.) Basel 860, [Bahnmaier's Verlagsh.] *

Fitting, Herm., Alter u. Folge d. Schriften römischer Juristen v. Hadrian bis Alexander. 2., völlig neue Bearbeitg. (XII, 130 S.) gr. 8. Halle 908. M. Niemeyer. 3. 60

Fitting, Herm, die Anfänge der Rechtsschule zu Bologna. gr. 8. (V, 129 S.) Berlin 888, Guttentag. *

Fitting, Herm. Heinr., über den Begriff von Haupt- und Gegenbeweis und verwandte Fragen. Eine Abhandlung. gr. 8. (VIII und 83 S.) Erlangen 853, Deichert. *

—— über den Begriff der Rückziehung. Eine civilist. Abhandlung. gr. 8. (VIII und 127 S.) Erlangen 856, Deichert. *

Fitting, Herm., das Castrense peculium in seiner geschichtlichen Entwickelg. u. heutigen gemeinrechtl. Geltung. gr. 8. (XLVIII, 672 S.) Halle 871. Buchh. d. Waisenh. n. 12. —

Fitting. Herm., s.: Codi, lo.

Fitting, Correalobligationen. Erlangen 859.

Fitting, Herm., zur Einführung in die Reichs-Gerichtsverfassung u. den Reichscivilproceß. 5 Vorträge. 1. u. 2. Abdr. 8. (III, 144 S.) Berlin 879. Guttentag. n. 2. —

Fitting, Herm., die Entbehrlichkeit der beabsichtigten Novelle zur Civilprozeßordnung. 12. (85 S.) Berlin 886. Guttentag. n. — 80

Zur Erinnerung an Emma Fitting. (Von Hermann Fitting.) *Halle a. S. (1899): Waisenhaus.* (32 S.) 8° [F.] [10. 7579 3

—— zur Geschichte der Rechtswissenschaft am Anfange des Mittelalters. Rede zum Antritte des Rectorates am 12. Juli 1874. gr. 8. (28 S.) Halle 874, Buchh. des Waisenhauses. *

Fitting, Hermann: Zur Geschichte des Soldatentestamentes. Eine Festschrift. Halle: Waisenhaus 1866. 33 S 4°
(Carl Witte zum 50jähr. Dr.-Jubiläum am 20. Aug. 1866 im Namen der jur. Facultät überreicht.)

Fitting, Herm., zur Geschichte des Soldatentestamentes. Eine Festschrift. Lex.-8. (85 S.) Halle 867, Buchh. des Waisenhauses. *

—— Glosse zu den Exceptiones legum romanarum des Petrus. Aus einer Prager Handschrift zum ersten Mal hrsg. und eingeleitet. gr. 8. (68 S.) Halle 874, Buchh. des Waisenhauses. *

— die Grundlagen der Beweislast. [Aus: „Ztschr. f. deutschen Civilprozess".] gr. 8. (79 S.) Berlin 889. C. Heymann's Verl. n. 2. —

— Grundriß zu Vorlesungen über römischen Civilproceß. Für das Bedürfniß seiner Zuhörer bestimmt. Halle 863. Pfeffer. gr. 8. (12 S.) n. 1 mk

— Grundriss zu Vorlesungen üb. römischen Civilprocess. Für das Bedürfniss seiner Zuhörer bestimmt. 2., veränd. u. verb. Aufl. gr. 8. (13 S.) Halle 881. Pfeffer. n. — 50

—— Grundriß zu Vorlesungen über Institutionen. Für das Bedürfniß seiner Zuhörer bestimmt. gr. 8. (62 S.) Halle 863, Pfeffer. *

— Grundriss zu Vorlesungen üb. Institutionen. Für das Bedürfniss seiner Zuhörer bestimmt. 2. veränd. u. verb. Aufl. gr. 8. (63 S.) Halle 876. Pfeffer. n. 1. 5

Fitting, Herm., Grundriss z. Vorlesgn. üb. Institutionen. 3., neu durchgeseh. u. vielfach bericht. Aufl. gr. 8. (63 S.) Ebd. 895. n. 2. —

Fitting, Hermann: Eine weitere Handschrift der lateinischen Übersetzung des Codi. Halle a. S. 1905: Waisenhaus. (S. 1—13.) 4°
Halle, Progr. zur akadem. Preisverteilung 1905

— über die Heimat u. das Alter d. sogen. Brachylogus, nebst Untersuchungen über die Geschichte der Rechtswissenschaft in Frankreich am Anfange des Mittelalters. gr. 8. (43 S.) Berlin 880. Guttentag. n. 1. 20

Fitting, Herm., über die sogenannte Turiner Institutionenglosse u. den sogenannten Brachylogus. Ein Beitrag zu der Geschichte des röm. Rechts vom 6. bis zum 11. Jahrh. Halle 870. Buchh. des Waisenhauses. gr. 8. (2 Bll., 103 S.) n. 18 ngr.

— die Institutionenglossen d. Gualcausus u. die übrigen in der Handschrift 328 des Kölner Stadt-Archivs enthaltenen Erzeugnisse mittelalterlicher Rechtslitteratur, als Entgegng. gegen Flach besprochen u. neu hrsg. 8. (IV, 140 S.) Berlin 890. Guttentag. n. 5. —

Fitting, Herm., die Institutionsglossen d. Gualcausus u. die übrigen in der Handschrift 328 d. kölner Stadt-Archivs enthaltenen Erzeugnisse mittelalterlicher Rechtslitteratur, als Entgegnung gegen Flach besprochen u. neu hrsg. gr. 8. (IV, 140 S.) Berlin 891. Guttentag. n. 5. —

— s.: Irnerius, questiones de iuris subtilitatibus. — Irnerius, summa codicis.

Fitting, Herm., liegt in der Processvollmacht die Ermächtigung zur Abgabe u. zum Empfange e. Aufrechnungserklärung?, s.: Festgabe der jurist. Fakultät Halle-Wittenberg f. Heinrich Dernburg.

Fitting, Herm., die Natur der Correalobligationen. Ein civilist. Abhandlung. gr. 8. (XX und 276 S.) Erlangen 859, Deichert. *

— Die Neuerungen der Novelle z. Civilprozeßordnung v. 1. VI. 1909 als Nachtrag zur 12/13. Aufl. des Reichs-Civilprozesses. (58 S.) Il. 8. Berlin 909. J. Guttentag. 1. —

Die Neuerungen der Prozeßnovellen vom 22. Mai 1910. Von Hermann Fitting. Berlin: Guttentag 1910. 14 S. 8°
(Fitting: Der Reichs-Civilprozeß. 12. u. 13. Aufl. Nachtr. 2.) [10. 14188 S

Fitting, Henricus Hermannus: Oratio die XXI. m. Februarii a. 1879 ad solemnia natalicia saecularia Friderici Caroli de Savigny rite celebranda in aula universitatis habita. Halis 1879: Hendel. S. 6—19. 4°
Halle-Wittenberg, Progr. z. akad. Preisverteilung 1879
Wortlaut der Rede in deutscher Sprache.

Fitting, H., Processvollmacht, siehe Festgabe f. Dernburg.

— d. Reichs-Civilproceß, s.a. Guttentag's Sammlg. v. Lehrbüchern d. deutschen Reichsrechts.

— der Reichs-Civilprozeß, s.a Lehrbücher d. deutschen Reichsrechtes.

— der Reichs-Civilproceß. Lehrbuch des bürgerl. Verfahrens nach der Civilprozeßordnung für das Deutsche Reich und den ergänzenden Reichsgesetzen. 1. Aufl. (XVI, 345 S.) 1878; 2. und 3. Aufl. (XIV, 346 S.) und 4. neu bearb. Aufl. (XXII, 436 S.) Berlin 879, Guttentag. geb. *

— der Reichs-Civilproceß. Lehrbuch d. bürgerlichen Verfahrens nach der Civilproceßordnung f. das deutsche Reich u. den ergänz. Reichsgesetzen. 5. Aufl. 8. (XIV, 436 S.) Ebend. 880. geb. n. 4. 50

Fitting, Herm., der Reichs-Civilproceß. 6. Aufl. [Unveränd. Abdr. der 4., neu bearb. Aufl.] 8. (XXII, 436 S.) Ebend. 884. n. 4. — : geb. n. 4. 50

— der Reichs-Civilproceß. 7. Aufl. Völlig neue Bearbeitg. (Lehrbücher d. deutschen Reichsrechts. 1. Bd.) 8. (XVIII, 866 S.) Berlin 890. Guttentag. n. 8 —; geb. n. 9. —

[F.] Der Reichs-Civilprocess. Von Dr. Hermann Fitting, ... Prof. . . . zu Halle. 9. Aufl. Nach d. Civilprocessordng v. 20. Mai 1898 u. den Nebengesetzen neu bearb. Berlin: J. Guttentag 1898. (XVIII, 744 S.) 1 Bd 8.
— Lehrbücher d. Deutschen Reichsrechtes. [Bd] 1. [98. 11784

Der Reichs-Civilprozess. Von Dr. Hermann Fitting, Prof. zu Halle. 10. Aufl. Berlin: J. Guttentag 1900. (XVIII, 744 S.) 8° [F.]
— Lehrbücher d. Deutschen Reichsrechts. 1. [00. 338

Der Reichs-Civilproceß. Von Dr. Hermann Fitting, Prof. zu Halle. 11. Aufl. Unveränd. Abdr. der 10. Berlin: J. Guttentag 1903. (XX, 744 S.) 8° [F.]
— Sammlung, Guttentag'sche, von Lehrbüchern d. Deutschen Reichsrechts. 1. [04. 3100

— Der Reichs-Civilprozeß. (Lehrbücher d. deutschen Reichsrechtes.) 12. u. 13. neu durchgeseh. Aufl. (XVIII, 798 S.) 8. Ebd. 907. 8.—; geb. in Leinw. 8. 50

Fitting, Hermann Heinrich : Das Reichs-Concursrecht, s.a. Lehrbücher des deutschen Reichsrechts.

— das Reichs-Konkursrecht u. Konkursverfahren, s.: Guttentag's Sammlung v. Lehrbüchern des deutschen Reichsrechts. III.

— das Reichs-Concursrecht u. das Concursverfahren. 8. (XIV, 428 S.) Ebend. 881. geb. n. 6. —

— dasselbe. 2., unveränd. Aufl. 8. (XIV, 428 S.) Ebend. 883. n. 5. 50; geb. n. 6. —

Das Reichs-Konkursrecht und Konkursverfahren. Von Dr. Hermann Fitting, Prof., Halle. 3. völlig neubearb. Aufl. Berlin: J. Guttentag 1904. (XVI, 523 S.) 8° [F.]
— Lehrbücher d. Deutschen Reichsrechts. 3. [04. 3181 S

— juristische Schriften d. früheren Mittelalters. Aus Handschriften meist zum ersten Male hrsg. u. erörtert. gr. 8. (VI, 228 S.) Halle 876. Buchh. d. Waisenl n. 5. —

— die rechtlichen Verhältnisse am Stadtschießgraben. Ein Gutachten, den städt. Behörden erstattet. gr. 8. (III und 164 S. mit 1 Stat.) Halle 866, (Buchh. des Waisenhauses.) *

Fitting, Vorträge z. Einführung in d. Reichs-Gerichtsverfassung. 2. Abdr. Berlin 879.

Fitz, Carl, s. Fitz, Karl

Fitz, Hermann: Die Weinsteuer vom Standpunkte der Gerechtigkeit, des Finanzbedarfes und des fördernden Schutzes von Produktion und reellem Handel. Halle a. S.: Springer, Berlin 1908. 40 S. 8° (Ersch. vollst. als Buch ebd.)
Halle, Phil. Diss. v. 2. Dez. 1908, Ref. Conrad
[Geb. 20. Juni 80 Ellerstadt; Wohnort: Halle a. S.; Staatsangeh.: Bayern; Vorbildung: Gymn. Ludwigshafen a. Rh. Reife Juli 05; Studium: Jura u. Nationalökon. München 2, Heidelberg 1, Berlin 1, Halle 2 S.; Rig. 26. Okt. 08.] [U 09. 1644

Fitz, Herm., die Weinsteuer v. Standpunkt der Gerechtigkeit, des Finanzbedarfes u. d. fördernden Schutzes v. Produktion u. reellem Handel. (V, 205 S.) 8. Berlin 908. J. Springer. 1. 80

Fitz, Karl

Fitz, Carl, Referendar in Aurich: Der Nießbrauch an einer zinslosen Forderung (B.G.B. §§ 1074, 1075). Borna-Leipzig 1908: R. Noske. (VIII, 69 S.) 8° [F.]
Leipzig, Jur. Fak., Diss. v. 10. März 1908
[Geb. 24. April 84 Hannover; Wohnort: Aurich; Staatsangeh.: Preußen; Vorbildung: Gymn. Lyzeum I Hannover Reife O. 03; Studium: Marburg 1, Berlin 1, Heidelberg 2, Göttingen 2 S.; Rig. 15. Nov. 06.]

Fitz-Adam, Adam (= Eduard Moore). Die Welt, eine Wochenschrift a. d. Engl. Altenburg 1779. Ü: *Bode, Johann Joachim Christoph.* (ML)

Fitz-Berth, William (Pseud.). s.a. Arming, Friedrich Wilhelm

Fitz-Berth, W., Ehrgute. Erzählung, s. Erinnerungsblätter, 4. Bdchn.

Fitz-Berth, William, (Fr. Wlh. Arming), Kreuz und Halbmond. Histor. Roman. 2 Bde. gr. 12. Wien 843, Stöckholzer von Hirschfeld. 2 ßf

Fitz-Gerald, Francis A. J., Carborundum, s.: Monographien üb. angewandte Elektrochemie. 18. Bd.

— künstlicher Graphit, s.: Monographien üb. angewandte Elektrochemie. 15. Bd.

Fitz-Gerald, s. a.: Minarelli Fitz-Gerald.

Fitz-Gerald-Minarelli, A. v., üb. das thermoelektrische Verhalten einiger Metalle beim Schmelzen u. Erstarren. [Mit 1 (lith.) Taf. (in gr. 4.)] Ausgeführt im physikal. Kabinete der k. k. techn. Militär-Akademie. [Aus: „Sitzungsber. d. k. Akad. d. Wiss."] Lex.-8. (13 S.) Wien 875. (Gerold's Sohn.) n.n. — 50

(**Fitzau**, v.) Darf Rußland einen Angriff auf den Bosporus wagen? Eine militärisch-politische Studie. Wien 1892. 8°.

Fitzau, August: Die Nordwestküste Afrikas von Agadir bis St. Louis. . . . (Aus: Deutsche geograph. Blätter veröffentlicht v. d. Geograph. Ges. zu Bremen. Bd. 11.) Leipzig, *Kommissionsverl. v. G. A. v. Halem in Bremen*, 1888; 1 Bl. + S. 223—270 + 1 Bl. u. 1 Kart. 8°
Leipzig, Phil. Fak., Inaug.-Diss. v. 23. Aug. 1888

Fitzau, August Friedrich Ludwig (Cöthen/Anh.), **De tertio ramo paris quinti nervorum cerebri sive nervo maxillari inferiore. Diss. anatom. Präs. Christian Friedr. Ludwig. Lpz. (Hirschfeld) 20. IX. 1811. 30 S. u. 1 Abb. (C. Rosenmüller ad nat. del. I. F. Schröter sculps.** (4.50) 8988

Fitzau, Erdmannus Eduard, (geb. Paschleben in Anh. 3. 10. 1823): De prima respiratione. Berolini (1848). (20 S.) 8°
Berlin, Med. Diss. v. 15. Aug. 1848

Fitzau, G., Gedichte. 8. Soldin 842, Siebert. 1 ßf

Fitzau, Heinrich [wirkl. Name], s Aue, Alfred von der [Pseud.]

Fitzau, Hermann: Ueber circuläre Darmresection. Unter Mittheilung eines bezüglichen Falles. Halle a. S. 1883: Plötz. 32 S. 8°
Halle-Wittenberg, Med. Diss. v. 1. Aug. 1883
Geb. Köthen (Anhalt) 23. 7. 1855. V.

Fitzau, Hermann [aus Dessau '(Anhalt)']: Über den Einfluss der Würzburger Schwemmkanalisation auf den Main . . . (Aus: Verh. d. physik.-med. Ges. zu Würzburg, N. F. XXVII.) Würzburg, Druck d. Stahel'schen k. Hofbuchdr., 1893; 1 Bl., 16 S., 1 Pl. 8.
Würzburg, Med. Fak., Inaug.-Diss. v. 1893

Fitzau, Herm., der Einfluss der Würzburger Schwemmkanalisation auf den Main. [Aus: „Verhandlgn. d. physikal.-medicin. Gesellsch. zu Würzburg".] gr. 8. (16 S. m. 1 Plan.) Würzburg 893. Stahel. n. 1. —

Fitzball, Edw., Lorelei. Grosse romantische Oper in 3 Acten. Von W. Vinc. Wallace. Text nach dem Engl. von Johs. Mielck. Leipzig 861. Schuberth & Co. 8. (IV, 48 S.) n. 4 ngr.

Fitzclarence's Reise aus dem Brittischen Lager durch Indien und Aegypten nach England in den Jahren 1817 und 1818. Aus dem Engl. (Aus dem Ethnographischen Archiv besonders abgedruckt.) gr. 8. Jena, Bran. 820.

Fitze, Aug. Kriegs-Tagebuch e. einjährig-freiwilligen Ulanen im Feldzuge 1870—71. gr. 8. (VII, 184 S.) Rathenow 889, Babenzien. * 3 —; cart. ** 3 50

Fitze, *Ernst Adolph* Reinhold [aus Grünberg in Schles.]: Versuche über Diazoverbindungen. . . . Greifswald, Druck v. J. Abel, 1890; 38 S. 8°
Greifswald, Phil. Fak., Inaug.-Diss. v. 30. Dez. 1890

Fitzen, J., die Auswahl der Kirchen- u. Volkslieder, s.: Gast, K.

Fitzen, Jos., Berliner Schulliederbuch, s.: Gast, Karl.

Fitzer E, die Zunahme der Bevölkerung Deutschlands und die Handelsvertragspolitik. (33 S) (Zeitfragen, Volkswirtschaftliche 144) Berlin 1896

Fitzga, Eman., d. leit. Grundsätze d. natürl. Methode f. d. Elementarunterr. in Rechnen u. Geometrie. gr. 8. (XVI, 213 S.) Wien 897. Manz. n. 2.40

— d. natürl. Methode d. Rechen-Unterrichtes in d. Volks- u. Bürgerschule. 2 Tle. gr. 8. Wien 898. M. Perles. n. 6.—; geb. n. 6.80
1. I., II., III. u. IV. Classe d. Volksschule. (Neue [Titel-] Ausg.) (VII, 392 S. m. 1 Taf.) (893.) n. 4.—; geb. n. 4.40
2. V. Classe d. Volksschule. (VI, 124 S.) n. 2.—; geb. n. 2.40

Fitzga, J., Schul-Katechesen üb. d. den Schülern d. 1. Classe beyzubringenden christkathol. Religionslehren nach d. angewandten Katechetik u. nach d. Religionsunterr. d. Hrn. Prof. J. Weinkopf in Wien. 4 Bde. 8. (50½ B.) Wien 828, (Wimmer.)

Fitzga, Jos., Schul-Katechesen über die den Schülern der I.—III. Klasse beizubringenden christkathol. Religionslehren, nach der angewandten Katechetik u. nach dem Religionsunterrichte des Hrn. Jos. Weinkopf. 2 Thle. in 4 Bdn. 2e verb. Aufl. 8. Wien 835. Carl Doll. 2 ßf

Fitzgerald, s. a. Fitz - Gerald.

Fitzgerald, Edward, s.: Omar Khayyám, Rubâiyât.

Fitzgerald, (J. P.,) das öffentliche u. Privatleben d. Marquis v. Londonderry; nebst glaubwürd. Nachrichten üb. seine letzten Augenblicke u. seinen Tod. A. d. Engl. Mit 1 Abbild. gr. 8. Leipzig 823, Rein.

Fitzherbert, des Lords, und seiner Freunde Geschichte, oder die verkannte Liebe, nach dem Franz. der Gräfin von Malarme, mit 1 Kupf. 8. Leipzig, 790. Weygand. 1 Rthl. 15 sgl.

Fitzjames, F. H. v., Unterweisungen auf alle Sonn- u. Feyertage. a. d. Franz. 3 Thle. 8. Wien, Hörling. 786. 89.

Fitzinger, Franz, Gedichte. 8. (10 B.) Leipzig 834, Hartmann.

Fitzinger, Frz., Sommerblumen. Lieder, Balladen, vermischte Gedichte und Epigramme. 8. Wien 841, Kaulfuß Wwe, Prandel u. Co. ⅞ ßf

Fitzinger, Leopold, s. Fitzinger, Leopold Josef

Fitzinger, Leopold Josef

— s. Abhandlungen, zoolog. aus d. Annalen d. Wiener Museums.

— Über zwei Arbeiten des Herrn Dr. Theodor von Heuglin: „Systematische Übersicht der Säugetiere Nordost-Afrikas mit Einschluß der arabischen Küste, des roten Meeres und der Nilquellen-Länder südwärts bis zum vierten Grade nördlicher Breite" und „Beiträge zur Naturgeschichte Nordost-Afrikas und der Nilquellen-Länder". S. 36. 35 . . . . vgr.
Separatdruck

—— die Arten der natürlichen Familie der Faulthiere [Bradypodes], nach äusseren und osteologischen Merkmalen. Lex.-8. (75 S.) Wien 871, (Gerold's Sohn.) *

Fitzinger, Leop. Jos., die Arten u. Racen der Hühner. Eine wissenschaftl. Beschreibung sämmtl. Formen, Kreuzungen u. Varietäten, nebst Andeutungen über ihre Abkunft. gr. 8. (XII, 209 S.) Wien 878. Braumüller. n. 5. —

— Die Ausbeute der österreichischen Naturforscher an Säugetieren und Reptilien während der Weltumseglung Sr. Majestät Fregatte Novara. S. 42. 83 . . . . . . —.50
Separatabdruck

Fitzinger, Leop., über Avaren-Schädel. [Aus d. Sitzungsberichten d. k. Akad. der Wiss. 1851 abgedr.] gr. 8. (13 S.) (Wien 852, Braumüller.) n. 4 ngr

Fitzinger, Leop. Jos., über Avaren-Schädel. gr. 8. (13 S.) Wien 852, (Gerold's Sohn.) *

— Einige Bemerkungen über die Fortpflanzung der Giraffe. S. 31. 314 . . . . . . vgr.
Separatabdruck

— Bericht an die Kaiserl. Akademie der Wissenschaften über die von dem Herrn Konsulatsverweser Theodor v. Heuglin für die kaiserliche Menagerie zu Schönbrunn mitgebrachten lebenden Tiere. S. 17. 242 . . . K —.30
Separatabdruck

Fitzinger, Leop. Jos., Bericht üb. die an den oberösterreichischen Seen u. in den dortigen Anstalten f. künstliche Fischzucht gewonnenen Erfahrungen bezüglich der Bastardformen der Salmonen. [Aus: „Sitzungsber. d. k. Akad. d. Wiss."] Lex.-8. (7 S.) Wien 875. (Gerold's Sohn.) — 15

— Bericht über die gepflogenen Erhebungen bezüglich der in den beiden Seen Nieder-Oesterreichs, dem Erlaph- u. dem Lunzer-See vorkommenden Fischarten. [Aus: „Sitzungsber. d. k. Akad. d. Wiss."] Lex.-8. (7 S.) Wien 878. (Gerold's Sohn.) n. — 20

— Bericht über H. Vinzenz Maria Gredlers Molluskenfauna von Tirol. S. 16. 87 „ —.30
Separatabdruck

— Bericht über die an den Seen des Salzkammergutes, Salzburgs und Berchtesgadens gepflogenen Nachforschungen über die Natur des Silberlachses (*Salmo Schiffermülleri*, Bloch). S. 72. I. 23 . . . . „ —.10
Separatabdruck

Fitzinger, L. J. Bericht über die in den Sandlagern von Linz aufgefundenen fossilen Reste eines urweltlichen Säugers, Halitherium Cristolii. (Aus d. Verh. des Museums Francisco-Carolinum.) Linz. 8.

Fitzinger, Leop. Jos., Bericht über die Untersuchung eines angeblichen Bastard-Kalbes von Hirsch und Kuh. (Aus d. Sitzungsberichten d. k. Akad. d. W.) (Wien 854. Gerold.) gr. 8. (8 S.) n. 2 ngr

—— Bilder-Atlas zur wissenschaftlich-populären Naturgeschichte der Säugethiere in ihren sämmtlichen Hauptformen. Nebst einer Einleitung in die Naturgeschichte überhaupt und in die Lehre von den Thieren insbesondere. Ein Hülfsbuch für Lehrer, auch beim Unterrichte der Blinden. I. Bd. 1—3. Heft. gr. 4. (à Heft 12 chromolith. Taf.) Wien 856. (Leipzig, Brockhaus.) à Heft * 1 Thlr. 20 Ngr. *

Fitzinger, Leop. Jos., Bilder-Atlas zur wissenschaftlich-populären Naturgeschichte der Säugethiere in ihren sämmtlichen Hauptformen. Nebst einer Einleitung in die Naturgeschichte überhaupt und in die Lehre von den Thieren insbesondere. Ein Hülfsbuch für Lehrer, auch beim Unterrichte der Blinden. 1. Bd. 4. Heft und 2. Bd. 1—3. Heft. gr. 4. (à Heft 9 chromolithogr. Taf.) Wien 857—61, Hof- und Staatsdruckerei. à Heft * 1 Thlr. 20 Ngr. *
1. Bd. 1—3. Heft. Ebendas. 1856. * 5 Thlr.

Fitzinger, (L. J.) neue Classification d. Reptilien nach ihren natürl. Verwandtschaften. Nebst e. Verwandtschaftstafel u. e. Verzeichnisse d. Reptilien-Sammlung des k. k. zoolog. Museums zu Wien. gr. 4. Wien 826, Heubner.

—— kritische Durchsicht der Ordnung der Flatterthiere oder Handflügler [Chiroptera]. Familie der Fledermäuse [Vespertiliones]. 1.—8. Abthl. Lex.-8. Wien 870—72, (Gerold's Sohn.) [1. Abthl. (84 S.) *ℳ 1,20.; 2. Abthl. (114 S.) *ℳ 1,80.; 3. Abthl. (132 S.) *ℳ 2.; 4. Abthl. (107 S.) *ℳ 1,60.; 5. Abthl. (86 S.) *ℳ 1,20.; 6. Abthl. (52 S.) * 75 Pf.; 7. Abthl. (94 S.) *ℳ 1,40.; 8. Abthl. (50 S.) * 80 Pf.] *

— — Familie der Flughunde [Cynopteri]. 1. u. 2. Abth. [Aus den Sitzungsber. d. k. Akad. d. Wiss.] Ebend. 870. gr. 8. (90; 58 S.) 1.: n. 13 ngr; 2: n. 7½ ngr

— — Familie der Kammnasen [Rhinolophi]. 1. u. 2. Abth. [Aus den Sitzungsber. d. k. Akad. d. Wiss.] Ebend. 870. gr. 8. (68; 76 S.) 1.: n. 9 ngr; 2.: n. 10 ngr

— die natürliche Familie der Gürtelthiere [Dasypodes]. 1. u. 2. Abth. [Aus: „Sitzungsber. d. k. Akad. d. Wiss."] Lex.-8. Ebend. 872. n.n. 1. 70
1. (68 S.) n.n. — 90. — 2. (62 S.) n. — 80.

— die natürliche Familie der Igel [Erinacei] nach dem gegenwärtigen Stande der Wissenschaft. [Aus den Sitzungsber. d. k. Akad. d. Wiss.] Ebend. 868. gr. 8. (47 S.) n. 6 ngr

— die natürliche Familie der Maulwürfe [Talpae] u. ihre Arten, nach kritischen Untersuchungen. [Aus den Sitzungsber. d. k. Akad. d. Wiss.] Ebend. 869. gr. 8. (80 S.) n. 12 ngr

— über die natürliche Familie der Rohrrüssler [Macroscelides] u. die derselben angehörigen Arten. [Aus den Sitzungsber. d. k. Akad. d. Wiss.] Ebend. 868. gr. 8. (28 S.) n. 4 ngr

— die natürliche Familie d. Schuppenthiere [Manes]. [Aus „Sitzungsber. d. k. Akad. d. Wiss."] Lex.-8. (75 S.) Wien 872. Gerold's Sohn. n. 1 —

— die natürliche Familie der Spitzhörnchen [Cladobatae]. [Aus den Sitzungsber. d. k. Akad. d. Wiss.] Ebend. 870. gr. 8. (27 S.) n. 5 ngr

— Der langhaarige gemeine Ferkelhase (*Cavia Cobaya longipilis*). Eine bisher noch nicht beschriebene Form. S. 80. I. 431 . . . . vgr.
Separatabdruck

Fitzinger, Leop. Jos., Führer durch den zoologischen Garten in München. gr. 8. (IV und 61 S.) München 864, (L. Finsterlin.) *

—— die Gattungen der europäischen Cyprinen nach ihren äusseren Merkmalen. Lex.-8. (26 S.) Wien 874, (Gerold's Sohn.) *

— die Gattungen der Familie der Antilopen [Antilopae], nach ihrer natürlichen Verwandtschaft. [Aus den Sitzungsber. d. k. Akad. d. Wiss.] Ebend. 869. gr. 8. (55 S.) n. 7½ ngr

— die Gattungen der Familie der Hirsche [Cervi] nach ihrer natürlichen Verwandtschaft. [Aus: „Sitzungsber. d. k. Akad. d. Wiss."] Lex.-8. (31 S.) Ebend. 874. n. — 50

— Geschichte des k. k. Hof-Naturalien-Cabinetes zu Wien. I. Abth.: Aelteste Periode bis zum Tode Kaisers Leopold II. 1792. (Aus d. Sitzungsberichten d. k. Akad. d. W.) Wien 856. (Gerold.) gr. 8. (49 S.) n. 7½ ngr

—— Geschichte des k. k. Hof-Naturalien-Cabinets zu Wien. 2. und 3. Abthl. Lex.-8. Wien 869, (Gerold's Sohn.) à Abthl. *ℳ 1,20. *
Inhalt:
Abthl. 2. Periode unter Franz II. [Franz I., Kaiser von Oesterreich] bis zu Ende des J. 1815. (80 S.)
„ 3. Periode unter Kaiser Franz I. von Oesterreich von 1816 bis zu dessen Tode 1835. (86 S.)
Vorstehende zwölf Schriften sind aus: Sitzungsberichte der k. Akademie der Wissenschaften, besonders abgedruckt.

— Geschichte d. k. k. Hof-Naturalien-Cabinetes in Wien. 4. u. 5. Abth. [Aus: „Sitzungsber. d. k. Akad. d. Wiss."] Lex.-8. Ebend. 880. n. 2. 20 (1—5: n. 5. 95)
4. Periode unter Kaiser Ferdinand I. von Oesterreich von 1835 bis zu Ende d. J. 1841. (63 S.) n. 1. 40
5. Periode unter Kaiser Ferdinand von Oesterreich von 1842 bis zum Rücktritte des Kaisers von der Regierung Anfangs Dec. 1848. (61 S.) n. — 80

—— der Hund und seine Racen. Naturgeschichte des zahmen Hundes, seine Formen, Racen und Kreuzungen. 3 Lfgn. gr. 8. (XII, 281 S. mit 6 Holzschn.-Taf. und vielen Text-Vignetten in Holzschn.) Tübingen 876, Laupp'sche Buchh. Subscr.-Pr. à Lfg. *ℳ 2.; compl. *

Fitzinger, Leop. Jos., der Hund u. seine Racen. Naturgeschichte d. zahmen Hundes, seiner Formen, Racen u. Kreuzgn. Mit 6 Taf. Abbildgn. u. vielen Text-Vignetten in Holzschn. (2. [Titel-]Ausg.) Lex.-8. (XII, 281 S.) Tübingen 891. H. Laupp. n. 4. —; geb. in Leinw. n. 5. -

— über den Jsubra Hirsch [Corvus Lühdorfii. Bohlau], eine angeblich neue, bisher noch nicht beschriebene Art aus dem Amur-Lande. [Aus: „Sitzungsber. d. k. Akad. d. Wiss."] Lex.-8. (9 S.) Ebend. 880. n. — 20

Fitzinger Leopold Josef. Dr.: Kommissionsbericht über Ausarbeitung einer Fauna des österreichischen Kaiserstaates. S. 3. 85 . . . . vgr.
Separatabdruck

— die kaiserliche Menagerie zu Schönbrunn. Eine populäre Schilderg. sämmtl. Thiere derselben. gr. 16. (V, 131 S.) Wien 875. Braumüller. n. 1. 60

Fitzinger. L. J. Nachricht über die zu Wien in der Sandgrube am Rennwege kürzlich aufgefundenen fossilen Zähne und Knochen eines urweltlichen Thieres. (Mastodon angustidens.) In zoologischer und geologischer Hinsicht betrachtet. Wien. 1827. 8.

Fitzinger, Leop., Naturgeschichte, s. Naturgeschichte.

— wissenschaftlich-populäre Naturgeschichte der Säugethiere in ihren sämmtlichen Hauptformen. Nebst einer Einleitung in die Naturgeschichte überhaupt u. in die Lehre von den Thieren insbesondere. Ein Hülfsbuch für Lehrer, auch beim Unterrichte der Blinden. Wien 855. (Leipzig, Brockhaus.) gr. 8. (VII, 499 S.) n. 1 ₰ 10 ngr

Fitzinger, Leop Josef — Wissenschaftlich-populäre Naturgeschichte der Säugethiere in ihren sämmtlichen Hauptformen. Nebst einer Einleitung in die Naturgeschichte überhaupt und in die Lehre von den Thieren insbesondere. Ein Hilfsbuch für Lehrer, auch bei dem Unterrichte der Blinden. Von — —. Wien, 1857. Aus der k. k. Hof- und Staatsdruckerei. (487 S. 8.)

4440. Fitzinger, Leop. Jos., *Dr. der Phil., Custos-Adjunct am k. k. zoolog. Hof-Cabinete etc.* Wissenschaftlich-populäre Naturgeschichte der Säugethiere in ihren sämmtlichen Hauptformen. Nebst einer Einleitung in die Naturgeschichte überhaupt und in die Lehre von den Thieren insbesondere. Ein Hilfsbuch für Lehrer, auch beim Unterrichte der Blinden. *Wien* 1858, k. k. Hof- und Staatsdr. III. Theil. XI. und 480 S. 8°.

INHALT. IV. Reihe, Hufthiere (Ungulata). 1. Ordnung Vielhufer oder Dickhäute (Pachydermata), — 2. Ordnung: Einhufer (Solidungula.)

Fitzinger, Leop. Jos., Wissenschaftlich populäre Naturgeschichte der Säugethiere in ihren sämmtlichen Hauptformen. Nebst einer Einleitung in die Naturgeschichte überhaupt und in die Lehre von den Thieren insbesondere. Ein Hilfsbuch für Lehrer auch beim Unterrichte der Blinden. 6 Bände complet. gr. 8. Wien, (1857—1860.) Hof- und Staatsdruckerei. 15 fl.

—— wissenschaftlich-populäre Naturgeschichte der Säugethiere in ihren sämmtlichen Hauptformen. Nebst einer Einleitung in die Naturgeschichte überhaupt und in die Lehre von den Thieren insbesondere. Ein Hilfsbuch für Lehrer, auch beim Unterrichte der Blinden. 6 Bde. Neue Ausg. gr. 8. Wien 863. (Leipzig, Denicke.) * *

—— Bilder-Atlas dazu. 11 Hefte. 4. (125 Taf. Abbild. in lithogr. Farbendr.) Ebendas. 863. * *

—— wissenschaftlich-populäre Naturgeschichte der Vögel in ihren sämmtlichen Hauptformen. 2 Bde. (Der Naturgeschichte 7. und 8. Bd.) gr. 8. (IX und 1292 S.) Wien 862,63. (Leipzig, Denicke.) à Bd. * * 1 Thlr. 25 Ngr. * *

—— Bilder-Atlas dazu. Enth. 347 Abbild. gr. 4. (164 Chromolithogr.) Leipzig 864, Denicke. * *

Fitzinger. L. Nekrolog d. k. k. Custos und Vorstandes d. k. k. Hof-Mineralien-Kabinetes Paul Partsch. (Aus der Wiener Zeitung vom 11. Oktober 1856.) Wien. 1856. 8.

Fitzinger. L. J. Ueber Palaeosaurus Sternbergii, eine neue Gattung vorweltlicher Reptilien und die Stellung dieser Thiere im Systeme überhaupt. (Aus d. Ann. d. Wiener Museums d. Naturgeschichte.) Wien. 1837. 4.

—— über den Proteus anguinus der Autoren. gr. 8. (13 S.) Wien 850, (Braumüller.) *
Aus: Sitzungsberichte der mathemat.-naturwissenschaftl. Classe der k. Akademie der Wissensch. 1850. Octoberheft, besonders abgedruckt.

—— die Raçen des zahmen Hundes. 3 Abthlgn. Lex.-8. Wien 867,68, (Gerold's Sohn.) [1. Abthl. (131 S.) * 20 Ngr., 2. Abthl. (72 S.) * 10 Ngr., 3. Abthl. (48 S.) * 7½ Ngr.] *

— über die Racen des zahmen Schafes. 4 Abthlgn. (Aus den Sitzungsber. 1860 der k. Akad. der Wissensch.) Wien 860. Gerold in Comm. gr. 8. nn. 1 ₰ 16 ngr
1. (94 S.) nn. 12 ngr — 2. 3. (à 72 S.) à nn. 10 ngr — 4. (98 S.) nn. 14 ngr

Fitzinger, Leop. Jos., über die Racen des zahmen oder Hausschweines. (Aus d. Sitzungsberichten d. k. Akad. d. W.) Wien 858. Gerold in Comm. gr. 8. (77 S.) n. 12 ngr

— Revision der bis jetzt bekannt gewordenen Arten der Familie der Borstenthiere oder Schweine [Setigera]. [Aus den Sitzungsber. d. k. Akad. d. Wiss.] Ebend. 864. gr. 8. (52 S.) n. 7½ ngr

—— Revision der zur natürlichen Familie der Katzen [Feles] gehörigen Formen. 1.—4. Abthl. Lex.-8. Wien 869,70, (Gerold's Sohn.) [1. Abthl. (99 S.) * ℳ 1,40.; 2. Abthl. (69 S.) * ℳ 1.; 3. Abthl. (88 S.) * ℳ 1,50.; 4. Abthl. (90 S.) * ℳ 1,20.] *
Vorstehende zwei Schriften sind aus: Sitzungsberichte der k. Akademie der Wissenschaften, besonders abgedruckt.

—— Revision der Ordnung der Halbaffen oder Aeffer [Hemipitheci]. 1. und 2. Abthl. Lex.-8. Wien 871, (Gerold's Sohn.) *
Inhalt:
Abthl. 1. Familie der Maki's [Lemures]. (78 S.) 870. * ℳ 1.
» 2. Familie der Schlafmaki's [Stenopes], Galago's [Otolieni] und Flattermaki's [Galeopitheci]. (99 S.) 871. * ℳ 1,50.

— über die Schädel der Avaren insbesondere über die seither in Oesterreich aufgefundenen. Mit 4 (lith.) Taf. (Aus d. Denkschriften d. k. Akad. d. W.) Wien 853. (Gerold.) gr. 4. (16 S.) n. 1 ₰ 18 ngr

— über das System und die Charakteristik der natürlichen Familien der Vögel. (Aus d. Sitzungsberichten d. k. Akad. d. W.) Wien 856. (Gerold.) gr. 8. (44 S.) n. 6 ngr

Fitzinger, Leop. Jos., über das System und die Charakteristik der natürlichen Familien der Vogel. 2. Abth. (Aus den Sitzungsber. der k. Akad. der Wissensch.) Wien 863. Gerold in Comm. gr. 8. (48 S.) n. 6 ngr

— über das System u. die Charakteristik der natürlichen Familien der Vögel. 3. Abth. [Aus den Sitzungsber. der k. Akad. d. Wiss.] Ebend. 865. gr. 8 (38 S.) n. 6 ngr

Fitzinger, Leop., Systema Reptilium. Fasc. I. Amblyglossae. Lex.-8. Vindobonae 843, Braumüller et Seidel. 1 ₰

— Systematische Übersicht der Säugetiere Nordost-Afrikas mit Einschluß der arabischen Küste, des roten Meeres, der Somáli- und der Nilquellen-Länder südwärts bis zum vierten Grade nördlicher Breite. Von Dr. Theodor Heuglin. Mit Ergänzungen und Zusätzen von Dr. L. J. Fitzinger. S. 54. 1. 867 . . . . 1.20
Separatabdruck

Fitzinger, Leop. Jos., Untersuchungen über die Abstammung des Hundes. [Aus den Sitzungsber. d. k. Akad. d. Wiss.] Wien 867. (Gerold's S.) gr. 8. (62 S.) n. 8 ngr

— Untersuchungen über die Artberechtigung einiger seither m. dem gemeinen Bären [Ursus Arctos] vereinigt gewesenen Formen. [Aus: „Sitzungsber. d. k. Akad. d. Wiss."] Lex.-8. (22 S.) Ebend. 881. n. — 40

-- Untersuchungen über die Existenz verschiedener Arten unter den asiatischen Orang-Affen. S. 11. 400 . . . . —.80
Separatabdruck

—— kritische Untersuchungen über die Arten der natürlichen Familie der Hirsche [Cervi]. 1. und 2. Abthl. Lex.-8. Wien, Gerold's Sohn.) [1. Abthl. (86 S.) 874. *M 1,20.; 2. Abthl. (95 S.) 875. *M 1,50.] *

— kritische Untersuchungen über die Arten der natürlichen Familie der Hirsche [Cervi]. 3. u. 4. (Schluss-)Abth. [Aus: „Sitzungsber. d. k. Akad. d. Wiss."] Lex.-8. (76 u. 65 S.) Ebend. 878. 79. n. 2. 20 (cplt.: n. 4. 90)

-— kritische Untersuchungen über die der natürlichen Familie der Spitzmäuse [Sorices] angehörigen Arten. 3 Abthlgn. [Aus den Sitzungsber. d. k. Akad. d. Wiss.] Ebend. 868. gr. 8. (60; 90; 63 S.) n. 28 ngr.
1. Abth., die Gattungen Gymnura, Paradoxodon u. Pachyura enthltd. n. 8 ngr. — 2. u. 3. Abth., die Gattungen Otisorex, Brachysorex, Anotus, Suriculus, Crossopus, Solenodon u. Myogale enthltd. n. 20 ngr.

— Untersuchungen über die Racen der Hausziege. 1. u. 2. Abth. (Aus den Sitzungsber. 1859 der k. Akad. der Wiss.) Ebend. 859. gr. 8. (143 S.) Jede Abth. nn. 10 ngr.

Über die geographische Verbreitung einiger Säugetiere. S. 6. 100 . . . . vgr.
Separatabdruck

— · Versuch über die Abstammung des zahmen Pferdes und seiner Racen. 3 Abthlgn. Lex.-8. Wien 858. 59, (Gerold's Sohn.) [1. Abthl. (84 S.) * * 14 Ngr., 2. (77 S.) * 12 Ngr., 3. (74 S.) * 12 Ngr.] * *

Fitsinger, Leop. Jos., Versuch über die Abstammung des zahmen Pferdes und seiner Racen. (Anhang.) Lex.-8. (21 S.) Wien 859, (Gerold's Sohn.) Thlr.
Vorstehende vier Schriften des Verf. wurden aus: Sitzungsberichte der k. Akademie der Wissenschaften, Jahrg. 1858—60, besonders abgedruckt.

– Versuch einer natürlichen Anordnung der Nagethiere [Rodentia]. [Aus den Sitzungsber. d. k. Akad. d. Wiss.] Ebend. 867. gr. 8. (175 S.) n. 20 ngr.

—— Versuch einer natürlichen Classification der Fische. Lex.-8 (54 S.) Wien 878, (Gerold's Sohn.) *

-— Versuch e. Erklärung der ersten od. ursprünglichen Entstehung der organischen Körper u. ihrer Mannigfaltigkeit in Uebereinstimmung m. den Gesetzen der Natur. Weder nach den Grundsätzen Lamark's noch Darwin's u. im Gegensatze zur Lehre der neuesten Zeit. gr. 8. (32 S.) Leipzig 872. literar. Museum. n. — 40

—— Versuch einer Geschichte des alten nieder-österreichischen Landhauses bis zu seinem Umbaue im J. 1837. Mit Benützung urkundl. Quellen. Lex.-8. (82 S.) Wien 870, (Gerold's Sohn.) *

—— Versuch einer Geschichte der Menagerien des österreich-kaiserl. Hofes, mit besond. Berücksichtigung der Menagerie zu Schönbrunn, nebst einer Aufzählung der in denselben gehaltenen Thiere von der ältesten bis auf die neueste Zeit. Lex.-8. (199 S.) Wien 853, (Gerold's Sohn.) *
Vorstehende Schriften des Verf. wurden (mit Ausnahme der Naturgeschichte und des Bilder-Atlas aus: Sitzungsberichte und Denkschriften der k. Akademie der Wissenschaften, besonders abgedruckt.

— Vortrag über eine neue Katzenart (Felis Poliopardus) (mit 1 Taf.). S. 17. 25 . . —.50
Separatabdruck

Fitzinger Oskar: David Mallet. Sein Leben und seine Werke.
II. 1907 PN 2293 Diss. Wien, Univ. 1973

Geschichte der Stadt Mistelbach in Niederösterreich, V. U. M. B. Von Karl Fitzka, k. k. Finanzrat i. P. *Mistelbach: Stadtgemeinde 1901.* (379 S.) 8° [F.] 103. 1907

Fitzka, Karl, Sommerfrische Markt Schönbühel a. d. Donau in der Wachau. (15 S. m. 3 Abbildgn.) 8. Melk (905). (H. Aigner.) n. — 30

Fitzler, (K.) Cph., s. 1) A. Bonnet, über d. Natur u. Heilung d. Leberkrankheit. 2) Doussin-Dubreuil, üb. Lungensucht. 3) M. Duringe, Monographie. 4) F. E. *Foderé*, Pneumatologie. 5) J. Hattin, Taschenbuch. 6) Saint-Martin, Monographie. 7) J. A. Saissy, Kankheiten d. Ohres.

Fitzler, Karl (Christoph) (Übers.u.Comm.):

s.: Plisson, F(rançois) É(douard): Monographie der Lustseuche, ihrer ärztlichen und wundärztlichen Behandlung, nach ihren verschiedenen Richtungen und Gestalten. (Syphilidographie, ou manuel élémentaire historique, descriptif et pratique de la maladie vénérienne. Dt.) Ilmenau: 1827

JB 4.698

Steinbrüche und Bergwerke im ptolemäischen und römischen Ägypten. Ein Beitag z. antiken Wirtschaftsgeschichte. Von Kurt Fitzler, Dr. phil. Leipzig: Quelle & Meyer 1910. 159 S. 8°
(Leipziger Historische Abhandlungen. H. 21.) 10. 1

Fitzler, Paul, Referendar am Grh. Sächs. Amtsgericht Weimar: Die civilrechtliche Bedeutung des Notstandes. *Weimar 1901: F. Koltsch.* (VIII, 69 S.) 8°
Jena, Jur. Diss. v. (Dez.) 1900

Fitzlipuzli oder: Die Teufelchen der Ehe. Komische Operette in 1 Act von C. Juin (Giugno). Musik von G. v. Zaitz. (Text.) (Den Bühnen gegenüber als Mscr. gedruckt.) 8. (32 S.) Wien 865, Wallishausser'sche Buchh. *

Fitzlipuzli und sein Reich, eine Betrachtung über den politischen Katzenjammer. gr. 8. (32 S.) Darmstadt 850, v. Auw.

Fitzner, August. Joseph. *(in d. Vita nur:* Josephus) *(geb. Brieg 20.3.1815)*: De actione contagii. Vratislaviae (1839). (36 S.) 8°
Breslau, Med. Diss. v. 29. Okt. 1839

Annalen der Joh.-Loge Friedrich zur aufgehenden Sonne im Or. zu Brieg, gestiftet am 24. März 1783, verf. von [Br.] Aug. Jos. Fitzner. Gedr. als Ms. f. Brr mit Genehmigung des Ehrw. Bundes-Directorii. [Oppeln 1873: Raabe.] VIII, 278 S. 8°
Recens: FZ. 27 (1873) S. 396—397.
S. 247—275: Verzeichn. der Mitgl. der Loge von 1783—1871. 23. KB.

Kaiser Wilhelm I. als Freimaurer in Wort und That. [Eine freimaurerische Festschrift zum 22. März 1875, dem Geburtstage Sr. Majestät des Kaiser Wilhelm I., des Allerdurchlauchtigsten Protektors der preussischen Logen von Jos. Aug. Fitzner. Gedr. als Ms. f. Brr., mit Genehmigung des Ehrw. Direktorii d. Bundes d. Frmr. d. Gr. National-Mutterloge in d. preuss. Staaten, gen. Zu d. drei Weltkugeln in Berlin. Breslau: Goschorsky 1875.] 98 S. 8°

[Dasselbe.] [Prachtausg.] Ebendas. 1875. 98 S. 4°

[Dasselbe.] [2. Aufl.] Ebendas. 1876. 98 S. 8⁰

[Dasselbe.] [4. Aufl. Freiburg i. B.: Kiepert. 1887.] 98 S. 8⁰
[5. Aufl. u. d. Tit.:]

Kaiser Wilhelm I. als Freimaurer in Wort und That. Von [Jos. Aug.] Fitzner. 5. unveränd. Aufl. Hannover: Kiepert 1897. 80 S. 8⁰
Recens: Bh. 18 (1875) S. 109 (J. G. Findel). cf. f. 1. Aufl.: FZ. (Wien) 2 (1875) S. 40; Z. 5 (1875) S. 72. f. 4. Aufl. Fm. 1889 S. 30. Tt. 987.

Fitzner (Fitzer) H. Gespräch zwischen einem flüchtigen Pater aus Rom Und einem Clerico, Worinnen die in der Offenbarung Johannis beschriebene Gesichter gründlich erkläret und der Zustand der Kirchen Neues Testament deutlich gezeiget ... wird; Nebst einigen beygefügten merckwürdigen Aussprachen des Geistes über die itzige Welt, in Regenspurg und Leipzig geschehen. Neue vielverbesserte Auflage (3 Teile in 1 Bde.) Amsterdam 1748. — (Ferner = 4. Teil:) Neuer Anhang und Nachlese zu dem sogenandten Flüchtigen Pater, Darinnen theils der noch rückständig gewesene Vierte Theil dieses Buchs, Nebst seinem Lebens-Lauf geliefert wird, Theils auch viel andere wichtige Sachen ... enthalten sind. Von einem Freund aus Philadelphia. [Amsterdam?] 1747. Titel und 340 S. — Angebunden: Letzte Zugabe zum flüchtigen Vater, und dessen Nachlese Darinnen mancherley Merckwürdige Gesichte, Prophetische Reden und Aussprachen des Geistes ... enthalten sind. Philadelphia (= Amsterdam?) 1748. 13 Bl. 214 S.
Holzmann-Bohatta 7342 zitieren für das 1. Werk eine Ausgabe: Freystadt (= Frankfurt) 1732. S. a. Jöcher-Adelung II, 1122. Der Verfasser dieser merkwürdigen myst. Auslegungen und Prophezeiungen sagt in der Nachlese (Kap. 7) von sich selbst: „Ich heisse Heinrich Fitzner, und bin ... Anno 1714 um mein leiblich Gesichte gekommen. Aber dagegen öffnete mir Gott das geistliche Gesichte, und ich ward ein Narr, doch um Christi willen ...".

— — zwischen einem flüchtigen Pater aus Rom und einem Clerico über die Offenbarung Johannes und die Babylonische Hure (von *H. Fitzner*). Freystadt (Fleischer in Frankfurt) 1732. N. A. ebd. 1733. 3 Thle.; 1735; Amsterdam (Drachstädt in Bautzen). 1741; (Gollner in Jena). 1742, 1746, 1770; — 1. A. 1726; ferner 1729, 1730, 1738, 1759, 1806, 1848. 8⁰.
Weller, fing. Dr.

Fitzner, Hans [aus Langenau (Schlesien)]: Ueber den Einfluss des Opium auf die Ausbreitung gewisser in die Bauchhöhle eingeführter Substanzen. . . . Amberg, Druck v. H. Böes, 1890; 20 S. 8⁰
Heidelberg, Med. Fak., Inaug.-Diss. v. 27. Jun. 1890

Fitzner, Rud., Anatolien. Wirtschaftsgeographie. gr. 8. (III, 120 S.) Berlin 902. H. Paetel. n. 2.40

Fitzner, Rudolf: Ein Beitrag zur tunesischen Landes- und Volkskunde. ([S.-A.] Die Regentschaft Tunis.) Berlin 1895. 72 S., 1 Krt. 8⁰. || 3029

Fitzner, Rud., Beiträge zur Klimakunde des Osmanischen Reiches u. seiner Nachbargebiete. I. Meteorologische Beobachtgn. in Kleinasien 1902. (37 S.) 4. Berlin 904. H. Paetel. n. 4.—

Fitzner, Rud., Beiträge zur Klimakunde des Osmanischen Reiches u. seiner Nachbargebiete. II. Meteorologische Beobachtgn. in Kleinasien 1903. (37 S.) 30,5×23,5 cm. Berlin 907. H. Paetel. 4.—

— Die türkische Bergverordnung v. 14. Sefer 1324 od. 26. III. 1322 (1906). Hrsg. v. F. (III, 32 S.) gr. 8. Ebd. 907. 1.—

Fitzner, Rud., s.: Bibliothek d. Länderkunde.

— e. deutscher Dampfer f. d. Tanganyika, s. a. Sammlung geograph. u. kolonialpolit. Schriften.

[F.] Ein deutscher Dampfer für den Tanganyika. Von Rudolf Fitzner. SA. aus ... 'Aus allen Weltteilen'. *Berlin: H. Paetel 1897.* (15 S.) 1 Bd 8.
= Sammlung geographischer u. kolonialpolit. Schriften. No 5. (97. 37..)

— Forschungen auf der bithynischen Halbinsel. Mit 10 Abbildgn., 3 geolog. Profilen sowie e. Karte des Bosporus u. der bithyn. Halbinsel nach Aufnahmen des Verf. (VII, 183 S.) gr. 8. Rostock 903. C. J. E. Volckmann Nachf. n. 6.—

Fitzner, Rudolf, aus Cüstrin: Der Kagera-Nil. Ein Beitrag zur Physiographie Deutsch-Ostafrikas. *Halle 1899: (R. Gerstäcker in Leipzig).* (83 S.) 8⁰
Halle, Phil. Diss. v. 20. Apr. 1899

— der Kagera-Nil. Ein Beitrag zur Physiographie Deutsch-Ostafrikas. gr. 8. (V, 83 S. m. 1 farb. Karte.) Berlin 899. A. Schall. n. 3.—

Karte des Bosporus und der Bithynischen Halbinsel nach älteren Quellen ⟨v. Moltke, H. Kiepert ...⟩ u. eigenen Aufnahmen im J. 1900 gez. von Dr. Rudolf Fitzner. Maßst. 1:150,000. (In Dreifarbendruck.) *Rostock: C. J. E. Volckmann [1903]; Hof-Sdr. J. G. Tiedemann Nachf.* (1 Kartenbl. 86×47 cm.) 8⁰ [kol.] (03. ..)

— aus Kleinasien u. Syrien. Mit 1 Panorama, 16 Vollbildern, 21 grossen u. zahlreichen kleineren Textillustr. u. Karten. (In 2 Bdn.) 1. Bd. (8 Lfgn.) (X, 238 S.) gr. 8. Ebd. 904. n. 5.—; geb. in Leinw. n. 6.—

— deutsches Kolonial-Handbuch. Nach amtlichen Quellen bearb. gr. 8. (VII, 442 S.) Berlin 896. H. Paetel. n. 5.—; geb. n. 6.—

— deutsches Kolonial-Handbuch. Nach amtl. Quellen bearb. 1. Bd. 2. erweit. Aufl. gr. 8. (VIII, 412 S.) Berlin 901. H. Paetel. Für 1. u. 2. Bd. n. 8.—; geb. n. 10.—

— dasselbe. Ergänzungsbd. 1902. gr. 8. (IV, 216 S.) Ebd. 902. n. 3.—

— deutsches Kolonial-Handbuch. Nach amtl. Quellen bearb. Ergänzungsbd. 1903. (IV, 242 S.) gr. 8. Berlin (903). H. Paetel. n. 3.—

— dasselbe, Ergänzungsbd. 1904. (IV, 240 S.) 8. Ebd. (904). n. 3. — (Hauptwerk m. 1.—3. Ergänzungsbd. zusammen bezogen n. 14.—)

— Deutsches Kolonial-Handbuch. Nach amtl. Quellen bearb. 8. Ausg. 1908. (VII, 364 S. m. 18 Taf.) gr. 8. Ebd. 3.—
Fortsetzg., s.: Kolonial-Handbuch, deutsches.

— s.: Mittelmeer u. Levante.

— Niederschlag u. Bewölkung in Kleinasien, s. a. Petermann's, A. Mitteilungen aus Justus Perthes' geographischer Anstalt.

Niederschlag und Bewölkung in Kleinasien. Von Dr. Rudolf Fitzner. Privatd., Rostock. Mit 1 Karte u. 1 Taf. Regenwindrosen. *Gotha: J. Perthes 1902.* (90 S.) 4⁰
— Mitteilungen, Petermanns, aus J. Perthes' Geogr. Anstalt. Erg.H. No 140. (02. ..)

— d. Pflanzgn. in Deutsch-Ostafrika, s. a. Sammlung geograph. u. kolonialpolit. Schriften.

[F.] Die Pflanzungen in Deutsch-Ostafrika. Von Rudolf Fitzner. Ein Nachtrag zu des Verf. 'Deutsches Kolonial-Handbuch'. (SA. aus ... Aus allen Weltteilen.') *Berlin: H. Paetel 1897.* (43 S.) 1 Bd 8.
= Sammlung geographischer u. kolonialpolit. Schriften. No 10. (99. 9. 11)

— Die Regenverteilung in den deutschen Kolonien. (IV, 115 S.) gr. 8. Berlin 907. H. Paetel. 4.—

— s.: Sammlung geographischer u. kolonialpolitischer Schriften.

— der gegenwärtige Stand der Meteorologie in Kleinasien. (14 S.) gr. 8. Rostock 903. C. J. E. Volckmann Nachf. n. —50

Fitzner, Rud., d. Regentschaft Tunis. Streifzüge u. Studien. M. 17 Vollbild. u. 1 Karte. 3. [Titel-]Aufl. gr. 8. (X, 360 S.) Berlin (895) 897. Allgem. Verein f. deutsche Litteratur. n. 6. —; geb. n. 7. —

4762. **Fitzosborne, Thomas.** Briefe über verschiedene Materien . . . a. d. Engl. Zürich 1754. Ü: *Schulthess, Joh. Gg.* (Cat. d. Stadtbibl. Zürich. Zürich 1864—97.)

Fitzpatrik, Motion faite le 16. Dec. 1796. en faveur du G. la Fayette etc. trad. de l'angl. gr. 8. Hamb. Fauche. 797.

Fitzroy, Barometer-Manual. Eine Anleitung das Wetter vorherzusagen. Aus dem Engl. nach der 7. Ausg. übers. von Rud. Anton. Halle 865. Anton. gr. 8. (59 S.) n. 10 ngr.

Fitzroy, George, des Britten lehrreiches Leben, oder der augenblickliche Eindruck, von der Schauspielerin Maria Hunter, aus dem Engl. in 2 Theilen, 8. Leipzig, 793. Weygand. 27 sgl.

— Henriette und Aemilie Spencer, eine Geschichte aus dem Engl. in 2 Theilen, 8. Daselbst, 776. Kummer. 20 sgl.

Fitzschkau, J. C. A.: Dissert. delirium tremens. Berolini. 1823.

Fitzsimon, Patrick (Ennis in Irland)
An argument in favour of a state provision for the education of the middle classes in Ireland ...
Galway 1855.
[zur Promotion eingesandt.]
Dr. phil. Giessen 18.2.1859.

FITZWACKER, Käthe. Die Abiturientin. Die gute Tante' (Um 1910.) 8°.
Verb. d. Ldg. III Berlin A. 4. J. 891/14.

The **Fitzwilliam Virginal Book**. Ed. from the orig. ms. with an introd. and notes (transl. into German by John Bernhoff) by J. A. Fuller Maitland and W. Barclay Squire. Vol. 1. 2. (In 40 parts.) *London & Leipzig: Breitkopf & Härtel 18(94)-99.* 2 Bde 4° [illegible]

Fiucek, Josef: Zur Hydrologie zweier Bezirke der Hercegowina, s.a. Mitteilungen, wissenschaftl., aus Bosnien u. d. Hercegowina.

— — Zur Hydrologie zweier Bezirke der Hercegowina. Lex.-8. (4 S.) —.10
Wien, Gerold 1896.

Fiucek, Josef: Bacteriologische Untersuchungen in Sarajevo, s.a. Mitteilungen, wissenschaftl., aus Bosnien u. d. Hercegowina.

Fiucek, Josef, Bacteriologische Untersuchungen in Sarajevo. Lex.-8. (7 S.) —.10
Wien, Gerold, 1896.

Fiuk, Kuratus, Unsere Mutter. Sechs Vorträge über die wahre Kirche Christi, dem Andenken des seligen Canisius gewidmet. Breslau, Aderholz. 1898, gr. 8°, IV, 121 S., 1,20 Mk.

Fiume [Schlagwort]

Fiume, s.: Abbazia.

Fiume, s.: Abbazia-Fiume.

Fiume, s.: Woerl's Reisehandbücher.

Fiume, Golf v., s.: Adriatisches Meer.

Fix, s.: Staffelfahrplan, süddeutscher.

Fix, A., Tapezierarbeiten und Decoration, s. Ausstellungs-Bericht, officieller.

Fix, C. G.

— Anweis. zum vortheilhaften Brennen dauerhafter Mauer- u. Dachziegel, mit größerer Ersparung d. Holzes ꝛc. gr. 8. Leipz. 814. 2r Abdr. 817. 2e A. 821. (W. Rauck). 16 gr.

— Anweisung zum vortheilhaften Brennen dauerhafter Mauer- u. Dachziegel, wobei zugl. ohne größern Aufwand auf Brennmaterialien, Ziegelöl, Eisen u. Salpeter gewonnen werden kann. gr. 8. Leipz. Sommer. 816.

— patriot. Gedanken z. Aufmunt. d. Nahrungsstandes ꝛc. gr. 8. Freyb. Craz u. Gerlach. 802.

— polit.-arithmet. Jahrbuch, oder Statistik d. kurfürstl. u. herzogl. sächs. Länder. gr. 4. Chemnitz 801. (Leske in Darmst.) 1 Rthlr 8 gr.

* Fix, C. G., polit. arithmetisches Jahrbuch, od. genaue Uebersicht sämmtl. vormal. u. jetzigen churfürstl. u. herzogl. sächs. Lande. gr. 4. Gießen, Müller. 801.

— polit. arithm. Jahrbuch z. Geschichte d. menschl. Lebens ꝛc. gr. 4. Ebend. 801.

Fix, C. G., s. Kilian, Liebesgeiger.

Fix C. G.: Die sichersten u. besten Mittel den Zug d. Rauchs durch die Schornsteine u. Kamine zu befördern ... Leipz. 1806. 24 S. 1 Tvl. 4°.

— d. sichersten u. besten Mittel, den Zug d. Rauchs durch d. Schornsteine u. Kamine zu befördern. Mit 1 Kpf. gr. 4. Leipz. 807. Hinrichs. 10 gr.

— Samentabelle über die 64erlei ausland. Getreidearten d. Polizeidirekt. Fischer. Fol. Frberg 808. Craz u. G. 2 gr.

— ökonomisch verbesserte Ziegel-, Eisen- u. Salpeter-Bereitung im Großen. gr. 8. Leipz. 809. (W. Rauck). 20 gr.

Fix, Chr. Gttlf., († d. 16. Jan. 1809.) Abriß d. kursächs. Kirchen- u. Consistorienverfassung, nach d. gegenwärt. Eintheil. in Diöcesen ꝛc. 2 Thle. gr. 8. Schneeb. 795, 96. (Arnold in Dresd.) 1 Rthlr 16 gr. Hbg. Pr. 20 gr.

— neuer histor. Bibelkatechismus für d. Jugend. 8. Gießen 800. Tasché. 1 Rthlr

— Gesch. d. Abendmahlsfeier d. Protestanten. gr. 8. Frberg 802. (Craz u. G.) 9 gr.

Fix, C. G., kurze Geschichte der Beichte der Protestanten. gr. 8. Gießen 800. (Leipzig, Fr. Fleischer.) 1/4 Rthlr

— kurze, freie u. edelmüthige Geschichte d. Beichte d. Protestanten, nach den Meinungen Luthers u. d. Weisesten unsrer Nation. gr. 8. Chemnitz 800. (Tasché in Gießen). 6 gr.

— d. kursächs. Kirchenstaat vor d. Reformation. Beitrr. zur sächs. Staats- u. Reformat.-Geschichte. 3 Thle. gr. 8. Frberg 806—8. Craz u. G. 2 Rthlr

— bibl. Lexionstabellen d. alten u. neuen Testaments. 8. Zwickau, Schumann. 806.

— Specialtabellen von d. jetzigen Eintheilung d. kursächs. Consistorien. gr. 8. (Gießen) 800. Müller. 14 gr. (A. u. d. T.: geistl. Statistik vom souverainen Königr. Sachsen.)

— geistl. Statistik vom souverainen Königr. Sachsen. gr. 8. (a. u. d. Titel: Specialtabellen) Ebend. 800.

— tabellar. Verzeichniß d. k. sächs. Diöcesen. Ausführl. Angaben d. Pfarren, Kirchen u. Superintendenten ꝛc. gr. 8. Zeitz ... 2e A. ... Webel. 12 gr.

Fix, Christoph Nathanael. Beschreibung und chemische Untersuchung des Bades Knutwyl, im Kanton Luzern. [Mit 1 Tafel.] 8. Luzern 1802.

[Fix, Christoph Nathanael.] Beschreibung... des Bades Knutwyl, im Kanton Luzern. Auf besonderes Verlangen einiger schweizerischen Aerzte... revidirt und zum Drucke befördert im Jahre 1834. 8. Aarau 1851.

Fix, E.G. (irrtüml.), s. Fix, Chr. Gtthlf.

Fix, M., die Heerden-Krankheit der Schafe, ihre Erkennung, Entstehung, Heilung u. Verhütung. Für Landwirthe, Schafzüchter u. Schäfer. Schw. Hall 867. (Unger & Nissen.) gr. 8. (17 S.) 5 ngr

Fix, Otto [aus Soest in Westfalen]: Ueber die Blutungen der Nachgeburtsperiode.... Soest, Buchdr. v. Wilh. Tappen, 1880; 30 S. 8°.
Würzburg, Med. Fak., Inaug.-Diss. v. 1880.

Fix, Theod., s. Thesaurus graecae linguae.

Fix, Thdr., Militair-Telegraphie. Deutsch von C. M. v. Weber. Mit e. Vorw. von M. M. v. Weber u. 3 Taff. Abbildgn. (auf 1 Holzschntaf.) Leipzig 869. Weber. gr. 8. (X, 96 S.) n. 26 ngr

Fix, W., 1866. Uebersicht der Ereignisse, als Beigabe zu den Lesebüchern für die obere Stufe bearb. und hrsg. gr. 8. (II und 38 S. mit eingedr. Holzschn.) Leipzig 867. Amelang's Verlag. *

—— 1870. Des Vaterlandes Kampf und Sieg. Historisches Bilderbuch für deutsche Knaben. Mit 18 Bildern in Farbendr., gezeichnet von Paul Riederich. gr. 4. (38 S.) Lippstadt 870, Staats. [Leipzig, Zieger.] geb. *

Fix, W., poetischer Anhang [II] zu den Lesebüchern für die Oberstufe. 3., verm. Aufl. gr. 8. (87 S.) Leipzig 890. Amelang. n. — 16

Fix, W., Aufgaben zum Kopf- und Zifferrechnen. Abgekürzte, für einfache Schulverhältnisse bestimmte Ausg. des Rechenbuches für Volksschulen. 4 Hefte. 8. Münster, Nasse'sche Verlagsh. *

Inhalt:
Heft 1. Die Uebungen im Zahlenkreise 1—20, zusammengestellt im Anschluß an die 25 Wandtafeln für den ersten Rechenunterricht. (18 S.) 876. * 12 Pf.
" 2. Die Uebungen im Zahlenkreise 1—100. (24 S.) 877. * 14 Pf.
" 3. Die Uebungen mit größeren unbenannten oder einsortigen ganzen Zahlen. (56 S.) 876. * 24 Pf.
" 4. Die Uebungen mit mehrsortigen ganzen Zahlen (zugleich Vorstufe zum Rechnen mit Decimalbrüchen). (40 S.) 879. * 20 Pf.

—— Antworten zum 3. Heft der Aufgaben für das Kopf- und Zifferrechnen. 8. (36 S.) Ebendas. 879. *
Antworten zum 1., 2. und 4. Heft sind nicht erschienen.

Fix, W., Aufgaben zum Kopf- und Zifferrechnen. Abgekürzte, für einfache Schulverhältnisse bestimmte Ausg. des Rechenbuches für Volksschulen. 6 Hefte. 8. [Münster, Nasse'sche Verlagsh.] Paderborn und Münster, F. Schöningh. *

Inhalt:
Heft 1. Die Uebungen im Zahlenkreise 1—20, zusammengestellt im Anschluß an die 25 Wandtafeln für den ersten Rechenunterricht. 2. Aufl. (32 S.) 881. * 12 Pf.
" 2. Die Uebungen im Zahlenkreise 1—100. 2. Aufl. (44 S.) 881. * 14 Pf.
" 3. Die Uebungen mit größeren unbenannten oder einsortigen ganzen Zahlen. 2. Aufl. (56 S.) 881. * 24 Pf.
" 4. Die Uebungen mit mehrsortigen ganzen Zahlen (zugleich Vorstufe zum Rechnen mit Decimalbrüchen). 2. Aufl. (40 S.) 884. * 20 Pf.
" 5. Das Bruchrechnen. (40 S.) 883. * 20 Pf.
" 6. Die Regeldetri und die Rechnungen des bürgerlichen Lebens. (40 S.) 883. * 20 Pf.

Fix, W., Aufgaben für das Kopf- und Zifferrechnen. Ausg. B. Abgekürzte, für einfache Schulverhältnisse bestimmte Ausg. des Rechenbuchs für Volksschulen. [In 6 Heften.] 1.—3. und 5. Heft. 8. Paderborn und Münster, F. Schöningh. *

Inhalt:
Heft 1. Die Uebungen im Zahlenkreise 1—20, zusammengestellt im Anschluß an die 25 Wandtafeln für den ersten Rechenunterricht. 3. Aufl. (20 S.) 888. * 12 Pf.
" 2. Die Uebungen im Zahlenkreise 1—100. 3. Aufl. (24 S.) 886. * 14 Pf.
" 3. Die Uebungen mit größeren unbenannten oder einsortigen ganzen Zahlen. 3. und 4. Aufl. (56 S.) 885,88. * 24 Pf.
" 5. Das Bruchrechnen. 2. Aufl. (40 S.) 886. * 20 Pf.
4. und 6. Heft. Ebendas. 1884,83. à * 20 Pf. — Ausg. A. und C., s. unten: Rechenbuch für Volksschulen und Rechenhefte für die einfachen Schulverhältnisse.

—— dass. — Antworten zum 5. und 6. Hefte. 8. (36 S.) Paderborn 885, F. Schöningh. *
Antworten zum 3. und 4. Heft. Ebendas. 1879,84. * 40 Pf. und * 28 Pf.

—— Aufgaben zum Kopf- u. Zifferrechnen. Abgekürzte, f. einfachere Schulverhältnisse bestimmte Ausg. d. Rechenbuches f. Volksschulen. (B.) 2. Heft. 4. Aufl. 8. (24 S.) Paderb. 891, F. Schöningh. * — 14
1. u. 3.—6. Heft. Ebd. 1883—88. * — 96.
Ausg. A. s. unten: Rechenbuch für Volksschulen. — Ausg. C. s. XVIII. Bd. 1. Abthl. S. 432: Fix, W. Rechenheft für die einfachsten Schulverhältnisse.

—— Aufgaben für das Zifferrechnen. 1. Heft. (Abdr. aus dem 3. und 4. Hefte des Rechenbuches für Volksschulen.) 8. (64 S.) Soest 867, Nasse's Verlag. *

—— Aufgaben für das Zifferrechnen. 1. Heft Abthl. A. und B., 2.—4. Heft. 8. Soest [Münster] 869, Nasse's Verlag. *

Inhalt:
Heft 1. Abthl. A. Die Uebungen mit unbenannten und einfach benannten Zahlen. 2. nach dem metr. Maaße und Gewichte umgeänderte Aufl. (32 S.) * 16 Pf.
" 1. Abthl. B. Die Uebungen mit mehrstelligen ganzen Zahlen. 2. Aufl. (32 S.) * 16 Pf.
" 2. Die leichteren Uebungen in Brüchen, nebst Anwendungen derselben. (44 S.) * 20 Pf.
" 3. (56 S.) * 24 Pf.
" 4. (52 S.) * 24 Pf.

—— Antworten zum 1. Hefte, Abthl. A und B, der Aufgaben für das Zifferrechnen. 8. (82 S.) Ebendas. 869. *

—— dass. — zum 2. und 3. Hefte desselben. 8. (18; 24 S.) Ebendas. 869. à Heft *

—— dass. — zum 4. Hefte desselben. 8. (32 S. mit 4 lithogr. Taf.) Ebendas. 869. *

Fix, W., kurze Beschreibung der deutschen Bundesstaaten. Eine Beigabe zum westfälischen Kinderfreunde und zu dem Lesebuche für obere Klassen preußischer Volksschulen. Leipzig 863. Amelang. gr. 8. (52 S.) n. 2½ ngr

—— Bilder aus der Heimatskunde der Provinz Westfalen. Als Beigabe zu den Volksschullesebüchern für die Oberstufe hrsg. gr. 8. (128 S.) Leipzig 877, Amelang's Verlag. *

Fix, W., Bilder aus der Heimatskunde der Prov. Westfalen. Als Beigabe zu den Volksschullesebüchern für die Oberstufe hrsg. 2. Aufl. gr. 8. (128 S.) Leipzig 880. Amelang. n. — 50

— kurze Darstellung der Reformationsgeschichte. Zum Gebrauch in evangel. Volksschulen, insbesondere der Prov. Westfalen bearb. u. hrsg. 2. Aufl. gr. 8. (24 S.) Ebend. 882. n. — 20

— kurze Darstellung der Reformationsgeschichte. Zum Gebrauch in evangel. Volksschulen, insbesond. der Prov. Westfalen, bearb. u. hrsg. 3. Aufl. 8. (24 S. m. 1 Abbildg.) Leipzig 890. Amelang. n. — 16

— das Reichsland Elsass-Lothringen, seine Wiedererwerbung f. Deutschland u. seine geschichtliche Entwicklung. Übersichtlich dargestellt. Sep.-Ausg. der 1. Lfg. d. Beiheftes zur „Territorialgeschichte des preuss. Staates". gr. 8. (73 S.) Berlin 888. Schropp. n. — 80

—— und K. Koppe, Flora von Soest, s. Koppe, K.

—— Geschichte der Staaten des deutschen Reiches, als Erläuterung zu einer in Farbendr. ausgeführten Übersichtskarte tabellar. dargestellt. Sep.-Ausg. der 2. Lfg. des Beiheftes zur „Territorialgeschichte des preuss. Staates". gr. 8. (155 S.) Berlin 888, Schropp'sche Hof-Landkartenh. *

—— Handfibel, die ersten Uebungen im Lesen, Schreiben und Zeichnen enth. 2 Abthlgn. 8. (1. Abthl. 1.—12. Aufl. 64 S., wovon 21 lithogr., 2. Abthl. 1.—10. Aufl. 84 S., wovon 8 lithogr., mit eingedr. Holzschn.) Leipzig 863—67, Amelang's Verlag. à Abthl. * 2 Ngr. *
cart. à Abthl. * 2¾ Ngr. *

—— dass. — 1. Abthl. 13. Aufl. 8. (64 S. mit eingedr. Holzschn.) Ebendas. 868. * 2 Ngr.; cart. *

— Handfibel, die ersten Uebungen im Lesen, Schreiben u. Zeichnen enthaltend. 2 Abthlgn. Leipzig, Amelang. 8. n. 7 ngr.
1. Abth.: 4—15. Aufl. 865—69. (64 S. mit Holzschn.) n. 3 ngr. — 2. Abth.: 4—14. Aufl. Mit Anhang. Zugleich Fortsetzung der Schreiblesefibel. (108 S. mit Holzschn.) n. 4 ngr.

Fix, W., Handfibel, die ersten Uebungen im Lesen, Schreiben und Zeichnen enthaltend. 1. Abthl. 15.—35. Aufl. 8. (64 S. mit eingedr. Holzschn.) Leipzig 869—75, Amelang's Verlag. **
cart. *

— Handfibel, die ersten Übungen im Lesen, Schreiben u. Zeichnen enth. 1. u. 2. Abtlg. 8. Ebend. 881. 82. n.n. — 56; cart. n.n. — 76
1. 63. Aufl. (68 S. m. eingedr. Holzschn.) n.n. — 26; cart. n.n. — 36. — 2. 61. Aufl. [Zugleich Fortsetzung der Schreiblesefibel.] (100 S. m. eingedr. Holzschn.) n. — 30; cart. n. — 40

—— dass. — 2. Abthl. 11., durch einen Anh. erweiterte Aufl. 8. (108 S., wovon 8 lithogr.) Ebendas. 868. *
cart. *

—— dass. — 2. Abthl. 14.—30. Aufl. [Mit Anhang.] [Zugleich Fortsetzung der Schreiblesefibel.] 8. (108 S., wovon 8 lithogr., mit eingedr. Holzschn.) Ebendas. 868—75. *
cart. *

—— Handfibel, die ersten Uebungen im Lesen, Schreiben und Zeichnen enthaltend. 1. Abthl. 36.—61. Aufl. 8. (68 S. mit eingedr. Holzschn.) Ebendas. 876—79. *
cart. *

—— dass. — 2. Abthl. 31.—51. Aufl. [Mit Anhang.] [Zugleich Fortsetzung der Schreiblesefibel.] 8. (100 S., wovon 8 lithogr., mit eingedr. Holzschn.) Ebendas. 876—79. *
cart. *

—— Handfibel, die ersten Übungen im Lesen, Schreiben und Zeichnen enthaltend. 2 Abtlgn. 8. Ebendas. 880—84. **
cart. **
Inhalt:
Abtl. 1. 62.—76. Aufl. (68 S. mit eingedr. Holzschn.) ** 25 Pf.; cart. ** 35 Pf.
» 2. 52.—67. Aufl. [Zugleich Fortsetzung der Schreiblesefibel.] (100 S. mit eingedr. Holzschn.) ** 30 Pf.; cart. ** 40 Pf.

—— Handfibel, die ersten Übungen im Lesen, Schreiben und Zeichnen enth. 2. Abtlgn. (Mit Bildern.) 8. Leipzig 885—88, Amelang's Verlag. [1. Abtl. 77.—90. Aufl. (68 S.) * 25 Pf., cart. * 35 Pf.; 2. Abtl. (zugleich Fortsetzung der Schreiblesefibel). 68.—89. Aufl. (100 S.) * 30 Pf., cart. * 40 Pf.] *
cart. *

Fix, W., Handfibel, die ersten Übgn. im Lesen, Schreiben u. Zeichnen enth. 2 Abteilgn. m. Abbildgn. 8. Leipzig 890. Amelang. n. — 55; cart. n. — 75
1. 97. Aufl. (68 S.) n. — 25; cart. n. — 35
2. 100. Aufl. (100 S.) n. — 30; cart. n. — 40

—— Handfibel. 2 Abtlgn. 12. Mit Abbildgn. Ebd. [1. Abtl. 100. Aufl. (68 S.) 891. * — 25; cart. ** — 35; 2. Abtl. 109. Aufl. [Zugleich Fortsetzg. d. Schreiblesefibel.] (100 S.) 892. * — 30; cart. * — 40.] * — 55; cart. ** — 75

— Handfibel. 2 Abtlgn. 12. (Mit Abbildgn.) Leipzig 893. C. F. Amelang. n. — 55; kart. n. — 75
1. 105. Aufl. (68 S.) n. — 25; kart. n. — 35
2. 114. Aufl. [Zugleich Fortsetzg. der Schreiblesefibel.] (100 S.) n. — 30; kart. n. — 40

Fix, W., Handfibel. II. Abtlg. (Zugl. Fortsetzg. d. Schreiblesefibel. 124. Aufl. 8. (100 S. m. Abb.) Leipzig 895. C. F. Amelang. n. — 30; kart. n. — 40

Fix, W., Handfibel. 2 Abtlgn. 8. Leipzig 901. C. F. Amelang. n. — 55; kart. n. — 75
I. 114. Aufl. (Mit den f. westfäl. Schulen amtlich vorgeschrieb. Schriftformen.) (69 S. m. Abbildgn.) n. — 25; kart. n. — 35
II. 134. Aufl. (101 S. m. Abbildgn.) n. — 30; kart. n. — 40

— dasselbe. Ausg. B, nach der 20. Aufl. d. Buches neu bearb. 1. u. 2. Tl. 8. Ebend. 886. n. 1. 40; Einbd. à n.n. — 20
I. Für die Mittelstufe ein- u. zweiklassiger Volksschulen. 3. Aufl. (158 S.) 886. n. — 30. — II. Für die Oberstufe ein- u. zweiklassiger Volksschulen. (158 u. 270 S.) 885. n. 1.10

— dasselbe. 2. Tl. 1. Hälfte. 3. Aufl. (188 S.) Ebend. 886. n. — 30; Einbd. n. — 20

— dasselbe. Ausg. f. die Prov. Westfalen. 19. Aufl. 8. (VIII, 384 S. m. eingedr. Holzschn.) Ebend. 882. n. — 80; Einbd. n.n. — 25

Fix, W. Anischer Kinderfreund. Ed: August Schnabel. Phila. 1889.

— der kleine Kinderfreund. Lesebuch für einfache Schulverhältnisse. Erweiterter Abdr. des Lesebuches für mittlere Klassen preußischer Volksschulen. 2. Aufl. — Allgemeine Ausg. Ebend. 863. 8. (VIII, 336 S.) n. 7 ngr.

— der kleine Kinderfreund. Lesebuch für einfache Schulverhältnisse. [Erweiterter Abdr. des Lesebuches für mittlere Klassen preuß. Volksschulen.] Allgemeine Ausg. 3. Aufl. Ebend. 869. 8. (VIII, 340 S.) n. 7 ngr.

—— der kleine Kinderfreund. Lesebuch für einfache Schulverhältnisse. [Erweiterter Abdr. des Lesebuches für mittlere Klassen preuß. Volksschulen.] Allgem. Ausg. 3. Aufl. 8. (VIII, 340 S.) Leipzig 869, Amelang's Verlag. *

—— der kleine Kinderfreund. Lesebuch für einfache Schulverhältnisse. [Erweiterter Abdr. des Lesebuches für mittlere Klassen preuß. Volksschulen.] Ausg. A. 22.—24. Aufl. 8. (VIII, 384 S.) Ebendas. 887,88. *
geb. *

—— Der kleine Kinderfreund. Lesebuch f. einfache Schulverhältnisse. (Erweit. Abdr. d. Lesebuches f. mittlere Klassen preuß. Volksschulen.) Ausg. A. 27. Aufl. 8. (VIII, 384 S. m. Abbildgn.) Ebd. 892. * — 80; geb. ** 1 10

— der kleine Kinderfreund. Lesebuch f. einfache Schulverhältnisse. (Erweit. Abdr. d. Lesebuches f. mittlere Klassen preuß. Volksschulen.) Ausg. A. 28. Aufl. 8. (VIII, 384 S. m. Abbildgn.) Ebd. 893. n. — 80; geb. n.n. 1. 10

— d. kleine Kinderfreund. Lesebuch f. einf. Schulverhältn. (Erweit. Abdr. d. Lesebuches f. mittl. Klassen preuß. Volksschulen.) 30., erweit. Aufl. 8. (VIII, 392 S. m. Abb.) Ebd. 895. n. — 80; geb. in Halbldr. n.n. 1. 10

—— dass. — Lesebuch für einfache Schulverhältnisse. Ausg. B., nach der 20. Aufl. des Buches neu bearb. 1. Tl., und 2. Tl. in 2 Hälften. 8. Ebendas. *
Inhalt:
Tl. 1. Für die Mittelstufe ein- und zweiklassiger Volksschulen. 3.—5. Aufl. (158 S.) 886,88. * 40 Pf.; geb. ** 65 Pf.
» 2. 1. Hälfte: Für die Oberstufe ein- und zweiklassiger Volksschulen. 2. Aufl. (158 S.) 886. * 40 Pf.; geb. ** 65 Pf. — 2. (größere) Hälfte: Für die Oberstufe ein- und zweiklassiger Volksschulen. 2. erweit. Aufl. (mit poetischer Beigabe). (302 S.) 885. * 75 Pf.; geb. * ℳ 1.—; 2. Tl. beide Hälften geb. in 1 Bd. * ℳ 1.40.
A. u. d. T.: Lesebuch für die Mittelstufe drei- und mehrklassiger Volksschulen, Ausg. B, erschienen (s. unten), und zwar bildet Tl. 1. die erste und Tl. 2, 1 die zweite Hälfte.

— dasselbe. Ausg. B, nach der 20. Aufl. d. Buches neu bearb. 1. Tl. Für die Mittelstufe ein- u. zweiklassiger Volksschulen. 7. Aufl. gr. 8. (158 S. m. Abbildgn.) Ebd. 891. n. — 40; geb. n.n. — 65

—— dass. — Ausg. für die Provinz Westfalen. 7. und 8. (Ster.-) Aufl. 8. (VIII und 371 S.) Ebendas. 866. * 7½ Ngr.; geb. *

—— dass. — Ausg. für die Provinz Westfalen. 9.—13. Aufl. 8. (VIII, 371 S.) Ebendas. 869—74. *
geb. **

—— der kleine Kinderfreund. Lesebuch für einfache Schulverhältnisse. [Erweiterter Abdr. des Lesebuches für mittlere Klassen preuß. Volksschulen.] Ausg. für die Prov. Westfalen. 16.—20. nach neuer Orthogr. umgeänd. Aufl. 8. (VIII, 384 S.) Ebendas. 881—84. * 80 Pf.; geb. **

Fix, W., westfälischer Kinderfreund. Ein Lesebuch für evangel. Volksschulen. 2., umgearb. Aufl. gr. 8. (480 S.) Leipzig 862, Amelang's Verlag. * 10 Ngr.; geb. *-

—— westfälischer Kinderfreund. 8. und 9. (Ster.-)Aufl. gr. 8. (482 S.) Leipzig 866, Amelang's Verlag. * 10 Ngr.; geb. **-

—— westfälischer Kinderfreund. 10. und 11. Aufl. gr. 8. (486 S.) Leipzig 868,70, Amelang's Verlag. *
geb. *

—— dass. — 12. Aufl. durch die Geschichte der Ereignisse von 1870 und 1871 erweitert. 1872, und 13. Aufl. gr. 8. (510 S.) Ebendas. 874. *
geb. *

Fix, W., westfälischer Kinderfreund. Lesebuch für Oberklassen evang. Volksschulen. 16. und 17. mit der 15. gleichlaut., jedoch nach der neuen Orthographie umgeänd. Aufl. gr. 8. (VIII, 488 S.) Leipzig, 880,81, Amelang's Verlag. *
geb. *

—— dass. — 18. bericht. und erweit. Aufl. gr. 8. (VIII, 504 S.) Ebendas. 882. *
geb. *

—— westfälischer Kinderfreund. Lesebuch für Oberklassen evangel. Volksschulen. 20.—22. Aufl. (VIII, 504 S.) 885—87 und 23. Aufl. gr. 8. (VIII, 520 S.) Ebendas. 888. *
geb. **

— westfälischer Kinderfreund. Lesebuch f. Oberklassen evangel. Volksschulen. 25. Aufl. gr. 8. (VIII, 526 S.) Ebd. 890. n. 1. 20; geb. n. 1. 60

—— Westfälischer Kinderfreund. Lesebuch f. Oberklassen evangel. Volksschulen. 26. Aufl. gr. 8. (VIII, 526, 16 S.) Ebd. 890. * 1 25; geb. ** 1 60

— westfälischer Kinderfreund. Lesebuch f. Oberklassen evangel. Volksschulen. 30. Ster.-Aufl. gr. 8. (VIII, 544 S.) Ebd. 894. n. 1. 25; geb. in Halbldr. n.n. 1. 60

— deutsches Lesebuch f. die obere Stufe d. Elementarunterrichts. Neue Bearbeitg. d. westfäl. Kinderfreundes u. d. Lesebuchs f. obere Klassen preuß. Volksschulen 1—3. Thl. gr. 8. Ebend. 873. 76. n. 2. 90

1. Thl. Gott u. Menschenleben. — Natur u. Jahreslauf. (VIII, 280 S.) n. — 90
2. Thl. Das Vaterland. (IV, 265 S.) n. — 80
3. Thl. Die weite Welt. (IV, 380 S.) n. 1. 20

—— deutsches Lesebuch für die obere Stufe des Elementarunterrichts. 1. und 2. Thl. gr. 8. Ebendas.
à Thl. * 90 Pf. *

Inhalt:
Thl. 1. Gott und Menschenleben. — Natur und Jahreslauf. (Besonderer, durch einen poetischen Anhang erweiterter Abdr. der beiden ersten Abtlgn. des westfälischen Kinderfreundes.) (Nach neuer Orthographie.) 2. und 3. Aufl. (IV, 282 S.) 877,82.
„ 2. Das Vaterland. 2. im poetischen Anhang sehr verm. Aufl. (IV, 252, 32 S.) 879.
3. Thl. Ebendas. 1876. * ℳ 1,20.

Fix, W., deutsches Lesebuch für die obere Stufe des Elementarunterrichts. 1. Tl.: Gott und Menschenleben. — Natur und Jahreslauf. (Besonderer, durch einen poet. Anhang erweiterter Abdr. der beiden ersten Abtlgn. des westfälischen Kinderfreundes.) 4. Aufl. (mit verm. Anhang). gr. 8. (VI, 290 S.) Leipzig 885, Amelang's Verlag. *
2. und 3. Tl. Ebendas. 1876,79. * ℳ 2.10.

—— Lesebuch für mittlere Klassen preußischer Volksschulen. 1.—7. Aufl. 8. (VIII und 280 S.) Leipzig 862—68, Amelang's Verlag. * 6 Ngr.; geb. *

—— Lesebuch für mittlere Klassen preußischer Volksschulen. 8.—13. [Ster.-]Aufl. 8. (VIII, 280 S.) Leipzig 869—74, Amelang's Verlag. * 65 Pf.; geb. *

—— Lesebuch für mittlere Klassen preußischer Volksschulen. 14.—16. (Ster.-)Aufl. 8. (VIII, 280 S.) Ebendas. 869—78. * 65 Pf.; geb. *

—— Lesebuch für mittlere Klassen preußischer Volksschulen. 17. und 18. nach neuer Orthogr. umgeänd. Aufl. (VIII, 288 S.) 1880,81; 19.—22. Aufl. 8. (VII, 268 S.) Ebendas. 881—84. * 65 Pf.; geb. **

Fix, W., Lesebuch für mittlere Klassen preußischer Volksschulen. 19., nach neuer Orthogr. umgeänd. Aufl. 8. (VIII, 288 S.) Leipzig 881. Amelang. n. — 65;
geb. n.n. — 90

—— Lesebuch für mittlere Klassen preußischer Volksschulen. Ausg. A. 23.—26. Aufl. 8. (VIII, 288 S.) Ebendas. 885. **
geb. **

—— Lesebuch f. mittlere Klassen preußischer Volksschulen. Ausg. A. 29. Aufl. 8. (VII, 288 S.) Ebd. 892. ** — 65; geb. ** — 95

— Lesebuch f. mittlere Klassen preußischer Volksschulen. Ausg. A. 30. Aufl. 12. (VII, 288 S.) Ebd. 893. n. — 65;
geb. n.n. — 95

— Lesebuch f. mittl. Klassen preuß. Volksschulen. Ausg. A. 32., erweit. Aufl. 8. (VIII, 269 S.) Ebd. 895. n.n. — 65;
geb. in Halbldr. n.n. — 95

—— Lesebuch für obere Klassen preußischer Volksschulen. 1. Aufl. 1863. und 2. Aufl. gr. 8. (X und 421 S.) Leipzig 865, Amelang's Verlag. *

—— Lesebuch für die Mittelstufe drei- und mehrklassiger Volksschulen. Ausg. B. [Besonderer Abdr. der nach der 20. Aufl. des Buches neu bearb. beiden ersten Hefte des kleinen Kinderfreundes B.] 2 Hälften. 8. (à Hälfte 158 S.) Ebendas. 885—87. à Hälfte * 40 Pf. *
geb. in 1 Bd. *

Vgl. oben: Der kleine Kinderfreund. Ausg. B. 1. Tl. und 2. Tl. 1. Hälfte.

—— Lesebuch f. die Mittelstufe drei- u. mehrklassiger Volksschulen. Ausg. B d. Lesebuches f. mittlere Klassen preuß. Volksschulen. 2 Hälften. 1. Hälfte. 8. Aufl.; 2. Hälfte. 7. Aufl. gr. 8. (à Hälfte 158 S.) Ebd. 892. à Hälfte * — 40; * — 80; geb. à Hälfte ** — 65; ** 1 30

— Lesebuch f. die Mittelstufe drei- u. mehrklassiger Volksschulen. Ausg. B des Lesebuches f. mittlere Klassen preuß. Volksschulen, nach dessen 20. Aufl. (Ausg. A) neu bearb. u. in größerem Drucke hergestellt. 2 Hälften. gr. 8. (à 158 S.) Ebd. 894. à n. — 40; geb. in Halbldr. à n.n. — 65;
in 1 Bd. geb. n. 1. 10

1. 10. Aufl. — 2. 9. Aufl.

—— Lesebüchlein für die Unterklasse. Enth. die Lesestücke des 2. Thls. der Handfibel mit Weglassung der Bilder. 8. (80 S.) Leipzig 868, Amelang's Verlag. *

—— Rechenbuch für Volksschulen. 1. und 2. Heft. 8. Soest 867, Nasse's Verlag. à Heft * 2 Ngr. *

Inhalt:
Heft 1. (1. Abthl. der Rechenfibel.) Die Uebungen im 1. und 2. Zehner. (32 S., wovon 12 lithogr.)
2. (2. Abthl. der Rechenfibel.) Die Uebungen im vollen Zahlenkreise 1—100. (56 S.)

—— Rechenbuch für Volksschulen. 6 Hefte. 8. Soest [Münster], Nasse's Verlag. [1. Heft. 3. Aufl. (36 S. mit eingedr. Holzschn.) 872. * 20 Pf.; 2. Heft. 2. Aufl. (56 S.) 869. * 20 Pf.; 3. Heft. 2. Aufl. (64 S.) 870. * 27 Pf.; 4. Heft. 2. Aufl. (64 S.) 870. * 27 Pf.; 5. Heft. (64 S.) 869. * 30 Pf.; 6. Heft. (128 S.) 870. * 54 Pf.] *

— Rechenbuch f. Volksschulen. 6 Hfte. 8. Münster 869—76. Nasse. n. 1. 92
1. 5. Aufl. (37 S. m. eingedr. Holzschn.) n. — 20. — 2. 2. Aufl. (56 S.) n. — 20. — 3a. 2. Aufl. (48 S.) n. — 20. — 3b. 2. Aufl. (64 S.) n. — 27. — 4. 2. Aufl. (64 S.) n. — 27. 5. (64 S.) n. — 30. — 6. (128 S.) n. — 54.

—— dass. — Bearbeitung nach der neuen Münzordnung. Heft 1., 2., 3a., 3b., 4. und 5. 8. Münster 874, Nasse's Verlag. *

Inhalt:

Heft. 1. Die Uebungen im 1. und 2. Zehner. (1. Abthl. der Rechenfibel.) 4. Aufl. (37 S., wovon 10 in Holzschn.) * 20 Pf.
" 2. Die Uebungen im Zahlenkreise 1—100. (48 S.) * 20 Pf.
" 3a. Leichtere Uebungen mit größeren unbenannten oder einsortigen ganzen Zahlen. (48 S.) * 20 Pf.
" 3b. Schwerere Uebungen mit größeren unbenannten oder einsortigen ganzen Zahlen. (40 S.) * 20 Pf.
" 4. Uebungen mit mehrsortigen ganzen Zahlen nebst den Vorübungen zum Bruchrechnen. (64 S.) * 30 Pf.
" 5. Die Grundrechnungsarten mit gemeinen und Decimalbrüchen, die Regeldetri und die einfacheren Fälle der Rechnungen des bürgerlichen Lebens. (96 S.) * 48 Pf.

—— dass. — Antworten zum 4. Hefte. 8. (40 S.) Ebendas. 874. *

Fix, W., Rechenbuch für Volksschulen. Bearbeitung nach der neuen Münzordnung. 6 Hefte. 8. Münster, Nasse'sche Verlagsh. *

Inhalt:

Heft 1. Uebungen im ersten und zweiten Zehner. (1. Abthl. der Rechenfibel.) 5. und 6. Aufl. (37 S.) 876,79. * 20 Pf.
" 2. Uebungen im vollen Zahlenkreise 1—100. (2. Abthl. der Rechenfibel.) 2.—5. Aufl. (48 S.) 875—77. * 20 Pf.
" 3.a Leichtere Uebungen mit größeren unbenannten oder einsortigen ganzen Zahlen. 2. Aufl. (48 S.) 876. * 20 Pf.
" 3.b Schwerere Uebungen mit größeren unbenannten oder einsortigen Zahlen. 2. Aufl. (40 S.) 876. * 20 Pf.
" 4. Uebungen mit mehrsortigen ganzen Zahlen nebst den Vorübungen zum Bruchrechnen. 2. und 2. Aufl. (64 S.) 876,78. * 30 Pf.
" 5. Die Grundrechnungsarten mit gemeinen und Decimalbrüchen, die Regeldetri und die einfacheren Fälle der Rechnungen des bürgerlichen Lebens. 2. Aufl. (104 S.) 878. * 52 Pf.
" 6. Die Raumrechnung. (48 S. mit 4 Fig.-Taf.) 878. * 40 Pf.

—— Antworten zum 4.—6. Heft des Rechenbuches für Volksschulen. 8. Ebendas. [4. Heft. (40 S.) 874. * 40 Pf.; 5. Heft. (48 S.) 879. * 60 Pf.; 6. Heft. (24 S.) 879. * 40 Pf.]
Antworten zum 1.—3. Heft sind nicht erschienen.

—— Rechenbuch für Volksschulen. Bearbeitung nach der neuen Münzordnung. 1.—6. Heft. 8. [Münster, Nasse'sche Verlagsh.] Paderborn und Münster, F. Schöningh. *

Inhalt:

Heft 1. Uebungen im ersten und zweiten Zehner. (1. Abthl. der Rechenfibel.) 7. Aufl. (36 S.) 882. * 20 Pf.
" 2. Uebungen im vollen Zahlenkreise 1—100. (2. Abthl. der Rechenfibel.) 6.—8. Aufl. (48 S.) 880—84. * 20 Pf.
" 3.a Leichtere Uebungen mit größeren unbenannten oder einsortigen ganzen Zahlen. 3. und 4. Aufl. (48 S.) 880,84. * 20 Pf.
" 3.b Schwerere Uebungen mit größeren unbenannten oder einsortigen Zahlen. 3. Aufl. (40 S.) 881. * 20 Pf.
" 4. Uebungen mit mehrsortigen ganzen Zahlen nebst den Vorübungen zum Bruchrechnen. 4. Aufl. (64 S.) 883. * 30 Pf.
" 5.a Die Uebungen mit gemeinen und Decimalbrüchen. 3. Aufl. der neuen Bearbeitung. (52 S.) 882. * 24 Pf.
" 5.b Die Regeldetri und die Rechnungen des bürgerlichen Lebens. 3. Aufl. der neuen Bearbeitung. (108 S.) 882. * 28 Pf.
" 6. Die Raumrechnung. 2. Aufl. (48 S. mit 4 Fig.-Taf.) 880. * 40 Pf.

7. Heft, s. Große, Friedr.

—— Rechenbuch für Volksschulen. Ausg. A. für gehobene Volksschulen. Heft 1, 2, 3a, 3b, 4 und 5a. 8. Paderborn und Münster, F. Schöningh. *

Inhalt:

Heft 1. Uebungen im ersten und zweiten Zehner. (1. Abthl. der Rechenfibel.) 8. Aufl. (36 S.) 885. * 20 Pf.
" 2. Uebungen im vollen Zahlenkreise 1—100. (2. Abthl. der Rechenfibel.) 9. Aufl. (48 S.) 887. * 20 Pf.
" 3a. Leichtere Übungen mit größeren unbenannten oder einsortigen Zahlen. 5. Aufl. (40 S.) 888. * 20 Pf.
" 3b. Schwerere Uebungen mit größeren unbenannten oder einsortigen ganzen Zahlen. 4. Aufl. (40 S.) 886. * 20 Pf.
" 4. Uebungen mit mehrsortigen Zahlen nebst den Vorübungen zum Bruchrechnen. 5. Aufl. (64 S.) 887. * 30 Pf.
" 5a. Übungen mit gemeinen und Dezimalbrüchen. 4. Aufl. (52 S.) 888. * 24 Pf.

Heft 5b und 6. Ebendas. 1882,880. * 68 Pf.; Heft 7, von Friedr. Große, s. XVII. Bd. 1. Abthl. S. 577.

—— dass. — Antworten zum 3.—6. Hefte. 8. Ebendas. [Zu Heft 3a und 3b. (56 S.) 883. * 48 Pf.; Heft 4. 2. Aufl. (40 S.) 887. * 40 Pf.; Heft 5a und 5b. 2. Aufl. (48 S.) 879. * 60 Pf.; Heft 6. (24 S.) 879. * 40 Pf.] *

—— Rechenbuch f. Volksschulen. Ausg. A. 1. u. 2. Heft u. 5. Heft B. 8. Paderb., F. Schöningh. [1. Heft. 9. Aufl. (40 S.) 891. * — 20; 2. Heft. 10. Aufl. (48 S.) 891. * — 20; 5. Heft B. 4. Aufl. der neuen Bearbeitg. (S. 53—108.) 889. * — 28.] * — 68
3. Heft A—5. Heft A u. 6. Heft. Ebd. 1880—88. * 1 14. — 7. Heft v. Friedr. Große, s. XVII. Bd. 1. Abthl. S. 577.

—— Rechenheft für die einfachsten Schulverhältnisse. Ausg. C. 1. und 2. Heft. 8. Ebendas. 886. à Heft * 12 Pf. *

Inhalt:

Heft 1. Für das erste Schuljahr. (24 S.)
" 2. Für das zweite Schuljahr. (24 S.)

Ausg. A. s. oben: Aufgaben für das Kopf- und Zifferrechnen.

—— Schreiblesefibel. Besondere, für den reinen Schreibleseunterricht umgeänd. Ausg. der Handfibel, 1. Abthl. 8. (64 S., wovon 36 lithogr.) Leipzig 867, Amelang's Verlag. *.

—— Schreiblesefibel. Besondere, für den reinen Schreibleseunterricht umgeänd. und erweit. Ausg. der Handfibel, 1. Abtlg. 62.—73. Aufl. Nach der neuen Orthographie hergestellt und durch Einführung lithogr. Schreibschrift verb. 8. (72 S. mit eingedr. Illustr.) Leipzig 880—84, Amelang's Verlag. * 32 Pf.; cart. *

—— Schreiblesefibel. Besondere, für den reinen Schreibleseunterricht umgeänd. und erweit. Ausg. der Handfibel. 1. Abtl. 74.—100. Aufl. 8. (72 S. mit eingedr., zum Theil farb. Bildern.) Leipzig 885—88, Amelang's Verlag. cart. **

— Schreiblesefibel. Besondere, f. den reinen Schreibleseunterricht umgeänd. u. erweit. Ausg. der Handfibel, 1. Abtlg. 106. Aufl. 8. (72 S. m. Illustr.) Leipzig 890. Amelang. geb. n.n. — 42

—— Schreiblesefibel. Besondere, f. den reinen Schreibleseunterricht umgeänd. u. erweit. Ausg. d. Handfibel, I. Abtl. 113. Aufl. 8. (72 S. m. z. Tl. farb. Abbildgn.) Lpz. 892, Amelang. cart. ** — 42

— Schreiblesefibel. Besondere, f. den reinen Schreibleseunterricht umgeänd. u. erweit. Ausg. der Handfibel, I. Abtlg. 120. Aufl. (Mit den f. westfäl. Schulen amtlich vorgeschriebenen Schriftformen.) 8. (73 S. m. Abbildgn.) (Leipzig 894. C. F. Amelang. Kart. n.n. — 42

— Schreiblesefibel. Besondere, f. den reinen Schreibleseunterricht umgeänderte u. erweit. Ausg. der Handfibel, I. Abtlg. 138. Aufl. (Mit den f. westfäl. Schulen amtl. vorgeschriebenen Schriftformen.) 8. (73 S. m. z. Tl. farb. Abb.) Ebd. 902. Kart. n. — 40

— die Territorialgeschichte des brandenburgisch-preußischen Staates, im Anschluß an zehn historische Karten übersichtlich dargestellt. Nebst Geschlechtstafeln u. 1 chronolog. Tab. Berlin 860. Schropp. Lex.-8. (VIII, 146 S. u. 10 lith. Karten in 4. u. Fol.) n. 1 ₰

— die Territorialgeschichte des preußischen Staates im Anschluß an 12 (lith.) historische Karten übersichtlich dargestellt. 2., sehr verm. u. fortgeführte Aufl. Berlin 869. Schropp. gr. 8. (VIII, 272 S.) n. 1 ₰ 10 ngr.

— die Territorialgeschichte d. preussischen Staates, im Anschluss an 12 histor. (chromolith.) Karten übersichtlich dargestellt. 3. Aufl., verm. durch e. Beiheft nebst Uebersichtskarte zur Geschichte der Staaten d. deutschen Reiches. gr. 8. (X, 390 S.) Berlin 884. Schropp. cart. n. 6. —

—— Territorialgeschichte des preussischen Staates. Beiheft. 1. und 2. Lfg. gr. 8. Berlin, Schropp'sche Hof-Landkartenh. *

Inhalt:

Lfg. 1. Begründung des neuen deutschen Reiches unter Preussens Führung; Erweiterung desselben durch Elsass-Lothringen und Darstellung der Entwicklung dieser Lande. (73 S.) 886. * 80 Pf.
" 2. Geschichte der Staaten des deutschen Reiches, als Erläuterung zu einer in Farbendr. ausgeführten Übersichtskarte tabellar. dargestellt. (156 S.) 888. * ℳ 3.20.

Hauptwerk: Ebendas. 1884. * ℳ 6.—.

Fix, W., Uebersichten zur äusseren Geschichte des preussischen Staats. Ein Hülfsbuch für Lehrer und Freunde der vaterländischen Geschichte, zugleich Erläuterungsschrift zu der „Wandkarte zur Geschichte des preuss. Staats." Mit 1 (lith. u.) color. Karte (in gr. Fol.) Berlin 858. Schropp. gr. 4. (VI, 282 S.) n. 2 ß 20 ngr; die Karte allein n. 20 ngr

Fix, W., Uebersichts-Karte zur Geschichte des Preuss. Staats. Berlin, Schropp, 1857. Imp.-Fol. Lith. u. kol.

—, — und der übrigen Staaten des Deutschen Reiches. 2. umgearb. Aufl. 1 : 4500000. Ebda 1890. gr. qu.-Fol. Farbendr. (1 M. 50 Pf.)

— Wandfibel. 16 Lesetafeln im Anschluß an die 1. Abth. der Handfibel. Soest 866. Nasse. Fol. n. 20 ngr

— Wandfibel. 21 Taf. für den ersten Unterricht im Lesen deutscher Druckschrift. 2. verm. und im Format vergrößerte Aufl. gr. Fol. [Münster 880, Nasse'sche Verlagsh.] Paderborn und Münster, F. Schöningh. *

— Wandkarte zur Geschichte des Preuss. Staats, insbesondere seit 1415. Berlin, Schropp, 1858. Imp.-Fol. 9 Bl. lith. u. illum. . . . . (Br. Mus.; RPA.)

— 25 Wandtafeln für den ersten Unterricht im Rechnen. (Zahlenkreis 1—100.) gr. Fol. Soest 867, Nasse's Verlag. In Couvert *

— die weite Welt. Lehr- und Lesebuch für die oberste Stufe des Elementarunterrichts in der Weltkunde. gr. 8. (VIII und 453 S.) Leipzig 865, Amelang's Verlag. *–

— König Wilhelm I. v. Preußen, der deutsche Kaiser. Anh. zum westfäl. Kinderfreunde. gr. 8. (48 S. m. eingedr. Holzschn.) Leipzig 872. Amelang. n. — 20

Fixer, Seb., der Börsenfaust. Dramatische Dichtg. in 1 Akt. 12. (60 S.) Freiburg i/B. 892. F. Wagner. n. — 80

FIXFAXEREIEN bei der Wasserkur. Wien 1787. Kl. 8°. 84 S.

„Hochseltener Wiener Druck, ganz etwas anderes enthaltend als der Titel vermuten lässt!" (2 Mk., tadelloses Expl., Mindestgebot, R. Zinke's Dresdener März-Auction 1906, Nr. 471.)

Fixfaxereien bei der Wassercur. Wien 1787. V: *Perinet, Joachim.* (G. Gugitz, J. Perinet, S. 163) (BIBLPORT)

Fixirung, über die, u. Ablösung der Grundlasten bei kirchl. Stiftungen u. Pfründen auf den Grund des bayer. Ablösungsgesetzes v. 4. Juni 1848. [Abdr. der v. Seiten d. Erzbischöfl. Ordinariates München-Freysing u. and. Bischöfl. Ordinariate hierüber erlass. Instruction an die Geistlichkeit.] gr. 8. (64 S.) Regensburg 848, Manz. 1/4 ß

Fixirung, über, der Besoldungen und Einziehungen aller Sporteln. 8. Nürnb. Grattenauer. 798.

Fixlein, d. Quintus, Leben, aus 15 Zettelkästen gezog., nebst einem Mustheil u. einigen Jus de tablette, v. Jean Paul Fr. Richter. 8. Bayreuth, Lübeck. 801.

Fixlmillner, Placidus

— — Acta astronomica Cremifanensia, divisa in partes duas, quarum prior observationes ab anno 1776 ad annum 1791 earum calculos et comparationes cum tabulis etc. 8. Styriae 1791.

— — acta astronomica Cremifanensia, divisa in II Ptes. Cum fig. 8maj. Styriae et Leipz. 793.

Fixlmillner, Placidus, Prof. etc. Decennium astronomicum, continens observationes praecipuas ab anno 1765 ad annum 1775 in specula cremifanensi factas etc. 4. Styriae 1776.

Fixlmillner, Placidus, Professore etc. Meridianus speculae astronomicae Cremifanensis; seu longitudo ejus geographica per magnum illud solis deliquium ipsis calendis Aprilis anni 1764 spectatum, examinatis variorum celebrium locorum observationibus accurate investigata atque inventa, et adiectis pluribus aliis spectaculis caelestibus, ad rem praesentem illustran. (Mit 1 Titelbild und 6 Taf.) 4. Styriae 1765.

Fixlmillner, **Plac., (†d. 27. Aug. 1791.) reipublicae sacrae origines divinae. 4. Styriae 756.**

Fixlmillner, Plac., Specimen scripturisticum seu quaestiones selectae ex priore parte Genesis a mundo condito usque ad mortem Abrahae. Salzburg, 1742, 8°.

Fixmer, Fr.: Die Reblausfrage im Großherzogtum Luxemburg. [Mit 1 Karte.] Grevenmacher: Eßlen 1904. IV, 55 S. -- 121

Fixpunkte, die, d. schweiz. Präcisionsnivellements. — Les repères du nivellement de précision de la Suisse. Hrsg. durch das eidgenöss. topograph. Bureau. 1.–7. Lfg. Fol. (Autogr. m. Fig.) Bern (Schmid & Francke). à n.n. 3. 20

1. Bern — Olten — Zürich. (VII, 48 S.) 894.
2. Stadt Zürich. Zürich — Steckborn — Rheinegg. Rorschach — Heiden — Rheinegg. (VII, 47 S.) 895.
3. Genève — Lausanne — Berne. (VII, 43 S.) 895.
4. Sargans — Rheinegg — Lindau. Altstätten — Gäbris. (VII, 47 S.) 895.
5. Eglisau — Frauenfeld — Bischoffszell — Wil. Frauenfeld — Matzingen — Wil — Wildhaus — Werdenberg. (VII, 50 autogr. S. m. Fig.) 896.
6. Zürich — Siebnen — Oberer Zürichsee. Siebnen — Sargans. Ziegelbrücke — Linththal. (VII, 49 S. m. z. Tl. farb. Fig.) 897.
7. Steckborn — Schaffhausen — Unterhallen. Schaffhausen — Koblenz — Stein — Säckingen. (VII, 55 S. m. z. Tl. farb. Fig. u. 1 Karte.) 897.

Fixpunkte, die, des schweizerischen Präcisionsnivellements. — Les repères du nivellement de précision de la Suisse. Hrsg. durch das eidgenöss. topograph. Bureau. 8.–14. Lfg. Fol. Bern (A. Francke). n.n. 27.20

8. Brugg—Stein—Rheinfelden. Rheinfelden—Buus. Rheinfelden—Brennet—Säckingen. Rheinfelden—Basel. Basel u. Umgbg. Olten—Basel. (V, 59 S. m. z. Tl. farb. Fig. u. 1 Karte.) 898. n.n. 3. 20
9. Lausanne—Villeneuve—St. Gingolph—Villeneuve—Sion—Brigue. (VII, 55 S. m. z. Tl. farb. Fig. u. 1 Karte.) 899. n.n. 4. —
10. Basel — Delémont — Biel — Liss — Zollikofen. Delémont — Delle. Herzogenbuchsee—Biel. (VII, 47 S. m. z. Tl. farb. Fig. u. e. Karte.) 899. n.n. 4. —
11. Sargans — Landquart — Thusis — Surava — Davos — Landquart. Albulapass. Flüelapass. (VII, 63 S. m. z. Tl. farb. Fig. u. 1 Karte). 900. n.n. 4. —
12. Brig — Gletsch — Furka — Andermatt — Schwiz — Pfäffikon. Schwiz—Luzern. Goldau—Rigi. (VII, 67 S. m. z. Tl. farb. Fig. u. 1 Karte.) 901. n.n. 4. —
13. Martinsbruck—Ponte—Silvaplana. Tiefencastel — Julier — Silvaplana — Maloggia — Chiavenna—Splügen—Thusis. (V, 75 S. m. z. Tl. farb. Fig. u. 1 Karte.) 902. n.n. 4. —
14. Luzern—Zug—Sattel. Cham — Bremgarten—Brugg. Aarburg—Emmenbrücke. (V, 55 S. m. z. Tl. farb. Fig. u. 1 Karte.) 902. n.n. 4. —

Fixpunkte, die, des schweizerischen Präzisionsnivellements. — Les repères du nivellement de précision de la Suisse. Hrsg. durch die Abteilg. f. Landestopographie des schweiz. Militärdepartements. 15. u. 16. Lfg. Fol. Bern (A. Francke). à n.n. 4. —

15. Luzern-Stansstad-Buochs-Engelberg. Stansstad-Brünig-Brienz-Bern. Spiez-Kandersteg. Brienzwiler-Grimsel-Gletsch. (V, 77 S. m. z. Tl. farb. Fig. u. 1 Karte.) 903.
16. Nyon - La Cure. Morges - Neuchâtel - Chaumont. Neuchâtel-Les Verrières. Neuchâtel-La Chaux-de-Fonds-Col des Roches. La Chaux-de-fonds-St. Imier-Les Hauts-Geneveys. Neuchâtel-Morat-Rue. (VII, 81 S. m. z. Tl. farb. Fig. u. 1 farb. Karte.) 905.

Fixpunkte. Die F' des schweizerischen Präzisionsnivellements. Hrg. durch die Abteilung für Landestopographie des schweiz. Militärdepartements = Les Repères du Nivellement de précision de la Suisse. Publication du Service topographique du Département militaire fédéral. Liefg. = Livr. 17: Reichenau-Andermatt. Hospental-Bellinzona-Chiasso. Bellinzona-Brissago ⟨Grenze⟩. Brig-Iselle. [Mit vielen Figuren und 1 Karte.] 1907. VIII + 105 S. fol. [Bern, Lith. Armbruster Söhne.] [fr. 5. —]

Fixpunkte. Die F" des schweizerischen Präzisionsnivellements. [Hrg. durch die] Abteilung für Landestopographie des schweiz. Militärdepartements = Les Repères du Nivellement de précision de la Suisse. [Publication du] Service topographique du Département militaire fédéral. Mitteilung der Veränderungen ... an Nivellementspunkten.... Verzeichnis Nº 4 betreffend Lieferungen = Indication des changements survenus aux points de nivellement.... Liste Nº 4 concernant Les Livraisons 1—17. 1907. [Mit vielen Figuren.] I + 19 Bl. fol. Bern, Lith. Armbruster Söhne.
Zum Ausschneiden und Überkleben.

Fixson, Carol., de linguae raninae textura disquisitiones microscopicae. Dissertatio inauguralis. gr. 8. (40 S. mit Stnt.) Dorpat 857. (Mitau, Reyher'sche Verlagsh.) *

Fixsen, J. H., Lepidopterenverzeichniss der Umgegend von St. Petersburg, siehe: Bulletin de la société Imp. des naturalistes de Moscou, tome XXII, 2. partie.

Fixson, Karl, Räuber d. Vernunft od. 6 Jahre geistig lebendig begraben. E. neuer Justizmord auf d. Gebiete d. Entmündigungswesens weg. angedicht. Geisteskrankheit; e. Zeit- u. Sittengemälde Preußens u. Deutschlands am Ende d. 19. Jahrh. 8. (VI, 103 S.) Berlin 897. (P. Kusahl.) n. 1. —

Fixson, Th., Bilder aus der Kirchengeschichte f. höhere Mädchenschulen u. Mittelschulen. gr. 8. (62 S.) Treptow 903. O. Hartung's Nachf. Kart. n.n. — 60

Geschichte der Loge Friedrich zur wahren Freundschaft im Or. zu Konitz. Zur hundertjährigen Jubelfeier nach den im Archiv der Loge vorgefundenen Quellen bearb. durch Th[eod.] Fixson. [Konitz 1890.] 30 S. 1 Taf. 8°
Die Taf. enth. eine Zsstellung der Beamten von 1790—1890. 23.

Fizeaux, David (Leipzig), De iniquitate legum Romanarum remissionem cautionis usufructuariae testatori denegantium. Diss. jur. Präs. Carl Ferdinand Hommel. Lpz. (Langenheim) 12. IV. 1764. 40 S. (5.—) 8989
Gewidm.: Jacob Le-Coq. — Widm. v.: Präs., Christian Schmidel.

Fizes, Ant., De morbis capitis externis. Jen. 4°. 1751

Fizherbert, des Lords, u. sein. Freunde Gesch., od. d. verkannte Liebe, nach d. Franz. 8. Lpz. Weygand. 790. Rthlr.

(F) Fizia, B., Die Krankenpflege im Hause und im Spital. Ein Leitfaden für Krankenpflegerinnen. 8°. (ill. VIII, 252 S.) Graz, Moser 1908. geb. K 3.—

Fizia, Bernh., die Krankenpflege im Hause u. im Spitale. Ein Leitfaden f. Krankenpflegerinnen. 2. verm. Aufl. (XI, 296 S. m. 14 Abb.) kl. 8. Graz 911. U. Moser. Geb. in Leinw. 3. —

— Die Pflege bei Augenkrankheiten m. besond. Berücksicht. des Trachoms. — Die Pflege bei Geisteskrankheiten. Zugleich „Anhang“ zur 1. Ausg. v. „Die Krankenpflege im Hause u. im Spitale“. Ein Leitfaden f. Krankenpflegerinnen. (48 S.) kl. 8. Ebd. 911. — 50

Fizion, Joh., Cronica Unnd Grindtliche beschreibung des Hailligen Römischen Reichs Statt Reüttlingen Erster Anfang, Und Ursprung wie selbige Erstmals Alles sie noch ein Dorff Von Graffen Uff Achel einbewohnt Und besessen worden, Darnach Von selbigen Graffen Uff die Herzogen in Schwaben gelangt Und Kommen, Und wie sie Endlich von Kayser Friderich dem II. diss Namens, Und Herzogen in Schwaben Erbaut, Und auss einem dorff zur Stadt gemacht Und erhaben worden. gr. 8. (XXIII und 296 S.) Stuttgart 862, Mäcken.

Fizosborne, Thom., Briefe über versch. Mater. a. d. Engl. gr. 8. Zürich, Orell. 754.

Fizroy, Heinrich, u. Aemilie Spencer, e. Geschichte; aus d. Engl. 2 Thle. 8. Leipz. 776. Kummer. 16 gr.

Flaak, Adolf [app. Arzt aus Volzendorf in Hannover]: Beiträge zu der Lehre von den Labyrinthnecrosen ... Göttingen, Druck d. Dieterich'schen Univ.-Buchdr., 1893; 34 S., 1 Tab. 8.
Göttingen, Med. Fak., Inaug.-Diss. v. [28. Juni] 1893

Flaak, Adf., Beiträge zu der Lehre v. den Labyrinthnecrosen. Diss. gr. 8. (34 S. m. 1 Tab.) Göttingen 893. (Vandenhoeck & Ruprecht.) n. 1. —

Flaad, K., Gesamtbericht über die Thätigkeit des Instruktors des milchwirtschaftl. Vereins vom 1. Oktbr. 1882 bis zum 1. Oktbr. 1886. 8. (29 S.) Bremen 887, Heinsius Nachf. *

Flaccus, Q. Horatius —. Carmina selecta. Edidit atque interpretatione in usum scholarum accommodata instruxit C. J. Grysar. Volumen I. 8. (CXXXIV, 166 pag.) Vindobonae. Sumptibus et typis Caroli Gerold et fili'. 1853.

Qu. Horatius Flaccus' Werke, übersetzt von Joseph Nürnberger. 2 Bde. Prenzlau 1827—1831. 8°.

Regierungsbez. Frankfurt a. O. Entfernungs- und Reise-Karte des Kreises Landsberg a. W. Angef. nach amtl. Material durch d. Kgl. Katasterzeichner [Ludwig] Flaccus. Massst. 1:75,000. *Frankfurt a. O.: Trowitzsch & Sohn [1901].* (1 Kartenbl. 98×68 cm.) 4° [kol.] [01. 3376

Flach, Arth. Beitrag zur operativen Behandlung der Trigeminus-Neuralgieen m. Beschreibg. der Kocher'schen Operationsverfahren. Diss. gr. 8. (69 S. m. 3 Taf.) Bern 892, (Körber). * 2 —

Flach, Auguste, Lustspiele für die Jugend zur Ausführung bei Schul- und Familienfesten, nebst einem Anhang von Gelegenheitsgedichten. 16. (86 S.) Cassel 886, Keßler. *

Flach, C., s. Flach, K.

Flach, Ch., Entscheidungen des herzogl. nassauischen Oberappellationsgerichts zu Wiesbaden, s. a. Entscheidungen.

Flach, Cph., Entscheidungen d. Herzoglich Nassauischen Oberappellationsgerichts zu Wiesbaden über wichtigere Streitfragen des Civilrechts. 1. u. 2. Thl. gr. 8. Gießen 842, 44, Ferber. (à 5/6 Rthlr) 1 2/3 Rthlr

Flach, Chrstph., Erläuterungen zum Prozeßgesetze des Herzogth. Nassau vom 23. April 1822, mit 2 Anhängen über das Verfahren bei der Hülfsvollstreckung u. bei d. Concurse der Gläubiger. gr. 8. Wiesbaden 837. Haßloch. 1 Rthlr

Flach, E., Gedanken über eine Reform unseres Mittelschulwesens. (63 S.) Würzburg 1888. Stuber.

Flach, Ernst (geb. Pillau [8. 5. 1846]): Thesen. Berlin (1870). (2 Bl.) 8°
Berlin, Med. Thes. v. 25. Juli 1870

Flach, Geo., le notariat en Alsace-Lorraine. Etude historique et critique. gr. 8. (II, 125 S.) Strassburg 874. Noiriel. n. 2. 40

Flach, Georg Ludwig (Bartheldfeld/Hannover), De praescriptioni contrariis. Präs. Augustin Leyser. Helmstedt (P. D. Schnorr) 7. II. 1728. 16 S., tlws. dtsch. (3.50) 8990

Flach, Hans, s. a. Flach, Johannes

Flach, Hans, das dialektische Digamma des Hesiodos. gr. 8. (VII, 77 S.) Berlin 876, Weidmann'sche Buchh. *

Flach, H., Das nachhesiodische Digamma. S.-A. s. a. 71 S.

—— die Kaiserin Eudocia Macrembolitissa. Eine Skizze aus dem byzantin. Gelehrtenleben des 11. Jahrh. Vortrag gehalten im Königsbau zu Stuttgart. gr. 8. (38 S.) Tübingen 876, Fues'sche Sortimentsh. *

Flach, Hans, die Hesiodischen Gedichte. 8. (XXXII, 100 S.) Berlin 874, Weidmann'sche Buchh. *

Flach, Hans, Geschichte der griechischen Lyrik, nach den Quellen dargestellt. 2 Abthlgn. gr. 8. Tübingen, Fues. [1. Abthl. (XVI, S. 1—358.) 883. *ℳ 6,40.; 2. Abthl. (XIII, S. 359—698.) 884. *ℳ 6,60.] *

— Glossen u. Scholien zur Hesiodischen Theogonie m. Prolegomena. gr. 8. (XVI, 432 S.) Leipzig 876. Teubner. n. 8. —

Flach, H., die beiden ältesten Handschriften des Hesiod u. ihre Bedeutung für die Textkritik. [Vortrag in der kritisch-exegot. Section in Tübingen.] Dazu e. (phototyp.) Fcsm. d. Cod. med. XXXI, 39 Oper. et D. V. 142—161. gr. 8. (32 S.) Leipzig 877. Teubner. n. 1. 20

Flach, H., De veteris Graecorum hexametri hiatu et digammo. Diss. 1867. 81 S.

Flach, H., Jahresbericht über die im Jahre 1877 veröffentlichten, auf die nachhomerischen griechischen Epiker bezüglichen Arbeiten. S.-A. o. O. 1877. 18 S.

—— Der deutsche Professor der Gegenwart. 2. Aufl. Leipzig 1886. 8. . . . . . (D.)

SILHOUETTEN, Akademische, von einem Chinesen. (Vf.: *Hans Flach.*) Berlin, o. J. (1888). Anon.-Lex. V. p. 270 (nach Erman & Horn).

[Flach, Hans,] Der deutsche Student der Gegenwart. Von dem Verfasser der Akadem. Carrière der Gegenwart. Berlin 1887. 8. Eckstein'sche Flugschr.-Samml. Nr. 2. . . . . (D.)

— das System der hesiodischen Kosmogonie. Dazu e. Plan, enth. die Vorstellg. Hesiods v. Himmel, Erde u. Tartarus. [in der Kosmogonie.] (Holzschntaf.) gr. 8. (V, 134 S.) Leipzig 874. Teubner. n. 2. 80

— der Tanz bei den Griechen, s. a. Sammlung gemeinverständlicher wissenschaftlicher Vorträge.

FLACH, H., Der Tanz bei den Griechen. Berlin 1880. 8°. (60 Pfg. P. Neubner, Cöln, c. 1890.)

— das griechische Theater. Ein populär-wissenschaftl. Vortrag [geh. im Tübinger Museum]. Mit 2 lith. Abbildungen in Tondr.: a) Plan des Dionysostheaters v. Athen, b) das griech. Theater nach dem Entwurf v. Strack. gr. 8. (44 S.) Tübingen 878. Fues. n. 2. —

—— die Hesiodische Theogonie mit Prolegomena. gr. 8. (IV, 105 S.) Berlin 873, Weidmann'sche Buchh. *

— Untersuchungen über Eudokia u. Suidas. Dazu Index der v. Eudokia citirten Autoren. gr. 8. (VIII, 192 S.) Leipzig 879. Teubner. n. 4. 40

Flach, H., Untersuchungen über Hesychius Milesius. S.-A. 1879. 45 S.

—— Württemberg und die Philologie. 1. und 2. veränd. Aufl. gr. 8. (31 S.) Stuttgart 884, Metzler'sche Buchh. *

Flach, Heinr., Bilder aus der Schweizergeschichte, s.: Rüegg u. Schneebeli.

Flach, H[einrich]. Vor hundert Jahren. Denkschrift zur Erinnerung an den Untergang der alten Eidgenossenschaft und die Helvetik. Verfasst von Dr. H. F. Illustrirt von K[arl] Jauslin. 8. Zürich (1898).

Flach, Heinrich s. Küsnacht am Zürichsee. Zürich 1900.

Flach, Heinr. [von Wädensweil]: Dr. Albrecht Rengger; ein Beitrag zur Geschichte der helv. Revolution und der Helvetik. I. Teil. Aarau 1898. IX, 228 S. 8°. Zürich. Phil. Diss. I. S. 1898/99.

Flach, Heinr., Dr. Albrecht Rengger. Ein Beitrag zur Geschichte der helvet. Revolution u. der Helvetik. 1. Tl. gr. 8. (IX, 228 S. m. 1 Bildnis.) Aarau 899. H. R. Sauerländer & Co. n. 3. —

Flach, J., s.a. Flach, Johannes.

Flach, J.: Eine alte Jungfer, in: Hirschfeld, H.: Der Dreissigste. 1893.

Flach, Jacques, Strasbourg après le bombardement. 2. Octbr. 1870—30. Septbr. 1872. Rapport sur les travaux du comité de secours Strasbourgeois pour les victimes du bombardement. Approuvé en assemblée générale du 30. decbr. 1872. gr. 8. (VIII, 160 S. m. e. Tabelle in qu. 4.) Strassburg 873. (Noiriel.) n. 2. 40

— Strassburg nach der Beschiessung. 2. Octbr.—30. Septbr. 1872. Bericht üb. die Wirksamkeit d. Strassburger Hülfs-Comités im Interesse der Beschiessungsopfer. Vom Comité in seiner General-Sitzung vom 30. Dec. 1872 genehmigt. Ins Deutsche übertr. v. Fr. Walther. gr. 8. (XI, 79 S. m. einer Tabelle in qu. 4.) Ebend. 873. n. 2. 40

— Joh. Jos. (Wezlar), De eo quod justum est circa mandatarium fines mandati excedentem. Diss. jur. Marburg (Ph. Cas. Müller) Okt. 1752. 20 S. (4.50) 8992

Flach, Johannes, s.a. Flach, Hans.

Flach, Johs. v., Agape. Altgriechische Novellen. 8. (249 S.) Leipzig 885 Friedrich. n. 3. —

— s.: Chronicon Parium.

—— die Einheitsschule der Zukunft. Ein Mahnwort für Alle. 8. (40 S.) Leipzig 887, [Schloemp.] Freund. *

— Geschichte der griechischen Lyrik, nach den Quellen dargestellt. gr. 8. (XXIX, 698 S.) Tübingen 883. 84. Fues. n. 13. —

Flach, Johs. Ein versinkendes Geschlecht. . Roman. 8. (235 S.) Lpz. 890, Danz. * 2 50

— Glycerion. Eine pergamen. Novelle. 8. (IV, 82 S.) Tübingen 884. Osiander. n. 2. —

— der Hellenismus der Zukunft. Ein Mahnwort. 8. (51 S.) Leipzig 888. Friedrich. n. 1. —

Flach, Johs., der Hellenismus der Zukunft. Ein Mahnwort. 2. (Titel-)Aufl. gr. 8. (VI, 51 S.) Leipzig 891. W. Friedrich. n. 1. —

Die Akademische Carriere der Gegenwart. [Vf.: Joh. Flach.] Neue, vielfach verm. u. verb. Aufl. *Leipzig: W. Friedrich [o. J.]* (63 S.) 1 Bd 8. [98. 100(?) Bo

Flach, Johs., Klassizismus oder Materialismus? 2. (Titel-) Ausg. gr. 8. (49 S.) Leipzig (886)887, Reissner. *

—— Musarion. Eine academ. Novelle. 8. (82 S.) Leipzig 885, Unflad. *

Flach, Johs., Peisistratos u. seine litterarische Thätigkeit. gr. 8. (42 S.) Tübingen 895. Fues. n. 1. 20

—— der deutsche Professor der Gegenwart. 8. (VIII, 259 S. mit autotyp. Bildern.) Leipzig 886, Unflad. *

—— dass. — 2. Aufl. 8. (VIII, 259 S. mit autotyp. Bildern.) Ebendas. 886. *

— die Reform der Universitäten. 8. (IV, 48 S.) Hamburg 888. Verlagsanstalt u. Druckerei, A.-G. n. — 80

— Sappho. Griechische Novelle. 8. (142 S.) Leipzig 886. Reißner. n. 2. —

— zeitgemäße Schulfragen. gr. 8. (IV, 57 S.) Braunschweig 888. Bruhn's Verl. n. — 80

—— der deutsche Student der Gegenwart, s. Flugschriften-Sammlung, Eckstein'sche, Nr. 2.

— vergeblich gerungen. Eine Erzählg. 8. (220 S.) Wurzen 888. Kiesler. n. 3. —

— Württemberg u. die Philologie. 2. veränd. Aufl. gr. 8. (31 S.) Stuttgart 884. Metzler's Verl. n. — 60

— die Zukunft Deutschlands. gr. 8. (56 S.) Leipzig 888. Reißner. n. 1. —

FLACH, Josephine

—— durch Kampf zum Ziel, s. Bachem's Roman-Sammlung.

Flach, Josephine, Fürst u. Bettler. Frei nach dem amerikan. Original d. Mark Twain. 8. (180 S.) Konstanz 887. Verlag der „Deutschen Heimat". n. 2. —

Flach, Josephine, Gabriele. Novelle. 8. (273 S.) Köln 882, Bachem.

— unter der Herreneiche. Roman. 8. (VII, 434 S.) Ebend. 881. 4. 20; geb. n. 5. 50

Flach, Josephine, Herzenswirren, s.: Bachem's Novellen-Sammlung.

—— eine alte Jungfer, s. Familienfreund.

Flach, Josephine, Gräfin Magda, s.: Roman- u. Novellenschatz.

— Wogen d. Lebens. Roman. 8. (V, 372 S. m. demigr. Portr.) Salzburg 887. Pustet. 3. 60; geb. n. 5. —

Flach, K., die Käfer der unterpleistocänen Ablagerungen bei Hösbach unweit Aschaffenburg, beschrieben. gr. 8. (13 S. mit 2 lithogr. Taf.) Würzburg 884, Stahel'sche Universitäts-Buchh. *
Aus: Verhandlungen der physikal.-medicinischen Gesellschaft in Würzburg, besonders abgedruckt.

Flach, C., die Molluskenfauna von Aschaffenburg, nebst Beiträgen zur Fauna des Spessarts. gr. 8. (24 S.) Würzburg 886, Stahel'sche Universitäts-Buchh. *
Aus: Verhandlungen der physikalisch-medicinischen Gesellschaft zu Würzburg, besonders abgedruckt.

Flach, M., J., kleiner Führer durch Biedenkopf u. nähere Umgebung. Eine Ergänzg. zum „Führer durch das Hinterland". 12. (35 S. m. 2 Plänen.) Marburg (899). N. G. Elwort's Verl. n. — 60

Kleiner Führer durch Biedenkopf und nähere Umgebung. Eine Ergänzung z. 'Führer durch d. Hinterland.' Von **M. J. Flach.** Mit 2 Pl. *Marburg: N. G. Elwert (1900).* (42 S.) 8° [illegible] 4

FLACH, RUPERTUS: Verborgene Schönheit des dritten Ordens eines heiligen Seraphischen Vatters Francisci, entdecket in einer Lob- und Ehren-Rede der heiligen Elisabeth ... gehalten ... zu Raab ... den 19. Novemb. anno 1753. (Jaurini 1753: Druck. Streibig) 20 S. - 4°
- Dass. Raab 1754. Druck. Streibig. 20 S.

FLACH, RUPERTUS: Inwendige Zierde und Herzlichkeit der Tochter des Königs ... welche in einer Lob- und Ehren-Rede am Fest der heiligen Elisabeth königlichen Prinzessin aus Ungarn ... zu Raab in der Kirche ... S. Stephan den 19. November anno 1753. vorgetragen von Rupertus Flach. Raab 1754: Druck. Streibig. 20 S. o. F.

Flach, S., Einheitsschule der Zukunft. (40 S.) Leipzig 1887. Schloemp.

Flachat, E., und J. Petiet, Anweisung f. Locomotiven-Führer zur Führung u. Behandl. d. Locomotiv-Dampfmaschinen. N. d. Franz. u. mit Zusätzen vers. v. J. Ed. Heß. 8. ($10^1/_4$ B.) Magdeburg 841, Heinrichshofen.

Flachat, E., die Fabrikation des Eisens, s. Fabrikation.

FLACHAT, E., A. BARRAULT, et J. PETIET.
Fabrikation (Die) des Eisens. Drei Lieferungen mit Atlas in Imp. folio. Leipzig, 1847–51. 4to. Ill.

Flachat u. Petiet, Führer für Dampfwagen-Conducteure, oder theoret.-prakt. Bemerkungen über Einrichtung, Unterhaltung u. Führung der Locomotiven, nebst vielen andern Bemerkk., Tabb. rc. Mit 63 lithogr. Taf. Aus d. Franz. von K. Hartmann. 16. Augsb. 840. v. Jenisch u. Stage'sche Buchh. $1^1/_2$ ℔

— Handbuch für Locomotiven-Führer, s. a. Schauplatz der Künste u. H. 127. Bd.

Flachat, E. und J. Petiet. Handbuch für Lokomotiven-Führer. Aus dem Franz. von Hartmann. 2. A. Weimar 1846.

Flachat, Jean Claude. Untersuchungen zur Beförderung der Handlung, Künste, Handwerker ... A. d. Franz. Hamb. u. Leipz. 1767—68. Ü: *Wilke, Christian Heinrich.* (Milchs)

Flachat, J. C.: „Untersuchungen zur Beförderung der Handlung, Künste, Handwerke, Haushaltungs- und Cameralwissenschaft", aus dem Französischen, 2 Bände, Leipzig 1767 (Gleditsch).

Flachat, J. C., Untersuchung zur Beförder. d. Handlung, Künste, Handwerke rc., auf seinen Reisen durch Europa angestellt; aus d. Französ. 2 Thle. 8. Leipz. 767. (Brockhaus). 1 ℔ 8 ℊ

Flachat, Steph., Industrie, s. a. Industrie.

Flachat, St. Industrie. [illegible] Beschreibung der europäischen Industrie. In das Deutsche übertragen unter der Leitung von Fr. Pohl. 1. Abth.: Ausstellung der Erzeugnisse der französ. Industrie 1834. 4.

Fläche, die. Entwürfe f. decorative Malerei, Placate, Buch- u. Druckausstattg., Vorsatzpapier, Umschläge, Menu- u. Geschäftskarten, Illustrationen, Tapeten, Schwarz-Weisskunst, Textiles f. Druck u. Weberei, Schablonen, Bleiverglasgn., Intarsia, Stickerei, Monogramme, Kleiderschmuck etc. Hrsg. v. Felician Baron Myrbach, Jos. Hoffmann, Koloman Moser, Alfr. Roller. 1. Bd. 12 Hfte. schmal Fol. (à ca. 16 farb. S.) Wien, A. Schroll & Co. à Hft. n. 2. —

Fläche, die. Dekorative Entwürfe. Neue Folge. Hrsg.: Bertold Löffler. 2. Bd. 1. Heft. (16 farb. Bl.) 32×21 cm. Wien (910). A. Schroll & Co. In Mappe 5. —

Flächendecorationen im modernen Stil. 1. Serie. gr. Fol. (18 Taf. m. 1 Bl. Text.) Wien (902). F. Wolfrum & Co. In Mappe n. 10. —

Flächeninhalt. Communalverbände, Wohnstätten, Haushaltungen und Bewohner der einzelnen Kreise, Bezirke und Provinzen des preussischen Staates nach dem Ergebniss der Volkszählung vom 1. December 1880. Zusammengestellt vom Königlichen statistischen Bureau in Berlin. (Berlin. 1881.) Siehe in: Zeitschrift des Königlich Preussischen Statistischen Bureaus. Jg. 21. 4°. P 204

Flächenkunst, moderne. Folge der modernen Textilkunst. Monatshefte f. die gesamte dekorative Flächenverzierg. Hrsg. v. Oso. Haebler. 2. Jahrg. 1905/1906. 12 Hefte. (72 z. Tl. farb. Taf.) 4. Plauen, Ch. Stoll. n. 36. —
Jhrg. 1. s.: Textilkunst, moderne.

— dasselbe. 3. Jahrg. 12 Hefte. (72 z. Tl. farb. Taf.) 4. Dresden 906. 907. (Gewerbe-Buchh.) n. 36. —

Flächen-Muster. Arbeiten aus einem Kursus von Alfred Mohrbutter. Berlin: Wasmuth (1903). 10 gez. Bl. gr.2° [10. 1349

Flächen-Muster in neuzeitlichem Charakter, entworfen im Atelier O. Haebler. (16 Taf.) 32×48,5 cm. Plauen (907). Ch. Stoll. In Mappe 18.—; farbig 24. —

Flächenornamente, zehn. Hrsg. vom Vereine deutscher Zeichenlehrer. 1. u. 2. Abtlg. 4. (à 10 z. Tl. farb. Taf.) Stade 888. Pockwitz. n.n. 2. 70
1. n.n. 1. 20 — 2. n.n. 1. 50.

Flaecher, Franz, aus Biberach a. d. Riß i. Württ.: Ueber p-Methoxyphenyllutidin und p-Methoxyphenyllutidindicarbonsäure. *Heidelberg 1903: K. Rößler.* (48 S.) 8°
Heidelberg, Naturw.-math. Diss. v. 1903

Flächer, Karl, a. Aalen: Aus der Tübinger Universitäts-Augenklinik. Bericht über die Wirksamkeit der Universitäts-Augenklinik in Tübingen in der Zeit vom 1. Januar bis zum 31. Dezember 1904. Tübingen 1906: H. Laupp jr. (27 S.) 8°
Tübingen, Med. Fak., Ref. Schleich, Diss. v. 4. Febr. 1906
[Geb. 16. Febr. 80 Aalen; Wohnort: Stuttgart; Staatsangeh.: Württemberg; Vorbildung: Gymn. Ulm Reife M. 98; Studium: München 3, Tübingen 8 S.; Coll. 29. Dez. 05; Approb. 1. Jan. 06.]

Flachmann, F. W., (eigentl. F. Andr. W.), († d. 4. Sept. 1820.), s. Musterpredigten übe alle Evangelien u. Episteln.

Flachmann, J.: Anregungen für das neue zürcherische Notariatsgesetz, s. Zeitfragen, Schweizer. H. 128.

Flachmodelle. Modelle zum Ausschneiden u. Zusammensetzen zum Selbstunterricht f. die reifere Jugend u. Lehrlinge. Hrsg. v. Otto Robert. A. Maschinenbau. I u. II. 31×22 cm. Ravensburg, O. Maier. 1. 30
I. Dampfmaschine (m. Schiebersteuerung), liegend. Von Wilh. Mayer. (3 farb. Taf. m. 7 S. Text.) (910.) — 60
II. Dampfturbine. Von Wilh. Mayer. (5 farb. Taf. m. 5 S. Text.) 910. — 70

— dasselbe. B. Elektrotechnik. III. 31×32 cm. Ebd. — 60
III. Dynamomaschine. Von Kurt Riemenschneider. (4 farb. Taf. m. 11 S. illustr. Text.) (910.) — 60
I u. II sind noch nicht erschienen.

v. Flacho, A., meine Beobachtt. über d. Kuhpockenimpfung. 8. Kempt. 801. Dannheimer. 2 gl.

Flacho, Jh. Const., († nach 1803.) meditationes sacrae pro quovis anni die. III Ptes. 8. Constanz 789. 90.

Mx 315 (7) Karl Flacho

De memorabili quodam cordis Morbo. Augustae (1818:) Geiger. XXXII S. 8°
Landshut, Med. Diss. v. 12. Aug. 1818

Flach-Ornamente. Ein Musterbuch für Dessinateure, Fabrikanten von Tapeten, Geweben, Teppichen u. A. (In 25 Lfgn.) 1.—13. Lfg. gr. 4. (à Lfg. 6 Taf., zum Theil 2 in Farbendr.) Stuttgart 884, Engelhorn. à Lfg. *M 1. *

Flach-Ornamente. Ein Musterbuch für Dessinateure, Fabrikanten von Tapeten, Geweben, Teppichen u. A. 14.—25. (Schluss-)Lfg. Fol. (à Lfg. 6 Taf., wovon 2 in Farbendr.) [Stuttgart 885, Engelhorn.] Leipzig, M. Spohr. à Lfg. *M 1.—. *
1.—13. Lfg. Ebendas. 1884. à Lfg. *M 1.—.

Flach-Ornamente, Japanische. Mit 48 Taf. In-8°. 36 S. Aarau, Emil Wirz Verlag. 10 —
** Fernschau. V. Band.

Flachornamente, neue, hergestellt m. dem Photo-Guillochier-Apparat D.R.P. No. 188801. (32 Taf. m. III S. Text.) 33×25,5 cm. Plauen 909. Ch. Stoll. In Mappe 18. —

Flach- u. Hinderniss-Pferde in Training. Hrsg. von d. Red. d. 'Start'. (Deutschland, [1. 2.]) 1900–01. [Mehr nicht erschienen.] Berlin: B. Fürstenheim 1900–01. 2 Bde 8° [F.]
[Umschlagt.:] Pferde in Training. [06. 4088

Flachs u. Hanf, oder gründl. Belehrung üb. den vortheilhaften Anbau, die beste Bearbeitung u. Anwendung d. Flachses u. Hanfes. 8. Quedlinburg 826, Basse.

Flachs u. Leinen. Mittheilungen des Verbandes der österr. Flachs- u. Leinen-Interessenten. Schriftleiter: E. v. Stein. 1. Jahrg. Mai—Decbr. 1894. 8 Nrn. (2 Bog.) gr. 4. Trautenau. Wien, F. Deuticke. n. 4. —

Flachs u. Leinen. Mitteilgn d. Verbandes d. österr. Flachs- u. Leinen-Interessenten. Schriftleiter: E. v. Stein. 2.—5. Jahrg. 1895—1898. à ca. 12 Nrn. (à ca. 2 Bog.) gr. 4. Trautenau. (Wien, F. Deuticke.) à Jahrg. n. 6. —

Flachs u. Leinen. Mittheilungen, hrsg. vom Verbande der österreich. Flachs- u. Leinen-Interessenten in Trautenau. Schriftleiter: E. v. Stein. 6.—9. Jahrg. 1899—1902. à ca. 12 Nrn. gr. 4. (à ca. 20 S.) Trautenau. (Wien. F. Deuticke.) à Jahrg. n. 6. —

Flachs u. Leinen. Mitteilungen, hrsg. vom Verbande der österreich. Flachs- u. Leinen-Interessenten. Schriftleiter: E. v. Stein. 10.—13. Jahrg. 1903—1906. à 12 Nrn. (à Jhrg. ca. 150 S.) 4. Trautenau (Wien, F. Deuticke.) à Jhrg. n. 6. —

Flachs u. Leinen. Mitteilungen, hrsg. vom Verbande der österr. Flachs- u. Leinen-Interessenten. Schriftleiter: E. v. Stein. 14—17. Jahrg. 1907—1910. à 12 Nrn. (à ca. 16 S.) 31×22,5 cm. Trautenau. Wien, F. Deuticke. à Jhrg. 6. —

Flachs, Magister; e. Operette in 5 Akten, (von Karl Gr. Fr. v. Scheler). 8. Berl. 790.

Flachs, Martin, eine Geschichte des achtzehnten Jahrhunderts. Leipz. 1775—76. V: *Schöpfel, Joh. Wolfg. Andreas.* (Ky) (MGT) (Fiker)

Flachs, Adf., Dragan Bratow. Ein Roman aus Bulgarien. 8. (319 S.) Berlin (899). J. Räde. n. 2. 50; geb. n. 3. —

— rumänische Hochzeits- u. Totengebräuche. 8. (68 S.) Berlin 899. Schöneberg, O. Minuth. n. 1. 50

— die Nonne v. Ghioceni u. andere rumänische Geschichten, s.: Roman- u. Novellen-Schatz.

[F.] Der erste Patient. Schwank in 1 Akt v. A[dolf] Flachs. *Berlin: E. Bloch [1894].* (29 S.) 1 Bd 8.
= Theater-Korrespondenz, Eduard Blochs. No 204. [94. 1010

— ein gebeizter Schurke. Übermütige Geschichten. Umschlagzeichnung v. G. Brandt. 12. (154 S.) Berlin (899). Schöneberg, G. Minuth. n. 1. 50

Flachs, Alexander [dipl. techn. Chemiker aus Galatz, Rumänien]: Über das Bitumen des Reutlinger Schiefers, ein Beitrag zur Theorie der Erdölbildung. Basel 1902. 52 S. 8°.
Basel. Phil. Diss. 1901/1902.

Flachs, *Friedrich August* Bernhard [aus Falkenberg i./M.]: Über die in der chirurgischen Klinik zu Greifswald zur Zeit geübte Wundbehandlung. . . . Greifswald, Druck v. J. Abel, 1891; 35 S. 8°
Greifswald, Med. Fak., Inaug.-Diss. v. 25. März 1891

Flachs, E. G., Vortrag göttl. Wahrheiten in Predigten. 8. Dresd. Gerlach. 780.

Flachs, Friedrich Erdmann (Dresden), De atresia ani congenita. Diss. med. Lpz. (Staritz) 27. VI. 1834. 42 S. u. 2 Taf. Abbild. (M. Kranz delin.) (4.50) 8994
Gew.: Friedr. Aug. v. Ammon.

Flachs, Hans, s.: Simmen, Fr.

[F.] In der Fremde. Erzählg v. M[arie] Flachs. M. 3 Vollbild. *Berlin: A. Weichert [1898].* (96 S., 3 Taf.) 1 Bd 8.
= Wochen-Bibliothek, Weichert's. Bd 50. [99. 300

[F.] Ketten. Roman v. M[arie] Flachs. M. 3 Vollb. *Berlin: A. Weichert [1897].* (96 S., 3 Taf.) 1 Bd 8.
= Wochen-Bibliothek, Weichert's. Bd 6. [97. 3459

Mutterseelenallein. Roman von Marie Flachs. *Berlin: A. Weichert [1899].* (95 S.) 8° [F.]
= Wochen-Bibliothek, Weichert's. Bd 27. [00. 751

[F.] Auf der Schattenseite. Roman v. Marie Flachs. M. 3 Vollb. *Berlin: A. Weichert [1897].* (95 S., 3 Taf.) 1 Bd 8.
= Wochen-Bibliothek, Weichert's. Bd 15. [97. 3459

Flachs, Rich., die geschlechtliche Aufklärung bei der Erziehung unserer Jugend. (66 S.) gr. 8. Dresden 906. A. Köhler. n. 1.20

Flachs, Richard [aus Dresden]: Ueber einen Fall von Melanosarkom. Ein Beitrag zur Casuistik der Geschwulstlehre. . . . München, Druck v. M. Ernst, 1889; 23 S. 8°
München, Med. Fak., Inaug.-Diss. v. 1889

— Kindespflege i. d. ersten Monaten. Vortrag, geh. b. Gelegenheit d. Ausstellg. v. Erzeugn. f. Kinderpflege, Ernährg. u. Erziehg. in Dresden Sommer 1895. [Aus: „Für Haus u. Schule".] gr. 8. (11 S.) Ebd. 895. — 50

Flachs, Rich., die Pflege des Kindes im ersten Lebensjahre. gr. 8. (62 S.) Dresden 900. O. V. Böhmert. Geb. in Leinw. n. 3. —

— warum lassen wir unsere Kinder impfen?, s.: Volksschriften, Dresdner. Nr. 3.

Flachs, R., wie schützen wir uns. Kinder vor Diphtherie? Vortrag, geh. b. Gelegenheit d. Ausstellg. v. Erzeugnissen f. Kinderpflege, Ernährg. u. Erziehg. in Dresden Sommer 1895. [Aus: „Für Haus u. Schule".] gr. 8. (13 S.) Dresden 895. A. Köhler. — 50

Flachs, Sigm. Andr., Jubeltexte a. d. ate evang. Jubelfest. 4. Chemnitz. 730.

— — (Colditz), Conciones quae vocantur circulares a reverendo clero dioeceseos Coldicensis, simulque nonnulla de nova obedientia, quatenus quibusdam pars poenitentiae vocatur. Leipzig (Stopffel) 1745. 4 Bl. (2.50) 8996

— **Sigism. Andreas** (Gieshübel/Pirna), Vestitum e papyro in Gallia nuper introductum e scriniis antiquitatis erutum moralibusque adnotationibus circa inventiones vestium stipatum. Lpz. (Schede) 10. XII. 1718. 14 Bl. (4.80) 8995

Flachsbarth, Heinrich: Die Hessische Landeshypothekenbank und ihre bisherige Entwicklung. Stuttgart 1908: Union. 58 S. 8° ¶(Aus: Finanzarchiv. Jg. 25, Bd 2.)
Gießen, Phil. Diss. v. 14. Okt. 1908, Ref. Biermer
[Geb. 13. März 85 Hannover; Wohnort: Gießen; Staatsangeh.: Preußen; Vorbildung: Realgymn. I Hannover Reife O. 04; Studium: Jena 1, Leipzig 5, Gießen 2 S.; Rig. 13. März 08.] [U 09. 1199

Flachshar, W. Der Begriff des Leibrentenvertrages (auf geschichtlicher Grundlage entwickelt). D. Breslau 1910.

Die grosse thüringische *Flachs-Hechel.* Od. Unterricht, den Flachs mit ... Nutzen zu hecheln ... Gotha 1800. 32 S. 1 Tvl. P.

Flachshechel, die große thüring., od. Unterricht den Flachs zu hecheln rc. 8. Gotha, Ettinger. 804.

Flachskampf, Willi, verrechnet of neä: Mer daref net domm fleh, s.: Theater, neues. 27. Hft.

Flachsland, Herm., Gedichte. gr. 8. (80 S.) Cöln 850, F. C. Eisen. n. 8 ngl.

Flachsland, Jak. Konr., († d. 16. März 1825.) Apothekertaxe zur neu eingeführten preuß. Pharmacopöa. gr. 8. Karlsr. 810. Müller. 12 K

— über Behandl. d. Scheintodten. 8. Karlsr. 806. Macklott. (Braun). 4 K

— über eine gallichtfaule Epidemie. 8. Frankf. a. M. 792.

Flachsland, J. C., Fragmente über einige Ansteckungsstoffe rc. 8. Stuttg. Erhard. 804.

— — dasselbe. 8. Carlsruhe. Müller. 804.

— über den tollen Hundsbiß. 8. Karlsr. 781. (Braun). 2 K

— observat. pathologico-anatomicae, c. fig. 8. Rastadt (Heilbr.) 801. Class. 12 K

— Diss. inaug. de rabie canina, ejus sequelis atque medela. 4. Strassb. 780.

2487. **Flachslaender, Joseph**: Ueber Nitroäthylbenzole und daraus hergestellte Tetrazofarbstoffe. Leipzig: J. A. Barth 1902. 24 S. 8° ¶ Aus: Journal f. prakt. Chemie. Bd 174. N. F. Bd 66.
München, Dr.-Ing.-Diss. v. 21. 12. 1901

Flachsmann, Fr. Wilh. 1700 gleich- u. ähnlich lautende Wörter m. kurzen Andeutgn. über deren Anwendung u. Bedeutung, als Grundlage zu Rechtschreibeübgn. f. Volks- u. Mittelschulen zusammengestellt. 8. (VI, 75 S.) Zür. 889, [Schröter u. Meyer.] Schröter. cart. * 1 —

Flachsmann, J., Anreggn. f. d. neue zürcher. Notariatsgesetz, s.: Zeitfragen, schweizer.

Flachsmann, Wilh., Irrwege in Lesebüchern f. Volksschulen. In Urteilen Sachverständiger erläut. u. gesammelt. gr. 8. (128 S.) Zürich 900. E. Speidel. n. 1.60

1837 München K.Reg.Opf. Regensburg, Kamm.Inn. Flachs- und Hanfrösten in Fischwassern. A. Oberpolizeiliche Vorschriften. B. Vollzugsanordnung.

Flacius, Nov. Test. vide Testament.

Flacii, Matth., Clavis scripturae sacrae. Ex rec. Th. Suiceri. Francof. 719. 2 Tom. f. 4 rthlr.

— Leben u. Tod zur Erläuterung d. Kirchenhistorie des 16ten Jahrh. 8. Ebend. 725.

Flacii, M., Poëmata varia doctorum virorum de corrupto ecclesiae statu. Witteb. 548. 8. Basil. 557. 8. Francf. 754. 8. 16 gr.

Flacius Illyricus, Matthias, eine christliche Vermahnung zur Beständigkeit in der wahren reinen Religion Jesu Christi. Mit e. Vorwort wider den Byzantinismus, Opportunismus u. Unionismus unserer Tage v. Dietr. Schwertfeger. (64 S.) 8. Elberfeld 906. Luther. Büchervereln. n. — 60

Flack, Joseph [pr. Arzt]: Über Sarkome der Augenlider ... Königsberg i. Pr., Druck v. M. Liedtke, 1892; 2 Bl., 29 S., 1 Bl. 8.
Königsberg, Med. Fak., Inaug.-Diss. v. 3. Juni 1892

Flack, Jos., üb. Sarkome der Augenlider. Diss. gr. 8. (29 S.) Königsberg i/Pr. 892. (W. Koch.) n. — 60

Flacke, ..., (Pastor,) der Glaube, daß Jesus d. Sohn Gottes ist, d. Sieg, d. die Welt überwindet. Predigt gehalt. Dominic. 2. Advent 1845. gr. 8. Magdeburg 845, Falckenberg u. Comp. n. 1/12 ₰

Flad, J[acob]. China in Wort und Bild. Mit vielen Bildern (*Umschlag:* China in Wort & Bild für Jung und Alt). 144 S. 8. Basel. Missionsbuchhandlung. 1901. (M. 1. 20)

Flad, J., zehn Jahre in China, s.: Familienbibliothek, Calwer.

Flad, J., Konfuzius, der Heilige Chinas, in christlicher Beleuchtung, s.: Zeitfragen des christlichen Volkslebens. 224. Hft.

Flad, Jh. Du., († im Oct. 1779.) Erörterung d. Frage: Verwandelt sich d. gemeine Horn-, Feuer- od. Flintenstein in Kreide, od. diese in jenen? Mit 2 Kpft. gr. 4. Münch. 776. (Franz). 8 ℊℊ

Flad, Jh. Dn., von d. verschied. Fruchtbarkeit d. Pfalz am Rhein, u. deren Ursachen. gr. 4. Münch. 765. (Franz). 2 ℊℊ

— natürl. Geschichte des Kirchenwurms u. d. daraus entstehenden Mücke. Mit 1 Kpft. gr. 4. Münch. 771. (Franz). 2 ℊℊ

— pensées sur une monnoie d'argent des anciens Alemanni. Avec fig. en taille douce. 8. Heidelb. 753.

Flad, Joh. Mart., kurze Betrachtungen üb. das Leiden u. Sterben Jesu. 2. Aufl. 8. ... Rotweil 821, Herder.

—— das Evangelium in Predigt-Skizzen auf alle Sonn- u. Festtage d. Jahres. 2 Bdchn. 8. (41¼ B.) Rotweil 826, Herder.

— Grundzüge d. christkathol. Religionslehre, wörtl. entworfen nach d. heil. Schriften, d. Aussprüchen d. Väter u. Entscheidungen d. Kirche, für d. Jugend zum katechet. Unterr. 8. Landsh. 823. 2e A. 825. Thomann. 8 ℊℊ

Flad, J. M., zwölf Jahre in Abessinien, s. a. Schriften des Institutum Judaicum in Leipzig.

Flad, J. M., 12 Jahre in Abessinien oder Geschichte des Königs Theodoros II. und der Mission unter seiner Regierung. 8. (VII, 176 S.) Basel 869, Spittler. *

—— die Satzungen d. Bruderschaft d. heil. Rosenkranzes, e. Anleit. fromm zu leben u. selig zu sterben. 8. ... Rotweil 826, Herder.

—— kurzer Unterr. in d. heil. Sakrament d. Firmung. 12. ... Rotweil 828, Herder.

—— kurzer Unterricht in d. zwei heil. Sakramenten d. Buße u. d. Alters. 12. ... Rotweil 826, Herder.

Flad, Joh. Wilh., Kreuznach, Palatinus: Disputatio medica inauguralis de abortu. Basel, med. Diss. 1701.

Flad, Johannes, appr. Arzt: Die Verletzungen der Tuba Eustachii. München 1908: Kastner & Callwey. 46 S. 8°
München, Med. Diss. v. 3. Juli 1908, Ref. v. Angerer
[Geb. 20. März 79 Böttingen, O.-A. Spaichingen; Wohnort: Böttingen; Staatsangeh.: Württemberg; Vorbildung: Gymn. Rottweil Reife Juli 99; Studium: Tübingen 4, München 1, Tübingen 5 S.; Coll. 3. Juli 08; Approb. 15. Jan. 06.] [U 09. 3308

Flad, M., s. J. M. Sailer's vollst. Gebet- u. Erbauungsbuch.

Flad, Martin: Kurze Schilderung der Abessinischen Juden (Falascha). Kornthal 1869.

Flad, Otto, das badische Ortsstraßengesetz vom 15. X. 1908. Nach den Materialien der Gesetzgebg. dargestellt u. m. Erläutergn. hrsg. (VIII, 416 S.) 8. Karlsruhe 909. G. Braun'sche Hofbuchdr. Geb. in Leinw. 7. 80

Flad, Pauline, eine braune Perle. Erinnerungen aus dem Missionsleben in Abessinien. (63 S.) 8. Neukirchen 908. Missionsbuchh. Stursberg & Co. — 50

Flad, Ph. Wlh. Ldw., Anleit. zur Registraturwissenschaft u. von Registratibus. 4. Frankf. 764. N. A. 765. (Schäfer). 8 ℊℊ

— betrachtungswürd. Denkmal, oder d. Teufelsstein bei Türkheim an d. Haardt. 4. Heidelb. 760.

— Entwurf d. Abhandl. v. Pfälzischen Provinziallehen. 4. Heidelb. 761.

— s. Gedanken über e. kleine seltene Münze.

— von d. Gelahrtheit, Buchhandel u. Buchdruckerkunst in Heidelberg. 4. Heidelb. 760.

— von berühmten Medailleurs u. Münzgraveurs, nebst ihren Zeichen; mit e. Anh. 4. Heidelb. 751.

Flad, Ph. W. L. Novi palmites illustris stemmatis, sive de Ottone illustri comite palatino, duce Bavariae. fol. Heidelbergae 1742.

— Probe e. verbess. Pfälzischen Geschichte, in e. histor.-genealog. Nachricht von Ruperto Pipan, Pfalzgrafen bei Rhein. 8. Heidelb. 762. ... Nachtrag dazu ...

— ein Stück d. Nebenarbeit, oder Untersuch. von d. ersten Pfälzischen Münze u. Ursprunge des regalis monetandi &c. 4. Heidelb. 758. ... Fortgesetzte Nebenarbeit, od. unbezweifelte Nachfolge Henrici I. auf Ottonem, Pfalzgrafen. 4. Ebd. 759.

— tentamina prima de statu literario et eruditis, qui in Palatinatu floruerunt. 4. Heidelb. 761.

— histor. Untersuchung von d. Pfälzischen Münzgerechtigkeit. 4. Heidelb. 758.

— Untersuch. von d. Kurpfälzischen Hof-, Schild- u. Fahnenträgeramt. 8. Heidelb. 750. ... Nähere Erläuterung desselben. 4. Ebd. 753.

— nöthige Vorsicht im Gebrauch diplomatischer Regulen (sic). 4. Heidelb. 785.

Flade, Carl Gustav, s. Flade, Karl Gustav

FLADE, Christian Gottlob

— Anfangsgr. d. griech. Sprache. 8. Frberg 802. Craz u. G. 6 ℊℊ

Flade's, C. G., Anfangsgründe der griechischen Sprache. Freyb. 803. 8. 6 gr.

Flade, Chr. Glo., († d. 30. Juni 1816.) römisches Bergrecht in allen Perioden d. Bergbaues dieses Volks. 8. Frberg 805. Craz u. G. 12 ℊℊ

Flado, C. G., Über den Cebes und dessen πίναξ. Freib. 796. 4.

— dankbare Erinnerung an den Conrektor G. J. Hübler in Freiberg. gr. 8. Frberg 806. Craz u. G. 3 ℊℊ

— s. Dn. G. Jos. Hübler, Geschichte d. Römer.

— Leben, Verdienste, Charakter, nebst Schriften d. Conr. Hübler zu Freiberg. gr. 8. Frberg 807. Craz u. G. 12 ℊℊ (Aus Hübler's Geschichte &c. 4r Bd. abgedr.)

— — Ad memoriam Jo. Chph. Richter in gymnasio. — Praem. comparatio Julii Caesaris graeci cum latino. Freiberg (Gerlach) 21. IV. 1815. 10 S. (2.50) 9001

— — De Plauto in scholis legendo et de locis quibusdam dubiae interpretationis in ejus captivis. Ad memoriam Jo. Chph. Richter in gymnasio orat. latina. Freiberg (Gerlach) April 1804. 8 S. (2.—) 9000

Flade, Christian Gottlob, De re metallica Midianitarum Edomitarum et Phoenicum. Diss. I. Lpz. (Klaubarth) o. J. 28 S. (3.—) 8997
Gew.: Heinrich Wilhelm Stockmann (Claromontanos/Freiberg).

— — Dasselbe. II. Viro Johann Gottfried Jacob Herrmann (Leipzig) Jo. Jac. Henr. fil. summos in philosophia honores societatis cujusdam nomine gratulat. Lpz. (Klaubarth) o. J. 16 S. (3.—) 8998

Flade, C. G., üb. d. öffentl. Stadtschulen u. deren üble Sache. 8. Freyberg, Craz u. Gerlach. 811.

— — Viro Johann Gottfried Fritsch, gymnasii Freibergensis collegae VI decem per lustra in munere scholastico probato gratul. collegae conjunct. Freiberg (Gerlach) 28. XI. 1796. 4 Bl. (2.—) 8999

FLADE, Erich

Flade, gegen den Alkohol! (4 S.) gr. 8. Berlin (909). Mäßigkeits-Verlag. 100 Stück 2. —

Deutscher Verein gegen den Missbrauch geistiger Getränke (E. V.). — Gegen den Alkohol. Von Dr. med. FLADE, Dresden. (6. Auflage, 74.—93. Tausend.) Berlin. Mässigkeits-Verlag. (Ohne bes. Titelblatt.) 8°.

Flade, Erich, Arbeiter u. Alkohol. Ratschläge an Arbeiter u. Arbeitgeber zur Bekämpfung des Alkoholmißbrauchs. gr. 8. (29 S.) Dresden 900. O. V. Böhmert. n. — 40

Flade, Erich, erfüllen Gesellschaft u. Staat ihre Pflicht Trunksüchtigen gegenüber? Ein Mahnwort u. e. Warnungsruf. (24 S.) gr. 8. Berlin (903). Mäßigkeitsverlag. n. — 25

— die Heilung Trunksüchtiger u. ihre Versorgung nach dem bürgerlichen Gesetzbuch. gr. 8. (VIII, 65 S.) Ebd. 899. n. 1. —

— der Kampf gegen den Alkoholismus, e. Kampf für unser deutsches Volkstum. 1.—4. Aufl. (1.—20. Tauf.) (27 S. m. 7 eingedr. Tab.) gr. 8. Ebd. 905. n. — 30

Flade, Erich, wider den Trunk. Kurze Darstellg. d. deutschen Bewegg. geg. d. Mißbrauch geist. Getränke. gr. 8. (82 S.) Dresden 897. O. V. Böhmert. n. 1. 20

Was erhoffen wir von unserer Armee im Kampfe gegen den Alkoholismus? Von Dr. Erich **Flade**. Dresden (1905): C. Heinrich. (20 S.) 8° [07. 3779 B

Deutscher Verein gegen d. Mißbrauch geistiger Getränke. Was erhoffen wir von unserer Armee im Kampfe gegen den Alkoholismus? Von Dr. med. Erich **Flade**. Berlin: Mäßigkeits-Verl. 1906. (20 S.) 8° [08. 679

Flade, Friedrich, a. Arolsen: Ueber die Beziehungen zwischen der molekularen Oberflächenenergie und einfachen chemischen Vorgängen in Flüssigkeiten unter besonderer Berücksichtigung der Tautomerie. Marburg 1906: R. Friedrich. (68 S.) 8°
Marburg, Phil. Fak., Ref. Zincke, Schaum, Diss. 14. Mai 1906
[Geb. 16. Sept. 80 Arolsen: Wohnort: Arolsen; Staatsangeh.: Waldeck; Vorbildung: Realgymn. Kassel Reife O. 00; Studium: Halle 4, München 1, Marburg 5 S.; Rig. 25. Nov. 05.]

Flade, Friedrich, Dr. phil., 1. Assist. am Chem. Inst. d. Univ. Marburg: Über die Passivität bei Eisen, Nickel und Chrom. Marburg 1910: Friedrich. 84 S. 8°
Marburg, Phil. Hab.-Schr. v. 1910 [U 10. 3411
(Nicht für den Austausch)

Flade, Frdr., Tagebuch d. feindlichen Einfalls der Schweden in das Markgrafenth. Mähren während ihres Aufenthaltes in der Stadt Olmütz. 1642—1650. Hrsg. v. B. Dudik. [Aus: „Sitzungsber. d. k. Akad. d. Wiss.“] Lex.-8. (179 S.) Wien 884. (Gerold's Sohn.) n. 2. 60

— **Johann Sigismund** (Ossiliens. Misnic.), De lethargo. Diss. med. Präs. Georg Daniel Coschwitz. Halle (Joh. Chn. Hilliger) 13. III. 1725. 30 S. (5.—) 9002
Gew.: Chn. Jac. Seyler, Gottfr. Elias Frentzen, Martin Andreae. — C. G. Schoepfer (Halberstadt).

Flade, Karl, heitere Dichtungen für die Jugend. Gesammelt u. herausg. Eine Festgabe für fleißige Knaben u. Mädchen. Leipzig 861. Matthes. 16. (VII, 124 S.) n. 10 ngr

FLADE, Karl Gustav

Flade, Carl Gust., Beschreibung des d. 1. Sept. 1842 in der Stadt Seyda stattgefund. Brandunglücks, s. Thost, Fr. Wlh.

Flade, Max Hermann, bacc. jur., Referendar am Kgl. Amtsger. Sayda: Der Aufsichtsrat der Aktiengesellschaft. Olbernhau 1906: R. Schneider. (48 S.) 8° [F.]
Leipzig, Jur. Fak., Diss. v. 17. Sept. 1906
[Geb. 15. Mai 82 Sayda, Erzgeb.; Wohnort: Sayda; Staatsangeh.: Sachsen; Vorbildung: Gymn. Freiberg Reife O. 02; Studium: Leipzig 6 S.; Rig. 8. Juni 05.]

Flade, O., die schriftlichen Darstellungsformen des Rechnens in der Volksschule. 8. (52 S.) Döbeln 880. Schmidt. n. — 30

— musikalische Vorschule, zunächst für Präparanden-Anstalten. 2., verb. u. verm. Aufl. gr. 8. (IV, 42 u. Musikbeilage 26 S.) Dresden 873. Hoffarth. n. 1. —

Flade, Paul, d. Kirchspiel Frauenhain nebst d. eingepfarrt. Rittergütern u. Dörfern v. d. ältesten Zeit b. z. Jahre 1895, e. Beitrag z. Geschichte d. Röder-Elsterlandes. gr. 8. (VIII, 162 S. m. 5 Taf.) Großenhain 896. H. Starke. n. 6. —

[F.] Das Kirchspiel Frauenhain nebst d. eingepfarrten Rittergütern u. Dörfern v. d. ält. Zeit bis z. J. 1895, e. Beitr. z. Gesch. d. Röder-Elsterlandes v. Paul **Flade**, Pfarrer zu St. Petri-Dresden ... *Grossenhain: H. Starke 1897.* (VIII, 162 S.) 1 Bd 8. [97. 34

Flade, Paul, das römische Inquisitionsverfahren in Deutschland bis zu d. Hexenprozessen, s.: Studien zur Geschichte d. Theologie u. der Kirche. IX. 1.

Flade, P., s.: Kirchengalerie, neue sächsische, Ephorie Dresden I.

— Wittenberg u. Jerusalem! Predigt am Reformationsfest 1898, geh. u. auf vielf. Wunsch in Druck gegeben. gr. 8. (14 S.) Dresden 898. J. Naumann. n. — 20

Flade, R., Führer durch Arolsen u. Umgebung. 8. (75 S. m. 4 Abbildgn. u. 2 Karten.) Arolsen 893. A. Speyer. n. 1. —

Flade, Rudolf: Über Salze und Äther von Chinonoximen. Weida i. Th. 1909: Thomas & Hubert. 48 S. 8°
Leipzig, Phil. Diss. v. 11. Sept. 1909, Ref. Hantzsch, Beckmann
[Geb. 25. März 86 Chemnitz i. S.; Wohnort: Leipzig; Staatsangeh.: Sachsen; Vorbildung: Gewerbeakad. Chemnitz Reife M. 05; Studium: Leipzig 7 S.; Rig. 16. Juli 09.] [U 10. 3127

[F.] **Flade,** Rud.: Die Sorge des Fürsten Georg Friedrich zu Waldeck und Pyrmont um die Sicherung des territorialen Bestandes der Waldeckischen Besitzungen. I. Mengeringhausen, Druck d. Weigel'schen Hofbuchdr., 1892; 3—16 S. 4.
Arolsen, RPG, OP 1892 (413)

Flade, Walther, aus Frankenstein: Die philosophischen Grundlagen der Theologie Richard Rothe's. *Leipzig-Reudnitz 1900: A. Hoffmann.* (148 S.) 8°
Leipzig, Phil. Diss. v. [15. Nov.] 1900

Flade, Walth., die philosophischen Grundlagen der Theologie Richard Rothe's. Diss. gr. 8. (148 S.) Leipzig-Reudnitz 900. (Leipzig, E. Gräfe.) n. 2. —

Fladius, Jo. Sig.: Diss. de lethargo, s. Caschwitz, Georg Daniel (Präs.)

Fladnitz, v. d. Künstliche Fasanenzucht. Klgft., Leon, 1910. 79 S. (v. d. Fladnitz Pseud. für A. Berger.)

Fladnitz, v. d., die wilde Fasanerie, s.: Wissiar, v. der.

Fladrich, Paul M. C., die leichten u. billigen Motorwagen. Ein Beitrag zur Verallgemeinerg. des Gebrauchs-Automobils. Mit e. Einleitg. v. Karl Dieterich. (IV, 196 S. m. Abbildgn.) 8. Berlin 907. Boll & Pickardt. Geb. in Leinw. 8. —

Fladt, J. M., verschiedene mathemat. u. bauwissenschaftl. Aufgaben nebst deren Auflösn., f. Architekten u. solche Bauhandwerker, welche Meister zu werden gedenken. 8. (12¼ B.) Coburg 838, Riemann'sche Buchh.

Fladt, Philipp Wilhelm Ludwig, Anleitung zur Registratur-Wissenschaft und von Registratoribus deren Amt und Pflichten wobey zugleich die dahin gehörige Nachricht von Canzley=Wesen und sonstigen nöthigen Erfordernüß ertheilt wird. Franckfurt u. Leipzig (Knoch & Eßlinger) 1764. 114 S. (6.50) 9003

Fladt, Ph. W. L., Probe u. Muster Pfälzischer Alterthümer. 4. Heilbr. Clas. 744.

Fladt, Wilh., Thalwarth. Gedicht. 8. (60 S.) Dresden 902. E. Pierson. n. 1. 50; geb. n. 2. 50

FLADUNG, Josef A. F.

— kurzer Abriß der Seelen- und Denklehre als Versuch einer populären Psychologie und Logik für weibliche Jugend. In 12 Abenden gesprochen. 2 Thle. Seelenlehre—Denklehre. Nebst einer kurzen Wissenschaftslehre. 16. Tirnau 844, Wachter. 7/8 ₰ cart. 11/12 ₰ — dass. mit Jahrz. 846. Ebend. 1/2 ₰

Fladung, J. A. F., kurze Aesthetik für junge Damen. Als Encyclopädie der schönen Künste, nebst geschichtl. Andeutungen. 2 Bdchn. (Mit vielen Holzschnitten.) 16. Wien 841. Wallishauser. n. 1½ ₰

Fladung, Jos. A. F., Edelstein-Kunde, in Briefen an zwey deutsche Fürstinnen. M. 1 Kpfr. 16. (8½ B. u. 1 Tab.) Wien 828, Heubner.

—— kurzgefaßte Mythologie d. Griechen u. Römer. Für junge Damen zusammengest. Mit d. Abbildn. d. zwölf großen Götter, nach Antiken. 16. (12 B.) Wien 838, Beck's Univ.-Bh.

— Versuch über d. Kennzeichen d. Edelsteine u. deren vortheilhaftesten Schnitt. Nebst e. Verzeichnisse u. 1 Abbild. d. ausgewählten Edelsteinsamml. d. Hrn. J. F. v. d. Null. 8. Pesth 819. Hartleben. 18 K

Fladung, J. A. F., Versuch populärer Vorträge über Astronomie ohne Berechnungen. Als Fortsetzung der Physik für junge Damen. Gehalten in den Anlagen von Felsö-Lendva. 16. (Mit 6 Sternkärtchen u. eingedr. Holzschnitten.) Wien 845, Wallishauser. 1⅙ ₰

—— populäre Vorträge üb. Physik. Gehalten vor e. Kreise gebild. Damen in d. Gärten v. Korompa. 2 Bdchn. — A. u. d. T.: Populäre Vorträge üb. Physik f. Damen. 2 Bdchn. 16. (27¾ B. mit vielen eingedr. Holzschn.) Wien 831, (Wallishausser; Beck.)

—— populäre Vorträge üb. Physik f. Damen. 2 Bdchn. 2., verb. u. verm. Aufl. 16. (26 B. u. viel. Holzschn.) Wien 840, Wallishausser. *

Fladung, J. A. F., populäre Vorträge über Physik für Damen. 2 Bdchn. 3., verb. und verm. Aufl. 16. (XVI und 450 S. mit eingedr. Holzschn.) Wien 851, Wallishausser'sche Buchh. *

Fladungen [Schlagwort]

Fladungen, s.: Bayern. Karte.

Flägel, F., theoretisch-praktischer Lehrgang für Ziel- und Anschlagübungen. Zum Handgebrauch für Unteroffiziere zusammengestellt. 12. (78 S.) Rostock 883. (Berlin, Mittler und Sohn. *

Flägel, F., theoretisch-praktischer Lehrgang für Ziel- und Anschlagübungen. Zum Handgebrauch für Unteroffiziere zusammengestellt. 2. auf Grund der neuen „Schieß-Instruktion für die Infanterie" völlig umgearb. Aufl. 8. (88 S.) Berlin 885, Mittler und Sohn. **

FLAGELLANTEN, Passionierte. Illustriert. (Privatdruck.) (190*.) (Mk. 2—.)

FLAGELLANTIN, Die, s. Trix.

Flagellantinnen, Amerikanische. Ueberarbeitung von *T. v. L.* Illustriert. (190*.) (Mk. 3—.)

Flagellantismus, der, s.: Zur Psychologie unserer Zeit. 1. Hft.

Flagellantismus, der, v. Einst u. Jetzt. Geschichtl. Studien u. persönl. Erinnergn. e. Opfers der modernen Flagellomanie. 8. (80 S.) Cöthen (901). R. Schumann. n. 2. 50

Flagellantismus, Der, von Einst und Jetzt. Geschichtliche Studien und persönliche Erinnerungen eines Opfers der modernen Flagellomanie. Cöthen 1902. V: *Unger, Franz.* (BGE I^{8}, 290)

— der, in der Gegenwart. Eine sexual-patholog. Studie. Von Castor. gr. 8. (12 S.) Berlin 899. Dr. R. Wrede. n. 1. —

FLAGELLATION, Die, als Passion. Mit Illustrationen. Privatdruck. O. O. (Budapest, Schneider) u. J. (190*). (Mk. 3—.)

FLAGELLATION, Die, als Passion. Budapest, Schneider & Kunert (um 1905). 8°.
Verb. München I, 22. 1. 08: 7 J. 24/08.

FLAGELLATIONS-ERFAHRUNGEN. Eine Reihe bemerkenswerter Beispiele von körperlichen Züchtigungen, vorgenommen an beiden Geschlechtern, mit interessanten Anekdoten von Damen, welche die Birkenrute anzuwenden lieben. Zusammengestellt von einem Amateur. A. d. Engl. ins Deutsche übertragen v. E. Weber. London 1885. Dresden 1901. Gr. 8°. (Mk. 4—.) 141 S. (4 Mk. Oscar Rauthe, 1908; 3 Mk. Adolf Weigel, 1908.)

Flagellations-Erfahrungen. Eine Reihe bemerkenswerter Beispiele von körperl. Züchtigungen, vorgenommen an beiden Geschlechtern, mit interessanten Anekdoten von Damen, welche d. Birkenrute anzuwenden lieben. Zsgest. von e. Amateur. In d. Deutsche übertr. von E. Weber, London. Für d. Privatgebr. gedr. Leipzig: Leipziger Verl. [um 1905]. (91 S.) 8° [illegible] 10

Flagg, J., An analysis of Schillers tragedy, Die Braut von Messina, after Aristotle's Poetic. Diss. 1871. 48 S.

Flagge, die. Zeitschrift f. Seewesen u. Seeverkehr. Organ des österreich. Flottenvereins. Hrsg.: Österreichischer Flottenverein. Red.: Karl Harbauer. 5. Jhrg. 1910. 12 Nrn. (à ca. 16 S. m. Abbildgn.) 30,5×23 cm. Wien (I, Stubenbastei 2), Österr. Flottenverein. 3. 40

Flagge, Die, deckt die Ladung! Die Leibnitzaffaire und die Pflichten des norddeutschen Bundes. Hamburg und Leipzig 1868. V: *Marr, Wilh.* (CBH) (EngJ)

Flagge, die deutsche. Ein Album hrsg. v. Ed. Beas. 16. (11 B.) Leipzig 816, Schreck.

Die deutsche **Flagge** in den außerdeutschen Häfen. Bearb. im Kais. Statist. Amt. 1903—⟨1906⟩. Bln '04—08. 4° (Vierteljahrshefte z. Stat. d. Dt. Reichs. Erg.H. zu 1904, IV. 1905, II. 1906, II. 1907, II. 1908, II.)
— 1907—12. Bln '09—14. (Stat. d. Dt. Reiches. 199. 224. 233. 243. 253. 262.)

Flagge, die deutsche, in d. außerdeutschen Häfen, s. a. Vierteljahrshefte zur Statistik des Deutschen Reichs. Erg.-Hft.

Flagge, die norddeutsche. Nautischer Almanach und Kalender für Seeleute sowie für Freunde des Seewesens. Hrsg. von Swen W. Schulthes. 1870. br. 8. (160 S. mit Illustr. in Holzschn.) Hamburg 870, O. Meißner. *

Die Republikanische Flagge: 1855?–1887?

Weekly edition of Philadelphia Freie Presse. Sub-title: Wochenblatt für Politik, Tagesneuigkeiten und Unterhaltung. Large folio, 31 × 44, with variations. Circulation: 1870, 4000 (est.); 1874, 2400 (est.); 1876, 3500. Subscription held by Harmony Society, for 7 years.
Philadelphia, PA

Unter schwarzer **Flagge**. Abenteuer d. berühmten Piraten-Kapitäns Morgan. [1.] (Berlin: Verl. moderner Lektüre [1906].) 8° [J.] (07. 4908

Unsere Flagge: June ? 1848—? Tiffin, OH
Weekly. Edited & published by I. M. Zahm.

FLAGGEN

— u. Flotten, die, der Erde. Statistische Tabellen üb. den Stand der Handels- u. Kriegsflotten, den Flächeninhalt, die Bevölkerg. u. den Colonialbesitz aller Seestaaten. Mit 72 Flaggen-Abbildgn. in lith. Farbendr. 12. (IV, 32 S.) Leipzig u. Riga 886. Geuter. cart. n. — 90

Flaggen u. Flotten, die, der Erde. Vergleichende Uebersicht d. Handels- u. Kriegsflotten, sowie des Colonialbesitzes aller Seestaaten, m. e. Uebersicht der deutschen Kriegsflotte. Mit 14 Abbildgn. u. 1 farb. Flaggentaf. 2. neubearb. Aufl. 8. (IV, 40 S.) Darmstadt 900. Städtebilder-Verlag K. P. Geuter. n. 1. —

Flaggen etc., der deutschen Handelsmarine. (2 T) 4° In Mappe.

Flaggen, die, der Kriegs- u. Handels-Marinen aller Staaten der Erde in chromolith. Abbildungen. Nebst den Signalflaggen, sowie einer Darstellung der Landesfarben von sämmtl. europ. Staaten. 16 Taf. m. 239 Abbildgn. in Farbendr. gr. 8. Leipzig 882. Ruhl. n. 2. —

Flaggen, dio, der Kriegs- u. Handels-Marinen aller Staaten der Erde in chromolith. Abbildungen. Nebst den Signalflaggon, sowio e. Darstollg. dor Landesfarbon v. sämmtl. europ. Staaten. 2. Aufl. 16 Taf. m. 239 Abbildgn. in Farbondr. gr. 8. Leipzig 885. Ruhl. n. 2. —

---- dass. — 3. Aufl. gr. 8. (16 Taf. mit 240 Abbild. in Farbendr.) Ebendas. 885. *

—— dass. — 4. vervollständ. Aufl. gr. 8. (16 Taf. mit 309 Abbild. in Farbendr.) Ebendas. 887. *M 2.—.; geb.

Flaggen; die, der Kriegs- u. Handels-Marinen aller Staaten der Erde. Nebst den Signalflaggen u. den Landesfarben aller europ. Staaten etc. 5. u. 6. Aufl. gr. 8. (16 farb. Taf.) Lpz. 889,90, Ruhl. * 2 —; geb. * 2 50

Flaggen, die, der Kriegs- u. Handels-Marinen allor Staaten der Erde. Nebst den Signalflaggen u. den Landesfarben aller europ. Staaten etc. 7. Aufl. gr. 8. (16 farb. Taf.) Leipzig 894. M. Ruhl. n. 2. —; geb. n. 2. 50; in Tableauform zum Aufhängen n. 2. —

Flaggen, die, der Kriegs- u. Handels-Marinen allor Staaten der Erde. Nobst den Signalflaggen u. den Landesfarben der sämmtl. europ. Staaten. der prouss. Provinzon, der österr.-ung. Kronländer u. d. schweizer Cantone. 8. u. 9., vollst. neu bearb. Aufl. gr. 8. (16 farb. Taf.) Leipzig (900. 902). M. Ruhl. n. 2.—; geb. n. 2.50

Flaggen, die, der Kriegs- u. Handels-Marinen aller Staaten der Erde. Nebst den Signalflaggen u. den Landesfarben der sämtl. europ. Staaten, der preuss. Provinzen, d. österr.-ung. Kronländer u. d. schweizer Cantone. 10., vollständig neu bearb. Aufl. (16 farb. Taf.) gr. 8. Leipzig (906.) M. Ruhl. n. 2. —; geb. n. 2. 50

Flaggen und National-Farben aller Länder und Völker. Neue verm. Aufl. Chromolithogr. Imp.-Fol. Leipzig 861, Werl. * Auf Leinw. *

— dio, aller **Nationen**. Tabelle übor dio Bovölkerung u. don dorzeit. Stand dor Kriegs- u. Handolsflotto o. jodon Staatos. 16. (4 S. m. chromolith. Flaggonkarto in qu. gr. 8.) Hamburg 877. Rogenhardt. geb. n. — 60

Flaggen-Almanach. Gesammelt, lithographirt, gedruckt u. hrsg. im lith. Institut v. Deppermann u. Buschke in Hamburg qu. gr. 16. (68 Bl. in Farbendr. u. 3 Bl. Text.) Hamburg 845. (Herold'sche Buchh.) **

Flaggenbuch. Enthaltend die Flaggen aller Nationen. Hrsg. von Rud. Günther. qu. 8. (18 chromolithogr. Bl. mit lithogr. Portr. des Prinzen Adalbert von Preussen.) Stettin 857, Nagel. **

Flaggenbuch. ⟨Fla. B.⟩ Berlin: Reichs-Marine-Amt; Leipzig: M. Ruhl 1905. (Getr. Pag.) 4°
(D. E. No 377.) (06. 1840

Flaggenbuch. (Fla. B.) Hrsg. vom Reichs-Marine-Amt. (IV, 8, 72, 5, 11 u. 83 S. m. farb. Abbildgn.) Lex.-8. Ebd. 906. Geb. in Leinw. n. 25. —

Flaggenbuch. (Fla. B.) Hrsg. vom Reichs-Marine-Amt. 1. Nachtrag. (51 farb. Taf. u. 44 Bl. u. S. Text.) Lex. 8. Leipzig 909. M. Ruhl. In Umschlag 13.50
Hauptwerk. Ebd. 906. 25. —

Flaggenkarte, s. a. Elbkarte.

Flaggen-Karte. Lith. u. illum. gr. Fol. (Nebst 1/2 Bog. Text in Lex.-8.) Stettin 844. (Sanne u. Comp.)

Flaggen-Karte. Fol. Lith. u. color. (Mit 72 Flaggen.) Stettin 849, Müller & Co. n. 1 ℔; Ausg. m. 180 Flaggen. Imp. Fol. n. 2 ℔

Flaggen-Karte. Lithogr. und ill. Fol. Hamburg 850. (Altona, Verlagsbureau.) *

—— Maritime flags of all nations. — Pavillons de toutes les nations. 1 lithochrom. Taf. in Imp.-Fol. Hamburg 855(56,) G. W. Niemeyer.

Flaggenkarte des Norddeutschen Bundes. Berlin, S. Schroppe. o. J. [vor 1877.]

Flaggenkarte u. Karte der Fahrt von Stettin nach Swinemünde, Ahlbeck, Heringsdorf, Misdroy, Wollin, Kammin, Dievenow. 4. Aufl. Farbendr. u. lith. 35,5×16 cm. Stettin 890. H. Dannenberg. — 50

Flaggen-Karte für die Kauffahrteischiffe aller Nationen. Chromolithogr. 1872. * 50 Pf., und Neue Ausg. gr. 8. (1 Bl.) Rostock 874, Kuhn. [Werther's Verlag.]

Flaggenkarte, kleine, aller Staaten d. Erde. 25,5× 38,5 cm. Farbendr. Leipzig 895. M. Ruhl. n. — 50

Flaggenkarte, kleine, aller Staaten der Erde. 2. Aufl. qu. Fol. (1 farb. Bl.) Leipzig (900). M. Ruhl. n. — 50

Flaggenkarte, kleine, aller Staaten der Erde. 3. Aufl. (1 farb. Taf.) 25,5×38,5 cm. Ebd. (907). — 50

—— aller Nationen. 5. Aufl. Chromolithogr. qu. gr. Fol. Hamburg 870, Niemeyer.

Flaggenkarte aller Nationen. 6.—10. Aufl. Chromolithogr. qu. gr. Fol. Hamburg 870—882, Niemeyer Nachf. In Mappe *

Flaggenkarte Hamburgischer Rheder. Nach Maassen etc. entworfen und hrsg. von E. A. Szalla. Chromolithogr. Imp.-Fol. Hamburg 879. Nestler und Melle. *

— d. **Hamburger** Rhedereien. 41×48,5 cm. Farbendr. Hamburg (894). Eckardt & Messtorff. n. 2. —

Flaggenkarte aller Völker. Fol. Hamburg 870, Jowien. *

Flaggenkarte aller Völker. Folio-Blatt. 8° gefalzt. Hamburg (1876)

Flaggenkarte aller Völker der Erde. Stettin. 1 Bl. c. K., nebst Zeichnungen der Preussischen Lootsen- und der Preussischen Kauffahrer-Flagge in grösserem Massstabe. 2 Bl. c. K.

Flaggen- und Salut-Ordnung für die Kaiserl. Marine. Berlin 1895.

Flaggen-, Salut- u. Besuchsordnung f. d. kaiserl. Marine (Fla.S.B.O.) Entwurf. (XII, 111 S. m. 8 Tab. u. 1 farb. Taf.) 8. Berlin 904. (E. S. Mittler & Sohn.) Geb. n. 2. 50

Flaggen- u. Salut-Reglement, allerhöchst genehmigtes. Mit 12 Taf. in Buntdr. gr. 8. (18 S.) Berlin 878. Mittler & Sohn. n. 2. 40

Flaggentafel u. Situationsplan nebst Erläutergn. d. Kriegsschiffe. Z. Feier d. Eröffng. d. Nord-Ostsee-Kanals in Kiel, v. 19.—22. Juni 1895. qu. 12. u. Fol. Kiel 895. (E. Marquardsen.) — 75

Flagy, J. de, Girbers de Metz, s.: Studien, romanische.

Flahaut, Signora di, Carlo e Maria, trad. Castantin. 8. Berl. Dunker et Humblod. 802. Rtblr.

v. Flahault, Frau, Karl u. Marie. 8. Hamb. 802. (Hempel.) 14 gr.

Flaht, Joh. Chr. (aut.), Diss. juris Germanici de lucro dotis ejusqve privilegio in concursu creditorum. Von der heyrahtsgütlichen Verbesserung. Kilonii. 1726. 4. [Praes. Frid. Gottlieb Struvius].

Ma 299 Giuseppe Flajani

[Teils. Deutsch.] Joseph Flajani's [Giuseppe Flajani] Medicinisch- chirurgische Beobachtungen. Bdch.1.2. Aus dem Ital. übers. von Karl Gottlob Kühn. Nürnberg: Raspe 1799. 8°

Bdch.1: 1799.
Bdch.2: Praktische Beobachtungen über die Schlagadergeschwülste der untern Gliedmaßen, die Brüche des Schlüsselbeins u.d.Kniescheibe ... Nebst 2 Gedenkschriften auf Carl Guattani u. Fet.Mar. Giavina. 1799.

Flaig, J., Frauenarbeit im Kampf gegen den Alkoholismus. (45 S.) 8. Berlin 907. Mäßigkeits-Verlag. — 40

Flaig, Ludwig [app. Arzt aus Konstanz]: Über Krebs der Gallenblase und Cholelithiasis ... Konstanz, Buchdr. v. O. Reuss, 1893; 23 S. 8.
München, Med. Fak., Inaug.-Diss. v. 1893

Flaigg, Rudolf, Festalbum zur Erinnerung an das Turnfest zu Heilbronn 1.—4. 8. 1846, a. A. d. Turngemeinde zu Heilbronn hrsg., m. Abb., Heilbronn, 32 S., 4°.

Flairplay, John, s. Aufzeichnungen d. ewigen Juden.

Flaischlen, Cäsar, s.: Almanach f. bildende Kunst u. Kunstgewerbe.

Flaischlen, Cäs., von Alltag u. Sonne. Gedichte in Prosa. Rondos. Lieder u. Tagebuchblätter. Mönchguter Skizzenbuch. Lotte, e. Lebensidylle. Morgenwanderung. 8. (V, 181 S.) Berlin 898. F. Fontane & Co. n. 3. —

Flaischlen, Cäsar, von Alltag u. Sonne. Gedichte in Prosa. Rondos. Lieder u. Tagebuchblätter. Mönchguter Skizzenbuch. Lotte, e. Lebensidylle. Morgenwanderung. 2.—4. Aufl. m. dem Bilde des Verf. (V, 181 S. u. 2 S. in Fksm.) 8. Berlin 902—906. E. Fleischel & Co. n. 3. —; geb. n. 4. —; Luxusausg. n. 10. —

Von Alltag und Sonne. Gedichte in Prosa ... v. Cäsar **Flaischlen.** 5. Aufl. mit Bildn. u. Facs. Berlin: E. Fleischel & Co. 1907. (181 S.) 8° [J.] 108.15796 11

Flaischlen, Cäsar, von Alltag u. Sonne. Gedichte in Prosa. Rondos. Lieder u. Tagebuchblätter. Mönchguter Skizzenbuch. Lotte, e. Lebensidylle. Morgenwanderung. 8. Aufl. (V, 181 S. m. Bildnis u. 2 S. in Fksm.) 8. Berlin 910. E. Fleischel & Co. 3.—; geb. 4. —

Flaischlen, Cäsar. (von Stuttgart): Otto Heinrich von Gemmingen Mit einer Vorstudie über Diderot als Dramatiker 'Le père de famille' — 'Der deutsche Hausvater' Beitrag zu einer Geschichte des bürgerlichen Schauspiels. Stuttg. G. J. Göschen 1890. VI, 163 S., 1 Bl. Vita. 8°.
Zürich, Phil. Diss. [v. 7. Dec. 1889].

Flaischlen, Cäsar. Otto Heinrich v. Gemmingen. Mit e. Vorstudie über Diderot als Dramatiker. — „Le père de famille". — „Der deutsche Hausvater". Beitrag zu einer Geschichte d. bürgerl. Schauspiels. gr. 8. (VI, 163 S.) Stuttg. 890, Göschen. * 4 —

— Professor Hardtmut. Charakterstudie. — Flügelmüde. Ein Abschnitt aus d. Leben e. Jeden. 8. (VII, 166 S.) Ebd. 897. n. 2. —; geb. n.n. 3. —

— Otto Erich Hartleben. Beitrag z. e. Geschichte d. modernen Dichtg. 8. (48 S. m. Bildn.) Berlin 896. S. Fischer, Verl. n.n. — 50

Flaischlen, Cäsar (Hrsg.), s. Hartleben, Otto Erich: Diogenes.

Flaischlen, Caesar, vom Haselnußroi'. e Zopfete Bloeme-n ond Nüß. gr. 16. (64 S.) Stuttgart 892. G. J. Göschen. n. 1. 50

— **Martin Lehnhardt.** Ein Kampf um Gott. 5 Scenen. 8. (VII, 104 S.) Berlin 895. F. Fontane & Co. n. 1. 50

— **Martin Lehnhardt.** Ein Kampf um Gott. 5 Szenen. Neue Ausg. (VIII, 144 S.) 8. Ebd. 910. 2.—; geb. 3. —

— aus den Lehr- u. Wanderjahren des Lebens. Gesammelte Gedichte, Brief- u. Tagebuchblätter aus den J. 1884—1899. 8. (VII, 179 S. m. Titelbild.) Berlin 900. [F. Fontane & Co.] E. Fleischel & Co. n. 3. —; geb. n. 4. —

— aus den Lehr- u. Wanderjahren des Lebens. Gesammelte Gedichte. Brief- u. Tagebuchblätter. Aus den J. 1884 bis 1899. 2. u. 3. Aufl. (XI, 179 S. m. Titelbild.) 8. Ebd. 902. 904. n. 3. —; geb. n.n. 4 —

— Aus den Lehr- u. Wanderjahren des Lebens. Gesammelte Gedichte. Brief- u. Tagebuchblätter. Aus den J. 1884 bis 1899. 4. Aufl. (XI, 179 S. m. Titelbild.) 8. Ebd. 906. 3.—; geb. 4. —

— Graphische Litteratur-Tafel. Die deutsche Litteratur u. der Einfluß fremder Litteraturen auf ihren Verlauf vom Beginn e. schriftl. Ueberlieferg. an bis heute in graph. Darstellg. 2. u. 3. Tausend. Farbige Taf. gr. Fol. Mit Text. 4. (8 Sp.) Ebd. 890. cart. * 2 —

Cäsar **Flaischlen.** Neujahrsbuch. Spruchblätter. Altes u. Neues. Berlin: E. Fleischel & Co. 1907. (54 Bl.) 8° [autogr.] 108. 1133

— Neujahrsbuch. Sprüchblätter. Altes u. Neues. (2. Aufl.) (52 Bl. in Fksm. m. Bildnis.) kl. 8. Ebd. (908.) 2. — Nachtr. 1 S.) 8. Rovereto 910. Wien, L. W. Seidel &

— **Neuland.** Ein Sammelbuch moderner Prosadichtg. Mit Beiträgen v. Otto Jul. Bierbaum, M. G. Conrad, Anna Croissant-Rust 2c. Schlußstücke v. Fidus. 8. (XI, 488 S.) Berlin 894. Verein der Bücherfreunde. n. 5.—; geb. in Leinw. n. 5. 75

— Neuland. Ein Sammelbuch moderner Prosadichtung. Mit Beiträgen v. Otto Jul. Bierbaum, M. G. Conrad, Anna Croissant-Rust 2c. Schlußstücke v. Fidus. 2. [Titel-] Aufl. 8. (XI, 488 S.) Berlin [894.] (901). A. Schall. n. 3. 50; geb. n. 4. 50

— im **Schloß der Zeit.** Eine Sylvester-Paraphrase in 7 Bildern. Umschlag-Zeichng. v. Fidus. 8. (VII, 88 S.) Berlin 894. F. Fontane & Co. n. 1. —

— Jost Seyfried. Ein Roman in Brief- u. Tagebuchblättern. Aus dem Leben e. Jeden. Sprüche e. Steinklopfers. Sturmbruch. Lieder e. Schwertschmieds. Herzblut. Tor auf! 2. Aufl. 2 Bde. (XV, 86, 102 u. 111, 110 u. 107 S. m. farb. Titelbild.) 8. Ebd 905. n. 6. —; geb. n. 8. —; Luxusausg. geb. n. 15. —

— Jost Seyfried. Ein Roman in Brief- u. Tagebuchblättern. Aus dem Leben eines Jeden. Sprüche e. Steinklopfers. Sturmbruch. Lieder e. Schwertschmieds. Herzblut. Tor auf! 3. Aufl. 2 Bde. (XV, 86, 102 u. 111, 110 u. 107 S. m. farb. Titelbild.) 8. Berlin 906. E. Fleischel & Co. 6.—; geb. n 8. —

— Mönchguter Skizzenbuch. (S. 81—135.) 8. Ebd. 902. n. 1. —
Sonderabdruck aus: „F., von Alltag u. Sonne". 2. Aufl.

—— Toni Stürmer. Eine Alltagsgeschichte in 5 Scenen. 8. (74 S.) Berl. 891, Fontane u. Comp. * 1 —

— Zwischenklänge. Altes u. Neues. Stimmungen. Briefblätter. Von Festtagen u. Werktagen. Dies u. Das. Singlieder. 1—3. Aufl. (IX, 179 S.) kl. 8. Ebd. 909. 3. —

Flaischlen, G., s. Handelsgesetze der Erde: Rumänien.

FLAISCHLEN, Georg (Ula): Über die Haemorrhoidalkrankheit.- München: Roesl 1844. 30 S. 24.8.1843 - Urk (Titel: De haemorrhoidibus.); F 66
Diss. Ingolst.-Landsh.-Mchn.

Flaischlen, Herm., vom Dr. Martin Luther. Vier neue Lieder. 12. (8 S.) Wittenberg 883, Wunschmann. *

[F.] Johannes Falk, der Kinderfreund. (Von [Marcus] Flaischlen-Grieben.) *Berlin: Buchh. d. Ostdeutschen Jünglingsbundes [1896].* (16 S.) 8.
— Feste, Für, u. Freunde d. Inneren Mission. H. 6. [98. 9860

Flaischlen, M., Suum cuique. Ein Wort üb. Pfarrbesoldg. in der evangel. Landeskirche Preußens. gr. 8. (39 S.) Wittenberg 892. R. Herrosé's Verl. n. — 50

Flaischlen, Markus)Schriftl.), s. Union, Positive.

— s.a. Verhandlungen d. Delegiertentages deutscher evangelischer Pfarrervereine zu Wittenberg.

Verhandlungen des Delegiertentages Deutscher evangelischer Pfarrervereine zu Wittenberg am 31. Okt. u. 1. Nov. 1892. Im Auftr. d. Deleg.-Tages hrsg. von M. Flaischlen, Pfarrer in Grieben ⟨Altmark⟩. *Grieben: Selbstverl. 1893.* (52 S.) 8° [F.] [ov. 9661

Verzeichnis der in der Provinz Sachsen und dem Herzogtum Anhalt erscheinenden Zeitungen. Für d. evang.-sozialen Preßverband d. Prov. Sachsen bearb. von M[arkus] Flaischlen, P. Als Ms. gedr. Halle a. S. 1894: Fischer. 29 S. 8° [11. 10362

Flaischlen, N., s.: Arbeiten aus d. Gebiete d. Geburtshülfe u. Gynaekologie.

Flaischlen, Nic., die Indicationen zur Laparotomie bei gynäkologischen Erkrankungen, s.: Klinik, Berliner.

— Komplikation d. Geburt durch Cervixmyom, s.: Arbeiten aus d. Gebiete d. Geburtshülfe u. Gynaekologie.

Flaischlen, N., über die Alexander-Adams'sche Operation, s.: Sammlung zwangl. Abhandlungen a. d. Gebiete der Frauenheilkunde. III. 2.

— d. gegenwärt. Stand d. Retroflexionstherapie, s.: Sammlungen zwangloser Abhandlgn. aus d. Gebiete d. Frauenheikunde u. Geburtshilfe.

Flake, Fel., u. Max Hottenrott, Gedenkblätter an das 1. elsaß-lothringische Sängerbundesfest. Pfingsten 1891. 8. (190 S. m. 4 Illustr.-Taf.) Straßburg i/E. 891. Straßburger Druckerei u. Verlagsanstalt. n. 1. 50

Flake, Otto, die Leute vom Simplicissimus, s.: Persönlichkeiten. 13. Heft.

Flake, Otto, s.: Werter, der.

— Strassburg u. das Elsass, s.: Städte u. Landschaften.

Flakowski, Ernst, Massivbauweisen im Hochbau, s.: Verein „Massivbau-Verband" in Berlin.

Flakowski, Curt: Beiträge zur Geschichte der Erbpacht unter König Friedrich I. Königsberg i. P. 1910: (Wernich, Elbing). 110 S. 8° ¶(Aus: Altpreuß. Monatsschrift. Bd 47, H. 1, 2.)
Königsberg, Phil. Diss. v. 22. Jan. 1910, Ref. Krauske, Werminghoff
[Geb. 4. Dez. 85 Ortelsburg; Wohnort: Königsberg i. P.; Staatsangeh.: Preußen; Vorbildung: Gymn. Hohensalza Reife O. 04; Studium: Königsberg 3, Berlin 1, München 1, Königsberg 3 S.; Rig. 1. März 09.] [U 10. 2597

Flam, Conrad: Lautlehre des französischen Textes in Codex Vindobonensis 2554. Halle a. S. 1909: Kaemmerer. 77 S. 8°
Halle, Phil. Diss. v. 9. Dez. 1909, Ref. Suchier
[Geb. 25. Sept. 84 Eupen; Wohnort: Eupen; Staatsangeh.: Preußen; Vorbildung: Gymn. Düren Reife O. 05; Studium: Bonn 3, Berlin 2, Halle 4 S.; Rig. 3. Juli 09.] [U 10. 1727

Flamand, Claude, aus St. Germain: Ueber den Wert der Ehrlich'schen Diazoreaktion und ihre Verwendung am Krankenbett für Diagnose und Prognose der verschiedenen Krankheiten. *Berlin (1899): E. Ebering.* (29 S.) 8°
Berlin, Med. Diss. v. 3. Aug. 1899

Flamant, R. P. mémoire pratique sur le forceps. 8. Strasburg, Levrault. 816.

Flamant, J. J., Hermann der Cherusker. Deutsches Heldengedicht. Neu bearb. u. hrsg. v. Clara Uhlich. gr. 8. (IV, 243 S.) Halle 877. Schwetschke in Comm. n. 3. —

Flambach, Adolf: Das Weib schweige!! Eine zeitgemässe Studie. — Düsseldorf: Schaffnit 1905. 66 S. 8°
—— 2. Aufl. 1905.

Flamberg, s.a. Flammberg.

Flamberg, Vater, und seine Kinder, eine deutsche Familiengeschichte. Breslau 1803. V: *Krebs, Carl Jos.* (Ky)

Flamel, Ortensio, il libro d'oro. Rivelazioni dei destini umani per mezzo della chiromanzia trascendente, la negromanzia, la fisionomanzia ecc. Con 12 tav. litogr. 2. ediz. 16. (152 S.) Triest 866, Coen. *

FLAMELLUS, Nicolaus

* Zwey ausserlesene chymische Büchlein. I. Das Buch der Hieroglyphischen Figuren Nicolai Flamelli des Schreibers, wie dieselben stehen unter dem vierdten Schwiebbogen auf dem Kirchhofe der Unschuldigen Kinder zu Paris, wann man zur Pforten von S. Dionysii Strassen hinein gehet zur rechten Handwerts, sampt derselben Bedeutung oder Erklährung durch gemeldten Flamell. Worinnen gehandelt wird von Transmutation oder Verwandelung der Metallen. II. Das wahrhafte Buch des gelährten griechischen Abts Synesii, vom Stein der Weisen, welches aus der kaiserlichen Bibliothek herkommen. Zuvor noch nie im teutschen gesehen nun aber den Liebhabern der Kunst zu gutem aus dem französischen ins hochteutsche übersetzt. Anno 1751.
Another edition, Anno 1673.

FLAMELLUS, NICOLAUS. [NICOLAS FLAMELL.]
* Chymische Werke als I. Das güldene Kleinod der hieroglyphischen Figuren. 2. Das Kleinod der Philosophiæ. 3. Summarium Philosophicum. 4. Die grosse Erklärung des Steins der Weisen zur Verwandelung aller Metallen. 5. Schatz der Philosophiæ. Den Liebhabern der Kunst aus dem französischen in das teutsche übersetzt von J. L. M. C., zu finden bey Johann Paul Kraus, Buchhändler in Wien, 1751. pp. 290, 16mo. Frontispiece and plates.

Flamenca, s. Siebert, Gustav.

v. Flamerdinghe, Ferdinand [cand. med. aus Frankfurt a/M.]: Ueber die Complication von Uterusfibroiden mit Gravidität.... Würzburg, Paul Scheiner's Buchdr., 1887; 35 S. 8°.
Würzburg. Med. Fak., Inaug-Diss. v. 1887.

Flamerion, S. J., die Lage der kathol. u. protestantischen Völker vom wirtschaftlichen, moralischen u. sozialen Gesichtspunkt aus m. einander verglichen. Genehmigte Uebersetzung aus dem Franz. gr. 8. (74 S.) Stuttgart 902. München, J. Roth. n. — 60

„Flamidien, Bruder," und das Verbrechen von Lille im Lichte der Wahrheit. Wien [ca. 1899]. V: *Masquelier, H.* (EB)

Flaming, Quinctius, Heymeran, von, v. Aug. Lafontaine, m. K. 4 Bde. 8. Berlin, Voß. 798.

Flaming, des Freiherrn Quinctius Heymeran von, Leben u. Thaten, v. Gustav Freier, (A. Lafontaine) 4 Theile mit Kupf. 8. Berlin, 795-96. Voß. 6 Rthl.

Rede des Zentrumsabgeordneten von Toleranzky. (Schlusswort z. Toleranzantrage.) Vorahnend stenographiert von Sincerus **Flaminio.** Leipzig: C. Braun in Komm. 1906. (28 S.) 8° [F.]

Flaminius, M. A., u. seine Freunde. Dichterproben aus dem Zeitalter Leo's X. mit beigefügtem latein. Originaltext. Von C. B. Schlüter. gr. 8. (XVI u. 232 S.) Mainz 847, Kupferberg. 24 ngl.

Flaminius, Marcus, oder ein Gemählde römischer und deutscher Sitten aus dem Zeitalter des Tiberius in drey Bänden, 1r Theil, 8. Dresden, 794. Richter. 1 Rthl. 5 gl.

Flaminius, Marcus, ein Gemälde römischer und deutscher Sitten. Leipz. 1803. V: *Pott, Degenhard.* (EB)

Flaminii, Cephali, vindiciae coelibatus eccles. occidentis contra nuperos quosdam scriptores. 8maj. Augsb. 789. Doll. 12 K

Flaminius, Corn., Creta sacra. II Tom. c. fig. 4. Lips. 757.

Flaminius, Mark. Ant., in librum Psalmorum brevis explanatio et in eorum aliquot paraphras. Ad edit. Aldinam cur. S. Gli. Wald. 8maj. Halle 785. Hendel. 1 β 6 K

* **FLAMINIUS,** M. Ant. — Lieder nach dem Lateinischen des *M. Ant. Flaminius* (von Schack · Hermann Ewald). Gotha 1775.
Anon.-Lex. III. p. 71 (nach d. Verz. der v. Meusebach-schen Bibl. Berlin, 1855. S. 85).

Flamitzer, J. Nic., europ. Monarchen Staatscompaß. 8. 730.

Flamitzer. Politisch-militairischer Staats-Minister oder Anweisung zur militairischen Staats-Administration. 8. Frankfurth 1730.

Flamm, über Shakespeare's Ophelia im Hamlet. Tübingen 1887

Flamm, Ortschafts-Verzeichniß, nebst Entfernungs-Tabelle d. Reg.-Bez. Arnsberg, s.: Berkermann.

Flamm, C., 200 neue arithmetische Aufgaben, in Erzählungen eingekleidet, welche auch als Vorlegeblätter zur Selbstübung der Schüler im Kopfrechnen gebraucht werden können, nach dem rheinischen Maaß- und Münzfuß bearbeitet. 12. Stuttgart, Löflund. 820. Ordblr.

Flamm, C. E. Otto. 3. Anstalts-Bericht über den Zeitraum vom 1. Oktbr. 1883 bis 1. April 1889 d. Heil- u. Pflegeanst. Pfullingen f. Psych.-Kranke. 4. (VIII, 136 S.) Tüb. 889, Osiander. geb. * 4 —

Flamm, C. E. O., Anstalts-Bericht der Heil- u. Pflegeanstalt Pfullingen, Fortsetzg., s.: Bericht der Flammschen Privat-Heilanstalt.

Flamm, C. E. Otto, Monographie der landwirthschaftlichen Kolonie Alteburg für Psychisch-Kranke der Heil- und Pflege-Anstalt Pfullingen. Eine populärwissenschaftl. Beschreibung. Nebst einem Anhang „Studie über Irrenkolonien" [aus: Jahrbücher für Psychiatrie]. gr. 8. (XV, 119 S. mit doppeltem Titelbild, 1 Situationsplan und verschied. Tab.) Tübingen 886, Osiander'sche Buchh. *

— Monographie der landwirthschaftlichen Kolonie Alte-Burg f. Psychisch-Kranke der Heil- u. Pflege-Anstalt Pfullingen. Eine populär-wissenschaftl. Beschreibung. 2., verm. Aufl. m. 2 Lichtdr.-Bildern, 1 Situationsplan u. 1 Karte. gr. 8. (XVI, 105 S.) Ebd. 890. geb. n. 2. 40

Flamm, Dav. (geb. Kalisch 1793): De vertebrarum ossificatione. Berolini (1818). (21 S.) 4°
Berlin, Med. Diss. v. 14. Aug. 1818

Flamm, Emil Otto, über meningitische Symptome beim Rheumatismus acutus. gr. 8. (72 S.) Tübingen 865, (Osiander'sche Buchh.). *

Einer von der Feuerwehr. (Umschlagt.: Ein Braver von d. Feuerwehr.) Ländl. Lebensbild (in österreich. Mundart) mit Gesang in 1 Akt von Franz Flamm. *(Berlin: B. Bloch [1897].)* (24 S.) 8° [F.]
— Vereins-Bühne. No 17.

Hygiene der Schwangerschaft und des Säuglings von Frau Dr. med. (Gertrud) Flamm. Berlin & Leipzig: Frauen-Rundschau [1904]. (51 S.) 8° [F.]
(Medizinische Frauenbücher.)

Flamm, Herm, badische Bauerntrachten, s.: Rosenberg's, Marc, badische Sammlung.

— Badische Handschriften, s.: Rosenberg's, Marc, badische Sammlung.

Flamm, Hermann (Hrsg.), s. Heimatblätter, Badische.

— u. Pet. P. Albert, Katalog der badischen Handschriften, s.: Rosenberg's, Marc, badische Sammlung. VII.

Flamm, Hermann: Der wirtschaftliche Niedergang Freiburgs i. Br. und die Lage des städtischen Grundeigentums im 14. und 15. Jahrhundert. Ein Beitrag zur Geschichte der geschlossenen Stadtwirtschaft. Karlsruhe i. B. 1905: G. Braun. (180 S.) 8° ¶ [Ersch. als: Volkswirtschaftl. Abhandl. d. Bad. Hochschulen, Bd 8, Erg.Bd 3.]
Freiburg i. B., rechts- u. staatsw. Fak., Ref. Fuchs, Diss. v. 1905
(Nicht für den Austausch)
[Geb. 7. Sept. 71 Freiburg; Wohnort: Freiburg; Staatsangeh.: Baden; Vorbildung: Gymn. Freiburg; Studium: Freiburg 9 S.; Rig. 19. Juli 04.]

Flamm, Herm., der wirtschaftliche Niedergang Freiburgs i. Br. u. die Lage des städtischen Grundeigentums im 14. u. 15. Jahrh., s.a. Abhandlungen, volkswirtschaftliche, der badischen Hochschulen. VIII. 3. Erg.-Bd.

Geschichtliche **Ortsbeschreibung** der Stadt Freiburg i. Br. Mit Plänen. Bd 1. 2. Freiburg im Br.: F. Wagner 1891—1903. 2 Bde. 8° [F.]
1. Bauperioden. Gemarkung. Wasserversorgung. Friedhöfe. Straßen u. Plätze. Bearb. von Ad. Poinsignon. 1891.
2. Häuserstand 1400—1806. Unter Mitw.... bearb. von Herm. Flamm. 1903.
— Veröffentlichungen aus d. Archiv d. Stadt Freiburg im Br. T. 2. 4.

— geschichtliche Ortsbeschreibung der Stadt Freiburg i. Br., s.a. Veröffentlichungen aus dem Archiv der Stadt Freiburg im Breisgau. IV.

Flamm, H., s.: Sagenbuch, badisches.

Flamm, J. H., Cholera und Vergiftung. (Zur Pathologie, Therapie und Sanitätspolizei der Cholera.) gr. Lex.-8. (IV und 58 S.) Wien 856, Braumüller. *

Flamm, L., Gratulationen und Gelegenheitsgedichte zu Geburts- und Namensfesten, Jubelfesten, Hochzeiten rc. für Schule und Haus. 1. und 2. Aufl. gr. 8. (III, 72 S.) Langensalza 882,83, Schulbuchh. von Greßler.

Flamm, L., Gratulationen u. Gelegenheitsgedichte zu Geburts- u. Namensfesten, Jubelfesten, Hochzeiten rc. f. Schule u. Haus. 3. Aufl. gr. 8. (III, 72 S.) Langensalza 893. Schulbuchh. — 75

— Räthselbuch für Schule u. Haus. 8. (III, 123 S.) M.-Gladbach 878. Schellmann. n. 1. 20

Flamm Ludwig und **Mache** Heinrich, Dr.: [1]) Mitteilungen aus dem Institut für Radiumforschung. 13. Über die quantitative Messung der Radiumemanation im Schutzringplattenkondensator. 1. Mitteilung (mit 2 Textfiguren). S. 121. II a. 227 . . . . . —.90
Separatabdruck

— — [2]) 38. Über die quantitative Messung der Radiumemanation im Schutzringplattenkondensator. 2. Mitteilung. S. 122. II a. 255 . . . . —.30
Separatabdruck

— — [3]) 54. Über die quantitative Messung der Radiumemanation im Schutzringplattenkondensator. 3. Mitteilung. S. 122. II a. 1539 . . . . —.50
Separatabdruck

Wissenschaftliches Arbeiten auf schiffbautechnischen Gebieten. Rede z. Feier d. Geburtstages d. Kaisers Wilhelm II. in d. Techn. Hochschule zu Berlin 1906 geh. von d. zeitigen Rektor [Oswald] **Flamm.** Berlin (1906): Denter & Nicolas. (17 S.) 4° [ok. 1871

Flamm, Osw., s.: Schiffbau.

Flamm, Osw., Schiffbau, s.: Handel, Industrie u. Verkehr in Einzeldarstellungen. 10. Bd.

— Schiffbau, s.: Uhland's, Wilh., Heinr., Handbuch f. den praktischen Maschinen-Konstrukteur.

— Deutscher Schiffbau. Ein Beitrag zur Geschichte der deutschen Seeschiffahrt. (95 S. m. 18 Taf.) 8. Leipzig (907). Th. Thomas. 1. 80

— Schiffskessel u. Schiffsmaschinen, s.: Rühlmann, Mor., allgemeine Maschinenlehre. V. 5.

— Die Schiffsschraube u. ihre Wirkung auf das Wasser. Photo-stereoskop. Aufnahmen unter gleichzeit. Energie- u. Geschwindigkeits-Registriergn. der im Wasser frei arbeit. Schraube. Schlussfolgerungen aus den angestellten Versuchen. (25 S. m. 31 Lichtdr.-Taf.) Lex. 8. München 909. R. Oldenbourg. 12. —

— Sicherheits-Einrichtungen d. Seeschiffe. (VIII, 197 S. m. 87 Abbildgn.) gr. 8. Berlin 904. O. Salle. n. 6. —; geb. n. 7. —

— Theorie des Schiffes, s.: Rühlmann, Mor., allgemeine Maschinenlehre. V. 2.

— Uebergang vom Holzschiffbau zum Eisenschiffbau. Practischer Schiffbau, s.: Rühlmann, Mor., allgem. Maschinenlehre. V. 3.

— Was lehrt die Vergangenheit, was fordert die Zukunft vom deutschen Schiffbau? Eine krit. Studie. (95 S. m. 18 Taf.) 8. Leipzig (907). Th. Thomas. 1. 80

— Wert d. Funkentelegraphie f. d. moderne Schiffahrt, s.: Arldt, C., die Funkentelegraphie.

Flamm, Otto, die Heil- u. Pfleganstalt Pfullingen in ihren ersten zehn Jahren. Ein Bild äusserer u. innerer Verhältnisse. Mit e. (chromolith.) Ansicht u. verschiedenen (6) lith. Taf. gr. 4. (III, 94 S.) Reutlingen 880. (Tübingen, Osiander.) n. 4. —

Flamm, Richard [app. Arzt]: Ein weiterer Beitrag zur Behandlung der chirurgischen Tuberculose, speciell des Talocrural-Gelenks, mit Zimmtsäure-Injektionen nach Prof. Dr. B. Landerer ... Leipzig, Druck v. J. B. Hirschfeld, 1894; 25 S. 8.
Leipzig, Med. Fak., Inaug.-Diss. v. 29. Mai 1894

Flamm, Rich., s.: Entwicklung u. Geburt, die, des Menschen.

— die Pflege der Wöchnerin u. die Pflege des Neugeborenen, m. besond. Berücksicht. der wichtigsten im ersten Säuglingsalter auftret. Krankheiten. (Schumanns medizin. Volksbücher.) 8. (91 S.) Leipzig 902. J. F. W. Schumann. Geb. in Leinw. n. 1. 50

Ⓑ **Flamm,** Rich., d. Pflege d. Wöchnerin. 902. (LBL 31.) Jetzt: Ulm, J. Ebner.

— Schwangerschaft u. Geburt, s.: Schumann's medizinische Volksbücher. 47. Bd.

Flamm, Thdr., u. Carl **Strobl,** Fallstricke. Schwank in 1 Aufz. 8. (20 S.) Wien 896. (Leipzig, Literar. Anstalt, A. Schulze.) n. — 60

Flamm, Th.: Ein armer Millionär, s. Theater-Repertoir, Wiener.

Flamm, Thdr., die Rekrutirung in Krähwinkel, s.: Theater, neues Wiener. Nr. 165.

Flamm, Th., die Rekrutirung in Krähwinkel, s. Theater-Repertoir, Wiener.

Flamm, Th.: Das Soldatenkind, s. Theater-Repertoir, Wiener.

Flamm, Th., u. Wimmer: Der Teufel im Herzen, s. Theater-Repertoir, Wiener.

Flamm, Th., Wem gehört die Frau? s. Theater-Repertoir, Wiener.

Flamm, Wilhelmine, Liebestränke. Lustspiel in 3 Akten. 8. (54 S.) Stuttgart 882, Greiner und Pfeiffer. *

Flamm, Wilhelmine, geb. Link, Ursa. Dramatisches Gedicht in 5 Akten. 8. (200 S.) Stuttgart 882. Greiner. n. 3. —

Flamma, (H. C. G. Brand), Fürst d. Brennen, oder Brandenburgs Gründung, Sage der Vorzeit. 8. Magdeburg 1816, Creutz.

Flamma, (H. C. G. Brand), Wittekind der Große. Mit 3 Kpf. 8. Leipzig 1806. Wienbrack.

Flammae et sagittae amoris Mariani, Ex Italico in Latinum idioma . . . translatae . . . [Pragae] 1701. V: *Auriemma, Tomm.* Ü: *Falck, Johann.* (Jes)

Flammarion, Camille, das Ende d. Welt. M. Genehmigg. d. Verf. ins Deutsche übertr. v. Karl Wenzel. 8. (V, 276 S.) Pforzheim 895. E. Haug. n. 3. —; geb. n. 4. —

Flammarion, Camille, Gott in der Natur, s. Bibliothek der Gesamtlitteratur.

Flammarion, Camille, Gott in der Natur. Deutsche, vom Verf. autoris. Ausg. von Emma Prinzessin Schönaich-Carolath. gr. 8. (VIII, 388 S. mit dem Portr. Flammarions in Stahlst.) Leipzig 870, Weber. *

Flammarion, Camille. Himmels-Kunde für das Volk. Preisgekrönt von der französischen Akademie. Deutsche Ausgabe (*Umschlag:* Bearbeitung) von Ed[uard] Balsiger ... in Bern. Reich illustriert [mit Textfiguren, sowie mit 50 Tafeln] von E[(rne]st) Bieler, R[obert] Kiener, J[oan] Miralles, E[vert] van Muyden. Vorwort von Bundesrat Dr. E[rnst] Brenner. 672 S. gr.-8. Neuenburg, F. Zahn, ([1907—]1908).
([Subscr.: 15 Liefg. à fr. 1.25,] *cpl.* br. fr. 18.75 u. geb. 25.—; im Buchh. *cpl.* br. 25.— u. geb. 32.—)

— Komet u. Erde, s.: Universal-Bibliothek.

— Lectures choisies, hrsg. v. W. Elsässer, s.: Schulbibliothek franz. u. engl. Prosaschriften. I. 39.

— Meine Luftreisen. Eindrücke u. Forschgn., Bordjournal v. 12 wissenschaftl. Ballonreisen. Aus dem Franz. m. Genehmigg. des Verf. übers. v. Thdr. Fr. Grigull. Mit dem Bilde des Verf. u. e. Vormerkg. des Übersetzers nebst 1 Karte. (XII, 219 S.) 8. Halle (909). O. Hendel. 1. —

— Lumen. Autoris. Übersetzg. aus dem Franz. v. Anna Rau. 8. (303 S.) Berlin (900). Vita. n. 3. —

Flammarion, Camille, la planète Mars, s.: Meyer, M. Wilh., d. physische Beschaffenheit d. Planeten Mars.

Flammarion, Camille, die Mehrheit bewohnter Welten. Eine Studie, in der die Bedingungen der Bewohnbarkeit der Himmelskörper vom Gesichtspunkte der Astronomie und der Physiologie aus entwickelt und besprochen werden. Aus dem Französ. übertragen, durch einen Anh. und durch Anmerkungen verm. von Hugo Schramm. 16. (VI und 130 S. mit 1 Tab. in qu. Fol.) Dresden 864, Türk's Verlag.

Flammarion, Camille, die Mehrheit bewohnter Welten. Astronomische, physiolog. und naturphilosoph. Studien über die Bewohnbarkeit der Himmelskörper. Deutsche, vom Verf. autoris. Ausg. von Adph. Drechsler. gr. 8. (XVI und 282 S. mit 6 astronom. Taf. in Holzschn.) Leipzig 865, Weber. *

Flammarion, Camille. Unbekannte Naturkräfte. Mit achtzehn Abbildungen im Text und zehn Tafeln. XII + 380 S. 8. Stuttgart, Julius Hoffmann, 1908. [M. 5. —, geb. 6. —]

Darin S. 203—228: Kapitel 6: Die Experimente des Grafen (Agénor de) Gasparin (1853 in Valleyres, Schweiz); *S. 229—249:* Kapitel 7: Professor (Marc) Thurys (in Genf) Forschungen.

— Rätsel des Seelenlebens. Autoris. Übersetzg. v. Gust. Meyrink. (XXI, 428 S.) 8. Ebd. 909. 5.—; geb. 6. —

— das Rätsel der Unsterblichkeit. Im Werden der Welten. — Das Nichts des Todes. Nach F. v. Frz. Unger. 8. (64 S.) Coethen 902. R. Schumann. n. 2. —

— dasselbe, s.: Hausbibliothek, geheimwissenschaftliche. 11.—13. Hft.

Stella. Apysaka K. Flamarijono [Camille Flammarion], arba viskas ir visur, Stebuklai ant Dangaus ir Žemės. Sutaise ir iszleido sawo kasztu F. M. Tilžeje 1899: [O. v. Mauderode]. (72 S.) 8°

[Stella. Erzählung von C. Flammarion, oder alles u. überall Wunder am Himmel u. auf d. Erde.] [eg. neu 10

— Urania. Mit Genehmigg. des Verf. ins Deutsche übertr. v. Karl Wenzel. 8. (IV, 235 S.) Pforzheim 894. E. Haug. n. 3. 50; geb. in Leinw. n. 4. 50

Flammarion, Camille, das bewohnte Welten-All. Astronomische und philosoph. Betrachtungen. Deutsche, vom Verf. autoris. Ausg. 2. Aufl., nach der neuesten [31.] Orig.-Ausg. bearb. von Adph. Drechsler. 8. (XII, 330 S. mit 6 Taf. astronom. Abbild.) Leipzig 884, Weber. *

geb. **

Flammberg, s.a. Flamberg.

Flammberg, Vater, und seine Kinder, eine deutsche Familiengeschichte von K. J. Krebs, 2 Theile, 8. Breslau, 796/97. Gehr und Comp. 28 sgl.

Flammberg, Gottfried (Pseud.), s.a. Ebrard, Joh. Heinrich August.

Flammberg, Gfried., der goldne Becher. 5 Nürnberger Erzählgn. 3 Bdchn. gr. 8. Stuttgart 871. J. F. Steinkopf. n. 6. 60

1. Die welsche Buhle. — Die Seufzerhochzeit. (IV, 199 S.)
2. Förster u. Müller. (154 S.)
3. Das Jahr 48. — Die Heilthumsweisg. (222 S.)

— Bilihild, s.: Jugend- u. Volksbibliothek, deutsche.

Flammberg, Gfried., (S. Sturm), Duplessis-Mornay. Eine Tragödie. Frankfurt a. M. 859. Brönner. 8. (IV, 307 S.) n. 1 ℛ

Flammberg, Gfried., der Feilenhauer. Eine Erzählung. 3 Bdchn. 8. (IV und 599 S.) Frankfurt a. M. 866, Winter. *

—— Hermann. Ein Schauspiel in 3 Aufzügen. 16. (100 S.) Erlangen 861, Bläsing. *

— Hugenottengeschichten. [Mas d'Azil. — Der Flüchtling.] 8. (363 S.) Stuttgart 875. J. F. Steinkopf. n. 4. —

—— die Kreuz-Eiche. Eine Erzählung. 8. (IV und 281 S.) Erlangen 862, [Deichert.]

— vom treuen Kunrat, s.: Jugend- u. Volksbibliothek, deutsche.

— ein Leben in Liedern. Gedichte. Erlangen 868. Deichert. 16. (VII, 240 S.) 24 ngr.; cart. m. G. 1 ℛ

— ein Leben in Liedern. Gedichte. 2. verm. Aufl. 16. (274 S.) Erlangen 872. Deichert. 2. 40

Flammberg, Gfr. [Aug. Ebrard], ein deutscher Mann, s.: Jugend- u. Volksbibliothek, deutsche.

—— s. Ollanta, peruanisches Drama.

— Ricordo. Eindrücke e. Reise im nördl. Italien in Gedichten. 8. (168 S. m. Holzschn.-Vignetten.) Gütersloh 881. Bertelsmann. n. 2. —

— die Rose von Urach. Eine Erzählung. Stuttgart 869. J. F. Steinkopf. 8. (607 S.) n. 2 ℛ 6 ngr.

Flammberg, Gfried: Die Rückkehr der Waldenser, s. Jugend- u. Volksbibliothek, Deutsche.

— Rudolf von der Pfalz. Eine Trilogie. I—III. Frankfurt a. M. 860. Brönner. 8. n. 1 ℛ 21 ngr.

Inhalt: I. Otto Krondorfer. In 3 Akten. (VIII, 83 S.) n. 12 ngr. — II. Mutter u. Sohn. In 5 Akten. (238 S.) n. 24 ngr. — III. Rudolfs Tod. In 5 Akten. (131 S.) n. 15 ngr.

— Schleswig-Holstein. 46 Lieder wider den Dänen. Erlangen 863. Bläsing. (Deichert.) 8. (VIII, 149 S. u. 1 lith. Karte.) 15 ngr.

Flammberg, Gfr., der Schlüssel zum Herzen. Romantisches Schauspiel aus der Zeit der Kreuzzüge, in 3 Aufzügen. gr. 8. (46 S.) Erlangen 886. Deichert. n. — 40

— das verlorene Söhnchen. Eine Kindergeschichte für Erwachsene. 8. (338 S.) Stuttgart 877. J. F. Steinkopf. n. 4. —

— ein Totentanz. Gedicht in 36 Gesängen. 8. (342 S.) Wernigerode 880. Riegelmann. n. 4. —

—— der Vogelsteller vom Eschlippthal, s. Jugend- und Volksbibliothek, deutsche.

Flammberg, Gfr. (Aug. Ebrard), Kurt Werner, s. a. Familien-Bibliothek, Calwer. 54. Bd.

— Kurt Werner. Eine Erzählung aus dem Frankenland. 3 Bdchn. Frankfurt a. M. 864. Brönner. 8. (XXI, 708 S.) n. 2 ℛ 20 ngr.

— Kurt Werner. Eine Erzählung aus dem Frankenlande. 3 Thle. Neue Ausg. Frankfurt a. M. 866. Winter. 8. (XXI, 708 S.) n. 2 ℛ

Flämmchen, von G. Schilling (oder G. Schillings sämmtliche Schriften, 48r Theil.) 8. Dresden, Arnold, 818.

Flamme, Die. Zeitschrift zur Förderung der Feuerbestattung im In- u. Auslande. Offizielles Organ des Berliner Vereins. Redaction: Julius Stein. Jbg. 1—11. 1884—94. Berlin. 4.

Flamme, Chr., Verzeichnis d. sämtlichen i. Druck erschien. Kompositionen von Johann Strauß (Vater), Johann Strauß (Sohn), Josef Strauß u. Eduard Strauß. 12. (90 S.) Leipzig 898. Breitkopf & Härtel. n. 1. —

Flamme, Chr., Verzeichniss der im Druck erschienenen Werke v. Franz Behr. 8. (67 S.) Leipzig 893. Gebr. Hug & Co. n. 2. 70

— Verzeichniss der im Druck erschienenen Werke u. Bearbeitungen v. Fritz Spindler. Nach Opuszahlen u. Titeln [alphabetisch] geordnet. 8. (45 S.) Ebd. 892. n. — 80

Flamme, Frz., einer (ein Braver) v. d. Feuerwehr, s.: Vereins-Bühne.

Flamme, Julius (geb. am 25 Apr. 1862 in Elberfeld): Syntax der Blickling Homilies ... Bonn, Univ.-Buchdr. v. C. Georgi 1885. 2 Bl., 90 S., 1 Bl. 8.
Bonn, Phil. Fak., Diss. v. 28 März 1885

Flamme, Karl, Rechtsanwalt: Das Abhängigkeitsverhältnis der Ansprüche aus gegenseitigen Verträgen nach gemeinem Recht und B.G.B. §§ 320 bis 322. Greifswald 1909: Abel. 70 S. 8°
Greifswald, Jur. Diss. v. 18. Dez. 1909, Ref. Weismann
[Geb. 30. Sept. 76 Nauen b. Potsdam; Wohnort: Gollnow; Staatsangeh.: Preußen; Vorbildung: Gymn. Berlin Reife O. 98; Studium: Greifswald 3, Berlin 2, Greifswald 2 S.; Rig. 20. Dez. 06.] [U 10. 1513

Flamme, Ludw., unseres Herrn u. Heilandes Jesu Christi sieben Worte am Kreuze. Gedicht. (32 S.) 8. Stettin 908. (Herrcke & Lebeling.) 1.—; geb. 1. 50

Flammen, allerlei, s.: Humor, dem, eine Gasse.

Flammen der Liebe, oder Beweggründe u. Uebungen der göttlichen Liebe, in Belehrungen, Beispielen u. Gebeten der Heiligen. Von einem kath. Geistlichen. 12. Aachen 844, Cremer'sche B. 1/3 ₰

Flammenberg, C., Der Geisterbanner. Eine Wundergeschichte aus mündl. u. schriftl. Traditionen gesammelt. Mit Titk. Wien. 8°. 1792

Flammenberg, (Fr. Frz. Kosegarten), der Geisterbanner, 3 Bde. Mit 3 Kpf. 8. Bresl. 799, 800, W. G. Korn. 3 ₰

Flammengebete, kurze, s. Buchfelner.

Flammengebete, kurze, um Abwendung d. Seuche. Gutgeheißen von d. Vätern d. heil. Kirchenrathes zu Trient. Mit Titkpfr. 8. (1/4 B.) Regensburg 837, Manz.

Flammennacht, die, im Glarnerland vom 10./11. Mai 1861. Ein Erinnerungsblatt. Gedicht. 8. (32 S.) Zürich 880, Höhr. *

Flammen-Sang. Dichtgn. aus alter u. neuer Zeit. Hrsg. v. hess. Landesverein f. Toten-Einäscherung. gr. 8. (71 S.) Heidelberg 897. J. Hörning. Kart. n. 1. 20

Flammenstern, J.

— — Portrait-Figuren im Gala-Costüme d. königl. französ. Regenten-Familie. In 8 Blättern. gr. 8. Ebend. 816.

Flammenstern, J., genealogisch-histor. Skizze d. Regentenstammes der Bourbons in Frankreich, Spanien, beyden Sicilien und Portugal. 8. Prag, Krammer. 816.

Flammenstern, Rittig von, s. Rittig von Flammenstern.

Flammentod, der, d. Herzogin Sophie v. Alençon, Schwester d. Kaiserin v. Oesterreich, b. d. Brandkatastrophe in Paris a. 4. V. 1897. Geschild. v. e. Augenzeugen. gr. 16. (16 S. m. Bildn.) Preßburg 897. M. Natali. n. — 20

Flammer, A., le droit civil de Genève, ses principes et son histoire. 8. (304 S.) Genève 875. Georg. n. 6. —

Flammer, Franz, eine Zeichnung aus Wien v. G. H. Heinse. 8. Gießen, Tasché u. Müller. 804.

Flammer, Max *Erwin Wilhelm* [aus Stuttgart]: Ein Beitrag zur Kasuistik der Schädelbasisfrakturen ... Berlin, C. Vogts Buchdr., *1896*; 30 S., 1 Bl. 8.
Berlin, Med. Fak., Inaug.-Diss. v. 14. Aug. 1896

Flammhorst. Grundzüge einer Variation über das Schachspiel im Geiste der europäischen Kriegführung. Nürnberg 1833. 80 S. 4°

Flammhorst, Apotheose Friedrichs d. Einzigen, s. Apotheose.

—— Fragmente, 2. u. 3. Hft., s. Fragmente etc.

Flammhorst's Imperatorik (od. Fragmente a. Flammhorst's Propyläen, 1. Hft.), s. Aus etc.

Flammhorst's Imperatorik, aus. I. Eine Trias neuer Erfindungen im Gebiete d. Kriegskunst. II. Grundzüge e. Variation über d. Schachspiel. gr. 4. Nürnb. 833. (832.) Stein. 1 ₰ 6 gr.

Flammhorst. Imperatorik. III. Nürnberg. ein polit. militär. Fragment. (4¾ B.) 4. Erlangen 1834. 1,15.

Flamming, Ulrich, ein Lesebuch f. Kinder zc. herausgegeben v. André u. Heusinger. 8. Brschw. Schulbhdl. 799.

Flamminii, C., vindiciae coelibatus eccles. Occidentis etc. 8. maj. Augsb. Doll. 787.

Flander, Ferd. De interpolationibus hymni Cereris qui fertur Homeri. 16 S. *Parchim* 1879.
Progr.

Flander, Hermann (Ludwigsburg), De gangraena scroti. Dissert. med.-chir. Präs. Wilhelm Rapp. Tübing. (L. F. Fues) Nov. 1834. 12 S. mit Widm. v. Präs. (3.80) **9004a**

— **Johann Friedrich** (Marco-Grüningensis), Meletemata circa cataractam. Diss. med.-chir. Präs. Wilhelm Gottfried Ploucquet. Tübingen (Fues) Aug. 1802. 18 S. (4.—) **9005**

SAMUEL BENEDIKT FLANDER, Rede bey der Gedächtnissfeyer des Herrn Friedrich August Zorn Freyherrn von Plobsheim, in einer ausserordentlichen öffentlichen Versammlung der Naturforschenden Gesellschaft zu Dantzig am 18ten Junius 1789 gehalten. Dantzig, gedruckt mit Wedels Schriften. 4°.

Flanderky, Paul, stilisierte Gliederfüssler. Neue Formen f. das Kunstgewerbe. Fol. (30 Taf. m. III S. Text.) Dresden (902). G. Kühtmann. In Mappe n. 18.—

— **Insekten.** Naturstudien f. das Kunstgewerbe. gr. Fol. (30 farb. Taf. m. IV S. Text.) Ebd. (901). In Leinw.-Mappe n. 24.—

Flanderky, Paul, die Lebensbeziehungen u. Gewohnheiten der Tiere. — Die Lehre vom Bau der Tiere, s.: Matzdorff, C.

— **Seetiere.** Naturstudien f. Kunst u. Kunstgewerbe. gr. Fol. (100 Taf. m. IV S. Text.) Ebd. (901. 902). In Mappe n. 40.—
Erschien auch in 10 Lfgn. à n. 4.—.

Flandern — Die chemalige Grafschaft — jetzt die Départements der Schelde, der Lys, nebst dem grösst... [illegible] vom Departement Nord etc. Verbessert herausgegeben 1809. Nürnberg bey Homanns Erben. 1: 500,000. 1 Bl.

FLANDERN, Das galante, in sich haltend unterschiedliche Liebes-Geschichte einiger Hohen Personen, aus d. Frantzös. übers. 2 Thle. Christian-Erlang, b. Joh. Andr. Lorber. 12°. (M. M. V. 1716. G 4a, sub libris futuris nundinis prodituris.)

4763. **Flanders, Moll,** d. i. einer also genannten Engländerin erstaunenswerthe Glücks- und Unglücksfälle. Aus dem Englischen durch Matheson. **Hamburg 1745. V:** *Defoe, Daniel.* **(Ullrich, Zeitschr. f. Bücherfr. Jg. IV.) (Mitth. Prof. Dr. Ullrich-Brandenburg a. H.)**

Flandorffer, Carl *Friedrich Heinrich* [pr. Arzt aus Penkun in Pom.]: Über Mastdarmscheidenfisteln. Aus d. Universitätsfrauenklinik zu Greifswald ... Greifswald, Druck v. J. Abel, 1893; 28 S. 8.
Greifswald, Med. Fak., Inaug.-Diss. v. 13. Apr. 1893

Flandriae — Comitatus — in omnes etc. divisus, sumtibus Joh. Bapt. Homanni. Noribergae. 1: 320,000. 1 Bl.

Flandrin, Concordantiarum S. S. scripturae manuale, s. de Raze.

(Flandrin u. Pouloti, de la Font-): Neueste allgemein anwendbare Vorschläge z. Verbesserung d. Pferdezucht u. Thierarzeneykunde. Ins Deutsche übers. ... Leipz. 1794. (44) 132 S.
(S. 105-32 er et anonymt Forslag ang. Veterinærundervisningen i Frankrig).

Flandrin, Pt., über d. Kunst, Schafe zu ziehen u. d. Wolle zu veredeln; aus d. Französ., mit Anmerkk. v. Chr. Aug. Wichmann. gr. 8. Leipz. 804. Kühn. 20 ℊ

Le Flaneur. Harmlose Federzeichnungen eines Petersburger Flaneurs. Mit Portr. Petersb. 1883. Gr. 8°. (1 Mk. 50 Pfg. R. Levi, Stuttg., 1892.)

Der Flaneur: 1885?—1886?
Humorous weekly. Edited & published by William Morrison & H. D. Schinker, according to *Selzle & Kinder*; later published by Paul Löbel. *Ayer* gives Konrad Nies as editor and publisher. Quarto, each issue 16 pages. United with Omaha Zither-Journal to form Humor- und Zither-Journal.
Omaha, NE

Flans, Nic. de, Grammaire de la langue françoise et allemande. 8. Augsb. Wolf.

Flanss, R. v. Die Infanterie-Regimenter der Kron-Armee: „Königin von Polen“ und „Prinz von Polen“ zur Zeit ihres Aufenthalts in (West-)Preussen. 8. (Marienwerder 1881).

[F.] Das ehemalige Amt Marienwerder, insonderheit die Amts-Niederung. Von R. v. **Flanss**. '(SA. a. H. 34 u. 35 d. Zeitschr. d. histor. Ver. f. d. Regbez. Marienwerder.)' *Marienwerder: Hofbuchdr. v. R. Kanter 1897.* (2 Bl., 55—164 S.) 1 Bd 8. [97. 7755

Flanß, R., v., die auf deutschen Fuß errichteten Regimenter der polnischen Kronarmee in Westpreußen von 1717—1772. [Aus: „Zeitschr. des histor. Vereins f. den Reg.-Bez. Marienwerder“.] gr. 8. (III, 132 S.) Marienwerder 894. (F. Boehnke.) n. 2.—

Flanss, R. v., Versuch e. Geschichte der auf Sulitz in Westpreussen ansässig gewesenen Familie v. Brauneck m. besond. Berücksicht. d. verschwägerten, seit 1895 erloschenen Familie v. Füldner u. der nicht verwandten Familie v. Bronk. Auf Wunsch u. unter Mitwirkg. des Hrsg. Hrn. Hans v. Brauneck in Berlin bearb. (VII, 145 S. m. 1 farb. Taf. u. 1 Stammtaf.) gr. 8. Berlin 906. (Marienwerder, Wpr., Superint. R. v. Flanss.) n. 6.—

Flanss, Johann von: Über alte Erstgebärende ⟨nach den poliklinischen Journalen vom 1. 4. 1894 bis 1. 4. 1900 der Königlichen Universitäts-Frauenklinik zu Breslau⟩. *Breslau 1901: Bresl. Genossenschafts-Buchdr.* (32 S.) 8°
Breslau, Med. Diss. v. 2. Febr. 1901

Festgrüße zu Chanukah, Purim und Rausch haschonoh. Gedichte f. Schule u. Haus gesammelt von E[mil] **Flanter**. *Berlin: M. Poppelauer 1900.* (62 S.) 8° [F.]
— Jugendbibliothek, Israelitische. 5. [03. 14888

Flanter, E., s.: Jugendbibliothek, israelitische.

— s.: Jugendfreund, israelitischer.

Flanter, E., der Lebensquell. Ein Buch f. die israelit. Jugend. (80 S.) 8. Berlin (906). M. Poppelauer. Geb. 1.—

— Merktafeln f. den jüdischen Religionsunterricht, nebst e. kurzgefaßten Leselehre. 4. umgearb. u. erweit. Aufl. (8 S.) gr. 8. Berlin (905). M. Poppelauer. n. —20

— der gerechten Sache Sieg. Festspiel zu Purim in 2 Bildern. 12. (16 S.) Frankfurt a/M. (902). J. Kauffmann. n. —25

— Wegweiser für den jüdischen Religionsunterricht, s.: Spanier, M.

— Aus den Zelten Jakobs, s.: Jugend-Bibliothek, israelitische.

FLAPP, Johannes: Quid in historia „Canonis“ Marcion sit speciali habito respectu ad Tertulliani „Adv. Marcionem“ et Epiphanii „haeresim 42“. — (1873) 84 S. 4° (Handschr.) Diss. 301
Diss. Wien, Univ.

Flappert, Hieronymus, oder Geschichte eines fünfmal verheirathet gewesenen Ehemannes . . . Leipzig 1788. V: *Kahlert, Carl Frdr.* (Ky)

Flarer, Franc., de Iritide, ejusque speciebus, earumque curatione. Commentatio. Lex.-8. Ticini Regii 841. (Viennae, Volke.) n. $1^2/_3$ ℛ

Flasch, A.: Jahresbericht der kommunalen Volksschule für Knaben in Czernowitz ... Czernowitz: Selbstverl. d. Anstalt 1879/83. *(Erschienen für die Schuljahre 1878/79 – 1882/83. Betrifft die Volksschule Czernowitz, Türkengasse.)*

Flasch, A.: Jahresbericht der kommunalen Volksschule in Czernowitz ... Czernowitz: Selbstverl. d. Anstalt 1884/85. *(Erschienen für die Schuljahre 1883/84 – 1884/85. Betrifft die Volksschule Czernowitz, Siebenbürgerstraße.)*

Flasch, Ad., angebliche Argonautenbilder. Archäologische Abhandlung. gr. 8. (III, 43 S.) München 870, (Franz'sche Buchh.) *

Heinrich von Brunn. Gedächtnisrede geh. in d. öffentl. Sitzung d. k. b. Akad. d. Wiss. zu München z. Feier ihres 136. Stiftungstages am 28. März 1895 von Adam **Flasch**. (Hrsg.: A[dolf] Furtwängler.) *München: K. b. Akad. 1902.* (48 S.) 4° [02. 18909

Flasch, Adam, Heinrich v. Brunn. Gedächtnisrede, geh. in der öffentl. Sitzung der k. b. Akademie der Wissenschaften zu München zur Feier ihres 136. Stiftungstages am 28. III. 1895. 4. (48 S.) München 902. (G. Franz' Verl.) n. —80

Flasch, Adam Zum Parthenonfries. 106 S. 8. G. *Würzburg* 1877. Progr.

Flasch, Ad., zum Parthenonfries. gr. 8. (106 S. mit 1 Stnt. in qu. gr. 4.) Würzburg 877, Stahel'sche Buchh. *

— Phineus auf Vasenbildern. S.-A. 1880. 8 S. m. 1 Taf. 4°.

— die Polychromie der griechischen Vasenbilder. gr. 8. (IV, 65 S.) Würzburg 875. Stahel. n. 2. 40

— die sogen. Spinnerin, Erzbild in der Münchener Glyptothek. gr. 8. (22 S. m. 2 Fig. u. 2 Taf.) Leipzig 901. A. Deichert Nachf. n. 1. 40
Sonderabdruck aus: „Festschr. der Univ. Erlangen f. Prinzregent Luitpold“.

— Tazza cornetana rappresentante la nascita di Erichthonios. S.-A. 1877. 31 S. m. 1 Taf.

— Tazza rappresentante il mito di fineo. S.-A. 1874. 12 S. m. 1 Taf.

— Vorbilder einer röm. Kunstschule. S.-A. 1878. 12 S. m. 8 Taf. 4°.

— Archäolog. Vorträge. Gel. 1892. 14 S. 4°.

Flasch, *Franz* M. [Dr.]: Constantin der Grosse als erster christlicher Kaiser. Würzburg, F. X. Bucher, 1891; 2 Bl., 158 S., 1 Bl. 8.
Würzburg, Theol. Fak., Inaug.-Diss. v. 1891

Flasch, F. M. Constantin der Grosse als erster christlicher Kaiser. gr. 8. (III, 159 S.) Würzb. 891. Bucher. * 1 60

Flasch, F. M., Ferienausflug nach Palästina. 12. (VIII, 344 S.) Würzburg 883, Bucher.

Flaschel. Ein Versuch mit der „neuen“ Methode im französischen und englischen Anfangsunterricht. Brieg, O. R., 1892. 15 S. 4. Progr.

Flaschel, Herm., Bergbau u. Hüttenbetrieb in Beuthen, s.: Heimatkunde v. Beuthen.

Flaschel, Hermann, Dir. Dr.: [Bericht über seine Amtseinführung als Direktor.] *Beuthen O.-S. (1899): Th. Kirsch.* (S. 11—12.) 4°
Beuthen O.-S., st. kath. R, P 1899 (23001)

(**Flaschel,** Hermann, Dir., Dr.): Die **Einweihung** (a. d. Umschl.: Die Feier der Einweihung) des neuen Schulgebäudes. *Beuthen O.-S. 1903: Th. Kirsch (G. Müller).* (S. 23—31.) 4°
Beuthen O.-S., st. kath. R i. d. E. zur OR, OP 1903 (258)

Flaschel, Hermann, Dr., Dir.: Unsere griechischen **Fremdwörter.** Für d. Schulunterricht u. zum Selbststudium zsgest. u. erl. *Leipzig 1901: B. G. Teubner.* (79 S.) 8°
Beuthen O.-S., st. kath. R i. Entw., OP 1901 (236)

Flaschel, Herm., unsere griechischen Fremdwörter. Für d. Schulunterricht u. z. Selbststudium zusammengest. u. erläut. gr. 8. (79 S.) Leipzig 901. B. G. Teubner. n. 1. 60

Flaschel, Hermann, Direktor Dr.: Heimatkunde von Beuthen (Oberschlesien), herausgegeben von dem Lehrerkollegium der städtischen katholischen Oberrealschule i. E. zu Beuthen O.-S. T. 3. Bergbau und Hüttenbetrieb. Beuthen 1905: Th. Kirsch. (111—154 S.) 8° ¶ [Forts. d. P-Beil. 1903. 1904.]
Beuthen, st. kathol. OR i. E. P 1905 (263)

— **hommes illustres de la France, s.: Schulbibliothek, französ. u. engl. Prosaschriften. I. 46.**

Flaschel, H. **Die gelehrten Wörter in der chanson de Roland. Ein sprachgeschichtlicher Versuch. Diss. Göttingen 1881. 42 S.**

Flaschel, Herm., die gelehrten Wörter in der chanson de Roland. Ein sprachgeschichtl. Versuch. Inaugural-Dissertation. gr. 8. (42 S.) Neisse 881. (Göttingen. Vandenhoeck & Ruprecht.) n. 1. 20

Flaschenverschluss. Der Flaschen-Verschluss (Die Verpfropfung) mittelst der Holzpfropfen. Ein neuer Schweizer Industriezweig, eingeführt von der Société Suisse du Bouchage par le Bois (in Bex); Sitz der Gesellschaft: Lausanne..., Direktion und Werkstätten in Bex (Kanton Waadt). [Prospekt.] IV + 12 S. 8. Lausanne, A. Borgeaud, [1901].

Flaschenzug u. Zirkelspitze. Lederfreie Dichtgn. f. Techniker in der Zeit des Hubwechsel. Von P.—f. W. 12. (VII, 60 S. m. Randverziergn.) Graz 894. F. Pechel. n.n. 1. 30

FLASCHIN, Salom.

— Handlungs-Revisionsbuch, oder neue Methode, eine jede Handlung durch tabellar. Darstell. in weniger Zeit zu übersehen. gr. 4. Frankf. 804. Varrentrapp. 12 gl.

Flaschin, Salom., prakt. Lehrbuch d. Buchhalterei, nach e. erprobten neuen Methode. gr. 4. Frankf. 805. Varrentrapp. 4 ℳ

— Rechnungsaufgaben aus d. prakt. kaufmänn. Leben. gr. 8. Frankf. 820. Varrentrapp. 1 ℳ

Flaschner Otto: Über die Einwirkung von Benzylchlorid, o- und p-Nitrobenzylchlorid auf Phenylhydrazin und p-Bromphenylhydrazin. S. 114. II b. 06 . . . . vgr.
Separatabdruck

— und **Rankin** Irvine Giles: Die Schmelz- und Sättigungskurven der binären Systeme: substituierte Benzoesäuren und Wasser (mit 13 Textfiguren). S. 118. II b. 06 . . . . vgr.
Separatabdruck

— Studien über die Elektroreduktion des Hydroxylamins und der salpetrigen Säure (mit 5 Textfiguren). S. 116. II b. 06 . . . . vgr.
Separatabdruck

Flaschner, Sigmund: • Abraham Ibn Esra's hebraeische Grammatik. 81 S. 4°
Halle-Wittenberg, Phil. Diss. v. 13. Mai 1869
Geb. [Böhmisch-Leipa (Böhmen) 13. 9. 1844]

4764. **Flaschnerin, Die schöne; eine Posse. Tübingen 1834. V: *Rapp, Carl Moritz.* (CLzür Forts. III)**

Flaschner-Zeitung. Hrsg. v. d. Verband d. Flaschnermeister Württembergs. Fachblatt f. d. Blechner, Flaschner, Gürtler, Klempner, Kupferschmiede u. Spengler in Baden, Elsaß, Hessen, Lothringen, Pfalz u. Württemberg. Red.: L. Henking. 2. Jahrg. 1895. 52 Nrn. (Bog.) gr. 4. Cannstatt, L. Bosheuyer. n. 5. —

— dasselbe. Gewidmet d. deutschen Gewerbe d. Blecharbeiter, Electriker, Installateure u. Kupferschmiede v. Verband d. Flaschnermeister Württembergs. Red.: L. Henking. 3. u. 4. Jahrg. 1896—1897. à 52 Nrn. (Bog. m. Abb.) gr. 4. Ebd. à Jahrg. n.n. 5. —
Erscheint seit 1. Okt. 1897 u. d. T.: Voran!

Flasdieck, Fritz, a. Düsseldorf: Jakob Friedrich Lamprecht. Ein Beitrag zur Geschichte der literarischen Kritik im 18. Jahrhundert. Düsseldorf 1908: H. Ohligschläger. (100 S.) 8°
Bonn, Phil. Fak., Ref. Litzmann, Diss. v. 12. Aug. 1908
[Geb. 28. Juni 85 Mörs; Wohnort: Düsseldorf; Staatsangeh.: Preußen; Vorbildung: Gymn. Düsseldorf Reife O. 04; Studium: Bonn 2, München 1, Berlin 1, Bonn 4 S.; Rig. 27. Mai 08.]

Flashar, C., die Verwaltung des Garnison-Lazareths. Zugleich als Leitfaden zur Vorbereitung für den militairärztl. Dienst des Chefarztes systemat. bearb. 8. (V, 122 S.) Berlin 888, Springer. cart. *

Flashar, Carl, s. F l a s h a r , Karl.

Flashar, Ed., die Hoffnung, die wir von der Wirksamkeit der Bibelgesellschaften für den Bau der Kirche Christi hegen dürfen. Predigt, gehalten am Bibelfeste zu Demmin am 10. Nov. 1843. 8. Demmin 844. (Gesellius u. Co.) n. 1/6 ℳ

Flashar, Ed., ob die astronomische Weltanschauung der christlichen widerspricht? Ein Vortrag auf Veranstaltung des evangel. Vereins für kirchl. Zwecke gehalten am 19. Jan. 1857. gr. 8. (26 S.) Berlin 857, W. Schultze. *

Flashar, Ed., das Princip der Schule, ein Versuch, die Frage über das Verhältniß der Schule zum Staate und zur Kirche wissenschaftlich zu beantworten. gr. 8. (66 S.) Potsdam 850, Riegel'sche Buchh. *

Flashar, F., Antwortheft, s. Genau, Rechenbuch für einklassige Schulen und Halbtagsschulen.

FLASHAR, Karl

Flashar, Carl (geb. Nicolai in Schles. 14. 10. 1845): Die Verfettungen der quergestreiften Muskeln. Berlin (1869). (36 S.) 8°
Berlin, Med. Diss. v. 20. Apr. 1869

Flashar, Carl, die Verfettungen der quergestreiften Muskeln. Inaugural-Dissertation. 8. (35 S.) Berlin 870. (Preuss. Stargardt, Kienitz.) *

Flashar, M., s.: Bilder aus dem modernen Leben.

Flashar, Martin, a. Freystadt (N.-Schles.): Das Ghain in der Septuaginta. T. 1. Halle a. S. 1908: W. Drugulin, Leipzig. (32 S.) 8° ¶ (Erscheint vollst. in: Zeitschrift f. d. alttestamentl. Wissenschaft Jg. 28, 1908.)
Halle, Phil. Fak., Ref. Praetorius, Diss. v. 17. Juli 1908
[Geb. 10. Sept. 85 Freystadt; Wohnort: Berlin; Staatsangeh.: Preußen; Vorbildung: Gymn. Wernigerode Reife O. 04; Studium: Breslau 3, Halle 3, Berlin 1 S.; Rig. 4. Jan. 08.]

Flashar, R., Festpredigt, zur Feier d. Geburtstages Sr. Maj. d. Kaisers u. Königs Wilhelm II. am 27. Jan. 1892 in der evangel. Gnadenkirche zu Freystadt geh. gr. 8. (8 S.) Berlin 892. M. Warneck. n. — 20

— der Herr hat Großes an uns gethan, des sind wir fröhlich. 4 Predigten, bei den Einweihgn. der Himmelfahrt- u. der Versöhnungskirche, der Weihe der erneuerten St. Elisabethkirche, sowie der Eröffng. der Kapelle des St. Elisabeth-Siechenhauses geh. gr. 8. (24 S.) Ebd. 894. n. — 80

Flashar, R., Kircheinweihungspredigten. (43 S.) 8. Leipzig 906. G. Wigand. n. — 60

Flashar, Rich., unsre Ersten. Histor. Festspiel in 8 Bildern. Den ehemal. Zöglingen des königl. Militär-Waisenhauses gewidmet. Zur Feier des 175jähr. Bestehens des königl. Potsdamschen großen Militär-Waisenhauses am 1. XI. 1899 aufgef. v. Zöglingen u. Angehörigen der Anstalt. 8. (53 S.) Potsdam (899). A. Stein. — 50

Flaskamp, ... Tätigkeit..., s. Flaskamp, Paul

Flaskamp, Christoph, ... frommer Freude voll. Dichtungen. (80 S.) 8. Münster 904. Alphonsus-Buchh. n. 1. 20; geb. in Leinw. n. 1. 50

— die alte Geige. Eine Komposition. (127 S.) kl. 8. Münster 906. Universitäts-Buchh. F. Coppenrath. n. 2. —

— Parzival. Neue Gedichte. (87 S.) kl. 8. Münster 904. Alphonsus-Buchh. Geb. in Leinw. n. 1. 80

Flaskamp, Christoph, Seele, die du unergründlich. Kleinodien der deutschen Lyrik. (1—3. Tausf.) (252 S.) 8. Kempten 910. J. Kösel. 4.—; geb. in Leinw. 5. —

— Das Sommerbuch. Neue Gedichte. (111 S.) kl. 8. Münster 909. Universitäts-Buchh. F. Coppenrath. 1.50; geb. 2. —

Tätigkeit der beiden Funkentelegraphen-Abteilungen in Südwestafrika 1904–1907. Nach amtl. Quellen zsgest. von [Paul] Flaskamp, Hauptm. Mit 3 Skizzen, 3 Kt. u. 1 graph. Darstellung. Berlin: Eisenschmidt 1910. 52 S. 4°(8°) [10 1727

Flaskamp, Wilhelm, a. Stromberg in Westf.: Aus dem Physiologischen Institut zu Gießen. Der Radialpuls bei verschiedener Haltung des Armes. Gießen 1907: O. Kindt. (28 S.) 8°

Gießen, Med. Fak., Ref. Frank, Diss. v. 2. Febr. 1907

[Geb. 16. März 80 Stromberg i. Westf.; Wohnort: Gießen; Staatsangeh.: Preußen; Vorbildung: Gymn. Meppen Reife O. 01; Studium: Freiburg i. B. 1, Marburg 3, Kiel 1, Berlin 1, Gießen 3 S.; Coll. 16. März 06; Approb. 16. Juli 06.]

Flaskämper, Paul: Untersuchungen über die Abhängigkeit der Gefäß- und Sklerenchymbildung von äußeren Faktoren nebst einigen Bemerkungen über die angebliche Heterorhizie bei Dikotylen. Jena: Fischer 1910. 41 S. 8° ¶(Aus: Flora oder Allg. botan. Zeitung. Bd 101, H. 2.)

München, Phil. Diss. v. 18. Febr. 1910, Ref. v. Göbel

[Geb. 30. Juni 86 Leipzig; Wohnort: Leipzig; Staatsangeh.: Sachsen; Vorbildung: König-Albert-Gymn. Leipzig Reife O. 06; Studium: Berlin 2, München 6 S.; Rig. 18. Febr. 10.] [U 10. 3639

FLASSAN, G. von

Flassan, Frankreichs Friedensgeschichte, s. Wenzel-Sternau histor. Bibliothek d. Auslandes. 2r u. 3r Bd.

v. Flassan, G., d. Wiener Congreß, geschichtl. dargestellt. Aus d. Französ., mit e. Vorrede v. A. L. Hermann. 2 Bde. gr. 8. Pesth u. Leipz. 830. Hartleben. 3 ℔ (vergl. Bibliothek d. n. Geschichtswerke d. Ausl.)

— üb. d. Wiederherstellung von Europa und Frankreich, aus d. Franz. v. Sendtner. gr. 8. München, Fleischmann. 814.

FLASSER, Andreas (Sulzbach): Beobachtungen über typhöse Darm-Blutungen aus der Prof. von Gietl'schen Abtheilung im Münchner Krankenhause l./I. von 1854/55 bis 1864/65.- Sulzbach: Seidel 1866. 23 S. 25.11.1865 - Urk (Titel: De alvis cruentis in typho.); F 71
Diss.Ingolst.-Landsh.-Mchn.

Flasser, Emil [app. Arzt aus München]: Ein Fall von latentem Carcinom des Magens mit Ausgang in Sepsis ... München, kgl. Hof- u. Univ.-Buchdr. v. Dr. C. Wolf & Sohn, 1894; 23 S. 8.

München, Med. Fak., Inaug.-Diss. v. 1894

Flasiheff, Fr. W., über den Zustand des Apothekerwesens, besond. in Hinsicht des Apothekerexamens u. d. Apothekervisitationen. 8. Essen 808. Bädeker. 6 gl.

Flaßhoff, J. W., über das Apothekerwesen rc. Duisb. Bädecker u. K. 808.

Flatau, Arthur, Rechtsanw.: Beiträge aus § 9 des Kommunalabgabengesetzes vom 14. Juli 1893. Breslau 1900: Korn. VI, 50 S. 8°

Breslau, Jur. Diss. v. 30. Nov. 1900, Ref. Brie, Meyer

[Geb. 11. Mai 68 Breslau; Wohnort: Breslau; Staatsangeh.: Preußen; Vorbildung: Elisabeth-Gymn. Breslau Reife O. 87; Studium: Breslau 5, Heidelberg 1 S.; Rig. 20. Dez. 95.] [U 10. 483

Flatau, Arth., die wichtigsten gesetzlichen u. lokalrechtlichen Bestimmungn. des Breslauer Baurechts. 8. (IV, 116 S.) Breslau 901. Preuß & Jünger. Geb. in Leinw. n. 2. —; Nachtrag I. (19 S.) (902.) — 30

Flatau, Arth., die wichtigsten gesetzlichen u. lokalrechtlichen Bestimmungen des Breslauer Baurechts. Nachtrag II. (36 S.) 8. Breslau 905. Preuß & Jünger. — 50
Hauptwert u. 1 Nachtr. Ebd. 901. 02. 2. 30.

FLATAU, Edward

— normale u. patholog. Anatomie der Nervenzellen, s.: Goldscheider, A.

Flatau, Edward, Atlas des menschlichen Gehirns u. des Faserverlaufs. Mit e. Vorwort v. E. Mendel. gr. 4. (VII, 27 S. m. 1 farb. u. 7 Photograv.-Taf. nebst 7 Bl. Erklärgn.) Berlin 894. S. Karger. n. 12. —

Flatau, Edward, Atlas des menschlichen Gehirns u. des Faserlaufes. Mit einem Vorwort v. E. Mendel. 2. wesentl. verm. u. verb. Aufl. gr. 4. (VII, 36 S. m. 3 Fig., 1 farb. u. 15 Photograv.-Taf. nebst 15 Bl. Erklärgn.) Berlin 899. S. Karger. n. 24. —; geb. n. 28. —; II., mikroskopischer Tl. als Suppl. zur 1. Aufl. apart. (VII, 36 S. m. 3 Fig.) Taf. 9—15 u. 6 Bl. Erklärgn.) n. 12. —

Flatau, Edward, d. Gesetz d. excentr. Lagerung d. langen Bahnen im Rückenmark. [Aus: „Sitzungsber. d. Akad. d. Wiss. zu Berlin".] gr. 8. (12 S. m. 3 Fig.) Berlin 897. (G. Reimer.) n. — 50

— u. L. Jacobsohn, Handbuch der Anatomie u. vergleichenden Anatomie des Centralnervensystems der Säugetiere. Mit 126 Abbildgn. im Text u. 22 Abbildgn. auf 7 Taf. I. Makroskopischer Tl. gr. 8. (XVI, 578 S. m. 8 Bl. Erklärgn.) Berlin 899. S. Karger. n. 22. —; geb. n. 25. —

Flatau, E., s.: Handbuch der pathologischen Anatomie des Nervensystems.

— s.: Jahresbericht üb. etc. Neurologie u. Psychiatrie.

— Neuritis u. Polyneuritis, s.: Remak, Ernst.

Flatau, Erich, optisch aktive Propylisopropylcyanessigsäure, s.: Fischer, Emil.

Flatau, Ernst, Referendar: Die Pfändung des aufschiebendbedingten Eigentumsrechts. Dessau 1909: Anh. Buchdr. Gutenberg. 82 S. 8° ¶(Ersch. vollst. u. d. T.: Die Zwangsvollstreckung in d. sog. Leihmöbel, b. Vahlen, Berlin.)

Berlin, Jur. Diss. v. 25. Jan. 1909, Ref. Kipp

[Geb. 31. Okt. 85 Berlin; Wohnort: Berlin; Staatsangeh.: Preußen; Vorbildung: Wilhelms-Gymn. Berlin Reife O. 03; Studium: Freiburg i. B. 1, Berlin 5 S.; Rig. 14. Juli 08.] [U 09. 11

Flatau, Ernst, die Zwangsvollstreckung in Leihmöbel. Ein Beitrag zu ihrer theoret. u. prakt. Durchführbarkeit. (140 S.) gr. 8. Berlin 909. F. Vahlen. 3. —

Flatau, Georg [aus Lyck (Ostpreussen)]: Zur Behandlung der Tabes dorsualis durch Suspension. . . . Berlin, Buchdr. v. Gustav Schade (Otto Francke) (1890); 31 + 1 S. 8°

Berlin, Med. Fak., Inaug.-Diss. v. 25. Jul. 1890

Flatau, Geo., die Chorea (Veitstanz), s.: Nervenkrankheiten, die wichtigsten, in Einzeldarstellungen. 4. Hft.

Flatau, Geo., Erkrankungen der peripherischen Nerven, s.: Nervenkrankheiten, die wichtigsten, in Einzeldarstellungen. 9. Hft.

Flatau, Geo., s.: Hausfreund, hygienischer.

— die Ischias, s.: Nervenkrankheiten, die wichtigsten. 1 Hft.

— s.: Kalender, allgemeiner hygienischer.

— über Migräne. gr. 8. (14 S.) Berlin 902. Vogel & Kreienbrink. n. — 50

— die Poliomyelitis anterior acuta (Spinale Kinderlähmung), s.: Nervenkrankheiten, die wichtigsten. 5. Hft.

— über die nervöse Schlaflosigkeit u. deren Behandlg., s.: Klinik, Berliner.

— Die Tabes dorsalis, s.: Nervenkrankheiten, die wichtigsten.

Flatau, Germanus, Arzt aus Dresden: Aus d. Königl. Universitäts-Frauenklinik zu Kiel. Über künstliche Blasenfüllung bei der Laparotomie als Mittel zur Verhütung nachfolgender Harnverhaltung. *Kiel 1899: H. Fiencke.* (97 S.) 8°
Kiel, Med. Diss. v. [14. Juni] 1899

Flatau, Jos. Jac., über Hopfenbau. gr. 8. (16 S.) Berlin 861, Bosselmann. *
Aus der: Zeitschrift für Acclimatisation, Jahrg. 1860, besonders abgedruckt.

Flatau, Jos. Jak., über Hopfenbau. 2. Aufl. 8. Berlin 872, Wiegandt, Hempel und Parey. *

Flatau, Jos. Jac., Mittheilungen üb. die internationale Ausstellung v. Hopfen, Hopfenbaugeräthen, Bier, Bierbrauereigeräthen, Mälzereiproducten, Mälzereigeräthen und die hiermit verbundene Versammlg. des deutschen Hopfenbauvereins u. des deutschen Brauerbundes zu Hagenau im Elsass. gr. 8. (20 S.) Berlin 875. Lorentz. n. 1. —

Flatau JJ, Nachrichten über den Hopfen von Neu-Tomysl. Neu-Tomysl 1867

FLATAU, Julian

Flatau, J. Über die Kondensation von Mandelsäure mit Phenolen. In-8°. 48 S. Bern. These.

Flatau, Ludw., mehr Schutz f. d. Rechtspflege. Legislative Betrachtgn. üb. einige Processe aus der letzten Zeit. gr. 8. (83 S.) Berlin 901. Dr. J. Edelheim. n. 1. —

Flatau, Ludwig *(geb. Breslau 29. 6. 1858)*: Über das Tragen der Gefahr beim Genuskaufe. Breslau (1880). (85 S.) 8°
[Im Buchhandel 1880 bei Köhler in Breslau.]
Breslau, Jur. Diss. v. 2. Juli 1880

Flatau, Ludw., über das Tragen der Gefahr beim Genuskaufe. Inaugural-Dissertation. gr. 8. (85 S.) Breslau 880. (Köhler.) n. 1. —

Flatau, Ludw., Weltpolitik u. Flottenpläne. (52 S.) gr. 8. Berlin 904. L. Simion Nf. n. 1. —

Flatau, Siegfried [aus Posen]: Experimentelle Beiträge zum Verhalten von Blut in der Bauchhöhle. ... Würzburg, Druck d. Ferdinand Röhrl'schen Buchdr., 1889; 32 + III S. 8°
Würzburg, Med. Fak., Inaug.-Diss. v. 1889

Flatau, S., die Bilanz der Vaporisation, s.: Sammlung klinischer Vorträge.

Flatau, Siegfr., die Lehre v. der puerperalen Eklampsie in ihrer gegenwärt. Gestalt, s.: Sammlung zwangl. Abhandlungen a. d. Gebiete d. Frauenheilkunde u. Geburtshülfe. III. 3.

Flatau, S., die Reflexio uteri u. ihre Behandlg., s.: Bibliothek, medicin., f. prakt. Ärzte.

Flatau, Simon Salomon: Conspectus de cognoscenda atque curanda psora herpetica. Halae (1821): Grunert. 2 Bl. 8°
Halle-Wittenberg, Med. Diss. [vielmehr nur Tit. & Thesen] v. 5. Dez. 1821

Flatau, Thdr. S., u. Herm. Gutzmann, die Bauchrednerkunst. Geschichtliche u. experimentelle Untersuchgn. gr. 8. (IV, 159 S. m. 49 Abbildgn.) Leipzig 894. A. Abel. n. 3.

Flatau, Thdr. S., die Behandlg. des chronischen Katarrhs der oberen Luftwege, s.a. Klinik, Berliner.

Flatau, Theod. Simon (geb. Lyck 4. 6. 1860): Ueber die Behandlung des Kropfes. Berlin (1882). (30 S.) 8°
Berlin, Med. Diss. v. 15. Juli 1882

Die Behandlung des chronischen Katarrhs der oberen Luftwege. Ein klin. Vortrag von Dr. Theodor S. Flatau in Berlin. *Berlin: Fischer 1900.* (21 S.) 8°
— Klinik, Berliner. H. 149. [00. 1136]

— über zwei radikale Heilungen der Rhinitis atrophicans foetida durch e. neue operative Behandlungsmethode. gr. 8. (8 S. m. 2 Abbildgn.) München 900. Seitz & Schauer. n. — 60
Sonderabdruck aus: „Deutsche Praxis".

(B) **Flatau,** Theod. S., Heilgn. d. Rhinitis atrophicans. 900. (KBL 31.) Jetzt: München, Verlag d. ärztl. Rundschau.

— die Hysterie in ihren Beziehungen zu den oberen Luftwegen u. zum Ohre, s.: Sammlung zwangl. Abhandlungen a. d. Gebiete der Nasen- etc. Krankheiten. III. 5/6.

— Intonationsstörungen u. Stimmverlust. Beiträge zur Lehre v. den Stimmstörgn. der Sänger. 1. u. 2. Aufl. gr. 8. (à 10 S.) Berlin 899. 902. A. Stahl. n. — 40

Flatau, Thdr. S., Intonationsstörungen u. Stimmverlust. Beiträge zur Lehre v. den Stimmstörgn. der Sänger. 3. Aufl. (10 S.) gr. 8. Berlin 903. A. Stahl. n. — 40
Sonderabdruck aus: „Wiener klin. Rundschau".

Flatau, Thdr. S., Laryngoskopie u. Rhinoskopie m. Einschluss der allgemeinen Diagnostik u. Therapie, zum Gebrauch f. Aerzte. gr. 8. (VII, 110 S. m. 1 Taf.) Berlin 890. Otto Enslin. n. 3. 60

Flatau, Thdr. S., Nasen-, Rachen- u. Kehlkopfkrankheiten. E. Lehrbuch f. Studierende u. Ärzte. gr. 8. (VII, 430 S. m. 53 Abb.) Leipzig 895. J. A. Barth. n. 8. —

— die Prophylaxe bei Hals- u. Nasenkrankheiten, s.: Handbuch der Prophylaxe. VII.

Flatau, Thdr. S., Sprachgebrechen d. jugendl. Alters in ihren Beziehgn. zu Krankheiten d. ob. Luftwege, s.a. Sammlung zwangloser Abhandlgn. aus d. Gebiete d. Nasen-, Ohren-, Mund- u. Hals-Krankheiten.

Sprachgebrechen des jugendlichen Alters in ihren Beziehungen zu Krankheiten der oberen Luftwege v. Dr. Theodor S[im.] Flatau in Berlin ... *Halle a. S.: K. Marhold 1896.* (59 S.) 8.
— Sammlung zwangl. Abhandlungen a. d. Gebiete d. Nasen-, Ohren-, Mund- u. Hals-Krankhtn. Bd 1. H. 8. [96. 3544]

— s.: Stimme, die.

— die funktionelle Stimmschwäche (Phonasthenie) der Sänger, Sprecher u. Kommandorufer. (III, 124 S.) 8. Charlottenburg 906. G. Bürkner. n. 3. —

Herr Professor Stumpf und die Photophonographie von Theodor S[imon] Flatau. Berlin & Leipzig: Hegner (1904). 10 S. 8°
[10. 4017] 7

— das habituelle Tremoliren der Singstimme. Neue Beiträge zur Lehre v. den Stimmstörgn. der Sänger. gr. 8. (15 S.) Berlin 902. A. Stahl. n. — 40

— das habituelle Tremoliren der Singstimme. Neue Beiträge zur Lehre v. den Stimmstörgn. der Sänger. 2. Aufl. (15 S.) gr. 8. Berlin 903. A. Stahl. n. — 40
Sonderabdruck aus: „Wiener klin. Rundschau".

Flatau-Dahlberg, Leopold: Der W e r t des Monologs im realistisch-naturalistischen Drama der Gegenwart. Zürich 1907. 152 S. 8°. [28. II. 05.]
Bern. Phil. Diss. 1906/1907.

Flath, Carl Ed., s. F l a t h , Karl Ed.

Flath, Ernst, Heimatkunde u. Geschichte v. Schönheide, Schönheiderhammer u. Neuheide. Nach durchaus zuverläss., namentlich archival. Quellen verf. (XV, 347 S. m. 18 [1 farb.] Taf.) gr. 8. Schönheide (910). A. Stopp. 2.50; geb. in Leinw. 3.—; auf Kunstdr.-Pap., geb. in Leinw. n 3.50

Flath, Hermann, approb. Arzt aus Offenbach a. M.: **Aus d. Universitäts-Augenklinik zu Giessen. Ein Fall von doppelseitiger Mucocele des Siebbeinlabyrinths.** Mit 1 Taf. *Giessen 1902: v. Münchow.* (39 S.) 8°
Giessen, Med. Diss. v. 1902

FLATH, Karl Ed.

Flath, Carl Ed., systemat. Darstellung des im Königr. Sachsen geltenden Polizei-Rechts, mit besond. Rücksicht auf die in d. kgl. sächs. Oberlausitz gelt. Particular-Verfassung, so wie d. allgem. frühere Gesetzgebung u. die durch d. Kreisblätter in d. vier Kreisdirections-Bezirken public. Verfügungen d. obern Polizeibehörden bearb. 4 Bde. gr. 8. Dresden u. Leipzig, Arnoldische Buchh.
Bd. 1. Der allgemeine Theil. (16 3/4 B.) 841. 1 Thlr. 8 Gr.
„ 2. Die Sicherheitspolizei. (20 B.) 841. 1 Thlr. 16 Gr.
„ 3. Die Wohlfahrtspolizei. (23 B.) 842. 2 Thlr.
„ 4. A. u. d. T.: Sammlung der in Dresden geltenden Polizei-Bestimmungen. (17 1/2 B.) 842. 1 Thlr. 12 Gr.

Flath, Carl Ed., Local-Bestimmungen für die Gemeinde-Verwaltung der Stadt Dresden, einschließlich der für die Stadt Dresden geltenden wohlfahrtspolizeilichen Bestimmungen. gr. 8. (VIII und 302 S.) Dresden 861, am Ende. *

Flathe, J. L. F., De antiquissimis Graeciae et Italiae incolis. Diss. 1825. 57 S.

Flathe, J. L. F., König Richard II. (Shakspeare in seiner Wirklichkeit. Supplement.) 8. (118 S.) Leipzig 865, Dyk'sche Buchh.

—— Shakspeare in seiner Wirklichkeit. 2 Thle. 8. Leipzig 863,64, Dyk'sche Buchh. [1. Thl. (456 S.) 1 Thlr. 15 Ngr., 2. Thl. (XVI und 521 S.) 1 Thlr. 18 Ngr.]

Flathe, Johann Ludwig, Dissertatio de imperio Sassanidarum. Lpz. (B. G. Teubner) 19. XII. 1843. 25 S. (3.50) 9006

— Johann Ludw. Ferdinand (Leipzig), **u. Ferdinand Hauthal** (Frankenhausen), De antiquissimis Graeciae et Italiae incolis. Dissert. philos. Lpz. (Gust. Naumann) 31. VIII. 1825. 59 Seiten. (4.50) 9007

Flathe, Ludw., Geschichte Gustav Adolf's u. d. 30jähr. Kriegs. 2. (Titel-)Aufl. Mit den in Stahl gest. Bildn. Gustav Adolfs u. Wallenstein's. (2 Bde.) 8 Lfgn. gr. 16. (1. Bd. IV u. S. 1–512. 2. Bd. S. 513–1029.) Leipzig 847, Teubner. (à Lfg. 1/6 ß) 1 1/3 ß

Flathe, Ludw., Geschichte Gustav Adolf's und des 30jähr. Kriegs. 2. Aufl. 2 Bde. gr. 16. (1032 S. mit Gustav Adolf's und Wallenstein's Bildn. in Stahlst.) Leipzig 848, Teubner.

Flathe, Ludw., Geschichte d. Kampfes zwischen d. alten u. d. neuen Verfassungsprincip d. Staaten d. neuesten Zeit. 1. u. 2. Thl. 1789—1799. gr. 8. (60 B.) Leipzig 833, Barth.

—— Gesch. Macedoniens u. d. Reiche, welche v. macedon. Königen beherrscht wurden. 1. u. 2. Thl. gr. 8. Leipzig, Barth.
Thl. 1. Von der Urzeit bis z. Untergange d. persisch-macedonischen Reiches. (33 B.) 832. 2 Thlr. 18 Gr.
„ 2. Vom Untergange d. persisch-macedon. Reiches bis z. Ausgange d. Reiches d. Ptolemaeer. (45 B.) 834. 3 Thlr. 18 Gr.

—— Geschichte des deutschen Reiches und Volkes bis auf unsere Tage. 16. (VII und 312 S. mit 50 radirten Bildn.) Leipzig 849, [Schlicke.] *

Flathe, Ludw., Geschichte d. Vorläufer d. Reformation. 2 Thle. gr. 8. Leipzig, Göschen'sche Vrlsh. [1. (29 1/4 B.) 835. 2 1/4 Thlr., 2. (37 B.) 836. 2 3/4 Thlr.]

— Gustav Adolph u. der 30jähr. Krieg. Mit Abbildd. nach guten Originalen. 16 Bdchn. Mit 48 lithogr. Beilagen. 16. Dresd. 841. Pietzsch u. Comp. Velinp. à 1/8 ß, color à n. 1/6 ß

Flathe, Ldw., Gustav Adolph und der dreißigjährige Krieg. Mit Abbildungen nach guten Originalen. 16 Bdchn. (Jedes mit 3 Lithogr.) 16. Dresden 841, 42, Pietzsch u. Comp. (à 1/8 ß — Color. à n. 1/6 ß) compl. in 4 Bdcn. 2 ß Color. n. 2 2/3 ß

—— Lehrbuch d. allgem. Geschichte f. höhere Unterrichtsanstalten u. zum Selbstunterrichte Gebildeter. 3 Bde. gr. 8. Leipzig, Gebhardt u. Reisland.
A. u. d. Ttln.:
Bd. 1. Geschichte d. Alterthums, v. Ludwig Ramshorn. (15 1/2 B.) 839. 12 Gr.
„ 2. Geschichte d. Mittelalters, v. Flathe. (27 B.) 839. 1 Thlr.
„ 3. Geschichte d. neuern Zeit, v. Flathe. (26 1/2 B.) 839. 1 Thlr.

—— Mahnung an das deutsche Volk bei Robert Blum's Todeskunde. Rede, gehalten im Vaterlandsverein zu Leipzig am 14. Novbr. gr. 8. (4 S.) Leipzig 848, (Matthes.) *

— die vierte Säcular-Feier der Erfindung Gutenbergs in Dresden u. Leipzig. Ein Gedenkbuch für Gegenwart u. Zukunft. Mit einer getreuen Abbildung des Gutenbergs-Monumentes in Mainz u. einigen werthvollen xylograph. Beilagen. gr. 8. Leipzig 840. Teubner. n. 1/2 ß

—— Trauerrede bei der Todtenfeier Blum's, s. Dem deutschen Volke!

Flathe, Ph. Jak., s. B e c c a r i a , Werke.

Flathe, Ph. Jak., s. N. C a s t e l l i , Dizionario.

Flathe, Ph. Jac., Chrestomathie neueste deutsche zur Uebersicht ins Französ. u. Ital. 2 Bände. 8. Leipzig, Graff. 800—2.

— Dictionnaire français-allem. et allem.-français etc., neues französ.-deutsches u. deutsch-französ. Wörterbuch. 5 Bde. gr. 8. Leipz. 798. Weidmann. 12 ß Hba. Pr. 6 ß

— nouvo Dizionario manuale italiano-tedesco et tedesco-ital., oder neues italien.-deutsches u. deutsch-italien. Wörterbuch. (Auszug aus Castelli's Lexikon.) II Tom. 8maj. Lpz. 785. Weidmann. 4 ß 12 gl

— Grammaire franç. ital. allem. gr. 8. Francf. Andreae. 789.

Flathe, Ph. Jak., s. J a g e m a n n , C. G.: Italienische Sprachlehre.

— neue ital. Sprachlehre ꝛc. gr. 8. Lpz. Schwickert. 803.

— neue italien. Sprachlehre für d. Deutschen ꝛc. gr. 8. Leipz. 808. Schwickert. 1 ß 12 gl

Flathe, Ph. Jak., s. V e n e r o n i , ital. Sprachmeister.

— neues deutsch-franz. u. französ.-deutsches Wörterbuch. 5 Bde. gr. 8. Lpz. Weidmann. 798.

Flathe, Thdr., Sanct Afra. Geschichte der königl. sächs. Fürstenschule zu Meißen seit ihrer Gründung im J. 1543 bis zu ihrem Neubau in den J. 1877—1879. Mit dem Porträt d. Kurfürsten Moritz u. einer Ansicht des alten Schulgebäudes (in Stahlst.). gr. 8. (XII, 492 S.) Leipzig 879. B. Tauchnitz. n. 10.—

Flathe, Thdr., s.: Ecce, afranisches.

Flathe, Th., s. Engelhardt's, Karl Aug., Vaterlandskunde.

Flathe, Theod. Epistolae aliquot rectorum afranorum. Addita est epistola J. Fausti oeconomi ad Annam Electricem. 17 S. Fürst. *Meissen* 1880. Progr.

Flathe, Thdr., die deutsche Geschichte in Bildern, s. Bülau, F.

Flathe, Geschichte d. Fürstenschule zu Meissen. Leipz. 879.

Flathe, Thdr., Geschichte des Phokischen Kriegs. Plauen 854. Schröter in Comm. gr. 4. (21 S.) n. 6 ngl.

Flathe, Th. Gechichte des Phokischen Krieges. (21) 4. Plauen i. V. 1856. 0.60.

Flathe, Th., Die Geschichte von Sachsen, s. a. Mohr, Karl Aug. Friedr.

Flathe, Dr. Th., Geschichte von Sachsen. 3. Band. Gotha 1873. 8.

Flathe, Th., Geschichte d. Kurstaates u. Köngr. Sachsen, s.: Geschichte der europäischen Staaten.

Flathe, Th., Geschichte, der neuesten Zeit, s.: Weltgeschichte, allgemeine.

Flatho, T., Der phokische Krieg. Pr. 1851. 21 S. 4°. 1.—

—— die Mark Meißen. Rede zur Feier des Geburtstages Sr. Maj. des Königs Johann von Sachsen am 12. December 1856 im Gymnasium zu Plauen gehalten. gr. 8. (26 S.) Leipzig 857, Engelmann.

— deutsche Reden. Quellen u. Denkmäler zur vaterländ. Geschichte des 19. Jahrh. 28 Lfgn. 8. (1. Bd. XXXVI, 638 S., 2. Bd. IV, 675 S.) Leipzig 893. 894. F. W. v. Biedermann. à — 75; auch in Halbbdn. à 5.—; à Bd. 10.—; geb. n. 11.25

Flathe, Thdr., die Vorzeit des sächsischen Volkes in Schilderungen aus den Quellenschriftstellern. Leipzig 860. B. Tauchnitz. gr. 8. (XII, 208 S.) n. 24 ngr.

Flathe, Th., s. a. Weltgeschichte, allgemeine.

— allgem. Weltgeschichte, s. a. Weber's illustr. Katechismen.

— allgemeine Weltgeschichte. Mit 5 Stammtaf. u. e. tabellar. Übersicht. 2. Aufl. 8. (X, 305 S.) Leipzig 884. Weber. geb. n. 3.—

Flathe, Th., das Zeitalter der Restauration u. Revolution 1815—1851, s.: Geschichte, allgemeine, in Einzeldarstellungen.

Flathmann, H., Lesebüchlein, s.: Nack, H.

Flathmann, H., Schreiblese-Fibel, s.: Nack. H.

Flathmann, H., Schreiblesefibel, — Wandfibel, s. Nack, H.

Flathmann, J., die Landbevölkerung der Prov. Hannover u. die Agrarzölle, s.: Bibliothek f. Politik u. Volkswirthschaft. 4. Hft.

Flathmann, J., die Reichstagswahlen i. d. Prov. Hannover 1867 — 1896. gr. 8. (170 S.) Hannover 897. Gebr. Jänecke. n. 1.—

Flatow [Schlagwort]

— s. u.: Forstkarten.

Flatow. Karte des Kreises Flatow im Reg.-Bez. Marienwerder. Hrsg. v. der kartogr. Abtheilg. der der königl. preuss. Landesaufnahme 1879. Aufgenommen. 1874—1876. 1 : 100,000. 44,5×65 cm. Farbdr. Berlin (R. Eisenschmidt.) n.n. 2.—; ermäss. Preis n.n. 1.50

Flatow, Kreis. Spezialkarte vom Kreise Flatow. Rev. v. den zuständ. Behörden. 1:100,000. 44×65,5 cm. Farbdr. Lissa (909). O. Eulitz. —50; auf Leinw. in Etui 1.—

— Waldhelm, Ed., Schulwandkarte des Kreises Flatow, nach amtl. Quellen bearb. 1:50,000. 96×181,5 cm. Farbdr. Konitz (908). W. Dupont. Auf Leinw. m. Stäben nn 18.—

Handbuch für Wetturner. Hrsg. von Alfred Flatow u. Georg Jahns. *Berlin: Fussinger (1902).* (383 S.) 8° [J.] [02. 1.22]

Flatow, A.: Der Hochsprung. Krefeld 1910. 31 S. m. Abb. (Die Übungen d. deutschen Turnens. 6.)

Flatow, Alfred (Hrsg.), s. Übungen, Die, des deutschen Turnens.

Flatow, Alfr., was soll der Wetturner wissen? Briefe an e. jungen Turngenossen! schmal gr. 8. (VII, 87 S.) Berlin (902). Fußinger. n. 1.—

Flatow, A.: Der Weitsprung. Krefeld 1909. 22 S. m. Abb. (Die Übungen d. deutschen Turnens. 2.)

Flatow, August Ferdinand (Ukermark), De aquae frigidae usu in scarlatina. Disput. med. Halle (Schimmelpfennig) 15. VIII. 1810. 37 S. (4.—) 9008

Flatow, Ernst, aus Berlin: Ueber die Dispersion der sichtbaren und ultravioletten Strahlen in Wasser und Schwefelkohlenstoff bei verschiedenen Temperaturen. *Berlin 1903: C. Koepsel.* (41 S.) 8°
Berlin, Phil. Diss. v. 4 Febr. 1903

Flatow, G.: Gesetz vom 1. Mai 1865, betr. den Ansatz der Gerichtskosten für Nachlaß-Regulirungen nebst Erl. und Beispielen. (2. Aufl.) Berlin 1887.

Flatow, Hugo [approb. Arzt aus Pr. Holland, Ostpreussen]: Ueber die Entwicklung des Magenkrebses aus Narben des runden Magengeschwürs .... München, Buchdr. v. Julius Fuller, 1887; 19 S. 8°
München. Med. Fak., Inaug.-Diss. v. 1887

Flatow, Leopold, Dr. phil.: Über den Abbau von Aminosäuren im Organismus. Straßburg: Trübner 1910. S. 367 - 392. 8° (Aus: Hoppe-Seyler's Zeitschrift f. physiol. Chemie. Bd 64.)
München, Med. Diss. v. 25. Mai 1910, Ref. v. Müller
[Geb. 3. Dez. 77 Berlin; Wohnort: Berlin; Staatsangeh.: Preußen; Vorbildung: Realgymn. Osterode Ostpr. Reife O. 97; Studium: Straßburg 2, Freiburg i. B. 2, München 5 S.; Coll. 25. Mai 10; Approb. 3. Mai 10.] [U 10. 3501

Flatow, Leopold, aus Berlin: Über die Einwirkung von Halogenen auf Natriumdiketohydrindencarbonsäureester. *Berlin (1902): G. Schade.* (53 S.) 8°
Berlin, Phil. Diss. v. 1. März 1902

Flatow, Max [aus Berlin]: Die trophischen Störungen bei der Tabes dorsalis .... Berlin, Druck v. Leonhard Simion (1888); 2 Bl. + 65 S. 8°
Berlin, Med. Fak., Inaug.-Diss. v. 6. Apr. 1888

Flatow, Philipp [aus Znin '(Prov. Posen)']: Zur Kenntniss der Amidine und ihrer Kondensationsprodukte ... Rostock, Univ.-Buchdr. v. Adler's Erben, 1895; 39 S. 8.
Rostock, Phil. Fak., Inaug.-Diss. v. [6. Febr.] 1895

Flatow, Robert [Arzt aus Berlin]: Über den Einfluss der Temperatur auf die Thätigkeit des Froschherzens ... M. 3 Abb. Leipzig, Druck v. J. B. Hirschfeld, 1892; 26 S. 8.
Strassburg, Med. Fak., Inaug.-Diss. v. 1892

Flatow, S., das große Buch der Polterabend- u. Hochzeitsscherze. Enth.: Kranz- u. Schleiergedichte, Prologe, lust. Aufführgn., Scherze u. Festspiele f. 1. Einzelne Personen. 2. Mehrere Personen. 3. Silberne u. goldene Hochzeiten. 8. (VIII, 139, 168 u. 123 S.) Berlin 893. Aug. Schultze's Verl. 3 —; kart. n. 3. 50

Flatow, S., das große Buch der Polterabend- u. Hochzeitsscherze. Enth.: Prologe, Ansprachen, Kranz- u. Schleiergedichte, lust. Aufführgn. u. Festspiele f. Einzelne u. mehrere Personen zu grünen, silbernen u. goldenen Hochzeiten. 9. Aufl. (VI, 160, 168 u. 160 S.) 8. Berlin 906. Aug. Schultze, Verl. 3.—; kart. 3. 50

— humoristische Original-Vorträge. Enth. e. reichhalt. Sammlg. humorist. Orig.-Vorträge f. gesell. Kreise, Vereine u. Gesellschaften. 8. (IV, 112 S.) Ebd. 893. 1.—

— Humoristische Orig-Vorträge. Enth.: Eine reichhalt. Sammlg. humorist. Orig.-Vorträge u. Deklamationen f. gesell. Kreise, Vereine u. Gesellschaften. 10. Aufl. (IV, 127 S.) 8. Berlin 910. F. Euler. 1.—

— **Polterabend u. Hochzeit.** 3 Tle. 8. Ebd. 893. à 1.—
1. Kranz- u. Schleiergedichte, Prologe, lustige Aufführungen u. Scherze f. 1 u. 2 Personen. (139 S.)
2. Aufführungen u. Festspiele f. mehrere Personen. (168 S.)
3. Kranzgedichte, Prologe, lustige Aufführungen u. Festspiele f. silberne u. goldene Hochzeiten. (123 S.)

Flatow, S., Polterabend u. Hochzeit. 1. Tl. Prologe, Kranz- u. Schleiergedichte, lust. Aufführgn. u. Scherze f. e. Person u. zwei Personen. 10. Aufl. 8. (160 S.) Braunschweig 900 F. Euler. 1.—

— Polterabend u. Hochzeit. 3 Tle. 8. Ebd. 910. à 1.—
1. Prologe, Kranz- u. Schleiergedichte, lust. Aufführungen u. Polterabendscherze f. 1 u. 2 Personen. 8. Aufl. (160 S.)
2. Lustige Aufführungen u. Festspiele (kleine Theaterstücke) f. mehrere Personen. 7. Aufl. (168 S.)
3. Prologe, Kranz- u. Schleiergedichte, Festlieder, lustige Aufführungen u. Scherze f. silberne u. goldene Hochzeiten. 13. Aufl. (160 S.)

Flatt, s.a. Flad

Flatt, Andreas (Red.), s. Zeitung, Temesvare

Flatt, C.C., s. Flatt, Karl Christian

Flatt, J. B., Beschreibung des Herzogth. Warschau in polnischer Sprache. 8. Bresl. Ind. Comt.

Flatt. Topographie des Herzogthumes Warschau. Nach dem Polnischen bearbeitet und mit Zusätzen etc. herausgegeben.
8. Leipzig 1810.

Flatt, J.F., s. Flatt, Johann Friedrich von

— **Johann Friedrich** u. (Respond.) **Carl Heinrich Gros** (Sindelfingen), De Theismo Thaleti Milesio abjudicando. Diss. philos.-histor. Tübing. (Fues) Mai 1785. 24 S. (4.80) 9015

— — (Präses), Annotationes ad loca quaedam epistolae Pauli ad Ephesios. Diss. theol. Tüb. (Fues) Juli 1803. 23 S. (4.50) 9017
Respondenten: Jacob Heinrich Kraz (Nürtingen), Heinr. Wilhelm Lang (Rosenfeld), Theophil Christ. Pfeiffer (Gröningen), Carl Christ. Gratianus (Neustad), Erasm. Christ. Fr. Hopfer (Hochdorf).

— Beyträge zur christl. Dogmat. u. Moral ic. 8. Tübing. Heerbrand. 793.

J. F. Flatt's fragment. Beytrr. z. Bestimmung u. Deduction d. Begriffes v. Causal. u. z. Grundleg. d. natürl. Theol. in Bezieh. auf d. Kant. Philos. *Lpz.*, Crusius. 788. 8° 12 gl

— fragmentar. Bemerkk. gegen d. Kantischen u. Kiesewetterschen Grundriß d. reinen allgem. Logik. 8. Tübing. 802. Osiander. 8 gl

— Briefe über den moral. Erkenntnißgrund d. Religion überhaupt u. besonders in Beziehung auf d. Kantische Philosophie. 8. Tübing. 789. v. Cotta. 9 gl

— Commentatio de deitate Christi. 8maj. Götting. 788. Vandenhöck u. R. 8 gl

— de deitate Christi etc. 8. maj. Gött. Vandenhök. 788.

— über den moral. Erkenntnißgrund d. Daseyns Gottes. 8. Tübing. Cotta. 789.

— Magazin für christl. Dogmatik u. Moral. 16—17s Heft, (vom 13ten Hefte an fortgesetzt v. F. G. v. Süßkind). gr. 8. Tübing. 796—810. v. Cotta. 14 Rthl 4 gl

Flatt, J. F., Magazin f. die christl. Dogmatik u. Moral; fortgesetzt von Süskind. 7s Stück. gr. 8. Tübingen, Cotta. 812.

Flatt, Jh. Fr. v., s. Nachricht von der Synode.

Flatt, Jh. Fr. v., s. Observationes dogmat.

— — u. (Respond.) **Jacob Friedrich Maerklin** (Stuttgart), Observationes quaedam ad comparandam Kantianam disciplinam cum christiana doctrina pertinentes. Diss. theol. Tüb. (Fues) März 1792. 24 S. (4.50) 9016

. Flatt, (Joh. Fr.,) Opuscula academica. Colleg. indicibusque locorum et rerum instrux. Mag. C. Fr. Süsskind. 8 maj. Tubingae 826, Osiander. 2 Rthlr. 8 gr. Schreibpap.

Flatt, Jh. Fr. v., s. Storr, G.C.: Sonntags- u. Festpredigten u. dess. Predigten über d. Leidensgeschichte.

Flatt, Jh. Fr. v., s. Unterhaltungen für Geist u. Herz.

— philos. exeget. Unters. über die Lehre v. d. Versöhnung des Menschen mit Gott, 1r Thl. 8. Göttingen, Vandenhök. 797.

— — desselben 2r Thl. (a. u. d. Titel: die Lehre v. d. Sündenvergebung) 8. Stuttg. Steinkopf. 798.

— Untersuchung der Preisfrage: v. d. Sünde wider den Heil. Geist. Tübing. Fues.

— vermischte Versuche, theolog.-krit.-philosoph. Inhalts. 8. Lpz. 795. (W. Vogel). 16 gl

— Vorlesungen über d. Brief Pauli an die Römer. Nach seinem Tode herausgeg. von seinem (Stief-) Sohne C. D Fr. Hoffmann, Mit Vorwort von C. Ch. v. Flatt. gr. 8. Tübingen 825. (Leipzig, Kummer.)

— Vorlesungen über die beiden Briefe Pauli an die Corinther. Nach seinem Tode herausgegeben von C. D. F. Flatt. gr. 8. Tübingen 827, Fues. (Leipzig, Kummer.)

Flatt, Joh. Friedr. v., Vorlesungen üb. d. Briefe Pauli an d. Galater u. Epheser. Nach seinem Tode hrsg. v. sein. Neffen Chr. Fr. Kling. gr. 8. (38 B.) Tübingen 828, Fues. Thlr.

—— Vorlesn. üb. d. Briefe Pauli an d. Philipper, Kolosser, Thessalonicher u. an Philemon. Nach sein. Tode hrsg. v. sein. Neffen Chr. Fr. Kling. gr. 8. (29¼ B.) Tübingen 829, Fues.

—— Vorlesn. üb. d. Briefe Pauli an d. Timotheus u. Titus, nebst e. allgem. Einleit. üb. d. Briefe Pauli. Nach sein. Tode hrsg., mit Anmerkn. u. e. Darstell. d. Untersuchn. üb. d. Aechtheit u. Abfassungszeit d. Pastoralbriefe verm. v. sein. Neffen Chr. Fr. Kling. gr. 8. (41¼ B.) Tübingen 831, Fues.

— Vorlesungen über christl. Moral; aus d. Papieren desselben nach seinem Tode herausgegeben von J. C. F. Steudel. gr. 8. Tübingen 823, Fues. (Leipzig, Kummer.)

— Wochenpredigten u. zwei Confirmationspredigten. gr. 8. Tübing. 797. Fues. 16 gr (Stuttg., Steinkopf). 20 gr Die Confirmationspredigten einzeln 3 gr

— — dieselben. gr. 8. Stuttg. Steinkopf. 797.

Flatt, Jh. Jak., († d. 16. Sept. 1792.) meletemata philos. theolog. ad materias graviss. 8. Tübing. 759. (Osiander). 4 gr

— Untersuchung d. Preisfr. von d. Sünde wider den heil. Geist. 8. Tübing. 770. Fues. 3 gr

Flatt, Karl Chr., Abschieds- u. Antrittspredigt, gehalten in Tübingen u. Stuttgart. gr. 8. Stuttg. 813. Steinkopf. 4 gr

v. Flatt, C. C., s. d'Autel, A. H., Predigten.

Flatt, Karl Chr., s. Autenrieth, J. H. F. von: Abhandl.

Flatt, C. C., fragment. Bemerk. gegen den Kantischen u. Kiesewetter. Grundriß d. reinen allgem. Logik. 8. Tübing. Heerbrand. 802.

Flatt, Carl Christian u. (Respond.) **Johann Friedr. Widmann** (Stuttgart), De Pauli apostoli cum Jesu Christo consensu. Diss. theol. Tüb. (Fues) März 1804. 26 S. (4.50) 9010

— — (Präses), Dasselbe. II, seu dissertatio, qua disquiritur: quid de universalitate religionis christianae et de legis Mosaicae auctoritate abolenda Jesus Paulusque senserint? Tüb. (Fues) Sept. 1804. 26 S. (5.—) 9011
Respondenten: Carl Theophil Moerike (Burgstall), Christian Seubert (Stuttgart), Gottlob Friedrich Loeffler (Kircho-Tecc.), Carl Friedrich Aug. Kohler (Bircacens.), Hermann Heinrich Raifeisen (Medio-Fischacens.).

Flatt, Karl Chr., s. Faber, J. C.: Kurze Betrachtt.

Flatt, Karl Chr., s. Flatt, Jh. Fr. v.: Vorlesungen über den Brief Pauli an d. Römer.

Flatt, Karl Chr., s. Morgen- und Abendgebete auf alle Tage d. Jahres.

Flatt, C. C., de notione vocis βασιλεία τῶν οὐρανῶν. Tub. 1794. 4; rep. in Pott syllog. commentt. 2. p. 421 ss.

Flatt, C. C., observ. exeg.-dogm. ad historiam ortus Chr. divini. Tubing. 1809. 4.

— Predigt am allgem. Dankfeste zur Feier d. Geburt d. Kronprinzen v. Würtemberg, d. 16. März 1823. gr. 8. Stuttg., Steinkopf. 2 gr

— Predigt am Osterfeste 1825. gr. 8. Stuttg., Steinkopf. 2 gr

Flatt, C. C., Predigt vor der Wieder-Eröffnung der Versammlung der Stände des Königreichs Würtemberg den 3. März 1817. — Anhang, Predigt am Tage der zweyten Eröffnung der Stände-Versammlung den 15ten October 1815. gr. 8. Stuttgart, Steinkopf. 817.

— Rede bei d. feierl. Einführung d. ersten Kornwagens d. 28. Juli 1817. 8. Stuttg. 817. Steinkopf. 2 gr

— — Spicilegium observationum ad epistolam Jacobi Catholicam. Diss. exeget. Tübing. (L. F. Fues) Sept. 1806. 47 S. (6.—) 9012
Respondenten: Johann Wilhelm Seiz (Kircho-Teccensis), Carl Wilh. Theoph. Koestlin (Nürting.), Gust. Ferd. Bockshammer (Buttenhus.), Christian Fried. Hochstetter (Stuttgart), Carl Friedrich Grunsky (Stuttgart), Theodor Gottfr. Fehleisen (Mühlheim), Christ. Friedr. Heinrich Eisenbach (Stuttg.), Eberhard Fried. Christ. Paver (Neustad). Joh. Sigismund Fried. Weiss (Würtingen), Friedrich Wilh. Daniel (Winnenden).

Flatt, Karl Chr., s. Storr, G. C.: Dogmatik.

— — Symbolarum ad illustranda graviora quaedam Jesu dicta in evangelio Joanneo pars I. Diss. exeget. Tübing. (L. F. Fues) Sept. 1807. 31 S. (5.—) 9013
Respond.: Friedrich Gustav Schoder (Lauffen), Ernst Friedrich Hochstetter (Tübingen), Chph. Friedrich Jaeger (Stuttgart), Friedrich Ludwig Finckh (Kemnathensis), Eberhard Ludwig Holland (Denkendorf), Carl Maximilian Weikersreuter (Stuttgart), Wilhelm Heinrich Grundler (Sulz).

— — Dasselbe. II. Tübingen (L. F. Fues) Sept. 1808. 26 S. (4.80) 9014
Respondenten: Ludwig Adolph Schikard (Tübingen), Christoph Fried. Lud. Loeffler (Ludwigsburg), Christ. Lud. Timoth. Liesching (Alt-Hengstaet.), Christian Heinrich Hintrager (Schopfloc.), Christoph Ferd. Fried. Zeller (Nelling.).

— philosophisch-exeget. Untersuchung über d. Lehre von d. Versöhnung d. Menschen mit Gott. 1r Thl. 8. Götting. 797. Vandenhöck u. R. 14 gr 2r Thl. A. u. d. T.: die Lehre von d. Sündenvergebung. 8. Stuttg. 798. Steinkopf. 18 gr

— vindicatur narrationi Luc. 1, 26—38. veritas historica. Tubing. 1810. 4.

Flatt, Karl Chr., s. Zeitschrift zur Nahrung christl. Sinnes.

Flatt, P. W. C. s. Fladt, Ph. W. C.

Flatt, Robert, von Thalweil (Kanton Zürich): Ueber die Canalisation der Electrizität in der electrischen Beleuchtung. Zür. Zürcher u. Furrer Dr. 1889. 70 S. 8°.
Zürich, Phil. Diss. [v. 4. März 1889].

Flatt, Robert. Klassen-Ausflüge mit Unterricht im Freien auf der höheren Schulstufe. Von R. F. in Basel. Sonderabdruck aus «Natur und Schule». Band 3. 1904. Heft 5 u. 6. S. 212—223. gr.-8. Leipzig, Teubner.

Flatt, Rob., der Unterricht im Freien auf der höhern Schulstufe m. durchgeführten Beispielen aus verschiedenen Unterrichtsgebieten (Naturwissenschaften u. Geographie, Zeichnen u. Mathematik, Geschichte u. Sprachen, körperliche Erziehung). In Verbindg. m. Lehrern der obern Realschule zu Basel hrsg. Mit 1 Exkursionskarte der Nordwestschweiz, 1 geolog. Reliefkarte der Schweiz u. 9 geolog. Profilen. (VII, 146 S.) gr. 8. Frauenfeld 908. Huber & Co. 3.50

° **Flatta, J. D., Apis Warszawskiego z krockim rysem dzeiow polskich az do naszgeh czasow. 8. Bresl. Max et Comp. 810.**

Flatten, Armin. Joseph. (geb. Cöln a. Rh. 5. 11. 1824): De pericarditide acuta. Berolini (1852). (31 S.) 8°
Berlin, Med. Diss. v. 7. Aug. 1852

Flatten, (Carl Casimir) Johann (Hubert) (geb. Cöln a. Rh. 11. 9. 1857): Ein Fall von Aneurysma der Art. ophthalmica und Carotis int., geheilt durch Ligatur der Carotis communis. Berlin (1880). (37 S.) 8°
Berlin, Med. Diss. v. 30. Juli 1880

Flatten, Wilhelm [Thierarzt]: Aus d. histolog. Institut d. thierärztl. Hochschule zu Berlin. Untersuchung über die Haut des Schweines ... Berlin, Druck v. W. Büxenstein, 1894; 48 S., 4 Taf. 8.
Giessen, Med. Fak., Inaug.-Diss. v. 1894

Flatten, Wilh., Untersuchg. üb. d. Haut d. Schweines. Diss. gr. 8. (48 S. m. 4 Taf.) Berlin 894. (Köln, P. Neubner.) n. 3. —

Der Flatterhafte, gemalt und chromolithogr. von Pitner (44" h., 18½" br.). Wien, Reiffenstein & Rösch. (Pendant des Prämienblattes des österr. Kunstvereins: „Die Blumensprache.")
Auf Leinwand 10 fl., auf Papier-Carton 9 fl.

Flatterhafte, der; od. er muß heirathen. Lustsp. in 3 A. nach d. Franz. v. Th. Hell. 8. Lpz. Hinrichs. 809.

Flatterrosen, v. A. G. Eberhard. 1r Th. 8. Halle, Renger. 817.

Flattich, Joh. Friedr., und sein pädagogisches System, s. Schäfer, C. D.

[Flattich, .] Bemerkungen über den Cur-Ort Gaiß und die kleinen Kantone, gesammelt im Julius 1798. 8. Ludwigsburg 1799.

Flattich: Regeln... , s. Flattich, Johann Friedrich

Vom täglichen Brot für die Jugenderziehung. Erfahrungen u. Grundsätze e. erfahrenen Lehrmeisters. (Verf.: J[ohann] F[riedrich] **Flattich**.) Hrsg. von Dr. Rudolf Heine, Realschul-Dir. i. R. *Gütersloh: C. Bertelsmann 1903.* (64 S.) 8° [J.]
Aus: Evang. Schulblatt. [o9. 1706

Flattich, Joh. Frdr., Geheimnis des christlichen Haushalts, s. a. Zeller, Christ. Heinr.

– [–] Geheimnis des christlichen Haushalts, oder Hausregeln von Inspector Zeller und Pfarrer Flattich. 7. Aufl. – Stuttgart: Evang. Gesellschaft 187(?). 32 S.
– – 12. Aufl. – Stuttgart: Evang. Gesellschaft (1875). 32 S.
– – 14. Aufl. – Stuttgart [um 1890].
– – 15. Aufl. – Stuttgart 1894.
– – 16. Aufl. – Stuttgart: Evang. Gesellschaft 1906. 32 S.

Geheimniß | des | christlichen Haushalts, | oder | Hausregeln von | Inspector Zeller und Pfarrer Flattich. | Siebente Auflage. (Fig.: Raddampfer, 34 × 53) | Stuttgart. | Verlag der Evangelischen Gesellschaft. | Hauptstädterstraße Nro. 54. (= Nro. 67).
o. J., 32 S., 160 × 100.
Priv.-Bes.
Das Titelblatt der 13. Auflage (Druck von Chr. Scheufele, früher G. Hasselbrink, in Stuttgart) ist abgebildet bei Martin Scharfe: Evangelische Andachtsbilder, Stuttgart 1968, Fig. 143.

– LEBEN UND SCHRIFTEN des M. Johann Friedrich Flattich, Pfarrers in Münchingen, von Karl Friedrich Ledderhose. Abt. 1. 2. 3. ganz umgearb. u. sehr verm. Aufl. Mit dem Schattenriß und Facsimile Flattichs. – Heidelberg: Winter 1856. 115, 266 S.
1. Leben.
2. Schriften.
1. Hausregeln (S. 3–21).
2. Vom Ehestand (S. 21–33).
3. Unterschiedliche Gedanken (S. 33–39).
4. Kurzer Entwurf, daß eine Mutter ihren Kindern den ersten Unterricht geben solle. Münchingen, den 12. April 1777 (S. 39–42).
5. Unterschiedliche Anmerkungen über das Informationswerk, gemacht und kürzlich entworfen von M. Flattich (Unter dem Namen »Pädagogische Blicke« im Süddeutschen Schulboten bekannt) (S. 43–151).
6. Anmerkungen über die Information, welche vermittelst gewisser Stellen der heiligen Schrift gemacht und aufgesetzt worden. Anno 1768 (S. 151–228).
7. Anmerkungen über die Zucht und Information nach Anleitung des Spruchs: Mein Joch ist sanft und meine Last ist leicht. Aufgesetzt im Februar 1778 (S. 228–242).
8. Von der Auferziehung der Kinder in Ansehung des Unterrichts und der Zucht (S. 242–261).
9. Von der Auferziehung der Kinder in Ansehung der geschlechtlichen Triebe (S. 261–266).
(Die 1. u. 2. Aufl. der Schriften wurde nicht ermittelt.)

– – 4. Aufl. – 1859.

– – Leben und Schriften des M. Johann Friedrich Flattich, weil. Pfarrers in Münchingen. Von Karl Friedrich Ledderhose. In zwei Abtheilungen. 5., verm. Aufl. Mit dem Ergänzungsband von Ehmann, einem vollständigen Sachregister und dem Schattenriß, Facsimile und Pfarrhause Flattichs. – Heidelberg: Winter 1873. XV, 514 S.
1. Abt. [Leben].
2. Abt. [Schriften].
1. Hausregeln (S. 141–159).
2. Vom Ehestand (S. 159–172).
3. Unterschiedliche Gedanken (S. 172–178).
4. Kurzer Entwurf, daß eine Mutter ihren Kindern den ersten Unterricht geben solle (S. 178–182).
5. Unterschiedliche Anmerkungen über das Informationswerk, gemacht und kürzlich entworfen von M. Flattich (S. 182–355).
6. Anmerkungen über die Information, welche vermittelst gewisser Stellen der heiligen Schrift gemacht und aufgesetzt worden. Anno 1768 (S. 355–431).
7. Anmerkungen über die Zucht und Information nach Anleitung des Spruchs: Mein Joch ist sanft und meine Last ist leicht. Aufgesetzt im Februar 1787 (S. 431–445).
8. Von der Auferziehung der Kinder in Ansehung des Unterrichts und der Zucht (S. 445–465).
9. Von der Auferziehung der Kinder in Ansehung der geschlechtlichen Triebe (S. 465–471).
10. Einige Anmerkungen, welche über den Prediger Salomo gemacht worden von M. Joh. Friedrich Flattich (S. 471–514).
Ergänzungsband: Flattich: Pädagogische Lebensweisheit, Heidelberg 1870

Flattich, M. Joh. Frdr., Leben u. Schriften. Ergänzungsbd. A. u. d. T.: Pädagogische Lebensweisheit. Aus den nachgelassenen Papieren des Verf. hrsg. von K. Ch. Eberh. Ehmann. Heidelberg 870. C. Winter. 8. (V, 209 S.) n. 16 mp.
Vgl.: Ledderhose, Leben Flattich's,

(–) DIE RECHTE LEBENSKUNST. Wirtschaftliche und sittliche Grundsätze eines welterfahrenen deutschen Mannes (d. i. Johann Friedrich Flattich). Hrsg. von Rudolf Heine. – Dresden: Böhmert 1900. 164 S. (Volkswohlschriften. 31.)

– PÄDAGOGISCHE LEBENSWEISHEIT. Aus den nachgelassenen Papieren des M. Johann Friedrich Flattich, Pfarrers in Münchingen, hrsg. von K. Ch. Eberh. Ehmann. – Heidelberg: Winter 1870. 209 S. (Flattich: Leben und Schriften. Ergänzungsband.)
1. Auszüge aus Flattichs Tagebüchern (S. 7–104).
2. Aus Flattichs Briefen an seinen Sohn Ludwig (S. 105–122).
3. Pädagogische Blicke von Pfarrer Flattich (S. 123–174).
4. Parallelen zwischen menschlicher Weisheit und Lebenserfahrung. Nachlese aus Flattichs letzten Aufzeichnungen (S. 179–209).

– [HAUSREGELN] Regeln der Lebensklugheit im Volkston. Eine Haustafel für alle Stände. Etwas aus dem Nachlasse des verstorbenen Pfarrers Flattich in Münchingen. – Ludwigsburg: Nast 1825. 40 S.

Flattich, Regeln der Lebens-Klugheit im Volkston. Eine Haustafel für alle Stände. Aus dem Nachlaß neu hrsg. und sorgfältig verm. Ausg. 16. (IV, 63 S.) Basel 881, Riehm. cart.

Flattich, Wilhelm, Die Arbeiter-Colonie bei der Hauptreparatur-Werkstätte der k. k. priv. Südbahn-Gesellschaft zu Marburg in Steiermark. Wien 1873. Text (51 S.) 8°. Atlas von 20 Bl. Fol.

Flattich, W., die **Arbeiter-Colonie** bei der Haupt-Reparaturs-Werkstätte der k. k. priv. Südbahn-Gesellschaft zu Marburg in Steiermark. Entworfen u. ausgef. unter Mitwirkg. v. F. Wilhelm. Neue (Titel-)Ausg. Mit 20 Folio-Taf. Lex.-8. (52 S.) Wien 889. A. Lehmann. In Mappe. n. 12. —

Flattich, W., Beschreibung von auf den Linien der Südbahn ausgeführten Hochbauten mit Angabe ihrer Kosten. Zugleich Text zu Etzel's österreichischen Eisenbahnen. Band III, IV u. V. gr. 8. (47 S.) Wien, Beck'sche U.-B. (A. Hölder.) 80 kr.

Flattich, Wilh., der Eisenbahn-Hochbau in seiner Durchführung auf den Linien der k. k. pr. Südbahn-Gesellschaft unter Mitwirkg. v. Frz. Wilhelm. 1. Serie. 1—5. Hft. gr. 8. Wien 873. Lehmann & Wentzel. à n. 12. —

1—3. Bahnhof Innsbruck u. Brennerbahn [hierzu Atlas m. 37 (lith.) Blättern in gr. Fol.]. (180 S.)

4. 5. Arbeiter-Colonie zu Marburg [hierzu Atlas m. 20 (lith.) Blättern in gr. Fol.] (51 S.)

— dasselbe 2. Serie 1. u. 2. Hft. Ebend. 875. 76. n. 44. —

1. Anschlussstation Franzensfeste. [Hierzu Atlas m. 14 (lith.) Blättern in gr. Fol. u. Imp.-Fol.] gr. 8. (32 S. m. e. eingedr. Holzschn.) n. 20. —

2. Südbahnhof Wien. Aufnahms-Gebäude m. Halle. [Hierzu Atlas m. 10 (lith. u. photogr.) Blättern in gr. Fol.] Lex.-8. (VI, 135 S. m. 1 eingedr. Holzschn. u. 10 Steintaf. in qu. Fol.) n. 24. —

Flattich, Wilh., der Eisenbahn-Hochbau in seiner Durchführung auf den Linien der k. k. pr. Südbahn-Gesellschaft. Unter Mitwirkung v. Frz. Wilhelm. 2. Serie. 3. Hft. [Des ganzen Werkes 8. Hft.] Linie Villach-Franzensfeste [incl. Franzensfeste]. [Hierzu Atlas m. 15 (lith.) Blättern in gr. Fol.] Lex.-8. (153 S.) Wien 877. Lehmann & Wentzel. n. 16. — (I—II.: n. 120. —)

Flattich W, üb. Gesamt-Anordng. d. Bahnhöfe u. Stationen. 4° Wien 1870

— der Hochbau v. Eisenbahnen m. Beziehung auf d. Eisenbahnbetrieb. Unter Mitwirkg. v. Frz. Wilhelm 1. Hft. hoch 4. (18 S. m. 11 Steintaf. in Fol. u. Imp.-Fol.) Wien 871. Hölder. n. 15. —

—— Das Project einer Stadtbahn in Wien. Vortrag. gr. 8. (24 S.) Wien 890, Volkswirtschaftl. Verlag, Dorn. — 50
Aus: Volkswirtschaftl. Wochenschr., besonders abgedruckt.

Flattich, Wilh. Ritter v., u. Wilh. v. **Prangen,** Studie üb. die Wiener Stadtbahnen m. Beziehung auf die Entwicklung der Stadt Wien. Mit 11 Plänen. Unter Zugrundelegg. d. im Club österr. Eisenbahn-Beamten geh Vortrages. gr. 4. (26 S.) Wien 883. (Gerold & Co.) n. 3. 20

Flattig, J. F., Soldatenpostille über d. Evangel. 4. Tübing. Cotta. 751.

Flatz, Emil, der klimatische Curort Mondsee. gr. 8. (VIII, 160 S. mit 1 Lichtdr. und 1 lithogr. Karte.) Wien 883, Hölder.

Flatz, F., der Kaufmann als Examinator und Examinand. Drei schriftliche Examina und 280 Fragen und Antworten über alle Zweige des Handels, in systemat. Ordnung. Mit Abhandlungen über Industrie, über den Handel &c. Als Anhang: die Rechnungsmünzen und Wechselpreise sämmtl. Staaten und Hauptplätze Europa's und Nordamerika's, die Eintheilung dieser Münzen und ihr Werth im 52½ Gulden-, 45 Gulden- und 30 Thalerfuß. gr. 8. (VII und 186 S.) Darmstadt 859, Zernin. Thlr. *

FLATZ, Gottlieb (Obergünzburg): Hat Christus eine Kirche gestiftet und welches sind die Merkmale, an denen sie erkannt wird? - Kempten: Dannheimer 1830. 2 Bl., 106 S.
15.2.1828 - Urk (Titel: De ecclesia et eius characteribus.); F 43
Diss. Ingolst.-Landsh.-Mchn.

Flatz, G., hat Christus e. Kirche gestiftet, u. welches sind d. Merkmale, an denen sie erkannt wird? Eine gekr. Preisschr. 8. (7 B.) Kempten 830, Dannheimer.

Flatz, H. (Red.), s. Wochenblatt, Bregenzer.

Flatz, Ignatz Antiochus, Antiquarischer Versuch zur Erklärung der philosophischen Mythen u. Hieroglyphen bei den Ägyptiern, Phöniciern, Griechen, dann Brahmanen, Juden, Celten u. Christen, samt Anhang der eleusinischen, samothracischen u. dionysischen Mysterien. 1. Bdchen. Salzburg, Duyle, 1817, 8°, mit 2 Kupfern.

Flatz, J. A., Antiquarischer Versuch zur Erklärung der philos. Mythen und Hieroglyphen bei den Ägyptern &c. s. o. S. 406. Auch u. d. T.: Die Hieroglyphen oder die hl. Bilderschriften der Ägypter. 2. Bdchen. Salzburg, Duyle, 1818, 8°.

Flaubert, Gustave, Madame Bovary, s. a. Bibliothek d. Gesamtlitteratur d. In- u. Auslandes.

— dasselbe, s. a. Collection Hartleben.

— Madame Bovary, übers. von Legné, s. a. Lese-Cabinet, neuestes belletristisches.

4503. **Flaubert, Gustav.** Madame Bovary, oder: Eine Französin in der Provinz. Aus d. Französ. Deutsch von Dr. Legné. *Pest, Wien u. Leipzig* 1858. *Hartleben's* Verl.-Exp. 1.—3. Theil. 180, 179, 168 S. 8°. 1 fl. 48 kr.

Auch unt. d. Tit.: Neuestes belletrist. Lesecabinet etc. Lief. 104—112.

Flaubert, Gust., Madame Bovary. Moeurs de province. 4 vols. Naumbourg 857. Expedit. d. Bibliothèque choisie. 16. (160; 160; 160; 94 S.; und: L'as de trèfle par H. Gordon de Genouillac. S. 95—204.) 1 ℛ︀ 10 ngr

—— Madame Bovary. Moeurs de province. Suivi de „Offland par Alex. Dumas fils“ et: „L'as de trèfle par H. Gourdon de Genouillac.“ 4 Vols. (Bibliothèque choisie. Vol. 205—208.) 16. (684 S.) Paris 857. [Naumburg, Paetz.]

Flaubert, Gustave, Madame Bovary. Ein Sittenbild aus der Provinz. Uebers. v. Jos. Ettlinger. Mit e. Nachwort. 8. (534 u. VII S.) Dresden 892. E. Pierson. n. 3. 50

Flaubert, Gustave, Madame Bovary. Ein Sittenbild aus der Provinz. Übers. v. Jos. Ettlinger. 2. durchgeseh. Aufl. 8. (III, 559 S.) Dresden 902. E. Pierson. n. 3. —; geb. n. 4. —

— Madame Bovary. Ein Sittenbild aus der Provinz. Übers. v. Jos. Ettlinger. 3. Aufl. (V, 596 S.) 8. Dresden (907). Berlin, Verlag Berlin-Wien. 3. —; geb. n 4. —

— dasselbe. Provinzsitten. Mit e. Einleitg. v. Guy de Maupassant. Uebertr. v. René Schickele. (LIX, 461 S.) 8. München 907. G. Müller. 5. —; geb. 7. —; Luxusausg. auf van Gelderu, geb. in Ldr. 15. —

Flaubert, Gustave, Briefe über seine Werke. Uebers. v. E. Greve. Ausgewählt, eingeleitet u. m. Anmerkungen versehen v. F. P. Greve. (VI, 363 S.) 8. Minden (906). J. C. C. Bruns. n. 4. 75; geb. n. 5. 75

— Un coeur simple, s.: Collection Teubner.

— Erinnerungen e. Narren. Ins Deutsche übertr. v. Rud. Soomer.) (89 S.) gr. 8. Leipzig 907. J. Zeitler. Kart. 2.50; Luxusausg. 5. —

— **Drei Erzählungen.** (Ein schlichtes Herz. Die Sage v. St. Julianus. Herodias.) (Deutsche Übertragg. v. Ernst Hardt. Initialen v. Heinr. Vogeler-Worpswede.) 2. [Titel-]Aufl. (v.: Ein schlichtes Herz). (170 S.) 8. Leipzig [904] 07. Insel-Verlag. 3.50; geb. in Halbperg. 5. —

— Herodias, St. Julian der Jäger. Ein schlichtes Herz, s.: Seemann's kleine Unterhaltungsbibliothek. Nr. 17.

— ein schlichtes Herz. Deutsche Übertragung v. Ernst Hardt. (IV, 170 S.) 8. Leipzig 904. Insel-Verlag. n. 4. —; geb. n.n. 5. 50

—— Ein schwaches Herz; die Legende vom heil. Julian; die Rache d. Toten, s. Makart-Bouquet. — Neufeld's Kikeriki-Kollektion.

— Johannes. Deutsch v. Heinr. Bürck. 8. (96 S.) Berlin 899. H. Steinitz. n. 2. —

— Reiseblätter. (Briefe aus dem Orient. — Ueber Feld u. Strand.) Zusammengestellt u. hrsg. v. Fel. Paul Greve. Autoris. Uebersetzung v. E. Greve. (V, 292 S.) 8. Minden (906). J. C. C. Bruns. n. 4. —; geb. n. 5. —

— der Roman eines jungen Mannes (L'Education sentimentale). (Deutsch v. Alfr. Gold u. Alphonse Neumann.) (VII, 600 S.) 8. Berlin 904. B. Cassirer. n. 4. —; geb. n. 5. —; eng. Pr. n. 5. —; geb. n. 6. —

— Der Roman e. jungen Mannes. (L'Education sentimentale.) Mit e. Vorrede von Hugo v. Hofmannsthal. (Deutsch v. Alfr. Gold u. Alphonse Neumann.) 2. Aufl. (VII, 555 S.) 8. Berlin 910. B. Cassirer. 5.—; geb. 6. —

Flaubert, Gust., Salambo, s. d. Universal-Bibliothek Nr. 1651—1654.

Flaubert, Gust., Salammbô. 3 Vols. (Bibliothèque choisie. Vol. 532—534.) 16. (487 S.) Naumburg 863, Pätz.

Salammbo. Autorisirte Uebersetzung. Frankfurt a. M. 863. Sauerländer. 8. (VII, 360 S.) 1 ℛ︀ 15 ngr.

— Salammbô. Roman. Übers. v. Herm Kuhn. 8. (346 S.) Dresden 900. E. Pierson. n. 3. —; geb. n. 4 —

(B) — Salammbô. 900. (ABB 31.) Jetzt: Berlin, Berl. Berlin-Wien.

— die Schule der Empfindsamkeit. Geschichte e. jungen Mannes. (Norm: D., Frédéric Moreau.) Deutsch v. Luise Wolf. (508 S.) 8. Minden (904). J. C. C. Bruns. n. 4. —; geb. n. 5. —

Flaubert, Gustave, die Versuchung d. heil.-Antonius. Aus dem Franz. mit einem Vorwort u. erläut. Anmerkgn. v. Bernh. Endrulat. Autoris. deutsche Ausg. gr. 8. (X, 260 S.) Straßburg 874. Wolff. 4. —

Gustave Flaubert. Die Versuchung des heiligen Antonius [La tentation de st Antoine]. Deutsche Übertr. von Felix Paul Greve. Minden i. W.: J. C. C. Bruns [1905]. (304 S.) 8° [F.] [illegible]

FLAUBERT, Gustave, Gesammelte Werke. Erste deutsche Gesamtausgabe, unter Mitwirkung von Heinrich Conrad, Friedr. Freksa und René Schickele in acht Bänden herausgegeben von Heinrich Mann. München, Josephplatz 7, bei Georg Müller (mit Signet). 1907—9. 8°. (à Bd. von ca. 500 Seiten, br. Mk. 5—, in Hfzbd. Mk. 6,50; Luxusausgabe auf ächt holländ. van Geldern, in 100 in der Presse numer. Expll., in biegsam. Ganzleder mit reicher Rückenpressung, à Bd. Mk. 15—, bei Subscr. auf das Gesammtwerk.)

Flaubert's, Gust., gesammelte Werke. Erste deutsche, v. den Rechtsnachfolgern Flauberts autoris. Gesamt-Ausg. Hrsg. v. E. W. Fischer. 10 Bde. 8. Minden, J. C. C. Bruns. 51.—; geb. 61. — u. 71. —

1. Madame Bovary. Sittenbilder aus der Provinz. Mit e. Einleitg. v. Guy de Maupassant. Ins Deutsche übertr. v. René Schickele. Autoris. Ausg. (LIX, 401 S.) (907.) 5.50; geb. 6. 50
2. Salambo. Deutsch von Frdr. v. Oppeln-Bronikowski. Mit e. Einleitg. v. Louis Bertrand, aus dem Mskr. übers. v. E. W. Fischer. (XLII, 500 S.) (908.) 6.50; geb. 7. 50
3. Die Schule der Empfindsamkeit. Geschichte e. jung. Mannes. Ins Deutsche übertr. v. Luise Wolf. (508 S.) (909.) 4.—; geb. 5. —
4. Die Versuchg. d. hl. Antonius. Ins Deutsche übertr. v. F. P. Greve. (Neue Ausg.) (V, 304 S.) (907.) 4.—; geb. 5. —
5. Drei Erzähl͡gn. Ins Deutsche übertr. u. eingeleitet v. E. W. Fischer. (XXXI, 203 S.) 908. 3.75; geb. 4. 75
6. Bouvard u. Pécuchet. Ins Deutsche übertr. u. eingeleitet v. E. W. Fischer. Autoris. Ausg. (XXX, 412 S.) (909.) 5. —; geb. 6.—; in Halbldr. 7. —
7. Briefe üb. seine Werke. Ausgewählt, eingeleitet u. m. Anmerkgn. versehen v. F. P. Greve. Ins Deutsche übertr. v. E. Greve. (VIII, 303 S.) (909.) 4.75; geb. 5. 75
8. Reiseblätter. (Briefe a. d. Orient. — Über Feld u. Strand.) Zusammengestellt v. F. P. Greve. Ins Deutsche übertr. v. E. Greve. (VII, 292 S.) (909.) 4.—; geb. 5. —
9. Briefe an Zeit- u. Zunftgenossen. Ins Deutsche übertr. v. F. P. Greve. Mit e. Einführg. v. E. W. Fischer. (XXI, 399 S.) (907.) 5.50; geb. 6. 50
10. Briefe an seine Nichte Caroline. Deutsch v. Sophie v. Harbou; eingeleitet v. E. W. Fischer; m. e. Bildnis Gustave Flauberts nach der Radierg. v. Champollion u. e. Bilde seiner Nichte Caroline. (XIII, 454 S.) (908.) 8.—; geb. 9. —

— Nachgelassene Werke in autoris. deutscher Ausg. Werke bis zum J. 1838, übers. u. eingeleitet v. Paul Zifferer. (Ausgestattet v. F. H. Ehmcke.) (XL, 435 S.) 8. Ebd. (910). 18.—; geb. in Halbfrz. 20. —

Flaum, Franz. 5 Essays v. Stanislaw Przybyszewski, Rud. v. Delius, S. Lublinski, Emil Geyer, Cesary Jellenta. (41 S. m. 16 Taf. u. 1 Titelbild.) Lex.-8. Berlin 904. K. Schnabel. n. 3. 50

Flaum, Fritz, das Gestüt Mierendorf in Mecklenburg des Rittergutsbesitzers Max Breem. Eine Gestütsbeschreibg. gr. 8 (26 S. m. 13 Abbildgn.) Leipzig 902. R. C. Schmidt & Co. n. 1. —

(B) Flaum, Fritz, d. Gestüt Mierendorf. 902. (RBL 31.) Jetzt: Hannover, M. & H. Schaper.

Flaum, Fritz, das grossherzogl. Mecklenburg-Schwerinsche Landgestüt Redefin. 8. (116 S.) Leipzig 893. H. Voigt. n. 2. —

Flaum, Fritz, das grossherzogl. Mecklenburg-Schwerinsche Landgestüt Redefin. II. Tl. Fortsetzung des alphabet. Verzeichnisses der Hengste. (84 S.) 8. Leipzig 906. R. C. Schmidt & Co. n. — 40

— Stammbäume d. engl. Vollblutbeschäler in Deutschland. (III, 237 S. m. 4 Taf. u. 8 Stammtaf.) 8. Leipzig 909. Reichenbach. 7.—; geb. in Leinw. 8. —

— das Gestüt Walterkehmen (Ostpreußen) des Rittergutsbesitzers William Gerlach. Eine Gestütskizze. [Aus: „Das Pferd".] gr. 8. (15 S. m. 8 Abbildgn.) Dresden 893. [Friese & v. Puttkamer.] Leipzig, H. Hartung & Sohn. 1. 50

(B) — Das Gestüt Walterkehmen. 893. (KBL 27.) Jetzt: Berlin, Zuckschwerdt & Co.

— Walterkehmen stud in East Prussia (Germany) (owner: Mr. William Gerlach). An essay. With illustrations. Translated by E. v. Heusser. gr. 8. (15 S. m. 9 Taf.) Berlin 894. W. Pauli's Nachf. n. 1. 50

Flaum, Fritz, Zucht u. Sport i. d. deutschen Reichslanden (Elsass-Lothringen). gr. 8. (IV, 95 S. m. Abb.) Berlin 895. P. Parey. n. 2. —

Flaum, Maximilian [aus Warschau]: Ueber den Einfluss niedriger Temperaturen auf die Functionen des Magens ... [Sep.-Abdr.] München, Druck v. R. Oldenbourg, 1893; 20 S. 8.
München, Med. Fak., Inaug.-Diss. v. 1893

Flavia Donitilla, die Römerbraut, s. Familien-Bibliothek.

Flavigny, Gräfin v., Betrachtungen, Gebete und geistliche Lesungen aus den Werken der heil. Väter und Kirchenlehrer. Aus dem Französ. 16. (XVI und 656 S. mit 1 Stahlst.) Paderborn 863, Junfermann'sche Buchh.

Flavigny, Mme la Csse de, das Buch der christlichen Kindheit. Religiöse Belehrgn. e. Mutter f. ihre Kinder. Aus dem Franz. m. spezieller Ermächtigg. der Familie der Verf. frei übers. v. Marie Pils. (VII, 820 S. m. farb. Titelbild.) 16. Salzburg (904). A. Pustet.
Geb. in Leinw. n. 1. —; m. Goldschn. n. 1. 20; in Ldr. m. Goldschn. n. 1. 75 u. n. 2. 30

—— książka dziatek chrześciańskich zawierająca nauki i rady religijne. Przełożone na język polski wedle ostatniego wydania od władz duchownych zatwierdzonego. gr. 16. (270 S.) Berlin 865, Behr's Buchh. 22½ Ngr.; geb. mit Goldschn.

de Flavigny, Hrabina, książka dziatek chrześciańskich zawierająca nauki i rady religijne. Przełożone na język polski wedle ostatniego wydania od władz duchownych zatwierdzonego. Berlin 865. Behr. 16. (270 S.) 22½ ngr.; geb. 1 ℛ︀ 7½ ngr.

Flavigny, Gräfin v., Lehr- u. Gebetbuch f. d. kathol. Jugend. Nach d. Franz. frei bearb. gr. 18. (268 Seit., 1 Stahlst. u. Titvign.) Mainz 846, Kirchheim, Schott u. Thielmann.

Flavigny, Gräfin v., Lehr- und Gebetbuch für die kathol. Jugend. Nach dem Französ. frei bearb. 18. (VIII und 260 S. mit 1 Stahlst.) Mainz 847, [Kirchheim und Schott.]

Flavigny, Gräfin v., der Weg d. Heiles. Vollständiges Gebetbuch f. kathol. Christen. Nach dem „Recueil de Prières" aus dem Franz. übers. v. Elisabeth Eckbrechtin Gräfin v. Dürckheim-Montmartin. gr. 16. (VI, 748 S. m. 1 Stahlst.) Innsbruck 887. Vereinsbuchhandlung u. Buchdruckerei. n. 3. 20

Flavius Josephus, s. Zipser, M.

Flavius et Pelagie. Histoire chrétienne du temps de Dioclétien. 12. (Mit 1 Lithogr.) Strasbourg 845, Vve. Levrault. geb. 6¼ ngl — col. ¼ ß

Flavius, s. a. Josephus.

Flavius, v. Eide. 8. Lpz. Jacobäer. 784.

Flavius vom Eide. Leipz. 1785.
Ü: *Steinhäuser, Johann Gottfried.* (Ky) (MGT)

Flavius, Gnaeus, der Kampf um die Rechtswissenschaft 1. u. 2. Taus. (51 S.) gr. 8. Heidelberg 906. C. Winter, Verl. n. 1. —

Flavius Josephus, s. a. Josephus, Flavius

Flavius Josephus, s. Grünbaum, Paul.
Poznanski, Adolf.
Schemann, Friedrich.

Flavius Josephus. Jüdische Altertümer. Übersetzt von Franz Kaulen. Köln, Bachem. 1893. gr. 8°. 3. Aufl., X u. 696 S., 9 Mk.

Flavius, Joseph. (Hebraeus) de bello Iudaico Lib. VII. 4. Ofen, Univ. Bhdl. 755.

Flavius, Josephus. Geschichte des jüdischen Krieges oder vom Untergang des jüdischen Volkes und seiner Hauptstadt Jerusalem. Aus dem Griechischen für Leser aller Stände neu übersetzt. Durchgesehen und herausgegeben von Professor A. Fr. Gfrörer, Bibliothekar in Stuttgart. Mit geographischen und historischen Erläuterungen von Wilhelm Hoffmann, Diaconus in Winnenden. Mit 1 Plan u. 3 Stammtafeln. (2 Theile in 1 Bd. gebunden.) 8. Stuttgart und Leipzig 1836.

— — Vom jüdischen Kriege. Uebersetzt von J. B. Friese. (2 Bde.) 8. Altona 1804—1805.

Flavius, Josephus, opera, ed. Dindorf, s. Josephus.

Flavius, Ioseph, Opera omnia, gr. et lat. Excusa ad Editionem Sieguberti Havercampli et Ion. Hudsonii. III Tom. 8. maj. Lips. Schwickert (Eggenberger in Pest) 782. Rthlr.

Flavii Josephi opera omnia curavit Franc. Oberthür. Graece et Latine excusa. 3 Tomi. Leipzig, Schwickert, 1782—1785, 8°. 27 Mk.
Nach der Ausgabe von Havercamp, Amsterdam, 1726, 2 Bde.

Flavius, Josephus: Opera omnia. Post Immanuelem Bekkerum recogn. Samuel Adrianus *Naber*. Vol. 1—6. Lipsiae 1888—1896. 8° *(Griech. Text.)*

Flavius Josephus. Werke, übersetzt von Heinrich Paret. 3 Bde. Stuttgart 1855—1856. 8°.

Des fürtrefflichen Jüdischen Geschicht-Schreibers *Flavii Josephi sämmtliche Wercke,* . . . . Hierzu kommen . . . . *Egesippi* (s. Nr. 2401) 5 *Bücher von der Zerstörung der Stadt Jerusalem,* Alles . . . . neu übersetzet, ... mit einer nöthigen Einleitung . . . . Summarien, Biblischen Concordantzen, 1 Land-Carte, Zeit-Rechnung, alten u. raren Müntzen, auch andern Kupffer-Stichen, ..., vornemlich aber mit vielen Anmerckungen . . . . ausgefertiget von *Joh. Friderich* (!) *Cotta* (Prof. in Göttingen). 2 Thle. Tübingen, bey Joh. Geo. Cotta. 1735. Fol. Sehr saub., ganz unbeschnitt. Expl. in hübschen Hpgmtbdn., nur ist das Titelkupfer zu 1 auf den Schmutztitel aufgezogen.
I: 1 Kpf., Titel (roth u. schwarz gedr.), 2 Bll. Vorr. des Kanzlers Dr. Pfaff, 736 num. S. (incl. 28 S. Vorr. des Herausgebers Cotta).
II: 712 S. (ohne Haupttitel, wie bei allen Expl.), dann mit neuer Seitenz. 1—178 Egesippus, endlich 12 + 31 S. Register.

Flavius Philostratus, s. a. Philostratus.

Flavius Philostratus der Aeltere und der Jüngere. Gemälde und andere Werke, übersetzt von Lindau, Bekker und Christian. 2 Bde. Stuttgart 1832—1855. 8°.

Flavius Philostratus der Aeltere. Werke, erste Abtheilung, übersetzt von Friedrich Jacobs. Stuttgart 1828. 8°.

Flavii Sosipatri Charisii de versu Saturnio commentariolus ex codice Neapolitano primum ed. F. G. Schneidewin. Pr. 1841. 24 S. u. 1 Facs. 4°.

Flavus, Jos., die Maikönigin v. Poppelsdorf, s.: Aus Vergangenheit u. Gegenwart. 31 Bdchn.

Fläxl, Dr. Aug., Die Ackerbau-Strafkolonien und die Fürsorge für die entlassenen Sträflinge. (Annalen des Deutschen Reichs, 1883.)

Fläxl, Aug., die Produktivgenossenschaft u. ihre Stellung zur socialen Frage. Gekrönte Preisschrift. gr. 8. (198 S.) München 873. liter.-artist. Anstalt. n. 2. 80
Zugl. Diss. Ingolstadt-Landshut-München v. 27.7.1872.

Flaxland, F., la tante Gertrude, Episode de la guerre franco-prussienne. 16. (441 S.) Lahr 872. Schauenburg. n. 2. —

— elsässische Novellen. 2. Aufl. 8. (155 S.) Straßburg 871. Noiriel. n. 1. 60

Flaxland, F. C., s. Napoleon I., Criminalproceß.

FLAXMAN, John

— 3a Darstellungen u. Gemäldeumrisse a. d. Homer rc. Ebend.
Zur Schulausgabe des Homers
Zur Velin Taschenausgabe
Auf Velinp.

Flaxmann, J., 62 Umrisse zur Ilias u. Odyssee. N. d. engl. Origin. gez. u. gest. v. Schnorr. (Neue Ausg.) qu. 16. Leipzig 839, Göschen'sche Vrlsh. *

— 34, zu Homers Ilias. Ebd. 1 ß 8 gl Velinp. 2 ß gr. Velinp. 2 ß 12 gl

Flaxman 's, Joh., Umrisse zu Homer's Ilias und Odyssee. Gestochen von E. Riepenhausen. Mit erläut. Texte. (Neue Ausg.) qu. Fol. (62 Stahlst. und 11 S. Text.) Berlin 851, Th. Enslin. *

Flaxman's, John, Umrisse zu Homer's Ilias und Odyssee. Gestochen von E. Riepenhausen. Mit erläut. Texte. (Neue Ausg.) 6 Lfgn. qu. Fol. (62 Kpfrt. mit 12 S. Text.) Berlin 860, Th. Chr. Friedr. Enslin. à Lfg. * 20 Ngr. * cart. *

Flaxman's, John, Umrisse zu Homer's Ilias und Odyssee. Gestochen von E. Riepenhausen. (Neuer Abdr.) Mit erläut. Texte. qu. Fol. (62 Kpfrst. und 12 S.) Berlin 865, Th. C. F. Enslin. *

Flaxman, John, 62 Umrisse zu Homer's Ilias und Odyssee. Nach dem engl. Orig. gezeichnet von Ludw. und Jul. Schnorr. 7. Aufl. qu. Lex.-8. (62 Stahlst.) Stuttgart 875, Göschen'sche Verlagsh. *

Flaxman, John, Umrisse zu Dante Alighieri's göttl. Komödie. 3 Lfgn. Mit deutschen, ital., franz. u. engl. Text. schmal gr. 4. Carlsruhe 833, Kunst-Verlag.
Lfg. 1. Hölle. (25 Stahlst. u. 27 Bl. Text.) 833. 1 Thlr. 12 Gr.
- 2. Fegefeuer. (25 Stahlst. u. 25 Bl. Text.) 834. 1 Thlr. 12 Gr.
- 3. Paradies. (25 Stahlst. u. 27 Bl. Text) 835. 1 Thlr. 12 Gr.
Vgl. Dante.

Flaxman, J., 28 Umrisse aus Homers Odyssee. Leipz. 807. Göschen. 1 ß 8 gl Velinp. kl. Form. 2 ß Velinp. gr. Form. 2 ß 12 gl

— Umrisse zu Homers Odyssee u. Ilias. 2 Hefte, (64 Bl.) Fol. Berl. 817. Th. Enslin. 6 ß 16 gl

Flaxman's, John, Zeichnungen zu Sagen des klassischen Altertums. (148 Taf. m. Text auf der Rückseite u. 11 S. Text.) 8. Leipzig 910. Insel-Verl. Geb. in Leinw. 5. —

Flaxman, Rob., Conversations in english and german. A book for learners and travellers. A. u. d. T.: Deutsch-engl. Conversationsbuch. Für d. Unterricht u. die Reise. 12. Stuttgart 839. Neff. ½ ß

Flaxman, Rob., Hand-book of english and german conversation or complete instruction for Germans and Englishmen who wish to express themselves correctly in both these languages, being at the same time a vademecum for travellers. 3. Edition, accentuated throughout, revised and enlarged. — Handbuch der englischen und deutschen Conversationssprache. 3., durchgängig accentuirte, verb. und verm Aufl. 8. (XX und 416 S.) Stuttgart 852, Neff. Thlr.

Flaxman, Rob., Handbuch d. engl. u. deutschen Conversationssprache oder vollständ. Anleitung f. Deutsche, welche sich im Engl. u. f. Engländer, welche sich im Deutschen richtig u. geläufig ausdrücken wollen. Auch ein Vademecum f. Reisende. Mit der Beigabe: Schlüssel zum Englischen Aussprache, Formenlehre, Syntax auf wenigen Blättern. A. u. d. T.: Handbook of English and German conversation or complete instruction for Germans and Englishmen who wish to express themselves correctly in both these languages, being at the same time a vademecum for travellers. 2. durchgängig accentuirte verb. u. verm. Aufl. 8. (XVI. 322 u. 131 S.) Stuttgart 847, Neff. — 3. durchgängig accentuirte, verb. u. verm. Aufl. 8. (XX u. 416 S.) Ebd. 852. 3/4 ℛ

Flaxman, Rob., Handbuch der englischen und deutschen Umgangssprache rc. Auch ein Vademecum für Reisende. 4. Aufl. rc. A. u. d. T.: Hand-Book of english and german conversation or complete instruction etc. Stuttgart 855. Neff. 16. (XX, 516 S.) 22 1/2 ngr

Flaxman, Rob., Handbuch der englischen und deutschen Conversationssprache, oder vollständige Anleitung für Deutsche, welche sich im Englischen, und für Engländer, welche sich im Deutschen richtig und geläufig ausdrücken wollen. Auch ein Vademecum für Reisende. 5. Aufl., sorgfältig verb., verm. u. durchgängig accentuirt. — Hand-Book of english and german conversation. 5. edition. — Stuttgart 862. Neff. 8. (XX, 538 S.) 22 1/2 ngr

Flaxman, Rob., Handbuch der englischen u. deutschen Conversationssprache, oder vollständige Anleitung für Deutsche, welche sich im Englischen u. für Engländer, welche sich im Deutschen richtig u. geläufig ausdrücken wollen. Auch e. Vademecum für Reisende. 6. Aufl. sorgfältig verb., verm. u. durchgängig accentuirt. Stuttgart 868. Neff. 16. (XX, 539 S.) 22 1/2 ngr

Flaxman, Rob., Handbuch der englischen und deutschen Conversationssprache, oder vollständ. Anleitung für Deutsche, welche sich im Engl., und für Engländer, welche sich im Deutschen richtig und geläufig ausdrücken wollen. Auch ein Vademecum für Reisende. 7. Aufl., sorgfältig verb., verm. und durchgäng. accentuirt. A. u. d. T.: Hand-Book of English and German Conversation or complete instruction for Germans and Englishmen who wish to express themselves correctly in both these languages, being at the same time a vademecum for travellers. 7th edit., carefully revised, enlarged, and accentuated throughout. gr. 16. (XX, 539 S.) Stuttgart 872, Neff.

Flaxman, Rob., Handbuch der englischen u. deutschen Conversations-Sprache od. vollständ. Anleitg. f. Deutsche, welche sich im Englischen, u. f. Engländer, welche sich im Deutschen richtig u. geläufig ausdrücken wollen. Auch e. Vademecum f. Reisende. — Hand-Book of english a. german conversation. 8. Aufl., sorgfältig verb., verm. u. durchgängig accentuirt. Die Aussprache phonetisch bezeichnet. 8. (XX, 539 S.) Stuttgart 877. Neff. 2. 50; geb. n 3. —

Flaxman, Rob., Handbuch der englischen u. deutschen Conversations-Sprache od. vollständ. Anleitung für Deutsche, welche sich im Englischen, u. für Engländer, welche sich im Deutschen richtig u. geläufig ausdrücken wollen. Auch ein Vademecum für Reisende. 9. Aufl., sorgfältig verb., verm. u. durchgängig accentuiert. Die Aussprache phonetisch bezeichnet. 8. (XX, 539 S.) Stuttgart 882. Neff. 2. 25; geb. n. 2. 75

Flaxman, R., Handbuch der englischen u. deutschen Conversationssprache. 10. Aufl., verm. u. durchgängig accentuiert. Die Aussprache phonetisch bezeichnet. 12. (XX, 539 S.) Stuttgart 888. Neff Verl. 2. 50; geb. n. 2. 75

Flaxman, Rob., Handbuch der englischen Konversationssprache. 11. Aufl., neubearb. u. verm. v. Phpp. Wagner. 12. (XXII, 584 S.) Stuttgart 894. P. Neff. 2. 25; geb. in Leinw. n. 2. 75

Flaxman, Rob., Handbuch der englischen Umgangssprache f. Deutsche u. Engländer, neubearb. u. vermehrt v. Philipp Wagner. 12. Aufl. 8. (XXII, 594 S.) Stuttgart 903. P. Neff Verl. Geb. in Leinw. n. 2. 75

Flaxman, Rob., Handbuch der englischen Umgangssprache f. Deutsche u. Engländer. Neubearb. u. verm. v. Phil. Wagner. 13. Aufl. (Neue [Titel-]Ausg.) (XXII, 584 S.) 8. Berlin-Schöneberg 907. Langenscheidt's Verl. Geb. in Leinw. 2. 75

—— Schlüssel zum Englischen. Aussprache, Syntax auf wenigen Blättern. 8. (131 S.) Stuttgart 847, Neff.

Flaxmann, F.: Umrisse..., s. Flaxman, John.

Flaxmann, John, s. Flaxman.

Flaxmann, Robert, s. Flaxman.

Fleay, F. G., annals of the career of Nathaniel Field, s.: Studien, englische. 13. Bd.

Fleay, F. G. On the chronology of the plays of Fletcher and Massinger, s. XVIII. Bd. 2. Abthl. S. 660: Studien, Englische. 9. Bd. 1. Heft.

Flebbe, C., Gebühren-Taxe f. die beeidigten u. öffentlich angestellten Versteigerer im Reg.-Bez. Hannover. Erlaß d. Hrn. Regierungspräsidenten v. 29. XI. 1902. Erläut. (15 S.) 8. Hannover (902). C. V. Engelhard & Co. 1. 25

Flebbe, Johannes, a. Wiesbaden: Aus d. pathol. Institut d. städt. Krankenhauses in Wiesbaden. Prosektor: Dr. Gotthold Herxheimer. Über angeborene Obliteration der grossen Gallenwege. Wiesbaden 1907: C. Ritter. (49 S.) 8°
München, Med. Fak., Ref. v. Bollinger, Diss. v. 1. April 1908
[Geb. 12. Sept. 80 Bippen (Prov. Hannover); Wohnort: Wiesbaden; Staatsangeh.: Preußen; Vorbildung: Rats-Gymn. Osnabrück Reife M. 01; Studium: Marburg 1, Würzburg 5, München 2, Berlin 1, München 1 S.; Coll. 1. April 08; Approb. 19. März 08.]

Flebbe, Julius: Beiträge zur Kenntnis der ⟨α⟩1 Naphtochinolin-4 Sulfonsäure und des 4 Oxy-⟨α⟩1 Naphtochinolins. *Freiburg i. B. 1898: F. Wagner.* (44 S.) 8°
Freiburg i. B., Phil. Diss. v. 1898

Über Berufsbildung und Organisation des Handelsschulwesens v. Karl Flebbe. Flensburg. 1894. 4°

[F.] Flebbe, *Karl* [Dr. Dir.]: Einweihung des neuen Schulgebäudes. Flensburg, Druck v. L. P. H. Maass, 1897; 1–14 S. 4.
Flensburg, Oberreal- u. Landwirtschafts-S, P 1897 (306)

Flebbe, [Karl], Dir. Dr.: Feier des 25jährigen Stiftungsfestes der Landwirtschaftsschule. *Flensburg 1901: L. P. H. Maass.* (S. 17—19.) 4° [F.]
Flensburg, OR u. Landw.-S, P 1901 (317)

Ludolf Naaman, der Gründer des Flensburger Gymnasiums. v. Karl Flebbe. Flensburg. 1885. 4°. Gymn.-Progr.

Flebbe, Rudolf: 1. Die Stereoisomerie der N-Alkylaldoxime. 2. Beiträge zur Kenntnis des Kupferacetylürs. Weida i. Th. 1909: Thomas & Hubert. 85 S. 8°
Leipzig, Phil. Diss. v. 8. Febr. 1909, Ref. Beckmann, Hantzsch
[Geb. 16. Aug. 80 Detmold; Wohnort: Detmold; Staatsangeh.: Lippe; Vorbildung: Gymn. Detmold; Studium: Leipzig 9 S.; Rig. 9. Dez. 08.]
[U 09. 2957

FLECHIER, Esprit

—— und L. Bourdaloue, Ablaß und Jubiläum. Zwei Predigten. Aufs Neue wieder hrsg. von St. M. A. Franke 2. Aufl. gr. 8. (32 S.) Villingen 855, Förderer.

— Betrachtungen über die verschiedene Art d. Menschen. 8. Augsb. M. Rieger. 762.

Fléchier, Esprit, auserl. Briefe, a. d. Franz. 5 Thle. 8, Augsb. Wolf. 764.

Fléchier, Geschichte Theodosius d. Großen, s. a. Hausbibliothek ausländischer Classiker.

— Geschichte des Kais. Theodor des Großen. gr. 8. Bresl. Horn. 766.

Fléchier, Histoire de Théodose le grand, s. Bibliothek gediegener und interessanter französischer Werke.

Flechier, E., das Jubiläum. Predigt. Hrsg. von St. M. A. Franke. 8. (15 S.) Berlin 852, (Stuhr'sche Sortimentsb.) *

Fléchier, Esprit, Leben d. berühmten span. Cardinals Franz Ximenes v. Cisneros. A. d. Franz. v. P. Fritz. 1. Thl. gr. 8. (22¼ B.) Würzburg 828, [Etlinger'sche Verlsbuchh.]

— sammtl. Lob- u. Trauerreden. 6 Thle. 8. Ebend. 757—764.

— Lob-, Trauer- u. Sittenreden; aus d. Französ. 6 Thle. 8. Liegnitz 757—59. (1r Thl. 3e A. 764. 2r, 3r Thl. 2e A. 758, 59.) Siegert, 3 ₰

— Lob- Trauer- u. Sittenreden. 7 Thle. 8. Augsb. Wolf. 764.

— — dieselben. a. d. Franz. 6 Thle. 8. Liegnitz. Siegert. 757, 759. (à 12 gr.)

Flechier, Esprit, zwei geistl. Lobreden auf d. Tag d. Allerheiligen u. Pauli Bekehrung. Aus d. Französ. 8. Lemgo 756. Meyer. 4 ₰

Flechier, Esprit, acht Synodalreden an die Geistlichkeit seiner Diöcese. Aus d. Franz. übersetzt. gr. 12. Augsburg 834. M. Rieger's Buchh. (Himmer.) 5 ₰

Flechner, A. E., Dissert. med.-pract. de Cholera. 8 maj. (5½ B.) Vindobonae 831, Gerold.

Flechner, H., Brasilien unter Dom Pedro II, s.: Nowakowski, A. v.

Flechsel, Leonhart: Gereimte Beschreibung des Frey- und Herren-Schießens mit der Armbrust und einem Glückshafen, gehalten zu Worms im Jahre 1575. Festgabe zum ersten deutschen Bundes-Schießen im Juli 1862 in Frankfurt a. M. Worms, Boeninger, 1862, 48 S. u. IV Taf..

Leonhart Flechsel's gereimte Beschreibung des Frey- und Herren-Schiessens mit der Armbrust und einem Glückshafen, gehalten zu Worms im Jahr 1575 ... Worms, 1863. 8°. Mit 4 colorirten Lithographieen.

Flechsenberger, Rud., d. Angelsport u. d. künstl. Fischzucht. Gründl. Anleitg. z. Erlerng. d. Angelkunst, bes. d. Fliegen- u. Spinnfischerei, sow. eingeh. Beschreibg. d. künstl. Fischzucht. (2., verb. Aufl.) gr. 8. (49 S. m. 50 Abb.) Hildburghausen 898. F. W. Gadow & Sohn. n. 1. —

Flechsenhaar, Adam, aus Koenig: Ueber **Multiplizität** von Gleichungen. *Giessen 1899: E. Ottmann.* (27 S.) 8°
Giessen, Phil. Diss. v. 1899

Flechsig, Alfred, Referendar: Entstehen bei den Amortisationshypotheken der unter den Artikel 167 des Einführungsgesetzes zum Bürgerlichen Gesetzbuch fallenden landschaftlichen oder ritterschaftlichen Kreditanstalten im Königreich Sachsen hinsichtlich der gezahlten Amortisationsbeiträge Eigentümerhypotheken am belasteten Grundstück? Borna-Leipzig 1909: Noske. 28 S. 8°
Leipzig, Jur. Diss. v. 9. Sept. 1909
[Geb. 30. Nov. 79 Hohenstein i. S.; Wohnort: Hohenstein-Ernstthal; Staatsangeh.: Sachsen; Vorbildung: Gymn. Chemnitz Reife O. 00; Studium: Kiel 3, Berlin 2, Leipzig 5 S.; Rig. 28. Febr. 07.] [U 10. 2099

Flechsig, Eduard, sächs. Bildnerei u. Malerei vom 14. Jahrh. bis zur Reformation. 1. Lfg.: Leipzig. Aus den Schriften d. kgl. sächs. Kommission f. Geschichte. (41 Lichtdr.-Taf. m. 8 S. Text.) 44,5×34,5 cm. Leipzig (909). Klinkhardt & Biermann. 30. —

Flechsig, Ed., Cranachstudien. 1. Tl. gr. 8. (XVI, 313 S m. 20 Abbildgn.) Leipzig 900. K. W. Hiersemann. n. 16. —

Flechsig, (*Wilhelm*) Eduard: Die Dekoration der modernen Bühne in Italien von den Anfängen bis zum Schluss des XVI. Jahrhunderts. Tl 1 ... (Th. 2 soll an and. Stelle veröffentl. werden.) Dresden, Druck v. B. Schulze, 1894; 4 Bl., 96 S., 1 Bl. 8.
Leipzig, Phil. Fak., Inaug.-Diss. v. [11. Juni] 1894

— s.: Sammlung, die, des königl. sächs. Altertumsvereins zu Dresden in ihren Hauptwerken.

— Tafelbilder Lucas Cranachs d. Ä. u. seiner Werkstatt. gr. Fol. (129 Lichtdr.-Taf. m. VIII S. Text.) Nebst Text. Lex.-8. (IV, 36 S.) Leipzig 900. E. A. Seemann. In Leinw.-Mappe n. 70. —

Flechsig, O., die neue deutsche Rechtschreibg., s.: Rasche, E.

Flechsig, Paul, Gehirn u. Seele. Rede, geh. am 31. Octbr. 1894 in d. Universitätskirche zu Leipzig. 2., verb., m. Anmerkgn. u. 5 Taf. verseh. Ausg. 1. u. 2., unveränd. Abdr. Lex.-8. (112 S.) Leipzig 896. Veit & Co. n. 5. —

— d. Grenzen geistiger Gesundheit u. Krankheit. Rede, geh. z. Feier d. Geburtstages d. Königs Albert v. Sachsen am 23. April 1896. 2., unveränd. Abdr. gr. 8. (48 S.) Ebd. 896. n. 1. —

Flechsig, Paul, die körperlichen Grundlagen der Geistesstörungen. Vortrag, geh. beim Antritt des Lehramtes an der Universität Leipzig am 4. März 1882. gr. 8. (36 S.) Leipzig 882. Veit & Co. n. 1. 20

Flechsig, P., die Irrenklinik der Universität Leipzig u. ihre Wirksamkeit in den J. 1882—1886. Mit 2 Plänen. gr. 8. (VI, 66 S.) Leipzig 888. Veit & Co. n. 2. 40

Flechsig, Paul, die Leitungsbahnen im Gehirn und Rückenmark des Menschen auf Grund entwickelungsgeschichtlicher Untersuchungen dargestellt. Lex.-8. (XVI, 382 S. mit 19 lithogr. und 1 chromolithogr. Taf.) Leipzig 876, Engelmann. *

— d. Localisation d. geistigen Vorgänge, insbes. d. Sinnesempfindgn. d. Menschen. Vortrag, geh. auf d. 68. Versammlg. deutscher Naturforscher u. Ärzte zu Frankfurt a/M. gr. 8. (88 S. m. Abb. u. 1 Taf.) Ebd. 896. n. 1. 60

Flechsig, Paul, Plan d. menschlichen Gehirns. Auf Grund eigener Untersuchgn. entworfen. Mit erläut. Texte. gr. 8. (VIII, 44 S. m. 1 Chromolith.) Leipzig 883. Veit & Co. n. 2. —

Flechsig, Rob., Bäder-Lexikon. Darstellung aller bekannten Bäder, Heilquellen, Wasserheilanstalten und klimat. Kurorte Europas und des nördl. Afrikas in medizin., topograph., ökonom. und finanzieller Beziehung. Für Ärzte und Kurbedürftige. 8. (VIII, 640 S.) Leipzig 883, Weber. geb. **

Flechsig, R., Bäder-Lexikon. Darstellung aller bekannten Bäder, Heilquellen, Wasserheilanstalten u. klimat. Kurorte Europas u. des nördl. Afrikas in medizin., topograph., ökonom. u. finanzieller Beziehung. Für Ärzte u. Kurbedürftige. 2., umgearb. Aufl. 8. (VIII, 731 S.) Leipzig 889. J. J. Weber. geb. n.n. 5. —

Flechsig, Rob., Bad Elster im königl. sächsischen Voigtlande. Auf Anordnung des königl. sächs. Ministeriums des Innern dargestellt. gr. 8. (XII und 191 S. mit 1 lithogr. Karte und 2 Chromolithogr. in gr. 4. und Fol.) Dresden 864, (Burdach.) *

Flechsig, Rob., Bad Elster. Darstellung alles Wissenswerthen für Aerzte und Laien, auf Anordnung des königl. sächs. Ministeriums des Innern bearb. 2., völlig umgearb. Aufl. 8. (XVI, 245 S. mit 7 Abbild., Holzschntaf., und 1 chromolithogr. Orientirungsplane von Elster und Umgebung.) Leipzig 875, Weber. *M. 2.; geb. **

— Bad Elster. Darstellung alles Wissenswerten f. Ärzte u. Laien, auf Anordng. d. königl. sächs. Ministeriums d. Innern bearb. 3. Aufl. Mit 4 Abbildgn. u. e. (chromolith.) Orientirungsplane v. Elster u. Umgebg. 8. (XVI, 224 S.) Ebend. 884. n. 2. —; geb. n. 3. —

Flechsig, Rob., der Curort Elster bei Adorf im königl. sächs. Voigtlande, seine Heilquellen und seine salinischen Eisenmoorbäder. Für Aerzte und Nichtärzte gedrängt dargestellt. gr. 8. (32 S. mit 1 Tab. in qu. gr. 4.) Leipzig 854, Vogel. *

—— dass. 2., verm. Aufl. gr. 8. (36 S. mit 1 Stahlst. und 1 Tab. in qu. gr. 4.) Ebds. 854. *

Flechsig, Rob., die Frauenkrankheiten, s. Gesundheitsbücher, illustrierte.

—— die Frauenkrankheiten. Ihre Erkennung und Heilung. 8. (XII, 236 S. mit 82 in den Text gedr. Abbild. in Holzschn.) Leipzig 871, Weber. *

Flechsig, Rob., die Frauenkrankheiten. Ihre Erkennung u. Heilung. 2., vielfach veränd. Aufl. Mit 36 in den Text gedr. (Holzschn.-)Abbildungen. 8. (XXIV, 240 S.) Leipzig 878. Weber. n. 2. —; geb. n. 3. —

— die Frauenkrankheiten. Ihre Erkenng. u. Heilg. 3. Aufl. Mit 32 Abbildgn. 8. (XVI, 254 S.) Ebend. 885. n. 2. —; geb. n.n. 3. —

— Handbuch der Balneotherapie f. praktische Ärzte. gr. 8. (XIII, 470 S.) Berlin 888. Hirschwald. n. 10. —

Flechsig, R., Handbuch d. Balneotherapie f. practische Ärzte. 2., umgearb. Aufl. gr. 8. (XV, 525 S.) Berlin 892. A. Hirschwald. n. 10. —

—— der Kurgast in Elster. Darstellung alles für den Kurgast in Elster beim Kurgebrauche Wissenswerten. Auf Anordnung des Königl. Sächs. Ministeriums des Innern bearb. 8. (VIII, 79 S.) Leipzig 887, (J. J. Weber.)

Flechsig, Rob., die Mineralquellen zu Elster im Königr. Sachsen in ihrer Wirkung und Anwendung, als innerliches Heilmittel dargestellt. gr. 8. (VIII und 40 S. mit 1 Tab. in qu. gr. 4. und 1 Stahlst.) Leipzig 857, (Vogel.) *

Flechtheim, J., die Zivilprozeßordnung f. das Deutsche Reich, s.: Struckmann, J.

Flechtheim, Julius [Referendar]: Die Beweisbedeutung der Privaturkunde nach Reichscivilprozessrecht ... Düsseldorf, Druck v. L. Schwann, 1897; 59 S. 8.
Erlangen, Jur. Fak., Inaug.-Diss. v. 1897

Flechtner, Conrad, s. Flechtner, Konrad

Flechtner, Daniel (D. B.), De fidejussoribus. Disp. jur. Präs. Peter Olhaf. Danzig (Rhetianis) o. J. 12 Bl. (4.—) 9018
Deutsche Widm. v.: G. Greblinger, Joh. Grelbin, Ernst Geller.

Flechtner, Fritz, Das Baugewerbe in Breslau. Schriften des Vereins f. Socialpolitik, Bd. 70. gr. 8⁰. Leipzig 1897.

Die industrielle Entwicklung Deutschlands und insbesondere des Vereinsgebiets. [1.] Im Jahre 1902. Vortrag ... 1903 geh. v. Geschäftsführer Dr. Fritz **Flechtner**. Stettin 1903: F. Hessenland. (15 S.) 8° [F.]
— **Veröffentlichungen** d. Vereins d. Industriellen Pommerns u. d. benachbarten Gebiete. No 6. [08. 16787 9

(**Flechtner,** [Fritz]), Der Gesetzentwurf über die Arbeitskammern. Vortr. Stettin 1908. 8⁰.
(Veröffentlichungen d. Ver. d. Industriellen Pommerns u. d. benachbarten Gebiete. Nr 19.)

Flechtner, Fritz, Das Hausiergewerbe in Benneckenstein im Harz. Schriften d. Vereins f. Sozialpol., Bd. 80. gr. 8⁰. Leipzig 1899.

Flechtner, Fritz: Das Hausiergewerbe in Breslau und in der Provinz Schlesien. *Leipzig: Duncker & Humblot 1897.* (59 S.) 8° ¶(Erschien vollständig in: Schriften des Vereins für Socialpolitik, Bd 77.) [F.]
Breslau, Phil. Diss. v. 17. Dez. 1897

Die Neuregelung des Feuerversicherungswesens durch den Gesetzentwurf über den Versicherungsvertrag. Vortrag 1904 geh. v. Geschäftsführer Dr. Fritz **Flechtner**. Stettin 1904: F. Hessenland. (17 S.) 8° [F.]
— **Veröffentlichungen** d. Vereins d. Industriellen Pommerns u. d. benachbarten Gebiete. No 9. [08. 1417. 9

Flechtner, [Fritz]: Die Reichsversicherungs-Ordnung. Stettin 1910. 8°

Verein d. Industriellen Pommerns u. d. benachbarten Gebiete. Die **Thätigkeit** des Vereins. [1.] In d. beiden ersten Jahren s. Bestehens [1900/01]. Im Auftr. verf. v. Gen.Sekr. Dr. Fritz Flechtner. Stettin 1902: F. Hessenland. 8° [F.]
— **Veröffentlichungen** d. Vereins d. Industriellen Pommerns u. d. benachbarten Gebiete. No 4. [08. 14171 9

Flechtner, H. Die Sprache des Alexander-Fragments des Alberich von Besançon. Diss. Strassburg 1882. 78 S.

Flechtner, Herm., die Sprache d. Alexander-Fragments d. Alberich v. Besançon. Inaugural-Dissertation. gr. 8. (78 S.) Breslau 882. Koebner. n. 2. —

FLECHTNER, Konrad

Flechtner, Conrad [aus Langenbielau in Schles.]: Ein Beitrag zur Lehre von den Schädelschussverletzungen. . . . Erlangen, k. b. Hof- u. Univ.-Buchdr. v. F. Junge, 1890; 21 S. 8°
Erlangen, Med. Fak., Inaug.-Diss. v. 1890

(**Fleck.**) Die Anwendung der Luft-Ballons im letzten Kriege und der gegenwärtige Stand der Luft-Ballonfrage vom militärischen Gesichtspunkt. Berlin 1873. 8°. (Mitteil. d. Ingenieur-Comités. 18.)

Fleck, der faule. Ein wohlgemeintes Wort besond. im Interesse der erwachsenen Jugend. Von einem Landgeistlichen. 8. (31 S.) Hamburg 867, W. Oncken.

Förster **Flecks** Kriegsfahrt und Gefangenschaft in Rußland 1812–1814 (Beschreibung meiner Leiden u. Schicksale während Napoleons Feldzuge u. meiner Gefangenschaft in Rußland). Nach Flecks Aufzeichnungen neu bearb. u. hrsg. von Aug. Tecklenburg. Hildesheim: Gebr. Gerstenberg 1907. (XI, 66 S.) 8° [F.] [07. 13393

Fleck, aus dem Leben des Missionars Franz Collard, s.: Missionsschriften, neue. Nr. 79.

Fleck, A., Maschinengewehre, ihre Technik u. Taktik. Mit zahlr. Abb. u. Skizzen im Text u. auf 15 Taf. (XII, 165 S.) gr. 8. Berlin 909. E. S. Mittler & Sohn. 4.—; geb. 5. —

— Die neuesten Maschinengewehre. Fortschritte u. Streitfragen. Zugleich Fortsetzg. zu dem Werke desselben Verf. „Maschinengewehre u. ihre Technik u. Taktik“. Mit 13 Bildern im Text u. 24 Bildern auf Taf. (XII, 140 S.) gr. 8. Ebd. 910. 4.—; geb. 5. —

Fleck, A. C., Spiegel für Aerzte, oder Licht- u. Schattenseiten des ärztl. Berufs u. d. Gebrechen d. deutschen Medicinalwesens parteilos, aber treu u. wahr dargestellt. 12. Ilmenau 831. Voigt. 12 K

Fleck, Alb., Kinderschutz geg. Unfälle. 300 Regeln f. Eltern, Erzieher u. Kinder. (48 S.) gr. 8. Berlin 908. J. Springer. p — 80

Fleck, Alfr., Beiträge zur Geschichte d. Kupfers, insbesond. seiner Gewinnung u. Verarbeitung. (III, 60 S.) gr. 8. Jena 908. G. Fischer. 1. 60

Fleck, Alfred, a. Potsdam: Zur Geschichte des Kupfers, seiner Gewinnung und Bearbeitung. Marburg 1908 (Potsdam: O. Burr). (60 S.) 8° [F.] ¶(Erscheint vollst. u. d. T.: „Beiträge z. Gesch. u. heutigen Produktion d. Kupfers“ b. G. Fischer, Jena.)
Marburg, Phil. Fak., Ref. Troeltsch, Diss. v. 18. April 1908
[Geb. 24. April 74 Dortmund; Wohnort: Posen; Staatsangeh.: Preußen; Vorbildung: Realgymn. Potsdam Reife M. 95; Studium: Göttingen 1, Leipzig 3, Bergakad. Berlin 1, Clausthal 2, Univ. Leipzig 3, Marburg 1 S.; Rig. 27. Febr. 07.]

FLECK, Arnold

August Fleck

Idea boni medici castrensis. Altorfi Noric. (1721) Kohlesius. 20 S. 8°

Altdorf, Med. Diss. v. 4. Apr. 1721

Fleck, August Charakteristik der Poesie des Hans Sachs. 13 S. Progr. Gew. Dortmund 1882.

Fleck, Aug., der betonte Vocalismus einiger altostfranzösischer Sprachdenkmäler u. die Assonanzen der Chanson des Lohorains verglichen. gr. 8. (63 S.) Marburg 877. Elwert's Verl. n. 2. —

Fleck, C., s.: Notiz-Kalender f. Chemigraphen u. Reproduktionstechniker.

Fleck, C., Photokeramik, s.: Bibliothek, photograph.

— Die Photo-Xylographie. Herstellung v. Bildern auf Buchsbaumholz f. die Zwecke d. Holzschneidekunst. (VII, 48 S. m. 5 Abb.) 8. Wien 911. A. Hartleben. 2. —; geb. 2. 80

Fleck, C. L. P., populäres Lehrbuch der Arithmetik nebst deren Anwendung und einer Berechnung der Räder-Kombinationen bei Drehbänken. Zum Handgebrauch für Maschinenbauer, Schlosser, Mechaniker, Metall- und Eisendreher. 8. (IV und 156 S.) Berlin 859, [Franz Duncker.] *

Fleck, Carl Friedrich, s. Fleck, Karl Friedrich.

Fleck, Ed., die wichtigsten Bestimmungen der preußischen allgemeinen Landesgesetze über die bürgerlichen Rechtsverhältnisse der Militair-Personen. Für Gerichte und Rechtsanwalte zum prakt. Gebrauch nach amtl. Quellen zusammengestellt. gr. 8. (III und 44 S.) Berlin 867, v. Decker'sche geheime Ober-Hofbuchdruckerei.

Fleck, Ed., Erläuterungen zu den Kriegs-Artikeln für das Preuß. Heer und zur Verordnung über die Disciplinar-Bestrafung. gr. 8. Berlin 844, Förstner. n. 2/3 ₰

Fleck, Eduard, Erläuterungen zu den Kriegs-Artikeln für das preuß. Heer. Nebst den Verordnungen über die Disciplinar-Bestrafung im Heere und in der Kriegs-Marine. 2. Aufl. gr. 8. (X und 158 S.) Berlin 850, Förstnersche Buchh. * —

Fleck, Ed., Erläuterungen der Kriegs-Artikel für die Unteroffiziere u. gemeinen Soldaten der Preuß. Armee. gr. 8. Berlin 839. Ende. 7/8 ₰

—— Erläuterungen zu den Verordnungen über die Ehrengerichte im preuß. Heere und über die Bestrafung der Offiziere wegen Zweikampfs. gr. 8. (VI und 152 S.) Berlin 848, Deckersche geheime Ober-Hofbuchdr. *

— Kommentar üb. das Strafgesetzbuch für das Preuß. Heer. 1. Thl. Militair-Strafgesetze. Nebst der Verordnung über die Disciplinar-Bestrafung im Heere vom 21. Octbr. 1841 u. dem Gesetze vom 15. April 1852. gr. 8. (IV u. 288 S.) Ebd. 852. 1 ₰

Fleck, Ed., Kommentar über das Strafgesetzbuch für das Preußische Heer. 1. Thl. Militair-Strafgesetze. Nebst der Verordnung über die Disciplinar-Bestrafung im Heere vom 21. Octbr. 1841, dem Gesetze vom 15. April 1852, und den Kriegs-Artikeln für das Preuß. Heer vom 9. Decbr. 1852. 2. Aufl. Berlin 856. Decker. gr. 8. (XI, 300 S.) 1 ₰

—— dass. — 2. (letzter) Thl. Strafgerichts-Ordnung. A. u. d. T.: Das Strafverfahren der preußischen Militairgerichte. Nebst 4 Beilagen und der Inhalts-Uebersicht des ganzen Werkes. gr. 8. (VIII und 296 S.) Ebds. 851.

Fleck, Ed., Kommentar über das Strafgesetzbuch für das preußische Heer. 2 Thle. Neue Ausg. Berlin 862, 64. v. Decker. gr. 8. 3 ₰ 7½ ngr.
1. Thl.: Militair-Strafgesetze. Nebst der Klassifikation der zur Armee und zur Marine gehörenden Militairpersonen nach ihren Dienst- und Rangverhältnissen, der Verordnung über die Disciplinar-Bestrafung im Heere vom 21. Oktbr. 1841 rc. (XI, 344 S.) 1 ₰ 15 ngr.
2. Thl.: Strafgerichts-Ordnung. Nebst den wichtigsten Bestimmungen der allgemeinen Landesgesetze über die Rechtsverhältnisse der Militairpersonen u. Militairbehörden in Angelegenheiten der bürgerlichen Gerichtsbarkeit. (XII, 296 S.) 1 ₰ 22½ ngr.

— Kommentar über das Strafgesetzbuch für das preußische Heer. 1. Thl. Militair-Strafgesetze. Nach der Klassifikation der zur Armee u. zur Marine gehörigen Militairpersonen nach ihren Dienst- u. Rangverhältnissen rc. Neue Ausg. Ebend. 869. gr. 8. (XII, 340 S.) 1 ₰ 15 ngr.

Fleck, Ed., Kommentar üb. das Strafgesetzbuch. f. das preußische Heer. 2. Thl. Strafgerichts-Ordnung. Neue Ausg. gr. 8. (XII, 276 S.) Berlin 870. v. Decker. 5. 25. (cplt.: 9. 75.)

Fleck, Eduard, Preußens Landwehr in ihren Einrichtungen. Ein Handbuch für Landwehr-Offiziere, Unteroffiziere und Wehrmänner. 2. Aufl. gr. 8. (VIII und 100 S.) Berlin 848, Förstner'sche Buchh. Thlr. *

—— Preußens Landwehr in ihren Einrichtungen dargestellt. 3., vollständig neu bearb. Ausg. gr. 16. (XII und 172 S.) Berlin 851, Deckersche geheime Ober-Hofbuchdr.

(——) die preußische Landwehr, s. Landwehr.

Fleck, Ed., die Macrolepidopteren Rumäniens. Lex.-8. (200 S.) Bucarest 900. (Berlin, W. Junk.) n. 7. 50
Sonderabdruck aus: „Bulletin de la société des sciences de Bucarest".

Ⓢ Fleck, Ed., Macrolepidopteren Rumäniens. 900. (KBL 31.) Jetzt: Leipzig, Th. O. Weigel.

Fleck, Ed., Militär- und Strafgesetzbuch für das deutsche Reich nebst den seit Publikation desselben ergangenen, auf die militär. Rechtspflege im preuß. Heere und in der kaiserl. Marine sich bezieh. Gesetzen, Verordnungen, Erlassen und allgemeinen Verfügungen. Zum Handgebrauch hrsg. gr. 8. (VIII, 256 S.) Berlin 875, Nicolai'sche Verlagsh. *

— preußische Militair-Gesetz-Sammlung, s. Militair-Gesetz-Sammlung, preußische.

Fleck, Ed., preußische Militair-Strafgerichtsordnung nebst den dieselbe ergänz., erläut. und abänd. Gesetzen, Verordnungen, Erlassen und allgemeinen Verfügungen. Zum Handgebrauch hrsg. gr. 8. (XX, 286 S.) Berlin 873, v. Decker'sche Geh. Ober-Hofbuchdr. *

Fleck, Ed., Militär-Strafgesetzbuch für das deutsche Reich, nebst den seit Publikation desselben ergangenen, auf die militär. Rechtspflege im preuß. Heere und in der kaiserl. Marine sich beziehenden Gesetzen, Verordnungen, Erlassen und allgemeinen Verfügungen. Zum Handgebrauch hrsg. 2 Thle. gr. 8. Berlin, Nicolai'sche Verlagsh. [1. Thl. 2. mit dem Gesetz betr. die Rechtsverhältnisse der Reichsbeamten verm. Aufl. (VIII, 286 S.) 881. *ℳ 5.; 2. Thl. Fortgesetzt von C. Keller. (VI, 143 S.) 880. *ℳ 3.] *

— preußische Militär-Strafgerichtsordnung nebst den dieselbe ergänz., erläut. u. abänd. Gesetzen, Verordngn., Erlassen u. allgemeinen Verfüggn. Zum Handgebrauch hrsg. gr. 8. (XX, 286 S.) Berlin 873. v. Decker. n. 4. —

—— Strafgesetzbuch für das preußische Heer nebst den dasselbe ergänz., erläut. oder abänd. Gesetzen, Verordnungen, Erlassen rc. Zum Handgebrauch hrsg. gr. 8. (XXIII, 870 S.) Berlin 868, v. Decker'sche Geh. Ober-Hofbuchdr. *

— das Strafverfahren der Preuß. Militairgerichte. gr. 8. Berlin 840. Förstner. n. 1 ₰

—— das Strafverfahren der preuß. Militairgerichte. Neue, nach d. Strafgesetzbuch f. d. preuß. Heer bearb. Ausg. gr. 8. (13½ B.) Berlin 815, Förstner. *

Fleck, Eduard: Das Strafverfahren der Preußischen Militairgerichte. Ein Kommentar über den zweiten Teil des Strafgesetzbuchs für das Preußische Heer. (Kommentar über das Strafgesetzbuch für das Preußische Heer. 2. Teil Strafgerichtsordnung.) Berl. 1854.

— Neue Ausgabe. Nebst den wichtigsten Bestimmungen der allgemeinen Landesgesetze über die Rechtsverhältnisse der Militärpersonen und Militärbehörden in Angelegenheiten der bürgerlichen Gerichtsbarkeit. Berl. 1864.

— Neue Ausgabe. Berl. 1870.

—— die Verordnungen über die Ehrengerichte im preußischen Heere und über die Bestrafung der Offiziere wegen Zweikampfs. 2., neu bearb. Aufl. 8. (VIII und 179 S.) Berlin 858, Decker'sche geheime Ober-Hofbuchdruckerei. -

—— die Verordnungen über die Ehrengerichte im preußischen Heere und über die Bestrafung der Offiziere wegen Zweikampfs. 3., neu bearb. Aufl. gr. 8. (VIII und 190 S.) Berlin 865, v. Decker'sche geheime Ober-Hofbuchdruckerei. *

Die Gefechtsstärken der wichtigsten Kriegsmarinen. Eine tabellar. Übersicht mit erl. Text. Von E[mil] **Fleck**, Oberlt. Mit 28 Abb. Berlin: E. S. Mittler & Sohn 1908. (44 S.) 8° [F.] 1908. 8719

Fleck, Ernst [aus Cöln]: Zur Histologie der akuten Entzündung. Die akute Entzündung der Lunge .... Bonn, Univ.-Buchdr. v. C. Georgi, 1886; 30 S. 8°.
Bonn, Med. Fak., Inaug.-Diss. v. 20. Jul. 1886.

Fleck, Ernst, das hannov. Privatrecht nach d. Inkrafttreten d. bürgerl. Gesetzbuches, s.: Linckelmann, Karl.

Fleck, Felix, Prof.: Vier Wochen in London zum Ferienkursus 1906. Fulda 1907: I. L. Uth. (27 S.) 4°
Fulda, OR P 1907 (516)

Fleck, Felix: Zusammenstellung der Lehrbücher und Lehrpläne der Geographie der höheren Lehranstalten der Provinz Hessen-Nassau und des Fürstentums Waldeck. Fulda, J. L. Uth's Hofbuchdr., 1890; S. 28–48; 4°
Fulda, RPG, OP 1890 (409)

FLECK, Ferdinand Florens

Anecdota maximam partem sacra, in itineribus italicis et gallicis collecta a Dr. *F. F.* **Flek*. c. facsimilibus. 8. maj. Lips. 1837, Barth. 2 Thlr. — 3 fl. 36 kr.
Ein Band seiner „theologischen Reise-Früchte" zur Kenntniß des kirchl. religiösen u. sittl. Lebens im südl. u. westl. Europa; enthält Ausbeuten aus französ. u. italien. Bibliotheken.

Fleck, Ferd. Florens, († d. 25. Juni 1849), der Fortschritt d. Menschengeschlechts zum Besseren u. die Richtungen in der Theologie. Zwei akadem. Reden gehalt. zu Gießen. 8. (95 S.) Gießen 848, Ricker. n. ⅓ Thlr.

— s. Gleichstellung d. Protestanten.

— — De imagine Christi Joannea et Synoptica. Lpz. (Aug. Fest) 30. III. 1831. 22 S. (3.—) 9023

— der Krieg u. der ewige Friede. Letztes Manuscript. Hrsg. m. einer kurzen Charakteristik des Verf. v. Frdr. Aug. Schütz. 8. (LIV u. 61 S.) Leipzig 849, H. Fritzsche. ½ Thlr.

Fleck, Ferd. Florens, Noth u. Trost dieser Zeit. Eine Betrachtung. 8. (XII u. 40 S.) Offenbach 849, Steinmetz. ⅙ Thlr.

Fleck, F. Fl., Otium theologicum. 8 maj. (3½ B.) Lipsiae 831, Lehnhold.

Fd. Florens **Fleck**: Philosophie und christl. Theologie im Widerspruche u. höh. Einklange. *Lpz.*, F. Fleischer. 846. 8° 2 Thlr. 12 gl. Auch unt. d. T.: Syst. d. chr. Dogmat. m. besond. Bezieh. auf d. relig. u. specul. Zustände d. Zeitalters. 1r allg. Th.

— **Ferdinand Florens** (Dresden) u. **Theodor Albert Liebner** (Scolno/Naumburg), De regno Christi. Dissertatio I. Lpz. (Staritz) 25. II. 1826. 96 S. (5.—) 9022
Gew.: Christoph Friedrich v. Ammon, Ferdinand Gotthelf Fleck.

Fleck, (F. Fl.,) de regno Christi. Dissertatio. 8 maj. Lips. 826. Hartmann.

Fleck, Fd. Flor., de regno Christi. Dissert. 8 maj. Lpz. 831. Lehnhold. 12 gr.

—— de regno divino, liber exeget. histor. quatuor evangelistar. doctrinam complectens. 8 maj. (32 B.) Lipsiae 829, Lehnhold.

Fleck, Fd. Flor., wissenschaftl. Reise durch das südl. Deutschland, Italien, Sicilien u. Frankreich. 1r Bd. 1e u. 2e Abthl. Mit Beilagen v. Er. Heimbach u. Ed. Güntz. Mit 4 Steindrucktaf. gr. 8. Leipzig 837, 38. Barth. 5 Thlr. — 2r Bd. 1e Abthl. A. u. d. T.: Theolog. Reisefrüchte, zur Kenntniß des kirchlich-religiösen, sittl. u. wissenschaftl. Zeitgeistes im südl. u. westl. Europa. 1e Abthl. gr. 8. Ebd. 835. 1⅜ Thlr. — 2r Bd. 2e Abthl. A. u. d. T.: Theolog. Lesefrüchte, zur Kenntniß des kirchlich-religiösen, sittl. u. wissenschaftl. Zeitgeistes im südl. u. westl. Europa. 2e Abthl. gr. 8. Ebd. 838. 1½ Thlr. — 2r Bd. 3e Abthl. A. u. d. T.: Theolog. Reisefrüchte, zur Kenntniß des kirchl.-religiösen, sittl. u. wissenschaftl. Zeitgeistes im südl. u. westl. Europa. 3e Abthl. — Anecdota maximam partem sacra in itineribus Italicis et Gallicis collecta. Cum facsimilibus lapidi incisis. (Mit 2 Steintaf.) gr. 8. Ebd. 837. 2 Thlr.

Fleck, Ferdin. Flor., System d. christl. Dogmatik m. besond. Beziehung auf die religiös. u. speculativen Zustände d. Zeitalters, 1. allgem. Thl. A. u. d. T.: Philosophie u. christl. Theologie im Widerspruche u. höherem Einklange. 8. (30½ B.) Leipzig 846, Fr. Fleischer.

— s. Testamentum novum Vulgatae.

Fleck, Fd. Florens, die Vertheidigung des Christenthums. Mit Hinblick auf Strauß und die geistesverwandte Richtung. gr. 8. Leipzig 842, Weidmann'sche Buchh. 1½ Thlr.

FLECK, Fd. Ghf.: Rechtl. Bemerkk. üb. d. Einquartierungslastt. *Dresd.*, Hilscher. 815. 8. (10 Gr.)

— s. Codex Augusteus. 2e Fortsetz.

FLECK, Fd. Ghf.: Commentt. binae de interdictis unde vi et remedio spolii. *Lpz.*, Beygang. 797. 8. (12 Gr.)

— — De discrimine inter mutationem et emendationem libelli, jure Romano et Saxonico. Diss. jur. Lpz. (Klaubarth) 9. XII. 1790. 50 S. (4.80) 9025

— — Hermeneutices tituli pandectarum de adquirenda vel amittenda possessione spec. I. De principiis possessionis, quae a juris fictionibus proficiscuntur. Lpz. (Buder) 22. X. 1795. 62 S. (4.80) 9027

— hermeneutices pandect. de acquir. vel amitt. possess. Spec. I. et II. 4 maj. Leipz. 796. Göthe. 16 gr.

— **Ferdinand Gotthelf** (Sorau/Laus.), De jurisdictione feudali in praedia Saxonica et Lusatica seniori extra territorium Saxoniae Lusatiaeque nexu clientelari obstricta non competente. Präs. Christian Gottlob Biener. Lpz. (Klaubarth) 23. I. 1788. 16 S. (3.20) 9024
Gew.: Adolph Christian Wendler (Leipzig). Joh. Christoph Hornemann (Neu-Celle).

— über Lehrvorträge u. Schriften gegen d. symbol. Bücher d. Protestanten in Deutschland. gr. 8. Leipz. 795. Göthe; a. Joachim. 5 gr.

— primae lineae juris feudalis Saxonici. 8. Leipz. 796.

—· — De origine ac indole hominum propriorum inprimis in utraque Lusatia. Lpz. (Klaubarth) 13. IX. 1792. 15 S. (3.—) 9020

Doppelte Moral. Roman von *** [Verf.: Georg Fleck.] 2. Aufl. München: Union-Verl. [1909]. 205 S. 8° log. 17183 3

Doppelte Moral. Roman von *** [Verf. Georg Fleck.] 2. Aufl. München: Union-Verl. [1909]. 208 S. 1°(8°) log. 8960

Fleck, Georg [aus Iserlohn]: Ueber Resectionen der Leber Bonn, Buchdr. v. A. Henry, 1897; 47 S. 8.
Bonn, Med. Fak., Inaug.-Diss. v. [9. Juli] 1897

FLECK, Gottlieb Ad.

Fleck, Gtlib. Ad., Entstehungs-Kunde d. 4 Evangelien, die historische, unter neuen Entdeckungen; die Geschichte Jesu z. retten u. festzustellen, f. Wissen, Glauben, Leben. Entdeckung einer evang. Scription, in Paulus. 8. (2⅛ B.) Wittenberg 816. (Zimmermann'sche Buchh.)

Fleck, Gli. Ad., d. Gesetzlichkeit in d. Moral, oder Sitten, Gesetz u. Pflicht gehören, als Hauptsachen, nicht in d. Moral. Eine Abhandl. 8. Oschatz 807. (Dresd., Arnold). 8 gr.

Fleck, H., die christliche Familie in ihrer Bedeutung f. Kirche u. Staat, s.: Volksaufklärung. Nr. 66.

Fleck, Herm., üb. Magnesium-Alkyle. Diss. gr. 8. (35 S.) Tübingen 892. (F. Fues.) n. — 80

Fleck, Hermann Faktoren, größter gemeinschaftlicher Teiler und kleinster gemeinschaftlicher Dividend. 28 S. Progr. *Eisenberg* 1880.

Fleck, Hermann, aus Eisenberg ⟨S.-A.⟩: Über die **Kondensationsprodukte** des Benzalacetophenons mit freiem Hydroxylamin. *Leipzig 1903: Thalacker & Schöffer.* (40 S.) 8°
Leipzig, Phil. Diss. v. 1903

Fleck, Hermann [aus Philadelphia '(Nord-Amer.)']: Über Magnesium-Alkyle ... Tübingen, Druck v. W. Armbruster & O. Riecker, 1892; 35 S. 8.
Tübingen, Naturw. Fak., Inaug.-Diss. v. 1892

Fleck, [Hermann], Prof. Dr.: Ueber die Guldinsche **Regel** und ihre Verwertung im Unterricht. *Eisenberg 1899: P. Kaltenbach.* (S. 3—31.) 4° [F.]
Eisenberg, herz. Christians-G, OP 1899 (732)

Fleck, Hugo, die Analyse des Weines in ihrer Bedeutung für die Weinindustrie. [Aus: „10. u. 11. Jahresber. d. chem. Centralstelle f. öffentl. Gesundheitspflege".] Lex.-8. (15 S.) Dresden 882. v. Zahn's Verl. n. 1. —

Fleck, H., Benzoësäure, Carbolsäure, Salicylsäure, Zimmetsäure. Vergleichende Versuche zur Feststellung d. Werthes der Salicylsäure als Desinfectionsmittel, in's Besondere als Pilz- u. Hefengift, sowie zur Begründg. e. Desinfectionstheorie. Für Aerzte, Apotheker, Wein- u. Bierproducenten, Droguisten ausgeführt u. beschrieben. gr. 8. (80 S.) München 875. Oldenbourg. n. 1. 50

Fleck, Hugo, über die quantitative Bestimmung der Gerbsäure und Gallussäure in den Gerbmaterialien. (Abdr. aus der Gerberzeitung.) Berlin 860. (Th. Grieben.) 8. (20 S.) n. 7½ ngr.

Fleck, H., üb. die Chemie in ihrer Bedeutung f. die Gesundheitspflege, s. a. Vorträge üb. Gesundheitspflege u. Rettungswesen.

Ueber die Chemie in ihrer Bedeutung für die Gesundheitspflege. Berlin, 1883. 8vo.

—— die Chemie im Dienste der öffentlichen Gesundheitspflege. Ein Wegweiser für Verwaltungsbeamte, Aerzte, Ingenieure und Chemiker zur Beantragung, Bewerkstelligung, und Beurtheilung chem. Untersuchungen und darauf begründeter fachmänn. Gutachten. gr. 8. (VI, 220 S.) Dresden 882, v. Zahn und Jaensch Verlag. *

— die Ernährungsgesetze in ihrer Anwendung auf das häusliche Leben. Ein Leitfaden f. Haushaltgn. u. Volksküchen zur Darstellg. guter u. preiswürd. Mahlzeiten. gr. 8. (VII, 67 S. m. 3 Tab.) Braunschweig 882. Vieweg & Sohn. n. 1. —

— die Fabrikation chemischer Produkte aus thierischen Abfällen, s. Handbuch der chemischen Technologie.

Fleck, Hugo, die Fabrikation chemischer Producte aus thierischen Abfällen. Auf Grund selbstständ. Erfahrungen u. mit Berücksichtigung der neuesten Verbesserungen bearb. Mit 45 in den Text eingedr. Holzst. 2. Aufl. [Aus: „Bolley-Birnbaum's Handbuch der chem. Technologie".] 8. (IX, 169 S.) Braunschweig 878. Vieweg & Sohn. n. 3. 20

— die Fermente in ihrer Bedeutung f. die Gesundheitspflege. [Mit 1 (eingedr.) Holzschn.] gr. 8. (IV, 31 S.) Dresden 876. v. Zahn. n. 2. —

— über Flammensicherheit u. Darstellung flammensicherer Gegenstände. [Aus: „10. u. 11. Jahresber. d. chem. Centralstelle f. öffentliche Gesundheitspflege".] Lex.-8. (24 S.) Dresden 882. v. Zahn's Verl. n. 1. 50

—— über Flussverunreinigungen, deren Ursachen, Nachweis, Beurtheilung und Verhinderung. Lex.-8. (54 S.) Ebendas. 884. *
Aus: 12. und 13. Jahresbericht der chemischen Centralstelle für öffentliche Gesundheitspflege zu Dresden, besonders abgedruckt.

FLECK, HUGO.
See Jahresbericht der chemischen Centralstelle für öffentliche Gesundheitspflege zu Dresden.

Fleck, H., dritter Jahresbericht der chemischen Centralstelle für öffentliche Gesundheitspflege in Dresden. Lex.-8. (IV, 94 S. mit eingedr. Holzschn. und 8 lithogr. Curventaf. in qu. gr. 4.) Dresden 874, v. Zahn's Verlag. *

— 4. u. 5. Jahresbericht der chemischen Centralstelle f. öffentliche Gesundheitspflege in Dresden. Mit 4 (eingedr.) Holzschn. u. 2 (lith.) Curventaf. Lex.-8. (III, 154 S.) Ebend. 876. n. 10. —

— zur Klärung der Sachlage betr. den Verkehr mit Nahrungsmitteln, Genussmitteln u. Gebrauchsgegenständen. gr. 8. (16 S.) Ebend. 878. n. — 60

Fleck, H., die Steinkohlen Deutschlands, s. Geinitz, H. B.

Fleck, Hugo, verbessertes Verfahren der Phosphor-Fabrikation mit genauer Angabe der bis jetzt gebräuchlichsten Fabrikationsmethoden. Mit einem Vorwort von W. Stein. Mit 1 lith. Taf. (in Fol.). Leipzig 855. Teubner. gr. 8. (IV, 61 S. u. 1 Tab. in 4.) 18 ngr.

Fleck, J. G., s. Jh. Hübner's 2 mal 52 auserles. bibl. Historien.

Fleck, I. Geo., Biblioth. juris civ. 4. Frcf. Andreae. 713.

Fleck, Joh., Liebe u. Phantasie, s.: Bloch's, Ludw., Gallerie lebender Bilder.

Der Liebe Pilgerfahrt. Eine Reihenfolge lebender Bilder mit verbind. Worten von Joh. Fleck u. M. Goldheim. *Berlin: E. Bloch (1896).* (16 S.) 8° [F.]
= Gallerie. Ludwig Blochs, lebender Bilder. Lief. 6.

Fleck, Joh. Der Sängerinnenkrieg, s. Fastnachts-Bühne.

— **Johann Christian** (Naumburg), De textu novellarum originario conjecturae. Präs. Ferdinand August Hommel. Lpz. (Richter) 7. VI. 1736. 24 S. (4.80) 9030

Fleck, Joh. Chrstph., des weiblichen Geschlechtslebens Anfang u. Ende; od. das Leben der Jungfrau, Gattin, Mutter u. Matrone. Mit besond. Rücks. auf d. Bleichsucht u. diejenigen Zustände, welche bei'm Eintritte der Menstruation vorkommen. Nach Menville's u. eigen. Ansichten naturhistor. physiolog. u. pathologisch dargest. gr. 8. (10½ B.) Weimar 842, Voigt.

Fleck, Joh(ann) Christ(oph): Der Arzt für Wurmkranke jeden Alters, oder die Eingeweidewürmer und die durch sie erzeugten Krankheitsformen nebst zweckmässigem Heilverfahren dagegen, mit ausführlicher Angabe der besondern Receptformeln gegen alle Wurmarten und der in älterer und neuerer Zeit als Geheimmittel oft sehr theuer verkauften Specifika gegen Bandwürmer etc. 230 S., gbd., Abb.

Weimar: Voigt 1840

JB 4.737

Fleck, J(ohann) C(hristoph) (Übers.):

s.: Beaumont (de Lyon), M.: Abhandlung über die Brüche... (Notice sur les hernies... Dt.) Ilmenau: 1828

JB 3.079

Fleck, J(ohann) C(hristoph) (Übers.):

s.: Beaumont (de Lyon), M.: Abhandlung über die Brüche... (Notice sur les hernies... Dt.) 2.verbess.und verm.Aufl. Ilmenau: 1830

JB 3.080

Fleck, Jh. Cph., s. Broussais, Vorlesungen.

—— der Croup u. die ihm ähnlichen od. verwandten Krankheitsformen, nach d. gegenwärt. Standpuncte d. rationalen Heilkunst dargest. Für Aerzte, Aeltern u. Erzieher. 2 Thle. M. 1 Zeichn. gr. 12. (13 B.) Neustadt a. d. O. 838, Wagner.

Fleck, J(ohann) C(hristoph) (Übers., Bearb.u. Comm.):

s.: Doussin-Dubreuil, J(acques) L(ouis): Über die Verrichtungen der Haut und die aus Störung derselben entstehenden schweren Krankheiten... (Des Fonctions de la peau et des maladies graves qui résultent de leur dérangement. Dt.) Nebst einem Anhange über die Bereitungsart und den Gebrauch der kalten, warmen und Dampfbäder. Für Aerzte und Nichtärzte. Ilmenau: 1828

JB 4.702

Fleck, J(ohann) C(hristoph) (Übers.):

s.: Fallot, (Salomon Louis) L(aurillard): Untersuchung und Enthüllung der simulirten und verheimlichten Krankheiten in Beziehung auf Militärdienst. (De la Simulation et de la dissimulation des maladies, dans leurs rapport avec le service militaire. Dt.) Weimar: 1841

JB 3.617

Fleck, Jh. Cph. (rc.), Gesundheitstempel der Deutschen. Eine Quartalschrift zur Erhaltung u. Beförderung d. Gesundheit des Leibes u. der Seele. Dem Gebildeten aller Stände gewidmet. 1r Jahrg. 1835, 4 Hfte., u. 2r Jahrg. 1836, 4. Weimar u. Ilmenau, Voigt. (à J. 2 ₰) 4 ₰

Fleck, Jh. Cph., s. Martin, P.: Abhandl. über die Migräne.

Fleck, Jh. Cph., s. Piorry, P.A.: Über die Erblichkeit bei Krankheiten.

Fleck, Joh(ann) Christ(oph): Ueber Schlaf und Traum und die Schlaflosigkeit mit ihren Ursachen, Folgen und Heilmitteln. 144 S., gbd.

Weimar: Voigt 1844

JB 4.556

Fleck, Joh. Chrstph., Spiegel f. Aerzte, od. Licht- u. Schattenseiten d. ärztl. Berufs u. d. Gebrechen d. deutschen Medicinalwesens partheilos aber treu u. wahr dargest. 12. (7 B.) Ilmenau 831, Voigt.

—— kurzgefaßtes patholog.-therapeut. Taschenbuch f. angeh. prakt. Aerzte, nach d. besten Vorbildern d. Heilkünstler Frankreichs u. Deutschlands u. nach d. Grundsätzen d. physiolog.-antiphlogist. Heilmethode, als d. einz. vernunft- u. naturgemäßen, die weder Zeiten- noch Systemwechsel je verdrängen kann. gr. 12. (28 B.) Neustadt a. d. O. 833, Wagner.

—— die Verirrungen d. Geschlechtstriebes, deren Ursachen, Folgen, Verhütungs- u. Rettungsmittel. Ein Buch f. Eltern, Erzieher, Aerzte u. alle Freunde d. Jugend. M. 8 Kpfrt. 8. (14½ B.) Ilmenau 850, Voigt.

FLECK, J. C. Die Verirrungen des Geschlechtstriebes, deren Ursachen, Folgen, Verhütungs- und Rettungsmittel. Mit 3 Kupfertafeln. Stuttgart 1830. 8°. VI, 168 S.

Fleck, Joh. Chrstph., die Verirrungen d. Geschlechtstriebes etc. 2. Ausg. M. 3 Kpfrt. 8. (14½ B.) Weimar 841, Voigt. Thlr.

—— über d. Verrichtungen d. Haut etc., s. Doussin-Dubreuil, J. L.

— **Johann Jacob** (Altenburg/Misn.), De fratre contra fratrem testificari coacto. Dissert. jur. Präs. Conr. Wilhelm Stecker. Erfurt (Hering) 20. XII. 1736. 16 S. (4.80) 9031

Fleck, Jul., Lotterie-Wegweiser der königl. Preußischen Klassen-Lotterie. gr. 8. (23 S.) Berlin 864, (Geelhaar.) **

Fleck, Jul., Lotterie-Wegweiser der königlich Preußischen Klassen-Lotterie. Berlin 864. Geelhaar in Comm. 8. (23 S.) nn. 2½ ngr.

Fleck, Julius Ludov. Augustus (geb. Nordhausen 21. 3. 1834): De malaria. Berolini (1857). (32 S.) 8°
Berlin, Med. Diss. v. 21. Aug. 1857

Fleck, K., s. Linckelmann, Hannov. Privatrecht.

Fleck, Karl, Führer durch Mergentheim u. den Taubergrund. Mit 54 Textillustr., 1 Stadtplan, 1 Umgebungskarte, u. 1 Höhen- u. Entfernungstabelle. (96 S.) kl. 8. Mergentheim 905. C. Ohlinger. n. 1.—

FLECK, Karl Friedrich

— — (Schlibena/Saxo), De testamento parentum privilegiario solenne prius conditum non infirmante. Diss. jur. Präs. Andreas Florenz Rivinus. Wittbg. (Schlomach) 7. III. 1754. 24 S. (4.50) 9021

Fleck, Konrad

* — — Blume und Weißblume eine Dichtung des dreizehnten Jahrhunderts übersetzt u. erklärt von Joh. Wehrle. Freiburg 1856. 8°. (In Berlin: Yg 2025.)

Fleck, [Conrad]. Frauenfelder Bruchstücke von Flecks Floire. ([Mit Einleitung hrg. von] K[onrad] Zwierzina, Freiburg i. d. Schweiz. Sonder-Abdruck [aus:] Zeitschrift für deutsches Altertum.... Band 47 = N. F. 35.) S. 161—182. 8. (Berlin, Weidmann, 1903.)

Fleck, Konr., Flora u. Blanscheflur, hrsg. v. Em. Sommer. s. Bibliothek d. deutsch. National-Literatur.

Fleck, Konr. Flora u. Blanscheflur, s. National-Litteratur, deutsche.

Fleck, Konr., Flore u. Blanscheflur, s. Bibliothek d. gesammt. deutsch. Nationallitteratur. 12. Bd.

* — — Flore und Blanscheflur. Eine Erzählung von Konrad Fleck, hrsg. von Emil Sommer. Quedlinburg und Leipzig 1846. 8⁰. (In Berlin: Yg 2021.)
S. auch Sundmacher, H., Die altfranzösische und mittelhochdeutsche Bearbeitung der Sage von Flores und Blanscheflur. (Dissertation.) Göttingen 1872. 8⁰. 46 S.

FLORIO und Biancefiora (= Flore und Blanscheflur). — Das lobenliche Buche von Floren und Blantscheflur, ein erzehlendes Gedicht aus dem XIII. oder XIV. Jahrhundert (nach d. Französ. des *Ruprecht von Orbent* von Konrad Fleck, einem schwäbischen oder schweizerischen Dichter) zum ersten Male aus der Handschrift abgedruckt (in Chph. Myller's Sammlung 1785, 2, 3.).

— — Flors u. Blanzeflors. Die Mülheimer Bruchstücke von Flors u. Blanzeflors, hrsg. von H. Schafstädt. Mülh. 1906. 8⁰. (1 Mk. B. Seligberg, Bayreuth, 1911.)
Mittelhochdeutsche Nachdichtung aus d. Ende d. 13. Jahrhunderts.

— — Wahrhaftige Historie von Flos u. Blankflos, welche nach langer Trennung etc. doch noch ehelich verbunden wurden. Sehr lustig u. vergnüglich zu lesen. Mit Holzschnitten. Frankfurt a. M., o. J. (XIX. Jh.). 8⁰. (50 Pfg. Mindestgebot, Rudolf Zinke's Dresd. Juni-Auct. 1908.)

Fleck, Otto. Die Anlegung des Grundbuchs im Gebiete d. rheinischen Rechts. Gemeinverständl. dargest. 1. Aufl. (32 S.) 889. * — 50; 2. Aufl. 8. (85 S.) Düsseld. 890, F. Bagel. * 1 —

Fleck, Otto, zur Aetiologie der spontanen Hirnblutung im mittleren u. jugendlichen Alter, s. a. Abhandlungen, Münchener medicinische.

Fleck, Otto [cand. med. aus Düsseldorf]: Zur Aetiologie der spontanen Hirnblutung im mittleren und jugendlichen Alter ... München, J. F. Lehmann, 1894; 43 S. 8.
München, Med. Fak., Inaug.-Diss. v. 1894

Fleck, Rich. v., Studie über die Schlacht bei Mukden. (1—10. III. 1905.) (34 S. m. 5 Karten.) Lex.-8. Wien 906. L. W. Seidel & Sohn. n. 2.—

Fleck, (Theodorus Otto) Eugenius (*geb. Breslau 16. 6. 1832*): In spinam bifidam ejusque genesin animadversiones. Vratislaviae (1856). (39 S., 1 Taf.) 8⁰
Breslau, Med. Diss. v. 27. Mai 1856

Fleck, Wilhelmine, Heinz Consentius. (297 S.) 8. Basel (910). F. Reinhardt. 8.—; geb. 4.—

Fleck, Wilhelmine, die Stärkere, s.: Weber's moderne Bibliothek.

Fleck, Wm., Die Turnlehrerversammlung in Cleveland, Ohio, am 2. bis 5. 8. 1888, Ber., Milwaukee, Wis. 1888, 70 S., 8⁰.

Fleck v. Falkhausen, Rich., Traindienst bei der Armee im Felde. Mit 43 Abbildgn. u. 28 Beilagen. (VIII, 170 S.) Lex.-8. Wien 905. L. W. Seidel & Sohn. n. 10.—

Fleckausbringer, der, oder vollkommener Unterricht, Flecke aus Seide, Tuch ꝛc. zu bringen. 8. Wien 803. Pichler. 9 gr (Leipz., Joachim). 6 gr

— — derselbe. 8. Wien, Sammer. 803.

Fleckausputzer, d. englische, u. Feinwäscher, s. Carton, J.

Fleckeisen, A, 50 Artikel aus e. Hülfsbüchlein f. lat. Rechtschreibung. 1861. 81 S.

— Ueb. Fr. Ritschl's Ausgaben d. P. S.-A. 1850. 77 S.

Fleckeisen, Alfr., s. Commentationes Fleckeisenianae.

Fleckeisen, A., Emendationen zu Cornelius Nepos. S.-A. 1849. 48 S.

Fleckeisen, Alfr., Exercitationes Plautinae. 8maj. Gottingae 842, libr. Dieterich. n. 1/3 ß

— s.: Jahrbücher, neue, f. Philologie u. Pädagogik.

Fleckeisen, Alfr., s.: Jahrbücher f. class. Philologie.

Fleckeisen, Alfr., zur Kritik der altlateinischen Dichterfragmente bei Gellius. Sendschreiben an Dr. Martin Hertz in Berlin. Abdruck aus dem Osterprogramm d. Vitzthumschen Geschlechtsgymnasiums etc. zu Dresden. Leipzig 854. Teubner. 8. (48 S.) 9 ngr

— Zur Kritik des Plautus und Terentius. I.—IV. S.-A. 1891. 82 S.

Fleckeisen, A., Zur lat. Lautlehre in griech. Lehnwörtern. S.-A. 1866. 18 S. —.80

Fleckeisen, Alfr., kritische Miscellen. gr. 8. (64 S.) Leipzig 864, Teubner.
Aus: Osterprogramm des Vitzthumschen Gymnasiums in Dresden, besonders abgedruckt.

Fleckeisen, Christian Friedr. (Döbeln), Augustanae confessionis Carolo V. Caesari exhibitae historia. Präs. Christoph Beyer. Lpz. (Jo. Chn. Langenheim) 15. VI. 1731. 68 S. (6.—) 9032

Flecken, A. J., einige Aachner Volkssagen in Versen u. Prosa. Mit einem Vorworte des Königl. Preuß. Obersten von Scheveler. gr. 12. Aachen 842, Hensen u. Comp. 1/6 ß

Flecken, Adolphus (*geb. 1804 in Aachen*): De corpusculis, quae glandulae Pacchioni nominantur, quaedam ... Bonnae, typ. C. Georgii (1833). 3 Bl., 25 S. 8.
Bonn, Med. Fak., Diss. v. 18 Sept. 1833

Flecken, Franz, aus Brühl b. Köln (Rheinl.): Der **Selbstschutz** der Landwirte bei zunehmender Industrie. *Heidelberg 1901: J. Hörning.* (162 S.) 8⁰
Heidelberg, Phil. Diss. v. 1901

Fleckenbühl gen. Bürgel, Georg Phil. von, De domino vasalli vasallo. Dissert. jur. Präs. Jacob Friedrich Ludwig. Giessen (Joh. Müller) März 1722. 48 S. mit Widm. v. Präs. (5.—) 9033

— — Dasselbe. Halle (Chn. Ludw. Sympher) 1740. (5.—) 9034

v. Fleckenbühl, gen. Bürgel, Jh. Ph. Frz., († d. 12. Juni 1796.), s. Praktikant, d. Wetzlar.

(v. Fleckenbühl gen. Bürgel, J. Ph. Fr.): Wetzlar. Practicant, od. Anweis. u. s. w. *Frankf. a. M.* 757. 4. (8 Gr.)

Fleckenkünstler, der, 8. Mannh. Löffler. 802.

— der vollkommene, 8. Hamb. Vollmer.

Fleckenkunstler, d. vollkommene. 8. Manh. 802. Löffler. 6 gr

Fleckenkünstler, der vollkommene, nebst vielen bisher geheim gehalt. Künsten von Farben u. Firnissen, so wie auch vortreffl. Mitteln geg. d. Bleichsucht, d. Blutspeien, d. Colik, geg. d. Fieber, die Hü(h)neraugen u. zum Wachsen d. Haare, geg. die Lungensucht u. d. Podagra ꝛc. Neue verm. u. verb. Ausg. 8. (6½ B.) Mannheim 836, Löffler.

FLECKENREINIGER

— der, oder gründliche Anweisung, alle Arten von Flecken aus d. verschied. Zeugen, ohne nachtheilige Folgen für dieselben, zu vertilgen ꝛc. Aus d. Französ. mit erläut. Zusätzen vervollständigt von Ph. Kolver. Mit 1 Steintaf. 8. Quedlinburg 826, Basse.

Fleckenreiniger, der, od. vollständ. Anweis. alle Arten Flecken aus seidenen, baumwoll., lein. u. wöll. Zeuchen, Sammt, Stickereien ꝛc. so herauszubringen, daß weder Gewebe noch Farbe leidet, nebst e. Vorschrift z. Bereit. d. Fleckkugeln u. Fleckseife. 8. (2 B.) Breslau 830, (Aderholz.)

Fleckenreiniger, der, nebst einer Vorschrift zur Bereitung der Fleckkugeln und Fleckseife. 2. Ausg. 16. Magdeburg 812, Baensch. n. 1/12 ₰

— der, oder prakt. Unterricht über das Reinigen aller Arten Zeuge von Flecken. 2. verm. u. verb. Aufl. 8. Weimar 844, Voigt. 1/4 ₰

Fleckenreiniger, der, oder prakt. Unterricht über das Reinigen aller Arten Zeuge von Flecken ꝛc. ohne Nachtheil der Farben und des Gewebes; nebst gründliche Anweisung alle veränderten, sowie die völlig zerstörten Farben auf Zeugen nach den Regeln der Färbekunst wiederherzustellen. Ein unentbehrliches Handbuch für wirkliche Fleckenkünstler, Schneider, Fabricanten ꝛc. 3., verm. und verb. Aufl. 8. (IV und 76 S.) Weimar 853, Voigt.

Fleckenreiniger, der, oder practischer Unterricht über das Reinigen aller Arten Zeuge von Flecken ꝛc. ohne Nachtheil der Farben und des Gewebes; nebst gründlicher Anweisung alle veränderten, sowie die völlig zerstörten Farben auf Zeugen nach den Regeln der Färbekunst wiederherzustellen. Ein unentbehrl. Handbuch für wirkliche Fleckenkünstler, Schneider, Fabricanten ꝛc. 4. Aufl. 8. (IV und 76 S.) Weimar 859, Voigt.

Fleckenreiniger, der, oder pract. Unterricht über das Reinigen aller Arten Zeuge von Flecken ꝛc. ohne Nachtheil der Farben und des Gewebes; nebst gründl. Anweisung alle veränderten, sowie die völlig zerstörten Farben auf Zeugen nach den Regeln der Färbekunst wiederherzustellen. Ein unentbehrl. Handbuch für Fleckenkünstler, Schneider, Fabrikanten ꝛc. 5. (Titel-)Aufl. 8. (IV und 76 S.) Weimar (859)62, Voigt.

Fleckenreiniger, der, und Feinwäscher. Aus d. Franz. mit Anmerkk. begleitet und durch vielfache, selbst erprobte Mittel vermehrt. 8. Ilmenau 821, Voigt.

Fleckenstein, Alfred, aus Krombach: Eigenschaften von Salzlösungen in Gemischen von Alkohol und Wasser. Erlangen 1904: Junge & Sohn. (34 S.) 8°

Erlangen, Phil. Fak., Ref. Wiedemann, Diss. v. 19. Juli 1904

[Geb. 8. Okt. 79 Krombach; Staatsangeh.: Bayern; Vorbildung: Gymn. Aschaffenburg Reife 98; Studium: München 8, Erlangen 3 S.; Rig. 19. Juli 04.]

Fleckenstein, J., Muster zur Uebung im Schreiben, gestochen v. Heß. Düsseldorf (Duisb. Bädecker u. K.)

Fleckenstein, J., Muster z. Uebung im Schreiben. 2te Aufl. quer 4. Essen u. Duisburg, Bädecker. (in Comm.) 814.

Fleckhamer, Emanuel v., Oberst im k. k. Genie-Stabe. Abhandlung über die Anwendung der Minen bei Feldschanzen als Anleitung für die k. k. Genie-Truppen zu den in dieser Richtung vorzunehmenden Versuchen und Instructions-Manövers. Mit 8 Plänen. (Lithogr.) Fol. 1857.

Fleckhamer, Emanuel v., Oberst im k. k. Genie-Stabe. Abhandlung über den Fürgang bei Minenversuchen im Allgemeinen. Mit Rücksicht auf den bei den Versuchen des k. k. Genie-Comité's beobachteten Fürgang. Zu Folge hohen Armee-Ober-Commando Erlasses vom 12. November 1858, Abth. 11, Nr. 819, als Instruction für die k. k. Genie-Waffe bestimmt. (Mit 5 Taf. u. 2 Beilagen.) 8. Wien 1859.

Fleckinger S.: Anleitung zur Annuitätenrechnung sowohl bei decursiver als auch bei anticipativer Verzinsung. 34. Innsbruck L.-B.-A. 82. Progr.

Fleckinger, S., Methodik d. Unterrichtes in der Geometrie u. im geometrischen Zeichnen, s.: Lehrbuch der speciellen Methodik.

Fleckles, B., der Schlaf, in seiner Beziehung auf die geistige u. physische Gesundheit des Menschen. Pesth 831. Heckenast, ist der Preis 1/4 ₰

Fleckles jun., Ferd., Diätetik für Trink-, Bade-, Molken-, Trauben- u. climatische Curen. A. u. d. T.: Diätetik für den Gebrauch der Mineralquellen, Trink- u. Badekuren, der Dampf-, Gas- u. Seebäder etc. Erlangen 865. Enke. 8. (VIII, 215 S.) n. 20 ngr.

Fleckles jun., Ferd., Carlsbad. Historisch-topographisch-naturhistorisch-medicin. Handbuch mit einer vollständ. Diätetik. 8. (VII und 191 S.) Dresden 864, Meinhold und Söhne.

Fleckles jun., Ferd., Carlsbad. Historisch-topographisch-naturhistorisch-medicinisches Handbuch mit einer vollständ. Diaetetik. 3. Aufl. 8. (VI, 162 S. mit lithogr. Promenadenplan in gr. Fol.) Dresden 876, Meinhold und Söhne. *

Fleckles, Ferd., der Carlsbader Curgast. Diätetisches Vademecum. 12. (IV, 84 S.) Carlsbad 880. Schippang & Knauer. n. 1. —

— dasselbe. 2. Aufl. 8. (IV, 91 S.) Ebend. 880. n. 1. 20

Fleckles, Ferd., der Carlsbader Curgast. Diätetisches Vademecum. 3. Aufl. 12. (IV, 89 S.) Karlsbad 886. Knauer. n. 1. 20

— das diabetische Regimen, m. 60 Menus f. Diabetiker. 8. (VI, 60 S.) Ebend. 881. n. 1. 60

Fleckles, Ferd., (Hrsg.), s. Sprudel, Der.

—— die Trichinen und die Trichinenkrankheit. Populär dargestellt. 8. (VII und 80 S.) Prag 866, Reichenecker.

FLECKLES, Leopold

Fleckles, L., zur Balneotheraphie der Carlsbader Heilquellen m. besond. Rücksicht auf ihre Gegenanzeigen in einigen chronischen Krankheiten. gr. 8. (19 S.) Leipzig 875. F. Fleischer. n.n. — 50

Fleckles, L., zur Balneotherapie chronischer Krankheiten, mit besonderer Rücksicht auf die Kurzeit im J. 1856 in Carlsbad. Lex.-8. (28 S.) Leipzig 857, Fr. Fleischer. * *

Fleckles, Leop., zur Balneotherapie chronischer Krankheiten der Harnorgane auf Grundlage vieler Beobachtungen. 2. umgearb. Ausg. gr. 8. (32 S.) Leipzig 876, F. Fleischer. *

Fleckles, L., zur Balneotherapie chronischer Magenkrankheiten auf Grundlage vieler Beobachtungen in Carlsbad. 2., umgearb. Ausg. gr. 8. (28 S.) Leipzig 877. F. Fleischer. n. — 80

—— die balneotherapeutische Bedeutung der Frühlingskuren in einigen chronischen Krankheiten mit besond. Rücksicht auf den Gebrauch der Carlsbader Thermen. 2. neu bearb. Aufl. gr. 8. (27 S.) Ebendas. 873. *

—— über die balneotherapeutische Bedeutung der Nachcuren in einigen chronischen Krankheiten. Nach Beobachtungen und Erfahrungen in Carlsbad. gr. 8. (29 S.) Leipzig 870, Fr. Fleischer. *

—— neuere Beiträge zur Balneotherapie chronischer Krankheiten mit besonderer Rücksicht auf die Curzeit im J. 1858 in Carlsbad. Lex.-8. (80 S.) Leipzig 859, Fr. Fleischer. * *

—— Beiträge zur Pathogenese und Balneotherapie chronischer Frauenkrankheiten. 2. umgearb. und verm. Aufl. gr. 8. (33 S.) Leipzig 869, Fr. Fleischer. *

—— Beobachtungen und Erfahrungen an den Heilquellen von Carlsbad mit Rücksicht auf die Saison 1857. Lex.-8. (18 S.) Leipzig 858, Fr. Fleischer. * *

Fleckles, Leop., prüfende Blicke auf die vorzügl. Krankheitsanlagen zu langwier. Leiden, in prophylactischer u. diätetischer Beziehung, mit besond. Rücksicht auf Brunnen- u. Molkenkuren, und die Heilung der Schwindsucht. gr. 8. Stuttgart 835. Scheible's Buchh., jetzt Gaul u. Tonger in Cöln. 3/4 ₰

--- die Brunnen- u. Bade-Diätetik beim Gebrauche der Heilquellen, m. besond. Berücksicht. d. weibl. Geschlechts. 2 neu bearb. u. verm. Aufl. 8. (XVI, 106 S.) Stuttgart 876. Enke. n. 1. 60

Fleckles, L., über Diabetes mellitus mit besond. Berücksichtigung balneo-therapeut. Erfahrungen in Karlsbad. gr. 8. (40 S.) Prag 865. (Leipzig, Fr. Fleischer.) *

—— die chronische Diarrhöe und deren Thermalbehandlung in Carlsbad. gr. 8. (21 S.) Leipzig 868, Fr. Fleischer. *

Fleckles, Leop., die Gesundbrunnen u. Mineralbäder. Allgemeine und besondere Vorschriften beim Gebrauche derselben für das weibliche Geschlecht. gr. 12. Leipzig 841, Otto Wigand. $1/2$ ℛ

—— Carlsbad. Historisch-topographisch-naturhistorisch-medicin. Handbuch mit einer vollständ. Diätetik. 2. Aufl. gr. 16. (163 S.) Dresden 872, Meinhold und Söhne. *
geb. **

—— Karlsbad, seine Gesundbrunnen u. Mineralbäder in geschichtl., topograph., naturhistor. u. medicin. Hinsicht dargest. gr. 8. ($21\frac{1}{2}$ B., 1 Ansicht u. 1 Tab.) Stuttgart 838, [Scheible, Rieger u. Sattler.]

Fleckles, Leop., Karlsbad m. besond. Rücksicht auf seine neueren Heilanstalten, die Versendung des Schloßbrunnens u. d. Gebrauch seiner Heilquellen im Winter. gr. 8. ($11\frac{1}{4}$ B.) Leipzig 844, Fr. Fleischer.

Fleckles, Leop., die Krämpfe in allen ihren Formen. Naturgemäße u. leichtfaßl. Anleit. z. Gründung u. Bewahrung geist. u. körperl. Gesundheit beider Geschlechter. gr. 8. ($6\frac{1}{2}$ B.) Wien 834, Gerold.

—— über einige chronische Krankheiten der Digestionsorgane mit besond. Berücksichtigung balneotherapeut. Erfahrungen in Carlsbad. gr. 8. (27 S.) Leipzig 867, Fr. Fleischer. *

—— die herrsch. Krankheiten d. schönen Geschlechtes in d. Blüthe d. Lebens in großen Städten; d. moral. u. phys. Ursachen ders., d. traur. Folgen, die sie auf d. geist. u. körperl. Wohlseyn ausüben, d. Mittel ihnen gänzl. vorzubeugen. gr. 12. ($8\frac{1}{2}$ B.) Wien 832, Mörschner u. Jasper.

—— die Krankheiten d. Reichen. Diätetische Grundlinien f. d. höhere u. conversationelle Leben. gr. 8. ($14\frac{3}{4}$ B.) Wien 834, Gerold.

—— die Kunst Krankheiten vorzubeugen. Eine Anleit. gesund u. lange zu leben. Für Aerzte, Erzieher u. jed. gebild. Leser. gr. 12. ($10\frac{1}{4}$ B.) Wien 833, Pichler. (Leipzig, Liebeskind.)

Fleckles, Leop. (?), Mayrosen, e. Samml. kl. Erzähln. f. d. reif. Jugend z. Veredel. d. Herzens. gr. 12. (4 B. u. 1 Kpfr.) Wien 828, Wimmer. Thlr.

Fleckles, L(eop.), balneologische Mittheilungen aus der Brunnen-Saison in Karlsbad im J. 1852. gr. 8. (35 S.) Leipzig 853, Fr. Fleischer. *
I. (Abhandl.) Ebendas. 1848. * 10 Ngr.

—— balneo-therapeutische Mittheilungen über die Wirksamkeit der Carlsbader Thermen gegen chronische Leiden der Harnorgane. gr. 8. (32 S.) Prag 866. (Leipzig, Fr. Fleischer.) *

—— brunnenärztliche Mittheilungen über die Thermen Karlsbads, mit besond. Bezugnahme auf die Curzeit im J. 1851 und einige häufiger beobachtete chronische Leiden. gr. 8. (55 S.) Leipzig 852, Fr. Fleischer. *

Fleckles, Leop., brunnenärztliche Mittheilungen über die Wahl der Jahreszeit beim Gebrauche der karlsbader Mineralquellen mit besond. Bezugnahme auf Frühlingskuren. gr. 8. (54 S.) Leipzig 848, Fr. Fleischer. *

—— zur Pathogenose und Balneotherapie der Diabetes mellitus nach Beobachtungen und Erfahrungen in Carlsbad. gr. 8. (27 S.) Leipzig 871, Fr. Fleischer. *

—— der ärztliche Rathgeber. Faßl. Darstellung der bewährtesten Maximen u. sichersten Mittel zur Bewahrung der Gesundheit, mit besond. Bezugnahme auf die sitzende Lebensweise für das männliche Geschlecht. gr. 12. Wien 833. Mörschner u. Jasper. $1\frac{1}{4}$ ℛ

—— der Schlaf, in seiner Bezieh. auf d. geist. u. phys. Gesundheit d. Menschen. Für Freunde e. gesunden u. erquick. Schlafes. Nach d. besten Quellen bearb. 16. (5 B.) Pesth 831. [Leipzig, O. Wigand.]

—— die Schlaflosigkeit, ihre Ursachen u. Folgen f. d. geist. u. körperl. Wohlseyn d. Menschen. Nebst e. gründl. Anleit., dies. so häuf. u. qualv. Uebel durch e. zweckmäß. Verhalten u. e. pass. Diät ganz zu vermeiden. 8. ($6\frac{1}{4}$ B.) Wien 831, Pichler. (Leipzig, Liebeskind.)

Fleckles, Dr. L. — Balneologische Skizzen aus der Curzeit in Karlsbad im Jahre 1853. Von — —. 8. (20 S.) Prag. Druck von Kath. Gerzabek. Leipzig. Verlag von Friedrich Fleischer. 1854.

– zur Thermalbehandlung der Gicht in Carlsbad, m. Rücksicht auf die geeigneten Nachcuren in Toplitz, Gastein, Wiesbaden od. Aachen. Auf Grundlage vieler Beobachtungen. 2., umgearb. Ausg. gr. 8. (20 S.) Ebend. 879. – 75

—— die Thermen von Carlsbad während der Curzeit im J. 1854. Ein Rückblick auf ihre Frequenz und Heilkräfte. gr. 8. (23 S.) Leipzig 855, Fr. Fleischer. *

Fleckles, L(eop.), die Thermen von Carlsbad mit besond. Rücksicht auf die Kurzeit im J. 1855. Ein Beitrag zur Balneotherapie chronischer Krankheiten. Lex.-8. (43 S.) Leipzig 856, Fr. Fleischer. Thlr. **

—— die Thermen von Carlsbad im J. 1859. gr. 8. (24 S.) Prag 860, Gerzabek.

—— die Thermen von Carlsbad mit besond. Rücksicht auf die Curzeit im J. 1873. Ein Beitrag zur Balneotherapie chron. Neurosen. gr. 8. (18 S.) Leipzig 874, Fr. Fleischer. *

—— die Thermen von Carlsbad gegen Leberleiden mit besonderer Rücksicht auf ihre mannigfachen Complicationen nach eigenen Erfahrungen und Beobachtungen in Carlsbad. gr. 8. (31 S.) Leipzig 872, Fr. Fleischer. *

—— die Carlsbader Thermen in der Curzeit im J. 1877. Ein Beitrag zur Balneotherapie des Diabetes mellitus. gr. 8. (18 S.) Ebendas. 878. **

—— der ärztl. Wegweiser nach d. vorzügl. Heilquellen u. Gesundbrunnen d. österr. Kaiserstaates. Monograph. Skizzen f. Aerzte, Heilbedürftige u. Freunde d. Vaterlandskunde. gr. 12. ($16\frac{1}{4}$ B.) Wien 834, Sollinger.

Fleckner, Clemens [pr. Arzt aus Köln a. Rh.]: Ein Beitrag zur Lehre von den Kopfbruchgeschwülsten und deren Behandlung ... Würzburg, P. Scheiner's Buchdr., 1892; 34 S. 8.
Würzburg, Med. Fak., Inaug.-Diss. v. 1892

Fleckstein, C., s. Adreßbuch von Jena.

Flectionstabellen für die Lettischen Verba. Mitau 1808. V: *Rosenberger, Otto Benjamin Gottfried von.* (Vater)

Fledermaus, die,. Lustsp. in 1 Aufz. v. Heusler. 8. Wien. Wallishauser. 802.

Flederwisch, Hans Toffel. Der angefochtene und gerettete Schlesische Zipfel-Peltz, oder hinlängliche Betrachtung der alten Deutschen und bey uns Schlesischen Bauern noch üblichen beqvemen Kleider-Tracht, herausgegeben von Hans Toffeln Flederwisch . Gedruckt in der Druckerey, mit schwartzer Schrift unter der Presse. o. O. [1752]
Titelkupfer, 62 S. 8°
Hayn S. 199

Fleeming Jenkin, Electricität u. Magnetismus. Mit besonderer Bewilligung des Autors ins Deutsche übersetzt von Dr. Fr. Exner. Mit Holzschn. im Text. Braunschweig 1880. 8°.

Fleer, H.H. (Hrsg.), s. St. Louis Kirchen Glocken.

Fleer, Ottilie, 8 Reigen, s.: Mädchen-Bühne.

Fleet, Robert Ryland, a. Middlesex County Virginia U.S.A.: Über die Quadraturen von Integralen partieller Differentialgleichungen. Leipzig 1904: B. G. Teubner. (36 S.) 8° ¶[Aus: Mathematische Annalen.]
Heidelberg, Naturw.-math. Fak., Ref. Königsberger, Diss. v. 31. Okt. 1904
[Geb. 16. Sept. 70 Middlesex, Virginia; Wohnort: Liberty, Missouri; Staatsangeh.: Vereinigte Staaten; Vorbildung: William Jewall College in Liberty Bachelor of arts Herbst 96; Studium: Missouri Univ. 4, Heidelberg 2, Berlin 1, Heidelberg 3 S.; Rig. 14. Juli 03.]

Fleetwood, v. Godwin, aus dem Engl. v. N. P. Stampeel. 2 Thle. 8. Frankf. Eßlinger. 806.

Fleetwoods 4 Predigten über die Todesfälle Wilhelm d. III. u. Marie v. Großbritannien &c. 8. Basel, Turneisen. 713.

Fleetwood, John, das Leben Christi, von seiner Geburt bis zu seiner Himmelfahrt; nebst dem Leben der Apostel und Evangelisten. Aus dem Engl. übers. von Edler. Mit Stahlstichen nach Zeichnungen von Henry Warren. (In 25 Lfgn.) 1—12. Lfg. gr. 4. (S. 1—288 mit 24 Stahlst.) New-York 857. (Philadelphia, Schäfer und Koradi.) à Lfg. * 15 Ngr.

Fleetwood, Joh., Lebensgeschichte unseres Herrn und Heilandes Jesu Christi; enth. eine vollständ. und genaue Geschichte von der Zeit an, da Er unsere Natur angenommen, bis auf seine Kreuzigung, Auferstehung und Himmelfahrt, nebst dem Leben, Thaten und Leiden seiner heil. Evangelisten, Apostel und Jünger, und anderer Martyrer der ersten Zeit, sammt einer kurzen Geschichte der Juden. gr. 8. (612 S. und 2 Holzschn.) Hartford 851. (Philadelphia, Schäfer.) *

Fleetwood, W., Untersuchung der Wunder-Werke, und Beschreibung und Beschaffenheit der wahren Wunder. Uebers. von *Henrici*. Lpz. 8°.
1705

Flegel, Ed. Rob., lose Blätter aus dem Tagebuche meiner Haussa-Freunde u. Reisegefährten, übers., eingeleitet, m. allgemeinen Schilderga. d. Volkscharakters u. der socialen Verhältnisse der Haussa's, sowie m. kurzer Lebensgeschichte d. Mai gasin baki versehen. Mit e. (Lichtdr.-) Portr. Flegel's u. seiner beiden Haussa-Freunde. gr. 8. (47 S.) Hamburg 885. Friedrichsen & Co. n. 1. 60

Flegel, drei Briefe üb. colon. Bestrebungen u. d. Ausbreitung d. deut. Handels. Hamburg 885.

— drei Briefe an die Freunde deutscher Afrika-Forschung, colonialer Bestrebungen u. der Ausbreitung d. deutschen Handels. gr. 8. (24 S.) Ebend. 885. n. — 75

Flegel, E., vom Niger-Benue. Briefe aus Afrika. Hrsg. von K. Flegel. gr. 8. (IV, 125 S.) Leipzig 890. Friedrich. n. 3. —

Flegel, J. C., die Dresdner Heide, s.: Saremba, G.

Flegel, J. C. Der Temperenzler. Volksstück in 4 Aufzügen. [2. Aufl.] [Mit e. Vorwort über Religion u. Lebensweise v. Johs. Freimann.] 12. (II, 125 S.) Berl. 891, K. Siegismund. * 1 20
Vgl.: Freimann, Johs. Religion u. Lebensweise.

Flegel, J. G., und A. C. Härtel, kleine Bilderfibel für artige Kinder. br. 8. (25 Holzschntaf. mit Text.) Glogau 865, Flemming. cart. *

Flegel, (Carl) Johannes *(geb. Berlin 21. 6. 1855)*: A. Guenthers Dualismus von Geist und Natur aus den Quellen dargestellt. Breslau (1880). (42 S.) 8° *[Im Buchhandel 1880 bei Gosohorsky in Breslau.]*
Breslau, Phil. Diss. v. 21. März 1880

Flegel, J., A. Günthers Dualismus v. Geist u. Natur. Aus den Quellen dargestellt. gr. 8. (III, 42 S.) Breslau 880. Gosohorsky's Sort. n. 1. —

Flegel, K., Flexion des griechischen Verbums. gr. 8. (VII, 63 S.) Leipzig 879. Matthes. n. 1. 50

Flegel, Karl (Hrsg.), s. Flegel, Eduard: Vom Niger-Benue.

Flegel, Kurt, Bergbaubeflissener a. Öls i. Schles.: Heuscheuer und Adersbach-Weckelsdorf. Eine Studie über die obere Kreide im böhmisch-schlesischen Gebirge. Breslau 1905: Graß, Barth & Co. (36 S.) 8°
Breslau, Phil. Fak., Ref. Frech, Diss. v. 22. Mai 1905
[Geb. 17. März 80 Breslau; Heimatsort: Öls; Staatsangeh.: Preußen; Vorbildung: Gymn. Öls Reife O. 01; Studium: Breslau 5, Bergakademie Berlin 2 S.; Rig. 17. Mai 05.]

Flegel's, des Pritschenmeisters Lienhard, Reimspruch über das Heidelberger Armbrustschießen des J. 1554. Bei Gelegenheit der 500jähr. Jubelfeier der Universität Heidelberg hrsg. von Karl Wassmannsdorff. gr. 8. (XX, 43 S. mit 1 Lichtdr. aus Merian's Panorama Heidelbergs.) Heidelberg 886, K. Groos. *

Flegel, Max, Referendar: Der Begriff der Einrede im B.G.B. *Jena 1902: G. Neuenhahn.* (67 S.) 8°
Jena, Jur. Diss. v. (25. Sept.) 1902

Flegel, Wilhelm: Der Zweck des Zeichenunterrichts und seine Methode an den höheren Lehranstalten Preußens. Recklinghausen 1905: J. Bauer. (S. 3—38.) 4°
Recklinghausen, G P 1905 (427)

Flegeljahre; eine Biographie, v. Jean Paul Fr. Richter. 4 Bde. 8. Tübing. Cotta. 804, 5. (I—III. 3 Rthlr. 16 gr. IV. 1 Rthlr. 16 gr.)

Flegeljahre. Lehrbüchlein über die Regeln des Anstandes für Töchter und Söhne vom 10. Altersjahre an, sowie für das spätere Alter. Zürich 1906. V: *Sandmeier, Carl.* (Bibl. Bull. d. Schweiz 1907.)

Flegeljahre, die, d. badischen Volksvertretung. Nebst e. Blicke auf die Vertretung d. evangel. Kirche Badens in den Diözesansynoden d. Jahres 1846. Von keinem Abgeordneten, noch Regierungsmanne. gr. 8. (1½ B.) Karlsruhe 846, Macklot.

Flegeljahre, die, der badischen Volksvertretung. Nebst einem Blicke auf die Vertretung der evangel. Kirche Badens in den Diözesansynoden d. J. 1846. Von keinem Abgeordneten, noch Regierungsmanne. 8. (27 S.) Karlsruhe 847, Macklot. 6 ngr.

Fleger, Paul, approb. Arzt aus Breslau: **Beitrag zur Casuistik der Syringomyelie und über die bei dieser Krankheit vorkommenden Hautstörungen.** *Leipzig 1901: B. Georgi.* (45 S.) 8°
Leipzig, Med. Diss. v. (23. Jan.) 1901

Flegerič, Božidar. Stefan Modrinjak. V Celovci, St. Hermagoras-Druck., 1881. 16 S.

Pesni, Grajenske. V Celovcu, St. Hermagoras-Druck., 1880. Sedez. 104 S. (Verf.: Božidar Flegerič.)

Flegler, s.: Zuwachssteuer, die.

Flegler, Alex., Erinnerungen an Ladislaus v. Szalay und seine Geschichte des ungar. Reichs. gr. 8. (XII und 216 S.) Leipzig 866, O. Wigand. *

Flegler, Alex., Geschichte des Alterthums. Lex.-8. (IV und 296 S.) Stuttgart 849, Franckh'sche Vrlgsb.
Aus: Neue Encyklopädie der Wissenschaften und Künste. 7. Bd., besonders abgedruckt.

Flegler, Alex., Geschichte der Demokratie. 1. Bd. Alterthum. Lex.-8. (XVII, 644 S.) Nürnberg 880. Rösel in Comm. n. 9. —

Flegler, Alexander Dr. (Prof.) „Zur Geschichte der Posten". pg. 3—40. 4°. Fr. Campe & Sohn.
Nürnberg, Progr. 1857/58

Flegler, Alex., zur Geschichte der Posten. gr. 4. (40 S.) Nürnberg 858, Stein. *

—— das Königreich der Langobarden in Italien. gr. 8. (VI und 63 S.) Leipzig 851, Geibel.

Flegler, Alex., Spanien u. Deutschland in geschichtl. Vergleichung. I. Bd. Lex.-8. (19 B.) Winterthur 845, Steiner'sche Bh.

Flegler, Alex., und Heinr. Rückert, allgemeine Weltgeschichte. gr. 8. (XVI und 996 S.) Stuttgart 861, Franckh'sche Verlagsh. Thlr. *

Flegler, Alex., üb. d. Wesen d. Historie u. d. Behandl. ders. 2 Vorlesn., gehalten b. Eröffn. seiner Vorträge üb. d. Gesch. d. Alterthums an d. Akademie zu Bern. gr. 8. (5½ B.) Bern 831, [Jenni, Sohn.]

Flehen, Christliches, um christliche Wohlthätigkeit zum heiligen Werke der Erbauung einer neuen Pfarrkirche in Mels am Wallensee. O. O. 1821. V: *Good, Rudolph.* (AARK)

Flehen des Kindes, Das — welches der Vater im Himmel erhöret. Neuhaus, 1855. Druck von Al. Landfraß. (250 S. 4 Bl. 16.)

Flehen, das — der Kinder, welches der Vater im Himmel erhöret, Neuhaus. Druck und Verlag von Alois Neuhaus. (250 S. 8.) 1857.

Flehen, Unterthänigstes, an Kaiser Joseph II. wegen der Schiffsziehenden in Ungarn. Dresden 1787. V: *Gottschling, Paul Rudolph.* (MGT) (OL)

Flehgesang. Am Morgen des Jahrestages meiner Einweihung. Dorpat 1793. V: *Seider, Friedrich Samuel.* (R-N)

Flehinger, Arthur, a. Bruchsal: Hartley Coleridge. Bruchsal 1907: M. J. Stoll. (101 S.) 8°

Freiburg i. B., Phil. Fak., Ref. Wetz, Diss. v. 1908

[Geb. 13. Juni 83 Bruchsal; Wohnort: Bruchsal; Staatsangeh.: Baden; Vorbildung: Gymn. Bruchsal Reife Juni 02; Studium: Breslau 4, Freiburg i. B. 2, London Univ. College 1, Freiburg i. B. 2 S.; Coll. 5. März 07.]

FLEHINGER, B. H.

— — Erzählungen u. Belehrungen aus d. heil. Schriften der Israeliten, nebst e. Anh.: Begebenheiten in den Tagen Mathithjahus u. seiner Söhne. Dargestellt f. d. reifere israelit. Jugend. gr. 8. (22 B.) Darmstadt 842, Pabst. *

—— Erzählungen und Belehrungen aus den heiligen Schriften der Israeliten, nebst einem Anhang: Begebenheiten in den Tagen Mathithjahu's und seiner Söhne. Dargestellt für die reifere israelit. Jugend. 2., verb. Aufl. gr. 12. (IV und 272 S.) Frankfurt a. M. 857, Jäger'sche Buchh.

— Erzählungen u. Belehrungen aus den heiligen Schriften der Israeliten, nebst e. Anh.: Begebenheiten in den Tagen Mathithjahu's u. seiner Söhne. Dargestellt für die reifere israelitische Jugend. 3. verb. Aufl. Ebend. 865. gr. 8. (IV, 272 S.) 18 ngr.

—— Erzählungen und Belehrungen aus den heiligen Schriften der Israeliten nebst einem Anh.: Begebenheiten in den Tagen Mathithjahu's und seiner Söhne. Dargestellt für die reifere israelit. Jugend. 4. verb. Aufl. gr. 8. (IV, 272 S.) Frankfurt a. M. 873. Jaeger'sche Buchh.

— Erzählungen und Belehrungen aus den heiligen Schriften der Israeliten, nebst e. Anh.: Begebenheiten in den Tagen Mathithjahu's u. seiner Söhne. Dargestellt f. die reifere israelit. Jugend. 5., verb. Aufl. gr. 8. (IV, 272 S.) Ebd. 888. n. 2.—

Flehinger, B. H., Erzählungen aus den heil. Schriften der Israeliten. Dargestellt für die kleinere israelitische Jugend. 8. Darmstadt 836. Pabst. ¼ ₰

Flehinger, B. H., Erzählungen aus den heiligen Schriften der Israeliten. Dargestellt für die kleinere israelit. Jugend. 2., verb. Aufl. gr. 12. Darmstadt 841, Pabst. ¼ ₰ 3. verb. Aufl. 12. Ebend. 843. ¼ ₰

Flehinger, B. H., Erzählungen aus d. heil. Schriften der Israeliten. Dargest. f. die kleinere israelit. Jugend. 3., verb. Aufl. 12. (3½ B.) Darmstadt 843, Pabst.

Flehinger, B. H., Erzählungen aus den heiligen Schriften der Israeliten. Dargestellt für die kleinere israelit. Jugend. 6., verm. und verb. Aufl. 8. (95 S.) Frankfurt a. M. 850, Jäger'sche Buchh.

— Erzählungen aus den Heiligen Schriften der Israeliten. Dargestellt für die kleinere israelitische Jugend. 7. Aufl. 853. — 8. Aufl. 855. — 9., neu durchges. Aufl. Frankfurt a. M. 857. Jäger. 8. (95 S.) 7½ ngr

Flehinger, B. H., Erzählungen aus den heiligen Schriften der Israeliten. Dargestellt für die kleinere israelitische Jugend. 10. Aufl. 859. — 12., neu durchgeseh. Aufl. Frankfurt a. M. 864. Jaeger'sche Buchhdlg. 8. (95 S.) 7½ ngr.

Flehinger, B. H., Erzählungen aus den heiligen Schriften der Israeliten. Dargestellt für die kleinere israelit. Jugend. 14.—16. neu durchgeseh. Aufl. 8. (95 S.) Frankfurt a. M. 869,71,73, Jaeger'sche Buchh. cart.

Flehinger, B. H., Erzählungen aus den heiligen Schriften der Israeliten. Dargestellt für die kleinere israelit. Jugend. 17. und 18. neu durchgeseh. Aufl. 8. (95 S.) Frankfurt a. M. 876,78, Jäger'sche Buchh. cart. *

Flehinger, B. H., Erzählungen aus den Heiligen Schriften der Israeliten. Dargestellt für die kleinere israelit. Jugend. 19., neu durchgeseh. Aufl. 8. (95 S.) Frankfurt a/M. 881. Jaeger. cart. — 75

Flehinger, B. H., Erzählungen aus den heiligen Schriften der Israeliten. Dargestellt f. die kleinere israelit. Jugend. 20. Aufl. 8. (95 S.) Frankfurt a/M. 884. Jaeger. cart. — 75

Flehinger, B. H., Erzählungen aus den heiligen Schriften d. Israeliten. Dargestellt f. die kleinere israelit. Jugend. 21., neu durchgeseh. Aufl. 8. (95 S.) Frankfurt a/M. 888. Jaeger's Verl. cart. — 75

Flehinger, B. H., Erzählungen aus den hl. Schriften der Israeliten. Für die kleinere israelit. Jugend dargestellt. 23. Aufl., neu durchgesehen u. erweitert v. Kuttner. Mit 1 Titelbild u. 7 Anschauungsbildern. gr. 8. (VI, 84 S.) Frankfurt a/M. 901. J. Kauffmann. Geb. in Leinw. n. — 80

Flehinghaus, Rud., und Emil Seippel, belletristische Gaben, s. Seippel, Emil.

Flehinghaus, Rudolfus (geb. am 7 Apr. 1834 in Sprockhövel Westf.): Meletemata quaedam de pelvibus muliebribus vitiosis earumque in partum vi, inprimis de pelvi ubique iusto minori, una cum observatione clinica ... Bonnae, form. Carthausianis (1859). 28 S., 1 Bl. 8.

Bonn, Med. Fak., Diss. v. 28 Dez. 1859

Fleig, Arthur, aus Neu Glinke: Der Treperel-Druck der Quinze Joyes de Mariage. *Greifswald 1903: J. Abel.* (XXX, 46 S.) 8°

Greifswald, Phil. Diss. v. 15. Aug. 1903

Fleig, Edgar, Lehramtspraktikant am Friedrichs-Gymn. zu Freiburg i. B.: Handschriftliche, wirtschafts- und verfassungsgeschichtliche Studien zur Geschichte des Klosters St. Peter auf dem Schwarzwald. Freiburg i. B. 1908: Poppen. 128 S. 8°

Freiburg i. B., Phil. Diss. v. 1908, Ref. Finke

[Geb. 30. Aug. 82 Kehl; Wohnort: Freiburg i. B.; Staatsangeh.: Baden; Vorbildung: Gymn. Lahr Reife Juli 02; Studium: Freiburg i. B. 9 S.; Rig. 8. Juli 07.] [U 09. 1001

Fleig, Edgar: Handschriftliche, wirtschafts- und verfassungsgeschichtliche Studien zur Geschichte des Klosters St. Peter auf dem Schwarzwald. Freiburg i. B. 1908: Poppen. 128 S. 8°

Freiburg i. B., großh. Friedrichs-G P 1908 (799) [S 08. 105

Fleig, G. J., Geschäfts-Belehrung für die Pfleger des ledigen Erbes, der Abwesenden und der Gantmassen, als Gerichtliche Vermögens-Verwalter, nach Großh. Badischen Gesetzen und Verordnungen. Freiburg 853. Wangler. 8. (30 S.) 4 ngr

Fleimstalbahn, die deutsche, Neumarkt-Predazzo. Hrsg. v. nordtirol. Ausschusse f. die Bahn Neumarkt-Predazzo. (Rud. v. Scala, Ant. Kofler, Hans Wenin.) (18 S.) 12. Innsbruck 903. Wagner. n. — 20

Fleiner, s.: Kochrezepte u. kurze Winke zur Bereitung v. Speisen.

Fleiner, Alb., Engelberg, Streifzüge durch Gebirg u. Thal. Unter Mitwirkg. v. X. Imfeld, Christ, Cattani, Billwiller geschildert. Illustr. v. Hofer & Burger, X. Imfeld, Christ, A. Cattani, C. Koch, Elise Hinnen, Egli, R. Gantz. Mit Karten u. Plänen. gr. 8. (IV, 226 S.) Zürich 891. (Heidelberg, G. Koester.) n.n. 3.50; m. Karte f. Spaziergänger 1 : 20,000. 22 × 31,5 cm n.n. 4. ; m. Excursionskarte f. Hochtouren um Engelberg 1 : 50,000. 38 × 54 cm. n.n. 5

Fleiner, A., das Unglück an d. Jungfrau, s.: Becker, F.

[Fleiner, Albert.] Das Unglück in Zug vom 5 Juli 1887. Ausführliche Beschreibung vom Spezialberichterstatter der „Neuen Zürcher-Zeitung“, nebst einem Berichte von Professor Albert) Heim und einem amtlichen Verzeichniss der Geschädigten. Mit 2 Ansichten [wovon 1 Tafel] und 1 Plan. 8. Zürich 1887.
2. Aufl. — 3. Aufl.

Fleiner, Alb., ein Wort üb. volkstümliche Kunst. Ansprache, geh. an d. Sonntagabend-Unterhaltg. d. Pestalozzi-Gesellschaft in Zürich am 5. XII. 1897. 8. (44 S.) Zürich 898. K. Henckel & Co. n. — 60

Fleiner, Fritz, s.: Abhandlungen, staats- u. völkerrechtl.

Fleiner, Fritz. Die Befugnis zum Bezuge von Grabtaxen. Rechtsgutachten dem Gemeinderat von Malters erstattet. (1909 Januar 9.) 10 S. 8. Luzern, Buchdr. C. J. Bucher ⟨Im Verlag des Gemeinderates von Malters⟩, 1909. [fr. 1. —]

— die Ehescheidung Napoléons I. Antrittsrede, geh. am 22. Oktbr. 1892. 8. (41 S.) Ebd. 893 n. 1. —

Fleiner, Dr Fritz. Die tridentinische Ehevorschrift. Leipz. H. Haessel 1892. 2 Bl., 93 S., 1 Bl. 8°.
Zürich. Jur. Fac. Habilitationsschrift.

— die tridentinische Ehevorschrift. 8. (III, 93 S.) Ebd. 892. n. 2. —

— **Einzelrecht u. öffentliches Interesse, s.: Abhandlungen, staatsrechtl., Festgabe f. Paul Laband.**

Fleiner, Fritz: Über die Entwicklung des katholischen Kirchenrechtes im 19. Jahrhundert. Rektoratsrede, gehalten am Jahresfeste der Universität Basel, den 8. November 1901. Tübingen und Leipzig 1902. 31 S. 8°.
Keine offizielle Publikation. Nicht zur Versendung bestimmt.

Fleiner, Fritz, über die Entwicklung des katholischen Kirchenrechts im 19. Jahrh. Rektoratsrede, geh. am Jahresfeste der Universität Basel, den 8. XI. 1901. gr. 8. (31 S.) Tübingen 902. J. C. B. Mohr. n. — 60

Fleiner, Fritz. Staatsrechtliche Gesetze Württembergs. Textausgabe mit Anmerkungen von Dr. F. F., o. ö. Professor... . VIII + 544 S. 8. Tübingen, J. C. B. Mohr, 1907 [geb. M. 4. —]
(Mohr'sche Ausgabe württemberg. Gesetze.)

— Staatsrechtliche Gesetze Württembergs. Textausg. m. Anmerkgn. 2., ergänzte Ausg. (VIII, 544 S.) 16. Tübingen 907. J. C. B. Mohr. Geb. in Leinw. 4. —

Fleiner, Fritz, d. Gründg. d. schweiz. Bundesstaates im J. 1848. Akadem. Antrittsrede. gr. 8. (41 S.) Basel 898. B. Schwabe. n. — 80

— Staat u. Bischofswahl im Bist. Basel. Geschichte d. diplomat. Unterhandlgn. m. d. röm. Kurie i. 19. Jahrh. u. Darstellg. d. gelt. Rechtes. gr. 8. (X, 288 S.) Leipzig 897. H. Haessel. n. 12. —

Fleiner, Fritz von Aarau [Kt. Aargau]. Die rechtliche Stellung der katholischen Kirche zur obligatorischen Civilehe. Grafenhainichen C. H. Schulze & Co. Dr. 1890. 1 Bl. 49 S. 8°.
Zürich. Jur. Diss. [v. 15. Dez. 1890].

Fleiner, Fritz, über die Umbildung zivilrechtlicher Institute durch das öffentliche Recht. Akademische Antrittsrede. (24 S.) 8. Tübingen 906. J. C. B. Mohr, n.n. — 50

— Verwaltungsrechtsfälle, zum akadem. Gebrauch bearb. (III, 64 S.) kl. 8. Ebd. 908. Kart. 1.80

Fleiner, Fritz. Obligatorische Civilehe u. katholische Kirche. Eine kirchenrechtl. Abhandlg. Gekrönte Preisschrift. 8. (III, 59 S.) Lpz. 890, Haessel. * 1 —

Fleiner, Fritz. Ueber die rechtliche Zulässigkeit der im Gesetzesentwurfe (*Ausg. B: Gesetzentw') betreffend die teilweise Revision des eidgenössischen Alkoholgesetzes vorgesehenen «Verwaltungsgebühr» Rechtsgutachten ... ([Der] Bundesversammlung [unterbreitet von der] Schweiz. Gesellschaft für chemische Industrie, 1907 Juni 11).
Ausg. A: Rechtsg'. Der Schweizerischen Ges' für Chem' Ind' erstattet von Prof. Dr. F' F' in Tübingen. 9. Juni 1907. [II + 8 S.] fol. [Bern, K. J. Wyss.]
Ausg. B: Rechtsg' von Prof. Dr. F' F' in T' 8. — Schweizerische Ges' für chemische Industrie. Protokoll der 26. ordentlichen Generalversammlung vom 26. Mai 1907 . . Zürich, Orell Füssli, 1907. Beilage 3: S. 31—41

Fleiner, Hans, die Erfinder. Lustsp. in 4 Akten. 8. (III, 54 S.) Aarau 898. (E. Wirz.) n. 1. 50

Fleiner, Hans. Am Wahltag oder d'Frau Vice-Amme. Ländliches Dialekt-Lustspiel in 1 Akt. 8°. 26 S. Aarau, Emil Wirz. 1899. — 60

Fleiner, Hans. Am Wahltag oder D'Frau Vice-Amme. Ländliches Dialekt-Lustspiel in 1 Akt. 3. Aufl. 26 S. 8. Aarau, Emil Wirz, 1901. [fr. —. 60]

Fleiner, Hans. Am Wahltag oder D' Frau Vice-Amme (*5. Aufl. Vice-Amme). Ländliches Dialekt-Lustspiel in 1 Akt. 26 S. 8. Aarau, Emil Wirz. [fr. —. 60]
4. Aufl. 1903.
5. Aufl. 1906.

Fleiner, Hans, am Wahltag od. D'Frau Vize-Amme. Ländliches Dialekt-Lustspiel in 1 Akt. 6. Aufl. (26 S.) 8. Aarau 909. E. Wirz. — 60

Fleiner, Joseph Simpert (Augsburg), De praejudicio loquentis ex inconsulta linguae lubricitate. Diss. jur. Rector Carl Philipp Heinrich Frh. v. Greiffenclau z. Vollraths (Gundheim). Präs. Johann Michael Dahm. Mainz (Goubler) 26. I. 1747. 56 S. (5.—) 9035

Fleiner, W., Erfahrungen üb. die Therapie der Magenkrankheiten, s.: Sammlung klinischer Vorträge

Fleiner, Wilh., Lehrbuch der Krankheiten der Verdauungsorgane. 1. Hälfte. Krankheiten d. Mund- u. Rachenhöhle, d. Speiseröhre u. d. Magens. (Bibliothek d. Arztes.) gr. 8. (IV, 432 S. m. 20 Abb.) Stuttgart 896. F. Enke. n. 10. —

Fleiner, Wilhelm [Dr., Assistenzarzt a. d. Ambulanz d. med. Klinik]: Ueber die Resorption corpusculärer Elemente durch Lungen und Pleura . . . . (Aus: Virchow's Archiv . . 112. Bd. 1888.) Berlin, *Druck u. Verl. v. Georg Reimer*, 1888; 1 Bl. | 74 S. u. 1 Taf. 8°
Heidelberg, Med. Fak., Hab.-Schr. v. 1888

Fleiner, Wilh., s.: Schmuck, der.

Fleiner, Wilh. Ueber den heutigen Stand der Lehre v. der Addison'schen Krankheit, s. Sammlung klinischer Vorträge.

Fleiner, Wilhelm [approb. Arzt]. Ueber Stenosen der Trachea nach Tracheotomie bei Croup und Diphtheritis. Berlin, 1885. 52 S. 8°.
Heidelberg, Med. Fak., Inaug.-Diss. v. 1885.

FLEINGIESSER, Fr. Das Geschlechtsleben der Heiligen. Berlin 1902. 8°.

Fleisch, billig, od. die Kaninchenzucht als Mittel zur wohlfeilen Volksernährg. u. als Nebenerwerb. Anleitung zur Kaninchenhaltg., Zucht u. Mast, sowie Verwertg. der Erzeugnisse. 1. u. 2., neu durchgeseh. Aufl. gr. 8. (16 S.) Budapest 892. 891. Exp. d. Neu. u. Blätter f. Kaninchen- u. Geflügelzucht n. — 20

Fleisch, billig, od. d. Kaninchenzucht rc. 3. Aufl., s.: Grünhaldt, Otto

Auf Fleisch u. Blut, das Reich der Materie — der Boden des Sektentums. Paderborn, Bonif.-Dr., 1897, kl. 8°, 10 Pf. (Bonif.-Broch. Jahr 28, Heft 9.)

das, uns. Schlachttiere. 8 n. d. Natur aufgenomm. Farbendr.-Taf. m. 18 Abb. d. wichtigsten Fleischteile (auf 1 Leinw.-Wandtafel), [aus: „Amerlan, Am Heerd des Hauses"], nebst kurzer Erläuterg.: „Was muss jedermann v. d. Ernährung wissen?" v. A. Liebe. Eingefügt zu jedem Kochbuch. gr. 8. (8 S.) Stettin 898. P. Niekammer. n. 2. 50

FLEISCH, Karl Bhrd.

— Anleit. Arzneyen zu verordnen ꝛc. gr. 8. Marb. Krieger. 801.

— Diss. inaug. de asthmate Millari. 8. Marb. 799.

Fleisch, C. B., Beurtheilung einiger Arzneymittel. gr. 8. Lpz. Hinrichs. 803.

Fleisch, Karl Bernhard: Handbuch über die Krankheiten des mannbaren Alters. Zunächst für angehende Aerzte von K.B.Fleisch und Joseph Schneider. 402 S., gbd.

Leipzig: Jacobäer 1808
(Fleisch, K.B.: Handbuch über die Krankheiten der Kinder... Bd 4)

JB 4.079/4

— Handbuch über d. Krankheiten d. Kinder u. über d. phys.-medicin. Erziehung derselben bis zu den Jahren d. Mannbarkeit. 4 Bde. (4r Bd. 2e Abtheil., fortges. v. K. B. Fleisch.) gr. 8. Leipz. 803—12. (Aue in Altona). 6 ℛß

Fleisch, C. B., Handb. üb. d. Krankh. d. Kinder, 4r Bd. 1ste, 2te u. letzte Abtheil. auch unt. d. Titel:
Fleisch u. Schneiders Handb. üb. d. Kinderkrankheiten in mannbarem Alter, 1r u. 2r Bd. gr. 8. Leipz. Jacobäer. 812. (Ir 1 Rthlr. 12 gr. IIr 2 Rthlr. 12 gr.)

Fleisch, Karl Bhrd., († d. 12. Febr. 1814.) Versuch e. Anleit., Arzneien zu ordnen, nebst e. Fragment über Apothekervisitationen. gr. 8. Marb. 801. Krieger. 12 gr

Fleisch, Luzius, med. pract., von Churwalden (Graubünden). Aus der chirurgischen Klinik des Herrn Professor Dr Krönlein in Zürich. Perityphlitis im Bruchsack. Chur J. Casanova Dr. 1895. 44 S. 8°
Zürich. Med. Diss. [v. 13. Aug. 1895].

Fleisch, O. B., De asthmate Millari. 48 pp. Marb. 8°. 1799

Fleisch, Paul, die innere Entwicklung d. deut. Gemeinschaftsbewegung in d. J. 1906 u. 1907. (VIII, 124 S.) gr. 8. Leipzig 908. H. G. Wallmann. 1.80; geb. in Leinw. 2.50

Fleisch, Paul, die moderne Gemeinschafts-Bewegung in Deutschland. Ein Versuch, dieselbe nach ihren Ursprüngen darzustellen u. zu würdigen. Bevorwortet von Behrmann. 2. verm. u. umgearb. Aufl. (VIII, 304 S.) gr. 8. Leipzig (906). H. G. Wallmann. n. 3. 60; geb. in Leinw. n. 4. 50
1. Aufl. (IV, 159 S.) 903. n. 2. —; geb. n. 3. —

— Zur Geschichte der Heiligungsbewegung. 1. Heft: Die Heiligungsbewegg. von Wesley bis Boardman. (136 S.) gr. 8. Ebd. 910. 2.—; geb. in Leinw. 2.80

Fleisch, Paul, Die gegenwärtige Krisis in der modernen Gemeinschaftsbewegung. 8°. Leipzig, H. G. Wallmann, 1905.

Fleisch, Perets: Aus d. Med. Universitätsklinik zu Jena. Über Karzinommetastasen im Gehirn. Jena 1909: Vopelius. 59 S. 8°
Jena, Med. Diss. v. 22. Sept. 1909, Ref. Stintzing
[Geb. 24. Dez. 84 Riga; Wohnort: Riga; Staatsangeh.: Rußland; Vorbildung: Realsch. Riga Reife 03, Erg. Gymn. Riga 08; Studium: Jena 10 S.; Rig. 31. Juli 09.] [U 10. 2287

Fleisch, Urban [Pfarrer in Wiesen]: Die erkenntnistheoretischen und metaphysischen Grundlagen der dogmatischen Systeme von A. E. Biedermann und R. A. Lipsius. Naumburg a. S. 1901. 204 S. 8°.
Zürich. Theol. Diss. 1901/1902.

Fleisch, Urban, die erkenntnistheoretischen u. metaphysischen Grundlagen der dogmatischen Systeme v. A. E. Biedermann u. R. A. Lipsius kritisch dargestellt. gr. 8. (IV, 204 S.) Berlin 901. C. A. Schwetschke & Sohn. n. 5. 40

Fleischanderl, Bruno, die spartanische Verfassung bei Xenophon. gr. 8. (VIII, 139 S.) Leipzig 888, Friedrich. *

Fleischanderl Bruno: Xenophon und die spartanische Verfassung.
1884 PN 333 Diss. Wien, Univ. 689

Fleischanderl, Otto, die Wasserheilanstalt Kreuzen in Oberösterreich. Mit einem Anhang: Die Burgen und Schlösser in der Umgebung von Kreuzen von Ritter v. Mozarski. [Braumüller's Bade-Bibliothek, 65.] 8. (VI, 98 S.) Wien 887, Braumüller. *

Fleischans, Karl, der ausübende Geometer f. absolvirte Techniker, Bau- u. Mappirungs-Ingenieure, Forstmänner u. Oekonomen. Mit 9 lith. Taf. (in 4.) gr. 8. (X u. 67 S.) Prag 848, Borrosch & André. 27 ngr

Fleischauer, Ernst [aus Fürth]: Chirurgisches Nahtmaterial zu Ligaturen und verlorenen Nähten m. bes. Berücks. d. Seide ... Erlangen, k. b. Hof- u. Univ.-Buchdr. v. F. Junge, 1896; 32 S. 8.
Erlangen, Med. Fak., Inaug.-Diss. v. 6. März 1896

Fleischauer, Joh. Friedr. Vollständige holländische Sprachlehre für Deutsche, nebst Lese- und Uebersetzungsübungen zum Selbstunterrichte und für Schulen; nach Anleitung des Herrn P. Weiland's Sprankkunst und Herrn M. Siegenbeeks Regeln der Rechtschreibung. 8. Amsterdam und Leipzig 1826.

Fleischbein, Graf v., Ueber Zehnten-Entrichtung. Aus dem Französ. 8°. Aarau, Christen, 1834.

Fleischbeschauer, der. Zeitschrift für Lebensmittelprüfung. Unter Mitwirkung bewährter Fachmänner redig. von S. A. Ptaszynski. Publikations-Organ des Vereins Berliner Fleischbeschauer. 1. Jahrg. Oktbr. 1880 — Septbr. 1881. 24 Nrn. gr. 8. (à Nr. ca. 18 S.) Berlin, Zollern'sche Buchh. *
Nicht weiter erschienen.

Fleischbeschauer, der. Offiz. Organ d. Bundes deutscher Trichinen- u. Fleischbeschauer. Unabhäng. Fachzeitschrift für d. ges. mikro- u. makroskop. Fleischbeschau. Organ vieler Vereine und Gruppen. Red.: A. Schötz. 1.—3. Jahrg. 1896—1898. à 12 Nrn. (à ca. 12 S. m. Abb.) gr. 4. Leipzig, Jüstel & Göttel. à Jahrg. n. 3. —
Kann auch halbjährlich bezogen werden. — Redakteur d. 3. Jahrg. ist Paul Wichmann.

Fleischbeschauer, der. Offizielles Organ des Bundes deutscher Trichinen- u. Fleischbeschauer. Hrsg. vom Bund deutscher Trichinen- u. Fleischbeschauer. Red.: A. Kobert. 4.—6. Jahrg. 1899—1901. à 12 Nrn. gr. 4. (à ca. 10 S.) Magdeburg (Frankestr. 4), H. Meinhardt. à Jahrg. n. 3. —
Fortsetzung s.: Fleischbeschauer, der empirische.

Der Fleischbeschauer. Zeitschrift f. Laien-Fleischbeschauer. Red. unter Mitw. hervorrag. Sachverständiger auf d. Gebiete d. Fleischbeschau. Jg. 1, No 1. *Hannover: (Jaab & Kohlrautz) 1903.* 4° [F.] [illegible] 7

— der empirische. (Neue Folge des „Trichinenschauer".) Centralblatt f. die gesammte Fleischbeschau. Unabhängiges Organ deutscher Trichinen- u. Fleischbeschauer. Organ des Landesverbandes sächsischer Trichinen- u. Fleisch-beschauer ꝛc. Hrsg. v. Rich. Reißmüller unt. Mitwirkg. hervorragender Fachgenossen. Nebst: Illustrirtes Unterhaltungs-Blatt. Red.: C. Fischer. 12. u. 13. Jahrg. 1900 u. 1901. à 24 Nrn. gr. 4. (à ca. 8 S.) Chemnitz, Rich. Reißmüller. à Jahrg. n. 4. 60

Fleischbeschauer, der empirische. (Vereinigt m. d. „Fleischbeschauer“ u. „Trichinenschauer“.) Centralblatt f. die gesammte Fleischbeschau. Organ d. Bundes deutsch. Trichinen- u. Fleischbeschauer. Organ des Landesverbandes sächs. Trichinen- u. Fleischbeschauer usw. Hrsg. v. Tempel u. Rich. Reißmüller unter Mitwirkg. hervorrag. Fachgenossen. Nebst: Illustr. Unterhaltungs-Blatt. Red.: A. Ihring. 14. Jahrg. 1902. 24 Nrn. gr. 4. (à ca. 8 S.) Ebd. n. 4. 60

Fleischbeschauer, der empirische. (Vereinigt m. dem „Fleischbeschauer“ u. „Trichinenschauer“.) Zentralblatt für die gesamte Fleischbeschau. Organ des Bundes deutscher Trichinen- u. Fleischbeschauer. Organ des Landesverbandes sächs. Trichinen- u. Fleischbeschauer usw. Hrsg. v. Rich. Reißmüller unter Mitwirkung hervorrag. Fachgenossen. Nebst: Illustr. Unterhaltungs-Blatt. Red.: A. Ihring. 15.—17. Jahrg. 1903—1905 à 24 Nrn. (à ca. 8 u. 4 S.) Lex.-8. Chemnitz, R. Reißmüller. à Jhrg. n. 4. 60

— dasselbe. Hrsg. v. R. Reißmüller. Red.: Sandig. Nebst: Illustr. Unterhaltungs-Blatt. Red.: A. Ihring. 18. Jhrg. 1. Viertelj. Jan.—März 1906. 6 Nrn. (48 u. 28 S.) Lex.-8. Ebd. n. 1. 15
Mit „Rundschau auf dem Gebiete der gesamten Fleischbeschau usw.“ vereinigt.

Fleischbeschauer-Zeitung, badische. Organ der bad. Fleischbeschauer-Vereine. Hrsg. u. red. v. Bayersdoerfer u. Fehsenmeier unter Mitwirkung v. Carl u. Römer. Verantwortlich: Fr. Bayersdoerfer. 1. Jahrg. April—Dezbr. 1904. 9 Nrn. (à ca. 12 S.) 4. Karlsruhe (Macklot). n. 3.—

— dasselbe. 2. u. 3. Jahrg. 1905 u. 1906 à 12 Nrn. (1906 IV, 96 S.) 4. Ebd. à Jhrg. n. 4.—

Fleischbeschauer-Zeitung, badische. Organ d. bad. Fleischbeschauer-Vereine. Hrsg. u. red. v. Bayersdoerfer u. Fehsenmeier unter Mitwirkg. v. Carl u. Römer. Verantwortlich: Fr. Bayersdoerfer. 4—7. Jhrg. 1907 bis 1910. à 12 Nrn. (IV, 102; IV, 96; IV, 96 u. IV, 96 S.) Lex.8. Karlsruhe (Macklot). à Jhrg. 4.—

Fleischbeschauer-Zeitung, deutsche. Hrsg. unter Mitwirkg. v. Beißwänger, Feist, Hafner u. a. v. Ostertag, Edelmann, Glage. Red.: Glage. Jahrg. 1904—1906 à 12 Nrn. (198, 200 u. 199 S. m. Abbildgn.) Lex.-8. Berlin, R. Schoetz. à Jhrg. n. 6.—

— deutsche. Begründet v. Ostertag, hrsg. unter Mitw. v. Feist, Hafner, Lorenz, Vogel v. Beißwänger, Edelmann, Glage. Red.: Glage. 4—7. Jhrg. 1907—1910. à 12 Nrn. (à Jhrg. 198 S. m. Abbildgn.) Lex. 8. Berlin, R. Schoetz. à Jhrg. 5.—

Fleischbeschaugesetz vom 3. VI. 1900 nebst sämtlichen Ausführungsbestimmungen. Textausg. m. Anmerkgn., Ergänzgn., Formular-Mustern u. ausführl. Inhaltsverzeichniß. gr. 8. (80 S.) Trier 902. A. Sonnenburg. —60

Fleischbeschaugesetz vom 3. VI. 1900 nebst sämmtlichen Ausführungsbestimmungen. II. Tl., enth. die vom Novbr. 1902 bis Ende März 1903 erlassenen Verordnungen u. Ausführungsvorschriften der zuständ. Reichs- u. königl. preuß. Staatsbehörden. (48 S.) gr. 8. Trier 903. A. Sonnenburg. n. — 50

Fleischbeschaugesetz, das, nebst d. preuß. Ausführungsges. sowie den für d. Deutsche Reich u. f. Preußen erlass. Ausführungsbestimm. Zusammengest. bis Anfang 1909. Textausg. 14. verm. Aufl. (XXXI, 611 S.) kl. 8. Berlin 909. C. Heymann. 3.—

— dasselbe, s.: Taschen-Gesetzsammlung.

Fleischbeschaugesetzgebung, die, des Deutschen Reiches nebst dem preußischen Ausführungsgesetz. 8. (VI, 179 S.) Berlin 902. R. Schoetz. n. 2.—

Fleischbeschaugesetzgebung, die, des Deutschen Reiches nebst dem preußischen Ausführungsgesetz, sowie den hierzu ergangenen Bekanntmachungen u. Erlassen. 2. Aufl. (VII, 236 S.) 8. Berlin 903. R. Schoetz. n. 2.—

Fleischbeschau- und Trichinenschau-Kalender. Hrsg. von F[erdinand] Meyer, Obertierarzt, Cöln. [Jg. 1.] Für 1903. *Cöln: Kölner Verl.-Anst. 1903.* 8° [03. 2119

Fleischbeschau- u. Trichinenschau-Kalender. 2. Jahrg. 1904. Hrsg. unter Mitwirkung v. F. Bayersdörfer, Garth, J. Magin, F. Meyer. (VIII S., Schreibkalender u. 232 S.) 12. Cöln, Kölner Verlags-Anstalt u. Druckerei. Geb. in Leinw. n. 2. 50
Erscheint nicht mehr.

Fleischbeschau-Vorschriften. Oberpolizeil. Vorschriften v. 18. Febr. 1885 u. 16. März 1892 f. den Reg.-Bez. Mittelfranken. Nebst Anh.: Oberpolizeil. Vorschriften in Bezug auf die Beschau der m. Erscheingn. v. Tuberkulose (Perlsucht, Lungensucht) behafteten Rinder u. Schweine. Vorschriften über die Verrichtungen der Wasenmeister. 8. (32 S.) Ansbach 892, Brügel u. Sohn. * — 25

Fleischbeschau-Zollordnung nebst dem Gesetze vom 3. VI. 1900, betr. die Schlachtvieh- u. Fleischbeschau, u. den Ausführungsbestimmungen D. Hrsg. im Reichsschatzamte. (67 S.) gr. 8. Berlin 903. R. v. Decker. n. — 80

Fleischer u. Wurstfabricant, der wohlerfahrene, enth. eine gründl. Anweisung u. Belehrung üb. sämmtl. bei d. Fleischergeschäft vorkomm. Arbeiten ꝛc. Nebst e. Unterhaltungsblatt: Die Feierabendstunden. (In 6 Hftn.) 1. Hft. gr. 8. (64 S. m. 1 lith. Taf. in 4.) Arnstadt 848, Meinhardt. (n. 1/6 Thlr)

Fleischer, Appendice alla Biblioteca Arabo-Sicula s. Amari, Michele, Biblioteca

Fleischer, Auseinandersetzung mit Herrn Professor Dr. Ewald in Göttingen. [L. 1866.]

Fleischer. Beiträge zur Lehre von dem Keimen der Samen der Gewächse. Stuttgart 1851.

Fleischer (I.), über die Einwirkung des Cocainum muriaticum auf das Nervensystem und den thierischen Stoffwechsel, s. Beiträge zur pathologischen Anatomie, experimentellen Pathologie und praktischen Medicin. Festschrift für F. A. v. Zenker.

Fleischer, (II.), über Missbildungen verschiedener Culturpflanzen und einiger anderer landwirthschaftl. Gewächse. Lex.-8. (IV und 100 S. mit 8 Stnt. Abbild., wovon 7 in Ton- und 1 in Buntdr., in Lex.-8. und gr. 4.) Esslingen 862, Weychardt.

Fleischer, Mitteilungen aus Falkensteins kirchlicher Vergangenheit. Aus Anlaß des 25jähr. Bestehens unserer Kreuzkirche an ihrem Weihetage der Gemeinde dargeboten. gr. 8. (39 S. m. 1 Abbildg.) Falkenstein 894. (E. Tischendorf.) n. — 25

Fleischer: Allgemeine Natur-Historie, s. Fleischer, Esaias.

Fleischer, (I.), das Ostseebad. Seine physiolog. und therapeut. Bedeutung. Nebst einer gründl. Anleitung zum Gebrauche der Seebäder mit besond. Berücksichtigung des Ostseebades Kahlberg. Für Aerzte und Nichtärzte. 8. (VII und 204 S. mit 1 Stnt.) Danzig 863, Kafemann. *

Fleischer, das Ostseebad. Seine physiolog. und therapeut. Bedeutung. Nebst einer gründl. Anleitung zum Gebrauche der Seebäder mit besond. Berücksicht. des Ostseebades Kahlberg. 3. verm. und verb. Aufl. gr. 16. (VI, 217 S. mit 1 Stnt.) Elbing 873, Saunier's Buchh. *

Fleischer, Stenographie-System m. zweizeiliger Vokalisation. (32 S.) gr. 8. Leipzig 902. (J. H. Robolsky.) n. 1.—

Fleischer. Ueber den Sundzoll. 2 Hefte. 4°. Tilsit 1854—55.

Fleischer (II.), die Tollwutkrankheit. gr. 8. (25 S.) Elbing 887, R. Kühn jun. *

Fleischer, über Wesen, Wirkung u. Anwendung des Sauerstoff-Heilverfahrens, Novozon-Therapie. (13 S.) gr. 8. Berlin 903. H. Bermühler. n. — 25

Fleischer, A., die unverwelkliche Jugend der lutherischen Kirche. Vortrag zur 25jähr. Jahresfeier der Chemnitzer Konferenz, den 12. II. 1901. gr. 8. (23 S.) Dresden 901. Fr. Richter. n. — 25

Fleischer, A., Quae fuerit P. Ovidii Nasonis, P. Vergilii Maronis, Q. Horatii Flac vita animorum post mortem opinio. Pr. 1906. 29 S.

FLEISCHER, A. B.: Der Fichtenborkenkäfer im Böhmerwalde. - Prag 1877

Fleischer, A. L., erster Kursus d. geograph. Schulunterr., od. Memoiren-Buch z. Erlern. d. physisch-topischen Theiles d. allgem. Erdbeschreib. 8. (6 B.) Glogau 828. [Lissa, Günter.]

Fleischer, A. L., erster Cursus d. geograph. Schul-Unterrichts, od. Memorien-Buch zur Erlern. d. phys.-topischen Theiles d. allgem. Erdbeschreibung. 2., verm. u. verb. Aufl. 8. (5¼ B.) Lissa 837, Günther. *

Fleischer, Adam Heinrich (Grimma), De vi privata. Diss. jur. Präs. Augustin Leyser. Wittbg. (Ephr. Gottlob Eichsfeld) Mai 1737. 32 S., z. Tl. dtsch. (4.—) 9037

FLEISCHER, Adam Si(e)gismund

Fleischer, A. S., Bericht und Unterricht des Glaubens der unsichtbaren Kirche rc. 8. Hamb. (Blumauer, Wien) 782.

Fleischer, Ad. Sigm., Beschreib. d. drei wirkenden Grundeigenschaften d. menschl. Seele. 8. o. O. (Leipz.) 786. (Kummer). 1 ℳ

Fleischer, A. S., Beschreibung der drey wirkend. Grundeigenschaften der menschl. Seele. 8. Lpz. Kummer. 787.

— Betrachtt. über Lessings Bruchstücke, den Horus, u. d. Briefe im Volkston. 8. Wien 786. (Kummer in Leipz.) 14 ℊℊ Fernere Betrachtt. rc. 8. Ebd. 787. (Ebd.) 14 ℊℊ

— — dieselben, 2 Thle. 8. Preßb. Weber.

Adam Siegism. Fleischers Gedanken über die Selbsterkenntnis nach dem Grunde der Natur und der hermetischen Weltweisheit in einem Sendschreiben an wahre Glieder des würdigen Freymäurer Ordens. Frankfurth und Leipzig [Leipzig: Kummer] 1785. 112 S. 8°
Kl. 2660. Selten. 215. 223.

— Gedanken über d. Selbsterkenntniß, nach d. Grunde d. Natur u. d. hermet. Weltweisheit rc. 8. Leipz. 787. (Kummer). 6 ℊℊ

Fleischer, A. S.: „Kaufmännisches Handlungskompendium, worin die doppelte Buchhaltung . . . .", Hamburg 1781.

Fleischer, Adam Sig., kaufm. Handlungscompendium. 8. Hamb. Matthiesen. 782.
Postp.

— Katechismus z. Unterr. aller Völker rc. 8. Ebend. 787.

— 12 Tabellen zum Unterricht in d. Grundregeln d. französ. Sprache. Fol. Wien 786. (Kummer in Leipz.) 16 ℊℊ

— 12 Tabellen z. Unterr. in d. Grundreg. d. franz. Sprache. Fol. Wien (Weber in Preßb. Kummer in Lpz.) 787.

Fleischer, Adf., die gute u. die schlechte Volksrede. Vortrag, in d. Diözesanversammlg. z. Chemnitz II a 10. Novbr. 1896 geh. 8. (24 S.) Leipzig 896. Sächs. Volksschriften-Verl. n. — 25

Fleischer, Albert [aus Göttingen]: Ueber die cystischen Geschwülste der Kiemenspalten, m. zwei casuist. Beitr. ... München, J. F. Lehmann, 1893; 36 S. 8.
München, Med. Fak., Inaug.-Diss. v. 1893

Fleischer, Alb., üb. die cystischen Geschwülste der Kiemenspalten m. zwei casuist. Beiträgen. Diss. gr. 8. (36 S.) München 893. J. F. Lehmann's Verl. n. 1. —

FLEISCHER, ALEXIUS JOSEPH: Unzergänglich österreichisches Tugend-Hauss, welches die christliche Weissheit Eleonorae Magdalenae Theresiae weyland Röm. Kayserinn &c erbauet. Und bey einem dieser Grossen Kayserinn und gecrönten Königin von der Hochl. Ung. K. Hofkammer zu Pressburg bey Sanct Martin in dreytägiger Leich-Gedächtnuss auffgerichteten Ehren- und Trauer-Gerüst in unterthänigst-schuldiger Lob- und Trauer-Rede zur Betrachtung vorgestellet. Gedruckt bey Joh. Paul Royer zu Pressburg 1720. 20, 4 S. - 2°

Fleischer, Ant., u. Edm. Reitter, Carabidae, Abth.: Scaritini, s.: Bestimmungs-Tabelle der europ. Coleopteren. 39.

Fleischer, Anton. (geb. Züls 22. 4. 1817): De comate uraemico ad medicinam forensem relato. Berolini (1861). (32 S.) 8°
Berlin, Med. Diss. v. 11. Okt. 1861

Fleischer, Arth., in memoriam. Gedichte. 8. (V, 141 S.) Wiesbaden 897. J. F. Bergmann. n. 2. 40; geb. n. 3. 60

Fleischer, August Albrecht Gottfried, Leben einiger Staatsminister Friedrichs II. Magdeb. 1766. 4.

-- August Gottfried (Dresden), Theses juris criminalis. Präs. Georg Stephan Wiesand. Wittenberg (A. Ch. Charisius) 14. XI. 1801. 12 S. (2.50) 9038

Fleischer, Bruno, Dr. med., früher Assistenzarzt d. Univ.-Augenklinik zu Tübingen: Aus d. anat. Institut d. Universität Tübingen. Beiträge zur Histologie der Tränendrüse und zur Lehre von den Secretgranula. Mit 20 Fig. auf d. Taf. I/III. *Wiesbaden: J. F. Bergmann 1904.* (66 S.) 8°
Tübingen, Med. Hab.-Schr. v. 1904
(Nicht für den Austausch)

Fleischer, Bruno, approb. Arzt aus Stuttgart: Über einen Fall von Akranie mit Amnionverwachsung und seitlicher Nasenspalte und über einen Fall von Nothencephalie. (Ein Beitrag zur Theorie d. Hemicephalie.) *Rudolstadt (1898): F. Mitzlaff.* (18 S.) 8°
Tübingen, Med. Diss. v. 1898

Fleischer, C., Zu Caesar und seinen Fortsetzern. S.-A. O. J. 19 S. —.80

Fleischer, C. H., De primordiis Graeci accusativi cum infinitivo ac peculiari eius usu Homerico. Diss. 1870. 76 S. 2.—

Fleischer, C. M., Cours-Karte der mitteldeutschen Eisenbahnen. Sommer-Fahrplan. 1862. Leipzig, A. Hoffmann. gr. Fol. Lit.

Fleischer, C. M., s. Eisenbahn- und Post-Coursbuch

Fleischer, C. M. De Odofredi Mülleri historiae et antiquitatis tractandae ratione. 32 S. . . . .
Progr. Cleve 1839

Fleischer, Carl Maur., s. Fleischer, Karl Maur.

Fleischer, Christian, s.: Beiträge zur Statistik des Handels v. Reval u. Baltischport.

— s.: Beiträge zur Statistik des Revaler Handels.

Fleischer, Chrn., s.: Ergebnisse d. Revaler Handelsstatistik.

— Christian Friedrich (Dresden), De jure accrescendi vendita hereditate ad emtorem pertinente. Präs. Gottfried Ludwig Mencken. Lpz. (Langenheim) 6. IV. 1747. 36 S. (4.80) 9039

— — De debito speciei moto ante traditionem concursu creditorum praecise praestando. Diss. jur. Lpz. (Langenheim) 18. X. 1753. 29 Seiten. (4.50) 9040
Gew.: Heinr. Grf. v. Brühl (Forst . .).

Fleischer, D. M. Die Entphosphorung des Eisens durch den Thomas-Process. Berlin. 1886.

Fleischer, E. Quantitative chemische Analyse. Leipzig, 1871.
dgl. 2. Auflage. Ebend., 1876.
dgl. 3. Auflage. Ebend., 1884. 2 Ex.

Fleischer (E.). Beitraege zur Embryologie der Monokotylen und Dikotylen. Regensb. 1874. 8°.

Fleischer, E., der Hydromotor. 12. (10 S. mit 2 Steintaf.) Kiel 882. Univ.-Buchh. n. 1. 60

Fleischer, E., vollständiges Lehrbuch der Schnellschrift. Eine gekürzte u. graphisch wesentlich erleichterte Stenographie auf Stolze'scher Grundlage. Verfaßt u. zum 12stünd. Selbstunterricht m. übertragenen Uebungsstücken versehen. 2 Thle. gr. 8. Berlin 890. Dresden, Knecht. cart. n. 2. —
1. Drucktext. (47 S.) — 2. Stenograph. Tafeln. (23 autogr. S.)

Fleischer, E. (I.), gesunde Luft. Eine Abhandlung über die Feuchtigkeit der Luft als wichtigen Factor unseres Wohlbefindens. Nebst einem Vorwort über den Luftprüfer. 1. Aufl. (X, 27 S.) 885; 2. Aufl. gr. 8. (20 S.) Göttingen 888, Vandenhoeck und Ruprecht's Verlag. *

Fleischer, E., gesunde Luft. Eine Abhandlg. üb. die Feuchtigkeit der Luft als wicht. Factor unseres Wohlbefindens. Nebst e. Vorwort üb. den Luftprüfer. 4., (3.) verb. Aufl. gr. 8. (X, 20 S.) Göttingen 889. (Vandenhoeck & Ruprecht's Verl.) n. — 80

-- die Physik d. Hydromotors. 12. (16 S.) Ebend. 882. n. — 80

Fleischer, E., Deutsches Post-ABC. Taschenlexikon der wichtigeren Bestimmgn. f. den Post-, Telegraphie- u. Fernsprech-Verkehr der Reichspost, Bayerns u. Württembergs. Mit zahlr. Tabellen, Beispielen u. Formularmustern. 8. (XII, 228, 42 u. 17 S.) Stuttgart 901. Hobbing & Büchle. n. 1. —

Fleischer, E., deutsches Post-ABC. Lexikalisches Nachschlagebuch für den gesamten Post-, Telegraphie- u. Fernsprechverkehr im Deutschen Reiche sowie mit den deutschen Schutzgebieten u. Österreich-Ungarn. Mit vielen Tabellen, Beispielen u. e. Anh. m. vorschriftmässig ausgefüllten Formularmustern. Neue Ausg. 1903. (VIII, 138, 31, 17 u. 32 S.) 8. Stuttgart, Hobbing & Büchle. n. — 60

— s.: **Postkalender, deutscher.**

Fleischer, E. (II.), die Schutzeinrichtungen der Pflanzenblätter gegen Vertrocknung. 4. (47 S. mit 1 lithogr. Kurventaf.) Döbeln 885, (Schmidt.) **

Fleischer, E., und H. Friedrich, Special-Sigel-Tabelle, s. Friedrich, H.

—— Reformierte Stolze'sche Stenographie. Zur Erzielung gesteigerter Zuverlässigkeit, Schreibbarkeit u. Leistg. ausgearb. 2. umgearb. Aufl. gr. 8. (VI, 60 z. Tl. autogr. S.) Dresd. 892, Ehlermann. cart. * 1 —

Fleischer, E., die tägliche Uebersicht im Ladengeschäft. Ein Wink aus der Praxis. gr 8. (12 S. m. farb. Tab.) Chemnitz 892. B. Richter's Verl. n. — 80

Fleischer, E., d. tägl. Uebersicht i. Ladengeschäft. E. Wink aus d. Praxis f. Kleingewerbtreib. u. Materialwaarenhandlgn. Neue (Umschlag-)Ausg. gr. 8. (12 S.) Chemnitz (892) 896. B. Richter. — 60

Fleischer, E. Ph., Odin, s.: Kayser-Langerhannß, A.

Fleischer, Emil, kurzgefasstes Lehrbuch der Massanalyse nebst Anleitungen zu den geeignetsten Trennungsmethoden für massanalyt. Bestimmungen und zur quantitativen Untersuchung technisch wichtiger Stoffe. gr. 8. (X und 176 S. mit in den Text eingedr. Holzschn.) Leipzig 867, J. A. Barth. *

Fleischer, Emil, die Titrirmethode als selbständige quantitative Analyse. gr. 8. (XI, 250 S.) Leipzig 871, Barth. *

Fleischer, Emil, die Titrir-Methode als selbständige quantitative Analyse. 2. vielfach umgearb. und stark verm. Aufl. gr. 8. (XVI, 352 S.) Leipzig 876, Barth.

Fleischer, Emil, die Titrir-Methode als selbständige quantitative Analyse. 3. vielfach umgearb. und stark verm. Aufl. gr. 8. (XVI, 351 S.) Leipzig 884, Barth. *
geb. **

Fleischer, Gr., s. Retzsch, Mor., Gallerie zu Shakespeare's Werken.

Fleischer, Gr., s. **Retzsch, M., Outling to Shakspeare.**

Fleischer, Ernst (I.). Zur Baugeschichte der Gemälde-Galerie in Dresden. Vortrag. gr. 8. (19 S. m. 1 Photogr.) Dresd. 892, v. Zahn u. Jaensch. * 1 —

Fleischer, Ernst (II.). Die Erlernung d. Walzers durch verschiedene Einzelübungen. 16. (4 S.) Löbau 890. (Oliva). * — 50

—— Festspiel zum 10. Stiftungs-Feste des Dresdner Architekten-Vereins am 15. März 1883. gr. 8. (24 S.) Ebd. 892. * — 50

— Gedächtnisshülfe beim Contre-danse u. Quadrille à la cour. 16. (6 S. auf Carton.) Ebd. 888. n. — 40

— Constantin Lipsius. Rede bei der Gedächtnissfeier im Dresdner Architekten-Verein am 10 Mai 1894. gr. 8. (15 S. m. Bildnis.) Dresden 894. Gilbers. n. 1. —

Fleischer, Ernst, architektonische u. bildnerische Ueberreste d. alten, 1838—1841 v. Gottfr. Semper erbauten, 1869 zerstörten königl. Hoftheaters zu Dresden. Fol. (8 S. m. 9 autogr. Taf.) Dresden 878. Gilbers' Verl. In Mappe. n. 7. —

FLEISCHER, Esais

Fleischer, Es., allgem. Naturhistorie. 1r Thl. Aus d. Dän. (von G. Mühlenpfordt). gr. 8. Schlesw. 793. (Hammerich in Alt.) 1 ℛ 4 gl

Fleischer, F. Die Schweden in und um Tilsit im Winter 1678/79. Progr. Tilsit 1870. 8°.

Fleischer, F. Gottl., geistl. Oden u. Lieder, mit Musik. 2 Thle. Fol. Braunschw. 756. 1 ℛ 6 gl

— Samml. v. Singstücken. gr. 4. Braunschw. 789. Schulbuchh. 1 ℛ

Fleischer, F. R., mein Kampf ums Recht. Appell an d. Gebildeten aller Parteien. 8. (III, 39 S.) Zürich 898. C. Schmidt. n. — 60

Fleischer, Fr., Handbuch für Unterofficiere d. Infanterie. 8. Brschw. Vieweg. 805.

Fleischer, Frz., das Backofenbauwesen im Ursprung u. in der Zukunft. Ein prakt. Handbuch f. Bauschulen, Bau- u. Maurermeister, Ofenbauer, Bäcker, Conditoren u. alle, welche sich m. dem Bau v. Bäckereianlagen befassen. 1. u. 2. Bd. gr. 8. Halle, L. Hofstetter. n. n. 11. 50
1. (VIII, 150 S. m. üb. 140 Abb.) 899. n. n. 3. 50
2. (III, 52 S. m. 1 Atlas v. 27 lith. Taf. in Fol.) 900. n. 8. —

(B) **Fleischer, Frz.**, d. Backofenbauwesen. 899.900. (KBL31.) Jetzt: Halle, L. Göllner.

Fleischer, Franz, aus Stuttgart: **Digitoflavon, ein neuer Körper aus der Digitalis purpurea.** *Freiburg i. B. 1898: Ch. Lehmann's Nachf.* (32 S.) 8°
Freiburg i. B., Phil. Diss. v. 1898

Fleischer. Frz., üb. d. Riedgräser Würtembergs, mit besond. Berücksichtig. d. in d. Flora v. Tübingen einheimischen. Eine Inaug.-Dissert. gr. 8. (2¼ B.) Tübingen 832, (Osiander.)

Fleischer, Frz., über die Riedgräser Würtembergs, mit besond. Berücksichtigung der in der Flora von Tübingen einheimischen. Eine Inaug.-Dissertat. gr. 8. Tübing. 833. (Osiander.) 1/6 ß

Fleischer, Friedrich, herzogl. braunschweig. Lieut. Handbuch für Unterofficiere der Infanterie, wie auch zur Belehrung der jungen Officiere über die Pflichten und den Werth ihrer Untergebenen. 8. Braunschweig 1802.

Feyer des zwölften Jånners 1787 in der ▭ zur gekrönten Såule zu Braunschweig. Verf. des Texts der Br. J[oh.] N[ikol.] Bischoff der Musik der Br. F[riedr.] G[ottlob] Fleischer. [Braunschweig 1787]: Logen-Buchdr. 4 Bl. 8⁰ [Umschlagtit.]
Lied ohne Noten auf den Herzog Ferdinand zu Braunschweig. „Aus östlicher Ferne . . .“ 65.

Maurerisches Lied bei der Feier der höchsterfreulichen Zurückkunft Sr. Hochfürstl. Durchlaucht Carl Wilhelm Ferdinand regierenden Herzogs zu Braunschweig u. Lüneburg gesungen in der Loge zur gekrönten Säule den 16. Febr. 1794. Der Text ist vom Br. J[oh.] H[einr.] Fischer. Die Musik vom Br. F[riedr.] G[ottlob] Fleischer. Braunschweig [1794]: Kolb. 8 S. 8⁰ [Umschlagtit.]
Ohne Noten: „Gestimmt zur Freude und zum Dank. . . .“ 65.

Todten-Opfer dem Andenken Ferdinands des Guten dargebracht von der Loge zur gekrönten Såule in Braunschweig den 9ten Aug. 1792. Der Text ist vom Br. [Joh. Heinr.] Fischer. Die Musik vom Br. [Friedr.] G[ottlob] Fleischer. Braunschweig [1792]: Kolb. 5 Bl. 4⁰ [Umschlagtit.]
Lied mit Chor ohne Noten: „Du — uns — ein Gott, ein Vater seyn? —“ 65.

Fleischer, Fritz, approb. Arzt aus Gleiwitz: **Ueber Beckenfracturen.** *Leipzig 1900: B. Georgi.* (85 S.) 8°
Leipzig, Med. Diss. v. (8. Nov.) 1900

Fleischer, Fritz, Nova therapeutica, s.: Wolf, Max.

Fleischer, G., Hilfsbuch zur Erlernung der französischen Formenlehre. gr. 8. (31 S.) Leipzig 893. J. Klinkhardt. n. — 30

Fleischer, G., Ueber die geodätischen Linien auf centralen Oberflächen zweiter Ordnung. St. Gallen 1877.
Progr.

Fleischer, Georg *Oswald:* Bemerkungen über Thomas Kyds „Spanish Tragedy“. Dresden, Druck v. C. Heinrich. *1896*; 3—42 S. 4.
Dresden-Neustadt, Drei-König-S '(RG)'. OP 1896 (504)

Lieder für eine Singst. m. Begleitg des Pianoforte v. **Gerhard Fleischer** . . . *Charlottenburg: K. Köhler [1896].* (19 S.) 1 Bd 4. [96. 3108

— Gottlob Heinrich (Dautzsch. Saxo), De servitutibus realibus feudo acquirendis imponendis et remittendis. Diss. jur. feudal. Präs. Gottfried Thomas Ludwig. Lpz. (Imman. Titius) 21. XI. 1726. 24 S. (4.80) 9011
Gew.: Gustav Heinrich Mylius.

Fleischer, Guil., annuaires de la librairie et des productions littéraires de la France, classés dans un ordre systématique etc. II Vol. 8. Par. (Levrault, Strasb.)

Fleischer, Gust., deutsches Lesebuch für die oberen Klassen der Volksschulen. gr. 8. (VIII und 408 S.) Hannover 853, Ehlermann. *

—— deutsches Lesebuch für Real- und Bürgerschulen. 2., verm. Aufl. gr. 8. (VIII und 420 S.) Hannover 856, Ehlermann. * -

Fleischer, Gust., deutsches Lesebuch für Real- und Bürgerschulen. 3. (Titel-)Aufl. gr. 8. (VIII, 426 S.) Dresden 870, Ehlermann.

Fleischer, H., d. Käferfreund. Prakt. Anleitg. z. Sammeln u. Bestimmen d. Käfer. gr. 8. (252 S. m. 2 Abb. u. 12 farb. Taf.) Stuttgart 898. W. Nitzschke. Geb. 4. —

Fleischer, H., der Käferfreund. Praktische Anleitg. zum Sammeln u. Bestimmen der Käfer. 2., verm. u. verb. Aufl. (IV, 295 S. m. 12 farb. Taf.) gr. 8. Stuttgart (905). W. Nitzschke. Geb. 4. 50

— Illustr. Naturgeschichte f. d. Jugend, s.: Sträßle, Frz.

— Schmetterlingsbuch, s. a. Sträßle, Frz.

— **Schmetterlingsbuch.** Anleitung zum Sammeln u. Bestimmen der Schmetterlinge. 5., vollständig umgearb. Aufl. v. Frz. Sträßles gleichnam. Werke. (VIII, 204 S. m. 16 farb. Taf.) gr. 8. Stuttgart (905). W. Nitzschke, Geb. 4. 50

Fleischer, H., der Schmetterlingsfreund, s.: Hofmann, Ernst.

Fleischer, H. E., Gedächtnisshülfe b. Contre-danse u. Quadrille à la cour. gr. 16. (10 S. m. Fig.) Löbau 898. (E. Oliva.) n.n. — 75

Fleischer, H. F., der vollkommene und schnelle türkische Selbstlehrer. Eine gründliche und leichtfaßliche Anleitung, die türk. Sprache in kurzer Zeit theoretisch und praktisch lesen, schreiben und sprechen zu lernen. Nebst einem Anhang von Redensarten, Sprichwörtern, einer großen Auswahl verschiedener Gespräche ꝛc. Durchaus mit genauer Bezeichnung der Aussprache. Nach den vorzüglichsten Quellen bearb. 8. (VI und 146 S.) Wien 852. 53, Wenedikt.

Fleischer, H. F., der türkische Selbstlehrer. Theoretisch-praktische Anleitung zur Erlernung der türk. Sprache. Nebst einem Anh. von Redensarten, Sprüchwörtern, Gesprächen und Wortsammlungen, mit Bezeichnung der Aussprache. 2. verb. und verm. Aufl. 2 Abthlgn. gr. 16. (1. Abthl. 160 S. mit 1 Tab. in qu. 4.) Wien 869, Wenedikt.

Fleischer, H. G., de concordia oratoriae sacrae et profanae. Viteb. 1710. 4.

Fleischer, Heinrich: Sarkom der Wirbelsäule und des Rückenmarks. *Königsberg 1898: M. Liedtke.* (38 S.) 8°
München, Med. Diss. v. 1898

FLEISCHER, Heinrich Emil

Fleischer, H. Emil, Lehrbuch der Zoologie für Landwirtschaftsschulen und Anstalten verwandten Charakters, sowie auch für den Gebrauch des prakt. Landwirtes. gr. 8. (XII, 510 S. mit 485 in den Text eingedr. Holzst.) Braunschweig 884, Vieweg und Sohn. *

Fleischer, H. Emil, Lehrbuch der Zoologie f. Landwirtschaftsschulen u. Anstalten verwandten Charakters, sowie auch f. den Gebrauch d. prakt. Landwirtes 2., verb. Aufl. gr. 8. (XII, 519 S. m. 435 Holzst.) Braunschweig 893. F. Vieweg & Sohn. n. 5. —

Fleischer, H. Emil, Lehrbuch der Zoologie f. Landwirtschaftsschulen u. Anstalten verwandten Charakters sowie auch f. den Gebrauch des praktischen Landwirtes. 3. verb. Aufl. Ausg. A. Mit 439 eingedr. Abbildgn. z. Tl. in Farbendr. gr. 8. (XII, 530 S.) Braunschweig 902. F. Vieweg & Sohn. n. 3. 60; geb. n. 4. —

— dasselbe. 3. verb. Aufl. Ausg. B. Mit 433 eingedr. Abbildgn., z. Tl. in Farbendr. gr. 8. (XII, 512 S.) Ebd. 902. n. 3. 60; geb. n. 4. —

Fleischer, Hnr. Leber., s. Ali's hundert Sprüche.

— — Über einige Arten der Nominalapposition im Arabischen. [BKSGW., 1862.] [Leipzig.] De 381.

Fleischer, Heinrich Leberecht: Über den türkischen Volksroman Sireti Sejjid Batthal. Teil I. II. (Aus BKSGW. 1848.) Leipzig.

— — Beiträge zur arabischen Sprachkunde. [BKSGW., 1863] [und dazu:] Fortsetzung 1—10: 1864. 66. 70. 74. 76. 78. 80. 81. 83. 84. [Leipzig.] De 382.

Fleischer, [H. L.], Beiträge zur Wiederherstellung der Verse in Abulmahasin's Jahrbüchern. [BKSGW.] Leipzig 1857.

Fleischer [H. L.], Über das türkische Chatâi-nâme. [Aus den Berichten über die Verhandlungen der Königlich Sächsischen Gesellschaft der Wissenschaften zu Leipzig. Philologisch-historische Classe. Dritter Band. 1851.] Leipzig.

— — [Fleischer], Die deutsche morgenländische Gesellschaft. [Beilage zur Allgemeinen Zeitung. Nr. 195. 14. Julius 1847.] Ni 280. 4°.

— — F[leische]r, Die Deutsche morgenländische Gesellschaft. [Deutsche Allgemeine Zeitung. Nr. 18. 22. Januar 1857.] Ni 281. 2°.

Iḫtilāğ-nāme. Fleischer [H. L.]. Über das vorbedeutende Gliederzucken bei den Morgenländern. [Darin Übersetzung eines Iḫtilāğ-nâme.] [Aus den BKSGW. Erster Band. 1849.] Leipzig.

Muḥammad Ibrāhīm, Mirzâ. Grammatik der lebenden persischen Sprache von Mirza Mohammed Ibrahim. Aus dem Englischen übersetzt ... von H. L. Fleischer. Leipzig 1847.

Fleischer, Heinr. Leber., Grammatik der lebenden persischen Sprache. Nach Mirza Mohammed Ibrahim's Grammar of the persian language neu bearb. 2. Aufl. gr. 8. (XX, 263 S.) Leipzig 875. Brockhaus. n. 8. —

—— s. Hermes Trismegistus.

Fleischer, [H. L.], Culturbestrebungen in Beirut und die dortige arabische Zeitung Hadîkat el achbâr. [SA. aus BKSGW. 1859.] Leipzig 1859.

Fleischer, H. L., s. Levy, J., Neuhebräisches und chaldäisches Wörterbuch über die Talmudim und Midraschim.

— — Der Morgenländer in Europa. [Verhandlungen der XXIV. Philologen-Versammlung.] [Leipzig 1866.] Oc 126. 4°.

Fleischer, Hnr. Leber., s. Nacht, Tausend u. Eine.

Fleischer, H. L., kleinere Schriften. Gesammelt, durchgesehen u. verm. 1. Bd. 2 Thle. gr. 8. (IV, 844 S.) Leipzig 885. Hirzel. n. 24. —

Fleischer, H. L., kleinere Schriften. Gesammelt, durchgesehen u. vermehrt. 2. Bd. 2 Thle. u. 3. Bd. gr. 8. Leipzig 888. Hirzel. n. 40. — (cplt.: n. 64. —)
II. (796 S.) n. 20. —. — III. Mit 9 Taf. (VI, 662 S.) n. 20. —.

Fleischer, Heinrich Leberecht (Hrsg.), s. Seetzen, Ulrich Jasper: Reisen durch Syrien etc.

Fleischer, [H. L.], Über das Verhältniss und die Construction der Sach- und Stoffwörter im Arabischen [BKSGW.]. [Leipzig] 1856. De 380.

Fleischer, Ein Wort in Sachen der morgenländischen Wissenschaft. [Deutsche Universitäts-Zeitung No. 18 den 2. Mai 1849.] Leipzig 1849.

FLEISCHER, Heinrich Orthob.

— s. Abulfedae historia Anteislamica, Arabice.

Fleischer, Heinrich Orthob., s. Bopp, Franz, Nalas.

Fleischer, Heinrich Orthob., s. Caspari, Borhân-ed-dîni es-sernûdji Enchiridion studiosi.

Fleischer, H. O., Catalogus Codicum Manuscriptor. Oriental. Biblioth. Reg. Dresdensis. Cum indicibus. — Accedit Fr. Ad. Eberti Catalogus Cod. Manuscriptor. Orientali. Biblioth. Ducalis Guelferbytanae. 4 maj. (15 B.) Lipsiae 831. Vogel.

Fleischer, Heinrich Orthob, s. Catalogus librorum manuscriptorum etc.

— Codices oriental. ling., s. Catalogus libror. manuscr.

— Heinrich Orthobius u. Carl Gaspari, De glossis Habichtianis in quatuor priores tomos mi noctium. Diss. crit. part. I. Lpz. (F. Ch. W. Vogel) 19. III. 1836. 61 S. (4.50) 9042

— — Dasselbe. II. Lpz., 23. III. 1836. 26 Seiten. (2.—) 9043

——, Samachschari's goldene Halsbänder, nach d. zuvor bericht. Texte d. v. Hammerschen Ausg. von neuem übers. u. mit krit. u. exeget. Anmerkn. begleitet. gr. 8. (6¼ B.) Leipzig 835, C. H. Reclam. *

Fleischer, H. O., s. Beidhawii Commentar. in Coranum.

Fleischer, Hnr. Wlh., (†...), s. 1) Künste, über bildende. 2) Wichtigkeit d. Buchhandels.

[F.] Ueber die Möglichkeit einer normativen Aesthetik. Von Hermann Fleischer. (Tübinger Inaug.-Diss. v. 1890.) *Breslau: W. Koebner* 1891. (2 Bl., 50 S.) 1 Bd 8. 194. 187

Fleischer, Herm. Ueber die Möglichkeit e. normativen Aesthetik. gr. 8. (50 S.) Bresl. 891, Koebner. * 1 —

Fleischer, J., ungarische u. deutsch Deklamationsstücke u. Glückwünsche. Nebst e. Anh. französ. Gratulationen. 8. Kaschau 835. [Pesth, Heckenast.]

—— der neueste Deklamator u. Gratulant. Od. Auswahl d. besten Deklamationsstücke, u. sowohl allgem., als auch in besond. Fällen anwendbarer Glückwünsche. Ein Handb. f. Aeltern, Lehrer, Erzieher, Söhne, Töchter u. Zöglinge. 8. Kaschau 835. [Pesth, Heckenast.]

Fleischer, J. Geschichte der k. k. Kriegsmarine während des Krieges 1866. Wien 1906. 8°. (Nv 50—3, 3)

Fleischer, J., Schloss Neamtu, s.: Romstorfer, C. A.

Fleischer, J.: Vorschläge... s. Fleischer, Josef.

Fleischer, J. G., prakt. Leitfaden beim Unterrichte in der deutschen Sprache, mit besond. Berücksichtigung der Orthographie, zum Gebrauche in Volksschulen. 8. Leipz. 835. Fort. 5/12 ₰

Fleischer, J. G., praktischer Leitfaden beim Unterrichte in der deutschen Sprachlehre, mit besond. Berücksichtigung der Orthographie, zum Gebrauche in Volksschulen. 2. verb. u. sehr verm. Ausg. 8. Leipzig 841, Fort. ½ ₰

Fleischer, J. G., deutsche Sprachlehre zum Schul- u. Privatgebrauch. 2., verb. u. verm. Aufl. 8. (VIII, 157 S.) Leipzig 871. Klinkhardt. — 90

— dasselbe. 3. Aufl. 8. (VIII, 156 S.) Ebend. 876. n. 1. —

Fleischer, J. G., neue praktische deutsche Sprachlehre zum Schul- u. Privatgebrauch. Leipzig 866. Klinkhardt. 8. (VI, 151 S.) 9 ngr.

Fleischer, J. G., deutsche Sprachschule zum Schul- und Privatgebrauch. 3. Aufl. 8. (VIII, 156 S.) Leipzig 876, Klinkhardt. *

—— der Sprachschüler. Aufgaben zur deutschen Sprachlehre. 4. Ster.-Aufl. 1871, und 5. Ster.-Aufl. 8. (78 S.) Leipzig 872, Klinkhardt. *

—— der Sprachschüler. Aufgaben zur deutschen Sprachlehre. 6. und 7. Ster.-Aufl. 8. (78 S.) Ebendas. 874,79. * 40 Pf.; geb.

— Deutscher Sprachschüler, oder: die wichtigsten Regeln d. deutschen Sprache u. Rechtschreibung, nebst Uebungsaufgaben, nach dem „prakt. Leitfaden zum Unterrichte in der deutschen Sprache u. Orthographie" für Schüler in Volksschulen eingerichtet. 8. Leipzig 838. Fort. 1/6 ß

—— neuer Sprachschüler oder Aufgaben zur deutschen Sprachlehre. 8. (II und 78 S.) Leipzig 866, Klinkhardt. *

Fleischer, J. Lor., s. F l e i s c h e r , Johann Lorenz.

Fleischer, J. M., Etiketten f. Schmetterlings-Sammlungen. gr. 8. (10 Bl.) Leipzig 884. Leiner. n. 1. —

— Taschenbuch f. Raupen- u. Schmetterlingssammler. 16. (V, 268 S. m. eingedr. Holzschn.) Ebend. 883. geb. n. 2. —

— Taschenbuch f. Schmetterlingssammler. 2. Aufl. 16. (V, 275 S. m. eingedr. Holzschn.) Ebend. 885. geb. n. 2. —

Fleischer, Ida, Ann Arbor, Michigan: **Die Wortbildung bei Notker und in den verwandten Werken, eine Untersuchung der Sprache Notkers mit besonderer Rücksicht auf die Neubildungen.** *Göttingen 1901: Dieterich.* (80 S.) 8° ¶ (Enth. einen Teil d. Einleitung einer lexikalischen Bearbeitung d. Werke Notkers, die später im Druck erscheinen soll.)
Göttingen, Phil. Diss. v. [18. Jan.] 1901

Fleischer, Ida, die Wortbildung bei Notker u. in den verwandten Werken, e. Untersuchg. der Sprache Notkers m. besond. Rücksicht auf die Neubildgn. Diss. gr. 8. (80 S.) Göttingen 901. (Vandenhoeck & Ruprecht.) n. 2. —

— **Jeremias** (Zittau), Dissertatio de differentiis juris Romani et Germanici in uxore Romana filia familias et thori socia Germanica. Präs. Christian Heinrich Breuning. Lpz. (Langenheim) 30. IX. 1762. 36 S. (4.50) 9044

— **Johann** (Bautzen), De quibusdam observantiis aequitati repugnantibus, circa processum denunciationum, qui in foro Saxonico ad mand. reg. de duellis 1712 invalvit, occurrentibus. Diss. jur. Präs. Jo. Paul Kress. Helmstedt, 19. XII. 1721. Neudruck: 1732. 28 S., tlws. dtsch. (4.80) 9045

Fleischer, Jh. Fr., († 1806.) Handbuch für Unterofficiere d. Infanterie. Mit 1 Kpf. 8. Braunschw. 803. Schulbuchh. 6 gr

— **Jo. Friedrich** (Hayna Misnicus), De minorum restitutione in integrum litis consortibus majoribus proficua. Diss. jur. Erfurt (Grosch) 12. VII. 1721. 40 S. (5.—) 9046

— **Jo. Gotthelff** (Dresden), De jurisdictione in legatos statuum eorumque comites Sac. Rom. Imperii archi-Mareschallo et hinc vice-mareschallo in comitiis competente. Diss. ex jure publ. Präs. Jo. Gottfr. Kraus. Wittbg. (E. G. Eichsfeld) 1746. 38 S. (4.80) 9047

Fleischer, Joh. Gtli., Flora d. deutschen Ostseeprovinzen Esth-, Liv- u. Kurland. Hrsg. v. Eman. Lindemann. Mit d. Bildn. d. Verf. gr. 12. (16¼ B.) Mitau 840, Reyher.

Fleischer, Joh. Glieb., Flora von Esth-, Liv- und Kurland. 2., verm. Aufl. Hrsg. von Al. Bunge. gr. 8. (VI und 291 S. mit dem Bildnisse des Verf. in Stahlst.) Mitau 853, Reyher'sche Vrlgsh.

***Fleischer*, Jh. Gli., Diss. inaug. aneurysmatis varicosi complicati historia. 4. Dorpat 822.**

FLEISCHER, Johann Lorenz

FLEISCHER, Jo. Laur.: Einleit. zum geistlichen Rechte, mit einer Vorr. von den wahren Gründen des protestant. Kirchenrechts, begleitet von Dan. NETTELBLADT. 3e Aufl. *Halle.* (724—729.) 750. 4.

Fleischer, Joh. Lorenz (Präs.), s. F e u s t e l , Christian Joh.: De Jure reformandi ...

FLEISCHER, Jo. Laur.: Institutiones juris feudalis, ex jure feudorum Longobardico et historia Germanica. *Hal. Magd.* 730. 8.

FLEISCHER, J. Laur.: Institutt. juris naturae et gentium. *Halae.* **722. 8.**

— — dasselbe. 8. Halle, Hemmerde, 750.

— instit. juris naturae et gent. etc. 8. Lips. 750.

— **Johann Lorenz** (Bayreuth), De vera origine, natura, progressu, et interitu judiciorum Westphalicorum. Diss. jur. Präs. Christian Thomasius. Halle (Salfeld) Juli 1711. 88 S. (6.—) 9048

— — Dasselbe. 1732. (6.—) 9049

— — De quaestione an princeps ex factis sui tutoris possit obligari? Disp. jur. gent. publ. März 1716. Halle 1748. 40 S. (4.80) 9050

* **BEGEBENHEITEN,** Die Wunderbahre und abentheurliche, D r e y e r r e i s e n d e n K u r t z w e i l i g e n H a n d w e r c k s - P u r s c h e , Von *J. M. F.* (d. i.: *Johann Michael Fleischer*). Mit Titelkpf. Coppenhagen, Bey Johann Nicolas Lossius 1731. 8°.
Ungemein rares, sehr merkwürdiges erot. Opus, stellenw. unfläthig. Tit., 1 Bl. Vorr. (unterz. SELIMENE) und 252 S. — Nur das B e r l i n e r E x p l. scheint bekannt.

* **SELIMENES** (d. i. *Joh. Michael Fleischer*), D i e w u n d e r b a h r e u n d e r s t a u n e n s - w ü r d i g e B e g e b e n h e i t e n d e s H e r r n v o n LYDIO, W o r i n n e n d e s s e n f a s t u n g l a u b l i c h e u n d u n e r h ö r t e FATA e n t h a l t e n ; Insonderheit wie er durch einen entsetzlichen Sturm auf eine unbewohnte Insul geworffen, auff derselben 6. Jahre ohne einiges Menschen Hülffe oder Gesellschafft zugebracht; Endlich aber, nachdeme solche durch ein erschreckliches Erdbeben erschüttert, ihr gantzes Fundament loß gerissen, und Stück-weiß von Wind und Wellen an das feste Land von Africa getrieben worden; haben ihn die Barbaren erhaschet, und in die Sclaverey gestürtzet, in welcher er biß An. 1727. den 13. August verharren müssen, da er Gelegenheit gefunden, sich durch eine sonderbahre Schickung daraus zu erretten; Mit untermengten curieusen (oft sehr liederlichen u. pikanten) Geschichten anderer Personen, von ihme selbst beschrieben; der neu-begierigen Welt aber mitgetheilet durch SELIMENEM. Franckfurt und Leipzig, 1730. Bey JOHANN NICOLAI LOSSIUS. 8°. (In Berlin: Yv 2323.)
Titel (roth u. schwarz), 1 unbez. Bl. Vorr. („Geneigter Leser"). 348 S.

* — — Dasselbe. Andere Auflage. Franckfurt und Leipzig, 1732. Bey Johann Nicolai Lossius. 8°. (In Berlin: Yv 2321.) (Auch im Besitze des Prof. Dr. Ullrich, wie die beiden folg Thle.)

Titel (schwarz), 1 Bl. Vorr., 348 S.

Sehr originell und lasciv ein Huren- und Kupplerin Tagebuch, S. 26.—40, überschrieben: „Tage-Register, was mir (Amalia und ihrer Mutter Rosina) sonderbahres in meinem Leben zugestossen, angefangen den 23sten May 1714. (,) da ich netto 13 Jahre erreichte, in Lindenburg".

* — — Der Wunderbahren und erstaunens-würdigen Begebenheiten des Herrn von LYDIO Anderer Theil, Welcher dessen Flucht aus der Türckischen Sclaverey, nebst denen bey sich habenden Persohnen, wie nicht weniger, was sich merck- würdiges dabey zugetragen, in sich hält, Von ihme selbst beschrieben, der gelehrten Welt aber mitgetheilet von SELIMENEM. Leipzig und Copenhagen Bey Johann Nicolas Lossius. 1731. 8°. (In Berlin: an Yv 2323.)

Titel, 282 S., 1 weisses Bl. — S. 129—144: „Der durch seinen übermäßigen Geitz zum Hahnrey creirte Handelsmann." Eine noch pikantere Hahnreigeschichte in der darauf (S. 144—242) folgenden „Historie Thomæ Moravii."

* — — Der wunderbahren und erstaunenswürdigen Begebenheiten des Herrn von Lydio. Dritter Theil. Worinnen dessen fast unglaubliche und unerhörte Fata weiter ausgeführet, auch die wunderbahre Lebens-Erhaltung Selindens und Leonorens in dem greulichen Schiffbruch beschrieben wird. Mit untermengten curieusen Geschichten anderer Persohnen, von ihme selbst beschrieben, der neubegierigen Welt aber mitgetheilet, durch SELIMENEM. Franckfurth und Leipzig, 1734. Bey Johann Nicolai Lossius. 8°. (In Berlin: an Yv 2323.)

Titel, 1 Bl. Vorr., 286 S. Einiges in Versen.

— — Die wunderbahre und erstaunens-würdige Begebenheiten des Hern von Lydio, drey Theile, Worinnen dessen fast unglaubliche und unerhörte Fata enthalten; Insonderheit wie er durch einen entsetzlichen Sturm auf eine unbewohnte Insul geworffen, auf derselben 6. Jahre ohne einiges Menschen Hülffe oder Gesellschaft zugebracht; Endlich aber, nachdem solche durch ein erschreckliches Erdbeben erschüttert, ihr gantzes Fundament loßgerissen, und Stück-weiß von Wind und Wellen an das feste Land von Africa getrieben worden; haben ihn die Barbaren erhaschet, und in die Sclaverey gestürtzet, in welcher er biß An. 1727 den 13. August verharren müssen, da er Gelegenheit gefunden, sich durch eine sonderbahre Schickung daraus zu erretten; Mit untermengten curieusen Geschichten anderer Personen, von ihm selbst beschrieben; der neu-begierigen Welt mitgetheilet durch *Selimenem.* Dritte Auflage. Copenhagen und Leipzig. Bey Friedrich Christian Pelt 1754. 8°. (Im Besitze des Prof. Dr. Ullrich; auch in Bremen, Stadtbibl.)

I: Tit., 1 unbez. Bl. Vorr., 296 S. II: S. 297—524. III: Tit., 1 unbez. Bl. Vorr., 208 S.

SELIMENES (d. i. *Joh. Michael Fleischer*), Moralische und scherzhafte Gesundheiten zu einem angenehmen und erlaubten Zeitvertreibe. Freystadt (Breslau, Daniel Pietsch) 1750. 8°. 4 Bogen.

M. M. V. 1750. S. 90; Cat. Meissner III. p. 546.

— — Dasselbe. Neue Auflage. Ebd. 8°.

O. M. V. 1752. S. 252.

— — Dasselbe. Quedlinburg, Biesterfeld, o. J. (1772). 12°. 5 Bogen.

Cat. Meissner III. p. 546. — Sämmtlich rar!

— — Journaliste, Der verliebte, ans Licht gestellet durch *Selimenem.* Erste (einz.) Communication. Franckfurt u. Leipzig 1729. 8°. (In Carlsruhe: Qb 1304.) (25 Mk. Jos. Baer & Co., 1911.)

6½ Bog. Aeusserst selten, wie die 2 folgenden Romane.

— — Die Nordische LUCRETIA, vorgestellt in der Anmuthigen Liebes-Geschicht eines Nordischen Bürger-Mädgens, durch SELIMENEM. Franckfurth und Leipzig. Anno MDCCXXXI. (1731.) 8°. (In Dresden: Lit. Germ. rec. 8°. C. 720.)

2 Bll., 353 S. Sehr pikant und lüstern. „Der gantzen Hochlöbl. und Tugendhafften (!?) Nymphen-Schaar des weiten NORDENS" gewidmet.

***Fleischer, Joh. Mich.,** zuverl. Nachricht von einem Gespenste, so sich A. 1749 zu Schwartzbach in der Pfarrwohnung geäußert hat. Leipz. 730. 8.

* **ROBINSON,** Der Nordische, Oder die wunderbaren Reisen auch ausserordentlichen Glücks- und Unglücks-Fälle Eines gebohrnen Normanns, Woldemar Ferdinand, Wie derselbige Auf eine sonderbare Art nach einer vorhin von einem eintzigen Manne bewohnt gewesenen Insul gelanget, auch sich eine ziemliche Zeit allda aufgehalten, endlich aber nach vielen gehabten Fatalitäten sein Vaterland wieder glücklich erreicht, Nebst untermengten merckwürdigen Begebenheiten anderer Personen, Zum erlaubten Zeitvertreib ans Licht gestellet durch SELIMENEM (d. i. *Johann Michael Fleischer*). Erster Theil. Mit Titelkupfer. Coppenhagen, bey Frantz Christian Mumme, 1741. 8°. (Auch in Stuttgart.)

Titel (roth u. schwarz), Widmung 4 S.S. unterzeichnet *Johann Michaël F.*; Vorrede 4 S.S.; Text S. 1—259.

* — — Zweyter Theil. Coppenhagen, bey Frantz Christian Mumme 1741. 8°. (Auch in Stuttgart.)

Titel genau wie oben, aber kein Rotdruck; Text S. 1—282.)

— — Dasselbe. (Neue Auflage.) 2 Thle. Copenhagen, bey Frantz Christian Mumme. 1749. 8°. (Besitzt Prof. Dr. Ullrich, wie die erste Auflage.)

Titel, Vorrede 4 S.S. unbeziffert; Text S. 1—224; resp. S. 3—192; über der Vorrede andere Vignette; über S. 1 des ersten Theils eine Vignette, die der ersten Auflage fehlt. — Ohne Widmung.

— — Der Nordische Robinson, Oder die wunderbahren Reisen auch ausserordentlichen Glücks- und Unglücks-Fälle Eines gebohrnen Normanns, Woldemar Ferdinand, Wie derselbige Auf eine sonderbahre Art nach einer vorhin von einem eintzigen Manne bewohnt gewesenen Insul gelanget, auch sich eine ziemliche Zeit allda aufgehalten, endlich aber nach vielen gehabten Fatalitäten sein Vaterland glücklich wieder erreichet, Und nachhero eine Reise dahin gethan und eine Colonie überbracht, auch eine starcke Plantage angeleget, Nebst untermengten merckwürdigen Begebenheiten anderer Personen, Zum erlaubten Zeitvertreib ans Licht gestellet durch SELIMENEM. Dritter Theil. Copenhagen, bey Frantz Christian Mumme. 1749. 8°. (Besitzt Prof. Dr. Ullrich.)

Titel, Text S. 3—428; hinter S. 360 eine unbeziff. Tabelle. — Alle 3 Theile finden sich selten!

Fleischer, Jh. Mch., Zustand d. Seele nach d. Tode. 8. Schleiz 772. Mauke. 18 gl.

Fleischer, Jos., Geschichte der k. k. Kriegsmarine während des Krieges im J. 1866, s.: Geschichte der k. u. k. Kriegsmarine.

Fleischer, *Josef*: Vorschläge zur Berichtigung des Catull-Textes. 8 (1 Bl., 39 S., 1 S. Berichtig.). Gr.-or. Ober-G. *Sucrawa* 1898. Nicht im Tauschverkehr.

Progr.

Fleischer, Julius [aus Boskowitz, Mähren]: Über den Reactions-Verlauf bei der Einwirkung von Di- und Trinitrochlorbenzol auf mehrbasische Amine und Phenole. Boskowitz 1901. 41 S. 8°.

Basel. Phil. Diss. 1901/1902.

Fleischer, Julius Wilhelm [Diaconus zu Falkenstein i. V.]: Pierre Poiret als Philosoph. E. Beitr. z. Gesch. d. Philosophie ... *Falkenstein, Druck v. C. Tischendorf, 1893;* 1 Bl., 53 S. 8.

Erlangen, Phil. Fak., Inaug.-Diss. v. 1893

Fleischer, Karl, a. Proßnitz ⟨Österreich⟩: Zur Kenntnis pentacyklischer Systeme. Hildesheim 1907: A. Lax. (56 S.) 8°

Göttingen, Phil. Fak., Ref. Wallach, Diss. v. 28. Febr. 1908

[Geb. 3. Jan. 86 Proßnitz; Wohnort: Proßnitz; Staatsangeh.: Österreich; Vorbildung: Oberrealsch. Proßnitz Reife M. 03; Studium: Techn. Hochsch. Brünn 1, Univ. Göttingen 6 S.; Rig. 13. Nov. 07.]

Fleischer, Karl Fr. Wlh., s. Spiegel, d., eine Zeitschr.

Fleischer, Karl Fr. Wlh., Wallenstein; e. Trspl. in 5 Aufz., nach Schillers Original für d. Bühne bearb. 8. Glogau 803. Neue Güntersche B. 10 gl.

Fleischer, Karl Maur., de mythi imprimis Graeci natura commentarii. (Als Anhang: Bericht über das Königl. Pädagogium zu Halle. 3e Fortsetzung. Von Herm. Ag. Niemeyer.) Mit 1 Tabelle. 4. Halis Sax. 838. Waisenhaus-Buchh. 5/12 ß

Fleischer, Carl Mor. De Socratis quam dicunt atopia syntagma. 36 S.

Cleve, Progr. 1855

Ueber Wesen, Wirkung und Anwendung des Sauerstoff-Heilverfahrens. Novozon-Therapie. Von Dr. [Karl Wilhelm Albert] Fleischer, Arzt in Hamburg. *Berlin: H. Bermühler 1903.* (13 S.) 8° [F.] [04. 9914

[Umschlagt.:] **Fleischer,** *Kurt Heinrich* [Prof. Dr.]: Kritische und exegetische Bemerkungen zum bellum Hispaniense. Meissen, gedr. bei C. E. Klinkicht & Sohn, 1895; 1—31 S. 4.
Meissen, Fürsten- u. Landes-S St. Afra, MP 1895 (554)

— Kritisches u. Exegetisches z. Bellum Gallicum u. Bellum Hispaniense. Pr. 1879. 5 S. 4°. —.60

— M., Meditationum ad Horatii Flacci poësin lyricam pertinentium part. I. Pr. 1844. 80 S. 4°. 1.25

Fleischer, Curt Observationes criticae de bello hispaniensi. 27 S. Progr. Fürst. *Meissen* 1876.

— Quaestiones de bello Hispaniensi criticae. 2 Tle. Pr. 1876 u. 1885. 28 u. 22 S. 4°. à 1.20

Fleischer, Kurt Martin, appr. Arzt a. Dresden: Zur Lehre von den herzsynchronen Thorakal-Geräuschen. Leipzig 1905: B. Georgi. (39 S.) 8°
Leipzig, Med. Fak., Ref. Hoffmann, Diss. v. 23. Mai 1905
[Geb. 19. Juni 81 Dresden; Wohnort: Berlin; Staatsangeh.: Sachsen; Vorbildung: Luisenst. Gymn. Berlin Reife M. 99; Studium: Berlin 10 S.; Coll. 30. Mai 05; Approb. 20. Apr. 05.]

Fleischer, L. F., neue höchst wichtige Geheimnisse und Mittel im Gebiete der Landwirthschaft insbesond. dem Futtermangel vorzubeugen. Für Gutsbesitzer, Pächter, Landwirthe 2c., sowie jeden Hausvater. 16. (16 S.) Leipzig 851, Stoll.

Fleischer, M., s.a. Fleischer, Moritz.

Fleischer, M., s.: Kuhmilch, die.

Fleischer, M., De Odofredi Mülleri historiae et antiquitatis tractandae ratione putatio Pr. 1839. 32 S. 4°.

Fleischer, M. (II.), über eine Salzquelle im Gebiet des Wörpe-Flusses, s. Abhandlungen, hrsg. vom naturwissenschaftl. Verein zu Bremen.

Fleischer, Max, 1859—1905 u. zwei Krisenjahre im rheinischen Bergbau, s.: Schriften, jungliberale, 2. Hft.

Fleischer, Max, Friedrich Adler, s.: Dichtung u. Kunst, deutsche.

Fleischer, Max, Gerichtsref.: Mehrere Fälle der Zuständigkeit des deutschen Bundesrates für Erledigung von öffentlichrechtlichen Streitigkeiten. *Breslau: M. & H. Marcus 1902.* (35 S.) 8° ¶(Erscheint vollst. u. d. T.: Die Zuständigkeit d. deutschen Bundesrates . . . in: Abhandl. aus d. Staats- u. Verwaltungsrecht.)
Breslau, Jur. Diss. v. [8. März] 1902

Fleischer, Max, die Musci der Flora v. Buitenzorg (zugleich Laubmoosflora v. Java), s.: Flore de Buitenzorg.

— zur Reglementierungsfrage der Prostitution. (VII, 66 S.) 8. München 905. Seitz & Schauer. n. 1. 50

— s.: Schriften, jungliberale.

— Das Frankfurter Stadtparlament. (57 S. m. 1 Plan). kl. 8. Frankfurt a/M. (907). E. Grieser. — 50

Fleischer, Max, Traum u. Schöpfung. Eine Menschenwerdg. 8. (7 autogr. u. 102 S.) Dresden 901. E. Pierson. n. 2. —; geb. n. 3. —

Fleischer, Max, die Zuständigkeit des deutschen Bundesrates für Erledigung v. öffentlichrechtlichen Streitigkeiten, s.: Abhandlungen aus dem Staats- u. Verwaltungsrecht. 9. Hft.

Fleischer, Maximilian, a. Komotau ⟨Böhmen⟩: Die strafbaren Handlungen des Depot-Gesetzes. Versuch einer Abgrenzung gegen den Begriff der Untreue. Halle a. S. 1906: Waisenhaus. (61 S.) 8° [J.]
Halle, Jur. Fak., Ref. Finger, Diss. v. 11. Jan. 1906
[Geb. 31. Jan. 80 Komotau in Böhmen; Wohnort: Komotau; Staatsangeh.: Österreich; Vorbildung: Kommunal-Ober-Gymn. Komotau Reife Juli 99; Studium: Wien 4, Leipzig 1, Berlin 1, Halle 5 S.; Rig. 21. Dez. 05.]

Fleischer, Michael: Muster von Leinenstickereien sächsischer Bäuerinnen aus dem *Nösner* Gau. Besztercze ⟨Bistritz⟩ '04. 8 S., 12 Taf. 4° Bistritz, ev. Ob.-G. A. B., P. 1903/04.

Fleischer, Mor. Historische Apologien. [Bezieht sich auf die Geschichte Athens.] 48 S. . . . .
Cleve, Progr. 1850

Fleischer, Moritz, aus Plotzk (Russisch Polen): F. Th. v. Bernhardi als Kritiker der klassischen Nationalökonomie. Bern 1904. 96 + 1 S. 8°. [21. I. 04.]
Bern. Phil. Diss. 1904/1905.

Fleischer, Dr. Mor., Die Besiedelung der nordwest-deutschen Hochmoore. Rede zur Vorfeier des Geburtstages Sr. Maj. des Kaisers und Königs in der Königl. landw. Hochschule zu Berlin am 26. Jan. 1894 geh. (Aus: „Deutsche landw. Presse".) gr. 8°. Berlin, P. Parey, 1894.

Fleischer, M., die Entphosphorung d. Eisens durch den Thomas-Prozeß u. ihre Bedeutung f. die Landwirthschaft. gr. 8. (39 S.) Berlin 885. Parey. n. 1. —

Fleischer, M, Grundlehren d. Kulturtechnik, s.: Vogler, Ch. Aug.

Fleischer, M., u. Br. Tacke, Hochmoorkultur u. Fehnkultur. (19 S.) Lex.-8. Berlin 906. P. Parey. n. — 60
Sonderabdruck aus: „Verhandlgn. d. 56. Sitzung der Central-Moor-Commission am 20. XII. 1905".

Fleischer, Maur. Meditationum ad Horatii Flacci poesin lyricam pertinentium part. I. 30 S.
Cleve, Progr. 1844

— s.: Mittheilungen üb. die Arbeiten der Moor-Versuchsstation in Bremen.

— die Thätigkeit der Central-Moor-Kommission, nach den amtl. Protokollen über ihre 1. bis 11. Sitzung in den Jahren 1876—79 dargestellt. gr. 4. (V, 166 S.) Berlin 882. Parey. n. 10. —

Fleischer, M., die Torfstreu, ihre Herstellung u. Verwendung. 2., völlig umgearb. Aufl. d. gleichnam. v. Mendel'schen Werkes [1882]. gr. 8. (110 S.) Bremen 890. Heinsius Nachf. n. 1. 40

Fleischer, Oskar: Das Accentuationssystem Notkers in seinem Boethius. Halle a. S. 1882: Waisenhaus. 28 S. 8°
Halle-Wittenberg, Phil. Diss. v. 29. Apr. 1882
Geb. Zörbig (Kr. Bitterfeld) 2. 11. 1856. V.
Ersch. vollst. in: Zeitschrift f. deutsche Philologie. Bd 14. Halle 1882. S. 129—172 u. 285—300. — Verf. erlebte die Diplomerneuerung 1932 als Geheimer Regierungsrat und außerordentlicher Professor der Musikwissenschaft in Berlin-Steglitz, vgl. Anh. Nr. 745.

Fleischer, Osc., die Bedeutung der internationalen Musik- u. Theater-Ausstellung in Wien f. Kunst u. Wissenschaft der Musik, s.: Universal-Bibliothek f. Musiklitteratur.

Führer durch die Bach-Ausstellung im Festsaale des Berliner Rathauses. 21.—31. März 1901. Von Prof. Dr. Oskar Fleischer. *Berlin (1901): P. Zacharias.* (46 S.) 8° [01. 4179

Fleischer, Oskar. Königliche Hochschule für Musik zu Berlin. Führer durch die Sammlung alter Musik-Instrumente. Berlin 1892.

Fleischer, Osk., Geschichte des Klaviers, s.: Seiffert, Max, Geschichte der Klaviermusik.

— Mozart, s.: Geisteshelden. 33. Bd.

Fleischer, Osk., Neumen-Studien. Abhandlgn. über mittelalterliche Gesangs-Tonschriften. 2 Thle. gr. 4. Leipzig, F. Fleischer. n. 17. 50; zusammen bezogen n. 16. —
1. Ueb. Ursprung u. Entzifferg d. Neumen. (X, 132 S.) 895. n. 7. 50
2. D. alt-christl. Recitativ u. d. Entzifferg. d. Neumen. (VIII, 130 S.) 897. n. 10. —

Fleischer, Osk., Neumen-Studien. Abhandlungen über mittelalterl. Gesangs-Tonschriften. III. Thl. Die spätgriech. Tonschrift. (VII, 78 S., 56 Sp. u. 45 S.) Lex.-8. Berlin 904, G. Reimer. 10. —
I u. II. Leipzig 895. 897. (Breitkopf & Härtel.) n. 10. —.

Zur Phonophotographie. Eine Abwehr. (Verf.: Prof. Dr. Oskar Fleischer. Berlin.) (*Berlin 1901: 'Gutenberg'.*) (15 S.) 8° [01. 19976 9]

Das alt-christliche Recitativ und die Entzifferung der Neumen. Von Oskar **Fleischer.** *Leipzig: F. Fleischer 1897.* (4 Bl., 136 S., 2 Bl.) 1 Bd 4.
= **Fleischer,** O.: Neumen-Studien. Th. II. [98. 4497]

Die Reste der altgriechischen Tonkunst. Bearb. von Oskar Fleischer. *Leipzig: Breitkopf & Härtel 1899.* (22 S.) 4° [00. 4588]

Die spätgriechische Tonschrift. Von Oskar **Fleischer.** *Berlin: G. Reimer 1904.* (73 S., 56 Sp., 43 S.) 4°
= **Fleischer:** Neumen-Studien. Th. 3. [04. 9519]

Fleischer, Otto Julius Ferd. (geb. Memel 8. 2. 1817): De infantium angina membranacea quaedam. Berolini (1841). (30 S.) 8°
Berlin, Med. Diss. v. 17. Dez. 1841

Fleischer, Paul, Abälard u. Heloise. Eine Liebestragödie in 5 Aufzügen. 8. (127 S.) Leipzig 899. Neuweißensee, H. W. Th. Dieter. n. 3. —; geb. n. 4. —

Fleischer, Paul, Gedichte. 12. (96 S.) Leipzig 897. W. Friedrich. n. 1. —

— Ulrich v. Hutten. Eine deutsche Tragödie in 5 Aufzügen. 8. (140 S.) Ebd. 900. n. 3. —

Fleischer, Paul [aus Oberschlesien]: Ueber die intraperitoneale Stielbehandlung bei Fibromyomen des Uterus ... Greifswald, Druck v. J. Abel, 1897; 38 S. 8.
Greifswald, Med. Fak., Inaug.-Diss. v. 17. März 1897

Fleischer, Paul: Pantheistische Unterströmungen in Kants Philosophie. *Berlin 1902: (Germania).* (63 S.) 8°
Leipzig, Phil. Diss. v. [13. Febr.] 1902

Fleischer, Richard, approb. Arzt aus Maggrabowa i. Ostpr.: Ein Fall von plötzlichem Exitus nach Application einer Salbe auf die ganze Körperoberfläche. *Leipzig 1900: B. Georgi.* (34 S.) 8°
Leipzig, Med. Diss. v. (16. Dez.) 1900

Fleischer, Rich., Humoresken, s.: Sammlung beliebter Autoren.

Fleischer, R., Lehrbuch d. inneren Medicin f. Studirende u. Aerzte. Mit Abbildgn. 1. Bd. u. 2. Bd. 1. Hälfte. gr. 8. Wiesbaden, Bergmann. n. 11. —
1. Bd. Infectionskrankheiten. Hautkrankheiten. Krankheiten der Nase. Kehlkopfkrankheiten. (XII, 337 S.) 888. n. 5. 40
2. Bd. 1. Hälfte. Die Erkrankungen der tieferen Athmungswege, der Trachea u. der Bronchien. — Krankheiten der Lungen u. der Pleura. — Krankheiten d. Herzens u. der Gefässe. — Krankheiten d. Mundes u. Rachens. (V u. S. 341—708 m. Abbildgn. u. 1 Farben-Taf.) 890. n. 5. 60; geb. n. 6. 60

Fleischer, Rich., Lehrbuch d. inneren Modizin für Studir. u. Ärzte. II. (Schluss-)Bd. 2. Hälfte. 1. Abth. gr. 8. Wiesbaden 896. J. F. Bergmann. n. 12. —
(I. – II., 2, 1.: n. 23. —)
Krankheiten d. Speiseröhre, d. Magens u. Darms. (IV u. S. 709—1389 m. Abb.)

Fleischer, R., Originale, s.: Haus-Theater.

Fleischer, Rich., Originale, s. Kühling's, A., Album für Liebhaber-Bühnen.

— spez. Pathologie u. Therapie d. Magen- u. Darm-Krankheiten. [Aus: „F., Lehrbuch d. inneren Medizin".] gr. 8. (IV u. S. 709—1389 m. Abb.) Ebd. 896. n. 12. —

Fleischer, Rich, s.: Revue, deutsche.

Fleischer, R., Untersuchungen über das Resorptionsvermögen der menschlichen Haut. Eine historisch-experimentelle Studie. gr. 8. (81 S.) Erlangen 877. Besold. n. 1. 20

Fleischer, Richard, Vierteljahres-Berichte über die gesammten Wissenschaften und Künste, über Handel, Landwirthschaft, Industrie und Erfindungen. Band I—III. Berlin 1882.

Fleischer, Rob., d. Geschäftsaufsatz, s.: Rasche, Emil.

Fleischer, Sigm., neue Bestimmungen der Brechungsexponenten der durchsichtigen flüssigen Medien d. Auges. Inaugural-Dissertation. gr. 8. (35 S.) Jena 872. Deistung. n. — 60

Fleischer, Theofil, die wichtigsten Arten des Hustens und deren gründliche, auf langjährige Erfahrung gestützte Heilung. Hieher gehören insbesondere: Der katarrhalische, gastrische und chronische Schleimhusten, die häutige Bräune oder der Croup rc. Populär bearb. Ein unentbehrl. Haus- und Familienschatz für Alle, denen das eigene, wie das Wohl ihrer Kinder am Herzen liegt. 1. Aufl. 1858. und 2. Aufl. gr. 8. (IV und 72 S.) Olmütz 861. (Wien, Prandel und Ewald.)

Fleischer, Theophil, die Cholera. Ihr eigentl. Wesen, ihre Kennzeichen und die Schutzmittel gegen dieselbe. gr. 8. (XII und 64 S.) Leipzig 848, Händel.

— dass. — Neueste Erfahrungen über das Wesen derselben und ihre zuverlässige Heilung. Für Aerzte und Nichtärzte. 2. Aufl. gr. 8. (XIII und 58 S.) Leipzig 850, Spamer. •

Fleischer, Vict., Bauerngeschichten, s.: Reclam's Novellen-Bibliothek.

— dasselbe, s.: Universal-Bibliothek.

— Die Handschrift d. Bruders Engelbert. Erzählung. (Umschlagzeichnung v. Paul Arndt. (180 S.) kl. 8. Stuttgart (908), Charlottenburg. A. Juncker.
2. —; geb. n 3. —

Fleischer, Vict., Fürst Karl Eusebius v. Liechtenstein als Bauherr u. Kunstsammler (1611—1684), s.: Veröffentlichungen d. Gesellsch. f. neuere Gesch. Österreichs. I.

— Leute v. Dorf, s.: Kürschner's Bücherschatz.

Fleischer Viktor: Maler am Hofe Leopolds I.
D: Erschien unter dem Titel „Antonius van der Baren". (Jahrbuch d. Zentralkomm. II, 1908).
1905 PN 1933 Diss. Wien. Univ. 1890

Fleischer, Vict., das Steinmetzendorf. Eine Erzählung aus dem Erzgebirge. 1. u. 2. Aufl. (Je 119 S.) 8. Stuttgart 906. Deutsche Verlags-Anstalt. n. 2. —;
geb. in Leinw. n. 3. —

Es werde Licht! Gedanken von Erleuchteten u. Praktikern z. Schul- u. Lebensfrage, Erkenntnis d. grössten Übels d. Jetztzeit, Versöhnung d. inneren Feinde, Herbeiführung d. Gesammtfriedens d. Deutschen Reichs. Mit e. Anh.: Der schönste Schatz für's Herz, enth. 184 aus d. Gedankenwelt Unsterblicher entnommene beste Lebenssprüche u. Normen. Gesammelt u. dargest. von Wilhelm **Fleischer.** *Marggrabowa: Selbstverl. 1901.* (VII, 128 S.) 8° [F.] [01. 1964]

Fleischer, Guilelmus (geb. am 9 Apr. 1832 in Bonn): Observationes de urina institutae ... Bonnae, typ. C. Krüger 1855. 1 Bl., 24 S., 1 Bl. 8.
Bonn, Med. Fak., Diss. v. 22 Aug. 1855

Fleischer- u. Wurstlergeschäft, das, s. Schauplatz der Künste u. H. 141. Bd.

Fleischerkalender, deutscher. Taschenbuch f. d. ges. Fleischergewerbe. 3. Jahrg. 1899. 12. (VIII S., Notizkal., 64 u. 56 S.) Leipzig, Schulze & Co. Geb. in Leinw. n. 1. —

Fleischerkalender, deutscher. 6. Jahrg. 1902. 12. (IV S., Notizkalender u. 63 S.) Leipzig, Schulze & Co.
Geb. in Leinw. n. 1. —

Fleischer-Kalender, deutscher, 1910, bearb. v. Curt Weber. 7. Jhrg. (VI, 24, 68 u. 14 S.) kl. 8. Leipzig, Schulze & Co. Geb. in Leinw. 1. —

Schlesisch-Posenscher **Fleischer-Kalender** ... Bearb. von d. Red. d. Fleischer-Zeitung f. Schlesien u. Posen. [Jg. 1.] Auf d. J. 1900. Breslau: Boronow [1908]. 8° [09. 1831 2]

Fleischer-Zeitung, allgemeine. Unabhängiges Organ f. die Interessenten der Fleischerei u. Wurstfabrikation 2c. Red.: Heinr. Horwitz. 2. u. 3. Jahrg. Oktbr. 1884—Septbr. 1886. à 52 Nrn. (2 B.) Fol. Berlin 885. Harrwitz' Nachf. n. 4. —

Fleischer-Zeitung, allgemeine. Unabhängiges Organ f. die Interessenten der Fleischerei u. Wurstfabrikation 2c. Red.: H. Horwitz. 4. 5. Jahrg. 1887. 1888. à 52 Nrn. (à 2—3 B.) Fol. Berlin, Harrwitz' Nachf. à Jahrg. n. 6. —

Fleischer-Zeitung, allgemeine. Red.: Heinr. Horwitz. 11. Jahrg. 1894. 104 Nrn. (à ca. 2½ Bog.) Fol. Berlin, M. Zuelzer & Co. n. 2. 50

Fleischer-Zeitung, allgemeine. Red.: Heinr. Horwitz. Nebst „Unterhaltungs-Blatt". 12.—14. Jahrg. 1895—1897. 104 Nrn. (à 4 u. 4 S.) Fol. Berlin, M. Zuelzer & Co. à Jahrg. n. 10. —

— dasselbe. Publikations-Organ d. deutschen Fleischer-Verbandes u. der Fleischerei-Berufsgenossenschaft. 15. Jahrg. 1898. 104 Nrn. (à 4 u. 4. S.) Fol. Ebd. n.n. 10. —
Kann auch vierteljährlich bezogen werden.

Fleischer-Zeitung, allgemeine. Publikations-Organ des deutschen Fleischer-Verbandes u. der Fleischerei-Berufsgenossenschaft. Größte Fachzeitg. des In- u. Auslandes. Red.: Heinr. Horwitz. Nebst „Unterhaltungs-Blatt". 16. u. 17. Jahrg. 1899 u. 1900. à 104 Nrn. Fol. (à ca 8 u. 4 S. m. Abbildgn.) Berlin, M. Zuelzer & Co. à Jahrg. n.n. 10. —

— dasselbe. Red.: Gust. Künkel. Nebst „Unterhaltungs-Blatt". 18. u. 19. Jahrg. 1901 u. 1902. à 208 Nrn. (à ca. 8 S. m. Abbildgn.) Mit der Gratis-Beilage: Deutsche Wurstfabrikanten-Zeitung. Red.: Ernst Fechner. 3. Jahrg. 52 Nrn. Fol. (à ca. 4 S.) Ebd. à Jahrg. n.n. 11. —

Fleischer-Zeitung, allgemeine. Publikations-Organ des deutschen Fleischer-Verbandes u. der Fleischerei-Berufsgenossenschaft. Größte Fachzeitg. der Welt. Red.: Gust. Künkel. Nebst „Unterhaltungs-Blatt". 20.—23. Jahrg. 1903—1906. à 208 Nrn. (à ca. 12 S. m. Abbildgn.) Mit der Gratis-Beilage: Deutsche Wurstfabrikanten-Zeitung. Red.: Ernst Fechner. 7. Jahrg. 52 Nrn. (à ca. 4 S.) Fol. Berlin, Allg. Fleischer-Zeitg. à Jhrg. n.n. 11. —

Fleischer-Zeitung, allgem. Publikations-Organ d. deutsch. Fleischer-Verbandes u. d. Fleischerei-Berufsgenossensch. Größte Fachzeitg. d. Welt. Red.: Gust. Künkel. Nebst Gratis-Beilagen: Nachrichten aus d. deutsch. Fleischer-Verband etc. — Deutsche Wurstfabrikanten-Zeitg. — Jurist. Briefkasten. — Unterhaltungs-Blatt. — Der Hausarzt. 24. Jhrg. 1907. 208 Nrn. (à ca. 12 S. m. Abbildgn.) 48×35 cm. Berlin, Allg. Fleischer-Zeitg.
Nicht durch d. Buchh. zu beziehen. nnn 12. —

Fleischer-Zeitung, deutsche. [Früher „Allgemeine Schlächter-Zeitung".] Zeitschrift für Fleischergewerbe, Viehhandel und Viehzucht. Amtliches Organ des deutschen Fleischer-Verbandes. Hrsg. von Herrm. Jahn. 5. Jahrg. 1877. 52 Nrn. (à 1½ Bog.) Fol. Berlin, (Grieben.) *

—— dass. — Begründet von Herrm. Jahn. Redact.: Paul Burg. 6. und 7. Jahrg. 1878 und 1879. à Jahrg. 52 Nrn. (à 1½ Bog.) Fol. (Ebendas.) à Jahrg. *
Der 1.—4. Jahrg. erschienen u. d. T.: Schlächter-Zeitung, allgemeine.

Fleischer-Zeitung, deutsche. [Früher „Allgemeine Schlächter-Zeitung".] Zeitschrift für Fleischergewerbe, Viehhandel und Viehzucht. Amtliches Organ des deutschen Fleischer-Verbandes. Begründet von Herrm. Jahn. Redact.: Paul Burg. 8.—12. Jahrg. 1880—1884. à Jahrg. 52 Nrn. (à Nr. 1½ Bog.) Fol. Berlin. (Leipzig, Grieben's Verlag.) à Jahrg. *

—— deutsche. Zeitschrift für Fleischergewerbe, Viehhandel und Viehzucht. Amtl. Organ des deutschen Fleischer-Verbandes. Begründet von Herrm. Jahn. Redact.: Paul Burg. 13.—16. Jahrg. 1885—1888. à Jahrg. 52 Nrn. (à Nr. 1½ Bog.) Fol. Berlin. (Leipzig, Th. Grieben.) à Jahrg. *

Fleischer-Zeitung, deutsche. Zeitschrift f. Fleischergewerbe, Viehhandel u. Viehzucht. Amtliches Organ d. deutschen Fleischer-Verbandes. Begründet v. Herrm. Jahn. Redact.: Paul Burg. 17.—20. Jahrg. 1889—1892. à Jahrg. 52 Nrn. (à Nr. 1½ Bog.) Fol. Berl. (Lpz., Grieben.) à Jahrg. * 8 —

— deutsche. Zeitschrift f. Fleischergewerbe, Viehhandel u. Viehzucht. Amtliches Organ d. deutschen Fleischer-Verbandes. Begründet v. Herrm. Jahn. Red.: Paul Burg. 19.—22. Jahrg. 1891—1894. à 52 Nrn. (à ca. 1½ Bog.) Fol. Berlin. (Leipzig, Th. Grieben.) à Jahrg. n. 8. —

— deutsche. Zeitschrift für Fleischergewerbe, Viehhandel u. Viehzucht. Amtl. Organ d. deutschen Fleischer-Verbandes. Begr. v. Herm. Jahn. Red.: Paul Burg. 23. Jahrg. 1895. 104 Nrn. (à 12 S.) Fol. Berlin. (Leipzig, Th. Grieben.) n. 8. —

— dasselbe. 24.—26. Jahrg. 1896—1898 à 104 Nrn. (à ca. 2 Bog.) Fol. Ebd. à Jahrg. n. 10. —
Kann auch halbjährlich bezogen werden.

— deutsche. Zeitschrift f. Fleischergewerbe, Viehhandel u. Viehzucht. Amtliches Organ des deutschen Fleischer-Verbandes. Begründet v. Herm. Jahn. Red.: Paul Burg. 27.—30. Jahrg. 1899—1902. à 104 Nrn. Fol. (à ca. 10 S.) Berlin. (Leipzig, Th. Grieben.) à Jahrg. n. 10.—

Fleischer-Zeitung, deutsche. Zeitschrift f. Fleischergewerbe, Viehhandel u. Viehzucht. Amtliches Organ des deutschen Fleischer-Verbandes usw. Begründet v. Herrm. Jahn. Red.: Paul Burg. 31. u. 32. Jahrg. 1903—1904. 104, bezw. 156 Nrn. (à ca. 10 S.) Fol. Berlin (S.W. Wilhelmstr. 119/120), H. Jahn. à Jhrg. n.n.n. 10. —
Nicht mehr im Buchhandel.

—— internationale. Unabhängiges Organ für die Gesammt-Interessen des Fleischergewerbes, Viehhandels und des Handels mit thierischen Erzeugnissen. Redact.: Berthold Zülzer. 1. Jahrg. 1882. 3 Nrn. (Octbr., Novbr., Decbr.) Fol. Dresden, Expedition.

— internationale. Unabhängiges Organ f. die Gesammt-Interessen d. Fleischergewerbes, Viehhandels u. d. Handels m. thier. Erzeugnissen. Red.: Berthold Zülzer. 2. Jahrg. 1883. 24 Nrn. (2 B.) Fol. Dresden. (Leipzig, Bredt.) n. 5. —

—— internationale, und Viehmarkts-Courier. Redact.: Blüher. 3. Jahrg. 1884. 52 Nrn. (à Nr. 2 Bog.) Fol. Dresden. (Leipzig, Blüher.) *

—— internationale, und Viehmarkts-Kurier. Organ für die Gesamt-Interessen des Fleischergewerbes, Viehhandels und des Handels mit tier. Erzeugnissen. Redact.: P. M. Blüher. 4. und 5. Jahrg. 1885 und 1886. à Jahrg. 52 Nrn. (à Nr. 2 Bog.) Fol. Leipzig, Blüher. à Jahrg. *

—— dass. — Organ für Fleischer [Metzger, Schlachter, Selcher 2c.], Innungen, Viehhandel, Fleischschau, Schlacht- und Viehhöfe. 6. und 7. Jahrg. 1887 und 1888. à Jahrg. 52 Nrn. (à Nr. 2 Bog.) Fol. Ebendas. à Jahrg. *

Fleischer-Zeitung, internationale, u. Viehmarkts-Kurier. Organ f. Fleischer 2c. 8.—11. Jahrg. 1889—1892. à Jahrg. 52 Nrn. (à Nr. 2 Bog.) Fol. Lpz., Blüher. à Jahrg. * 8 —

— dasselbe. Red.: C. A. Friedrich. 11.—13. Jahrg. 1892—1894. à 52 Nrn. (2 Bog.) Fol. Ebd. à Jahrg. n. 8. —

— internationale, u. Viehmarkts-Kurier. Organ f. Fleischer (Metzger, Schlachter, Selcher 2c.), Inngn., Viehhandel, Fleisch- u. Trichinenschau, Schlacht- u. Viehhöfe. Fach-Red.: C. A. Friedrich. 14. Jahrg. 1895. 52 Nrn. (à 8 S.) Fol. Leipzig, P. M. Blüher. n. 8. —

— dasselbe. Red.: C. L. Zerwes. 15. Jahrg. 1896. 52 Nrn. (à 8 S.) Fol. Leipzig, Jüstel & Göttel. n. 8. —

— dasselbe, offiz. Organ d. „Vereine z. Wahrg. d. Interessen d. Viehhandels“ zu Dresden, Leipzig u. Chemnitz. Red.: C. L. Zerwes. 16. Jahrg. 1897. 104 Nrn. (à ca. 2 Bog.) Nebst Beilage: Sonntagsblatt. Red.: Paul Schettler. 52 Nrn. (à 4 S. m. Abb.) gr. 4. Ebd. n. 8. —

— dasselbe. 17. Jahrg. 1898. 104 Nrn. (Bog.) Fol. Nebst Beilage: Sonntagsblatt. Red.: Paul Schettler. 52 Nrn. (½ Bog. m. Abb.) gr. 4. Ebd. n. 10. —
Kann auch vierteljährlich bezogen werden.

— internationale, u. Viehmarkts-Kurier. Organ des deutschen Fleischer-Verbandes, der Fleischerei-Berufsgenossenschaft u. der „Vereine zur Wahrg. der Interessen des Viehhandels“ zu Dresden, Leipzig u. Chemnitz. Red.: C. L. Zerwes. 18. u. 19. Jahrg. 1899 u. 1900. à 104 Nrn. Fol. (à ca. 4 S.) Nebst Beilage: Sonntagsblatt. Red.: Paul Schettler. 52 Nrn. gr. 4. (à ca. 4 S. m. Abbildgn.) Leipzig, Jüstel & Göttel. à Jahrg. n. 10. —

— dasselbe. 20. u. 21. Jahrg. 1901 u. 1902. à 208 Nrn. gr. Fol. (à ca. 4 S.) Nebst Beilage: Sonntagsblatt. Ebd. à Jahrg. n. 10. —

— internationale, u. Viehmarkts-Kurier. Organ des deutschen Fleischer-Verbandes, der Fleischerei-Berufsgenossenschaft usw. Red.: C. L. Zerwes. Mit den Beilagen: „Blatt der Meisterin“, „Allzeit voran“, „Blätter f. Fleischkunde u. Charkuterie“. 22. Jahrg. 1903. 208 Nrn. (à ca. 8 S.) Fol. Leipzig, Jüstel & Göttel. n. 10. —

— dasselbe. Publikations-Organ des deutschen Fleischer-Verbandes, der Fleischerei-Berufsgenossenschaft usw. Red.: Paul Burg. Mit den Beilagen: „Blatt der Meisterin“, „Allzeit voran“. 23. u. 24. Jahrg. 1904 u. 1905. à 156 Nrn. (à ca. 6 S.) Fol. Berlin (S.W. 48, Wilhelmstr. 119/120), A. Winser. à Jhrg. n.n. 10. —

— ostdeutsche. Fachorgan f. Fleischer, Viehhändler u. verwandte Branchen. 1. u. 2. Jahrg. 1893. 1894. à 52 Nrn. Nebst: Illustr. Unterhaltungs-Blatt. à 52 Nrn. (2 Bog.) Fol. Königsberg i/Pr., L. Beerwald. à Jahrg. n. 4. —

Fleischer-Zeitung, ostdeutsche. Fachorgan f. Fleischer, Viehhändler u. verw. Branchen. 3.—5. Jahrg. 1895—1897. à 52 Nrn. (Bog.) Nebst: Neue Gartenlaube. 52 Nrn. (Bog.) gr. 4. Königsberg i/Pr. (Kaiserstr. 52). L. Beerwald. à Jahrg. n. 4. —

— dasselbe. 6. Jahrg. 1898. Nebst: Neue Gartenlaube. 52 Nrn. (à ca. 12 S.) gr. 4. Ebd. n. 6. —

— sächsische. Organ f. Fleischer u. Wurstfabrikanten, Viehhändler, Commissionäre u. verwandte Berufszweige. Red.: Hugo Elm. Hrsg.: Paul Wille. 1. Jahrg. Octbr. 1894 — Septbr. 1895. Mit Gratisbeilage: All' Deutschland. Ein illustr. deutsches Familienblatt. Red.: Osc. Kresse. 52 Nrn. (à ca. 2 Bog.) gr. 4. Dresden. (Leipzig, H. Beyer.) n. 6. —

— sächsische. Fachblatt f. Fleischer, Wurstfabrikanten, Viehhändler, Kommissionäre, Schlacht- u. Viehhöfe. Red.: C. L. Zerwes. 3. Jahrg. 1896. 52 Nrn. (à ca. 10 S.) Fol. Leipzig, Jüstel & Göttel. n. 4. —
Seit 1897 mit d. „Internationalen Fleischer-Zeitung“ verschmolzen.

Fleischer-Zeitung für Schlesien und Posen. Unabhäng. Organ z. Wahrung d. Interessen d. Fleischermeister … von Schlesien u. Posen. Amtl. Publikationsorgan sämtl. Innungen u. Vereine Schlesiens u. Posens. Jg. 1, No 1. Breslau: E. Boronow 1908. 4° [illegible]

— süddeutsche. Offizielles Organ des württ. Fleischerverbandes. Zeitschrift f. das Fleischergewerbe u. die damit verwandten Geschäftszweige. 10. u. 11. Jahrg. 1893. 1894. à 52 Nrn. (1½ Bog.) Fol. Stuttgart, (A. Jung). à Jahrg. n. 6. —

— süddeutsche. Offiz. Organ d. württ. Bezirksvereins. Zeitschr. f. d. Fleischergewerbe u. die damit verw. Geschäftszweige. Red.: G. F. Raible. 12.—15. Jahrg. 1895—1898. à 52 Nrn. (à 8 S.) Fol. Nebst illustr. Unterhaltungs-Blatt. (Bog.) gr. 4. Stuttgart, C. Stähle jun. à Jahrg. n. 6. —
Kann auch vierteljährlich bezogen werden.

— süddeutsche. Offizielles Organ des württ. Bezirksvereins u. des Bez.-Vereins Baden-Pfalz. 16. Jahrg. 1899. 52 Nrn. Fol. (à ca. 8 S.) Nebst illustr. Unterhaltungs-Blatt. gr. 4. (à ca. 8 S.) Stuttgart (Kanzleistr. 71). G. F. Raible. n.n.n. 6. —
Nicht durch den Buchhandel zu beziehen.

Fleischfresser, W., die politische Stellung Hamburgs in der Zeit d. 30jährigen Krieges. I. u. II. 1618—1629. 4. (33 u. 28 S.) Hamburg 883. 84. Jenichen. à n. 1. —

Fleischhacker, Institut. juris Hungarici, III Part. 4. Presburg, Schwaiger. 795.

Fleischhacker, s.: Vorträge, drei.

Fleischhacker, A. [cand phil.]: Der Tod Mose's nach der Sage… Halle, 1888; 34 S. 8°
Halle, Phil. Fak., Inaug.-Diss. v. [11. Jun.] 1888

Fleischhacker, Frl. Gretchen, s.: Aschenbach, Hanna.

Fleischhammer, Alfred: Der Provinziale in der französischen Komödie von 1650 bis 1750. Halle a. S. 1909: John. 142 S. 8°
Leipzig, Phil. Diss. v. 14. April 1909, Ref. Birch-Hirschfeld, Wülker
[Geb. 14. Aug. 83 Sachsendorf; Wohnort: Niedergoseln; Staatsangeh.: Sachsen; Vorbildung: Fürstensch. Grimma Reife O. 04; Studium: Halle 3, Leipzig 5 S.; Rig. 16. Dez. 08.] [U 09. 2958

Fleischhammer, Fried. Gotthelf August, De agnitione ellipseos in interpretatione librorum sacrorum. Disp. theol. Präs. Johann August Wolf. Lpz. (Klaubarth) 17. II. 1800. 49 S. (4.80) 9051

— **Paul** (Berlin), De scleremate. Diss. med. Bln. (Aug. Petsch) 8. V. 1828. 24 S. mit Liter. u. Biogr. (4.20) 9052
Oppon.: J. F. F. Fischer, H. Bonorden, H. D. Riegling. — Gew.: A. L. H. Grf. v. Hagen, Joh. v. Wiebel, Joh. Büttner.

FLEISCHHAUER, u. Emil Fleischhauer

—— praktisch-geometrische Aufgabensammlung, s. Aufgabensammlung.

— praktisch geometrische Aufgabensammlung, s. Aufgabensammlung.

Fleischhauer, China, s. Länder und Völker.

— allgemeine Erdbeschreibung. 1. Hauptthl.: Die alte Welt. 1. Abthl.: Europa. 1. Abschnitt: Deutschland, historisch-geographisch und statistisch. Mit einer Einleitung zur Geographie Europa's und einer Zugabe: „Die mathematische Geographie.“ gr. 8. (XVI und 480 S. mit eingedr. Holzschn.) Langensalza 861, [Schulbuchhandlung von Greßler.] *

Fleischhauer, allgemeine Erdbeschreibung. 1. Hauptthl. Die alte Welt. 1. Abthl. Europa. 2. Abschn. Europa's Kaiserreiche. (Rußland, Frankreich, Oesterreich und die Türkei.) Historisch-geographisch und statistisch. Anh.: Rest des vormal. Kirchenstaats. gr. 8. (X und 352 S.) Langensalza 862, Schulbuchh. von Greßler.
I. Abthl. 1. Abschn. [Ebendas.] 1861. 1 Thlr. 7½ Ngr.

— und Em. Fleischhauer, der praktische Geometer oder Anleitung zur gewerblichen Geometrie. Ein Lern- und Lehrbuch für Sonntags-, oder Gewerbs- und Fortbildungsschulen &c. Mit mehreren Tabellen, vielen eingedruckten Holzschn. und einem arithmetischen Anhange. 856. (XV, 250 S.) — 2. verb. Aufl. Ebend. 857. 8. (XV, 256 S.) 15 ngr

—— und Emil Fleischhauer, der praktische Geometer oder Anleitung zur gewerblichen Geometrie. Ein Lern- und Lehrbuch für Sonntags-, oder Gewerbs- und Fortbildungsschulen, zunächst auf dem Lande ꝛc. Mit mehreren Tabellen, vielen eingedr. Holzschnitten und einem arithmet. Anhang. 2. Aufl. (XV und 256 S.) 1857. und 3., erweiterte und mit verschiedenen neuen Zugaben versehene Aufl. 8. (XV und 287 S.) Langensalza 860, [Schulbuchhandlung von Greßler.]

—— und Emil Fleischhauer, der praktische Geometer oder Anleitung zur gewerbl. Geometrie. Ein Lern- und Lehrbuch für Sonntags- oder Gewerbs- und Fortbildungsschulen ꝛc. 4., erweit. und mit verschied. neuen Zugaben verseh. Aufl. 8. (XVI und 288 S. mit mehrern Tab., vielen eingedr. Holzschn. und einem arithmet. Anh.) Langensalza 863, Schulbuchh. von Greßler.

Fleischhauer, Pfr., und Emil Fleischhauer, der praktische Geometer oder Anleitung zur gewerbl. Geometrie. Ein Lern- und Lehrbuch für Sonntags- oder Gewerbs- und Fortbildungsschulen ꝛc. Mit mehreren Tab., vielen eingedr. Holzschn. und einem arithmet. Anh. 5. mit 2 neuen Zugaben verm. Aufl. 8. (XVI, 303 S.) Langensalza 869, Schulbuchh. von Greßler.

Fleischhauer's praktischer Geometer oder Anleitung zur gewerbl. Geometrie. Ein Lern- und Lehrbuch für Sonntags- oder Gewerbs- und Fortbildungsschulen, zunächst auf dem Lande, sowie für Lehrlinge der Landwirthschaft und sonstige Gewerbe zum Selbstunterricht. Mit vielen eingedr. Holzschn. Den Zeitverhältnissen entsprechend umgearb. von Emil Fleischhauer. 6. verb. Aufl. 1872, und 7. Aufl. 8. (VIII, 229 S.) Ebendas. 875.

Fleischhauer's praktischer Geometer od. Anleitung zur Gewerblichen Geometrie. Ein Lehr- u. Lernbuch f. Sonntags- oder Gewerbs- u. Fortbildungsschulen, zunächst auf dem Lande, sowie f. Lehrlinge der Landwirthschaft u. sonstiger Gewerbe zum Selbstunterricht. Mit vielen eingedr. Holzschn. Den Zeitverhältnissen entsprechend umgearb. v. Emil Fleischhauer. 8. Aufl. 8. (VIII, 232 S.) Langensalza 879. Schulbuchhandlung. 1. 80

Fleischhauer, populär-physikalisches Handwörterbuch für Schule und Haus oder alphabetisch geordnete, gemeinfaßliche Erklärung der wissenswürdigsten in der Naturlehre und den damit verwandten Wissenschaften als: Astronomie, Botanik, Chemie, physische Geographie, Geologie ꝛc. vorkommenden Begriffe, Kunstwörter, Instrumente ꝛc., nebst biograph. Notizen berühmter Naturforscher, Erfinder ꝛc. In Verbindung mit mehreren Schulmännern und mit Benützung der neuesten in- und ausländischen Werke hrsg. 1. Lfg. br. gr. 8. (S. 1—160 mit eingedr. Holzschn.) Langensalza 856, Schulbuchhandlung des thüringer Lehrer-Vereins.

—— populär-physikalisches Handwörterbuch für Schule und Haus oder alphabetisch-geordnete, gemeinfaßliche Erklärung der wissenswürdigsten in der Naturlehre und den damit verwandten Wissenschaften ꝛc. vorkommenden Begriffe, Kunstwörter, Instrumente ꝛc. 2—6. (Schluß-)Lfg. br. gr. 8. (S. 161—790 mit eingedr. Holzschn.) Langensalza 857. 58, [Schulbuchhandlung von Greßler.] à Lfg. 12 Ngr.

1. Lfg. Ebendas. 1856. *12 Ngr., wonach der Preis im 12. Bd. abzuändern ist.

—— Japan, s. Länder und Völker.

Fleischhauer, prakt. Münzarithmetik, od. faßl. Anleit. zum Reduciren d. Münzwerthe, schriftl. u. aus d. Kopfe. Zunächst f. Volksschulen u. ihre Lehrer in denjen. Staaten, wo nach Decimalcourant gerechnet wird ꝛc. 16. (4 B.) Gotha 841, Müller.

Fleischhauer, ökonom. Vorschläge. 4. Hannov. Hahn.

Fleischhauer: Das Wasser als Brenn- und Leuchtstoff. Langensalza 1850

Fleischhauer, A., Rechenbuch zum Gebrauch f. das mündl. und schriftliche Rechnen. I. Der Zahlenraum von 1—10, 1—20 u. 1—30. 8. (39 S.) Wittenberg 880. Wunschmann. n. — 20; cart. n. — 25

Fleischhauer, C. D., deutsches Preis-Kochbuch, s.: Straßer, A.

Fleischhauer, Chr. Schloß Waldeck u. Umgebung. Eine histor. Reminiscenz, zusammengestellt nach älteren Urkunden u. Ueberliefergn. Zugleich e. Führer f. die Besucher d. Schlosses. gr. 8. (49 S.) Bad Wildungen 889, Pusch. * — 50

Fleischhauer, Chr., Schloß Waldeck u. Umgebung. Eine histor. Reminiscenz, zusammengestellt nach älteren Urkunden u. Ueberliefergn. Zugleich e. Führer f. die Besucher des Schlosses. 2. Aufl. (49 S. m. 1 Abbildg.) 8. Bad Wildungen 903. P. Pusch. n. — 50

Fleischhauer, Chr., zu rechter Zeit. Eine Wildunger Geschichte aus vergang. Tagen. 12. (61 S.) Wildungen (900). C. Hundt. n. — 30

Fleischhauer, Clara, s. Fleischhauer, Klara.

Fleischhauer, Curt, s. Fleischhauer, Kurt.

FLEISCHHAUER, D. C. V., Merkwürdige poetische Schriften. Erfurt, b. Joh. Fr. Webern. 4°.
So im O. M. V. 1752, S. 249.

Fleischhauer, Emil. Praktische Anleitung zu ökonomischen Teilungen v. Grundstücken, sowie zum Messen, Berechnen u. Zeichnen derselben. Mit 12 Fig. im Text, 1 Rechentafel, 1 lith. Figurentafel u. 2 lith. Maßst. gr. 8. (IV, 36 S.) Gotha 890, Glaeser. * 1 —; geb. ** 1 50

Fleischhauer, Emil, praktische Anleitung zu ökonomischen Teilungen v. Grundstücken, sowie zum Messen, Berechnen u. Zeichnen derselben. Mit 12 Fig. im Text, 1 Rechentafel u. 2 lith. Maßstäben. gr. 8. (IV, 36 S.) Gotha 891. Glaeser. n. 1. -

Fleischhauer, Emil: Praktisch-geometrische Aufgabensammlung, s. Fleischhauer.

Fleischhauer, Emil: Der praktische Geometer, s. Fleischhauer.

Fleischhauer, Frider(icus) August(us): De laesionibus capitis. Halis Saxonum (1857): Ploetz. 30 S. 8°
Halle-Wittenberg, Med. Diss. v. 23. Dez. 1857
Geb. [Straussfurt (Kr. Weissensee)] 23. 2. 1832. V.

Fleischhauer, G. Fr., vollständ. holländische Sprachlehre für Deutsche, nebst Lese- u. Uebersetzungsübungen. 8. Amsterd. 826. (W. Vogel in Leipz.) 1 ℛ︀ 8 gℛ︀

— neues deutsch-holländisches u. holländ.-deutsches Taschenwörterbuch, N. Ausg. 2 Thle. gr. 12. Amsterd. 826. (W. Vogel in Leipz.) 4 ℛ︀ 4 gℛ︀

Fleischhauer, Geo., Bahnfracht-Tarif vom 1. VII. 1897 f. Kohlen, Koks u. Briketts nach den Ruhrhäfen. gr. 8. (12 S.) Duisburg 898. (H. Bautzmann.) n. — 50

Fleischhauer, Geo., Kalkulation d. Transportkosten auf d. zukünft. Kanal Dortmund—Emshäfen, n. d. Praxis aufgest. unt. Annahme d. einstweil. Beförderungsweise d. Frachtkähne durch Schleppdampfer od. durch eig. Motorkraft u. unt. Zugrundelegg. d. in d. rhein.-holländisch-belg. Fluss- u. Kanalfahrt besteh. Verhältnisse, m. Berücksicht. d. f. d. Dortmund-Ems-Kanal spec. festges. Zölle. gr. 8. (18 S.) Oberhausen 896. (Duisburg, H. Bautzmann.) n. — 50

— Erläut. Verzeichniss der Steinkohlen-Zechen, Kokereien u. Brikettfabriken d. Ruhr- u. westfäl. Gebietes, d. Steinkohlengruben d. Wurmreviers u. d. rhein. Braunkohlengruben. N. zuverläss. Quellen zusammengest. u. hrsg. 2. Aufl. gr. 8. (36 u. Nachtrag 1896 1 S.) Ebd. 894. n. 1. 50

Fleischhauer, Hans: Aus d. Med. Universitätsklinik zu Kiel. Ein Fall von akut verlaufendem Morbus Addisonii. Kiel 1909: Fiencke. 18 S. 8°
Kiel, Med. Diss. v. 25. Nov. 1909, Ref. Heller
[Geb. 24. Dez. 83 Düsseldorf; Wohnort: Düsseldorf; Staatsangeh.: Preußen; Vorbildung: Kgl. Gymn. Düsseldorf Reife O. 03; Studium: Freiburg i. B. 6, Kiel 4 S.; Coll. 26. März 09; Approb. 15. Juni 09.] [U 10. 2435

Fleischhauer, Hanns, Referendar in Stuttgart: Der Umfang der in der Prokura enthaltenen Vollmacht. Stuttgart 1908: J. F. Steinkopf. (56 S.) 8° [F.]
Leipzig, Jur. Fak., Diss. v. 17. Febr. 1908
[Geb. 30. Nov. 81 Weinsberg; Wohnort: Stuttgart; Staatsangeh.: Württemberg; Vorbildung: Karls-Gymn. Stuttgart Reife Juli 00; Studium: Tübingen 4, Berlin 1, Leipzig 1, Tübingen 2 S.; Rig. 20. Juni 06.]

FLEISCHHAUER, HERMANN. Ueber die Condensation von Estern und Nitrilen mittels Natriumaethylats. Leipzig, 1893.

Fleischhauer, (J. Fr.) neues deutsch-holländisch u. holländisch-deutsches Taschenwörterbuch. Neue Ausg. 2 Thle. gr. 12. Amsterdam 826. (W. Vogel in Leipzig.)

Fleischhauer, Joh. Chr., die deutsche privil. Lehn- u. Erbaristokratie, vernunftmäßig u. geschichtl. gewürdigt, f. gebild. Deutsche aller Classen. gr. 8. (25 B.) Neustadt a. d. O. 831, Wagner.

Fleischhauer, Joh. Chrstn., das gutsherrl.-bäuerl. Verhältniß in Deutschland enthüllt u. die darüber verbreiteten u. begünstigten Irrthümer widerlegt. gr. 8. (26¾ B.) Neustadt a. d. O. 837, Wagner.

Fleischhauer, Joan. Henr. (geb. Bochum 2. 2. 1816): De delirio tremente. Berolini (1840). (32 S.) 8°
Berlin, Med. Diss. v. 14. Dez. 1840

Fleischhauer, (Joh. Heinr.), die Naturkräfte im Dienste des Menschen. Gemeinfaßliche naturwissenschaftl. Vorlesungen. Nr. 1: Das Wasser als Brenn- u. Leuchtstoff. 8. (16 S. mit 1 lith. Taf.) Langensalza 850, Schulbuchh. d. Thüringer Lehrer-Vereins. — 2. verb. Aufl. 8. (20 S. m. 2 lith. Taf.) Ebd. 852. 1/6 Thlr

— dass. Nr. 2: Die Einrichtung unserer Sonnenweltordnung nach den neuesten Ergebnissen astronom. Forschungen. 8. (18 S. m. 1 lith. Taf.) Ebd. 850. — 2. verb. Aufl. 8. (21 S. m. 1 lith. Taf.) Ebd. 852. 1/6 Thlr

— dass. 3. Vorlesung: Die elektromagnetische Telegraphie. Nach den besten Quellen bearb. Mit (3) erläut. Lith. (in 4.) 8. (VIII u. 56 S.) Ebd. 851. — 2. verb. Aufl. 8. (VI u. 66 S. m. 3 Lith.) Ebd. 852. 1/3 Thlr

— dass. 4. Vorlesung: Das Sideralllicht. Mit erläut. Lith. 8. (28 S.) Ebd. 851. 1/6 Thlr

— dass. 5. Vorlesung: Die Luftschifffahrt. 8. (IV u. 44 S. m. 2 lith. Taf.) Ebd. 852. 6 ngr

— dass. 6. Vorlesung: Das Dampfroß auf der Eisenbahn. Nebst einem Anh. üb. die Impulsoria. 8. (IV u. 36 S. m. 2 lith. Taf. in 8. u. Fol.) Ebd. 852. 6 ngr

— dass. 7. Vorlesung: Der Mond. Eine Monographie nach den neuesten Ergebnissen astronom. Forschungen. 8. (IV u. 63 S. m. 2 lith. Taf. in 4.) Ebd. 852. 6 ngr (1—6: 1 Thlr 13 ngr)

Fleischhauer, die Naturkräfte im Dienste des Menschen. Gemeinfaßliche naturwissenschaftliche Vorlesungen. Langensalza, Schulbuchhdlg. d. Thür. Lehrervereins. 8.
Nr. 1. Das Wasser als Brenn- und Leuchtstoff. Mit (2) erläuternden Lithogr. 3. verb. rc. Aufl. 855. (20 S.) 5 ngr
" 2. Die Einrichtung unserer Sonnenweltordnung nach den neuesten Ergebnissen astronomischer Forschungen. Mit 1 (lith.) Imaginar-Modell. 3. verb. rc. Aufl. 855. (1 Bl., 42 S.) 5 ngr
" 3. Die elektromagnetische Telegraphie. Mit erläuternder Lithogr. 3. verb. rc. Aufl. 855. (VI, 76 S. u. 3 lith. Taf. in 4.) 10 ngr
" 4. Das Licht im Allgemeinen und das latente Licht und Sideralllicht im Besondern. Mit erläuternden Lithogr. (auf 1 Taf.). 2. verb. u. verm. Aufl. 853. (31 S.) 5 ngr
" 5. Die Luftschifffahrt. 2. verm. u. erweiterte Aufl. Mit Abbildgn. 854. (IV, 47 S. u. 2 lith. Taf.) 6 ngr
" 6. Das Dampfroß auf der Eisenbahn. Nebst einem Anhange über Impulsoria. Mit Abbildgn. 2. verb. rc. Aufl. 854. (2 Bl., 48 S. u. 2 lith. Taf. in 8. u. qu. Fol.) 6 ngr
" 7. Der Mond. Eine Monographie nach den neuesten Ergebnissen astronomischer Forschungen. Mit Lithogr. u. 1 Mondkarte. 2. verb. rc. Aufl. 854. (IV, 70 S. u. 2 lith. Taf. in 4.) 6 ngr
" 8. Die Polarexpeditionen und die dabei gemachten wichtigen Entdeckungen des magnet. Nordpols und des Südpolcontinents als sechsten Welttheils. Nebst einer Zugabe: die unglückliche Nordpolreise Franklin's u. Crozier's betr. 853. Mit 1 (lith.) „Nordpolexpeditions-, 1 „magnet." u. 1 „Südpolcontinents"-Karte (in qu. 8. u. 4.) 854. (IV, 86 S.) 9 ngr
" 9. 1. Abth. Die Achsendrehung der Erde und Foucault's Pendelversuch. Besonders für Landschullehrer und solche, die das Experiment ohne großen Kostenaufwand selbst nachmachen wollen. 853. (IV, 64 S.) 7½ ngr. — 2. verb. Aufl. 854. (VII, 62 S. u. 1 lith. Taf.) 6 ngr — 2. Abth. Kritik der Dr. Schöpffer'schen Theorie: „Die Erde steht fest, die Himmelskörper bewegen sich." Mit erläuternden Lithogr. 854. (V, 67 S.) 6 ngr
" 10. Die Meteore. 1. Abth. Die Feuer- u. Lichtmeteore oder die Solar-Nebelringe als eigentl. Herd der Aërolithen, Sternschnuppenschwärme und des Thierkreislichtes. Mit 2 (lith.) Taf. Abbildgn. (in 4.) 853. (IV, 59 S.) — 2. Aufl. 855. (IV, 68 S.) 7½ ngr
11. Die Meteore. Fortsetzung. 2. Abth. Die Elektro- u. Aëro-Meteore und die Atmosphäre als deren Heerd. Mit einer Zugabe: „Das Barometer als Wetterglas." Mit Abbildgn. 854. (IV, 82 S.) — 2. verb. Aufl. 855. (VI, 89 S. u. 1 lith. Taf. in 4.) 7½ ngr
" 12. Die Meteore. Schluß. 3. u. letzte Abth. Die Hydro- und Photo-Meteore. Mit einer Zugabe: über die Meteorologie oder Witterungskunde. Mit Abbildgn. 854. — 2. verb. Aufl. 855. (IV, 112 S. u. 1 lith. Taf. in Fol.) 9 ngr

— (2. Cyklus.) Langensalza 856. Schulbuchhdlg. des Thür. Lehrervereins. 8.
1.: Die Kometenwelt, mit Rücksichtnahme auf den großen Melanthon'schen Kometen, der einst Kaiser Karl V. veranlaßte, die Krone niederzulegen, und der in den nächsten vier Jahren am Himmel wiedererscheinen wird. Mit Holzschn. (im Text.) (4 Bl., 96 S.) 9 ngr
2.: Die Sonne. Eine Monographie derselben, mit Rücksichtnahme auf die Centralsonne und mit einer populären Erläuterung der Weltgesetze. Mit Holzschn. (im Text.) (IV, 139 S.) 12 ngr
3.: Die Genesis der Planetenwelt. Mit einer Monographie der beiden zuletzt entstandenen Planeten. Mit Holzschn. (im Text.) (VI, 67 S.) 6 ngr

— Reform-Wörterbuch, oder Erklärg. der hauptsächlichsten bei den jetzigen Reformbewegungen zur Sprache kommenden Gegenstände, Ausdrücke, Redensarten, Fremdwörter rc. Für den Bürger u. Landmann, sowie für Volksschulen u. ihre Lehrer. 8. (IV u. 131 S.) Gotha 848, Müller. 1/3 Thlr

— Versuch einer gemeinfaßl., nur auf Elementarschulkenntnisse gegründeten Volkssternkunde für Schule und Haus. 1. Thl. Die Sonnenweltordnung. Mit einem biograph. Anhange älterer u. neuerer Astronomen u. Mathematiker. 12. Darmstadt 841, Leske. 11/12 Thlr

Fleischhauer, Versuch einer gemeinfaßl., nur auf Elementarschulkenntnisse gegründeten Volkssternkunde f. Schule u. Haus. 1. Thl. Die Sonnenweltordnung. Mit e. biograph. Anh. älterer u. neuerer Astronomen u. Mathematiker. 12. (20⅜ B.) Darmstadt 841, Leske.

—— Versuch einer gemeinfaßlichen, nur auf Elementarschulkenntnisse gegründeten Volkssternkunde für Schule und Haus. Nach den neuesten Ergebnissen astronom. Forschungen bearb. 2. Thl.: Die Fixsternweltordnung. Mit vermischten Zugaben, als: Architektonik des Sonnensystems, astronom. Chronologie, Erdvermessungen, Ermittelung geograph. Ortsbestimmungen, biograph. Notizen und einem Verzeichniß astronom. Kunstausdrücke. 12. (XV und 499 S. mit 1 lithogr. Karte in gr. 4.) Darmstadt 850, Leske.
1. Thl. Ebendas. 1844. 27½ Ngr.

—— gemeinfaßliche naturwissenschaftliche Vorlesungen. 1—3. Vorlesung. Mit eingedr. Holzschn. 8. Langensalza, Schulbuchhandlung des thüringer Lehrer-Vereins.

Inhalt:

Vorles. 1. Die Kometenwelt, mit Rücksichtnahme auf den großen Melanthon'schen Kometen, der einst Kaiser Karl V. veranlaßte, die Krone niederzulegen, und der in den nächsten vier Jahren am Himmel wiedererscheinen wird. (VIII und 96 S.) 855. 9 Ngr.

" 2. Die Sonne. Eine Monographie derselben, mit Rücksichtnahme auf die Centralsonne und mit einer populären Erläuterung der Weltgesetze. (IV und 139 S.) 856. 12 Ngr.

" 3. Die Genesis der Planetenwelt. Mit einer Monographie der beiden zuletzt entstandenen Planeten. (IV und 67 S.) 856. 6 Ngr.

Fleischhauer, Johann Jacob: „Zufällige Gedancken von dem Alter, Wachsthum und Nutzen der Oeconomie", Göttingen 1750.

— **Johann Lorenz** (Weissensee), De jurisdictione voluntaria extra territorium non exercenda. Diss. jur. Präs. Adam Friedr. Glafey. Lpz. (Fleischer) 2. VI. 1719. 16 S. (4.50) 9054
Gew.: Christian Friedrich Kaufmann v. Kauffberg (Döllstädt u. Berga).

Fleischhauer, K. F., die Prozeßleitung vor dem Amtsgerichte nach der deutschen Reichscivil- u. Strafprozeßordnung. Übersichtliche Zusammenstellg. der f. die Prozeßleitg. maßgeb. Normen in der Perspektive d. Terminsdirigenten. gr. 8. (III, 60 S.) Jena 889. Pohle. n. 1.—

Fleischhauer, Karl. Die württembergische Gesetzgebung üb. die Verwaltung der Gemeinden, Amtskörperschaften u. Stiftungen nebst den dazu ergangenen Vollzugsbestimmungen. 1. u. 2. Lfg. gr. 8. (544 S.) Stuttg. 892, Kohlhammer. * 7 —

Fleischhauer, Karl, die württembergische Gesetzgebung üb. die Verwaltung der Gemeinden, Amtskörperschaften u. Stiftungen, nebst den dazu ergangenen Vollzugsbestimmgn. Zusammengestellt u. erläutert gr. 8. (XXVIII, 1182 S.) Stuttgart 893. W. Kohlhammer. n. 15. —; geb. n. 17. —

— das Verwaltungsedikt f. die Gemeinden, Oberämter u. Stiftungen vom 1. März 1822, nebst den dasselbe abänd. u. ergänz. Gesetzen. Im Auftrag d. k. Ministeriums d. Innern bearb. gr. 8. (VIII, 188 S.) Ebd. 891. n. 2. —; geb. n. 2. 50

Fleischhauer, v., das Verwaltungsedikt f. die Gemeinden, Oberämter u. Stiftungen vom 1. III. 1882, nebst den dasselbe abänd. u. ergänz. Gesetzen. Im Auftrag des k. Ministeriums d. Innern bearb. 2. Aufl. 8. (VIII, 224 S.) Stuttgart 899. W. Kohlhammer. n. 2. 50; geb. n. 3. —

FLEISCHHAUER, Klara

Fleischhauer, Clara und Otto, Sphinx, s. Sphinx.

FLEISCHHAUER, Kurt

Fleischhauer, Curt: Die Beziehungen der Vaginal-Katarrhe zur Ophthalmoblennorrhoea neonatorum und deren Prophylaxe. Halle a. S. 1884: Plötz. 34 S. 8°
Halle-Wittenberg, Med. Diss. v. 22. Nov. 1884
Geb. Mühlhausen (Thür.) 31. 1. 1862. V.

Fleischhauer, O., Oberspier. Ein Dorfbild aus alter u. neuer Zeit. 8. (III, 121 S. m. 1 Plan.) Sondershausen (896). (F. Bertram.) n. 1. 25

Fleischhauer, O., 12 Sonette zu Fechners Büchlein vom Leben nach dem Tode. Seinen Toten gewidmet. (12 S.) kl. 8. Greußen 906. (Sondershausen, F. Bertram. n. — 50

Fleischhauer, Osk., Hülfstafeln zur Berechnung der Stückzinsen. gr. 8. (8 S. mit 4 Tab. in 4.) Stuttgart 865, Nitzschke.
Aus: Moser's „Zeitschrift für Kapital und Rente", besonders abgedruckt.

—— Hülfstafeln, um die Stückzinsen für alle Capitalien bis zu einer Million Thaler, Gulden, Francs rc. auf 1 bis 864 Tage genau und schnell zu ermitteln. 1. Heft. hoch 4. (8 S.) Gotha 866, Thienemann.

Fleischhauer, Osc., Kalender-Compendium der christlichen Zeitrechnungsweise auf die J. 1 bis 2000 vor und nach Christi Geburt. Taschenbuch für jedermann, um daraus die Lage der Datums zu den einzelnen Wochentagen, Festen, Namenstagen und Mondphasen eines Jahres nach Christi Geburt ersehen und Zeitangaben nach der julian. Zeitrechnungsweise aus Jahren vor Christi Geburt beurtheilen zu können. 8. (IV, 267 S.) Gotha 884, F. A. Perthes. geb. *

Fleischhauer, Osc., die Maaße, Gewichte und Münzen des Herzogthums S. Coburg-Gotha und ihre Vergleichung mit denen anderer Staaten, insbesondere der benachbarten. Für Schulen, Beamte, Techniker, Kaufleute rc. Nach officiellen Nachweisungen. 12. (VII und 49 S.) Gotha 860, (Müller.)

Fleischhauer, Osk., Rechenknecht f. die Umwandlung der Maaß- u. Preis-Angaben bei Einführg. d. metr. Maaßes u. Gewichtes im Herzogth. S. Gotha. Zugleich m. Bezugnahme auf das zeither. preuß. Maaß u. Gewicht. Nach den gesetzl. Bestimmgn. bearb. 8. (VIII, 96 S.) Gotha 871. Gläser. n. 1. 50

Fleischhauer, Osc., die Sterbecassen-Vereine. Eine gemeinfaßl. Anleitung zur Beurtheilung bereits besteh. Sterbecassen-Vereine u. zur zweckmäßigen Einrichtung neu zu gründender, namentlich den deutschen Sparcassen zur Beherzigung und den deutschen Volkslehrern zur Verbreitung anempfohlen. gr. 8. (VI, 64 S.) Weimar 882. Böhlau. n. 2. —

Fleischhauer, O.: Tabellen zum Gebrauch beim Liquidiren der Gerichtskosten in Sachen Handlungen der freiwilligen Gerichtsbarkeit und in Grundbuch-Sachen. 2. Aufl. nebst den betr. Tarifen. Berlin 1883.

Fleischhauer, Osc., Theorie und Praxis der Rentenrechnung mit besond. Bezugnahme auf die bei Credit-Instituten, Ablösungscassen, Leibrenten- und Lebensversicherungs-Anstalten vorkommenden Geschäfte. Ein Hand- und Hülfsbuch. gr. 8. (XII, 812 S.) Berlin 875, Weidmann'sche Buchh. *

Fleischhauer, Otto: Sphinx, s. Sphinx.

Fleischhauer, W., prakt. französ. Grammatik. N. d. neuen Lehrplänen bearb. gr. 8. (IV, 11 u. 95 S.) Leipzig 895. Renger. n. 1. —; geb. in Leinw. n. 1. 40

Fleischhauer, W., und O. Feise, Hildesheim und angrenzende Landestheile. 1 : 75,000. 6 Bl. Chromolithogr. Imp.-Fol. Hildesheim 878. Lax. *

Fleischhauer, W., und O. Feise, Hülfsbuch zum Gebrauche in der Heimatskunde der Landdrostei Hildesheim und der angrenzenden Landestheile. gr. 8. (46 S.) Hildesheim 878, Lax. *

— method. französisches Lese- u. Übungsbuch. N. d. neuen Lehrplänen bearb. 2 Tle. gr. 8. Ebd. n. 4. 20; geb. in Leinw. n. 5. —
I. (X, 195 S.) 895. n. 1. 80; geb. n. 2. 20
II. (IX, 244 S.) 896. n. 2. 40; geb. n. 2. 80

Fleischhauer, Wilh., über den Gebrauch des Conjunctivs in Alfred's altenglischer Uebersetzung von Gregor's Cura Pastoralis. gr. 8. (95 S.) Erlangen 886, Deichert'sche Verlagsh. Nachf. *

Fleischhut, Berta, mein deutsches Buch. Lehrbuch der deutschen Sprache auf Grundlage der Anschaug., der direkten Methode u. der Phonetik. 14.—20. Taus. (VII, 240 S. m. 12 Taf.) 8. St. Petersburg (906). (Eggers & Co.) Kart. n.n. 2. 25

— einige Lehrproben zu dem Lesebuch „Mein deutsches Buch". (12 S.) gr. 8. Ebd. 906. n.n. — 15

— Wegweiser. Eine theoretisch-prakt. Anweisg. zum Gebrauch der Bücher: „Mein Deutsches Buch" u. „Kurzgefaßte deutsche Grammatik". 2. erweit. Aufl. (XVI, 168 S) 8. Ebd. (906). n.n. 2. 50

Fleischhut, Rudolf, appr. Arzt a. Fischen i. Bayern: Über die Schußverletzungen der Lunge in der Friedenspraxis und deren Behandlung. Berlin (1905): G. Schade. (45 S.) 8°
Berlin, Med. Fak., Ref. Hildebrand, Diss. v. 17. Juli 1905
[Geb. 23. Sept. 68 Fischen, Bayern; Heimatsort: Sigmaringen; Staatsangeh.: Bayern; Vorbildung: Gymn. Sigmaringen Reife M. 90; Studium: Tübingen 5, München 7 S.; Coll. 13. Juli 05; Approb. 7. Apr. 98.]

Fleischhuth, Johann Peter (Homberg/Hessen), Casum practicum cum rationibus dubitandi et decidendi, ut & problema juridicum de autoritate speculi Saxonici et Suevici occasione statut. Rinthel. sec. II. tit. 2. § 3. Diss. jur. Präs. Heinr. Ern. Kestner. Rinteln (H. A. Enax) 18. VIII. 1707. 14 S. (4.—) 9055

FLEISCHINGER, A. F.

Fleischinger u. Becker, Der Backsteinrohbau. Nach ausgeführten Musterbauten für den Unterricht an der kgl. Bauakademie zu Berlin. 48 Tfln. in Farbendruck nebst Text. (Besond. Abdruck aus der systemat. Darstellung der Bauconstructionen.) Berlin (Ernst u. Korn) Fol.

Fleischinger, A. F., und W. A. Becker, systematische Darstellung der im Gebiete der Landbaukunst vorkommenden Constructionen und der zur Ausführung derselben erforderlichen Hülfsmittel. Für den Unterricht an der königl. Bau-Akademie in Berlin, für Bauschulen, zum Selbstunterricht ꝛc. und für Bauhandwerker bearb. 1. Abthl.: Die Mauer-Werke- oder Stein-Constructionen. (In ca. 14 Lfgn.) 1—9. Lfg. Fol. (58 Stnt., wovon 80 in Buntdr., 86 S. Text mit eingedr. Holzschn. und 1 Bl. Erklär.) Berlin 859—62, [Ernst und Korn.] [1—5., 8. und 9. Lfg. à * 1 Thlr., 6. und 7. à * 2 Thlr.] *

Fleischinger, A. F., und W. A. Becker, systematische Darstellung der im Gebiete der Landbaukunst vorkommenden Constructionen und der zur Ausführung derselben erforderlichen Hülfsmittel. 1. Abthl. Die Mauerwerks- und Stein-Constructionen. 10.—14. Lfg. Fol. (31 Stnt. in Buntdr. mit 5 Blatt Erklärungen.) Berlin 862—64, Ernst und Korn. à Lfg. * 1 Thlr. 10 Ngr. *
1.—9. Lfg. Ebendas. 1859—62. * 10 Thlr.

Fleischkühlanlagen für städtische Schlachthöfe. Denkschrift der Gesellschaft für Linde's Eismaschinen. (17 S 3 T) 4° Wiesbaden 1895

Fleischl, Ernst, s. a. Fleischl von Marxow Ernst.

Fleischl, Ernst, über den Bau einiger sogenannten Drüsen ohne Ausführungsgänge. Mit 1 (lith.) Taf. [Aus den Sitzungsber. d. k. Akad. d. Wiss.] Wien 869. Gerold's Sohn. gr. 8. (8 S.) n. 5 ngr.

—— über den Bau der sogenannten Schilddrüse des Frosches. Lex.-8. (4 S. mit 1 Chromolithogr.) Wien 868, (Gerold's Sohn.) *
Vorstehende zwei Schriften sind aus: Sitzungsberichte der k. Akademie der Wissenschaften, besonders abgedruckt.

Fleischl, Ernst v., die doppelte Brechung d. Lichtes in Flüssigkeiten. [Mit 1 Holzschn.] Lex.-8. (17 S.) Wien 884. (Gerold's Sohn.) n. — 35

Fleischl, Ernst v., die Deformation der Lichtwellenfläche im magnetischen Felde. Lex.-8. (17 S. mit 2 eingedr. Holzschn.) Wien 885, (Tempsky.) *
Aus: Sitzungsberichte der k. Akademie der Wissenschaften, besonders abgedruckt.

Fleischl, Ernst v., pro dromo. Eine Streitschrift. gr. 8. (25 S.) Wien 882. Seidel & Sohn. n. — 60

— über eine optische Eigenschaft der Cornea. [Mit 1 (eingedr.) Holzschn.] [Aus: „Sitzungsber. der k. Akad. d. Wiss."] Lex.-8. (10 S.) Wien 880. (Gerold's Sohn.) n.n. — 25

— Über die Graduierung elektrischer Induktionsapparate. S. 72. III. 0 . . . . . . —.10
Separatabdruck

Fleischl, Ernst, e. Lücke in Kant's Philosophie u. Ed. v. Hartmann. 8. (24 S.) Wien 872. Rosner. n. 40 —

Fleischl, Ernst v., Medicin, —— Mikroskope, } s. Bericht über die Weltausstellung in Philadelphia 1876.

— Eine neue Methode zur Bestimmung des inneren Widerstandes galvanischer Elemente (mit 1 Holzschnitt). S. 75. II. 29 . . . . —.08
Separatabdruck

— physiologisch-optische Notizen. [Aus: „Sitzungsber. der k. Akad. der Wiss."] Lex.-8. (9 S.) Wien 881. (Gerold's Sohn). n. — 20

— dasselbe. 2. Mittheilung. [Mit einem (eingedr.) Holzschnitt.] Lex.-8. (18 S.) Ebend. 882. n. — 40

— physiologisch-optische Notizen. III. Mittheilg. Lex.-8. Ebend. 883. n. — 20 (1—3.: n. — 80)

—— Untersuchung über die Gesetze der Nervenerregung. 1.—5. Abthl. gr. 8. Wien, (Gerold's Sohn.) **
Inhalt:
Abthl. 1. Ueber die Lehre vom Anschwellen der Reize im Nerven. (14 S. mit 4 eingedr. Holzschn.) 876. ** 30 Pf.
» 2. Ueber die Wirkung secundärer elektr. Ströme auf Nerven. (22 S. mit 3 eingedr. Holzschn. und 1 lithogr. Taf.) 876. ** 50 Pf.
» 3. Das Rheonom. (25 S. mit 4 lithogr. Taf. und 7 eingedr. Holzschn.) 877. ** ℳ 2.
» 4. Der interpolare Elektrotonus. (18 S. mit 1 lithogr. Taf.) 878. ** 50 Pf.
» 5. Die Theorie des Elektrotonus. (16 S. mit 2 lithogr. Taf. und 1 eingedr. Holzschn.) 878. ** 60 Pf.
Aus: Sitzungsberichte der k. Akademie der Wissenschaften, besonders abgedruckt.

—— Untersuchung über die Gesetze der Nervenerregung. 6. Abhandlung: Ueber die Wirkung linearer Stromschwankungen auf Nerven. Lex.-8. (22 S. mit 6 eingedr. Holzschn. und 3 lithogr. Taf.) Wien 880, (Gerold's Sohn.) *

—— dass. — 7. Abhandlung. Lex.-8. (16 S. mit 2 eingedr. Holzschn.) (Ebendas.) 883. *
Vorstehende zwei Schriften sind aus: Sitzungsberichte der k. Akademie der Wissenschaften, besonders abgedruckt.

—— über die Wirkung von Borsäure auf frische Ganglienzellen. [Aus dem physiolog. Institute der Wiener Universität.] Lex.-8. (6 S. mit 1 lithogr. Taf.) Wien 870, (Gerold's Sohn.) *
Aus: Sitzungsberichte der k. Akademie der Wissenschaften, besonders abgedruckt.

Fleischl, Otto, aus Wien: Ueber Recidive und Nachfieber beim Abdominal-Typhus. Zür. Genossenschafts-Buchdr. Dr. 1873. 108 S., 2 Tab., 1 Bl., 1 Bl. Thesen. 8°.
Zürich, Med. Diss. v. 6. Aug. 1873.

Fleischl von Marxow, Ernst, s. a. Fleischl, Ernst.

Fleischl v. Marxow, Ernst, gesammelte Abhandlungen. Hrsg. v. Otto Fleischl v. Marxow. Mit e. Portr. des Verf. u. e. biograph. Skizze v. Sigm. Exner. Lex.-8. (XV, 548 S. m. Abbildgn. u. 19 z. Tl. farb. Taf.) Leipzig 893. J. A. Barth. n. 7. 50; geb. in Leinw. n. 9. —

Fleischl v. Marxow, Ernst, die Bedeutung des Herzschlages für die Athmung. Eine neue Theorie der Respiration, dargest. für Physiologen und Aerzte. gr. 8. (XI, 196 S.) Stuttgart 887, Enke. *

— üb. die wichtigsten Lebenseigenschaften der Nerven, s.: Vorträge d. Vereines zur Verbreitung naturwissenschaftlicher Kenntnisse in Wien

Fleischlin, Bernh. Siehe: *Monat-Rosen.*

Fleischlin, Bernhard. Schweizerische Reformationsgeschichte. Band 1: Mag. Ulrich Zwinglis Person, Bildungsgang und Wirken. Die Glaubensneuerung in der deutschen Schweiz. 1484—1529. (4 Lieferungen.) II + 933 S. 8. Stans, Hans von Matt & Cie., Verlagsbuchh., 1907. [pro Liefg. fr. 2.50]
(Liefg. 1.) II + II + 240 S. — Liefg. 2. II S. + S. 241—480. — Liefg. 3. II S. + S. 481—744. — Liefg. 4. II S. + S. 745—933.
(Dieser Band bildet zugleich den 3. Band der »Studien und Beiträge zur Schweizerischen Kirchengeschichte« vom nämlichen Verfasser.)

Fleischlin, Bernhard. Schweizerische Reformationsgeschichte. Liefg. 5 u. 6. [Band 2, Liefg. 1 u. 2.] je II S. + S. 1—512. 8. Stans, Hans von Matt & Cie., 1908. [pro Liefg. fr. 2. 50]

Fleischlin, Bernh., das Stift St. Maria zu St. Urban S. O. Cist., eine Stätte 1. der aufrichtigen Gottesliebe, 2. der werkthätigen Nächstenliebe. Predigt, gehalten in der ehemal. Abteikirche zu St. Urban am heil. Kirchweihsonntag den 10. Oktbr. 1886. Als Beilage: Historische Notizen zur Geschichte der Abtei. gr. 8. (55 S.) Luzern 887, (Foesser Nachf.) *

Fleischlin, Bernhard. Die Stifts- und Pfarrkirche zu St. Leodegarius und Mauritius im Hof zu Luzern. Ein Beitrag zur Kirchen- und Kunstgeschichte der Schweiz. [Mit Illustrationen und 3 Tafeln.] 160 S. 8. Luzern, Räber & Cie., 1908. [fr. 2. 75]

— Studien u. Beiträge z. schweizer. Kirchengeschichte. 1—10. Lfg. gr. 8. Luzern. (Stans, H. v. Matt & Co.) à Lfg. 2.—
1—4. II. Bd. Die Rechtsverhältn. d. kathol. Kirche u. d. einzelnen Gotteshäuser im Mittelalter, von d. karoling. Zeit bis zur Glaubenstrenng. 800—1520. (VII, 670 u. 208 S.) 903.
5-8. III. Bd. Mag. Ulrich Zwinglis Person, Bildungsgang u. Wirken. Die Glaubensneuerg. in d. deutsch. Schweiz. 1484—1520. (III, 933 S.) 903.04.
9. 10. IV. Bd. 1. Hälfte. Kirchenpolitik u. Glaubenshändel in Basel, Schaffhausen u. Appenzell. 1519—1529. (S. 1—512.) 908.

Fleischmann, Kommerzienrath Adolf, als Nationalökonom und die Thüringer Hausindustrie. Soziale Studie in krit. Anmerkungen von Freiwald Thüringer. gr. 8. (VIII, 35 S.) Leipzig 883, Ehrlich. *

Fleischmann, die heutigen Anforderungen an die öffentliche Armenpflege, s.: Buehl.

Fleischmann, v., s. Miot de Melito.

Fleischmann: Sonntagsschulfreund, Der,
s. Fleischmann, Paul.

Fleischmann, Stoff zu Sprach- und Rechtschreib-Uebungen für Schulen. 6. verb. Aufl. Ansbach 859. Seybold. 8. (32 S.) n. 2½ ngr.

Fleischmann, Gründlicher Unterricht zum Tabakbau für Bayern. München 1796

Fleischmann: Über die Wärme.
Progr. Memmingen 1865.

Fleischmann, A., die Feuerlöscheinrichtungen, sowie die Satzungen u. Dienstesvorschriften f. die freiwillige Feuerwehr der Kunstmühle Tivoli. Mit einem (autogr.) Plan. 8. (86 S.) München 877. Franz. u. 1. 20

Fleischmann, A. (II.), Gotthelf Greiner. Histor. Volksstück in 5 Akten. 8. (VIII, 148 und Musikbeilage 11 S.) Saalfeld 887, Niese. *

FLEISCHMANN, Adolf

Fleischmann, A., die Arbeiter-Agitatoren des Katheder-Sozialismus und die Sonneberger Spielwaaren-Industrie und ihr Handel. gr. 8. (79 S.) Berlin 884, Simion. *

Adolf Fleischmann. Ausgewählte Dramen. Leipzig: Verl. f. Lit., Kunst u. Mus. 1910. 302 S. 8° [illegible]

Die Entstehung der Spielwaren-industrie in Sonneberg, nach dem 30-jährigen Kriege. 8°. Hildburghausen 1877.

Fleischmann, Adolph [pr. Arzt]: Ein Fall von Hernia funiculi umbilicalis mit Tumor sacralis ... Königsberg i. Pr., Druck v. M. Liedtke, 1894; 2 Bl., 26 S., 3 Bl., 1 Taf. 8.
Königsberg, Med. Fak., Inaug.-Diss. v. 16. Febr. 1894

Fleischmann, Adph., e. Fall v. Hernia funiculi umbilicalis m. Tumor sacralis. Diss. gr. 8. (27 S. m. 1 Taf.) Königsberg 894. (W. Koch.) n. 1. —

Fleischmann, Adf., zur Geschichte des Herzogth. Sachsen-Coburg mit besond. Berücksicht. der Geschichte des Gesammthauses Sachsen und Prinz Friedrich's Josias von Coburg-Saalfeld, kaiserl. österreich. und des deutschen Reichs General-Feldmarschalls. Vorträge, gehalten im Kunst- und Gewerbe-Verein zu Coburg. gr. 8. (VI, 114 S.) Hildburghausen 880, Kesselring'sche Hofbuchh. *

—— zur Geschichte des Herzogth. Sachsen-Coburg-Saalfeld, enth. die Geschichte der gefürsteten Grafsch. Henneberg, der Herrschaft Saalfeld, der landständ. Verfassung in Coburg bis Ende des 18. Jahrh. Nach seinen Vorträgen bearb. 2. Heft. gr. 8. (120 S.) Ebendas. 881. *

— Die selbständige deutsche Hausindustrie und ihr Grosshandel. Eine volkswirthschaftliche Mahnung. 8°. Hildburghausen 1879.

Fleischmann, Adolf [app. Arzt aus Freinsheim in d. Rheinpfalz]: Ueber den interstitiellen Leistenbruch ... München, kgl. Hofbuchdr. Kastner & Lossen, 1897; 22 S. 8.
München, Med. Fak., Inaug.-Diss. v. 1897

— Eine volkswirtschaftliche Mahnung. (Aus: „Geschichte der Gewerbe, der Industrie und des Handels des Meininger Oberlandes".) Vorwort zu Heft III. Die Entstehung der Spielwaaren-Industrie in Sonneberg nach dem 30-jähr. Kriege. Lex-8°. Hildburghausen, Kesselring, 1877.

Fleischmann, Adf., der blaue Montag. Eine volkswirthschaftl. Betrachtung. gr. 8. (7 S.) Hildburghausen 878. Kesselring. n. — 25

Fleischmann, Adolph, die Preussen in Nürnberg. Komische Bilder aus der preussischen Occupation vom 31. Juli bis 10. Septbr. 1866, in Nürnberger Mundart. 6. Aufl. O. O. u. J. 12°. Cart.
In 59 achtzeil. Stroph. 16 S.

— Die Sonneberger Spielwaaren-Hausindustrie und ihr Handel. Zur Abwehr gegen die fahrenden Schüler des Katheder-Sozialismus in der National-Oekonomie. gr. 8°. Berlin, Simion, 1883.

Fleischmann, Alb., die Descendenztheorie. Gemeinverständliche Vorlesgn. üb. den Auf- u. Niedergang e. naturwissenschaftl. Hypothese, geh. vor Studierenden aller Fakultäten. gr. 8. (VII, 274 S. m. 124 Abbildgn.) Leipzig 901. [A. Georgi.] G. Thieme. n. 6. —; geb. n. 7. —

— Kloake u. Phallus der Amnioten. Morphogenetische Studien. gr. 8. (139 S. m. 37 Fig. u. 3 Taf.) Leipzig 902. W. Engelmann. n. 7. —
Sonderabdruck aus: „Morpholog. Jahrb."

Fleischmann, A., Lehrbuch d. Zoologie. N. morphogenet. Gesichtspunkten bearb. Allgemeiner Tl. gr. 8. (III, 191 S. m. 123 Abb.) Wiesbaden 897. C. W. Kreidel. n. 8. 60

— dasselbe. Spezieller Tl.: I. Die Wirbeltiere. gr. 8. (VIII, 164 S. m. 98 Abb. u. 3 Farbendr.-Taf.) Ebd. 896. n. 4. —

— dasselbe. Spezieller Tl.: II. Die wirbellosen Tiere. gr. 8. (XII, u. S. 165—408 m. 180 Abb.) Ebd. 898. n. 4. — (Kplt.: n. 11. 60)

Fleischmann, Albert [Dr., Assist. am Zoolog. Inst.]: Mittelblatt und Amnion der Katze .... Erlangen, Druck d. Univ.-Buchdr. v. E. Th. Jacob, 1887; 80 S. 8°
Erlangen, Phil. Fak., Hab.-Schr. v. 1887

Fleischmann, Alb., die Darwinsche Theorie. Gemeinverständliche Vorlesgn. üb. die Naturphilosophie der Gegenwart, geh. vor Studierenden aller Fakultäten. (VII, 402 S. m. 26 Abbildgn.) gr. 8. Leipzig 903. G. Thieme. n. 7. 50; geb. in Leinw. n. 8. 50

Fleischmann, A. (I.), embryologische Untersuchungen. 1. Heft: Untersuchungen über einheimische Raubtiere. gr. 4. (86 S. mit 5 Taf. in Farbendr.) Wiesbaden 886, Kreidel. *

Embryologische Untersuchungen von A[lbert] Fleischmann. Erlangen. Mit Taf. H. 1–3. Wiesbaden: C. W. Kreidel 1889–93. 3 Bde 4°
1. Untersuchungen über einheimische Raubtiere. 1889.
2. A. Die Stammesgeschichte d. Nagetiere. B. Die Umkehr d. Keimblätter. 1891.
3. Die Morphologie d. Placenta bei Nagern u. Raubtieren. 1893. [08. 101]

Fleischmann, Ant.: Quintilians Pädagogik, bearbeitet. 38 S. –Wien ak. G., Progr. 1864

Fleischmann, A.: Das österreichische Realgymnasium. 24 S. 8°–Hernals RG., Progr. 1873.

FLEISCHMANN, Aug. Cph.

— Antrittspredigt, in Tübingen gehalten. 8. Tübing. 786. (Osiander). 2 gr.

Fleischmann, Aug. Cph., († d. 22. Dec. 1807.) interpretat. epistol. Pauli ad Timotheum et Tit. Vol. I. 8. Tübing. 791. (Osiander). 20 gr.

Fleischmann, A. Ch., Interpretat. epist. P. ad Timoth. et Tit. Vol. I. 8. Tüb. Heerbrand. 791.

FLEISCHMANN, Aug. Thom.

Fleischmann, Aug., die Bevorzugten des Liebesglückes. Volksthümliche Enthüllgn. üb. die griech. Liebe (Männerliebe). Mit e. Anh.: „Bunte Gesänge“. Lieder vom „Dritten Geschlecht“. gr. 8. (15 S.) München (901). (Leipzig, W. Besser.) n. — 30

— Enthüllungen üb. die Freundlinge od. das dritte Geschlecht. Die Lösg. e. 1000jähr. Räthsels u. der sozialen Frage. 4. Aufl. gr. 8. (16 S.) Ebd. (901). n. — 30

Fleischmann, Aug. Thom., der Freundling, od. die neuesten Enthüllungen üb. das „Dritte Geschlecht“. 6. verb. u. vergrösserte Aufl. (16 S.) gr. 8. München 904. O. Mütterlein. n. — 30

— der Götterliebling Ganymedes. Satyrisches Sittenbild aus den höchsten Kreisen. (12 S.) 8. München (905). (Leipzig, W. Besser.) — 30

FLEISCHMANN, Aug. Thom. Der § 175 und die männliche Prostitution in München und Berlin. 7. Auflage. München 1905. 8°. 15 S.

— gesammelte Schriften üb. Psychologia sexualis. gr. 8. (15, 16, 15, 15, 15 u. 19 S. m. Bildnis.) Ebd. (902). n. 2.—

— s.: Schwangerschafts-Verhütung.

— Seelen-Zwillinge od. zwei Seelen in e. Körper. Neueste Enthüllgn. üb. zweigeschlechtl. Wesen. gr. 8. (15 S.) München (902). (Leipzig, W. Besser.) n. — 50

— die Uebervölkerungs-Frage u. das dritte Geschlecht. Neueste sexual-psycholog. Enthüllgn. gr. 8. (15 S. m. Bildnis.) Ebd. 902. n. — 50

— Vita homosexualis. (15, 16, 15, 19, 14, 15 u. 9 S. m. Bildnis.) 8. München (903). (Leipzig, W. Besser.) n.n. 2. 50

Max Bruch. Das Lied von der Glocke für Chor, 4 Solostimmen, Orch. u. Orgel, op. 45. Gedicht von Friedrich v. Schiller. Erl. von Benno Fleischmann. Berlin: Schlesinger [1908]. (14 S.) 8° [F.]
— Musikführer, Der. No 275.
(Schlesingersche Musik-Bibliothek.) [08. 10313

Fleischmann, C.: Lehrbuch für den Turnunterricht in Knabenschulen. Klassenziele f. d. Altersstufen v. 9.—14. Lebensjahre. T. 1. Berlin 1871. 120 S. m. Abb.

Fleischmann, C., Lehrplan des Turnunterrichts des Luisenstädtischen Realgymnasiums in Berlin. Eine Festgabe zur Feier des 50jähr. Bestehens der Anstalt. Mit Genehmigung des Hrn. Dir. Prof. Dr. Foß und unter Mitwirkung der Turnlehrer Dr. Febbern, Knüppel, Kregenow, Weigand und Wienecke ausgearb. und zurechtgelegt. gr. 8. (34 S.) Berlin 886, (K. Schmidt.) *

Fleischmann, C.: Turnen für Mädchenschulen. Breslau 1880. 79 S. (Vorbereitungen u. Entwürfe a. d. ges. Unterrichtsgebiete der deutschen Volksschule. 24.)

Fleischmann, C., Übersichtskarte der deutschen Turnkreise, 1:2500000, Berlin.

Fleischmann, C., s.: Vorbereitungen u. Entwürfe aus dem gesamten Unterrichtsgebiete der deutschen Volksschule.

— Wanderungen, Turnfahrten u. Schülerreisen. 2. Thl. Anleitung zu Turnfahrten. gr. 8. (50 S.) Leipzig 883. Strauch. — 75 (1. u. 2.: n. 1. 75)
Den 1. Thl. bildet: Bach, Thdr., Wanderungen, Turnfahrten u. Schülerreisen.

Fleischmann, C., Wanderungen, Turnfahrten u. Schülerreisen. 2. Thl.: Anleitung zu Turnfahrten. 2., verb. Aufl. 8. (58 S.) Leipzig 887. Strauch. n. — 75
Den 1. Thl. bildet: Bach, Thdr., Wanderungen, Turnfahrten und Schülerreisen. Ebd. 887. n. 1. —

Fleischmann, C. L.: Der nordamerikanische Landwirth. 2. Aufl. Frankfurt a. M. 1852

Fleischmann, Carl, s. Fleischmann, Karl.

Fleischmann, Dom., Sonn- u. Feyertags-Predigten. Fol. Augsb. Wolf. 755.

Fleischmann, E., Innungs-Leitfaden. Ein zuverläss. Wegweiser f. alle Vorkommnisse im Innungsleben, nebst e. Sammlg. sämmtl. einschläg. Formulare zum prakt. Gebrauch. 12. (VIII, 161 S.) Berlin 901. C. Heymann. In Leinw. kart. n. 1. 60

1841 München E. A. Fleischmann, Neuestes vollständiges und unentbehrliches Taschenbuch für Freunde des Fischfanges.

Fleischmann, Emil, wie kommt Bewegung in die Materie? 1. Bd. (131 S.) gr. 8. Ulm (903). Verlag der Ulmer Zeitg. n. 2. 20

Fleischmann, Eugen: *Hippolithus a Lapide. Ein Beitrag zur Geschichte der schwedischen Politik im dreissigjährigen Kriege. 49 S. 4° (2°)
Halle-Wittenberg, Phil. Diss. v. 1. März 1876
Geb. [Plaue a.d. Havel 22. 9. 1852]

Fleischmann, Ferdinand — Predigt am Feste der unbefleckten Empfängniß der seligsten Jungfrau Maria. Mit Rücksicht auf das Bundesfest der erwachsenen Jugend in der Pfarre Rainbach von —. Linz, 1857. Druck von J. Feichtingers Erben. (16 S. 8.)

Fleischmann, Fr., kurzer Leitfaden als Beigabe zum Gebrauche der Karte von Oberpfalz und von Regensburg. 1. und 2. Aufl. Bearb. für Schulen. 8. (16 S.) Weiden 875—78, Taubald. *
Mit 9 lithogr. Kartenskizzen *

Fleischmann, Fr. Sprachstoff f. d. Elementarklasse, s. Heuner, Joh. Fr.

Fleischmann, (Fr.,) die erste Stufenleiter d. Unterrichts zum Zeichnen für Kinder, in 12 Vorlegeblättern. Neue Aufl. 8. Nürnberg 826, Zeh.

Fleischmann, Fr., vorbeitendes Zeichenbuch für Kinder, um ihnen die ersten Begriffe im Zeichnen leicht und faßlich beyzubringen. Nürnberg, Zeh. 12 Vorlegebl. in Futteral. 821. •

Fleischmann, Franz. Ei des Columbus. Schlüssel zur Lösung der sozialen u. Abrüstungsfrage. Klgft., Bertschinger, 1907. 17 S.

Die Huldigung der Völker. Ein Festspiel verf. von Franz Fleischmann. *(München: Bruckmann 1900.)* (17 S.) 8°
[Umschlagt.:] Zur 500sten Gedenkfeier Johann Gutenbergs ... (01. 186 10

Fleischmann, Friedr. Ludw., Bildungshemmungen d. Menschen u. Thiere. M. 2 Kpfrt. gr. 8. (27 B.) Nürnberg 833, Schrag.

— der Foetus im Foetus, eine anatom.-patholog. Mittheilung. Mit 1 Taf. Abbild. gr. 8. Nürnberg 845. (Leipzig, Klinkhardt.) n. 1/3 ℛ

—— Dalmatiae nova Serpentum genera. Acced. tabulae aen. II. (in qu. gr. Fol.) 4maj. (4½ B.) Erlangae 831, (Heyder.) 1 Thlr., Vlnp. mit ill. Kpfrt.

Fleischmann, Friedr. Ludw., Leitfaden f. Kurgäste in Wasserheilanstalten. gr. 8. (2 B.) Nürnberg 840, Stein. Thlr.

—— Munus natalicium anatom. de novis sub linguae bursis, in hominibus et mammalibus nuperrime observatis, quae ad Ranulas et Lyssas pertinere videntur. Acc. tab. chalybi incisa. 4mai. (2 B.) Norimbergae 811, Stein. •

—— Scenographia arteriarum corporis humani, usui academ. adcommodata. Fol. maj. (2 B.) Erlangae 837, Heyder.

—— Scenographia nervorum corporis humani, usui academ. adcommodata. Fol. maj. (2 B.) Erlangae 837, Heyder.

Fleischmann, Fritz, approb. Arzt aus Berlin: Aus d. Universitäts-Frauen-Klinik zu Kiel. Ein Beitrag zur Therapie bei Placenta praevia. *Kiel 1901: H. Fiencke.* (41 S.) 8°
Kiel, Med. Diss. v. [7. Okt.] 1901

2219. **Fleischmann, Fritz:** Untersuchungen über die Knallgaskette bei höherer Temperatur unter Benützung von Glas und Porzellan als Elektrolyt. 1907. 52 S. 8° ¶ Außer dem letzten Abschnitt „Beziehungen zur Groveschen Gaskette" aus: Zeitschrift f. anorgan. Chemie. Bd 51. 1906.
Karlsruhe, Dr.-Ing.-Diss. v. 30. 7. 1906

Fleischmann, G., acute Infections-Krankheiten in der Straf-Anstalt Kaisheim, s. Mittheilungen und Auszüge aus dem ärztlichen Intelligenzblatt.

Fleischmann, Georg, Leichenöffnungen, m. K. gr. 8. Erlangen, Palm u. Enke. 815.

— Georg Wilhelm (Wolfish.), De tumultibus rusticanis seculo XVI. motis. Vom Bauren=Krieg. Diss. jur. Präs. Joh. Heinrich Boecler. Strassburg (Pastor) Juli 1712. 28 S. (5.50) 9058
Widm. v.: J. H. J. v. Flachsland, Joh. Fried. Boecler.

Fleischmann, Gfr., Anleit. zur forensischen u. polizeil. Untersuchung der Menschen- u. Thierleichname; für Vorlesungen entworfen. gr. 8. Erl. 811. Palm u. Enke. 20 gr

— Anweisung z. Zergliederung d. Muskeln d. menschlichen Körpers. gr. 8. Ebend. 810.

Fleischmann, G., de chondrogenesi asperae arteriae et de situ oesophagi abnormi nonnulla. acced. tab. aen. II. 4maj. Erlangae, (Palm et Enke). 820.

Fleischmann, Gottfried: Geschichte der Rindviehpest und der Heilung derselben, nebst e. Verzeichnisse d. vorzüglichsten Schriften über diese Krankheit... Nürnberg 1801. X, 110 S.

Fleischmann, G., Geschichte d. Rindviehpest ꝛc. Nrnb. Grattenauer. 801.

— — Geschichte der Rindviehpest und der Heilung derselben, nebst einem Verzeichnisse der vorzüglichsten Schriften über diese Krankheit. 8. 801. Jetzt Eichhorn in Nürnberg.

— Gottfried (Erlangen), Historia pestis bovillae. Diss. med. Erlangen (Kunstmann) Juni 1800. 78 S. (5.—) 9059
Gewidm: Joh. David Schoepf, Georg Michael Koelle, Joh. Christian Hechtel, Theophil v. Schallern, Langermann (sämtl. Bayreuth).

Fleischmann, Gottfried: Leichenöffnungen.
264 S., gbd., 1 Taf.

Erlangen: Palm 1815

JB 716

Gottfr. Fleischmann geschichtlicher Ueberblick der K. anatomischen Anstalt zu Erlangen von Errichtung der Universität bis auf gegenwärtige Zeit. Mit 2 Kupf. Erlang. 1830. 4.

— de vitiis congenitis circa thoracem et abdomen, c. V Tab. aen. 4. maj. Erlang. Palm. 810.

— de vitiis congenitis circa thoracem et abdomen, cum V tabb. aen. 4 maj. Erlang. 811. Palm. 16 gr

Fleischmann, Guil. Fr. Carl. s. Fleischmann, Wilhelm Franz Karl.

Fleischmann, Gustav: Die Landwirtschaft unter Maria Theresia in den deutschen und slav. Erbländern Österreichs.
Diss. Prag 1908/09.

Fleischmann, H., s. Zeitschrift, österr., für Homöopathie.

Fleischmann, Hanns, a. Nürnberg: Über die beiden Modifikationen des N-Methylbenzaldoxims und über Versuche zur Spaltung von N-Äthern in optisch aktive Komponenten. Weida i. Th. 1907: Thomas & Hubert. (75 S.) 8°
Leipzig, Phil. Fak., Ref. Beckmann-Hantzsch, Diss. v. 22. Febr. 1907
[Geb. 14. Juli 82 Nürnberg; Wohnort: Nürnberg; Staatsangeh.: Bayern; Vorbildung: Realgymn. Nürnberg Reife Juli 01; Studium: T.H. München 4, Univ. Leipzig 6 S.; Rig. 13. Dez. 06.]

FLEISCHMANN, Heinrich

Fleischmann, H., ad Propertium, s. XVIII. Bd. 2. Abthl. S. 664: Studien, Wiener, 10. Jahrg.

Fleischmann Heinrich: Quaestiones Propertianae.
1886 PN 427 Diss. Wien, Univ. 1457

Fleischmann, Heinrich Quaestiones Propertianae. I.
8 (S. 3–36). Progr. K. k. Staats-Oberg. *Bielitz* 1895.

Fleischmann, Heinrich: Quaestiones Propertianae.
II. 8 (34 S.). Progr. K. k. Staats-G. *Bielitz* 1896.

Fleischmann, H[einrich]: Skizze meiner Studienreise nach Italien und Griechenland. S. 3–24. 8.
Progr. (Vereinigt.) k. k. Albrecht-Gymn. *Teschen* 1905.

Fleischmann, Heinr. Zur Reform d. Gymnasialwesens. gr. 8. (32 S.) Wien 892, Konegen. * — 60

Fleischmann, J. A., Hauptf. d. Religion. 8. Ebend. 802.

Fleischmann, J. A., Hauptsätze der Religion im einfachern Gewande. 8. 802. Jetzt Ebendas.

Fleischmann, J. C. L., neueste officielle Berichte über die Lage und Zukunft Californiens, s. Berichte.

Fleischmann, J. C. L., Erwerbszweige, Fabrikwesen u. Handel der Verein. Staaten von Nordamerika. Mit besond. Rücksicht auf Deutsche Auswanderer bearb. gr. 8. (X u. 616 S.) Stuttgart 850, F. Köhler. In Engl. Einb. n. 2⅓ ℛ

— der Nordamerikan. Landwirth. Ein Handbuch f. Ansiedler in den Verein. Staaten. Mit 246 (eingedr.) Orig.-Holzschn. 3 Lfgn. gr. 8. (XIV u. 399 S.) Frankfurt a. M. 848, Heyer. — 2. mit 1 (lith.) Karte des Staates Michigan (in gr. 4.) verm. (Titel-) Aufl. gr. 8. (XIV u. 400 S.) Ebd. (848) 852. (Wien, Gerold.) n. 2 ℛ

—— Plan für deutsche Auswanderung und Ansiedelung (beziehungsweise einer Reihe von Ansiedelungen) in den vereinigten Staaten von Nordamerika. Auf Ansuchen des württemberg. Zweigvereins des Nationalvereins für deutsche Auswanderung und Ansiedelung in Frankfurt a. M. verfaßt, und hrsg. vom württemberg. Zweigverein. gr. 4. (16 S.) Stuttgart 849, F. Köhler. *

Fleischmann, J. C. L., Wegweiser und Rathgeber nach und in den Vereinigten Staaten von Nord-Amerika. 8. (IV und 500 S. mit 1 lithogr. und ill. Karte in Imp.-Fol. und vielen eingedr. Holzschn.) Stuttgart 852, Scheitlin's Verlag.

Fleischmann, J. Fr., De dura matre. 32 pp. Altd. 4°. 1739

Fleischmann, J. G., Gesundheitsregeln f. Greise. 8. Erlang. 780. Palm. 1 gl

— Jacob Heinr. (Hamburg), De foro contractus in actionibus contractus rescindentibus competente. Diss. jur. Giessen (E. H. Lammers) 30. III. 1751. 68 S. (5.—) 9060

Fleischmann, Jh. Adm., Hauptsätze der Religion im einfachern Gewande. 8. Erl. 802. Palm. 4 gl Nürnb., Eichhorn. 4 gl

— Johann Friedrich (Altdorf), De abusu rei fructuariae modo tollendi usumfructum spurio. Diss. jur. Altdorf (Meyer) 19. VI. 1778. 16 Seiten. (4.—) 9061

— Joh. Jacob (Nürnberg), Filios Michal sterilis ad II. Sam. XXI. Diss. exeget. Präs. Gustav Georg Zeltner. Altdorf (J. W. Kohles) 2. XI. 1726. 16 S. (4.50) 9062
Gew.: Gust. Philipp Moerl, Justin Wezel, Georg Jeremias Hoffmann.

Fleischmann, *Johann Karl* Das Bildungsideal des deutschen Gymnasiums in seiner geschichtlichen Entwicklung bis gegen Mitte des XVIII. Jahrhunderts. 8 (27 S.). Studienanst. *Hof* 1888.
Progr.

Fleischmann, Johann Karl [Dr., Prof.]: Quintus Curtius Rufus als Schullektüre. (z. Th. in: Verh. d. 41. Vers. dt. Philol. u. Schulm. in München.) Bamberg, F. Humann'sche Buchdr., 1891; 42 S. 8°
Bamberg, neues G, P 1891 •

Fleischmann, Johann Karl [Dr., Prof.]: Quintus Curtius Rufus als Schullektüre. (z. Th. in: Verh. d. 41. Vers. dt. Philol. u. Schulm. in München.) Bamberg, F. Humann'sche Buchdr., 1891; 42 S. 8°
Bamberg, neues G, P 1891 •

Fleischmann, J. K., Kritische Studien über die Kunst der Charakteristik bei Aeschyl und Sophokles. I.—IV. Abschn. Diss. 1875. 42 S. 1

1896. Kritische Studien über die Kunst der Charakteristik bei Aeschylos und Sophocles. I.—IV. Abschnitt. — Von Joh. Karl Fleischmann, Stdl. — 1875. Nürnberg, ibid. — S. 3—42*.
Progr. Nürnberg, K. Gymn.

Fleischmann, Joh. Karl, kritische Studien über die Kunst der Charakteristik bei Aeschylos und Sophokles. 1.—4. Abschn. 8. (43 S.) Nürnberg 875, (Ballhorn.)

Fleischmann, Jh. Mart., († d. 16. Juli 1831.) Aufmunterung z. Seidenbau; nebst vollständ. Unterricht in allen dazu nöthigen Dingen, mit 5 Kpf. gr. 8. Dresd. 789. Walther. 14 gl

FLEISCHMANN, Johann Martin: Aufmunterung zum Seidenbau, nebst einem vollständigen Unterricht in allen dazu nöthigen Dingen. Dresden 1791. 174 S., 5 Taf., 1 Tab.

— Blumenverzeichniß. 8. Dresd. 783. verm. Aufl. 8. Ebd. 784.

FLEISCHMANN, Johann Martin: Ueber die Erziehung der Maulbeerbäume und die Beförderung des Seidenbaues, vorzüglich in Chursachsen. - Dresden 1784. 52 S.

— s. Landriani, Abhandl.

— Johann Paul (Nürnberg), De speciali juris feudalis altero nunc constitutione et acquisitione feudi, investitura vera et praesumta praescriptione nempe occupato. Präs. Heinrich Hildebrand. Altdorf (J. W. Kohles) Sept. 1715. 12 Seiten. (3.—) 9063

Fleischmann, Josef [appr. Arzt aus München]: Ueber Polydaktylie .... München, k. Hof- u. Univ.-Buchdr. v. Dr. C. Wolf & Sohn, 1887; 28 S. u. 3 Taf. 8°
München, Med. Fak., Inaug.-Diss. v. 1887

Fleischmann, Jul., s. a. Adressbuch d. Welthandels.

Fleischmann, Jul., Adressbuch d. Welthandels. Die Importeure d. überseeischen Haupthandelsplätze u. d. europ. Export-Firmen. I. u. II. Bd. 8. Gotha. (Leipzig, O. Spamer.) Geb. in Leinw. à 15. —
I. Afrika, Central- u. Süd-Amerika, Mexico, West-Indien, Asien u. Australien. Die europ. Export-Firmen. 1907/8. (VIII, 526 S. m. 1 Tab.) (907.)
II. Die Vereinigten Staaten v. Nord-Amerika u. Canada (Britisch-Nord-Amerika). 1909. (IX, 421 S. m. 2 Tab.) (910.)

— the buyer's guide through Germany, Bohemia etc. 20th annual ed. 1907/1908. (484 S.) 16. Gotha, Jul. Fleischmann. (Nur direkt.) Geb. in Leinw. 2.50

Fleischmann, Karl, populäre Gesetzeskunde. Darstellung des in Bayern gelt. Rechts f. landwirtschaftl. Schulen u. prakt. Landwirte. 8. (VI, 86 S.) Ansbach 900. C. Brügel & Sohn. Geb. in Leinw. n. 1. 20

— Carl (Grossballhausen), Sind Tuberculose und Perlsucht identische Krankheitsprocesse? Diss. med. Halle (Gebauer-Schwetschke) 26. X. 1881. 29 S. mit Biogr. (4.—) 9057
Refer.: Ackermann. — Oppon.: Gust. Thomas, Georg Neumann. — Gew.: Walther Lorentz.

FLEISCHMANN, Carl Julius (Rodenhausen): De vitiis foetui matris quodam affecto contractis.- Monachii: Giesser 1835. 16 S.
9.4.1835 - Urk; P 62
Diss.Ingolst.-Landsh.-Mchn.

Fleischmann, Leonh., Strömg. d. Elektricität in Rotationsflächen. [A.: „Sitzungsber. d. k. Akad. d. Wiss."] Lex.-8. (18 S.) Wien 895. (C. Gerold's Sohn.) n. — 40

Fleischmann, Lionel. aus New-York: Über die Induktion im Inneren eines stromdurchflossenen cylindrischen Leiters. Zür. Gebr. Fretz Dr. 1896. 31 S. 8°.
Zürich, Phil. Diss. II. S. [v. 30. Sept. 1896].

Fleischmann, Ludw., über Ernährung u. Körperwägungen der Neugebornen u. Säuglinge. gr. 8. (48 S. mit 6 Taf.) Wien 877. Urban & Schwarzenberg. n. 2. —

— dasselbe. s.: Klinik, Wiener, 1877.

Fleischmann, Ludw., Klinik der Pädiatrik. Studien und Vorlesungen für Aerzte und Studierende. I. Die Ernährung des Säuglingsalters dargestellt auf wissenschaftl. Grundlage. gr. 8. (VII, 171 S. mit 11 lithogr., chromolithogr. und phototyp. Taf. in gr. 8. und qu. gr. 4., und 2 eingedr. Holzschn.) Wien 875, Braumüller. *

—— Klinik der Pädiatrik. Studien und Vorlesungen für Aerzte und Studierende. II. Der erste Zahndurchbruch des Kindes nebst einer geschichtl. Einleitung. gr. 8. (XII, 216 S. mit 5 lithogr. Taf. und 10 eingedr. Holzschn.) Wien 877, Braumüller. *
1. Bd. Ebendas. 1875. *ℳ 7.

—— s. Steiner's, Joh., Compendium der Kinderkrankheiten.

—— über Varicella und Varicellen-Impfungen. 8. (10 S.) Prag 872, Calve'sche Universitäts-Buchh.
Aus: Archiv für Dermatologie, besonders abgedruckt.

Fleischmann, M., die Aktivitäts- u. Pensionsbezüge d. k. k. Staatsbeamten u. Staatslehrpers. Nach amtl. Quellen m. Berücksicht. d. am 1. IV. 1907 in Kraft tret. Gesetze zusammengest. (64 S.) 16. Wien (907). (R. Lechner & Sohn.) — 60

Fleischmann, M., Milch- und Alpwirtschaft im Allgäu. Bremen 1882

Fleischmann, M., Post- u. Telegraphen-Tarif, ermöglicht die sofort. Auffindg. der bei der Aufgabe v. Postsendgn. u. Telegrammen zu entricht. Gebühren. XI. Jahrg. 1905. (31 S.) gr. 8. Wien, (R. Lechner & Sohn.) n. — 60

— Post-, Telegraphen- u. Telephon-Tarif, ermöglicht d. sofort. Auffindg. d. bei der Aufgabe v. Postsendgn. u. Telegrammen zu entricht. Gebühren. 16. Jhrg. 1910. (55 S.) gr. 8. Wien (XIX/1, Paradiesgasse 14). — 80

Fleischmann, M, s. Stengel, K.

— s.: Taschenbuch f. k. k. Staatsbeamte.

— Umrechnungstabellen f. die in fremder Währung auszustellenden Postanweisungen nach dem Auslande. (20 Bl.) gr. 8. Wien (904). R. Lechner & Sohn. n. 1. 10

Fleischmann, Martin: I. Verhalten von Grignards-Reagens gegenüber Hydrazonen, Imidchloriden und Säureamiden. II. Über die Produkte der Einwirkung von Phenylcyanamid auf Polynitrophenole. Erlangen 1909: Jacob. 46 S. 8°
Erlangen, Phil. Diss. v. 8. Sept. 1909, Ref. Fischer
[Geb. 11. Juli 80 Toba; Wohnort: Jecha; Staatsangeh.: Schwarzburg-Sondershausen; Vorbildung: Gymn. Sondershausen Reife O. 09; Studium: Erlangen 11 S.; Rig. 19. Juli 09.] [U 10. 851

FLEISCHMANN, Matthäus

Geschichtliche Uebersicht über die Studienanstalt in Kitzingen. (Aus den Notizen des Stdl. Fleischmann.) — 1838. Kitzingen, Wendler. — S. 3—4.
Progr. Kitzingen.

Fleischmann, Max, s.: Abhandlungen aus dem Staats- u. Verwaltungsrecht.

— Auslieferung u. Nacheile nach deutschem Kolonialrecht. (101 S.) 8. Berlin 906. R. v. Decker. n. 1. 50

Zur Beschlagnahme der russischen Bankdepots. Eine gutachtl. Äußerung von Prof. Dr. Max Fleischmann in Halle a. S. Als Ms. gedr. Berlin 1910: Simion. 40 S. 4° A 11. 1834 10

— Grundgedanken e. Luftrechts. (VII, 48 S.) gr. 8. München 910. E. Reinhardt. 1. —

Fleischmann, Max, das Margarinegesetz v. 15. VI. 1897, erläut. gr. 8. (VIII, 87 S.) Breslau 898. M. & H. Marcus. n. 1. 20

Fleischmann, Max [Referendar am Kgl. Landger. zu Hirschberg in Schles.]: Vom Pignus in causa judicati captum ... [Erschien vollst. 1890 im gl. Verl. u. d. T.: Das pignus ... E. civilist. Studie.] Breslau, W. Koebner, 1896; VII, 51 S. 8.
Breslau, Jur. Fak., Inaug.-Diss. v. 1896

— das pignus in causa judicati captum. Eine civilist. Studie. gr. 8. (VIII, 104 S.) Ebd. 896. n. 3. —

Fleischmann, Max, Völkerrechtsquellen, in Auswahl hrsg. (XII, 380 S.) gr. 8. Halle 905. Buchh. des Waisenhauses. n. 6. 80; geb. n. 7. 50

— d. Weg d. Gesetzgebg. in Preussen, s. a. Abhandlungen aus d. Staats- u. Verwaltungsrecht.

Der Weg der Gesetzgebung in Preussen v. Max Fleischmann, Dr d. Rechte. *Breslau: M. & H. Marcus 1898.* (4 Bl., 128 S.) 1 Bd 8.
= Abhandlungen aus d. Staats- u. Verwaltungsrecht. H. 1. [97. 7481

— Weltfriede u. Gesandtschaftsrecht. Eine Kulturstud. (79 S.) gr. 8. München 909. Buchh. Nationalv. 2. —

— Wörterbuch d. deutsch. Staats- u. Verwaltungsrechts, s.: Stengel, Karl Frhr. v.

– Zwangsvollstreckung gegen fremde Staaten u. Kompetenzkonflikt, s.: Brie, Siegfr.

Fleischmann, Maximilian, a. Donaustauf: Anselm von Feuerbach, der Jurist, als Philosoph. München 1906: Kastner & Callwey. (VI, 79 S.) 8°
Erlangen, Phil. Fak., Ref. Falckenberg, Diss. v. 31. März 1906
[Geb. 13. Juni 84 Solln b. München; Wohnort: Donaustauf b. Regensburg; Staatsangeh.: Bayern; Vorbildung: Gymn. Casimirianum Coburg Reife O. 03; Studium: München 4, Berlin 1, Erlangen 3 S.; Rig. 17. Jan. 06.]

— Anselm v. Feuerbach, der Jurist, als Philosoph. (XI, 79 S.) gr. 8. München 906. J. F. Lehmanns Verl. n. 1. 80

Fleischmann, Maximilian, Dr d. Phil. u. Rechtsprakt.: Ueber Theorien der Gesandtenexterritorialität. München 1909: Heller. 71 S. 8°
Erlangen, Jur. Diss. v. 14. Nov. 1908, Ref. Allfeld
[Geb. 13. Juni 84 Solln b. München; Wohnort: München; Staatsangeh.: Bayern; Vorbildung: Kadettenkorps München Reife Sommer 03 mit Ergänzungsprüfung; Studium: München 4, Berlin 1, Erlangen 3 S.; Rig. 23. Juli 08.] [U 09. 678

Fleischmann, Otto, s. a.: Friedmann, Ernst.

Fleischmann, Otto, Absalom. Trauerspiel in 5 Acten. 1. und 2. (Titel-)Aufl. gr. 16. (76 S.) Kaiserslautern 878, Gotthold. *

— Bilder aus der Pariser Kommune vom J. 1871. Vortrag, geh. am 5. Dez. 1892. gr. 8. (16 S.) Kaiserslautern 893. Evang. Verein für die Pfalz. n. — 15

Fleischmann, Otto. Das Christentum u. seine Gegner. Eine wissenschaftl. Untersuchg. 8. (VII, 223 S.) Lpz. 889, Fr. Richter. * 3 —

Fleischmann, Otto, Führer durch Kaiserslautern, s.: Beckmann.

— Geschichte des pfälzischen Aufstandes im J. 1849. Nach den zugängl. Quellen geschildert. gr. 8. (III, 367 S. m. Abbildgn. u. Taf.) Kaiserslautern 899. (E. Crusius.) Geb. in Leinw. n. 6. —

D Fleischmann, Otto, Gesch. d. pfälz. Aufstandes. 899. (KBL 31.) Jetzt: Kaiserslautern, Thiemesche Druckereien.

Fleischmann, Otto, die großen Culturepochen der Menschheit. Ein Beitrag zur Culturgeschichte u. Lösung der brennenden Zeitfragen. Kaiserslautern 868. Taschev. gr. 8. (202 S.) n. 18 ngr

Fleischmann, Otto, optimistische Novellen. 8. (87 S.) Kaiserslautern 881, Gotthold's Buchh. *M 1,30.; geb. *

— Reise-Bilder aus Spanien, nebst einem Führer f. Spanienfahrer. 8. (VIII, 216 S.) Kaiserslautern 882. Kayser. n. 3. 50

— die vorige u. die kommende Revolution. Eine Vorlesg., aus Anlaß d französ. Revolutionsjubiläums dem deutschen Volke geh. gr. 8. (VIII, 264 S.) Kaiserslautern 892. J. J. Tascher. n. 2. 80

— Die bayer. Rheinpfalz, s.: Grieben's Reiseführer.

Fleischmann, Otto, etliche kräftige Schnadahüpferl, gewidmet u. zu fleiß. Gebrauche in jetz. Zeit empfohlen Sr. Durchl. dem Fürsten Bismarck. Nebst d. Fürsten dank. Antwort. gr. 8. (3 S.) Kaiserslautern 892. J. J. Tascher. n. — 20

—— Wider die Sozialdemokratie. Eine Streitschrift. gr. 8. (VII, 214 S.) Kaiserslautern 891, Tascher. * 2 —

Fleischmann, Otto, (Dr.), aus Spaniershammer: **Untersuchungen von Gesteinen aus dem nordöstlichen China.** (Provinz Chi-li.) *Pegau: H. Günther 1903.* (65 S.) 8°
Leipzig, Phil. Diss. v. [20. März] 1903

Fleischmann, Otto, deutsches Vagabunden- und Verbrechertum im 19. Jahrh. 8. (IV, 205 S.) Barmen 887, Klein. *

Fleischmann, Otto, was ihr wollt! Erzählungen u. Gedichte. gr. 8. (IV, 255 S.) Kaiserslautern 875. Tascher. n. 3. —

Fleischmann, O., was ihr wollt! Erzählungen, Theaterstücke u. Gedichte. 2. Aufl. 8. (V, 255 S.) Kaiserslautern 889. Gotthold. n. 2. —

Fleischmann, Otto: Die Weine der Rheinpfalz in Wort und Bild. Von einem Pfälzer [d.i. Otto Fleischmann]. Kaiserslautern: Thieme 1901. 111 S. -- 107°
Dass. erschien auch u.d.T.: Pfälzer Wein. 1901. -- s. Nr 3427.

Fleischmann, Otto, wie kommen unsere gebildeten jungen Männer wieder zu passenden Hausfrauen? u. Wie werden zu solchen uns. Töchter am besten erzogen? Ein Versuch z. Lösg. dies. Fragen. (103 S.) 8. Leipzig 910. A. Michaelis. 1.50

Fleischmann, Otto, wie kommt d. Kleinbauernstand, wie d. ländl. Taglöhnerschaft zu wirtschaftlich tücht. Hausfrauen?, s.: Zukunft, die, d. Landbevölkerg.

Fleischmann, Paul, Ernst Moritz Arndt. Ein Büchlein f. deutsche Christenkinder. gr. 8. (16 S. m. 1 Bildnis.) Berlin 899. Deutsche Sonntagsschul-Buchh. n. — 10

Fleischmann, Paul, Ernst Moritz Arndt. Ein Büchlein f. deutsche Christenkinder zur Erinnerg. an d. 50jähr. Wiederkehr seines Todestages am 29. I. 1910. 6 bis 10. Taus. (23 S. m. Abb.) gr. 8. Berlin (907). Deutsche Sonntagsschul-Buchh. p — 15

Fleischmann, Paul, approb. Arzt aus Berlin: **Casuistischer Beitrag zur Lehre von den diffus-eitrigen Entzündungen der Gallenblase.** *München 1902: C. Wolf & Sohn.* (30 S.) 8°
München, Med. Diss. v. 1902

— Fest- u. Feierklänge f. den Kinder-Gottesdienst. Eine Sammlg. Programme, Prologe, Deklamationen u. Aufführg. f. Elternabende, Kindergottesdienst — Jubiläen u. kirchl. Feste. 1. Heft: Prologe — Kinderwelt u. Kindergottesdienst. (78 S.) 8. Ebd. 910. — 60

— Paul Gerhardt. Ein Büchlein f. deutsche Christenkinder. gr. 8. (16 S. m. 1 Bildnis.) Ebd. 899. n. — 10

— vom großen Kanzler. E. Büchl. f. deutsche Christenkinder. gr. 8. (16 S. m. Abb.) Ebd. 898. n. — 10

Fleischmann, Paul, das hl. Land in Wort u. Bild. (1.—10. Taus.) (XI, 390 S. m. Taf.) Lex.-8. Konstanz (904). C. Hirsch. Geb. in Leinw. n. 5. —; in Halbfrz. n. 6. —

— Königin Luise. Ein Büchl. f. deutsche Christenkinder. gr. 8. (16 S. m. Abb.) Ebd. 898. n. — 10

— Königin Luise. Ein Büchlein f. deutsch. Christenkinder zur Erinnerg. an die 100jähr. Wiederkehr ihres Todestages am 19. VII. 1910. (23 S. m. Abb.) 8. Ebd. (909). p — 15

Fleischmann, Paul, Friedrich Oberlin. E. Büchl. f. deutsche Christenkinder. gr. 8. (16 S. m. 3 Abb.) Berlin 898. Deutsche Sonntagsschul-Buchh. n. — 10

Johann Friedrich Oberlin. Ein Büchlein f. deutsche Christenkinder von Paul Fleischmann. *Berlin: Deutsche Sonntagsschul-Buchh. 1898.* (16 S.) 8° [Umschlagt. J.]
= Weihnachtsbüchlein f. deutsche Christenkinder. 3. 1s. 639

— s.: Sonntagsschulfreund.

Fleischmann, Paul, vom Himmel hoch, da komm ich her. Weihnachtsbüchl. f. deutsche Christenkinder. gr. 8. (16 S. m. Abb.) Berlin 898. Deutsche Sonntagsschul-Buchh. n. — 10

— waren die Urchristen wirklich Sozialisten?, s.: Flugschrift, kirchlich-soziale. Nr. 2.

— Weihnachtslicht im Heidenland. Weihnachtsbüchl. f. deutsche Christenkinder. gr. 8. (16 S. m. Abb.) Berlin 898. Deutsche Sonntagsschul-Buchh. n. — 10

— vom lieben alten Kaiser Wilhelm. Allerlei aus s. Leben, d. deutschen Christenkindern erzählt. gr. 8. (20 S. m. Abb.) Ebd. 897. n. — 10

Fleischmann, Sigmund, Lehramtspraktikant: **Die Agrarkrisis von 1845—1855 mit besonderer Berücksichtigung von Baden.** *Heidelberg 1902: K. Rößler.* (108 S.) 8°
Heidelberg, Phil. Diss. v. 1902

Fleischmann, Simon: Die Ergebnisse der Lumbalpunction ... (Aus: Deutsche Zeitschr. f. Nervenheilk., Bd x.) Leipzig, Druck v. J. B. Hirschfeld, 1897; 1 Bl., 31 S., 1 Bl. 8.
Königsberg, Med. Fak., Inaug.-Diss. v. 30. Apr. 1897

Fleischmann, W., u. E. Steinbrüchel, Lilienfelder od. Norweger Skilauftechnik? Zur Aufklärg. in e. alten Sportstreit! Ein histor. Rückblick aus Aktenstücken. (125 S.) 8. Diessen (910). J. C. Huber. 1, 50

Fleischmann, W., u. H. Ruland, d. wechselseit. Unterstützg. v. Reichsangehör. in d. einz. Bundesstaaten, s.: Schriften d. deutschen Vereins f. Armenpflege u. Wohlthätigkeit.

Über die landwirtschaftlichen Verhältnisse Germaniens um den Beginn unserer Zeitrechnung v. **W. Fleischmann.** Sonderabdruck aus: Journal für Landwirtschaft. Berlin. 1903. 8°.

Fleischmann, W., s. Zeitschrift, österr., für Homöopathie.

Fleischmann, W. Chr. Letzte Stunden des Generals Johann Friedrich v. Schönfeld. 8. Stuttgart 1764.

Fleischmann, Wilh., altgermanische u. altrömische Agrarverhältnisse in ihren Beziehungen u. Gegensätzen. **Eine agrarhistor.** Untersuchg. (VIII, 186 S.) gr. 8. Leipzig 906. M. Heinsius Nachf. n. 4. —; geb. n. 5. 20

Fleischmann, Wilh., Anleitung zur technischen Buchführung in den Meiereien, in welchen Butter und Magerkäse bereitet wird. gr. 8. (16 S. mit 1 Tab. in Imp.-Fol.) [Danzig 877, Kafemann.] Bremen, Heinsius.

Fleischmann, Wilh., Arbeiten über den Zentrifugenbetrieb in der Milchwirtschaft. a) Versuche mit der Lefeldtschen Zentrifuge, Modell 1885. b) Versuche mit einem Kraftmesser für Zentrifugen. 8. (III, 32 S. mit 4 Abbild.) Bremen 886, Heinsius Nachf. *

—— dass. — c) Versuche mit der dänischen Zentrifuge von Burmeister und Wain und Betrachtungen über die Entrahmung der Milch durch Zentrifugalkraft. gr. 8. (32 S.) Ebendas. 886. *
Vorstehende zwei Schriften sind aus: Milch-Zeitung, besonders abgedruckt.

—— das Schwartz'sche Aufrahmungsverfahren und dessen Bedeutung für die Magersennerei. gr. 8. (XI, 138 S. mit 1 Holzschntaf.) Danzig 874, Kafemann. *

(Fleischmann W.): Das Swartz'sche Aufrahmverfahren. (Danzig 1874). 15 S. Fig. P.
(Schriften d. milchw. Vereins [Nr. 2]). 523.

— das Swartz'sche Aufrahmungsverfahren u. dessen Bedeutung f. die Magersennerei. 2., umgearb. u. verm. Aufl. gr. 8. (XII, 208 S. m. eingedr. Holzschn. u. 1 Chromolith.) Ebend. 878. n. 5. —

Fleischmann W.: Beiträge z. Kenntniss d. Wesens d. Milch. (Berl. 1885). (19) S. (Sætr.). P.

Fleischmann W.: Beiträge z. Physik d. Milch. Münch. 1874. 14 S. (Sætr.). P.

Fleischmann, Wilh., die Bereitung von Backsteinkäsen aus Zentrifugenmagermilch. gr. 8. (58 S.) Bremen 884, Heinsius. *

Fleischmann, W., die Bereitung von Backsteinkäsen aus Zentrifugenmagermilch. 2. Aufl. 8. (VIII, 59 S.) Bremen 890. Heinsius Nachf. n. 1. —

Fleischmann, Wilh., die Bereitung v. Backsteinkäsen aus Zentrifugenmagermilch. 2., verb. Aufl. gr. 8. (VIII, 59 S.) Bremen 891. M. Heinsius Nachf. n. 1. —

Fleischmann, Wilh., Bericht über die erste österreichische Molkerei-Ausstellung abgehalten vom 13. bis 17. Decbr. 1872 in den Blumensälen der k. k. Gartenbaugesellschaft in Wien. gr. 8. (38 S.) Bregenz 873. (Lindau, Stettner.) *
Aus: Mittheilungen des Vorarlberger Landwirthschafts-Vereins, besonders abgedruckt.

— Bericht üb. die temporäre internationale Thier-Ausstellung zu Wien, abgehalten vom 31. Mai bis 9. Juni 1873. gr. 8. (32 S. m. 1 Steintaf.) Wien 874. Faesy & Frick in Comm. n. — 80

—— Bericht des milchwirthschaftlichen Vereins an das königl. preuss. Ministerium für Landwirthschaft, Domänen und Forsten über den gegenwärtigen Stand der grösseren milchwirthschaftlichen Unternehmungen, sowie der Molkereischulen in Deutschland, verf. im Auftrage des genannten Vereines unter Mitwirkung der übrigen Mitglieder der für diesen Zweck ernannten Kommission. Mit Statuten von Molkereigenossenschaften und Molkereischulen, sowie mit (12) Plänen von Molkereien. gr. 8. (VI, 232 S.) Bremen 882, Heinsius. *ℳ 6.; geb. **

—— die milchwirthschaftlichen Bestrebungen der Gegenwart. Ein Vortrag, gehalten in der Oekonom. Gesellschaft im Königr. Sachsen, zu Dresden, am 15. Decbr. 1876. gr. 8. (22 S.) Dresden 877, Schönfeld's Verlagsh. *

Fleischmann, Wilh., über präservierte Butter. Vortrag, gehalten in der Generalversammlung des milchwirthschaftl. Vereins zu Danzig den 17. März 1883. 8. (16 S.) Ebendas. 883. *

— über das Buttern aus verschiedenartigem Butterungsmaterial. Vortrag, geh. gelegentlich der Molkerei-Ausstellung zu Elbing am 1. März 1878. [Schriften des Milchwirthschaftl. Vereins. Nr. 8.] gr. 8. (15 S.) Bremen 878. Heinsius. n. — 40

— Zur Butterprüfungsmethode v. Helmer. [1878]. 14 S. (Sætr.). P.

Fleischmann, Wilhelm: Chemie und Ackerbau, s. Vorträge, Landwirthschaftliche.

Fleischmann W.: Einiges üb. die Technik bei der Bereitung v. Magerkäsen. Vortr. Danzig 1877. 32 S. P.
(Schriften d. milchw. Vereins Nr. 5). 523.

— zur Hebung der Käserei in Deutschland. gr. 8. (12 S.) Ebend. 880. — 30

—— Hülfstafeln für die Meierei-Buchführung. 8. (VI, 48 S.) [Danzig 877, Kafemann.] Bremen, Heinsius.

Fleischmann, Wilhelm: Die Kuhmilch, s. Vorträge, Landwirthschaftliche.

— Lehrbuch der Milchwirthschaft. Mit 65 Textillustr. u. 3 Thierbildern. gr. 8. (XI, 355 S.) Ebd. 893. Geb. in Leinw. n. 8. —; geb. (nur nach dem Auslande) n. 7. 20

Fleischmann, W., Lehrbuch d. Milchwirthschaft. 2., neu bearb. Aufl. m. 80 Textill. u. 3 Thierbild. gr. 8. (XII, 483 S.) Bremen 898. Leipzig, M. Heinsius Nachf. n. 10. —; geb. in Leinw. n. 11. —

Fleischmann, W., Lehrbuch der Milchwirtschaft. 3., neu bearb. Aufl., m. 80 Textillustr. u. 3 Thierbildern. gr. 8. (XII, 506 S.) Leipzig 901. M. Heinsius Nachf. n. 10. —; geb. n. 11. —

Fleischmann, W., Lehrbuch der Milchwirtschaft. 4., neu bearb. Aufl. m. 86 Textillustr. u. 3 Tierbildern. (XV, 536 S.) gr. 8. Leipzig 908. M. Heinsius Nachf. 10. —; geb. 11. —

(Fleischmann W.): Das Meierei-Institut zu Raden. (Lindau 1876). (3) S. P.

—— Meierei-Tafeln. Nr. I und II. qu. gr. Fol. (je 60 Formulare.) Ebendas. 877. à Nr. * 10 Pf. *

— über Milchwirthschaft, s.: Sammlung gemeinnütziger Vorträge.

— Molkerei-Tafeln. (Neudr) gr. Fol. Ebd. 898. à n. — 10
I. Buttertafel. 2 Blatt. — II. Käsetafel. 2 Blatt. — III. Centrifugentafel.

— das Molkereiwesen, s. a. Otto-Birnbaum, Lehrbuch der rationellen Praxis d. landwirthschaftlichen Gewerbe.

Fleischmann W.: Das Molkereiwesen. Ein Buch für Praxis u. Wissenschaft. Braunschw. 1875. 1074 S. Fig.
(= Lehrbuch d. rationellen Praxis d. landw. Gewerbe Th. 4). 646.
— — Sst. 1876. 1074 S. Fig.
(Zugleich als 4. Th. zu Otto-Birnbaums Lehrbuch d. landw. Gewerbe. 7. Aufl. — Paa Titelbl. nær ident. m. foreg.).

—— Psychrometer-Tafeln zur Berechnung des relativen Feuchtigkeitsgehaltes der Luft in Käsekellern. 8. (13 S.) [Danzig 877, Kafemann.] Bremen, Heinsius.

—— Psychrometer-Tafeln zur Berechnung des relativen Feuchtigkeitsgehaltes der Luft in Käsekellern. 2. Aufl. 12. (16 S.) Ebendas. 888. *

— Psychrometer-Tafeln zu Berechng. d. relativen Feuchtigkeitsgehaltes d. Luft in Käsekellern. 3. Aufl. 12. (25 S.) Ebd. 895. n. — 80

— le psychromètre. Tables pour calculer l'humidité relative de l'air des caves à fromages dressées. gr. 16. (13 S.) Ebd. 892. n. — 80

Fleischmann W.: [Reise nach Dänemark u. Schweden]. [1874]. Foredr. (16) S. (Udsnit). P.

— Studien üb. das Molkereiwesen, s.: Petersen, C.

— Untersuchungen der Milch v. 16 Kühen d. in Ostpreussen rein gezüchteten holländischen Schlages während der Dauer einer Lactation. Mitgetheilt aus der Versuchsmolkerei zu Kleinhof-Tapiau. Lex.-8. (VIII, 368 S. m. 1 graph. Taf.) Berlin 891. P. Parey. n. 10. —

— dasselbe, s.: Jahrbücher, landwirthschaftliche.

— Untersuchgn. d. Milch v. 6 Kühen etc., 2. Bericht, s.: Untersuchung d. Milch v. 16 Kühen etc.

Fleischmann, Wilh. Dr. „Ein Vortrag über die Wärme". pg. 3—14. 4°. Th. Otto.
Memmingen, Progr. 1864/65

1870 Lindau — Wilhelm Fleischmann, Landwirtschaftliche Wandervorträge.
„F., wohl der trefflichste Kenner der Allgäuer Alpwirtschaft" (Spann). Reallehrer in Memmingen und an der Käsereischule Sonthofen, Mitbegründer der Allgäuer Alpenversuchsanstalt in Immenstadt.

Fleischmann W.: Landwirthschaftliche Wandervorträge ... Lindau 1871. 185 S.

— die Wirksamkeit der Versuchs-Molkerei zu Kleinhof-Tapiau in Ostpreußen während der Zeit vom 1. Octbr. 1887—30. Septbr. 1888, im Anschlusse an die Leistgn. der Provinzen Ost- u. Westpreußen auf dem Gebiete der Milchwirtschaft u. der Viehzucht kurz geschildert. gr. 8. (VII, 92 S. m. Tab.) Danzig 889. Kafemann. n. 1. 60

— der Zentrifugenbetrieb in der Milchwirtschaft, Beobachtungen und Fragen über denselben. gr. 8. (III, 68 S. mit 9 Abbild. [4 Taf.]) Ebendas. 885.

Fleischmann, Wil(helm) Fr(anz) Kar(l): Methodus formulas concinnandi permultis exemplis illustrata. 187 S., gbd.

Vindobonae: Gerold 1832.

JB 1.629

Fleischmann, W(ilhelm Franz Karl) (Hrsg.):

s.: Zeitschrift, Österreichische, für Homöopathie. Bd 1-3, 4/1. Wien: 1844-48.

JB 6.100

Fleischmann-Naden, üb. präservirte Butter. Vortrag. 8. (16 S.) Bremen 883. Heinsius. n. — 40

Fleischner, Angelo, appr. Arzt: Über zentrale Anopsieen organischen Ursprungs. Berlin 1909: Hayn. 44 S. 8°
Leipzig, Med. Diss. v. 29. April 1909, Ref. Sattler
[Geb. 28. Juli 82 Philadelphia; Wohnort: Berlin; Staatsangeh.: Vereinigte Staaten; Vorbildung: Französ. Gymn. Berlin Reife M. 01; Studium: Berlin 10 S.; Coll. 29. Mai 09; Approb. 6. Jan. 08.] [U 09. 2776

Fleischner, Joh. Mich., liturg. Beiträge. Versuche. 1. Hft. Lieder u. Gebete. 8. (4 B.) Dinkelsbühl 833, Walthr. (Leipzig, Central-Comptoir.)

— Blumen auf d. Altar d. Glaubens. (Gedichte.) 2., verb. u. verm. Aufl. 8. (11 B.) Nördlingen 832, Beck.

— s. Cato Dyonysii Distichorum.

— Handbüchlein sorgfältig ausgewählter latein. Sprichwörter u. Denkverse, mit entsprech. teutscher Uebersetzung. In 52, v. leichtern z. schwerern übergeh. Lektn. Für Schulen u. z. Privatgebr. 8. (8½ B.) Erlangen 829, Palm u. Enke.

— Leitfaden zur chronolog.-synopt. Behandlung d. neutestamentl. Geschichte. Mit e. Einleit. versehen, u. d. Lehrern d. evangel. Volksschulen zu gefäll. Beacht. übergeben. 8. (15¼ B.) Nördlingen 833, Beck.

— Lieder-Buch f. Landschulen. Zugleich e. freundl. Mitgabe f. d. Leben. 8. (11½ B.) Nördlingen 831, Beck.

— dass. m. 1- u. 2stimm. Melodn. 4. (9½ B.) Ebds. 831.

Fleischner, Joh. Mich., Onomatologie oder Versuch eines lateinischen Wörterbuchs unserer Taufnamen, grossentheils mit Rücksicht auf ihre Bedeutung und auf andere sowohl ältere als neuere Sprachen. Nebst einem Anhange, welcher einige Regeln bei der lateinischen Bildung unserer Familien-Namen und eine Angabe der besonders vom 15. bis zum 18. Jahrhunderte gebräuchlichen Onomatomorphose oder Familiennamen-Übersetzung enthält. Für Schulen bearbeitet. Erlangen 1826. 8. (b.)

— die Reichs-Versammlung zu Augsburg bei Ablesung u. Uebergabe d. Evangel. Glaubens-Bekenntnisses. Zur 300jähr. Gedächtniß-Feier. M. 1 Stn.-Zeichn. (in Fol.) 8. (10¼ B.) Nördlingen 830, Beck.

Fleischner, J. M., Sammlung kurzer Gebet-Lieder f. d. Anfang u. Schluß d. tägl. Unterrichtes in christl. Volksschulen. 12. (1 B.) Nördlingen 835, Beck'sche Buchh.

Fleischner, Ludw., Bemerkungen zum französischen Sprachunterrichte. Lex.-8. (30 S.) Wien 891. (Leipzig, Liter. Anstalt A. Schulze.) n. 1. 60

Fleischner, Ludwig: Berufsbildung für Mädchen. Ein Beitrag z. Frauenfrage. — Wien: Szelinski 1893. 28 S. 8°

Fleischner, Ldwg., Berufsbildung für Mädchen. Ein Beitrag zur Frauenfrage. gr. 8°. Wien, G. Szelinski in Komm., 1893.

Fleischner, Ludw., Bürgerkunde f. gewerbliche Fortbildungsschulen. (Lehrtexte f. Fach- u. gewerbl. Fortbildungsschulen.) (V, 87 S.) 8. Wien 910. A. Hölder. Geb. 1. 10

Fleischner, Ludw., österreichische Bürgerkunde. gr. 8. (VIII, 136 S.) Wien u. Prag 896. F. Tempsky. Geb. in Leinw. n. 1. 60

FLEISCHNER, Ludwig 873
Oesterreichische Bürgerkunde von Ludwig Fleischner. 2., vermehrte und verbesserte Auflage Wien und Prag. 1902. Tempsky. Gr.-8°. IX. 182 S. Geb. K 2.—

Fleischner, L., Österreichische Bürgerkunde. 3. Aufl. Gr. 8°. (143 S.) Wien 1907. geb. K 2.20

Fleischner Ludwig, Österreichische Bürgerkunde. Ein Lehr- und Hilfsbuch für Bürgerschulen und die mit denselben verbundenen einjährigen Lehrkurse. Mit einem Anhange: Bürgerkundliche Lesestücke. 4., umgearbeitete Auflage. Wien 1909. F. Tempsky. Geb. K 2.50.

— die Erziehung zum Staatsbürger, s.: Sammlung gemeinnütziger Vorträge.

— zur Geschichte des englischen Bildungswesens, s.: Sammlung gemeinverständlicher wissenschaftlicher Vorträge.

Fleischner, Ludw., Gewerbepolitik. Ein Hand- u. Hilfsbuch f. Gewerbetreibende, Genossenschaften u. Inngn. sowie zum Unterrichtsgebrauche an Fach- u. Fortbildungsschulen. (Dr. Ludw. Huberti's prakt. gewerbl. Bibliothek.) (VII, 94 S.) gr. 8. Leipzig 903. H. Klasing. Geb. in Leinw. n. 2. 40

Fleischner, Ludw., Grundzüge d. Volkswirtschaftslehre z. Gebr. an Handelslehranst., Gewerbe- u. Fachschulen. (Samml. kaufmänn. Lehrbücher [4. Buch].) gr. 8. (150 S) Leipzig 898. Verlag d. Handels-Akademie Leipzig. Geb. in Leinw. n. 3. —

FLEISCHNER, Ludwig 70
Die Kunst und das Volk. Vortrag gehalten im kaufmännischen Vereine in Budweis von Ludwig Fleischner. Budweis. 1901. Verlag des kaufmännischen Vereines. In Comm. Calve. Prag. Gr.-8°. 25 S. K —.80

Fleischner Ludwig, Leitfaden der Bürgerkunde für zweiklassige Handelsschulen. Wien 1910. Alfred Hölder. Geb. K 1.20.

Fleischner L., Deutsches Lesebuch für kaufmännische Fortbildungsschulen und verwandte Lehranstalten. Wien 1905. F. Tempsky. Geb. K 2.—.

Fleischner Ludwig, Deutsches Lesebuch für kaufmännische Fortbildungsschulen und verwandte Lehranstalten. 2. Auflage. Wien 1910. F. Tempsky. Geb. K 2.—.

— Deutsches Lesebuch f. Handelsschulen u. verwandte Anstalten. (374 S.) 8. Wien 907. F. Tempsky. Geb. 4. —

Fleischner, Ludw., Pflichten und Rechte in der bürgerlichen Gesellschaft. Nach dem Französ. des P. Laloi mit besond. Rücksicht auf österreich. Verhältnisse frei bearb. Einzige autoris. Ausg. gr. 8. (VIII, 118 S.) Wien 887, Graeser. *

—— das Recht der Realschule. gr. 8. (26 S.) Wien 886, (Pichler's Wwe. und Sohn.) *

— die Schule der Zukunft, s.: Sammlung gemeinnütziger Vorträge. Nr. 305.

— der moderne Sozialismus u. die Erziehung, s.: Zeit- u. Streitfragen, pädag. 57. Hft.

Fleischner, Ludw. Nationale Strömungen. Ein ernstes Wort an Oesterr. Jugend. gr. 8. (47 S.) Wien 889, Szelinski. * — 80

— Volksbildung u. Volkswohlfahrt am Ausgange des 19. Jahrh., s.: Sammlung gemeinnütziger Vorträge.

—— Das moderne Volksschulwesen in Frankreich. Vortrag, geh. im wissenschaftl. Club in Wien am 18. Novbr. 1889. 8. (VI, 41 S.) Wien 890, Sallmayer'sche Buchh. * — 50
Aus: Monatsblätter d. wissenschaftl. Club in Wien, besonders abgedruckt.

—— Zweierlei Wahrheit, s. Tagesfragen.

Fleischner, Ludwig, Zweierlei Wahrheit. (Tagesfragen. [Neue Wiener Flugschriften. 3. Heft.]) 8. (44 S.) —.30

— was der Kaufmann v. der Volkswirtschaftslehre wissen muss. Grundzüge der Volkswirtschaftslehre als Einführg. in das Studium der Staatswissenschaften. Ein Lehr- u. Lesebuch zum Gebrauch an Handelslehranstalten, Gewerbe-, Fach- u. Fortbildungsschulen, sowie zum Selbstunterricht f. Kaufleute. (Dr. Ludw. Huberti's moderne kaufm. Bibliothek.) 2., verm. u. verb. Aufl. gr. 8. (VIII, 132 S.) Leipzig (902). Dr. L. Huberti. Geb. in Leinw. n. 2.75

Handelsvertragsverein, Verband z. Förderung d. deutschen Außenhandels ... Fleischnot. Eingabe an d. Bundesrat v. 24. Okt. 1905. Greifswald (1905): F.W. Kunike. (35 S.) 8°

Fleischschau. [Aus: „Deutscher Veterinär-Kalender".] gr. 16. (16 S.) Berlin 895. R. Schoetz. n. — 25

Fleischschaubuch, nebst Polizei-Verordng. üb. die mikroskop. Untersuchg. der Schweine auf Trichinen u. Reglement f. die öffentl. Fleischbeschauer. 12. (159 S.) Querfurt 890. Schneider. geb. n. — 50

Fleischschaugesetze u. Vorschriften, die, nebst dem Schlachtviehversicherungsgesetze, zum Gebrauch f. die Laien-Fleischbeschauer, Gemeindevorstände u. Landwirte im Königr. Sachsen. 8. (60 S.) Chemnitz 899. Rich. Reißmüller. Kart. n. 1. —

Fleischschau-Kommissionen und Fleischschauer in Württemberg. Dienstvorschriften für die —. 1892. kl. 8. (47 S.) Stuttgart, W. Kohlhammer.
Bei Bezug von 1—24 Expl. à Expl. — 30; 25 Expl. u. darüber à Expl. — 20

Fleischsteuer vide auch: Consumsteuer, Mahl- und Schlachtsteuer, Schlachtsteuer.

Fleischsteuer-Gesetz, das, vom 16. Juni 1877, sammt Vollzugs-Verordnung vom 26. Juni 1877 und der Verordnung des Finanz-Ministeriums über die Sicherstellung der Verzehrungssteuer von Fleisch, Wein, Weinmost und Obstmost vom 13. Juli 1877. Mit einem ausführl. alphabet., nach Schlagwörtern abgefaßten Sachregister. [Giltig vom 1. Jan. 1878.] 8. (152 S.) Prag 877, Mercy. *

Fleischtafeln v. Ochs, Schwein, Kalb. (3 farb. Taf. m. untergedr. Text.) Lex. 8. Lahr (909). G. A. Wagenmann. In Umschlag —.50

Fleischtaxen, über die, in Städten, u. die sichersten Mittel, die billigsten Fleischpreise zu bewirken. 8. Augsb. 798. Bolling. 3 gr.

Fleischteuerung, die, im J. 1905. Hrsg. vom Ministerium für Landwirtschaft, Domänen u. Forsten. (176 S. m. 2 graph. Taf.) 4. Berlin 905. (W. Moeser.) n. 4. —

Fleischteuerungen, die, ihre Ursachen u. Mittel zur Abhilfe, s.: Volksbibliothek, soziale. Nr. 5.

Fleischütz, Joseph, De processibus in caussis religionis ab imperatore non permittendis. Präs. Anton Schmidt. Heidelberg (J. J. Haener) 29. V. 1771. 18 S. (4.50) 9064

Fleischverkaufshallen auf dem Viktualien-Markte in München. 1 Bl. Text u. 5 Bll. Zeichnungen (Pläne in gr. qu.-Fol., vom Stadtbauingenieur *H. Eggers*). O. O. u. J. (1885.) Gr. 4°. Blauer Ppb. m. Titel auf Deckel. Extra-Beilage zu Nr. 90 der „Münchener Gemeinde-Zeitung", 1885.

Fleischverversorgung, Über die, des deutschen Volkes. Hrsg. vom Ver. z. Wahr. d. gemeinsamen Interessen d. deutschen Handels. Köln 1902. 8°.

Fleiss, deutscher. Fachblatt f. Briefmarkensammler. Allgemeiner Vereins-Anzeiger. Offizielles Organ der Berliner Briefmarken-Börse. Red.: Ernst Brandenburg. Dezbr. 1907—Novbr. 1908. 12 Nrn. (à ca. 24 S. m. Abbildgn.) Lex. 8. Berlin, A. Vogt. 1. 50
Erscheint nicht mehr.

Fleißig, M. K., kurzgefaßte Naturgeschichte der Thiere. Mit Rücksicht auf Schreibers große Wandtafeln bearb. 8. (68 S.) Wien 871. Mayer & Co. — 45

—— Vorkenntnisse zur Geographie. 8. (39 S.) Wien 871, Mayer und Comp.

Fleissig, Paul [aus Nürnberg]: Über die physiologische Bedeutung der ölartigen Einschlüsse in der Vaucheria. Basel 1900. 46 S. 8°.
Basel. Phil. Diss. 1900/1901.

Fleißmann, Fr., Dämmerstunden. 5 Erzähln. u. e. einakt. Drama in Versen. gr. 12. (10 B.) Leipzig 831, [Klinkhardt.] Thlr. (der Wildschütz)

Fleißner F.: Über die Bestimmung der Halogene in Chloraten, Bromaten und Jodaten. S. 81. II. 561 . . . . vgr.
Separatabdruck

Fleißner, Herm., zur Geschichte der Umsatzsteuer in Sachsen, s.: Volksbücher, genossenschaftliche. Nr. 7.

FLEISSNER, Johann Wolfgang (Roggenthal): Nonnulla de usu atque abusu emeticorum.- Monachii: Deschler 1841. 15 S.
26.8.1839 - Urk; F 64
Diss. Ingolst.-Landsh.-Mchn.

FLEISSNER, Joseph (München): De variolis.- Monachii 1836. 30 S.
14.3.1836 - Urk; F 62
Diss. Ingolst.-Landsh.-Mchn.

Fleissner, Th., Darstellung e. Schienen-Schwebe-Apparates zur zweckmäss. Bandagirung d. Brüche der langen Röhren-Knochen der Gliedmassen d. Menschen. gr. 4. (4 1/2 B. u. 5 Stnt.) Landshut 838, Thomann'sche Buchh.

Fleissner, Thaddaeus (Chiemsee/Bay.), De telae cellulosae ex erysipelate gangraena. Diss. med. Landshut (Jos. Thomann) 1820. 23 S. u. 4 Bl. Thesen. (Präs.: Joseph August Schultes.) (4.20) 9066

Fleissner v. Wostrowitz, Ed. B., Handbuch der Kryptographie. Anleitung zum Chiffriren u. Dechiffriren v. Geheimschriften. Mit 19 Taf. u. einer Patrone. gr. 8. (XIV, 189 S.) Wien 881. Seidel & Sohn in Comm. n. 7. —

Fleißscheine, 100 kleine, mit Sprüchen. 32. Znaim 865, Fournier und Haberler. In Couvert *

FLEISZMANN, Friedrich, Dämmerstunden. Enthält: Das Haus im Thale. — Die Badereise. — Natalie. — Die Schlittenfahrt. — Das Weihnachtsfest. — Der Wildschütz. Leipzig 1831. 8°.
Gmähle's Leihbibl.-Cat., München, Nr. 13362.

Fleiter, Gérard, Deutschland u. d. Deutschen. Nouvelle méthode pratique pour apprendre la langue allemande. Grammaire. Cours élémentaire. gr. 8. (VIII, 64 S.) Münster 895. Aschendorff. n. 1. —

— dasselbe. Exercices. Cours élémentaire. 1. et 2. degré. gr. 8. Ebd. 895. à n. 1. 40
1. Versions, thèmes, lectures et conversations appliqués aux règles de la 1. partie du cours élémentaire de la grammaire, vocabulaire et dictionnaire. (116 S.)
2. Dasselbe. Appliqués aux règles du cours élémentaire de la grammaire, vocabulaire et dictionnaire. (121 S.)

Fleiter, G., Deutschland u. die Deutschen. Deutsches Lesebuch m. besond. Rücksicht auf deutsch lern. Ausländer u. auf Deutsche, die im Auslande leben. gr. 8. (VIII, 317 S.) Münster 899. Aschendorff. Geb. in Leinw. n.n. 3. —

Fleiter, Gerardus [Guestfalus]: De minoribus quae sub nomine Quintiliani feruntur declamationibus. . . . Monasterii Guestf., ex typogr. Aschendorffiana, 1890; 34 S. + 2 Bl. 8°
Münster, Phil. Fak., Inaug.-Diss. v. 11. März 1890

Fleiter, G., de minoribus quae sub nomine Quintiliani feruntur declamationibus. Commentatio philol. gr. 8. (34 S.) Monasterii Guestf. 890. (Leipzig, Fock.) n. 1. 20

Fleitmann, Franz Theodor (Schwerte)
Ueber die verschiedenen Modifikationen der Metaphosphorsäure.
[In: Annalen d. Chemie u. Pharmacie, Bd 72 (1849) 231.]
Dr. phil. Giessen 12.3.1850.

Fleitmann, W., s.: Führer durch das Volksschullesebuch.

— kleine Sprachschule f. Volksschulen, s.: Kamp, R.

Flekser, Akim L'vovic, s. Volynskij, A.L.

Flektionstabellen, s. hier: Flectionstabellen.

Flembach, Jos. Ant. Friedr. v., grundzügliche Beiträge zur Umbildung des militärischen Strafprozesses in Bayern. gr. 8. (VIII und 80 S.) Nürnberg 853, Schmid's Verlag.

—— das Kronrecht der Gnade in der Strafrechtspflege Bayerns und der constitutionellen Monarchie überhaupt nebst einem dasselbe und die Autonomie des Monarchen in der militär. Strafgesetzgebung Bayerns berührendem Anhange. gr. 8. (XII und 77 S.) Nürnberg 853, Schmid's Verlag.

Flemes, Berhh., die Weserberge, s.: Grieben's Reiseführer.

Flemes, Christian, plattdütsche Gedichte. Bauksmuck v. Otto Kaule. (71 S. m. Abb.) gr. 8. Hannover (907). Edler & Krische. 1.50; geb. in Leinw. 2. 50

FLEMIG, Christian

Flemig, C., de loquela imaginum. Lips. 1705. 4.

— — u. Conrad Peter Meister (Leucolymnas/Thüring.), De motu imaginum memorabili. Diss. acad. philos. Lpz. (Goez) 3. II. 1705. 10 Bl. (4.80) 9068

Flemig, C., de sudore imaginum memorabili. Lips. 1700. 4.

Flemig, Joannes Fridericus Guilielmus Carolus
Dissertatio inauguralis sistens cartilaginis intervertebralis ruptae casum memorabilem.
Giessae: Lichtenberger 1831. 16 S.
Diss. med. 21.1.1831. vorh. 7.

Flemig, W. Kann d. Militärarzt zugleich Zivilarzt sein? Tilsit 1834.

Fleming, G., Andromeda, s. Collection of British Authors.

Fleming, G., Kismet, s. Collection of British Authors.

Fleming, G., die Vivisection, s. Gesundheit, Wohlstand u. Glück.

Fleming, G., die Vivisection, s.: Gut, das höchste.

Fleming, Hanns Frdr. von, Der wohl-unterrichtete Teutsche Fischer, welcher Anleitung giebet 1. Wie die Teiche anzulegen, ... 2. allerhand Arthen einheimischer und ausländischer Fische beschreibet .. 3. wie die Fischereyen ... mit Nutzen anzustellen lehret, 4. Mancherley neue Erfindungen beybringet ... Leipzig 1724. Fol.
Ist Seite 361—500 von Fleming, Des vollk. Teutschen Jägers anderer Haupt-Theil. . . . . . . (D.)

FLEMING, Hanns Friedrich v.: Der vollkommene Teutsche Jäger, darinnen die Erde, Gebürge, Kräuter und Bäume, Wälder, Eigenschaft der wilden Thiere und Vögel... vorgestellet, colligiret und beschrieben. - Leipzig 1719 u. 1724. 2 Tl. -Tl. 1: 400 S., 111 S. Anh., Reg. -Tl. 2: u. d. T.: Des vollkommenen Teutschen Jägers anderer Haupt-Theil... 500 S., Anh., Reg.

Fleming, Hanss Friedrich von. Sr. Königl. Maj. in Pohlen und Chur-Fürstl. Durchl. zu Sachsen bey Dero Infanterie Obrist-Lieutenant und Cammer-Juncker, Ober-Forst und Wildmeister; Burg- und Schlossgesessen auf Bocke, Martenlin und Zebin, Erbherrn auf Weissach und Gahro etc. etc. — Der vollkommene Teutsche Soldat, welcher die gantze Kriegs-Wissenschafft, insonderheit was bey der Infanterie vorkommt, ordentlich und deutlich vorträgt und in sechs besondere Theilen die einem Soldaten nöthige Vorbereitungs-Wissenschaften, Künste und Exercitia, die Chargen und Verrichtungen aller Kriegs-Bedienten, von dem Mousquetier an bis auf den General; alle in dem Kriege vorfallende Actionen und Expeditionen, Feldzüge, Marche und Schlachten; die Besorgung einer Festung und Garnison bey Friedens-Zeiten, und die Beschützung wieder feindliche Gewalt in Kriegs-Zeiten, auch deren Attaque und Eroberung sowohl defensive als offensive lehret; nebst einem Anhange von gelehrten Soldaten, Adel und Ritter-Stande, von Duellen, Tournier- und Ritter-Spielen, auch Ritter-Orden etc. mit besonderm Fleiss ausgearbeitet und mit vielen hierzu dienenden Rissen und Kupffern erläutert. Fol. Leipzig. 1726.

Elektrische Wellen-Telegraphie. 4 Vorlesungen geh. von J[ohn] A[mbrose] Fleming, Prof. zu London. Autor. deutsche Ausg. von Prof. Dr. E[mil] Aschkinass, Berlin. Mit 53 Abb. Leipzig & Berlin: B. G. Teubner 1906. (185 S.) 8°

Fleming, May Agnes, Bruderliebe, s.: Collection Hartleben.

Fleming, M. A., die von Catheron, s.: Lese-Cabinet, neues belletristisches.

Fleming, Mary Agnes, durch Frauenschuld. Roman. Frei bearb. von Max v. Weißenthurn. Roman-Beilage zur „Preßburger Zeitung". gr. 8. (295 S.) Preßburg 885. (G. Heckenast's Nachf.) 1. 20

— Romane, s.: Berlepsch, Lina v., Romanbibliothek.

— vom Sturm getragen, s.: Collection Hartleben 8. Jahrg. 11. u. 12. Bd.

FLEMING, Paul

Fleming, P., ausgewählte Dichtungen, s. Universal-Bibliothek Nr. 2454 und 2455.

Fleming's, Paul, religiöse Dichtungen. Eingeleitet u. hrsg. v. Rud. Eckart. (88 S. m. Bildnis.) 8. Zwickau (909). J. Herrmann. 1.20; geb. 1.50

Fleming, Paul. Ein Gedicht von Paul Fleming. Wien [1873]. H: *Maltzahn, Wendolin von.* (Bem I, 1, S. 270)

Fleming, P., Gedichte, s. Dichter, deutsche, des 17. Jahrh.

Fleming, Paul, ausgewählte lateinische Gedichte, s.: Bibliothek der Gesamtlitteratur.

Fleming, P., deutsche Gedichte. Hrsg. von J. M. Lappenberg, } s. Bibliothek des litterarischen Vereins in Stuttgart, Bd. 82. 83; 73.
—— lateinische Gedichte. Hrsg. von J. M. Lappenberg, }

—— s. National-Litteratur, deutsche.

Fleming, Rob., Anfang und Ende des Papstthums. Ein Schlüssel zur Offenbarung Johannis, zugleich enth. Prophezeiungen betr. die Umwälzungen in Frankreich, das Loos der dortigen Regenten, den Verfall der päpstl. Macht ꝛc. Hrsg. zu Beginn des J. 1701. Aus dem Engl. gr. 8. (63 S.) Elberfeld 870, Püttmann.

Fleming, Rudolf, Die heutigen Anforderungen an die öffentliche Armenpflege im Verhältnis zur bestehenden Armengesetzgebung. 8⁰. Leipzig, Duncker u. Humblot, 1905.

Fleminger, I[sidor], a. Berlin: Die Sicherung der Besitzer von Hypotheken-Pfandbriefen nach dem Reichs-Hypothekenbankgesetze vom 13. Juli 1899. Berlin 1905: G. Koenig. (XI, 96 S.) 8°
Jena, Jur. Fak., Ref. Rosenthal, Diss. v. 15. Nov. 1904
[Geb. 25. Juli 80 Czernowitz; Wohnort: Berlin; Staatsangeh.: Österreich; Coll. 15. Nov. 04.]

Die Sicherung der Besitzer von Hypotheken-Pfandbriefen nach dem Reichs-Hypothekenbankgesetze v. 13. Juli 1899. Von Dr. jur. J[ulius] **Fleminger**. Berlin: Koenig 1905. XI, 96 S. 8° [05. 5447

Flemisch, M., die pädag. Strömungen des 19. Jahrh. in den pädag. Programmen des königl. Wilhelmgymnasiums in München, s. a. Texte u. Forschungen zur Geschichte der Erziehung u. des Unterrichts. V.

Die pädagogischen Strömungen des 19. Jahrhunderts in den pädagogischen Programmen des Kgl. Wilhelmsgymnasiums in München. Von Dr. M[ichael] **Flemisch** in Lohr a. M. *(Berlin: J. Harrwitz Nachf. 1901.)* (S. 93–159.) 8°
— Beiträge z. Geschichte d. Erziehung u. d. Unterrichts in Bayern. 2, [3.]
— **Texte** u. Forschungen z. Geschichte d. Erziehung u. d. Unterrichts in d. Ländern deutscher Zunge. 5, [3.] [04. 3914

Flemisch, Michael: **Granius Licinianus.** Eine text-, sprach- u. quellenkritische Untersuchung. *Donauwörth [1900]: L. Auer.* (71 S.) 8°
München, Phil. Diss. v. 1900

Flemisch, Michael: Granius Licinianus. Eine text-, sprach- und quellenkritische Untersuchung. 8 (71 S.). **Progr.** Kgl. Prg. *Lohr a. M.* 1900.
Nicht im Tauschverkehr.

Flemmer, J., Ueber die peptische Wirkung des Magensaftes beim Neugeborenen und Foetus. Diss. Dorpat. 8⁰. 44 pp.
1889.

Flemmer, J., üb. die peptische Wirkung d. Magensaftes beim Neugeborenen u. Foetus. Inaug.-Diss. gr. 8. (44 S.) Dorpat 889. (Karow.) n. 1. —

Flemmer, J. M., De itineribus et rebus gestis Hadriani imperatoris sec. numorum et inscriptionum testimonia. Diss. 1886. 148 S. 8.—

Flemmich, F. Karl, Handwörterbuch der speciell botanischen Terminologie u. d. adjectivischen Theiles der botanisch-blumistischen Nomenclatur. 12. (132 S.) Brünn 892. (F. Irrgang.) n. 1. —

Flemmich, F. Carl, die Kuhpockenimpfung u. deren Nutzlosigkeit und Schädlichkeit. Ein ernstes Mahnwort an die gesetzgebenden Körperschaften, sowie an Eltern und Aerzte. 8⁰. (23 S.) Brünn, C. Winkler. fl. —.20.
1887

Flemmich, Heinr., Klänge der Kindheit und Jugend in Liedern und Gedichten. Für Schule und Haus. 12. (V und 88 S.) Neuwied 853, van der Beeck. *

Flemmich, Heinr., Klänge der Kindheit und Jugend. Gabe für Kinder und Kinderfreunde. Mit 5 Orig.-Zeichnungen von Fr. Mock. 2. verm. Aufl. 16. (VII, 123 S.) Schaffhausen 884, Rothermel. cart. *

Flemmich, Heinr. [Percival], Sang u. Klang. Lieder zum Componiren u. andere poet. Kleinigkeiten. 8. (XVI, 271 S.) Freiburg i/Br. 882. Kiepert & v. Bolschwing. n. 3. —

Flemmig, Chr., Kern der göttl. Heilsordnung. 8. Zittau, Schöps. 752.

Flemmig, Karl, s. a. Flemmich, F. Karl.

Flemmig, Karl, die Kuhpockenimpfung, deren Nutzlosigkeit und Schädlichkeit. Ein ernstes Mahnwort an die gesetzgebenden Körperschaften sowie an Eltern und Aerzte. gr. 8. (23 S.) Brünn 887, (Winkler.) *

Flemming. Einige Bemerkungen über Racine's Athalie. Crossen, H. B., 1871. 5 S. 4. Progr.

Flemming's Elementar-Schul-Atlas in 10 (lith. u. color.) Blättern. Glogau 854. Flemming. qu. gr. 4. 6 ngr.

Flemming's Elementar-Schul-Atlas in 10 (lithogr. und ill.) Blättern. 3. Aufl. 1859. und 4. Aufl. qu. 4. Glogau 860, Flemming. *

—— dass. — für die Schulen des österreichischen Kaiserstaats in 11 (lithogr. und ill.) Blättern. 3. Aufl. 1859. und 4. Aufl. qu. 4. Ebendas. 860. *

—— dass. — für die Schulen des preussischen Staats in 11 (lithogr. und ill.) Blättern. 3. Aufl. 1859. und 4. Aufl. qu. 4. Ebendas. 860. *

Flemming's Elementar-Schul-Atlas in 10 (lith.) Blättern. 11. u. 12. Aufl. Glogau 869, 70. Flemming. qu. 4. n. 5 nar.

Flemming's Elementar-Schul-Atlas der neueren Erdbeschreibung in 10 (chromolith.) Karten. 13. Aufl. gr. 4. Glogau 874. Flemming. n. — 50

Flemming's Generalkarten, s: Generalkarten.

Flemmings Geschichte ein Denkmahl des Glaubens an Gott und Unsterblichkeit, 3 Theile, 8. Leipzig, 789/92. Crusius. Schreibpapier mit 9 Kupf. 4 Rthlr.
Dasselbe Buch Schreibpapier ohne Kupf. 3 Rthl.
— — Druckpap. mit Kupf. 3 Rthl. 8 sgl.
— — — ohne Kupf. 2 Rthl. 8 sgl.

Flemmings Geschichte. 5 Bde. m. K. 8. Lpz. Vogel. 807.

v. Flemming, der Graf, oder d. Fremde; Lstspl. in 5 A. 8. Berl. 801. Schöne. 8 gr.

Flemming's Heimatskarten, s.: Heimatskarten.

Flemming, Ideen zur Beurtheilung der Gallschen Beobacht. über die Verricht. d. Gehirns rc. 8. Berl. Schöne. 806.

Flemming's Karte von Schleswig-Holstein-Lauenburg. Glogau. o. J. (vor 1864). Lithogr. 1 Bl. Fol. 72 44,5 cm. Zusammengefaltet in Buchdeckel. 8°.

— Kreiskarten, s.: Kreiskarten.

—— vollständiger Kriegs-Handatlas für alle diejenigen, welche sich für die Operationen der Armeen und Flotten in dem Kriege Russlands mit der Türkei, England und Frankreich lebhaft interessiren etc. in 20 (lithogr. und ill.) Blättern. Fol. Glogau 854, Flemming's Verlag.

— — Supplementheft dazu sowie zu allen Ausgaben u. Auflagen der Sohr-Berghaus'schen Atlanten. Ebend. 854. qu. Fol. (6 lith. u. color. Bl.) 18 ngr

Flemming, Lehrerpensionsgesetze für das Königr. Sachsen. Zusammenstellg. aller zur Zeit gült. Bestimmungen in sächl. Anordng. Hrsg. v. der Vereinigg. v. Lehrern an städt. höheren Schulen Dresdens. (36 S.) 8. Dresden 904. A. Köhler. n. — 50

Flemming (I.), Luftblasen. Von Veratrinus Leuchtkäfer, s. Luftblasen.

Flemming, Pathologie u. Therapie d. Psychosen. Berlin 859.

Flemming, s. Schwarz-Flemming, die Kessel-Abtheilung.

Flemming, Hofr., s. Sperco, Wilhelm: Das Augustusbad bei Radeberg.

Flemming und Tibbins, Stepping-Stone to English; od. engl. Elementarbuch. N. d. Peyrot'schen Handb. geord. u. mit e. engl.-deutschen Wörterbuche vers. v. J. Ph. Zimmermann. 16. (12¾ B.) Zweibrücken 838, Ritter.

Flemming, Hofr., s. Zeitschrift, Allgem., für Psychiatrie.

Flemming, Anatol, experimentelle Beiträge zur Kenntniss der Wirkung v. salinischen Abführmitteln auf den Darm. Diss. gr. 8. (61 S.) St. Petersburg 893. (Jurjew, E. J. Karow.) n. 1. 50

Flemming, Arthur, aus Borna: Über die Phosphinsäuren des Dibenzylmethans und des Oxymethylencamphers. Rostock 1900: C. Boldt. (49 S.) 8°
Rostock, Phil. Diss. v. [14. Sept.] 1900

Flemming, Aug., Beiträge zur Handwerkerfrage. (66 S.) 8. Berlin 903. W. Schurich. n. — 25

Flemming, Aug. Vide: Handwerker (Der).

Flemming, C.F., s.a. Flemming, Karl Friedrich.

Flemming, C. F., Otto der Erste. Historisches Drama in 5 Aufzügen. 8. (102 S.) Kowno 865, Müller. *

—— Otto der Zweite. Trauerspiel in 5 Aufzügen. 8. (89 S.) Kowno 865, Müller. *

—— Pym und Strafford. Historisches Drama in 5 Akten. 8. (105 S.) Kowno 865, Müller. *

Flemming, C. F. de, nonnulla poeseos latinae specimina. 8maj. Jena, Schmid, 817. Schreibpap. Druckpap.

Flemming, C. F. de, Nonnulla poësios latinae specimina. Jen. 818. 8. 12 gr.

de Flemming, (C. F.,) nonnulla poeseos latinae specimina. 8. maj. Lips. 823, Cent. Compt.

Flemming, Carl, s. Flemming, Karl.

— Christian Sigismund (Probsthayn/Schles.), De praestatione casus. Diss. jur. Präs. Jo. Gottl. v. Hackeman. Frankfurt/O. (Alex) 16. V. 1740. 32 S. (5.—) 9072
Deutsche Widm. v.: Gottfried Weiße, C. G. Hanisch, G. H. Wolff.

Flemming, E., & Co., Sächs. Kardätschen-, Bürsten- und Pinsel-Fabrik: Illustrirte Gesammt-Preisliste über feine und grobe Bürsten- sowie Celluloidwaaren. Schönheide (Erzgeb.) 1902

Flemming, E., & Co., Sächs. Kardätschen-, Bürsten- und Pinsel-Fabrik: Preisliste für Haushaltungsbürsten. Schönheide (Erzgeb.) 1904

Flemming, E., & Co., Sächs. Kardätschen-, Bürsten- und Pinsel-Fabrik: Preisliste für Stallbürsten. Schönheide (Erzgeb.) 1904

Flemming, E., & Co., Sächs. Kardätschen-, Bürsten- und Pinsel-Fabrik: Preisliste für Toilettebürsten etc. Schönheide (Erzgeb.) 1904

Flemming, E., & Co., Sächs. Kardätschen-, Bürsten- und Pinsel-Fabrik: Preis-Verzeichnis für Borsten-Pinsel. Schönheide (Erzgeb.) 1904

Flemming, E., Versuche über Unschädlichmachung des Kohlenstaubes in Bergwerken durch Berieselung mit wasserlöslichen Ölen. Berlin, 1905. 5 S. [in Fa 131

Flemming, Edmund [aus Dessau]: Die Lasten Anhalts während des dreissigjährigen Krieges. Ein Beitrag zur Geschichte des dreissigjährigen Krieges. Theil I: Bis z. J. 1620 . . . . Eschwege, Druck v. A. Rossbach, 1885; 2 + 80 S. 8°.
Jena, Phil. Fak., Inaug.-Diss. v. 1885.

Flemming, Ernst, s.: Becker's Geschäfts-Handbuch f. d. deutsche Textil-Industrie.

Flemming, Ernst Wilhelm, s. Flemming, Wilhelm.

Flemming, F. 1894 [Pseud.]
s a Karst, Franz v.

Flemming, F. (Frz. v. Karst), Alles f. Andere. Roman. 8. (376 S.) Wien 894. Verl. d. Genossenschaft „Schriftstellerhaus". n. 4. —

Flemming, F., unser Haus. Erzählung. 8. (260 S.) Dresden 892. E. Pierson. n. 3. —

Flemming, F., erste Hülfe bei Cholera durch rechtzeitige Anwendung der trocknen Wärme. gr. 8. (16 S.) Dresden 866, am Ende.

Flemming, F. (Frz. v. Karst), Kleeblätter. Roman. gr. 8. (263 S.) Wien 899. L. W. Seidel & Sohn. n. 4. —

— vier Novellen u. Erzählgn. 8. (230 S.) Ebd. 893. n. 3. —

Flemming, F., praktische Reit- u. Fahrschule, s.: Köhler, Karl.

— s.: Schriftstellerhaus.

Flemming jun., Ferd., zur Lehre von den Krankheitsursachen. gr. 8. (V und 82 S.) Erlangen 860, Enke's Verlagsbuchh. *

Flemming, Ferd., Mittheilungen über die Bewegungsheilmethode, (schwed. Heilgymnastik) und ihre Anwendung zur Heilung vieler Krankheitsformen (Rückgratsverkrümmungen, Lähmungen, Hypochondrie ꝛc.) Vortrag, gehalten am 30. April 1854. gr. 8. (32 S.) Dresden 854, (Arnoldische Buchh.) *

Flemming jun., Ferd., die Rückgratsverkrümmungen. Besonders für Aeltern und Erzieher. Dresden 858. Adler u. Dietze. gr. 8. (84 S.) n. 12 ngl

Flemming jun., F., die Rückgratsverkrümmungen. Oder: Wie erhält man seinen Kindern einen geraden Wuchs? Besonders für Aeltern und Erzieher. 2. durch Krankheitsgeschichten verm. Aufl. gr. 8. (99 S.) Dresden 864, Dietze. *

Flemming jun., Ferd., über Verhütung des Schiefwerdens der Kinder und jungen Leute. Vortrag, gehalten im Gewerbevereine zu Dresden am 9. Novbr. 1869. gr. 8. (30 S.) Dresden 870, Bach. *

Mx 291 (15) Friedrich Ferdinand Flemming

De Dacryocystitide, eiusque transitu in alios status morbosos. Vitebergae (1810): Graessler. 31 S. 8°

Wittenberg, Med. Diss. v. 3. Nov. 1810

— Friedrich Moritz (Dresden), De mandato rei illicitae. Diss. jur. Lpz. (Staritz) 6. IX. 1832. 27 S. (4.50) 9073
Gew.: Joh. Dan. Merbach, Carl August Flemming.

Flemming, Fritz v., Referendar: Ueber den Irrtum im Motiv bei letztwilligen Verfügungen. Nach gemeinem Recht u. nach Bürgerl. Gesetzbuche. *Greifswald 1902: J. Abel.* (48 S.) 8°
Greifswald, Jur. Diss. v. [4. Nov.] 1902

Flemming, Georg, Assistenzarzt: Aus d. Univ.-Augenklin. zu Breslau. Zur Keratomalaciefrage unter besonderer Berücksichtigung des Allgemeinleidens und des Ausgangs. Breslau 1909: Breslauer Genossensch.-Buchdr. 38 S. 8°
Breslau, Med. Diss. v. 12. März 1909, Ref. Uhthoff
[Geb. 4. Mai 82 Baumgarten b. Ohlau; Wohnort: Ratibor; Staatsangeh.: Preußen; Vorbildung: Gymn. Ohlau Reife O. 01; Studium: Breslau 2, Halle 2, Breslau 6 S.; Coll. 19. Febr. 09; Approb. 1. Aug. 06.] [U 09. 545

FLEMMING, Georg August

Flemming, G. A., Analytik d. Gefühlsvermögens. gr. 8. Altona, Hammerich. 793.

-- üb. Charakter des Menschen. 8. Hamb. 784. Gundermann. 6 gl.

Flemming, G. A., Ueb. d. Charakter d. Menschen. Hamb. 8°. 1794

G. A. Flemming's Ideen zu e. künst. Beurtheil. d. *Gall.* Untersuchh. üb. d. Verrichtt. des Gehirns, od. d. Gehirn- u. Schädeltheorie d. Dr. *Gall*, m. besond. Rücksicht auf d. *Bergk.* Bem. u. Zw. (N. 1278.) *Berl.*, Schöne. 805. 8° 8 gl

— Lehrbuch der allgem. empyr. Psychologie. gr. 8. Altona, Hammerich. 796.

Flemming, (Geo. Aug., († d. 27. Mai 1813.) Versuch e. Analytik des Gefühlsvermögens. gr. 8. Altona 793. Hammerich. 6 gl.

Flemming, Gust., Hauptsätze der Arithmetik und Algebra für den Unterricht auf Gymnasien bearb. gr. 8. (V und 79 S.) Altenburg 866, Bonde. *

Flemming, G., Hauptsätze der Arithmetik und Algebra für den Unterricht an höheren Lehranstalten. 2. Aufl. gr. 8. (IV, 71 S.) Altenburg 876, Bonde. *

Flemming, G. Hauptsätze der Arithmetik u. Algebra, f. den Unterricht an höheren Lehranstalten bearb. 3. Aufl. gr. 8. (IV, 91 S.) Altenb. 890, Bonde's Verlag. * 1 —; geb. * 1 20

Flemming, *Gustav* [Prof., Dir.]: Besondere Lehrpläne für die einzelnen Unterrichtsgegenstände des Realprogymnasiums (u. d. Vorschule.) Altenburg, Pierer'sche Hofbuchdr., *1892;* 6—19 S. 4.
Altenburg, herz. RPG, OP 1892 (683)

FLEMMING, Gustav Johann Georg Friedrich

—— s. a. Bericht über die Versammlung mecklenburg. Thierärzte.

Flemming, Gust. Joh. Geo. Friedr., Bericht über die 27. Versammlung des Vereins mecklenburgischer Thierärzte und über das Vereinsjahr 1873—1874. 8. (20 S.) Ludwigslust 874, Hinstorff'sche Hofbuchh. *

Flemming, G. J. G. F., Entwurf einer neuen Medicinal-Ordnung für das Großherzogth. Mecklenburg-Schwerin. Verfaßt und Sr. k. H. dem Großherzog, dem h. großherzogl. Staats-Ministerio, sowie der hohen Abgeordneten-Kammer zur Disposition gestellt. Mit einem Befürwortungs-Schreiben von Revermann. 8. (30 S.) Teterow 850. (Schwerin, Hildebrand.) *

Flemming, G. J. G. F., allgemeine Heilungslehre der Haussäugethiere u. Thierarzneimittellehre. Populär bearb. 8. (XII, 124 S.) Berlin 879. Parey. geb. n. 2. 50

Flemming G. J. G. F.: Allgemeine Heilungslehre d. Haussäugethiere u. Thierarzneimittellehre. Populär bearb. Berl. 1879. 124 S. (Thaer-Bibliothek. Bd. 53).

— s.: Luftblasen.

— Physiologie u. allgemeine Pathologie der Haussäugethiere. Populär bearb. 8. (VIII, 146 S.) Ebend. 878. geb. n. 2. 20

—— über den chemisch-physiologischen Proceß der Ernährung bei Pflanzen und Thieren. Didactisch-historische Erörterungen. 8. (28 S.) Teterow 851. (Schwerin, Hildebrand.) *

Flemming, Gustav Johann Georg Friedrich (Hrsg.), s. Sammlung veterinär-medicinischer Abhandlungen.

Flemming, Gust. Joh. Geo. Friedr., der Verein mecklenburg'scher Thierärzte von 1845 bis 1870. Eine histor. Skizze seines fünfundzwanzigjähr. Bestehens. 8. (15 S.) Ludwigslust 870, Hinstorff'sche Hofbuchh. *

Flemming, H. Das Recht der Bergung im Seerecht und Binnenschiffahrtsrecht. D. Heidelberg 1910.

Flemming, Hans von, Referendar a. D.: Ueber das Eingreifen objectiv rechtsändernder Staatsakte in Kontraktsobligationen, insbesondere in die Verpflichtung des Verkäufers zur Rechtsverschaffung. *Greifswald 1900: J. Abel.* (56 S.) 8°
Greifswald, Jur. Diss. v. 1900

Flemming, Hans, Geschichtsunterricht u. Kulturgeschichte. E. Handbüchl. f. d. Lehrer. gr. 8. (47 S.) Osterwieck 897. A. W. Zickfeldt. n. — 80

Flemming, Hans, Leitfaden f. die biographische Vorstufe des Geschichtsunterrichts, s.: Wernicke, E.

Flemming, Hans, Prof.: Vacances d'été en Picardie. *Berlin: Weidmann 1903.* (24 S.) 4°
Berlin, Dorotheen-S, OP 1903**

Flemming, Hans, Vacances d'été en Picardie. Progr. (24 S.) gr. 4. Berlin 903. Weidmann. n. 1. —

Flemming, Hans, prof.: Voyage Scolaire à Paris. *Berlin: R. Gaertner 1901.* (30 S.) 4°
Berlin, Dorotheen-S, OP 1901**

Flemming, Hans, Voyage scolaire à Paris. Progr. 4. (30 S.) Berlin 901. [R. Gaertner.] Weidmann. n. 1.—

Flemming, Hans F. v., vollk. deutscher Jäger u. Fischer m. K. 2 Thle. Fol. Lpz. Fritsch. 749.

— vollkomm. deutscher Soldat rc. m. K. Fol. Ebend. 740.

Flemming, Jm. Fr., Geschichte der Blindenanstalt zu Hannover. 8. (Mit 3 lithogr. Abbild.) Hannover 846, Hahnsche Hofbuchh. n. 1/3 ℔

Flemming, Joh., s.: Henoch, das Buch.

— s.: Schriften, apollinaristische.

Flemming, Joh., die grosse Steinplatteninschrift Nebukadnezars II. in transcribiertem babylonischen Grundtext, nebst Uebersetzg. u. Commentar. gr. 8. (VIII, 61 S.) Göttingen 883. (Leipzig, Fock.) n. 1.50

— **Johann Gottfried** (Artern), De atonia uteri theoretico-practicum. Specim. med. Lpz. (Jacobäer) 2. VIII. 1776. 51 S. (5.—) 9075

Flemming, Johann Gottfried (Übers.u.Comm.):

s.: Deleurye, (François Ange): Abhandlung über die Geburten. Nebst der Behandlung der Schwangern, Kindbetterinnen und kleinen Kinder. (Traité des accouchemens... Dt.) Breslau: 1778

JB 3.888

Flemming, Jh. Gf., Unterr. für angeh. Hebammen in Frag u. Antwort. 8. Leipz. 778. (Brockhaus). 5 gr

— **Joh. Carl Gottlieb** (Jüterbog), Natura praestantior arte in re medica et oeconomica. Disp. posterior. Präs. Georg Rudolph Boehmer. Wittenbg. (C. Ch. Dürr) 27. V. 1773. 32 S. (4.50) 9074

Flemming, Johs., s.: **Didaskalia, die syrische.**

Flemming, Johannes: **Ueber einen Fall von Netzhautablösung bei Retinitis albuminurica gravidarum.** *Berlin (1898): E. Ebering.* (29 S.) 8°
Berlin, Med. Diss. v. 4. Mai 1898

Flemming, Johs., s.: **Psalmbuch, e. jüdisch-christliches,** aus dem 1. Jahrh.

FLEMMING, Karl

Flemming, Carl (Jüterbog), De noctis circa morbos officacia. Diss. med. Bln. (J. F. Starcke) 15. XII. 1821. 48 S. mit Biogr. (M.: J. S. Balzer.) (1.50) 9069

Oppon.: Sundelin, Lieber, Schulz.

Flemming, Karl, Heimats-Karten. Ergänzungsblätter zu allen Schulatlanten. Prov. Brandenburg. 1 : 1090000. — Prov. Hessen-Nassau u. das Fürstenthum Waldeck mit Pyrmont. 1 : 840000. — Kgr. Sachsen 1 : 840000. — Prov. Sachsen u. Herzogthum Anhalt. 1 : 1200000. — Prov. Schlesien 1 : 1400000. — Prov. Schleswig-Holstein u. die freien Städte Hamburg u. Lübeck. 1 : 840000. Glogau, Flemming, 1887. gr. qu.-4. Chromolith.

Flemming's, Carl, vaterländische Jugendschriften. 1.—16. Bd. 12. Glogau 889. 890. Flemming. geb. à n. 1.—
1. Chlodwig. Erzählung aus der Geschichte d. deutschen Volkes, f. die Jugend bearb. v. F. Kühn. Mit 3 Bildern v. Carl Jäger. 3. Aufl. (108 S.)
2. Der Burggraf v. Nürnberg. Eine Erzählg. f. die Jugend v. F. Kühn. Mit 3 Bildern v. C. Jäger. 3. Aufl. (122 S.)
3. Das alte Ordensland. Bilder aus der Geschichte d. Deutschen Ordens in Preußen v. F. v. Köppen. Mit 4 Illustr. (108 S.)
4. 5. Blücher. Ein Lebensbild f. die deutsche Jugend von F. v. Köppen. Mit 4 Illustr. (354 S.)
6. Die Bilder od. Magdeburg u. Lützen. Eine Erzählg. aus der Zeit d. 30jähr. Krieges v. L. Würdig. Mit 4 Illustr. von Jul. Scholtz. 2. Aufl. (139 S.)
7. Dragoner u. Kurfürst od. brandenburgische Treue. Eine Erzählung f. jung u. alt v. L. Würdig. Mit 4 Illustr. von Carl Jäger. 3. Aufl. (148 S.)
8. Gustav Adolf in Deutschland. Geschichtliche Erzählg. f. jung u. alt v. L. Würdig. (142 S. m. 4 Illustr.)
9. Friedrich der Große u. der 7jährige Krieg v. F. Schrader. 2. Aufl. (148 S. m. 4 Illustr.)
10. Hans Sachs. Ein Lebensbild für die deutsche Jugend von L. Ziemssen. (153 S. m. 4 Illustr.)
11. Johann Sebastian Bach. Ein Lebensbild für Deutschlands Jugend v. L. Ziemssen. (128 S. m. 5 Illustr.)
12. Neithardt v. Gneisenau, Vater Blücher's rechte Hand. Ein Lebens- u. Kriegsbild f. die Jugend v. G. Höcker. (215 S. m. e. Titelbild.)
13. Theodor Körner, der Sänger u. Held v. Lützow's wilder Jagd. Der deutschen Jugend erzählt v. O. Höcker. (173 S. m. e. Titelbild.)
14. Graf Heinrich v. Schwerin. Erzählung v. Ferd. Sonnenburg. (222 S. m. 1 Titelbild.)
15. Unter dem Schwerte der Weißmäntel. Erzählung aus dem 15. Jahrh. v. Ferd. Sonnenburg. (166 S. m. 3 Illustr.)
16. Prinz Eugen, der edle Ritter. Geschichtliche Erzählg. f. jung u. alt v. L. Würdig. 2. Aufl. (159 S. m. 4 Illustr.)

Flemming's, Carl, vaterländische Jugendschriften. 17.—34. Bd. 12. Glogau, C. Flemming. Geb. in Leinw. à n. 1.—
17. Hans Joachim v. Zieten. Für jung u. alt erzählt von L. Würdig. 2. Aufl. (131 S. m. 4 Illustr.) 891.
18. Graf Yorck v. Wartenburg. Des Helden Leben u. Thaten. Erzählt v. L. Würdig. 2. Aufl. (162 S. m. 4 Illustr.) 891.
19. Albrecht Dürer. Ein Lebensbild für die deutsche Jugend v. H. Berger. (151 S. m. 4 Illustr.) 892.
20. Franz v. Sickingen. Ein Bild ritterl. Lebens aus der Reformationszeit v. Ludw. Ziemssen. (169 S. m. 4 Illustr.) 892.
21. Der neue Prophet. Ein Geschichtsbild aus der Zeit d. Bauernkrieges. Für die reifere Jugend bearb. v. Ernst Kornrumpf. (145 S. m. 4 Illustr.) 892.
22. Leuthen. Eine Erzählg. für die Jugend v. Frz. Kühn. Mit 3 Illustr. v. Carl Jäger. 3. Aufl. (120 S.) 892.
23. Seydlitz. Eine Erzählg. f. die Jugend v. Frz. Kühn. Mit 4 Illustr. v. Carl Jäger. 4. Aufl. (218 S.) 892.
24. Barbarossa. Eine Erzählg. aus der Geschichte d. deutschen Volkes v. Frz. Kühn. Mit 4 Illustr. v. L. Venus. 3. Aufl. (181 S.) 892.
25. Das Türkenmal. Eine Erzählg. f. die Jugend v. Ferd. Sonnenburg. (184 S. m. 3 Bildern.) 892.
26. Die Kinder d. Wendenfürsten. Geschichtliche Erzählg. f. jung u. alt v. C. Spielmann. (108 S. m. 4 Bildern.) 892.
27. König Berthari. Eine Erzählg. f. die Jugend v. Ferd Sonnenburg. (152 S. m. 4 Bildern.) 892.
28. Ernst Rietschel. Ein deutsches Künstlerleben. Von Ludw. Ziemssen. Nebst e. Anh.: Der Aufbau e. Statue. (136 S. m. 4 Bildern.) 892.
29. Der schwarze Herzog. Erzählg. v. Ferd. Sonnenburg. (166 S. m. Bildnis.) 893.
30. Georg Wenzeslaus v. Knobelsdorff. Lebensbild e. Künstlers u. Freundes Friedrichs des Großen. Von Ludw. Ziemssen. (135 S. m. Bildnis.) 893.
31. Hohenzollern u. Brandenburg. Vaterländische Geschichten v. Fed. v. Köppen. Mit 4 Illustr. (124 S.) 894.
32. Deutsche Treue. Eine Erzählg. aus der Geschichte d. deutschen Volkes v. Frz. Kühn. Mit 4 Bildern v. L. Venus. 4. Aufl. (203 S.) 894.
33. Derfflinger. Eine Erzählg. f. die Jugend v. Frz. Kühn. Mit 4 Bildern v. Carl Jäger. 4. Aufl. (144 S.) 894.
34. Admiral Karpfanger, der Hamburger Seeheld. Von Ferd. Sonnenburg. Mit 4 Orig.-Illustr. (135 S.) 894.

Flemming's, Carl, vaterländische Jugendschriften. 6., 7., 9., 12., 15.—17., 22., 24.—27. u. 35.—62. Bd. 12. Glogau, C. Flemming. Geb. à n. 1.—
Grundmann, J., die Grafenfehde. E. Bild a. d. Geschichte d. Hansa. M. 4 Ill. (141 S.) 896. (47. Bd.)
· Hieronymus Rhode, der Schöppenmeister v. Königsberg. E. Erzählg. a. d. Geschichte d. Preußenlandes. M. 4 Ill. (149 S.) 896. (16. Bd.)
Höcker, Gust., Ludwig van Beethoven, d. König d. Töne. E. Erzählg. f. d. deutsche Jugend. M. 2 Abb. (VII, 162 S.) 898. (61. Bd.)
— Neithardt v. Gneisenau. Vater Blüchers rechte Hand. E. Lebens- u. Kriegsbild f. d. Jugend. M. 1 Titelbild. 2. Aufl. (215 S.) 897. (12. Bd.)

— Joseph Haydn, d. Humorist in Tönen. E. Lebens- u. Zeitbild f. d. deutsche Jugend. M. 2 Abb. (VII, 176 S.) 898. (59. Bd.)

— Wolfgang Amadeus Mozart. Lorber u. Dornen e. Künstlerlebens. E. Erzählg. f. d. deutsche Jugend. M. 4 Abb. (VII, 176 S.) 898. (60. Bd.)

Höcker, P. O., Adam Riese u. s. Zeit. E. Erzählg. a. d. Erzgebirge. M. 4 Ill. (166 S.) 895. (42. Bd.)

Jahnke, Herm., Hans Kohlhase. Geschichtl. Erzählg. a. d. Zeit Joachim Nestors u. Joachim Hektors v. Kurbrandenburg. M. 4 Ill. (190 S.) 895. (38. Bd.)

Köppen, Fed. v., Ernst Moritz Arndt und Friedrich Ludwig Jahn. 2 Vorkämpfer deutscher Einheit u. Freiheit. 2 Lebensbilder in einem Rahmen. M. 4 Ill. (151 S.) 897. (52. Bd.)

— Albrecht v. Roon u. d. deutsche Heeresschöpfung. M. 4 Ill. (153 S.) 896. (49. Bd.)

— Kaiser Wilhelms I. Jugendjahre. E. Erzählg. f. d. deutsche Jugend. M. 4 Ill. (143 S.) 897. (51. Bd.)

Kühn, Frz., Barbarossa. E. Erzählg. a. d. Geschichte d. deutschen Volkes. M. 4 Ill. v. L. Venus. 4. Aufl. (181 S.) 898. (24. Bd.)

— Leuthen. E. Erzählg. f. d. Jugend. M. 3 Ill. v. Carl Jäger. 4. Aufl. (120 S.) 898. (22. Bd.)

— Nettelbeck. E. Erzählg. f. d. Jugend. 4. Aufl. m. 4 Bild. v. Carl Jäger. (162 S.) 896. (35. Bd.)

— Ferdinand v. Schill. E. Erzählg. f. d. deutsche Jugend. M. 4 Bild. v. Carl Jäger. 4. Aufl. (203 S.) 896. (36. Bd.)

Kühn, Frz., Scharnhorst. E. Erzählg. f. d. deutsche Jugend. M. 4 Bild. v. Carl Jäger. 4. Aufl. (115 S.) 895. (37. Bd.)

Ohorn, Ant., Karlsschüler u. Dichter. Geschichtl. Erzählg. f. d. deutsche Jugend. M. 4 Orig.-Ill. v. Rob. Sterl. (164 S.) 897. (56. Bd.)

— an Weimars Musenhofe. Geschichtl. Erzählg. f. d. deutsche Jugend. M. 4 Abb. (VII, 150 S.) 898. (57. Bd.)

— Schiller u. Goethe. Geschichtl. Erzählg. f. d. deutsche Jugend. M. 4 Abb. (VII, 159 S.) 898. (58. Bd.)

— d. letzte Staufe. Geschichtl. Erzählg. f. d. deutsche Jugend. M. 4 Ill. (158 S.) 895. (43. Bd.)

Oehlke, Alfr., der Freiherr vom Stein. E. Zeit- u. Lebensbild. M. 4 Ill. (152 S.) 896. (48. Bd.)

Plehn, M. E., Emin Pascha, d. Vater d. Aequatorial-Provinz. E. Kulturbild aus Innerafrika. M. 3 Ill. u. 1 Karte. (166 S.) 895. (40. Bd.)

— Ulrich von Hutten, der ritterliche Vorkämpfer d. Humanismus. M. 4 Ill. (141 S.) 895. (39. Bd.)

Schrader, Ferd., Friedrich der Große u. d. siebenjähr. Krieg. 3. Aufl. (148 S. m. 4 Ill.) 895. (9. Bd.)

Soldan, F., Heinrich d. Eiserne u. s. Sohn Otto d. Schütz. Nach hess. Chroniken erzählt. M. 4 Ill. (145 S.) 896. (44. Bd.)

Sonnenburg, Ferd., König Berthari. E. Erzählg. f. d. Jugend. M. 4 Ill. 2. Aufl. (152 S.) 898. (27. Bd.)

— der Hirtenknabe v. Spessart. E. Erzählg. f. d. deutsche Jugend. M. 4 Ill. (159 S.) 895. (41. Bd.)

— der Kapitän von Westerland. E. Erzählg. f. d. deutsche Jugend. M. 4 Orig.-Ill. v. Jul. Schlattmann. (157 S.) 897. (55. Bd.)

— d. Söhne d. roten Erde. E. Erzählg. a. d. Zeit d. 7jähr. Krieges. M. 4 Ill. (159 S.) 896. (50. Bd.)

— das Türkenmal. E. Erzählg. f. d. Jugend. M. 3 Orig.-Ill. 2. Aufl. (184 S.) 898. (25. Bd.)

— unter d. Schwerte d. Weißmäntel. Erzählg. a. d. 15. Jahrh. M. 3 Orig.-Ill. 2. Aufl. (166 S.) 898. (15. Bd.)

Spielmann, C., Johann Gutenberg u. s. Schüler. Geschichtl. Erzählg. f. Jung u. Alt. M. e. Bildn. G.'s nach e. Statue im bibliograph. Museum z. Dresden u. 3 Orig.-Ill. v. Ludw. Berwald. (182 S.) 897. (53. Bd.)

— d. Kinder d. Wendenfürsten. Geschichtl. Erzählg. f. Jung u. Alt. M. 4 Ill. 2. Aufl. (168 S.) 898. (26. Bd.)

— der Kyffhäuserkaiser (Friedrich II.) Geschichtl. Erzählg. f. Jung u. Alt. M. 4 Ill. v. Carl Römer. (163 S.) 897. (54. Bd.)

Würdig, L., die Brüder od. Magdeburg u. Lützen. E. Erzählg. a. d. Zeit d. 30jähr. Krieges. M. 4 Ill. v. Jul. Scholz. 3. Aufl. (139 S.) 897. (6. Bd.)

— Dragoner und Kurfürst od. brandenburg. Treue. E. Erzählg. f. Jung u. Alt. M. 4 Ill. v. Carl Jäger. 4. Aufl. (148 S.) 897. (7. Bd.)

— Friedrich Wilhelm I. u. Kronprinz Friedrich. Nach d. besten Quellen f. Jung u. Alt erzählt. M. 4 Ill. (147 S.) 895. (45. Bd.)

— Prinz Eugen, d. edle Ritter. Geschichtl. Erzählg. f. Jung u. Alt. M. 4 Ill. v. C. Römer. 3. Aufl. (159 S.) 893. (16. Bd.)

— Hans Joachim v. Zieten. Für Jung u. Alt erzählt. M. 4 Ill. 3. Aufl. (131 S.) 898. (17. Bd.)

Zingeler, Karl Thdr., Friedrich v. Zollern, der Öttinger. Kulturhistor. Erzählg. a. d. 15. Jahrh. M. 4 Abb. (168 S.) 898. (62. Bd.)

Flemming's, Carl, vaterländische Jugendschriften. 63.—82. Bd. 12. Glogau, C. Flemming. Geb. à n. 1.—

Inhaltsübersicht in alphabetischer Ordnung:

Buchwald, Conr., Karl Friedrich Schinkel. Erzählung f. die deutsche Jugend. Mit 8 Abb. (VIII, 147 S.) (900.) (Bd. 82.)

Höcker, Gust., Ludwig Devrient, der geniale Meister d. Schauspielkunst. Biographische Erzählg. f. die deutsche Jugend. Mit 2 Abbildgn.) (VII, 164 S.) (899.) (Bd. 66.)

— Andreas Hofer u. der Tirolerkrieg v. 1809. Der deutschen Jugend erzählt. Mit 4 Abb. (VII, 137 S.) (899.) (Bd. 72.)

— August Wilhelm Iffland, der Menschendarsteller, Dichter u. Bühnenleiter. Mit 3 Abbildgn. (VII, 159 S.) (899.) (Bd. 65.)

— Friedrich Ludwig Schröder. Lehr- u. Meisterjahre e. großen Bühnenkünstlers. Ein Lebens- u. Zeitbild. Mit 1 Portr. (VII, 160 S.) (899.) (Bd. 64.)

Höcker, Gust., Arnold v. Winkelried, der Held v. Sempach. Ein Geschichts- u. Kulturbild aus dem XIV. Jahrh. Mit 8 Abbildgn. (VII, 155 S.) (900.) (Bd. 73.)

[illegible], Hans Holbein der Ältere u. der Jüngere. Ihr Leben u. ihre Werke. Mit 8 Abbildgn. (VII, 149 S.) (900.) (Bd. 77.)

[illegible], Hermann der Cherusker u. die Freiheitskämpfe der Germanen gegen Rom. Mit 1 Titelbild. (VII, 164 S.) (900.) (Bd. 78.)

— Karl der Große u. seine Paladine. Erzählung f. d. deutsche Jugend. Mit 1 Titelbilde. (VII, 184 S.) (900.) (Bd. 79.)

— Maximilian, der letzte deutsche Ritter. Mit 1 Titelbilde. (VII, 1[illegible] S.) (900.) (Bd. 80.)

— Wilhelm Tell u. die Freiheitskämpfe der Schweiz. Mit 4 Abbildgn.) (V, 166 S.) (899.) (Bd. 70.)

[illegible], Adr., Treue u. Untreue od. König Heinrich VII. [illegible] Erzählung aus der vaterländ. Geschichte. [illegible] Abbildgn. (VIII, 1[illegible] S.) (899.) (Bd. 63.)

— die Zerstörung v. Worms. Erzählung f. die deutsche Jugend. (VII, 139 S.) (900.) (Bd. 81.)

Sonnenburg, Ferd., Gottfried v. Straßburg. Eine lebensgeschichtl. Erzählg. aus dem 13. Jahrh. Mit 1 Portr. (VII, 160 S.) (899.) (Bd. 68.)

— Walther v. der Vogelweide. Eine Erzählung. Mit 1 Portr. (VII, 146 S.) (899.) (Bd. 69.)

— Wolfram v. Eschenbach. Eine Erzählg. aus dem 13. Jahrh. Mit 1 Portr. (VII, 167 S.) (899.) (Bd. 67.)

Weitbrecht, Rich., wackere Frauen. Eine Reichsstadtgeschichte. Mit 2 Abbildgn. (VII, 132 S.) (900.) (Bd. 75.)

— das Kleeblatt. Vaterländische Erzählg. f. die Jugend. Mit 4 Abbildgn. (VII, 165 S.) (900.) (Bd. 76.)

— ein kühner Reiteroberst. Lebensbild aus dem 30jähr. Kriege. Mit 5 Abbildgn. (VII, 139 S.) (900.) (Bd. 74.)

Wickenhagen, G., Christian Daniel Rauch. Ein Lebensbild. Mit 5 Abbildgn. (VII, 109 S.) (899.) (Bd. 71.)

Flemming's, Carl, vaterländische Jugendschriften neue Ausg., s.: Jugendschriften, vaterländische.

Flemming's, Karl, Karte vom Deutsch-Französischen Kriegsschauplatze. Glogau [1870.] (Br. Mus.)

Flemming, Karl, Topographische Karte der Balkanstaaten und Länder. Masstab: 1 : 600000. Glogau [1908]. 8°.

Carl Flemmings Neue Kreiskarten vom Preuss. Staate. 1 : 150000. Glogau 1895—. c. L. Sch. (Im Erscheinen).

Flemming, Carl: Wie bediene ich meinen Heizungskessel und wie kann ich dabei sparen? Hannover [1910]

Flemming, sen., Karl Aug., ein Beitrag zur genauern Diagnose größerer in den Gallengängen eingeklemmter Gallensteine u. der dadurch gewöhnlich bewirkten sogenannten Leberkolik oder Colica hepatica. gr. 8. Leipzig 832. (Serig.) 1/6 ₰

— Carl August (Dresden), De inoculatione variolarum epidemico contagio varioloso longe praeferenda. Diss. med. Präs. Salomon Constantin Titius. Wittbg. (Tzschiedrich) 17. XII. 1798. 24 S. (4.50) 9070

Gew.: Johann Ehrenfried Pohl, Christoph Eusebius Raschig.

Flemming, Carolus Eduardus: De diagnosi graviditatis. [Praeses:] Curtius Sprengel. Halae (1823): Grunert. 47 S. 8°

Halle-Wittenberg, Med. Diss. v. 17. Sept. 1823

Geb. [Endschütz (Sachs.-Weim.) 3. 7. 1797]. [V. in Sprengel's Progr., vgl. Nr. 710]

Flemming, Carl Friedr., Beiträge z. Philosophie d. Seele. 2 Thle. Die Menschen-Seele. — Die Thier-Seele. gr. 8. (30½ B.) Berlin 850, Enslin'sche Buchh.

Flemming, Car. (Frid.) (geb. Jüterbog 27. 12. 1799): De noctis circa morbos efficacia. Berolini (1821). (48 S.) 8°
Berlin, Med. Diss. v. 15. Dez. 1821

Flemming, C. F., üb. Geistesstörungen u. Geisteskranke, s.: Sammlung gemeinverständl. wissenschaftl. Vorträge.

(——) die Irren-Heil-Anstalt Sachsenberg, s. Irren-Heil-Anstalt.

Flemming, C. F., zur Klärung d. Begriffs der unbewussten Seelen-Thätigkeit. Eine psycholog. Studie. 4. (26 S.) Schwerin 877. (Berlin, G. Reimer.) n. 1. —

Flemming, C. F., Pathologie und Therapie der Psychosen. Nebst Anhang: Ueber das gerichtsärztliche Verfahren bei Erforschung krankhafter Seelenzustände. gr. 8. (XXIV und 487 S.) Berlin 859, A. Hirschwald. *

Flemming, C. F., die Irren-Heilanstalt Sachsenberg bei Schwerin im Großherzogth. Mecklenburg. Nachrichten über ihre Entstehung, Einrichtung, Verwaltung und bisher. Wirksamkeit. Neue durch einen Nachtrag vervollständigte Ausg. qu. gr. 8. (52 S. mit 5 Stnt. in 4. und 1 Tab. in qu. gr. 4.) Schwerin 851, [Hildebrand.] *

Flemming, (Karl Friedrich) (Hrsg.):

s.: Zeitschrift, Allgemeine, für Psychiatrie und psychisch-gerichtliche Medicin. Bd 1 - 5. Berlin: 1844 - 1848

JB 6.150

s. Zeitschrift für ɔc. Heilung krankhafter Seelenzustände.

Flemming, L. F. F., der Accoucheur, als rathender u. warnender Freund. gr. 8. Dresd. 830. (Arnold). 8 ⅔

Flemming, L. F. F., der Accoucheur, als rathender u. warnender Freund. (Mit lith. Schwangerschafts-Kalender.) gr. 8. (5¼ B.) Dresden 831, (Arnold.)

Flemming, Lud. Ferd. Fürchtegott, der Accoucheur als rathender u. warnender Freund. Ein Versuch. 2., verm. u. verb. Aufl. gr. 8. (7 B.) Dresden u. Leipzig 839, Arnoldische Buchh.

Flemming, Ludw. Ferd. Fürchtegott, der Accoucheur als rathender und warnender Freund. Ein Versuch. 3., verm. und verb. Aufl. gr. 8. (VII und 84 S.) Dresden 856, Adler und Dietze. *

— **Ludwig Ferdinand Fürchtegott** (Lausigk), De signorum graviditatis et morborum quorundam, graviditatem mentientium differentia. Dissert. med.-obstet. Lpz. (Staritz) 15. XII. 1820. 28 S. (4.20) 9076
Gew.: Joh. Gottfr. Leonhardi, Christian Gotthelf Pienitz, Carl August Flemming.

Grosser **Atlas** der Eisenbahnen von Mittel-Europa. (Abth. 2: Gr. Atlas .. Gr. atlante delle ferrovie dell'Europa centrale ...; 3: Gr. Atlas ... Grand atlas des chemins de fer de l'Europe centrale ...) 1. Abth. Deutschland u. Schweiz. 2. Abth. Österreich-Ungarn, Serbien, Rumänien ... 3. Abth. Frankreich, Belgien ... Maassst. 1:250,000, 1:300,000, 1:500,000, 1:700,000. In 64 nach polit. Gebieten getrennten Specialkarten ... Neu bearb. u. vervollst. von **M[ax] Flemming**, Betriebssekr., G[ustav] Merkel, Betriebssekr. Hrsg. von Alexander Duncker in Leipzig. 14. Aufl. Abth. 1–3 (in 1 Bde). *Leipzig: Verl. f. Börsen- u. Finanzliteratur. 1902.* 4° [02. 4..8]

Großer **Atlas** der Eisenbahnen von Mittel-Europa. 1. Abth. Deutschland u. Schweiz. 2. Abth. Österreich-Ungarn, Serbien, Rumänien ... 3. Abth. Frankreich, Belgien, Niederlande, Schweden-Norwegen u. Dänemark. Maßst. 1:250,000, 1:300000, 1:500000, 1:700000. In 64 nach polit. Gebieten getrennten Specialkarten ... Neu bearb. u. vervollst. von **M[ax] Flemming**, Betriebssekr., & G[ustav] Merkel, Betriebssekr. Hrsg. von Alexander Duncker in Leipzig. 15. Aufl. Abth. 1–3 (in 1 Bde). *Leipzig: Verl. f. Börsen- u. Finanzliteratur A.-G. 1903/4.* (Getr. Pag.) 2° [03. 15949]

Großer Atlas der Eisenbahnen von Mittel-Europa. 1. Abt. Deutsches Reich u. Schweiz. 2. Abt. Österreich-Ungarn, Serbien, Rumänien, Bulgarien-Ostrumelien, Europ. Türkei, Griechenland u. Italien. 3. Abt. Frankreich, Belgien, Niederlande, Schweden-Norwegen, Dänemark u. Rußland. Maßst.: 1:250,000, 1:300,000, 1:500,000, 1:700,000. In 66 ... Spezialkarten ... Neu bearb. u. vervollst. von M[ax] **Flemming**, Betriebssekr., & G[ustav] Merkel, Betriebssekr. Hrsg. von Alexander Duncker in Leipzig. 13. Aufl. Abt. 1–3 (in 1 Bde). Leipzig: Verl. f. Börsen- u. Finanzlit. 1905. (Getr. Pag.) 2° [05. 6083]

Flemming, Max [aus Gröbzig, Anhalt]: **Ueber die Behandlung der Pseudarthrose nach intracapsulärer Schenkelhalsfractur ... Halle a. S., Druck v. Wischan & Wettengel,** 1894; 30 S., 2 Bl. 8.
Halle, Med. Fak., Inaug.-Diss. v. 23. Nov. 1894

Flemming, Max, die Dresdner Innungen von ihrer Entstehung bis zum Ausgang des 17. Jahrh., s. a. Mitteilungen d. Vereins f. Geschichte Dresdens. 12.—14. Hft.

Flemming, Max, d. Dresdner Innungen v. ihrer Entstehg. bis z. Ausgang d. 17. Jahrh. 1. Tl. [Aus: „Mitteilgn. d. Vereins f. Geschichte Dresdens".] gr. 8. (XI, 308 S.) Dresden 896. W. Baensch. n. 4. 50

Flemming, Max Das Lehrlingswesen der Dresdener Innungen vom 15. bis zum Ende des 17. Jahrhunderts. 4 (35 S.).
Progr. Annensch. *Dresden-Altstadt* 1887 (515).

Flemming, Otto, prakt. Arzt aus Britz b. Berlin: **Haemorrhagische Apoplexie.** *Berlin (1901): G. Schade.* (30 S.) 8°
Berlin, Med. Diss. v. 15. März 1901

Flemming, P., Gesetze, Verordngn. u. Instruktionen, welche auf d. Forstwesen Bezug haben. 1894. I. F. d. Königr. Sachsen. II. F. d. Deutsche Reich. [Aus: „Tharander forstl. Jahrb."] gr. 8. (43 S.) Dresden 896. G. Schönfeld. n. — 80

— dasselbe. 1895. [Aus: „Tharander forstl. Jahrb."] gr. 8. (22 S.) Ebd. 897. n. — 60

— dasselbe. 1896. [Aus: „Tharander forstl. Jahrb."] gr. 8. (31 S.) Ebd. 897. n. — 60

Flemming, P., Gesetze, Verordnungen u. Instruktionen, welche auf das Forstwesen Bezug haben. 1897—1900. I. Für das Königr. Sachsen. II. Für das Deutsche Reich. gr. 8. (140 S.) Dresden. Leipzig, G. Schönfeld. n. 4. 80
1897. (132 S.) 899. n. 1. 50. — 1898. (69 S.) 900. n. — 80. 1899. (90 S.) (901.) n. 1. —. — 1900. (140 S.) 902. n. 1. 50.
Sonderabdrucke aus: „Tharander forstl. Jahrb."

Flemming, P., Gesetze, Verordnungen u. Instruktionen, welche auf das Forstwesen Bezug haben. 1901. Für das Königr. Sachsen. (99 S.) gr. 8. Leipzig 903. G. Schönfeld. n. 1. —

— dasselbe. 1902. I. Für das Königr. Sachsen. II. Für das Deutsche Reich. (136 S.) gr. 8. Ebd. (904). n. 1. 50

— dasselbe. 1903. I. Für das Königreich Sachsen. II. Für das Deutsche Reich. (82 S.) gr. 8. Leipzig 904. R. C. Schmidt & Co. n. 1. —
Sonderabdrucke aus: „Tharandter forstl. Jahrb."

Flemming, P., Gesetze, Verordnungen u. Instruktionen, welche auf das Forstwesen Bezug haben. 1904. (Irrtümlich aufgedruckt: 1905.) I. Für das Königr. Sachsen. II. Für das Deutsche Reich. (88 S.) gr. 8. Leipzig 905. Berlin, P. Parey. 1. —
Fortsetzung u. d. T.:

— Gesetze, Verordnungen u. Dienstanweisungen, welche auf das Forstwesen Bezug haben. 1905—1908. I. Für das Königr. Sachsen. II. Für das Deutsche Reich. gr. 8. Berlin, P. Parey. 6. 25
1905. (256 S.) 906. 3.—. 1906. (85 S.) 907. 1.—. 1907. (107 S.) 908. 1.25. 1908. (45 S.) 909. 1.—.
Sonderabdrucke aus „Tharander forstl. Jahrb."

Flemming, P., Gott u. die Seele. (VII, 71 S.) 8. Gütersloh 904. C. Bertelsmann. n. 1. —; geb. n.n. 1. 60

Flemming, [Paul]: [**Aufsatz** über die ehemalige Versorgung Pfortas mit Trinkwasser.] *Naumburg a. S. 1899: H. Sieling.* (S. XXV—XXVII.) 4°
Pforta, k. Landes-S, P 1899 (257)

Flemming, Paul: Beiträge zum Briefwechsel Melanchthons aus der Briefsammlung Jacob Monaus in der Ste Geneviève-bibliothek zu Paris. Naumburg a. S. 1904: H. Sieling. (72 S.) 4°
Pforta, k. Landesschule, P 1904 (291)

Beiträge zur Geschichte von Schulpforta in d. Jahren 1548—1553. Von P[aul] **Flemming**. *Naumburg a. S. 1909: H. Sieling.* (35 S.) 8°
Festschrift z. 350j. Jubelfeier d. Kgl. Sächs. Fürsten- u. Landesschule Grimma gewidmet von der Kgl. Landesschule Pforta.

Flemming, P[aul]: **Briefe und Aktenstücke zur ältesten Geschichte von Schulpforta. Ein Beitrag zur Geschichte d. Schule in d. Jahren 1543—1548.** *Naumburg a. S. 1900: H. Sieling.* (62 S.) 4°
Pforta, k. Landes-S, P 1900 (261)

Flemming, P[aul]: [Das Allgemeine **Ecce** der Landesschule Pforta am 25. November 1899.] *Naumburg a. S. 1900: H. Sieling.* (S. XVII—XIX.) 4°
Pforta, k. Landes-S, P 1900 (261)

— Gedichte, s. Bibliothek deutscher Dichter, v. W. Müller, 3r Bd.

Flemming, (P.,) Gedichte, s. W. Müller, Bibliothek deutscher Dichter, 3r Bd.

— dies., eine andere Uebersetzung, s. Raßmann, (Fr.,) Anthologie rc. 8s Bdchen.

— auserles. Gedichte, mit 1 Kpf. 16. Zwickau 823. Schumann. 9 gl

Flemming, P., erlesene Gedichte. Aus der alten Sammlung ausgewählt und mit Flemmings Leben begleitet. 8. Stuttgart. Cotta. 820.

Flemming, Paul: [I.] **Zur Kenntniss der isomeren Nitro-α-Naphtylamine.** [II.] **Triphenylaethanon und Triphenylvinylalkohol.** *Kiel 1898: P. Peters.* (52 S.) 8°
Kiel, Phil. Diss. v. [13. Aug.] 1898

Flemming, Paul, Monte Carlo u. Nizza, s.: Grieben's Reisebücher.

Flemming, Rob., Schlüssel z. Apokalypse, a. d. Engl. m. K. 8. Stettin. Kaffke. 802.

Flemming, Rob., Schlüssel zur Apokalypse; aus d. Engl., mit 2 Kpf. 8. Stettin ... 2e Aufl. 802. Nicolai in Berl. 18 gl

Die heutigen Anforderungen an die öffentliche Armenpflege im Verhältnisse zur bestehenden Armengesetzgebung. Hauptbericht, in Gemeinschaft mit Dr. [Adolf] Buehl, Senatssekr., vorgelegt von Rudolf **Flemming**, Rat in Hamburg. Mitberichte, erstattet von Rechtsrat [Wilhelm] Fleischmann, Nürnberg, u. Dr. [Rudolf] Schwander. Leipzig: Duncker & Humblot 1905. (184 S.) 8° [F.]
= **Schriften** d. deutschen Vereins f. Armenpflege u. Wohltät. H. 73.

Flemming, T., über Trockenstellung d. Mauerwerks in Wohngebäuden. Zur Beherzig. f. Baumeister u. f. alle diejen., welche d. Nachtheile e. feuchten Wohnung kennen, u. d. Vorzüge e. trockenen zu schätzen wissen. M. 1 lith. Zeichn. gr. 12. (1 B.) Berlin 838, Ende. *

Collection Hartleben. VI. Jahrgang. XIX. Band. Inhalt: W. Flemming, Bruderliebe. II. Band. Roman in zwei Bänden. I. Band. 8. (159 S.) In Leinwand geb. Wien 1898. —.40

Flemming, W., System des Elementarunterrichts der praktischen Musik, ohne besondere Rücksicht auf ein Instrument. 8. Breslau. Holdufer. 818.

Flemming, Walther, üb. die heutigen Aufgaben d. Mikroskops. Ein populärer Vortrag, geh. in der Aula der Universität zu Rostock. 8. (29 S.) Rostock 872. Werther. n. — 40

Flemming, Walther, über Bindesubstanz und Gefässwandung bei Mollusken. gr. 8. (38 S. mit 1 lithogr. Taf.) Rostock 871, (Kuhn.) [Werther's Verlag.]

Flemming, Walter: Über die **Gerinnungsgeschwindigkeit kolloidaler Kieselsäure.** Mit 21 Fig. im Text. *Leipzig: W. Engelmann 1902.* (35 S.) 8° * (Aus: Zeitschr. f. physikal. Chemie, Bd 41, H. 4.)
Leipzig, Phil. Diss. v. [23. Sept.] 1902

Flemming, W., Karte des menschlichen Auges in Farbendruck. Durchschnitt im horizontalen Meridian, Vergrösserung 30 : 1. Chromolith. Imp.-Fol. Mit Text. gr. 8. (16 S.) Braunschweig 887. H. Bruhn. n. 3. —; auf Leinw. m. Stäben n. 5. 50

Flemming, Walther, Studien in der Entwicklungsgeschichte der Najaden. Lex.-8. (132 S. mit 4 lithogr. und chromolithogr. Taf. in qu. gr. 4. und gr. Fol.) Wien 875, (Gerold's Sohn.) *
Aus: Sitzungsberichte der k. Akademie der Wissenschaften, besonders abgedruckt.

Flemming, W., s.: Studien üb. Regeneration der Gewebe.

Flemming, Walth., die Universitätsferien bei uns u. im Auslande. gr. 8. (16 S.) Braunschweig 891. H. Bruhn. n. — 50

Flemming, Walther, Zellsubstanz, Kern u. Zelltheilung. Mit 24 (Holzschn.-)Textbildern u. 8 (lith.) Taf. gr. 8. (VIII, 424 S.) Leipzig 882. F. C. W. Vogel. n. 16. —

Flemming, [Wilhelm]: [Direktor Dr. Franz Albracht † 24. Juni 1909.] S. XII—XVI. 4. Domgymn. *Naumburg a. S.* 1910 (339).
Progr.

Flemming, [Ernst] Wilhelm [Mitgl. d. Predigerkolleg. zu St. Pauli in Leipzig]: Zur Beurteilung des Christentums Justins des Märtyrers ... Leipzig, Druck v. Ackermann & Glaser, 1892; IV, 76 S., 1 Bl. 8.
Leipzig, Phil. Fak., Inaug.-Diss. v. [13. Dez.] 1892

Flemming, Wilh., zur Beurteilung d. Christentums Justins des Märtyrers. gr. 8. (IV, 76 S.) Leipzig 893. Dörffling & Franke. n. 1. 20

Flemming, W[ilhelm], Prof.: Schiller, die rechte Hilfe für den neu erwachenden Idealismus der Deutschen. Schulrede, gehalten am 9. Mai 1905. Naumburg a. S. 1906: H. Sieling. (20 S.) 4°
Naumburg a. S., Dom-G OP 1906 (300)

Flemyng, Malcolm, von der Natururſache u. Heilung der Fettigkeit des Körpers; aus d. Engl. von J. J. Plenk. 8. Wien 769. Wappler. (Beck). 4 gl

Flender, Adolf, Referendar in Düsseldorf: **Das Kontokurrentverhältnis des Handelsgesetzbuches vom 10. Mai 1897.** *Borna-Leipzig 1904: R. Noske.* (IX, 48 S.) 8°
Leipzig, Jur. Diss. v. 1904

Flender, Gertrud, s. Pestalozzi's, H., Vorträge u. Reden.

Flender, Johann Gregor (Nassau), De jurisdictione imperatoris Romano-Germanici et supremorum imperii tribunalium. Diss. jur. Marburg (Ph. Cas. Müller) 8. X. 1726. 48 S. (5.—) 9077

Flender, I., Logica contr. Claubergiana. 8. Amst. 731.

Flensberg, Hermann, s. Lloyd, Abhandl.

Flensberg H., Westphalen, in Hinsicht seiner Lage und deren Folgen. 8. Munster, Theissing. 817.

Flensburg. Darstellung seines Zustandes und Verhaltens während des schleswig-holsteinischen Aufruhrs, entworfen von einem Flüchtling. Hrgg. v. Daniel Eiler Rugaard. Kopenhagen. 1848. 8°.

Flensburg vom Ballastberge gesehen. St. Dr. v. J. H. Möller Fl. (Flensburg.) o. J. 1 Bl. Quer-Fol., 29/41 cm.

Kreis Flensburg. Hrgg. v. H. Bremer. Gez. v. **P. Hansen.** 1 : 50000. o. O. u. J. [Wandkarte.]

Flensburg von der Ostseite. Vom Ballastberge aus gesehen. Gez. und lithogr. v. **T. B. Wilms** 1844. o. O. 1 Bl. Imp.-Fol., 63/92 cm.

Flensburg (von der Südseite). Gez. v. **C. A. Kölle.** Flensburg. o. J. (1860?) Lithogr. 1 Bl. Imp.-Fol., 61,5/68 cm.

Flensburg und Umgebung. Flensburg. o. J. (vor 1863). Farbendruck. 1 Bl. Fol., 49/63 cm.

Flensburg mit den nächsten Umgebungen, geometrisch aufgenommen im Herbste 1849 von den Unterofficieren des Norwegischen Fussjäger-Detachements. Hrrg. v. O. Wergeland. 1 : 5000. Copenhagen. o. J. Lithogr. 1 Bl. Imp.-Fol., 58/77 cm. Aufgez. a. Leinen.

Flensburg [Schlagwort]

— s. a.: **Radfahrerkarten. Strassenprofilkarte.**

— **s.: Schleswig-Holstein.**

Flensburg. Bruhn, H, u. H. N. **Andresen,** Handkarte des Kreises Flensburg. 1 : 200,000. 35×44 cm. Farbdr. Flensburg (901). A. Westphalen. n.n. — 25

Flensburg. **Eggert,** N. H., Plan der Stadt Flensburg. 1 : 8,000. 64×46 cm. Farbdr. Flensburg (909). (Huwald.) 1. —

Flensburg. Karte der Gegend östl. Flensburg u. Apenrade u. der Insel Alsen. 1 : 150,000. 2. Aufl. Autogr. Druck. qu. Fol. Sonderburg 890. la Motte jr. n. — 50

Flensburg, Nils, zur Stammabstufung der mit Nasalsuffix gebildeten Präsentia im Arischen u. Griechischen. gr. 8. (72 S.) Lund 894. Hj. Möller's Univ.-Buchh. n. 2. 25

Flensburg, Nils: Studien auf d. Gebiete d. indogerman. Wurzelbildg. Semasiolog.-etymolog. Beiträge. I. D. einf. Basis ter- im Indogermanischen. Lex.-8. (XI, 115 S.) Lund 897. Hj. Möller's Univ.-Buchh. n.n. 2. 60

— über Ursprung u. Bildung des Pronomens αὐτός. gr. 8. (69 S.) Ebd. 893. n.n. 1. 40

Flensburg, Rob., gegen den Strom, s.: **Weichert's Wochen-Bibliothek.**

Flensburger Föhrde [Schlagwort]

— **s.: Seekarten.**

Flensburger Föhrde. Schmarje, Johs., Touristen-Karte v. der Flensburger Föhrde u. ihrer Umgebung. 1 : 100,000. 2., verb. Aufl. Chromolith. qu. Fol. Hamburg 888. Verlagsanstalt u. Druckerei, A.-G. (vorm. J. F. Richter). n. — 50

Flensburg-Mürwik, wie lebt und wohnt es sich da? (Flensburg. 1910.) 8°

Flentje, Ludw., Haus-Rezepte. Eine Sammlung zuverlässiger und geprüfter Vorschriften, Belehrungen, Rathschläge u. s. w. mannichfalt. Vorkommnisse des Lebens in der Stadt und auf dem Lande. 8. (288 S.) Philadelphia 872, (Schäfer und Koradi.) geb. *

Flentje, Ludw., Büchner's Kraft und Stoff zum erstenmale mit eignem Lichte beleuchtet von der Verjüngung des Lebens. Empirisch-naturphilosophisch-krit. Studien in allgemein verständl. Darstellung. gr. 8. (74 S.) Kassel 876, Klaunig. *

Flentje, Ludw., das Leben und die todte Natur. Eine Streitschrift gegen die materialist. Ansichten vom Leben, insbesond. gegen die bezügl. Lehren Virchow's, vom naturwissenschaftl. Standpunkt. 8. (75 S.) Cassel und Göttingen 866, Wigand. *

—— dass. — 2. Heft. Das Leben und der Stoffwechsel. Nicht Streit-, sondern Beherzigungsschrift für An- und Nachbeter von Liebig und Moleschott. 8. (86 S.) Ebendas. 868. *

Flentjen, Marie. Vorlagen für Porzellanmalerei nach alten Mustern. Zusammengestellt u. entworfen. 3 Hfte. 8. (à 6 Chromolith.) Leipzig 889. Garte. à n. 2. —
1. Blumen. — 2. Blumen, Früchte, Insecten. — 3. Blumen, Vögel, Insecten.

Fleroff, A., Flora des Gouvernements Wladimir, s. a. Schriften, hrsg. v. der Naturforscher-Gesellschaft bei der Universität Jurieff. X.

Fleroff (A.), Flora des Gouvernements Wladimir. (Schriften herausgeg. v. d. Naturforscher-Gesellsch. bei d. Universität Jurjeff. X.) Moskau 1902. 8. Mit 33 Autotypien und 4 Karten.

Fleroff, Alex., Russlands Vegetationsbild., s.: **Fedtschenko,** Boris.

— **Wasser- u. Bruchvegetation aus Mittel-Russland, s.: Vegetationsbilder. IV, 8.**

Flerowsky, N., d. ABC d. **sozialen Wissenschaften.** D. gegenwärt. westeurop. Zivilisation, d. Mittelalter, d. Aufleben d. Wissenschaft. Übersetzg. d. Autors (aus d. Russ.) m. Ergänzgn. gr. 8. (XVI, 614 S.) Leipzig 898. H. Haake. n. 12. —

Flerowsky, N., unter drei **russischen Kaisern.** D. polit. System Nikolaus I., Alexander II. u. Alexander III. Erlebnisse, Studien u. Beobachtgn. 1. u. 2. Taus. 8. (à 372 S.) Berlin 898. S. Cronbach. n. 6. —

Flers, Rob. de, Ilsée Prinzessin v. Tripolis. Deutsch v. Regine Adler. Lithographien von A. Mucha. gr. 4. (128 S.) Prag 901. B. Kočí. Auf Velinpap. n. 125. —

FLERS, R. de, Ilsée, Prinzessin von Tripolis. Deutsch v. R. Adler. 3 Thle. m. 230 farbigen Vignetten u. Zierleisten in Lithographie, nach Zeichngn. v. A. Mucha. Prag 1901. 4°. Nur in 800 numer. Expll. gedruckt. (Mk. 125—.) (55 Mk., Orig.-Umschl., in Enveloppe, Ausgabe auf Velinp., H. Hugendubel, München, 1905.)

Flers, Robert de: Der Kongreß von Sevilla, s. Terrasse, Claude

Flersheim, Iwan, die Behandlung der Manie in der Bettlage. Inaugural-Dissertation. gr. 8. (38 S.) Göttingen 881. (Vandenhoeck & Ruprecht.) n. 1. —

Flerx, L., III. Buch, I. Capitel, } s. Theater-Repertoir, Wiener.
—— die Bürgermeisterwahl in Krähwinkel, } s. Theater-Repertoir, Wiener.

Flerx, L., und C. Juin, ein florentiner Strohhut, } s. Theater-Repertoir, wiener.
—— Servus Herr Stutzerl, } s. Theater-Repertoir, wiener.

Flerx, Louis, Servus, Herr Stutzerl, s.: Juin, Carl.

— im Stillleben auf dem Lande, } s. Theater-Repertoir, Wiener.
— des Teufels Zopf,

Fles, Anna, e. Büchlein v. d. Singekunst. Aus ein. Werken ält. Meister zusammengest. 4. (68 S.) Utrecht 895. (Leipzig, Breitkopf & Härtel.) Kart. n. 2.50

Flesch, s. Flesch, Karl

Flesch, Dr. Sociale, communale und staatliche Anforderungen an das Bestattungswesen. Wien, II. Aufl. 1894.

Flesch. Resultate d. meteorol. Beobachtungen zu Trier von 1849—63. Trier. 4. 36 p.
Schul-/Univ.-Schrift

Flesch, August Peter (geb. am 29 Mai 1847 in Sterkrade Kr. Duisburg): Ueber einige neue Schwefelderivate des Cymols ... Bonn, Druck v. J. Trapp 1872. 27 S., 1 Bl. 8.
Bonn, Phil. Fak., Diss. v. 6 Aug. 1872

Flesch E.: Über eine neue Synthese des Phloroglucins. S. 106. IIb. 770 . . . . . . ver.
Sep[illegible].

Flesch, F., Leitfaden zu Vivisectionen am Hunde, s.: Onodi, A. D.

Flesch, H., vier Reden. gr. 8. (32 S.) Frankfurt a/M. 901. (J. Kauffmann.) n. — 85

Flesch, Heinrich, aus Wieselburg (Ung.): Die Barajtha von der Herstellung der Stiftshütte nach der Münchener Handschrift Cod. Hebr. 95 herausgegeben, übersetzt u. aus der rabbinischen Literatur erläutert. o. O. u. Dr. [1893]. 75 S., 20 S. hebr. Text, 1 Taf., 1 Bl. 8°.
Zürich, Phil. Diss. [v. 5. Sept. 1893].

Flesch, J. Ueber die Bewegung der Himmelskörper. 33 S.
Trier, Progr. 1857

Flesch, J., Ueber das Princip der Wärme-Ausstrahlung und Mittheilung. (Aus dem Programme des Gymnasiums zu Trier, 1847.) (S. 5357)

Flesch, J., Reschimat Ansche Mofet, oder Chronik der alten u. neuen israelit. Gelehrten. gr. 8. Prag 840. Landau. (Leipz., Fritzsche.) $2^1/_2$ ℛ

Flesch, Jac. Gust. (geb. Frankfurt a. M. Juni 1809): De glaucomate. Berolini (1839). (30 S.) 8°
Berlin, Med. Diss. v. 2. Aug. 1839

Flesch, Jacob Wilhelm, bacc. jur., Referendar in Frankfurt a. M.: Das Berufsgeheimnis des Arztes. Borna-Leipzig 1908: R. Noske. (X, 48 S.) 8°
Leipzig, Jur. Fak., Diss. v. 19. Juni 1908
[Geb. 27. Juli 85 Frankfurt a. M.; Wohnort: Frankfurt a. M.; Staatsangeh.: Preußen; Vorbildung: Goethe-Gymn. Frankfurt a. M. Reife O. 03; Studium: Heidelberg 3, Berlin 1, Marburg 3 S.; Rig. 19. Jan. 07.]

Flesch, Johs., zur Lage unseres hl. Vaters in Rom. Kurze Zusammenstellung u. Beleuchtung der geschichtl. Ereignisse von 1848—1870, welche zum Verluste des Kirchenstaates führten. (173 S. m. 1 Bildnis.) 8. Warendorf 904. J. Schnell. n. 1. —

Flesch, Johs., Militärjahre. Worte der Belehrg. u. Ermunterg. f. angeh. kathol. Soldaten, welche beim Militär gern fromm u. brav bleiben möchten. 12. (45 S.) Warendorf 892. J. Schnell. n. — 25

— Militärjahre. Worte der Belehrg. u. Ermunterg. f. angeh. kathol. Soldaten, welche beim Militär gern fromm u. brav bleiben möchten. 2. Aufl. (55 S.) kl. 8. Ebd. 906. n. — 25

Flesch, J., die Standeswahl u. der Beruf zum Priesterthum insbesondere. Worte der Belehrg. u. Beherzigg., dem christl. Volke u. der studir. Jugend vorgelegt. gr. 16. (90 S.) Warendorf 889. Schnell. — 60

FLESCH, Karl

Flesch, K., s.: Arbeiterbudgets, Frankfurter.

— u. Soetbeer, soziale Ausgestaltung der Armenpflege, s. a. Schriften des deutschen Vereins für Armenpflege.

Sociale Ausgestaltung der Armenpflege. Von Dr. [Karl] Flesch, Stadtrat in Frankfurt a. M., u. Dr. [Fr.] Soetbeer, Stadtrat in Kiel. *Leipzig: Duncker & Humblot 1901.* (45 S.) 8° [J.]
— Schriften d. deutschen Vereins f. Armenpflege u. Wohlthätigkeit. H. 54. (01. 9385

— Beiträge zur Kenntnis des Armenwesens in Frankfurt a/M. und zur Armenstatistik v. Bleicher, nebst e. Verzeichnis der daselbst bestch. Armenstiftungen. gr. 8. (VI, 151 S.) Frankfurt a/M. 890. Gebr. Knauer. n. 8. —

Flesch, Karl, approb. Arzt aus Deggenhausen (Baden): Hundert Gesichtslageschädel. *Heidelberg 1900: C. Pfeffer.* (52 S.) 8°
Freiburg i. B., Med. Diss. v. 1900

Flesch, Karl, s.: Gewerbegericht, das.

— s.: Gewerbe- u. Kaufmannsgericht, das.

Flesch, Karl, Gewerbeordnung f. das deutsche Reich, s.: Berger, T. Ph., u. L. Wilhelm.

Flesch, K., s. Guttentag's Sammlung.

Flesch, K., Haftpflicht, Unfallversicherung u. Normalarbeitstag. Privatrechtliche u. sozialrechtl. Erörtergn. 8. (103 S.) München 883. Viereck. n. 1. 50

— Handhabg. d. Bestimmgn. betr. d. Verlust d. Wahlrechts rc., s.: Aschrott, P. F.

— In welchen Fällen ist die Abnahme von Kindern der Gewährung von Familienunterstützung in offener Pflege vorzuziehen. (Schriften des Deutschen Vereins f. Armenpflege und Wohlthätigkeit, Heft 22.) gr. 8°. Leipzig 1895.

— zur Kritik des Arbeitsvertrags. Seine volkswirtschaftl. Funktionen u. sein positives Recht. Sozialrechtliche Erörtergn. gr. 8. (VII, 86 S.) Jena 901. G. Fischer. n. 1. —

Flesch, Karl, Referendar a. Metz: Zur Lehre von der Rechtmässigkeit der Amtsausübung beim Widerstand gegen die Staatsgewalt. Straßburg i. E. 1906: C. & J. Goeller. (124 S.) 8°
Tübingen, Jur. Fak., Ref. Frank, Diss. v. 20. Okt. 1900
[Geb. 10. Jan. 81 Metz; Wohnort: Metz; Staatsangeh.: Preußen; Vorbildung: Lyzeum Metz Reife O. 00; Studium: Straßburg 2, Berlin 2, Straßburg 2 S.; Rig. 10. Febr. 06.]

— u. Zirndorfer, Dr., Das Mietrecht in Deutschland. Schriften d. Ver. f. Soz.-Pol., Bd. 95. gr. 8°. Leipzig 1901.

— Reform des Arbeitsrechts. Der Arbeitsvertrag im gelt. Recht u. die notwend. Entwicklg. des Arbeitsverhältnisses aus e. Gewaltsverhältnis zum reinen Rechtsverhältnis. Vortrag, geh. auf dem 17. Verbandstag der deutschen Gewerkvereine. (82 S.) 8. Berlin, (N. O. 55, Greifswalderstr. 221—223) 910. (Verband d. dtschn. Gewerkvereine). — 50

Flesch, [Karl]: Die Sozialpolitik in Gesetzgebung und Verwaltung. (Frankfurt a. M. 1901.) 4°

Flesch, K., die Ursachen der Armuth und die Krankenversicherung, s. Zeitfragen, soziale.

— Volkshochschulkurse, s.: Rein, W.

— Wohlfahrtseinrichtungen f. Arbeiter u. deren Familien, s.: Handbuch der Hygiene. IV. Suppl.-Bd.

— zur Wohnungsfrage. Volkswirthschaftliche u. social-rechtl. Erörterungen. Vortrag. gr. 8. (86 S.) Dresden 890. (C. Winter.) — 75

Flesch, K., Die Wohnungsnot vom Standpunkte der Armenpflege. 8°. s. l. s. a.

— s.: Zur Lage d. Arbeiter im Schneider- u. Schuhmachergewerbe in Frankfurt a/M.

Flesch, Max, Antivivisectionsbewegung, Naturärzte u. Wissenschaft. gr. 8. (III, 34 S.) Frankfurt a/M. 900. J. Alt. n. — 60

Flesch, M., zur Bekämpfung d. ansteckenden Krankheiten in den Städten. Gemeinverständliche hygien. Betrachtgn. Mit besonderer Rücksicht auf Diphteritis u. Scharlach. gr. 8. (IV, 38 S.) Frankfurt a/M. 890. Alt. n. 1. —

Flesch, Max, Bericht üb. d. Thätigkeit d. Poliklinik f. Frauenkrankheiten in Sachsenhausen-Frankfurt a/M. i. d. Zeit v. 15. IV. 1889—30. VI. 1896. gr. 8. (39 S. m. 8 Fig.) Frankfurt a/M. 897. J. Alt. n. 1.20

Flesch, Max: Entwurf zu einem Programm des Deutschen Bundes für Mutterschutz. — (Berlin) [um 1909]. 2 Bl. 8° (Flugblätter des Deutschen Bundes f. Mutterschutz. No 4.)

Flesch, Max, u. Ludw. Wertheimer, Geschlechtskrankheiten u. Rechtsschutz. Betrachtungen vom ärztl., jurist. u. eth. Standpunkt. (VII, 82 S.) gr. 8. Jena 903. G. Fischer. n. 2. —

— die Hauspflege. Ihre Begründg. u. Organisation in Hauspflege-Vereinen. gr. 8. (48 S.) Jena 901. G. Fischer. n. — 75

Flesch, Max. ÷ Balthasar Luchsinger (1849–1886), Professor der Physiologie. Necrolog verfasst von Professor Dr. M' F'.... (SA.) 8. Zürich 1886.

Flesch, Max: Über einen Parasiten in der Darmwand des Pferdes. Bern 1884. 35 S. Al 8941
Aus: Mittheilungen der naturforschenden Gesellschaft in Bern aus dem Jahr 1884, H. 1.

FLESCH, Max. Proftitution und Frauenkrankheiten. Hygienifche und volkswirtfchaftliche Betrachtungen. Vortrag. Frankfurt a. M. 1898. 8°. 60 S.

— Prostitution u. Frauenkrankheiten. Hygien. u. volkswirthschaftl. Betrachtgn. 2., erweit. Aufl. M. e. Anh.: Bemerkgn. üb. d. strafrechtl. Verfolgg. d. Übertragg. v. Geschlechtskrankheiten in d. Lex Heinze. gr. 8. (76 S.) Ebd. 898. n. 1.80

— Prostitution u. Frauenkrankheiten. Hygien. u. volkswirtschaftl. Betrachtungen. Mit einem Anhang: Bemerkungen üb. d. strafrechtl. Verfolg. d. Übertragung v. Geschlechtskrankheiten i. d. Lex Heinze. (76 S.) Frankfurt a. M. 1901. J. Alt.

— der Tierversuch in der Medizin u. seine Gegner. gr. 8. (52 S.) Leipzig 901. H. Seemann Nachf. n. 1. —

Flesch, Max, anatomische Untersuchung eines mikrocephalen Knaben, s. Festschrift zur dritten Saecularfeier der Alma Julia Maximiliana.

Flesch, Max, Untersuchungen über die Grundsubstanz des hyalinen Knorpels. Mit 5 lith. Taf. gr. 8. (VI, 102 S.) Würzburg 880. Stuber's Verl. n. 8. —

— — Untersuchungen über Verbrecher-Gehirne. Anatomische und anthropologische Studien. 1. Thl.: Die patholog. Befunde an Verbrecher-Leichen. gr. 8. (VIII, 104 S. mit 2 lithogr. Taf.) Ebendas. 882. *

Flesch, Max, Versuch zur Ermittelung der Homologie der Fissura parietooccipitalis bei den Carnivoren. gr. 4. (15 S. mit 1 Taf.) Leipzig 887, Engelmann. *
Aus: Festschrift für A. v. Kölliker, besonders abgedruckt.

Flesch, Siegfr., Brutus. Trauerspiel in 5 Aufzügen. (121 S.) 8. München (910). R. Etzold. 2. —

— Ornella. Schauspiel in 4 Aufzügen. Buchschmuck v. S. Flesch. (135 S.) 8. Ebd. (909). 2.50; Luxusausg. 5. —

Flesche, Balthasar Otto (Stargard), De jure publico reip. Romanae. Diss. antiquaria. Präs. Christian Schoettgen. Stargard (Joh. Tiller) 20. IX. 1726. 31 S. (4.80) 9080
Gew.: Tobias Friedrich Uhl (Stettin).

— — De singulari commodo servitutis perpetuariae prae temporaria in republica. Diss. jur. Präs. Justus Henning Böhmer. Halle (Joh. Grunert) 26. VIII. 1730. 50 S. mit Widm. d. Präs. (5.—) 9081

Fleschenberg, s.: Schissel v. Fleschenberg.

FLESCHUETZ, Adam (München): De inflammationibus.- Landishuti: Thomann 1812. 96 S.
1812 - Kal 1813
Diss. Ingolst.-Landsh.-Mchn.

Fleschuez, Ferd., wie erhält u. verbessert man seinen Wildstand? 12. (VII, 78 S.) München 900. E. Pohl. Kart. n. 1. —

Fleschuez, Ferd. v., wie erhält u. verbessert man seinen Wildstand? 2. Aufl. (VII, 78 S.) kl. 8. München 908. E. Pohl. Kart. 1. —

Flessa, F. A., de arcariis (Kastenvorstehern). I—II. Baruthi 1725. 27. 4.

FLESSA, Ferdinand (Herzogenaurach): De hydrothorace.- Norimbergae: Campe 1832. 31 S.
30.8.1831 - Urk; F 60
Diss. Ingolst.-Landsh.-Mchn.

1691. Die Prioritätsfrage der sophokleischen und euripideischen Elektra und ihr Verhältnis zu einander sowie zu den Choephoren des Aeschylus. — Von Ferdinand Flessa, Stdl. — 1882, Bamberg, ibid. — S. 3—117[8].
Progr. Bamberg, K. Lyceum

2533. Flessa, Franz: Über die Konstitution des Dianilido-μ-cyanhydrobenzoïn und homologe Verbindungen. 1905. 63 S. 8°
¶ Vgl. Berichte d. Deutschen Chem. Gesellschaft. Jg. 43. 1910. S. 2275 ff.
München, Dr.-Ing.-Diss. v. 11. 8. 1905

Flessa, J., de origine annorum jubilaeorum inter Christianos. Baruth. 1730. 4.

Flessa, J. A., Bewegsgründe zu einer frühz. Bekehrung d. studier. Jugend. 12. Bayr. 742.

— Cogitationes theologico-philologicae. [Altona]. 1741. 4. [Resp. Pt. Andr. Wiebekingius].

— fasc. commentationum etc. 8. Alton. Korte. 744.

— Consilium Christi Joan. VII. 17 neque philosophorum neque Atheorum censuræ jure obnoxium. Altonæ. 1741. 4. P. (Skoleprogr.).

[Flessa, Joh. Adam], Entwurf der im kgl. acad. Gymnasio zu Altona anzustellenden ersten Visitation, wie auch des im kgl. Pädagogio und den Vorbereitungs-Classen angeordneten ersten Examinis. Oct. 1741. Altona. 4.

— De eo, quod nobile est in cogitando ad Jes. XXXII. 8. Altonæ. 1745. 4. P. (Skoleprogr.).

— Fata Babylonis *Θεοπνευστίας* prophetarum testes. Altonæ. 1748. 4. P. (Skoleprogr.).

— Hindernisse d. Bekehrung d. Jugend. 12. Ebend. 742.

Flessa, Joh. Ad. Memoria Georgii Friderici Caroli, marggravii Brandenburgici. fol. Baruthi 1735.

Flessa, Joh. Adam, Observationes variæ theologico-philologicæ. Altonæ. 1747. 4. [Resp. Jo. Chr. Flessa].

— De odio Judæorum, qvo philosophiam Græcorum prosecuti sunt. Altonæ. 1745. 4. P. (Skoleprogr.).

— Qvæstio: utrum qvis salvo officio societati nomen dare possit, cujus leges et instituta ante præstitum jus jurandum plane ignorat? Hamburg. 1743. 4. P. (Skoleprogr.)

— De seminariis theologicis priscæ ecclesiæ Christianæ disp. Altona. 1744. 4. P. (Skoleprogr.).

— De seminariis theologicis priscæ ecclesiæ Christianæ. Altona. 1745. 4. P.

Flessa, Joa. Chr., Epistola gratulatoria [til Alb. Cph. Hommel og Pt. Hommel. De probabilibus Caroli V abdicationis caussis. Jenæ. 1748. 4.

Flessa, R. Ueber einige Abkömmlinge des Naphtalins, etc. München 1883.

Flessa, Rudolf. aus Augsburg: Über Para- und Ortho-Sulfosäuren des Phenylalanins. — Über einige Abkömmlinge des Naphtalins. München M. Huttler Dr. 1883. 37 S. 8°.
Zürich, Phil. Diss. [v. 1. März 1884].

Kulmbach: Entstehungsgeschichte der Flessa-Heufelder-Logenstiftung. [Unterz.:] Wilhelm Flessa. [Dat.:] Kulmbach, am 15. Juli 1910. 4 Bl. 4°. [Kopftit.] 21.

Festzeichnung bei der Eröffnungsfeier der ger. und vollk. Johannisloge „Friedrich zur Frankentreue" im Or. Kulmbach von W[ilh.] Fl[essa] am 14. Jan. 1900. [Kulmbach 1900: Dachert.] 2 Bl. 4° [Kopftit.]
Fordert zum Kampfe gegen Rom auf. 358 a.

Die Kampfesmittel und Kampfesweise der katholischen Kirche gegen das Frmrthum in der neueren Zeit. Eine Studie zur Beförderung in den III. Grad, gewidmet von Wilh. Flessa seinem hochverehrten Freunde Jos. Frank. [Kulmbach 1897: Dachert.] 12 S. 4°
Üb. die Enzyklika „Humanum genus" Leos XIII. u. den Taxil-Schwindel. Wünscht der kathol. Propaganda eine ebenso mächtige mrische entgegenzustellen. 358 a.

Meussdoerffer, Wilh.: Silberhochzeit des Br. Wilh. Meussdoerffer, Ehrung in der Loge Friedrich zur Frankentreue in Kulmbach, nach der Schillerfeier am 23. V. 05. [Unterz.:] Wilh. **Flessa**. o. O. [1905]. 1 Bl. 4°. [Kopftit.] 21.

Flessa, Wilh. u. Hans **Brehm**, d. Obstbau in Kulmbach-Stadt u. d. nächsten Umgebg. Im Auftr. d. Bezirksobstbauvereins Kulmbach-Stadt u. Land geschichtl. u. statist. dargest. gr. 8. (41 S.) Kulmbach 896. R. Rehm. n. — 60

Flesselles, Mme. de, Adèle et Charles, s.: Bibliothèque, petite, Française. Vol. 18.

Flessing, Hans: Festschrift zum 50jähr. Bestehen der Charlottenburger Turngemeinde, s. Wegener, Emil.

BRÜNN. — Flet, Albin (geb. in Wien am 13. Mai 1773, Schauspieler am städt. Nationaltheater in Brünn), Gedichte über Brünn und die Vorstädte. 4 Hfte. Brünn 1814—15. 8°. Rar! (2 Kr., 1—3, ohne Titel zu 2 u. 3, Carl Greif, Wien, 1909.)
Goedeke VI, 593, 156, 3.

Fletcher, Geist ohne Geld, } s. Beaumont.
—— Philaster, }

Fletcher, das schöne Schenkmädchen, s. Beaumont.

Fletcher, the Maid's Tragedy, s. Beaumont.

Fletcher, Christian. Reisen und Schicksale, theils auf dem Schiffe Bounty nach der Insel Otaheite, theils zu Lande durch . . . Südamerika . . . Leipz. u. Coburg 1802. Ü (Bog. 1—6): *Röpert, Friedrich Albert Georg Franz Leopold Bonaventura Freiherr von.* (Bog. 7 ff): *Wirth.* (MGT)

Fletcher, Chr., Reisen u. Schicksale, theils auf d. Schiffe Bounty nach d. Insel Otaheiti, theils zu Lande durch e. großen Theil von Südamerika, in den J. 1787 — 94. Aus d. Engl. (v. ... Wirth). Mit 1 Kpf. 8. Coburg 803. Sinner. 1 ₰ 8 gr

(Fletcher, Francis): Franz Drakes Reise um die Welt in den Jahren 1577 bis 1582. in: Neue Beiträge zur Völker- und Länderkunde. Th. 12. S. 193—276. Th. 13. S. 3—62. Leipzig 1793. 8°. [A 7326

Fletcher, J. S., s. Fletcher, Joseph Smith.

Fletcher, Johannes, s. a. Fletscher.

Fletcher, Johs., eine Antwort an Diejenigen, welche fragen: Was sollen wir thun, um selig zu werden? Aus dem Engl. 8. (64 S. mit 1 Holzschnt.) Bremen 858(60). (Verlag des Traktat-Hauses.) *

—— der Fall des Menschen, bewiesen in einer Appellation an Thatsachen und die gesunde Vernunft. Nebst einer Antwort an Diejenigen, welche fragen: Was sollen wir thun, um selig zu werden? 8. (858 S.) Cincinnati 855. (Bremen, Verlag des Traktat-Hauses.) geb. *

Fletscher, Johs., eine Antwort an diejenigen, welche fragen: Was sollen wir thun, um selig zu werden? Aus dem Engl. 8. (56 S. und 1 Stnt.) Bremen 851, Heyse.

FLETCHER, Joseph Smith

Fletcher, J. S., In the days of Drake. In gekürzter Fassg. f. den Schulgebrauch hrsg. von Konr. Meier. 8. (VIII, 86 S.) Leipzig 903. G. Freytag. Geb. in Leinw. n. 1.20; Wörterbuch (28 S.) n. —40

— Paradise court, s.: Unwin's library.

Fletcher, J. S., einen Tag Königin. Roman. Autoris. Übersetzg. v. A. Gaus-Bachmann. (368 S.) kl. 8. Regensburg (908). J. Habbel. Geb. in Leinw. 3.—

Flet cher, J. S., The threshing-floor, s.: Unwin's library. 40.

Fletcher, L., die optische Indicatrix. Eine geometr. Darstellg. der Lichtbewegg. in Krystallen. Uebers. v. H. Ambronn u. W. König. gr. 8. (IX, 69 S. m. Fig.) Leipzig 893. J. A. Barth. n. 3.—

Fletcher, R., medicin.-chirurg. Bemerkungen u. Erläuterungen, s. Hand-Bibliothek, chirurg., 14. Bd.

Fletcher, Thom., praktische Metallurgie für Zahnärzte. Vom Verf. autoris. Uebersetzung von Jul. Parreidt. 8. (66 S. mit eingedr. Holzschn.) Leipzig 881, Felix. *

Fletscher, Horacek, wie ich mich selbst wieder jung machte im Alter v. 60 Jahren, od.: Was ist Fletscherismus? Autoris. Übersetzg. v. Jul. Müller. (23 S.) gr. 8. Leipzig (910). E. Demme. —30

Fletscher, J. S. (irrtüml.), s. Fletcher.

Fletscher, Johannes, Leben und Wirken desselben, s. Rippert, Ludwig.

Fletscher, J., Berufung, eine, auf Thatsachen und gesunden Menschenverstand, s. Berufung.

Fletscher, Joh. Wilh., Briefe, nebst e. Betrachtung üb. d. Wiedergeburt, als Nachtr. zu seiner Lebensbeschreibung. (A. d. Engl.) 8. (9½ B.) Berlin 841, Thome. *

Fletscher's, Joh. Wilh., Leben, s. Leben, das, des ehrwürdigen Joh. Wilh. Fletscher.

— Lebensbeschreibung, s. Leben.

Fletscher, Johannes, s. a. Fletcher.

Fletscher, Johs., eine Antwort an diejenigen, welche fragen: Was sollen wir thun, um selig zu werden? Aus d. Engl. 8. (56 S. m. 1 Lith.) Bremen 851, Heyse. ⅓ ₰

— s.: Berufung, eine, auf Thatsachen u. gesunden Menschenverstand.

Fletscher, Johs., der verdorbene und verlorene Zustand des Menschen, eine Appellation an Thatsachen und die gesunde Vernunft. Aus dem Engl. 8. (XIV und 339 S.) Bremen 866, Verlag des Tractathauses. *

Fletscher, Max, Aufgaben f. d. Rechenunterricht s.: Stockmayer, Herm.

Fletz, Ign. Ant., antiquar. Versuch zur Erklärung der philosoph. Mythen u. Hieroglyphen bei den Aegyptiern, Phöniziern, Griechen rc. 16 Bdchn., mit 2 Kpf. 8. Salzb. 817. (Duyle). 9 fl. 2t Bdchn. Auch u. d. T.: Die Hieroglyphen oder d. heil. Bilderschriften der Aegyptier. 8. ... 181.. 3s Bdchn. Auch u. d. T.: Dank d. Vorsicht, die auf die Ruinen d. Juden- u. Heidenthums d. Kirche d. Christenthums zu bauen wußte. 8. ... 181..

Fletzer-Babare, Eugenie, Märchen f. Jung u. Alt. (239 S.) 8. Szombathely 910. (Wien, C. Fromme.) 2.50

Fletwood, Will., Untersuchung der Wunderwerke. Leipz. 705. 8.

Gott lässt kein gutes Werk unbelohnt. Von Katharina Fleut [vielm. Floud]. *M. Gladbach & New York: A. Riffarth [1898].* (8 S.) 8° [Umschlagt.] F.]

— Erzählungen f. Schulkinder. [Ser. 1,] H. 8. [... 5

Fleud, Catharine, ein Jubelstrauß dem deutschen Kaiserpaar! Festspiel zum Silberjubiläum der Majestäten, m. kleiner Abänderg. zu andern patriot. Tagen geeignet. (16 S.) 8. Andernach (906). J. St. Weinand. n. —75

Fleur, la, des prières chrétiennes et catholiques. 12. Vien. Gerold.

Fleurent, Heinrich, approb. Arzt aus Colmar (Ober-Elsass): Ein Beitrag zur Kenntnis der Resultate der Behandlung der Prostatahypertrophie mit Resection der Vasa deferentia. *Strassburg i. E. 1898: C. & J. Goeller.* (27 S.) 8° Strassburg, Med. Diss. v. 1898

Fleurent, Jos., der Isenheimer Altar u. die Gemälde Grünewalds. (44 S. m. 12 Lichtdr.-Taf.) gr. 8. Colmar 908. W. Roock. n. 2.—; geb. n. 3.— Sonderabdruck aus: „Mitth. d. Schongauer Gesellsch."

Fleurent, J., der Isenheimer Altar. Jetzt: Strassburg, Schlesier & Schweikhardt.

Fleures de toutes les couleurs. Recueil de Charades, Enigmes, Logogriphes, Chansons, Romances, Calembours, Jeux de Mots, Anecdotes etc. 1. éd. In-12. (8⅓ B.) 843. * 15 Ngr. u. 2. édit. In-16. (12½ B.) Heilbronn 846, Landherr.

Fleuriau, Bertr. Gabr., Lebensgeschichte des ehrwürd. Vaters Peter Claver, aus der Gesellschaft Jesu, Apostels von Carthagena und Westindien. In's Deutsche übersetzt von Domin. Schelkle. Mit einer Vorrede von Karl Egger. 8. Augsburg 833. (Landshut, Krüll.) ¾ ₰

Fleuriau, Gabr., Lebensgeschichte d. seligen Pater Claver aus der Gesellschaft Jesu, Apostels v. Cartagena in Westindien. Uebersetzt v. Dominikus Schelkle. 9. verm. u. verb. Aufl. gr. 8. (XII, 348 S.) Regensburg 873. Manz. 3.—

Fleuriau, G., Lebensgeschichte d. heil. Peter Claver, aus der Gesellschaft Jesu, Apostels v. Cartagena in Westindien. Uebers. v. D. Schelkle. Neue (Titel-)Ausg. gr. 8. (XII, 348 S.) Regensburg 888. Verlags-Anstalt. 3.—

Fleuriot, Zenaïde, die kleine Bella, s. Novellenkranz.

Fleuriot, Zénaïde, un enfant gâté, hrsg. v. F. Meyer. s.: Prosateurs modernes. 16. Bd.

Fleuriot, Zenaïde, Erlebnisse eines Hühnchens, von ihm selbst geschildert. Nach dem Franz. v. Phpp. Laicus. Autoris. Uebersetzung. Mit 54 Illustr. (in eingedr. Holzschn.) v. A. Marie. 8. (200 S.) Freiburg i/Br. 877. Herder. 1.80

Fleuriot, Z., Erlebnisse e. Hühnchens, von ihm selbst geschildert. Autoris. Übersetzg. aus dem Französ. von Ph. Laicus. Mit 54 Illustr. v. A. Marie. 2., neu durchgeseh. Aufl. 8. (VI, 197 S.) Freiburg i/Br. 887. Herder. 1. 80; geb. n. 2. —

Fleuriot, Zénaïde, Erlebnisse e. Hühnchens, von ihm selbst geschildert. Nach dem Franz. von Phpp. Laicus. 3. Aufl. 8. (VI, 180 S.) Freiburg i/B. (900). Herder. 1. 80; geb. in Halbleinw. n. 2. —

— d. junge Familienhaupt. Fortsetzg. d. Erzählg.: „D. kleine Familienhaupt" v. ders. Verf. N. d. Franz. v. Phpp. Laicus. Autoris. Übersetzg. 2., verb. Aufl. M. 77 Ill. v. E. Bayard. 8. (VIII, 323 S.) Ebd. 895. 1. 80; kart. n. 2. —

Fleuriot, Zenaïde, das junge Familienhaupt. Fortsetzung der Erzählg.: „Das kleine Familienhaupt" v. derselben Verf. Freie Bearbeitg. v. Philipp Laicus. 3. verb. Aufl. Mit 76 Illustr. v. E. Bayard. (VIII, 256 S.) 8. Freiburg i/B. (910). Herder. 1.80; geb. in Leinw. 2. 20

— das kleine Familienhaupt. Nach dem Franz. v. Phpp. Laicus. Autoris. Uebersetzung. Mit 72 (eingedr. Holzschn.-) Illustr. v. H. Castelli. 8. (IV, 300 S.) Ebend. 879. 2. —; geb. n. 3. —

Fleuriot, Zenaïde, d. kleine Familienhaupt. N. d. Franz. v. Phpp. Laicus. Autoris. Übersetzg. 2., verb. Aufl. M. 70 Illustr. v. H. Castelli. 8. (299 S.) Freiburg i/B. 895. Herder. 1. 80; kart. n. 2. —

— Das kleine Familienhaupt. Freie Bearbeitg. v. Philipp Laicus. 3., verb. Aufl. Mit Abb. v. H. Castelli. (VI, 296 S.) 8. Ebd. (907). 1.80; geb. in Leinw. 2. —

Fleuriot, Zenaïde, in den Ferien. Nach dem Französ. v. Phpp. Laicus. Autoris. Uebersetzg. Mit 61 Illustr. v. A. Marie (in eingedr. Holzschn. u. Holzschntaf.) 8. (211 S.) Freiburg i/Br. 876. Herder. 1. 80; geb. 2. 70

Fleuriot, Zenaide, in den Ferien. Aus dem Franz. übers. v. Phpp. Laicus. Mit 61 Illustr. v. A. Marie. 2. Aufl. 8. (VI, 211 S.) Freiburg i/Br. 885. Herder. 1. 80 geb. 2. 50

— in den Ferien. N. d. Franz. übers. v. Phpp. Laicus. 3., verb. Aufl. 8. (VIII, 190 S. m. Holzschn.) Ebd. 898. 1. 80; geb. in Halbleinw. n. 2. —

— ein Geheimniß, s. a. Braun's Novellen- u. Roman-Sammlung. 14. Bd.

— ein Geheimniß. Roman. Nach dem Franz. frei übers. v. Amelie Godin. 8. (216 S.) Leipzig 889. P. Braun's Verl. 1. 60

— die kleine Herzogin. Frei aus dem Franz. übers. v. M. Hoffmann. gr. 8. (IV, 252 S. m. eingedr. Holzschn.) Ebend. 879. 4. —

— die kleine Herzogin. Frei nach dem Franz. übers. v. M. Hoffmann. 2., verb. Aufl. gr. 8. (VI, 252 S. m. Abbildgn.) Freiburg i/B. (899). Herder. n. 3. —; geb. in Leinw. n. 5. —

Fleuriot, Zenaïde, sechs Jahre später, oder: Das junge Familienhaupt. Fortsetzung der Erzählung: „Das kleine Familienhaupt". Nach dem Französ. von Phpp. Laicus. Autoris. Uebersetzung. Mit 74 (Holzschn.-) Illustr. von E. Bayard. 8. (VI, 323 S.) Freiburg i. Br. 880, Herder'sche Verlagsh. geb. *

Fleuriot, Zenaïde, eine unsichtbare Kette, s.: Volksbücherei.

— ein verzogenes Kind. Frei aus dem Franz. übers. v. M. Hoffmann. Mit 48 Illustr. 8. (200 S.) Ebend. 884. 1. 80; geb. 2. 50

— e. verzogenes Kind. Frei a. d. Franz. übers. v. M. Hoffmann. 2. Aufl. 8. (VII, 188 S. m. 48 Ill.) Ebd. 896. 1. 50; kart. n. 2. —

— Ein verzogenes Kind. Freie Bearbeitg. v. M. Hoffmann. 3., verb. Aufl. (VII, 160 S. m. 43 Abbildgn.) 8. Ebd. (910). 1.80; geb. in Leinw. 2. 20

— Plus tard ou le jeune chef de famille, hrsg. v. Frdr. Meyer, s.: Schulbibliothek, französ. u. engl.

— Windstille u. Wirbelsturm. Aus dem Franz. übers. v. Phpp. Laicus. Autoris. Uebersetzg. Mit 45 Illustr. v. A. Ferdinandus. 8. (V, 263 S.) Ebend. 885. 1. 80; geb. 2. 50

— Windstille u. Wirbelsturm. Aus d. Franz. übers. v. Phpp. Laicus. 2., verb. Aufl. 8. (V, 249 S. m. Holzschn.) Freiburg i/B. 898. Herder. 1. 80; geb. in Halbleinw. n. 2. —

Fleuron, ..., französ. Parfümerie-Fabrik. 8. Paris u. Lpz. (805). Joachim. 1 ℳ 8 ₰ (Auch u. d. T.: neue Toilettengeheimnisse, den Glanz d. Schönheit zu erhöhen u. Mängel zu verbessern, mit 1 Kpf. 8. Leipzig, Joachim. 1 ℳ 12 ₰

Fleuron, französ. Parfümerie-Fabrik etc. 8. Leipzig, Joachim. 8o5.

— neue Toiletten-Geheimnisse etc. 8. Ebend. 8o5.

Fleuron, O., typische Spitzen-Motive. Ornements modernes. (20 Taf.) gr. Fol. Leipzig (906). Gilbers. In Mappe n. 24. —

Fleurs choisies pour l'autel de l'Immaculée conception de la très-sainte vierge, recueillies dans les livres les plus accredités composés en son honneur. Avec des exercises pour le mois de Marie et autres pratiques de piété. Par Ant. Merk. Édition ornée de gravures. 24. (VI und 483 S. mit 6 Stnt.) Notre-Dame-des-Ermites 856, Benziger frères.

Fleurs de toutes les couleurs. Recueil de charades, enigmes, logogriphes, chansons, romances, calembours, jeux de mots, anecdotes etc. 12. Heilbronn 843, Class. n. $^1/_2$ ℳ
— 2. Edition. 16. Heilbronn 846, Landherr $^1/_3$ ℳ

Fleurs de toutes les couleurs. Recueil de Charades, Enigmes, Logogriphes, Chansons, Romances, Calembours, Jeux de Mots, Anecdotes etc. 3. édit. Heilbronn 857. Landherr. 24. (196 S.) 10 ₰

— détachées coloriées au pinceaux. 36,5×51 cm. Plauen (903). Ch. Stoll. n. 8. —

Fleurs des Montagnes ... Berne 1872. H: *Lehmann, Carl Friedrich.* (N. Berner Taschenb. 1910, S. 300 ff.) (Zeitschr. f. Büch. 1923, S. 85)

Fleurs et oiseaux. hoch 4. (4 Farbdr.) Berlin 898. W. Schultz-Engelhard. n. 4. —

— et paroles de Terre-Sainte. 12 cartes (chromolith.) illustrées avec passages bibliques et versets de cantiques. qu. gr. 16. Basel 876. Spittler. n. 2. —

Fleurs de piété ou recueil de prières propres à chaque chrétien. (348 S. m. Titelb.) 16. Einsiedeln (903). Eberle, Kälin & Co. Geb. in Leinw. m. Goldschn. n.n. 1. —; m. Rahmen u. Schloss n.n. 1. 28; in Ldr. m. Goldschn. n.n. 1. 36

Fleurs de la piété chrétienne. Recueil complet de prières extraites en grande partie des plus belles prières de l'église et des écrits des saints Pères. Traduites par l'abbé Gobat. Avec (2) grav. 32. (448 S. mit eingedr. Holzschn.) Einsiedeln 869, Gebr. Benziger.
Feine Ausg. mit violetter Einfassung

Fleury, Franz, und andere Geschichten. gr. 16. (97 S. mit eingedr. Holzschn. und 4 Holzschnt.) Cincinnati 859. (Philadelphia, Schäfer und Koradi.) geb. *

Fleury, Die berühmten Damen, s. Fleury, Emile Félix.

Fleury, der Feldzug der Revolution in Italien gegen Rom im Oktbr. u. Novbr. 1867. Uebersetzt, verm., mit Noten u. Beilagen von M. v. Moos. Einsiedeln 868. Benziger. 8. (192 S.) 12 ngr

Fleury, s. Lamé-Fleury. — Schulbibliothek, französ. u. engl.

Fleury, Recueil de Prières chois., ou la Journée du Chretien. Nouv. édit. av. 8 Grav. 12. (12½ B.) Augsbourg 829, de Jenisch et Stage.

Fleury. Saconnex. Chapelle du château de La Grave. Episode de l'histoire de Genève. In-8°, 22 p. Fribourg, imprimerie catholique suisse. — 25
1885.

Fleury, Abbé, s. Fleury, Claudius.

Fleury, Alex., S. J., über Choralrhythmus, s.: Publikationen der internationalen Musikgesellschaft. II, 5.

Fleury, Caspar Mermillod, Bischof v. Genf, s.: Deutschlands Episcopat in Lebensbildern.

Fleury, Caspar Mermillod, Bischof von Genf, s. Episcopat, Deutschlands, in Lebensbildern.

FLEURY, Claudius

— acht Abhandll. über die Kirchengeschichte; aus d. Französ. übersetzt von Jh. Bapt. Strobl. 8. Augsb. 774 auch 784. Rieger. (Münch., Fleischmann). 20 kr

— Abhandl. von den Ordensgeistlichen rc.; aus d. Französ. gr. 8. Köln 771. (Wesché in Frankf.) 8 kr

— Auszug von der Geschichte der Stiftung und v. d. Lehren d. christl. Religion. 8. Brixen, Weger. 793.

Fleury, Claude. Auszug aus der Kirchengeschichte . . . a. d. Franz. Berl. 1788. Ü: *Brunn, Friedrich Leopold.* (Ky) (MGT) (Hitzig)

— Auszug aus d. Kirchengeschichte, verfaßt u. mit Reflexionen begleitet v. Friedrich II. (od. vielmehr v. Abbé de Prades); zum Theil nach e. authent. Handschrift aus d. Französ. übers. (v. Fr. L. Brunn). 1r Thl. gr. 8. Berl. 789. Academ. B. 18 kr

— Betrachtt. über die Kirchengeschichte u. Rechtfertigung; aus d. Französ. von Marx Ant. Wittola. 3 Thle. gr. 8. Wien 771. Trattner. 3 Rthl N. Aufl. 2 Thle. gr. 8. Ebd. 786. 1 Rthl

— s. Jak. Ben. Bossuet, doctrinae catholicae expositio.

Fleury, Catechisme historique. 1 Vol. Paris, Herhan. (Leips., Fr. Fleischer.)

— Catéchisme hist. conten. en abrégé l'Histoire sainte et la Doctr. chrétienne. N. Ed. 8. Münst. 786. Aschendorff. 4 kr

—— Disciplina populi Dei in Novo Testamento ex scriptoribus sacris et profanis collecta. Mainz, 1775, 8°, 1 Mk.

— Histoire ecclésiastique etc. en abrégé. II Vols. gr. 12. Bern 766. (Voss in Berl.) 1 Rthl 12 kr

— Histoire ecclésiastique. XXV Vol. gr. 4. Caen. (Wolf à Augsb.) 781.

— Historia ecclesiast. lat. redd., notis illustrata et ad ann. 1768 continuata. 86 Tom., cum indice generali super primos 52 Tom. Accedit introductio in Historiam eccles. seu Historia V. et N. Testamenti, auctore A. Calmet. V Tom. 8. Augsb. 767—93. Wolff. 86 Rthl

— in historiam eccles. dissertat. octo. 8. maj. Bamb. Göbhard. 774.

— — ad eund. libr. introduct. vid. Alexander.

[Thenn, Johann Christoph]. — Fleury, Abbé Claude. Der kluge und wohl anführende Hofmeister. von Herrn Claudius Fleury, Priester … Aus dem Französischen übersetzt. Augsburg, Eb. Klett, 1756. Kl.8°. *Kupferstichporträt Fleurys von Tobias Lobeck*, 7 Bl. 308 S. Marmor. Pbd. d. 19. Jahrh.

Erstausgabe dieser Übersetzung. Fromm 9473(?) gibt Titel, Druckort, Verlag und Datum unserem Titel entsprechend an und nennt den Übersetzer Thenn, dessen Name sich aber in unserem Exemplar nicht findet. In s. Vorrede berichtet der Übersetzer von einer 1726 erschienenen früheren deutschen Übersetzung, die Fromm unbekannt blieb. Das französ. Originalwerk: „Traité du Choix et de la Methode des Etudes" (Fromm gibt als Titel irrtümlicherweise „Devoirs des maîtres et des domestiques" an, ein Werk das 1688 erschien) war 1675 „auf Befehl einer hohen Person" (wohl Bossuet) aufgesetzt — aber erst 1686 nach mancherlei Verbesserungen gedruckt worden.

FLEURY, Cl.: Institutt. jur. eccl. Latin. redd. et cum animadvv. J. H. BÖHMERI edid. J. Dan. GRUBER. *Frcf.* et *Lips.* 724. 8.

— — 8. Lips. 733.

Fleury, Claud.: Institutiones juris ecclesiastici. Latinas reddidit et cum animadversionibus Justi Henn. Boehmeri … ed. Jo. Dan. Gruber. Ed. 3. Lipsiae 1743.

— institutiones juris ecclesiastici. Ed. III., c. animadvers. Just. Hnr. Böhmer et Jh. Dn. Gruber. 8. Frkf. a. M. … Ed. VI. 760. Varrentrapp. 22 kr

FLEURY, Cl.: Instruction du droit ecclesiastique. *Par.* (688.) 722. 8.

— großer histor. Katechismus; aus d. Französ., mit Kpf. 8. Wien 770. Krauß. 20 kr

FLEURY, Claude

Historischer | Katechismus, | darinn die | Biblische Geschichte | und die | Christliche Lehre | in einem kurzen Auszuge enthalten ist. | In französischer Sprache verfasset von Clau-|dius Fleury, Prior von Argenteuil, und | Beichtvater Ludewichs des Fünfzehnten. | Jetzt aber | Aus der neuesten und verbesserten | französischen Ausgabe, gedruckt zu | Brüssel im Jahre 1778 | Ins Deutsche übersetzet, | Mit einem Vorberichte worinn erkläret wird, | was man im Werke des Verfassers ver-|ändert oder verbessert habe. | Zum Gebrauche der Niederländischen | Schulen. | Erster Band [bzw.: Zweyter Band]. | Lützemburg, | Gedruckt in der Schevalierischen Buchhan-|lung [sic] 1783. |
2 Bde (I: XXVIII, 165 gez., 5 ungez. S.; II: 245 gez., 8 ungez. S.), kl-8° (165 × 100 mm).

FLEURY, CLAUDIUS: Des Herrn Abts Claudius Fleury historischer Katechismus, worinn die katholische Glaubens- und Sittenlehre, in Verbindung mit der biblischen Geschichten, nach ihrem wahren Zusammenhange enthalten ist. Nach den Bedürfnissen unserer Zeit umgearbeitet von Passid Exner. Pesth 1819 (?): Konrad Adolf Hartleben. 2 Bde. - 8°

Fleury, Abt Claudius, histor. Katechismus oder kurzer Abriß der heil. Geschichte. Aus dem Franz. übersetzt von Fr. Xav. Rechenmacher. gr. 12. Passau 837. Winkler. (Pustet.) 1/8 Rthl

— dass. 2r Thl., die Glaubenslehren der christlichen Religion enthaltend. Aus d. Franz. übersetzt von Fr. Xav. Rechenmacher. gr. 12. Ebd. 838. 1/8 Rthl

Fleury, Claudius, historischer Katechismus oder kurzer Abriß der heiligen Geschichte. Aus dem Französ. übers. Neue (Titel-) Ausg. Passau (838.) 853. Pleuger. gr. 8. (IV, 70, 83 S.) 1 ngr

— histor. Catechismus d. kathol. Glaubens- u. Sittenlehre, a. d. Franz. 2 Thle. 8. Augsb. Rieger. 802.

— — derselbe. gr. 8. Würzb. Stahel. 799.

— histor. Katechismus f. Schulen. 8. Bresl. 776. W. G. Korn. 12 gr. Ders. im Auszuge. 4 gr.

— Derselbe, bearb. v. P. Exner. 2 Thle., mit Kpf. 8. Wien 796 u. 97. Doll. 1 rℓ 4 gr.

— — f. kathol. Schulen. 8. Bresl. Korn d. ä. 776.

— — bearbeitet v. P. Exner, 2 Thle. m. K. 8. Wien, Doll (a. Liebeskind in Lpz.) 796. 97.

— histor. Katechismus, worin d. kathol. Glaubens- u. Sittenlehre in Verbindung mit d. bibl. Geschichten rc. enthalten ist; aus d. Französ. 2 Thle. 8. Augsb. 803. Rieger. 12 gr. Dass. gr. 8. Würzb. N. Aufl. 799. Stahel. 12 gr.

— kleiner histor. Katechismus. 12. Straßb. 771. Levrault. 8 gr. Ders. 8. Wien 776. Strauß. 6 gr. Ders. 8. Köln 793. N. A. 801. Haas. (Coppenrath in Münster). 4 gr. Ders. 8. Landsh. 792. Hagen. 2 gr. Ders. 8. Bamb. (Wesche in Frankf.) 3 gr.

— — 8. Bamberg, Göbhard.

— allgem. Kirchengesch. rc. 1r Thl. 4. Gött. 746.

— Kirchengesch. im Ausz. f. Friedrich II.

— Kirchengesch. d. N. Testam., 14 Bde. gr. 8. Rostock 751—76. Koppe. 42 rℓ Dass. gr. 4. Rostock 751—76. (Stiller). 42 rℓ

— Klugheit z. studiren. a. d. Franz. 8. Budissin, Richter. 726.

— — Moeurs des Israélites. 1 Vol. in 12. le même. (le même). Paris, Herhan; Leipz., Fleischer.

— Moeurs des Israélites. 8. Augsb. Wolf. 773.

— — 12. Frft. Eslinger. 761.

— von den Ordensgeistl. rc. gr. 8. Cöln. (Göbhard in Bamberg.) 771.

— Samml. der auserlesensten Gebete, oder d. Tag d. Christen. Aus d. Französ., mit 8 Kpf. 12. Augsb. 810. 2e Aufl. 823. v. Jenisch u Stage. 1 rℓ 2 gr.

— Dass., mit latein. Lettern. 12. Ebd. 810. 2e A. 823. 1 rℓ 2 gr.

Fleury, Abbé, Sammlung d. auserlesendsten Gebete, od. d. Tag d. Christen. Aus d. Franz. m. 8 Kpfrn. 12. Augsb. Stage. 812.

— Dass. französ.: Recueil de prières choix. ou la Journée du Chrétien. gr. 8. Ebd. 810. N. Aufl. 829. Ebd. 1 rℓ 4 gr.

— Sammlung d. auserlesensten Gebete, od. d. Tag d. Christen. A. d. Franz. übers. 2. Ausg. M. 8 Kpfr. 12. (13½ B.) Augsburg 838, v. Jenisch u. Stage'sche Vrlsb.

— Sitten d. Christen. a. d. Franz. 8. Würzb. Wolf. 785.

— Sitten der Israeliten. 8. Hannover, Helwing. 709.

Fleury, Klaud., Sitten der Israeliten und der Christen. Aus dem Französischen. Augsburg, 1774. Würzburg, 1785, 8°, 2 Mk.

— Traité du choix et de la méthode des études, 12. Halle 759. Renger. 6 gr. le même. 8. Tirnau 795. (Schaumburg in Wien). 14 gr.

Die berühmten Damen während der Revolution und unter dem Kaiserreich [Les grandes dames pendant la révolution et sous l'empire]. Von Graf [Émile Félix] Fleury. Autor. Übers. von S. J. *Berlin: K. Siegismund [1901].* (316 S.) 8° [01. 11137

FLEURY, Graf, Die berühmten Damen während der Revolution und unter dem Kaiserreich. Autorisierte Uebersetzung v. S. J. Berlin, o. J. (c. 1902). 8°. 316 S. (Mk. 5—.) (2 Mk. E. Frensdorff, 1905:)

Fleury, Ernest, de Vermes (Jura bernois): Le sidérolithique suisse. Contribution à la connaissance des phénomènes d'altération superficielle des sédiments. [Mit 13 Figuren.] Fribourg (Suisse) 1909. VIII + 262 S. und fünf Tabellen. 8°. Extrait des Mémoires de la Société fribourgeoise des sciences naturelles. Série: Géologie et géographie. Vol. 6.
Freiburg i. Schw. Math.-naturw. Diss. 1909/10.

Fleury. [François]. Une excursion au Mont Cassin. (E.) 8. Fribourg 1870.

(Fleury. [François].) Louis Guerbin. Autrement nommé Aloys Cruse, imprimeur à Genève, 1490. [E.] 8. [Fribourg 1883.]

Fleury. [François]. Quelques mots sur l'ancien couvent de Belle-Rive. E. 8. Fribourg 1883.

Fleury, J., la traversée de la Manche, s.: Schulbibliothek französischer u. englischer Prosaschriften aus der neueren Zeit.

Fleury, Lamé, s.a. Lamé-Fleury.

Fleury, Lamé, mythologische Erzählungen der Inder, Perser, Aegypter, Griechen, Römer u. Skandinavier. Ein Lesebuch für die Jugend beiderlei Geschlechts. Mit 27 in den Text gedruckten Abbild. Nach dem Französ. von H. L. Elditt. 8. Braunschweig 842, Westermann. n. 1 rℓ

Fleury, Lamé, die Geometrie für Kinder. Nach der 4. Ausg. aus dem Französ. frei übers. von H. K. Kißling. 16. (104 S. mit eingedr. erläut. Holzschn.) Stuttgart 851, Rieger'sche Vrlgsb.

Fleury, Lamé, l'histoire de la découverte de l'Amérique. Zum Schulgebrauch mit einem Wörterbuche herausg. von H. Robolsky. Berlin 857. Renger. 8. (XVI, 162 S.) 12 ngr

Fleury, Lamé, l'histoire de la découverte de l'Amérique. Zum Schulgebrauch mit einem Wörterbuche hrsg. von H. Robolsky. 8. (XVI und 162 S.) Berlin 858, Renger'sche Buchh.

Fleury, Lamé, Histoire de la découverte de l'Amérique. Zum Schulgebrauch mit Noten und einem Wörterbuche hrsg. von H. Robolsky. 2. Aufl. gr. 16. (XVI und 175 S.) Berlin 867, Renger'sche Buchh.

Fleury, Lamé, l'histoire de la découverte de l'Amérique racontée à la jeunesse. Ouvrage autorisé par le conseil d'état de l'instruction publique. Mit grammat. Erläutergn. u. e. Wörterbuche zum Schul- u. Privatgebr. von C. Schnabel. 8. (X u. 176 S.) Leipzig 848, Klinkhardt. ⅓ rℓ

Histoire de France. Racontée à la Jeunesse par M. Lamé Fleury. Im Ausz. mit Anm. z. Schulgebr. hrsg. von W[illiam] Coordts, Oberl. [Nebst] Anh. [&] Wörterbuch. Bielefeld & Leipzig: Velhagen & Klasing 1906. 3 Bde 8°
— Sammlung, Velhagen & Klasings, franz. u. engl. Schulausgaben. Prosateurs franç. Ausg. B. Lfg 166. [07. 3841

— l'histoire moderne racontée aux jeunes gens. Mit grammat. Erläuterungen und einem Wörterb. zum Schul- und Privatgebr. von C. Schnabel. 8. (340 S.) Leipzig 848, Baumgärtners Buchh.

— l'histoire sainte racontée aux enfants. Mit grammat. Erläutergn. u. e. Wörterbuche. Für Schulen u. zum Selbstunterricht. Von C. Schnabel. 8. (VIII u. 268 S.) Ebd. 849. 18 ngr

Fleury, Lamé, l'histoire du nouveau testament racontée aux enfants. Mit grammat. Erläuterungen und einem Wörterbuche zum Schul- und Privatgebrauch. Von C. Schnabel. 8. (VI und 225 S.) Leipzig 850, Baumgärtners Buchh.

—— la mythologie racontée à la jeunesse. Mit grammat. Erläuterungen und Wörterbuche. Zum Schul- und Privatgebr. von C. Schnabel. 8. (VI und 234 S.) Leipzig 848, Fr. Fleischer.

Fleury, Louis, praktisch-kritische Abhandlung über die Wasserheilkunde. Untersuchungen über die klin. Anwendung des Wassers bei Behandlung von Krankheiten. Für Aerzte und jeden Gebildeten. Nach dem (französ.) Orig. bearb. und mit Anmerkungen versehen von G. W. Scharlau. gr. 8. (XII und 260 S.) Stettin 853, Nagel. Thlr.

Fleury, Louis, die in ihren Blößen dargest. Homöopathie. Deutsch bearb. v. Siegm. Hotlau. gr. 12. (3¼ B.) Braunschweig 839, G. C. E. Meyer sen.

Fleury, Paul, die Holz- u. Marmormalerei. Serie A u. B. gr. Fol. Berlin 892. Hessling & Spielmeyer. In Mappen. n. 45. —; auch in 5 Lfgn. (à 6 Taf.) zu beziehen, à Lfg. n. 9. —
A. Holzmalerei. (12 farb. Taf. m. Text, 32 S. gr. 8.) n. 22. —
B. Marmormalerei. (13 farb. Taf. m. Text, 16 S. gr. 8.) n. 23. —

Fleury, Sylvain, nouveau recueil de compliments et de modèles de lettres pour le jour de l'an et les fêtes avec un calendrier de famille. 12. (188 S.) Prag 863, Silber und Schenk. *

Fleury, Victor (Hrsg.), s. Herwegh, Georg: Briefwechsel

Fleury, Victor: [Über den von ihm an der Anstalt erteilten französischen Unterricht.] S. 12—15. 4.
Progr. Städt. Oberrealschule *Hanau* 1901 (454).

Fleury de Chaboulon, s. a. Chaboulon, Fleury de

Fleury de Chabulon, P. A. Ed., Denkwürdigkeiten üb. Napoleons Privatleben, Rückkehr u. Regierung im J. 1815; aus d. Französ. (v. J. A. Bergk). gr. 8. Leipz. 820. 2e Aufl. 821. Baumgärtner. 1 ₰ 16 gl

— mémoires pour servir à l'histoire de la vie privée, du retour et du règne de Napoléon en 1815. IV Vols. 8. Hamb. 820. (Campe). 2 ₰ 16 gl

— le même livre. II Vols. gr. 8. Lpz. 820. (Brockhaus). 4 ₰

Fleury de Chaboulon, von Elba nach Waterloo. Aufzeichnungen üb. das Privatleben u. die Regierg. Napoleons im J. 1815. Bearb. u. hrsg. von Frhrn. v. Cramm. (Aus der Umgebg. Bonapartes.) (851 S.) gr. 8. Berlin 910. K. Siegismund. 4.—; geb. in Leinw. 5.—

Fleut, Katharina (irrtüml.), s. Fleud.

Fleuter, Gerh., Lehrbuch d. Gold- u. Silberschmiedekunst, nebst Beschreibg. üb. Vergoldgn., Versilbergn., Verkupfergn., Bronciren, Zusammensetzg. d. Matt- u. Glanzbrennen, Legirgn. v. Metallen u. Lothen, sow. Beschreibg. d. Steine. gr. 8. (43 S) Beckum 895. (Leipzig, C. F. Tiefenbach.) Kart. n. 3. —

Fleuter, Johann Basilius (Weimar), De arte disputandi. Diss. secunda. Präs. Christoph Weißenborn. Jena (Müller) Jan. 1705. 20 S. (4.80) 9082

Fleuter, J. Bas., Einleit. z. orat. Gebr. d. Affecten. 8. Ebend. 717.

— luther. Todtenbette. 8. Ebend. 723.

Fleuti, Emil. Denkschrift zur 25jährigen Jubiläumsfeier des Bürgerturnvereins Bern 1881—1906. Dem Vereine in treuer Anhänglichkeit gewidmet von E' F'. [Illustriert.] 105 S. 8. Bern, Jules Werder, 1906.

Fleutiaux, catalogue systématique des Cicincelidae décrits depuis Linné, s.: Heyne, A., systematisches u. alphabetisches Verzeichnis der bis 1892 beschriebenen exotischen Cicincelidae.

Fleuves et Lacs de l'Europe, comparés aux principaux Fleuves et Lacs des autres parties du monde, en Milles géographiques de 15 au degré; Dressé par C. Desjardins (Chef d'une maison d'éducation.) Munich 1832. o. M. avec indication. 1 Bl.

Flex, A., in die Sklaverei verkauft. (20 S. m. Abbildgn.) 11. 8. Basel (906). Basler Missionsbuchh. n. — 10

Flex, A . In die Sklaverei verkauft. [Illustriert.] 20 S. 8. Basel, Basler Missionsbuchh., [1906]. [fr. —. 10]
B[asler] M[issions-] K[inderschriften. Heft] 2.

Flex, A., Weihnachten im Heidenland. (16 S. m. Abbildgn.) 8. Basel (907). Basler Missionsbuchh. p — 10

Mary Reed, die Missionarin der Aussätzigen. Nach J. Jackson bearb. v. Antonie Flex. Breklum. 1904. 8°

Flex, O., Errettgn. aus Gefahren, d. durch Schlangen drohten, s.: Missionsschriften f. Kinder.

Flex, O., Mung, der barmanische Klosterschüler. (20 S. m. Abbildgn.) 8. Ebd. (907). p — 10

Flex, O., aus dem Palmenlande. Selbsterlebtes aus Ost- u. Westindien. (VII, 282 S. m. 86 Abbildgn.) 8. Gütersloh 907. C. Bertelsmann. n. 2. 60; geb. n. 3. —

Flex, O., unter den Uraun, s.: Missionsschriften, neue.

Flex, Osc., Pflanzenleben in Indien. Kulturgeschichtliche Bilder aus Assám. gr. 8. (IV, 254 S. mit 1 Abbild. in Holzschn.) Berlin 873, Nicolai's Verlag.

Pflanzenleben in Indien. Kulturgeschichtliche Bilder aus Assam. Von Oscar Flex. Mit 1 Abbildung. Berlin. 1873. 8°.

Flex, Osc., Pflanzenleben in Indien. Kulturgeschichtliche Bilder aus Assam. 2. Aufl. gr. 8. (IV, 254 S. mit 1 Abbild. in Holzschn.) Berlin 876, Nicolai'sche Verlagsh.

Flex, R. Elemente der lateinischen Formenlehre, s. Weber, H., lateinische Elementar-Grammatik.

[F.] Flex, Rudolf: Beiträge zur Erforschung der Eisenacher Mundart. (Erscheint vollst. an and. Stelle.) Eisenach, Hofbuchdr., *1893*; 16 S. 4.
Eisenach, Carl Friedrich-G, OP 1893 (669)

Flex, Rudolf: Beiträge zur Erforschung der Eisenacher Mundart. 2. Th.: zur Flexion. *Eisenach 1898: Hofbuchdr.* (16 S.) 4° ¶(Fortsetzung d. P-Beilage 1893.) [F.]
Eisenach, Carl Friedrichs-G, OP 1898 (712)

Flex, Rud., Heimat u. Vaterland. Gedichte. Mit Titelzeichng. v. Wilh. Krais. (160 S.) 8. Eisenach (910). Hofbuchdruckerei Eisenach, H. Kahle. 3.—; geb. 3. 50

Flex, Rud., die älteste Monatseintheilung der Römer. Inaugural-Dissertation. gr. 8. (44 S.) Jena 880. (Neuenhahn.) n. 1. 35

Flex, Walt., Demetrius. Ein Trauerspiel. (147 S.) kl. 8. Berlin-Friedenau (909). Bureau Fischer. 2. —

— Im Wechsel. Gedichte. (58 S.) kl. 8. Strassburg 910. J. Singer. Kart. 2. —

Flex, W[erner], aus Ranchi, Ost-Indien: Ueber den Baconischen und den Cartesianischen Zweifel. *Heidelberg 1903: J. Hörning.* (67 S.) 8°
Heidelberg, Phil. Diss. v. 1903

Flexel, Lienhart: Das große Herrenschießen mit der Püchsen in Wien im Jahre 1563 ... hsg. v. Alb. Camesina R. v. San Vittore. Wien, Selbstverlag d. Herausgebers, 1880. 2928

Flexel, Lienhard: Lobspruch des fürstlichen Freischießens zu Innsbruck im Oktober 1569. Hrsg. und eingeleitet von August Edelmann. Ill. Innsbruck, Wagnersche Univ.-Buchhdlg. 1885. 1425

Flexel's, Lienhard, Lobspruch d. fürstl. Freischießens zu Innsbruck im Oktbr. 1569. Hrsg. u. eingeleitet v. Aug. Edelmann. gr. 8. (63 S.) Innsbruck 886. Wagner. n. 1. 80

— Reimspruch üb. das Heidelberger Armbrustschießen d. J. 1554. Bei Gelegenheit der 500jähr. Jubelfeier der Universität Heidelberg hrsg. v. Karl Wassmannsdorff. Mit 1 Lichtdr. aus Merian's Panorama Heidelbergs. gr. 8. (XX, 43 S.) Heidelberg 886. K. Groos. n. 2. —

Flexier de Reval (François Xavier de Feller). Philosophischer Katechismus; a. d. Franz. Augsburg 1781. Ü: *Herwig, Joh. Just.* (Ky)

Flexier de Reval (Franz Xav. de Feller), Philosophischer Katechismus wider die Feinde der christlichen Religion. Aus dem Französischen übersetzt von Joh. Justus Herwig. Augsburg, Rieger, 1783, 8°, 2. Aufl.; zuletzt Augsburg 1807, gr. 8°, 2 Bde.

— **Predigten,** 2 Bde. 8. Trier (Wolf. Ausgb.) 779.

— **Predigten über Religion und Sittenlehre.** 2 Thle. 8. Cöln, Guinbert. 787.

— geistliche Reden üb. verschiedene Gegenstände der Religion u. Sittenlehre. 2 Thle. gr. 8. Augsb. 779. Doll. (Landsh., Krüll). 1 ₰ 12 gl

Fley, Bern. Bald., Harmonia evangelico-Lutheranorum nova asymphona, d. i. Eine unrichtige Übereinstimmung der zeitlichen mit den alten brandenburgischen Lutheranern in dem Punkt der Gegenwart Christi im Abendmahl contra harmoniam evangelico-Lutheranorum novo-antiquam Emminghausii ministri Lutherani Svertensis. Köln 1735, 4°.

Flibustier, der, oder die Eroberung von Panama; ein romant. Trauerspiel in 4 Akten, von Jos. v. Auffenberg. Mit 1 Kupf. 2te Aufl. 8. Bamberg, Göbhardt. 820.

Flicek, Bohuslav [pract. Arzt aus Wirbitz (Schlesien)]: Die Therapie der Uterus-Blutungen .... Würzburg, Buchdr. d. „N. Bayer. Landeszeitung", 1888; 18 S. 8°
Würzburg, Med. Fak., Inaug.-Diss. v. 1888

Flichter, Leopold [pract. Arzt aus Schlesien]: Zur Pathologie und Therapie des Carcinoma Uteri nebst casuistischen Beiträgen.... Greifswald, Druck v. Carl Sell, 1887; 29 + 1 S. + 1 Bl. 8°.
Greifswald, Med. Fak., Inaug.-Diss. v. 17. März 1887.

Filchtner, S., die Behandlung der Verdauungsstörungen, Magenkrankheiten. Gemeinverständlich dargestellt. gr. 8. (III, 142 S. m. 1 farb. Taf.) Stuttgart 891. O. Weisert. n. 1. 50

Flick und Flock. Komisches Zauber-Ballet in 3 Acten und 6 Bildern von Paul Taglioni. Musik von Hertel. Für das k. k. Hofoperntheater in Wien. 8. (8 S.) Wien 883, Kilnast. *

Flick, Dominik Ritter v. — —. Bewährte Dünger-Komposition. 8. (24 S.) Znaim. Hofmann. 1853.

Flick, Dominick v., erprobter ökonomischer **Hauptschlüssel** zur zweckmäßigsten Wahl des unter allen Verhältnissen vortheilhaftesten Wirthschafts-Systems. Aus 25jähr. Erfahrung mitgetheilt. gr. Fol. (6 Bl. Tabellen.) Wien 847, Wallishausser.

—— untrügliche **Mittel** ganz gesunde Kartoffeln zu ernten, und jede Kartoffelkrankheit im Felde, so wie die Fäule außer dems. zu beseitigen. Zugleich eine Anweisung zur Erzweckung einer unglaublich großen Kartoffelernte auf jedem Boden, und unter allen Witterungsverhältnissen. 8. (24 S.) Wien 848, Wallishausser.

—— erfreuliche **Resultate** des im Großen in Anwendung gebrachten Kulturverfahrens nach Beatson, mit seinen modifizirten Ackerinstrumenten, in Vergleich gestellt mit der allgemein gewöhnlichen Ackerbewirthschaftungsmethode, durch einen Zeitraum von 15 Jahren in den verschiedenartigsten Bodenverhältnissen; nebst aufgeschlossenem Arkanum des Ackerbaues. gr. 12. (43 S.) Wien 848, Wallishausser.

Flick, Domin. Ritter v. — —. Wie kann das Vieh bei der heurigen Futternoth über Winter 1852 auf 1853 am wohlfeilsten ernährt werden und auf welche Weise wird der ganze Winterfutterkostenbetrag auf die Hälfte reduzirt. 8. (14 S.) Znaim. M. Hofmann. 1852.

Flick, Heinr. Chr., der **Eid.** — Eine Predigt, nebst einigen Winken u. Vorschlägen hinsichtl. d. Heilighaltung d. Eides u. Verhüt. d. Meineides. gr. 8. (2¼ B.) Gießen 830, [Heyer, Vater.]

Flick, Heinr. Christ., homilet. u. liturgische Mittheilungen aus sein. vorig. Amtsleben, enth. 7 Predigten, v. welchen 4 bereits einz. gedruckt waren. gr. 8. (11 B.) Friedberg 845, Bindernagel. *

Flick, Heinr. Chrn., einige poetische Versuche, zum Andenken an seine vor 50 Jahren, nämlich am 2. Sonntage des Advents 1812, erfolgte Ordination und Vorstellung als Pfarrer zu Petterweil hrsg. gr. 8. (24 S.) Friedberg 862, Bindernagel und Schimpff. *

Flick, J. F., s. Handbuch d. Buchdruckerkunst.

(Flick, J. F.,) kleines Hand- u. Hülfsbuch f. Buchhändler ꝛc., s. 8. Bd.: Hand- u. Hülfsbuch.

Flick, Kurt: appr. Arzt a. Birkenfeld: Beiträge zur Kasuistik der Pfählungsverletzungen des Beckens. Tübingen 1905: H. Laupp jr. (11 S.) 8° ¶(Aus: Beiträge zur klinischen Chirurgie. Bd 46, H. 1.)
Tübingen, Med. Fak., Ref. v. Bruns, Diss. v. 20. Juni 1905
[Geb. 16. Juli 78 Birkenfeld; Wohnort: München; Staatsangeh.: Preußen; Vorbildung: Gymn. Wetzlar Reife O. 98; Studium: Tübingen 8, Erlangen 1, München 2 S.; Coll. 17. Mai 05; Approb. 1. Apr. 05.]

Flickel, P., Septembermorgen im Buchenwald auf Rügen, s.: Schleich, Chiemseelandschaft.

Flickenschild, J. Fr., kleine **Rechenfibel** oder leichtes Rechenbuch für kleine Kinder. Eine Sammlung leichter Aufgaben aus den 4 Species in ganzen, einsortigen und mehrsortigen Zahlen. 8. Aufl. Mit Berücksicht. des neuen Münz- und Gewichtsgesetzes. gr. 8. (32 S.) Stade 858, (Schaumburg.) **

Flickenschild, J. Fr., populäre Schul-Geographie für Stadt- und Landschulen. Eine übersichtl. Darstellung des Wichtigsten aus der Erdbeschreibung. gr. 12. (X und 218 S.) Stade 863, Steudel. * –

Flickenschild, J. F., prakt. Schulrechenbuch für Stadt- und Landschulen. Eine Samml. arithmet. Aufgaben, mit kurzen Erläuterungen, Lehrsätzen und Regeln versehen. Nach einer einfachen und leichten Methode bearbeitet. 1. Cursus. Das Rechnen von seinen ersten Anfängen bis zur nothwendigen Vollkommenheit für das bürgerliche Leben. 8. Stade 841, Schaumburg. n. 1/2 ₰

— praktisches Schul-Rechenbuch für Stadt- und Landschulen. Eine Sammlung arithmet. u. geometr. Aufgaben, mit den nöthigen Erläuterungen, Lehrsätzen u. Regeln versehen. Nach einer einfachen u. leichten Methode bearb. 1. Cursus. Das Rechnen von seinen ersten Anfängen an bis zur nothwendigen Vollkommenheit für das bürgerliche Leben. 6. verm. Aufl. Mit Berücksicht. des neuen Münz- u. Gewichtsgesetzes. 857. (XII, 380 S.) nn. 22 1/2 ngr. — 2. Cursus. Das praktische Rechnen in seiner Vollständigkeit für das bürgerliche u. kaufmännische Leben. Mit 4 (lith.) Figurentaf. 2., nach den Bedürfnissen der Gegenwart bearb. Aufl. Ebend. 858. 8. (XXXII, 495 S.) nn. 18 3/4 ngr. nn. 1 ₰ 11 1/4 ngr

—— praktisches Schul-Rechenbuch für Stadt- und Landschulen. Eine Sammlung arithmet. und geometr. Aufgaben, mit kurzen Erläuterungen, Lehrsätzen und Regeln versehen. Nach einer einfachen und leichten Methode bearb. 1. Cursus: Das Rechnen von seinen ersten Anfängen an bis zur nothwend. Vollkommenheit für das bürgerl. Leben. 6., verm. Aufl. Mit Berücksicht. des neuen Münz- und Gewichtsgesetzes. 1857. (XII und 380 S.) und 7., verm. Aufl. 8. (XVI und 368 S.) Stade 860, (Steudel.) * * –

—— dass. — 2. Cursus: Das praktische Rechnen in seiner Vollständigkeit für das bürgerl. und kaufmänn. Leben. 2., nach den Bedürfnissen der Gegenwart bearb. Aufl. 8. (XXXII und 495 S. mit 4 Stnt.) Stade 859, (Schaumburg.) * * –

-- Auflösungen zu dem Schul-Rechenbuch für Stadt- und Landschulen. 2. Cursus. Das praktische Rechnen in seiner Vollständigkeit für das bürgerliche u. kaufmännische Leben. Stade 859. Schaumburg in Comm. 8. (143 S.) nn. 9 ngr.

Flickenschild, J. Fr., praktisches Schul-Rechenbuch für Stadt- und Landschulen. Eine Sammlung arithmet. und geometr. Aufgaben, mit kurzen Erläuterungen, Lehrsätzen und Regeln versehen. Nach einer einfachen und leichten Methode bearb. 1. und 2. Cursus. 8. Stade, (Schaumburg.) **

Inhalt:

Cursus 1. Das Rechnen von seinen ersten Anfängen an bis zur nothwend. Vollkommenheit für das bürgerl. Leben. 10.—13. Aufl. (XVI, 336 S. mit eingedr. Holzschn.) 1869—73, und 14. Aufl. Nach den neuen Münz-, Maß- und Gewichtsverhältnissen bearb. (XX, 352 S.) 875. *ℳ 1,25.

2. Das prakt. Rechnen in seiner Vollständigkeit für das bürgerl. und kaufmänn. Leben. Mit 4 (lithogr.) Fig.-Taf. 5. nach den Bedürfnissen der Gegenwart bearb. Aufl. (XXXII, 495 S.) 875. **ℳ 2.

Flickenschild, J. Fr., praktisches Schul-Rechenbuch für Stadt- und Landschulen. Eine Sammlung arithmet. und geometr. Aufgaben, mit kurzen Erläuterungen, Lehrsätzen und Regeln versehen. Nach einer einfachen und leichten Methode bearb. 1. Cursus mit Antworten. Das Rechnen von seinen ersten Anfängen an bis zur nothwendigen Vollkommenheit für das bürgerl. Leben. 15. Aufl. Nach den neuen Münz-, Maaß- und Gewichtsverhältnissen bearb. 8. (IV, 352 S.) Stade 879, (Schaumburg.) **

2. Cursus. Ebendas. 1875. **ℳ 2.

Flickenschild, J. Fr., praktische deutsche Sprachlehre für Stadt- und Landschulen. Eine leichtfaßl. Darstellung der Hauptbegriffe und Regeln der deutschen Sprachlehre, mit zahlreichen Beispielen und Uebungsaufgaben. 8. (VIII und 284 S.) Stade 848, (Schaumburg.) *–

-- praktische deutsche Sprachlehre für Stadt- und Landschulen. Eine leichtfaßliche Darstellung der Hauptbegriffe u. Regeln der deutschen Sprachlehre, mit zahlreichen Beispielen u. Übungsaufgaben versehen. Nach einer einfachen u. leichten Methode bearb. 3. Aufl. Stade 861. Steudel in Comm. 8. (VIII, 302 S.) nn. 12 1/2 ngr.

—— praktische deutsche Sprachlehre für Stadt- und Landschulen. Eine leichtfaßl. Darstellung der Hauptbegriffe und Regeln der deutschen Sprachlehre, mit zahlreichen Beispielen und Uebungsaufgaben versehen. Nach einer einfachen und leichten Methode bearb. 4. Aufl. 8. (VIII und 802 S.) Stade 867, (Steudel jun.) * * –

Flickinger, R. C., The meaning of ἐπὶ τῆς σκηνῆς in writers of the fourth century. S.-A. 1902. 16 S. 4°. 1.—

Flickinger, R. C., Plutarch as a source of information on the greek theater. Gol. 1904. 64 S.

Die politischen Flickschneider. Druck von E. Litfaß. 1 Bl. Fol. Mit einem Bilde.
Flugblatt. Berlin, 1848/49.

Flick- und Stückwerk, aus dem Tagebuche des Schneidergesellen Frz. Schwertlein aus Zittau sammt eigenen Betrachtungen aus der Brieftasche des Tischler Ernst Tiefner aus Heiligenstadt, zusammengestellt rc. von G. J. Aus dem Volksblatt für Stadt und Land. Halle 1845. gr. 8. (28 S.) Magdeburg 847, Falckenberg und Comp. *

Flick- und Stückwerk | aus dem Tagebuche | des | Schneidergesellen Franz Schwertlein | aus Zittau, | sammt einigen Betrachtungen aus der Brieftasche | des | Tischlers Ernst Tiefner | aus Heiligenstadt, | zusammengestellt und an's Licht gebracht | von G. J. | Aus dem »Volksblatt für Stadt und Land.« Halle 1845. | (Sechste Auflage.) | Hamburg. 1861. | Gedruckt bei H. O. Persiehl, 11, neuer Wandrahm. | (No. 204).
Kol.: Niedersächsische Gesellschaft zur Verbreitung christlicher | Erbauungsschriften. | Zu haben in dem Depot dieser Gesellschaft: | Brauerknechtgraben No. 57.
24 S., 160 × 100.
Priv.-Bes.

Fliedner, Mutter. Zum Gedächtnis. 2. Aufl. gr. 8. (30 S. m. Bildnis.) Kaiserswerth 892. Diakonissen-Anstalt. n. — 30

Fliedner, Dr. Theodor, ein Charakter- u. Lebensbild aus der Geschichte der christlichen Liebesthätigkeit. Barmen 865. (Berlin, E. Beck.) 8. (31 S.) n. 1 ngr.

Fliedner, Theodor, der Diakonissenvater. Berlin [1897]. V: *Petran, Ernst.* (Berl)

Fliedner's Kaiserswerther Bibellesetafel, s. Fliedner, Theodor.

Fliedner, Infektions-Krankheiten u. ihre Verhütung, s.: Sammlung populär-medizinischer Abhandlungen auf wissensch. Grundlage.

Fliedner, C., Aufgaben aus der Physik nebst ihren Auflösungen. Zum Gebrauch für Lehrer und Schüler in höheren Unterrichtsanstalten und besonders beim Selbstunterricht bearb. Mit einem Anhange, physikal. Tabellen enthaltend. gr. 8. (X und 236 S. mit 91 eingedr. Holzschn.) Braunschweig 851, Vieweg und Sohn. *

Fliedner, C., Aufgaben aus der Physik nebst ihren Auflösungen und einem Anhang, physikal. Tabellen enthaltend. Zum Gebrauche für Lehrer und Schüler in höheren Unterrichtsanstalten und besonders beim Selbstunterricht. 2 Abthlgn. (Die Aufgaben und physikal. Tabellen. — Die Auflösungen.) 2., verb. und verm. Aufl. gr. 8. (XII und 136 S.; III und 148 S. mit 131 in den Text eingedr. Holzschn.) Braunschweig 856, Vieweg und Sohn. [1. Abthl. * 15 Ngr., 2. Abthl. * 20 Ngr.] *

Fliedner, C., Aufgaben aus der Physik, nebst einem Anh., physikal. Tabellen enth. Zum Gebrauche für Lehrer und Schüler in höheren Unterrichtsanstalten und besonders beim Selbstunterricht bearb. 3., verb. und verm. Aufl. gr. 8. (XIV und 143 S. mit 55 in den Text eingedr. Holzst.) Braunschweig 865, Vieweg und Sohn. *
Auflösungen. (III und 166 S. mit 103 in den Text eingedr. Holzst.) *

Fliedner, C., Aufgaben aus der Physik nebst e. Anh., physikal. Tabellen enth. Zum Gebrauche f. Lehrer u. Schüler in höheren Unterrichtsanstalten u. besonders beim Selbstunterricht bearb. Mit 56 in den Text gedr. Holzst. 4. verb. u. verm. Aufl. gr. 8. (XV, 159 S.) Braunschweig 872. Vieweg & Sohn. n. 1. 60; Auflösungen (III, 177 S.) n. 2. 80

—— Auflösungen zu den Aufgaben aus der Physik. Zum Gebrauche für Lehrer und Schüler in höheren Unterrichtsanstalten und besonders beim Selbstunterricht bearb. 4. verb. und verm. Aufl. gr. 8. (III, 177 S. mit 106 in den Text gedr. Holzstichen.) Braunschweig 872, Vieweg und Sohn. *

Fliedner, C., Aufgaben aus der Physik, nebst einem Anhang, physikal. Tabellen enth. Zum Gebrauche für Lehrer und Schüler in höheren Unterrichtsanstalten und besonders im Selbstunterricht. 5. verb. und verm. Aufl. gr. 8. (125 und Anhang 33 S. mit 56 in den Text eingedr. Holzschn.) Braunschweig 876, Vieweg und Sohn. *

—— dass. — Auflösungen. 5. verb. und verm. Aufl. gr. 8. (180 S. mit 106 in den Text eingedr. Holzschn.) Ebendas. 876. *

Fliedner, C., Aufgaben aus der Physik, nebst einem Anhang, physikal. Tabellen enth. Zum Gebrauche f. Lehrer u. Schüler in höheren Unterrichtsanstalten u. besonders beim Selbstunterricht. Mit 71 in den Text eingedr. Holzst. 6., verb. u. verm. Aufl. gr. 8. (XVI, 132 u. Anh. 33 S.) Braunschweig 880. Vieweg & Sohn. n. 2. 40; Auflösungen (V, 191 S. m. 118 eingedr. Holzst.) n. 3. 60

Fliedner, C., Aufgaben aus der Physik, nebst e. Anh., physikal. Tabellen enth. Zum Gebrauche f. Lehrer u. Schüler in höheren Unterrichtsanstalten u. besonders beim Selbstunterricht. 7., verm. Aufl., bearb. v. G. Krebs. gr. 8 (XII, 134 u. Anh. 33 S. m. 74 Holzst.) Braunschweig 891. F. Vieweg & Sohn. n. 2. 40; Auflösungen (V, 197 S. m. 122 Holzst.) n. 3. 60

Fliedner, C., Aufgaben a. d. Physik, nebst e. Anh., physikal. Tabellen enth. Z. Gebr. f. Lehrer u. Schüler in höh. Unterrichtsanst. u. bes. b. Selbstunterr. 8., verb. u. verm. Aufl., bearb. v. G. Krebs. gr. 8. (XII, 167 S. m. 74 Holzst.) Braunschweig 897. F. Vieweg & Sohn. n 2. 40; Auflösgn. (V, 200 S. m. 125 Holzst.) n. 3. 60

Fliedner, C., Aufgaben aus der Physik, nebst e. Anh., physikalische Tabellen enth. Zum Gebrauche f. Lehrer u. Schüler in höheren Unterrichtsanstalten u. besonders beim Selbstunterricht. 9. verb. u. verm. Aufl., bearb. v. G. Krebs. (XII, 169 S. m. 74 Holzst.) gr. 8. Braunschweig 903. F. Vieweg & Sohn. n. 2. 40; geb. n. 2. 80

Fliedner, C., Lehrbuch der ebenen Geometrie in Verbindung mit einer Aufgaben-Sammlung zum Gebrauche an höheren Lehranstalten. gr. 8. (XII und 190 S. mit 10 Steint.) Marburg 861, Elwert'sche Universitäts-Buchh.

— Lehrbuch der ebenen Geometrie, in Verbindung m. einer Aufgaben-Sammlung, zum Gebrauche an höheren Lehranstalten. Mit 10 (lith.) Fig.-Taf. Neue (Titel-) Ausg. gr. 8. (XII, 190 S.) Frankfurt a/M. (1861) 880. Völcker. 2. 40

— Lehrbuch der Physik. Zum Gebrauche in höheren Unterrichtsanstalten u. beim Selbstunterricht bearb. 1. u. 2. Thl. gr. 8. Ebend. 875. 76. n. 7. —
1. Die Physik der Materie. Mit zahlreichen in den Text eingedr. Holzst. u. 5 Taf. (in Holzschn.) (X, 214 S.) n. 4. —
2. Licht, Wärme, Magnetismus u. Electricität. Mit zahlreichen in den Text eingedr. Holzst. u. 2 Taf. (in Holzschn. u. chromolith.) (XIII u. S. 225—444.) n. 3. —

—— Lehrbuch der Physik. Für den Gebrauch in höheren Unterrichtsanstalten und beim Selbstunterricht [zum Theil in Verbindung mit Krebs in Frankfurt a. M.] bearb. 2. verb. und verm. Aufl. gr. 8. (XV, 468 S. mit 348 in den Text eingedr. Holzst. und 7 [6 Holzschn.- und 1 chromolithogr.] Taf.) Braunschweig 880, Vieweg und Sohn. *

Fliedner. C., die Lehre vom Mass der Kräfte u. ihrer Effecte. Hanau. 8. 40 p.
Schul-/Univ.-Schrift 1864.

Fliedner. C. De pendulo. Hersfeldae 1841. 4.

Fliedner, Carl, s. F l i e d n e r , Karl

Fliedner, Fritz, Blätter u. Blüten. 12. (XII, 244 S.) Heidelberg 886. C. Winter. n. 3. —; geb. m. Goldschn. n. 4. —

Fliedner, Fritz, Blätter u. Blüten. 2. Strauß. 12. (XV, 272 S.) Heidelberg 897. C. Winter. Geb. in Leinw. m. Goldschn. n. 4. —

Fliedner, Fritz, Blätter aus Spanien. Nr. 6. gr. 8. (S. 81—96.) Langenberg 872. (Barmen, Klein.) n. — 40

— Erzählungen aus Spanien. 1.—5. 8. Ebd. à n. — 20
1. E. Sanitätskordon. (16 S.) 895.
2. E. deutsche Oase in span. Wüste. Die Schiffbrüchigen. (16 S. m. 1 Abb.) 895.
3. Reisefrüchte u. Rätselfragen. (16 S.) 896.
4. „Weg hat Er allerwegen". (16 S.) 896.
5. „An Mitteln fehlt's Ihm nicht!" (16 S.) 897.

Fliedner, Fritz, approb. Arzt aus Kaiserswerth (Rh.): Aus d. pathol. Institute zu Kiel. Dermoidkystom und Carcinom. *Kiel 1903: H. Fiencke.* (28 S.) 8°
Kiel, Med. Diss. v. [27. Aug.] 1903

Fliedner, Fritz, Erzählungen aus Spanien. 6/7. Das Evangelium in den röm. Landen. 2. Aufl. 8. (32 S.) Heidelberg 899. C. Winter. à n. — 20

Fliedner, Fritz, a. Barmen: Die ronkalischen Felder in der deutschen Kaiserzeit. (Berlin: G. Möhs 1906.) (41 S.) 8°
Berlin, Phil. Fak., Ref. Schäfer, Diss. v. 30. Juni 1906
[Geb. 12. April 83 Barmen; Wohnort: Hermsdorf i. d. M.; Staatsangeh.: Preußen; Vorbildung: Lessing-Gymn. Berlin Reife O. 03; Studium: Basel 2, Berlin 6 S.; Rig. 31. Mai 06.]

Fliedner, Fritz: Aus meinem Leben. Erinnerungen u. Erfahrgn. Bd [1.] 2: Zsgest. von s. Sohne Georg Fliedner Bln '01—03.
— — 2. Aufl. Bd 2. '03.
— — 3. Aufl. Bd 2. '03.
— — 4. Aufl. Bd 1. 2. '02—03.
— — 5. Aufl. Bd 1. '02.
— — 7. Aufl. Bd 1. '03.

Fliedner, Fritz. Römische Missionspraxis auf den Karolinen, s. Flugschriften d. Evangel. Bundes.

Fliedner, Fritz, das Paradies. In 30 Gesängen. M. e. Verzeichnis d. Bibelstellen u. e. Sachreg. gr. 8. (III, 196 S.) Heidelberg (899). C. Winter. n. 2. —; geb. in Leinw. n. 3. —

Fliedner, Fritz, der Pilgerweg. Predigt, gehalten im Dom zu Berlin, am 24. Sonntag nach Trinitatis, den 18. Octbr. 1874. gr. 8. (16 S.) Berlin 876, (Beck's Verlag.) *

Fliedner, Geo., s.: Armen- u. Kranken-Freund, der.

Fliedner, Geo., Kaiserswerther Bibel-Lese-Tafel f. d. Kirchenj. 1893—1894, m. Erläuterungen üb. den Gebrauch derselben u. m. e. Anweisung passender Bibelstellen f. besondere Seelenzustände u. geistliche Bedürfnisse. gr. 8. (40 S.) Kaiserswerth 894. Buchh. d. Diakonissen-Anstalt. n. — 30

Fliedner, Georg, Diakonissenarbeit im Morgenlande. »Fliegende Blätter a. d. Rauhen Hause 57, 42—45.« Hamburg 1900. Agent. d. R. H.

[F.] Diakonissin Barbara Eckhardt. E. Nachruf v. Georg Fliedner, Pastor ... *Kaiserswerth: Diakonissen-Anstalt 1897.* (15 S.) 1 Bd 8. [98. 3106

Fliedner, Georg, Theodor Fliedner. Durch Gottes Gnade Erneuerer des apostolischen Diakonissen-Amtes in der evangelischen Kirche. Kurzer Abriß seines Lebens und Wirkens. 2. verm. Aufl. 8. (144 S. mit eingedr. Illustr.) Kaiserswerth 886, Buchh. der Diakonissen-Anstalt. *

— Theodor Fliedner. Durch Gottes Gnade Erneuerer d. apostolischen Diakonissen-Amtes in der evangel. Kirche. Kurzer Abriß seines Lebens u. Wirkens. 3. Aufl. 8. (VIII, 144 S. m. Abbildgn. u. Bildnis.) Ebd. 892. n. — 40

Fliedner, Geo., Theodor Fliedner, durch Gottes Gnade Erneuerer des apostolischen Diakonissenamtes in der evangelischen Kirche. Sein Leben u. Wirken. 2. Bd. 8. Kaiserswerth, Buchh. der Diakonissen-Anstalt. 6.30; geb. in Leinw. 8. —
1. (X, 290 S. m. 1 Bildnis.) 908. 2.80; geb. 3. 50
2. (IX, 303 S. m. 1 Bildnis.) 910. 3.50; geb. 4. 50

Fliedner, G., s.: Jubelfeier, die, d. 50jähr. Wirksamkeit d. Diakonissen-Mutterhauses zu Kaiserswerth.

—— Diakonissin Sophie Wagner. Ihr Leben, Wirken und Heimgang, geschildert. 1.—3. Aufl. 8. (20 S.) Ebendas. 886,87. *

Fliedner, Georg. Diakonissin Sophie Wagner. Ihr Leben, Wirken u. Heimgang. 4. Aufl. 8. (20 S.) Kaiserswerth 891, Buchh. der Diakonissenanstalt. * — 15

Fliedner, H. Die Volkstümlichkeit d. evangelischen Kirche, s. Sammlung theologischer u. sozialer Reden u. Abhandlungen.

Fliedner, Heinr., der Diakonissenvater D. Theodor Fliedner. Zur Hundertjahrfeier seines Geburtstages der deutsch-evangel. Christenheit geschildert. 8. (32 S. m. Abbildgn.) Kaiserswerth (899). Buchh. d. Diakonissen-Anst. n. — 10

Fliedner, Heinr., unter dem Kreuz. Bilder u. Geschichten aus der Leidenszeit der evangel. Kirche Schlesiens. Durchgesehen v. Eberlein. (80 S. m. Abbildgn.) 8. Liegnitz 907. Buchh. des schles. Prov.-Vereins f. innere Mission. — 40
Sonderabdruck aus „Jahrbuch d. Kaiserswerther Kalenders".

Fliedner, Heinr., aus der Leidenszeit der evangelischen Kirche Schlesiens. (78 S. m. Abbildgn.) kl. 8. Breslau (906). Ev. Buchh. n. — 25
Sonderabdruck aus: „Jahrb. f. christl. Unterhaltg.

Fliedner, Heinrich, a. Manubach: Die Rheinzölle der Kurpfalz am Mittelrhein, in Bacharach und Kaub. Trier 1908: Lintz. XV, 44 S. 8° ¶(Ersch. vollst. in: Westdeutsche Zeitschr. f. Gesch. u. Kunst. Erg.-H.)
Münster, Phil. Diss. v. 6. Nov. 1908, Ref. Meister
[Geb. 13. Sept. 82 Bielefeld; Wohnort: Münster i. W.; Staatsangeh.: Preußen; Vorbildung: Gymn. Mörs Reife O. 03; Studium: Halle 2, Greifswald 2, Bonn 1, Münster 3 S.; Rig. 1. Mai 08.] [U 09. 3581

Fliedner, H., die Rheinzölle der Kurpfalz am Mittelrhein, in Bacharach u. Kaub, s. Zeitschrift, westdeutsche, f. Geschichte u. Kunst. 15. Erg.-Hft.

* Fliedner, J. L., Gedächtnißrede auf Friedr. Carl Joseph, Kurfürsten von Mainz. gr. 4. Frankfurt, Körner. 802.

Fliedner, Karl, auf, auf zum Überwinden! Predigten üb. die 7 Sendschreiben, Offenbg. Joh. 2 u. 3 (nebst e. Anh.). (70 S.) 8. Bethel b. Bielefeld 909. Buchh. der Anstalt Bethel. — 70

Fliedner, Carl, Syllogismus u. Induction. gr. 4. (38 S.) Frankfurt a. M. 875. (Diesterweg.) n. 1. 50

Fliedner, Theodor, der Armen- und Kranken-Freund, s. Armen- und Kranken-Freund.

Fliedner. Th Die Christliche Barmherzigkeit im Türken-Kriege. Ein Vortrag, gehalten von Pfarrer Th. F' im Frühjahr 1878. Nebst zwei Musikbeilagen und einem Nachwort. 8. Basel (1878). A 267[6]

Fliedner, Th., kaiserswerther Bibel-Lese-Tafel für's Kirchen-Jahr 1858—1859, mit Erläuterungen über den Gebrauch derselben, und mit einer Anweisung passender Bibelstellen für besondere Seelenzustände und geistliche Bedürfnisse hrsg. gr. 8. (38 S.) Kaiserswerth 859. (Berlin, Beck.) **

—— dass. — für's Kirchenjahr 1859—60. gr. 8. (39 S.) Kaiserswerth 859. (Berlin, Beck — W. Schultze.) *

—— dass. — für's Kirchenjahr 1860—61. gr. 8. (39 S.) Kaiserswerth 860. (Berlin, Beck.) **

Fliedner, Th., Kaiserswerther Bibel-Lese-Tafel für's Kirchenjahr 1861—1862, mit Erläuterungen über den Gebrauch derselben, mit einer Anweisung passender Bibelstellen für besondere Seelenzustände und geistl. Bedürfnisse, und mit einer Klassifikation aller Psalmen. gr. 8. (40 S.) Düsseldorf 862. (Berlin, Beck.) *

—— dass. — für's Kirchenjahr 1862—63. gr. 8. (40 S.) Kaiserswerth 862. (Berlin, Beck.) *

Fliedner, Th., Kaiserswerther Bibel-Lese-Tafel für's Kirchenjahr 1863—64, mit Erläuterungen über den Gebrauch derselben, mit einer Anweisung passender Bibelstellen für besondere Seelenzustände und geistl. Bedürfnisse, und mit einer Klassifikation aller Psalmen. gr. 8. (40 S.) Düsseldorf 863. (Berlin, Beck.) *

—— dass. — für's Kirchenjahr 1864—65. gr. 8. (41 S.) (Ebendas.) 864. *

—— dass. — für's Kirchenjahr 1865—66. gr. 8. (40 S.) (Ebendas.) 865. *

—— dass. — für's Kirchenjahr 1866—67. gr. 8. (40 S.) (Ebendas.) 866. *

—— dass. — für's Kirchenjahr 1867—68. gr. 8. (40 S.) (Ebendas.) 867. *

Fliedner's (Thdr.), Kaiserswerther Bibel-Lese-Tafel für das Kirchenjahr 1868—1869, mit Erläuterungen über den Gebrauch derselben und mit einer Anweisung passender Bibelstellen für besondere Seelenzustände und geistl. Bedürfnisse. gr. 8. (à 40 S.) Düsseldorf 868. (Berlin, Beck.) *

—— dass. — für das Kirchenjahr 1869—1870. gr. 8. (à 40 S.) Ebendas. 869. *

—— dass. — für die Kirchenjahre 1870—1871, 1871—1872, 1872—1873. gr. 8. (à 40 S.) Kaiserswerth 870. (Ebendas.) à Jahrg.

—— dass. — 1873—1874 und 1874—1875. gr. 8. (à 40 S.) Düsseldorf 873. (Ebendas.) à Jahrg. *

Fliedner's (Thdr.), Kaiserswerther Bibel-Lese-Tafel für die Kirchenjahre 1875/1876, 1876/1877, 1877/1878, 1878/1879, mit Erläuterungen über den Gebrauch derselben und mit einer Anweisung passender Bibelstellen für besondere Seelenzustände und geistl. Bedürfnisse. gr. 8. (à Jahrg. 40 S.) Düsseldorf 875—79. (Berlin, Deutsche Evangel. Buch- und Traktat-Gesellschaft.) à Jahrg. *

Fliedner's Kaiserswerther Bibel-Lese-Tafel für die Kirchenjahre 1885/86, 1886/87, 1887/88, 1888/89 mit Erläuterungen über den Gebrauch derselben und mit einer Anweisung passender Bibelstellen für besondere Seelenzustände und geistl. Bedürfnisse. 8. (à Jahrg. 40 S.) Kaiserswerth, Buchh. der Diakonissen-Anstalt. à Jahrg. *

Fliedner's Kaiserswerther Bibel-Lese-Tafel für die Kirchenj. 1889/1890, 1890/1891, 1891/1892, 1892/1893 mit Erläuterungen über den Gebrauch rc. 8. (à Jahrg. 40 S.) Kaiserswerth, Buchh. d. Diakonissenanstalt. à Jahrg. * — 30

Fliedner's Th., Kaiserswerther Bibel-Lese-Tafel f. d. Kirchenj. 1895—1896, m. Erläutergn. üb. d. Gebr. ders. u. m. e. Anweisg. pass. Bibelstellen f. bes. Seelenzustände u. geistl. Bedürfnisse. gr. 8. (40 S.) Kaiserswerth 896. Buchh. der Diakonissen-Anstalt. n. — 25

Fliedner's, Th., Kaiserswerther Bibel-Lese-Tafel f. d. Kirchenj. 1900—1901, m. Erläuterungen üb. den Gebrauch derselben u. m. e. Anweisung passender Bibelstellen f. besondere Seelenzustände u. geistliche Bedürfnisse. gr. 8. (40 S.) Ebd. n.n. — 25

— Kaiserswerther Bibel-Lese-Tafel f. d. Kirchenjahr 1906—1907, m. Erläutergn. üb. den Gebrauch derselben u. m. e. Anweisung passender Bibelstellen f. besondere Seelenzustände u. geistliche Bedürfnisse. (40 S.) 8. Kaiserswerth, Buchh. der Diakonissen-Anstalt. n.n. — 25

Fliedner's, Th., Kaiserswerther Bibel-Lese-Tafel f. d. Kirchenj. 1910—1911 m. Erläuterungen üb. den Gebrauch derselben u. m. e. Anweisung passender Bibelstellen f. besondere Seelenzustände u. geistliche Bedürfnisse. (40 S.) 8. Kaiserswerth, Buchh. der Diakonissen-Anstalt. nn — 25

—— Buch der Märtyrer und anderer Glaubenszeugen der evangel. Kirche, von den Aposteln bis auf unsere Zeit, in 3 Bdn. Zur Stärkung des Glaubens und der Liebe unserer evangel. Christenheit hrsg. unter Mitwirkung von Gust. Jahn u. A. 1—3. Heft. gr. 8. (S. 1—634.) Kaiserswerth 851—52. (Leipzig, Gebhardt und Reisland.) [1. Lfg. ** 15 Ngr., 2. und 3. Lfg. à ** 12 Ngr.] **
Ausg. auf feinem Papier mit Stahlst. [1. Lfg. ** 20 Ngr., 2. und 3. Lfg. à ** 18 Ngr.] **

Fliedner, Thdr., Buch der Märtyrer und anderer Glaubenszeugen der evangel. Kirche, von den Aposteln bis auf unsere Zeit, in 3 Bdn. Unter Mitwirkung von Disselhoff, Falke u. A. 2. Bd. 4 Hefte. gr. 8. (1. Heft. S. 1—232.) Kaiserswerth 853. (Berlin, Grobe.) **
fein Pap. mit Stahlst. und Holzschn. **
1. Bd. (Leipzig, Gebhardt und Reisland.) 1852. ** 1 Thlr. 9 Ngr.

—- Buch der Märtyrer und anderer Glaubenszeugen der evangelischen Kirche, von den Aposteln bis auf unsere Zeit, in 4 Bdn. Unter Mitwirkung von G. Jahn, J. Disselhoff, J. A. Schöler und mehrerer anderer Geistlichen. 3. Bd. (4 Hefte) und 4. Bd. gr. 8. Kaiserswerth 857—60. (Berlin, Beck.) [3. Bd. (IV und 914 S.) ** 1 Thlr. 20 Ngr., 4. (XIV und S. 915—1406 mit eingedr. Holzschn.) ** 25 Ngr., feine Ausg. ** 1 Thlr. 10 Ngr.] **
Der Preis des vollständigen Werks in 4 Bdn. ist jetzt ** 3 Thlr. 15 Ngr.

— Ein Charakter- und Lebensbild aus der Geschichte der christlichen Liebesthätigkeit. (31 S.) Ebd. 1865.

Fliedner, Th., Collectenreise nach Holland u. England, nebst e. ausführl. Darstell. d. Kirchen-, Schul-, Armen- u. Gefängnisswesens beider Länder, mit vergleich. Hinweis. auf Deutschland, vorzügl. Preussen. 1. u. 2. Bd. (Holland umfass.) Nebst 6 Stnt. u. e. Kritik d. wicht. theolog. Literatur Hollands v. 19. Jahrh. 8. (63½ B.) Essen 831, Bädeker.

—— Diakonissen-Liederbuch, s. a. Diakonissen-Liederbuch.

— Diakonissen-Liederbuch. Zunächst für die Schwestern der Diakonissenschaft von Kaiserswerth. Mit 1 Holzschn. Ebend. 859. 8. (VIII, 328 S.) nn. 22½ ngr.

[F.] Diakonissen-Liederbuch. [Vf.: Theodor Fliedner.] (Bearb.: Julius Disselhoff.) (Nebst Anh.: Melodien m. Klavier-Begleitung zu d. Diakonissen-Liederbuche.) 6., durchges. u. verm. Aufl. (Vorr.: Georg Fliedner) ... *Kaiserswerth a. Rh.: Diakon.-Anst. (1897).* (3 Bl., 299, 79 S., 1 Taf.) 1 Bd 8. [98. 3380

Diakonissen-Liederbuch. [Verf.: Theodor Fliedner.] (Bearb.: Julius Disselhoff.) [Nebst Anh.:] Melodien mit Klavier-Begleitung z. d. Diakonissen-Liederbuche. 8. Aufl. (Vorr.: Georg Fliedner.) Kaiserswerth: Diakonissen-Anst. [1904]. (299, 79 S.) 8° [F.] [05. 4660

Fliedner, Th., Einsegnung der Diakonissen und Grabrede bei Beerdigung einer Diakonissinn. gr. 8. Kaiserswerth 845, (Berlin, Grobe.) n. 4 ngl

Fliedner, Thdr., Entstehungsgeschichte der ersten evangelischen Liebesanstalten zu Kaiserswerth, s. a. Geschichten u. Bilder fürs deutsche Volk. Nr. 52. 53.

Entstehungsgeschichte der ersten evangelischen Liebesanstalten zu Kaiserswerth. Wie sie d. Diakonissenvater † D. Theodor Fliedner anno 1856 selbst aufgezeichnet hat. Kaiserswerth: Diakonissen-Anst. [1905]. (24 S.) 8° [Umschlagt. F.]
— Geschichten u. Bilder fürs deutsche Volk. No 52 u. 53. [07. 8316

Fliedner, Th., s. Herr, Ein, Ein Glaube.

— Lieder-Buch für Kleinkinder-Schulen u. die untern Klassen der Elementar-Schulen. gr. 12. Kaiserswerth 844. (Crefeld, Funke. Berlin, Grobe.) n. ⅔ ß

—— Lieder-Buch für Kleinkinder-Schulen und die untern Klassen der Elementar-Schulen, mit Melodien, Gebeten, Bibelsprüchen, Denkversen, Spielen, der Methode der Erziehung rc. 2. Aufl. 8. (VIII und 212 S.) Kaiserswerth 847. (Berlin, J. A. Wohlgemuth.) **

—— Liederbuch für Kleinkinder-Schulen und die untern Klassen der Elementar-Schulen, mit Melodien, Gebeten, Bibelsprüchen rc., der Methode der Erziehung und des Unterrichts in der Kleinkinder-Schule, eine Anleitung, solche Schulen zu errichten rc. für Kleinkinder-Lehrerinnen. 3., verm. und verb. Aufl. 8. (X und 252 S.) Kaiserswerth 853. (Berlin, Grobe. — J. A. Wohlgemuth.) **

—— Liederbuch für Kleinkinder-Schulen und die untern Klassen der Elementarschulen und Familien, mit Melodien, Gebeten, Bibelsprüchen rc. 4., verm. und verb. Aufl. 8. (VIII und 272 S.) Berlin 862, Beck. *

—— Lieder-Buch für Kleinkinder-Schulen und die unteren Klassen der Elementarschulen und Familien mit Melodien, Gebeten, Bibelsprüchen rc. 5. verb. Aufl. 8. (VIII, 272 S.) Kaiserswerth 873. (Berlin, Beck.) *

Fliedner, Thdr., Lieder-Buch für Kleinkinder-Schulen und die untern Klassen der Elementar-Schulen und Familien, mit Melodien, Gebeten, Bibelsprüchen, Denkversen, Spielen, der Methode der Erziehung und des Unterrichts in der Kleinkinder-Schule, einer Anleitung, solche Schulen zu errichten, und Selbstprüfungs-Fragen für Kleinkinder-Lehrerinnen. 6. verb. und verm. Aufl. 8. (VIII, 325 S.) Kaiserswerth 883, Diaconissen-Anstalt. **

Fliedner, Thdr., Lieder-Buch f. Kleinkinder-Schulen u. die unteren Klassen der Elementar-Schulen u. Familien, m. Melodien, Gebeten, Bibelsprüchen, Denkversen, Spielen, der Methode der Erziehung u. d. Unterrichts in der Kleinkinder-Schule, e. Anleitung, solche Schulen zu errichten, u. Selbstprüfungs-Fragen f. Kleinkinder-Lehrerinnen. 8. Aufl. 8. (VIII, 329 S.) Kaiserswerth 891. Buchh. der Diakonissen-Anstalt. n. 1. 75

— Lieder-Buch für Kleinkinder-Schulen u. die untern Klassen der Elementar-Schulen u. Familien, m. Melodien, Gebeten, Bibelsprüchen, Denkversen, Spielen, der Methode der Erziehg. u. des Unterrichts in der Kleinkinder-Schule, e. Anleitg., solche Schulen zu errichten, u. Selbstprüfungs-Fragen für Kleinkinder-Lehrerinnen. 10. Aufl. 8. (VIII, 328 S.) Ebd. (898.) n.n. 1. 75

Lieder-Buch für Kleinkinder-Schulen, f. d. untern Klassen d. Volks-Schulen u. f. Familien, mit Melodien, Gebeten, Bibelsprüchen ... Hrsg. von Theodor Fliedner, weil. Pfarrer in Kaiserswerth. 11. Aufl. (Vorr.: Heinrich Fliedner.) *Kaiserswerth: Diakon. Anst. (1901).* (VIII, 328 S.) 8° [F.] [01. 4260

— Liederbuch f. Kleinkinder-Schulen, f. die untern Klassen der Volks-Schulen u. f. Familien, m. Melodien, Gebeten, Bibelsprüchen, Denkversen u. Spielen, sowie m. e. Anweisg. zu der Erziehg. u. dem Unterricht in der Kleinkinder-Schule, e. Anleitg. zur Errichtg. solcher Schulen u. m. Selbstprüfungs-Fragen f. Kleinkinder-Lehrerinnen. 12. Aufl. (VIII, 328 S.) 8. Ebd. (906). n.n. 1. 75; geb. n.n. 2. 10

—— die evangelischen Märtyrer Ungarns und Siebenbürgens von der Reformation bis auf unsere Zeit. gr. 8. (IV und 96 S. mit 4 Portr. in Holzschn.) Berlin 860, [Beck.] **
Aus des Verf. „Buch der Märtyrer" besonders abgedruckt.

—— kurzes evangelisches Märtyrer-Buch für alle Tage des Jahrs. Geordnet nach der evangel. Monatstafel des Kaiserswerther christl. Volkskalenders. Ein Auszug aus dem Buch der Märtyrer und anderer Glaubenszeugen der evangel. Kirche von den Aposteln bis auf unsere Zeit. 2 Thle. gr. 8. (VIII und 1328 S. mit 100 Abbild. in eingedr. Holzschn.) Kaiserswerth 865. (Berlin, Beck.) *

Fliedner, (Th.,) liturgische Mittheilungen aus Holland und England, mit Bezug auf die neue preuß. Agende. gr. 8. Essen 825, Bädeker.

—— Nachrichten über das Diakonissen-Werk in der christlichen Kirche, alter und neuer Zeit, auch über die Diakonissen-Anstalt zu Kaiserswerth. 4., verm. Aufl. 8. (70 S. mit 17 eingedr. Holzschn.) Berlin 862, Beck. *

—— Reisen in das heilige Land, nach Smyrna, Beirut, Constantinopel, Alexandrien und Cairo, in den J. 1851, 1856 und 1857. In 2 Thln. 1. Thl.: Reise mit 4 Diakonissen in das heilige Land, nach Smyrna, Beirut und Constantinopel im J. 1851. gr. 8. (VIII und 408 S. mit 71 Abbild. in eingedr. Holzschn., 1 lithogr. Plane von Jerusalem und 1 lithogr. Karte von Palästina und einem Theile Aegyptens in 4.) Kaiserswerth 859. (Berlin, Evangel. Buchh. — J. A. Wohlgemuth.) **

— s. Schul-Bilderbibel.

Flieg, Riwka. Ein Beitrag zur Kenntnis des Morbus Basedowii. Aus der medizinischen Universitätsklinik in Zürich .... Diss. Med. Univ. Zürich. [Mit Figuren.] 92 S. 8. Zürich, Gebr. Leemann & Co., 1910.

Fliege, die spanische. Redakt.: J. H. T. Reißmann. I. Jahrg. 1849. 52 Nrn. (½ Bog. mit Holzschn.) gr. 4. Dresden, (Kori und am Ende.) *

Fliege, Carl, Julius Hensel's physiologische Heilweise im Vergleiche z. Allopathie, Homöopathie u. z. arzneilosen Heilmethode. Ein ernstes Wort an alle Gebildete. gr. 8. (15 S.) Peine 897. (C. Rother.) — 80

Fliegel, Alice (Frau Alice Jadassohn), s.: Bekenntnisse eines Zwanzigjährigen.

Fliegel, Alice, Klasse 1b, s. a. Frauen, deutscher, Gemüt u. Humor.

Klasse 1b. Lustiges von d. Schulbank von Alice **Fliegel**. Ill. von Tony Sarg. 1.–3. Taus. Berlin: Harmonie [1905]. (27 Bl.) 8° [F.] [[illegible]

Klasse 1b. Lustiges von d. Schulbank von Alice **Fliegel**. Ill. von Tony Sarg. Berlin: Harmonie [1905]. 27 Bl. 8°
(Deutscher Frauen Gemüt u. Humor. [Bd 1.]) [[illegible]

Klasse 1b. Lustiges von d. Schulbank von Alice **Fliegel**. Ill. von Tony Sarg. 4.–6. Taus. Berlin: Harmonie [1905]. (27 Bl.) 8° [F.] [[illegible]

— Neue Schulgeschichten, s. a. Frauen, deutscher, Gemüt u. Humor.

Neue Schulgeschichten von Alice **Fliegel**. Berlin: Harmonie [1907]. 56 S. 8°
[Umschlagt.:] Aus der höheren Töchterschule. Neue ill. Ausg. d. 'Neuen Schulgeschichten' von Alice Fliegel.
(Deutscher Frauen Gemüt u. Humor. Bd 4.) [[illegible]

— Totenwache. 2. Aufl. (150 S.) 8. Berlin (909). Harmonie. 2.50; geb. 3.50; in Ldr. 4.50

Totenwache. Von Alice **Fliegel** [d. i. Jadassohn]. 3. Aufl. Berlin: Harmonie [1909]. 150 S. 8° [[illegible] 11
5. Aufl. (1909.)

Fliegel, F. W., das preußische Bagatell- und Injurien-Prozeß-Verfahren nach Gesetzgebung, Wissenschaft und Rechtsanwendung. gr. 8. (VI und 414 S.) Berlin 854, C. Heymann. *

Fliegel, (Franziscus Alexander) Maximilianus *(geb. Hirschberg in Schles. 26. 5. 1838)*: Quae sit ratio juris ducalis in veteribus documentis Silesiacis. Vratislaviae (1864). (40 S.) 8°
Breslau, Jur. Diss. v. 21. Apr. 1864

Der Braunkohlenbergbau. Von G. **Fliegel**, C. Neidhart, H. Meyer. Mit 11 Taf., 20 Abb. u. 2 Kt. Berlin: (Kgl. Geol. Landesanst.) 1910. 318 S. 4° (8°)
(Der Bergbau auf d. linken Seite d. Niederrheins. T. 4.) [[illegible] 17730 B

Die miocäne Braunkohlenformation am Niederrhein. Von G. **Fliegel**. Mit 2 Kt. u. 2 Taf. Berlin: Kgl. Preuß. Geol. Landesanst. 1910. 78 S. 4° (8°)
(Abhandlungen d. Kgl. Preuß. Geol. Landesanstalt. N. F. H. 61.) [[illegible]

Fliegel, G., Die niederrheinische Braunkohlenformation. Halle a. S., 1907. 14 S. mit 2 Abb. [in Fa 151

Fliegel, G.: Die G e o l o g i e des niederrheinischen Tieflandes, s. W u n s t o r f , Wilhelm.

Fliegel (G.), Die Tektonik der Niederrheinischen Bucht in ihrer Bedeutung für die Entwicklung der Braunkohlenformation. 4 S.
(Internat. Kongress Düsseldorf 1910. Abt. 4, Vortr. 5.)

Fliegel (G.), Die geologischen Verhältnisse des Kreises Euskirchen. 4°
Aus: Bericht über die Verwaltung u. d. Stand d. Kreis-Kommunal-Angelegenheiten d. Kreises Euskirchen 1898—1909.

Ueber obercarbonische Faunen aus Ost- und Südasien. Von G[otthard] **Fliegel** in Bonn. Mit Taf. 6–8 u. 5 Textfig. Stuttgart: E. Schweizerbart 1901. (S. 91–136.) 4°
— Palaeontographica. Bd 48, Lfg 3. [[illegible]

Fliegel, Gotthard: Die Verbreitung des marinen Oberkarbon in Süd- und Ostasien. *Breslau 1898: Bresl. Gen.-Buchdr.* (2 Bl.) 8° [Nur Titelblatt, Vita und Thesen.] (Die Arbeit erscheint in den Palaeontographica.)
Breslau, Phil. Diss. v. 7. Juni 1898
(Nicht für den Austausch)

Fliegel, Gotthard, aus Nieder-Dammer, Kr. Steinau: Die Verbreitung des marinen Obercarbon in Süd- und Ostasien. *Breslau 1898: J. F. Starcke in Berlin.* (S. 385–408.) 8° (Aus: Zeitschrift d. Deutschen geol. Gesellschaft, Bd 50, 1898.)
[Vgl. 1897/98 Breslau No 63.]
Breslau, Phil. Diss. v. 7. Juni 1898

Fliegel, Jos., die Wirkungsweise der Milch-Pasteurisier-Apparate u. deren Wärme-Regulatoren. Versuchs-Ergebnisse. Lex.-8. (III, 75 S. m. 16 Holzschn.) Leipzig 902. (M. Heinsius Nachf.) n. 2.—

Fliegel, L., dunkle Punkte im Irrenwesen. E. Mahnruf! gr. 8. (40 S.) Zürich 898. C. Schmidt. n. — 50

Fliegel, L., dunkle Punkte im Irrenwesen. Ein Mahnruf! 2. Aufl. gr. 8. (40 S.) Zürich 898. C. Schmidt. n. — 50

Fliegel, Theodorus *(geb. Merzdorf bei Löwenberg in Schles. 7. 3. 1825)*: De suspectis faucium ulceribus [!]. Vratislaviae (1851). (25 S.) 8°
Breslau, Med. Diss. v. 6. Nov. 1851

Fliegel-Berg, Ernst v., für das preußische Volk! Politische Denkschrift. 8. (48 S.) Berlin 863, Jahlisch.

Fliegelmann Rosa: Achim von Arnims „Halle und Jerusalem".
II. 1903 PN 1626 Diss. Wien Univ. 131

Fliegen, sieben mal sieben, im heiligen Lande. Gedruckt zu Jerusalem im mystischen Zeitalter. 16. 841. (Bremen, Geisler.) 1/12 ₰

Fliegen, Sieben mal sieben, im heiligen Lande. Jerusalem ... [Bremen] 1841. V: *Thumsener, J. G.* (wr)

Fliegen, spanische. Illustrirtes humoristisch-satyr. Wochenblatt. Redact.: Thdr. Mundt. 1. Jahrg. 1875. 52 Nrn. (à ½ Bog. mit eingedr. Holzschn.) gr. 8. Zürich, (Kompfe.) *
Nicht weiter erschienen.

Fliegen (Die) und die Spinnen. (Aus dem „Sozialdemokrat".) Hrsg. von dem National-Exekutiv-Commitee der Sozialistischen Arbeiter-Partei. 8°. s. l. s. a.

Fliegenblätter, Münchener. Leipzig 1847. V: *Christern, Joh. Wilhelm.* (schr) (A)

Fliegenblätter, Münchener. Humoreske aus den Februartagen 1848. O. O. V: *Glassbrenner, Adolph Gg Theod.* (EB)

Fliegenblätter, münchener. Humoreske aus den Februartagen 1848. 8. (20 S. mit 1 Titlkpfr.) Leipzig 848, Jackowitz.

Fliegende, neue. Hrsg. u. Red.: Paul Heller. 29. Jahrg. 1899. 52 Nrn. gr. 4. (à ca. 8 S. m. Abbildgn.) Wien (IV, Margarethenstr. 25), Expedition. n. 12.—

Fliegende, neue. Hrsg.: Emil Eysler. 23.—26. Jahrg. 1895—1898. à 52 Nrn. (à ca. 1 Bog. m. Abb.) gr. 4. Wien (I, Sonnenfelsgasse 7), Expedition. à Jahrg. n. 12.—
Kann auch vierteljährlich bezogen werden. — Hrsg. d. 25. u. 26. Jahrg. war Paul Heller.

— dasselbe. 21. u. 22. Jahrg. 1893. 1894. à 52 Nrn. (Bog. m. Abbildgn.) gr. 4. Ebd. à Jahrg. n. 12.—

Fliegende, neue. Hrsgbr.: Berth. Spitzer. 20. Jahrg. 1892. 52 Nrn. (Bog. m. Abbildgn.) gr. 4. Wien, (Daberkow). à Jahrg. * 10 — Auch in 17 Heften à — 30
Frühere Jahrge. erschienen als Beigabe d. Humoristischen Blätter.

Fliegende, neue. Red.: Berth. Spitzer. 4. u. 5. Jahrg. 1877 u. 1878. à 52 Nrn. (B. m. eingedr. Chemigr.) gr. 4. Wien, Klič & Spitzer. à Jahrg. 10. 40

— dasselbe. Red.: Berth. Spitzer. 3. Jahrg. 1876. 52 Nrn. (B. m. eingedr. Holzschn.) gr. 4. Ebend. 10. 40; in Hftn. à — 60

— dasselbe. Red.: Abb. Platzer. 2. Jahrg. 1875. 52 Nrn. (B. m. eingedr. Holzschn.) gr. 4. Wien, Klič & Spitzer. 10. 40

Fliegende, neue. Separat-Ausg. der humorist. Blätter v. K. Klič. 1. Jahrg. 52 Nrn. (B. m. eingedr. Holzschn.) gr. 4. Wien 874. Administration der „humorist. Blätter". 10. —

Fliegende, neue, s. Blätter, neue fliegende.

Fliegende Blätter-Kalender, Münchener, für 1886—1889. 3.—6. Jahrg. 8. (à Jahrg. 112 S. mit Illustr.) München, Braun und Schneider. à Jahrg. *

Fliegende Blätter-Kalender, Münchener, f. 1890—1893. VII.—X. Jahrg. 8. (à Jahrg. 112 S. m. Abbildgn.) Münch., Braun u. Schneider. à Jahrg. * 1 —

Fliegende Blätter-Kalender, Münchener, f. 1895. XII. Jahrg. 8. (112 S. m. Abbildgn.) München, Braun & Schneider. n. 1. —

Fliegende Blätter-Kalender, Münchener, f. 1899. 16. Jahrg. 8. (112 S. m. Abb.) München, Braun & Schneider. n 1. —

Fliegende-Blätter-Kalender, Münchener, für 1903. 20. Jahrg. 8. (112 S. m. Abbildgn.) München, Braun & Schneider. n. 1. —

Fliegende-Blätter-Kalender, Münchener, f. 1907. 24. Jahrg. (112 S. m. Abbildgn.) 8. München, Braun & Schneider. n. 1. —

Fliegende Blätter-Kalender, Münchener, f. 1911. 28. Jahrg. (112 S. m. Abb.) 8. München, Braun & Schneider. 1. —

Fliegenfalle, Neuerfundene curieuse, zur gänzlicher Ausrottung der unverschämten Fliegen . . . Braunschweig 1735. V: *Brückmann, Franz Ernst.* (Ml.) (BrMm)

Fliegenschmidt, C., der Beruf des Aufsehers in d. Strafanstalten u. Gefängnissen. gr. 8. (IV, 92 S.) Leipzig 902. B. Konegen. n. 1. 80; geb. n. 2. 20

Fliegenschmidt, C., der Beruf des Aufsehers in den Strafanstalten u. Gefängnissen. 2. durchgeseh. Aufl. (98 S.) gr. 8. Leipzig 904. B. Konegen. n. 1. 80; geb. in Halbleinw. n. 2. 20

Fliegenschmidt, C., der Beruf des Oberbeamten in den Strafanstalten u. Gefängnissen. (VIII, 296 S.) 8. Marburg 907. K. Cauer. 4. —

Fliegenschmidt, C., der Sozialismus, seine Helfershelfer u. seine Bekämpfung, s. a. Sammlung theologischer und sozialer Reden u. Abhandlungen.

Fliegenschmidt, C., Der Socialismus, seine Helfershelfer und seine Bekämpfung. Ein Vortrag, geh. in der Lenne-Pastoral-Conferenz. (Sammlung theolog. u. soc. Red. u. Abhdlgen, II. Serie, 4.—6. Heft.) Leipzig 1890.

Fliegenschmidt, Max, Werde. Dichtungen. (150 S.) gr. 8. Berlin 908. Herm. Walther. Geb. in Leinw. 2. 50

Flieger, Colomb., s. Magazin f. Katholiken.

Flieger, Erdmann: Aus der Universitäts-Kinderklinik in Breslau. Ueber die Behandlung der Rhachitis mit Phosphor. *Breslau 1897: Grass, Barth & C.* (39 S.) 8°
Breslau, Med. Diss. v. 1. März 1898

Flieger, Erdmann, üb. d. Behandlg. d. Rhachitis m. Phosphor. Diss. gr. 8. (40 S.) Breslau 898. (Schletter) n.n. 1. —

FLIEGNER, Albert

Fliegner, A. Die Adhäsion der Locomotiven. Zürich 1884.

Fliegner, A. Aus- und Einströmen elastischer Flüssigkeiten bei variablen Pressungen.

Fliegner, A[lbert]. Einige Bemerkungen über die spezifischen Wärmen der elastischen Flüssigkeiten. Sonderabdruck aus Jahrg. 50. 1905 [der] Vierteljahrsschrift der Naturforschenden Gesellschaft in Zürich. II S. + S. 516—542. 8. Zürich, Zürcher & Furrer. N5180¹

Fliegner, Alb., die Bergbahn-Systeme vom Standpunkte der theoretischen Maschinenlehre, s.: Mittheilungen, technische.

Fliegner, A. Zur Beurtheilung der continuirlichen Eisenbahn-Bremsen. Zürich 1885.

Fliegner, A. Zur Beurtheilung der unterschlächtigen Wasserräder. Zürich 1894.

Fliegner, A. Zweistufige Dampfmaschinen f. möglichst gleichförm. Gang. Zürich 1893.

Fliegner, Alb., les distributions à changement de marche avec tiroir unique. Méthode exclusivement graphique destinée aux écoles techniques de tous dégrés et aux études privées. Traduit sur la 2. éd. allemande par Paul Hoffet. Avant-propos de A. Mallet. (XXIV, 190 S. m. 7 lith. Taf.) gr. 8. Zürich 903. Schulthess & Co. n. 8. —

Fliegner, A. Der Einfluss von Erweiterungen in Rohrleitungen. 1875. 4.

Fliegner, A. Der Einfluss der gegenseitigen Stellung der Kurbeln bei zweistufigen Zwillings-Lokomotiven. Zürich 1893.

Fliegner, A. Ueber den Einfluss der Zwischen-Düsen beim Locomotiven-Blaserohr. 1887.

Fliegner, A[lbert]. Über den [Rudolf] Clausius'schen Entropiesatz. [Mit Figuren.] Sonderabdruck aus Jahrg. 48 1903 [der] Vierteljahrsschrift der Naturforschenden Gesellschaft in Zürich. II + 48 S. 8. Zürich, Zürcher & Furrer.

Fliegner, A. Ergebnisse einiger Versuche über das Ausströmen der atmosphärischen Luft. Leipzig 1873. 4.

Fliegner, A. Die integrirenden Faktoren der mechanischen Wärmetheorie. Zürich 1895.

Fliegner, A. Ueber den Canalwiderstand der Voll-Turbinen. Zürich 1881.

Fliegner, A. Lokomotiv-Steuerungen mit unsymmetrischer Centralkurve. Zürich 1895.

Fliegner, A. Mittheilungen aus dem Laboratorium für theoretische Maschinenlehre am eidg. Polytechnikum. 1—5. Zürich 1884—92.

Fliegner, A. Ein neues Princip für Umsteuerungen. 1887.

Fliegner, A. Ueber das Rädergehänge. 1871. 4.

Fliegner, A. Die Reihenfolge der Kurbeln bei zweistufigen Locomotiven. Zürich 1892.

Fliegner, A. Tabelle für gesättigte Wasserdämpfe. 1874. 4.

Fliegner, A. Dynamische Theorie des Indicators. Zürich 1891.

— die Umsteuerungen der Locomotiven in rein graphischer Behandlungsweise. Mit 7 lith. Fig.-Taf. gr. 8. (VIII, 142 S.) Zürich 881. Schulthess. n. 4. 40

Fliegner, Alb., die Umsteuerungen m. dem einfachen Schieber in rein zeichnerischer Behandlungsweise. Für techn. Lehranstalten aller Grade u. zum Selbstunterricht. 2., umgearb. Aufl. der „Umsteuergn. der Lokomotiven". Mit 7 lith. Fig.-Taf. gr. 8. (167 S.) Zürich 900. Schulthess & Co. n. 5. —

Fliegner, A. Untersuchung einiger Indicatordiagramme Zürich 1888.

Fliegner, A. Versuche über das Ausströmen der atmosphaerischen Luft durch gut abgerundete Mündungen. 4.

Fliegner, A. Versuche über das Ausströmen der atmosphärischen Luft durch Mündungen in dünner Wand. 1878. 4.

Fliegner, A. Versuche mit Druck-Turbinen. 1889.

Fliegner, A. Versuche mit Gasmaschinen. 1886.

Fliegner, A. Die Napier'schen Versuche über das Ausströmen von Dampf. 4.

Fliegner, A[lbert]. Über den Wärmewert chemischer Vorgänge. [Mit 1 Figur.] Sonderabdruck aus Jahrg. 50. 1905 [der] Vierteljahrsschrift der Naturforschenden Gesellschaft in Zürich. II S. + S. 201—212. 8. Zürich, Zürcher & Furrer.

Fliegner, Ferd., Bilder aus Constantinopel. Eine Schilderung des Lebens, der Sitten und Gebräuche in dieser Hauptstadt. 8. (VIII und 310 S. mit 1 lithogr. Plane von Constantinopel in Fol.) Breslau 853. (Berlin, Stuhr'sche Sortimentsb.)

—— Militair-Verhältnisse der Türkei. Aus den Bildern aus Constantinopel. 8. (27 S.) Breslau 853. (Berlin, Stuhr'sche Sortimentsb.)

Fliegner, Ferd., die Nord- u. Ost-See, nebst genauer Angabe der Dampfschifffahrts-Course u. der bedeutendsten Handelsplätze. Fol. Lith. u. color. Breslau 848, Schulz & Co. n. 1/6 ℳ

— Plan von Wien und Umgegend. Fol. Lith. Breslau 848, Kern. 1/12 ℳ

— Königreich Polen und Freistaat Krakau. Fol. Lith. u. color. Breslau 848, Fr. Aderholz. 3 ℳ

— Special-Plan von Wien nach den neuesten Aufnahmen u. mit besond. Berücksicht. der jüngsten Ereignisse. Fol. Lith. Ebd. 848. 1/6 ℳ

Flieh Deinen Feind, Dich warnt ein Freund! Eine Stimme aus dem Volk an das Volk. 12. (24 S.) Schreiberhau 851. (Breslau, Dülfer und Geiser.)

Fliehe die Lüste der Jugend! Ein Führer auf dunklem Pfade f. unsere Jünglinge v. e. Freunde der Jugend. Mit e. Vorwort v. S. Keller. 12. (15 S.) Düsseldorf 894. C. Schaffnit. n. — 10

Fliehe die Lüste d. Jugend! E. Führer auf dunklem Pfade f. uns. Jünglinge v. e. Freunde d. Jugend. M. e. Vorwort v. S. Keller. 4. Aufl. (16.—20. Taus.) gr. 16. (15 S.) Düsseldorf 898. C. Schaffnit. n. — 10

Fliehe die Lüste der Jugend, 6. Aufl., s.: **Lepsen, Joh.**

Fliehet aus Babel! Zeugnis e. Laien wider die bayerisch-protestantische Landeskirche. gr. 8. (IV, 148 S.) St. Louis, Mo. 876. (Dresden, Naumann.) n. 1. 50

Fliehet aus Babel. Merkwürdiger Brief e. adel. Dame, der Frau v. Reibnitz aus Schlesien. Hrsg. v. dem Deutsch-amerikan. evangel.-luther. Traktat-Verein. (Abdr. f. Deutschland.) 2. Aufl. 12. (24 S.) Zwickau 889. (Schriften-Verein.) n. — 10

Flierdl, Joan. Joseph. (geb. Kempen im Rheinl.): Quaedam de trepanatione. Berolini (1844). (20 S.) 8°
Berlin, Med. Diss. v. 13. Mai 1844

FLIERL, Christian Theodor (Sulzbach): De mania puerperarum.- Monachii: Giesser 1836. 16 S.
18.11.1834 - Urk; P 61
Diss. Ingolst.-Landsh.-Mchn.

Flierl, Hans, Rechtsprakt.: Die zivilrechtliche Haftung der Presse auf Grund des § 676 BGB. Borna-Leipzig 1908: Noske. VIII, 40 S. 8°
Erlangen, Jur. Diss. v. 14. Dez. 1908, Ref. Oertmann
[Geb. 19. Okt. 85 Forchheim; Wohnort: Schweinfurt; Staatsangeh.: Bayern; Vorbildung: Gymn. Schweinfurt Reife 03; Studium: Erlangen 6, Berlin 1, München 1 S.; Rig. 9. Juli 08.] [U 09. 679

Gedenkblatt der Neuendettelsauer Heidenmission in Queensland und Neu-Guinea. (Mit vielen Bildern nebst Erkl. im Anh.) Von Missionssenior Joh. **Flierl**. Tanunda: Selbstverl. 1909. 103 S. 8° [cs. 1907 4

Flierl, Joh., Gedenkblatt der Neuendettelsauer Heidenmission in Queensland u. Neu-Guinea. (1885—1910.) 2., verb. Aufl. m. Bildern (auf Taf.) u. 1 (farb.) Karte. (95 S.) 8. Neuendettelsau 910. (Buchh. der Diakonissen-Anstalt). nn 1. —

— 30 Jahre Missionsarbeit in Wüsten u. Wildnissen. (135 S. m. 12 Taf.) 8. Ebd. 910. nn — 80

Wie ich Missionar wurde und meinen Weg nach Australien und Deutsch-Neuguinea fand. Von Johann **Flierl**. 2. Aufl. Neuendettelsau: Missionshaus 1910. 32 S. 8°
Aus: Flierl: Führungen Gottes.
(Missionshaus Neuendettelsau. Schriften. Nr 13.) [10. 1170

Flierle, J., s.: **Lesebuch, deutsches, f. bayer. Mittelschulen.**

Flierle, Joseph: Ueber Nachahmungen des Demosthenes, Thucydides und Xenophon in den Reden der Romischen Archaologie des Dionysius von Halicarnass. München, akad. Buchdr. v. F. Straub, 1890; 85 S. 8°
München, k. Ludwigs-G, P 1890.

Flierle, Jos., über Nachahmungen des Demosthenes, Thucydides u. Xenophon in d. Reden der römischen Archaeologie d. Dionysius von Halicarnass. gr. 8. (85 S.) Leipzig 890. Fock. n. 1. 20

Flies, Aemil. (geb. Posen 20. 8. 1832): De degeneratione et regeneratione nervorum nec non de vi gangliorum trophica. Berolini (1858). (32 S.) 8°
Berlin, Med. Diss. v. 28. Aug. 1858

Flies, E. L., kurzgefaßte Mittheilung e. sichern Behandlungsart d. Cholera, nach vielfältig darüber gemachten Erfahrungen 8. (¼ B.) Berlin 831, Mittler.

FLIES, Heinrich Ernst

Flies, H. E., s. Andral, G., medicin. Klinik. — Dupuytren, G., Vorträge über chirurg. Klinik.

Flies, H. E., s. 1) J. B. Brachet, prakt. Untersuchungen. 2) Colombat de L'Isère, Orthophonie. 3) F. Duparcque, Abhandlung über die krebshaften Veränderungen der Gebärmütter. 4) Sabatier, J. C., die Gesetze der Ableitung.

— Münz-Zustände. gr. 8. Altona 838. Aue. n. $^{11}/_{12}$ ℔

Flies, Ludovicus: Dissertatio ... sistens sanguinis profluviorum disquisitionem generaliorem. [Vratislaviae] (1815.) (34 S.) 8° (*Praeses: Ernst Daniel August Bartels.*)
Breslau, Med. Diss. v. 31. Okt. 1815

Fliescher, Joh. Heinr., tetanisirende Gifte und ihr Antidot. Inaugural-Dissertation. 8. (30 S.) Göttingen 877, (Vandenhoeck und Ruprecht's Verlag.) *

Fliesen, K., Grundzüge der freien Perspektive, — die geometrische Perspektive, — die orthogonale u. perspektivische Schatten-Konstruktion, } s.: Taschenbibliothek, deutsche bautechnische.

Fliess, Bernhard: Katalog der Schülerbibliothek des Gymnasiums mit Realschule in Aschersleben. (Aschersleben 1907: A. Felix.) (V, 130 S.) 8° [F.]
Aschersleben, G u. R OP 1907 (286)

Fließ, Erich, Bob, Bill & Johny, s.: Gabelsberger-Bibliothek. 22. Bd.

Fließ, Erich, der Herr Collega, s. a. Bibliothek, naturalistische.

[Ant. u. F.] Erich Fliess. Der Herr Collega. 2. Aufl. *Berlin: H. Steinitz [1898].* (144 S.) 1 Bd 8.
— Bibliothek, Naturalistische. Bd 18. [98. 3107

— d. drei Erinnyen. Illustr. v. E. Zimmer. 1.—3. Taus. 12. (127 S.) [Berlin 896. R. Eckstein Nachf.] Leipzig, G. Müller-Mann. n. 1.—

Im falschen Geleise. Roman von Erich Fließ. *Berlin: R. Eckstein Nachf. [1902].* (165 S.) 8° [F. u. Ant.] [02. 3043

Fliess, Erich, im falschen Geleise. Roman. 3. Aufl. schmal gr. 8. (S. 9—165.) Berlin 902. R. Eckstein Nachf. n. 2.—; geb. n. 3.—

— Liebesmarkt u. andere Novellen, s.: Eckstein's humoristische Bibliothek. Nr. 103.

Fließ, Erich: Der Lump, s. Eckstein's humorist. Bibliothek.

Fließ, Erich, Miasmen. Roman. 8. (301 S.) Berlin 893. F. Fontane & Co. n. 3. 50; geb. n. 5.—

Fließ, Erich: Minnedienst, s. Eckstein's humorist. Bibliothek.

— Postillon d'amour u. and. Geschichten. 8. (III, 164 S.) Berlin 898. Freund & Jeckel. n. 2.—

Fließ, Erich, der Proboszcz, s. a. Hesse's, Max, Volksbücherei.

— der Proboszcz. Eine Geschichte aus d. Osten d. deutschen Reichs. Illustr. v. E. Zimmer. 1.—3. Taus. schmal 12. (156 S.) [Berlin 897. R. Eckstein Nachf.] Leipzig, G. Müller-Mann. n. 1.—

— die Frau Professor. Roman. (200 S.) 8. Berlin (902). H. Steinitz. n. 2.—

— außer Reih u. Glied, s.: Universal-Bibliothek.

— Säbel verhängt, s.: Eckstein's Reisebibliothek.

Fließ, Erich, Zal Mawet. [Schatten d. Todes.] Zwei Geschichten aus dem Osten d. Deutschen Reichs. 8. (VII, 275 S.) Leipzig 890. Friedrich. n. 3.—

Fliess, Hugo: Strictur des Oesophagus und Narbenbildung im Magen nach Schwefelsäurevergiftung. *Würzburg 1897: Becker.* (35 S.) 8°
Würzburg, Med. Diss. v. 1897

Fliess, Julius (geb. Mühlingen in Anh. 13. 5. 1827): De meningitide tuberculosa infantum. Berolini (1851). (31 S.) 8°
Berlin, Med. Diss. v. 10. März 1851

Fliess, Julius, Referendar in Labes i. Pom.: Rechtskraft der Naturalisationsurkunde nach deutschem Reichsrecht. Greifswald 1906: F. W. Kunike. (39 S.) 8°
Greifswald, Jur. Fak., Ref. Stoerk, Diss. v. 6. Okt. 1906
[Geb. 17. Dez. 84 Stargard i. Pomm.; Wohnort: Labes; Staatsangeh.: Preußen; Vorbildung: Gymn. Stargard Reife O. 03; Studium: Freiburg i. B. 1, Berlin 1, Bonn 2, Greifswald 2 S.; Rig. 21. Juni 06.]

Fliess, Julius: Die Verpflichtung der Handlungsgehilfen zur Wahrung von Geschäftsgeheimnissen. *Berlin 1898: W. Pils.* (52 S.) 8°
Erlangen, Jur. Diss. v. 22. Juni 1898

Fliess, Jul., d. Verpflichtung d. Handlungsgehilfen zur Wahrg. v. Geschäftsgeheimnissen. gr. 8. (52 S.) Berlin 898. Struppe & Winckler. n. 1. 20

Fließ, Mart., d. Husaren d. Frau Majorin u. and. Geschichten. 8. (72 S.) Berlin 895. Deutsche Schriftsteller-Genossenschaft. n. 1.—

Martin Fliess. Die Husaren der Frau Majorin und andere Geschichten. 2. Aufl. *Berlin: E. Baum 1897.* (71 S.) 8° [99. 10506 11

— Münchhausen, s.: Schnitzer, Manuel.

Fließ, Walt., die Frauenkrankheiten u. naturgemäße Behandlung derselben. Mit 2 Abbildgn. nach Heitzmann-Valentin. 12. (93 S.) Hamburg (897). (Leipzig, W. Schönfelder.) n. —50

— die Geschlechtskrankheiten u. die naturgemäße rationelle Behandlung derselben. 12. (III, 90 S.) Ebd. (897). n. —50

Fließ, Walt., Kräuter-Apotheke. Ein Beitrag zum „Heilsystem Glünicke". 12. (XVI, 75 S.) Friedrichshagen-Berlin (896). (Leipzig, W. Schönfelder.) n. 1. 50

— die Magen- u. Darmkrankheiten u. naturgemäße Behandlung derselben. 12. (III, 83 S.) Hamburg (897). Ebd. n. —50

— die Wasser-Anwendungen. Eine kurze Anleitg. u. Belehrg. üb. die verschiedensten Anwendungsformen des Wassers. 12. (III, 54 S. m. 1 Abbildg.) Ebd. (897). n. —50

Fliess, Wilh., der Ablauf des Lebens. Grundlegung zur exakten Biologie. (VIII, 584 S.) Lex.-8. Wien 906. F. Deuticke. n. 18.—

Fliess, Wilh., neue Beiträge zur Klinik u. Therapie der nasalen Reflexneurose. gr. 8. (IV, 79 S.) Wien 893. F. Deuticke. n. 2. 50

Fliess, Wilh., d. Beziehgn. zwischen Nase u. weibl. Geschlechtsorganen. In ihrer biolog. Bedeutg. dargest. gr. 8. (VIII, 237 S.) Wien 897. F. Deuticke. n. 5. 50

Fliess, Wilh., vom Leben u. vom Tod. Biologische Vorträge. (VIII, 109 S.) 8. Jena 909. E. Diederichs. 2.—; geb. 3.—

Fliess, Wilh. (geb. Arnswalde 24. 10. 1858): Das Piperidin als anaestheticum und die Beziehung desselben zu seinem Homologon Coniin. Leipzig: Veit & Comp. 1883. (24 S.) 8° ¶ Aus: Archiv für Anatomie u. Physiol. Jg 1883. Physiolog. Abth.
Berlin, Med. Diss. v. 19. Apr. 1883

Fliess, Wilh., in eigener Sache. Gegen Otto Weininger u. Hermann Swoboda. (47 S.) gr. 8. Berlin 906. E. Goldschmidt. n. 1.—

Fliess, Wilh., über den ursächlichen Zusammenhang v. Nase u. Geschlechtsorgan. Zugleich e. Beitr. z. Nervenphysiologie. gr. 8. (24 S.) Halle 902. C. Marhold. n. —60

— Über den ursächlichen Zusammenhang v. Nase u. Geschlechtsorgan. Zugleich e. Beitrag zur Nervenphysiologie. 2. verm. Aufl. (60 S.) gr. 8. Halle 910. C. Marhold. 1.50

Fliessbach, Chr. Ferd., Formation d. Franz. Zeitwörter, nach e. neuen Systeme d. Ableitung. 2., völlig umgearb. Aufl. in 6 lith. Tab. gr. Fol. Grimma 831. (Leipzig, Kayser.)

Fliessbach, Christ. Ferd., Formation d. Verbes Français sur un système nouveau de dérivation. — X. u. d. T.: Formation d. französ. Zeitwörter nach e. neuen Systeme d. Ableitung. 3., verb. Aufl., verm. durch e. Anh., enth.: 1. Form, Gebr. u. Stell. d. Pronoms personnels conjoints. 2. Form u. Gebr. d. Pronoms personnels absolus. 3. Gebr. d. Temps. gr. 8. (6 B. u. 1 Tab.) Leipzig 840, Kollmann.

Fliessbach, Chrn. Ferd., Formation des verbes français sur un système nouveau de dérivation. · Formation der französischen Zeitwörter nach einem neuen Systeme der Ableitung. 4., verb. (Titel-)Aufl., vermehrt durch einen Anhang. gr. 8. (XII und 79 S.) Leipzig (840)59, Kollmann. *-

Fließbach, Chrn. Ferd., Heilmittel gegen einen Krebsschaden der deutschen Literatur. Erläuternde Bemerkungen über die deutschen Wörter von zweifelhafter Schreibart, den Schriftstellern zur Prüfung, den Schriftsetzern zur Beachtung empfohlen. 8. (VIII und 54 S.) Leipzig 849, (Kollmann.) Thlr.

—— Heilmittel gegen einen Krebsschaden der deutschen Literatur. Alphabetisches Verzeichniß der deutschen Wörter von zweifelhafter Schreibart, den Schriftsetzern zur Beachtung empfohlen. 8. (VIII und 22 S.) Leipzig 849, (Kollmann.)
Besonderer Abdruck aus der vorhergehenden Schrift.

— s. Lesages oeuvres choisies.

— trois tables des Verbes français. Fol. Lpz. 827. (Hartmann). 12 Gr.

Fließbach, Chr. Fr., s. Zitz-Hulein, Kathinka, Dictionnaire des Gallicismes.

Fliessbach, Ferd., l'écho de Paris. Eine Sammlung französischer Redensarten, welche im geselligen Leben vorkommen und die man täglich hören kann, wenn man in Frankreich lebt. Mit einem vollständ. französisch-deutschen Wörterbuche über die Wörter, Spracheigenheiten und Sprüchwörter, welche in diesem Werke vorkommen. Zum Schulgebrauch und Selbstunterricht. 25., und 26. der 25. gleichlaut. Aufl. 8. (269 S.) Leipzig 887,88, Dyk'sche Buchh. geb. *

Fliessbach, Ferd., l'écho de Paris. Eine Sammlung französ. Redensarten. Mit e. vollständ. französisch-deutschen Verzeichnisse der Wörter, Spracheigenheiten u. Sprüchwörter, welche in diesem Werke vorkommen. 28. Aufl. Durchgesehen u. verb. durch C. F. Dónorvaud. 8. (260 S.) Leipzig 891. Dyk. Geb. in Leinw. n. 2.—

Fliessbach, Ferd., l'écho de Paris. Sammlg. französ. Redensarten, welche im gesell. Leben vorkommen u. die man täglich hören kann, wenn man in Frankreich lebt. M. vollständ. französ.-deutschen Verzeichnisse d. Wörter, Spracheigenheiten u. Sprüchwörter, welche in diesem Werke vorkommen. Z. Schulgebr. u. Selbstunterr. Durchges. u. verb. v. C. F. Dónorvaud. 29., d. 28. gleichlaut. Aufl. 8. (VII, 260 S.) Leipzig 896. Dyk. Geb. in Leinw. n. 2.—

Fliessbach, F., Münzsammlung, s. Münzsammlung.

Fliessbach, F. Münzsammlung, enthaltend die wichtigsten seit dem Westphälischen Frieden bis zum Jahre 1800 geprägten Gold- und Silber-Münzen sämmtlicher Länder und Städte. Mit geographischen, geschichtlichen, statistischen, heraldischen und numismatischen Erläuterungen. Leipzig 1853.

Fliessbach, Ferd., Münzsammlung der wichtigsten seit dem Westphälischen Frieden bis zum Jahre 1800 geprägten Gold- u. Silber-Münzen sämmtlicher Länder u. Städte. Mit geograph., geschichtl., statist., herald. und numismat. Erläuterungen. (2. Aufl.) Mit 120 (lith.) Taf. Abbildgn. Leipzig 855. E. Schäfer. Lex.-8. (464 S.) n. 6 ₰ 20 ngr

FLIETH, Adolf

— u. G. Winter, praktisches kaufmännisches Rechnen. Zum Gebrauch an Fortbildungs- u. Haushaltungsschulen sowie an gewerbl. Anstalten bearb. 2 Hefte. (à 88 S.) 8. Leipzig 906. F. Hirt & Sohn. à n.n. — 65

— u. G. Winter, praktisches kaufmännisches Rechnen zum Gebrauch an kaufmännisch. Fortbildungsschulen u. ähnlichen Anstalten. I. Heft. 2. Aufl. (89 S.) 8. Leipzig (910). F. Hirt & Sohn. — 75

— — dasselbe. Auflösungsheft I u. II. (48 u. 28 S.) 8. Ebd. 907. à 1.—

Flieth, A., Schreibhefte f. Fortbildungsschulen. Für die kaufmänn. Praxis hrsg. 1. Heft. (48 S.) Lex.-8. Wittenberg (906). R. Herrosé. n.n. — 45

Flieth, A., Schreibhefte f. Fortbildungsschulen. Für die kaufmänn. Praxis hrsg. 1. Heft. 2. Aufl. u. 2. Heft. (à 48 S.) Lex. 8. Wittenberg (909. 07.) R. Herrosé. à nn — 45

Fligely, August von, k. k. Generalmajor, Director des k. k. militärisch-geographischen Institutes etc. Organisation und Fortschritt der militärisch kartographischen Arbeiten in Österreich. Zusammengestellt vom Herrn k. k. Rath A. Steinhauser. Aus den der k. k. geographischen Gesellschaft übergebenen Mitteilungen des Herrn..... Separat-Abdruck aus den „Mitteilungen der k. k. Geographischen Gesellschaft." III. Jahrg. 1. Heft, Seite 1. (Donation Liechtenstein.) 8. Wien 1851.

Fligier, [Cornelius]: *Beiträge zur Ethnographie Kleinasiens und der Balkanhalbinsel. 84 S. 8° (4°)
Halle-Wittenberg, Phil. Diss. v. 20. März 1875
Geb. [Mlynkowo (Kr. Obornik, Posen) 16. 8. 1849]
Im Buchhandel Breslau: Friedrich 1875. 32 S. 8°

Fligier, Beiträge zur Ethnographie Kleinasiens u. der Balkanhalbinsel. Eine ethnograph. Studie. gr. 8. (32 S.) Breslau 875. Friedrich. n. 1. —

Fligier, Cornelius Beiträge zur vorhistorischen Völkerkunde Europas. 27 S. 8. Progr. G. Czernowitz 1876.

Fligier, Beiträge zur vorhistorischen Völkerkunde Europas. gr. 8. (28 S.) Czernowitz 876. Szegierski in Comm. n. 1. —

—— ethnologische Entdeckungen im Rhodope-Gebirge. gr. 8. (34 S.) Wien 879, (Stern.) *
Aus: Mittheilungen der anthropologischen Gesellschaft in Wien, besonders abgedruckt.

Fligier, neuere ethnologische Entdeckungen auf der Balkanhalbinsel. gr. 8. (28 S.) Wien 880, (C. Helf's Antiq. und Sortiment.) *

Aus: Mittheilungen der anthropologischen Gesellschaft in Wien, besonders abgedruckt.

— zur praehistorischen Ethnologie der Balkanhalbinsel. gr.8. (V, 66 S.) Wien 877. Hölder. n. 1. 60

Fligier, Kornelius: Zur prähistorischen Ethnologie der Balkanhalbinsel. ([S.-A.] Mittheilungen der Anthropologischen Gesellschaft in Wien. Bd. 6.) Wien 1877. (IV), 66 S. 8°. [F 7108

— zur praehistorischen Ethnologie Italiens. gr. 8. (35 S.) Ebend. 877. n. 1. 20

—— die Urzeit von Hellas und Italien. Ethnologische Forschungen. gr. 4. (VIII, 50 S.) Braunschweig 881, Vieweg und Sohn. *

Aus: Archiv für Anthropologie, besonders abgedruckt.

Fligg, Franz Johann, prakt. Tierarzt zu Braunsberg: Aus d. hygien. Institut d. Tierärztl. Hochschule zu Gießen (Umschlag: Berlin). Leiter: Prof. Ostertag. Ueber den Wert der Lymphdrüsenquetschung nach Bloch und der intramammären Infektion für die Schnelldiagnose der Tuberkulose bei Meerschweincheninpfung. Braunsberg 1908: Ermländische Zeitungs- u. Verlagsdruckerei. (68 S.) 8°

Gießen, Veterinär-Med. Koll., Ref. Olt, Diss. v. 6. Mai 1908

[Geb. 24. Juni 81 Clawsdorf (Reg.-Bez. Allenstein); Wohnort: Braunsberg (Ostpr.); Staatsangeh.: Preußen; Vorbildung: Gymn. Roessel Reife O. 03; Studium: Tierärztl. Hochsch. München 3, Berlin 4 S.; Rig. 16. März 08.]

Flimm, Wilhelm [aus Köln am Rhein, Assist. am chem. Univ.-Laborat. zu Giessen]: Ueber einige aus bromirtem Acetylbromid dargestellte aromatische Acetamidoverbindungen und daraus erhaltene Umsetzungen. . . . Aachen, Druck v. F. N. Palm, 1888: 35 S. 8°

Erlangen. Phil. Fak., Inaug.-Diss. v. 1888

Flimmer, Rich., über Dampfkesselzerstörungen und deren Verhütung. Eine Sammlung pract. Erfahrungen als Leitfaden beim Bau, Anlage und Betrieb von Dampfkesseln. Für Kesselfabrikanten und -Besitzer, Ingenieure, Werkführer und Kesselwärter. gr. 8. (IV, 148 S. mit 4 autogr. Taf.) Leipzig 884, Baumgärtner's Buchh. *

—— über rauchfreie Verbrennung. Eine leichtverständl. Darstellung der wichtigsten Principien zur Erzielung einer rauchfreien Verbrennung, sowie der besonderen Einrichtungen rauchfreier Feuerungsanlagen. Für Dampfkesselbesitzer, Betriebsleiter, Ingenieure, Werkmeister, Heizer etc., sowie zum Gebrauche für Studirende techn. Lehranstalten. gr. 8. (32 S. mit 2 autogr. Taf.) Ebendas. 883. *

Flinder, Matthew., Reise nach dem Austral-Lande, s. Bibliothek, neue, d. wichtigsten Reisebeschreibungen, 6r Bd.

Flindt, Emil: Über den Einfluss der englischen Litteratur auf die deutsche des 18. Jahrhunderts. E. Beigabe z. deutschen Unterricht. Charlottenburg, Druck v. A. Gertz, 1897; 20 S. 4.
Charlottenburg, st. RG, OP 1897 (100)

Flindt, Henry, the book of versions, or guide to english translation and construction. To which are addet the principal grammatical rules and topics for juvenile letter writing. gr. 8. Stuttgart 841, Beck and Frankel. 7/8 ₰

Flindt, Henry, the book of versions, or guide to english translation and construction. To which are added the principal grammatical rules and topics for juvenile letter writing. New edition. (Titel-Ausg.) gr. 8. (244 S.) Stuttgart (841)59, [Cammerer.]

— Familiar Dialogues in English and German etc. A. u. d. T.: leichte Gespräche, Englisch u. Deutsch, für Schulen und zum Privatunterricht. gr. 8. Stuttgart 833. Metzler. 5/12 ₰

Flindt, Henry, familiar dialogues in english and german. Leichte englisch-deutsche Gespräche für Schulen und zum Selbst-Unterricht. 2. Ausg. gr. 8. (191 S.) Stuttgart 847, Metzler'sche Buchh.

Flindt, Henry, the Hive of Literature, or miscellaneous pieces, selected from the best english writers, and disposed under proper heads, with a view to facilitate he improvement of youth, in reading and speaking of english. To which is added a Dictionary. With a preface by E. v. Münch etc. 8. Stuttgart 840. Hallberger. 1⅓ ₰

Flindt, H., the English Reader: being a Collection of pieces in prose, selected from the best writers etc. Neuestes engl. Lesebuch, enthaltend: Ausgewählte Lesestücke aus d. besten engl. Schriftstellern, sowohl für Schulen als auch zum Privatunterricht. 8. Stutta. 833 (832). Hoffmann. 21 gl.

FLINDT, Paul

Flindt, P., s. Entwürfe zu Gefässen und Motiven für Goldschmiedearbeiten.

Flindt's, des berühmten Nürnberger Kupferstechers u. Goldschmiedes der Hoch-Renaissance Paul, Meister-Entwürfe zu Gefässen u. Motiven f. Goldschmiedearbeiten. 83 Taf. in Lichtdr. nach Orig.-Blättern in Punzmanier. Neue [Titel-]Ausg. Fol. Leipzig [888] 905. K. W. Hiersemann. In Leinw.-Mappe n. 20. —

Flindt, W., das Kaiser Friedrich-Denkmal in Wiesbaden. Geschichte d. Denkmals m. e. Abb. desselben, d. Lageplan d. Denkmalplatzes u. d. Verzeichn. d. Beiträge. Lex.-8. (50 S.) Wiesbaden 897. R. Bechtold & Co. n. 1. —

Flindt, Wilh., der Kurhaus-Neubau. Betrachtungen zur Beurtheilg. u. Lösg. dieser Frage. gr. 8. (15 S. m. 1 Taf.) Wiesbaden 900. (Moritz & Münzel.) n. — 80

Fling, Fred Morrow [Portland, Me., U. S. A.]: Mirabeau and the French constitution in the Years 1789 and 1790 . . . Ithaca, N. Y., press of the Journ. Job printing house, 1891; 68 S., 1 Bl. 8°
Leipzig, Phil. Fak., Inaug.-Diss. v. [27. Apr.] 1891

Flink, Maria, die kleine Gemüsegärtnerin, s. Metzger.

Flink, Maria, die kleine Gemüsegärtnerin, oder gründl. Belehrung in dem Gemüsebau (von Joh. Metzger). Neue Ausg. 16. (175 S.) Frankfurt a. M. 847, Brönner. n. ¼ ₰

Flink, Marie, die kleine Gemüsegärtnerin, oder gründliche Belehrung in dem Gemüsebau. Vom Verf. des „Karl Will, der kleine Obstzüchter" (Joh. Metzger). Neue Ausg. 12. (XI und 175 S. mit eingedr. Holzschn. und 1 Holzschnt.) Frankfurt a. M. 856, Brönner. *

— die perfecte Köchinn. Ein Kochbuch einfach, deutlich u. bewährt. gr. 16. (XVI u. 192 S.) Heidelberg 849, Jacobi. n. ⅓ ₰ — 2. verb. u. verm. Aufl. Mit 1 (color.) Titelkpfr. gr. 16. (XXX u. 256 S.) Heidelberg 850. (Dillenburg, Pagenstecher.) n. ½ ₰

— die perfecte Köchin. Ein Kochbuch einfach, deutlich und bewährt. 3. viel verb. u. verm. Aufl. Mit 1 Titelkpfr. Dillenburg 854. Jacobi. gr. 16. (XXXIX, 302 S.) 12 ngl

Flink, Carl Otto; s. Flink, Karl Otto.

FLINK, Johann

Flink, J., und C. Pfaff, geometrischer Anschauungs- Berechnungs- und Darstellungsunterricht. Für Schullehrerseminar-Zöglinge, sowie für Lehrer an Volks- und niedern Gewerbeschulen. 2 Thle. Freiburg im Br. 867, Herder'sche Verlagsh. cart. *

Inhalt:

Thl. 1. Geometrischer Anschauungsunterricht, oder die Lehre von den Raumformen (Formenlehre), zugleich als Grundlage für einen geordneten Zeichenunterricht. Für Schulen und zum Selbstunterrichte bearb. von Joh. Flink. 2., verb. Aufl. 8. (XII und 71 S. mit 6 Stnt. in qu. 4., enth. 273 Fig.) * 15 Ngr.

2. Geometrischer Berechnungsunterricht nebst einer ausführlichen Anleitung zum Feldmessen und Nivelliren. Bearb. von C. Pfaff. 2., verb. Aufl. 12. (XVI und 232 S. mit 4 lithogr. Fig.-Taf. in qu. 4.) * 1 Thlr. 4 Ngr.

Flink, Joh., und E. Pfaff, geometrischer Anschauungs-, Berechnungs- und Darstellungs-Unterricht für Schullehrerseminar-Zöglinge, für Lehrer an Volks- und Gewerbschulen, sowie zum Selbstunterrichte. 3. Thl. A. u. d. T.: Geometrischer Darstellungs-Unterricht oder Anleitung zum geometrischen Zeichnen, bearb. von Joh. Flink. 2. Aufl. (VII, 96 S. mit einem Atlas von 12 lithogr. Taf. in qu. Fol., enth. 206 Figuren.) Meersburg 871, und 3. Aufl. gr. 8. (VIII, 101 S. mit einem Atlas von 13 lithogr. Taf. in qu. Fol., enth. 224 Fig.) Freiburg im Br. 874, Herder'sche Verlagsh. *
1. und 2. Thl. Ebendas. 1867. *M 4,80.

— und E. Pfaff, Aufgaben zum geometrischen Berechnungsunterricht für Schüler an Volks- und Fortbildungsschulen, sowie an höheren Bürger- und Gewerbeschulen. 3. und 4. Aufl. 1868,72; 5., nach den metr. Maßen umgerechnete Aufl. gr. 8. (IV, 44 S.) Freiburg i. Br. 875, Herder'sche Verlagsh. *

— u. E. Pfaff, Aufgaben zum geometrischen Berechnungs-Unterricht für Schüler an Präparanden-Anstalten, höhern Bürger-, Gewerbe- u. landwirthschaftlichen Schulen, sowie an Fortbildungs- u. Volksschulen. 6., nach den offiziellen abgekürzten Bezeichnungen der metrischen Maße umgearb. Aufl. gr. 8. (IV, 48 S.) Tauberbischofsheim 882. Lang. n. — 60; Ausg. m. den Resultaten (IV, 52 S.) n. 1. —

Flink, Joh., die Naturlehre in der Volksschule. Als Erklärung zu den Zeichnungen aus der Naturlehre in Fr. Quick's 6. Zeichenhefte hrsg. 8. (36 S.) Warburg 879. Quick. n. — 15

FLINK, Karl Otto

Flink, Carl Otto, Schopenhauers Seelenwanderungslehre u. ihre Quellen, s.a. Studien, Berner, zur Philosophie u. ihrer Geschichte. 49.

Flink, Carl Otto. Schopenhauers Seelenwanderungslehre und ihre Quellen. IV + 106 S. 8. Bern, Scheitlin, Spring & Cie., 1906.
Ausg. A: Diss. Phil. Bern ... von C' O' F'....
Ausg. B: Von Dr. C' O' F'.... [fr. 1.50.] — Berner Studien zur Philosophie und ihrer Geschichte.... Band 49.

Flink, Katharina M., Erweckungs-Lieder. 16. (55 S.) Emden 885, Gerhard. *

Flink, Petrus Jos. (geb. am 11 Juni 1823 in Flamersheim Kr. Rheinbach): De rabie plantivororum ... Bonnae, typ. C. & F. Krüger 1848. 2 Bl., 26 S., 1 Bl. 8.
Bonn, Med. Fak., Diss. v. 3 Mai 1848

Flinois, Kath., geb. Lotter, der gefundene Edelstein oder das Kostbarste für Geist und Herz in geistl. Betrachtungen von einer frommen Seele in der Einsamkeit. 3 Thle. in 1 Bd. 8. (477 S.) Freysing 850. (Landshut, Krüll'sche Universitäts-Buchh.)

Flinois, Catharina, s. Fénélon, Frz., Erbauungsbuch.

Flinsberg [Schlagwort]

— s. a.: Preussen. Messtischblätter.

Flinsberg. Patschovsky, Wilh., Spezialkarte v. Bad Flinsberg u. Bad Schwarzbach im Isergebirge, preuss. Schlesien. 1:12,500. 49×56 cm. Farbdr. Mit Sachregister. (4 S.) kl. 8. Schweidnitz (909). G. Brieger. — 40

Flinsch, Alex., s.: Oprawil, Alex. F.

Flint, Hr. Nikolaus, Förster z. St. Blasius an d. Elbe, nebst seinen Gevattern an d. Saale; ein Muhmen-, Pathen- und Hochzeitgesch. m. K. 8. Jena. (Fr. Bruder in Commiss. in L.) 804.

Flint, die merkwürdigsten englischen Criminalgeschichten, s.: Bibliothek, Europäische, 690—693. Bd.

Flint, Edward Rawson [aus Boston '(Massachusetts U. S. A)']: I. Ueber die Bestimmung der Pentosen und Pentosane in Vegetabilien. II. Ueber Oxycellulose. III. Ueber Bornesit ... Göttingen, Buchdr. v. L. Hofer, 1892; 56 S., 1 Bl. 8.
Göttingen, Phil. Fak., Inaug.-Diss. v. [28. Juni] 1892

Flint, Edward Rawson, üb. die Bestimmung der Pentosen u. Pentosane in Vegetabilien. — Ueber Oxycellulose. — Ueber Bornesit. Diss. gr. 8. (56 S.) Göttingen 892. (Vandenhoeck & Ruprecht.) n. 1. 10

FLINT, S.

— es reiten drei Reiter zum Thore hinaus! Verse von E. Wolff. (Ausgestanzt.) 4. (14 S. m. farb. Bildern.) Ebd. 889. n. — 75

Flint, S., u. And., das Puppenhaus. Reime v. Helene Krüger. (Ausgestanzt.) 4. (16 S. mit farb. Bildern.) München 889. Stroefer. n. — 75

Flintberg, J. A., schwed. Seerecht. m. Anmerk. aus dem Schwed. ü. 4. od. gr. 8. Greifsw. Röhs. 796.

Flintberg, Jak. Albr., schwedisches Seerecht, mit Anmerkk. aus d. Schwed. v. E. F. Pagemeister. 4. Greifsw. 796. (Knobloch in Leipz.) 2 ℛ

Flinte, die, oder Beschreibung aller Theile des Schießgewehrs, sammt einer Anweisung solches zu putzen und mit Vorsicht zu behandeln. 8. Fürth, Korn. 817.

... Flintenstein, Der nur in so wenig Ländern von der Natur herfürgebrachte, wahrhafte. München 1796. 8.

Flinterhoff, Fritz, eine Fahrt nach Kevelaer. (45 S.) 16. Münster 909. Alphonsus-Buchh. — 20

Flintzer, Arno [app. Arzt aus Weimar]: Aus d. Augenklinik zu Jena. Beitrag zur Kenntniss der retrobulbären Neuritis ... Weimar, Druck v. R. Wagner Sohn, 1897; 26 S., 1 Bl. 8.
Jena, Med. Fak., Inaug.-Diss. v. [31. März] 1897

Flintzer, H., s.: Festalbum.

Flintzer, Richard [pr. Arzt in Erfurt]: Über die Kreosot-Behandlung der Phthise ... Jena, Druck v. A. Kämpfe, 1893; 54 S., 1 Bl. 8.
Jena, Med. Fak., Inaug.-Diss. v. [21. Aug.] 1893

Flinzer, Aug., der Altertümler. Komödie in 4 Aufzügen. (93 S.) 8. Leipzig-Gohlis 910. B. Volger. 2. —

Flinzer, Ernst, Assistent am Pathologischen Institut der Kgl. Universität zu Halle a. S., a. Reddeber: Zur Kenntnis der Cystenleber und Cystenniere. Halle a. S. 1906: C. A. Kaemmerer & Co. (42 S.) 8°
Halle, Med. Fak., Ref. Eberth, Diss. v. 24. Dez. 1906
[Geb. 14. Jan. 80 Reddeber (Grafschaft Wernigerode); Wohnort: Halle a. S.; Staatsangeh.: Preußen; Vorbildung: Gymn. Wernigerode Reife O. 00; Studium: Göttingen 5, Halle 6 S.; Coll. 21. Dez. 06; Approb. 9. Apr. 06.]

FLINZER, Fedor

— 12 (lithogr. und ill.) fromme Bilder für die liebe katholische Jugend. qu. 4. Meißen 855, Goedsche'sche Buchh. *

[illegible], F., Chemnitzer Bilderbuch für Kinder und Kinderfreunde. Chemnitz 862. Focke. qu. 4. (10 lith. Taf. in Farbendr.) 27 ngr.

Flinzer, Fedor, historische Bildertafeln. Anschauungsbilder für den Geschichts-Unterricht. Mit einer Einleitung und erläut. Texte von Frz. Pfalz und Herm. Osc. Zimmermann. 1. Lfg. Imp.-Fol. (4 Stnt. in Tondr.) Chemnitz 870, Focke. *
Einzelne Blatt *

Flinzer, Fed., 101 neue Fabeln, s.: Schanz, Frida.

Flinzer, F., vom kleinen Hähnchen. E. lust. Geschichte f. kleine Hühnerfreunde. M. 6 feinen Farbdr.-Bild. v. demselben. gr. 4. (8 S.) Stuttgart 895. F. Loewe. Kart. n. 1. —

— vom kleinen Hähnchen. Eine lust. Geschichte f. kleine Hühnerfreunde. Mit 6 feinen Farbdr.-Bildern v. demselben. 2. Aufl. (8. S.) Lex.-8. Stuttgart (904). Loewe. Kart. 1. —

Flinzer, Fedor, Hänschen und Gretchen in der Menagerie. Bilder und Geschichten aus der Thierwelt für Knaben und Mädchen. In Holzschn. ausgeführt von H. Bürkner. Lex.-8. (28 S. mit 12 Holzschntaf. und Titel in Holzschn.) Chemnitz 865, Focke. cart. *

Flinzer, F., unsere Hausfreunde aus der Tierwelt. 12 Bilder nach Aquarellen v. F. F. Mit Erzählungen u. Schildergn. v. H. Paul, nebst Gedichten v. Elise Maul. gr. 4. (V, 24 S. mit 12 Farbendr.) Glogau 890. Flemming. cart. 5. —

Flinzer, Fed., Haustiere. 4. (16 farb. Taf.) Wesel 892. W. Düms. Kart. n. 1. —; auf Pappe u. lackiert, geb. 2. —; Aufstellbilderbuch, lackiert 2.

— u. Konr. Wiederhold, Waidmanns Heil, s.: Vorlagen f. Brandmalerei.

— Jagd- u. Hausthiere, s.: Vorlagen f. Brandmalerei.

Flinzer, Fedor, Jugendbrunnen. Alte Reime m. neuen Bildern. 4. Tausend. 4. (29 S. m. color. Zinkogr.) Berlin 883. Lipperheide. geb. 4

Flinzer, Fedor, Jugendbrunnen. Alte Reime mit neuen Bildern. 7. Tausend. kl. 4. (28 S. mit color. Holzschn.) Berlin 886, Lipperheide. geb.

Flinzer, Fed., Jugendbrunnen. Alte Reime m. neuen Bildern. (28 Bl. m. farb. Abbildgn.) 21,5×21 cm. Berlin (908). K. Curtius. Geb. 3. —

— aus goldener Jugendzeit, s.: Mayenburg, Theodora v.

Flinzer, F., d. drei kleinen Kätzchen, s.: Hörtkorn, B.

— große Kinder-Vorstellung im Zirkus. Reime v. Karsten Brandt. (12 farb. Bl.) qu. gr. 8. Ebd. (904). Geb. 2. 50; auf Pappe (12 S.) geb. 3. —; in Leporelloform (12 S.) geb. 3. —

(B) — Große Kindervorstellung im Zirkus. 904. (KBL 33.) Ladenpr. aufgehoben

—— glückliche Kinderzeit. Ein Bilderbuch für Mädchen und Knaben im Alter von 6 bis 10 Jahren. 36 (lithogr. und chromolithogr.) Bilder. Mit 50 Liedern und Reimen von G. Chr. Dieffenbach. gr. 4. (48 S.) Bremen 883, Heinsius. cart. *

—— glückliche Kinderzeit. Ein Bilderbuch für Mädchen und Knaben im Alter von 6 bis 9 Jahren. Mit 50 Liedern und Reimen von G. Chr. Dieffenbach. 2. Aufl., verm. durch 17 neue Orig.-Melodieen von Carl Aug. Kern. gr. 4. (48 S. mit 36 lithogr. und chromolithogr. Bildern.) Bremen 885, Heinsius Nachf. cart. *

Kern's Melodieen allein (8 S.) *

Flinzer, F., Lehrbuch d. Zeichenunterrichts an deutschen Schulen. Wissenschaftlich entwickelt u. methodisch begründet. Mit 43 (Holzschn.-) Abbildgn. im Text u. 26 lith. (u. chromolith.) Taf. gr. 8. (VIII, 184 S. m. 1 Tab. in qu. gr. 4.) Bielefeld 876. Velhagen & Klasing. n. 5. 50

Flinzer, F., Lehrbuch des Zeichenunterrichts an deutschen Schulen. Wissenschaftlich entwickelt u. methodisch begründet. Mit 46 Abbildgn. im Text u. 26 lith. (u. chromolith.) Taf. 2. Aufl. gr. 8. (XI, 191 S. m. 1 Tab.) Bielefeld 879. Velhagen & Klasing. n. 5. 50

— dasselbe. Mit 65 Abbildgn. im Text u. 28 (lith.) Taf. 3., verm. u. verb. Aufl. gr. 8. (XII, 211 S.) Ebend. 881. n. 6. —

— Lehrbuch des Zeichenunterrichts an deutschen Schulen. Wissenschaftlich entwickelt und methodisch begründet. Mit 91 Abbildgn. im Text u. 7 lith. Taf. 4., verm. Aufl. gr. 8. (X, 214 S. mit 1 Tab.) Bielefeld 888. Velhagen & Klasing. n. 6. —

— Lehrbuch d. Zeichenunterrichts an deutschen Schulen. Wissenschaftl. entwickelt u. method. begr. 5., verm. u. verb. Aufl. gr. 8. (XII, 249 S. m. 101 Abb. u. 7 lith. Taf.) Bielefeld 896. Velhagen & Klasing. n. 6. —

— Lehrbuch des Zeichenunterrichts an deutschen Schulen. Wissenschaftlich entwickelt u. methodisch begründet. 6. verm. u. verb. Aufl. (XII, 264 S. m. 101 Abbildgn., 7 lith. Taf. u. 1 Tab.) gr. 8. Bielefeld 903. Velhagen & Klasing. n. 6. —

—— Des Kindes Lieblinge. Ein Bilderbuch f. brave Kinder. qu. 4. (8 farb. Taf. m. 7 S. illustr. Text.) Wesel 892, Düms. cart. — 50; Ausg. auf Pappe. geb. 1 —

— König Nobel, s.: Lohmeyer, Jul.

—— nun rathe einmal! Räthselbüchlein für Kinder von 5—10 Jahren. gr. 16. (33 S. mit 8 chromolithogr. Bildern.) Chemnitz 864, Focke. cart.

— nun rathe einmal! Räthselbüchlein f. Kinder von 5—10 Jahren m. 8 Bildern in Buntdruck. 2. Aufl. (19 S.) Leipzig 872. Germann. geb. 1. 50

—— s. Osterhase, der.

Flinzer, Fed., Pflanzenblätter im Dienste der bildenden Künste u. des Kunstgewerbes. 20 Taf. in lith. Naturselbstdr. Mit erläut. Text. gr. Fol. (III u. VII S. m. Fig.) Leipzig 899. E. Haberland. In Mappe n. 12. —

— die Puppeninsel, s.: Lohmeyer, J.

Flinzer, Fedor: Reineke Fuchs, s. Lohmeyer, Julius.

—— Schelmenspiegel, s. Blüthgen, Vict.

— Sehen u. Zeichnen, s.: Zeitfragen, pädagogische.

— ein Skizzenbuch. gr. 8. (28 Taf. m. 1 Bl. Text.) Breslau 887. Wiskott. geb. n. 2. 50

—— Ein Skizzenbuch. 2. Heft. qu. 8. (28 Taf.) Ebd. 891. geb. in Leinw. * 2 50

1. Heft. Ebd. 1887. * 2 50.

— ein Skizzenbuch. 2 Hefte. (Neue Ausg.) (à 28 Bl.) qu. 8. Berlin (904). Kupfer & Herrmann. Geb. in Leinw. à n. 2. 50

— Spatz, Ente u. Has'. Ein Bilderspaß. Mit Versen v. Geo. Bötticher. (48 S. m. z. Tl. farb. Abbildgn.) Lex.-8. Nürnberg (904). Th. Stroefer. Kart. 4. 50

Flinzer, Fedor. Struwwelpeter der Jüngere, s. Trojan, J.

— der Tanz in humoristischen Bildern. gr. 4. (20 Lichtdr.) Leipzig 893. Adb. Fischer. In Leinw.-Mappe. n. 12. —

FLINZER, Fedor, Der Tanz in humoristischen Bildern. 20 feine Lichtdruck-Bilder in eleg. Orig.-Pracht-Mappe. Leipzig 1894. Gr. 4°. (Mk. 12—.) (7 Mk., wie neu, Wilh. Scholz, Brnschw., 1896; 8 fr. 50 cts. Adolf Geering, Basel, 1896:)

—— große Thaten zweier kleinen Leute. Eine Geschichte in Bildern für Kinder von 4 bis 7 Jahren. In Holzschn. ausgeführt von H. Bürkner. gr. 4. (21 Holzschntaf.) Chemnitz 865, Focke. cart. *

—— Hänschen's Thierbude. Bilder und Reime für Knaben und Mädchen. In Holzschn. ausgeführt von H. Bürkner. hoch 4. (12 Holzschntaf., 4 S. Text und Titel in Holzschn.) Chemnitz 863, Focke. cart. *

— Hänschen's Thierbude. Bilder u. Reime f. Knaben u. Mädchen. In Holzschn. ausgeführt v. K. Bürckner. 3. Aufl. hoch 4. (IV, u. 13 color. Holzschntaf.) Ebend. 872. geb. 2. —

— lustige Tiergeschichten, s.: Bechler, Cornelie.

—— der Thierpark. Bilder, Beschreibungen und Geschichten aus der Thierwelt für Knaben und Mädchen. 4. (56 S. mit 12 in Farben schön gemalten Bildern.) Leipzig 874, Germann. geb.

—— u. Vict. Blüthgen. Eine Tierschule in (farb.) Bildern und Versen. gr. 4. (63 S.) Bresl. 891, Wiskott. cart. * 5 —

— u. Vict. Blüthgen, eine Tierschule, in Bildern v. F. u. Versen v. B. (Neue Aufl.) gr. 4. (63 S. m. farb. Abbildgn.) Leipzig (902). P. E. Lindner. Geb. 5. —

— u. Vict. Blüthgen, eine Tierschule; in Bildern v. F. u. Versen v. B. 3. Aufl. (63 S. m. farb. Abbildgn.) Lex.-8. Leipzig (904) P. E. Lindner. Geb. 5. —

— u. Vict. Blüthgen, eine Tierschule, in (farb.) Bildern v. F. u. Versen v. B. 4. Aufl. (63 S.) Lex. 8. Leipzig (909). P. E. Lindner. Kart. 3. 50

— der Thierstruwwelpeter, s.: Lohmeyer, Jul.

— humoristische Tierscenen, s. a. Universal-Malvorlagen. Nr. 70.

— humoristische Thierscenen. Fol. (4 farb. Taf.) Leipzig 893. E. Baldamus, Sep.-Cto. n. 4. —; einzelne Blätter à 1. 20

—— Vorlagen und Bilder zum Coloriren mit bunten Kreidestiften sowie zum Nachzeichnen auf papier pelé gradué. 1. und 2. Heft. qu. gr. 4. (à Heft 10 Stnt., wovon 5 in Buntdr.) Chemnitz 861, Focke. à Heft * 16 Ngr. *

—— neue Vorlagen und Bilder zum Coloriren mit bunten Kreidestiften, sowie zum Nachzeichnen auf Papier pelé gradué. 3 Hefte. gr. 16. (à 16 Stnt., wovon 8 in Buntdr.) Chemnitz 864, Focke. In Couvert à Heft * 10 Ngr. *

—— neue Vorlagen und Bilder zum Coloriren mit bunten Kreidestiften, sowie zum Nachzeichnen auf Papier pelé gradué. 3 Hefte. qu. gr. 16. (14, 16 und 16 Stnt., von denen die Hälfte color.) Leipzig 872, Germann. à Heft M 1.

— wie die Tiere Soldaten werden wollten. Ein Bilderbuch m. Versen v. Geo. Bötticher. 1.—10. Taus. gr. 4. (44 S.) Leipzig 892—894. Abb. Fischer. Kart. n. 3. —

— wie die Tiere Soldaten werden wollten. E. Bilderbuch, m. Versen v. Geo. Bötticher. 2. Aufl. gr. 4. (42 S. m. z. Tl. farb. Bild.) Frankfurt a/M. 897. Literar. Anstalt. Kart. n. 3. —

Flinzer, Fedor, einige Worte über den jetzigen Zeichenunterricht und die Nothwendigkeit einer Bildungsanstalt für Zeichenlehrer. Vortrag, bei Gelegenheit der 12. allgemeinen sächs. Lehrerversammlung gehalten. gr. 8. (24 S. mit 2 Stnt.) Chemnitz 864, Focke.

—— Des Kindes Wunderhorn. Alte Kinderreime m. Bildern. qu. 4. (29 z. Tl. farb. Taf.) Bresl. 889, Wiskott. geb. * 4 50

— Zeichenhefte für Schüler u. Liebhaber des Zeichnens. Mit technischen u. künstlerischen Unterweisgn. 1—4. u. 7—14. Hft. Schwarz. qu. 4. (à 8 Bl. m. 4 S. Text.) Bielefeld 880. Velhagen & Klasing. à n. — 55

1—4.: Ornamentzeichnen. Naturalistisches Pflanzenornament. — 7. 8. Thierzeichnen. Geflügel. — 9. 10. Thierzeichnen. Hausthiere. — 11. 12. Thierzeichnen. Raubthiere. — 13. 14. Menschliche Figur.

— dasselbe. 5. u. 6. Hft. Ornamentzeichnen. Griechisches Ornament, farbig. qu. 4. (à 8 Bl. m. 4 S. Text.) Ebend. 880. à n.n — 65

Flinzer, F., Aus alter und neuer Zeit. Bilder für die Kinderwelt. qu. 4. (16 S. mit 12 ill. Stnt.) Schneeberg 856, Goedsche'sche Buchh.

Flinzer, Max, über die Anforderungen der öffentlichen Gesundheitspflege an die Schulbänke. Mit (2) Tab. (in qu. Fol.) und 1 (lithogr.) Abbild. (in 4.), eine neue von Ernst Kunze in Chemnitz entworf. Subsellie darstellend. gr. 8. (30 S.) Chemnitz 869, Focke. *

—— die Bewegung der Bevölkerung in Chemnitz im J. 1870 mit besond. Berücksicht. der Todesursachen. gr. 8. (35 S.) Chemnitz 871, (Focke.) **

—— dass. — von 1730—1870. gr. 4. (43 S. mit 2 Tab. und 4 Stnt. in qu. Fol.) Ebendas. 873. *

Flinzer, Max, die Geusen od. Fanatismus u. Liebe. Histor.-romant. Gemälde aus den Tagen d. niederländ. Befreiungskämpfe im 16. Jahrh. 2 Bde. 8. ($37\frac{7}{8}$ B.) Altenburg 845, Helbig.

* FLINZER, Max, Die Geusen oder Fanatismus und Liebe. Historisch-romantisches Gemälde aus den Tagen der niederländischen Befreiungskämpfe. 2 Bde. Altenburg, 1845. Verlag von Julius Helbig. — A. E.: Druck von Sieghart u. Voigt in Penig. 8°. (In Berlin: Yx 5581.)
1: Tit. u. 226 S. 2: Tit. u. 216 S. — Zahm.

Flinzer, M., s. a. Mittheilungen des statistischen Bureaus der Stadt Chemnitz.

—— Mittheilungen des statistischen Bureaus der Stadt Chemnitz. 1. Heft: Die Blatternepidemie in Chemnitz und Umgegend in den J. 1870 und 1871. gr. 4. (42 S.) Chemnitz 873, Focke. *

—— Palomita. Spanische Novelle. 8. ($12\frac{1}{2}$ B.) Altenburg 846, Helbig.

Flinzer, M., die Typhusepidemie in Chemnitz im J. 1888 u. der Typhus daselbst seit dem J. 1837. Mit 1 Plan d. Stadt Chemnitz, 2 graph. Tabellen, 1 Lageplan der Wasserleitungsfassg. in Alt-Chemnitz u. 2 Holzschn. gr. 8. (101 S.) Berlin 889. Hirschwald n. 5. —

Flinzer, Maximilian Carl August (Erfurt), De argenti nitrici usu et effectu, praesertim in oculorum morbis sanandis. Diss. ophthalm. Lpz. (C. W. Vollrath) 16. XI. 1854. 40 S. mit Biogr. (M.: R. Hennings) u. Abbild. (Coccius et Schmiedel ad nat. del.) (4.20) 9087
Gew.: Carl Ludwig Kohlschuetter.

Flinzer, Rud., d. Bestimmgn. üb. d. kgl. sächs. Landesanstalten. Zusammengest. u. m. ausführl. Sachreg. vers. 8. (IV, 152 S.) Leipzig 895. Roßberg. n. 3. —; kart. n. 3. 40

Flinzer, Rud., die Gebührentaxe f. ärztliche u. zahnärztliche Privatpraxis, sowie die Gebührenordnung f. Aerzte, Chemiker, Pharmaceuten u. Hebammen, s.: Handbibliothek, Leipziger jurist.

— d. Hebammen-Gesetze u. Verordnungen d. Königr. Sachsen. M. e. Sachreg. hrsg. 8. (IV, 56 S.) Ebd. 895. n. 1. —; kart. n. 1. 30

Flinzer, Rud., das Impfgesetz f. das Deutsche Reich, s.: Handbibliothek, juristische. Bd. 344.

Flinzer, Rud., die Medizinal-Gesetze u. Verordnungen des Königr. Sachsen, s.a. Handbibliothek, juristische.

— die Medicinal-Gesetze u. Verordnungen des Königr. Sachsen, s.a. Handbibliothek, Leipziger jurist.

— d. Medicinal-Gesetze u. Verordnungen d. Königr. Sachsen. Unt. Berücksicht. d. Reichsgesetzgebg. systemat. geordnet u. m. Erläutergn. vers. M. ausführl. Sachreg. 8. (XVIII, 829 S.) Leipzig 895. Roßberg. n. 12. —; geb. n. 13. —

— dasselbe. I. Nachtrag. (Abgeschl. am 1. Juni 1896.) M. ausführl. Sachreg. 8. (X, 146 S.) Ebd. 896. n. 2. 80; geb. n. 3. 40

Flir, Alois, Bilder aus den Kriegszeiten Tirols, s.a. Volksbücherei.

Flir, Alois, Bilder aus d. Kriegszeiten Tirols. Geschichtl. u. poet. Erzählungen. gr. 12. (11½ B.) Innsbruck 846, Wagner'sche Buchh.

Flir, Alois, Bilder aus den Kriegszeiten Tirols. Geschichtliche und poet. Erzählungen. 2. verm. Aufl. 8. (VIII, 328 S.) Innsbruck 878, Wagner'sche Universitäts-Buchh.

—— Briefe über Shakespeare's Hamlet. 8. (208 S. mit photogr. Portr.) Innsbruck 865, Wagner'sche Universitäts-Buchh.

Flir, Alois, Briefe aus Innsbruck, Frankfurt und Wien. Geschrieben in den J. 1825—1853. gr. 8. (222 S.) Innsbruck 865, Wagner'sche Universitäts-Buchh.

—— Briefe aus Rom. Mit einem kurzen Lebensumriß des Verf. Hrsg. von Ludw. Rapp. 1. und 2. Aufl. gr. 8. (156 S.) Innsbruck 864, Wagner'sche Universitäts-Buchh.

Flir, Alois, der Glücksschuss, s.: Lanznaster, Frz. Ant., Alois Flir.

—— Regnar Lodbrog oder der Untergang des nordischen Heidenthums. Eine Tragödie in 5 Aufzügen. 16. (148 S.) Innsbruck 865, Wagner'sche Universitäts-Buchh.

Flir, Alois, die Manharter. Ein Beitrag zur Geschichte Tirols im 19. Jahrhundert. gr. 8. (336 S.) Innsbruck 852, Wagner. 1 nf

Flirt. (Witzblatt f.d. vornehme Welt. Hrsg.: Alfred Brie.) Jg. 1–3. (Berlin: Kleines Witzblatt [1901–03].) 2 Bde 8°, 1 Bd 4°
Forts. s. u. d. T.: Bühnen-Luft. 1904 ff. [03. 16169]

FLIRT! Ein Bilderbuch für Lebemänner. Mit 21 Chromotypien. (R. Klinger, Berlin, c. 1905, ohne Preisangabe.)

Fliß, L., der Adler. Novellen und Erzählungen, s. Adler, der.

—— Blüthen der Victoria Regia, s. Blüthen.

—— das Panorama, s. Panorama, das.

—— der Wald, s. Wald, der.

Flist, Samuel Friedrich (Prenzlau). De morbo dysenterico. Diss. med. Wittbg. (Ch. H. Graessler's Erb.) 14. VII. 1814. 28 S. (4.50) 9088
Gew.: Grf. Tauentzien-Wittenberg.

Flister, s. Foerster, C.

FLISTER, Karl

Flister, C., Adressbuch der deutschen Spediteure mit Angabe der Handelskammern, kaufmänn. Korporationen, Eisenbahn-Behörden u. Stationen im Deutschen Reiche. 1890. Zugleich II. Thl. des Taschen-Kalenders für deutsche Spediteure. gr. 16. (108 S.) Leipzig 889. Verlag f. Eisenbahnliteratur (F. Pfau). n. 1. 50

Flister's Eisenbahn-Kalender f. d. J. 1906. 23. Jahrg. (348 S. m. Fig. u. 1 Bildnis.) kl. 8. Berlin, C. Malcomes. Geb. n. 1. 50
Erschien früher u. d. T.:

Kalender f. Eisenbahn-Betriebs- u. Verkehrsbeamte des Deutschen Reiches.

Flister's, (C.), Eisenbahn-Kalender f. d. J. 1910. 27. Jahrg. (VIII, 486 S. m. Abbildgn. u. 1 Bildnis.) kl. 8. Berlin, Ev. Vereins-Buchh. Geb. in Leinw. 1. —

—— Der Güter-Versandt in Deutschland u. nach dem Auslande durch d. Eisenbahnen. Ein Handb. f. Eisenbahnbeamte, Kaufleute, Spedit. u. Fabrik. 8. (VIII, 196 S.) Lpz. 889, Violet. * 2 —; geb. * 4 —

Flister's, [Carl], Kalender f. Eisenbahn-Betriebs- und Verkehrs-Beamte d. Deutschen Reiches f. d. J. 1892. 9. Jahrg. gr. 16. (IV, 304 S. m. 1 Taf.) Berl., J. Engelmann. geb. in Leinw. * 2 50
Frühere Jahrgänge erschienen im Verlage von Fr. Pfau in Leipzig.

Flister's Kalender f. Eisenbahn-Betriebs- u. Verkehrs-Beamte des Deutschen Reiches 1895. 12. Jahrg. 2 Thle. in 1 Bd. gr. 16. (IV, 260 u. 127 S. m. 1 Taf.) Berlin, J. Engelmann. Geb. in Leinw. n. 2. 50

Flister's Kalender f. Eisenbahn-Betriebs- u. Verkehrsbeamte d. Deutschen Reiches f. d. J. 1899. 16. Jahrg. 2 Tle. 12. (III, 248 u. II, 322 S. m. Fig. u. 1 Schema.) Berlin, J. Engelmann. Geb. in Leinw. u. geh. n. 2. 50

Flister's Kalender f. Eisenbahn-Betriebs- u. Verkehrsbeamte des Deutschen Reiches. Mit besond. Berücksicht. der kgl. preuss. Staatsbahnen. 1903. 20 Jahrg. Unter Red. fachmänn., aktiver Kräfte. 2 Thle. 12. (III, 288 u. 302 S. m. Fig. u. 1 Schema.) Berlin, J. Engelmann. Geb. in Leinw. u. geh. n. 2. 50

— Kalender f. Eisenbahn-Betriebs- u. Verkehrsbeamte des Deutschen Reiches. Mit besond. Berücksicht. der kgl. preuss. Staatsbahnen. 1904. 21. Jahrg. Unter Red. fachmänn. aktiver Kräfte. 2 Tle. (III, 300 u. 269 S. m. Fig. u. 1 Schema.) 12. Berlin, J. Engelmann. Geb. in Leinw. u. geh. n. 2. 50

— Post, Eisenbahn u. Publikum, s.: Brunn, P. J.

— Praktischer Rechts-Beistand, s.: Hasenstrauch, W.

Flister, C., Reise-Handbuch f. Leipzig u. Umgegend. Enth.: Neueste Eisenbahn-Fahrpläne, Fahrpreise [f. alle Züge u. Wagenklassen], Mittheilgn. üb. Rundreisekarten, wicht. Bestimmgn. f. das reisende Publikum, Führer durch Leipzig, sowie e. Eisenbahn-Karte. Gültig vom 1. Octbr. 1889 ab. 16. (77 S.) Leipzig, (Radelli). n. — 40

— Taschen-Kalender f. Eisenbahn-Weichensteller u. Bahnwärter f. d. J. 1910. 2. Jahrg. (VIII, 332 S. m. Abbildgn. u. 1 Bildnis.) kl. 8. Berlin (NW. 21, Waldemarstr. 85.) Eisenbahn-Obersekretär Flister. Geb. in Leinw. nn — 50

—— Taschen-Kalender f. deutsche Spediteure f. d. J. 1892. 7. Jahrg. gr. 16. (240 S., S. 255—294 u. 225—272 m. 1 Eisenbahnkarte.) Ebd. geb. in Leinw. * 3 —
Frühere Jahrgänge erschienen im Verlage von Fr. Pfau in Leipzig.

Flister, Willi, approb. Arzt aus Berlin: Ueber Schussverletzungen peripherer Nerven. *Leipzig 1902: B. Georgi.* (30 S.) 8°
Leipzig, Med. Diss. v. (24. Jan.) 1902

Flitner, Anleitung zur mikroskopischen Untersuchung d. Fleisches auf Trichinen f. Fleischbeschauer. Mit 1 (lith.) Taf. Abbildgn. gr 8. (20 S.) Lippstadt 875. Rempel. — 60

Flitner, C.G., s.a. Flittner, Chr. Gottfried

Flitners, C. G., und K. G. Neumanns Kosmetik. 1r Thl. 8. Berlin, Dunker und Humblot. 806.

Flitner, C.G., s. Taschenbuch, Kosmet.

— — Unterricht in der Kunst, die weibliche Schönheit zu erhalten und ihr zu Hülfe zu kommen. Eine Toilettenlektüre. 12. Ebendas. 818.

Flitner, Ch. G., pharmaceutisches Formular zum Gebrauche f. d. kaiserl. franz. Militär-Hospitäler, mit Anmerk. gr. 8. Berl, Societäts-Verlagsbuchh. 812.

Flitner, Fritz [Arzt aus Halle a. S.]: Ein Beitrag zur Lehre vom traumatischen Sarcom ... Halle a. S., Hofbuchdr. v. C. A. Kaemmerer & C., 1890; 1 Bl., 5—35 S., 1 Bl. 8.
Halle, Med. Fak., Inaug.-Diss. v. 10. Aug. 1890

Flitner, Joh. Franzisk. Jac. (Auerstedt/Thür.), De ultimo supplicio. Präs. Aug. v. Leyser (Nudersdorf). Wittbg. (Ephr. Gottlob Eichsfeld) 25. VII. 1746. 16 S., z. Tl. dtsch. (3.—) 9089

Flittert, Pet., allerlei Praxis. 20 Bl. Schriften u. Umrahmgn. 30,5×23,5 cm. Dresden (907). (G. Kühtmann). In Umschlag 10. —

— Schriften u. Umrahmungen. (20 Bl.) Lex. 8. Ebd. 908. In Umschlag 10 —

Flitterwochen, ein Roman mit Prolog und Epilog von Jul. v. Voß. 8. Berlin, Schüppel. 818.

Flitterwochen, Die, meiner Ehe. Dresden 1812. V: *Schilling, Frdr. Gustav.* (MGT) (NN)

Flitterwochen, die, od. der Honigmond. 12. (16 S. m. 5 Abbildgn.) Chemnitz 891. C. A. Hager. n. — 10

— —, Die, oder der Honigmond. Mit 5 Abbildungen. (15 Pfg. [sol] E. Demuth, Straßb. i. Els., c. 1902.)

FLITTERWOCHENNÄCHTE .... (2 Mk. 50 Pfg. in einem Cat. ohne Firma, c. 1900.)

Flittner, ein Fall von umschriebener Ichthyosis cornea und Kritiken. 8. (6 S.) Prag 872, Calve'sche Universitäts-Buchh.
Aus: Archiv für Dermatologie, besonders abgedruckt.

Flittner, Christian Gottfried [Wirkl. Name], s. a. Berga, Adolf Julius Theodor [Pseud.]

FLITTNER, Chr. Gottfried
s.a. Flitner, C.G.

— s. 1) G. W. v. Abenstein. 2) Gust. Abel. 3) Arzt, der, für Freudenmädchen. 4) v. Berga. 5) Chreg. Campe. 6) v. Düben. 7) Ehestands-Arzt. 8) Fr. Faber. 9) Feier d. Liebe. 10) A. J. T. Fielding. 11) Formular, pharmaceutisches. 12) J. A. Freudenberg. 13) A. J. T. Funke. 14) Gallerie interess. Frauenzimmer. 15) K. Gutsmuths. 16) A. F. Iffland's Theorie d. Schauspielkunst. 17) J. W. Jung. 18) J. G. K. C. Kiesewetter, Darsteg. d. krit. Philosophie. 19) Kunst, zehn Jahr jünger zu werden. 20) Kunst mit Männern glücklich zu sein. 21) Kunst, mit Weibern glücklich zu sein. 22) Liebe, die physische, d. Lebendigen. 23) Schema zum Gilsverkaufbuche.

ANMUTH und Schönheit aus den Misterien (sol) der Natur und Kunst für ledige und verheirathete Frauenzimmer. Ein Almanach für das Jahr 1797 (von *Chrn. Gottfr. Flittner*). Mit 3 color. Kpfrn. Berlin 1797. (Auch m. d. Tit.: Gynäologie oder über Jungfernschaft, Beyschlaf und Ehe.) 8°. (8 Mk., unbeschn. Expl. im illustr. Orig.-Umschl., Emil Hirsch, München, 1907.)
Auch das Jahr „1796" und als Vf. Joh. Dan. Friedr. Rumpf wird im Anon.-Lex. I. p. 73 genannt (nach Kayser etc.).
— — Dasselbe. Ebend. 1802. (Gynäologie, Bd. 9.) 8°.

— gemeinfaßliche Anweisung über d. Nutzen und rechten Gebrauch d. einfachen kalten u. warmen Wasserbäder so wie der Dampfbäder. 8. Berlin 822. Flittner.

Flittner, Chr. Gtfr., die Kunst d. schönen Bekleidung, od. wie können d. Damen durch Anzug u. Putz ihre Schönheit erhöhen. M. 3 Kpfr. 8. (12 B.) Berlin 828, [Sander.]

(FLITTNER, Ch. G.) Das Band der Ehe. Aus dem Archiv des Natur- und Bürgerstandes, in zwey Theilen. Berlin 1795/96, bei Oehmigke junior. 8°.
Nicht bei Engelmann. Holzmann-Bohatta I, 134, 3905. Mit 2 Kupfern und einer Titelvignette. Ein Kupfer und die Titelvignette sind von D. Chodowiecki. Das andere Kupfer ist unsigniert.

Düben, Dr. G. F. v. (d. i. *Chrn. Gottfr. Flittner*, 1770—1828), Der Beischlaf. 3 Thle. 3. umgearb. (vermehrte) Aufl. Mit 3 Titelkpfrn. u. 3 Titelvign. Berlin, C. G. Flittner, 1819. 8°.
Bd. III, S. 209—218: „Der (1) Konkubinat."

FLITTNER, C. G. Meine Bekenntnisse über die Weiber. Berlin 1800. 8°. 248 S.

BEKENNTNISSE, Meine, über die Weiber (von *Chrn. Gfr. Flittner*). Mit color. TKpf. (von Meno Haas). Berlin, Oehmigke, d. Jüng., 1800. Kl. 8°. (12 Mk. Frensdorff, c. 1906; 5 Kr. Gilhofer & Ranschburg, Wien, 1904.)
248 S. Enth. 531 stellenw. pikante Aphorismen üb. die Frauen. Bildet auch Bdchn. 16 der „Gynäologie" (s. d.).

MEINE Bekenntnisse über die Weiber (531 zum Theil pikante Aphorismen, von *Christian Gottfried Flittner*). Mit color. Titelkpfr. (von Meno Haas). Berlin, Oehmigke d. Jüng., 1800. 8°. 248 S. (3 Mk. 50 Pfg. A. Bielefeld, c. 1883.)
Bildet auch Bdchn. 16 der „Gynäologie". Wohl mit vorigem gleichen Inhalts. — Anon.-Lex. I. p. 167 (nach Hayn u. Kayser).

— — Dasselbe, titulo: Der Weiberspiegel. Ein Almanach für 1801. Mit Titelkpfr. Ebd. 1801. 8°.
Dr. Franz Schnitzer's Bibl. München 1902, no. 1475.

(FLITTNER, Chr. Gfr.) Der Ehestands-Arzt. Ein sicheres Noth- und Hülfsbuch für alle unvermögende Männer und unfruchtbare Weiber; nebst Anzeige der zuverlässigsten Heilmittel. Zweite Auflage. Venedig 1800. Auf Kosten des Verfassers. 8°.
Vgl. Holzmann-Bohatta II, 5, 159.

FEYER, Die, der Liebe. 2 Teile in 1 Bde. Mit kolorierter Titelvignette. D. Chodowiecki fec. Berlin 1795. 8°. 178 u. 232 S.
[Verfasser C. G. Flittner.]

[FLITTNER, Christian Gottfried] 1770 - 1828
die Feyer der Liebe. Aus einer Handschrift des Oberpriesters zu Paphos. in zwey Theilen
Berlin: Oehmigke. 1795. 8°.
Priv.-Bibl. Prof. Harold Jantz, Baltimore, Md.
Kayser, II, 197: mit Verfasser, nur Ausg. 1797. Diese konnte nicht gefunden werden.

FEYER (so auf Titel der ersten Ausgabe von 1795) der Liebe, Die, oder Beschreibung der Verlobungs- und Hochzeits-Ceremonien aller Nationen (von *Chrn. Gottfr. Flittner*). 2 Thle. (4. Aufl.) Mit 2 Titelkpfrn. 1: Jacobi del., Chodowiecki sc.; 2: Rosmäsler sen. del. et sc. 1821 [letzte Arbeit, vollendet von s. Freunde C. Frosch]. Berlin, C. G. Flittner'sche Buchhandlung. 1821. — *A. E.:* Rudolstadt, gedr. in Dr. C. P. Froebel's Hofbuchdr. 8°. (5 Mk. W. H. Kühl, Berlin, c. 1883. jetzt theurer!)

FLITTNER, Chr. Gottfried. Die Feier der Liebe, oder Beschreibung der Verlobungs- u. Hochzeits-Ceremonieen aller Nationen. 2. Aufl. 2 Teile in 1 Bd. Mit 2 Titelkupfern. Berlin, C. G. Flittner, 1824. Kl. 8°. IV, IV, XVI, 273 S., 2 Bl. Verlagsanz. u. II, 246 S., 3 Bl. Verlagsanz. Illuſtr.
Sehr ſelten. — Die ſchönen Titelkupfer ſind von Chodowiecki und Rosmäsler ſen. geſtochen.
Holzmann-Bohatta II, 3075.

Flittner, Christian Gottfried: Gallerie .....

— — der interessantesten Frauenzimmer aus der alten und neuen Welt. In Zügen von Liebe, Treue und Edelsinn (Vf.: *Christian Gottfried Flittner*). Mit Kupfern. Berlin 1800. 12°.
Auch m. d. T.: Gynäologie. Bdchn. 17. — Anon.-Lex. II. p. 136 (nach Meusel).
— — Dasselbe. Ebd. 1802. 8°. (12 Sgr. Scheible; 25 Sgr. Eman. Mai, vor 1870; jetzt theurer!)
Anon.-Lex., l. c. (nach Kayser).

— Handbuch für Apotheker u. deren Gehülfen, enth. die vollſt. Geſetzgebung f. den Betrieb d. pharmaceut. Kunſtgewerbes in der Preuß. Monarchie, mit 3 Kpf. gr. 8. Berl. 824.

— u. K. G. Neumann, Kosmetik, oder Kunſt, die Ausbildung des menſchl. Körpers zu unterſtützen. 1r Thl. 8. Berl. 806. Duncker u. H. 1 ℛ 12 ℊ

— die Kunſt der ſchönen Bekleidung, oder wie können die Damen durch Anzug u. Putz ihre Schönheit erhöhen, mit 3 Kpf. 8. Berl. 828. (Sander). 18 ℊ

KUNST, Die, mit Männern glücklich zu ſeyn. Berlin (1880). 8°. 46 S. Mit Titelvignette.
[E. II, 638.]
— — Daſſelbe. Ebenda. 48 S.
Verfaſſer iſt Fr. Flittner.

KUNST, Die, mit Männern glücklich zu seyn, nach Göthe (!), Lafontaine, Rousseau und Wieland (von *Christian Gottfried Flittner*). Mit kolor. Titelvign. u. 4 feinen kolor. Kpfrn. von Dähling. Berlin 1800. 8°. (12 Kr., Expl. in Halbmaroqu.-Bd., Halm & Goldmann, 1907; 4 Mk. 50 Pfg. A. Bielefeld, vor 1890.)
Der „Gynäologie" XV. Bdchn. 252 S. — Ueber Menschenkenntniss. — Das Naturell des Mannes; seine Sinnesart. — Das Verhalten der Jungfrau und das der Frau.

— — Dasselbe. II. Aufl. Ebd. 1800. 8°.
188 SS. (incl. TKpf. u. gest. Tit. m. Vign., A. Berka sc.). — Kayser hat „1807".

— — Dasselbe, tit.: Ein Almanach auf 1811. Mit Kpfrn. Ebd. 8°.
Heinsius' B.-Lex.

KUNST, Die, mit Weibern glücklich zu seyn. Ein Almanach für 1800, nach Göthe (!), Lafontaine, Rousseau und Wieland (von *Chrn. Gottfr. Flittner*). Mit 5 feinen kolor. Kpfrn. Ebd. 1800. 8°. (4 Mk. 50 Pfg., hübsches Expl., A. Bielefeld, vor 1890; 12 Mk., Expl. in entzückender illustr. Origcartonage m. Goldschn., Max Jaeckel, Potsdam, 1909.)
Der „Gynäologie" XIV. Bdchn.

— — Dasselbe. II. Aufl. Ebd. 1804. 8°.

— — Dasselbe (Nachdruck ohne Kpfr.). Frankfurt und Leipzig 1808. 12°. VIII—205 S.
Max Perl's Berliner Febr.-Auct. 1908, no. 482.

— — Dasselbe. III. Aufl. Ebd. 1818. 8°.
Anon.-Lex. II. p. 379 (nach Kayser u. Meusel).

— — Dasselbe (Nachdruck?). Mit Titelkpfr. Wien, Gerold, o. J. (c. 1815). 8°. 3 Bll., VI—150 S.
R. Zinke's Dresdener Novbr.-Auct. 1905, no. 571.

Flittner, Chr. Gottfr. Die Kunst der Toilette. Ein Taschenbuch für junge Damen, die durch Anzug und Putz ihre Schönheit erhöhen wollen ... Zweite Ausgabe. Berlin, bei C. F. Kecht 1833.
X + 181 S.; 2 Taf. in Kupferst. 8°.
1. Ausg. 1828 unter dem Titel: Die Kunst der schönen Bekleidung.

Flittner, (C. G.,) Samml. bewährter Vorſchriften zu Mitteln, welche die Haut, die Zähne u. Haare erhalten u. deren Fehler verbeſſern; ingleichen auch Vorſchriften zu Bädern f. die Schönen. 16. Berlin 821. Flittner.

Nf 4°
Kapsel 1(2)
Christian Gottfried Flittner

Vorschriftmäßiges Schema zum Giftverkauf-Buche für Apotheker u. Kaufleute nebst den kgl.-preuß.Verordnungen, wegen sorgfältiger Aufbewahrung u. vorsichtigen Verkaufs der Giftwaaren; ingleichen e. Verzeichniss von Giftwaaren... ([Verf.:Christian Gottfried] Flittner.) Berlin: Verf.1823. XL,30 S.

— Schutz u. Rettung in Todesgefahr. Ein Noth- u. Hülfsbuch für Jedermann. gr. 8. Berlin 825, Flittner.

FREUDENBERGER, Julius Augustus (d. i. *Christian Gottfr. Flittner*), Ueber Staats- und Privatbordelle. Kuppelei und Konkubinat, nebst Anhang über die Organisirung der Bordelle in alten u. neuen Zeiten. O. O. 1796. 8°. (4 Kr. Halm & Goldmann, 1904.) (Expl. in Dresden, Bibl. der Gehe-Stiftg.; auch in Rostock, Landesbibl.)
Auf Kosten des Verfassers. Tit., 1 Bl. Inh. u. 174 SS.

Freudenberger, Julius Augustus (d. i. *Chrn. Gottfr. Flittner*), Ueber Staats- und Privatbordelle, Kuppeley und Konkubinat .... O. O. (Berlin, Oehmigke) 1796. 8°. 2 Bll. u. 174 S. Selten! (7 Mk. 50., unbeschn. Expl., Adolf Weigel, 1904.)

— kosmet. Taſchenbuch f. das J. 1813, oder die Kunſt, die körperl. Schönheit zu erhalten u. ihre Mängel zu erſetzen. Mit einer Abhandl. über die Erhaltung e. ſchönen Haut. 8. Berl. N. Aufl. unt. d. T.: Unterr. in d. Kunſt, die weibl. Schönheit zu erhalten ꝛc. 12. Ebd. 818. (Sander). 1 ℛ

— Unterricht in der Kunſt, die weibliche Schönheit zu erhalten, ſ. a. unten kosmet. Taſchenbuch.

— Unterricht in d. Kunſt, die weibl. Schönheit zu erhöhen ꝛc. 8. Berlin 822, Flittner.

Flittner, C G., de Mesmerismi vestigiis apud Veteres. 4maj. Berolini, Flittner. 820.

KIND, F. A. (d. i. *Chrn. Gottfr. Flittner*), Der Weiberspiegel, oder meine Bekenntnisse über die Weiber. Berlin, Flittner, 1811. 8°.
Zuerst anon. ebd. 1800, tit.: Meine Bekenntnisse über die Weiber. Mit Titelkpf. (48 xr. Scheible, vor 1870; jetzt theurer!)

(Viele Schriften des obigen Verf. haben nach u. nach drei, vier verſchied. Titel, bald unter dieſem, bald unter e. a. Namen erhalten, welche, ſo weit es möglich, an Ort u. Stelle angegeben ſind.)

Flittner, Dav. Denkmal der Säcularfeier des Ersten Cadettencorps. Beitrag zur Geschichte der religiösen und kirchlichen Kultur im russischen Reiche. (254) 8. St. Petersburg 1832.

Flittner, Dav. v., praktiſches Handbuch der chriſtlichen Lehre nach der Augsburgiſchen Confeſſion. Zur Erbaug. u. zum Unterricht in Schulen u. beim Confirmationsunterrichte. 3. ſehr verm. u. verb. Aufl. gr. 8. (VIII, 410 S.) Eisleben 869. (St. Petersburg, Häſſel.) n. 4. —

— die chriſtliche Lehre nach den Bekenntnißſchriften der evangeliſch-lutheriſchen Kirche. Ein Handbuch zum Religions-Unterricht u. f. die zur Confirmation vorzubereit. Catechumenen. [Aus „Prakt. Handbuch d. chriſtl. Lehre".] 2. ſehr verm. u. verb. Aufl. gr. 8. (VII, 151 S.) Ebend. 869. n. 2. —

Flitzbogen. 1. Jahrg. 1874. 12 Nrn. (B. m. eingedr. Holzschn.) gr. 4. Berlin, Manaigo. n. 2. 50

Flitzbogen. Redact.: Bernh. Stavenow. 2. Bd. 1875. 52 Nrn. (Bog. mit eingedr. Holzschn.) gr. 4. Berlin, Retemeyer.
Nicht weiter erschienen.

Floberg, P., Beschr. e. neuerf. Stubenofens, d. im Sparen alle übertr. a. d. Dän. 8. Kopenh. Proft. 804.

Floch Bernhard: De Lucilii vita et saturis quastiones selectae.
H. 1910 PN 2868 Diss. Wien, Univ. 1663

Floch, Siegfr., die Oper seit Richard Wagner. Eine historisch-krit. Studie. 1. u. 2. Taus. (40 S.) gr. 8. Köln 904. K. Fulde. n. — 70

Flock, Der alte, oder das Rathhauss. Eine Guckkastengeschichte, halb wahr halb Dichtung von D. Z. R. Verfasser der Louise Mohr. O. O. [Wien] 1800. V: *Steiner von Pfungen, Josef.* (WBL 38/73) (DiblPort)

FLOCK, Der alte, oder Das Rathhauß (sol). Eine Guckkastengeschichte (,) halb wahr halb Dichtung von *D.* (undeutl.) *Z. R.*, Verfasser der Louise Mohr. 2 Thle. Mit Titelkpfrn. (V. Kininger del., J. Stöber sc.). O. O. 1800. 8°.
2 gestoch. Tit., 358 fortlaufend gez. S., 1 leeres Bl. — Zahm. (Th. 2 beginnt mit S. 191.) Th. 2 hat noch einen gedruckten Titel mit: „Berlin (o. Adresse) 1800".

Flock, X., Hanswurst, seine Ahnen und Erben. Wien, Juni 1892. Verlag der Ausstellungs-Commission. Gr. 8°. 210. Illustr. Umschl. in Roth- u. Schwarzdruck.

Flock, Guilelmus: De Graecorum interpunctionibus. Bonnae (1908): Hauptmann. 46 S. 8°
Greifswald, Phil. Diss. v. 20. Nov. 1908, Ref. Gercke
[Geb. 4. Juni 83 Kleve; Wohnort: Bonn; Staatsangeh.: Preußen; Vorbildung: Gymn. Kleve Reife O. 03; Studium: Berlin 2, Freiburg i. B. 1, Berlin 3, Greifswald 4 S.; Rig. 4. Juni 08.] [U 09. 1522

Flock, X., s.: Flock, X. — Radler, Fr. v.

Floeck, A.: Qua ratione in gymnasiis discipuli superiorum classicum ad latine scribendum instituendi videantur. Pars I. De liberis scriptionibus. 26 S. – Coblenz, Progr. 1858.

Flöck, A.: De temporum ratione verbi graeci et latini in universum et separatim de iis enuntiatis, in quibus aoristi praeteriti iterationis vel duiturnitatis significationem habere videntur. 25. S. – Colberg, Progr. 1852.

Flöck, A., de temporum ratione verbi graeci et latini in universum et separatim de iis enuntiatis, in quibus aoristus praeteriti iterationis vel diuturnitatis significationem habere videtur. 4. (25 S.) Confluentibus 852, Hölscher's Verlag. *

Flöck, A., Regeln üb. die Bildung des Genitivs aus d. Nominativ in der 3. griech. Deklination, f. den Unterr. zusammengest. Ein Beitrag z. griech. Schulgrammatik. 8. (1⁵/₈ B.) Coblenz 844, Hölscher. Thlr.

Floeck, A., Tabellen zur Berechnung der Quartier-Entschädigung (des Servises) f. das den Truppen verabreichte Marsch- u. Kantonnements-Quartier, nebst den wichtigsten, auf die Liquidierg. des Servises bezügl. Bestimmgn. Zum Gebrauch f. die württemberg. Zivilbehörden aufgestellt. 6. Aufl. Rev. 1899. Fol. (27 S.) Stuttgart 899. W. Kohlhammer. n. 1. 20

Floeck, C. Vindiciae thucydideae. 17 S. Progr. G. *Bonn* 1879.

Floeck, Friedrich *Servatius* [app. Arzt aus Kaerlich bei Coblenz]: Die Geburten von alten Erstgebärenden. . . . Marburg, Buchdr. O. Ehrhardt, 1891; 26 S., 1 Bl. 8°
Marburg, Med. Fak., Inaug.-Diss. v. 19. Mai 1891

Flöck Oswald: Die Elementargeister bei Fouqué und anderen Dichtern der romantischen und nachromantischen Zeit.
H. 1905 PN 1829 Diss. Wien, Univ. 151

Floeck, Oswald: Die Elementargeister bei Fouqué und anderen Dichtern der romantischen und nachromantischen Zeit. S. 1—48. (Fortsetzung und Schluß.) S. 49—110, 1 Bl. 8.
Progr. K. k. Staats-Gymn. *Bielitz* 1909. 1910.

Floeck, Osw., die Kanzone in der deutschen Dichtung, s.: Beiträge, Berliner, zur german. u. roman. Philologie.

Flöck, Otto (geb. am 12 Apr. 1861 in Kärlich Landkr. Koblenz): '(Aus d. pathol. Institut zu Bonn.)' — Ein Fall von Hernia diaphragmatica congenita . . . Bonn, Univ.-Buchdr. v. C. Georgi 1885. 27 S. 8.
Bonn, Med. Fak., Diss. v. 7 Aug. 1885

Flockemann, Adolf [cand. med.]: Über einen Fall von multiplen Fibromen der Haut . . . München, Druck v. F. Bickel, 1894; 19 S., 2 Taf. 8.
München, Med. Fak., Inaug.-Diss. v. 1894

Kriegserfahrungen der zweiten deutschen (hamburgischen) Ambulanz der Vereine vom rothen Kreuz aus d. südafrikanischen Kriege von A[dolf] **Flockemann**, T[om] Ringel u. J[ul.] Wieting. *Leipzig: Breitkopf & Härtel 1901.* (68 S.) 4°(8°)
— Sammlung klinischer Vorträge. N. F. No 295/96. [01. 9556

Flocken, von Gust. Schilling. 2 Thle. (der sämmtl. Werke 35r u. 36r Bd.) 8. Dresden, Arnold.

Flocken; von Gustav Schilling. 2 Thle. 8. Ebendas. 816.

Flocken, Louis [pharmacien, ex-interne des hopitaux]: Recherches des variations de la température du corps pendant l'anesthésie produite par le chloroforme administré en inhalations. Strasbourg, imprimerie de J. H. Ed. Heitz, 1877. 8. 31 S.

Flöckher, A., Rechenbuch, s.: Loebnitz, G. Th.

Flöckher, Adolf: Die naturwissenschaftlichen Ferien-Kurse in Berlin und Jena. Hildesheim, Druck v. Gebr. Gerstenberg, 1892; 3—14 S. 4.
Hildesheim, k. Andreas-RG, OP 1892 (324)

— Ist Deutschland finanziell gerüstet? 1. u. 2. Aufl. (1—4. Taus.) (Je 48 S.) 8. Berlin. Ebd. 907. — 60

von Flöckher, Adolph: Kritik des Gesetzentwurfs betreffs Abänderung des Gerichtsverfassungsgesetzes und der Strafprozessordnung . . . Erlangen, *Buchdr. G. Schenck, Kgl. Hofbuchh., Berlin,* 1894; 61 S. 8.
Erlangen, Jur. Fak., Inaug.-Diss. v. 1894

Flöckher, A[dolf]: Die Naturdenkmäler von Hildesheim und Umgegend, welche dem Pflanzenreiche angehören. Hildesheim 1908: Gerstenberg. 22 S. 8°
Hildesheim, k. Andreas-RG u. R OP 1908 (421) [S 08. 106

Flöckher, A. v., was muss der Deutsche von auswärt. Politik wissen? (61 S.) 8. Berlin 908. K. Curtius — 80

Flöckher, Johann Jodocus (Arnsberg), De jure retractus in bonis Meierdingicis praesertim ad reverendiss. dominum praepositum et capitulum cathedralis ecclesiae Hildesiensis spectantibus. Diss. juris patrii. Präs. Franz Carl Conradi. Helmstedt (P. D. Schnorr) 6. V. 1747. 46 S., z. gr. Tl. dtsch. (6.—) 9093
Gew.: Heinr. Friedr. Phil. Gottfr. Frh. v. Loe. — Widm. v. Präs.

Flöckner, Carl, Zur Authentie und Integrität des Moseslìedes (Deuter. c. XXXII). [Schulprogramm.] Beuthen O.-S. 1876. Ic 500. 4°.

Flöckner, Carl, zur Authentie u. Integrität d. Mosesliedes [Deuter. c. XXXII.]. gr. 4. (48 S.) Beuthen 876. (Görlich & Coch.) n. 4. —

Floeckner, Karl, Prof. Dr. theol., Fürstbischöfl. Geistl. Rat: **Bibel** und Babel. Eine populär-wissenschaftl. apologetische Studie. *(Beuthen O.-S. 1903: G. Siwinna.)* (58 S.) 8°
Beuthen O.-S., k. G, P 1903 (205)

Floeckner, Carol., De carminum in libro Numerorum cap. XXI. reliquiis, interpretationibus antiquis et cum verbis masorethicis et inter se collatis. Beuthen, 1872, 4°, Gymnas.-Programm.

Floeckner, Carl: Ueber den Charakter der alttestamentlichen Poesie. Eine populär-wissenschaftliche Darstellung vom Standpunkte der vergleichenden Literaturgeschichte und der Ästhetik. *Beuthen O.-S. 1898: Haenel & C.* (XXIII S.) 4°
Beuthen O.-S., k. G, P 1898 (182)

Floeckner, Carl [Prof. Dr.]: Kritik der Grundelemente des Gratry'schen Systems. Beuthen O.-S., Druck v. B. Wylesol & Comp. (R. Feist.), 1889; 1 Bl., 27 S. 4°
Beuthen O.-S., st. kath. G, OP 1889 (163)

Floeckner, Carl [Prof. Dr. theol.]: Der Triumphgesang am Schilfmeer (Exod. 15) ausgelegt und kritisch untersucht. Beuthen O.-S., Druck v. B. Wylesol & Co., 1890; 1 Bl., 24 S. 4°
Beuthen O.-S., k. G, OP 1890 (166)

— über das Wort Fichte's: „Die Vaterlandsliebe will das Aufblühen u. Fortdauern d. Ewigen u. Göttlichen in der Welt" vom theist. u. phanteist. Standpunkte. Rede am Geburtstage Sr. Majestät d. Kaisers in der Aula d. Gymnasii zu Beuthen O.-S. geh. gr. 8. (12 S.) Beuthen O./S. 872. Garus. n. — 25

Floda, F. E., tausend Geistesblitze. Systemat. Anleitg., jedes Gesprächsthema durch witzsprüh. Redewendungen, Wortspiele, Vergleiche, Sarkasmen u. and. originelle Einfälle zu würzen. 3. u. 4. Bd. 8. (à 48 S.) Leipzig 897. 98. A. F. Schlöffel. à — 75 (1.—4. n. 3. 25; in 1 Leinw.-Bd. n. 4. —)

— dasselbe. 2. Bd., s.: Geistesblitze.

Floda, F. E., tausend Geistesblitze. Systematische Anleitg., jedes Gesprächsthema durch witzsprüh. Redewendgn., Wortspiele, Vergleiche, Sarkasmen u. andere originelle Einfälle zu würzen. 5. Bd. 8. (46 S.) Leipzig (901). A. F. Schlöffel. n. — 75

Floda, F. E., tausend Geistesblitze. Systematische Anleitg., jedes Gesprächsthema durch witzsprüh. Redewendgn., Wortspiele, Vergleiche, Sarkasmen u. andere originelle Einfälle zu würzen. 1., 3. u. 6. Bd. 8. Leipzig, A. F. Schlöffel. n. 2. 50
1. 4. Aufl. (64 S.) 903. n. 1. —
2. 3. Aufl. (48 S.) 904. n. — 75
6. (40 S.) 906. n. — 75

Floda, F. E., tausend Geistesblitze. Systematische Anleitg., jed. Gesprächsthema durch witzsprüh. Redewendgn., Wortspiele, Vergleiche, Sarkasmen u. andere originelle Einfälle zu würzen. I., II., IV., V. u. VII. Bd. 8. Leipz., A. F. Schlöffel. à 1. —
I. 5. Aufl. (64 S.) (907.) — II. 3. Aufl. (48 S.) (907.) — IV. 2. Aufl. (48 S.) (907.) V. (48 S.) 909. — VII. (48 S.) 909.

— gepfefferter Humor in Muster-Anekdoten. Einzige Sammlg., welche nur auserlesen zünd. u. prickelnde Humorblüten von seltener Komik in übersichtlich systemat. Abgrenzg. nach 22 Materien bietet. 2. Aufl. (80 S.) 8. Ebd. (904). n. 1. —

— Gepfefferter Humor. 2. u. 3. Bd. Auslese v. 400 der köstlichsten u. zündendsten Witze u. Anekdoten. In übersichtl. Anordn. (à 80 S.) 8. Ebd. (907. 09.) à Bd. 1. —

— himmelschreiender Kuddelmuddel. Ein unbegreifl. Conglomerat polizeiwidrig-drast. Blödsinns. Komischer Vortrag. gr. 8. (4 S.) Ebd. (898). — 25

FLODA, F. E. (ps.?), Himmelschreiender Kuddelmuddel. Ein unbegreifliches Konglomerat polizeiwidrig-drastischen Blödsinns. Effektvollster komischer Vortrag. (25 Pfg. M. Luck, Berlin, c. 1900.)

— Meisterwerke kom. Deklamation für Herrenabende. E. Auslese deklamator. Kabinetstücke v. nie versag. Wirkg. 1. Bd. 2. Aufl. 8. (88 S.) Leipzig 898. A. F. Schlöffel. n. 1. —

— Meisterwerke komischer Deklamation f. Herrenabende. Eine Auslese deklamator. Kabinet-Stücke v. nie versag. Wirkg. 2. Bd. 2. Aufl. 8. (80 S.) Ebd. (901). n. 1. —

Mit Beiträgen erster moderner Lyriker. 1—3. Bd. (à 80 S.) 8. Leipzig (908). A. F. Schlöffel. à Bd. 1. —
— Meisterwerke komisch. Deklamation f. Herrenabende. Eine Auslese deklamator. Kabinettstücke v. pack. Wirkg.

— Professor Trillhase's geograph. u. kulturhistor. Misch-Masch-Vorlesgn. gr. 8. (4 S.) Ebd. 896. n. — 25

— Komische Vorträge. I—IX. gr. 8. Ebd. à n. — 25
1. Klassische Lebensbeschreibung des Don Carlos od. Du bist der beste Bruder auch nicht. Nagelneuer, drastisch-bombastisch-humoristisch-ungezwungener Vortrag, aus 50 zusammengewürfelten Lust-, Trauerspiel-, Opern- u. Romantitein, sowie 80 exemplar. Kraft-Zitaten toter u. lebender Dichter, heraus empfunden u. der griesgräm. Menschheit appliziert. 3. Aufl. (8 S.) 904.
II. Professor Trillhase's geographische u. kulturhistorische Misch-Masch-Vorlesungen. 3.—11. Taus. (4 S.) (905.)
III. Himmelschreiender Kuddelmuddel. Ein unbegreifl. Konglomerat polizeiwidrig-drast. Blödsinns. 3. Aufl. (4 S.) (904.)
IV. Vom Trinken. Skandalöse Bier-Rede, an der nichtoffiziellen Kneiptafel, im höchsten Fidulitäts-Zustand verf. 1.—9. Taus. (3 S.) (905.)
V. Beim Hochzeitsmahle. Ulkiger Toast auf das Brautpaar, m. allerlei weisen Lehren f. den Ehestand verknüpft v. e. Uebermenschen. (4 S.) (904.)
VI. Große Raritäten-Verlosung. Fulminanter Gesellschaftsscherz f. 2 Herren u. einige Damen. (4 S.) (904.)
VII. Die eingemauerte Nonne. — Das Unterleibelärmelwäschtel. (Wiener Dialekt.) — Muster eines haarsträub. Lieferungs-Romanes. 3 Schlager ersten Ranges. (4 S.) (904.)
VIII. Hurrah! Hier ist Seifert's Oskar von der Leipziger Messe. Drast.-kom. Ausschreier-Szene, f. Herrenabende. (4 S.) (905.)
IX. Großer Bierschwefel. Groteske Kneipreden-Verballhornisierg., im seligsten Bierdusel-Stadium vorzutragen. (6 S.) (905.)

Floda, F. E., komische Vorträge. V u. X. gr. 8. Leipzig, A. F. Schlöffel. à — 25
V. Beim Hochzeitsmahle. Ulkiger Toast auf das Brautpaar m. allerlei weisen Lehren f. den Ehestand verknüpft, v. e. Übermenschen. 2. Aufl. (3 S.) (907.)
X. Rede vor e. leeren Glase. — Hero & Leander. Miniatur-Drama in alliter. Reimen. (4 S.) (907.)

Floda, Karl, Geschichte, Vergleichung und Kritik der beiden Preußischen Städte-Ordnungen. gr. 8. Breslau 844, G. P. Aderholz. 1/3 ℛ︁

Flodatto, s. a.: Ott, Adf.

Flodatto, Alpenzauber. Lust. u. ernste Geschichten aus d. deutschen Alpen. D. reif. Jugend erz. M. vielen Abb. v. Hugo Engl u. a. gr. 8. (222 S.) Leipzig 898. F. Hirt & Sohn. 3. 50; geb. in Leinw. 5. —

Ⓑ **Flodatto,** Alpenzauber 898 — Durch Dahome 897. (KBL 29.) Jetzt: Berlin, Hellbrunn u. Co.

— Alpenzauber. Lustige u. ernste Geschichten aus den deutschen Alpen. Der reiferen Jugend erzählt. Mit vielen Abbildgn. v. Hugo Engl. u. a. 2. unveränd. Aufl. (222 S) gr. 8. Leipzig (905). F. Hirt & Sohn. n. 3. 50; geb. in Leinw. n. 5. —

— durch Dahome. Ernste u. heit. Erlebnisse, Reise- u. Jagdabenteuer. M. 6 Tonb. v. Johs. Gehrts. 2. Aufl. gr. 8. (256 S.) Ebd. 897. 3 50; geb. in Leinw. 5. —

Floder, Adolf, Handhabung der patentirten Rechenmaschine zur Veranschaulichung der Rechnungs-Operationen bei deren Durchführung im Zahlenraume 1—10. Gr.-8. (15 S.) In Comm. —.20

Floder, Olav (Smoland), De obligatione hominis naturali, ad quaerendam vitae commoditatem. Diss. philos. Präs. Johann Ihre. Upsala, 20. X. 1742. 30 S. (4.80) 9090
Gew.: Eric Alstrin.

Floderus, L., Opuscula latina. Lps. Kummer.

— Opuscula orat. et poët. 8 maj. Upsala 790. 1 ℛ 8 g.

— **Opuscula orat, et poet.** 8. maj. Upsal, (Proclam. Wolgel in Lps.) 791.

— **prolegom.** ad libr. *ϛεφανίτης καὶ ἰχνηλάτης*. 4. Upsal, Swederus. 780.

Floderus, M. Apparat für den ersten Unterricht im Rechnen. 12.

Floderus, Oskar Mattias (Matts). Über die Bildung der Follikelhüllen bei den Ascidien. Upsala (Leipzig) 1896. 8:o. 1 bl., s. 163–260, Taf. 10, 1 bl. (Ur: Zeitschr. f. wiss. Zool., Bd. 61.)

Diss. Upsal. phil.

Ueber amitotische Kerntheilung am Keimbläschen des Igeleies. Von Matts **Floderus.** M. 1 Taf. *Stockholm: Boktr. P. A. Norstedt & söner 1895.* (12 S., 1 kl. Bl., 1 Taf.) 8.
— Bihang till K. Svenska Vet.-Akad. Handlingar. Bd 21. Afd. IV. No 2.
[97. 3653

Flodr, Sna, die Weltgeschichte ist Frauen-Werk. 100 Gedichte. (86 S.) gr. 8. Berlin (910). A. Baumhauer. 1. –

Flodroff, Wilhelm Philipp von (Meursensi), De diverso pignoris et hypothecae jure. Diss. jur. Präs. Justus Henning Böhmer. Halle (Joh. Chn. Zahn) 13. VIII. 1718. 74 S. (6.—) 9091
Gew.: Burchard Wilhelm Frh. v. Klinsky (Hologne ..), Arnold v. Boecop. — Widm. v.: Joh. Georg v. Essen (dtsch.), Georg Salom. Krüger, Mart. Henneberg, Joh. Barth. Reuthe (dtsch.), Joh. Christoph Nürnberg (dtsch.), Benjam. Eberhard (Thüring.; dtsch.), Joh. Sal. Maschklapp (deutsch).

— — Dasselbe. Halle (Gruner) 1725. 70 S., ohne Widmung. (5.20) 9092

Flodur, Ludw., Pastorale Novellen. (189 S.) 8. Basel 906. Kober. n. 1. 60; geb. n. 2. 40

Flor, Wilh. van der, die neue evangelische Stadtkirche zu Schopfheim. Ihre Geschichte, Grundsteinlegg. u. Einweihg. Ein Stück lokaler Kirchengeschichte. gr. 8. (VIII, 110 S. m. 5 lith. Taf.) Schopfheim 892. G. Uehlin. n. 2. —; geb. in Leinw. n. 2. 50

Flöel, O., die Erkrankungs- u. Sterblichkeits-Verhältnisse der Stadt Coburg. Nach amtl. Quellen bearb. gr. 8. (51 S.) Coburg 888. Riemann jr. n. 1. 50

Floegel, Dr. Carl. (Nekrolog), [Salzburg 1858.] V: *Steinhauser, Adolph von.* (Hr)

Flögel, Andreas, aus Dinklar (Hannover): **Quantitative Untersuchungen über die Giftigkeit von Anilin- und Toluidindämpfen.** *Würzburg 1903: Stahel.* (29 S.) 8°
Würzburg, Med. Diss. v. 1903

Flögel, E., zur Charakteristik Sr. Exc. des königl. preuß. Wirklich Geh. Rathes, Ober-Präsident der Provinz Preußen, Ritter hoher Orden, Dr. jur. Herrn Franz August Eichmann. Eine Festschrift zu Ehren seines 50jähr. Dienst-Jubiläums Königsberg in Preußen, 1. Aug. 1863. gr. 8. (15 S.) Gotha 863, Stollberg'sche Verlagsh. *

Flögel, E., praktischer Fremdenführer in Königsberg und dessen nächster Umgebung. 3., gänzlich umgearb. Aufl. 8. (69 S. nebst 1 lithogr. Plan der Stadt und des Stadt-Theaters in Fol. und 16.) Königsberg 862, Theile's Buchh. *

Flögel C. F: **Einleitung in die Erfindungskunst. Breslau und Leipzig 1760**

Flögel, C. H. T. Chronik von Königsberg i./Pr. [1500–1800]. 8. Königsberg 1855.

Floegel, Carol. , s. Floegel, Karl.

Flögel, G.:.Beiträge zur Löslichkeit von Blei im Wasser. 14 S. – Jägerndorf, Progr. 1887.

Flögel, Greg., Leitfaden für den ersten Unterricht in der Chemie. gr. 8. (III, 148 S.) Wien 882, Toeplitz und Deuticke. geb. *

Flögel Gregor: Der Sauerbrunnen in Seifersdorf in österr. Schlesien. 8. Jägerndorf R. 92.
Progr.

Flögel G.: **Untersuchung des Flusswassers im Bereiche der Stadt Jägerndorf. 21. Jägerndorf R. 82.**
Progr.

Flögel, J. H. C., die Diatomaceen in den Grundproben der Expedition zur Untersuchung der Ostsee. Fol. (11 S. mit 1 Stnt. in qu. 4.) Kiel 878, Schwers'sche Buchh.
Aus: Bericht über die Expedition zur Untersuchung der Ostsee im Sommer 1871, besonders abgedruckt.

—— **über die Höhe des Nordlichtes und dessen Lage im Raume.** gr. 8. (19 S.) Kiel 878, Schwers'sche Buchh.
Aus: Zeitschrift der oesterreich. Gesellschaft für Meteorologie, besonders abgedruckt.

Flögel, J. H. L., Ueber die Höhe des Nordlichtes und dessen Lage im Raume. gr. 8°. *19 S.* Wien, Braumüller. 1873. 8. —.30

Flögel, J. B., über erste Hilfeleistungen bei Unglücksfällen. Ein nützliches Buch für Jedermann, besonders aber für freiwillige Hilfsvereine, Bahnbedienstete, Polizeileute ꝛc. Mit specieller Rücksicht auf die Bedürfnisse freiwilliger Feuerwehr-Vereine. Mit 65, zum Theil color. Abbildungen (auf 7 Steintaf.) gr. 8. (147 S.) Wien 877. Hartleben. 3. —

Floegel, Joh. Beiträge zur Geschichte des Gymnasiums. Erste Abth. 16 S. — Zweite Abth. 16 S. — Dritte Abth. 26 S.
Sagan, Progr. 1846, 1847, 1850

Floegel, Joh.: Beiträge zur Geschichte des Saganer Gymnasiums. Vierte Abtheilung 22 S. und fünfte Abtheilung 17 S. – Sagan, Progr. 1853/56.

Flögel, Jos., Compendium d. Physiologie d. Menschen. gr. 8. (28 B.) Salzburg 840. (Wien, Braumüller u. Seidel.) *

Flögel, Joseph, a. Dinklar (Hannover): **Über Selbstgährung von Mehl und Wasserproben.** Borna-Leipzig 1906: R. Noske. (21 S.) 8°
Würzburg, Med. Fak., Ref. Lehmann, Diss. v. 26. Sept. 1906
[Geb. 19. Aug. 74 Dinklar; Wohnort: Höchst a. M.; Staatsangeh.: Preußen; Vorbildung: Gymn. Hildesheim Reife O. 95; Studium: Freiburg i. B. 5, Würzburg 5 S.; Coll. 13. Juli 06; Approb. 3. Apr. 05.]

Floegel, Julius (geb. Ohlau 15. 2. 1828). De arsenico. Berolini (1852). (30 S.) 8°
Berlin, Med. Diss. v. 2. Aug. 1852

FLOEGEL, Karl

Floegel, Carol., quaedam pharmaca recentiorum in Pharmacopoea Austriaca non contenta. 8 maj. (1½ B.) Viennae 843, Tauer et filius.

Flögel, Karl Fr., Einleit. in die Erfindungskunst. 8. Bresl. 760. (Gosohorsky). 14 g.

— s. A. **Gerard,** Versuch über d. Geschmack.

— — **Geschichte des Burlesken.** Herausgegeben und mit einer Vorrede begleitet von Fr. **Schmit.** Leipzig, im Schwickertschen Verlage. 1794. Gr. 8°. X, 260 S. (6 Mk. A. Bielefeld, 1911.)

FLÖGEL, C. Fr., **Geschichte des Groteskekomischen,** ein Beitrag zur Geschichte der Menschheit. Mit 2 Kupfern. Liegnitz und Leipzig, D. Siegert, 1788. 8°. (In Posen, Bibl. d. histor. Gesellsch.) 2 Bll. 322 S. (8 Mk. Ant. Creutzer, Aachen, 1909.)

Flögel's Geschichte des Grotesk-Komischen. Neu bearb. und erweitert von Friedr. W. Ebeling. (Neue rechtmäßige Orig.-Aufl. mit den Orig.-Kpfrn.) 7 Lfgn. gr. 8. (XII und 467 S. mit 34 Stnt., wovon 15 in Buntdr., und 7 Kpfrt. in gr. 8., Fol. und qu. Fol.) Leipzig 861. 62, Merl. à Lfg. * 20 Ngr. *

Floegel's Geschichte des Grotesk-Komischen, bearb., erweitert und bis auf die neueste Zeit fortgeführt von Friedr. W. Ebeling. 3. und 4. Aufl. gr. 8. (XIV, 478 S. mit 40 Orig.-Kpfrn., zum Theil in Farbendr.) Leipzig 886, Barsdorf. ℳ 18.—; geb. *

—— dass. — 5. Aufl. gr. 8. (XIV, 478 S. mit 41 Bildertaf., zum grössten Theil in Farbendr., und Ebelings Portr.) Ebendas. 888. ℳ 10.—; geb.

Floegel's Geschichte d. Grotesk-Komischen, bearb., erweitert u. bis auf die neueste Zeit fortgef. v. F. W. Ebeling. Mit 41 Bildertaf., zum grössten Theil in Farbendr. u. Ebeling's Porträt. 5. Aufl. gr. 8. (XIV, 478 S.) Leipzig 888. Barsdorf. n. 10.—; geb. 12.—

— Geschichte d. Hofnarren, mit Kpf. gr. 8. Liegnitz 789. Siegert. (Leipz., Barth). 1 ₰ 12 gGr

— Geschichte, kritische, des gegenwärt. Zustandes der schönen Litt. in Deutschland. Jauer 771.

— Geschichte der komischen Literatur. 4 Thle., mit Kpf. gr. 8. Liegnitz 784—87. Siegert. (Leipz., Barth). 5 ₰ 12 gGr

— Geschichte des menschl. Verstandes. 8. Bresl. 765. 3e A. 776. (Gosohorsky). 8 gGr

FLOGGING, Colonel, Die flagellantischen Erzählungen. 3 Bde. (I. Bestrafte Waldfrevlerinnen. II. Frl. Baronesse als strenge Lehrmeisterin. Wie das hübsche Postfräulein Elli ihre Dienstnachlässigkeit büßt. III. Olgas Prügelstadien (so!). Eine straflustige Gouvernante.) Illustriert. Budapest, Schneider, 1908. 8°. (à Mk. 1,50.) (1—3: 5 Mk. Adolf Weigel, 1908.)
Es erschien noch ein vierter Band.

Flögl, Alphons, Bericht in Angelegenheit des Webernotstandes in Mähren. 8°. Brünn, Verlag d. k. k. mährischen Statthalterei, 1899.

Flögl, Alphons, die Herstellungsweisen v. Teppichen u. Moquettes. (20 S. m. Abbildgn.) 4. Brünn (905). (C. Winiker.) n. 2 —
Sonderabdruck aus: „Mittlgn. d. mähr. Gewerbemuseums".

Flögl, G., über ein neues Condensationsprodukt der Gallussäure, s. Oser, J.

Flögl, J. B., über erste Hilfeleistungen bei Unglücksfällen. Ein nützl. Buch für Jedermann, besonders aber für freiwill. Hilfsvereine, Bahnbedienstete, Polizeileute, Feuerwehr-Vereine etc. Mit specieller Rücksicht auf die Bedürfnisse freiwill. Feuerwehr-Vereine. gr. 8. (147 S. mit 65, zum Theil color. Abbild. auf 7 Stnt.) Wien 877, Hartleben's Verlag.

Floh, der. Humoreske in 12 Bildern. 16. (12 Steintaf. m. Text.) Offenbach 873. Strauß. In Enveloppe. — 75

Floh, der. Humoreske in 12 Bildern. 16. (12 Stnt. mit Text.) Offenbach 874, Strauß. In Enveloppe

—— der. 1.—6. Jahrg. 1869—1874. à 52 Nrn. (Bog. mit eingedr. Holzschn.) Fol. Wien 869, Deutsch'sche Buchdr. à Jahrg. *

Floh, der. 12.—16. Jahrg. 1880—1884. à Jahrg. 52 Nrn. (Bog.) Fol. Wien, Administration. à Jahrg. **

Floh, der. Jahrg. 1885—88. à Jahrg. 52 Nrn. (Bog.) Fol. Wien, Joseph Frisch, Schulerstr. 21. à Jahrg. **

Floh, der. Jahrg. 1887—1889. à 52 Nrn. (B.) Fol. Wien, Joseph Frisch, Schulerstr. 21. à Jahrg. n.n. 16.—

Floh, der. Hrsg.: Jos. Frisch. Red.: Thdr. Zajaczkowski. 26. Jahrg. 1894. 52 Nrn. (2 Bog.) gr. Fol. Wien, Administration. n.n. 16. —

Floh, der. Hrsg.: Jos. Frisch. Red.: Thdr. Zajaczkowski. 27.—30. Jahrg. 1895—1898. à 52 Nrn. (à ca. 8 S. m. z. Tl. farb. Abb.) gr. Fol. Wien, Administration. à Jahrg. n. 14. 40
Kann auch halbjährlich bezogen werden.

Floh, der. Politische humorist. Wochenschrift. Hrsg.: Jos. Frisch. Red.: Thdr. Zajaczkowski. 31.—33. Jahrg. 1899—1901. à 52 Nrn. Imp.-4. (à ca. 12 S. m. z. Tl. farb. Abbildgn.) Wien. (Leipzig, Literar. Anstalt A. Schulze.) à Jahrg. n. 14. 40

— dasselbe. 34. Jahrg. 1902. 52 Nrn. Imp.-4. (à ca. 12 S. m. z. Tl. farb. Abbildgn.) Ebd. n. 16. —

FLOH, Der, der Balletteufe. Berlin, Franz Junge, o. J. (um 1880). 8°.
Verb. d. Ldg. I Berlin J. IIc 773/84.

Floh, der, das ist des weiblichen Geschlechtes schwarzer Spiritus familiaris, von literarischer u. naturwissenschaftlicher Seite beleuchtet durch W. A. L. Philopsyllus. 8. (VIII, 171 S.) Weimar 880. Huschke. n. 2. 25

Flöha, s.: Augustusburg.

Flöha u. weitere Umgebung. Gleichzeitig e. Führer für Fremde, welche das Flöha- u. Zschopauthal zu bereisen gedenken. 8. (34 S.) Flöha 889. Peitz. — 40

Floh-Falle, Die Neuerfundene Curieuse, zu gäntzlicher Ausrottung der Flöhe, wird allen, so mit solchem Ungeziefer beladen, communiciret von Einem Anonymo. O. O. 1727. 2. Aufl. O. O. 1727. 3. und verm. Aufl. 1729. 4. Aufl. 1739. Bei dieser neuen Aufl. mit vielen neuen Curiositäten vermehrt. Frankfurt [Wolfenb.] 1778. V: *Brückmann, Franz Ernst.* (BGE II[3], 323) Vgl. II, 3442.

Floh-Falle, Die Neuerfundene Curieuse, zur gäntzlicher Ausrottung der Flöhe . . . 2. Aufl. O. O. 1727. V: *Brückmann, Franz Ernst.* (Myl) (ML) (BGE)

Flohia, s.a. F l o i a .

Flohia, kortum versicale versibus hexametris etc. — Die Flohiade, ein kurzes Lehrgedicht in 6füss. Versen, durch e. unberühmten Mann M. Griffbald Knick-Knack aus Flohland, erstlich in Maccaronischer, aus Plattdeutsch- u. Latein-gemischter Sprache zu Ende d. XVI. Jahrh. ans Licht gestellt; jetzt aber ins Hochdeutsche in Knittelversen übers. f. Freunde harmloser Scherze (Latein. u. Deutsch). 2., verm. u. verb. Aufl. 8. (2 B.) Sulzbach 832, v. Seidel.

—— (dass. unt. d. T.:) Flohia, cortum versicale de Flohis etc. Ed. nova. — A. u. d. T.: Flohia, kurzes Gedicht v. d. Flöhen etc., v. Griphold Knickknack aus Flohland. Neue Ausg. Uebers. u. [illegible] d. nöth. Anmerkn. u. e. Nachschrift versehen v. Warbitz. 8. (4½ B.) Colberg 830. (Cöslin, Hendeß.)

Flohiade, s.a. F l o i a.

Flohiade, die, ein kurzes Lehrgedicht in sechsfüßigen Versen. 8. Amberg 827. (Magaz. f. J. in L.)

Floh-Kalender für das Jahr 1870. Illustrirt von Karl Klič. gr. 8. (104 S.) Wien, Beck'sche U.-B. (A. Hölder.) 50 kr.

Floh-Kalender f. 1872. gr. 8. (XVI, 58 S. m. eingedr. Holzschn.) Wien 871. (C. A. Müller.) n. — 80

Flohr, A., der mathematische Unterricht in der beschreibenden Geometrie auf Realschulen, zugleich als Einführung in die Lehre von den geometrischen Verwandtschaften. Berlin 869. (Osnabrück, Meinders.) 4. (30 S. m. Holzschn.) n. 10 *ngr.*

Flohr, Alexander, a. Berlin: Die Satire „The Rovers, or the Double Arrangement". Weimar 1907: R. Wagner Sohn. (80 S.) 8°
Greifswald, Phil. Fak., Ref. Konrath, Diss. v. 15. Nov. 1907
[Geb. 24. Juni 82 Berlin; Wohnort: Berlin; Staatsangeh.: Preußen; Vorbildung: Friedrichs-Wendersche Ober-Realsch. Berlin Reife O. 02; Studium: Berlin 2, Freiburg i. B. 1, Berlin 7 S.; Rig. 29. Mai 07.]

Geschichte der Gr. Loge von Preussen, gen. Royal York zur Freundschaft im Or. von Berlin. Nach den Akten zsgest. von A[ug.] Flohr. Als Ms. f. Frmr. gedr. Th. 1—2. Berlin [1898]: Stankiewicz. 8°
1. Geschichte d. Johannis-Loge Royal York z. Freundschaft bis zur Stiftung d. Gr. Loge 1798. 108 S. 1 Taf.
2. Geschichte d. Gr. Loge v. Preussen, gen. Royal York z. Freundschaft, von ihrer Stiftung 1798—1898. 165 S.
Recens: L. 21 (1898) S. 200; Bbl. 13 (1899) S. 98 (G. Diercks); FZ. 53 (1899) S. 96 (K. Pilz); R. 26 (1899) S. 16.
cf. HL. 32 (1899) S. 2763—2765.

Flohr, *Johann Ludwig* Otto [aus Braunschweig]: Geschichte des Knittelverses vom 17. Jahrhundert bis zur Jugend Goethes ... (Erscheint vollst. in: Berliner Beitr. z. german. u. roman. Philol.) Berlin, C. Vogt's Buchdr., *1893;* 2 Bl., 42 S., 1 Bl. 8.
Berlin, Phil. Fak., Inaug.-Diss. v. 21. Juni 1893

Flohr, Johanna Presler-
s. **Presler**-Flohr. [10. 17179

Flohr, M. Deutsche Glossen in dem Vocabular Niger Abbas, s. a. XVIII. Bd. 2. Abthl. S. 663: Studien, Strassburger, 3. Bd.

Flohr, M.: Deutsche Glossen in dem Vocabular Niger Abbas. (Metzer Hs. 298.) ... Strassburg, Verl. v. Karl J. Trübner, 1885; 4 + 134 S. 8°.
Strassburg, Phil. Fak., Inaug.-Diss. v. 1885.

Flohr, Max, Gereimtes u. Ungereimtes. (128 S.) 8. Braunschweig (905). A. Limbach. Kart. n. 1.50

Flohr, O., s.: **Fabrikanten-Adressbuch** v. Königr. Sachsen u. d. Thüring. Staaten.

Flohr, Otto, Geschichte des Knittelverses vom 17. Jahrh. bis zur Jugend Goethes, s. a. Beiträge, Berliner, zur germanischen u. romanischen Philologie.

FLOHR, Dr. Otto, Geschichte des Knittelverses vom 17. Jahrhundert bis zur Jugend Goethes. (Berliner Beiträge zur German. u. Roman. Philologie, veröff. von Dr. Emil Ebering. German. Abteil. No. 1.) Berlin 1893. C. Vogt's Verlag. Gr. 8°.
Metrisch wichtige Arbeit! Titel, 1 Bl. Inh., 112 S. — Diverse Vf.-Namen falsch citirt, wie „Selimantes" (statt Amaranthes), „Le Passiv" (statt Le Pansiv), „Zeitler" (statt Zeidler).

Flohrschütz, Armin: Die Sprache der Handschrift D der angelsächsischen Annalen im Ms. Cotton. Tib. B IV. Hildburghausen [1909]: Nonne. 44 S. 8°
Jena, Phil. Diss. v. 22. Febr. 1910, Ref. Keller
[Geb. 29. Sept. 84 Veilsdorf; Wohnort: Veilsdorf; Staatsangeh.: Sachsen-Meiningen; Vorbildung: Oberrealsch. Koburg Reife O. 05, Erg. Realgymn. Meiningen O. 07; Studium: Straßburg 1, Berlin 1, Jena 7 S.; Rig. 24. Juli 09.] [U 10. 2333

Floia, s. a. Flohia.

Floia cortum versicale de Flois swartibus illis dericulis quae omnes fere Menschos, Mannos, Weibras, Jungfras etc. behuppere et spitzibus suis Snallis steckere et bitere solent. Auctore Gripholdo Knickknackio ex Flolandia. Editio nova. 8. Hamm 822, Schulz. Rthlr.

— **cortum versicale versibus hexametris etc.** Die Flohiade, ein kurzes Lehrgedicht in 6 füß. Versen, durch einen unberühmten Mann M. Griffbold Knick-Knack aus Flohland, erstlich in Maccaronischer, aus Plattduitsch- u. Latein-gemischter Sprache zu Ende des 16n Jahrh. ans Licht gestellt; jetzt aber ins Hochdeutsche in Knittelversen übersetzt für Freunde harmloser Scherze. (Latein. u. Deutsch.) 8. Amb. 827. (Leipz., Magazin f. Ind.) 6 gr. 2e verb. Aufl. 8. 832. Sulzb., v. Seidel. 4 gr.

— **Editio nova.** Auch u. d. T.: Floja, kurzes Gedicht von den Flöhen v. Griphold Knickknack aus Flohland. Neue Ausg. übers. u. mit den nöth. Anmerkk. u. Nachschrift versehen von Warbiz. 8. Colberg (u. Cöslin, Hendeß). 6 gr.

Floia, Cortum versicale de Flois, swartibus illis delviculis etc. Auctore Griph. Knickknackio. Edit. nova. Uebersetzt u. mit den nöthigen Anmerkungen u. ein. Nachschrift versehen v. Warbitz. 12. (3 B.) Colberg 844, Post.

Floia. Cortum versicale de flobis. Autore Griffholdo Knickknackio ex Floilandia. Ein makkaronisches Gedicht vom Jahre 1593. Nach den ältesten Ausgaben rev., mit einer neuen Uebersetzung, einer literar-histor. Einleitung nebst Bibliographie, sprachl. Anmerkungen u. Varianten, sowie einem makkaron. Anhang versehen u. neu hrsg. von Sabellicus. 16. (82 S.) Heilbronn 879. Henninger. n. 1. —

Die **Floia** und andere deutsche maccaronische Gedichte. Hrsg. von Carl Blümlein. *Strassburg: J. H. E. Heitz 1900.* (107 S.) 8°
— Drucke u. Holzschnitte d. XV. u. XVI. Jahrhunderts. 4. [oo. 4438

Floigl, Vict., die Chronologie der Bibel, des Manetho u. Beros. gr. 8. (VIII, 286 S.) Leipzig 880. Friedrich. n. 8. —

—— Cyrus und Herodot nach den neugefundenen Keilinschriften. gr. 8. (V, 197 S.) Ebendas. 881. *

—— Geschichte des semitischen Altertums in Tabellen. gr. 8. (III, 96 S. mit 5 Tab.) Ebendas. 882. *

Floitgraf, Joseph: Die Resultate der Sehnennaht. *München 1898: Kastner & Lossen.* (68 S.) 8°
München, Med. Diss. v. 1898

Flok, X., Hanswurst, seine Ahnen u. Erben. Hrsg. v. der Ausstellungs-Commission der internat. Ausstellg. f. Musik- u. Theaterwesen, Wien 1892. gr. 8. (21 S.) Wien 892. (Leipzig, Literar. Anstalt A. Schulze.) n. — 15

Die Flondor-Affaire im Bukowinaer Landtage. Nach den stenographischen Protokollen. Czernowitz: Verl. d. „Bukowiner Post" 1903.

Flood: Aufnahme des unteren Congo..., s. Medlycott.

Flood, Constantius, unter d. Kaperflagge. See-Roman. Einz. autor. Übersetzung aus dem Norweg. von Frdr. v. Känel. 8. (181 S.) Berlin 898. Schriftenvertriebsanstalt. 1.50; geb. in Leinw. 2. —

Flook's, J. G., Anrede bei der Taufe eines Juden. gr. 8. Lpz. Graffe. 785.

Flooten, van, geheimnißvolle Enthüllungen üb. die Wunder der Sympathie u. d. Magnetismus, sowie der Zauberkräfte u. Naturerscheingn. Seit vielen Jahren gesammelt u. hrsg. 25. Aufl. 8. (63 S.) Constanz 875. Fritz. n. — 50

Flor, Berns steigender, während des 18. Jahrhunderts. Bern 1854. V: *Stierlin, Emanuel.* (ZÜRKL)

Flor u. Verfall der Länder, s. Quesnay.

FLOR, August

— Beiträge zur näheren Kenntniss der Stadt Altona und ihrer inneren Verwaltung. (1–9. Heft). Altona. 1840—49. 4.

Flor, Aug., Münz-Zustände. gr. 8. (0 B.) Altona 838, [Dessau,] Aue. *

FLOR, AUG., Vergleichende Uebersicht aller Einnahmen und Ausgaben der Stadt Altona vom 1. Januar 1834 bis ult. Dec. 1837 nebst sonstigen Beiträgen zur näheren Kenntnisz der inneren Verwaltung der Stadt. Altona. 1839. 4.

Flor, C., s.a. F l o r , Karlmann.

Flor, C., de stomachi debilitate. 4. Hamb. Bohn. 780.

Flor, Carl, s. F l o r , Karl.

Flor, Carlmann, s. F l o r , Karlmann.

Anleitung für Deutsche zum mündlichen und schriftlichen Uebersetzen ins Dänische zum Gebrauch auf Schulen und zum Selbstunterricht eingerichtet v. Christian **Flor.** Kiel. 1842. 8°.

Flor, C., Haandbog i den Danske Litteratur (eller: Dansk Laeseboq, tredie forandrede Oplag.) gr. 8. Kiel 844, Univerfit.-Buchh. n. 1½ ₰

Flor, Chr., Dansk Laesebog, til Brug i de laerde Skoler. stor 8. Kiel 831. (Univers.-Buchh. ; Kioebenh., Reitzel). 1 ₰

— Dansk Laesebog indeholdende Prover af Dansk. Sprog og Litteratur. Andet forogede Oplag. gr. 8. Altona 835. Aue. n. 1 ₰

Flor, Chr., Lehrbuch d. dänischen Sprache, enthalt. e. Grammatik, e. Lesebuch u. e. vollständ. Wörterregister, z. Gebr. f. d. ersten Anfänger. 1. u. 2. Ausg. (à 22¼ B.) gr. 8. Kiel 833, 35. (Altona, Aue.) à Thlr.

Lehrbuch der Dänischen Sprache enthaltend eine Grammatik, ein Lesebuch und ein vollständiges Wortregister zum Gebrauch für die ersten Anfänger v. Christian Flor. 3. Ausg. Kiel. 1843. 8°.

Flor, Elsb., Erlebtes u. Erschautes. Weltenschrei. (III, 63 S.) 8. Leipzig (908). Theosoph. Centralbuchh. 1.20

— Leitsterne zum höheren Leben. (VII, 49 S.) 8. Leipzig 907. Theosoph. Verlagshaus. 1.50

— Mutterworte a. e. Braut. Geleitbriefe fürs Leben. (IV, 46 S.) 8. Ebd. 907. 1.20; geb. in Leinw. 2.20

Flor, Eutichie, aus Roman i. Rum.: **Monographie eines Landgutes in Rumänien.** *Roßwein i. S. 1904: A. Haubold.* (91 S.) 8°
Leipzig, Phil. Diss. v. 1904

Flor, Gfr., Nauheimer Eindrücke. Saison von 1855. Cassel, Bertram. 8. (1 Bl., 42 S.) n. 5 ngr

Flor, Gust., die Rhynchoten Livlands in systematischer Folge beschrieben. 1. Thl.: Rhynchota frontirostria Zett. (Hemiptera heteroptera Aut.) Lex.-8. (V und 826 S.) Dorpat 860, (Gläser's Verlag.) Thlr. *

—— dass. — 2. Thl.: Rhynchota gulaerostria Zett. (Homoptera Aut.) Cicadina und Psyllodea. Lex.-8. (III und 638 S.) Ebendas. 861(62). *
Aus: Archiv für die Naturkunde Liv-, Ehst- und Kurlands, besonders abgedruckt.

Flor, J [Übers.]
s. Caccianiga, Antonio: Der Proscribirte. 1868.

1762. *J. H. Flor* das rigische Rechenbuch. Riga, Müller. 8. (16 gr.)

Flor, J. H., d. rigische Rechenb. 8. Riga. Müller. 792.

Flor, Jh. Hnr., († d. 18. Juli 1808.) das Rigische Rechenbuch, darin die Rechenkunst nach ordentl. Eintheilungen, natürl. Aufgaben &c. (mit Beihülfe D. Schröder u. W. G. Mende,) entworfen. 8. Riga 769. 2e Aufl. 808. 3e verm. Aufl. von W. J. Gizycki, gen. Cysevius. 8. Ebd. 819. Meinshausen. 16 g.

Flor, Johann Matthäus, s. F l o r , Matthäus Johann.

Flor, Johann Rutger (Hamburg), **De vulgari substitutione transmissionem hereditatis non impediente. Diss. jur. Götting. (Joh. Chn. Dieterich) 15. IX. 1781. 76 S. (5.50) 9110**

FLOR, Karl

Flor, Carl, Marquis de Fleurange. 2 Thle. 8. Leipz. Weidmann. 793.

FLOR, Karlmann

Flor: Zur G e s c h i c h t e der Pelasger. Zs. 133 S. 8° – Klagenfurt, Progr. 1859, 1860.

Flor, Karlmann, Die klassische Lektüre vom Standpunkte der christlichen Anschauung. Klagenfurt 1855 u. 1856, 2 Programme des k. k. Staatsgymnas., 8°.

Verf. wollte einen Beitrag zu der damals brennenden Tagesfrage liefern, ob die heidn. Klassiker zum Unterricht christl. Jünglinge verwendet werden dürften. In dem 2. Progr. weiset er eine ganze Reihe von Berührungspunkten zwischen Heidentum u. Offenbarung nach. Vgl. Karl Haas, Kath. Litteblätt. der Sion 1856, S. 549 ff.

De antiquae tragoediae praestantia dissertatio. Scrips. Carolomannus Flor, Philolog. et Histor. in L. P. — 1838. Ibid. — S. III—LXXI u. 5 S. Errata.
Progr. Augsburg

Flor, Carlmann, ethnographische Untersuchung über die Pelasger. Klagenfurt 860. (Leon.) gr. 8. (133 S.) n. 24 ngr

FLOR, Matthäus Johann

— meine Gedanken über besond. Unglücksfälle u. Landplagen. 8. Kiel 788.

— die Grundveste des christl. Glaubens u. der Hoffnung zur ewigen Seeligkeit. 8. Bützow u. Schwerin 772. Bödner. 14 gl

Flor, Jh. Matth., († ...) die eigentl. u. schriftmäß. Lehre vom heil. Abendmahl. 8. Hamb. 771.

— meine Lebensgeschichte, oder Gottes Rath siegt über Mangel u. Feindschaft. Heide 791.

— von den Leiden der Thiere. 8. Hamb. 772.

FLOR, MATTHÄUS JOH., Von Recht und Freiheit eines Predigers und Schriftstellers. Nebst einigen Bemerkungen über die Schwächen in der neuen Lehrart von den göttlichen Strafen. Kiel. 1787.

— Ein Wort vielleicht zu seiner Zeit aus dem vormahls so genannten freien Dittmarschenlande über Monarchen und Monarchien. Altona, Hannover. 1794.

Flor, Osc., Lösung d. Problems: Die Quadratur d. Kreises. Berichtigung der Zahl π. gr. 8. (5 S. m. 4 Fig.) Riga 892. (A. Stieda.) n. 3.

Flor, Osc., Lösung des Problems: Die Quadratur des Kreises. Berichtigung der Zahl π. 2. Ausg. gr. 8. (8 S. m. Fig.) Riga 901. (Jonck & Poliewsky.) n. 2.—

Lösung des Problems: Die Quadratur des Kreises. Berichtigung der Zahl II von Oscar **Flor.** 3. Ausg. Riga: Jonck & Poliewsky in Comm. 1904. (8 S.) 8° [Umschlagt. ?]

Floer, Hubert, aus Bogghorst i. Westf.: **Aus d. chirurch. [!] Poliklinik, Anschar-Krankenhaus Kiel. Über drei Fälle von Pseudoappendicitis.** *Kiel 1901: H. H. Peters.* (13 S.) 8°
Kiel, Med. Diss. v. [8. Apr.] 1901

Floer, Wilhelm [aus Dortmund]: **Die Endresultate der Behandlung der subcutanen Fracturen 1887—1895** ... Würzburg, P. Scheiner's Buchdr., 1896; 83 S. 8.
Würzburg, Med. Fak., Inaug.-Diss. v. 1896

FLORA

a) Zeitschriften (in der Reihenfolge ihres frühesten Erscheinungsjahres)

b) Sammelwerke, Anthologien

FLORA

a) Zeitschriften

FLORA, ein Journal von und für Damen, hrsg. von der deutschen Damengesellschaft. (Hrsg. von dem berüchtigten Franz Rudolf v. Grossing = Grossinger.) Band (Quartal) 1—2 (2 voll.). Halle a. S., Heller, 1786. Kl. 8°. (In Warmbrunn.) Selten!

Anon.-Lex. II. p. 103, nach: Lachmanski, Die deutschen Frauenzeitschriften des 18. Jahrhunderts. Berlin 1900. S. 66.

FLORA. Teutschlands Töchtern geweiht von Freunden u. Freundinnen des schönen Geschlechts. Eine Monatsschrift (hrsg. von Jacob Chrn. Zahn u. Andern). Jahrg. 1793—1803 à 4 Bdchen. = 44 Bdchn (cplt. soweit erschienen). Mit Titelkupfern u. Vign. Tübingen 1793—1803. Kl. 8°. (48 Mk. Jos. Baer & Co., Frf. a. M., 1894:)

— — Forts. s. F. L. Hubers viertelj. Unterhaltungen.

Flora, eine Monatsschrift, herausgegeben von G. Loß. 1818. October bis December, und 1819 Januar bis December. 8. Hamburg, Herold. Der Jahrgang 5 Rthl.

— oder botanische Zeitung, herausgeg. v. d. K. B. botan. Gesellschaft in Regensburg. 1r — 4r Jahrg. Mit 1 Kpf. Regensburg. (Nürnberg, Riegel und W. in Comm.) 818 — 821. à Jahrg. 3 Rthlr. 1

— od. botanische Zeitung. 5r — 10r Jahrg. 1822 — 827, mit Kpfrn. 8. Regensburg. (Nürnb., Riegel u. W.) à 3 Rthlr. 16 gr.

—— oder allgem. botan. Zeitung. Hrsg. v. d. Kgl. bayer. botan. Gesellsch. in Regensburg. 11—17. Jahrg. 1828—34. à 2 Bde. od. 48 Nrn. Mit Beibln. u. Literaturberichten, Stn.- u. Kpfrt. 8. Regensburg. (Nürnberg, Riegel u. Wiessner.) [828—31. à 3 Thlr. 16 Gr., 32—34. à 4 Thlr. 16 Gr.]

1—4. Jahrg. 1818—21. à 3 Thlr., 5—10. 1822—27. à 3 Thlr. 16 Gr. — Seit dem J. 1831 ist dem Tit. das Wort „allgemeine" beigefügt worden.

—— dies. Ergänzungen z. 11. u. 13. Jahrg., s. Literaturblr.

—— oder allgem. botan. Zeitung. Unter besond. Mitwirk. vieler Naturforscher u. im Auftrage d. k. bayer. botan. Gesellschaft zu Regensburg hrsg. v. Dav. Heinr. Hoppe u. Aug. Eman. Fürnrohr. 18—25. Jahrg. 1835—42. à 48 Nrn. (Bog.) Nebst Beiblätter, Intelligenzblätter u. Steintafn. 8. Regensburg. (Nürnberg, Riegel u. Wiessner; Leipzig, Hofmeister.) à *

Vgl. 8. Bd. 1. Abthl. S. 234.

—— allgem. botanische Zeitung. Hrsg. v. Dav. Hoppe u. Aug. Em. Fürnrohr. Neue Reihe 1. Jahrg., od. der ganz. Reihe XXVI. Jahrg. 1843. 48 Nrn. (Bog.) Mit Stntaf. 8. Regensburg. (Manz; Leipzig, Hofmeister.) *

—— dass., hrsg. v. der kgl. bayer. botan. Gesellschaft zu Regensburg. Neue Reihe. 2—4. Jahrg. od. der ganz. Reihe XXVII—XXX. Jahrg. 1844—47. Redig. v. A. E. Fürnrohr. à J. 48 Nrn. (Bog.) Mit Stntaf. gr. 8. Regensburg, (Manz; Leipzig, Hofmeister.) à J. *

Vgl. 9. Bd. 1. Abthl. S. 238.

—— oder allgemeine botanische Zeitung, hrsg. von der botan. Gesellschaft zu Regensburg. Redig. von A. E. Fürnrohr. Neue Reihe (der ganzen Reihe 31—35.) 6—10. Jahrg. 1848—52. à Jahrg. 48 Nrn. (Bog. mit Abbildungen.) gr. 8. Regensburg, (Manz. — Leipzig, Hofmeister.) à Jahrg. * 4 Thlr. *

Vgl. 10. Bd. 1. Abthl. S. 247.

—— oder allgemeine botanische Zeitung, hrsg. von der königl. bayr. botan. Gesellschaft zu Regensburg. Redig. von A. E. Fürnrohr. Neue Reihe. 11—14. Jahrg. oder der ganzen Reihe 35—39. Jahrg. 1853—56. à Jahrg. 2 Bde. oder 48 Nrn. (Bog.) Mit Abbildungen. gr. 8. Regensburg, (Manz.) à Jahrg. *

Vgl. 11. Bd. 1. Abthl. S. 280.

—— oder allgemeine botanische Zeitung, hrsg. von der königl. bayer. botanischen Gesellschaft zu Regensburg. Redig. von A. E. Fürnrohr. Neue Reihe. 15—19. Jahrg. oder der ganzen Reihe 40—44. Jahrg. 1857—61. à Jahrg. 2 Bde. oder 48 Nrn. (Bog.) Mit Abbildungen. gr. 8. Regensburg, (Manz.) à Jahrg. *

—— oder allgemeine botanische Zeitung, hrsg. von der königl. bayer. botan. Gesellschaft in Regensburg. Redact.: Herrich-Schäffer. Neue Reihe. 20.—25. Jahrg. oder der ganzen Reihe 45.—50. Jahrg. 1862—67. à Jahrg. 2 Bde. oder 48 Nrn. (Bog.) Mit Abbild. gr. 8. Regensburg, Manz. à Jahrg. *

—— oder allgemeine botanische Zeitung hrsg. von der königl. bayer. botan. Gesellschaft in Regensburg. Redact.: Herrich-Schäffer. Neue Reihe. 26.—29. Jahrg. oder der ganzen Reihe 51.—54. Jahrg. 1868—1871. à Jahrg. 2 Bde. oder 48 Nrn. (Bog.) Mit Abbildungen. gr. 8. Regensburg, (Manz. — Pustet.) à Jahrg. *

—— dass. — Redact.: Singer. 55. und 56. Jahrg. 1872 und 1873. à Jahrg. 36 Nrn. (Bog. mit Abbild.) gr. 8. Ebendas. à Jahrg. *

—— dass. — 57. Jahrg. 1874. 36 Nrn. (Bog. mit Abbild.) gr. 8. Ebendas. *

Flora. Redact.: Singer. 58.—62. Jahrg. 1875—1879. à Jahrg. 36 Nrn. (Bog. mit Stnt.) gr. 8. Regensburg, (Manz — Pustet.) à Jahrg. *

Flora. Redact.: Singer. 63.—67. Jahrg. 1880—1884. à Jahrg. 36 Nrn. (Bog. mit Stnt.) gr. 8. Regensburg, (Manz. — Pustet.) à Jahrg. *

Flora, oder allgemeine botanische Zeitung, hrsg. von der k. botanischen Gesellschaft zu Regensburg. Redact.: J. Singer. Neue Reihe. 44.—47. Jahrg. oder der ganzen Reihe 68.—71. Jahrg. 1885—1888. à Jahrg. 36 Nrn. (Bog. mit Stnt.) gr. 8. Regensburg, (Verlags-Anstalt.) à Jahrg. *

Erscheint von 1889 ab im Verlage der Elwert'schen Universitäts-Buchh. in Marburg.

Flora od. allgemeine botan. Zeitung. Früher hrsg. v. der kgl. bayer. botan. Gesellschaft in Regensburg. Hrsgbr.: K. Goebel. Neue Reihe 47.—50. Jahrg. od. der ganzen Reihe 72.—75. Jahrg. 1889

—1892. gr. 8. (III, 1521 S. m. 10 Holzschn. u. 21 lithogr. ---, II, 505 S. mit 2 Holzschn. u. 17 lithogr. Taf.; IV, 536 S. mit 4 Holzschn. u. 19 lithogr. Taf.; IV, 490 S. m. 26 Holzschn. u. 8 lithogr. Taf.) Marburg i. H., Elwert. à Jahrg. * 18 —

— dasselbe. Neue Reihe 48. Jahrg. od. der ganzen Reihe 73. Jahrg. 1890. gr. 8. (1. Hft. 154 S. m. 8 lith. Taf.) Ebd. n. 18. —

Flora od. allgemeine botan. Zeitung. Früher hrsg. v. der kgl. bayer. botan. Gesellschaft in Regensburg. Hrsg.: K. Goebel. Neue Reihe 49. u. 50. Jahrg. od. der ganzen Reihe 74. u. 75. Jahrg. 1891. 1892. gr. 8. (à ca. 540 S. m. Holzschn. u. Tafeln.) Marburg i/H., N. G. Elwert's Verl. à Jahrg. n. 18. —

— dasselbe. 76. Bd. Ergänzungsbd. zum Jahrg. 1892. gr. 8. (III, 296 S. m. 7 Textfig. u. 13 Taf.) Ebd. 892. 13. —; für Abonnenten n. 12. —

— dasselbe. Neue Reihe. 77. u. 78. Bd. Jahrg. 1893. 1894. gr. 8. (à ca. 540 S. m. Holzschn. u. Taf.) Ebd. à Jahrg. n. 18. —

dasselbe. 79. Bd. Ergänzungsbd. zum Jahrg. 1894. gr. 8. (IV, 152 S. m. 58 Textfig. u. 13 Taf.) Ebd. 894. n. 18. — ; f. Abonnenten n. 16. —

Flora od. allgem. botan. Zeitg. Früher hrsg. v. d. kgl. bayer. botan. Gesellschaft in Regensburg. Hrsg.: K. Goebel. 80. Bd. Jahrg. 1895. gr. 8. (492 S. m. 75 Textfig. u. 11 Taf.) Marburg, N. G. Elwert's Verlag. n. 18. —

— dasselbe. 81. Bd. Ergänzungsbd. z. Jahrg. 1895. 2 Hfte. gr. 8. (IV, 440 S. m. 125 Textfig. u. 7 Taf.) Ebd. 895. n. 16. —

— dasselbe. 82. Bd. Jahrg. 1896. gr. 8. (486 S. m. 132 Textfig. u. 10 Taf.) Ebd. n. 18. —

— dasselbe. 83. Bd. Jahrg. 1897. gr. 8. (492 S. m. 169 Textfig. u. 9 Taf.) Ebd. n. 20. —

Flora od. allgem. botan. Zeitg. Früher hrsg. v. d. kgl. bayer. botan. Gesellschaft in Regensburg. Hrsg.: K. Goebel. 84. Bd. Ergänzungsbd. z. Jahrg. 1897. 3 Hfte. gr. 8. (IV, 360 S. m. 59 Fig., 1 Bildn. u. 9 Taf.) Marburg 897. N. G. Elwert's Verl. n. 12. —

— dasselbe. 85. Bd. Jahrg. 1898. gr. 8. (500 S. m. 103 Textfig. u. 19 Taf.) Ebd. n. 20. —

Flora od. allgemeine botan. Zeitg. Früher hrsg. v. der kgl. bayer. botan. Gesellschaft in Regensburg. Hrsg.: K. Goebel. 86.—88. Bd. Jahrg. 1899—1901. gr. 8. Marburg, N. G. Elwert's Verl. à Bd. n. 20. —
86. (IV, 476 S. m. Fig. u. 21 Taf.) — 87. (IV, 504 S. m. Fig. u. 17 Taf.) — 88. (IV, 481 S. m. Fig. u. 17 Taf.)

Flora od. allgemeine botan. Zeitg. Früher hrsg. v. der kgl. bayer. botan. Gesellschaft in Regensburg. Hrsg.: K. Goebel. 89. Bd. Ergänzungsbd. zum Jahrg. 1901. gr. 8. (III, 456 S. m. 33 Fig. u. 5 Taf.) Marburg, N. G. Elwert's Verl. n. 18. —

— dasselbe. 90. Bd. Jahrg. 1902. gr. 8. (IV, 480 S. m. Fig. u. 15 Taf.) Ebd. n. 20. —

— od. allgemeine botan. Zeitg. Früher hrsg. v. der kgl. bayer. botan. Gesellschaft in Regensburg. Hrsg.: K. Goebel. 92.—94. Bd. Jahrg. 1903—1905. à 4 Hefte. gr. 8. Marburg, N. G. Elwert's Verl. à Jhrg. n. 20. —
92. (IV, 500 S. m. 171 Fig. u. 18 Taf.) — 93. (IV, 542 S. m. 171 Fig. u. 22 Taf. — 94. (IV, 507 S. m. 104 Fig. u. 3 Taf.)

— dasselbe. 91. Bd. Ergänzungsbd. zum Jahrg. 1902. 2 Hefte. (IV, 384 S. m. 74 Fig. u. 21 Taf.) gr. 8. Ebd. 902. n. 16. —

— dasselbe. 95. Bd. Ergänzungsbd. zum Jahrg. 1905. (476 S. m. Fig. u. 9 Taf.) gr. 8. Ebd. 905. n. 16. —

— dasselbe. 96. Bd. Jahrg. 1906. (III, 542 S. m. 258 Fig. u. 5 Taf.) gr. 8. Jena 906. G. Fischer. n. 20. —

Flora od. Allgem. botan. Ztg. Früher hrsg. v. d. kgl. bayer. botan. Gesellschaft in Regensburg. Hrsg.: K. Goebel. 97—100. Bd. à 4 Hefte. (97. Bd. III, 431 S. m. 134 Fig. u. 14 Taf.) gr. 8. Jena 907—09. G. Fischer. à Bd. 20 —

— dasselbe. Neue Folge. 1. Bd. (Der ganzen Reihe 101. Bd.) 4 Hefte. (1. Heft. 166 S. m. 118 Fig.) gr. 8. Ebd. 910. 20. —

Flora. Ein Unterhaltungsblatt. München 1821—[Juni] 1831. H: *Klebe, Frdr. Albert.* (GGr)

— ein Unterhaltungs-Blatt, 1r—10r Jahrg. 1822—30. gr. 4. Münch., Lentner. (à Jahrg. 4 Thlr 12 gr). 45 Thlr 11r, 12r Jahrg. 1831, 32. Redig. von Dr. Birch. gr. 4. Ebd. Franz. à Jahrg. 4 Thlr 16 gr

— ein Unterhaltungsblatt, 8—11. Jahrg. 1. Semest. 1828—31. Jan.—Jun. à 208 Nrn. (½ B.) gr. 4. München, Lentner. à 4 Thlr. 12 Gr.

— dass. 11. Jahrg. 2. Semest. 1831. Jul.—Dec. u. 12. Jahrg. 1832. Hrsg. u. redig. v. Birch. à 208 Nrn. (½ B.) Mit Titvign. gr. 4. München, (Franz.) à 4 Thlr. 16 Gr.
1—7. Jahrg. 1821—27. (?)

— Neues deutsches Unterhaltungsblatt zur Erheiterung und Belehrung. 1. Bd. 15 Lfgn. 4. (à Lfg. 6 Bog. mit eingedr. Holzschn.) Berlin 865, Humburg und Comp. à Lfg. 5 Ngr.
Ist nicht fortgesetzt.

Flora. Blätter für Unterhaltung. Jahrg. 1867. 12 Hefte. gr. 4. (à Heft 4 Bog. mit eingedr. Holzschn. und 2 Stnt.) Brünn, Buschak und Irrgang. à Heft 5 Ngr.

Flora. Blätter für Unterhaltung. Jahrg. 1868. 12 Hefte. gr. 4. (à Heft 4 Bog. mit eingedr. Holzschn. und 2 Stnt.) Brünn 871, Buschak und Irrgang. à Heft 50 Pf.

FLORA

b) Sammelwerke, Anthologien

Flora für das Jahr 1785 oder poetisches Taschenbuch für Freunde der Musen. Hamb. 1784. H: *Seyfried, Heinr. Wilhelm.* (KY 5/239) (BiblPort)

— od. Nachrichten von merkw. Blumen rc. 6 Hefte. m. K. gr. 8. Stuttg. Metzler. 788–91.

Flora. Auserles. Blüthen deutscher Dichter. Ein Beitrag z. gesell. Erheiterung u. zu Deklamationsübungen. 8. Pirna 812. Friese. 12 gr

Flora. Sammlung kleiner Romane und Erzählungen. 4 Bdchen. 8. Brünn, Traßler. 813.

— oder Bedeutung d. Blumen, in kleinen Sinngedichten der Liebe gereicht, v. C. M., mit ill. Steindr. u. 1 Vign. 16. Neuhaldensleben 828. Eyraud. 12 gr bessere Ausg. 16 gr

Flora. Original-Chronik für die gewählteste schönwissenschaftl. Literatur d. In- u. Auslandes. In Verbindung mit Mehreren herausg. von Karl Winkler. 1r Jahrg. 1839. 52 Lfrgg. à 3 Bog. gr. 8. Schwäb. Hall 839. Schwend. n. 3½ Thlr

Flora. Ein Damenkranz. Gabe freundlicher Erinnerung. Mit 31 Stahlst. gr. 8. (Mit Text.) Darmstadt 846, Lange. geb. mit Goldschn. u. in Futteral. n. 2 Thlr

Flora. Ein Damenkranz. Gabe freundlicher Erinnerung. Mit 36 Stahlst. gr. 8. (12 S.) Darmstadt 852, Lange. n. 2 Thlr

Flora. Ein Damenkranz. Gabe freundlicher Erinnerung. gr. 8. (10 S. Text mit 32 Stahlst.) Darmstadt 853, Lange. •

Flora. Ein Damenkranz. Gabe freundlicher Erinnerung. Mit 32 Stahlst. (u. 8 S. Text.) Darmstadt 861. Lange. 8. 1 Thlr 15 ngr.

— Ein Mal u. Zeichen-Buch. 4. (20 z. Tl. farb. Bl.) Nürnberg 894 Th. Stroefer. Kart. n. 1. 50; geb. in Leinw. n. 2. 50

Flora. Ein Blumen-Malbuch f. die Jugend. (23 S. m. z. Tl. farb. Abb.) Lex.-8. Nürnberg (904). Th. Stroefer. n. 1.50

Allgemeine ökonomisch-technologische Flora oder die mannigfaltige Benutzung des Gewächsreichs zum Gebrauch für Oekonomen, Forstmänner ... Breslau, Leipzig 1809 u. 1810. - Lfg. 1 u. 2

—— allgem. thüringische, unter Protektion des erfurter Gartenbau-Vereins u. in Verbind. m. den tüchtigsten Gärtnern u. Botanikern des In- u. Auslandes. Redakt. F. W. Benicken. Hrsgbr.: Aug. Stenger. 1. Jahrg. 1842. 52 Nrn. (½ Bog.) gr. 4. Erfurt. (Müller'sche Buchh.) *

Flora Alpina. Ein Strauss v. Alpenblumen. 12 Karton in Enveloppe. Format $7^1/_2$: 11 cm. Leipzig, G. W. Seitz. 1878.

Flora Alpina. 2. Heft, 6 Blätter in Farbendruck enthaltend. Gr. Fol. Genf. 1878.

, Die amerikanische Amazonin — aus Paranay. Frankfurt 1756. 8°. 20 Bogen.
Höchst selten! — Cat. Meissner II.

Appenzellerflora. Appenzeller Flora, Reise- & Bier-Zeitung. Nacht-Gespräch von Seppetoni und Franziska über die Tages-Ereignisse, das Erlebte und das Gehörte. Verantwortliche Redaktion: Aramsur-el-Habeshi. Erschienen bei Anlass des Unterhaltungs-Abend der Appenzeller aus Innerrhoden in der «Flora» [Luzern]. Einzige Aufl. ... 26. August 1901. [2 S.] fol. (Luzern, H. Keller.) fr. --.20 Nr 1050[3]

Flora, augsburger. Ein Blatt f. Unterhalt. u. Belehrung. Redakt.: Fr. Pappler. Jahrg. 1844 u. 45. à 104 Nrn. (½ B.) 4. Augsburg. (Kreuzer u. Comp.) à J.-

—— augsburger, neue Folge 1—4. Bdchn. (104 Nrn.) 4. (52¼ B.) Augsburg 846, 47, Schlosser's Buchh. à Bdchn. 7½ Ngr.

—— augsburger. Ein Blatt für Unterhaltung und Belehrung. Redakt.: Albr. Volkhart. Jahrg. 1853—56. à Jahrg. 104 Nrn. (½ Bog.) 4. Augsburg, Jaquet's Vrlgsh. à Jahrg. -

—— augsburger. Ein Blatt für Unterhaltung und Belehrung. Redig. von Albr. Volkhart. 18—22. Jahrg. 1857—61. à Jahrg. 104 Nrn. (à ½ Bog.) gr. 4. Augsburg, (Schlosser's Buchh.) à Jahrg.

—— Augsburger. Ein Blatt für Unterhaltung und Belehrung. Redact.: Albr. Volkhart. 23. und 24. Jahrg. 1862. und 1863. à Jahrg. 104 Nrn. (à ½ Bog.) gr. 4. Augsburg, (Schlosser's Buchh.) à Jahrg.

—— dass. — Redact.: Jul. Bleich. 25.—27. Jahrg. 1864—66. à Jahrg. 104 Nrn. (à ½ Bog.) gr. 4. (Ebendas.) à Jahrg.

Flora austriaca, s. Jos. A. *Schultes*.

Flora austriaca. 2 Vol. 8. Vien. Schaumburg. 800.

— austriaca ad Excursiones botanicas. 2 Vol. 8. Lps. Compt. f. Litt. 794.

Flora austriaca. Folge von 76 nach der Natur photographirten Blumenbildern der österreichischen Flora. Visitkartenformat: sorgsam colorirt. (Wird fortgesetzt.) Wien, Joseph Bermann.
1867. per Blatt à .0 kr.

Flora austriaca und flora hortensis. Fortsetzung der im v. J. erschienenen Folge v. 40 Nr. nach der Natur phot. Blumen. (Nr. 111—150.) Wien, Joseph Bermann. Visitkartenformat color. à 35 kr.
1868.

— baierische, zum bequemen Gebrauch als Taschenbuch in tabellar. Form. gr. 8. Regensb. 793. Montag u. W. 1 fl 8 K

Flora des Fürstenthums Bayreuth; hsg. von Th. Chr. Ellrodt. Bayreuth 1798. V: *Kölle, Joh. Ldw. Chn von.* (Ky)

Flora Berolinensis, s. A. Brandt.

— Berolinensis. 5 Bde. Fol. 756.

—— Böhmens, ökonom.-technolog., s. Berchtold, F. Graf v.

—— brasiliensis, s. A. Endlicher, St.

Flora Brasiliensis. Enumeratio plantarum in Brasilia hactenus detectarum quas suis aliorumque botanicorum studiis descriptas et methodo naturali digestas partim icone illustratas, ed. Carolus Fridericus Philippus de Martius et Augustus Guilielmus Eichler iisque defunctis successor Ignatius Urban. Opus cura musei C. R. Pal. Vindobonensis ... conditum ... Accedunt Tabulae. Vol. 1—15. Monachii; Lipsiae: F. Fleischer in Comm. (1,1, 3,5, 13,3: R. Oldenbourg in Comm.) 1840—1906. 39 Bde gr. 2°
1, P. 1. 1840—1906. P. 2. 1840—84. 2, P. 1. 1842. P. 2. 1871—77. P. 3. 1878—83. 3, P. 1. 1842—71. P. 2. 1878—82. P. 3. 1840—44 [vielm. 1890—94]. P. 4. 1893—96. P. 5. 1898—1902. 4, P. 1. 1852—63. P. 2. 1860—90. 5, P. 1. 1855—75. P. 2. 1866—68. 6, P. 1. 1860—68. P. 2. 1873—76. P. 3. 1882—84. P. 4. 1878—85. P. 5. 1881—88. P. 6. 1888—89. 7. 1866—71. 8, P. 1. 1857—64. P. 2. 1896—97. 9. 1847—51. 10. 1846—56. 11, P. 1. 1861—79. P. 2. 1873—74. 12, P. 1. 1858—79 [vielm. —1889]. P. 2. 1872—77. P. 3. 1884—1842 [vielm. —1892]. 13, P. 1. 1841—72. P. 2. 1875—82. P. 3. 1874—1900. 14, P. 1. 1857—59. P. 2. 1876—72. P. 3. 1883—85. P. 4. 1886—88. 15, P. 1. 1859—62. P. 2. 1870—76.
[4. 6774

— Brunsvicensis, s. H. W. L. *Lachmann* jun.

—— bremensis. Index plantarum vascularium circa Bremam urbem sponte crescentium. — Bremens Flora. Verzeichniß der in der Umgegend von Bremen wildwachsenden Gefäßpflanzen (Phanerogamen und Filicoideen) mit Angabe der Standorte. gr. 16. (XVI und 80 S.) Bremen 855, Schünemann's Verlag. *

— Bremensis. Nachträge u. Berichtigungen. Unter besonderer Mitwirkung der Herren Joh. Dreier u. W. O. Focke zusammengestellt von Frz. Buchenau. [Aus den Abhdlgn. der naturwiss. Ver. zu Bremen.] Bremen 866. Müller. gr. 8. (48 S.) n. 8 Ngr.

(Flora Danica.) Abbildungen der Pflanzen, welche in den Königreichen Dännemark und Norwegen, in den Herzogthümern Slesvig und Holstein, (und in den Grafschaften Oldenburg und Delmenhorst,) wild wachsen, zur Erläuterung des unter dem Titel Flora Danica auf Königl. Befehl veranstalteten Works von diesen Pflanzen. Hrgg. v. Georg Christian Oeder, Otto Friedrich Müller, Martin Vahl, Jens Wilken Hornemann u. a. Bd. 1—15, Heft 1—45. Kopenhagen. 1761—1861. Fol.

Flora Danica. Kopenhagen 1761—1825. II (fasc. 1—9): *Oeder, Georg Chn von.* (fasc. 10—15): *Müller, Otto Frederick.* (fasc. 16—24): *Vahl, Martin & Jens Wilken Hornemann.* (fasc. 25—31): *Hornemann, Jens Wilken.* (Ky)

Supplementum Florae Danicae. Fasciculus 1. ed. Frederik Michael Liebmann. ebd. 1853. Fol.
—— Fasc. 2—3. (ed. Joh. Lange). ebd. 1865 u. 74. Fol.

(Flora Danica.) Icones plantarum sponte nascentium in regno Daniae et in ducatibus Slesvici, Holsatiae et Lauenburgiae ad illustrandum opus de iisdem plantis, Regio jussu exarandum, Florae Danicae nomine inscriptum editae a Joh. Lange. Vol. 16—17. contin. fasciculos 46—51. Havniae. 1867—83. Fol.

Deutschlands Flora oder Botanisches Taschenbuch für das Iahr ... von Georg Franz Hoffmann.
Erlangen: Ioh. Iac. Palm (1796[—1804]). 12°
[Rückent.:] Hoffmann's botan[isches] Taschenbuch.
2/1795: Cryptogamie. (1796.) 31 Bl., 200 S., 20 Bl. Index, 4 Bl., 1 Titelkupf., 13 kol. Kupfertaf.
3/1800: I. Abth. 1.—13. Klasse oder d. 1. Jg. neue u. verm. Aufl. [1800]. 22 Bl., 273 S., 8 Bl., 1 Titelkupf., 12 kol. Kupfertaf.
4/1804: oder des 3. Jg. 2. Abth. 14.—23. Klasse ([oder] 1. Jg. neue u. verm. Aufl [1804]. 22 Bl., 308, 24 S., 1 Titelkupf., 12 kol. Kupfertaf.

— von Deutschland, s. a. v. Schlechtendal, D. F. L.

— von Deutschland, hrsg. v. D. F. L. v. Schlechtendal, u. Ernst Schenk. 1—3. Bd. (à 12 Lfgn.) u. 4. Bd. 1—6. Lfg. Jede Lfg. m. 10 col. Kpfrtaf. 8. (48 B. Text.) Jena 840—43, Mauke. à L. * ⅓ Thlr. *

— v. Deutschland. Hrsg. v. D. F. L. v. Schlechtendal u. Ernst Schenk. 4. Bd. 7—12. Lfg., 5. u. 6. Bd. (à 12 Lfgn.) u. 7. Bd. 1—9. Lfg., Jede Lfg. m. 10 ill. Kpfrt. 8. (51 B. Text.) Jena 843—47, Mauke. à Lfg. * 10 Ngr. *

1—3. Bd. u. 4. Bd. 1—6. Lfg. Ebendas. 1840—43. * 14 Thlr.

— dass. Hrsg. v. D. F. L. v. Schlechtendal u. Ernst Schenk. 2. u. 3. Aufl. 1—3. Bd. (à 16 Nrn.) u. 4. Bd. Nr. 1—14. Jede Nr. mit 8 ill. Kpfrt. 8. (65 B.) Ebds. 843—47. à Nr. * 10 Ngr. *

Flora von Deutschland hrsg. von D. F. L. v. Schlechtendal, L. E. Langethal und Ernst Schenk. 7. Bd. 10—12. Lfg., 8—11. Bd. (à 12 Lfgn.) und 12. Bd. 1—6. Lfg., jede Lfg. mit 10 ill. Kpfrt. 8. (XXXVI und 1120 S.) Jena 847—52, Mauke. à Lfg. * 10 Ngr. *

1—6. Bd. und 7. Bd. 1—9. Lfg. Ebendas. 1840—47. * 17 Thlr.

— dass. — Hrsg. von Denselben. 2. und 3. Aufl. 4 Bd. Nr. (Lfg.) 15 und 16., 5—9. Bd. (à 16 Nrn.) und 10. Bd. Nr. 1—10. Jede Nr. mit 8 ill. Kpfrt. 8. (XL und 1520 S.) Ebds. 847—52. à Nr. * 10 Ngr. *

1—3. Bd. und 4. Bd. Nr. 1—14. Ebendas. 1843—47. * 20 Thlr. 20 Ngr.

— dass. — Hrsg. von Denselben. 4. Aufl. 1—4. Bd. (à 10 Lfgn.) Jede Lfg. mit 8 ill. Kpfrt. 8. (VIII und 1140 S.) Ebds. 849—52. (à Lfg. * 10 Ngr.) *

— dass. — 4. Aufl. Supplement. (9 Lfgn.) gr. 8. (334 S. und 56 Kpfrt.) Ebds. 851. (à Lfg. * 10 Ngr.) *

Letzteres hat gleichen Inhalt mit: Langethal, Terminologie der Botanik. Jena 1845.

— von Deutschland. Hrsg. von D. F. L. v. Schlechtendal, L. E. Langethal und Ernst Schenk. 12. Bd. 7—12 Lfg., 13. und 14. Bd. (à Bd. 12 Lfg.) und 15. Bd. Lfg. 1—10. 8. (XXXVI und 800 S. mit 400 ill. Kpfrt.) Jena 852—56, Mauke. à Lfg. * 10 Ngr.

1—11. Bd. und 12. Bd. 1—6. Lfg. Ebendas. 1840—52. * 36 Thlr. 10 Ngr.

— dass. — 2. und 3. Aufl. 10. Bd. Nr. 11—16., 11—13. Bd. (à 16 Nrn.) und 14. Bd. Nr. 1. und 2. (à Nr. mit 8 ill. Kpfrt.) 8. (XVI und 930 S.) Ebds. 852—56. à Nr. * 10 Ngr. *

1—9. Bd. und 10. Bd. Nr. 1—10. Ebendas. 1843—52. * 51 Thlr. 10 Ngr.

— dass. — Hrsg. von Denselben. 4. Aufl. 5. und 6., 7. und 8. Bd. 1—12. Lfg. Jede Lfg. mit 8 ill. Kpfrt. 8. (962 S.) Ebds. 852—56. à Lfg. * 10 Ngr. *

1—4. Bd. Ebendas. 1849—52. * 21 Thlr. 10 Ngr. — 9 Lfgn. Supplemente zur 4. Aufl. Ebendas. 1851. * 2 Thlr. 20 Ngr.

— dass. — 5. Aufl. 1. Bd. 1. Heft. 8. (30 S. und 8 ill. Kpfrt.) Ebds. 853. *

— von Deutschland. Hrsg. von D. F. L. v. Schlechtendal, Chr. G. Langethal und Ernst Schenk. 15. Bd. 11. und 12. Lfg., 16—18. Bd. (à Bd. 12 Lfgn.) und 19. Bd. 1. und 2. Lfg. 8. (XXXVI und 798 S. mit 400 ill. Kpfrt.) Jena 857—61, Mauke. à Lfg. * 10 Ngr. *

1—14. Bd. und 15. Bd. 1—10. Lfg. Ebendas. 1840—56. * 53 Thlr. 20 Ngr.

— dass. — 3. Aufl. 14. Bd. 8—16. Lfg., 15. und 16. Bd. (à Bd. 16 Lfgn.) und 17. Bd. 1—6. Lfg. 8. (VIII und 872 S. mit 436 ill. Kpfrt.) Ebendas. 857—61. à Lfg. * 10 Ngr. *

1—13. Bd. und 14. Bd. 1. und 2. Lfg. Ebendas. 1843—56. * 70 Thlr.

— dass. — 4. Aufl. 8. Bd. 13—16. Lfg., 9—11. Bd. (à Bd. 16 Lfgn.) und 12. Bd. 1—14. Lfg. 8. (VIII und 1064 S. mit 528 ill. Kpfrt.) Ebendas. 857—61. à Lfg. * 10 Ngr. *

1—7. Bd. und 8. Bd. 1—12. Lfg. Ebendas. 1849—56. * 41 Thlr. 10 Ngr. — 9 Lfgn. Supplemente zur 4. Aufl. Ebendas. 1851. * 2 Thlr. 20 Ngr. Vgl. 12. Bd. 1. Abthl. S. 286.

— von Deutschland hrsg. von D. F. L. v. Schlechtendal, Chr. E. Langethal und Ernst Schenk. 19. Bd. 3.—12. Lfg. und 20. und 21. Bd. (à Bd. 12 Lfgn.) 8. (XXIV und 680 S. mit 340 ill. Kpfrt.) Jena 862—68, F. Mauke. à Lfg. * 10 Ngr. *

1.—18. Bd. und 19. Bd. 1. und 2. Lfg. Ebendas. 1840—61. * 67 Thlr.

— dass. — 3. Aufl. 17. Bd. 7.—12. Lfg. und 18. und 19. Bd. (à Bd. 16 Lfgn.) 8. (XVI und 680 S. mit 336 ill. Kpfrt.) Ebendas. 862—67. à Lfg. * 10 Ngr. *

1.—16. Bd. und 17. Bd. 1.—6. Lfg. Ebendas. 1843—61. * 87 Thlr. 10 Ngr.

— dass. — 4. Aufl. 12. Bd. 15. und 16. Lfg. und 13.—15. Bd. (à Bd. 16 Lfgn.) 8. (XXIV und 832 S. mit 416 ill. Kpfrt.) Ebendas. 862—68. à Lfg. * 10 Ngr. *

1.—11. Bd. und 12. Bd. 1.—14. Lfg. Ebendas. 1849—61. * 63 Thlr. 10 Ngr.

9 Lfgn. Supplemente zur 4. Aufl. Ebendas. 1851. * 2 Thlr. 20 Ngr. Vgl. XIII. Bd. 1. Abthl. S. 302.

— von Deutschland, hrsg. von D. F. L. v. Schlechtendal, E. L. v. Langethal und Ernst Schenk. 22. und 23. Bd. à 12 Lfgn., und 24. Bd. 1.—4. Lfg. 8. (XII, 526 S. mit 280 color. Kpfrt.) Jena 868—73, Mauke. à Lfg. * ℳ 1. *

1.—21. Bd. Ebendas. 1840—68. * ℳ 235.

— dass. — 3. Aufl. 20. und 21. Bd. à 16 Lfgn., und 22. Bd. 1. und 2. Lfg. 8. (XX, 510 S. mit 272 color. Kpfrt.) Ebendas. 868—72. à Lfg. * ℳ 1. *

1.—19. Bd. Ebendas. 1843—67. * ℳ 304.

— dass. — 4. Aufl. 16. Bd. 16 Lfgn., und 17. Bd. 1.—10. Lfg. 8. (VIII, 400 S. mit 208 color. Kpfrt.) à Lfg. * ℳ 1. *

1.—15. Bd. * ℳ 240. 9 Lfgn. Supplemente zur 4. Aufl. Ebendas. 1851. * ℳ 8.

— dasselbe. 4. Aufl. 17. Bd. 1—10. Lfg. Mit 80 color. Kpfrtaf. 8. (128 S.) Ebend. 869—72. à n. 1. —

Flora Deutschlands oder Abbildung u. Beschreibung der daselbst wildwachsenden Pflanzen. In naturgetreuen kolor. Abbildungen. 8. vollständig umgearb. u. verm. Aufl. (Mit 5 kolor. Kpfrt.) Leipzig (Dresden) 1871. hoch-4.

Spätere Auflage sieh: Ernst Hallier.

— Europa's medizinische. s. Sterler, A.

— exotica. Die Prachtpflanzen des Auslandes, in naturgetreuen Abbildd. herausgeg. von e. Gesellschaft von Gartenfreunden in Brüssel, mit erläut. Text u. Anleit. zur Kultur v. H. G. L. Reichenbach. 1—VI. Liefr. gr. Fol. (Mit 36 ill. Steintaf.) Leipz. 830, 31. Hofmeister. 12 ₰

— exotica. Die Prachtpflanzen des Auslandes, in naturgetreuen Abbildungen herausg. von e. Gesellschaft von Gartenfreunden in Brüssel, mit erläut. Text u. Anleitung zur Kultur von H. G. Ldw. Reichenbach. 1r—5r Bd. 1e u. 2e Abthl. Mit 360 Steintaf. Fol. Leipz. (830—36.) 833—36. Hofmeister. 130 ₰

Flora exsiccata Bavarica. Unter Mitw. d. Bot. Ver. Deggendorf... hrsg. von d. Kgl. botan. Gesellschaft in Regensburg. Fasc. 1. Regensburg: (Kgl. bot.) Gesellsch. 1898. 8°

— Denkschriften d. Kgl. botan. Gesellschaft in Regensburg. N. F. Bd 1, Beil. 2.

— geselliger Freuden, ein Reisespiel. mit illum. K. 8. Lpz. Graffé. 793.

Flora Friedrichsdalina, sive methodica descriptio plantarum in agro Friedrichsdalensi, simulque per regnum Daniae crescentium. Argentorati 1767. V: *Müller, Otto Friedrich.* (ML) (Ky)

Flora f. Gartenfreunde, Naturliebhaber u. Künstler; nach d. Natur gemalt; nebst Beschreibung. I. Samml. 4. Halberstadt, 1792. (Leipzig, Nauck.) 1. 10

— f. Gartenfreunde, Naturliebhaber rc. n. d. Nat. gem. u. Beschr. 4. Lpz. Sommer. 792.

Flora der Gegend um den Ursprung der Donau und des Neckars. Donaueschingen 1805. H: *Rot von Schreckenstein, Frdr. & J. M. von Engelberg.* (Ky)

— der Gegend um den Ursprung der Donau u. des Neckars, herausgegeben von Schreckenstein, v. Engelberg und Reim. 5 Bdchen. 8. Donauschingen, Willibald. (Bruder und H. Lpz. in Commiss.) 809. (1s und 2s 3 Rthlr. 15 gr. 3s

— —, oder die Geheimnisse einer Probirmamsell. Mit illustr. Umschl.-Tit. Altona 1870. Kl. 8⁰. (8 Sgr. Scheible; jetzt theurer!)

— Germaniae, s. Bluff.

—— Germanica exsiccata, sive Herbarium normale plantarum selectarum criticarumve, in Germania propria vel in adjacente Borussia, Austria et Hungaria, Tyroli, Helvetia, Belgiaque nascentium, concinnatum editumque a Societate Florae Germanicae cur. Ludov. Reichenbach. Centuria I—IX. Phanerogamia. (à 100 getrock. u. aufgeklebte Pflanzen, mit Angabe d. Fundorte u. der Sammler.) Fol. in Mappe. Lipsiae 830—35, Hofmeister. à 5 Thlr.

—— id. — Cryptogamia. Cent. I. (100 getr. u. aufgekl. Pflanzen etc.) Fol. in Mappe. Ibid. 832.

—— Germanica exsiccata, sive herbarium normale plantar. selectar. criticarumve, in Germaniâ propriâ vel in adjacente Borussiâ, Austriâ, Hungariâ, Dalmatiâ, Tyroli, Helvetiâ, Pedemontiô Belgiaque nascentium, concinnatum editumque a Societate Florae Germanicae, curante Lud. Reichenbach. Sect. I. Phanerogamia. Cent. X — XXIII. et Sect. II. Cryptogamia. Cent. I. et II. (Enth. jede 100 getrocknete Pflanzen u. d. vollständ. Index, sowohl alphabet., als systematisch.) Fol. Lipsiae 836 — 43, Hofmeister. In Mappe à * 5 Thlr. *

Sect. I. Cent. I—IX. Ebendas. 1830—35. à * 5 Thlr.

—— germanica exsiccata sive herbarium normale plantarum selectar. criticarumve in Germania propria vel in adjacenta Borussia, Hungaria, Helvetia, Belgiaque nascentium, continuatum editumque a Societate florae germanicae. Phanerogamia cur. L. Reichenbach. Cent. XXIV—XXVI. (Enthält jede 100 getrocknete Pflanzen u. den vollständ. Index, sowohl alphabet. als systematisch.) Fol. maj. Lipsiae 844, 46, Hofmeister. à Cent. **

Cent. I—XXIII. Ibid. 1830—43. à ** 5 Thlr.

—— Germanica exsiccata etc. curante Lud. Reichenbach. Sect. II. Cryptogamia, Centuria III. Fol. (Lipsae 849, Hofmeister.) **

Sect. II. Centuria I et II. Ibid. 1832. ** 10 Thlr.

Flora helvetica 1530–1900. Zsgest. durch Dr. Ed. Fischer, Prof., Bern. *Bern: K. J. Wyss 1901.* (XVIII, 241 S.) 8°

— Bibliographie d. schweiz. Landeskunde. Fasc. IV, 5. (05. 8)

— von Hildesheim, oder Beschreib. u. Abbild. der im Fürstenthum Hildesheim wildwachs. Pflanzen, herausg. von Ph. Chr. Wagener u. Fr. Gruber d. Jüng. 1s Zehend, mit 10 ill. Kpft. Fol. Hildesh. 798.

Flora hortensis. Folge von 34 nach der Natur photographirten Blumenbildern der Garten-Flora. Visitkartenformat; sorgsam color. (Wird fortgesetzt.) Elds. per Blatt à 30 kr.

— Javae, s. K. L. *Blume*.

— Jenensis, s. Fr. D. Dietrich, auch Graumüller.

— illustrirte. Zeitschrift f. den gesammten Gartenbau. Organ des Vereines der Gärtner u. Gartenfreunde in Döbling, Dornbach u. Leopoldau u. s. w. Hrsg. u. Red.: Otto Pfeiffer. 17. u. 18. Jahrg. 1893. 1894. à 12 Nrn. (à ca. 1½ Bog.) Lex.-8. Wien, (C. Teufen). à Jahrg. n.n. 8. —

— illustr. Zeitschrift f. d. ges. Gartenbau. Organ des Vereines d. Gärtner u. Gartenfreunde in Döbling, Dornbach u. Leopoldau u. s. w. Red.: Otto Pfeiffer. 19.—22. Jahrg. 1895—1898. à 12 Nrn. (à ca. 20 S.) Lex.-8. Wien (C. Teufen). à Jahrg. n.n. 4. —

— Illustrirte. Fachzeitschrift f. d. gesammten Gartenbau. Organ der Vereine der Gärtner u. Gartenfreunde in Döbling, Dornbach u. Leopoldau u. s. w. Nebst Beilage: Prakt. Mittheilgn. f. alle Interessen d. tägl. Lebens. Unter Mitwirkg. hervorrag. Fachmänner red. v. Otto Pfeiffer. 23.—26. Jahrg. 1899—1902. à 12 Nrn. Lex.-8. (à ca. 16 u. 4 S.) Wien (Hernals, Bergsteiggasse 9), O. Pfeiffer. à Jahrg. n. 4. —

— illustrirte. Fachzeitschrift f. den gesamten Gartenbau. Organ der Vereine der Gärtner u. Gartenfreunde in Döbling, Dornbach u. Leopoldau usw. Nebst Beilage: Praktische Mitteilgn. f. alle Interessen des tägl. Lebens. Unter Mitwirkg. hervorrag. Fachmänner red. von Otto Pfeiffer. 27.—30. Jahrg. 1903—1906. à 12 Nrn. (1906. II, 280 u. 48 S.) Lex.-8. Wien (XVIII, I. Hernals, Bergsteiggasse 9), O. Pfeiffer. à Jhrg. n. 4. —

Flora von Kärnten von Dech. David Pacher und Markus Freiherr von Jabornegg. Herausgegeben vom naturhistorischen Landes-Museum von Kärnten. I. Thl. II. Abthlg. Lex. 8. (353 u. XVI S.) Klagenfurt, Ferd. v. Kleinmayr. 3 fl.
1884

— Leidensis, s. J. H. Molkenboer.

— Livonica, s. Kr. Wlh. *Drümpelmann*.

Flora, die römische Martyrerin. Frei nach dem engl. Original übers. v. Ida Gräfin Holnstein. 2 Tle. gr. 8. (VIII, 372 u. 388 S.) Paderborn 899. Bonifacius-Druckerei. n. 5.60; geb. m. Goldschn. n. 8.—

—— medica, s. Dietrich, (Nath. Fr.) Dav.

— medica, od. die officinellen Pflanzen in Abbildd.; als e. Commentar zu den neuern Pharmakopoeen, so wie überhaupt zu d. Werken eines Richard, Buchner u. A., herausg. von dem Verf. d. Flora universalis (F. D. Dietrich.) 18 Hefte, mit ill. Kpft. gr. 4. Jena 828—31. (Schmid). à 16 gGr. 12 ß Alle 18 Hefte zusammen nur 9 ß N. Ausg. unt. d. T.: Flora medica, oder Abbildd. der officinellen Pflanzen. 16 Heft, mit 10 ill. Kpft. Fol. Ebd. 841. 16 gGr.

— Monacensis etc., erschien 1811—1820,

— Monacensis, seu plantae sponte circa Monachium nascentes, quas pinxit et delineavit J. N. Mayrhofer; commentar. perpet. addid. A. F. P. de Schrank. C. Fasc. Fol. Münch. 816—20. (Fleischmann). 141 ß 16 gGr. ill. 250 ß

— Monacensis, seu plantae sponte circa Monachium nascentes, quas pinxit et delineavit J. N. Mayrhofer, commentarium perpetuum addidit F. P. de Schrank. Fasc. LI-XCII. — reg. fol. Monachii, Fleischmann. 817 — 820. à fasc. illum. 2 Rthlr. 12 Gr. 1
à fasc. schwarz 1 Rthlr 10 Gr. !

— Monacensis, seu plantae sponte circa monachium nascentes quas pinxit et delineavit J. N. Mayrhofer, commentar. perpet. addid. A. F. P. de Schrank. fasc. XCIII — C. et ult. fol. Münch. 820, (Fleischmann.) 13 Rthlr. 8 gr. illum. 20 Rthlr. fasc. 1 — 100 schw. 816 — 20, 131 Rthlr. 16 gr. illum.

Flora von St Moritz, Pontresina und Umgebung. Herbar. auf 85 Bl. kl 4° in Kapsel.

— Nürnbergische, s. J. G. Winterschmidt.

Flora oeconomica, oder naturgetreue Abbildungen aller landwirthschaftlichen Pflanzen. Pirna, 1805. fol.

— ökonomisch-technische. II Liefer. mit getrockneten Pflanzen. Fol. Breslau, Barth, 809. 810. (I. 1 Rthlr. 4 gr., II. 1 Rthlr. 12 gr.)

Oekonomisch-technologische Flora Boehmens. Prag, 1836–8. 8°.

— Oesterreichs. 2 Thle. 8. Wien. (Göbhe in Leipzig.) 794.

Flora, Oestreichs: ein Taschenbuch auf botanischen Excursionen. Wien 1794. V: *Schultes, Jos. Aug.* (BrMrn)

Oesterreichs Flora; oder Beschreibung aller im Oesterreich. Kaiserstaate wildwachsenden Pflanzen. Ed. 2. Wien, 1815. 8°.

— von Ost- u. Westpreussen, hrsg. vom preuss. botan. Verein zu Königsberg i. Pr. I. Samenpflanzen od. Phanerogamen. Bearb. v. J. Abromeit, unter Mitwirkg. v. A. Jentzsch u. G. Vogel. 1. Hälfte. (Bog. 1—25.) 8. (IX, 400 S.) Berlin 898. (R. Friedländer & Sohn.) n. 4.—

— von Ost- u. Westpreussen, hrsg. vom preuss. botan. Verein zu Königsberg i. Pr. I. Samenpflanzen od. Phanerogamen. Bearb v. J. Abromeit, unter Mitwirkg. v. A. Jentzsch u. G. Vogel. II. Hälfte. 1. Tl. (Bog. 26—43.) (S. 401—692 m. 1 Karte) 8. Berlin 903. (R. Friedländer & Sohn.) n. 3.—
I. Hälfte. Ebd. 898. n. 4.—.

— Parisienne, voyez Poiteau et Turpin.

—— poetische, od. Gedichte neuester Zeit. Der belehr. Unterhaltung wie auch der Liebe u. Freundschaft geweiht v. Fr. v. A... 12. (9⅙ B.) Quedlinburg 842, Ernst'sche Buchh.

—— und Pomona. Kleine Encyclopädie der Wissenschaften in Erzählungen für die Jugend. 1. Lfg. A. u. d. T.: Der verbannte Pole oder die Familie Strema-Ukoff. Eine Erzählung für die Jugend. 12. (72 S.) Altona 847, Blatt.

— der Provinzen Preußen, Posen, Brandenburg u. Pommern; unter combinirter Durchführg. nach beiden Systemen, unter Anführg. der bekannteren Nichtheimischen, u. m. Rücksicht auf die neuere Synonymik (v. W. Kretzschmar). gr. 8. (94 S.) Königsberg 851, Samter. 9 ngl

— im Reiche der Dichtung. Eine neue Blumensprache. Eigenschaften der Blumen, ihr allgemeiner Gebrauch im Alterthume u. ihre Deutung u. Anwendung von den deutschen Dichtern. 16. (132 S. m. 1 Holzschntaf.) Dessau 880. Neubürger. 1.—

— im Reiche der Dichtung. Die symbol. Bedeutg. der Blumen in der Poesie aller Völker, speciell der germanischen. 2. Aufl. 16. (132 S. m. 1 Taf.) Oranienburg 880 Freyhoff. n. 1.20; geb. n. 1.60

— Rheinische, e. Sammlung neuer Erzählungen, Gedichte u. kleiner Aufsätze von mehrern Verf. Herausgeg. v. Fr. Schulz. 2 Thle. gr. 12. Cöln 824, Schmidt.

Flora, Rheinische. Eine Sammlung neuer Erzählungen. Gedichte . . . Köln 1824. H: *Spitz, Wilhelm.* (GGr)

— Rheinische, Blätter f. Kunst, Leben, Wissen u. Verkehr. 1r Jahrg. 825, gr. 4. Aachen. (Düsseldorf, Schreiner).

— Rossica, vide Pallas.

Flora des Herzogthums Salzburg und der angrenzenden Ländergebiete. Zusammengestellt von Julius Hinterhuber und Franz Pichlmayr. Der 2. gänzlich umgearbeiteten Auflage neue Ausgabe. Salzburg 1899. Dieter. 16°. 313 S. fl. —.80

91 (436) 02

— von Schönbrunn rc. s. Boos.

[Franz von Paula] Schranks Baiersche Flora zum bequemern Gebrauche als Taschenbuch in tabellarische Form gebracht. Mit einig. Aend. u. Verbessergn. Regensburg: Montag & Weiß 1793. 352 S. 8°

Flora der Schweiz. Blätter. 8. *u.* kl.-4., *in Mappe.*

Flora Stuttgardiensis, oder Verzeichniss der um Stuttgart wild wachsenden Pflanzen. Stuttgart 1786. V: *Kerner, Joh. Simon.* (Ky) (MGT)

— svecica enumerans plantas Sveciae indigenas, cum synopsi classium ordinumque, characteribus generum etc. Post Linnaeum edita a Geo. Wahlenberg. II Pts. 8 maj. Upsala 824. (Leipz., Brockhaus). 6 ℔ 2 gl.

— v. Thüringen, s.a.v. Schlechtendal, D. L. F.

— v. Thüringen, s. J. K. Zenker.

—— von Thüringen u. den angrenz. Provinzen. Hrsg. v. Jonath. Carl Zenker u. D. F. L. v. Schlechtendal, u. die nach d. Natur gefertigten Originalzeichnn. v. Ernst Schenk. 1—42. Hft. Jed. m. 10 col. Kpfrtaf. u. so viel. Blätt. Text. gr. 16. Jena 836—43, Mauke. à * ½ Thlr. *
1—15. Hft. hrsg. v. Zenker, 16—38. Hft. von v. Schlechtendal u. 39—42. Hft. bearb. v. Langethal.

—— v. Thüringen u. den angrenzenden Provinzen. Hrsg. v. D. F. L. v. Schlechtendal u. die nach der Natur aufgenommenen Originalzeichnungen v. Ernst Schenk. Heft 43—77. Jedes m. 10 col. Kpfrt. 8. (16¾ B.) Jena 843—47, Mauke. à Hft. 10 Ngr. *
1—42. Hft. Ebendas. 1836—42. * 21 Thlr.

—— von Thüringen und den angrenzenden Provinzen. Hrsg. von D. F. L. v. Schlechtendal, (L. E.) Langethal und die nach der Natur aufgenommenen Originalzeichnungen von Ernst Schenk. 78—124. Heft. Jedes Heft mit 10 ill. Kpfrt. 8. (XVI und 950 S.) Jena 847—52, Mauke. à Heft * 10 Ngr. *
1—77. Heft. Ebendas. 1836—47. * 32 Thlr. 20 Ngr.

—— von Thüringen und den angrenzenden Provinzen. Hrsg. von D. F. L. v. Schlechtendal, (L. E.) Langethal und Ernst Schenk. 125—145. (letztes) Heft. Jedes Heft mit 10 ill. Kpfrt. 8. (CXX und 416 S.) Jena 852—55, Mauke. à Heft * 10 Ngr. *
Heft 1—124. Ebendas. 1836—52. * 48 Thlr. 10 Ngr.

—— dass. Supplement. 1. Lfg. Terminologie der beschreibenden Botanik. Nebst e. latein.-deutschen u. deutsch-latein. Wörterb. bearb. v. Chr. Ed. Langethal. Mit Abbild. v. Ernst Schenk. gr. 8. (2 B. u. 10 Kpfrt.) Jena 845, Mauke. *

— Ticinensis, seu enumeratio plantarum, quas in peregrinationibus multiplicibus plures per annos sollertissime in Papiensi agro observarunt et collegerunt Dom Nocca et J. B. Balbis. 8. Ticini. (Vitoduri. libr. Steineria). 816.

Flora der gefürsteten Grafschaft Tirol, des Landes Vorarlberg und des Fürstenthumes Liechtenstein. Nach eigenen und fremden Beobachtungen, Sammlungen und den Litteraturquellen bearbeitet von Prof. Dr. K. W. v. Dalla Torre und Ludwig Grafen von Sarnthein. I. Bd.

Enthält: 58

Die Litteratur der Flora von Tirol, Vorarlberg und Liechtenstein. Mit 1 Karte. Bearbeitet von Prof. Dr. K. W. v. Dalla Torre und Ludwig Grafen von Sarnthein. Innsbruck. 1900. Wagner. Gr.-8°. XXV, 414 S. K 12.—

Flora der gefürsteten Grafschaft Tirol, des Landes Vorarlberg und des Fürstenthumes Liechtenstein. Nach eigenen und fremden Beobachtungen, Sammlungen und den Literaturquellen bearbeitet von Prof. Dr. K. W. v. Dalla-Torre und Ludwig Grafen von Sarnthein. II. Bd.

Enthält: 58 (436 . .)

Die Algen von Tirol, Vorarlberg und Liechtenstein. Bearbeitet von Prof. Dr. K. W. von Dalla-Torre und Ludwig Grafen von Sarnthein. Innsbruck. 1901. Wagner. Gr. 8°. XXII, 210 S. K 6.—

— Tyrolensis. I. Bd. (Flora Oenipontana) gr. 8. Insbruck, Wagner. 805.

—— universalis, s. Dietrich, (Nath. Fr.) Dav.

— universalis, oder Abbildung aller bekannten Gewächse. 1r Bd. m. 72 K. Fol. Dresd. Arnold. 805.
Engl. Pap.

— Veneta etc. vide Moricand, S.

— Veronensis etc., s. Pollini.

FLORA

Verfasserschriften

Flora's lieblichste Kinder, nebst allem, was von ihnen zu wissen noth u. wohl thut. Ein Doppelalphabet von Blumen treu nach d. Natur gezeichnet u. ill. 16. Wien 827, Müller.

Flora's Orakelsprüche. Ein Beitrag zur angenehmen Unterhaltung im geselligen Abendkreise. 12. Frankfurt a. M. 835. Krug. 3/8 ₰

——'s Stammbuch, s. Blumensprache.

— Stammbuch oder Neue Blumensprache in sinnreicher Deutung v. 460 der bek. Feld- u. Gartengewächse. 8. Gotha 831. Krug. 9 K

— Stammbuch. Eine neue Blumensprache, enth. 460 der bekanntesten Feld- u. Gartengewächse mit ihren botan. u. verschied. provinz. Benennungen, sinnig gedeutet als Denksprüche in Erinnerungsbücher. 12. (6¼ B.) Frankfurt a. M. 835, Krug.

Flora's Tagebuch. gr. 16. (80 S.) München 871, (Kaiser.)

Flora, Ant., Beiträge zur Klimatologie von Cairo. Für Touristen und Erwerbende hrsg. 8. (VIII, 83 S. mit 1 Tab. in qu. 4.) Leipzig 870, (Brockhaus.) *

Flora, Ant., Erzählungen aus der Cholera-Epidemie in Südtirol 1855, nebst einer Studie über die krankhaften Vorgänge in der Cholera und über zweckmässige und unzweckmässige Heilverfahren. gr. 8. (VIII und 124 S.) Wien 857, (Gerold's Sohn.) *

—— aerztliche Mittheilungen aus Aegypten. gr. 8. (X, 105 S.) Wien 869, Gerold's Sohn. *

Flora, Asta (Helga Knudson), herrliche Wanderung. Erzählung. (61 S.) kl. 8. Schwerin (908). F. W. Bülow. — 80

— Wer wird siegen? Erzählung. (61 S.) kl. 8. Ebd. (908). — 60

Flora. G[ottfried]: Zum 40jährigen Bestand der Anstalt. S. 3—7. 8.
Progr. K. k. Staats-Gymn. *Villach* 1909.

. Flora, Gottfried: Nachruf an Professor Anton Kempf.
S. 52—53. 8. Progr. Staats-Obergymn. *Klagenfurt* 1903.

— die Flucht v. d. Pleißenburg. Erzählung aus d. Mitte d. 16. Jahrh. 8. Leipz. 826, Rein.

Floramundi, d. unglückl. Ritters, Gesch. 8. Jena. 735.

* **FLORANDER** (ps.), Die unvergleichliche Darine, Cron-Printzeßin aus Creta. In einer (zahmen) Helden- und Liebes-Geschichte der galanten Welt zur vergönnten Gemüths-Ergötzung vor Augen gelegt von —. Franckfurth und Leipzig 1730. 8°. (In Berlin: Yv 2331.)
6 Bll. (incl. roth u. schwarz gedr. Titel) u. 323 S.

— — Dasselbe, tit.: Die tugendhafte Darine. Leipzig 1753. 8°. 21 Bogen.
Cat. Meissner II, wo auch die vorige Ausgabe.

Florando [Pseud.], s. Negelein, Joachim

Florange, Alex., appr. Arzt aus Düsseldorf: Statistischer Bericht über die Erkrankungen des Anus und Rectum, die in der Bonner chirurgischen Klinik vom Jahre 1893—1898 zur Beobachtung kamen. *Bonn 1903: J. Trapp.* (52 S.) 8°
Bonn, Med. Diss. v. [29. Juli] 1903

[Ant. u. J.] **Florax**, Ludwig: Französische Elemente in der Volkssprache des nördlichen Roergebietes. Viersen, Druck v. J. H. Meyer, 1893; 3—28 S. 4.
Viersen, RPG, P 1893 (4°)

— s. Calvinisten, die.

Floraldin, (Ed.,) die Calvinisten in Leipzig. Erzählung a. den letzten Drittheil d. 16. Jahrhund. 3 Thle. 8. Leipz. 827, Kollmann.

Floralia Sacra, in Templo honoris . . . Bambergae 1719. V: *Hoch, Caspar.* (Jes)

Florae Romanae prodromus exhibens centurias XII. etc. vide Sebastiani, A.

Florack, Frz., die Schutzgebiete, ihre Organisation in Verfassung u. Verwaltung, s.: Abhandlungen aus dem Staats-, Verwaltungs- u. Völkerrecht. I. 4.

Florchens Vorübungen, ein Gegenstück zu den Bußungen in Althings Manier. 8. Gießen, Müller. 818.

Floerchen, S. Aug., Apologia vindiciaria pro Beroso Anniano etc. 8. Lps. Sommer.

*

Floerchen (Floerken), Angelus, Chronologia universalissima praeter doctrinae temporum epidicticae ac practicae traditionem omnium et singulorum annorum seriem a principio rerum ac temporum usque ad ingressum aeternitatis methodice complectens atque celebriorum quarumlibet aerarum computos annorum expansos distincte exhibens necnon aphoristicam omnium historiarum rerumque per singulos annos gestarum eventorumque mirabilium synopsin succincte comprehendens, subiuncto denique tractatu de paschate et computo ecclesiastico cum computo novo ac tabulis paschalibus concinnata ac publicae luci datae. Hildesheim, 1743, 4°.

FLÖRCHINGER, August (Herthausen): Die Cannabis indica in ihrer früheren und heutigen therapeutischen Verwendung.- München: Grassl (1884). 31 S.
7.2.1884 - Urk (Titel: De cannabis indicae usu therapeutico.); Chr 1883/84,13
Diss. Ingolst.-Landsh.-Mchn.

Flörcke, s. Flörke.

Flörcke, Carl Heinrich, s. Flörcke, Karl Heinrich.

Flörcke, C., Aurora, 8. N. Brandb. 794.

Flörcke, Fr. Jak., die letzte Scene einer glückl. Familie. Ein musikal. Drama. 8. Wismar 780.

FLÖRCKE, H.G.

s.a. Flörke.

— die Münzkunst und -wissenschaft. m. K. gr. 8. Berl. Pauli. 805.
(dieses Werk ist d. 97ste Thl. d. Krünitzischen Encyklopädie.)

Flörcke, H. G., vom Mühlenbau und -wesen ɪc. m. K. und bes. Tab. 2 Thle. gr. 8. Berl. Pauli. 804. (1r 7 Rthlr. 3 gr. 2r 4 Rthlr. 21 gr.)
(dieser Theil macht die größte Hälfte des 69sten Theils d. Krünitzischen Encyklopädie.)

— das Pferd und d. Pferdezucht oder Beschreib. d. merkwürdigsten Racen, Eigenschaften, Vollkommenheiten ɪc. m. K. und Tabellen. gr. 8. Berl. Pauli. 809.
m. illum. K.

— Repertorium des Neuesten und Wissenswürdigsten aus der gesammten Naturkunde. Eine Zeitschrift für gebildete Leser in allen Ständen für 1811. 2 Bde. oder 12 Hfte. m. K. gr. 8. Berlin, Hitzig. (einz. à 16 gr.) Rthlr.

Floercke, Heinrich Ernst (Präs.), s. Feldhaus, Joh. Mart.: De jure ex pactione tertii quaestio.

— — (Lippe/Westf.), De constituto possessorio. Disp. jur. Präs. Peter Müller. Jena (Bauhofer) Okt. 1689. 78 S. (6.—) 9096

— — Dasselbe. Jena (Ehrich). 1706. 80 Seiten. (6.—) 9097

— — Dasselbe. Ed. II. Jena (Ehrich/Vit. Rothacker) 1728. 78 S. (6.—) 9098

Floercke, Jo. Ern., Commentatio de crimine conivrationis spirituum, eivs processu et poenis praemissis nonnvllis ad magiam svpernatvralem divinam daemoniacam et hvmanam nec non thevrgiam cabbalam et theologiam mysticam pertinentibus omnibvs et singvlis e principiis veris et genvinis philosophicis atqve jvridicis nec non fontibvs historicis dedvctis. 522 pp. Jen. 1721. 4°.

Flörcke, Jo. Ern.: Praenotionum juris prudentiae ecclesiasticae, in quibus de ejus necessitate, definitione etc. agitur. Ed. auct. (*Jen.* 724.) *Hal.* 756. 8.

Flörcke, Joh. Ernst, De canonico scholastico. Jena (Horn), 31. III. 1731. 12 S. (2.—) 9104

— de canonici scholastici nomine, origine, dignitate et praebenda. Goth. 1737. 4.

— Nothwendigkeit und Nutzen die Kirchenhist. zu erlernen. 8. Jena. 726.

— — (Dir. d. Univ. Halle), Erörterung d. Rechts=Frage: Ob jemand, besonders ein Geistlicher, wie auch ein Academicus, desgleichen ein Soldat, seines befreyten Gerichts=Standes sich begeben könne? Halle (Joh. Frdr. Grunert) 1758. 20 S. (3.50) 9105

— — Erörterung der Rechts=Frage: Ob und wie ferne Policey=Sachen vor die Justitz=Collegia gehören, und in selbigen gerichtliche Processe und gewöhnliche Rechts=Mittel wider die darinnen ertheilte Bescheide und Urtheile statt haben? Halle (Joh. Friedr. Grunert) 1760. 16 S. (3.50) 9106

— observ. ad Schilteri institut. juris canon. 4. ibid. 726.

Floercke, Jo. Ernst (Jena), De origine bonorum mensae episcopalis. Diss. jur. eccles. Präs. Jo. Philipp Slevogt. Jena (Werther) 27. I. 1720. 56 Seiten. (5.50) 9099
Gew.: Heinr. Ernst Floercke (Magdeburg; Vater). — Widm. v. Präs.

— — Dasselbe. Ohne Präs. Jena (Joh. Matth. Kaltenbrunner) 1724. 56 S., o. Widm. (5.—) 9100

— — Dasselbe. Vom Ursprung, Beschaffenheit, Einsetz=Veräusser= und Verjährung der Bischofflichen Tafel=Güter. Frkft. u. Lpz. 1754. 84 S. mit Präs., ohne Widm. (5.—) 9101

— — Schediasma de praerogativa juris canonici prae jure Justinianeo. Jena (J. Fr. Ritter) 8. IV. 1722. 24 S. (3.50) 9102

— — Dasselbe. Halle (Joh. Jac. Curtius) 1757. 32 S. (3.50) 9103

FLÖRCKE, Karl Heinrich

Flörcke, Carl Heinrich (Jena), Summos doctoris juridici honores viro Johann Ernst Floercke, fratri unico gratul. eademque jure consultorum adulatorum. Jena (Werther) 6. II. 1720. 6 Bl. (4.—) 9094

Flörcken, Heinrich, appr. Arzt a. Paderborn i. W.: Untersuchungen über die Lebensfähigkeit von Epidermiszellen. Würzburg 1905: F. Staudenraus. (56 S.) 8°
Würzburg, Med. Fak., Ref. Schoenborn, Diss. v. 15. März 1905
[Geb. 14. Juni 81 Paderborn; Wohnort: Paderborn; Staatsangeh.: Preußen; Vorbildung: Gymn. Paderborn Reife O. 00; Studium: München 2, Kiel 2, München 1, Würzburg 4 S.; Coll. 24. Febr. 05; Approb. 4. Febr. 05.]

Floerckius, Jo. Ern., s. Flörcke.

Flore und Blanceflor (Blanscheflur), s. a. Fleck, Konrad.

Flore und Blanceflor, altfranzös. Roman, nach der Uhlandischen Abschrift der Pariser Handschrift No. 6987 herausgeg. von Imman. Bekker. 8. Berlin 844, Reimer. 1/2 ℔

Flore de Buitenzorg, publiée par le jardin botanique de l'état. 1. et 2. partie. Lex.-8. Leiden 898. Buchh. u. Druckerei vorm. E. J. Brill. n.n. 8. —
1. D. Pteridophyten d. Flora v. Buitenzorg. Von M. Raciborski. (XII, 255 S.) n.n. 6. —
2. D. Myxomyceten d. Flora v. Buitenzorg. Von O. Penzig. (83 S.) n.n. 2. —

Flore de Buitenzorg, publiée par le Jardin botanique de l'État. 3. et 4. partie. gr. 8. Leiden, Buchh. u. Druckerei vorm. E. J. Brill. n. 22. —
3. Les algues de la flore de Buitenzorg. (Essai d'une flore algologique de Java.) Par É. de Wildeman. (XI, 457 S. m Abbildgn. u. 16 Taf.) 900. n.n. 17. —
4. Die Hepaticae der Flora v. Buitenzorg. 1. Bd. Enth. die Beschreibg. aller bisher aus Java bekannt gewordenen Riccieae, Marchantiaceae Jungermaniaceae Anakrogynae u. Jungermaniaceae Akrogynae, Unterfam, Epigonianthcae. Von Vict. Schiffner. (220 S.) 900. nn 5. —
1 u. 2. Ebd. 898. n. 8. —.

Flore de Buitenzorg, publiée par le Jardin botanique de l'État. 5. partie, 2 vols. et 6. partie. gr. 8. Leiden, Buchh. u. Druckerei vorm. E. J. Brill. n.n. 48. 50
5. I. Die Musci der Flora v. Buitenzorg (zugleich Laubmoosflora v. Java). Enth. alle aus Java bekannt gewordenen Sphagnales u. Bryales, nebst kritisch. Bemerkgn. vieler Archipelarten, sowie ind. u. austral. Arten. Von Max Fleischer. 1. Bd. Sphagnales: Bryales (Arthrodontei [Haplolepideae]). Mit 71 Sammelabbildgn. (XXXI, 380 S.) 900—902. n.n. 20. —
II. Dasselbe. II. Bd. Bryales (Arthrodontei [Diplolepideae i. p.]) Mit 49 Sammelabbildgn. (XVIII u. S. 381—643.) 902—904. n.n. 13. 50
6. Die Orchideen v. Java. Von J. J. Smith. (VIII, 652 S.) (905.) n.n. 15. —
Part. I—IV. Ebd. 898—900. n.n. 30. —.

Flore de Buitenzorg, publiée par le Jardin botanique de l'État. 5. partie. III. vol. Lex. 8. Leiden, Buchh. u. Druckerei vorm. E. J. Brill. nn 28. —
5. Die Musci der Flora v. Buitenzorg zugleich Laubmoosflora v. Java m. Berücksicht. aller Familien u. Gattgn. der ges. Laubmooswelt. Von Max Fleischer. Enth. alle aus Java bekannt gewordenen Sphagnales u. Bryales, nebst krit. Bemerkgn. üb. viele Archipelarten, sowie ind. u. austral. Arten. III. Bd. Bryales metacranaceales i. p. Isobryinae i. p., Hookerinae. Mit 62 Sammelabbild. (XXIV u. S. 645—1103.) 906 bis 908.
I—IV, V, 1. 2 u. VI. Ebd. 898—905. nn. 78. 50

Flore du Dictionnaire des Sciences etc. Voyez Dictionnaire.

Flore d'Europe. I—XII Livrais. grav. p. Boissieu. 8. Paris et Strasb. Treuttel et W. 805. (à 2 Rthlr.)
Velinpap. (à 5 Rthlr.)

Flore de l'Helvétie. Album-souvenir contenant quatorze costumes suisses chromographiés. Berne, B. F. Haller. 3. 75

Floreda, d. Marquisin, Klagen in der Unterwelt, m. K. 8. Dresd. Gerlach. 781.

Floredus, Johs. Godofr., christliche Leichtpredigt über den tödlichen Hintritt des weil. hochgebohrnen Grafen und Herren, Herren Peter Grafen zu Holzappel, Freyherren zu Lawerenburg rc., welcher bey Augspurg a. 1648 den 17. May im treffen geblieben und in dem Herrn seelig verschieden. Gehalten zu Asten in der Graffschaft Holzappel den 2. Aug. a. 1648. Hrsg. von C. St. gr. 8. (31 S.) Wiesbaden 865, (Feller und Gecks.)
*

Florello; e. Gesch. aus den mittägl. Ländern. 2 Thle. 8. Bresl. W. G. Korn. 780.

— od. der junge Einsiedler, eine amerikan. Novelle. 8. Leipz. Sommer. 808.

Florello, Hesperides I. Edit. II. auct. gr. Lex.-8. Berlin 841, Wohlgemuth's Buchh. 2/3 ℛ

Florello, Th., s. 1) *Theomela*. 2) Theotima.

Florello, Julius [Pseud.], s. a. K o s e g a r t e n , Friedrich Franz

Florello, Jul., (Fr. Frz. Kosegarten), Charakter-Probleme, oder Waldhütte u. Ringe. 2 Thle. 8. Gotha 800. Ettinger. 1 ℛ 16 gr

— s. Julie Steinau.

Floren, Joseph, approb. Arzt aus Wormeln: Nerven- u. Psychiatr. Klinik zu Kiel. **Geistesstörungen bei Aphasie.** *Kiel 1902: H. Fiencke.* (29 S.) 8°
Kiel, Med. Diss. v. [27. Apr.] 1902

Floren, Johs., aus stillen Stunden. Gedichte. 2. verm. Aufl. gr. 8. (208 S.) Krefeld 901. G. A. Hohns Söhne. Geb. in Leinw. m. Goldschn. n. 4.50

Florenburg, A., Gedenkblatt z. Jubelfeier d. Wiederaufrichtg. d. Deutschen Reiches. gr. 8. (11 S.) Hilchenbach 898. L. Wiegand. n. — 20

Florence, Miss. Schauspiel in 4 Acten und einem Vorspiele ... Wien 1888. V: *Kallir, Julius (?)* (EB)

Le bone Florence of Rome. Hrsg. v. Wilhelm Vietor (Abt. 2: hrsg. v. Albert Knobbe). Abt. 1. 2. *Marburg: N. G. Elwert 1893–99.* 2 Bde 8°
1. Abdruck d. Hs. (Ff. II 38, Univ. Library, Cambridge). 1893
2. Untersuchung d. Denkmals. 1899.

Florencourt, Bernh. v., römisch-katholische Briefe an Franz v. Florencourt. 1. Heft. gr. 8. (72 S.) Innsbruck 871, Wagner'sche Universitäts-Buchh. *

Florencourt, B. v., die General-Versammlungen schlesischer Katholiken. gr. 8. (36 S.) Ratibor 877. (Breslau, Aderholz' Buchh.) *
Aus: Ratibor-Leobschützer Zeitung, besonders abgedruckt.

Florencourt, Frz. v., meine Bekehrung zur christlichen Lehre und christlichen Kirche. 1. Heft. 8. (III und 204 S.) Paderborn 851(52,) Schöningh.

v. Florencourt, Frz., fliegende Blätter über Fragen der Gegenwart. Nr. 1. u. 2. gr. 8. Naumburg 845, 46, Lange. Nr. 1. n. 1/6 ℛ Nr. 2. n. 5/12 ℛ

— dies. Nr. 3. Czerski. gr. 8. Ebend. 846. n. 1/6 ℛ

— dies. Nr. 4. Ueber Bürgerversammlungen. gr. 8. Leipzig 846, O. Wigand. 3 ngl

Florencourt, Frz. v., katholische Briefe. 1. Hft. gr. 8. (V, 33 S.) Wien 871. F. Beck's Verl. n. — 60

— Frankfurt und Preußen. 8. (XII u. 180 S.) Grimma 849, Verlags-Comptoir. 1/2 ℛ

Florencourt, F. von. Die National-Versammlung wird zusammengeschossen! — Gedruckt bei J. Sittenfeld. 1 Bl. Fol.
Flugblatt. Berlin, 8. Nov. 1848.

v. Florencourt, Frz., Philalethes und Dr. Schleiden. gr. 8. Hamburg 839. Niemeyer. 1/8 ℛ

Der Polenprozess und die Polenfrage im August 1847 v. Franz von Florencourt. Grimma. 1847. 8°.

Florencourt, Franz von. Programm der Norddeutschen Correspondenten. Druck von C. G. Brandis. 2 Bl. Fol.
Flugblatt. Berlin, 17. Juni 1849.

— Rede, gehalten in der Naumburger Versammlung der „protestantischen Freunde" am 8. Juli 1845. 8. Elberfeld 846, Schmachtenberg. 1 ngl

—— erstes Sendschreiben an die sogen. constituirende Nationalversammlung in Frankfurt. gr. 8. (8 S.) Naumburg 848, [Hofmeister.]

—— noch ein Sendschreiben an die sogen. constituirende National-Versammlung in Frankfurt. 8. (34 S.) Grimma 848, Verlags-Comptoir.

—— drittes Sendschreiben an die National-Versammlung in Frankfurt. 8. (30 S.) Grimma 848, Verlags-Comptoir.

— Sendschreiben an Dr. Schleiden. gr. 8. Ebd. 839. 1/8 ℛ

—— über die Stellung und die Maßnahmen der Staatsregierung gegenüber dem Ultramontanismus. gr. 8. (VII, 104 S.) Bonn 872, Weber. *

Florencourt, F. von: „Zur preussischen Verfassungsfrage", Hamburg 1847. — Vorh.: Com. Bibl. Hamburg.

— Vertheidigung zu Naumburg in der wegen Preßvergehens gegen ihn anhängig gemachten Untersuchung. Verf. von Bromme. gr. 8. Leipzig 846, O. Wigand. 1/4 ℛ

—— Zeitbilder. 2 Bde. 8. Grimma 847, Verlags-Comptoir. [1. (XXIV und 315 S.) 2. (XII und 323 S.) à 1 Thlr. 15 Ngr.]

— politische, kirchliche u. literarische Zustände in Deutschland. Ein journalistischer Beitrag zu den Jahren 1838 u. 1839. 8. Leipzig 840. (Tauchnitz jun.) 1 2/3 ℛ

Florencourt, Chassot, Karl de: „Abhandlungen aus der juristischen und politischen Rechnungskunst", mit Kupfern und A. G. Kästners Vorrede, Altenburg 1781 (Richter) (Hennings in Neisse).

Florencourt, C. C. de: „Abhandlungen aus der juristischen und politischen Rechenkunst", nebst einer Vorrede von Kästner. Mit einer Karte. Altenburg 1784. — Vorh.: Com. Bibl. Hamburg.

— vermischte philosophische Aufsätze. gr. 8. Ebend. 793.

— Bemerk. auf einer Reise ꝛc. 8. Berl. Voß. 795.

FLORENCOURT, CARL C.
Ueber die Bergwerke der Alten, Göttingen, 1785. 8vo.

— Mittheilung, s. Mittheilungen.

— etwas über Nat.- Veräußerungen und Verschuldungen der Cammergüter ꝛc. gr. 8. Helmst. Fleckeisen. 795.

— sittliche Schilderungen auf einer Reise von Braunschweig nach Cassel. 8. Berl.: Belitz. (a. Gräff in Lpz.) 801.

De Florencourt, C. C. Züchtlinge und Verbrecher sind bei den Berg- und Hüttenarbeiten nützlich zu gebrauchen. *Göttingen, Dietrich.* 1785

v. Florencourt, W. Chassot, Beiträge z. Kunde alter Götterverehrung im Belgischen Gallien und in den Rheinischen Gränzlanden. Mit 1 Tafel mit lith. Abbild. gr. 8. Trier 842, Lintz'sche Buchh. 5/12 ℛ

— die Burschenschaft. gr. 8. Leipzig 841, Bösenberg. 1 1/2 ℛ

—— Erklärung der räthselhaften Umschriften der Consecrations-Münzen des Romulus. gr. 8. (1 1/2 B.) Trier 843, Lintz'sche Buchh.

—— Rede, gehalt. in d. naumburger Versammlung d. „protestant. Freunde" am 8. Juli 1845. 8. (¼ B.) Elberfeld 846, Schmachtenberg.

de Florencourt, Chassot, Wlh. Fd., vermischte philosoph. Aufsäße. gr. 8. Altenb. 793. (Hennings in Neisse). 18 gl

Florencourt, Wilh. Ferd. Chassot von, Bemerkungen auf einer Reise durch einen Theil des Niedersächsischen u. Obersächsischen, Westphälischen u. Oberrheinischen Kreises. Nebst einer Abhandlung über weibliche Geistesbildung. Berlin 1795. 8. (D.)

Florencourt, Chassot, Wlh. Fd. de. Etwas über die Natur, die Veräusserung und Verschuldung der Kammergüter deutscher weltlicher Reichsstände. gr. 8°. Helmstädt, Fleckeisen, 1795.

— Mittheilungen, geschrieben auf e. Reise in Briefen an e. Freund. 8. Berl. 797. Felisch. (Wienbrack in Leipz.) 1 rß

— sittl. Schilderungen auf e. Reise von Braunschweig über Pyrmont, Rinteln, Cassel 2c. 8. Berl. 801. (Wienbrack in Lpz.) 1 rß

4765. **Florendine oder die Verhältnisse des Lebens.** 1807. V: *Gerle, Wolfg. Adolph* (?). (Der Freimüthige 1808, Nr. 43, 29. Febr., S. 172.) (GGr IX, 130)

Florens Abenteuer in u. außer Europa, von Jul. v. Voß. 2 Thle. m. K. 8. Berlin, Schmidt. 809.

Florens, s.a. Florent. -Florentis.

Florens, Franc.: Dissertationes: De lege dioecesana. De exemptionibus religiosorum. De praescriptionibus. De interruptionibus praescriptionum. De antiquo statu religiosorum in Gallia. Frid. Aug. Chr. Wahl . . . denno rec. et praef. praemisit. Helmstadii 1748.

Florens, Frc.: Opera juridica, stud. J. Doviatii collecta etc. Adjecti sunt ad calcem 1. partis duo tractatus, alter de officio archidiaconi, auct. Nic. Januario, alter de absolutione ad cautelam, auct. J. Tournet. *Par.* 679. 4. sub cura Ign. Cph. Lorber a Störchen. T. I. II. *Norimb.* 756. 4.

Florens, Otto, Anleitung zur genauen Kenntniß der schädlichen Garten-Insekten sowie der bewährtesten Mittel zu deren Vertilgung. Ein nothwendiger Rathgeber für Gärtner, Obst- u. Weinbauer, Forstmänner 2c. Mit Benutzung des französischen „Les insectes etc." Dresden 864. Schrag'sche Verlags-Anstalt. 8. (VIII, 71 S.) n. 10 ngr

Florens, Otto, Anleitung zur genauen Kenntniß der schädlichen Garten-Insekten sowie der bewährtesten Mittel zu deren Vertilgung. Ein nothwend. Rathgeber für Gärtner, Obst- und Weinbauer, Forstmänner 2c. Mit Benutzung des franzöf. „Les insectes etc." 2. Aufl. 8. (VIII, 71 S.) Berlin 872, Wiegandt, Hempel und Parey. *

Florent, s.a. Florens.

Florent, Fausting, 7 Fastenpredigten. 8. Paderborn, Wesener. 804.

Florent, Frz., Opera juridica edid. J. C. Lorber v. Stoerchen. Adjecti sunt duo tractatus, alter de officio archidiaconi, auctore Nic. Januario, alter de absolutione ad cautelam, auctore Jh. Tournet. II Ptes. 4. Nürnb. 756. Grattenauer. 3 rß 16 gl

Florentiae — Ichnographia Urbis in Tuscia primariae — Scenographiee simul excusa ab Homannianis Heredibus 1731. Ohne M. 1 Bl.

Florentin. Roman. Berlin 1799. V: *Schlegel, Dorothea geb. Mendelssohn.* (Kn)

Florentin, ein Roman von F. Schlegel. 1r Theil. 8. Lübeck. 799. Ist jetzt Verlag von Reimer in Berlin.

— e. Roman, v. Fr. Schlegel. 1r Bd. 8. Lübeck, Bohn. (Niemann.) 801.

Florentin, d. Dolch im Busen d. Freundes, v. Albrecht. 8. Camburg, Rößler. 804.

Florentin [d. i. Marie Murland]: Los von Rom. Novellen. (Halle): Selbstverl.; C. Gleditzsch in Komm. [1905]. (169 S.) 8° [F.] [4. 80.] 3

FLORENTINE oder die Verhängnisse des Lebens. Eine (zahme) Familiengeschichte. 2 Thle. Mit Titelkpfrn. u. Titelvignetten. Leipzig 1810. 8°. 222+224 S.
Ed. I: Ebd., Taubert, 1807. 8°. (2 Rthl.) Kayser p. 39.

Florentini, Diss. de hydrocephalo. Oenip. 4°. 1771

Florentini. Anton Crispin s. Florentini, P. Theodosius [Ordensname].

Florentini, Hier., de hominibus dubiis, sive abortivis baptizandis. 4. Augsb. 761. M. Rieger. 22 gl

[Florentini.] P. Theodosius, und Tschudi, J[ohann] H[einrich]. Gedächtniss-Predigten auf die Brand-Katastrophe vom 10./11. Mai 1861 in Glarus. Gehalten am 11. Mai 1862 auf dem Burghügel von P. Th.... und auf dem Landsgemeindeplatz von J. H. T.... 8. Glarus 1862.

Florentini, Theodosius (Bearb.), s. Goffine, Leonhard: Katholische Hauspostille.

— s. Goffine, L., christkathol. Unterrichts- und Erbauungsbuch.

Florentini, Theodos., Kommet, lasset uns anbeten! Katholisches Lehr-, Betrachtungs- u. Andachtsbuch für das vierzigstündige Gebet, für die heilige Fasten- u. Frohnleichnamszeit, u. ganz besonders für die tägliche, monatliche u. ewige Anbetung des Allerh. Altarssakramentes. Nebst allen gewöhnlichen Andachtsübungen. Mit (5) Bildern (in Stahlst.). Einsiedeln 858. Gebr. Benziger. 8. (VIII, 613 S.) 22½ ngr

Florentini, Theodosius, kommet, lasset uns anbeten! Katholisches Lehr-, Betrachtungs- u. Andachtsbuch für das vierzigstünd. Gebet, f. die heil. Fasten- u. Fronleichnamszeit, u. ganz besonders f. die tägl., monatl. u. ew. Anbetung d. allerheiligsten Altarssakramentes. Nebst allen gewöhnl. Andachtsübungen. Neue umgearb. Ausg. 16. (575 S. m. eingedr. Holzschn., Holzschntaf. u. Steintaf.) Einsiedeln 877. Benziger. 1. 15

Florentini, Theodosius, lasset die Kleinen zu mir kommen. Ein Gebet- u. Unterrichtsbüchl. f. Kinder. d. 1. Elementarkl. 32. (144 S.) Einsiedeln 846, Gebr. Benziger.

Florentini, Theodos., lasset die Kleinen zu mir kommen. Ein Gebet- und Unterrichtsbüchlein für Kinder der ersten Elementarklassen. 2. Aufl. 1847. und 3. Aufl. 32. (144 S. mit 1 Stnt. und eingedr. Holzschn.) Einsiedeln 850, Gebr. Benziger.

Florentini, Theodos., lasset die Kleinen zu mir kommen. Ein Gebet- und Unterrichtsbüchlein für Kinder der ersten Elementarklassen. 10.—14. Aufl. 32. (160 S. mit 1 Stnt. und eingedr. Holzschn.) Einsiedeln 862—67, Gebr. Benziger.

Florentini, Theod., Lasset die Kleinen zu Mir kommen. Ein Gebet- und Unterrichtsbüchlein für Kinder. 15.—17. Aufl. 32. (160 S. mit 1 chromolithogr. Taf.) Einsiedeln 868—72, Gebr. Benziger. *

Florentini. P. Theodosius. Leben der Heiligen Gottes. (*Teil 2—4:* Gesammelt und bearb. von P. Th' F'...) Hrg. vom katholischen Vereine zur Verbreitung guter Bücher im Bisthume Chur. 4 Theile. 8. Ingenbohl 1860—1864.
Theil 1-2: 1860—1861. — Theil 3-4: 1863—1864.

— Leben der Heiligen Gottes. Hrsg. vom kathol. Vereine zur Verbreitung guter Bücher in der Schweiz. 2. Aufl., mit dem Bildnisse d. sel. Verf. in Stahlst. 4 Bde. gr. 8. (VIII, 712, 704, 720 u. 724 S.) Würzburg 877. Woerl. n. 10. —

[Florentini,] P. Theodosius. Lebensgeschichten heiliger Jünglinge. Belehrungs- und Erbauungsbuch für christliche Jünglinge. Entnommen dem „Leben der Heiligen" des sel. P. Th'. 8. Ingenbohl... 1882.

Florentini, P. Theodosius, Legendari della vita dils sogns. Translataus libramein en romonsch da Chr. M. Tuor. 1. Fascicul. 8. Cuera, Meyer—Amarca. 1. —

Florentinu, Joh. Popu, der psychische Moment in der Sprachlaut-Veränderung. Beispiel das rumänische Lautsystem. [Aus d. Sitzungsber. d. k. Akad. d. Wiss.] Wien 869. Gerold's Sohn in Comm. gr. 8. (8 S.) n. 2 ngr.

Florentis, s. a. Florens. - Florent.

Florentis, F.: Opp. omnia stud. J. Doujatii. II. P. (*Par.* 579. 4. cur.) J. Chr. Lorber a Störchen. *Norimb.* 756. 8. (3 Thl. 8 Gr.)

Florentis, Franz (Aurelianensis. Parisiensis), Dissertationes De lege dioecesana. De exemtionibus religiosorum. De praescriptionibus. De interruptionibus praescriptionum. De antiquo statu religiosorum in Gallia. — Fried. August. Christ. Wahl denuo recens. et praefat. praemisit. Helmstedt (P. D. Schnorr) 1748. 10 Bl., 76 S. (6.—) 9111

Florenz, s. Antiken.

Florenz, s.: Europa. Generalkarte.

Florenz und Umgebung. Mit 2 Kt. u. 2 Grundrissen. Berlin: Goldschmidt 1909–10. 78 S. 8°
Aus: Ober-Italien. Prakt. Reiseführer. 7. Aufl. (Griebens Reiseführer. Bd 121.) 109. 7816

Florenz, C. A., Register, s. Zeitschrift der deutschen morgenländischen Gesellschaft.

Florenz, C. A., Register, s.: Zeitschrift d. deutschen morgenländischen Gesellschaft.

Florenz, Carl Adolf, s. Florenz, Karl Adolf.

Florenz, H., Adreßbuch für die Stadt Bautzen, s. Adreßbuch.

Florenz, Jos., Mittel wider den Krebs, Aussatz und alle venerische Krankheiten. 8. Regensb. Creuz. 787.

Florenz, Karl. Japanische Annalen, s.: Mitteilungen der deutschen Gesellschaft f. Natur- u. Völkerkunde Ostasiens. Suppl.

Florenz, Karl, bunte Blätter. Japan. Poesie. 4. (20 Bl. m. farb. Bild.) Tokyo 897. (Hamburg, C. Behre.) Kart. n. 2. —

Florenz, Karl, Dichtergrüsse aus dem Osten. Japanische Dichtgn., übertr. v. F. 8. (98 Bl. m. farb. Abbildgn.) Leipzig 894. C. F. Amelang. In Karton. n. 5. —

Florenz K. Dichtergrüsse aus dem Osten. Japan. Dichtungen. (97 S) Leipzig 1895

Florenz, Karl, Dichtergrüsse aus dem Osten. Japanische Dichtgn. Übertr. v. F. 7. Aufl. 8. (99 Bl. m. farb. Abbildgn., in japan. Ausstattg.) Tokyo (902). Leipzig, C. F. Amelang. In Karton n. 6. —

— Dichtergrüsse aus dem Osten. Japanische Dichtgn. Uebertr. v. F. 8. Aufl. (98 Bl. m. farb. Abbildgn, in japan. Ausstattg.) 8. Leipzig (904). C. F. Amelang. In Karton n. 6. —

Florenz, Karl, Dichtergrüsse a. dem Osten. Japanische Dichtgn. Übertr. v. F. 12. Aufl. (98 Bl. m. farb. Abbildgn. in japan. Ausstattg.) 8. Leipzig (910). C. F. Amelang. In Karton 6. —

— japanische Dichtungen. Weissaster. E. romant. Epos. Nebst and Gedichten, frei nachgebildet v. F. 8. (VIII, 84 Bl. m. farb. Abb.) Tokyo 895. (Leipzig, C. F. Amelang.) Ausg. auf Crêpe-Pap. in Karton n. 6. —; Ausg. auf glattem Pap., gr. 8. n. 6. —

— japanische Dichtungen. Weissaster. Ein romant. Epos. Nebst anderen Gedichten. Frei nachgebildet v. F. 3. Aufl. 8. (84 Blatt m. farb. Abbildgn., in japan. Ausstattg.) Ebd. 899. In Karton n. 6. —

— japanische Dichtungen. Weissaster. Ein romant. Epos. Nebst anderen Gedichten. Frei nachgebildet v. F. 4. Aufl. (VII, 84 Bl. m. farb. Abbildgn., in japan. Ausstattg.) 8. Ebd. (904). In Karton n. 6. —

— japanische Dramen. Terakoya u. Asagao. Übertr. v. F. 2. Aufl. 8. (4, 38 u. 38 Bl. m. farb. Abbildgn., in japan. Ausstattg.) Ebd. (901). In Karton n. 6. —

— Geschichte der japanischen Literatur, s. a. Literaturen, die, des Ostens. X.

Geschichte der japanischen Litteratur. Von Dr. Karl **Florenz**, Prof. (In 5 Lfgen.) Leipzig: C. F. Amelang 19(05—)06. (x, 642 S.) 8°
— Litteraturen, Die, d. Ostens in Einzeldarstell. Bd 10. [06. 15390

— s.: Literaturen, die orientalischen.

— japan. Mythologie, s. a. Mitteilungen d. deutschen Gesellschaft f. Natur- u. Völkerkunde Ostasiens. Suppl.

Japanische Mythologie. Nihongi 'Zeitalter d. Götter'. Nebst Ergänzungen aus and. alten Quellenwerken. Von Dr. **Karl Florenz**, Prof. zu Tokyo. Mit Ill. *Tokyo 1901: Dr. d. Hounsha.* (IX, 341 S.) 8°
— Mittheilungen d. deutschen Gesellschaft f. Natur- u. Völkerkunde Ostasiens. Suppl. [01. 10948

— Nihongi od. japan. Annalen (Geschichte Japans im 7. Jahrh.), s.: Mitteilungen d. deutschen Gesellschaft f. Natur- u. Völkerkunde Ostasiens.

— s.: Religionen, die orientalischen.

FLORENZ, Karl Adolf

Florenz, Carl Adolf: **Das sechste buch der Atharva-samhitâ** übersetzt und erklärt.... **I. Teil, Hymne 1–50....** (Sep.-Abdr. aus d. XII. bande der „beiträge z. kunde d. indogerm. sprachen".) Göttingen, Druck d. Univ. Buchdr. v. E. A. Huth, 1887; 1 Bl. + 66 S. + 1 Bl. 8°.
Leipzig, Phil. Fak., Inaug.-Diss. v. 27. Jun. 1887.

Flores aenigmatum latinorum. Blumenlese von 400 lateinischen Räthseln, Charaden, Logogriphen, Anagrammen und verschiedenen anderen Aufgaben mit ihren Auflösungen. Im Anhange 200 Xenien. Gesammelt von Wilh. Binder. gr. 16. (IV und 143 S.) Stuttgart 857, Metzler'sche Buchh. Verlags-Conto. *

Flores de los Marqueses de Arcais, s.: Arcais.

Flores bibliorum s. loci commun. ex V. et N. Test. etc. 12. Viennae. Krauss. 766.

— doctorum graecor. et lat. etc. p. Th. Hybernicum. 8. ibid. 760.

Flores graecorum tragicorum. Ed. et illustr. Alb. Degener. 8maj. Leipzig 835. Hartmann. 1/2 ₰

Flores illustr. poet. Roman. veterum per Octavianum Mirandulam coll. et in titulos singulos digesti; nunc vero diligentius emend. atque dispos., novis etiam passim aucti et adspersis annott. illustr. a L. J. Billerbeck. 8maj. Leipz. 834. Voss. 1 1/4 ₰

— indices ex epistolis Xaverii 24. Col. 715.

Flores e patribus et scriptoribus ecclesiae latinae selecti, ad usum juventutis humaniorum litterarum studiosae. 8maj. (XVIII und 379 S.) Mechliniae 848. (Moguntiae, Kirchheim et Schott.) *

— precum devotionis piarum mentium charactere majore recusi etc. 12. Ofen 771. Univers.-B. 5 gl.

Flóres saga ok Blankiflúr, hrsg. v. Eug. Kölbing, s. a. Saga-Bibliothek, altnord.

Flóres saga ok Blankiflúr. Hrsg. v. Eugen Kölbing. *Halle a. S.: M. Niemeyer 1896.* (4 Bl., XXIV, 87 S.) 1 Bd 8.
— Saga-Bibliothek, Altnordische. H. 5.

Flores ex scriptis Sancti Bernardi Doct. collecti, in odorem suavitatis omnibus, maxime Sacerdotibus inservientes. Fasc. I. 8. (8 B.) Augustae Vindel. 831, Bolling. (Kollmann; Regensburg, Manz.)

Flores semisaeculares Bernenses; Erinnerungsblüthen vom 50jährigen Jubiläum der Hochschule Bern . . . Bern 1884. V: *Hagen, Hermann.* (Zuwachsverz. d. Bibliotheken in Zürich 1898 ff. 8.)

Flores semisaeculares Bernenses. Erinnerungsblüthen vom 50jähr. Jubiläum der Hochschule Bern, decerpsit, collegit, disposuit domus quaedam vetus. 8. (VII, 125 S.) Bern 884. Nydegger & Baumgart. n. 2. —

Flores theologiae moralis jesuitarum, quos in eorum hortis collegit omnibusque ingenuis catholicis hominibus, praesertim sacerdotibus dedicavit Catholicus. — Blüthen der Jesuiten-Moral, in ihren Gärten gesammelt u. allen gebildeten Katholiken, besonders den Priestern gewidmet v. e. Katholiken. — gr. 8. (XII, 92 S.) Celle 873. liter. Anstalt. 1. 80

Flores, tres, del teatro antiguo español, s. Coleccion de autores españoles.

— — VERNALES, d. i.: Allerhand gesam'lete Frühlings-Blumen, so in 2000. . . . Juristischen Fragen bestehen u. kürtzlich mit Ja und Nein beantwortet . . . . Welche bey der Frühlings-Zeit abgebrochen . . . . ein Treuer Sachwalter. Nebst e. vollständ. Register. Quedlinburg, verlegts Theod. Phil. Calvisius, gedruckt bey Joh. Geo. Sieverten im Jahr 1709. 4°. (4 Mk. 50 Pfg. Frdr. Klüber, 1896.)
Sehr selten und interessant! Tit. (roth u. schwarz), 1 Bl. Vorr., 260 S., 32 Bll. Reg.

Flores verni et candidi Pacis et Sapientiae Liligera Symbola . . . Herbipoli 1720. V: *Hoch, Caspar.* (JES)

Flores, Ildeph de, de agone martyrii. fol. Col. Allobr. 735.

— Comment. in XXIV Cap. Ecclesiast. fol. ibid. 735.

Flores, José. Einfaches und wohlfeiles Mittel wider den Krebs . . . A. d. Span. Magdeburg 1787. Ü: *Spohr, Carl Heinrich.* (MGT)

Floresky, G., f. Anteyors Reisen d. Griechenland u. Asien etc.

Floresta de rimas antiguas etc. Vide Faber, J. N. Böhl de.

Floresta de Rimas antiguas Castellanas ordenada por Don Juan Nicolas Böhl de Faber. II. Parte. II. edicion. gr. 8. Hamburgo 843. (Fr. Perthes.) 2 5/6 ₰ (I. II.: 5 1/3 ₰)

Floresta de Rimas modernas castellanas; ó Poesias selectas castellanas desde el tiempo de Ignacio de Luzan hasta nuestros dias, con una introduccion histórica, y con noticias biograficas y criticas, recogidas y ordenadas por Fern. José Wolf. II Tom. gr. 8. Paris 837; Viena, Rohrmann y Schweigerd. n. 6 ₰

Florestin, Anti-Hypochondriacum, s. a. Antihypochondriacum.

FLORESTIN (d. i. *Kersten,* Polizeikommissär in Magdeburg). Anti-Hypochondriacum (so!). Ein komisch-humoristisch-satyrisches Quodlibet. Aus dem Leben gegriffen von —. Halberstadt 1825. 8°. (2 Mk. Taussig, 1903; 4 Mk. 50 Pfg., Mindestgebot in R. Zinke's Dresdener März-Auction 1906, Nr. 1420:)
XII u. 415 S. Mit 9 (6?) sehr interessanten „zumeist auflegbaren Lithographien" u. e. Fremden-Zettel der Gastwirthin zum himmelblauen Hamster in Vagabondenberg, in grösstem Folio. Urkomisch!

Florestin, Kaleidoskop, humoristisch-komisch-satyrisch-romant. Inhalts. 8. Halberstadt 824, Vogl.

— — Kaleidoskop humoristisch-komisch-satyrisch-romantischen Inhalts. Halberstadt, bei H. Vogler (mit Signet als typ. Vignette). 1825. 8°.
Tit., VI (Inh. u. 2 Bll. Einleitg, dat. Magdeb., Sept. 1824), 312 S. — *A. E.:* Halberstadt, gedruckt bei H. Vogler J. Hörling (so!).

Florestin, ..., s. a. Komus Launig Kurzweil.

— Komus Launig Kurzweil, der Humorist, Anekdoten-Raritäten- u. Kuriositätenjäger. Ein Almanach auf 1827. Mit 1 Steindr. 8. Halberst. Vogler.

— — Kuriositäten aus dem Menschenleben. Ein Recept zum Lachen, ein Mittel gegen die Hypochondrie und eine Brennnessel für die Narrheit. Ulm 1824. 8°. VI u. 344 S. (2 Mk. 50 Pfg. Adolf Weigel, 1908.)

— Musaikon, oder: romant., humorist., burleske u. satyr. Bilder, Scenen, Erzähll. etc. Aus d. Leben gegriffen. 8. Halberst. 825. Vogler in Potsd. 1 ₰ 12 gl.

Floret, Engelb. Jos., über die Gesinde-Polizei. 8. Soest 811.

— Erörterung d. Fr.: Sind nach den Verordnn. v. 5. Nov. 1809, betreff. Theilbarkeit d. Güter, auch die sogenannten freien Erbgüter d. Bauern im Herzogth. Westphalen theilbar? 8. Soest 811.

Floret, P. A., Civil-Prozeß-Gesetzgebung etc. s. Civil-Prozeß-Gesetzgebung etc.

— — Motive zu dem Gesetzbuche für das Großherzogthum Hessen über das Verfahren in bürgerl. Rechtssachen. 1s 2s Heft. gr. 8. Darmstadt, Heyer und Leske. 819. (1s Heft 18 Gr. 2s H. 22 Gr.)

Floret, Peter Josef, s. Abhandlungen über bürgerl. Reichs-Verhältnisse d. Israeliten.

Floret, Peter Josef, s. Ansichten der Vergangenheit.

Floret, (P. J.,) histor. krit. Darstellung der Verhandlungen der Stände-Versammlung des Großherzogth. Hessen, i. d. J. 1820 u. 21. Mit besond. Beziehung auf die Verfassungsurkunde u. vorzügl. Berücksichtigung d. Gegenstände von allgem. Interesse. gr. 8. Gießen 821, Heyer.

Floret, Peter Josef, s. Erörterung über landständ. Verfassung.

Floret, Peter Josef, s. Loere, Geist etc.

Floret, Pt. Jos.: Motive zu d. Gesetzgeb. f. d. Grossh. Hessen üb. d. Verfahren in bürgerl. Rechtssachen. *Ebend.* 819—20. 2 Hfte. gr. 8. (1 Thl. 16 Gr.)

Floret, Theobald [aus Poppelsdorf]: Aus d. Univ.-Frauenklinik zu Bonn. Zur Casuistik der diagnostischen Irrthümer der Unterleibstumoren ... Bonn, Buchdr. J. Bach Wwe, 1895; 25 S., 1 Bl. 8.
Bonn, Med. Fak., Inaug.-Diss. v. [15. Febr.] 1895

Floretto. Altdeutsches Schauspiel, s. Schauspiele, altdeutsche.

FLOREY, G. Robert, s.a. Florus (Pseud.)

Florey, (G.) Rob., Bibelstunden über den Brief St. Pauli an die Philipper. Zum Gebrauche in Landkirchen, für christl. Kreise und Freunde des göttlichen Wortes. gr. 8. (VII und 198 S.) Leipzig 857, Klinkhardt.

Florey, (G.) Rob., Codex der sächsischen Elementar-Volksschule, s.a. Codex.

Florey, Rob.: Codex der sächsischen Elementar-Volksschule. Zusammenstellung aller Gesetze und Verordnungen von 1835—1858. 2. Aufl. Leipzig: Klinkh. 1859.

Florey, (G.) Rob., Codex der sächsischen Elementar-Volksschule. Zusammenstellung aller Gesetze und Verordnungen, das sächsische Elementar-Volksschulwesen betr. von 1835—1867 übersichtlich geordnet und mit einem vollständ. alphabet. Sachregister versehen. 3. verm. und umgearb. Aufl. gr. 8. (XVI, 235 S.) Leipzig 868, Klinkhardt. *

(Florey, Robert,) biblische Erinnerungen, s. Erinnerungen.

Florey, G. Rob., biblische Gabe, s. Gabe.

Florey, (G.) Rob., evangelische Hand-Agende. Eine Sammlung von Kirchengebeten, Voten bei kirchl. Abkündigungen, agendar. Formulare, und liturg. Gottesdienste. 2 Abthlgn. gr. 8. Leipzig, Klinkhardt. geb.

Inhalt:
Abthl. 1. Evangelische Kirchengebete und kirchliche Vota bei Abkündigungen. Aus Landesagenden und guten Gebetbüchern alter und neuer Zeit zusammengestellt. (VIII und 119 S.) 865. 20 Ngr.
2. Agendarische Formulare der evangelischen Kirche. Aus Landesagenden alter und neuer Zeit zusammengestellt. Als Anh. eine Sammlung liturg. Gottesdienste für Landgemeinden. (IV und 178 S.) 866. 25 Ngr.

— Hirtenstimmen, s.a. Predigtentwürfe, schriftgemäße, 8. Bdchn.

Florey, G. Rob., Hirtenstimmen an die Gemeinde im Hause des Herrn. Eine Sammlung von Entwürfen zu Casualreden. 3. Bdchn., 60 Entwürfe enth. A. u. d. T.: Hirtenstimmen bei den Wechselfällen des Lebens. Eine Sammlung von Entwürfen zu Tauf-, Confirmations-, Trau- und andern im geistl. Amte vorkomm. Reden und Predigten bei außergewöhnl. Veranlassungen. 8. (VIII und 280 S.) Leipzig 850, Klinkhardt.
1. und 2. Bdchn. Ebendas. 1847,49. à Bdchn. 22½ Ngr.

— Hirtenstimmen an die Gemeinde im Hause des Herrn. Ein Sammlung von Entwürfen zu Predigten und Reden. 3 Bdchn. 2. durchges. u. verm. Aufl. Ebend. 856, 57. 8. Jedes Bdchn. 22½ Ngr.
1. Bdchn.: Entwürfe zu Advents-, Fasten-, Bußtags- u. Wochenpredigten. (X, 236 S.)
2 Bdchn.: Entwürfe zu Festpredigten. (X, 211 S.)
3 Bdchn.: Hirtenstimmen bei den Wechselfällen des Lebens. Entwürfe zu Tauf-, Confirmations-, Trau- u. andern im geistl. Amte vorkommenden Reden u. Predigten bei außergewöhnlichen Veranlassungen. (VIII, 287 S.)

— Hirtenstimmen an die Gemeinde im Hause des Herrn. Eine Sammlung von Entwürfen zu Predigten u. Reden. 3. Bdchn. A. u. d. T.: Hirtenstimmen bei den Wechselfällen des Lebens. 3., durchgesch. u. verm. Aufl. Leipzig 865. Klinkhardt. 8. (VIII, 292 S.) 22½ Ngr.

Florey, G. R., Hirtenstimmen an die Gemeinde im Hause d. Herrn. Eine Sammlg. v. Entwürfen zu Predigten u. Reden. 1. Bdchn. Advents-, Fasten-, Bußtags- u. Wochenpredigt-Entwürfe. 3. durchgeseh. u. verm. Aufl. 8. (VIII, 236 S.) Leipzig 873. Klinkhardt. 2. 25

Florey, G. R., Hirtenstimmen an die Gemeinde im Hause d. Herrn. Eine Sammlg. v. Entwürfen zu Predigten u. Reden. 2 Bdchn. A. u. d. T.: Entwürfe zu Festpredigten. 3. Aufl. 8. (X, 213 S.) Leipzig 885. Klinkhardt. 2. 25

Florey, (G.) Rob., das Missionsnetz. Monatliche Missionsstunden in Stadt- u. Landkirchen. 1—6. Heft. (à 2—3 Bgn.) Leipzig 856—58. Klinkhardt. gr. 8. 1—4.: n. 20 Ngr.; 5., 6.: 9 Ngr.

— Felix Neff, der Waldenser-Apostel, s. Theodulia.

Florey, G. R., s.a. Predigtentwürfe, schriftgemäße.

— schriftgemäße Predigtentwürfe über Texte eines vollständigen Kirchenjahres. 6 Bdchn. 8., neu bearb. und verm. Aufl. 8. Leipzig, Klinkhardt. à Bdchn. 15 Ngr.

Inhalt:
Bdchn. 1., 2. Historisch-didactische Texte. Cyclus A. und B. (X und 398 S.) 858.
" 3. Historisch-didactische Texte. Cyclus C. (IV und 304 S.) 858.
" 4. Die evangelischen Pericopen. (IV und 235 S.) 858.
" 5. Die epistolischen Pericopen. (IV und 228 S.) 859.
" 6. Historische Texte. (IV und 212 S.) 859.

— pfarramtlicher Rathgeber für evangelisch-lutherische Geistliche im Königr. Sachsen. 2 Abthlgn. gr. 8. (XVI und 410 S.) Leipzig 863,64, Klinkhardt. à Abthl. 22½ Ngr.

— pfarramtlicher Rathgeber für evangelisch-lutherische Geistliche des Königr. Sachsen. Auf Grund evangel. Geistes und landeskirchl. Gesetzes dargeboten. 2. verm. und verb. Aufl. gr. 8. (XIV, 402 S.) Leipzig 869, Klinkhardt.

Florey's, R., pfarramtlicher Ratgeber f. evangelisch-lutherische Geistliche d. Königr. Sachsen. 3. Aufl., neu bearb. v. O. Koch. gr. 8. (XVI, 320 S.) Leipzig 887. Klinkhardt. n. 5. —

Florey's, Rob., pfarramtlicher Ratgeber f. evangelisch-lutherische Geistliche des Königr. Sachsen. 4. Aufl., neubearb. u. erweitert v. William Florey. gr. 8. (XII, 414 S.) Leipzig 900. J. Klinkhardt. n. 6. —; geb. in Leinw. n.n. 7. —

— Stimmen an d. Christenherz am Altare des Herrn. Eine Samml. von Entwürfen zu Beichtreden. 1. Bdchn. 45 Beichtreden u. e. Anhang enth. 8. (13 B.) Leipzig 845, Klinkhardt.

— dass. 2. Bdchn. 43 Beichtreden u. ein. Anhang enth. 8. (14 B.) Ebds. 846.

— Stimmen an das Christenherz am Altare des Herrn. Eine Sammlung von Entwürfen zu Beichtreden. 2., neugeordn. und durchgeseh. Aufl. 8. (X und 401 S.) Leipzig 851, Klinkhardt.

— Stimmen an das Christenherz am Altare des Herrn. Eine Sammlung von Entwürfen zu Beichtreden. 3. Aufl. 8. (X und 398 S.) Leipzig 860, Klinkhardt.

Florey, Rob., Stimmen an das Christenherz am Altare des Herrn. Eine Sammlung von Entwürfen zu Beichtreden. 4. Aufl. 8. (X, 398 S.) Leipzig 884, Klinkhardt. *

— Trost und Mahnung an Gräbern. Eine Sammlung von Entwürfen zu Leichenpredigten und Grabreden. 1. Bdchen. 60 Leichenpredigten u. 30 Grabreden enthaltend. 8. Ebend. 842. 3/4 Thlr. — 2. verm. Aufl. 8. Ebend. 845. 3/4 Thlr. — 2. Bdchen. 50 Leichenpredigten, 30 Grabreden und Anhang. 8. Ebend. 843. 3/4 Thlr. — 2. verm. Aufl. Ebend. 845. 3/4 Thlr. — 3. Bdchen. 40 Leichenpredigten, 20 Grabreden und einen Anhang enthaltend. 8. Ebend. 845. 3/4 Thlr.

— Trost u. Mahnung an Gräbern. Eine Samml. von Leichenpredigten u. Grabreden. 1. Bdchn. 62 Leichenpredigten, 32 Grabreden u. e. Anh. enthaltend. 3. durchges. u. verm. Aufl. 8. (XVI u. 272 S.) Ebd. 848. — 2. Bdchn. 52 Leichenpredigten, 32 Grabreden u. e. Anh. enthaltend. 3. durchges. u. verm. Aufl. 8. (VIII u. 263 S.) Ebd. 850. — 3. Bdchn. 40 Leichenpredigten, 24 Grabreden u. e. Anh. enthaltend. 2. durchges. u. verm. Aufl. 8. (VIII u. 272 S.) Ebd. 850. (à 3/4 nf) 2 1/4 nf

— Trost und Mahnung an Gräbern. Eine Sammlung von Entwürfen zu Leichenpredigten u. Grabreden. 1—4. Bdchn. Ebend. 853—56. 8. Jedes Bdchn. 22 1/2 ngr
1. Bdchn.: 62 Leichenpredigten, 32 Grabreden u. einen Anhang enthltd. 4. durchges. Aufl. 854. (XV, 272 S.)
2. Bdchn.: 52 Leichenpredigten, 32 Grabreden u. einen Anhang enthltd. 4. Aufl. 855. (VIII, 263 S.)
3. Bdchn.: 40 Leichenpredigten, 24 Grabreden u. einen Anhang enthltd. 3. Aufl. 855. (VIII, 267 S.)
4. Bdchn.: 40 Leichenpredigten, 25 Grabreden u. einen Anhang enthltd. 853. (IX, 260 S.) — 2. durchges. u. verm. Aufl. 856. (IX, 261 S.)

Trost und Mahnung an Gräbern. Eine Sammlung von Entwürfen zu Leichenpredigten u. Grabreden. 4 Bdchn. Ebend. 8. Jedes Bdchn. 22 1/2 ngr
1. Bdchn.: 62 Leichenpredigten, 32 Grabreden u. einen Anh. enth. 5. Aufl. 859. — 6. durchgeseh. Aufl. 864. (XVI, 272 S.)
2. Bdchn.: 52 Leichenpredigten, 32 Grabreden u. einen Anh. enth. 5. durchgeseh. Aufl. 862. (VIII, 263 S.)
3. Bdchn.: 40 Leichenpredigten, 24 Grabreden u. einen Anh. enth. 4. durchgeseh. Aufl. 862. (VIII, 267 S.)
4. Bdchn.: 10 Leichenpredigten, 25 Grabreden u. einen Anh. enth. 3. durchgeseh. Aufl. 863. (VIII, 263 S.)

— Trost und Mahnung an Gräbern. Eine Sammlung von Entwürfen zu Leichenpredigten und Grabreden. 4 Bdchn. 8. Leipzig, Klinkhardt. à Bdchn. ℳ 2,25.

Inhalt:

Bdchn. 1. 63 Leichenreden, 32 Grabreden und einen Anhang enthaltend. 7., durchgeseh. und verm. Aufl. (XV, 272 S.) 872.
" 2. 52 Leichenreden, 32 Grabreden und einen Anhang enthaltend. 6. durchgeseh. Aufl. (VIII, 263 S.) 870.
" 3. 40 Leichenpredigten, 24 Grabreden und einen Anhang enthaltend. 5., durchgeseh. und verm. Aufl. (VIII, 264 S.) 871.
" 4. 40 Leichenpredigten, 25 Grabreden und einen Anhang enthaltend. 4. durchgeseh. Aufl. (VIII, 263 S.) 872.

Florey, G. R., Trost u. Mahnung an Gräbern. Eine Sammlung v. Entwürfen zu Leichenpredigten u. Grabreden. 1—4. Bdchn. 8. (XII, 271 S.) Leipzig 877—80. Klinkhardt. à 2. 25
1. 62 Leichenreden, 32 Grabreden u. einen Anh. enth. 8., durchgeseh. u. verm. Aufl. (VIII, 262 S.)
2. 52 Leichenreden, 32 Grabreden u. einen Anh. enth. 7., durchgeseh. Aufl. (VIII, 262 S.)
3. 40 Leichenreden, 24 Grabreden u. einen Anh. enth. 6., durchgeseh. u. verm. Aufl. (VIII, 264 S.)
4. 40 Leichenpredigten, 25 Grabreden u. einen Anh. enth. 5., durchgeseh. Aufl. (VIII, 262 S.)

— Trostesstimmen an Alle, welche um geliebte Todte weinen. 8. (11 B. u. 1 Stahlst.) Leipzig 846, Klinkhardt.

— des Kaisers Vorreiter, s. Volksbücher, neue.

— biblischer Wegweiser für evangelische Beichtväter. 510 biblische Texte zu Beichtreden mit kurzer Andeutung. gr. 8. (VI und 138 S.) Leipzig 860, Klinkhardt.

— biblischer Wegweiser für evangelische Festprediger. 730 bibl. Texte zu Tauf-, Confirmations- und Traureden, Ernte-, Kirchweihfest-, Sylvester-, Brand- und Bergpredigten mit kurzer Andeutung. 2. durchgeseh. und verm. Aufl. gr. 8. (VIII, 171 S.) Ebendas. 877. *

Bildet den 3. Bd. von: Biblischer Wegweiser für evangel. Geistliche.

— biblischer Wegweiser für evangelische Geistliche. 2. Bdchn. A. u. d. T.: Biblischer Wegweiser für geistliche Grabredner. 880 biblische Texte zu Grabreden mit kurzer Andeutung. gr. 8. (VIII und 216 S.) Leipzig 860, Klinkhardt. -

Das 1. Bdchn. hierzu bildet das vorstehende Werk: Biblischer Wegweiser für evangelische Beichtväter.

— biblischer Wegweiser für evangelische Geistliche. 2. Bdchn. A. u. d. T.: Biblischer Wegweiser für geistl. Grabredner. 897 bibl. Texte zu Grabreden mit kurzer Andeutung. 2., durchgeseh. und verm. Aufl. gr. 8. (VIII und 218 S.) Leipzig 864, Klinkhardt.

— dass. — 3. Bdchn. A. u. d. T.: Biblischer Wegweiser für evangelische Festprediger. 712 biblische Texte zu Tauf-, Confirmations- und Traureden, Aerndte-, Kirchweihfest-, Sylvester-, Brand- und Bergpredigten mit kurzer Andeutung. gr. 8. (X und 171 S.) Ebendas. 863.

Vgl. XIII. Bd. 1. Abthl. S. 302.

— biblischer Wegweiser für evangelische Geistliche. 1. Bdchn.: Biblischer Wegweiser für evangel. Beichtväter. 520 bibl. Texte zu Beichtreden mit kurzer Andeutung. 2. durchgeseh. und verm. Aufl. gr. 8. (VIII, 143 S.) Leipzig 872, Klinkhardt.

2. Bdchn. 2. Aufl. 1864. ℳ 2,25., und 3. Bdchn. 1863. ℳ 1,80.

— biblischer Wegweiser f. geistliche Grabredner. 900 bibl. Texte zu Grabreden m. kurzer Andeutg. 3. Aufl. gr. 8. (202 S.) Ebend. 886. n. 2. 40

— Züge am Missionsnetze. Missionsstunden in Stadt- und Landkirchen, sowie für kleinere Vereine von Missionsfreunden. Mit einem Vorworte von Fr. Ahlfeld. 6 Hefte. Mit 6 (lith.) Missionscharten (in 4.). 853—55. (XII, 96; 1 Bl., 96; 2 Bl., 96; 2 Bl., 96; 1 Bl., 96; 1 Bl., 101 S.) — 2. verb. u. vervollständigte Aufl. Ebend. 858. 8. (XIV, 82; 2 Bl., 91; 2 Bl., 105; 2 Bl., 128; 1 Bl., 126; 1 Bl., 121 S.) Jedes Heft 12 ngr

Florey, Georg, Referendar am Kgl. Amtsgericht Olbernhau: Die Verwendungsansprüche des Besitzers nach dem Deutschen Bürgerlichen Gesetzbuch. Leipzig 1904: W. Wigand. (116 S.) 8°

Leipzig, Jur. Fak., Diss. v. 3. Jan. 1905

[Geb. 20. März 82 Püchau b. Wurzen; Wohnort: Püchau; Staatsangeh.: Sachsen; Vorbildung: Gymn. Wurzen Reife O. 00; Studium: Leipzig 6 S.; Rig. 2. Juli 03.]

Florey, Geo., die Verwendungsansprüche des Besitzers nach dem deutschen bürgerlichen Gesetzbuch. Diss. (116 S.) 8. Leipzig 904. (B. Franke.) n. 2. —

Florey, Robert, s. Florey, G. Robert.

Nf 197 a   José Flores

[Especifico sencillo y barato nuevamente descubierto en il reyno de Guatimala para la curacion del cancro. Deutsch:] Einfaches und wohlfeiles specifisches Mittel wider den Krebs, den Aussatz und alle zu den venerischen gehörige Krankheiten, erfunden im Königreiche Guatimala in Neuspanien in Nordamerika u. beschrieben von Joseph Flores. Aus d. Span. übers. [Übers.: Karl Heinrich Spohr.] Magdeburg: Creutz 1787. 51 S. 8°

Florgy, Dumont de, histoire de Bohème depuis son origine jusqu'à l'extension de la dynastie de Przémisl. II. Edit. II Tom. 8. Vienne, Gerold. 812.

Flori, s. Florus.

Flöri der Alpensänger, od. Glück der Armuth u. Fluch des Reichthums. Erzählg. f. die reifere Jugend v. Verf. der Anna vom Engel. Mit 1 Stahlst. 8. (139 S.) Augsburg 847, Jenisch & Stage. 12 ngr

Florian, des alten, neue Märchen. Märchen des 20. Jahrh. (V, 180 S.) Lex.-8. Dresden(-Plauen), M. Hegenbarth. Geb. n. 3. —

— s. Alte, d. gutherzige.

Florian, Bier-Predigten. Gehalten im heiligen Geiste zu Mainz. Ein nützlich Büchlein für Bierbrauer und verständ. Biertrinker. 8. (47 S. mit eingedr. Holzschn.) Tuttlingen 866, Kling.

Florian, C. de, s. Florian, Jean Pierre Claris de.

Florian, Gualtharius, s. Florian, Walter.

FLORIAN, Jean Pierre Claris de

Florian, J. P. Cl. gen. Chev. de. Bliomberis, ein Ritterroman. A. d. Franz. ... Dünkelsbühl 1793. Ü: *Lupin, Sophie Luise von später vereh. von Hartlieb.* (GGr)

Florian, Jean Pierre Claris de, s. Cervantes, Don Quixote.

— choix de fables, s. Collection d'auteurs français.

— f. Choix de lecture française.

— trois Comédies. Le bon père. — Le Duc d'Ormond. — Les jumeaux. Mit Anmerkk. u. e. Wörterbuche. 8. Hannov. 813. Hahn. 4 gl.

— s. Don Quichotte.

— s. Don Quixote de la Manche.

— dasselbe. s.: Bibliothek gediegener u. interessanter französischer Werke.

—— Don Quichotte de la Manche traduit de l'espagnol. Für den Schul- und Privat-Gebrauch bearb. und mit grammatikal. Bemerkungen und einem Wörterbuche hrsg. von Ed. Hoche. 2. (Titel-)Aufl. 8. (III und 280 S.) Leipzig 851, E. Fleischer.
Vgl: Don Quichotte.

Florian, Don Quichotte de la Manche traduit de l'Espagnol. Für den Schul- u. Privat-Gebrauch bearb. u. mit grammatischen Bemerkungen u. e. Wörterbuche herausg. von Ed. Hoche. 3. Aufl. Leipzig 857. E. Fleischer. 8. (2 Bl., 280 S.) n. 16 ngr

Florian, J. P. C. de, Don Quixotte de la Manche. Traduit de l'espagnol. Für die reifere Jugend hrsg. von A. Kühne. 1. u. 2. Thl. gr. 8. Berlin 878. Weidmann. n. 2.20
1. (104 S.) n. 1. —. — 2. (124 S.) n. 1. 20

de Florian, Eliezer et Nephtaly; poème traduit de l'Hébreu. 8. Leipz. ... Nouv. Edit. 805. Er. Fleischer. 12 gl.

Florian, v. —, Eliezer und Naphtaly, das edle Brüderpaar. Romantische Dichtung aus der Vorzeit. Ein moralisches Lesebuch für die reifere Jugend und das Alter. Aus dem Französischen des Herrn — —, frei übersetzt von J. J. Polt. (Ein Prämienbuch und Namenstagsgeschenk. Prag und Leitmeritz. 1855. Druck und Verlag von C. W. Medau. (84 S. 1 Bild 8.)

Florian, J. P. Cl. gen. Chev. de. Estelle, ein Schäferroman; a. d. Franz. Gera 1790 [1789]. Ü: *Franz, Carl Wilh.* (GGr) (MGT) (Ky)

— Estelle, roman pastoral. 8. Strasb. Levrault. 800.

— Estelle. Roman pastoral 8 Leipz. 816. Er. Fleischer. 12 gl.

—— Estelle. Schäferroman, deutsch v. Fl. Fr. Sigismund. 8. (11 B.) Zwickau 830, Gebr. Schumann.

— Fabeln, französisch und deutsch, herausgegeben von Catel. m. K. 2 Thle. 16. Berlin, Lagarde. 796-97. (1 r 20 gr. at 12 gr.)

— Fabeln, französisch, z. Gebrauch f. diejenigen, welche die französische Sprache lernen oder sich in derselben üben wollen, m. einer deutschen Erklärung der Wörter und Redensarten. 8. Lpz. Sommer. 811.

— Fabeln; französisch mit untergelegter deutscher Erklärung d. Wörter u. d. Redensarten. Neue Aufl. 8. Leipz. Sommer. 816.

Florian, Fabeln, französisch. Zu einer leichten Uebung für die Jugend, und für Anfänger des Französischlernens, durch untergelegte Erklärung der Wörter und der Redensarten, eingerichtet. 8. Leipzig, Sommer. 820.

—— Fabeln, franz. Mit grammatikal. u. erklär. Anmerk., Synonymen u. vollständ. Wörterbuche. Hrsg. v. G. Kißling. gr. 8. (16½ B.) Heilbronn 829, Claß.

— Fabeln, frei metrisch bearbeitet von Conrad Samhaber. gr. 12. München 834. Jaquet. ½ rß

Florians Fabeln mit geograph., grammat., histor. und mytholog. Erläuterungen, einer gedrängten Lehre über die Participes und über die Bildung der Zeiten, sowie mit einem etymolog. Wörterverzeichnisse versehen von Ernst Zipp. Zum Gebrauche für gelehrte Mittelschulen. (In 5 Büchern.) 1. Buch. 8. (VII und 107 S.) Freiburg im Br. 865, Wagner'sche Buchh. *

— Fabeln mit geograph., grammat., histor. u. mytholog. Erläuterungen, e. gedrängten Lehre über die Participes u. über die Bildung der Zeiten, sowie mit e. etymolog. Wörterverzeichnisse versehen von Ernst Zipp. Zum Gebrauche für gelehrte Mittelschulen. 1. Buch. Freiburg im Br. 867. Wagner. 8. (VII, 107 S.) n 12 ngr

—— schönste Fabeln in e. Auswahl frei bearb. v. C. A. Coffmann. M. 6 ill. Kpfr. 16. (11½ B.) Berlin 827, Nortmann. 20 Gr., ill.

— fables, französ. u. deutsch, herausg. v. S. H. Catel. 2 Thle, mit 2 Kpf. 16. Berl. 796 u. 97. (Köchly). 1 rß 8 gl.

— fables. Nouv. Edit. gr. 12. Leipz., (W. Nauck). 12 gl.

— Fables, av. fig. 16. Berl. Lagarde. 797.

— — les mêmes av. la traduction allem. en vers p. Catel av. fig. Ibidem.

— fables, durch untergelegte Noten zum Lesebuch für d. Französ. lernende Jugend eingerichtet, v. W. J. Wiedemann. 8. Leipz. 797. N. A. 820. (W. Nauck). 8 gl.

— les mêmes, avec un precis de sa vie. Ornées de gravures. 8. les mêmes 798. 20 gl.

— Fables. 8. Lpz. Gerhard Fleischer. 801.

Florian, v., Fables, avec l'explication des phrases et des mots à usage de ceux qui étudient la langue françoise p. I. H. Meynier. 8. Coburg, Sinner. 803. Rthlr.

— fables. Mit grammat., mythol., geograph. Erläuterungen u. e. Erklär. d. Wörter u. Redensarten. 8. Leipz. 810. 2e A. 825. Gr. Fleischer. 8 gl.

— Fables. 8. Lpz. Sommer. 810.

— Fables. Mit grammat., mythol., geographischen Erläuterungen u. einer Erklärung d. Wörter u. Redensarten. 8. Leipz. Gerh. Fleischer. 812.

— fables. 8. Kopenh. 814. Schubothe. 12 gl.

— — les mêmes. 8. Copenh. Schubothe. 815.

— — les mêmes. Nouvelle edition. Arrangée pour l'instruction de la jeunesse. 8. Leips. Sommer. 816.

— — Fables. Nouv. Edition, arrangée pour l'instruction de la jeunesse, contenant l'explication allemande des mots et phrases. 8. Ibid. 820.

— fables. Mit grammatikal., mytholog., geograph. Erläuterungen u. e. Erklärung d. Wörter u. Redensarten rc. f. d. Schulgebrauch. 2e Aufl. 8. Leipzig 825, G. Fleischer.

Florian, Jean Pierre Claris de, Fables. Mit grammat., histor.-geograph. u. mytholog. Bemerkn. u. e. Wörterbuche neu hrsg. v. Ed. Hoche. 3. Ausg. 8. (12½ B.) Leipzig 835, E. Fleischer. Thlr.

— le même- Nouv. édit. 16. Stuttgart 838. Erhard. ¼ ℔ Mit Wörterverzeichniß ⅓ ℔

— le même. Mit grammat. Erläuterungen u. kleinen deutschen Aufgaben, e. vollständ. Wörterbuch u. geographisch-historisch. Register; für den Schul- u. Privat-Unterricht herausg. von Conr. von Orell. 3e Ausg. 8. Heilbronn 839. Claß. 5/12 ℔

— Fables. Mit Hinweisung auf Hirzel's prakt. französische Sprachlehre grammatisch erläutert, und mit den nöthigen Sacherklärungen zum Schulgebrauch und Selbststudium versehen von J. Hoffa. gr. 12. Hanau 840, Edler'sche Buchh. Velinpap. ½ ℔

— le même. 12. Passau 840. Pustet. 1/12 ℔

— Fables. Mit grammatischen u. erklär. Anmerkungen, vielen Synonymen und einem vollständ. Wörterbuche. Herausgeg. von Geo. Kißling. Neue wohlfeile Ausgabe. gr. 8. Heilbronn 844, Landherr. ⅜ ℔

de Florian, Jean Pierre, Fables, suivies des poëmes de Ruth et de Tobie, et autre poésies; etc. 12. Paris 846, Didot frères. n. 1 ℔

—— Le même. Suivies de poëmes de Ruth et de Tobie, et autres poésies, etc. 12. (556 S.) Paris 847, Didot frères. *

de Florian, (Jean Pierre), Fables. Mit grammat., historisch-geograph. u. mytholog. Bemerkgn. u. e. Wörterbuche neu hrsg. v. Ed. Hoche. 4. (Titel-)Aufl. 8. (IV u. 194 S.) Leipzig (835) 851, E. Fleischer. ⅓ ℔

— Fables. Mit Wort- u. Sacherklärgn. zum Schul- u. Privatgebrauch. Hrsg. v. Ferd. Hauthal. 8. (VI u. 162 S.) Leipzig 852, Renger. ⅓ ℔

Florian, (Jean Pierre de), Fables. Mit grammat., historisch-geograph. und mytholog. Bemerkungen und einem Wörterbuche neu hrsg. von Ed. Hoche. 5. Aufl. gr. 16. (III und 197 S.) Leipzig 860, E. Fleischer.

—— Fables. Mit Wort- und Sacherklärungen zum Schul- und Privatgebrauch hrsg. von Ferd. Hauthal. 2. Aufl. gr. 16. (VI, 162 S.) Berlin 870, Renger'sche Buchh.

Florian, [J. P. C. de], Fables. Mit grammat., historisch-geograph. und mytholog. Anmerkungen. Nebst Wörterbuch. Hrsg. von Ed. Hoche. 6. ganz neu bearb. und mit einer kurzen Biographie verseh. Aufl. 8. (VIII, 116 S., Wörterbuch 42 S.) Berlin 880, Friedberg und Mode. *
geb. **

FLORIAN, J. P. C. DE. *Le bon Fils.* Comédie par Florian. Der gute Sohn. Ein Lustspiel von Florian. [Übers. v. J. G. MÜCHLER?] Leipzig, Wilhelm Rein, [ca. 1805]. Gestoch. Titel mit Vignette, Frontispiz, Uhle fec., 179 SS. — Angebunden: La bonne fille. Comédie en un acte. Das gute Mädchen. Lustspiel in einem Aufzuge. 47 SS. 12⁰. Blauer, gestoch. Or.-Karton. 14.—
Reizende Ausgabe mit Paralleltext. Vergl. Goed. VII 673. — Gutes Ex. aus der Teschner Bibl. A. d. Rücken 2 Papieretiketten.

Florian, J. P. Cl. gen. Chev. de. Galathee, Schäferroman ... a. d. Franz. Berlin 1787. Ü: *Mylius, Wilhelm Christhelf Siegmund.* (Ky) (MGT)

Florian, Jean Pierre Claris de: Galathee. Aus d. Franz. von W. C. S. Mylius. 8. Berlin 1787. Mauers B. 12 gl.

--- la même. 12. Basel 1788. Neukirch. 8 gl.

--- Dass. aus d. Französ. von K. W. Franz. 8. Gera 1790. Haller. 18 gl.

— Galatée, Roman pastoral. 8. Lps. Gerh. Fleischer (a. Tourneysen in Cassel.) 800.

— — le même in 18 et. 8. Strasb. Levrault. 800.

— Galathé. Griech. u. deutsch. gr. 12. Wien 824. (Wallishausser; Leipz., Hinrichs). 13 gr

—— Galathee, Idylle. N. d. Span. d. Cervantes, deutsch v. Fl. Fr. Sigismund. 8. (8¼ B.) Zwickau 830, Gebr. Schumann.

de Florian, (J. P. Cl.) Geschichte der Mauren in Spanien. Aus d. Franzos. Mit Anmerkk. gr. 8. Hirschberg 825. (Leipzig, Brockhaus.)

Florian, J. P. Cl. gen. Chev. de. Gonzalve von Cordova; a. d. Franz. Berlin 1793. Ü: *Baur, Sam.* (Ky)

— Gonsalve de Cordoue. 2 Vol. 8. Lps. Gerh. Fleischer. (Levrault in Strasb. auch Tourneysen in Cassel.) 800.

Florian, Jean-Pierre Claris de
Gonzalve de Cordoue. Par M. de Florian. T. 1,2.
Nouvelle édition.
Leipzig: Fleischer 1817. 8⁰

— Gonzalvo v. Cordova, od. d. Wiedereroberung v. Granada. a. d. Franz. v. Sam. Baur. 2 Thle. m. K. 8. Berlin, Maurer. 793.

— — dass. 8. Augsb. Daisenberg.

— Gonzalvo de Cordova, oder d. wiedereroberte Granada. In französ. Sprache, mit deutschen Wort- u. Sacherklärr. herausg. v. J. F. A. 2 Bde, mit Kpf. 8. Regensb., Daisenberger. 2 ℔

— Gonzalvo von Cordova, oder d. wieder eroberte Granada. 2 Thle. mit deutschen Wort- und Sacherklärungen neu herausg. von J. F. A. 8. Strasburg. (Liebeskind in Lpz.) 802.

— Dass. übers. v. Krug v. Nidda. gr. 8. Leipz. 812, 2e A. 820, Lauffer. 1 ℔ 12 gr

Florian, Jeannot u. Collin. Schspl. in 3 Aufz. Aus d. Französ. 8. Zwickau 798. Schumann. 5 gr

Florian, (Jean Pierre de), drei Comödien. Aus dem Französ. übers. und zum Wiederübersetzen in's Französ. eingerichtet von W. Schüßler. Mit grammatikal. Erklärungen und Hinweisungen rc. 8. (118 S.) Oldenburg 848, Stalling.

– die kindl. Liebe. Schspl. 8. Leipz. 791. Schneider. 3 gr

— Nouvelles. 8. Leipz. 796, Kr. Fleischer. 16 gr

* Florian, de. Nouvelles. 8. Leips. Gerh. Fleischer. 810.

— Nouvelles. 8. Leipz. 813. Kr. Fleischer. 16 gr

—— Nouvelles. Mit Erklär. d. Wörter u. Redensarten, in alphabet. Ordn., u. e. alphabet. Verzeichniß d. Zeiten d. abweich. Zeitwörter rc. Für d. Schulgebr. 8. (28 B.) Leipzig 829, E. Fleischer.

—— Nouvelles. Mit grammatikal., wort- und sacherklär. Anmerkungen und vollständ. Wörterbuche. Zum Schul- und Privatgebrauch bearb. von C. Schnabel. 8. (IV und 270 S.) Leipzig 847, Klinkhardt.

— Nouvelles Nouvelles. 8. ibid. 800.

— nouvelles Nouvelles. Nouv. Edit. 8. Leipz. 813. Er. Fleischer. 10 gr

— les six Nouvelles. 12. Basel, Flick. 785.

— six Nouvelles. 8. Lpz. Gerh. Fleischer. 800.

— le Novelle tradotte dal francese da un letterato italiano, e accommodate all' uso dei Tedeschi che imparano la lingua italiana da G. G. Müller. T. I. Lpz. Joachim.

— le Novelle tradotte dal francese da un letterato italiano, e accommodate all' uso dei Tedeschi che imparano la lingua italiana da G. G. Müller. T. II. 8. Leips. Joachim. 812.

— Novellen, aus dem Franz. von A. G. Meißner. 8. Lpz. Göschen. 786.

— neue Novellen, aus dem Franz. v. K. Müchler. 8. Berlin, Franke. 795.

Florian's Novellen, übers. v. L. G. Förster. 1s u. 2s Bdchn. 16. Quedl. 827. Basse.

Florian, J. P. Cl. gen. Chev. de. Neue Novellen; a. d. Franz. Berlin 1793. Ü: *Müchler, Carl Friedrich.* (Ky)

— Numa Pompilius, s. a. France, la, classique.

Florian, Numa Pompilius, der zweite König v. Rom, s. a. Hausbibliothek ausländ. Classiker.

de Florian, Numa Pompilius, König v. Rom, ins Deutsche übersetzt v. F. W. G. Gaupp. Mit 1 Kpf. gr. 8. Basel 786. Thurneisen. 8 gr

— — dasselbe. 8. Gotha, Ettinger. (auch Thurneisen in Basel.) 787.

— — dasselbe. 2 Thle. 8. Lüb. Donatius. (Niemann) 787.

— Numa Pompilius, second King of Rom; transl. from the French by F. C. A. Berg. II Vols. 8. Hamb. 789.

— Dass., in e. Gedicht ins Deutsche übers. von Jh. Bapt. v. Alxinger. 2 Bde. 8. Leipz. u. Klagenfurt (792.) Wien, (Schaumburg). (Wienbrack in Leipz.) 1 rthl 8 gr Schrbp. 2 rthl

— Numa Pompilius. 2r König von Rom, aus dem Fr. m. K. 8. Gera, Rothe. 795.

— Numa Pompilius, second Roi de Rome. 8. Lpz. Gerhard Fleischer. (u. Levrault in Strasb.) 799.

— Numa Pompilius II Roi de Rome, avec explicat. allemande des Phrases et des mots, à l'usage de ceux qui étudient la langue françoise p. L. H. Meynier. 2 Vol. gr. 8. Coburg, Sinner. 801.

— Numa Pomp. et Guil. Tell, à l'usage de la jeunesse dans les écoles. 8. Halle 802. N. A. 814. Waisenh.-B. 14 gr

— Numa Pompilius, König v. Rom, ins Deutsche übersetzt von A. X. Weinzierl. 2 Thle. gr. 8. Münch. 803. Lentner. 2 rthl 4 gr

— — le même, françois et allemand, par A. X. Weinzierl. 2 Vol. München, Lentner. 804.

— Numa Pompilius, second Roi de Rome. 8. Leipz. 796. Er. Fleischer. 16 gr le même, mit grammatisch.-histor.-mytholog. Erläuterungen u. e. Erklär. d. Wörter u. Redensarten zur Erleichterung d. Uebersetzens ins Deutsche, für d. Schulgebrauch. 8. Ebd. 811. 8 gr 7e A. 830. 10 gr

— le même. II Vols. 8. Braunschw. 811. Pluchart. 1 rthl 12 gr

— Numa Pompilius, zweyter König von Rom. 2 Bde. Neue Ausg. 8. Leipz. Hinrichs. 813.

— Numa Pomp., König d. Römer, nach d. Französ., mit histor.-geograph.-mytholog. Erläuterungen, v. K. Gabriel. 3 Thle. gr. 8. Fürth 812. Korn. Mit n. Tit. Leipz. 820. Hinrichs. 2 rthl

— le même. 8. Kopenh. 812. Brummer. 10 gr

— — second Roi de Rome, mit grammatisch, historisch, mythologischen Erläuterungen u. einer Erklärung d. Wörter u. Redensarten z. Erleichterung d. Uebersetzens. 3te Aufl. 8. Leipz. Gerh. Fleischer. 815.

— — Numa Pompilius et Guillaume Tell. nouv. Ed. 8. Halle, Waisenhaus-Buchhdl. 818.

— — Numa Pompilius, avec l'explicat. de phrases et des mots le plus difficiles, à l'usage des commençans. Par J. H. Meynier. Nouv. édit. 8. Coburg, Sinner. 819.

— — Numa Pompilius, second roi de Rome. Mit Erläuterungen und einem Wortregister. 4te Aufl. 8. Leipzig, Gerh. Fleischer. 820.

— Numa Pompilius, secondo re di Roma. Tradotto in Italiano da G. G. Müller. Mit grammatikal., histor., etymolog. rc. Erläuterungen u. e. Erklär. d. Wörter u. Redensarten rc. 8. Leipzig 822. Reclam.

— Numa Pomp., mit grammat. Erläut. u. kl. deutsch. Aufgaben, vollständ. Wörterbuch u. geograph.-histor. Register, von Conr. v. Orell. 8. Heilbronn 825. Class. 12 gr. ohne Wörterbuch

— le même. Mit grammat., histor., geograph., mytholog. u. archäolog. Erläuterungen, mit Synonymen u. vollständigem Wort- u. Sachregister. Herausgeg. von G. Kißling. 2e Aufl. gr. 8. Heilbronn 826, Drechsler. Rthlr.

— le même. Mit grammatikal., histor., mythologischen Erläuterungen u. e. Erklär. d. Wörter u. Redensarten. 3e Aufl. 8. Leipzig 826. G. Fleischer.

— Numa Pompilius, zweiter König v. Rom. Neu übers. v. Fr. Gleich. 8. Leipz. 826, Hinrichs, ord. Druckp. 1 Rthl. franz. Druckp.

— dass. Mit grammat. Erläutern. u. kleinen deutschen Aufgaben, e. vollständ. Wörterbuch u. geograph.-histor. Register, f. d. Schul- u. Privatunterr. hrsg. v. C. v. Orell. 2., verb. Ausg. 8. (18 B.) Heilbronn 832, Claß. Ohne Wörterbuch 6 Gr.

— Numa Pompilius, seconde Roi de Rome. [7. Aufl. (18 B.) 830.] Mit grammat., histor.-geograph. u. mytholog. Bemerkn. u. e. Wörterbuche neu hrsg. v. Ed. Hoche. 8. Ausg. (17 B.) 8. Leipzig 834, E. Fleischer. à

— Numa Pompilius, second roi de Rome. Nouv. édit. 16. (12 1/3 B.) Stuttgart 838, Erhard. Mit Wörterverzeichniss (10 2/3 B.) 8 Gr.

— le même. — Mit grammat. Erläutern. u. kleinen deutschen Aufgaben, e. vollständ. Wörterbuch u. geograph.-histor. Register; f. d. Schul- u. Privat-Unterr. hrsg. v. Conr. v. Orell. 3. Ausg. 8. (22 2/3 B.) Heilbronn 839. Classische Buchh.

— Numa Pompilius, second Roi de Rome. Mit e. vollständ. Wörterbuche von Frz. Aug. Menadier. 8. Quedlinburg 843, Basse. 1/2 rthl

— Numa Pompilius, second Roi de Rome. Mit grammat., histor.-geograph. u. mythologischen Bemerkungen u. einem Wörterbuche neu herausgeg. von Ed. Hoche. 9. Ausg. 8. Leipzig 845, E. Fleischer. 9 ngr

— Numa Pompilius second roi de Rome. Mit grammat., historisch-geograph. und mytholog. Bemerkungen und einem Wörterbuche neu hrsg. von Ed. Hoche. 10. und 11. Aufl. 1848, 51. 9 Ngr. und 12. Aufl. 8. (V und 242 S.) Leipzig 852, E. Fleischer.
Vgl.: France, la, classique.

— — Numa Pompilius second roi de Rome. Mit grammat., historisch-geograph. und mytholog. Bemerkungen und einem Wörterbuche neu hrsg. von Ed. Hoche. 13. Aufl. 8. (V und 242 S.) Leipzig 855, E. Fleischer. *

— le même. — Nebst einem, zugleich mit histor., geograph. und mytholog. Erläuterungen versehenen Wörterbuche und ausführlicher Zusammenstellung der unregelmässigen Zeitwörter der französ. Sprache. Zum Schul- und Privatgebrauch hrsg. von Carl Wilh. Schiebler. (Neue Ster.-Aufl.) 8. (IV und 191 S.) Berlin 856, Renger'sche Buchh.

— Numa Pompilius, second roi de Rome. Mit grammat., historisch-geograph. und mytholog. Bemerkungen und einem Wörterbuche neu hrsg. von Ed. Hoche. 14. Aufl. 8. (III und 243 S.) Leipzig 858, E. Fleischer. *

Florian, M. de, Numa Pompilius second roi de Rome. Mit grammat., historisch-geograph. und mytholog. Bemerkungen und einem Wörterbuche neu hrsg. von Ed. Hoche. 15. Aufl. 8. (III und 243 S.) Leipzig 868, E. Fleischer.

Florian, J. P. C. de, Numa Pompilius second roi de Rome. Mit grammat., historisch-geograph. u. mytholog. Bemerkungen u. einem Wörterbuche hrsg. v. Ed. Hoche. 16. Aufl. 8. (242 S.) Leipzig 878. E. Fleischer. n. 1. —

FLORIAN, Jean Pierre Claris de: Oeuvres, de Didot. VIII Vol. 8. Strasbourg, Levrault.

de Florian Oeuvres. VIII Tomes. 16. Stuttgart 834. Erhard. $2^2/_3$ ℛ — Hieraus einzeln: Numa Pompilius, second roi de Rome. Edit. augmentée de la vie l'auteur. 16. 834. $^1/_4$ ℛ Mit Wörterverzeichniß $^1/_3$ ℛ — Nouvelles. 16. 834. 7 γ — Théâtre. 16. 834. 11 γ — Gonzalve de Cordoue, ou Grenade reconquise. 16 834. $^5/_{12}$ ℛ — Don Quixote de la Mancha, trad. de l'Espagnol. II Tmes. 16. 834. $^3/_4$ ℛ — Guillaume Tell. Avec un Vocabulaire. 16. 834. $^1/_8$ ℛ — le même, avec les fables. $^1/_4$ ℛ — Pastorales. 16. 834. $^1/_3$ ℛ

— Oeuvres choisies, recueillies à l'usage de la jeunesse. 8. Berlin, Unger. (a. Schade). 797.

— Oeuvres choisies. 11 Vols., s. Choix de lecture franç. et

— oeuvres choisies. XI Vols. 16. Pesth u. Lpz. 828. Hartleben. 2 ℛ 18 γ

— oeuvres complètes. XIII Vols, avec 13 grav. 8. Leipz 799—801. Er. Fleischer. 8 ℛ Nouv. Edit., avec 13 grav. XIII Vols. 8. les mêmes 810. 8 ℛ Nouv. Ed. in VIII Vols. 826. le même. 6 ℛ 16 γ

— Oeuvres complètes av. trad. de Don. Quichotte. II Vol. av. fig. 8. Strasb. Levrault. 800.

— Oeuvres complètes, av. 15 Grav. nouvelle Edition. 15 Vol. ibid. 810,
(cont. I. Nouvelles. II. Numa Pompilius. III. IV. Théâtre. V. 1) Estelle, 2) Eliezer et Nephtaly. VI. VII. Gonzalve de Cordoue. VIII. Fables. IX. X. XI. Don. Quichotte de la Manche. XII. Galatée et autres Pièces. XIII. Pièces diverses.)

Florian, Jean Pierre Claris de, Oeuvres compl. VIII Vol. 3. édit. 8. (141$^1/_4$ B.) Leipsic 837, E. Fleischer. *
Cont.: Nouvelles. — Guillaume Tell. Eliezer. — Numa Pompilius. Fables. Théâtre. Estelle. — Gonzalve. Galatée. — Don Quixotte. — Mélanges. La jeunesse de Florian. — Oeuvres inédites.

— Oeuvres inédites, recueillies par R. C. G. de Pixerécourt. 8. Leipzig 825. Industr.-Compt.

— oeuvres posthumes. II Vols, av. fig. 8. Leipz.... N. A. 801 u. 3. Er. Fleischer. 1 ℛ

Florian, Jean Pierre Claris genannt Chevalier de. Auserlesene Romane; a. d. Franz. Hamburg 1807. Ü: *Müller, Heinrich (Aug.).* (Ky)

— der gute Sohn. Schſpl., mit deutschen u. franzöſ. Text, (von J. G. Müchler). (A. u. d. T.: le bon fils.) 12. Berl. u. Lpz. 793. Rein. 1 ℛ

— kleine Schriften; aus d. Französ. 8. Zwickau 798. Schumann. 12 γ (Enth.: Leocadie. Hero u. Leander. Myrtil u. Chloe. Jeannot u. Collin, Schausp. nach Voltaire. Die Zwillinge von Bergamo, Schausp.)

— Guillaume Tell, s. a. Bibliothek gediegener u. interessanter französischer Werke.

— dass. frei übers., s. Kaatzer, Pet.

Florian, J.-P. C. de, Guillaume Tell, s. a. Sammlung französischer u. englischer Textausgaben zum Schulgebrauch.

FLORIAN, Jean Pierre Claris de: Guillaume Tell. 8. Cöln 1801. Thurneisen. 16 gl.

Florian, v., Guillaume Tell, ou la Suisse libre. 8. Lpz. Gerhard Fleischer. 801.

— Dass. ins Deutsche übers. (von K. H. Seyfried). 8. Pirna 802. Dresd. 808. Arnold. 12 γ.

— — le même, françois et allemand, p. A. X. Weinzierl. 8. München, Lentner. 804.

— — le même, mit grammat. Erläuterungen und e. Wortregister z. Behuf des Unterrichts 8. Ebend. 810.

— Guillaume Tell, ou la Suisse libre, mit grammat. Erläut. u. Wortregister. 8. Ebend 815.

— — Guill. Tell, ou la Suisse libre Mit Erläuterungen und Wortregister. 2te Aufl. 8. Leipzig, G. Fleischer. 820.

— Guillaume Tell, ou la Suisse libre. 8. Leipz. 801. Er. Fleischer. 12 γ le même, mit grammat. Erläuterungen u. e. Wortregister zum Behuf des Unterrichts. 8. Ebd. 810. 4 γ 3e A. 823. 4e A. 826. Ebd. 4 γ

— dass. mit Phraseologie u. Wörterbuch, z. Uebersetzen aus d. Deutschen in's Französische von A. Schneemann. 8. Halle 824. Fr. Ruff.

— le même. Mit grammat., histor., geograph. Erläuterungen, Synonymen u. Wortregister, herausg. v. G. Kißling. gr. 8. Heilbr. 824. Claß. 12 γ

— Guillaume Tell, ou la Suisse libre. Mit grammat. Erläut. u. e. Wortregister. 4e Aufl. 8. Leipzig 826. G. Fleischer.

— dass. Zum Schul- u. Privatgebr., mit Hinweisung auf Sanguin's u. Hirzel's Grammatik hrsg. v. P. A. Fedor Possart. gr. 8. (5$^1/_4$ B.) Leipzig 830, [Kayser.]

— Guillaume Tell, ou la Suisse libre. Mit grammat. u. histor.-geograph. Bemerkn. u. e. erweit. Wörterbuche neu hrsg. v. Ed. Hoche. 5. Ausg. 8. (7 B.) Leipzig 833, E. Fleischer.

— le même. Mit grammat. u. histor.-geograph. Bemerkungen u. einem erweiterten Wörterbuche, neu herausg. v. Ed. Hoche. 5e Ausg. 8. Leipzig 835. Ernst Fleischer. $^1/_6$ ℛ

— le même. — Mit grammat., geograph. u. histor. Erläutern., Hinweisn. auf d. französ. Sprachlehren v. Sanguin, Hirzel u. Mozin u. e. vollständ. Wörterbuche. Zum Schul- u. Privatgebr. bearb. v. K. W. Schiebler. gr. 12. (6$^3/_4$ B.) Leipzig 835, Engelmann. *

— le même. — Mit grammat., histor. u. geograph. Erläutern., einigen Synonymen u. vollständ. Wortregister. Hrsg. v. Geo. Kißling. 2. Ausg. gr. 8. (9$^1/_4$ B.) Heilbronn 836, Claßische Buchh.

—— le même. — Nouv. édit. Mit Wörterverzeichniss. 16. (6 B.) Stuttgart 838, Erhard.

— le même. Ein Lehr- u. Lesebuch rc. Mit grammat., geograph. u. histor. Erläuterungen, Synonymen u. Hinweisungen auf die Sprachlehren von Sanguin, Hirzel, Mozin u. Dreßler. Nebst einer Uebersicht d. Lehrmethoden v. Jakotot u. Hamilton, u. einer kurzen Lebensbeschreibung des Hrn. v. Florian. 1r Bd. A. u. d. T.: Wilhelm Tell, oder die freie Schweiz. Französisch u. deutsch. Möglichst wortgetreu, jedoch den Forderungen der deutschen Sprache gemäß übers. (16—46 Buch.) 8. Camenz 839. (Leipzig, Schumann.) n. 13 gr

—— Guillaume Tell, ou la Suisse libre. 12. (3 B.) Passau 810, Pustet.

— Guillaume Tell, ou la Suisse libre. Mit einem vollständ. Wörterbuche von J. G. Fr. Renner. 8. Quedlinburg 842, Basse. 1/3 Thlr

— Guillaume Tell ou la Suisse libre. Mit grammat., histor. u. geograph. Erläuterungen, einigen Synonymen und vollständ. Wortregister. Herausgeg. von Geo. Kißling. 3. Aufl. gr. 8. Ebend. 844. 1/4 Thlr

—— Guillaume Tell, ou la Suisse libre. Nouv. édit. Avec un vocabulaire. In-16. (6 B.) Stuttgart 841, Erhard.

—— le même. Mit grammat., histor. u. geograph. Erläuterungen, einigen Synonymen u. vollständ. Wortregister. Hrsg. v. Geo. Kißling. 3. Aufl. gr. 8. (8⅞ B.) Stuttgart 844, Erhard.

—— Guillaume Tell etc. Mit grammat. u. histor.-geograph. Bemerkgn. u. e. erweiterten Wörterb. neu hrsg. v. Ed. Hoche. 9. u. 10. Ausg. 8. (à 5½ B.) Leipzig 845, E. Fleischer. à *

— Guillaume Tell ou la Suisse libre. Mit den nothwend. histor. und geograph. Erläuterungen und grammat.-sprachl. Bemerkungen, nebst e. Zusammenstellung aller irregulären französ. Zeitwörter (von Karl Wlh. Schiebler) u. e. vollständ. Wörterbuche, neu herausgeg. von C. Schnabel. kl. 8. Leipzig 845, Renger'sche Buchh. 1/4 Thlr

Florian, J. P. Cl. gen. Chev. de. Guillaume Tell ou la Suisse libre ... Leipzig 1845. Ü: *Schiebler, Carl Wilh.* (Ky)

— Guillaume Tell, ou la Suisse libre. Nouv. édition. Avec un vocabulaire. 16. Stuttgart 846, Erhard. 1/8 Thlr

— Guillaume Tell ou la Suisse libre. Mit grammat. u. histor.-geogr. Bemerkgn. u. e. erweiterten Wörterbuche neu hrsg. von Ed. Hoche. 10. Ausg. 8. (88 S.) Ebd. 847. — 11. Aufl. 8. (VI u. 80 S.) Ebd. 850. — 12. Aufl. 8. (VI u. 80 S.) Ebd. 851. n. 1/6 Thlr

—— Le même. Mit den nothwendigsten histor. und geograph. Erläuterungen und grammat.-sprachl. Bemerkungen versehen, nebst einer Zusammenstellung aller irregulären französ. Zeitwörter und einem vollständigen Wörterbuche neu hrsg. von C. Schnabel. 1. Ausg. 1849. und neue Stereot.-Ausg. 8. (175 S.) Leipzig 851, Renger'sche Buchh.
Vgl.: Miniaturbibliothek.

—— Guillaume Tell ou la Suisse libre. Mit grammat. und historisch-geograph. Bemerkungen und einem erweiterten Wörterbuche neu hrsg. von Ed. Hoche. 13., verb. Aufl. gr. 16. (IV und 50 S.) Leipzig 853, E. Fleischer.

—— le même. — Mit den nothwendigsten histor. und geograph. Erläuterungen und grammatisch-sprachlichen Bemerkungen versehen, nebst einer Zusammenstellung aller irregulären französ. Zeitwörter und einem vollständigen Wörterbuche, neu hrsg. von C. Schnabel. Ster.-Ausg. 8. (175 S.) Berlin 856, Renger'sche Buchh.

—- Guillaume Tell ou la Suisse libre. Mit grammat. und historisch-geograph. Bemerkungen und einem erweiterten Wörterbuche neu hrsg. von Ed. Hoche. 14. Aufl. gr. 16. (IV und 105 S.) Leipzig 860, E. Fleischer.

— Guillaume Tell ou la Suisse libre. Mit grammat. u. historisch-geograph. Bemerkgn. u. e. vollständ. Wörterbuch hrsg. v. Ed. Hoche. 15. verb. Aufl. gr. 16. (100 S.) Leipzig 873. E. Fleischer. — 60

Florian, Guillaume Tell ou la Suisse liber. Edition révue par J. Schuberth. 16. (44 S.) Leipzig 874. Schuberth & Co. — 30

—— Guillaume Tell ou la Suisse libre. Mit den notwendigsten histor. und geograph. Erläuterungen und grammatisch-sprachl. Bemerkungen versehen, nebst einer Zusammenstellung aller irregulären französ. Zeitwörter und einem vollständ. Wörterbuche, hrsg. von C. Schnabel. Ster.-Ausg. 8. (V, 157 S.) Leipzig 884, Renger'sche Buchh.

Florian, M. de. Guillaume Tell ou la Suisse libre. Mit Erläuterungen u. einem Wörterbuche, hrsg. von C. Schnabel. Neue Ausgabe. In-8°. Leipzig, Renger. 1893. 1 —

Florian, Jean Pierre Claris de: Wilhelm Tell, s.a. Hausbibliothek ausländ. Classiker.

—— dass. — übers. v. Wollheim, s. Miniaturbibliothek d. ausländ. Classiker. 6. Bdch.

de Florian, Jean Pierre, Wilhelm Tell, oder die freie Schweiz. A. d. Französ. v. J. Günther, s. auch Taschenbibliothek class. Romane des Auslandes.

Florian, Wilhelm Tell, s. Universal-Bibliothek Nr. 2129.

Florian, J. P. Cl. gen. Chev. de. Wilhelm Tell. Pirna 1802. Ü: *Seifried, Carl Hnr.* (Ky) (MGT) (GGr)

— Wilhelm Tell, aus dem Franz. von Weinzierl. m. K. 8. Ebend. 804.

Florian, J. P. Cl. gen. Chev. de. Wilhelm Tell, oder die freye Schweiz ... Dresden 1808. Ü: *Seifried, Carl Hnr.* (GGr) »Pirna« (EE)

— Wilhelm Tell. Deutsch bearb. 8. Eisenb. 814. Schöne. 9 gr

— Wilhelm Tell, oder die freie Schweiz, ein geschichtl. Roman, deutsch bearb. v. K. Back. 8. Eisenb. 824, Schöne.

— Wilhelm Tell, oder d. Befreiung d. Schweiz. Aus den franz. treu übers. v. A. Schneemann. 8. Halle 824, Fr. Ruff.

— Wilhelm Tell, oder d. Befreiung d. Schweiz. Histor.-romant. Darstellung; aus d. Französ. v. A. Schneemann. 8. Halle 825. Fr. Ruff. 10 gr Dass., mit e. französ.-deutschen Wörterbuche u. e. Phraseologie zum Uebersetzen. 8. Ebd. 825. 12 gr

— Wilhelm Tell; frei nach d. Franz. von Pet. Kaatzer. gr. 12. Aachen 833. Mayer. 1/6 Thlr 2e Ausg. gr. 12. 835. 1/6 Thlr

Florian, J. P. C. de, Wilhelm Tell. Aus d. Franz. v. J. Günther. 8. (6 B.) Jena 842, Mauke. Thlr.

— Théatre, ou Choix de Comédies. II Tom. 8. Leipz., Breitkopf u. H. 1 Thlr

— Théâtre. II Vols. 8. Strassb. 800. Levrault. 1 Thlr 8 gr

— Théâtre. Edition augmentée des pièces posthumes de l'auteur. 16. Stuttgart 834. Erhard. 11 gr de Florian, Théâtre complet. Mit grammat. Erläuter. f. d. Schulgebrauch. 2e Aufl. Mit Erläuter. d. vornehmsten Wörter u. Redensarten, verm. v. J. Fr. Sanguin. 8. Leipz. 825, G. Fleischer.

— Théâtre complet. Mit grammat. Erläut. u. ein. Erklärung d. schwersten Wörter u. Redensarten z Erleichterung d. Uebersetzens ins Deutsche f. d. Schulgebrauch. 8. Ebend. 814.

— Théâtre complet. Mit grammat. Erläuterr. u. e. Erklär. d. schwersten Wörter u. Redensarten zur Erleichterung d. Uebersetzens ins Deutsche für d. Schulgebrauch. 8. Leipz. 814. 3e A. v. J. F. Sanguin 826. Gr. Fleischer. 16 gl

— Théâtre complet. Mit grammatischen Anmerkungen und einem Wörterbuche zum Schul- und Privatgebrauche herausg. von Ch. Thibaut. 6. verb. Aufl. Leipzig (854). E. Fleischer. gr. 16. (IV, 215, 50 S.) 15 ngl

Florian, Théâtre italien. II Vols. 8. Leipz. 800. Er. Fleischer. 1 ℛ 12 gl

— — le même II Vol. Vol. Leipzig. (Tourneysen, Cassel.) 800.

— der gute Vater. Familiengemälde. 8. Leipz. 790. Schneider. 3 gl

Florian, J. P. C. de, ausgewählte Werke. Wilhelm Tell. Uebers. v. A. C. Wollheim. Numa Pompilius. Uebers. v. Christern. 32. (441 S., worunter Florian's Biographie u. Portrait.) Hamburg 840, Schuberth u. Comp. *

— sämmtl. Werke, neu übersetzt v. L. G. Förster. 6 Bdchen. 12. Quedlinb. 827 — 29. Basse. 2 ℛ 6 gl in 8. auf Velinp. 8 ℛ (vergl. Bibliothek d. Meisterwerke.)

— die Zwillingsbrüder von Bergamo; Lstspl. in 1 A., aus d. Französ. 8. Zwickau 797. Schumann. 3 gl

Florian, Josephus (*geb. [Giersdorf bei Ziegenhals 27. 12.] 1808*): De uteri prolapsu ejusque medela. Vratislaviae (1835). (47 S.) 8°
Breslau, Med. Diss. v. 22. Mai 1835

Florian, Jos., Schriftmuster. No. 1. Deutsche Currentschrift. qu. gr. 4. (15 Bl.) Prag 843, Weiss. *.

—— dies. No. 2. Englische Schrift. qu. gr. 4. (15 Bl.) Ebds. 843. *.

—— dies. No. 3. Höhere Kalligraphie. qu. gr. 4. (10 Bl.) Ebds. 843. *.

Florian Josef: Verzeichnis magnetischer Deklinationsbeobachtungen zu Bleiberg. S. 4. 870 . . . . vgr.
Separatabdruck

— einzeilige deutsche Vorschriften (10 Blätter.) qu. gr. 4. Ebend. 843. n. 1/2 ℛ

— einzeilige englische Vorschriften. (10 Blätter.) qu. gr. 4. Ebend. 843. n. 1/2 ℛ

Florian, Julius (*geb. Bischofswalde bei Neiße 9. 6. 1849*): Die Anatomie des Magister Richardus (Anfang des 14. Jahrhunderts) zum erstenmale hrsg., mit Vorbemerkungen über die Entwickelung der Anatomie im Alterthum und Mittelalter. Breslau 1875. (32 S.) 8°
Breslau, Med. Diss. v. 28. Juli 1875

FLORIAN, Julius: Doctrina de Immaculata Conceptione nec non cultus deiparae Virginis in ecclesia orientali. — (1904) 70 Bl. 4° (Handschr.) Diss. 785
Diss. Wien, Univ.

Florian, Jul., Recipe! Heitere Aufzeichngn. aus dem Taschenbuche e. Arztes. 8. (VII, 92 S.) Berlin (902). Berlin. Verlagsanstalt. n. 2.—

Flórián, Kata: A kassai német színészet története 1816—ig. — Budapest: Pfeifer 1927. 105 S. (Német philologiai dolgozatok. 32.) [Ungar.: Flórián: D. Kaschauer dt. Theaterwesen bis zum Jahre 1816.]

Florian, M. de, s. Florian, Jean Pierre Claris de.

† Florian, Sigism. (Wilh. Andreae), die Flüchtlinge. Roman in 2 Bdn. (in 1 Bd.) 16. (III und 300 S.) Leipzig 858, Hübner.

Florian, (Theodorus Carolus) Joseph (*geb. Ottmachau in Schles. [3. 1.] 1838*): De prosopalgia neurectomiae auxilio sananda. Vratislaviae (1863). (29 S.) 8°
Breslau, Med. Diss. v. 14. Aug. 1863

FLORIAN, Walter

Florian, Gualtharius, Lipsiensis: Studia Didymea historica ad saeculum quartum pertinentia. Lipsiae 1908: Seele & Co. (86 S.) 8°
Leipzig, Phil. Fak., Ref. Lipsius-Wilcken, Diss. v. 4. Juli 1908
[Geb. 29. Mai 81 Leipzig; Wohnort: Leipzig; Staatsangeh.: Sachsen; Vorbildung: Nikolai-Gymn. Leipzig Reife O. 01; Studium: Leipzig 13 S.]

Florianus, M., vita sanctorum Stephani regis et Emerici ducis, s.: Historiae hungaricae fontes domestici.

Floribundus, s. Tintenfleck, der, auf der Wartburg.

Floericke, C., der 98er Frühlingszug in Alföld. (Deutsch u. ungarisch.) [Aus: „Aquila".] hoch 4. (55 S.) Budapest 899. (Berlin, R. Friedländer & Sohn.) n. 2. 50

Floericke, Karl, s.a. Floericke, Kurt.

Floericke, Karl, der kleine Botaniker. Bd 1—3. kl. 8. Nürnberg (910). E. Nister. Geb. in Halbleinw. à 1. 20
1. Im Garten u. Feld. (111 S. m. 40 Abb. u. 3 farb. Taf.)
2. Auf Wiese, Flur u. Heide. (112 S. m. 42 Abb. u. 3 farb. Taf.)
3. Im Busch u. Wald. (112 S. m. 37 Abb. u. 3 farb. Taf.)

— s.: Bücherei, naturwissenschaftliche.

— s.: Jahrbuch der Vogelkunde.

— s.: Kalender f. Aquarien- u. Terrarienfreunde.

— Kriechtiere u. Lurche Deutschlands. Mit zahlreichen Abbildgn. nach Orig.-Zeichngn. u. Aufnahmen v. L. Ankenbrand, Edm. Geratsdorfer, L. Kull u. a. 1—7. Aufl. (112 S.) 8. Stuttgart (909. 10). Franckh. 1.—; geb. 1. 80

— Der kleine Naturforscher. 5 Bdchn. kl. 8. Nürnberg, (908). E. Nister. Kart. 6.—; einz. Bdchn. 1. 20
Der kleine Naturforscher im Busch u. Wald. (108 S. m. 32 Abbildgn. u. 3 farb. Taf.) — dasselbe in Flur u. Feld. (110 S. m. 35 Abbildgn. u. 3 farb. Taf.) — dasselbe an Fluß u. Teich. (100 S. m. 30 Abbildgn. u. 3 farb. Taf.) — dasselbe in Haus, Hof u. Garten. (110 S. m. 31 Abbildgn u. 3 farb. Taf.) — dasselbe am Meeresstrand. (112 S. m. 31 Abbildgn. u. 3 farb. Taf.)

— Die Säugetiere Deutschlands, s.: Nister's illustrierte Jugend- u. Volksbücher.

— Säugetiere fremder Länder. Mit 2 Taf. u. zahlr. Abbildgn. nach Naturaufnahmen u. Orig.-Zeichngn. v. Ad. Wagner u. a. (104 S.) 8. Stuttgart (910). Franckh. 1.—; geb. 1. 80

— Die Säugetiere des deutschen Waldes. Mit zahlr. Abbildgn. nach Orig.-Zeichngn. v. E. Arndt, Rich. Friese, J. Michel u. a. 1—6. Aufl. (106 S.) 8. Ebd. (908—10). 1.—; geb. 2.—

Floericke, Karl, über die Vögel des deutschen Waldes. 1—14. Aufl. (104 bezw. 111 S. m. Abbildgn.) 8. Stuttgart (907—10). Franckh. 1.—; geb. 2. —

— Deutsches Vogelbuch f. Forst- u. Landwirte, Jäger, Naturfreunde und Vogelliebhaber, Lehrer u. die reifere Jugend u. f. alle Gebildeten d. deutschen Volkes, gemeinverständlich geschildert. Mit 80 Taf. in Buntdr. nach Orig.-Aquarellen des Alb. Kull. 6—11. Lfg. (VIII u. S. 153—403 m. 15 farb. Taf.) gr. 8. Ebd. 907. à — 80; (Vollständig, geb. in Leinw. 10. —)

— Der Vogelschutz u. die Frauenwelt. (128.) 8. Würzburg 908. F. Schöningh. — 60
Sonderabdruck aus „Jahrb. d. internat. Frauenbundes f. Vogelschutz".

— Wanderungen u. Streifzüge: Die Kriechtiere, Lurche u. Fische unserer Heimat. (108 S. m. Abbildgn. u. 3 farb. Taf.) 8. Nürnberg (910). E. Nister. Geb. in Halblw. 2. —

— dasselbe. Die Schmetterlinge u. Käfer unserer Heimat. (126 S. m. Abbildgn. u. 4 farb. Taf.) 8. Ebd. (910). Geb. in Halbleinw. 2. —

— dasselbe. Die Vögel Deutschlands, s.: Nister's illustr. Jugend- u. Volksbücher.

Floericke, Kurt, s. a. Floericke, Karl.

Floericke, Curt, prakt. Anweisg. z. Ausstopfen d. Säugetiere f. alle Freunde d. Naturkunde. 8. (42 S.) Leipzig 897. Ernst. — 75

Floericke, Kurt (Hrsg.), s. Jahrbuch der Vogelkunde.

Kriechtiere und Lurche Deutschlands. Von Dr. Kurt Floericke. Mit zahlr. Abb. Stuttgart: Kosmos [1909]. 112 S. 8° [09. 1150

— prakt. Leitfaden für Eiersammler f. alle Freunde d. Oologie. 12. (IV, 50 S.) Ebd. 897. — 75

— Naturgeschichte d. deutschen Schwimmvögel, f. Landwirte, Jäger, Liebhaber u. Naturfreunde gemeinfaßlich dargest. M. 45 Abb. auf 15 Taf. gr. 8. (XVI, 392 S.) Magdeburg 898. Creutz. n. 4. 50; geb. n. 5. 50

— Naturgeschichte d. deutschen Sumpf- u. Strandvögel. M. 44 Abb. auf 15 Taf. in Schwarzdr. 8. (XII, 406 S.) Ebd. 897. n. 4. 50; geb. n. 5. 50

Naturschutzparke in Deutschland und Österreich. Ein Mahnwort an d. deutsche u. österreich. Volk. Hrsg. v. Verein Naturschutzpark, Sitz Stuttgart, unter Mitw. von Dr. Max Kemmerich, Dr. Kurt Floericke [u. a.] Mit zahlr. Ill. Stuttgart: Franckh (1910). 48 S. 4°(8°) [10. 13293

Säugetiere fremder Länder. Von Dr. Kurt Floericke. Mit 2 Taf. u. zahlr. Abb. nach Naturaufnahmen u. Orig.Zeichn. von Prof. Ad. Wagner u. a. Stuttgart: Franckh (1910). 104 S. 8° [10. 13438

FLOERICKE, Kurt: Die Säugetiere des deutschen Waldes. - Stuttgart 1908. 106 S.

Über die Vögel des deutschen Waldes. Von Dr. Kurt Floericke. Mit zahlr. Abb. Stuttgart: Kosmos (1907). (104 S.) 8° [S.] [08. 17101

Floericke, Kurt, deutsches Vogelbuch. (In 10—11 Lfgn.) 1.—5. Lfg. (S. 1—152 m. 15 farb. Taf.) gr. 8. Stuttgart (906). Franckh. à n. — 80

— Vogelleben am Utovo Blato. [Aus: „Wissenschaftl. Mittheilgn. aus Bosnien u. d. Hercegovina", 3. Bd.] Lex.-8. (4 S.) Wien 895. (C. Gerold's Sohn.) n. — 30

Floericke, Curt Ehrenreich [aus Zeitz in Thüring.]: Versuch einer Avifauna von Preussisch-Schlesien. 1. Tl ... Marburg, Univ.-Buchdr. '(C. L. Pfeil)', 1892; 157 S., 1 Bl. 8.
Marburg, Phil. Fak., Inaug.-Diss. v. [15. Dez.] 1892

Florida, od. Geschichte eines verunglückten Philosophen. (von Chr. Wilh. Kindleben). 8. Halle 779. N. A. 787. Hendel. 12 gr.

Florida, oder Geschichte eines unglücklichen Philosophen. Halle 1781. V: *Kindleben, Christian Wilh.* (ML) (Ky) (GGr)

Florida Staats-Zeitung: 1896? –1898? San Antonio, FL
Independent weekly. Edited & published by John B. Michel.

Florida Staats-Zeitung: 1901? –1905? Pensacola, FL
Weekly. Published by German Publishing Co. Place varies: Miami.

Florida Staats-Zeitung: 1910–1918? Jacksonville, FL
Weekly. Published by the German-American Press.

FLORIDE oder die Liebe in der Natur. Jena, Cröker, 1804. Gr. 8°. (5/6 Rthl.)
Zahm. Tit. u. 262 S. S. 233 sq.: Woldas Rhapsodieen u. Dichtungen. — Kayser p. 39 hat die unrichtige Jahrz. „1805".

Floride, e. Roman. 8. Jena, Cröcker. 805.

Floridia, P[ietro]. Compositions pour Piano. Op. 15. Six pièces. 4. Leipzig & Zürich *etc.*, Gebrüder Hug & C°, [1903].
N° 1: Romance. 6 p. M. 1. —; — 2: Sur la vague tranquille. 6 p. M. 1. —; — 3: Coquette! Valse lente. 8 p. M. 1. 50; — 4: Epithalame. 6 p. M. 1. —; — 5: Mazurka. 8 p. M. 1. 50; — 6: Tarantelle napolitaine. 8 p. M. 1. 50

Maruzza. Lyr. Volksscenen in 3 Akten. Dichtg u. Mus. v. Pietro Floridia. Deutsch v. Dr. Ludwig Hartmann. Klavierausz. v. Componist ... *Mailand: G. Ricordi & C. [1896].* [A. T.:] Maruzza. Scene liriche popolare ... (13, 256 S.) 1 Bd 4. [97. 1230

Floridors, Graf. von Prebaux, Leben. 2 Thle. 8. Hamb. 747.

— d. Schäfers, u. der schönen Florentina Gesch. 8. Frankf. 753.

FLORIDORUS (ps.). — Cupido als ein Rabbine, oder wahrhafftige Begebenheiten zweier bekehrten christlichen Jüdinnen .... von *Floridoro.* Hall 1723. 8°. Rar!

Floridsdorf [Schlagwort]

Floridsdorf. Freytag's, G., Plan v. Floridsdorf. 1:15,000. 81,5×32,5 cm. Farbdr. Mit vollständ. Strassen-Verzeichnis des XXI. Bezirkes sowie o. Uebersichtsplan v. Wien m. der Bezirks-Einteilg. aller 21 Bezirke. 1:150,000. 16×20,5 cm. Farbdr. (2 S.) 8. Wien (905). G. Freytag & Berndt. n. — 30

FLOERIKE ...: Comm. de praerogativa juris Canon. prae jure Justinianeo. *Hal.* 757.

Florilegio spirituale. Libro di preghiera e di edificazione poi cristiani cattolici. Tolto in gran parte dagli scritti di S. Bernardo, S. Francesco di Sales, S. Alfonso de Liguori etc. Tradotto da Don Giovanni Antonini. Ed. Nr. 1. 32. (397 S. m. 18 eingedr. Holzschn. u. 2 Chromolith.) Einsiedeln 878. Benziger. — 60

— dasselbe. 24. (397 S. m. eingedr. Holzschn. u. 2 Chromolith.) Ebend. 878. 1. 15

Florilegium oder vilmehr ubel riechender Blumen Pusch aus Herrn Dr. M. Luthers geistreichem Blumen-Garten. Wahrburg 1666.
Weller, fing. Dr. — Sehr rar!
— — Dasselbe. Wien 1709. 8°. 80 S.

Florilegium epigrammaticum recens., sive nonnullor. poetar. superioris aevi celebrium epigrammata, carmina aliaque jocosa 8. Vindob. 823. (Lips., Fr. Fleischer.)

Florilegium graecum in usum primi gymnasiorum ordinis collectum a philologis Afranis. X Fasc. 8. (VI, 72; 71; 74; 70; 76; 64; 68; 66; 66; 84 S.) Lps. 889—90, Teubner. cart. à Fasc. — 45

Florilegium graecum in usum primi gymnasiorum ordinis collectum a philologis Afranis. Fasc. II. Exemplar iteratum. 8. (81 S.) Leipzig 893. B. G. Teubner. Kart. — 45

Florilegium graecum in usum primi gymnasiorum ordinis collectum a philologis Afranis. Fasc. XI–XV. 8. (VI, 64; 64, 64, 64 u. 64 S.) Leipzig 901. B. G. Teubner. Kart. à n. — 60; (I.—XV. n. 8.—)

Florilegium graecum in usum primi gymnasiorum ordinis collectum philologis Afranis. Fasc. II. Exemplar tertiatum .(71 S.) 8. Leipzig 903. B. G. Teubner. n. — 50

— dasselbe. Fasc. X. Exemplar iteratum. (84 S.) 8. Ebd. 905. n. — 50

Florilegium graecum in usum primi gymnasiorum ordinis. Collectum a philologis Afranis. Fasc. VII. Exemplar iteratum. (68 S.) kl. 8. Leipzig 907. B. G. Teubner. Kart. — 50

Florilegium historico-criticum librorum rariorum . . . Ed. II. Groeningae et Bremae 1747. V: *Gerdes, Daniel.* (EB)

Florilegium latinum, s. Frommelt, F.

Florilegium Plautinum, vide Sickel.

— patristicum. Digessit, vertit, adnotavit Gerardus Rauschen. Fasc. I—VI. gr. 8. Bonn, P. Hanstein. n. 8.20; kart. n. 9.40
I. Monumenta aevi apostolici. (V, 89 S.) 904. n. 1.20; kart. n. 1.40
II. S. Iustini apologiae duae. (IV, 101 S.) 904. n. 1.50; kart. n. 1.70
III. Monumenta minora saeculi secundi. (IV, 106 S.) 905. n. 1.50; kart. n. 1.70
IV. Tertulliani liber de praescriptione haereticorum, accedunt S. Irenaei adversus haereses III. 1—4. (IV, 69 S.) 906. n. 1.—; kart. n. 1.20
V. Vincentii Lerinensis commonitoria. (III, 71 S.) 906. n. 1.20; kart. n. 1.40
VI. Tertulliani apologetici recensio nova. (V, 142 S.) 906. n. 1.80; kart. n. 2.—

— patristicum. Digessit, vertit, adnotavit Gerardus Rauschen. Fasc. VII. gr. 8. Bonn 909. P. Hanstein. 2.40; kart. 2.60
Monumenta eucharistica et liturgica vetustissima. (IV, 170 S.)
I—VI. Ebd. 904. 06. 8.20; kart. 9.40

Florin, Andr. Die unterrichtliche Behandlung v. Schillers Wilhelm Tell. Ein Beitrag zur Methodik der dramat. Lektüre. gr. 8. (VI, 156 S.) Davos 891, Richter. * 1 60

Florin, A[ndreas]. Die Unterrichtliche Behandlung von Schillers Wilhelm Tell. Ein Beitrag zur Methodik der dramatischen Lektüre. 2., vermehrte und verbesserte Aufl. IV + 165 S. 8. Davos, Hugo Richter (*Umschlag:* Chur, F. Schuler), 1904. [fr. 2.80]

— vaterländisches Lesebuch, s.: Wiget, Th.

—— die Methodik der Gesamtschule. 1. und 2. verb. Aufl. gr. 8. (77; 80 S. mit 1 Tab.) Zürich 885,86, Schulthess. *

Florin, Andr., Präparationen zur Behandlung lyrischer u. epischer Gedichte, nebst Einführg. in die Methodik derselben. gr. 8. (III, 183 S.) Davos 893. H. Richter. n. 2.40

— Tell-Lesebuch f. höhere Lehranstalten. 8. (IV, 194 S. m. 1 Karte.) Davos 891. Richter. n. 1.—

Florin, A., Tell-Lesebuch f. höh. Lehranstalten. 2. Aufl. gr. 8. (197 S. m. Titelbild.) Davos 900. H. Richter. Geb. in Leinw. n.n. 1.30

Florin, Franz Philipp. Des klugen und rechts-verständigen Haus-Vatters erster Theil . . . Franckf. u. Leipz. 1751. V (Anmerkungen): *Donauer, Johann Chph.* (BrMm)

Florin, [Friedrich]: Ansprache bei der Trauerfeier für Herrn J[acob] Bünz, am 15. August 1907. S. 8—10. 4.
Progr. Oberrealschule vor dem Holstentore *Hamburg* 1908 (954).

Florin, Johann Christoph Sigism. (Edelsfeld/Pfalz). Ex historia Romana vestem palmatam. Präs. Johann Christian Polcke (Breslau). Altdorf (J. W. Kohles) 6. IV. 1720. 24 S. (4.80) 9112

Florin, Joh. Wilh. 80 der schönsten u. gebräuchlichsten evangelischen Kirchenlieder. Lebensbilder der Dichter, Geschichten und Erläutergn. gr. 8. (IV, 168 S.) Cassel 889, Freyschmidt. * 1 20
Einfach geb. * 1 60; in Leinw. geb. * 1 80

Florindor, Edwein, (Psdn.), s. Nachtviolen.

Florine, oder die Masken, ein Roman von Wilhelmine Willmar. 2 Thle. 8. Meissen, Gödsche. 821. Rthlr.

Florine. [Gedicht.] Berlin 1855. V: *Schumacher, August.* (GGr)

Flöring, Friedrich (Darmstadt)
Gottfried Arnold als Kirchenhistoriker. Beitrag zur Culturgeschichte des 17. Jahrhunderts.
Darmstadt: L. Brill 1883. 75 S.
Diss. phil. Giessen 20.7.1883. vorh. 26. 7. la.

Flöring, Friedr., Gottfried Arnold als Kirchenhistoriker. Beitrag zur Culturgeschichte des 17. Jahrh. Inaugural-Dissertation. gr. 8. (74 S.) Darmstadt 883, Brill. *

Flöring, F., zwei Predigten als Abschiedsgabe f. die Martinsgemeinde zu Darmstadt. gr. 8. (23 S.) Darmstadt 893. J. Waitz. n. — 30

Flöring, Frdr., d. Alte Testament im evang. Religionsunterricht, s.: Vorträge d. theolog. Konferenz zu Giessen.

Florini, s. Florinus.

Florinus. Ein Gebet- und Erbauungsbuch zur Verehrung und Nachfolge des heiligen Florinus, besonders für die Gemeinde Matsch, wo der heil. Florinus geboren wurde, und für Vinschgau, wo er häufig verehrt wird, gut und nützlich zu gebrauchen. Von einem Weltpriester der Diözese Brixen. 12. (VI, 546 S.) Innsbruck, Druck A. Witting, Verl. Christ. Teller in Glarus 1853.

Florinus, Franciscus Philippus: Oeconomus prudens et legalis. Oder Allgemeiner Klug- und Rechts-verständiger Haus-Vatter bestehend In Neun Büchern / ... Das IV. Buch vom Garten-Leben / Gärten dem Gärtner und dessen Zeug / vom Grund und des Gartens ... vom Weinbau , wie ein Weinberg anzulegen / von Fechsern / unterschiedliche Art dieselbe künstlich zu peltzen / ingleichen vom Hacken / Pfählstecken Anleiten und Entblätterung der Reben / Abnehmung der Trauben / Keltern des Mosts und Bewahrung desselben / wie nach der Lese der Weinberg zu tractiren · Abbindung des Geschirrs und wie mit dem Wein im Keller umzugehen / unterschiedlichen raren Wein-Künsten. Ferner sind alle obige Bücher und Capitel / mit Rechtlichen Anmerckungen auf allerhand vorfallende Begebenheiten versehen Durch Johann Christoph Donauern. Nürnberg, Franckfurt & Leipzig: Riegel 1702. -- 7*
--- Dass. Ebd. 1750. -- 7*
--- Dass. Ausg. Basel: Brandmüller 1748 erschien u.d.T.: Florinus: Allgemeiner Klug- und Verständiger Hauß-Vatter, wie auch Adeliches Land-Leben. ... vom Weinbau ... . -- 98* -- [Enthält keine 'Rechtlichen Anmerckungen'.]

Florinus F. Ph.: Oeconomus prudens et legalis od. allgemeiner klug- u. rechtsverständiger Haus-Vatter ... m. rechtlichen Anmerck. vers. durch J. C. Donauern ... Nunmehro z. 2.mal gedruckt. Nürnb., Franckf. u. Leipz. 1705. 1228, 178 S. Fig. 31 Tvl. Fol.
(De 178 S. er Læge- og Kogebog).

Florinus, F. Ph.: „Oeconomvs prvdens et legalis continvatvs. Oder grosser Herren Stands und Adelicher Haus-Vatter in 5 Büchern", mit Anmerkungen durch J. Ch. Donauer, Nürnberg 1719. folio. — Vorh.: Bibl. des German. Nationalmuseums Nürnberg.

Florini, Frz. Ph., allgemeiner kluger u. rechtsverständ. Hausvater. 2 Thle, mit 220 Kpf. Fol. Nürnb. 730 u. 51. Riegel u. W. 10 ₰ (Löffler in Manh.) 5 ₰

Florinus, Franc. Phil. (Pfalzgräfl. Sulzbach. P. (!) in Edelsfelden u. Kirmreuth), allgemeiner klug- u. verständiger *Hauss-Vatter*, wie auch *adeliches Land-Leben*. 2 Thle. (9 u. 5 Bücher.) Basel, J. L. Brandmüller, 1748—49. (Nebst Kupfertit. vor Bd. 1.) Gr.-Fol. Alte Ganzldrbde. m. Rückenvergold.
I: 2 Bll., 860 S. (à 2 Col.). II: 1 Bl., 478 u. 278 S., 11 Bll. Reg. (à 2 Col.). Geschätztes Werk, enth. u. a. in Bd. I, Buch 5: „Von der Pferde-Zucht", S. 630—680; Bd. II, Buch 4: „Von der Ritter- u. Rent-Academie", S. 1—98; Bd. II, Buch 5: „Vom Jagd- u. Weyd-Werck", S. 91—278.

Florinus, Franc. Phil. [d. i. Pfalzgraf Philipp]: Oeconomus prudens et legalis continuatus oder Grosser HerrenStand und adelicher HausVatter. Mit Kupfern. 2. Ausg. Nürnberg: Riegel 1751. [1. Aufl. 1719.]

FLORINUS, J. Heinrich

Florini Fons latinitatis. Herborn. 720. 8. Francof. 752. 8. 8 gr.

Florinus, I. Heinr., fons latinitatis. 8. Frft. Guilhaumann. 752.

Florinus, I. M., opuscula varia. 4. Frft. Andreae. 785.

— — dasselbe. 4. Lpz. Fleischer. 785.

Florinus, J. M., de vitis quatuor evangelistarum. Frft. 1707. 4.

Florio und Bianceffora, s.a. Fleck, Konrad

Florio und Biancefora¹.
Goed. I, 353, 14.
Ein gar schone newe hystori der hochen lieb des kuniglichen fursten Florio; vnnd von seyner lieben Bianceffora.
o. J.* (1714?) o. O. (Offenbach), 8°. Jüdisch-Deutsch.
1714*, Offenbach, 8°. Jüdisch-Deutsch.
Steinschneider, Catalogus Nr. 3923 und Serapeum IX (1848), S. 384 Nr. 175, Wolf II, S. 1320 Nr. 288.
o. J.*, Frankfurt, Brönner, 8°.

Gedichte (Rime) des Grafen Daniele Florio aus Udine. Von P. Michael Huber, O. S. B. Erlangen: F. Junge 1907. (134 S.) 8°
Aus: Romanische Forschungen. Bd 25. [08. 101

Floris und Blancheflur, s.a. Fleck, Konrad.

Floris and Blauncheflur, s.: Sammlung englischer Denkmäler.

Floris, Ernst, Sagen u. Lieder vom Rhein u. von der Mosel. gr. 12. (10⅝ B.) Koblenz 843, Hölscher. 20 Ngr. Mit 10 Stahlst.*

FLORIS, JAC. DIED. (aut.), Diss. med. de malignitatis morborum disertioribus signis. Kiliae Hols. 1782. 4. P. [Praes. Jo. Frid. Ackermann]. (U. B.).

Florisonti, Miraculoso, in denen ganz ungemeinen Begebenheiten einer vornehmen Standes Person vorgestellet; a. d. Franz. übersetzet. Hamb. 1730. V: *Prévôt d'Exiles, Ant. Franç.* Ü: *Holtzbecher, Chn Melchior.* (Schr) (BGE)

Florisonti, Miraculoso, in denen gantz ungemeinen Begebenheiten einer vornehmen Standes-Person vorgestellet. A. d. Französ. übers. Th. 1—4 von Birckenmeyer. Th. 5—7 von Holzbecher. Hamb. 1730—1740. V: *Prévost d'Exiles, Ant. Franc.* (BGE IV², 555)

Florius, Franc., de quodam Hegesippi fragmento et de nonn. S. S. Patrum locis mendose adhuc editis. Bonon. 793. 4. (98 S.)

Flörke, C. Fr., und J. Kniep, Münz- und Gewichts-Vergleichungstabellen nach Maßgabe der Staaten-Verträge vom 24. Januar 1857 u. bezw. vom 7. Novbr. 1856, sowie der desfallsigen Hannoverschen Gesetzgebung vom 3. Juni 1857, 20. Octbr. 1857 u. 1. Juni 1858 u. bezw. 17. Juni 1857 u. 13. Novbr. 1857. 1—3. Aufl. Ebend. 858. Lex.-8. (1 Bl., 17 S.) n. 7½ ℳ

Flörke, C. Fr., Tafeln zur Berechnung 1. der einfachen Zinsen rc. zu jedem beliebigen Zinsfuße und von jedem Kapitalbetrage von 1 Pfge. bis zu 100,000 Thlrn. auf jeden Tag bis zu einem Jahre (1 bis 360 Tagen); 2. der Zinseszinsen, in ganz- und halbjähr. Zusammensetzung, sowohl bei einmaliger wie bei gleichmäßig fortgesetzter Einlage (Darleihung), nebst den Jahresbeiträgen und der Zeitdauer zur allmäligen Tilgung eines Darlehnkapitals auf einen Zeitraum von 1 bis 100 Jahren, und endlich 3. des Werths der Pistolen gegen Kronen und umgekehrt, so wie beider Goldsorten gegen Courant in allen möglichen Abstufungen. Neue, auf die 30- und bezw. 300-Theilung des Thalers wie des Kronzehntels, unter Hinzufügung der Bruchpfennige, bearb. Ausg. Lex.-8. (XVI und 40 S.) Hannover 858, Schmorl und v. Seefeld. *

Flörke, C. F., Tafeln zur Berechnung 1) der einfachen Zinsen rc. zu jedem beliebigen Zinsfuße und von jedem Kapitalbetrage von 1 Pfennige bis zu 100000 Reichsmark auf jeden Tag bis zu einem Jahre [1—360 Tagen] und 2) der Zinses-Zinsen, in ganzjähr. Zusammensetzung, so wie bei gleichmäßig fortgesetzter Einlage [Darleihung] nebst den Jahresbeiträgen und der Zeitdauer zur allmäl. Tilgung eines Darlehnskapitals auf einen Zeitraum von 1—50 Jahren. Lex.-8. (IV, 21 S.) Hannover 875, Schmorl und v. Seefeld. *

—— Tafeln zur Umrechnung der deutschen Reichsgoldmünzen auf Pistolen, Kronen, Gold bremer Rechnung, Silbermünzen der lübisch-hamburg. Courant-Währung, der süddeutschen und beziehungsweise der Thaler-Währung und umgekehrt der genannten alten Münzen auf die neuen. gr. 8. (15 S.) Hannover 872, Schmorl und v. Seefeld. *

Floerke, F. Dictamen des Bürgermeisters F. Floerke aus Grabow zum Landtags-Protocolle d. d. Sternberg d. 13. Dec. 1859 betreffend die Steuer- und Zollreform. Statt handschriftl. Mittheilung gedruckt auf Kosten der Landschaft mecklenburgischen und wendischen Kreises. 4°. Grabow 1860.

Floerke, Franz, Referendar: Rat, Auskunftserteilung und Empfehlung nach dem BGB. Schwerin i. M. 1910: Sengebusch. 65 S. 8°
Rostock, Jur. Diss. v. 20. Juli 1910, Ref. Matthiaß
[Geb. 18. Sept. 82 Schwerin i. M.; Wohnort: Schwerin; Staatsangeh.: Mecklenburg-Schwerin; Vorbildung: Gymn. Schwerin Reife O. 03; Studium: München 4, Rostock 3 S.; Rig. 2. März 10.] [U 10. 3838

Flörke, Friedrich Jakob (Hrsg.):

s.: Enzyklopädie, Oekonomisch-technologische, oder allgemeines System der Staats-, Stadt-, Haus- und Landwirthschaft, und der Kunstgeschichte, in alphabetischer Ordnung... Berlin

Th.47 - JB 5.375
Th.109 - JB 5.023

— f. Krünitz, Encyklopädie.

Flörke, F. J., die Leidenschaft der Menschen und Thiere ꝛc. m. K. gr. 8. Berl. Pauli. 789.
(ist der 75ste Theil der Krünitzischen Encyklopädie.)

Flörke, Fr. Jak., († d. 17. Oct. 1799.) die Leidenschaften d. Menschen u. Thiere. Mit 10¼ Bog. Kpf. gr. 8. Berl. 799. (Reimer). 3 ₰

Flörke, Fr. Jak., die Moabitin Ruth. 8. Stendal 795. Franzen u. G. 6 gr

Flörke, G. H., s. F l ö r k e , Heinrich Gustav.

Floerke, Gust., schwarze Bilder aus Rom u. d. Campagna, s.: Schulze, Fr.

Flörke, Gustav: Ueber den Einfluss der Kiefer u. Zähne auf den Gesichtsausdruck der Völker. *Bremen 1898: J. Frese.* (97 S.) 8°
Erlangen, Phil. Diss. v. 3. März 1898

Flörke, Gust., der Einfluss d. Kiefer u. Zähne auf d. menschl. Gesichtsausdruck. E. anthropolog.-ethnograph. Studie. gr. 8. (II, 96 S. m. 16 Abb.) Bremen 898. (W. B. Hollmann.) n. 1. 50

Floerke, Gust., 10 Jahre m. Böcklin. Aufzeichnungen u. Entwürfe. 2., verm. Aufl. gr. 8. (IV, 269 S. m. 14 Taf.) München 902. Verlagsanstalt F. Bruckmann. n. 6. —; geb. n. 7. 50
1. Aufl. (V, 255 S. u. 14 Taf.) Ebd. 901. n. 6. —.

Floerke, Gust., die Insel der Sirenen. Capresische Dorfgeschichten. Mit 25 (eingedr. chemityp.) Zeichnungen von Frz. Arndt u. Ch. Krohn. 8. (VII, 224 S.) München 879. Bassermann. n. 4. 50; cart. n. 5. —

Floerke, G., italisches Leben. Geschichten u. Abenteuer aus alten Skizzenbüchern. 8. (III, 441 S.) Stuttgart 890. Cotta Nachf. n. 5. —

Floerke, Gust., die vier Parochial-Kirchen Rostocks. Ein Beitrag zur Geschichte des Backsteinbaues in der norddeutschen Tiefebene. gr. 8. (137 S. mit 15 Stnt. in gr. 8. und 1 color. Stnt. in qu. gr. Fol.) Rostock 872, Kuhn. [Werther's Verlag.] *

Floerke, Gust., Randnotizen zu v. Schröter's Bemerkgn. üb. d. beabsichtigte neue Ordnung d. Rechtspflege in Mecklenburg. gr. 8. (VI u. 58 S.) Schwerin 850, Stiller. n. ⅓ ₰

— Sommerfäden. Hundstage in Italien, s.: Kennst du d. Land?

Floerke, Gustav, die Volskerin, s. Novellenschatz, neuer deutscher.

Floerke, H. Ern., annot. ad syntagma civ. Struvian. 4. Magdb. 706.

Floerke, Hanns (Hrsg.), s. A p u l e i u s , Madaurensis: Die Metamorphosen oder Der goldenen Esel.

Floerke, Hanns, der Dichter Arnold B ö c k l i n. Mit 1 Portr. Böcklins nach e. Lithographie v. S Landsinger. (52 S.) 8. München 905. G. Müller. n. 1. —

Floerke, Hanns, Hagia Hybris. Ein Buch des Zorns u. der Weltliebe. (454 S.) 8. München 907. G. Müller. 5.—; geb. 6. 50

— Das Kirchentum. Die Haltlosigkeit seiner Ansprüche u. seine Gefahren. Ein Orientierungsbuch f. die Freunde der Geistesfreiheit. (VI, 125 S.) 8. Ebd. 910. nn 2. 50

Floerke, Hanns, das Kirchentum. Jetzt: Frankfurt a. M., Neuer Frankfurter Verlag. Erm. Pr. 1.50.

Floerke, Hanns [aus Rostock]: Der niederländische Kunsthandel im XVII. und XVIII. Jahrhundert. Basel 1901. 98 S. 8°.
Basel. Phil. Diss. 1900/1901.

FLOERKE, Hanns. Die 75 italienischen Künstler-Novellen der Renaissance. Gesammelt, übersetzt von ——. München und Leipzig, Georg Müller, 1910. Lex.-8°. XVI, 437 S.
Dieses Buch wurde im Jahre 1909 in einer einmaligen numer. Auflage von 600 Exemplaren gedruckt. Druckanordnung, Einbandentwurf und 8 Illustrationen von Paul Renner.

s.: Perlen älterer romanischer Prosa.

— Studien zur niederländischen Kunst- u. Kulturgeschichte. Die Formen des Kunsthandels, das Atelier u. die Sammler in den Niederlanden vom 15.—18. Jahrh. Mit 4 Bildbeilagen. (VIII, 232 S.) 8. München 905. G. Müller. n. 7. 50; geb. n. 9. —

FLÖRKE, Heinrich Gustav

Flörke, H. G., s. Annalen, neue, der Mecklenburgischen Landwirthschafts-Gesellschaft.

Floerke, H. G., de Cladoniis, difficillimo Lichenum genere. Comment. nova. 8 maj. (11½ B.) Rostochii 828, Stiller.

— Conspectus generum l i c h e n u m. 8. ibid. 812.

Flörke, Heinrich Gustav (Hrsg.):

s. a. Enzyklopädie, Oekonomisch-technologische, oder allgemeines System der Staats-, Stadt-, Haus- und Landwirthschaft, und der Kunstgeschichte, in alphabetischer Ordnung... Berlin

Th.47 - JB 5.375
Th.109 - JB 5.023

Flörke, H. G., ökonomisch-technologische Encyclopädie, oder allgemeines System der Staats-, Stadt-, Haus- und Landwirthschaft und der Kunstgeschichte. In alphabetischer Ordnung. 3 Thle. oder 125r 26r 27r Bd. der K r ü n i t z i schen Encyclopädie. Mit 1 Kupfert. gr. 8. Brünn. (Leipzig. Hartmann.) 818 — 19. à 3 Rthlr.

Flörke, H. G., E u d o r a , od. Blicke auf Welt u. Menschen, Natur, Wissenschaften, Künste u. Gewerbe, zur geistweckenden, angenehmen Belehrung u. edlern Unterh. d. heranwachs. sich wissenschaftlich bildend. Jugend. Jahrg. 1813. Jan.—Decbr. 8. Berlin, Verfasser. (Laugier in Comm.)

Flörke, Eudora, oder Blicke auf Welt u. Menschen, Natur, Wissenschaften ꝛc. f. d. Jugend. 1r Bd. 8. Berlin 823, Logier.

— s. J. G. K r ü n i t z , Encyklopädie.

— — deutsche L i c h e n e n. 1ste bis 6te Lief., jede einen Bogen und 20 Nummern enthaltend. 8. Rostock, Stiller. 816. Jede Lief. 2 Rthlr.

— systemat. L i c h e n e n s a m m l u n g I. Semicenturie. No. 1—50 mit 57 Exemplarien u. Text. Berl. Dümmler. 811.

— vom Mühlenbau u. Mühlenwesen, oder vollständ. Anleit., nicht nur alle Arten Mehl-, Malz- u. Schrotmühlen zu erbauen ꝛc., 2 Thle, mit Kpf. u. Tabb. gr. 8. Berl. 804. (Reimer). 12 ₰

— d. Münzkunst u. Münzwissenschaft, oder vollständ. Anleit. zur Kenntniß, Verfertigung u. zur kaufmänn. u. polit. Würdigung d. Münzen ꝛc. Mit 8 Bog. Kpf. gr. 8. Berl. 805. (Schlesinger). 5 ₰ 16 gr

Flörke, G. H., die Münzkunst und Münzwissenschaft. gr. 8. 805. Hat jetzt Schlesinger in Berlin. Rthlr.

— d. Pferd u. d. Pferdezucht, oder Beschreib. d. merkwürd. Racen, Eigenschaften u. Vollkommenheiten. Mit 27 Kpf. u. Tabb. gr. 8. Berl. 808. (Rücker). 4 ₰ ill. 6 ₰

Flörke, H. G., das Pferd und die Pferdezucht ꝛc. Ist jetzt Verlag von Rücker in Berlin und kostet schwarz illum.

— Repertorium d. Neuesten u. Wissenswürdigsten aus d. gesammten Naturkunde. Eine Zeitschrift f. gebildete Leser in allen Ständen, für 1812. 2 Bde. od. 12 Hefte, mit K. gr. 8. Berl. Dümmler. à 3 Rthlr, 12 gr. (einzeln à 16 gr.) Rthlr.
Hat auch d. Titel:
Magazin d. neuesten Erfahrungen in d. ges. Naturkunde, s. Magazin.

— — Unterhaltungen aus dem Gebiete der Naturwissenschaften, Welt-, Erd- und Menschenkunde und der Gewerbsamkeit, für gebildete Leser in allen Ständen. Jahrg. 1820 und 1821. à 12 Hefte. gr. 8. Brunn. (Leipzig, Hartmann.) à 8 Rthlr.

(Flörke, Jo. E.:) Von d. Reichsvermittel. 757.

Flörke, (Jh.) Gr., Aurora. 8. Neu-Brandenb. 794. 8 gl

v. Flörke, Jh. Er., († d. 9. Juni 1762.) praenotiones jurisprudentiae ecclesiasticae. 8. Jena 724. Ed. II. auct. 8maj. Halle 750. Waisenh.-B. 5 gl

Flörke, Jh. Ern. von, s. Unterhaltungsblatt, Norddeutsches.

— s. Feier d. Jahrh. zu Bützow.

Floerke, Philipp, a. Gelnhausen: Schichtverziehungen bei Gelatineplatten. Marburg 1908: Kalbfleisch, Gelnhausen. 82 S. 8°
Marburg, Phil. Diss. v. 8. März 1909, Ref. Schaum, Richarz
[Geb. 15. Sept. 83 Allendorf a. W.; Wohnort: Marburg; Staatsangeh.: Preußen; Vorbildung: Gymn. Hanau Reife O. 03; Studium: Marburg 13 S.; Rig. 1. Aug. 08.] [U 09. 3177

Flörke, Thomas: Das Französische als Grundlage des fremdsprachlichen Unterrichts. Hildesheim, Druck v. Gebr. Gerstenberg, 1893; 3—17 S. 4.
Hildesheim, k. Andreas-RG, OP 1893 (330)

Floerke, W., die letzten Dinge. Vorträge. Rostock 866. Stiller. gr. 8. (111 S.) n. 16 ngr.

Floerke, W., die Lehre vom tausendjährigen Reiche. Ein theologischer Versuch. Marburg 860. Elwert. (Frankfurt a. M., Völcker.) gr. 8. (IV, 228 S.) 20 ngr.

— vom hochwürdigen Sakramente. Die Lehre vom geistlichen u. sakramentlichen Essen u. Trinken mit Rücksicht auf Dr. v. Harleß' Lehre von der Bedeutung des heil. Abendmahls dargestellt. Breslau 869. Dülfer. gr. 8. (VIII, 161 S.) n. 20 ngr.

Flörke, W., das Summepiscopat, seine Bedeutung u. sein Fall. gr. 8. (95 S.) Hannover 872. Brandes. n. 1. —

Floerken, Angelus, s. Floerchen.

Floerken, Antonius (geb. am 15 Okt. 1804 in Bonn): De superfoetatione ... Bonnae, ex off. Neusseriana (1830). VI, 16 S., 1 Bl. 4.
Bonn, Med. Fak., Diss. v. 18 Sept. 1830

Floerken, Friedrich Jakob

s.: Flörke, Friedrich Jakob

Florris, B., Blüten zum Kranze. Drei Erzählgn. 12. (60 S.) Berlin 884. Parrisius. n. 1. 20

Flors und Blanzeflors, s. Fleck, Konrad

Florschütz, Albert [app. Arzt aus Koburg]: Ueber einen Fall von Lungen-Gangrän ... München, Buchdr. Kastner & Lossen, 1896; 32 S. 8.
München, Med. Fak., Inaug.-Diss. v. 1896

Florschütz, Albert, Türken und Türkenthum. Kurze Zusammenstellung der Glaubens- und Sittenlehre des Koran mit Bezug auf das Verhältniß des Islam zum Christenthume. 8. (IV und 84 S.) Iserlohn 855, Bädeker.

Florschütz, Alb., die politischen und socialen Zustände der Provinz Westphalen während der J. 1848—1858. 8. (III und 224 S.) Elberfeld 861, Bädeker'sche Buchh. *

Florschütz, B., Familie Breyer. (Eine Burentragödie.) 8. (57 S.) Wiesbaden 902. G. Quiel. n. 1. 20

Florschütz, B., der Felsberg u. seine römischen Steinbrüche. gr. 8. (14 S.) Zwingenberg 893. B. Lehr. n. — 20

— fontes Mattiaci. Die Wiesbadener Thermen u. ihre Beziehgn. zum Vulkanismus. 8. (34 S.) Wiesbaden 894. J. F. Bergmann. n. — 80

— Gelegentliches. 12. (VIII, 72 S.) Wiesbaden 893. R. Bechtold & Co. n. 1. —; geb. n. 1. 50

Florschütz, B., die Giganten-Säule v. Schierstein. [Aus: „Annalen d. Vereins f. nass. Altertumskunde u. Geschichtsforschg."] gr. 8. (22 S. m. 2 Taf.) Wiesbaden 890. Bechtold & Co. n. — 60

— der Löss. [Aus: „Jahrbb. d. Nass. Vereins f. Naturkde."] gr. 8. (11 S.) Wiesbaden 894. J. F. Bergmann. n. — 80

— Thermometer-Tabelle. schmal Fol. (2 S.) Wiesbaden (901). H. Staadt. Auf Karton n. — 80

Florschütz, Br., Auge und Brille. Gemeinverständlich dargestellt. 1. Aufl. (95 S.), und 2. verb. Aufl. 8. (185 S.) Coburg 878, J. G. Riemann'sche Hofbuchh.

Florschütz, Br., Auge und Brille. Gemeinverständlich dargestellt. 3. umgearb. und verb. Aufl. 8. (VII, 152 S. mit eingedr. Holzschn.) Koburg 880, Riemann'sche Hofbuchh. geb.

— die Kurzsichtigkeit in den Coburger Schulen. Nach seinen Untersuchungen in den J. 1873 u. 1877 zusammengestellt. gr. 8. (27 S. m. 2 Steintaf.) Ebend. 880. — 75

Florschütz, Geo., s.: Berichte u. Verhandlungen des 4. internationalen Kongresses f. Versicherungs-Medizin.

*Florschütz, G., Lebensversicherung: Real-Encykl. der ges. Heilkunde. Berlin 1900.

*— Lebensversicherungsmedizin im Versicherungslexikon nebst Ergänzungsband von Manes. Tübingen 1909 und 1913.

Florschütz, aus der Praxis der Gothaer Lebensversicherungsbank, s.: Karup.

Florschütz, Hermann [app. Arzt aus Coburg]: Kritik der Versuche, durch eine bestimmte Diät der Mutter die Gefahren der Beckenenge zu umgehen ... Wiesbaden, Druck v. R. Bechtold & C., 1895; 32 S., 2 Bl. 8.
Giessen, Med. Fak., Inaug.-Diss. v. 1895

Florschütz, (Joh.) Georg (Karl Jacob) (geb. Königsberg in Franken 1. 2. 1859): Zur Behandlung der Sarkome der Extremitäten. Berlin (1883). (30 S.) 8°
Berlin, Med. Diss. v. 31. Juli 1883

Florschütz Josef: Die sprachlichen Eigentümlichkeiten des Psalterium sinaiticum ed. Geitler.
II. 1885 PN 408 Diss. Wien, Univ. 2664

Florschütz, Jos., zur Entstehg. d. schwachen Präteritums im Germanischen. gr. 8. (II, 66 S. m. 1 Fig.) Graz 899. (Styria.) n. 1. 70

Florschütz, P., die Schiedsmanns-Ordnung vom 29. März 1879. Gesetz, Motive und Ausführungsverfügungen, mit einer Geschäftsanweisung und Mustern zum Gebrauche für die Schiedsmänner versehen. 1.—5. unveränd. Aufl. gr. 8. (79 S.) Berlin 879, C. Heymann's Verlag. *

Florschütz, P., die Schiedsmanns-Ordnung vom 29. März 1879. Gesetz, Motive und Ausführungsverfügungen, mit einer Geschäftsanweisung und Mustern zum Gebrauche für die Schiedsmänner versehen. 6.—8. Aufl. (79 S.) 1880. *ℳ 1.; 9. verb. Aufl. gr. 8. (79 S.) Berlin 882, C. Heymann's Verlag. cart. *

Florschütz, P., die Schiedsmanns-Ordnung vom 29. März 1879. Gesetz, Motive u. Ausführungsverfügungen, m. einer Geschäftsanweisung u. Mustern zum Gebrauche f. die Schiedsmänner versehen. 9., verb. Aufl. gr. 8. (79 S.) Berlin 882. C. Heymann's Verl. n. 1. —; cart. n. 1. 20

Florschütz, P., die Schiedsmanns-Ordnung vom 29. März 1879. Gesetz, Motive u. Ausführungsverfüggn., m. e. Geschäftsanweisg. u. Mustern zum Gebrauche für die Schiedsmänner versehen. 11., verm. Aufl. gr. 8. (88 S.) Berlin 889. C. Heymann's Verl. cart. n. 1. 50

Florschütz, P., die Schiedsmanns-Ordnung v. 29. III. 1879. Gesetz, Motive u. Ausführungsverfüggn., m. e. Geschäftsanweisung u. Mustern z. Gebr. f. d. Schiedsmänner vers. 12., verm. Aufl. gr. 8. (90 S.) Berlin 898. C. Heymann's Verl. n. 1. —

Florschütz, P., die Schiedsmanns-Ordnung vom 29. III. 1879. Gesetz, Motive u. Ausführungsverfüggn., m. e. Geschäftsanweisung u. Mustern z. Gebrauche f. d. Schiedsmänner versehen. 13. verm. Aufl. Bearb. v. Schultze-Görlitz. (IV, 92 S.) gr. 8. Berlin 904. C. Heymann. n. 1. —

Flörsheim, Ernst, approb. Arzt aus Berlin: Über interlobäre Pleura-Exsudate. *Berlin [1899]: C. Kühn & Söhne.* (31 S.) 8°
Würzburg, Med. Diss. v. 1899

William Steinway. Von Otto **Floersheim.** Breslau: Schottlaender [1893]. 12 S. 8°
Aus: Nord u. Süd. Bd 66, H. 198. A 18. 1663

Floru, Henri, ein Freimaurer. Roman. 32 Hefte. gr. 8. (1533 S.) Dresden 877,78, A. Wolf. à Heft 50 Pf.

Floru, Henri, Waldelse od. die geraubte Braut. Romantische Erzählg. aus der Gegenwart. 55 Lfgn. (2 B.) gr. 4. Dresden 885. A. Wolf. à — 10

Florus. Ad XVI libros mss. rec. G. Seebode. Acc. diversitas lectionis Dukerianae. Lips. 821. 8. 10 gr.

Florus alter, seu Ericii Puteani Historiae barbaricae libri VI . . . Graecii 1714. V: *Sarmeda. Daniel.* (Ies)

Florus Marianus sive sodalis parthenius officiis et exemplis virtutum Marianarum jam olim informatus . . . Neoburgi 1722. V: *Lechner. Caspar.* (So) (Ies)

Florus, (G. R. Florey), wahre Dorfgeschichten aus neuer Zeit. Aus den Papieren e. Landpfarrers hrsg. 2 Bdchn. 8. (1: IV u. 215 S. 2: VI u. 217 S.) Leipzig 850. 51, Klinkhardt. (à 18 ngr) 1 ℛ 6 ngr

FLORUS, Jul.

Flori, Juli, epitomae de T. Livio bellorum omnium annorum DCC libri II. Recensuit et emendavit Otto Jahn. gr. 8. (L u. 136 S.) Lipsiae 852, Weidmann. n. 1 ℛ

(Florus.) Flori, Juli, epitomae de Tito Livio bellorum omnium annorum DCC libri II. Recogn. Car. Halm. (XX, 125 S.) — (Angehängt:) Lucii Ampelii liber memorialis. Recogn. Ed. Woelfflin. Lipsiae 854. Teubner. 8. (XII, 40 S.) 9 ngr; Velinp. 12 ngr

Flori, Iuli, Epitomae de T. Livio bellorum annorum DCC libri II. Ex recogn. C. Halm. (XX, 125 S.) — L. Ampelii liber memorialis ex recogn. Ed. Woelfflin. 8. (XII, 40 S.) Leipzig 872, Teubner.

FLORUS, Lucius Annaeus

— Abbildung der Begebenheiten d. römisch. Volks übers. v. Böttcher. 8. Leipzig, Fritsch. 728.

— Abriß d. röm. Geschichte, übers. von J. A. Sella: (J. A. Hermbstädt.) 8. Hersf. 781. N. Aufl. (nur neuer Tit.) 8. Rotenb. 781. Hermbstädt. (Brockhaus in Leipz.) 12 gr

— Abriß d. röm. Geschichte, übersezt von K. F. Kretschmann. 8. Leipz. 785. Dyck. 16 gr Schrbp. 20 gr

—— Abriß d. röm. Geschichte. Uebers. v. Pahl, s. a. Prosaiker, röm.

— Abriß der römischen Geschichte, übers. v. W. M. Pahl. Vollständig in 3 Bdchn. 16. Stuttgart 835, 36. Metzler. 1/2 ℛ

Florus, L. Ann., Begriff d. römisch. Gesch. a. d. Lateln. v. Kretschmann. 8. Lpz. Dyk. 785,
Schreibp.

— — a. d. Lat. v. Salla. 8. Hirschfeld, Hermstädt. 781.

Flori, Luc. Ann., Entwurf röm. Begebenheiten; aus d. Latein.; mit Anmerkk. v. Jos. Schallgruber. Mit 1 Kpf. 8. Wien 806. Ant. Doll. 20 gr Schrbp. 1 ℛ 8 gr (A. u. d. T.: Bibliothek d. röm. Historiker.)

— Entw. d. römisch. Gesch. a. d. Lat. v. Schallgruber. 8. Wien, Ant. Doll. (a Liebeskind in Lpz.) 805. (a. u. d. Tit.: Biblioth. d. röm. Gesch. 4r Bd.)
Schreibp.

Flori, L. Annaei, epitomae libri II et P. Annii Flori fragmentum de Vergilio oratore an poeta. Ed. Otto Rossbach. 8. (LXVIII, 272 S.) Leipzig 896. B. G. Teubner. n. 2. 80

Florus, L. A., Epitome rer. romanor. etc., s. a. Bibliotheca nova scriptor. lat.

— — c. not. varior. ex rec. Graevii. c. fig. 8. Amst. 702.

— — m. deutsch. Anmerk. 12. Halle, Renger. 720.

Flori, Luc. Ann., epitome rerum romanarum. Acced. L. Ampelii liber memorialis. Cura J. P. Miller. 8. Berl. 750. Haude u. Sp. 16 gr

— epitome rerum romanarum ex recens. J. G. Graevii, cum animadvers. var. lect. praef. Jh. Fr. Fischer. 8. Lpz. 760. (Hahn). 20 gr

— — m. deutsch. Not. v. Sincerus. 8. Marburg, Krieger. 768.

— epitome rerum romanarum, mit deutschen Noten von G. Sincerus. 8. Marb.... 4e Aufl. 769. Krieger. 12 gr

— epitome rerum romanarum. 8. Manh. 779. Löffler. 5 gr Postp. 8 gr

— — 8. maj. Biponti. (Treuttel et W. in Strasbg.) 783.
Schreibp.

— — acc. Ampelii lib. memorial. et excerpt. chronolog. auct. a Freinshemio. 8. Bas. Schweighaeuser. 793.

— epitome rer. rom. 8. Nürnb. 787. Riegel u. W. 6 Gr. Ed. n. Accod. L. Ampelii liber memorialis. 12. ibid. 816. 6 Gr.

— epitome rer. roman. Acc. L. Ampelii lib. memorialis et excerpt. chronolog. Freinshemii. 8. Basel 795. Schweighäuser. 8 Gr.

— epitome rer. roman. Accod. L. Ampelii liber memorialis. 8maj. Bip. 783. (Treuttel u. W. in Strassb.) 10 Gr. Schrbp. 13 Gr. Ed. II. emendat. et auct. 8maj. Strassb. 810. Treuttel u. W. 1 Thlr. 6 Gr.

— — id. acc. L. Ampelii lib. memorialis. 12. Norimb, Riegel. und W. 816.

— epitome rer. roman. ad opt. editt. collata. Mit deutscher Uebersetz. v. C. L. Kretschmann. gr. 8. Wien 816. Geistinger. 16 Gr. (Gerold). Hbg. Pr. 8 Gr. Schrbp. 12 Gr. Velinp. 16 Gr.

Florus, Luc. Annaei, epitome rerum Romanarum. Opus elegantiss. ac utilissimum aevo Augusteo vindicatum et primitivae formae suae redditum. Recensuit subdit. et interpol. a textu disclusit etc. Syllogen priscar. editionum, et variant. tabellam c. Freinshemii excerpt. chronolog. addid. F. N. Titze. 8maj. Pragae, Krauss. 819.

— — — id. recens. G. Seebode. Accedit diversitas lectionis Dukerianae. 8maj. Lips. Hahn. 821.

— epitome rer. roman. ad opt. libror. fidem emend. recens. diligenter expressa. 16. Leipz. 827. Tauchnitz. 4 Gr. Hbg. Pr. 2 Gr. Fein P. 6 Gr.

Flori, L. Annaei, Epitome Rerum Romanarum, ad optimorum librorum fidem emendationesque recent. diligenter expressa. Editio stereotypa. Leipzig 827, Tauchnitz. 4 gr. fein Papier

(Nova Scriptorum Latinorum Bibliotheca. Edidit C. L. F. Panckoucke.) Lucii Annaei Flori Epitome rerum Romanarum. Parisiis. (Francofurti ad Moenum. Lipsiae.) 1828. Bei: Caii Velleii Paterculi Historiae Romanae. 8°.

Flori, L. Annaei, Epitome rerum Romanarum. Cum integris Salmasii, Freinshemii, Graevii et selectis alior. animadversionibus. Recens. suasque adnotationes addid. Car. Andr. Dukerus. Edit. II. auct. et emend. II Ti. 8 maj. (69 B. u. 1 Stndr.) Lipsiae 832, Köhler.

Florus, L. Annaei, Epitome rer. Romanor. adjec. Langlois. Lex.-8. Leipzig 838. Barth. 1 1/6 Thlr. (Vgl. Bibliotheca nova Scriptorum latinorum Vol. XX.)

Flori, L. Annaei, Epitome rerum Romanarum ad optim. edit. collata. Mit Inhaltsanzeigen, erläut. Anmerk. und einem Sachregister zum Gebrauche der studirenden Jugend. Von Ignaz Seibt. gr. 8. Prag 845, Kronberger u. Rziwnatz. n. 5/6 Thlr.

Florus, L. Annaeus, epitome rerum romanarum. Ad optimorum librorum fidem emendationesque recentissimas diligenter expressa. Editio stereot. C. Tauchnitiana. Nova impressio. Leipzig 869. Holtze. 16. (IV, 116 S.) n. 2½ ngr.

Flori, L. Annaei, epitome rerum Romanarum. Ad optimorum librorum fidem emendationesque recentissimas diligenter expressa. Ed. ster. C. Tauchnitiana. Nova impressio. 16. (116 S.) Leipzig 873. Holtze. -- 30

— Historiae rom. lib. IV. 12. Halae, Waisenh. 770.

— — libri II. prior. etc. ed. a Begero. fol. Colon. March. 704.

— rerum romanar. lib. IV. c. not. ed. mod. Minellii. 12. Lps. Weidmann. 734.

— — c. n. instar Minellii illustr. Iunker. 12. Francf. Hermann.

— — c. not. I. Minellii. 8. Hafn. 700.

— — c. not. Reinhardi. 8. ibid. 730.

— rerum romanarum libri IV. 12. Halle 767. Waisenh.-Buchh. 5 Gr. Ed. II. Accod. L. Ampelii liber memorialis. 12. ibid. 776. 4 Gr.

— Skizzen aus d. röm. Geschichte, übers. v. F. A. F. Bertrand. 8. Frankf. a. M. 789. Hermann. 14 Gr. Hbg. Pr. 6 Gr. (vergl. Samml. d. neuesten Uebersetz. röm. Pros. 10. Bd.)

Florwill, L. Der goldene Mittelweg; oder, Allzuviel ist ungesund; ein Wort zur Belehrung ü die Temporenz u d stillen Sonntag. Cleveland, 1887.

Flos und Blankflos, s.a. F l e c k , Konrad.

Flos unde Blankflos, s. Denkmäler, niederdeutsche.

Flos regnorum Seu Compendiosa Poloniae orbisque totius descriptio . . . Brunsbergae 1706. V: *Drews*, *Joh.* (Jes)

Flos rosarum in diebus vernis Emblema sacrum Sapientiae . . . Simonis Oniae Filii . . . Bambergae 1749. V: *Weinrich*, *Valentin.* (Jes)

Flos, Friedrich, a. Spandau: Über die Acetylbenzylcyanide und deren Derivate. Rostock 1909: Boldt. 90 S. 8°

Rostock, Phil. Diss. v. 29. März 1909, Ref. Kunckell

[Geb. 8. Okt. 80 Prenzlau; Wohnort: Rostock; Staatsangeh.: Preußen: Vorbildung: Gymn. Spandau bis O. 99; Studium: Rostock 2, Berlin 7, Rostock 5 S.; Rig. 25. März 09.] [U 10. 3949

Predigt zur Eröffnung der 10. pommerschen Provinzial-Synode über Matth. 8 von 23–26 geh. von Pastor [Karl Wilhelm Eduard Max] Flos-Vorland. (Stettin [1902]: Pommersche Reichspost.) (11 S.) 8° [Kopft. F.]

Flosdorf, Peter, approb. Arzt aus Cöln: Aus d. Universitäts-Frauenklinik (auf d. Umschl.: Universitäts-Augenklinik) zu Gießen. Zwei Fälle von Hernia funiculi umbilicalis. *Gießen 1904: v. Münchow.* (52 S.) 8°

Gießen, Med. Diss. v. 1904

Floskraft, Dr., die richtige Mitte im Gebrauch des kalten Wassers, oder vollständ. Anweisung, wie man dasselbe im gesunden u. kranken Zustande anwenden soll, nach den besten Schriften u. neuest. Erfahrungen bearb. 8. Ulm 838. (Nübling.) n. 1/3 Thlr.

Floß, A., griechische Sagen, s.: Schmidt, C.

— germanisches Sagen- u. Märchenbuch, s.: Schmidt, C.

Floss, Antonius: De collegiis iuvenum quaestiones epigraphicae. *Bonnae 1897: C. Georgi.* (37 S.) 8°

Erlangen, Phil. Diss. v. 30. Nov. 1896

Floß, Heinr. Jos., Dreikönigenbuch. Die Uebertragung der hh. Dreikönige von Mailand nach Köln. gr. 8. (IV und 137 S.) Köln 864, DuMont-Schauberg'sche Buchh. *

Floß, Heinr. Jos., J. Gildemeister u. das Bonner Universitätsprogramm zum 3. Aug. 1866. Eine krit. Würdigung der aus der Berliner Handschrift Nr. 18 veröffentlichten griech. Fragmente. Freiburg im Br. 867. Herder. gr. 8. (61 S.) n. 7½ ngr.

Floss, Henricus Iosephus (geb. am 29 Juli 1819 in Wormersdorf Rgbs. Köln): De animorum immortalitate ... Bonnae, typ. C. Georgii 1841. 3 Bl., 98 S. 8. ¶ Erschien in erweiterter Gestalt 1842 bei L. & W. Boisserée in Köln.

Bonn, Phil. Fak., Diss. v. [27 Aug.] 1841

Floss, Henricus Iosephus (geb. am 29 Juli 1819 in Wormersdorf Rgbz. Köln): Theses controversae quas una cum dissertatione De animorum immortalitate ... defendet. Bonnae, typ. C. Georgii 1841. 2 Bl. 8.

Bonn, Phil. Fak., Thes. v. 27 Aug. 1841

Floss, Hnr. Jos., de animorum immortalitate. 8maj. Coloniae 842, Boisserée. n. 2/3 ₰

Floß, Heinr. Jos., zum Clevisch-Märkischen Kirchenstreit. [Eine Erinnerung aus der früheren Geschichte des Kulturkampfes.] Nebst acht urkundl. Beilagen. Hrsg. aus dessen Nachlaß. gr. 8. (III, 73 S.) Bonn 883, Hanstein. *

Floß, Heinr. Jos., geschichtliche Nachrichten über die aachener Heiligthümer. gr. 8. (XXI und 406 S.) Bonn 855, Marcus. *

Floß, Heinr. Jos., die Papstwahl unter den Ottonen nebst ungedruckten Papst- und Kaiserurkunden des IX. und X. Jahrhunderts darunter das Privilegium Leos VIII. für Otto I. Aus einer trierer Handschrift. gr. 8. (VIII und 175 S. mit 2 Stnt.) Freiburg im Br. 858, Herder'sche Verlagsh. *

— das Kloster Rolandswerth bei Bonn. [Aus den Annalen des histor. Vereins für den Niederrhein.] Köln 868. Heberle. gr. 8. (146 S.) 15 ngr.

—— Romreise des Abtes Markward von Prüm und Uebertragung der hh. Chrysanthus und Daria nach Münstereifel im J. 844. gr. 8. (144 S.) Köln 869, Heberle.
Vorstehende zwei Schriften sind aus: Annalen des historischen Vereins für den Niederrhein, besonders abgedruckt.

Ad audiendam orationem de liberi arbitrii vi ac natura pro aditu muneris prof. ord. in ordine theol. cath. universitatis Fridericiae Guilelmiae Rhenanae d. XVII m. Mart. a. 1860 ... habendam ... invitat Henricus Iosephus **Floss** ... — Inest commentatio de suspecta librorum Carolinorum a Ioanne Tilio editorum fide. Bonnae, form. C. Georgi 1860. 1 Bl., 21 S. 4. ¶ Erschien zugleich selbständig bei Marcus in Bonn.

—— de suspecta librorum Carolinorum a Joanne Tilio editorum fide commentatio. gr. 4. (21 S.) Bonn 860, Marcus. *

Floss, Wilhelm [aus Kreuzau (Rheinland)]: Ueber ein Cylinder-Epithelium des Coecum. ... Würzburg, Druck d. F. Röhrl'schen Buchdr., 1889; 28 S. 8°
Würzburg, Med. Fak., Inaug.-Diss. v. 1889

Floess, Ferdinand, De ludis Graecorum gentiliciis. Königsberg (Hartung) 3. VIII. 1815. 8 S. (3.—) 9107

Floeßel, Ernst. Die Schwiegermutter. Ein kulturgeschichtl. Beitrag zur Ehrenrettg. e. angefeindeten Familienmitgliedes. Mit e. Begleitwort v. Alb. Richter. 8. (III, 61 S.) Dresd. 890, Höhsch u. Tiesler. [* 1 — | * — 60

Floeßel, Ernst, der Hund e. Mitarbeiter an den Werken des Menschen. Ein Beitrag zur Geschichte des Hundes. (VII, 566 S.) 8. Wien 906. A. Hartleben. n. 8.—; geb. n. 9.60

— Rom u. das geduldige Deutschland. (Umschlag: Romanismus u. Deutschtum.) (37 S.) 8. Dresden 905. F. Sturm & Co. n. —40

— Volksbildung u. Jugenderziehung m. Rücksicht auf die Zuchtlosigkeit unter der Jugend. Ein Beitrag zur Lösg. der sozialen Frage durch systemat. Jugendpflege. 6 Lfgn. gr. 8. (III, 236 S.) Ebd. 891. à n. —60

Floessel, Ernst, was fehlt unserer Arbeiterjugend? 2. (Titel-)Aufl. d. Buches „Volksbildung u. Jugenderziehung". gr. 8. (IV, 236 S.) Leipzig 891. R. Werther. n. 3. —

Floessel, Ernst, was fehlt uns. Arbeiterjugend? E. Beitrag z. Lösg. d. soz. Frage unt. bes. Berücksicht. d. Zuchtlosigkeit unt. d. Jugend. 3. (Titel-)Ausg. gr. 8. (IV, 236 S.) Leipzig (892) 895. Hann. Münden, R. Werther. n. 3. —

Flößel, Herbert, Referendar: Der Begriff des verantwortlichen Redakteurs. Leipzig: Wigand 1909. 70 S. 8°
Leipzig, Jur. Diss. v. 7. Dez. 1909
[Geb. 13. April 87 Dresden; Wohnort: Dresden; Staatsangeh.: Sachsen; Vorbildung: Kgl. Gymn. Dresden-N. Reife O. 05; Studium: Lausanne 1, Leipzig 7 S.; Rig. 21. Jan. 09.] [U 10. 2700

F(lössel), J. T., Sammlung einiger histor., critischer und geneal. Nachrichten von dem uralten Geschlechte von Kyau. Zittau 1764. fol.

Floessel, Johann Friedrich (Schneeberg), Adpellationi locus detur a sententia arbitri. Quaestio jur. controv. Präs. Christian Heinr. Breuning. Lpz. (Rumpf) 18. VII. 1770. 8 S. (3.—) 9108
Gew.: Carl Friedr. Brehm (Güldengossa).

Flössel, K. R. A., Erinnerungen an die Kriegsdrangsale der Stadt Görlitz im Jahre 1813. Nebst Anhang. Görlitz 863. Remer in Comm. 8. (109 S.) n. 8 ngr.

Flößel, K. Rud. A., u. Gr. Th. Pazig, afrikanische Lindenblüthen. 8. Meißen 810. Goedsche. 10 gr.

— Schneeglöckchen. 8. Görlitz 810.

* **FLOSSIE,** die fünfzehnjährige Venus. Von Einem, der die entzückende Göttin gekannt und an ihrem Altar geopfert hat. (Priap. Roman.) In deutscher Übertragung (aus d. Engl.) von Dr. Richard Werther (ps.). Privatdruck. O. O. u. J. (Berlin, April 1908). 8°. (Mk. 15—, Halbperg. 20—; Lux.-Ausg. 30—.) (15 Mk., br., O. Rauthe, Berlin, 1908.)
136 S. (incl. 6 Bll. Vorst.), 4 Bll. Verz. von Erotica. — In einer einmaligen Auflage von 400 in der Maschine numer. Expll. als Mspt. gedr. Die ersten 10 Expll. wurden auf echtes handgeschöpftes Bütten abgezogen u. in Pergament gebd.

Floßmann, G., s. Schulbote, der deutsche.

Flossmann, Paul: Picander (Christian Friedrich Henrici). *Liebertwolkwitz 1899: F. Zeugner.* (121 S.) 8°
Leipzig, Phil. Diss. v. [17. Okt.] 1899

Revidirte Flossordnung für den fränkischen Wald und seine Umgebungen, vom 4. December 1876. - München 1876. 102 S.

Flossmann, Wilhelm, aus München, Rechtspr. am kgl. Bezirksamt München: Der Begriff der Auflassung. Borna-Leipzig 1905: R. Noske. (X, 104 S.) 8°
Erlangen, Jur. Fak., Diss. v. 20. Febr. 1905
[Geb. München; Wohnort: München; Staatsangeh.: Bayern; Rig. 20. Febr. 05.]

Flöte, die, eine deutsche Begebenheit, s. Romane, kleine, von Jul. v. Voß. 3r Bd.

Flötenschule des Conservatoriums des Museums in Paris, von Hugot u. Wunderlich. Fol. Leipz., Breitkopf u. H. 2 ₰

— allgem. faßl. m. Tänzen ꝛc. 3 Thle. gr. 4. Hamb. Vollmer. 805.

Flöten-Schule, kleine, ein Handbuch für Anfänger u. Auszug aus der größern Flötenschule von Hugot u. Wunderlich. Fol. Berlin 834. Schlesinger. 1 ₰

—(praktische) oder leichte Arien und Romanzen. 14 Hefte. .. Leipzig ... Hofmeister. (à 5/12 ₰) 5 5/6 ₰

Flötenspieler, Der arme.
Wien 1802. V: *Schwaldopler, Johann.* (Ky) (WBI.) (MGT) (Kn) (GGr)

Flötenspieler, der arme, Seitenstück zu Cramers armen Gorge, m. K. 8. Lpz. Liebeskind. 802.

Flöten-Tabelle, od. tabellar. Uebersicht d. ersten Erfordernisse beim Flötenspielen. 1 lith. Bog. in Imp.-Fol. Mit Abbild. e. Flötenspielers. Quedlinburg 833, Basse.

Flötenzauber... etc., s. Lustspiele von Jul. v. Voß, 5. Teil.

Flöter, Max, Assistenzarzt: Aus d. med. Abt. B d. Allerheiligen-Hospit. zu Breslau. (Primärarzt Ercklentz.) Über Eosinophilie und einen neuen Fall von pleuraler Eosinophilie. Breslau 1908: Breslauer Genossensch.-Buchdr. 26 S. 8°
Breslau, Med. Diss. v. 19. Okt. 1908, Ref. Stern-Czerny
[Geb. 18. Sept. 81 Breslau; Wohnort: Breslau; Staatsangeh.: Preußen; Vorbildung: Realgymn. z. heil. Geist Breslau Reife O. 01; Studium: Breslau 11 S.; Coll. 30. Sept. 08; Approb. 11. Febr. 08.] [U 09. 546

Floth, Frz., Gedichte. 8. (184 S.) Prag 902. J. G. Calve. n. 2.—; geb. n. 3.—

Flöthe, Just., Jahr u. Leben. Gedichte u. Märchen. (159 S.) kl. 8. Leipzig 907. Verlag f. Literatur, Kunst u. Musik. 2.50; geb. n 3.50

Flothmann, Berthold, ein Beitrag zu den Operationen der Cephalocelen. gr. 8. (33 S. mit 3 Taf.) Neuwied 887, Heuser's Verlag. *
Aus: Frauenarzt, besonders abgedruckt.

Flothmann. Laparatomie bei alter Extrauterinschwangerschaft m. Darmperforation. Heilung. gr. 8. (7 S.) Neuwied 891, Heuser's Verlag. — 30
Aus: Der Frauenarzt, besonders abgedruckt.

Flothmann. Berthold [prakt. Arzt, Ems]: Die Operationen der Cephalocelen .... Jena, Druck v. B. Engau, 1886; 12 S. u. 3 Taf. 8°.
Jena, Med. Fak., Inaug.-Diss. v. [4. Dez.] 1886.

Flothmann, Gerh., Heilmagnetismus, s.: Osiris-Bücher.

— Die Heilwirkung der Massage. Ihre erfolgreiche Anwendg. gegen Rheumatismus, Nerven- u. Unterleibsleiden, Kopfschmerzen, Augenleiden, Ohrenschmerzen, Schreibkampf, Veitstanz usw. Mit Anh.: Die Heilgymnastik. Für Laien u. Berufsmasseure bearb. (48 S.) 8. Leipzig 910. Modern-mediz. Verlag. — 90

— Hypnotismus u. Magnetismus f. Jedermann. (69 S.) gr. 8. Schüttorf (907). (Leipzig, Krüger & Co.) Geb. in Leinw. 1.50

Flothmeier, J., e. Lagunenfahrt, s.: Missions-Schriften. Bremer. Nr. 7.

Flothow, Carl, s. Flothow, Karl.

Flothow, Ernst, die schädlichen Arten der Motten und deren radikale Vertilgung mitsamt ihrer Brut [Eier, Raupen, Puppen]. Kleidermotte, Pelzmotte, Bett- und Putzfeder-Motte, Kutschen- oder Tapeten-Motte, Mühlen- oder Mehlmotte, Getreidemotte oder weißer Kornwurm, Apfel-Gespinst-Motte, nebst Besprechung der gleichartig schädl. Käfer, wie des Getreidekäfers oder schwarzer Kornwurm, Kabinetkäfer ꝛc., sowie der Zerstörer der Insekten-, Käfer- und Schmetterlings-Sammlungen, der ausgestopften Tiere und Vögel ꝛc. Nebst Anhang: Die gründl. Ausrottung der läst. und schädl. Insekten und Nagetiere. Auf Grund fachwissenschaftl. Studien und langjähr. prakt. Erfahrungen erläutert. 8. (44 S.) Berlin 888, (H. Spamer.) *

—— Schutz vor den Schmarotzern und Parasiten des menschlichen Körpers [Mikroorganismen oder Bakterien], deren Entstehung und Vermehrung und ihre Vernichtung oder Unschädlichmachung für den menschl. Organismus. Haut-, Haar- und Zahnschmarotzer [Bakterien], Mikroorganismen als Fäulnis- und Krankheits-Erreger [Bakterien], Blutsauger und Parasiten am menschl. Körper [Insekten]. Auf Grund fachwissenschaftl. Studien und langjähr. prakt. Erfahrungen erläutert. 8. (44 S.) (Ebendas.) 888. *

Flothow, G. H. F., kurzgefaßte Orthographie oder die wichtigsten Schreibregeln, zur leichtern Erlernung derselben für die Schuljugend gereimt. 8. (40 S. mit eingedr. Holzschn.) Berlin 851, Vereins-Buchhandlung.

FLOTHOW, Karl

von Flothow, Carl: Aus Kants kritischen Religionslehren ... Königsberg in Pr., Buchdr. v. R. Leupold, 1894; 1 Bl., 70 S., 1 Bl. 8.
Königsberg, Phil. Fak., Inaug.-Diss. v. 8. Jan. 1894

Flothow, Carl v., aus Kants kritischen Religionslehren. Diss. gr. 8. (70 S.) Königsberg 894. (W. Koch.) n. 1.20

Flötner, Peter, nach seinen Handzeichnungen, s. Reimers, J.

Flötner, Peter, Zeichners, Bildhavers vnd Formschneiders v. Nvernberg, gestorben im J. 1546, das Kunstbuch. Enthält 40 Blätter m. allerlei Zierrat f. Malerei, eingelegte tavschierte vnd geätzte Arbeit. Nach den Originalen im Besitz der königl. preuss. Kunstsammlungen neu hrsg. Fcsm.-Druck. 4. Berlin 882. Schuster. n. 10. —

Flötner-Studien I. Das Plakettenwerk Peter Flötners von F F Leitschuh. (45 S 20 T) 4° Strassburg 1904

Floto, die Lage der Katholiken im Herzogt. Braunschweig, Vortrag, geh. auf der 21. Generalversammlung des Evangel. Bundes in Braunschweig am 5. X. 1908. (46 S.) 8. Leipzig (908). Halle, Verlag des Evangel. Bundes. — 20

Floto, Anton Bernhard (Bevern/Braunschweig), De probationis injunctione in judicio. Von Auflegung des Gerichtlichen Beweises. Disquis. jurid. Präs. Heinr. Christian Senckenberg. Göttingen (Abr. Vandenhoeck) 31. I. 1738. 84 S. (6.—) 9113
Gew.: Gerlach Adolph v. Münchhausen (Strausfurt). — Widm. v. Präs.

Floto, Hartwigus (geb. Arendsee in d. Altm. 17. 5. 1825): De S. Annone. Berolini (1847). (65 S.) 8°
Berlin, Phil. Diss. v. 30. Aug. 1847

Floto, Hartw., de S. Annone. Dissertatio inaug. historica. gr. 8. (67 S.) Berolini 847. (Schneider & Co.) n. 1/3 ₰

Floto, Hartwig, Dante Alighieri, sein Leben und seine Werke. Stuttgart 858. (Gotha,) Besser. gr. 16. (VIII, 200 S.) 27 ngr

Floto, Hartw., Handbuch für Subalternoffiziere bei der preußischen Landwehr-Infanterie und für einjähr. Freiwillige bei der Linien-Infanterie. Eingeführt von Oberst G. v. Griesheim. gr. 8. (XII und 371 S. mit 5 Stnt. in gr. 8. und 4.) Berlin 853, [Gärtner.] *

Floto's Handbuch für Offiziere u. Offizier Kandidaten der Infanterie. 2. Aufl. Mit besonderer Berücksichtigung des einjährig freiwill. Dienstes u. der Dienst Verhältnisse des Beurlaubtenstandes neu bearb. u. vervollständigt von Handelmann. Berlin 869. H. Schindler. gr. 8. (XX, 552 S.) n. 2 ₰

— Handbuch für Subalternoffiziere bei der preußischen Landwehr-Infanterie und für einjährige Freiwillige bei der Linien-Infanterie. Eingeführt von G. v. Griesheim. Berlin 853. Plahn'sche Buchhdlg. gr. 8. (XII, 371 S. u. 5 lith. Taf. in gr. 8. u. 4.) n. 1 ₰

—— Kaiser Heinrich der Vierte und sein Zeitalter. 1. Bd. gr. 8. (VI und 438 S.) Stuttgart 855, Besser.

—— Kaiser Heinrich der Vierte und sein Zeitalter. 2. Bd. (Schluß.) gr. 8. (VIII und 434 S.) Stuttgart 857. [Gotha,] Besser.
1. Bd. Ebendas. 1855. 1 Thlr. 27 Ngr.

—— über historische Kritik. Akademische Antrittsrede gehalten am 2. Mai c. zu Basel. 8. (23 S.) Basel 856, Bahnmaier's Buchh. *

Floto, Wilh., die Friedenstifter, s. Bloch's, E., Dilettanten-Bühne.

Floto, W., das Sonntagsräuschchen, s. a. Bloch's, E., Dilettanten-Bühne.

Floto, Wilh., das Sonntagsräuschchen, s. a. Bloch's, E., Theater-Correspondenz.

Floto, Wilh., das Sonntagsräuschchen. Lustspiel in 1 Akt. In neuer Bühnen-Einrichtg. v. Mart. Böhm. (22 S.) 8. Berlin (908). M. Böhm. 1. 50

– dasselbe, neu bearb. v. L. Bernhard, s.: Thalia.

Flotow's, Frdr. v., Leben. Von seiner Wittwe. gr. 8. (VI, 162 S. m. 1 Portr. in Heliograv.) Leipzig 892. Breitkopf & Härtel. n. 3. —

v. Flotow, Ad. Albr. Wilh.: Ueb. d. Rechte d. Adels im Mecklenburg. *Schwerin*, Bödner. 790. 4. (8 Gr.)

FLOTOW, Albertine

— meine Gedanken. 8. Rostock 841. (Leopold.) 4 ngl

Flotow, Albertine v., humoristische Räthsel. gr. 12. (1 B.) Schwerin 842, Kürschnersche Buchh. *

Flotow, Albrecht von, aus Gölitz: Definitive Bahnbestimmung des Kometen 1863 I. *Kiel 1902: C. Schaidt.* (Sp. 217–240.) 4° (Aus: Astr. Nachr., No 3859. Bd 160.) Leipzig. Phil. Diss. v. [24. Nov.] 1902

Flotow, Albrecht v.: Bestimmung der Pohlhöhe, s. Albrecht, Theodor

Flotow, E., vom Trinken. Skandalöse Bier-Rede an der offiziellen Kneiptafel, im höchsten Fidulitäts-Stadium verf. gr. 8. (8 S.) Leipzig (899). A. F. Schlöffel. — 25

Flotow, E., d. allezeit schlagfert. Tafelredner. Universum originellster meist humorist. Toaste voll flotter, lebenswahrer Empfindg., m. spez. Berücksicht. ult. Kneip-Reden (f. Bierpräsiden u. A.). 8. (88 S.) Leipzig 898. A. F. Schlöffel. n. 1. 20

Flotow, E., der allezeit schlagfertige Tafelredner. Universum originellster, meist humorist. Toaste voll flotter, lebenswahrer Empfindg., mit spezieller Berücksicht. ult. Kneip-Reden. 2. Aufl. (96 S.) 8. Leipzig (903). F. A. Schlöffel. n. 1. 20

Flotow, E., der allezeit schlagfertige Tafelredner. Universum originellster, meist humorist. Toaste voll flotter, lebenswahrer Empfindg., m. spezieller Berücksicht. ult. Kneip-Reden. 3. Aufl. (96 S.) 8. Leipzig (908). F. A. Schlöffel. 1. 20

Flotow, F. v., Martha, s.: Breitkopf & Härtel's Textbibliothek. 216.

Flotow, Frdr. v., Martha od. Der Markt zu Richmond, s. a. Hendel's Operntexte.

Flotow, Frdr. v., Martha, s. a. Mode's Opern-Text-Bibliothek.

Flotow, Frdr. v., Martha od. Der Markt zu Richmond, s. a. Sammlung internationaler Operntexte. Nr. 7.

– dasselbe, s.: Universal-Bibliothek.

Flotow, Frdr. v., Martha od. der Markt zu Richmond. Oper in 4 Akten. Textbuch. 8. (24 S.) Wiesbaden 885. Bechtold & Co. — 20; geh. in Umschlag — 25

Martha oder Der Markt zu Richmond. Romant.-kom. Oper in 4 Akten v. Friedrich v. Flotow ... Text theilweise nach e. Plan v. St. Georges v. W. Friedrich [d. i. Wilh. Friedr. Riese]. Mit Gesch. d. Oper, Einführung in d. Musik u. Inh. Angabe ... v. Eduard Lucas. 4. Aufl. *Elberfeld: S. Lucas [1896?].* (VII, 40 S.) 8° [F.]
— Operntexte, Lucas'. No 26. [09. 0793]

Martha oder Der Markt zu Richmond. Romant.-kom. Oper in 4 Aufz. ⟨teilweise nach e. Plan von St. Georges⟩ von W. Friedrich [d. i. Wilhelm Friedrich Riese]. Musik von Friedrich v. **Flotow** ... Rev. Text d. Gesänge, durchges. von R. Gründler-Reinsdorff. Halle a. S.: Bossert & Gründler [1906]. (32 S.) 8° [F.]
— Sammlung internat. Operntexte. No 7. [06. 14166 B]

Martha oder Der Markt zu Richmond. Oper in 4 Akten von W. Friedrich [d. i. Wilh. Friedr. Riese]. Musik von Friedrich v. **Flotow.** Halle a. S.: Hendel [1909]. 59 S. 8°
(Hendels Operntexte. 7.) [10. 8262]

Martha oder Der Markt zu Richmond. Romant.-kom. Oper in 4 Aufz. ⟨teilw. nach e. Plan von Saint-Georges⟩ von W. Friedrich [d. i. Wilhelm Friedrich Riese]. Musik von Friedrich v. **Flotow.** Vollst. Buch. Hrsg. u. eingel. von Georg Richard Kruse. Leipzig: Reclam jun. [1910]. 88 S. 8°
(Opernbücher. Bd 63.)
(Universal-Bibliothek. 5153.) [10. 1512]

— die Musikanten, Textbuch, s.: Genée, R.

— Stradella, s. a. Breitkopf & Härtel's Textbibliothek. 215.

— Alessandro Stradella, s. a. Sammlung internationaler Operntexte. Nr. 9.

— Alessandro Stradella, s. a. Hendel's Operntexte.

—— Alessandro Stradella, s. a. Mode's Opern-Text-Bibliothek.

— dasselbe, s. a. Universal-Bibliothek.

Alessandro Stradella. Romant.-kom. Oper in 3 Akten von W. Friedrich [d. i. Wilh. Friedr. Riese]. Musik von F[riedrich] v. Flotow. *Leipzig: Breitkopf & Härtel [1898].* (29 S.) 8° [F.]
— Textbibliothek, Breitkopf & Härtels. No 351. [99. 0793]

Alessandro Stradella. Romant.-kom. Oper in 3 Akten von W. Friedrich [d. i. Wilh. Friedr. Riese]. Musik von F[riedrich] v. Flotow. *Leipzig: Breitkopf & Härtel [1898].* (29 S.) 8° [F.]
— Textbibliothek, Breitkopf & Härtels. No 351. [99. 0793]

Alessandro Stradella. Romant. Oper in 3 Akten von Friedrich v. **Flotow.** Text nach e. franz. Stoffe von W. Friedrich [d. i. Wilhelm Friedrich Riese]. Rev. Text d. Gesänge, durchges. von R. Gründler-Reinsdorff. Halle a. S.: Bossert & Gründler [1906]. (24 S.) 8° [F.]
— Sammlung internat. Operntexte. No 9. [06. 14166 B]

Alessandro Stradella. Romant.-komische Oper in 3 Akten von W. Friedrich [d. i. Wilh. Friedr. Riese]. Musik von F(riedrich) v. **Flotow.** Halle a. S.: Hendel [1909]. 39 S. 8°
(Hendels Operntexte. 6.) [10. 8261]

Alessandro Stradella. Romant. Oper in 3 Aufz. von W. Friedrich (d. i. Wilhelm Friedrich Riese). Musik von Friedrich v. **Flotow.** Vollständ. Buch. Mit e. Biographie W. Friedrichs von A(ugust) Kellner. Hrsg. u. eingeleitet von Georg Richard Kruse. Leipzig: Reclam [1910]. 80 S. 8°
(Opernbücher. Bd 66.)
(Universal-Bibliothek. 5184.) [10. 6984]

Flotow, G. v., Beiträge zur Geschichte der Familie von Flotow, mit einer Stammtafel der sämmtlichen dermalen lebenden Familienmitglieder. Mit 6 Wappenabbildgn. Dresden 1844. fol. Nicht im Handel.

Flotow, G. v., zur Begründung d. Korn-Esserthums. Als Beitrag der socialen Erlösg. f. Allo. 8. (III, 51 S.) Rudolstadt 884. (Hartung & Sohn.) n. — 40

— die Schroth'sche Heillehre in Anwendung der Thierheilkunde. Als Anleitg. zum Gebrauch bei allen Krankheiten kurz u. faßlich dargestellt. gr. 8. (17 S.) Ebend. 871. n. — 40

Flotow, G. v., die Naturheillehre nach Joh. Schroth. Zur Selbstbehandlg. in allen Krankheiten [ohne Arznei] f. Jedermann kurz u. faßlich dargestellt. gr. 8. (VIII, 47 S.) Berlin 874. Grieben. n. 1.

FLOTOW, Gustav

Flotow, G. Frhr. v., das Schuhmacher-Handwerk in seiner Entwickelung. Ein Beitrag zur Kulturgeschichte Münchens. Als Festschrift zum 600jähr. Jubiläum d. Schuhmacher-Inng. München. Mit ca. 80 Illustr. Imp.-4. 6 Lfgn. (122 S.) München 890. (Fritsch.) à n.n. — 50

Flotow, Gustav v, Versuch einer Anleitung zu Abschätzung der Grundstücke nach Klassen, besonders zum Behufe einer Grundsteuer-Rectification. Leipzig, Lehnhold, 1820.

Flotow, Gust. von: „Versuch einer Anleitung zu Fertigung der Ertragsanschläge über Landgüter, besonders über Domänen, als Regulativ für das Verfahren bei Veranschlagung dieser Güter und als Instruktion für Anschlags-Commissarien", 2 Teile, 2. Teil a. u. d. T.: „Das Verfahren bei Fertigung der Ertrags-Anschläge der Landgüter, nebst dazu gehörigen technischen Nutzungen, durch Beispiele erläutert", Leipzig 1820, 1822 (Hartmann).

Flotow, Hans v., Referendar in Magdeburg: Die verschiedene Rechtsstellung des Grundeigentümers, der eine auf seinem Grundstücke haftende Hypothek dem Gläubiger bezahlt hat, je nachdem er persönlicher Schuldner der gesicherten Forderung ist oder nicht, nach dem Rechte des Bürgerlichen Gesetzbuches. *Borna-Leipzig 1903: R. Noske.* (74 S.) 8°
Leipzig, Jur. Diss. v. 1903

Flotow (J.). Die merkwerdigsten und seltern Flechten des Hirschberg-Warmbrunner Thals . . . Breslau, 1839. 8°.
Extant in T. Wendt, Die Thermen im Schlesischen Riesengebirge, 1840.

v. **Flotow**, J., über Haematoccus pluvialis. — Lecidea scabrosa Ach. Meth. in ihrem Verhältnisse zu Lecidea flavovirensis Borr. u. Lecidea Drapernaldii Gratel., s. Acta nova phys.-med. Acad. Caes. Leopold. Carol. XX. Pars II. et XXI. Pars I.

Flotow, J. v., Lichenen, vorzügl. in Schlesien, d. Mark u. Pommern gesammelt. Cent. 1. Fol. Mit 1/2 Bog. Vorr. in gr. 4. Hirschberg 829. (Leipzig, Barth.) In Mappe

Flotow, Theophil, Predigten aus seinem letzten Lebensjahre. Hrsg. von W. Raschdorf. (807 S.) 8. Nimptsch (906). (Berlin, G. Nauck.) n.n. 4. 50; geb. n.n. 5. 50

Flotow, Theophilus (Augustus Adolphus Aemilius) *(geb. Schnellewalde bei Neiße 7. 5. 1843)*: De synergismo Melanthonis. Vratislaviae (1867). (91 S.) 8°
Breslau, Ev.-theol. Liz.-Diss. v. 29. Juli 1867

FLOTT, Feodor (ps.), Aus den Memoiren eines Gigerl. Budapest, Druck von S. Marcus. 1896. 8⁰. (Kr. 3—.) (1 Kr. 50 H. Halm & Goldmann, 1904.)

— — Annäherung möglich? Indiscrete Mittheilungen pikanter Erlebnisse. Ebd. 1895. (1 Mk. 50 Pfg., Expl. ohne Titel. Lipsius & Tischer, Kiel, 1908.)
Verboten v. L.-G. Lemberg, 17. X. 1896. § 516.

— — Compass für Liebende. Ebd. 1896. 8⁰. (Kr. 3—.) (1 Kr. 50 H. die Vorigen.)

— — Durch Güte und bei Gelegenheit. Indiscrete Mittheilungen pikanter Erlebnisse. Ebd. 1895.
Verboten v. L.-G. Lemberg, 17. X. 1896. § 516.

— — Indiscretionen. Ebd. 1897. 8⁰. (Kr. 3—.) (1 Kr. 50 H. die Vorigen.)

— — Pikanterien. Indiscrete Skizzen aus dem Alltagsleben. Ebd. 1897. 8⁰. (Kr. 3—.) (1 Kr. 50 H. die Vorigen.)
Sämmtlich ziemlich zahm.

Flotte, die. Monatsblatt des deutschen Flotten-Vereins u. des Hauptverbandes deutscher Flotten-Vereine im Auslande. Schriftleitung: H. Blum u. seit 1906: Jacobs. 6.—9. Jahrg. 1903—1906. à 12 Nrn. (216, 204, 192 u. 192 S. m. Abbildgn.) 4. Berlin, Deutscher Verlag. à Jhrg. n. 2. —

Flotte, die. Monatsblatt des deutschen Flotten-Vereins u. des Hauptverbandes deutscher Flotten-Vereine im Auslande. Schriftleitung: Willy Ohm. 10—13. Jahrg. 1907—1910 à 12 Nrn. (à ca. 16 u. 4 S. m. Abbildgn.) 34,5×24,5 cm. Berlin, Deutscher Verlag. à Jhrg. 2. —

Flotte, Die deutsche. Eine Mahnung an das deutsche Volk . . . Zürich u. Winterthur 1841. V: *Herwegh, Georg Friedrich Rudolph Theodor Andreas.* (EE) (CBII) (schles)

Flotte, die deutsche. Eine Erörterung der einschlagenden politischen, strategischen u. technischen Fragen. (Abdr. aus: Die Wissenschaften des 19. Jahrhunderts.) Sondershausen 859. Neuse. gr. 8. (59 S.) n. 7½ ngr

—— die deutsche. Ein Traum Preußens und eine Forderung Deutschlands. Vom Verf. von „Was uns nicht retten kann." Lex.-8. (84 S.) Leipzig 861, Kollmann.

Flotte, die deutsche. (Abdr. aus der Schrift: Sind die Ansprüche des deutschen Volkes auf Restitution seiner Beiträge zum Bau der gegen seinen Willen verkauften deutschen Flotte berechtigt?) Von A. B. H. Lex.-8. (15 S.) Dresden 862, v. Boetticher's Verlag.

Flotte, die deutsche. qu. 16. (16 Photogr.-Imitationen.) Kiel 885. Universitäts-Buchh. geb. n. 1. 50

Die Deutsche Flotte. [Stuttgart, G. Weise, ca. 1899?] Leporello-Album aus 10 durch Leinenstreifen verbundenen Kartons m. 20 farbigen Darstellungen. Quer-gr. 8⁰. 9.—

Flotte, die deutsche. Ein Bilderbuch f. deutsche Knaben. 2 Sorten. qu. hoch 4. (à 6 Blatt auf Chromopap. u. lackiert.) Stuttgart (901). G. Weise. à n. — 50

— dasselbe. qu. hoch 4. (11 Blatt auf Chromopap. u. lackiert in Leporelloform, 12. Blatt auf dem Umschlag.) Ebd. (901). 1.—; auf Pappe, kart. 2.—; m. illustr. Text auf der Rückseite, in Leporelloform 2. 40

— dasselbe. Mit untergedr. Text. qu. gr. 4. (11 Blatt in Farbdr., je 1 Blatt auf Titel u. Rückseite.) Ebd. (901). Auf Pappe 3.—; auf Leinw. kart. 3. 50

— dasselbe. Mit untergedr. Text. qu. gr. 4. (11 Blatt in Farbdr. m. Text [m. Vignetten] auf der Rückseite, 1 Blatt auf dem Titel.) Ebd. (901). Kart. 1.80; 12 Blatt in Farbdr. m. 24 S. Text m. Vignetten. Geb. 3.—; Leporelloausg. (10 Bl. in Farbdr. m. Text auf der Rückseite, je 1 Blatt auf Titel u. Rückseite) auf Pappe, kart. 3. —

—— deutsche, und preußische Marine, s. Soldatenbilder, lustige.

Flotte, die deutsche, u. d. jüdischen Reichstagswähler. Von ***. gr. 8. (14 S.) Berlin 898. A. Kath. — 30

Flotte, Die italienische. Aus: „Archiv für Seewesen." II. Jahrg. 4. Heft. 1866. (Donation Liechtenstein.) 8. Triest 1866.

— die, des Norddeutschen Lloyd, Bremen. (69 S. m. farb. Abbildgn.) qu. gr. 8. Bremen (903). G. Winter. n. 1 —

Die norddeutsche Flotte. Von C. v. S. Hildburghausen 1870. 8°. (Verm. Jähns.) (Ce 120—Anh.)

Die norddeutsche Flotte und ihr künftiger Admiral [Jachmann]. 2° Aus: Allg. Illustrierte Zeitung. 1867, S. 377—378.

— e. starke — e. Lebensbedingg. f. Deutschland. Von e. Vaterlandsfreunde. [Erweit. Abdr. aus: „Norddeutsche Allgem. Zeitung."] gr. 8. (43 S.) Berlin 897. D. Reimer. — 30

Flotte, de la; Essais historiq. sur l'Inde, précédés d'un journal de voyages de la Côte de Coromandel. av. fig. 12. Paris. (Pott et C. à Lausanne.) 760.

Flotten, die, der Welt. 1.—8. Folge. (à 4 Taf.) qu. schmal Fol. Berlin 903—905. Boll & Pickardt. à n. 1. —; einzelne Taf. — 30

Zur Flottenfrage. Darlegungen der 'Norddeutschen Allgem. Zeitung'. 1—10. *Berlin: Norddeutsche Buchdr. u. Verlagsanst. 1899—1900.* 10 Bde 8° [S.] [illegible]
1. 2. 1899. 3—10. 1900.

Zur Flottenfrage. Die Reden d. Bevollmächtigten z. Bundesrat geleg. d. 1. Lesung d. Etats im Deutschen Reichstage. Sonderausg. f. d. Alldeutschen Verband. *Berlin: Nordd. Buchdr. u. Verlagsanst. 1899.* (39 S.) 8° [S.] [illegible]

Flotten-Fragen. Berlin (1885). 8°. (Aus: Preuß. Jahrbücher.)

Flottengesetz, das, u. s. w. (Flugschriften d. nationallib. Partei, 18. Hft.) 8. (24 S.) Berlin 897. Puttkammer & Mühlbrecht. — 30

Zum Flottengesetz. Entgegnungen d. Norddeutschen Allg. Zeitung auf die gegen d. Marinevorlage gericht. Angriffe. *Berlin: Norddeutsche Buchdr. u. Verlagsanst. 1898.* (274 S.) 8° [illegible] 11

Flottengesetz, das. (Hrsg. vom Centralbureau der nationalliberalen Partei.) 8. (56 S.) Berlin 900. Puttkammer & Mühlbrecht. — 30

— das. Ein Rückblick. Von e. Vaterlandsfreunde. gr. 8. (34 S.) Berlin 900. E. S. Mittler & Sohn. — 30

Flottengesetz, deutsches, vom 10.4.98. (Gareis, Reichsgesetze 255) Giessen 1898

Flotten-Kalender, illustr. deutscher, f. 1903. 3. Jahrg. Hrsg. v. M. Plüddemann. 8. (224 S. m. Abbildgn. u. 6 [2 farb.] Taf.) Minden, W. Köhler. Geb. n. 1. —
Vergl.: Kalender d. deutschen Flottenvereins.

Flotten-Kalender, illustrierter deutscher, f. 1907. 7. Jahrg. Hrsg. von M. Plüddemann. (224 S. m. Abbildgn. u. 6 Taf.) 8. Minden, W. Köhler. Geb. n. 1. —

Flotten-Kalender, illustrierter deutscher, f. 1911. 11. Jhrg. Begründet v. M. Plüddemann. Fortgeführt v. L. Persius. (250 S. m. Abbild. u. 4 [1 farb.] Taf.) 8. Minden, W. Köhler. Geb. 1. —

Flottenkarte [Schlagwort]

Flottenkarte. Langhans, Paul, deutsche Flotten-Wandkarte zur Veranschaulichung deutscher See-Geltung u. See-Geschichte. 8 Blatt à 72,5×51 cm. Farbdr. Gotha (900). J. Perthes. n. 16. —; auf Leinw. m. Stäben n. 24. —

Flottenlied, Preussisches. München [ca. 1860]. V: *Vogt, C. W.* (Bücher-Samml. d. hist. Ver. v. u. f. Oberbayern. München 1867.)

Flotten-Manöver, die, 1901. Mit 12 Abbildgn. u. 6 Textskizzen. gr. 8. (V, 60 S.) Berlin 901. E. S. Mittler & Sohn. n. 1.25

— dasselbe. 1902. Mit 8 Abbildgn. u. 1 Textskizze. gr. 8. (VII, 34 S.) Ebd. 902. n. 1. —

Flotten-Manöver, die, 1903. (VI, 70 S. m. 12 Taf.) gr. 8. Berlin 903. E. S. Mittler & Sohn. n. 1.25

Deutscher Flottenverein, Industrie, Handel und Flotte [Volkswirthschaftlicher Atlas]. Braunschweig 1900. Fol. (21670)

Flottherz, neue Mikosch-Witze u. Abenteuer od. der lustige Ungar. Ein Büchlein, pikant, aber harmlos. (Reiselektüre f. die Flitterwochen.) Mit 4 Orig.-Illustr. 8. (96 S.) Neu-Weißensee (902). E. Bartels. 1. —

FLOTTILLE, Die Schleswig-Holsteinische, im Kieler Hafen. 1850.

Flottmann, Balth. Jod., d. auf Jesum gericht. Himmelsanker. 12. Lpz. Eurich. 715.

Flotto, Ad., articulus decretorius. 8. Augsb. Wolf. 729.

Flottwell, die Karlsbader Wahlschlacht v. 1895, s.: Leuchtkugeln.

Flottwell, v., a. d. Stromgebiet d. Qyzyl-Yrmag (Halys), s.: Petermann's, A., Mittoilgn. aus Justus Perthes' geograph. Anstalt.

Das Andencken des vor zweyhundert Jahren 1546. den 18. Februar zu seiner Ruhe eingegangenen Martin Luther wird die Königliche deutsche Gesellschaft zu Königsberg ... den 18. Februar 1746. auf dem Königlichen Schloss in einer feyerlichen Gedächtnisrede erneuren, und wahre Gönner und Freunde werden, diese Rede mit ihrer Gegenwart zu beehren, demüthigst ersuchet von CÖLESTIN CHRISTIAN FLOTTWELL, ... (ib.) — fol.

Flottwell, Coelestin Christian u. Friedrich Martens (beide Königsberg/Pr.), Anima in aequilibrio libera. Diss. moral. Jena (Ritter) 17. IV. 1734. 32 S. (5.—) 9114

Dem vortreflichen Staatsminister Herrn von Käyserling, hat bey Gelegenheit seiner glücklichen Vermählung mit der Erlauchten Reichsgräfin Truchses von Waldburg, ein Denkmal der Ehrfurcht und Hochachtung in Demuth geweyhet CÖLESTIN CHRISTIAN FLOTTWELL, ... Königsberg 1744. den 29. April. In der Hofbuchdruckerey. fol.

ESPRIT FLESCHIERS Lob- u. Trauerreden Nebst dem Leben desselben von einigen Mitgliedern der königl. deutschen Gesellschaft zu Königsberg übersetzt, und mit einer Vorrede Hrn. Prof. Gottscheds aus Licht gestellt von CHRISTIAN CÖLESTIN FLOTTWELLEN. Theil 1.*) (Mit 1 Portrait.) Leipzig und Liegnitz 1749. David Siegert. 8°.
Dasselbe, Theil 1. 2. Auflage. (Mit 1 Portrait.) ib. 1755. -
Dasselbe, Theil 1. 3. Auflage. (Mit 1 Portrait.) ib. 1764. —

Der Friede der glorreicheste Triumph eines Monarchen, wurde bey der öffentlichen Geburts- und Friedensfeyer des Preussischen Monarchen auf dem Königlichen Schloss in der Königlichen deutschen Gesellschaft bey Gegenwart grosser Mecänaten, Gönner und Freunde in einer Rede allerunterthänigst erörtert von CÖLESTIN CHRISTIAN FLOTTWELL, ... Königsberg 1746. den 24. Jenner. — fol.

Flottwell, Cölestin Christian, Den siebenten Gedächtnisstag der glorreichen Einthronung des — — — Fürsten Friederich, Königes in Preussen, — — — entschliesset sich die Königl. deutsche Gesellschaft 31. May 1746. feyerlich zu begehen, — — — (Progr.) Königsberg 1746. fol.

Demüthiges Glückwünschungsschreiben an den von Ihro Käyserl. Majestät der Käyserinn und Selbstbeherrscherinn aller Reussen x. x. x. allergnädigst ernennten Präsidenten der Käyserlichen Academie der Wissenschaften, den Hochwürdigen Hochgebohrnen Reichs-Grafen und Herrn Kirila Gregorowitsch Rasumofsky ... (von CÖLESTIN CHRISTIAN FLOTTWELL.) s. . & a. (Königsberg, 1746.) 4°.

Das durch Martin Luther beglückte Preussen wurde 1746. den 18. Febr. an dem Sterbenstage dieses unsterblichen Lehrers von der Königlichen deutschen Gesellschaft in einer feyerlichen Lob- und Gedächtnisrede abgebildet von CÖLESTIN CHRISTIAN FLOTTWELL, ... ib. — fol.

FLOTTWELL, Eduard

Flottwell, E. v., s.a.Bau- u. Kunstdenkmäler, mittelalterliche, in Magdeburg.

Flottwell, E. v., mittelalterliche Bau- u. Kunstdenkmäler in Magdeburg. Im Selbstverlag hrsg. u. aufgenommen unter Leitg. v. Jaehn u. Ochs. Imp.-Fol. (40 Lichtdr.-Taf. u. VI S. Text m. 2 Grundrissen.) Magdeburg 892. (W. Niemann.) In Mappe. n.n. 40. —

Flottwell, E. v, s.: Magdeburgs Bau- u. Kunstdenkmäler.

— Meisterwerke der deutschen Bildnerei d. Mittelalters, s.: Schmarsow, Aug.

(Flottwell, [Eduard Heinrich]): Denkschrift. die Verwaltung der Provinz Posen vom Dez. 1830 bis zum Beginn d. J. 1841 betr. Berlin 1897. 8°

[Flottwell, Edu. Heinr. v.], Denkschrift des Oberpräsidenten v. Flottwell über seine Verwaltung des Grossherzogtums Posen vom Dez. 1830 bis zum Beginn d. Jahres 1841. 8°.
'In: Geffcken, Heinr., Preussen, Deutschland u. d. Polen . . . Berlin 1906.

FLOTTWELL, Heinr. Jul., Gedanken über die verderbte Natur, in Versen. Hannover 1756. Gr. 8°. 1 Bogen. Selten!
Cat. Meissner III.

Flottwell, Rud., frei ist der Bursch!, s.: Lustspiele.

— Der Hochstapler als Turner, s.: Vereinstheater.

— Turnertreue, s.a.Vereinstheater.

Flottwell, Rudolf, Turnertreue, Schwank in 1 Aufz., Leipzig, 20 S., 8°.

— Der verhaftete Turnverein, s.: Vereinstheater.

— Zeppelin als Heiratsvermittler, s.: Lustspiele.

Flottwell, Sapient., der angehende Weltmann, s.a.Weltmann, der, ꝛc.

Flottwell, Sapientius, der angehende Weltmann oder die Kunst zu leben, den Anfoderungen und Gebräuchen der feinen Gesellschaft und des Anstandes zu entsprechen, zu gefallen ꝛc. gr. 12. (IV und 91 S.) Weimar 856, Voigt.

Flottwell, Sapientius, der angehende Weltmann oder die Kunst zu leben, den Anforderungen und Gebräuchen der feinen Gesellschaft und des Anstandes zu entsprechen, zu gefallen ꝛc. Nebst Winken über Mode, Toilette, Propretät, Einladungen ꝛc. 2. Aufl. 1857. und 3., unveränd. Aufl. 12. (IV und 94 S.) Weimar 859, Voigt.

Flottwell, Sapient., der angehende Weltmann oder die Kunst zu leben, den Anforderungen und Gebräuchen der feinen Gesellschaft und des Anstandes zu entsprechen, zu gefallen, das Anstößige und Lächerliche zu vermeiden ꝛc. Nebst Winken über Mode, Toilette, Propretät ꝛc. 4. Aufl. 1862. und 5. Aufl. 12. (IV und 94 S.) Weimar 866, Voigt.

Flottwell, Th. v., Armenrecht und Armenpolizei. Zur Verständigung über die Elementarbegriffe der preuß. Armengesetzgebung. Aus der tägl. Praxis. gr. 8. (XII und 302 S.) Leipzig 866, Wagner. *

—— der Gesetzentwurf über die Freizügigkeit im norddeutschen Bunde unter Vergleichung des bisherigen Rechtszustandes. gr. 8. (III und 72 S.) Berlin 867, G. Reimer. *

Flottwell, Th., die Grundsätze des ersten Senats des königl. Ober-Tribunals über Freizügigkeit und öffentliche Armenpflege, insbesondere für Dienstboten ꝛc. Von dem Standpunkte der preuß. Verwaltung-Behörden aus beleuchtet. gr. 8. (36 S.) Berlin 861, Guttentag.

—— was bedeutet das deutsche Heimathwesen? Ein Votum zu Art. 3 und 4 der norddeutschen Bundesverfassung und zur Einführung der preuß. Gesetzgebung in die neuen Provinzen. Unter specieller Vergleichung der neuesten bayrischen Gesetz-Entwürfe. gr. 8. (III und 50 S.) Potsdam 867, Riegel'sche Buchh. *.

Flötzkarte, s.a. Flözkarte.

Flötzkarte des Aachener Steinkohlenbeckens. herausgegeben von den grösseren Steinkohlenwerken des Aachener Bezirks, zusammengestellt von Siedamgrotzky. Aachen, 1884.

Flötzkarte v. d. Saarbrücker Steink.-Distrikt, m Profilkarte u Erläuter. grfol Gotha 1865

Flötzkarte von dem Saarbrücker Steinkohlendistrikt, nebst Profil, bearbeitet von Kliver. Saarbrücken. 1882.

Flötzkarte vom nördlichen Theil des Oberschlesischen Steinkohlenbeckens bearb. u. hrsg. von d. Kgl. Oberbergamt zu Breslau im Maßst. 1:10,000. [Nebst] Alphab. Verzeichnis d. Steinkohlenbergwerke ... bearb. von [Ernst] Jahr [u.] Kurze Erläuterung. Breslau: Priebatsch 1902; Lith. L. Kraatz in Berlin. (15 Bl., 1 Kartenbl. 37×34 cm, 43 Kartenbl. je 47×38 cm mit Legende; 67 S., 2 Bl. Text.) quer-gr. 2° [kol.] (03. 8040

Flour, St. und Justine, oder Geschichte zweyer Liebenden, wie es deren wenige giebt, nach dem Franz. von A. A. Hayder, mit 1 Kupf. 8. Berlin, 795. Fr. Vieweg. 27 sgl.

FLOURENS, Pierre

Flourens, P., das menschliche Leben in seiner Dauer von mehr als hundert Jahren. Aus dem Französ. übers. 8. (V und 64 S.) Leipzig 855, C. H. Reclam sen.

— Versuche über d. Nervensystem, Fortsetzung von dessen Versuchen u. Untersuchungen üb. Eigenschaften u. Verrichtungen d. Nervensystems bei Thieren mit Rückenwirbeln. A. d. Franz. von G. W. Becker. gr. 8 Leipzig 826. Rein.

Flourens, (P.,) Versuche u. Untersuch. über d. Eigenschaften u. Verrichtungen d. Nervensystems bei Thieren mit Rückenwirbeln. A. d. Franz. v. G. W Becker. gr. 8. Leipz. 824. Rein.

Flourens, Vorlesungen üb. Befruchtung etc., s. Bibliothek von Vorlesungen üb. Medizin, XI. Bd.

Flournoy, Th[éodore]. Le cas de Charles Bonnet. Hallucinations visuelles chez un vieillard opéré de la cataracte. Extrait (des) Archives de Psychologie de la Suisse romande.... Tome 1 (1er fascicule), N° 1 (Juillet 1901). II + 23 p. 8. Genève, Ch. Eggimann & Cie; Paris, Félix Alcan; Leipzig, Joh.-Ambr. Barth, 1901.

Flournoy, Théodore, contribution à l'étude de l'embolie graisseuse. gr. 8. (VIII, 128 S.) Strassburg 878. Noiriel. n. 2. —

Flournoy, Th. Métaphysique et psychologie. In-8°. VII, 135 p. Genève, Bâle, Lyon, H. Georg. 2 50

Flournoy, Th[éodore]. Nouvelles observations sur un cas de somnambulisme avec glossolalie. Avec 21 figures dans le texte. Extrait des Archives de Psychologie de la Suisse Romande. Tome Ier, N° 2 (Décembre 1901). II p. + p. 101—255. 8. Genève, Ch. Eggimann & Cie; Paris ...; Leipzig ...; Londres ..., 1902. fr. 5. —

Christian Science. Eine religiöse Ueberzeugung, e. heilende Kraft. Von B[enjamin] O[range] **Flower**. Autor. Übers. Berlin-Wilmersdorf: Gantzer [1910]. XVIII, 150 S. 8° (10. 12370

Flower, Edward Fordham, Gebisse u. Tragzügel, nebst Bemerkungen üb. Pferde u. Pferdegeschirr. Aus dem Engl. übers. durch A. Nuellens. gr. 8. (60 S. m. 4 Steintaf.) Budapest 881. Grill. n. 1. 60

Flower, W. H., Einleitung in die Osteologie d. Säugethiere. Nach der 3., unter Mitwirkg. v. H. Gadow, durchgeseh. Orig.-Ausg. Mit 134 Fig. im Text. gr. 8. (X, 360 S.) Leipzig 888. Engelmann. n. 7. —

Flower's Kollektion. 4 Bde. 8. Berlin (904). Psycholog. Verlag. In Leinw. kart. m. Goldschn. à n. 5. 50; vollständig in 1 Leinw.-Mappe n. 20. —
1. Lehrgang des persönlichen Magnetismus. Selbstbeherrschung u. Charakterbildg. Von Vict. Turnbull. (59 S. m. Abbildgn.)
2. Ausführliche Anleitung z. Hypnotismus, Mesmerismus, Hellsehen (Clairvoyance), suggestiver Therapeutik u. der Erziehung im Schlafzustande. Die besten Methoden des Hypnotisierens der hervorragendsten Gelehrten dieser Wissenschaft. Von Hiram Jackson. (161 S. m. Abbildgn.)
3. Unterrichts-Kursus, ein, über den Heilmagnetismus in 5 Kapiteln. (80 S. m. Abbildgn.)
4. Gedankenkraft im Geschäfts- u. Alltagsleben. Von William Walker Atkinson. (126 S.)

Flowers of Poetry and Patriotism. From the Dutch. By S. Sanders. 8. Rotterdam 834. Hartmann. 3/4 ℛ

— s. auch J. G. Flugel.

FLOYER, John

Floyer, Jh., Abhandl. von d. Engbrüstigkeit, nebst e. Anh.: Ridley, Beobachtt. über Engbrüstigkeit enth.; aus d. Engl., mit Anmerkk. v. J. C. F. Scherf. gr. 8. Leipz. 782. Dyck. 18 ℊ

Floyer, Joh., daß kalt. Baden gesund u. nützlich sey, in Briefen bewiesen. 8. Bresl, Korn d. ält. 749.

— üb. d. Engbrüstigkeit v. Scherf. gr. 8. Lpz. Dyk. 782.

Nr 269 John Floyer

Johann Floyers [Floyer: An Inquiriy into the right use of the hot, cold and temperate baths in England. Deutsch:] wieder belebte alte Ψυχρολουσια [Psychrolusia] oder Versuch, zu beweisen, daß kaltes Baden gesund und nützlich sey; in einigen Briefen hrsg. Aus d. Engl. ... übers. von Johann Caspar Sommer. Breßlau & Leipzig: Pietsch 1749. 292 S. 8

Floyer, J., von den herrlichen Wirkgn. des kalten Badens, s. a. Bleile, J., Beiträge.

— s. Universal-Rathgeber, ökonom. u. populair-medizinischer.

Floyer, John, von den herrl. Wirkungen des kalten Badens u. Trinkens d. kalten Wassers, s. Universal-Wasserdoktor.

— d. herrl. Wirkungen d. kalten Wassers zur Stärkung d. menschl. Körpers, Abhaltung u. Entfernung vieler Krankheiten u. Uebel, hauptsächl. d. Gicht, d. Rheumatismus, d. Magenbeschwerden rc. Aus d. Engl., mit vielen Zusätzen verm. Nebst e. Anh.: von d. Heilkräften d. Essigs u. d. Milch. 12. Stuttg. 1e u. 2e Aufl. 832. Scheible. 9 ℊ

Floyer, John, von den herrlichen Wirkungen des kalten Badens u. Trinkens des kalten Wassers zur Stärkung des menschlichen Körpers, Verhütung u. Heilung vieler Krankheiten u. Leibesgebrechen. Aus dem Engl. Nebst e. Anhange: Von den Heilkräften des Essigs u. der Milch. 3e verb. u. verm. Aufl. von Prof. Oertel in Ansbach. 12. Stuttg. 834. Scheible. 3/8 ℛ

Flözkarte, s. a. Flötzkarte.

Flözkarte des westfälischen Steinkohlenbeckens. Hrsg. von der Westfälischen Berggewerkschaftskasse zu Bochum. 2. Aufl. Bochum, 1879—1893. [Ab 32
43 Sektionstafeln 1 : 10 000.
24 Profiltafeln 1 : 5000.
1 Übersichtsbl. 1 : 200 000.

Floezkarte von dem Saarbrücker Steinkohlendistrikt. 1 : 50 000. Saarbrücken, o. J. [Ab 91

Flözkarte des westfälischen Steinkohlengebirges in 4 Bl., 1 : 51 200. Iserlohn, 1859. [Ab 801

Flözkarte vom nördlichen Teil des oberschlesischen Steinkohlenbeckens, bearb. und hrsg. von dem Kgl. Oberbergamt zu Breslau. 1 : 10 000. Mit kurzer Erläuterung. Breslau, 1902—1904. [Ab 108
1 Titelbl.
1 Bl. Zeichenerklärung.
1 Übersichtsbl. (1 : 100 000).
43 Bl. grundrißliche Darstellungen (1 : 10 000).
2 Bl. Schichtenfolge (1 : 2500).
12 Bl. Profile (1 : 10 000).
1 Alphabetisches Verzeichnis der Steinkohlenbergwerke usw.

Flöz-Karte von dem bei Waldenburg belegenen Teile des Niederschlesisch-Böhmischen Steinkohlenbeckens. Bearb. von H. Ullrich, hrsg. von der Niederschlesischen Steinkohlen-Bergbauhilfskasse. 6 Bl. nebst 6 Bl. Topographie 1 : 10 000, 3 Bl. Profile 1 : 5000 und 1 Bl. Schichtenfolge 1 : 2500. Berlin, 1905. [Ab 141

Flözkarten und Profile des Saarbrücker Steinkohlengebietes. Hrsg. von der Kgl. Bergwerksdirektion zu Saarbrücken. 3 T. Berlin, 1883. [Ab 45
1. Kliever, M., Flözkarte von dem Saarbrücker Steinkohlendistrikt. 1 : 80 000.
2. Nasse, R., Übersichtskarte der Flöze des Steinkohlengebirges und des Rotliegenden im Saar-Nahe-Gebiet. 1 : 240 000. Nebst 1 Profil dazu: 1 : 80 000.
3. Neue Profile zu Karte 1. 1 : 20 000.

Fluate, Die Kessler'schen. Neue Mittel zur Erhärtung und Conservirung von weichen Kalksteinen ... Berlin 1892. V: *Kessler, L.* (Berl)

Flubacher, Carl, Märchen. (111 S.) kl. 8. Leipzig 910. Verlag f. Literatur, Kunst u. Musik. 2. —

Fluch, der, ein Roman von F. W. Gilling. 2 Thle. mit Kupf. 8. Leipzig, Kollmann. 821.

Fluch, Der, des Ehebettes. Eine dramatisierte Rittergeschichte ... Chemnitz 1794. V: *Engelhardt, Carl Aug.* (MGT) (Ky) (GGr) (NN)

— —, Der, der Geburt, oder Überreste der gesetzlichen Rohheit. 3 Thle. Mit Kpf. von Jury. Erfurt u. Gotha. Hennings, 1799. 8°. (1½ Rthl.)

Fluch, Des Juden. Historische Erzählung ... Hamb. 1844. V: *Ed, Chph Marquard.* (Schr) (A)

Fluch, der, d. falschen Keuschheit. Beitrag z. brennendsten Frage uns. Zeit v. —t. 2. (Titel-) Aufl. (v.: D. Fluch d. Keuschheit). 8. (49 S.) Danzig (895) 896. C. Hinstorff. n. 1. —

Fluch, Der, des Leichtsinns. Frankf. 1798. V: *Kerndörffer, Hnr. Aug.* (Ky) (MGT) (GGr)

Fluch u. Segen, v. M. v. O, s.: Macht, die, der Liebe. 3. Hft.

Fluch und Segen. Drama in 2 Akten von C. v. Houwald. (Aus d. Waisenfreund IV Bd. bes. abgedruckt.) 8. Leipzig, Göschen. 821.

Fluch und Segen. Oder: „Wie die Saat, so die Ernte!" Ein Familiengemälde aus unserer Zeit. Der reiferen Jugend und dem christl. Volke gewidmet von dem Verf.: „Die Kinder der Wittwe" (Ed. v. Ambach). 8. (244 S. und 1 Stahlst.) Regensburg 851, Manz.

Fluch, der, der Sünde, od. das Geheimniß d. Grafenschlosses. [Aus: „Neues Münch. Tagblatt".] gr. 8. (216 S.) München 890. Schuh & Co. 1. —

Fluch, Der, der bösen That. Komisches Original-Intermezzo. Wien [1885]. V: *Neidl, Julius.* (EB)

— der, der Unzucht f. uns. Volksleben. Vortrag, geh. a. 17. Septbr. 1896 in Essen a/R. Hrsg. auf Veranlassg. d. allgem. Konferenz d. deutschen Sittlichkeitsvereine. gr. 8. (32 S.) Leipzig 896. H. G. Wallmann. n. — 40

FLUCH, Des V a t e r s , Oder: Traurige Folgen unglücklicher Liebe. Geschehen in Italien, nahe Como.
Kol. : Mülhausen, gedruckt bei J. P. Risler u. Ko. o. J. (1866), 1 Bl. zweiseitig bedruckt, 335 x 220.

— —, Der väterliche, ein gesammleter echter Briefwechsel eines verfluchten Sohnes aus seinen Papieren. 3 Thle. Aus d. Frz. Leipzig 1780. 8°. Rar!
Bibl. Schwabii II. p. 350.

— der, der Weissagung, Roman von Philippine v. Mettingh. 2 Thle. 8. Quedlinburg, Basse. 819.

Fluchet nicht, lieben Leute! Ein Wort an unser Volk. 3. Aufl. 8. (15 S.) Stuttgart 882, Buchh. der evangel. Gesellschaft. *
1. und 2. Aufl. erschienen 1870 und 1872.

Fluchet nicht, liebe Leute! Ein Wort an uns. Volk. 4. Aufl. 8. (15 S.) Stuttgart 896. Buchh. d. Evang. Gesellschaft. n. — 04

Flucht, die,. Trauersp. v. C. F. Weiße. 8. Lpz. Dyk. 780.

Auf der Flucht. Elberfeld: Luth. Bücherverein [1905]. (16 S.) 8° [F.]
— Saatkörner aus d. Evang.-Luth. Kirche. No 12. [04. 4411

Flucht, Die, des Aeneas. S. l. 1731. V: *Hamann, Johann Georg.* (Schr)

Flucht, die, des Camisarden, eine Erzählung für Christenkinder, vom Verfasser des „armen Heinrich" (Chr. G. Barth). 12. Stuttgart 840. Steinkopf. 1/6 ₰

Flucht, die, des Camisarden. Eine Erzählung für Christenkinder vom Verf. des „armen Heinrich". (Von Chrn. Glo. Barth.) 2. Aufl. Stuttgart 858. J. F. Steinkopf. 16. (120 S.) 5 ngr

Flucht, Die, nach Egypten eine Idylle aus der heil. Geschichte. [Weimar 1806.] V: *Gründler, Charlotte.* (GGr)

Flucht, die, eines Franzosen nach England, oder über den Charakter d. engl. Nation. 8. Frankf. 780. Haller in Bern. 10 ₰

Garibaldi's Flucht aus Dijon. (Dresden: Dresdner Roman-Verl. [1906].) 32 S. 8° [Umschlagt.]
(Der Krieg. Bd 19.) [09. 18510

—— und Heimkehr, die, des heil. Vaters Pius IX. Erzählt zur Unterhaltung und Belehrung. gr. 8. (IV und 73 S.) Luzern 850, Gebr. Räber.

FLUCHT, H e n r i e t t e n s . (Liederlicher Roman in Briefen.) Frankfurt am Mayn 1802, bei Bernhard Körner. 8°. 251 S. (5 Mk. Adolf Weigel, 1906.)

Flucht, die, aus dem Irrenhause. 32. (231 S.) Leipzig 855, O. Wigand Separat-Conto.

Flucht, die, vor d. Juden aus Oesterreich od. Hat d. sogen. „Schandfleck" d. XIX. Jahrh. e. Existenzberechtigg.? V. e. kathol. Geistlichen Oesterreichs. 12. (56 S.) Stolberg 898. (Aachen, J. Schweitzer.) n. — 25

Flucht, die, der Kronprinzessin. (46 S. m. Abbildgn.) gr. 8. Kötzschenbroda (903.) Gebr. Ziegner. n. — 40

— die, aus Liebe. Lustsp. in 5 A. v. J. F. Junger. 8. Regensb. Montag u. W. 804.

Flucht. Die F" der Kronprinzessin Luise vom königlichen Hofe in Dresden (**Umschlag:* vom Königs-Hofe in Sachsen). (Mit Abbildungen.) 36 S. 8. Spiez, G. Maurer, 1903 (**Umschlag:* 1904). [fr. —. 30]

Flucht oder die Macht der Liebe. Familienscene. Breslau 1784. V: *Presser, S. G.* (Ky)

Flucht, Die, oder die Macht der Liebe. Eine dramatische Familienscene in 3 Handl. Breslau 1784. V: *Presser, S. G.* (GGr)

Flucht, Meine, aus Brüssel nach der unglücklichen Schlacht bei Mons 1792. Wien 1793. V: *Gaheis, Franz de Paula Anton.* (EB)

Flucht, Meine, aus Deutschland oder Frauenmacht und Liebe ... Hamb. 1812. V: *Fessler, Ignaz Aurel.* (Pk) (KU) V: *Müller, Heinrich (August).* (GGr) (MGT) (Ky)

Flucht, meine, nach und aus Frankreich. von K. A. von Rade. s. im Alphabet: R.

MEINE Flucht nach Irland. 2 Thle. Mit Kpfrn. Erfurt und Gotha, Hennings, 1801. 8°. ($1^1/_2$ Rthl.)

— meine, nach Paris, im Winter 1790, von A. v. Kotzebue. 8. Lpz. Kummer. 791.

Flucht, Meine, aus den Staatsgefängnissen zu Venedig ... 1797. (II, 3524.) V: *Casanova de Seingalt, J.* Ü: *Behr, Chr. Andreas* (nicht *Chr. August*). Vgl. die Berichtigung in Meusels Gel. T. 11, 37 und Zeitschr. f. Büch. Bd. 2 (Oct. 1897), S. 427, Nr. 10. (DARP)

Flucht, Meine, von acht Tagen. Ein scherzhaftes Heldengedicht ... Neuwied 1790. V: *Müller, Nicolaus.* (Ky) (GGr)

Flucht, die, aus dem Nonnenkloster. Ein sonderbarer Traum. 2., verm. Aufl. gr. 8. (16 S.) München 894. Wenger's Verl. n. — 10

Flucht, die, üb. d. Rhein, od. das unverhoffte Wiedersehen, ein erlust. hist. rührendes Familiengemählde, m. Erscheinungen u. vollstimmigen Chören v. Baschkiren u. Cosaken, u. allen Batterien d. Deutschen. gr. 8. Meißen, Gödsche. 814.

— die, aus Saragossa und Die Mulattin, s. Romane u. Novellen, die neuesten.

Flucht, Schillers, von Stuttgart und Aufenthalt in Mannheim ... Stuttg. u. Augsb. 1836. V: *Streicher, Andreas.* (GGr) H: *Hornbostel, A.* (Mn)

FLUCHT, Die, aus dem Serail. Goulette. 1799.
Weller, fingirte Druckorte. — Fehlt Kayser p. 40 unter Romanen.

— die, aus dem Serail. 8. Leipzig 800. (Central-Compt.) 2/3 ₰

— die, nach Spitzbergen; e. geograph. Roman. 8. Magdeb. Creutz. 804.

Flucht, die, der 10 Tscherkessen od. der Kampf zwischen Tscherkessen und preußischen Truppen in Inowraclaw am 1. u. 2. Oktober 1850. gr. 8. (16 S.) Stettin 851, Graßmann. 3 ngr

Flucht, Die, aus dem Vaterhause. Leipz. 1815. V: *Curtius, Amalie geb. Kretzschmar.* (schl)

Flucht, d., aus d. Vogesen, Scenen d. Barb. aus d. jtz. Kriege. 8. Hamb. Vollmer. 798 Rthlr.

— — dasselbe, s. auch Ducos neue Reisen in d. Höhlen d. Unglücks, v. Chr. H. Spieß.

Flucht, Die, aus den Vogesen. Scenen der Barbarei aus dem jetzigen Kriege. Hamb. 1797. V (nicht): *Spiess, Chn. Hch.* (Hdschr. Mitth. von Gustav Gugitz, Wien.) (biblport) Vgl. BGE[3], VII/388.

Flucht. Kaiser Wilhelms I[r] nach England im Jahre 1848. 55 S. 8. Zürich, Caesar Schmidt, 1905. [fr. 1. 25]

Antike Fluchtafeln ausgewählt u. erkl. von Richard Wünsch. Bonn: A. Marcus & E. Weber 1907. (28 S.) 8°

— Texte, Kleine, f. theol. Vorlesungen u. Übungen. 20. [illegible]

Fluchtlieder komischen Inhalts. Breslau 1813. V: *Jahn, Friedrich Ludwig & Ernst Moritz Arndt.* (Ky)

Flüchtling, Der, eine abentheuerliche Geschichte ... Jena 1826. V: *Kerndörffer, Heinrich Aug.* (Ky) (MGT) (NN)

Flüchtling, Der. Novelle: Mundts Dioskuren, 2. Bd. 1837, S. 297/340. V: *Wolff, Margarethe von.* Vgl. GGr X, 234, 133. (DARP)

Flüchtling, Der schöne. Lustspiel in fünf Akten, nach dem Englischen der Miss Cowley ... Altenburg 1770. V: *Helmolt, C. G. von.* (Ky)

Flüchtling, d. schöne. Lstspl. in 5 A., nach d. Engl. d. Miß Cowley, von C. G. v. H. (Helmolt). 8. Altenb. 770. a. 786. (Hennings in Neisse). 10 K

Flüchtling, der schöne.. Lustsp. in 5 A. v. C. G. v. H., n. d. Engl. Runaway d. Miß Cowley. 8. Altenburg, Richter. (Akadem. Buchhdl. in Jena.) 776.

Flüchtling, der schöne. Ein Paroxismus der Liebe, v. K. G. Cramer. 8. Rudolstadt, Klüger. 803.

Flüchtling, Der unbekannte, in der Mühle zu Korau ein Zeitgenosse Luthers ... Leipzig 1827. V: *Schlachter, Georg Joachim.* (GGr)

Flüchtlinge, Die, oder Minne und Ehre oder Tod. Ein Schauspiel in 5 Aufzügen. Von H. R. Prag und Leipzig 1786. V: *Reinicke, Hch.* (GGr V/350, Nr. 227/4) (biblport)

4772. **Flüchtlinge, Die.** Ein Oppositions-Journal. Neustrelitz 1796. H: *Michaelis, Hnr. Sal.* (Minor, Ein verschollenes Oppositionsblatt. Neue Freie Presse. Nr. 13718.)

Flüchtlinge. (ist d. 2te Th. zu Joseph de Polingano.) Halle, Hendel. 799.

— e. Samml. v. Erzählungen, Novell. u. Gemählden. herausg. v. Franz Formlo. 1r Bd. 8. Ebend. 799.

Flüchtlinge, Die. Romantische Unterhaltungen ... Leipz. 1820. V: *Lindau, Wilhelm Adolph.* (Ky) (EF) (NN)

Flüchtlinge, Die, oder: Die verhängnissvolle Nacht ... Braunschweig 1833. V: *Mursinna, Frdr. Sam.* (Ky)

Flüchtlinge, die, od.: Die verhängnißvolle Nacht. Eine Familiengesch. Vom Verf. d. Mahleiche, Aug. Walther, Familie v. Homburg rc. 2 Thle. 8. (35½ B.) Braunschweig 833, G. C. E. Meyer.

Flüchtlinge, die, Erzähl. f. d. christl. Jugend. 16. (10 B.) Basel 835, Schneider.

Flüchtlinge, die. Eine Erzählg. f. die christl. Jugend. 2. Aufl. gr. 16. (156 S.) Basel 850, Schneider. 6 ngr

Flüchtlinge, die. 3. Aufl. 8. (27 S.) Straßburg 868. (Berlin, Beck.) *

Flüchtlinge, Die edlen, oder die Familie von Peterswaldau. Leipz. 1801. V: *Gleich, Joseph Alois.* (MGT) (NN)

Flüchtlinge, die kleinen, u. die Zigeuner, s.: Sammlung v. Kinderschriften.

Flüchtlinge, politische rc., s. Mager, Karl W. E.

Flüchtlings-Album. Ein ernstes Gedenkbuch zur theilnehmenden Erinnerung an die verbannten Söhne des Vaterlandes. Hrsg. von einem Vereine ungarischer Exulanten. br. 8. (VI und 274 S. mit 9 Holzschn.) Grimma 850, (Verlags-Comptoir.)

Fluck, Gisbert [app. Arzt aus Camberg]: Die Grosshirnrinde in ihrer Stellung zur Speichelsecretion. ... Giessen, Druck v. Wilhelm Keller, 1889; 26 S. 8°
Giessen, Med. Fak., Inaug.-Diss. v. 1889

Fluck, J. Tabellarische Anleitung zur rationellen Düngung der Felder. 44×42 cm. Zür. 892. (Aarau, Christen's Sort.) * — 50

Fluck, J., s.: Assanierung, die, v. Zürich.

Fluck, J[acob]. Die Kehrichtverbrennungsanstalt - [der] Stadt Zürich - im Hard, Zürich III. (Mit 14 Textbildern.) Sonderabdruck aus der Schweizerischen Bauzeitung, Band 45, Nr. 3 und 5. II + 8 S. 4. Zürich, Ed. Raschers Erben, 1905. (fr. —. 75)

Fluck, Jak., Leichenreden. gr. 8. (X und 166 S.) Mainz 852, Kupferberg.

Fluck, Jak., katholische Liturgik. 2 Thle. Regensburg 853—55. Manz. gr. 8. 5 ₰ 17½ ngr
Inhalt: 1. Thl.: Der sakramentale Kultus. (XVI, 570 S.) 2 ₰ 5 ngr
2. Thl. 1. Abth.: Der latrentische Kultus. (VIII, 579 S.) 2 ₰ 5 ngr
2. Thl. 2. Abth.: Der sakramental-latrentische Kultus. (VIII, S. 581—900.) 1 ₰ 7½ ngr

— die heilige Messe in 6 Fastenpredigten dogmatisch, geschichtlich u. liturgisch dargestellt. Nebst einigen, die ältesten Liturgieen u. die Sequenzen in deutscher Uebersetzung enthaltenden, Beilagen. gr. 8. (VIII u. 228 S.) Mainz 852, Kupferberg. 26 ngr

Fluck, J., ob Communal-, ob Confessions-(Pfarr-)Schulen. Ein Wort zur Verständigung. 8. (VI und 56 S.) Gießen 863, Ferber'sche Universitäts-Buchh. *

Fluck, Jak., die katholische Pastoral in drei Büchern. 2. Buch. A. u. d. T.: Katholische Homiletik. gr. 8. (XVIII und 301 S.) Regensburg 850, Manz.
Das erste Buch ist noch nicht erschienen.

— die heiligen Sacramente der Buße und des Altars besonders für Neukommunikanten katechetisch bearb. nebst entsprechenden Buß- und Kommuniongebeten. Mainz 853. Kupferberg. 12. (VI, 101 S.) n. 6 ngr

Flück, Fritz, 80 Uebungsgruppen am Stemmbalken [Pferd], f. Volksschulen bearb. gr. 16. (53 S. m. 80 Fig.) Bern 890. Schmid, Francke & Co. cart. n. 1.—

Flucke, Anton, a. Aibling: Über die Einwirkung von Schwefelammonium auf aromatische Carbonylverbindungen. Würzburg 1907: F. Staudenraus. (56 S.) 8°
Würzburg, Phil. Fak., Ref. Tafel, Diss. v. 15. Juli 1907
[Geb. 1. Juli 83 Aibling; Wohnort: Würzburg; Staatsangeh.: Bayern; Vorbildung: Gymn. Schweinfurt Reife Juli 01; Studium: Würzburg 11 S.; Rig. 5. Juni 01.]

Flucke, Jak., der für seine Seele eifernde Christ. gr. 8. Würzb. 773. Stahel. 12 kr mit Kpf. 16 kr

Flücken, W., Das Capital des jungen Arbeiters. Eine Rede, gehalten im Arbeiter-Fortbildungs-Vereine zu Cassel am 27. Jän. 1869. 8°. Cassel, Scheel, 1869.

Flückiger, Friedrich August; Nekrolog. Berlin 1895. V: *Schär, Eduard.* (Cat. d. Stadtbibl. Zürich. Zürich 1864—97.)

Flückiger, A., praktische Anleitung zur Fabrikation des Emmenthalerkäses. 2. Aufl. 8. (41 S. m. 2 Tab.) Herzogenbuchsee 888. (Bern, Jenni.) n. 1.—

Flükiger, A., praktische Anleitung zur Fabrikation des Emmenthalerkäses. Mit e. Anh.: Die Butterfabrikation. 4. Aufl. gr. 8. (62 S.) Bern 890. Wyß. cart. n. 1.—

— manuel pratique pour la fabrication du fromage d'Emmenthal. Éd. française d'après la 4. éd. allemande. 8. (47 S.) Ebd. 890. cart. n. 1.—

Flückiger, Alf., der Anbau einjähriger Futterpflanzen. 2. Aufl. (31 S.) 8. Bern 904. K. J. Wyß. n. —25

Flückiger, D: Die Betheiligung und der Erfolg Schweizer Viehzüchter an der Nutzthier-Ausstellung 1878. (Internationale Weltausstellung 1878 in Paris.) Zürich 1879

Flückiger, D., das Berner Fleckvieh. Eine Monographie. Hrsg. im Auftrage der Oekonom. Gesellschaft des Kantons Bern. 2. Aufl. gr. 8. (37 S. mit 2 farb. Stnt.) Bern 887, Wyß. *

Flückiger, D. La race tachetée Bernoise. [Race de Simmenthal.] Monographie. 2e édit. trad. de l'allemand par E. Noyer. 8. (40 S. m. 2 Bildern.) Bern 889, Wyss. * — 80

Flückiger, D., Viehzucht, s. Weltausstellung, internationale, 1878 in Paris.

FLÜCKIGER, Friedrich August

Flückiger, F. A. Beiträge zur ältern Geschichte der Pharmacie in Bern. Schaffhausen 1862.

Flückiger, F. A., pharmaceutische Chemie. 2 Thle. 8. (XV, 910 S.) Berlin 879. Gaertner. n. 20.—

Flückiger, F. A., pharmaceutische Chemie. 2., neu bearb. Aufl. 2 Tle. gr. 8. (XI, 632 u. 667 S.) Berlin 888. Gaertner. n. 24.—

Flückiger, F. A., die Chinarinden. In pharmakognost. Hinsicht dargestellt. gr. 8. (79 S. mit 8 lithogr. Taf.) Berlin 883, Gaertner's Verlag. *

—— Documente zur Geschichte der Pharmacie. gr. 8. (96 S.) Halle 876, Buchh. des Waisenhauses. *
Aus: Archiv der Pharmacie, besonders abgedruckt.

Flückiger, F. A. Zur Erinnerung an Scheele ein Jahrhundert nach seinem Ableben. Separat-Abdruck aus dem Archiv der Pharmacie, Bd. 24, Heft 9, 1886. pp. 50, 8vo.
With a portrait of Scheele.

Flückiger, F. A. Ueber die Fluorsalze des Antimons. Heidelberg, 1852.

—— und A. Tschirch, Grundlagen der Pharmacognosie. Einleitung in das Studium der Rohstoffe des Pflanzenreiches. 2. gänzlich umgearb. Aufl. gr. 8. (VIII, 257 S. mit 186 in den Text gedr. Holzschn.) Berlin 885, Springer. *
geb. *

— Grundlagen der pharmaceutischen Waarenkunde. Einleitung in das Studium der Pharmacognosie. Mit 104 in den Text gedr. Holzschn. gr. 8. (VII, 138 S.) Berlin 873. Springer's Verl. n. 7.—

Flückiger, F. A., Grundriss der Pharmakognosie. gr. 8. (XXIV, 260 S.) Berlin 884. Gaertner. n. 6.—; geb. n. 7.—

Flückiger, F. A., Grundriss der Pharmakognosie. 2., m. Berücksicht. technisch wicht. Pflanzen bearb. Aufl. gr. 8. (XXIII, 833 S.) Berlin 894. R. Gaertner. n. 7.—; geb. n.n. 8.—

—— Gummi und Bdellium vom Senegal. Lex.-8. (12 S. mit 1 Stnt. in qu. Fol.) Schaffhausen 869, Brodtmann'sche Buchh.
Aus: Schweizer Wochenschrift für Pharmacie, besonders abgedruckt.

Flückiger, F. A., Lehrbuch der Pharmacognosie des Pflanzenreiches oder Naturgeschichte der wichtigern Arzneistoffe vegetabil. Ursprunges. Für Pharmaceuten, Mediciner und Chemiker. 6 Lfgn. gr. 8. (XXVIII und 748 S.) Berlin 867, Gaertner. à Lfg. * 20 Ngr. *

Flückiger, F. A., die Frankfurter Liste. Beitrag zur mittelalterl. Geschichte der Pharmacie bei Gelegenheit der Pharmacopoea germanica. gr. 8. (52 S.) Halle 873, Buchh. des Waisenhauses. *

Flückiger. F[riedrich] A[ugust]. Mittheilungen über die Geschichte Langenthals und der Umgegend bis zur Reformation. ([Mit] Anhang.) 8. Langenthal 1847.

Flückiger. F. A., Notiz über die Eichenmanna von Kurdistan. [A. aus Arch. d. Pharm. CC. Bds. 2. Hft.] o. O. u. J.

—— Pharmakognosie des Pflanzenreiches. 2. Aufl. 3 Lfgn. gr. 8. Ebendas. [1. und 2. Lfg. (X, S. 1—600.) 881. à *ℳ 6.; 3. Lfg. (XV, S. 601—1049.) 883. *ℳ 9.] *

Flückiger, F. A. Pharmakognosie d. Pflanzenreiches. 3. Aufl. Mit e. geschichtl. Anh. gr. 8. (XVI, 1117 S.) Berl. 891, Gaertner. * 24 —; geb. ** 26 50

— Reactionen. Eine Auswahl in pharmaceut. Hinsicht wicht. Präparate der organ. Chemie in ihrem Verhalten zu den gebräuchlichsten Reagentien. 12. (VII, 166 S.) Ebd. 892. Geb. in Leinw. n. 4. —

FLÜCKIGER, FRIEDRICH AUGUST.
Das Nördlinger Register, Beitrag zur Geschichte der deutschen Pharmacie im 15 Jahrhundert. [Halle], [1877]. *n. t. p.*

Flückiger, F. A. Die historische pharmaceutisch-medicinische Sammlung des Apothekers Burkhard Reber in Genf. Sonderabdruck aus der Apothekerzeitung, Berlin 1894, N° 31 — 35. Lex. in-8°. 14 S.

Flückiger. F. A., Die Insel Socotra. [SA. aus dem Archiv der Pharmacie. 26. B; Heft 22. 1888.]

—— der pharmaceutische Unterricht in Deutschland. gr. 8. (III, 65 S.) Halle 885, Buchh. des Waisenhauses. *
Aus: Archiv für Pharmacie, besonders abgedruckt.

(Flückiger. F[riedrich] A[ugust].) Zur Würdigung Theophrast's von Hohenheim (Paracelsus). SA. 8. [Schaffhausen] 1891.

(Flückiger, G[ottfried].) Klaus Leuenberger und der schweizerische Bauernkrieg von 1653. Festschrift zur Erinnerung an die Einweihung des Leuenbergerdenkmals in Rüderswil am 7. Juni 1903. Hrg. von der Oekonomischen und gemeinnützigen Gesellschaft des Kts. Bern. [Illustriert.] II + 40 S. 8. Bern, K. J. Wyss, 1903. [fr. —.25]

Flückiger, J. Politisches Allerlei für das lesende Publikum, sehr lustig und interessant. 8. Bern 1840.

Flückiger, M., Lexikon der Papier-Industrie, s.: Akesson, L.

Flückiger, M.: Untersuchungen über die Kupferoxyd reducirenden Substanzen des normalen Harnes .... Strassburg, Buchh. v. Karl J. Trübner, 1885; 32 S. 8°.
Strassburg, Med. Fak., Inaug. Diss. v. 1885.

Flückiger, [Frl.] Mary. Eine September-Radlerfahrt. Separat-Abdruck aus dem Feuilleton des «Bund», Nrn. 96—106, 1./15. April 1904. [Mit 2 Vignetten.] 39 S. 8. Bern, H. Jent, 1904.

Flückiger, [Frl.] Mary. Ein Sommerausflug im Nordwesten Frankreichs. Separatabdruck aus dem «Bund» Nr. 56-63. 28 S. 8. Bern, H. Jent, 1903.

Flückiger, O(tto). Zur Geographie des Menschen auf dem Boden der Schweiz. 8.
Ausg. A: Programm der Höheren Töchterschule der Stadt Zürich, Schuljahr 1909/1910. Beilage.... Zürich, Müller, Werder & Co., 1910. S. 5—41.
Ausg. B, sep.: II S. + S. 5—41. Z', M'. W' & Co., 1910.

Flückiger, Otto. Die obere Grenze der menschlichen Siedelungen in der Schweiz, abgeleitet auf Grund der Verbreitung der Alphütten. (Separatabdruck aus der «Zeitschrift für schweiz. Statistik». Jahrg. [42,] 1906 [Band 1, Liefg. 2. Mit 1 Karte].) 60 S. 8. Bern, Stämpfli & Cie., 1906.
Ausg. A: Diss. Phil. Bern.
Ausg. B, sep. [fr. 1.60]

Flückiger, Otto, die obere Grenze der menschlichen Siedelungen in der Schweiz, abgeleitet auf Grund der Verbreitung der Alphütten. (60 S. m. 1 Karte.) gr. 8. Bern 906. (Stämpfli & Co.) n. 1. —
Sonderabdruck aus: „Ztschr. f. schweiz. Statistik".

Flückiger, P., s. Beiträge, berner, zur Geschichte der schweizerischen Reformationskirchen.

Schutzschrift für die Aechtheit der Rosenkreutzergesellschaft, von dem Engländer, Rob. de Fluctibus [d. i. Rob. Fludd]. Wegen seiner überaus grossen Seltenheit und Wichtigkeit auf Begehren aus d. Latein. ins Deutsche zugleich mit einigen Anmerk. übers. von Ada Mah Booz [d. i. Adam Melchior Birkholz]. Leipzig: Böhme 1782. 320 S. 8°
cf. Archiv f. Frmr u. Rosenkreuzer. 2 (1785) S. 372—377.
Kl. 2483. Selten. 23. 25.

Fluctuations, Les, de l'escompte en Suisse de 1856–1900, s. Discontobewegungen, Die, in der Schweiz von 1856-1900.

Fludd de Fluctibus, Robert, s. Fluctibus.

Flüe, s.a. Vanderflue.

FLÜE (Sachl. Ordnungswort)

Flüe, N. v. d. Ein Traumgesicht, gesehen am Ende des Jahrs 1802 ... Bern [1802]. V: *Wyss, Joh. Rud.* [?]. (AarK)

Flüe, Niclaus von. Facsimile eines von N' von der F' im Jahre 1482 an den Stand Bern gerichteten Schreibens *s.* Meyer von Knonau, Gerold *L.* Facsimile .... (Zürich 1843.)

Flüe. Nicolas de Flue et son époque. Lausanne 1846 *s.* [Steinlen, Aimé].

Flüe. Nicolaus von der Flue.... Luzern 1822 *s.* [Sigrist, Georg].

Flüe, Niklaus von der. Ein Friedenswort an die Eidgenossen. Aarau 1830. V: *Fröhlich, Albert Emanuel.* (ABJP)

Flüe. Niklaus von F. eine Erscheinung aus dem Reich der Todten, in Helvetien. Eine patriotische Zeitschrift. 8. Helvetien 1793.

Flüe, Nikolaus v. der; od. d. gerettete Eidgenossenschaft in 5 Akt. v. J. J. Zimmermann. 8. Luzern, Anich. 781.

Flüe, Der Bruder Niklaus von der. [Bern 1813.] V: *Burgdorfer, Sigm. Wagner.* (AarK)

Flüe. Joseph Maria von. Der selige Bruder Nikolaus von Flue, der eigentliche Heilige des Schweizerlandes. Eine Erbauungsrede... den 21 März. 1804.... zu Sachslen gehalten von J' M' von Flue.... 8. Augsburg 1804.

Flüe, Niclaus von *s.* Prophéties du bienheureux Nicolas de Flue — Prophezeiung. Des seligen Klausen Prophezeyung. 1846 — Prophezeiung und letzte Wahrsagung vom sel. Bruder Klaus von der F'. Neugedruckt 1840 — Prophezeiung... vom seligen Bruder K' von der F'. (Langnau) — Weissagung des sel.... Claus von F'. (Bern.)

Flug, der, des Spitzgeschosses und der excentrischen Granate. Von A. N. v. W. (Archiv für die Offiziere des königl. preuss. Artillerie- und Ingenieur-Corps.) Näher beleuchtet von mehreren Offizieren der kaiserl. königl. Artillerie. gr. 8. (III und 63 S. mit eingedr. Holzschn.) Wien 862, Gerold's Sohn. *

„Flugbahn, die eigene". Wer will sie stören? Auch e. Beitrag zur Zeitgeschichte. gr. 8. (38 S.) Berlin 889. George & Fiedler. n. — 80

Flugbilder der wichtigsten in Mitteleuropa vorkommenden Raubvögel. Wandtafel nach Zeichngn. v. Jul. Hoffmann u. a. 71×85 cm. Nebst erläut. Text. Hrsg. v. Carl R. Hennicke. (16 S.) gr. 8. Stuttgart 910. E. Schweizerbart. 2.—; auf Leinw. m. Stäben 3. 50

FLUGBLATT. +++ Schmutz und Gift. Deutsche Väter und Mütter! Deutsche Männer und Frauen! Berlin. Druck: Thormann & Goetsch. (1 Blatt.) (Ohne bes. Titelblatt.)

(Flugblatt.) Er hat gelogen! Er lügt! Er wird lügen! Eine Stimme aus Süddeutschland. O. O. u. J. 2 S. 8.
Flugblatt. Berlin, 31. März 1848.

Flugblatt Nr. 1. Hrsgbr.: Rob. Binder und Gust. Weisflog. hoch 4. (4 S.) Leipzig 848, (Matthes.) *

—— von dem Herausgeber der ewigen Lampe, Arth. Müller. Nr. 1—3. (à ½ Bog.) gr. Lex.-8. Berlin 850, Lassar. à Nr. 1½ Ngr.

Flugblatt Nr. 15: Warum soll man nicht bei Juden kaufen? (Ohne weit. Angaben.)
— — Nr. 16: Kauft Christgeschenke nur bei Juden. (Ebenso.) 1889.

FLUGBLATT (Berlin 1909.)
- Nr. 1. Das Wesen des Hansa-Bundes. Von RIESSER. (Sonderdruck aus der „Deutschen Wirtschafts-Zeitung".) (Berlin: Druck von R. Boll.) 4°
- Nr. 1a. (Richtlinien für die nächste Tätigkeit des Bundes.) (ib. Hansa-Bund für Gewerbe, Handel und Industrie.)
- Nr. 2. Agrarische „Mittelstandspolitik". (ib. —).
- Nr. 3. Gewerbe, Handel und Industrie im deutschen Wirtschaftsleben. (ib. —).
- Nr. 4. Sachsen und der Hansa-Bund. (Von ALBERT STECHE.) (Charlottenburg: Druck v. Richard Münch.)
- Nr. 5. An die Gewerbetreibenden und Kaufleute Schlesiens. (Görlitz: Hansa-Bund, Bezirksgruppe für die preussische Oberlausitz.)
- Nr. 7. Der Hansa-Bund im Rheinland. (Berlin: Hansa-Bund für Gewerbe, Handel und Industrie.)
- Nr. 8. Rede des Präsidenten des Hansa-Bundes, Geh. Justizrats Prof. Dr. RIESSER, auf der Gründungsversammlung des Zweigvereins Stuttgart des Hansa-Bundes am 12. November 1909. (ib. —).

— Nr. 1 u. 3—6 der Abteilung f. Pflanzenkrankheiten des Kaiser Wilhelm-Institutes f. Landwirtschaft in Bromberg. Lex. 8. Posen, Verlag des landw. Centralblattes. p — 21
- Krause, Fritz, die Krautfäule der Kartoffeln. 2. Bearbeitg. (4 S. m. 2 Fig.) 909. (Nr. 3) — 04
- Schaffnit, E., die Bekämpfung des Hederichs. (4 S. m. Abb.) 909. (Nr. 6) — 05
- Schander, der amerikanische Mehltau des Stachelbeerstrauches u. seine Bekämpfg. 2. Bearbeitg. (4 S.) 909. (Nr. 4.) — 04
- — Die Organisation zur Bekämpfung der Pflanzenkrankheiten in den Provv. Posen u. Westpreußen. 2. Bearbeitg. (3 S.) 909. (Nr. 1) — 04
- Wolff, Max, die Getreidefliegen. 2. Bearbeitg. (7 S. m. 4 Fig.) 909. (Nr. 5) — 04

Kaiserliche Biologische Anstalt für Land- u. Forstwirtschaft. **Flugblatt** No 1. 3. Aufl. Berlin: P. Parey 1905. 8° [07. 4484]

Flugblatt Nr. 47 der kaiserl. biologischen Anstalt f. Land- u. Forstwirtschaft. Lex. 8. Berlin, P. Parey. — J. Springer. (Auslieferung durch Parey.) p nnn — 05
47. Die Faulbrut der Bienenvölker u. ihre Erkennung durch den Bienenzüchter. Von Alb. Maaßen. (3 S.) 910.
Vergl.: Flugblätter.

Flugblatt, 1.—7., der k. w. Anstalt f. Pflanzenschutz in Hohenheim. gr. 8. Stuttgart, E. Ulmer. à n.n.n. — 03; je 50 Stück n.n. 1. 30
1. Die kgl. württ. Anstalt f. Pflanzenschutz in Hohenheim. Von O. Kirchner. (3 S.) (903.)
2. Bekanntmachung betr. die Gebührenordnung u. Anweisung, betr. die Benutzung der Anstalt f. Pflanzenschutz. Von O. Kirchner. (4 S.) (903.)
3. Der Steinbrand u. seine Bekämpfung. Von O. Kirchner. (4 S. m. 6 Abbildgn.) (903.)
4. Die Kupfervitriolkalkbrühe (Bordeauxbrühe) u. ihre Verwendung. Von K. Braun. (4 S.) (904.)
5. 6. Die Getreidefliegen. Von Otto Dickel. I. u. II. (à 4 S. m. Abbildgn. (906.)
7. Die Obstbaumgespinstmotten. Von O. Kirchner. (4 S. m. Abbildgn.) (906.)

— 8. u. 9., der k. w. Anstalt f. Pflanzenschutz in Hohenheim. gr. 8. Stuttgart, E. Ulmer. p à nn — 03
- Kirchner, O., die Bekämpfg. der Feldmäuse. (3 S.) (907.) (Nr. 8)
- Lang, W., der Flugbrand u. seine Bekämpfg. (4 S. m. 1 Abbildg.) (908.) (Nr. 9)

Flugblatt, deutsches, z. Erinnerung d. Centralblattes. 4. Leipzig, Central-Compt.

Flugblatt, deutsches, über Politik und Tagesgeschichte. 1r Bd. 52 Stcke. 4. Leipzig, Joachim. 821. (Beylage zum Centralblatt.)

Flugblatt des Diakonissen-Verein von Buffalo: 1895? -1897.
Irregular. Published for friends of deaconesses.
Buffalo, NY

— f. Gebildete. Hrsg. v. E. Pfennigsdorf. Nr. 18 u. 19. [Aus: „Geisteskampf d. Gegenw."] gr. 8. Gütersloh, C. Bertelsmann. 100 Stück nn 1.—
- Knott, Herm., hat Jesus gelebt? (4 S.) (910.) (Nr. 19)
- Pfennigsdorf, E., christlicher Glaube u. deutsche Literatur. (4 S.) (910.) (Nr. 18)

Vgl.: Pfennigsdorf, Flugblatt f. Gebildete.

Gemeinnütziges **Flugblatt**. (Hrsg. von d. Zentralstelle d. Volksver. f. d. kath. Deutschland, M.-Gladbach.) No 1. (M.-Gladbach: Volksver. f. d. kath. Deutschland 1906.) 8° [F.] [07. 9359]

FLUGBLATT DER VOLKSWIRTHSCHAFTLICHEN GESELLSCHAFT FÜR OST- UND WESTPREUSSEN.
- No. 1. Januar 1864. Die deutschen Volksbanken. (Ohne bes. Titelblatt. — Danzig. A. W. Kafemann.) 4°
- Nr. 2. Juni 1864. Die deutschen Ein- und Ausgangs-Zölle. (Ohne bes. Titelblatt. Danzig. A. W. Kafemann.) 8°
- Nr. 3. Octbr. 1864. Städtische Steuern und Kommunal-Budgets (von C. ROEPELL). Danzig 1864. A. W. Kafemann.
- Nr. 4. Wirthschaftliche Betrachtungen über den Preussischen Staatshaushalts-Etats-Entwurf für das Jahr 1865 (von C. ROEPELL). ib. 1865. —
- Nr. 5. Zur Arbeiterfrage. ib. 1865. —
- Nr. 6. Betrachtungen über den Preussischen Staatshaushalts-Etats-Entwurf für das Jahr 1866. (Ohne bes. Titelblatt. Danzig 1866. A. W. Kafemann.)
- No. 7. Die preussische Bank (von C. ROEPELL). Danzig (1866). A. W. Kafemann.
- No. 8. Die finanziellen Kompromisse vom September 1866 (von C. ROEPELL). ib. 1866. —

Flugblatt d. Grenzboten. Nr. 1. gr. 8. Leipzig, F. W. Grunow. — 10
Der Spectator-Artikel. (4 S.)

Flugblatt über Invalidenversicherung ... [vom] Verband d. evang. Jungfrauenvereine Deutschlands. 2. u. 3. Aufl. Berlin: Verband d. ev. Jungfrauenver. Deutschl. 1906. (7 S.) 8° [Kopft. F.] [07. 4837]

FLUGBLATT DER FREIEN KIRCHLICH-SOZIALEN KONFERENZ. (Ohne besond. Titelblatt.)
- (1.) Einige Gedanken über „Evangelisation und Gemeinschaftspflege". Von HASSE. (Berlin 1900. Generalsekretariat der Freien kirchlich-sozialen Konferenz.) 4°.
- (2.) Was denken die Naturforscher über Religion? (ib. 1903. Vaterländische Verlags- und Kunstanstalt.)
- (3.) Was halten die Naturforscher von Ernst Haeckel und seinen „Welträtseln"? (ib. 1904. —.)

Flugblatt, conservatives, für Sachsen. Mit Beiblatt: Die socialen Fragen. Hrsg.: F. W. Otto. Jahrg. 1877—1882. à 12 Nrn. (à 1—2½ B.) Fol. Krimmitschau. (Burkhardt. — Dresden, v. Zahn's Verl.) à Jahrg. n.n. 2.—

Flugblatt, conservatives, f. Sachsen m. besond. Berücksicht. der socialen Fragen. Hrsg.: F. W. Otto. Jahrg. 1883. 12 Nrn. (à 2—2½ B.) Fol. Krimmitschau, (Burkhardt. — Dresden, v. Zahn's Verl.) n.n. 2.—
Erscheint nicht mehr.

Flugblatt f. die bekenntnißtreuen Lutheraner der sächsischen Landeskirche. Im Auftrag christl. Freunde hrsg. v. G. Stöckhardt. Nr. 1—3. April—Juni 1876. gr. 8. (17 S.) Zwickau 876. (Dresden, Naumann.) à n. — 10

Flugblatt des Mässigkeitsvereins des blauen Kreuzes in Leipzig. Leipzig (Poststr. 12) 1892. 16 8. Mk. —.01.

FLUGBLATT AN DIE MITGLIEDER DES DRITTEN KONGRESSES DER VOLKSWIRTHSCHAFTLICHEN GESELLSCHAFT FÜR OST- UND WEST-PREUSSEN betreffend die volkswirthschaftlichen Aufgaben des Abgeordneten-Hauses. Danzig 1861. Druck von A. W. Kafemann. 8°

Flugblatt zur Nichteröffnung des Schweiz. Bundesbahnhofes in Basel am 1. Mai 07. [Illustriert.] [48.] 4. [Basel,] Verlag des «Dubel» [Lithogr. Wolf, 1907]. fr. —.20

Flugblatt: Politischer Flugblatt und Kleiner Anzeiger
① Klein bin ich zwar wie David, aber doch nicht «ohne» ⑤ Dezember 1906 —? ⑥ 4° ⑦ monatlich 1× ⑧ Zürich: Johann Vaterlaus-Stierli ⑪ Zh: SO ⑮ Inserate, die für das «Politische Flugblatt» bestimmt waren, erschienen ebenfalls in den von Vaterlaus gedruckten Abstinenz-Gratis-Flugblättern.

Flugblatt des Dresdner Protestantenvereins. gr. 8. (10 S.) Dresden 867, (Schöpff.) *

SCHUTZVERBAND GEGEN AGRARISCHE UEBERGRIFFE.
AUFRUF! (1 Blatt.) (Berlin 1886. Druck und Verlag von H. S. Hermann.) fol.
FLUGBLATT.
Nr. 1. Ueber den Bund der Landwirthe. Rede, gehalten von OTTO KÜHNEMANN in Stettin am 24. März 1896. Berlin (1896). Druck und Verlag von „Gutenberg" Druckerei und Verlag.
Nr. 2. Was bringt Handel und Landwirthschaft der Gesetzentwurf über den Verkehr mit Handelsdünger, Kraftfuttermitteln und Saatgut? ib. (1896.) —
Nr. 3. Russland, die Goldwährung und der Bund der Landwirthe. Verantwortlich: E. BRANDT. ib. (1896.) —
Nr. 4. Die Margarine. Verantwortlich: E. BRANDT. ib. (1896.) —
(Nr.) 5 und 6. Die Börse und der Terminhandel in Getreide. Verantwortlich: A. NICOLAI. ib. 1896. — 8°.
Nr. 7. „Agrarische Streitfragen". Vortrag, gehalten zu Bremen am 24. April 1896. Verantwortlich: A. NICOLAI. ib. (1896.) — fol.
Nr. 8. Herr von Ploetz, der Vorsitzende des Bundes der Landwirthe und seine Spekulationen an der Berliner Fonds- und an der Berliner Getreidebörse. Verantwortlich: A. NICOLAI. ib. (1896). Druck und Verlag von H. S. Hermann.
Nr. 9. Die Wildschadenfrage und die conservativen Agrarier im Reichstage. Verantwortlich: A. NICOLAI. ib. (1896.) —
(Nr.) 10. Bei welcher Gutsgrösse beginnt in Mitteldeutschland das unmittelbare Interesse an der Höhe der Getreidepreise? ib. 1896. Verlag des Schutzverbandes gegen agrarische Übergriffe. 8°.
(Nr.) 11. Graf von Arnim-Muskau und seine unwahren Beschuldigungen im Reichstage gegen die Berliner Mühlen-Industrie. ib. 1896. Druck und Verlag „Gutenberg", Druckerei und Verlag.
Nr. 12. Der Kampf mit der Dummheit. Verantwortlich: A. NICOLAI. ib. (1896.) Druck und Verlag von H. S. Hermann. fol.
Nr. 13. Der Bund der Landwirthe. Seine Forderungen und seine Erfolge. Danzig. (o. J.). Verlag und Druck von A. W. Kafemann. 8°.

SOZIALPOLIT. FLUGBLATT. Herausgegeben von der Zentralstelle des Volksvereins für das katholische Deutschland in M. Gladbach.
Nr. 1. Was man vom Sozialismus zu halten hat, oder: Darf ein Arbeiter Sozialdemokrat sein? Krefeld 1903. Gedruckt von der J. B. Klein'schen Buchdruckerei, M. Buscher. (Ohne bes. Titelbl.) 8°.
Nr. 2. Wie stellt sich die Sozialdemokratie zu den landwirtschaftl. Fragen? ib. 1903. —
SOZIALPOLITISCHES FLUGBLATT. Herausgegeben . . .
Nr. 3. Was hat das Zentrum für die Arbeiter getan? Coblenz 1903. Gedruckt von der Görresdruckerei (Cobl. Volksztg.)
SOZIALPOLIT. FLUGBLATT. Herausgegeben . . .
Nr. 3 A. Was hat das Zentrum im württembergischen Landtage für die Arbeiter getan? Krefeld 1903. Gedruckt von der J. B. Klein'schen Buchdruckerei, M. Buscher.
Nr. 4. Was hat das Zentrum im deutschen Reichstag für die Landwirtschaft getan? ib. 1906. —
Nr. 4 A. Was hat das Zentrum im preussischen Landtag für die Landwirtschaft getan? ib. 1903. —
Nr. 4 B. Was hat das Zentrum im bayrischen Landtag für die Landwirtschaft getan? ib. 1903. —
Nr. 4 C. Was hat das Zentrum im württembergischen Landtag für die Landwirtschaft getan? ib. 1903. —
Nr. 4 D. Was hat das Zentrum im hessischen Landtag für die Landwirtschaft getan? ib. 1906. —
SOZ.-POLIT. FLUGBLATT. Herausgegeben . . .
Nr. 4 E. Was hat das Zentrum im Badischen Landtag für die Landwirtschaft getan? ib. 1903. —
SOZIALPOLIT. FLUGBLATT.
Nr. 5. Was hat das Zentrum für den Kaufmannsstand getan? ib. 1906. —
SOZ.-POLIT. FLUGBLATT.
Nr. 6. Das Zentrum und die indirekten Steuern. ib. 1903. —
SOZIALPOLIT. FLUGBLATT.
Nr. 7. Was hat das Zentrum für die Handwerker getan? ib. 1906. —
Nr. 7 A. Was hat das Zentrum im württembergischen Landtage für das Handwerk getan? ib. 1903. —
Nr. 8. Fortschritte auf dem Gebiete der Arbeiterversicherung. ib. 1903. —
Nr. 9. Was ist für die kaufmännischen Angestellten in der sozial-politischen Gesetzgebung geschehen? ib. 1906. —
Nr. 10. Die „arbeiterfreundliche" Sozialdemokratie in ihrer wahren Gestalt. Gratis ausgegeben von der Zentralstelle des Volksvereins für das katholische Deutschland in M. Gladbach. Gedruckt von der Görresdruckerei (Cobl. Volkszeitung) Coblenz.
Nr. 11. Soll der gesetzliche Arbeiterschutz fortgeführt werden? Herausgegeben von der Zentralstelle des Volksvereins für das katholische Deutschland in M. Gladbach. 1903. Gedruckt von der J. B. Klein'schen Buchdruckerei, M. Buscher, Krefeld.
Nr. 12. Handwerker-Innungen. ib. 1906. —
SOZIALPOLITISCHES FLUGBLATT.
Nr. 13. Handwerkergenossenschaften. ib. 1906. —
SOZIALPOLIT. FLUGBLATT.
Nr. 14. Bedeutung und Aufgaben der Gesellen-Ausschüsse. ib. 1906. —
Nr. 15. Notwendigkeit und Aufgaben der christl. Gewerkschaften. Gratis ausgegeben von der Zentralstelle des Volksvereins für das katholische Deutschland in M. Gladbach 1903. Gedruckt von der Görresdruckerei (Cobl. Volkszeitung) Coblenz.
SOZIALPOLITISCHES FLUGBLATT.
Nr. 16. Das Invalidenversicherungs-Gesetz. Praktische Winke für Arbeiter, Landwirte und Gewerbetreibende. Herausgegeben von der Zentralstelle des Volksvereins für das katholische Deutschland in M. Gladbach. 1907. ib. —
SOZIALPOLIT. FLUGBLATT.
Nr. 17. Warum war die letzte Erhöhung der Getreidezölle notwendig? ib. 1906. Gedruckt von der J. B. Klein'schen Buchdruckerei, M. Buscher, Krefeld.
Nr. 18. Was ist zum Schutz der Arbeiter in der neuesten sozialen Gesetzgebung geschehen? ib. 1903. —
SOZIALPOLITISCHES FLUGBLATT.
Nr. 19. Ist das Zentrum arbeiterfeindlich? ib. 1906. Gedruckt von der Görresdruckerei (Cobl. Volkszeitung) Coblenz.
SOZIALPOLIT. FLUGBLATT.
Nr. 20. Was wollen und leisten die kath. Arbeitervereine? ib. 1907. —
Nr. 21. Wie die Sozialdemokratie die neue Zollgesetzgebung bekämpft. ib. 1903. Gedruckt von der J. B. Klein'schen Buchdruckerei, M. Buscher, Krefeld.
Nr. 22. Warum die katholischen Landwirte den Bauernvereinen und dem Zentrum treu bleiben. Eine Antwort an den „Bund der Landwirte". ib. 1903. —
Nr. 22 A. Warum die katholischen Landwirte dem „Bund der Landwirte" nicht beitreten, sondern dem Zentrum treu bleiben. ib. 1903. —
Nr. 23. Bedeutung und Tätigkeit der Gewerbegerichte. ib. 1906. Görres-Druckerei (Cobl. Volksztg.)
SOZ.-POLIT. FLUGBLATT.
Nr. 24. Wie sich die Sozilademokratie beim neuen Zollgesetz blamiert hat. ib. 1903. Gedruckt von der J. B. Klein'schen Buchdruckerei, M. Buscher, Krefeld.
SOZIALPOLIT. FLUGBLATT.
Nr. 25. Was haben die Arbeiter an der neuen Zollgesetzgebung? ib. 1903. —
SOZ.-POL. FLUGBLATT.
Nr. 26. Was haben die Bauern an der neuen Zollgesetzgebung? ib. 1903. —
SOZIALPOLIT. FLUGBLATT.
Nr. 27. Freies Koalitionsrecht und Arbeitskammern. Die Forderungen der christlich-nationalen Arbeiter vor dem Reichstage. Aus der Interpellationsrede des Zentrums-Abgeordneten Trimborn in der Reichstags-Sitzung vom 30. Januar 1904. ib. [1904]. Gedruckt von der Görresdruckerei (Cobl. Volkszeitung), Coblenz.
Nr. 28. Was hat das Zentrum für die Bergarbeiter getan? ib. 1907. —
Nr. 29. Der katholische Gesellenverein. Herausgegeben vom Generalpräsidium des Kath. Gesellenvereins in Köln Mai 1905. Verlegt von der Zentralstelle des Volksvereins für das kath. Deutschland in M. Gladbach. ib. —
Nr. 30. Katholische Arbeiterinnen-Vereine. Dieses Blatt der Arbeiterin! Gratis ausgegeben von der Zentralstelle des Volksvereins für das katholische Deutschland in M. Gladbach. 6. 1905. ib. —
SOZIALPOLITISCHES FLUGBLATT.
Nr. 31. Die Selbsthilfe im Kleinhandel. ib. 1906. Gedruckt von der J. B. Klein'schen Buchdruckerei, M. Buscher, Krefeld.
SOZIALPOLIT. FLUGBLATT.
Nr. 32. Zentrum und gewerblicher Mittelstand. ib. 1905. Gedruckt von der Görresdruckerei (Cobl. Volkszeitung) Coblenz.
Nr. 33. Zentrum und neue Reichssteuern. ib. 1906. —

Flugblatt f. Stadt u. Land, m. der Gratisbeilage: „Illustr. Bozner Hauskalender". Red.: Ant. Oberkofler. 13.—16. Jahrg. 1891—1893. à 12 Nrn. (Bog.) gr. 4. Bozen, A. Auer & Co. à Jahrg. n. 1.—

— dasselbe. 16. Jahrg. 1894. 12 Nrn. (Bog.) gr. 4. Ebd. n. 1. 40

— f. Stadt u. Land, m. d. Gratisbeilage: „Illustr. Bozner Hauskalender". Red.: Ant. Oberkofler. 17.—20. Jahrg. 1895—1898. à 12 Nrn. (Bog.) gr. 4. Bozen, A. Auer & Co. à Jahrg. n. 1. 40

Flugblatt f. Stadt u. Land, m. der Gratisbeilage: „Illustr. Bozner Hauskalender". Red.: Alois Lintner. 21.—24. Jahrg. 1899—1902. à 12 Nrn. gr. 4. (à ca. 8 S.) Bozen, A. Auer & Co. à Jahrg. n. 1. 40
Jahrgge. 21—23 sind v. A. Oberkofler redigiert.

— f. Stadt u. Land. Red.: Alois Lintner. 25.—27. Jahrg. 1903—1905. à 12 Nrn. (à ca. 12 S.) Lex.-8. Bozen, A. Auer & Co. à Jhrg. n. 1. 40

— an die unabhängige Studentenschaft. Red.: A. Schulz. 2. Aufl. gr. 8. (15 S.) Berlin 893. (S. Calvary & Co.) — 30

1. FLUGBLATT des „Verbandes Deutscher Mietervereine". Mieter, organisiert Euch! (Düsseldorf. Düsseldorfer Volksblatt. Ohne bes. Titelbl.) 8°.

FLUGBLATT No. ... DES DEUTSCHEN VEREINS FÜR HARMONISCHE LEBENSWEISE (Vegetarier-Vereins).
No. 1. WAS WIR WOLLEN. (Ohne bes. Titelblatt. — Berlin. Druck von H. Friede.) 8°.
No. 2. DIE NATURWISSENSCHAFTLICHE SEITE DES VEGETARISMUS UND PROF. VIRCHOW. (Ohne bes. Titelblatt — ib. —)
No. 3. AUSSPRÜCHE ZUR VEGETARISCHEN FRAGE. (Ohne bes. Titelblatt — ib. —)
No. 4. Ein abschreckendes Beispiel. Zur Warnung der Menschheit aufgestellt von O. D. (Dr. FR. v. H(AUSEGGER). (Ohne bes. Titelblatt. — ib. —)
No. 5. Die Diätreform. Von ARN. CHR. FRÖLICH. (Ohne bes. Titelblatt. — ib. —)
No. 6. Zur Einführung in die naturgemässe Lebensweise. Von LAHMANN. (Ohne bes. Titelblatt. — ib. —)
No. 7. FLEISCH IST GIFT! Aussprüche von Aerzten und Naturforschern. (Ohne bes. Titelblatt. — ib. —)
No. 8. Vegetarismus und Tierschutz. Von PAUL FÖRSTER. (Ohne bes. Titelblatt. — ib. —)

FLUGBLATT No. ... DES »DEUTSCHEN VEGETARIER-VEREINS«.
No. 9. Die soziale Bedeutung des Vegetarismus. Von PAUL FÖRSTER. (Ohne bes. Titelblatt. — Berlin. Verlag des »Deutschen Vegetarier-Vereins«.)

Deutscher Verein gegen den Missbrauch geistiger Getränke (E. V.). **Flugblatt**. No 1. 36.–46. Taus. Berlin: Verein [1903]. 8° [F.] fol. 1393

Homöopathischer Verein zu Stettin. — FLUG-BLATT. Ausgegeben am 1. Januar 1884. (Ohne bes. Titelblatt. — Stettin. Hofbuchdruckerei A. Bornemann.) fol.

Flugblatt des conservativen Vereins im 18. Reichstagswahlkreise. Hrsg. von R. Kittan. (In zwanglosen Nrn.) Nr. 1—3. (à 3 Bog.) Fol. Crimmitzschau 875, (Burkhardt.) à Nr. 15 Pf.

Flugblatt des Schleswig-Holsteinischen Vereins zu Dinkesbühl: Schleswig-Holstein und die Zukunft Deutschlands. Dinkesbühl. 1864. 8°

Flugblatt Nr. 1 der Volksversammlung unter den Zelten — Max Schaßler. Druck von F. Zschiesche. 1 Bl. 4.
Flugblatt. Berlin, 1. April 1848.

Evangelisch-sozialer Zentralausschuß f. d. Prov. Schlesien. **Flugblatt.** Nr. 1. (Breslau: Evang.-soz. Zentralausschuß [um 1895].) 8° [11. 6349

Flugblätter. Ein Wort an das Zürichervolk über die vom Grossen Rath des Kantons Aargau beantragte Aufhebung des Jesuitenordens in der Schweiz. Von einem Konservativen. 8. Zürich 1844.

FLUGBLÄTTER. — Zwei satyrische Flugblätter auf Berliner Persönlichkeiten; auf dem einen Intendant Küstner u. die Sängerin Henriette Sontag; auf dem andern 2 ältere bucklige Leute vor einem Polizeikommissar stehend. Unter jeder Darstellung ein Vers. Anon. farbige Lithographien um 1825. Qu.-fol. (9 Mk. Jaques Rosenthal, München, c. 1903.)

FLUGBLÄTTER. Ballotto des femmes. Verl. v. Leopold Veitel, Wien 1894. 8°.
Konfisziert ca. 1909.

Flugblätter gegen den Alkohol. Hamburg. 1908. 8° [Umschlagt.]

— der kaiserl. biologischen Anstalt f. Land- u. Forstwirtschaft. Nr. 36 u. 37. Lex.-8. Berlin, P. Parey. — J. Springer. (Auslieferung durch Parey.) à n.n.n. — 05; je 100 Stück n.n. 4. —
36. Die Bakterien-Ringkrankheit der Kartoffel. Von Otto Appel. (4 S. m. 6 Abbildgn.) 906.
37. Der Kiefernspinner (Bombyx pini). Von G. Rörig. (4 S. m. 4 Abbildgn.) 906.
Vergl.: Flugblätter des kaiserl. Gesundheitsamtes, biolog. Abteilg. f. Land- u. Forstwirtschaft.

Flugblätter der kaiserl. biolog. Anstalt f. Land- u. Forstwirtschaft. Nr. 38—46. Lex. 8. Berlin, P. Parey. — J. Springer. (Auslieferung durch Parey.) à p nnn — 05
Aderhold, Rud., u. W. Ruhland, über den Bakterienbrand der Kirschbäume. (4 S. m. 5 Abbildgn.) 906. (Nr. 39)
Appel, O., die Blattrollkrankheit der Kartoffel. (4 S. m. 2 Abbildgn.) 907. (Nr. 42)
— Der falsche Mehltau des Weinstockes (Peronospora viticola) u. seine Bekämpfung. (4 S. m. 2 Abbildgn.) 907. (Nr. 41)
— u. G. Gaßner, der Brand des Hafers u. seine Bekämpfg. (4 S. m. 6 Abbildgn.) 906. (Nr. 38)
Börner, Carl, der Obstwickler — Carpocapsa pomonella L. 2. Aufl. (4 S. m. 6 Abbildgn.) 907. (Nr. 40)
Busse, W., der Wurzelbrand der Rüben. (3 S. m. 1 farb. Taf.) 908. (Nr. 44)
Ruhland, W., die Kleeseide. (4 S. m. 1 Abbild.) 907. (Nr. 43)
Schwartz, Mart., erprobte Mittel gegen tierische Schädlinge. 4. Aufl. (4 S.) 909. (Nr. 46)
Ulrich, P., der Kleekrebs. (4 S. m. Abbildgn.) 909. (Nr. 45)
Fortsetzg., s.: Flugblatt.

Flugblätter des Deutschen Bundes für Mutterschutz. No. 1–5. — (Berlin) [um 1909]. 8°

1. Was will der Deutsche Bund für Mutterschutz?
2. Lischnewska, M.: Zur Ehe-Reform. An die Frauen.
3. Borgius, W[alter]: Mutterschutz und neue Ethik.
4. Flesch, Max: Entwurf zu einem Programm d. Dt. Bundes f. Mutterschutz.
5. Meyer-Benfey, Heinrich: Das Christentum und die neue Ethik.

— des Bundes deutscher Jugendvereine. I. Reihe. Für Erwachsene. Nr. 1 u. 2. Lex. 8. Göttingen, Vandenhoeck & Ruprecht. 10 Stück — 25
Hollmann, G., was kann ich f. die Jugend unseres Volkes tun? (2 S.) (910.) (Nr. 1)
Petersen, J., was wird aus Eurem Sohn? (2 S.) (910.) (Nr. 2)

Flugblätter, demokratische. Nr. 1 u. 2. gr. 8. Berlin, Concordia. à — 10
Barth, Thdr., u. Rud. Breitscheid, die Aufgaben der demokratischen Vereinigung. (19 S.) (909.) (Nr. 2)
Breitscheid, Rud., persönliches Regiment u. konstitutionelle Garantien. (15 S.) (909.) (Nr. 1)

— deutsche, für Leser aller Stände. Schriftleiter: Karl Ptak. 2. Jahrg. 1899. 12 Nrn. Fol. (à 4 S.) Wien 899. F. Schalk. n. 1. —

— dasselbe, für Schriftthum u. Leben. 1. Jahrg. 1901. 12 Nrn. gr. 8. (à 16 S.) Ebd. n. 2. —

— dasselbe, der Zeitschrift „Der Kynast", deutsche Zeitschr. f. Volkstum u. Kunst. Nr. 1 u. 2. gr. 8. Oppeln, W. Maske. à n. — 40
1. Tagespresse, unsere. (16 S.) 899.
2. Nationalkirche, die deutsche. (9 S.) 899.

— des kaiserl. Gesundheitsamtes, biolog. Abtheilg. f. Land- u. Forstwirthschaft. Nr. 1—15. Lex.-8. Berlin, P. Parey. — J. Springer. (Auslieferung durch Parey.) n.n.n. — 90
1. Aufforderung zum allgemeinen Kampf gegen die Fusicladium- od. sog. Schorfkrankheit des Kernobstes. Von A. B. Frank. (4 S. m. 1 Abbildg.) (899.) — 10
2. Die Reinigung der Felder v. den Pflanzenüberresten nach d. Ernte als wichtiges Schutzmittel gegen Pflanzenschädlinge. Von A. B. Frank. (3 S.) 899. n.n. — 05
3. Aufruf zur allgemeinen Vernichtung des Birnenrostes. Von Carl Frhr. v. Tubeuf. (4 S. m. z. Tl. farb. Abbildgn.) 900. n.n. — 10

4. Biologie, prakt. Bedeutung u. Bekämpfung des Kirschenhexenbesens. Von Carl Frhr. v. Tubeuf. (4 S. m. z. Tl. farb. Abbildgn.) 900. n.n. — 05
5. Ueber die Biologie, praktische Bedeutung u. Bekämpfung d. Weymouthskiefern-Blasenrostes. Von Carl Frhr. v. Tubeuf. (4 S. m. 1 farb. Taf.) 900. n.n.n. — 05; 10 Stück n.n. — 50
6. Der Schwammspinner u. seine Bekämpfung. Von Arnold Jacobi. (4 S. m. 2 Abbildgn.) 900. n.n.n. — 05; 10 Stück n.n. — 50
7. Die Bekämpfung der Kaninchenplage. Von O. Appel u. A. Jacobi. (3 S.) 901. n.n.n. — 05; 100 Stück n.n. 4. —
8. Die Schüttekrankheit der Kiefer u. deren Bekämpfung. Von Carl Frhr. v. Tubeuf. Mit 1 [farb.] Taf. u. 8 Fig. im Texte. (4 S.) 901. n.n.n. — 05; 100 Stück n.n. 4. —
9. Die Fritfliege. Von Rörig. (4 S.) 901. n.n.n. — 05; 100 Stück n.n. 4. —
10. Die Bekämpfung der Hamsterplage. Von Arn. Jacobi. (4 S.) 901. n.n.n. — 05; 100 Stück n.n. 4. —
11. Rüben- u. Hafernematoden, die, (Heterodera Schachtii), u. ihre Bekämpfung. (8 S. m. Abbildgn.) 901. n.n.n. — 10; 50 Stück n.n. 3. —
12. Der Spargelrost u. die Spargelfliege u. ihre Bekämpfung. Von Frdr. Krüger. Mit 7 Fig. im Text. (4 S.) 901. n.n.n. — 05; 100 Stück n.n. 4. —
13. Die Bekämpfung der Feldmäuse. Von Rörig u. Appel. (4 S. m. 1 Abbildg.) 901. n.n.n. — 05; 100 Stück n.n. 4. —
14. Die Monilia-Krankheiten unserer Obstbäume u. ihre Bekämpfung. Von Rud. Aderhold. (4 S. m. Abbildgn.) 902. n.n.n. — 05; 100 Stück n.n. 4. —
15. Ueber das Einmiethen der Kartoffeln. Von Otto Appel. (4 S. m. Abbildgn.) 902. n.n.n. — 05; 100 Stück n.n. 4. —

Flugblätter des kaiserl. Gesundheitsamtes, biolog. Abteilg. f. Land- u. Forstwirtschaft. Nr. 16—29 u. 31—35. Lex.-8. Berlin, P. Parey. — J. Springer. (Auslieferung durch Parey) n.n.n. 1. 05

Aderhold, Rud., der amerikanische Mehltau des Stachelbeerstrauches, e. f. Deutschland neue Pflanzenkrankheit. (4 S. m. Abbildgn.) (905.) (Nr. 35.) n.n.n. — 05; 100 Stück n.n. 4. —
— über das Mutterkorn des Getreides u. seine Verhütung. (4 S. m. 5 Abbildgn.) 903. (Nr. 21.) n.n.n. — 05; 100 Stück n.n. 4. —
— u. Rud. Goethe, der Krebs der Obstbäume u. seine Behandlung. (4 S. m. Abbildgn.) 902. (Nr. 17.) n.n.n. — 05; 100 Stück n.n. 4. —
Appel, Otto, die Schwarzbeinigkeit u. die m. ihr zusammenhängende Knollenfäule der Kartoffel. (4 S. m. 2 [1 farb.] Abbildgn.) 904. (Nr. 28.) n.n.n. — 10; 100 Stück n.n. 8. —
— der Steinbrand des Weizens u. seine Bekämpfung. (4 S. m. 1 Abbildg.) 904. (Nr. 26.) n.n.n. — 05; 100 Stück n.n. 4. —
Börner, Carl, die Blutlausplage u. ihre Bekämpfung. (4 S. m. 6 Abb.) 905. (Nr. 33.) n.n.n. — 05; 100 Stück n.n. 4. —
Bruck, Werner Frdr., Biologie, praktische Bedeutung u. Bekämpfung der Mistel. (4 S. m. 4 Abbildgn.) 904. (Nr. 32.) n.n.n. — 05; 100 Stück n.n. 4. —
Jacobi, Arnold, die Bekämpfung der Frostspanner. (3 S. m. 5 Abb.) (903.) (Nr. 20.) n.n.n. — 05; 100 Stück n.n. 4. —
— die Mehlmotte (Ephestia Kuehniella Zell.) (4 S. m. Abbildgn.) 902. (Nr. 16.) n.n.n. — 05; 100 Stück n.n. 4. —
— die Stockkrankheit des Getreides u. Klees. (4 S. m. 2 Abbildgn.) 903. (Nr. 18.) n.n.n. — 05; 100 Stück n.n. 4. —
Krüger, Frdr., Aufruf zum Kampf gegen das Unkraut, m. besond. Berücksicht. der Eisenvitriolbespritzungen. (4 S.) 904. (Nr. 23.) n.n.n. — 05; 100 Stück n.n. 4. —
Laubert, R., die Rotpustelkrankheit (Nectria cinnabarina) der Bäume u. ihre Bekämpfung. (4 S. m. 5 Abbildgn.) 901. (Nr. 25.) n.n.n. — 05; 100 Stück n.n. 4. —
— die Schwarzfleckenkrankheit (Rhytisma acerinum) der Ahornblätter. (4 S. m. 2 Abbildgn.) 904. (Nr. 29.) n.n.n. — 05; 100 Stück n.n. 4. —
Moritz, J., was kann u. soll der deutsche Winzer zur Bekämpfung der Reblauskrankheit tun? (4 S. m. Abbildgn.) 905. (Nr. 34.) n.n.n. — 05; 100 Stück n.n. 4. —
Rörig, G., über die Anlage von Nistkästen u. Futterplätzen f. insektenfressende Vögel. (4 S. m. Abbildgn.) 903. (Nr. 19.) n.n.n. — 05; 100 Stück n.n. 4. —
— die Bussarde u. der Hühnerhabicht. (8 S. m. 4 Abbildgn.) (904.) (Nr. 27.) n.n.n. — 10; 100 Stück n.n. 8. —
— der Maulwurf. (4 S. m. 2 Abbildgn.) 904. (Nr. 24.) n.n.n. — 05; 100 Stück n.n. 4. —
— Turmfalk u. Sperber. (4 S. m. 4 Abbildgn.) 904. (Nr. 31.) n.n.n. — 05; 100 Stück n.n. 4. —
Rubland, W., der Hallimasch, e. gefährlicher Feind unserer Bäume. (4 S. m. 5 Abbildgn.) 903. (Nr. 22.) n.n.n. — 05; 100 Stück n.n. 4. —

Nr. 30 ist vergriffen. Fortsetzg., s.: Flugblätter d. kais. biolog. Anstalt f. Land- u. Forstwirtschaft.

Flugblätter hrgg. v. Deutschlands Grossloge II des I. O. G. T. o. O. u. J. 8°.

Flugblätter, Handelspolitische. II. und III. (2 Bde.) 8. Reichenberg, Wien 1864.

FLUGBLÄTTER DES DEUTSCHEN KOLONIAL-BUNDES.
(I.) m. d. Tit.: Mitteilungen des Deutschen Kolonialbundes I. An die Herren Mitglieder eines hohen Reichstages. Die Vorlage der ostafrikanischen Centralbahn. (o. O. 1903.) (Ohne bes. Titelblatt.) 4°.
(II.) m. d. Tit.: Grund, Zweck und Richtung des „Deutschen Kolonial-Bundes". (o. O. 1903.)
III. Kolonial-Reformen. (Berlin, den 26. August 1903.)
IV. Die Vorgänge auf Samoa. (Berlin, den 6. September 1903.)
V. Kolonial-Reformen. II. Einziehung von Militärstationen und Verminderung der Schutztruppe in Deutsch-Ostafrika. (Berlin, den 20. Oktober 1903.)
VI. Die Vorgänge in Deutsch-Südwestafrika. (Berlin, den 5. November 1903.)
VII. Das Enteignungsgesetz. (Berlin, den 20. November 1903.)
VIII. Kolonial-Reformen. III. Beiräte in den Kolonien. (Berlin, den 3. Dezember 1903.)
IX. Zu den Unruhen in Deutsch-Südwestafrika. (Berlin, den 14. Januar 1904.)
X. An die Herren Mitglieder eines hohen Reichstages. Die Vorlage der Eisenbahn Dar-es-Salâm—Mrogoro. (Berlin, den 18. Februar 1904.)
XI. An die Herren Mitglieder eines hohen Reichstages! Die südwestafrikanische Entschädigungs-Frage. (Berlin, den 22. April 1904.)
XII. An die Herren Mitglieder eines hohen Reichstages! Die Entschädigung der Südwestafrikanischen Kolonisten! (Berlin, den 24. Januar 1905.)

Flugblätter des Blauen Kreuzes. I.—IV. Serie, enth. je 100 Stück vierseit. Flugblätter Nr. 1—8. 8. Barmen (902). Elim, Buchh. des Blauen Kreuzes. n. 2. 10
I. n. — 30. — II.–IV. à n. — 60.

Flugblätter des Blauen Kreuzes. I. Serie, enth. 100 Exemplare 8seit. Flugblätter Nr. 1—6. 8. Bern (905). Barmen, Elim, Buchh. des Blauen Kreuzes. n. 1. —

— zweiseitige. des Blauen Kreuzes. I. u. II. Serie. Nr. 1—16. (Je 100 Stück.) 8. Barmen (907). Buchh. des Blauen Kreuzes. à Serie nn — 80

— vierseitige, des Blauen Kreuzes. I. u. II. Serie, enth. 100 Ex. Nr. 1—16. 8. Ebd. (907). à Serie nn — 65

— für künstlerische Kultur. Hrsg. v. Willy Leven. 1.—5. Heft. Lex.-8. Stuttgart, Strecker & Schröder. à n. — 80; Subskr.-Pr. f. den Bd. v. 12 Heften à n. — 60
1. Habe ich den rechten Geschmack? Ein Beitrag zur Aesthetik des tägl. Lebens. Von Paul Johs. Rée. (41 S. m. Abbildgn. u. 2 Taf.) 906.
2. Kultur der Feste I. Von Willy O. Dreßler. Mit zahlreichen Textabbildgn. u. Taf. (35 S.) 906.
3. Theaterkultur, neue. Vom modernen Theaterbau v. Karl Moritz. — Zur Theaterreform v. Herbert Eulenberg. — Die neue Szene v. Fel. Poppenberg. Mit 3 Taf. u. 7 Textabbildgn. (49 S.) 906.
4. Vom Kulturgefühl. Von Willy Leven. Mit zahlreichen Textabbildgn. u. Taf. (67 S.) 906.
5. Die bunte Menge. Von Wolfg. v. Oettingen. (38 S. m. 1 Taf.) 906.

— für künstlerische Kultur. 6. Heft. Lex. 8. Stuttgart, Strecker & Schröder. — 80
Der Tanz. Von Geo. Fuchs. (47 S. m. 2 Taf.) 906.
Die Ausg. in 1 Bde. s. u. d. T.: Kultur, künstlerische.

Flugblätter, kunstgewerbliche. 12 Motive f. die Formgebg. v. Erzeugnissen d. Textil-, Holz- u. Metallindustrie, sowie der decorativen Plastik aus dem „Industrie- u. Gewerbeblatt d. Reichenberger Zeitung", hrsg. v. Gebrüder Stiepel. I. Serie. hoch 4. Reichenberg 887. Fritsche. n. 1. 20

Flugblätter d. deutschen Landwirtschafts-Gesellschaft. Blatt 1—3. 5—6. Berl. 1906—08.
[Specif.]

Flugblätter, literarische. Hrsg. u. red. (in zwangloser Folge) v. Vict. Joß. Nr. 1—10. 8. (à 4 S.) Dresden 900. O. Damm. à n. — 15
Erscheinen nicht mehr.

Flugblätter des deutschen Nationalvereins. Herausg. im Auftrag des Ausschusses vom Geschäftsführer. I. u. II. Gotha 860. (Coburg, Streit.) gr. 8. (à 14 S.) Jede Nr. n. 1 ngr.

— — Nr. 3—8. Ebend. 861—63. gr. 8.
3. Die Bundes-Kriegsverfassung. (20 S.) n. $2\frac{1}{2}$ ngr.
4. Politischer Bericht des Ausschusses erstattet in der 2. Generalversammlung zu Heidelberg. (16 S.) n. 1 ngr.
5. Die deutsche Flotte. (24 S.) n. 1 ngr.
6. Politischer Bericht des Vereins Ausschusses, erstattet in der dritten Generalversammlung zu Coburg am 6. Oktbr. 1862. (14 S.) n. 1 ngr.
7. Für die Reichsverfassung vom 28. März 1849. (12 S.) n. 1 ngr.
8. Politischer Bericht des Ausschusses erstattet in der 4. Generalversammlung zu Leipzig. 2. Aufl. (14 S.) n. 1 ngr.

Flugblätter des deutschen Nationalvereins. Hersg. im Auftrage des Ausschusses vom Geschäftsführer. Nr. 9. Coburg 865. Streit. 8. (14 S.) 1½ ngr.
Inhalt: Politischer Bericht erstattet in der 5. Generalversammlung des deutschen Nationalvereins in Eisenach am 31. Oktbr. 1864.

Flugblätter aus der Deutschen Nationalversammlung hrsg. v. K. Bernhardi, K. Jürgens u. Frdr. Löwe. 1. Jahrg. 1848. 14. Juni—Decbr. 58 Nrn. gr. 4. (½ B. m. Beilagen.) Frankfurt a. M., Wilmans. n. 1 ₰ 12 ngr.

Flugblätter, neue. Volkstümliche Lieder mit Zeichnungen hervorragender deutscher Künstler. (50 T) gr4° Leipzig (1898)

Flugblätter, österreichische. Hrsg.: Hans Marklitsch u. Rud. Richter. Red.: Hans Marklitsch. 1. Hft. gr. 8. Wien (XV, Felberstr. 24) 898. Rud. Richter. n. — 10
Eltern u. Lehrer. Von Helnr. Schlad. (15 S.)

— poetische. Auslese zeitgenöss. Dichtgn. Hrsg. v. Jos. Kitir u. Carl Maria Klob. 1. Jahrg. Aug. 1898—Juli 1899. 24 Nrn. (à ca. 4 S. m. je 1 Bild.) 4. Wien (I, Kärnthnerstr. 31), Verlag d. poet. Flugblätter. 4. —; einz. Nrn. — 20

— poetische. Auslese zeitgenöss. Dichtgn. 2. Jahrg. Aug. 1899—Dezbr. 1900. 30 Nrn. gr. 8. (à 4 S. m. 1 eingedr. Bildnis.) Wien (C. Stetter). à n. — 20
Erscheinen nicht mehr.

— poetische. Auslese zeitgenöss. Dichtgn. 4 Nrn. (à 4 S. m. 1 eingedr. Bildnis.) gr. 8. Wien (903). Verlag Neuer Literatur. à n. — 15

Flugblätter, politische, s. A. v. Kotzebue.

Flugblätter, politisch-staatsrechtliche. 1 und 2. gr. 8. (23; 22 S.) Wien 873, Fr. Beck's Verlag. à Nr. 60 Pf.

— des schlesischen Protestantenvereines. Im Auftrage u. unter Mitwirkung des engeren Ausschusses redig. von E. G. Floeter. 1. Jahrg. 1869. 10 Nrn. (à ½ Bgn.) Breslau, Gebhardi. gr. 8. 5 ngr.; einzelne Nrn. 1½ ngr.

— des schlesischen Protestantenvereines. Im Auftrage u. unter Mitwirkg. d. engeren Ausschusses red. v. E. G. Floeter. 2. Jahrg. 1870. 10 Nrn. (½ B.) gr. 8. Breslau 871. Gebhardi. — 50; einzelne Nrn. — 15

—— protestantische. Im Auftrage des Protestantenvereines hrsg. und redig. von C. Sittel. Jahrg. 1866 und 1867. à Jahrg. 10 Nrn. (½ Bog.) gr. 8. Elberfeld, Friderichs. à Jahrg. *

— unter Mitwirkung hervorragender geistlicher u. weltlicher Vereinsmitglieder hersg. u. redig. von W. Hönig. Jahrg. 1868—1870. à 10 Nrn. (à ½ Bgn.) Ebend. gr. 8. Jeder Jahrg. n. 5 ngr.

— protestantische. Im Auftrag d. Protestantenvereines u. unter Mitwirkg. hervorragender geistl. u. weltl. Vereinsmitgleider hrsg. u. red. v. W. Hönig. Jahrg. 1871 u. 1872 à 10 Nrn. (½ B.) gr. 8. Elberfeld, Friderichs. à n. — 50

Flugblätter, protestantische. Im Auftrag d. Protestantenvereines u. unter Mitwirkg. hervorrag. geistl. u. weltl. Vereinsmitglieder hrsg. u. red. v. W. Hönig. 19—21. Jahrg. 1884—1886. à 12 Nrn. (à ¼—½ B.) gr. 8. Elberfeld, Friderichs. à Jahrg. n. — 50

— protestantische. Im Auftrage d. Protestanten-Vereins u. unter Mitwirkg. hervorrag. geistl. u. weltl. Vereinsmitglieder hrsg. u. red. v. W. Hönig. 22.—25. Jahrg. 1887—1890. à 12 Nrn. (à ¼—½ B.) gr. 8. Elberfeld, Friderichs. à Jahrg. n. — 50

Flugblätter, protestantische. Im Auftrag d. Protestanten-Vereins u. unter Mitwirkg. hervorrag. geistl. u. weltl. Vereinsmitglieder hrsg. u. red. v. W. Hönig. 26.—29. Jahrg. 1891—1894. à 12 Nrn. (à ¼—½ Bog.) gr. 8. Elberfeld, R. L. Friderichs. à Jahrg. n. — 50

— protestantische. I. Auftr. d. Protestanten-Vereins u. unt. Mitwirkg. hervorrag. geistl. u. weltl. Vereinsmitglieder hrsg. u. red. v. W. Hönig. 30. u. 31. Jahrg. 1895—1896. à 12 Nrn. (½ Bog.) gr. 8. Elberfeld, R. L. Friderichs & Co. à Jahrg. n. — 50

— dasselbe, hrsg. u. red. v. F. Rohde. 32. u. 33. Jahrg. 1897—1898. à 12 Nrn. (½ Bg.) gr. 8. Worms, Gebr. Hoffmann. à Jahrg. n. — 50

— protestantische. Im Auftrag des Protestanten-Vereins u. unter Mitwirkg. hervorrag. geistl. u. weltl. Vereinsmitglieder hrsg. u. red. v. F. Rhode. 34.—37. Jahrg. 1899—1902. à 12 Nrn. gr. 8. (à 8 S.) Heidelberg, Ev. Verlag. à Jahrg. n.n. — 50

— protestantische. Im Auftrag des Protestanten-Vereins u. unter Mitwirkg. hervorrag. geistl. u. weltl. Vereinsmitglieder hrsg. u. red. v. F. Rohde. 38. Jahrg. 1903. 12 Nrn. (à 8 S.) gr. 8. Heidelberg, Ev. Verlag. n.n. — 50

— dasselbe. 39. Jahrg. 1904. 12 Nrn. (à 8 S.) gr. 8. Ebd. n. — 80

— dasselbe. 40. u. 41. Jahrg. 1905 u. 1906. à 12 Nrn. (à Jhrg. 80 S.) gr. 8. Karlsruhe, G. Braun'sche Hofbuchdr. à Jhrg. n.n. — 80

— protestantische. Im Auftrage des Protestanten-Vereins u. unter Mitwirkg. hervorrag. geistl. u. weltl. Vereinsmitglieder hrsg. vom Vorstande des Vereins. Red.: K. Schrader. 42—45. Jahrg. 1907—1910. à 12 Nrn. (100, 96, 100 u. 98 S.) gr. 8. Schöneberg-Berlin, Protest. Schriftenvertrieb. à Jhrg. nn — 50

—— schwäbische, über deutsche Fragen. 1. Herr v. Vincke und der württembergische Staatsanzeiger. 2. In der elften Stunde. gr. 8. (20 S.) Tübingen 860, (Buchh. Zu Guttenberg.)

— sociale. Nr. 1—36, 38, 40—48 u. 50—60. gr. 4. (à 2 S.) Berlin 895—897. Verlag des christl. Zeitschriftenvereins. je 100 Stück n. 1. —
1. Landarbeiter, paß auf! — 2. Wer ist euer Freund?
3. Bleibt auf d. Lande. — 4. Arm u. Reich.
5. Die Radler kommen. — 6. Spare was, so hast du was.
7. M. Gott f. König u. Vaterland. — 8. Träume sind Schäume.
9. D. Trinken. — 10. Religion ist Privatsache.
11. An d. Frauen d. Arbeiterstandes! — 12. D. Bauernfreunde.
13. Wer ist e. Arbeiter? — 14. Halte, was Du hast!
15. Uns. Sedanfeier. — 16. Kaiserworte.
17. An's Vaterland, an's theure, schließ dich an!
18. D. Landagitation. — 19. Religion u. Revolution.
20. Ehrlich währt am längsten! — 21. Bauernfänger.
22. Uns. Heer. — 23. D. Paradies auf Erden.
24. Fürchtet Gott, ehret d. König! — 25. Friedliche Reformpartei
26. E. Rückzug. — 27. Kaiser u. Reich.
28. Kaisers Geburtstag. — 29. Falsche Arbeiterfreunde.
30. D. Weltverbesserer. — 31. Heil Kaiser Wilhelm II.!
32. Was sie wollen. — 33. Wie sie wühlen.
34. Man muß d. Leute ködern! — 35. Wölfe im Schafskleide.
36. Sparsamkeit. — 38. Wer verdummt d. Volk?
40. Nur Moral! — 41. Christenthum od. Heidenthum?
42. Gottesleugner! — 43. Heilig ist d. Name Gottes!
44. Uns. Sonntag. — 45. Erziehe dein Kind!
46. Willst du glücklich werden? — 47. D. Regieren.
48. Liebe od. Verbitterg. — 50. Wie bekämpfen wir d. Umsturz?
51. Es muß anders werden. — 52. E. einf. Geschichte.
53. Tadeln u. Besserwissen. — 54. Achtung! — Socialdemokraten!
55. Goldene Berge. — 56. Achtstünd. Arbeitstag.
57. Ausbeuter. — 58. Weder Gott noch Herr.
59. Der Streik. — 60. Wilhelm d. Große.
Nr. 37, 39 u. 49 sind noch nicht erschienen.

— social-politische. Hrsg. v. Rud. Meyer. Nr. 1—7. gr. 8. (38 u. 24 S.) Berlin 874. 75. A. Schindler. à — 10

Flugblätter für Stadt u. Land. 1—6. Hft. gr. 8. Heilbronn 877—79. Henninger. à n. — 20

1. Christenthum oder Heidenthum? Das ist jetzt die Frage. Ein Wort an's deutsche Volk über den großen Ernst der gegenwärtigen Zeitlage. Von Heinr. Engel. 2. Aufl. (31 S.)
2. Die konfessionelle Volksschule u. die gegen sie erhobenen Vorwürfe. Von Scheibert. [Die konfessionelle u. nicht konfessionelle Volksschule, Artikel 1 u. 2.] (26 S.)
3. Die religions- u. confessionslose Schule u. die paritätische oder Simultan-Schule. Von Scheibert. [Die konfessionelle u. nicht konfessionelle Volksschule, Artikel 3 u. 4.] (32 S.)
4. Wer verdummt das Volk? Eine Warnung vor den Propheten des Unglaubens von W. Schöpff. (24 S.)
5. Die Irrlehren des Darwinismus, widerlegt aus der Natur. Von C. W. Wendt. (25 S.)
6. Kann der Christ Pessimist sein? Erörterung zur Bekämpfung der menschlichen Unzufriedenheit durch christliche Gedanken. Von R. Trümpert. (27 S)

Flugblätter, technische, der deutschen Malerzeitung Die Mappe. Nr. 1—9. 8. München, G. D. W. Callwey. à n. — 50

1. Lanze, e., f. die Freskomalerei, m. e. Anleitg. zur Freskomalerei nach dem Manuskripte Martin Knollers (1768). [Aus: „Die Mappe".] (23 S.) (903.)
2. Die Farbengebung in der dekorativen Kunst. Von E. Ebelin. [Aus: „Die Mappe".] (19 S.) (903.)
3. Das Wasserglas u. dessen Verwendung im Malergewerbe. Von Ludw. Neisberger. [Aus: „Deut. Malerzeitg."] (13 S.) (903.)
4. Die Herstellung von Glasschildern nach Art der Spezialisten. Von Nik. Stipkovich. [Aus: „Deutsche Malerzeitg. Die Mappe".] (20 S.) (905.)
5. Warenbestellung u. Wareneinkauf. Von Frz. Jos. Wenzel. [Aus: Deutsche Malerzeitg. Die Mappe".] (12 S.) (905.)
6. Patinierung, die künstliche, v. Kupfer, Zink usw. — Der Stukkolustro u. seine Herstellung. Von H. Heinen. [Aus: „Die Mappe".] (14 S.) (906.)
7. Praktische Anleitung zur Prüfung aller Malerfarben. Von H. W. Schramm. [Aus: „Die Mappe"] (39 S.) (906.)
8. Anleitung, praktische, zur Ausführung der Glasätzung in ihren verschiedenen Arten. [Aus: „Die Mappe".] (21 S.) (906.)
9. Tempera. Die verschiedenen Tempera-Arten u. ihre Zubereitung. [Aus: „Die Mappe".] (19 S.) (906.)

— **technische,** der Deutschen Malerzeitung die Mappe. Nr. 10—13. gr. 8. München, G. D. W. Callwey. à Nr. — 50

Fassaden u. ihre Behandlung. Die Ausführg. v. Kalk-, Kasein-, Mineral-, Oelfarb- u. anderen Anstrichen an Fassaden m. besond. Berücksicht. der Untergrund-Verhältnisse. [Aus: „Deut. Malerzeitg."] (59 S.) (908.) (Nr. 10)
Hebing, C., Linoleum u. seine Verarbeitung. [Aus: „Deut. Malerztg. die Mappe".] (22 S.) (908.) (Nr. 12)
— Sonnenuhren an Fassaden. Mit 12 Abbildgn. (21 S.) (908.) (Nr. 11)
Ueber Theatermalerei. [Aus: „Deut. Malerztg. d. Mappe".] (23 S.) (910.) (Nr. 13)

Flugblätter des Süddeutschen Vegetarianer-Vereins. Nr. 1 u. 2. Stuttgart 881. (Metzler's Sort.) à · 15

1. Rathschläge für angehende Vegetarianer. [Mit Benützung eines englischen Flugblattes.] 4. (4 S.)
2. Vegetarianischer Speisezettel mit Kochbuch. 8. (16 S.)

— des süddeutschen Vegetarianer-Vereins. No. 3. gr. 8. Stuttgart 883. (Metzler's Sort.) (à) — 15
Grundzüge der vegetarianischen Lebensanschauung. (4 S.)

— des deutschen **Vereins** gegen den Mißbrauch geistiger Getränke. (E. V.) Nr. 1—5. gr. 8. Berlin, Mäßigkeits-Verlag. Je 100 Stück n.n. 1. 20

1. Götzendienst. (2 S.) Hildesheim (902).
2. Eine Standrede an die Deutschen. Von Pet. Rosegger. (4 S.) Hildesheim (902).
3. Mäßigkeit u. Wehrkraft. Von J. Gonser. (4 S.) Hildesheim (902).
4. Lobrede auf den Branntwein. Von Schmidlin. (4 S.) (902.)
5. König Tod u. seine Diener. Rede. Von James J. Bovula (4 S.) (903.)

— dasselbe. Nr. 6. gr. 8. Ebd. 903. 100 Stück n. — 90
Ein ernstes Wort. Von J. Gonser. 65.—75. Tauf. (4 S.)

— des deutschen **Vereins** gegen den Mißbrauch geistiger Getränke. Nr. 1, 2, 6, 7. gr. 8. Berlin, Mäßigkeits-Verlag. 100 Stück nn 4. 95

Gonser, J., ein ernstes Wort. 176—200. Tauf. (4 S.) (900.) (Nr. 6) 100 Stück nn 1. —
Hente, H., Götzendienst. 47—56. Tauf. (2 S.) (909.) (Nr. 1) 100 Stück nn — 75
Rosegger, Pet., eine Standrede an die Deutschen. (4 S.) 81—100. Tauf. (907.) (Nr. 2) 100 Stück nn 1. 20
Wort, e. treugemeintes, an die Kanalarbeiter. (4 S. m. Abb.) (907.) (Nr. 7) 100 Stück 2. —

—— hrsg. vom **Verein** für volkswirthschaftlichen Fortschritt in Wien. 1.—8. Heft. br. 8. Wien 868, (Braumüller.) à Heft * 40 Pf. *

Inhalt:

Heft 1. Ehrenfeld, Adf., ein Besuch bei den Pionnieren von Rochdale im August 1867. Auszug aus einem am 18. Decbr. 1867 im Verein gehalt. Vortrage. (24 S.)
» 2. Neumann, Fr. Xav., das heutige Verkehrswesen nach den Ergebnissen der Pariser Ausstellung. Auszug aus dem am 22. Jänner abgehaltenen Vortrage. (23 S. mit 1 lithogr. und 1 color. Stnt.)
» 3. Sommerfeld, Wilh., ein Capitel über Steuern und Vermögenssteuern insbesondere. (21 S.)
» 4. Huber, V. A., Staatshilfe, Selbsthilfe und Sparen. Ein offenes Sendschreiben an die deutschen Arbeiter. (30 S.)
» 5. Kühn, Jos., über Vorschuss-Vereine als Volksbanken. (30 S.)
» 6. Ferdinand Lasalle und seine Theorien. Von einem Freunde der Arbeiter. (22 S.)
» 7. Sommerfeld, Wilh., Salzmonopol und Salzsteuer. Ein wirthschaftl. Uebel und ein sociales Vergehen. (25 S.)
» 8. Sommaruga, Frhr. Franz v., der heutige Stand der Bankfrage mit Beziehung auf die beabsichtigte Vereinbarung mit Ungarn. (27 S.)

FLUGBLÄTTER DES VEREINS FÜR HANDELSFREIHEIT IN HAMBURG. . N° 1. Januar 1868. (Ohne bes. Titelblatt.) 4°. № 2. Herausgegeben unter Verantwortlichkeit des Schriftführers, Dr. Klaubold. März 1868. (Ohne bes. Titelblatt.)

— des schleswig-holsteinischen **Vereins** zu Erlangen. Nr. 1—5. Erlangen 864. Deichert. gr. 8.

1. Unsern Freunden auf dem Lande. 2. Aufl. (11 S.) 1 ngr.
2. Das Dänenregiment in Schleswig-Holstein. 6. Aufl. (23 S.) 2 ngr.
3. Die nationale Bewegung für Schleswig-Holstein eine gute Lehre für alle Zukunft. (11 S.) 1 ngr.
4. Wo liegt die eigentliche Gefahr für die Sache Schleswig Holsteins? (12 S.) 1 ngr.
5. Was steht in der schleswig-holsteinischen Sache auf dem Spiel. 4. Aufl. (15 S.) 1½ ngr.

[Flugblätter d. Wahlvereins d. Liberalen. Sitz Berlin. 1903—1909.] Sammelbd. 8°

Flugblätter der Biologischen Zentralanstalt Berlin der Deutschen Akademie der Landwirtschaftswissenschaften zu Berlin. - Berlin. Nr. 1 ff.

Züricher Flugblätter
v. Ordinari Wochen-Zeitung (Zh).

Flugbogen. Nr. 1—4. qu. gr. Fol. (Mit Abbildgn.) Berlin, Imprimatur. Gebrochen in schmal 8. à n. — 20
1. China. (2 S.) — 2. Deutsche Kriegsflotte. (2 S.)
3. Aus der Artistenwelt. — 4. Revel, Variété-Schönheiten. schmal 8. (31 S.)

Im **Fluge** durch die Welt. Sammlg v. Photographien d. hervorragendsten Städte, Gegenden u. Kunstwerke v. Europa, Asien, Afrika, Australien, Nord- u. Süd-Amerika. Hrsg. unt. Leitg des Reisenden u. Vorlesers John L. Stoddard ... *Chicago. London. Berlin. Paris: The Werner Co. [1894].* (2 Bl., 128 Bl. Ill.) 1 Bd quer-4.(8.) 96. 393

Im Fluge durch die Welt. Familien-Bibliothek für Bildung und Unterhaltung. Sammlung von Photographien der hervorragendsten Städte, Gegenden und Kunstwerke der Erde. Zusammengestellt und ausgeführt unter der Leitung des Reisenden John L. Stoddard von The Werner Company in Chicago. Herausgeber: J. Lippowitz (Neues Wiener Journal). Redigirt von Hans Bergler. (Erscheint monatlich drei Mal.) 1.—4. Heft. 1895.

Im Fluge durch die Welt. Familien-Bibliothek für Bildung und Unterhaltung. Sammlung von Photographien der hervorragendsten Städte, Gegenden und Kunstwerke der Erde. Zusammengestellt und ausgeführt unter der Leitung des Reisenden John L. Stoddard von The Werner Company in Chicago. Herausgeber: J. Lippowitz (Neues Wiener Journal). Redigirt von Hans Bergler. (Erscheint monatlich drei Mal.) Fünftes Heft. Quer-Folio à —.30, mit Postversendung —.35
1895

Im Fluge durch die Welt. Familien-Bibliothek für Bildung und Unterhaltung. Sammlung von Photographien der hervorragendsten Städte, Gegenden und Kunstwerke der Erde. Zusammengestellt und ausgeführt unter der Leitung des Reisenden John L. Stoddard von The Werner Company in Chicago. Herausgeber: J. Lippowitz (Neues Wiener Journal). Redigirt von Hans Bergler. (Erscheint monatlich drei Mal.) 6.—10. Heft. Quer-Folio à —.30, mit Postversend. à —.35
1895.

Im Fluge durch die Welt. Familien-Bibliothek für Bildung und Unterhaltung. Sammlung von Photographien der hervorragendsten Städte, Gegenden und Kunstwerke der Erde. Zusammengestellt und ausgeführt unter der Leitung des Reisenden John L. Stoddard von The Werner Company in Chicago. Herausgeber: J. Lippowitz (Neues Wiener Journal). Redigirt von Hans Bergler. (Erscheint monatlich drei Mal.) 11.—15. Heft.
1895.

Im Fluge durch die Welt. Familien-Bibliothek für Bildung und Unterhaltung. Sammlung von Photographien der hervorragendsten Städte, Gegenden und Kunstwerke der Erde. Zusammengestellt und ausgeführt unter der Leitung des Reisenden John L. Stoddard von The Werner Company in Chicago. Herausgeber: J. Lippowitz (Neues Wiener Journal). Redigirt von Hans Bergler. (Erscheint monatlich drei Mal.) 16. Heft. Quer-Folio à —.30, mit Postversendung à —.35
1896

Im Fluge durch die Welt. Photogr. Aufnahmen d. hervorragendsten Städte, Gegenden u. Kunstwerke von Europa, Asien, Afrika, Australien, Nord- u. Süd-Amerika. Hrsg. von John L. Stoddard. Neue Ausg. Deutscher Text vervollständ. u. red. von Gerhard Stein. (In 16 Lfgn.) *Berlin, Wien: Werner Verl. [1899].* (256 S.) quer-4°

Flügel. Auszug aus d. Jahresber. v. 1843 üb. d. Militärsanitätsdienst i. Kanton Bern.

Flügel, Volksmedizin und Aberglaube im Frankenwalde. Nach 10jähriger Beobachtung dargestellt. München 863. Lentner. gr. 8. (VIII, 81 S.) n. 10 ngr.

Flügel. Albr[echt]. Verzeichniss der Mitglieder des bernischen Ministeriums und ihrer Stellungen. (Prädikantenbüchlein.) Mit Benützung amtlicher Quellen neu hrg. von Albr. F.... 8. Bern 1882.

Flügel, C. A., der ächte kleine Amerikaner oder die Kunst die englische Sprache in acht Tagen ohne Lehrer richtig lesen, schreiben und sprechen zu lernen. Mit beigefügter Aussprache. 4. gänzlich umgearb. rc. Aufl. Hamburg 855. Berendsohn. 8. (160 S.) 6 ngr.
Gleichlautend mit: Der ächte kleine Engländer rc.

Flügel, C. A., do you speak English? Nein! Aber in 8 Tagen erlern ich's ohne Lehrer durch den ächten kleinen Engländer. Mit beigefügter Aussprache. 6., gänzlich umgearb. u. bedeutend verm. Aufl. Hamburg 867. Berendsohn. 16. (160 S.) 6 ngr.

Flügel, C. A., do you speak english? Nein! Aber in 8 Tagen erlern ich's ohne Lehrer durch den ächten kleinen Engländer. Mit beigefügter Aussprache. 8. gänzlich umgearb., bedeutend verm. Aufl. 16. (160 S.) Hamburg 870. Berendsohn. — 60

Flügel, C. A., do you speak english? Nein! Aber in acht Tagen erlern ich's ohne Lehrer durch den ächten kleinen Engländer. Mit beigefügter Aussprache. 12., gänzlich umgearb., bedeutend verm. Aufl. 16. (160 S.) Hamburg 879. Berendsohn. — 60

Flügel, C. A., Do you speak English? Nein! Aber in acht Tagen erlern ich's ohne Lehrer durch den ächten kleinen Engländer. Mit beigefügter Aussprache. 13. und 14. Aufl. 16. (160 S.) Hamburg 880,82, Berendsohn.

Flügel, C. A., der ächte kleine Engländer (Amerikaner,) oder die Kunst, die engl. Sprache in acht Tagen ohne Lehrer richtig lesen, schreiben und sprechen zu lernen. Mit beigefügter Aussprache. 1. und 2. Aufl. (126 S.) 1851. und 3. Aufl. 16. (128 S.) Hamburg 852, Berendsohn.

—— der ächte kleine Engländer, oder die Kunst, die englische Sprache in acht Tagen ohne Lehrer richtig lesen, schreiben und sprechen zu lernen. Mit beigefügter Aussprache. 4. Aufl. 16. (128 S.) Hamburg 854, B. S. Berendsohn.

Flügel, Carl Wilhelm, s. Flügel, Karl Wilhelm.

Flügel, Chr. Gottl., Lehrbuch der Naturgeschichte f. Handelsschulen. 1. Abthl. Mineralogie. Mit 4 lithogr. Taf. gr. 8. Leipzig 843, Serig. 1/2 ₰ — 2. Abthl. Botanik. gr. 8. Ebend. 844. 1/2 ₰

Flügel, C. G., Lehrbuch der Naturgeschichte f. Handelsschulen. 3. Abth. Zoologie. Nach d. Verf. Tode bearb. v. G. Schnedermann. gr. 8. (VIII u. 115 S.) Leipzig 847, Serig. 1/2 ₰ (compl.: 1 1/2 ₰)

—— das Neueste u. Wissenswertheste aus der Waarenkunde seit den letzten acht Jahren, s. Schedel, J. C.

— s. Schedel's, J. C., allgem. Waaren-Lexicon.

Flügel, E., s.: Dahlmann, Ernst.

FLÜGEL, Emma

— über lex Heinze, Paragraph 184 a u. b. Ein offener Brief an deutsche Mütter. 8. (20 S.) Ebd. 900. n. — 80

Flügel, Emma, Imme. Die ersten Jahrzehnte e. Sonntagskindes. (415 S.) 8. Wismar 909. Hinstorff's Verl. 4.—; geb. 5.—

Flügel, Emma, Kunst u. Sudermann. Eine Laienstudie. 8. (81 S.) Leipzig (900). Alw. Schmidt. n. — 30

Flügel, Ewald, s.: Anglia.

Flügel, Ewald [aus Leipzig]: Carlyles religiöse und sittliche Entwicklung und Weltanschauung. Zweiter Theil. Carlyles religiöse und sittliche Weltanschauung .... Leipzig, Verl. v. Fr. Wilh. Grunow, 1887; VI S. | 1 Bl. | 110 S. 8°.
Leipzig, Phil. Fak., Inaug.-Diss. v. 8. Jul. 1887.

Flügel, Ewald, Thomas Carlyles religiöse und sittliche Entwicklung und Weltanschauung. Studie. 8. (XII, 280 S.) Leipzig 887, Grunow. *M 5.; geb. *

— neuenglisches Lesebuch. Z. Einführg. i. d. Studium d. Denkmäler selbst n. d. Handschriften u. ältesten Drucken hrsg. 1. Bd. D. Zeit Heinrichs VIII. gr. 8. (XII, 547 S.) Halle 895. M. Niemeyer. n. 10. —

-- Die nordamerikanische Literatur. Lpz. 1907.

Flügel, Ewald [Dr.]: Sir Philip Sidney. . . . Halle a/S., Max Niemeyer, 1888; 1 Bl. + XCI S. 8°
Leipzig, Phil. Fak., Hab.-Schr. v. 30. Okt. 1888

— s.: Sidney's, Sir Ph., Astrophel and Stella u. Defence of poesie.

Fluegel, F. Anforderungen der neuen Wehr- u. Heer-Ordnung an die Offiziere des Friedensstandes. München 1889. 25 S.

Flügel, Felix, a practical dictionary of the english and german languages in 2 parts. Part 2.: German and english. — Praktisches englisch-deutsches und deutsch-englisches Wörterbuch in 2 Thln. Thl. 2.: Deutsch-englisch. Bearb. unter Mitwirkung von J. G. Flügel. 4. (letzte) Lfg. gr. 8. (XXXII und S. 721—1184.) Leipzig 852. Hamburg, Meißner.
1–3. Lfg. Ebendas. 1852. 1 Thlr. 15 Ngr.

—— dass. — Part. 2. German and english. 2. impression, revis. and corrected. gr. 8. (XXXII und 1184 S.) Ebds. 855. 3 —

Flügel, F., allgemeines englisch-deutsches u. deutsch-englisches Wörterbuch. 4., umgearb. Aufl. v. J. G. Flügel's vollständ. Wörterbuch der engl. u. deutschen Sprache. (In 12 Hftn.) I. Tl. 1. Hft. Lex.-8. (XXIX, 192 S.) Braunschweig 890. Westermann. n. 3. —

Flügel, Fel., allgemeines englisch-deutsches u. deutsch-englisches Wörterbuch. 4., gänzlich umgearb. Aufl. v. J. G. Flügel's vollständ. Wörterbuch der engl. u. deutschen Sprache. 13 Hfte. Lex.-8. Braunschweig 891. 892. G. Westermann. n. 36. —; geb. in 3 Halbfrzbde. n.n. 45. —; in 3 Juchten-Bocksaffianbde. n.n. 51. —
1. Tl. Englisch-deutsch. 2 Bde. (16, XXXII, 1810 S.) n. 24. —; geb. in Halbfrz. n.n. 30. —; in Juchten-Bocksaffian n.n. 34. —
2. Tl. Deutsch-englisch. (VIII, 923 S.) n. 12. —; geb. in Halbfrz. n.n. 15. —; in Juchten-Bocksaffian n. 17. —

Flügel, Fel., allgemeines englisch-deutsches u. deutsch-englisches Wörterbuch. 2 Thle. in 3 Bdn. 2. verb. u. verm. Abdr. der 4. gänzlich umgearb. Aufl. v. J. G. Flügel's vollständ. Wörterbuch der engl. u. deutschen Sprache. Lex.-8. Braunschweig 894. G. Westermann. n. 36. —; geb. in Halbfrz. n. 45. —; in Juchten-Bocksaff. n. 51. —
1. Englisch-Deutsch. 2 Bde. (16, XXXII, 1810 S.) n. 24. —; geb. in Halbfrz. n. 30. —; in Juchten-Bocksaff. n. 34. —
2. Deutsch-Englisch. (XVI, 923 S.) n. 12. —; geb. in Halbfrz. n. 15. —; in Juchten-Bocksaff. n. 17. —

Flügel, Felix, praktisches englisch-deutsches und deutsch-englisches Wörterbuch in 2 Thln. 1. Thl.: Englisch-deutsch. Bearb. unter Mitwirkung von J. G. Flügel. 3. Abdruck 1857. und 4., durchgeseh. und verb. Abdr. A. u. d. T.: A practical dictionary of the english and german languages in 2 parts. Part 1.: English and German. 3. Impression 1857. and 4. Impression, revised and corrected. gr. 8. (L und 877 S.) Hamburg 858, J. A. Meissner. Thlr.

-- — 2. Thl.: Deutsch-Englisch. Bearb. unter Mitwirkung von J. G. Flügel. 2. u. 3. durchges. u. verb. Abdr. A. u. d. T.: A practical dictionary of the English and German languages in 2 parts. Part II.: German and English etc. Ebend. 855, 57. gr. 8. (XXXII, 1184 S.) 3 ℔

Flügel, Fel., praktisches englisch-deutsches und deutsch-englisches Wörterbuch in 2 Theilen. Bearb. unter Mitwirkung von J. G. Flügel. — A practical dictionary of the english and german languages in 2 parts. — 5. durchges. u. verb. Abdr. Hamburg 861. J. A. Meißner. gr. 8. (LXXXII, 2061 S.) 5 ℔

Flügel, Fel., praktisches Wörterbuch der englischen und deutschen Sprache. Bearb. unter Mitwirkung von J. G. Flügel. — A practical Dictionary of the English and German Languages. 2 Bde. 8. Aufl. 9. und 10. durchgeseh. und verb. Abdr., und 11. durchgeseh. und verb. Aufl. gr. 8. Leipzig 869, 70, 74, Brockhaus. M 15.; geb.
Inhalt:
Thl. 1. Englisch-deutsch. (L, 877 S.) M 6.; geb. M 7,25.
" 2. Deutsch-Englisch. (XXXII, 1184 S.) M 9.; geb. M 10,25.

Flügel, Felix, praktisches Wörterbuch der englischen u. deutschen Sprache. Unter Mitwirkg. v. J. G. Flügel. 2 Thle. 11. durchgesch. u. verb. Aufl. gr. 8. Leipzig 874. Brockhaus. 15 —; geb. 17. —
1. English a. german. (L, 875 S.) 6. —; geb. 7. —
2. Deutsch-Englisch. (XXXII, 1184 S.) 9. —; geb. 10. —

Flügel, Felix, praktisches Wörterbuch der englischen und deutschen Sprache. Unter Mitwirkung von J. G. Flügel. In 2 Thln. 12. und 13. durchgeseh. und verb. Aufl. 8. Leipzig 877, 79, Brockhaus. M 15.; geb.
Inhalt:
Thl. 1. Englisch-Deutsch. (LII, 877 S.) M 6.; geb. M 7,25.
2. Deutsch-Englisch. (XXXII, 1184 S.) M 9.; geb. M 10,25.

Flügel, Fel., praktisches Wörterbuch der englischen u. deutschen Sprache. 2 Thle. Bearb. unter Mitwirkg. v. J. G. Flügel. 14. durchgeseh. u. verb. Aufl. gr. 8. Leipzig 883. Brockhaus. 15. —; geb. n. 17. 50
1. Englisch-Deutsch. (L, 877 S.) 6. —; geb. n. 7. 25
2. Deutsch-Englisch. (XXXII, 1184 S.) 9. —; geb. n. 10. 25

— praktisches Wörterbuch der englischen u. deutschen Sprache. In 2 Thln. Bearb. unter Mitwirkg. v. J. G. Flügel. 15., durchgeseh. u. verb. Aufl. gr. 8. Leipzig 891. F. A. Brockhaus. 15. —; geb. n.n. 17. 50
1. Englisch-deutsch. (L, 877 S.) 6. —; geb. n. 7. 25
2. Deutsch-englisch. (XXXII, 1184 S.) n. 9. —; geb. n.n. 10. 25

Flügel, Fel., Im. Schmidt u. G. Tanger, Wörterbuch d. englischen u. deutschen Sprache f. Hand- u. Schulgebr. Unt. bes. Benutzg. v. F.'s allgem. englisch-deutschem u. deutsch-engl. Wörterbuch bearb. v. S. u. T. 2 Bde. 4. (X, 968 u. IX, 1006 S.) Braunschweig 896. G. Westermann. n. 10. —

— Im. Schmidt u. G. Tanger, Wörterbuch der englischen u. deutschen Sprache f. Hand- u. Schulgebrauch. Unter besond. Benutzg. v. F.'s allgemeinem englisch-deutschem u. deutsch-engl. Wörterbuch bearb. v. S. u. T. 4. [Titel-] Aufl. 2 Bde. Lex.-8. (X, 968 u. IX, 1006 S.) Ebd. [896.] 900. n. 10. —; geb. in Leinw. n. 12. 50; in Halbfrz. n. 13. —; einzelne Bde. n. 6. —; geb. in Leinw. n. 7. 25; in Halbfrz. n. 7. 50

FLÜGEL, Ferdinand

Flügel, F., der Pflichtenkreis der Reserve- und Landwehr-Offiziere im Beurlaubtenverhältniß. 8. (37 S.) Berlin 886, Eisenschmidt. *
Aus: Militär-Zeitung für die Reserve- und Landwehr-Offiziere, besonders abgedruckt.

Flügel, Ferd., die Wehrpflichts- u. Dienst-Verhältnisse der Ersatz-Reserve 1. u. 2. Klasse, zusammengestellt nach den Bestimmungen der Heer- u. Wehr-Ordnung für das Königreich Bayern unter Berücksichtigung der im Jahre 1880 eingetretenen Aenderungen. 8. (VI, 56 S.) Augsburg 881. Rieger. n. — 50

Flügel, Geo., neue Bestimmungen üb. Vorbildg. u. Prüfungen der Lehrer u. Lehrerinnen an Volks- u. Mittelschulen Preußens. gr. 8. (IV, 79 S.) Saarlouis 901. F. Stein Nachf. n. 1. —

Flügel, Geo., Geschichte des Fuldaer Lehrer-Seminars von 1836—1886. Im Anschluß an die Festschrift des im J. 1886 gefeierten Jubiläums hrsg. gr. 8. (IV, 196 S.) Fulda 894. (G. Nehrkorn.) Kart. n. 2. 80

— Gesetze, amtliche Bestimmungen u. Gerichtserkenntnisse üb. die Volks- u. Mittelschulen in Preußen, insbesondere im Reg.-Bez. Trier. gr. 8. (VIII, 709 S.) Saarlouis 894. F. Stein Nachf. n. 9. —; geb. in Halbfrz. n. 10. 60

Flügel, Geo., Gesetze, amtl. Bestimmgn. u. Gerichtserkenntnisse über d. Volks- u. Mittelschulen in Preußen, insbes. im Reg.-Bez. Trier. Nachtrag. gr. 8. (VI, 439 S.) Saarlouis 898. F. Stein. Nachf. n. 5. 60; geb. in Halbfrz. n.n. 7. — (Hauptwerk u. Nachtrag: n. 14. 60; geb. n.n. 17. 60)

Flügel, Geo., s.: Hamann's, Karl, Bemerkgn. z. Codex S. Simeonis.

Flügel, Geo., s. Kitâb al-Fihrist.

Flügel, Geo., die höheren Mädchenschulen u. die neuesten Bestimmgn. üb. die Lehrerinnenbildung pp. in Preußen. (179 S.) gr. 8. Saarlouis 909. F. Stein Nachf. 2.—; geb. 2. 40

— Die höheren Mädchenschulen, Mädchen-Mittelschulen u. Lehrerinnenbildung in Preußen. Mit e. Anh.: Vorschriften üb. die Bildg. u. die Prüfgn. der techn. Lehrerinnen. 2. Aufl. (188 u. 62 S.) gr. 8. Ebd. 910. 2.60; geb. 3. —

—— die Quellen in Plutarchs „Lykurgos". Inaugural-Dissertation. gr. 8. (54 S.) Marburg 870. (Göttingen, Vandenhoeck und Ruprecht.) *

Flügel, Geo., das niedere Schulwesen u. die Lehrerbildung im vormaligen Hochstift Fulda. Festschrift zur Erinnerg. an das 50- bezw. 100jähr. Bestehen d. Fuldaer Lehrer-Seminars. gr. 8. (95 S.) Fulda 886. (Nehrkorn.) n. 1. 80

— Vorschriften üb. die Bildung u. die Prüfungen der technischen Lehrerinnen in Preußen. (55 S.) gr. 8. Ebd. 908. 1. —

FLÜGEL, Georg Thomas

Flügel, G. Th.: „Theoretische Abhandlung vom doppelten Buchhalten, in Fragen und Antworten", Frankfurt a. M. 1781 (Hermann).

* Flügel, Georg Thom., Aufgaben z. Gebrauche bei mündlicher Unterweisung in d. Rechenkunst. 2 Bdchen. (Is 8te verb. Aufl. 1815. enth. Exempel nach d. gemeinen Art zu rechnen. 8 gr. IIs enth. Exempel nach d. allerkürzesten Art zu rechnen, nebst vier zu den Gründen d. kaufmänn. Rechenkunst gehörigen Regeln. 6te verm. Aufl. 12 gr.) 8. Frankf. Hermann. 810.

— — Dessen 2r Theil. 7te Aufl. 8. Ebendas. 819.

Flügel, G. Th., Aufgaben zum Gebrauch b. p mündl. Unterweisung in der Rechenk. 1r Thl. 9te Aufl. 8. Frankfurt a. M., Hermann. 820.

Flügel, Geo. Thom., Cours-Zettel, s. a. Comptoir-Handbuch. 3. Thl.

Flügel, Georg Thomas: „Erklärte Courszettel der vornehmsten Handelsplätze in Europa", Frankfurt a. M. 1765 (Hermannsche Buchhandlung; auch Jäger). — Viele Neuauflagen. — 12. Auflage, St. Gallen 1802, vorh.: Bibl. des Oberlandesgerichts Celle — Tc. 675[13] —. 15. durchaus umgearbeitete Auflage, „Nebst andern in die Wechselgeschäfte einschlagenden Nachrichten, einer genauen Angabe der Münz-, Maass- und Gewichtsverhältnisse der europäischen Haupt-Handelsstädte", St. Gallen 1813, vorh.: Büch. der Industrie- und Handelskammer Leipzig. — Dasselbe Werk, gänzlich umgearbeitet und vermehrt von J. E. Liebhold (auch u. d. T.: „J. E. Liebhold's allgemeines Comptoir-Handbuch, 3. Theil, enthaltend die Erklärung der Wechsel-, Cours-, Münz-, Maass- und Gewichtskunde für Banquiers und Kaufleute"), Frankfurt a. M. 1817, vorh.: Com. Bibl. Hamburg. — Dasselbe, Neuauflage, Frankfurt a. M. 1821, vorh.: Büch. der Handelskammer Magdeburg. — Gänzlich umgearbeitete, vervollständigte und vermehrte Auflage, herausgegeben von T. Friedleben, u. d. T.: „G. T. Flügel's Cours-Zettel, fortgeführt als Handbuch der Münz-, Maass- und Gewichtskunde, so wie des Wechsel-, Bank-, Staatspapier- und Aktienwesens", Frankfurt a. M. 1846, vorh.: Com. Bibl. Hamburg.

Flügel's, Geo. Thom., Cours-Zettel, fortgeführt als Handbuch der Münz-, Maß- u. Gewichtskunde, sowie des Wechsel-, Bank-, Staatspapier- u. Aktienwesens 2c. 9., umgearb. u. verm. Aufl., versehen m. geogr.-mercantil. Notizen u. wechselgesetzl. Bestimmungen. Hrsg. v. Theod. Friedleben. gr. 8. (22 B.) Frankfurt a. M. 846, Jäger'sche Buchh.

Flügel's, Geo. Thom., Cours-Zettel, fortgeführt als Handbuch der Münz-, Maß-, Gewichts- und Usancenkunde, sowie des Wechsel-, Bank-, Staatspapier- und Aktienwesens, europ. und außereurop. Länder und Städte, für Banquiers, Kaufleute, Fabrikanten 2c. 10. Aufl. 2c. Hrsg. von L. F. Huber. Nebst einem Anhang: Die Fonds- und Aktienbörse von H. Scheier. 6 Lfgn. gr. 8. (XVI und 824 S. und Anhang IV und 116 S.) Frankfurt a. M. 859, Jäger'sche Buchh. à Lfg. 12 Ngr.

Flügel, (G. T.,) erklärter Courszettel, 5e Aufl., s. Liebhold, J. E., Comptoirhandbuch.

— erklärte Courszettel d. vornehmsten Handelsplätze in Europa. 8. Frankf. a. M. 765. 7e A. 785. Hermannsche B.; a. Jäger. 18 gr. Derselbe. 8e A. 8. Basel 789. N. A. gr. 8. 796. Neukirch. 12 gr. Ders. 10e A. 8. St. Gallen 796. 16e A. 820. Huber u. C. 1 rf Ders. als Comptoirhandbuch umgearb. v. Liebhold, s. Comptoirhandbuch.

— erklärte Courszettel d. vornehmst. Handelsplätze. 15te Aufl. gr. 8. St. Gallen, Huber u. Comp. 813.

— — erklärte Courszettel der vornehmsten Handelsplätze in Europa. 16te verb. Aufl. gr. 8. St. Gallen, Huber und Comp. 820.

— erklärte Courszettel der bedeutendsten Europäischen u. Außer-Europäischen Handelsplätze, nebst genauer Angabe d. Münz-, Maaß- u. Gewichts-Verhältnisse derselben. 17e, ganz umgearb. u. verm. Ausgabe gr. 8. St. Gallen u. Bern 837. Huber u. Comp. 7/8 rf

— erklär. Courszettel d. vornehmsten Handelsplätze in Europa, als Comtoirbuch umgearbeitet. 3te ganz durchgesehene verb. u. verm. Aufl. v. Liebhold. gr. 8. Frankf. am M. Jäger. 813.

— — erklärter Courszettel und Angabe des Gewichts- und Ellenmaaßes der vorzüglichsten Handelsplätze in Europa, umgearbeitet und vermehrt von J. E. Liebhold. 4te Aufl.
Auch unter dem Titel:
J. E. Liebholds allgem. Comptoirhandbuch 2c. gr. 8. Frankfurt a. M., Jäger. 817.

— Courszettel d. vornehmst. Handelsplätze. gr. 8. Bas. Flick. 796.

— — 8. St. Gallen, Huber. 807.

— — als Comtoirb. umgearb. v. Liebhold 2c. gr. 8. Frkf. Jäger. 810.

Flügel, Geo. Thom.: „Von der Einrichtung und dem Gebrauch der Geld- und Wechsel-Arbitragetabellen", Frankfurt a. M. 1750.

1758. Geo. Thom. Flügel's Hauptschlüssel zum Wechselrechnen. Zürch. 8. (3 gr.)

Flügel, G. Th.: „Der getreue und aufrichtige Wegweiser zur gründlichen Erlernung des Buchhaltens", Frankfurt a. M. 1741 und 1742.

Flügel, Geo. Thom.: „Getreuer Wegweiser zur Erlernung des doppelten und einfachen Buchhaltens", Frankfurt a. M. 1792 (Brönner). — Neue Auflage ebenda 1794.

FLÜGEL, Gustav

Flügel, Gust. (L.), Al Kindî, s. Abhandlungen für die Kunde des Morgenlandes.

Flügel, G., Ein Beitrag zur Geschichte orientalischer Studien in Sachsen. [Dresdner Journal. No. 281. 282. 1856.] [Anzeige von Mb 382.] 2*.

Flügel, Gust., Bibel-Hymnen mit lateinischem und deutschem Texte für den geistlichen Männerchor componirt. Op. 47. Partitur. Erfurt (856). Körner's Verlag. 4. (25 S.) 18 ngr

Flügel, Gust., Cantaten, Responsorien und Vota Apostolica auf die christlichen Festzeiten. Nach Worten der heiligen Schrift ausgewählt von W. A. Bühring. Zum Gebrauch in Kirche, Schule und Haus für den geistlichen Kinderchor, 2 Soprane und Alt componirt. Op. 50. Leipzig (857). Merseburger. gr. 8. (IV u. 52 S.) 7 1/2 ngr

Flügel, Gust., sechs dreistimmige patriotische Chorlieder [zwei Soprane und Alt] für Schulen componirt. br. 8. (15 S.) Leipzig 870, Brandstetter. (25 Pf.)

—— 12 dreistimmige Chorlieder [zwei Soprane und Alt] für höhere Töchterschulen. Gedichtet von Friedr. Oser. qu. 4. (26 S.) Leipzig 870, Brandstetter.

Flügel, Gust., s.: Concordantiae Corani Arabicae.

Fluegel, Gust., s.: Corani textus arabicus.

Flügel, Gust., Definitiones Sej jid Scherif Ali Ben Mohammed, s. Definitiones.

Flügel, Gust., Frühlingslieder von Friedrich Oser. 12 leichte Chorlieder für höhere Töchterschulen und als Hausmusik componirt. Op. 61b. hoch 4. (15 S.) Neu-Ruppin 873, Oehmigke.

— s. Gefährte, der.

— einjähriger Gesang-Cursus für Elementarschulen. Neuwied 853. Heuser. gr. 16. (IX, 1 Bl., 144 S.) n. 5 ngl

Flügel, Gust. (L), Gesang-Cursus für die Oberklassen höherer Töchterschulen. Leitfaden für Gesangschülerinnen mit 100 schriftl. Aufgaben. gr. 8. (IV und 44 S.) Leipzig 867, Merseburger.

— Gesang-Cursus f. die Oberklassen höherer Töchterschulen. Leitfaden f. Gesangschülerinnen m. 100 schriftl. Aufgaben. 2. verb. Aufl. gr. 8. (43 S.) Leipzig 874. Merseburger. — 60

Flügel, G., Geschichte der Araber, s. Aus alter und neuer Zeit.

Flügel, Gust., die Geschichte der Araber, s. Taschenbibliothek, historische, für Jedermann.

Flügel, Gust., Geschichte d. Araber. 16 Bdchen. 8. Dresd. 832. Hilscher. 9 K

Flügel, Gust., die Geschichte d. Araber bis auf d. Sturz d. Chalifats v. Bagdad. 2 Thle. gr. 12. ($5\frac{1}{6}$ B. u. $26\frac{1}{4}$ B. in gr. 16.) Leipzig 840, Brandes.
Aus der: Allgem. histor. Taschenbibliothek.

— Geschichte der 300jähr. Jubelfeier d. K. Sächs. Landesschule St. Afra zu Meißen den 2. 3. u. 4. Juli 1843 nebst zahlreichen Beilagen u. 12 Lithograph. gr. 8. Meißen 844, Klinkicht u. Sohn. n. 2 ℳ

— — Flügel. Die deutsche morgenländische Gesellschaft zu Halle und Leipzig. [Dresdner Journal. No. 13—15. 17.—19. Januar 1862.] Ni 285. 4°.

Flügel, Gust., Gott u. Natur. Dreistimmige polyphone Lieder [2 Soprane u. Alt], f. höhere Bildungsanstalten, namentlich f. Töchterschulen u. Lehrerinnenseminare componiert. Werk 91. gr. 8. (12 S.) Leipzig 884. Merseburger. n. — 50

Flügel, Gust., die arabischen, persischen u. türkischen Handschriften der kais.-königl. Hofbibliothek zu Wien im Auftrage der vorgesetzten k. k. Behörde geordnet u. beschrieben. 3 Bde. Wien 865—67. k. Hof- u. Staatsdruckerei. gr. 4. (LXXXII, 1990 S.) Jeder Bd. nn. 5 ℳ

Flügel, G., s.: Kitâb al-Fihrist.

—— die Classen der Hanefitischen Rechtsgelehrten. gr. Lex.-8. (92 S.) Leipzig 860, Hirzel. *
Aus: Abhandlungen der k. sächs. Gesellschaft der Wissenschaften, besonders abgedruckt.

— preußische Königs-, Helden-, Kriegs- und Siegeslieder zum Gebrauch in Schulen, höhern Lehr-Anstalten und in der Armee. In Musik gesetzt für Kinder- und Männerstimmen. 35. Werk. Ebend 854. qu. 8. (4 Bl., 60 S.) n. 4 ngl

—— Leitfaden für den Gesang-Unterricht in der Volksschule. 3., neu bearb. Aufl. 16. (X und 160 S.) Neuwied 856(57,) Heuser. *

Flügel, Gustav, s. Lexicon bibliographicum et encyclopaedium a Mustafa...

—— Mani, seine Lehre und seine Schriften. Ein Beitrag zur Geschichte des Manichäismus. Aus dem Fihrist des Abû'lfaradsch Muhammad ben Ishak al-Warrâk, bekannt unter dem Namen Ibn Abî Jak'ûb an-Nadîm, im Text nebst Uebersetzung, Commentar und Index zum ersten Mal hrsg. gr. 8. (VIII und 440 S.) Leipzig 862, Brockhaus. *

— kleine Orgelstücke m. Manual- u. Pedal-Applicatur in den gangbarsten Tonarten. Für die Morgen-Andachten in höheren Lehranstalten u. zu gottesdienstl. Gebrauch komponirt. Op. 71. hoch 4. (23 S.) Berlin 873. Enslin. n. 1. —

— Präludienbuch. Vorspiele zu den bekanntesten Chorälen f. die Orgel. Zur prakt. Anwendg. beim Gottesdienste, wie zum Studium componirt. Op. 72. qu. Fol. (XVI, 145 S.) Ebend. 873. n. 6. —

— die Quellen in Plutarchs „Lykurgos." Inaugural-Dissertation. gr. 8. (54 S.) Marburg 870. (Göttingen, Vandenhoeck & Ruprecht.) n. 1. —

—— die grammatischen Schulen der Araber, s. Abhandlungen für die Kunde des Morgenlandes.

Flügel, Gust., 20 leichte Vor- u. Nachspiele f. Orgel z. gottesdienstl. Gebr. u. z. Studium in Seminarien u. Präparandenanst. Op. 114. qu. gr. 8. (32 S.) Neuwied 895. Heuser's Verl. 1. 20

Fluegel, Gustavus Ortholius, Dissertatio de arabicis scriptorum graecorum interpretibus. [Programm des Afraneum.] Misenae 1841. De 12938.

FLUEGEL (J. H. L.). Die Diatomaceen . . . der Ostsee. Kiel, 1873. fol.

Flügel, Johann Carl, s. Flügel, Johann Karl.

FLÜGEL, Johann Gottfried

Flügel's, J. G., praktische Anleitung zur englischen Handels-Correspondenz od. deutsche kaufmänn. Briefe m. engl. Noten. 9. Aufl. bearb. u. hrsg. v. Frdr. Noback. 8. (261 S.) Leipzig 873. Klinkhardt. 3. —

Flügel, Joh. Gtfr., Budget of Mirth; or the jester's multum in parvo: containing a great variety of interesting Anecdotes, Puns, Bulls, Bon mots, Jeux d'esprit, etc. To which are addet, by way of appendix, a choice collection of Riddles, Charades, Conundrums, Paradoxes, etc. II Vol. — A. u. d. T.: Sparks of Wit; or the quintessence of language: offered as an entertaining and amusing Parlour Companion. 16. (24 B. u. 1 Holzschn.) Leipsic 831, Hinrichs.

Flügel, Joh. Gtfr., Collection of british Authors, s. Collection.

— practical mercantile correspondence or english commercial lettres with german notes. 9. ed., carefully revised a. enlarged by Thomas Hamblin. 8. (263 S.) Ebend. 874. 3. —

Flügel, (J. G.,) A complete Dictionary of the English and German Languages, containing all the words in general use, with their significations, accurately explained, and the sound of each syllable clearly expressed, after John Walkers's principles of pronunciation, compiled from Authors of the most approved reputation. 2 Voll. A. d. T. Vollst. Wörterbuch d. engl. u. deutschen Sprache. 2 Thle. Lex. Form. Leipz. 827, Liebeskind.

— a complete Dictionary of the English and German and German and Engl. languages; containing all the words in general use. Vollständ. engl.-deutsches u. deutsch-engl. Wörterbuch. 2 Thle. (2r oder deutsch-engl. Thl. bearb. v. Jh. Sporschil.) Lex.-Form. Leipz. 830. Liebeskind. 9 ℳ

Flügel, Joh. Gtfr., a complete Dictionary of the english and german and german and english languages, containing all the words in general use. — A. u. d. T.: Vollständ. engl.-deutsches u. deutsch-engl. Wörterbuch, enth. alle in beiden Sprachen allgem. gebräuchl. Wörter. 2 Thle. 2., verb. u. verm. Aufl. gr. 8. (143½ B. u. 1 Tab.) Leipzig 838, Liebeskind. Thlr. *
Der deutsch-englische Theil ist von Joh. Sporschil bearbeitet.

Flügel, Joh. Gtfr., a practical dictionary of the english and german languages in 2 parts. Part I. English and German etc. — Praktisches englisch-deutsches und deutsch-englisches Wörterbuch in 2 Thln. Thl. I. Englisch-deutsch. Enthalt. in gedrängter Form eine reichhalt. Sammlung von Wörtern, welche sich in den bisher erschien. Wörterbüchern nicht finden, nebst Bezeichnung der Aussprache nach J. E. Worcester ꝛc. gr. 8. (L und 877 S.) Leipzig 848. Hamburg, Meißner.

—— the same. Part. II. German and English. — Praktisches englisch-deutsches und deutsch-englisches Wörterbuch in 2 Thln. Thl. II. Deutsch-englisch. 1—3. Lfg. gr. 8. (S. 1—720.) Ebds. 851—52. à Lfg. 15 Ngr.

— s. Eben, A. D., neues engl. Lesebuch.

Flügel, Johann Gottfried, s. Edition, A complete, of the Waverley Novels.

—— Flowers of german poetry. (Englisch u. deutsch.) 8. (20 B.) Leipsic 835, Klinkhardt.

— die Getäuschte. Ein Gemälde aus dem wirklichen Leben, s. Mrs. Rowson, the darling seduced.

— prakt. Handbuch d. engl. Correspondenz f. Kaufleute, oder Samml. deutscher Handlungsbriefe nach d. Engl. d. E. Hodgkins. gr. 8. Leipz. 827, Sühring.

— prakt. Handbuch der engl. Handels-Correspondenz. 1e Abthl., oder E. Hodgkin's kaufmännische Briefe deutsch mit engl. Noten. 2e verm. Aufl. 8. Leipzig 834. 3e verb. Aufl. 838. Klinkhardt. 1 ß — 2e Abthl., enthaltend e. Samml. v. Schemen zu Wechselbriefen, Vollmachten, Verschreibungen, Assecuranz-Policen, Vergleichungs-Tabellen der Münzen ꝛc. 2e Aufl. A. u. d. T.: The Commercial Assistant. 2d. edit. augm. and improved. 8. Ebd. 835. 2/3 ß

—— prakt. Handbuch d. engl. Handels-Correspondenz. 1. Abthl., od. deutsche kaufmänn. Briefe mit engl. Noten. 3., verb. Aufl. 8. (17¼ B.) Leipzig 838, Klinkhardt.
2. Abthl. Ebendas. 834. 16 Gr.

— prakt. Handbuch der englischen Handels-Correspondenz. 1. Abthl. od. deutsche kaufmännische Briefe mit engl. Noten. 4. verb. u. verm. Aufl. 8. Ebend. 843. 1 ß

Flügel, Joh. Gottfr., prakt. Handbuch der englischen Handels-Correspondenz. 1. Abth. od. deutsche kaufmänn. Briefe m. engl. Noten. 5. verb. u. verm. Aufl. 8. (VIII u. 318 S.) Leipzig 850, Klinkhardt. 1 ß

Flügel, J(oh.) G(tfr.), praktisches Handbuch der englischen Handels-Correspondenz oder deutsche kaufmännische Briefe mit englischen Noten. 6., verb. Aufl. 8. (VI und 318 S.) Leipzig 853, Klinkhardt.

Flügel, J. G., praktisches Handbuch der englischen Handels-Correspondenz oder deutsche kaufmännische Briefe mit englischen Noten. 6. verb. Aufl. 853. — 7. Aufl. Leipzig 858. Klinkhardt. 8. (1 Bl., 318 S.) 1 ß

Flügel, J. G., praktisches Handbuch der englischen Handels-Correspondenz oder deutsche kaufmännische Briefe mit englischen Noten. 8. verb. Aufl. Leipzig 862. Klinkhardt. 8. (318 S.) 1 ß

— prakt. Handbuch der engl. Sprache, zur weitern Ausbildung derselben ꝛc. Wohlfeilere Ausg. gr. 8. Leipzig 839. Lehnhold. 1 ß

— kleines kaufmänn. Hand-Wörterbuch, in 3 Sprachen, Deutsch-Englisch-Französisch, enthaltend die gebräuchlichsten Ausdrücke des Handels. 3 Theile. A. u. d. T.: An abridged Commerc. Dictionary in three languages, English-French-German etc. Dictionnaire abrégé de Commerce, en trois langues, Français-Anglais-Allemand etc. gr. 8. Leipzig 840. Hinrichs. 2¼ ß

Flügel, Johann Gottfried, s. Montague, Letters.

—— a complete English and German Phraseology; or, a copious collect. of English proper expressions; comprising all the verbs and other parts of speech of the English language with the prepositions they govern; exemplified by analogous German phrases. Lex.-8. (15½ B.) Leipsic 832, Hinrichs.

—— Schlüssel od. prakt. Anweis. zur kaufmänn. Correspondenz, Deutsch-Engl.-Franz.; enthalt. e. Samml kaufmänn. Musterphrasen, aus e. großen Anzahl von Briefen, Rechnungen, Preis-Couranten u. a. kaufmänn. Papieren gewählt. Nach d. Regeln d. Grammatik bearb. breit gr. 8. (14½ B.) Leipzig 832, [Klinkhardt.]

Flügel, J. Gf., Schlüssel, oder prakt. Anweisung zur kaufmännischen Correspondenz, Deutsch-Englisch-Französisch; enth. eine Samml. kaufmänn. Musterphrasen, aus einer großen Anzahl von Briefen, Rechnungen, Preis-Couranten u. and. kaufmänn. Papieren gewählt. Nach den Regeln der Grammatik bearb. 2. verb. u. verm. Aufl. Lex.-8. Leipzig 842, Klinkhardt. 1 2/3 ß

—— Schlüssel zur kaufmännischen Correspondenz, deutsch-englisch-französisch. Eine Sammlung kaufmänn. Musterphrasen aus allen Geschäftszweigen, nebst den im Rechnungswesen vorkommenden Ausdrücken. 3. Aufl., verm. und verb. von J. G. Feller. br. 8. (VI und 296 S.) Leipzig 860, Klinkhardt.

— or the Selector, a choice collection of miscellaneous pieces in prose and poetry, from the best english Writers, designed to facilitate the improvement in reading and speaking the engl. lang. 2 Voll. gr. 8. Berlin 827, Reimer.

— a series of commercial letters, s. a. Hodgkins.

Flügel, J. Gf., a Series of Commercial Letters. Third edition, revised and improved, with explanatory german notes for the use of Germans. 8. Lpz. 840. Klinkhardt. 5/6 ß

—— a series of commercial letters originally by E. Hodgkins. Revised and improved with explanatory german notes, additional forms of various commercial documents and a full list of the usual abbreviations for the use of Germans. 5. Edition. 8. (IV und 274 S.) Leipzig 855, Klinkhardt.

—— a series of mercantile Letters, s. Hodgkins.

Flügel, Johann Gottfried, s. Seymour, a general English and German Glossary.

Flügel, (J. G.,) vollständ. engl. Sprachlehre für d. ersten Unterricht u. für d. tiefere Studium, nach d. besten Grammatikern u. Orthoepisten bearbeitet; u. mit Beispielen aus d. berühmtesten engl. Prosaikern u. Dichtern erläutert. 8. Leipzig 824, E. Fleischer.

— vollst. engl. Sprachlehre. 2r od. prakt. Theil. — A. u. d. Titel: Prakt. Handb. d. engl. Sprache z. Studium derselben ꝛc. gr. 8. Leipzig 826, Hartmann.

— literarische Sympathien oder industrielle Buchmacherei. Ein Beitrag zur Geschichte der neueren engl. Lexikographie, nebst e. Vorworte von Gttfr. Hermann. gr. 8. Leipzig 843. (Weichardt.) ¼ ß

Flügel, J. Gf., Triglotte, od. kaufmänn. Wörterbuch in 3 Sprachen: Deutsch-Engl.-Französisch; enthalt. d. technischen Ausdrücke d. Handels, d. Manufakturen, d. Schifffahrt u. der Rechte. (1r Thl. Deutsch-Engl.-Französisch. Commercial Dictionary, in three languages. Vol. I. German-English-French. Dictionnaire de Commerce, en trois langues. Tom. I. Allemand-Anglais-Français) gr. 8. Leipzig 836. Hinrichs. $1^1/_3$ ℛ T. II. Anglais-Français-Allemand. 838. $1^2/_3$ ℛ T. III. French-English-German. 840. $1^2/_3$ ℛ Alle 3 Thle. $4^2/_3$ ℛ

— Triglotte, oder kaufmännisches Wörterbuch in drei Sprachen (1. Thl.) Deutsch-Englisch-Französich; enthaltend die technischen Ausdrücke des Handels, der Manufacturen, der Schifffahrt und der Rechte. 2., stark verm. u. verb. Aufl. Leipzig 854. Hinrichs. gr. 8. (VIII. 306 S.) 1 ℛ 15 ngℛ

—— Engl.-Deutsches Wörterbuch, s. Dictionary.

— englisches Wörterbuch, s. Flügel, Fel.

— prakt. Engl.-Deutsches u. Deutsch-Engl. Wörterbuch in 2 Thln. Thl. I. Engl.-Deutsch. Enthalt. in gedrängter Form e. reichhalt. Sammlg. v. Wörtern, welche sich in den bisher erschien. Wörterbüchern nicht finden, nebst Bezeichnung d. Aussprache nach J. E. Worcester rc. — A practical dictionary of the English and German languages in 2 parts. Part I. English and German etc. gr. 8. (L u. 877 S.) Leipzig 848, Richter. Hamburg, Meißner. 2 ℛ — A practical dictionary of the English and German languages in 2 parts. Part. II. German and English. — Praktisches Englisch-Deutsches u. Deutsch-Engl. Wörterbuch in 2 Thln. Thl. II. Deutsch-Englisch. 4 Lfgn. gr. 8. (XXXII u. 1184 S.) Ebd. 851. 52. (1—3. Lfg. à $^1/_2$ ℛ 4. Lfg. $1^1/_2$ ℛ) 3 ℛ (1 u. 2: 5 ℛ)

—— praktisches englisch-deutsches und deutsch-englisches Wörterbuch in 2 Thln. I. Thl.: Englisch-deutsch. Mit Bezeichnung der Aussprache nach dem von J. E. Worcester, aufgestellten faßlichen Systeme rc. bearb. 2. (Titel-)Abzug. A. u. d. T.: A practical dictionary of the english and german languages in 2 parts. Part. I.: English and german. 2. Impression. gr. 8. (L und 877 S.) Leipzig 854. Hamburg, J. A. Meissner. Thlr. *

—— und N. N. W. Meißner, vollständiges englisch-deutsches und deutsch-englisches Wörterbuch. 2 Thle. Thl. 1. Englisch und deutsch. Nach den besten Schriftstellern und mit Bezeichnung der Aussprache nach Walker, Smart und and. vorzügl. Orthoepisten bearb. von J. G. Flügel. 3., verb. und mit mehr als 40,000 Artikeln verm. Aufl. Thl. 2. Deutsch und englisch. Nach den besten Quellen, insbesond. nach Heinsius bearb. von N. N. W. Meißner. — A. u. d. T.: A complete dictionary of the english and german and the german and english languages etc. Lex.-8. (LXXX, 1055 und 1273 S. mit 1 Tab. in 4.) Leipzig 848, Liebeskind.

—— neuester Zoll-Tarif d. Vereinigten Staaten v. Nord-Amerika, s. Zoll-Tarif.

FLÜGEL, Johann Karl

Flügel, Johann Carl, Observationum criticarum in Plutarchi vitam Phocionis. Heidelberg (Gg. Reichard) 1830. 32 S. (4.—) 9116

Flügel, Jo. Car., Observationes crit. in Plutarchi vitam Phocionis, scripsit variasque lectiones e cod. Palatino nondum collato addidit. 8 maj. ($5^3/_4$ B.) Heidelbergae 830, Reichard.

Flügel, Joh. Phil., das Leben Jesu f. d. oberen Klassen d. Bürger- u. Landschulen. 8. (9 B.) Marburg 833, Elwert.

FLÜGEL, Joseph Georg (Hirschau): Beiträge zur Geschichte und zur Würdigung der arzneilichen Kräfte des Borax.- Bamberg: Fränk. Merkur 1847. 16 S.
2.8.1847 - Urk (Titel: De borace.); F 66
Diss.Ingolst.-Landsh.-Mchn.

Flügel, Jul. G. W., Anleitung z. ebenen Trigonometrie, nach neuerer Methode bearb., nebst e. elementaren Abhandl. d. Logarithmen u. e. Samml. trigonometr. Aufgaben. Mit eingedr. Holzschn. gr. 8. ($8^1/_2$ B.) Halle 829, Gebauer.

—— kurze Darstellung d. Geometrie in populären Vorlesungen. Zum Gebrauch für gebildete Leser entworfen. 2 Bdchn. M. 8 Fig.-Taf. (in qu. Fol. u. 4.) 8. ($16^1/_4$ B.) Quedlinburg 832, Basse.

Flügel, J. G. W. Einige Sätze über halbreguläre Polygone. 32 S. . . .

Progr. Halberstadt 1831

Flügel, (Jul.,) Versuch einer Widerlegung d. Lehre v. Drucke d. Luft. Eine physikalische Abhandl. mit histor. Einleitung. 8. Lpz. 826, Hartmann.

Flügel, Karl, s. Dufour, Guillaume-Henri: Allgemeiner Bericht über den Feldzug von 1847.

. *Masstab:* **Der Maassstab. Johannisfest-Ansprache von [Karl] Flügel. Sangerhausen o. J.: Schneider. 4 Bl. 8° [Umschlagtit.]**
Gedicht: „Johannisglanz, Johannislicht,..."
140. 358a.

FLÜGEL, Karl: Verzeichniss der in den verschiedenen gegen den Sonderbund gelieferten Gefechten Gefallenen und Verwundeten der eidgenössischen Armee... quer-4. Bern 1847.

FLÜGEL, Karl: Nachträgliches Verzeichniss der Gefallenen und Verwundeten der eidgenössischen Armee... quer-4. Bern 1848.

Flügel, Karl, aus Dortmund: Metaplastische und resorptive Vorgänge bei Carcinom der Rippen. *Würzburg: F. Scheiner 1899.* (15 S.) 8°
Würzburg, Med. Diss. v. 1899

FLÜGEL, Karl Johann Josef

Flügel, (K. J. J.,) Andachts-Buch für kathol. Christen. Mit 1 Kupf. u. 1 Vign. 16. Wien 825, Heubner. 16 gr. Bel. Pap.

Flügel, Karl Joh. Jos., Andachtsbuch f. kathol. Christen. Mit 3 Stahlst. 2., verm. u. umgearb. Aufl. gr. 12. ($15^1/_2$ B.) Wien 837, Heubner.

Flügel, Carl Joh. Jos., Aufblick zum Allerheiligsten. Ein Gebeth- und Erbauungsbuch für gebildete Katholiken. 4. Aufl. 12. (XII und 244 S. mit 4 Stahlst. und lithogr. Titel.) Wien 860, (Gerold's Sohn.) *

Flügel, K. J. J., k. k. Professor. Erhebung zu Gott. Gebet- und Andachtsbuch für katholische Christen. 3. Aufl. gr. 8. (433 S.) Wien, Müllner & Comp. 65 kr.
1861.

—— **Propedeutica allo studio della lingua tedesca secondo i principi della linguistica universale esposta con metodo comparativo ed in parte intuitivo. Lex.-8. (IV und 112 S.) Wien 859, Gerold's Sohn. ***

FLÜGEL, Karl Wilhelm

Flügel, (Carl Wilh.), Relation über d. Gesundheitsdienst bei der eidgenöss. Armee während dem Sonderbundsfeldzuge im Oktbr. u. Novbr. 1847, u. üb. den allgem. Zustand des eidg. Militärgesundheitswesen, mit d. Vorschlägen der Konferenzkommission der eidg. Divisionsärzte. gr. 8. (VIII u. 146 S. m. des Verf. lith. Portr., 1 lith. Taf. u. 5 Tab. in qu. Fol.) Bern 849. (Huber & Co.) n. $^5/_6$ ℛ

Flügel, Otto, Abriss der Logik u. die Lehre v. den Trugschlüssen. 3. Aufl. gr. 8. (V, 110 S.) Langensalza 894. H. Beyer & Söhne. n. 1.50

Flügel, Otto, Abriss der Logik u. die Lehre v. den Trugschlüssen. 4. Aufl. gr. 8. (XVI, 120 S.) Langensalza 901. H. Beyer & Söhne. n. 1. 60

— über das Absolute in den ästhetischen Urteilen, s.: Magazin, pädagogisches.

—— A. Ritschl's philosophische Ansichten. gr. 8. (72 S.) Langensalza 886, Beyer und Söhne. *
Aus: Zeitschrift für exakte Philosophie, besonders abgedruckt.

— A. Ritschl's philosophische u. theologische Ansichten. 2., bedeutend erweit. Aufl. gr. 8. (III, 156 S.) Langensalza 892. H. Beyer & Söhne. n. 2.—

— A. Ritschl's philosoph. u. theologische Ansichten. 3. Aufl. gr. 8. (VIII, 142 S.) Langensalza 895. H. Beyer & Söhne. n. 2.—

Flügel, O., falsche u. wahre Apologetik, s.: Magazin, pädagogisches, 236. Heft.

— die Bedeutung der Metaphysik Herbarts für die Gegenwart. gr. 8. (VII, 218 S.) Langensalza 902. H. Beyer & Söhne. n. 3.—

Flügel, Otto, Dittes über die praktische und theoretische Philosophie Herbart's, s. Thilo, Ch. A.

— Grundriss d. Ethik, s.: Allihn, F. H. Th.

Flügel, O., Herbart üb. Fichte im J. 1806, s.: Magazin, pädagogisches.

Flügel, Otto, s.: Herbart u. d. Herbartianer.

— s.: Herbart, Pestalozzi u. Herr Professor Paul Natorp.

— der Philosoph J. F. Herbart, s.: Männer der Wissenschaft. 1.

— Herbart u. Strümpell, s.: Magazin, pädagogisches, 235. Heft.

Flügel, O., das Ich u. die sittlichen Ideen im Leben der Völker. gr. 8. (V, 254 S.) Langensalza 885. Beyer & Söhne. n. 3.—

— das Ich u. die sittlichen Ideen im Leben der Völker. 2. Aufl. 8. (VI, 217 S.) Langensalza 889. Beyer & Söhne. n. 3.—

— das Ich u. d. sittl. Ideen im Leben d. Völker. 3. Aufl. gr. 8. (VIII, 243 S.) Ebd. 896. n. 3.—

— das Ich u. die sittlichen Ideen im Leben der Völker. 4. Aufl. (VIII, 270 S.) gr. 8. Langensalza 904. H. Beyer & Söhne. n. 3. 50

— Idealismus u. Materialismus d. Geschichte. [Aus: „Ztschr. für Philosophie u. Pädagogik".] gr. 8. (V, 221 S.) Langensalza 898. H. Beyer & Söhne. n. 3.—

— Die Idee des Rechts u. der Gerechtigkeit bei Homer u. Hesiod, s.: Magazin, pädagogisches.

— Kant u. der Protestantismus. gr. 8. (44 S.) Langensalza 900. H. Beyer & Söhne. n. — 70
Sonderabdruck aus: „Zeitschr. f. Philosophie u. Pädagogik".

— Herbarts Lehren u. Leben, s.: Aus Natur u. Geisteswelt 164. Bdchn.

Flügel, O., der Materialismus vom Standpunkte der atomistisch-mechanischen Naturforschung beleuchtet. gr. 8. (XII und 100 S.) Leipzig 865, Pernitzsch. *

— Monismus u. Theologie. 3., umgearb. Aufl. der spekulativen Theologie der Gegenwart. (XVI, 413 S.) gr. 8. Cöthen 908. O. Schulze Verl. 7.—; geb. 8.—

—— Ostermann über Herbart's Psychologie. gr. 8. (66 S.) Ebendas. 887. *
Vgl.: Ostermann, W., die hauptsächlichsten Irrthümer der Herbart'schen Psychologie.
— Zur Herbart-Frage.

— üb. die Phantasie, s.: Magazin. pädagogisches.

Flügel, Otto, zur Philosophie des Christentums. Abhandlungen u. Betrachtgn. gr. 8. (III, 126 S.) Langensalza 899. H. Beyer & Söhne. n. 1. 80

Flügel, O., die Probleme der Philosophie u. ihre Lösungen. Historisch-kritisch dargestellt. gr. 8. (XII, 266 S.) Köthen 876. Schulze. n. 5. —

Flügel, O., die Probleme der Philosophie u. ihre Lösungen. Historisch-kritisch dargestellt. 2. Aufl. gr. 8. (XIV, 272 S.) Cöthen 888. O. Schulze's Verl. n. 4. 50

Flügel, Otto, die Probleme der Philosophie u. ihre Lösungen. Historisch-kritisch dargestellt. 3. Aufl. gr. 8. (XIV, 272 S.) Cöthen 893. O. Schulze Verl. n. 4.—

— die Probleme der Philosophie u. ihre Lösungen. Historisch-kritisch dargestellt. 4. verb. Aufl. (XIII, 303 S.) gr. 8. Cöthen 906. O. Schulze Verl. n. 4. 50; geb. in Leinw. n. 5. 50

Flügel, Ott: Der Rationalismus in Herbarts Pädagogik, s. Magazin, Pädagogisches.

— die Religionsphilosophie in der Schule Herbarts, s.: Magazin, pädagogisches.

— die Religionsphilosophie der Schule Herbarts. Drobisch u. Hartenstein, s.: Religionsphilosophie in Einzeldarstellungen. 3.

— Richard Rothe als spekulativer Theologe. [Aus: „Ztschr. f. Philosophie u. Pädagogik".] gr. 8. (III, 47 S.) Ebd. 899. n. 1.—

Flügel, O., die Seelenfrage mit Rücksicht auf die neueren Wandlungen gewisser naturwissenschaftlicher Begriffe. gr. 8. (VI, 102 S.) Köthen 878. Schulze. n. 2.—

— die Seelenfrage mit Rücksicht auf die neueren Wandlungen gewisser naturwissenschaftlicher Begriffe. 2., verm. Aufl. gr. 8. (VIII, 129 S.) Cöthen 890. O. Schulze's Verl. n. 2.—

— die Seelenfrage mit Rücksicht auf die neueren Wandlungen gewisser naturwissenschaftlicher Begriffe. 3. verm. Aufl. gr. 8. (VII, 158 S.) Cöthen 902. O. Schulze. n. 2. 60

Flügel, O., das Seelenleben der Tiere. gr. 8. (135 S.) Langensalza 884, Beyer und Söhne.
Aus: Zeitschrift für exakte Philosophie, besonders abgedruckt.

— das Seelenleben der Thiere. 2. Aufl. gr. 8. (V, 140 S.) Ebend. 886. n. 2. 25

— d. Seelenleben d. Tiere. 3., verm. Aufl. gr. 8. (IV, 176 S.) Ebd. 897. n. 2. 40

— üb. d. Selbstgefühl, s.: Magazin, pädagogisches.

— die Sittenlehre Jesu. 1. u. 2. Aufl. gr. 8. (VII, 80 S.) Langensalza 887. 888. Beyer & Söhne. n. 1. 20

— die Sittenlehre Jesu. 3. Aufl. gr 8. (VII, 80 S.) Ebd. 892. n. 1. 20

— d. Sittenlehre Jesu. 4. Aufl. gr. 8. (VII, 86 S.) Langensalza 898. H. Beyer & Söhne. n. 1. 20

—— die spekulative Theologie der Gegenwart kritisch beleuchtet. gr. 8. (III, 392 S.) Köthen 881, Schulze.

— die spekulative Theologie der Gegenwart, kritisch beleuchtet. 2., erweit. Aufl. gr. 8. (VIII, 444 S.) Cöthen 888. Schulze's Verl. n. 6. —

— über die persönliche Unsterblichkeit, s.a. Magazin, pädagogisches.

—— über die persönliche Unsterblichkeit. Vortrag, gehalten im Zweigverein für wissenschaftl. Pädagogik in Halle a. S. gr. 8. (16 S.) Langensalza 887, Beyer und Söhne. *
Aus: Deutsche Blätter für erziehenden Unterricht, besonders abgedruckt.

— über die persönliche Unsterblichkeit. Vortrag, geh. im Zweigverein f. wissenschaftl. Pädagogik in Halle a/S. 2. Aufl. gr. 8. (16 S.) Ebd. 892. n. — 25

— über das Verhältnis des Gefühls zum Intellekt in der Kindheit des Individuums u. der Völker, s: Beiträge zur Kinderforschung u. Heilerziehung. 10. Hft.

— Wille. Lex.-8. (IV, 16 S.) Langensalza 899. H. Beyer & Söhne. n. — 60
Sonderabdruck aus: „Rein's encyklopäd. Handb. d. Pädagogik".

Flügel, Otto, das Wunder und die Erkennbarkeit Gottes. gr. 8. (VI, 210 S.) Leipzig 869, Pernitzsch. *

— s.: Zeitschrift f. Philosophie u. Pädagogik.

Zwei Seelen wohnen ach! in meiner Brust, Die eine will sich von der andern trennen. Ein Gang durch d. neuere Philosophie. Vortrag, geh. in Jena 1910 von O[tto] Flügel. Langensalza: Beyer 1910. 39 S. 8°
(Pädagogisches Magazin. H. 425.) Ln. 9340

Flügel, Richard [aus Camberg]: Das kanonische Ehehindernis des Irrtums bezüglich der Unfreiheit des Mitkontrahenten ... Bonn, Univ.-Buchdr. v. C. Georgi, 1897; 3 Bl., 127 S., 1 Bl. 8.
Bonn, Jur. Fak., Inaug.-Diss. v. 10. März 1897

Flügel, Thdr., Hunde-Racen. qu. 4 (16 Taf.) Berlin 891. [M. Hochsprung.] Dresden, C. O. Lehmann. [10.—] 6.—

Flügelbahn, Die, von Eisenbrod nach Tannwald im Thale des Kamnitzflusses. Tannwald 1869. V: *Batka, J. B.* (WFM)

Flügelbahnen, die neuesten, der Südbahn in Steiermark. I. Ostpartie. Die Cillier Bahn im Bereiche der Steiermark. Ein Vademecum für Reisende mit histor.-topogr. Andeutungen über die nächst gelegenen Punkte und über Agram. 8. (32 S.) Cilli 863, Tarmon. *

—— dass. — II. Westpartie. Die Kärntner Bahn im Bereiche der Steiermark. Historisch-topographisch geschildert mit Andeutung der Nebenwege. 8. (37 S.) (Ebendas.) 863. *

Flügelrad-Kalender, deutscher, 1899. Hrsg. v. Rob. Krause. M. mehr. prämiirten Orig.-Erzählgn. u. -Humoresken a. d. Verkehrsleben, je 1 Orig.-Wand- u. Portemonnaie-Kal. u. zahlr. Holzschn.-Bild., Anekdoten ꝛc. 4. Jahrg. 4. (XVI, 79 S. m. 1 Farbdr.) Berlin, A. Bodenburg. — 50

Flügge, wer darf Lehrlinge anleiten? Ein Merkblatt f. Handwerker. (8 S.) 8. Bremen 909. F. Leuwer. — 10

Flügge, A. [cand. med. aus Gr.-Rhüden (Prov. Hannover)]: Ueber Endocarditis gonorrhoica. . . . Würzburg, Druck d. F. Röhrl'schen Buchdr., 1890; 26 S. 8°
Würzburg, Med. Fak., Inaug.-Diss. v. 1890

Flügge, Bdkt. Gtlb., († d. 9. April 1792.) Predigten. gr. 8. Hamb. 785.

— d. Weissagungen, welche den Schriften d. Propheten Zacharias beigefügt sind, übersetzt u. krit. erläutert, nebst e. Abhandl. 8. Hamb. 778. (Campe). 6 gl.

Flügge, C., s. Flügge, Karl.

Flügge, C. A., s. Flügge, Karl August.

FLÜGGE, Chr. Wilhelm

— Beitrr. zu Michaelis neuer oriental. u. exeget. Bibliothek. 8. Hamb. 787. (Campe). 3 gl.

Flügge, Chr. Wlh., Beitrr. zur Geschichte d. Religion u. Theologie. 2 Bde. 8. Hannov. 797 u. 98. Helwing. 2 Rthl.

— Einleitung in d. Gesch. d. theologisch. Wissenschaften. gr. 8. Halle, Gebauer. 799.

— Einleit. in d. Studium u. d. Literat. d. Religions- u. Kirchengesch. gr. 8. Gött. Vandenhök. 801.

— Gesch. d. kirchl. Einsegnung u. Copulation d. Ehen. 8. Lüneb. 805. 2 r. A. 809. Herold u. W. 10 gl.

— Gesch. d. Glaubens an Unsterblichkeit, Auferstehung, Gericht u. Vergeltung. I—III. 1. 2. Mit e. Vorrede v. G. J. Plank. gr. 8. Leipz. 794—800. (W. Vogel). 5 Rthl. 12 gl. (3r Thl. A. u. d. T.: Gesch. d. Lehre, vom Zustande d. Menschen nach d. Tode. 2 Thle. 3 Rthl.)

— Gesch. d. deutschen Kirchen- u. Predigtwesens. 2 Bde. 8. Bremen 800. (Fr. Wilmanns in Frankf.) 2 Rthl. 12 gl.

— Gesch. d. Lehre v. Zust. d. Mensch. n. d. Tode. 2 Thle. ist d. 3te Thl. des vorherged.

— Geschichte d. theol. Wissensch. 3. Thle. gr. 8. Halle, Gebauer. 796—98. (1r u. 2r à 1 Rthlr. 18 gr. 3r 2 Rthlr. 8 gr.)

FLÜGGE, C. W., Der Himmel der Zukunft. Altona. 1804.

— d. Himmelfahrt Jesu. gr. 8. Hannov. 808. Hellwing. 6 gl.

— Versuch einer hist. krit. Darstell. d. Einfl. d. Kantischen Philosophie auf Religion- u. Theologie ꝛc. 2 Thle. 8. Hannov. Helwing. 796. 98. (1r 1 Rthlr. 2r 1 Rthlr. 10 gr.)

— Versuch e. Gesch. d. theolog. Wissenschaften. 3 Thle. gr. 8. Halle 796—98. Gebauer. 5 Rthl. 21 gl.

— d. Weissagungen, d. d. Schrift. d. Proph. Zacharias 8. Hamb. Hoffmann. 778.

Flügge, G. W., der Brief St. Pauli an die Galater kurz ausgelegt. gr. 8. (32 S.) Schleswig 878. Bergas. n. — 40

FLÜGGE, Gottfried

Flügge, G., das Recht des Arztes zum Gebrauch f. den Arzt, nach den reichsrechtlichen u. den preussischen landesrechtlichen Bestimmungen (unter Abdr. dieser Bestimmungen) dargestellt. (VIII, 210 S.) Lex.-8. Wien 903. Urban & Schwarzenberg.
Geb. in Leinw. n. 6. —

Flügge, Gustav [app. Arzt, aus Essen]: Ueber Darmresection bei gangränösen Hernien und bei anus praeternaturalis ... Göttingen, Druck d. Dieterich'schen Univ.-Buchdr., 1893; 43 S. 8.
Göttingen, Med. Fak., Inaug.-Diss. v. [14. März] 1893

Flügge, Gust., üb. Darmresection bei gangränösen Hernien u. bei anus praeternaturalis. Diss. gr. 8. (45 S.) Göttingen 893. (Vandenhoeck & Ruprecht.) n. 1.—

Flügge, H.: Blätter zur Erinnerung an die Harzturnfahrt, s. Wichers, J.

Flügge, Hans, a. Intschede (Provinz Hannover): Die Wirkungen der Landesversicherungsanstalt Hannover. Borna-Leipzig 1906: R. Noske. (VII, 56 S.) 8°

Tübingen, Staatsw. Fak., Ref. v. Schönberg, Diss. v. 26. April 1906

[Geb. 27. Dez. 82 Intschede b. Verden; Wohnort: Intschede; Staatsangeh.: Preußen; Vorbildung: Gymn. Hameln Reife O. 02; Studium: Göttingen 6, Tübingen 2 S.; Rig. 5. Jan. 06.]

Flügge, Heinr. Friedr., Fibel und erstes Lesebuch. gr. 8. (191 S. mit eingedr. Holzschn.) Hannover 868, Meyer. **

Flügge, Heinr. Friedr., Fibel. 2.—13. Aufl. 8. (64 S. mit eingedr. Holzschn.) Hannover 875—79, Meyer. *

Flügge, Heinr. Friedr., Fibel. 14.—23. Aufl. 8. (64 S. mit eingedr. Holzschn.) Hannover 880—84, Meyer. * geb. *

Flügge, Heinr. Friedr., Fibel. 24.—29. Aufl. 8. (64 S. mit Holzschn.) Hannover 885—88, Meyer. * geb. **

Flügge, H. F., Fibel. 33. Aufl. m. Schreibschrift nach dem Normal-Duktus. 8. (64 S. m. Abbildgn.) Hannover 890. C. Meyer. n. —20; geb. n.n. —35

Flügge, Heinr. Frdr., Fibel. 39. Aufl., m. Schreibschrift nach dem Normal-Duktus. 8. (64 S. m. Abbildgn.) Hannover 894. C. Meyer. n. —20; geb. n.n. —35

Flügge, Heinr. Frdr., Fibel. 44. Aufl., m. Schreibschrift n. d. Normal-Duktus. 8. (64 S. m. Bild.) Hannover 898. C. Meyer. n. —20; geb. n.n. —35

Flügge, Heinr. Frdr., Fibel. 46. Aufl., m. Schreibschrift nach dem Normal-Duktus. (Neue Rechtschreibg.) (Neue Ausg.) (64 S. m. Abbildgn.) 8. Hannover 905. C. Meyer. n. — 20; geb. n.n. — 35

— dasselbe. Neue Bearbeitg. v. Karl Dageförde. 49. Aufl. Mit Schreibschrift nach dem Normal-Duktus. (80 S. m. Abbildgn.) 8. Ebd. 906. n. —30; geb. n. —50

Flügge, Heinr. Frdr., Fibel. Neue Bearbeitg. v. Karl Dageförde. Ausg. A. 54. Aufl. Mit Schreibschrift nach dem Normal-Duktus. (80 S. m. Abbild.) 8. Hannover (910). C. Meyer. —30; geb. —50

— dasselbe. Mit Bildern v. Anne Koken. „Ausg. B" m. bunten Bildern. 53. Aufl. (80 S.) gr. 8. Ebd. 910. Geb. —75

Flügge, Heinr., Fibel f. d. verein. Anschauungs-, Schreib- u. Lese-Unterr. 8. (VI, 96 u. Erläutergn. 8 S.) Hamburg-894. Altona (J. Harder's Sort.) n. —50; kart. n. —70

Flügge, Heinr. Frdr., Lehrbuch der biblischen Geschichte. 2 Thle. 1. Thl. Das alte Testament. — 2. Thl. Das neue Testament. Hannover 862, 63. Meyer. gr. 8. (XII, 351; XII, 344 S.) Jeder Thl. n. 1 ₰

Flügge, Heinr. Friedr., Lehrbuch der biblischen Geschichte. 2 Thle. gr. 8. Hannover 865, Meyer. à Thl. * 1 Thlr. *

Inhalt:

Thl. 1. Das alte Testament. 2., verb. Aufl. (XII und 364 S.)
" 2. Das neue Testament. 1. Aufl. 1863. und 2., verb. Aufl. (XII und 344 S.)

—— Lehrbuch der biblischen Geschichte. 2 Thle. 3. verb. Aufl. gr. 8. Hannover, Meyer. à Thl. * ℳ 3. *

Inhalt:

Thl. 1. Das alte Testament. (XIII, 364 S.) 870.
" 2. Das neue Testament. (XIV, 346 S.) 871.

—— Lehrbuch der biblischen Geschichte. 2 Thle. 4. verb. Aufl. gr. 8. Ebendas. à Thl. * ℳ 4. *

Inhalt:

Thl. 1. Das alte Testament. (XII, 369 S.) 876.
2. Das neue Testament. (XI, 348 S.) 877.

— Lehrbuch der biblischen Geschichte. 1. Tl. Das alte Testament. 5., verb. Aufl. gr. 8. (XII, 364 S.) Ebend. 884. n. 4. —

— Lehrplan f. die Halbtagsschule d. Fürstenth. Schaumburg-Lippe. 8. (24 S.) Hannover 876. Helwing's Verl. n.n. — 25

— Lehrtafeln zu seiner Fibel. gr. Fol. (14 Blatt.) Hannover 871. Meyer. n. 1. 50

—— erstes Lesebuch. 5.—8. Aufl. 8. (120 S. mit eingedr. Holzschn.) Hannover 875—79, Meyer. * 40 Pf.; geb. *

—— erstes Lesebuch. 9.—16. Aufl. gr. 8. (120 S. mit eingedr. Holzschn.) Ebendas. 880—84. * 40 Pf.; geb. *

—— erstes Lesebuch. 17.—21. Aufl. 8. (120 S. mit Holzschn.) Ebendas. 885—88. * 40 Pf.; geb. *

— erstes Lesebuch. 24. Aufl. 8. (120 S.) Ebd. 890. n. —40; geb. n. —60

— erstes Lesebuch. 28. Aufl. 8. (120 S. m. Bildern.) Ebd. 892. n. —40; geb. n. —60

— Erstes Lesebuch. 35. Aufl. 8. (120 S. m. Bild.) Ebd. 898. n. —40; geb. n. —60

— erstes Lesebuch. 40. Aufl. (Neue Rechtschreibg.) (120 S. m. Abbildgn.) 8. Ebd. 906. n. — 40; geb. n. — 60

— 1. u. 2. Lesebuch f. Volksschulen. Neue Bearbeitg. v. Karl Dageförde. (2. Aufl. der neuen Bearbeitg.) 8. Ebd. 909. Geb. nn 2. 35

1. Unterstufe. 43. Aufl. (VIII, 186 S. m. Abb.) Geb. — 70
2. Mittel- u. Oberstufe. 63. Aufl. (XII, 408 S. m. Abb.) Geb. nn 1. 65

Flügge, Heinr. Friedr., Lesebuch für Schullehrer-Seminarien. Hannover 856. Meyer. gr. 8. (IX, 290 S.) n. 15 ngl

— Lesebuch für Schullehrer-Seminare. 2., verb. Aufl. Ebend. 860. gr. 8. (VIII, 264 S.) n. 15 ngr

—— Lesebuch für hannoversche Volksschulen. 10. Aufl. 1864. und 11. Aufl. (Ster.-Ausg.) gr. 8. (VIII und 347 S.) Hannover 865, Meyer. ** 7 Ngr.; geb. **

— Lesebuch f. mehrklassige Volksschulen. Mittel- u. Oberstufe. Mit Abbildgn. v. Bürkner u. a. 8. Ebend. 884. n.n. 1. 90; geb. n.n. 2. 40

Mittelstufe. (VIII, 224 S.) n.n. — 70; geb. n.n. — 90
Oberstufe. (VIII, 384 S.) n.n. 1. 20; geb. n.n. 1. 50

— Lesebuch f. mehrklassige Volksschulen. Mittelstufe. 4. Aufl. Mit 39 Abbildgn. v. Bürkner. u. A. 8. (VII, 224 S.) Ebd. 893. n.n. — 70; geb. n.n. — 90

— Lesebuch f. mehrklass. Volksschulen. Mittelstufe. 6. Aufl. M. 39 Abb. v. Bürkner u. a. 8. (VII, 224 S.) Ebd. 896. n.n. —70; geb. n.n. —90

— Lesebuch f. mehrklassige Volksschulen. Mittelstufe. 9. Aufl. (Neue Rechtschreibg.) Mit 39 Abbildgn. v. Bürkner u. a. (VI, 223 S.) 8. Ebd. 905. n.n. — 70; geb. n.n. — 90

—— zweites Lesebuch für Volksschulen. gr. 8. (VIII, 376 S.) Hannover 868, Meyer. **

—— zweites Lesebuch für Volksschulen. 2.—24. Aufl. 8. (XII, 388 S. mit eingedr. Holzschn.) Ebendas. 869—76. **

—— dass. — 25. und 26. Aufl. Mit (eingedr. Holzschn.-)Illustr. nach Originalen namhafter Künstler. gr. 8. (VIII, 412 S.) Ebendas. 875,78. ** ℳ 1,20.; geb. *

—— dass. — 27. Aufl. Mit (eingedr. Holzschn.-)Bildern von Bürkner u. A. gr. 8. (VIII, 444 S.) Ebendas. 879. * geb. *

—— Zweites Lesebuch für Volksschulen. 28.—31. Aufl. Mit (eingedr. Holzschn.-)Bildern von Bürkner u. a. gr. 8. (VIII, 444 S.) Ebendas. 880,81. ** geb. *

—— dass. — 32.—35. Aufl. Mit (eingedr. Holzschn.-)Bildern von Bürkner u. a. gr. 8. (VIII, 444 S.) Ebendas. 882—84. ** geb. *

—— zweites Lesebuch für Volksschulen. 36.—41. Aufl. gr. 8. (VIII, 446 S. mit 97 Bildern von Bürkner u. a.) Ebendas. 885—88. ** ℳ 1.20.; geb. **
Vgl.: Meyer, Joh., deutsche Sprachstoffe.

— 2. Lesebuch f. Volksschulen. 42. Aufl. Mit 98 Bildern v. Bürkner in Dresden u. A. gr. 8. (VIII, 446 S.) Ebd. 889. n.n. 1. 25; geb. n.n. 1. 60

—— Zweites Lesebuch für Volksschulen. 44. Aufl. Mit 98 Bildern. gr. 8. (VIII, 446 S.) Ebd. 891. ** 1 25; geb. ** 1 60

— zweites Lesebuch f. Volksschulen. 47. Aufl. Mit 106 Bildern v. Bürkner u. A. gr. 8. (VIII, 447 S.) Ebd. 893. n.n. 1. 25; geb. n.n. 1. 60

— Zweites Lesebuch f. Volksschulen. 53. Aufl. M. 106 Bild. v. Bürkner u a. gr. 8. (VIII, 447 S.) Ebd. 898. n. 1. 25; geb. n.n. 1. 65

— zweites Lesebuch f. Volksschulen. (Neue Rechtschreibg.) 60. Aufl. Mit 106 Bildern v. Bürkner u. a. (VIII, 447 S.) 8. Ebd. 906. n.n. 1. 25; geb. n.n. 1. 65

—— Lesebüchlein für kleine Kinder. 1. Aufl. 1861. und 2., verm. Aufl. 8. (IV und 104 S.) Hannover 865, Meyer. ** geb. **

— Lesetafeln zu der Fibel. 2., durchgeseh. Aufl. gr. Fol. (14 Bl.) Ebd. 888. In Mappe. n. 2. —; auf Pappe gezogen n. 12. 50

—— Volksschul-Lesebuch. 15., verb. und verm. Aufl. gr. 8. (XII und 400 S. mit eingedr. Holzschn.) Hannover 867, Meyer. **

Flügge, Hnr. Herm., († d. 16. April 1778.), s. Virgils Aeneas.

Flügge, I. Monographiae graminum P. I. 8. Hamb. Perthes 810.

Flügge, J. D., zwey heilige Reden. gr. 8. Gött. Vandenhök. 759.

Flügge, J. Mart., d. neu angeh. Communicant. 8. Zelle, Gsellius. 753.

Flügge, Jh., Monographiae graminum. Prs. I. 8. Hamb. 810. Perthes u. B. 1 ℳ 8 K.

FLÜGGE, Karl: A n l a g e von Ortschaften, s. H a n d b u c h der speciellen Pathologie und Therapie.

Flügge, C., Beiträge zur Hygiene. Mit 2 Holzschn. im Text u. 5 (lith.) Taf. [I. Das Wohnungsklima zur Zeit des Hochsommers. — II. Die Porosität des Bodens. — III. Die Verunreinigung des städtischen Bodens. — IV. Zur Kenntniss der Kost in öffentlichen Anstalten.] gr. 8. (XII, 120 S.) Leipzig 879. Veit & Co. n. 5. —

Flügge, C., s.: Bibliotheca medica.

Flügge, Karl: F e r m e n t e und Mikroparasiten, s. H a n d b u c h der speciellen Pathologie und Therapie.

Flügge, C., Grundriss der Hygiene. gr. 8. (XII, 568 S.) Leipzig 889. Veit & Co. n. 11. —; geb. n. 12. —

Flügge, C., Grundriss der Hygiene. Für Studirende u. prakt. Ärzte, Medicinal- u. Verwaltungsbeamte. 2., verb. Aufl. gr. 8. (X, 560 S.) Leipzig 891. Veit & Co. n. 11. —; geb. n. 12. —

— dasselbe. 3., verb. u. verm. Aufl. Mit zahlreichen Abbildgn. im Text. gr. 8. (X, 598 S.) Ebd. 894. n. 12. —; geb. in Leinw. n. 13. —

— Grundriss d. Hygiene f. Studir. u. prakt. Ärzte, Medicinal- u. Verwaltungsbeamte. 4., verm. u. verb. Aufl. gr. 8. (X, 637 S. m. 96 Fig.) Leipzig 897. Veit & Co. n. 12. —; geb. in Leinw. n. 13. —

Flügge, Carl, Grundriss der Hygiene f. Studirende u. prakt. Ärzte, Medicinal- u. Verwaltungsbeamte. 5., verm. u. verb. Aufl. gr. 8. (XII, 718 S. m. 178 Abbildgn.) Leipzig 902. Veit & Co. n. 14. —; geb. in Leinw. n. 15. —

Flügge, Carl, Grundriss der Hygiene. Für Studierende u. prakt. Ärzte, Medizinal- u. Verwaltungsbeamte. 6., umgearb. u. verm. Aufl. (XII, 788 S. m. 193 Fig.) gr. 8. Leipzig 908. Veit & Co. 15. —; geb. in Leinw. 16. 50

— s.: Jahrbuch, klinisches.

Flugge, C: Katalog über gesundheitstechnische Einrichtungen. Hamburg 1902

—— Lehrbuch der hygienischen Untersuchungsmethoden. Eine Anleitung zur Anstellung hygien. Untersuchungen und zur Begutachtung hygien. Fragen für Ärzte und Chemiker, Sanitäts- und Verwaltungsbeamte, sowie Studirende. gr. 8. (XVIII, 602 S. mit 88 Holzschn.-Abbild. im Text, 17 Tab. und 4 lithogr. Taf.) Leipzig 881, Veit und Comp. *

Flügge, C., die Mikroorganismen. Mit besond. Berücksicht. der Aetiologie der Infectionskrankheiten bearb. 2. völlig umgearb. Aufl. der „Fermente und Mikroparasiten“. gr. 8. (XVIII, 692 S. mit 144 Abbild.) Leipzig 886, F. C. W. Vogel. *

— die Mikroorganismen. M. bes. Berücksicht. der Ätiologie d. Infektionskrankheiten. 3., völlig umgearb. Aufl. Bearb. v. P. Frosch, E. Gotschlich, W. Kolbe, W. Kruse, R. Pfeiffer. 2 Thle. gr. 8. Leipzig 896. F. C. W. Vogel. n. 36. —; Einbde. à n.n. 2. -
1. (XVI, 598 S. m. 57 Abb.) n. 16. —
2. (XXII, 751 S. m. 153 Abb.) n. 20. —

— Nachruf an Dr. Herm. Brehmer. Mit e. Portr. in Heliograv. gr. 8. (25 S.) Wiesbaden 890. Bergmann. n. 1. 60

— dasselbe, s.: Mittheilungen aus Dr. Brehmer's Heilanstalt f. Lungenkranke in Görbersdorf.

— Untersuchungen üb. die hygienische Bedeutung einiger klimatischer Faktoren, insbesondere des Windes, s.: Festschrift zum 60. Geburtstage v. Robert Koch.

— die Verbreitungsweise u. Abwehr der Cholera. [Aus: „Ztschr. f. Hygiene u. Infectionskrankheiten".] gr. 8. (84 S.) Ebd. 893. n. 1. 80

— s.: Verbreitungsweise u. Bekämpfung, die, der Tuberkulose.

— die Wohnungsdesinfektion durch Formaldehyd auf Grund praktischer Erfahrungen. gr. 8. (24 S.) Jena 900. G. Fischer. n. — 75
Sonderabdruck aus: „Klin. Jahrbuch".

— s.: Zeitschrift f. Hygiene u. Infektionskrankheiten.

FLÜGGE, Karl August

Flügge, C. A., der Schriftforscher. Beiträge zur Erleichterg. des Bibelstudiums. Den Freunden des Wortes Gottes dargeboten. Hrsg. v. der christl. Traktatgesellschaft in Kassel. 1—22. Heft. 16. Kassel (J. G. Oncken Nachf.) à Heft — 10

1. 2. Was sagt die Schrift üb. sich selbst? 2. Aufl. (35 S.) (909.)
3. Biblische Chronologie, Hauptinhalt der biblischen Bücher, Maß-, Zeit-, Geld-, Gewichtstabellen, Kalender 2c. 2. Aufl. (16 S.) (909.)
4. Evangelienharmonie. Charakteristik der Evangelien. 2. verb. Aufl. (16 S.) (909.)
5. Beachtenswerte Angaben u. Zusammenstellungen f. Bibelforscher, Tabellen der Wunder, Gleichnisse, Reden Jesu u. Engelworte. 2. verb. Aufl. (16 S.) (909.)
6. Die Apostel Jesu Christi nach der Schrift u. Überlieferung. Die leibl. Verwandten Jesu. Des Täufers u. des Heidenapostels Leben, Werden u. Wirken. 2. Aufl. (32 S.) (909.)
7. 8. Die Personen der Bibel. Die Bedeutg. der 650 Namen u. in 2200 Bibelstellen das Wichtigste aus ihrem Leben. 2. Aufl. (36 S.) (909.)
9. 10. Die besten Methoden, die Schrift kennen zu lernen. Die Bibel als Notizbuch. Material f. 75 Bibelstunden. (36 S.) (909.)
11. Gottes Wesen, Namen u. Eigenschaften. (20 S.) (909.)
12. Wer ist der Name u. der Engel des Herrn. Namen, Titel u. Charakter Christi. (20 S.) (910.)
13. Gedanken üb. die Schöpfung. Gottes Schöpfg. Erhaltung u. Regierg. der Welt. (16 S.) (910.)
14. Gedanken üb. Zweck u. Ziel unseres Daseins. Gott u. der Mensch. Der Ursprung des Bösen. (16 S.) (910.)
15. Der Himmel u. all sein Heer. Die Engel u. andere Himmelsbewohner. (16 S.) (910.)
16. Der Teufel u. seine Engel. Die Dämonen u. die Macht der Finsternis. Anh.: Die Ehen der Söhne Gottes. (22 S.) (910.)
17. Die Sünde. Ihr Ursprung, ihr Wesen, ihre Frucht u. ihre Folgen. (22 S.) (910.)
18. Was sagt die Schrift vom Fluch? Der Fluch des Gesetzes u. das Fluchen. (15 S.) (910.)
19. Die Erlösung u. ihre Folgen. Der Segen u. das Segnen. (18 S.) (910.)
20. Das große, nun offenbarte Geheimnis. Das Wesen der Erlösten in 600 charakteristischen Namen u. Bibelversen. (24 S.) (910.)
21. 22. Wie wird uns die Bibel mehr lieb u. interessant? (34 S.) (910.)

Die Wahrheit über die Baptisten. Eine Zusammenstellung von Traktaten von C[arl] A[ugust] **Flügge**, Prediger zu Hamburg. Kassel: Verlagshaus d. deutschen Baptisten [1906]. (32 S.) 8° [F.] 06. 9737 4

Was jedermann wissen muß. Das Evangelium von d. vollbrachten Erlösung nebst einigen kleineren Gelegenheitsschriften. Zsgest. von C[arl] A[ugust] **Flügge**, Pred. Kassel: J. G. Oncken Nachf. (1905). (60 Bl., 6 Taf.) 8° [F.]
[Sondert.:] Das Evangelium St. Matthäi. London. 06. 104..4

Flügge, M., Verhaltungsregeln beim Gebrauch der Seebäder. In's Besondere für die Badegäste auf der Insel Norderney. 4. Aufl. Hannover 858. Schmorl u. v. Seefeld. gr. 8. (39 S.) n. 5 ngr

Flügge, M., Verhaltungsregeln beim Gebrauche der Seebäder. In's Besondere für die Badegäste auf der Insel Norderney. 7. Aufl. Hannover 863. Schmorl & v. Seefeld. 16. (61 S.) n. 8 ngr

Flügge, M., Verhaltungsregeln beim Gebrauche der Seebäder, insbesondere f. die Badegäste auf der Insel Norderney. 9. Aufl. 16. (63 S.) Norden 875. Braams. n. — 80

Flügge, M., Verhaltungsregeln beim Gebrauche der Seebäder, insbesondere für die Badegäste auf der Insel Norderney. 10.—12. Aufl. 16. (63 S.) Norden 876—79, Braams. *

Flügge, Otto, Erläutergn. z. preuß. Gerichtskostengesetz v. 25. Juni 1895 u. zu d. m. d. amtl. Ausg. desselben erschien. Tabellen, nebst Ausführungsverfügn. u. e. Sachreg. zur amtl. Ausg. u. zu d. Erläutergn. gr. 8. (VI, 121 S.) Berlin 895. R. v. Decker. n. 2. —

— d. neue Pacht- u. Miethstempel. E. Zusammenstellg. all. Vorschriften üb. d. Versteuerg. d. Pacht-, Mieth- u. antichret. Verträge, nebst Stempeltabelle u. Formularen. gr. 8. (33 S.) Ebd. 896. n. — 40

Flügge, Theodor, Assistenzarzt an d. Frauenklinik d. Herzogl. Krankenhauses, Braunschweig: Beitrag zur Mißbildung des Ductus deferens, der Vesicula seminalis und des Ductus ejaculatorius. Bückeburg (1904): Grimme. (53 S.) 8°
Göttingen, Med. Fak., Ref. Kallius, Diss. v. 26. Sept. 1904
[Geb. 21. März 79 Eckernförde; Wohnort: Istscheide; Staatsangeh.: Preußen; Vorbildung: Gymn. Hameln Reife O. 98; Studium: Göttingen 10 S.; Coll. 22. Juli 04; Approb. 27. Febr. 03.]

Flügge, Wilh., Chronik der Stadt Werden. Von der Gründung bis zur Gegenwart. Mit möglichster Berücksicht. der nächsten Umgegend. gr. 8. (392 S. mit 8 Stadtansichten, 1 Stadtplan, 1 Specialkarte von Werden und Umgegend und 30 Illustr.) Düsseldorf 887, Schwann. *
geb. *

— illustrirter Führer durch Werden a. d. Ruhr u. Umgegend. Mit 1 Karte, 20 Ansichten u. e. Anh.: Geschäfts-Anzeigen. 8. (32 S.) Werden 887. (Essen, Silbermann.) n. 1. —

Flügge, W.: D. Lage, Bestrebungen, Beschäftigungs- u. Besoldungsverhältnisse d. Privatbeamten d. Landräte d. preuss. Monarchie. Lüchow 1910.

[F.] Sammlung der Lokal-Polizeiverordnungen, Ortsstatute, Gebühren-Ordnungen, Regulative etc. für die Stadt- und Landbürgermeisterei Werden nebst wichtigeren Regiergs- u. Kreis-Polizei-Verordngn u. e. Adressb. f. Werden Stadt u. Land. Zsgest. u. hrsg. v. W. **Flügge**. H. 1. 2. *Werden a. d. Ruhr: W. Flügge 1896. 97.* 8. 98. 877

Flüggen, Chrn., die Albbauern. Schwäbisches Orig.-Volksstück in 4 Akten nach G. F. Wagner u. J. Nefflen. 12. (84 S.) München (901). Rubinverlag. n. 2. —

Im schwarzen Rössl. Bauernposse mit Gesang u. Tanz in 3 Akten. Von Christian **Flüggen**. Musik von Karl Horak. *München: Rubinverl. [1901].* (84 S.) 8° [F.]
(Rubin-Bibliothek.) 01. 4335

— die Schulmeisterwahl, s.: Wagner, G. F.

Flüggen, O. G., biographisches Bühnen-Lexikon der deutschen Theater. Von Beginn der deutschen Schauspielkunst bis zur Gegenwart zusammengestellt. 1. Jahrg. 8. (339 S.) München 892. A. Bruckmann. n. 4. —; geb. n.n. 5. —

Flüggen, O. G., Führer durch Richard Wagners Repertoir-Opern. Szenenweise Erläuterg. d. Handlg. 3., erweit. Aufl. qu. gr. 16. (125 S.) München 895. A. Bruckmann. n. 1. —

— Napoleon, s.: Grabbe, Chr. D.

— Franz v. Sickingen, s.: Lassalle, Ferd.

Flüggen, O. G., das moderne Volkstheater, dessen Leitung, Repertoir und die Presse. Mit besond. Berücksicht. des Volkstheaters am Gärtnerplatz zu München. Skizze. gr. 8. (28 S.) München 879, (Fritsch.) *
Aus: Bayerische Zeitung, besonders abgedruckt.

— die Wagnerbühne der Zukunft, e. bühnentechn. Skizze. 12. (16 S. m. 1 Abbildg.) München 892. H. Lukaschik. n. — 30

—— Die Wagnerbühne der Zukunft, e. bühnentechn. Skizze. 12. (16 S. m. 1 Abbildg.) Münch. 892, G. Franz' Sort. * — 30

Flügger, die Dampfturbine als Antrieb der Schiffspropeller. Mit 4 techn. Zeichngn. (23 S.) Lex.-8. Rostock 905. J. C. E. Volckmann Nachf. n. 1. —

Der Katalog des Bischofs **Flugi** (v. Aspermont) vom Jahre 1645. (Johann VI. Fürstbischof von Chur: Catalogus ...) Mit Urkunden neu hrsg. von Joh. Georg Mayer, Prof., u. Fritz Jecklin, Stadtarchivar. [Neudr.] Chur 1901: Sprecher & Valer. VIII, 143 S. 8°

Festgabe z. Jahresversamml. d. Schweiz. Geschichtsforsch. Gesellschaft. 1901.

A 11. 3147

Flugi, Alfons von. Die Benennung der Schlacht auf der Malserhaide. Vorgetragen in der Versammlung der schweizerischen geschichtforschenden Gesellschaft in St. Gallen, am 5. Sept. 1865. SA. 8. [Zürich 1868.]

Flugi, Alfons v., Cardenio. Dramatische Dichtung. gr. 16. (76 S.) Chur 848, Hitz.

Flugi, Alfons v., der prättigäuer Freiheitskampf. Ein Bild aus d. Geschichte Graubündens. gr. 12. (4 B.) Chur 844, Grubenmann'sche Buchh.

Flugi, Alf. v., zwei historische Gedichte in ladinischer Sprache aus dem 16. und 17. Jahrhundert. Zum ersten Male hrsg., übers. und mit einem Abriß der ladin. Literatur eingeleitet. gr. 8. (114 S.) Chur 865, Hitz.

Flugi, Alfons v., die Hoheitsrechte des Kantons Graubünden über das Bisthum Chur. Geschichtl. zusammengestellt. 8. (24 S.) Chur 860, Hitz. *

v. Flugi, Alfons, Volkssagen aus Graubünden. (Gedichte.) 12. Chur 843, Grubenmann'sche B. 1/2 ℳ

Flugi, Alfr. v., die Volkslieder d. Engadin. Nebst e. Anh. engadin. Volkslieder im Original u. in deutscher Uebersetzg. 8. (IV, 85 S.) Straßburg 873. Trübner. n. 2. 40

Flugi, Conradin v[on]. Einst und Jetzt. Ein Beitrag zur Geschichte der Heilquellen von St. Moritz. Von C' v. F', Vater. 8. Chur 1868.

Flugi, Conradin de, rimas. 8. (VII, 103 S.) Samedan 894. (Chur, J. Rich.) Geb. in Leinw. n. 8. 20

Flugi, Conradin de, Alchünas rimas romaunschas revisas et aumentedas. 16. (96 S.) Chur 861, (Geell.)

Flügler, Adolf, cand. cam.: Geschichte des Verbandes der deutschen Buchdrucker und der Lohnbewegung im Buchdruckergewerbe. Mannheim 1908: J. Gremm. (106 S.) 8° Heidelberg, Phil. Fak., Ref. Rathgen, Diss. v. 10. März 1908

[Geb. 8. Juli 84 Biethingen; Wohnort: Mannheim; Staatsangeh.: Baden; Vorbildung: Gymn. Mannheim Reife M. 04; Studium: Heidelberg 2, Berlin 1, Heidelberg 3 S.; Rig. 19. Juli 07.]

Flugmaschine. Wien . . . Geistinger. V: *Degen, Jacob.* (KY 2/22) (WBL 3/200) (BIBLPORT)

Flugmaschine Wright-Gesellschaft m. b. H: Wright-Flugzeug. Berlin (1910?)

Flugproblem, Das, definitiv gelöst. Wien 1901. V: *Platte, August.* (EB)

Flugproblem, Das, die Flugtechnik und die Lenkbarkeit des Luftschiffes. München 1901. V: *Zettler, Paul.* (Hdschr. Mitth. von Friedrich Müller, München.)

FLUGSCHRIFT
s.a. Flugschriften.

Flugschrift. 6 Nrn. 8°. Zweibrücken, gedruckt bei G. Ritter, 1832.

4773. **Flugschrift** I. Hsg. vom Freiheitsfreund. Volksfeste . . . Stäfa 1833. V: *Strohmeyer, F. R.* (Cat. d. Stadtbibl. Zürich. Zürich 1864—97.)

Ansiedlungsverein Groß-Berlin. — FLUGSCHRIFT I.[1] (1908.) Nikolassee. Verlag: Adolf Otto. 8°.

Ansiedlungsverein Groß-Berlin. — FLUGSCHRIFT VII. Tempelhofer Feld und Volkswohl. Eine zusammenfassende und kritische Betrachtung, herausgegeben vom Ansiedlungsverein Groß-Berlin. Mit einer Karte, zahlreichen Materialien usw. Berlin-Schöneberg (1910). Verlag des Ansiedlungsvereins Groß-Berlin. 8°.

FLUGSCHRIFT ... der Berufsgenossenschaft Deutschnationaler Handlungsgehilfen-Verband Juristische Person. Sitz Hamburg.

Nr. 3[1]. Hamburg. Druck der Hanseat. Druck- und Verlags-Anstalt. — A. u. d. T.: Was wir wollen! Eine Antwort auf die Frage nach Zweck und Ziel der deutschnationalen Handlungsgehilfen-Bewegung. 1. bis 10. Tausend. ib. 1901. Druck der Hanseat. Druck- und Verlags-Anstalt (e. G. m. b. H.), Hamburg. 8°.

Nr. 5. Der angebliche Ruin des Kleinhandels durch den Ladenschluss. 1. bis 20. Tausend ib. 1899. Druck der Hanseatischen Druck- und Verlags-Anstalt, e. G. m. H.

Nr. 6. ib. 1899. — A. u. d. T.: Entstehung und Bedeutung der deutschnationalen Handlungsgehilfen-Bewegung 1893—1899. 1. bis 10. Tausend. ib. 1899. —

[1]) Flugschrift Nr. 1 und 2 sind lose Blätter, Nr. 1 führt die Überschrift: Ein ernstes Wort an die deutsche Kaufmannschaft; Nr. 2 ist ein Abdruck aus: Deutsche Handels-Wacht Jahrg. 5 Nr. 20 (98). Hamburg, den 15. Oktober 1898. Die sozialpolitische Thätigkeit des Leipziger Verbandes. — Flugschrift Nr. 4 siehe S. 805: Das Recht des Handlungsgehilfen.

Flugschrift, 1.—20., des Dürer-Bundes zur ästhetischen Kultur. gr. 8. München, G. D. W. Callwey. n.n. 2.20

1. Vom Schenken. (16 S.) (905.) n.n. —10
2. Wann glücken Volksunterhaltungsabende? (16 S.) (905.) n.n. —10
3. Wohnungskultur. (16 S.) (905.) n.n. —10
4. Volkskonzerte. (16 S.) (905.) n.n. —10
5. Vom häuslichen Vorlesen. (16 S.) (906.) n.n. —10
6. Hausbildereien. (8 S.) (906.) n.n. —10
7. Wie gewöhnt man an guten Lesestoff? (32 S.) 906. n. —20
8. Klavierspielapparate. (8 S.) 906. n.n. —10
9. Vom heutigen Kunstgewerbe. Vortrag, geh. in der 3. deutschen Kunstgewerbeausstellg. in Dresden. Von Fritz Schumacher. (11 S.) (906.) n.n. —10
10. Von der Zukunft des Konzertwesens. Von Rich. Batka. (8 S.) (906.) n.n. —10
11. Die Anlage des Landhauses. Von Herm. Muthesius. (16 S.) (906.) n.n. —10
12. Theater im Freien. (19 S.) (906.) n.n. —10
13. Der Geist im Hausgestühl. Ausstattungsbriefe. Von Frdr. Naumann. [Aus: „Patria".] (16 S.) (906.) n.n. —10
14. Wandern u. Reisen. (25 S.) (906.) n.n. —10
15. Museum, das, der Zukunft. (16 S.) (906.) n.n. —10
16. Ueber die Pflege des Heimatlichen im ländlichen u. städtischen Bauwesen. Von Karl Henrici. (11 S.) (906.) n.n. —10
17. Vom protestantischen Kirchenbau. Von Rich. Bürkner. (19 S.) (906) n. —20
18. Vom Luxus. Von Wilh. Bode. (11 S.) (906.) n.n. —10
19. Die Grundsätze der modernen Denkmalpflege. Von Konr. Lange. (16 S.) (906.) n.n. —10
20. Die Dorfkunst u. die Gebildeten auf dem Lande. Von O. Schwindrazheim. (16 S.) (906.) n.n. —10

Flugschrift, 21—72., des Dürer-Bundes zur ästhetischen Kultur bezw. zur Ausdruckskultur. gr. 8. München, G. D. W. Callwey. nn 11. 10

Avenarius, Ferd., über Ausdruckskultur. Unsre Arbeit fürs Ganze. (16 S.) 910. (Nr. 67.) —15
— Urheberschutz u. Urheberschaft. (32 S.) 910. (Nr. 65.) —30
Bartning, Ludw., Photographie u. Kunst. (16 S.) 909. (Nr. 50.) —10
Berg, Groß-Berlin. Gesichtspunkte f. die Beurteilg. des Wettbewerbs Groß-Berlin u. seine Bedeutg. f. die Entwicklg. des modernen Städtebaues überhaupt. (13 S.) 910. (Nr. 63.) —15
Bonus, Arth., vom Geistreichsein. 2. Tauf. (12 S.) 908. (Nr. 34.) —10
Braeß, Mart., Schutz den Raubvögeln! (16 S.) 910. (Nr. 64.) —15
Bredt, F. W., die neue Gesetzgebung auf dem Gebiete der Denkmalpflege u. des Heimatschutzes. (22 S.) 909. (Nr. 53.) —20
Brethfeld, Max, vom Kinderspielzeug. (18 S.) gr. 8. (910.) (Nr. 71.) nn —15
Briefmarken sind keine Kleinigkeit. (7 S. m. 1 Taf.) 909. (Nr. 61.) —15
Buschmann, Johs., Kleinhandel u. Kultur. Wie kann der Kleinhandel Kulturwerte schaffen? (19 S.) 908. (Nr. 32.) —10
Clemen, Paul, Schutz der Grabdenkmäler u. Friedhöfe, Vortrag auf dem Denkmalpflegetag zu Lübeck 1908. (12 S. u. 8 S. Abbildgn.) 909. (Nr. 49.) —50
Erdmann, Karl Otto, Immoralitäts-Zeterei. (9 S.) 908. (Nr. 41.) nn —10
— Wahrheitswert u. Phantasiewert. (15 S.) 909. (Nr. 47.) —10

Fischer (Graz), Wilh., von der Einfühlung. (25 S.) 907. (Nr. 27.) — 20
Gedanken üb. Schulfeiern. 1. Taus. (24 S.) 909. (Nr. 58.) — 30
Gleichen-Rußwurm, Alex. v., Schiller als ästhetischer Erzieher. 1. Taus. (11 S.) 909. (Nr. 57.) — 15
Grässel, Hans, über Friedhofanlagen u. Grabdenkmale. (29 S. m. 54 Abbildgn.) 910. (Nr. 00.) 1. —
Gurlitt, Cornel., das Freilegen u. Umbauen alter Kirchen. Mit Benutzg. e. Rede vom 9. Tag f. Denkmalpflege Lübeck 24. u. 25. IX. 1908. (28 S. m. 3 Abbildgn.) 909. (Nr. 52.) — 20
Hartmann, Ludo M., das Volkshochschulwesen (seine Praxis u. Entwicklung nach Erfahrungen im Wiener Volksbildungswesen). (14 S.) 910. (Nr. 66.) — 15
Hausgreuel. (7 S.) 908. (Nr. 44.) — 10
Henseling, R., vom Papier zum Leben! Anläßlich achtjähr. Schriftsteller. (14 S.) 909. (Nr. 51.) — 10
Hoßfeld, Denkmalpflege auf dem Lande. (11 S.) 908. (Nr. 22.) — 10
Kilian, Eug., Regiesünden. [Aus: „Dramaturg. Blätter".] (19 S.) 908. (Nr. 43.) — 10
Krais, Paul, echte Farben f. Stoffe! (19 S.) 907. (Nr. 25.) — 10
Langen, Gust., regelmäßige Kirchenkonzerte. (7 S.) 908. (Nr. 35.) — 10
Lembke, Fr., ländliche Volkshochschulen (Bauernhochschulen). (10 S.) 908. (Nr. 42.) — 10
Liebscher, Arth., Jugendkonzerte. Über den gegenwärtigen Stand der Jugendkonzertfrage in Deutschland. (12 S.) 907. (Nr. 30.) — 10
Löns, Herm., die Erhaltung unserer Tierwelt. (11 S.) 909. (Nr. 45.) — 10
Lux, Jos. Aug., der kleine Tischler. (28 S. m. Abbildgn.) 907. (Nr. 28.) — 20
Mangoldt, Karl v., kleine Freiheiten. (7 S.) 910. (Nr. 62.) — 15
Möller, Karl, die Kultur in den Turnvereinen. (24 S.) 909. (Nr. 59.) — 30
Pastor, Willy, der nordische Hain. Vorschläge zur Einrichtg. e. german. Freiluftmuseums. (15 S. m. Abbildgn.) 908. (Nr. 24.) — 10
Pazaurek, Gust. E., Vereinskunst. (23 S. u. 8 S. Abbildgn.) (909.) (Nr. 54.) — 50
Programme f. Dichterabende. (76 S.) 910. (Nr. 68.) — 75
Ratzel, Frdr., die deutsche Landschaft. 1. Taus. (23 S.) 909. (Nr. 55.) — 30
Rehorst, Carl, alte Städtebilder u. moderner Verkehr. Müssen alte Städtebilder mod. Verkehrsrücksichten geopfert werden? Vortrag auf dem 8. Tag f. Denkmalpflege zu Mannheim 1907. (42 S. m. Abb. u. 7 Taf.) 908. (Nr. 38.) — 80
Reklame u. Kultur. (10 S.) 909. (Nr. 46.) — 10
Scherer, Val., die Kultur der Frührenaissance in Florenz. (18 S.) 910. (Nr. 70.) nn 15
Schultze, Ernst, die Verbreitung guter Literatur. 2. Taus. (10 S.) 907. (Nr. 31.) — 10
Schultze-Naumburg, Paul, Aufgaben d. Heimatschutzes. Vortrag auf d. Mannheimer Tage f. Denkmalspflege 1907. (8 S. m. 16 S. Abb.) (908.) (Nr. 39.) — 30
Schwindrazheim, Osk., Jugendwandergn. 1. Taus. (36 S.) 909. (Nr. 56.) 30
— Wie einer die Schönheit der Kleinstadt fand. (17 S.) 907. (Nr. 28.) — 10
Sitting, Marie, welche Schriften geben wir Kindern? (23 S.) 909. (Nr. 21.) 10
Thari, Eug., Kinderlieder-Bücher. (18 S.) 907. (Nr. 33.) — 10
Theaterstücke f. Dilettantenbühnen. 1. Auslese. (84 S.) 908. (Nr. 37.) — 50
Thümer, Ant., die Erhaltung der Pflanzenwelt. (23 S.) 910. (Nr. 69.) — 20
Über das Dürerbundbuch „Am Lebensquell". (22 S.) 909. (Nr. 48.) — 10
Unterrichtswesen, deutsches, auf der Brüsseler Weltausstellung. (23 S.) 8. (910.) (Nr. 72.) — 30
Urheberrecht, das, geht uns alle an. (6 S.) 908. (Nr. 23.) — 10
Vom Steckenbleiben. Auch e. Weihnachtsbetrachtg. (9 S.) 908. (Nr. 36.) — 10
Zemp, Jos., das Restaurieren. (9 S. m. 8 S. Abbildgn. (908.) (Nr. 40.) — 20
Zobel, Vict., der Hausgarten. (14 S.) 908. (Nr. 20.) — 10

Flugschrift z. Erhaltg. d. Alten Hammers zu Frohnau bei Annaberg i. E. (Von Waldem. Berger.) (12 S. m. Abb.) Lex. 8. Annaberg (909). (Graser's Verl.) — 50

Flugschrift des österreichisch-ungarischen Export-Vereins für 1878, betr. den Handel nach Persien. gr. 8. (32 S.) Wien 878, (Gerold und Comp.) *

—— dass. — für 1879, betr. den Handel nach Indien. gr. 8. (33 S.) Ebendas. 879. *

Flugschrift der Gartenstadt-Gesellschaft. No 1. *Berlin: Gartenstadt-Ges. [1903].* 8° [F.] [03. 3677]

2 ff s. Flugschriften...

FLUGSCHRIFT DER DEUTSCHEN GESELLSCHAFT FÜR ZÜCHTUNGSKUNDE (Sitz Berlin).

I. Sonderdruck aus dem Archiv für Rassen- und Gesellschafts-Biologie. 3. Jahrg. 1906. 6. Heft. Verlag der Archivgesellschaft Berlin. Über Vererbung und die Notwendigkeit der Gründung einer Versuchsanstalt für Vererbungs- und Züchtungskunde. Von Prof. L. PLATE, Landwirtschaftl. Hochschule, Berlin. (Naumburg a./S. Lippert & Co. (G. Pötz'sche Buchdr.)) (Ohne bes. Titelblatt.) 8°.

II. Der biologische Nachweis der verschiedenen Blutarten und die Blutsverwandschaft unter den Tieren. Vortrag, gehalten am 14. Februar 1907 in der Hauptversammlung der Deutschen Gesellschaft für Züchtungskunde. Von Geh. Regierungsrat Prof. Dr. UHLENHUTH-Berlin. (Berlin. Druck: Deutscher Verlag.)

3. Vortrag, gehalten am 14. Februar 1907 in der Hauptversammlung der „Deutschen Gesellschaft für Züchtungskunde". Neudruck vom 1. März 1910. Sonderabdruck aus der „Deutschen Landwirtschaftlichen Tierzucht". Jahrg. XI. 1907. Nr. 18, 19 und 20. Verlag von M. & H. Schaper. Hannover 1910. M. & H. Schaper. — A. u. d. T.: Die Rassengeschichte unserer Haustiere in ihrer Bedeutung für die praktische Tierzucht. Von Dr. H. KRAEMER. ib. 1910. —

4. Vortrag, gehalten am 24. Oktober 1907 in der Versammlung der „Deutschen Gesellschaft für Züchtungskunde" in Berlin. Neudruck vom 15. April 1910. ib. 1910. — A. u. d. T.: Ueber die ältesten der bis jetzt bekannten subfossilen Haustiere (Asien) und ihre Beziehungen zu prähistorischen und frühgeschichtlichen Haustierschlägen, unter besonderer Berücksichtigung der deutschen Vorzeit. Von Professor Dr. ULRICH DUERST-Bern. ib. 1910. —

5. Vortrag, gehalten am 24. Oktober 1907 in der Mitgliederversammlung der „Deutschen Gesellschaft für Züchtungskunde" in Berlin. ib. 1910. — A. u. d. T.: Welche Arbeiten kann die Deutsche Gesellschaft für Züchtungskunde im praktischen Zuchtbetriebe zur Ausführung bringen? Von Professor Dr. J. HANSEN-Bonn. ib. 1910. —

6. Vortrag, gehalten am 20. Februar 1908 in der Mitgliederversammlung der „Deutschen Gesellschaft für Züchtungskunde" in Berlin. Neudruck vom 1. Juni 1910. Aufgabe, Durchführung und bisheriges Ergebnis von Messungen am lebenden Pferde. Von Professor Dr. S. von NATHUSIUS-Halle. Berlin 1910. (Berlin. Druck von A. Wolff.)

7. Vortrag, gehalten am 20. Februar 1908 in der Mitgliederversammlung der „Deutschen Gesellschaft für Züchtungskunde" in Berlin. 2., erweiterte Auflage, im Februar 1910 bearbeitet. ib. 1911. Druck von A. Mieck, Verlagsbuchhandlung, G. m. b. H., Prenzlau. — A. u. d. T.: Biologische Beobachtungen über das Wachstum der Weidetiere. Von Professor Dr. FALKE, Leipzig. ib. 1911. —

8. Vortrag, gehalten am 23. Oktober 1908 in der Versammlung der „Deutschen Gesellschaft für Züchtungskunde" in Berlin. Erweiterter Neudruck vom 1. März 1910. Hannover 1910. M. & H. Schaper. — A. u. d. T.: Ueber den Einfluss der Bewegung auf die Entwicklung innerer Organe. Von Dr. KÜLBS. 2. Ausgabe. ib. 1910. —

9. Vortrag, gehalten am 21. Oktober 1909 in der Herbstversammlung der „Deutschen Gesellschaft für Züchtungskunde" in Berlin. Neudruck mit Abbildungen. Prenzlau 1911. Druck von A. Mieck, Verlagshandlung, G. m. b. H. — A. u. d. T.: Der Tierkörper und die Scholle. Kurze Betrachtungen aus der praktischen Weidewirtschaft von P. CORNELIUS, Grossenmeer. Mit 18 Abbildungen. ib. 1911. —

10. Vortrag, gehalten am 21. Oktober 1909 in der Herbstversammlung der „Deutschen Gesellschaft für Züchtungskunde" in Berlin. 2. erweiterte Auflage, im April 1910. Hannover 1910. M. & H. Schaper. — A. u. d. T.: Ueber Physiologie der Milchsekretion und Milchleistung. Von Professor Dr. C. KRONACHER, Weihenstephan. ib. 1910. —

11. Vortrag, gehalten am 24. Februar 1910 in der Hauptversammlung der „Deutschen Gesellschaft für Züchtungskunde" in Berlin. ib. 1910. — A. u. d. T.: Ueber Vererbung und Auswahl. Von Dr. de CHAPEAUROUGE, Blankenese. ib. 1910. —

12. Vortrag, gehalten am 24. Februar in der „Deutschen Gesellschaft für Züchtungskunde" in Berlin. Beweise für die Vererbung erworbener Eigenschaften durch planmässige Züchtung. Von Dr. PAUL KAMMERER (Biologische Versuchsanstalt in Wien.) Mit 20 Abbildungen. Berlin 1910. (Berlin. Druck von A. Wolff.)

13. Aus der medizinischen Klinik und aus der landwirtschaftl. Versuchsstation zu Kiel. Hannover 1910. M. & H. Schaper. — A. u. d. T.: Neue Untersuchungen über den Einfluss der Bewegung auf die Entwickelung und Zusammensetzung der inneren Organe von Assistenzarzt und Privatdozent Dr. KÜLBS und F. M. BERBERICH. ib. 1910. —

Deutscher Monistenbund. **Flugschrift** der Ortsgruppe Hamburg. 1. Brackwede i. W.: W. Breitenbach in Komm. 1907. 8° [F.] [07. 6974]

— e., üb. die Katte-Tragödie. Wahre Nachricht v. d. scharffen Execution des m. dem Schwerdt hingerichteten Herrn Lieutenants v. Katten, nebst einigen geheimbden Briefen, so Er in seinem Arrest an d. König u. vornehme Herrn u. Freunde geschrieben, worinnen d. Ursach wegen d. Correspondenz d. Cron-Printzens v. Preussen, können gemercket werden; so geschehen den 9. XI. 1730. zu Cüstrin. (14 S.) 8. Berlin (907). E. Frensdorff. — 50

Flugschrift, kirchlich-soziale. Nr. 1—4. gr. 8. Berlin, Buchh. der Berliner Stadtmission. à n. — 15
1. Die Reform der Konfirmations-Praxis. Vortrag, geh. in Barmen auf der kirchlich-sozialen Konferenz des Rheinlandes am 27. IX. 1901. Von Mahling. [Aus: „Deutsche ev. Kirchenztg."] (17 S.) (902.)
2. Waren die Urchristen wirkl. Sozialisten? Gegen Dr. Losinsky's im Verlage des „Vorwärts" erschienene Schrift. Von Paul Fleischmann. (19 S.) (902).
3. Nietzsche u. Jesus von Nazareth. Von Ernst Bowinckel. (19 S.) (902.)
4. Sozialpolitik u. Kellnernot. Von O. Alberts. (20 S.) (902.)

— **kirchlich-soziale.** Nr. 5, 6, u. 8—10. Berlin, Vaterländische Verlags- u. Kunstanstalt. — 80
Geschäftsstelle, die soziale, f. das evangelische Deutschland. Jahresbericht üb. d. J. 1906. Erstattet auf d. Generalversammlung am 19. III. 1907. (12 S.) gr. 8. (907.) (Nr. 5.) — 15
dasselbe. Jahresbericht üb. d. J. 1908. Erstattet auf der Generalversammlg. in Berlin am 13. IV. 1909. (11 S.) 909. (Nr. 8.) — 15
Jahresbericht der sozialen Geschäftsstelle f. das evangelische Deutschland üb. d. J. 1909. Erstattet auf d. Generalversammlung in Berlin am 22. III. 1910. (8 S.) (910.) (Nr. 10.) — 15
Knebel-Doeberitz, Elisab. v., 15 Jahre christlicher Frauenbewegung. Referat, geh. bei der Hauptversammlg. d. kirchlich-sozialen Konferenz am 20. IV. 1909 in Berlin. Zur Feier des 10jähr. Bestehens der 7. Arbeitskommission (zur Lösg. der Frauenfrage) u. des 10jähr. Bestehens der Berliner kirchlich-sozialen Frauengruppe. 10 Jahre kirchlich-soz. Frauenarbeit in Berlin. Arbeitsplan der 7. Kommission. (23 S.) (909.) (Nr. 9.) — 20
Mumm, die öffentliche Mission u. die Presse. (12 S.) 8. (907.) (Nr. 6.) — 15
Nr. 7 ist noch nicht erschienen.

Kulturphilosophische **Flugschrift**. 1. 11.–20. Taus. (Berlin: G. F. Müller 1907). 8°

Flugschrift d. sächs. Landesvereins d. Evang. Bundes. Nr. 1—7. gr. 8. Lpz. 890—91, Buchh. d. Evang. Bundes v. C. Braun. * 1 45
1. Meyer, Friedr. Glaube u. Cultur. Ein Wort f. unsere evangel. Kirche an die Evangelischen Sachsens. (31 S.) * — 20.
2. Für den 10. Novbr. 1890. (8 S.) (Nur f. Mitgl. d. Ev. Bundes.) Unentgeltl.
3. Meyer, Friedr. Das gute Recht d. Evangel. Bundes. Predigt üb. Col. 3, 14—17. (15 S.) * — 20.
4. Fricke u. Fr. Meyer. „Auch ernste Gedanken". Zwei Sendschreiben üb. die Schrift d. Hrn. v. Egidy „Ernste Gedanken". (23 S.) * — 40.
5. Sollen sie wieder kommen? Eine Frage an das deutsche Volk vor der Rückberufung der Jesuiten. (24 S.) * — 20.
6. Schilling, Max. Die Jesuiten u. das neue deutsche Reich. (17 S.) * — 20.
7. Rade, Mart. Die Konfessionen u. die sociale Frage. (30 S.) * — 25.

— 1.—5., d. **Allgemeinen evang.-protest. Missionsvereins.** gr. 8. Berlin, A. Haack. à n. — 50
1. Eine Woche in der japanischen Christengemeinde zu Tokyo. Von Otto Schmiedel. 3., unveränd. Aufl. (16 S. m. 2 Bildern.) 889.
2. Kultur- u. Missionsbilder aus Japan. Von Otto Schmiedel. (48 S.) 891.
3. Aus dem Lande der aufgehenden Sonne. Von Carl Munzinger. (31 S.) 892.
4. Unsere Aufgabe in Ostasien. In welcher Form sollen wir den heidn. Kulturvölkern das Evangelium bringen? Von Rich. Adb. Lipsius, † 19. Aug. 1892. Mit e. Lebensbilde des Verf. v. Paul Kirmß. (24 S. m. Bildnis.) 894.
5. Eine Missionsreise auf dem Yang tse kiang in China im J. 1894. Von Paul Kranz. Mit 1 Abbildg. u. 1 Kartenskizze. (19 S.) 894.

— 1.—8., d. **allgemeinen evang.-prot. Missionsvereins.** gr. 8. Berlin, A. Haack. n. 4. 50
1. E. Woche i. d. japanischen Christengemeinde zu Tokyo. Von Otto Schmiedel. Mit 2 Taf.: Abbildgn. v. Kirche u. Pfarrhaus. 4. Aufl. (20 S.) 895. n. — 50
2. Kultur- u. Missionsbilder aus Japan. Von Otto Schmiedel. 2. Aufl. (43 S.) 897. n. — 50
3. A. d. Lande d. aufgeh. Sonne. Von Carl Munzinger. 2., verb. Aufl. (32 S. m. 1 Abb.) 896. n. — 50
4. Uns. Aufgabe in Ostasien. In welcher Form sollen wir den heidn. Kulturvölkern d. Evangelium bringen? Von Rich. Adb. Lipsius. M. e. Lebensbild d. Verf. v. Paul Kirmß. 2. Aufl. (24 S. m. Bildn.) 895. n. — 50
5. E. Missionsreise auf d. Yang tse kiang in China im J. 1894. Von Paul Kranz. 2. Aufl. (19 S. m. 1 Abb. u. 1 Kartenskizze.) 894. n. — 50
6. China in histor. Beleuchtg. E. Denkschrift zu s. 30jähr. Dienstjubiläum als Missionar in China v. Ernst Faber. (64 S. m. 2 Abb. u. 1 Karte.) 895. n. 1. —
7. Was lehrt und lernt der Missionar in Japan? Von Otto Schmiedel. M. 2 Taf.: Abbildgn. d. theolog. Schule u. d. kaiserl. Universität in Tokyo. (15 S.) 898. n. — 50
8. D. Welterlösungsreligion ist d. Vollendg. d. Konfuzianismus. Von Paul Kranz. Deutsche Übersetzg. e. chines. Traktats. M. e. Vorwort u. Anmerkgn. v. Kind. M. d. Original d. chines. Traktats. (20 S.) 898. n. — 50

— 6., 9. u. 10., des **allgemeinen evangelisch-protestantischen Missionsvereins.** gr. 8. Berlin, A. Haack. n. 2. —
6. China in historischer Beleuchtung. Eine Denkschrift zu seinem 30jähr. Dienstjubiläum als Missionar in China. Von Ernst Faber. Mit 1 Abbildg. 2. Aufl. (66 S.) 900. n. 1. —
9. Die moderne Kultur u. die Aufgabe der evangelischen Mission in Japan. Von Max Christlieb. (24 S.) 899. n. — 50
10. Die Missionspflicht des evangelischen Deutschlands in China. Von Paul Kranz. (18 S.) 900. n. — 50
Fortsetzung s.: Flugschriften-Reihe.

Antiultramontaner Reichsverband (A. U. R.), E. V. **Flugschrift.** 1. Berlin [1910]: Winser. 8°

Flugschrift [Nr.] 1. [Hrg. vom Deutschschweizerischen Sprachverein.] 8. Bern, Gottfr. Iseli, 1905.
s. Stickelberger, H[einrich].

[**Flugschrift** Nr. 2. Hrg. vom Deutschschweizerischen Sprachverein.] 8. Zürich und Leipzig, Th. Schröters Nachf., 1907. fr. –. 50
s. Blocher, Eduard, und Garraux, Emil.

Flugschrift [Nr.] 3. [Herausgeber:] Deutschschweizerischer Sprachverein, Geschäftsstellen in Bern und Zürich IV. 8. (Halle a. S., Buchdr. des Waisenhauses, 1907.)
s. Brodbeck-Arbenz, J[acob].

Flugschrift des All-Deutschen Verbandes. Nr. 1. 8. Berlin 894. (M. Priber.) n. — 50
Die deutsche Ostmark. Aktenstücke u. Beiträge z. Polenfrage. (112 S.)

Flugschrift d. All-Deutschen Verbandes. Nr. 1. 8. Berlin 895. (M. Priber.) n. — 50
Die deutsche Ostmark. Aktenstücke u. Beiträge zur Polenfrage. 2. Aufl. (112 S.)

Verband der in Gemeinde- und Staatsbetrieben beschäft. Arbeiter und Unterangestellten. **Flugschrift.** 1. Berlin: Bürger 1903. 4°

FLUGSCHRIFT DES VEREINS FÜR ERNEUERUNG DER HANDELSVERTRÄGE, ORTSGRUPPE NÜRNBERG-FÜRTH DES HANDELSVERTRAGSVEREINS.
(1.) Zum Kampf gegen den Zolltarifentwurf! Reden, gehalten im Deutschen Reichstag von dem Abgeordneten der freisinnigen Volkspartei, Herrn EUGEN RICHTER am 3. Dezember 1901, und vom Abgeordneten der freisinnigen Vereinigung Herrn Bergrat a. D. GEORG GOTHEIN am 4. Dezember 1901. Nürnberg (1902). Im Selbstverlag des Handelsvertragsvereins. 8°.

Flugschrift, 2., der Vereinigung zur Bekämpfung des Trinkgeldwesens im Gastwirthschaftsfache. gr. 8. (67 S.) Karlsruhe 885, (Gutsch.) *

Flugschrift zur Verwirklichung der Idee: 'Gesang muss Volkskunst werden!' No 1. *Arnsberg: J. Stahl 1897.* 8° [F.]

— des „deutschen **Volksbundes**". Nr. 1. gr. 8. Berlin, Verlag der „Deutschen Hochwacht". n. — 10
Nochmals: „Die Juden — die Könige unserer Zeit!" Eine neue Ansprache an das deutsche Volk. Von Otto Böckel. 3. u. 4. Zehntaus. (à 40 S.) 901.

— des Vereins **„Volkswohl"**. Nr. 1. gr. 8. Dresden 893. (H. Morchel.) — 10
Die Dresdner Heide u. ihre Bedeutung f. die Volkserholung. Aus e. Vortrage, geh. im März 1893 v. H. Heine. (7 S.)

Flugschrift Nr. 1 des internationalen Wäscherei-Centralblattes, Göttingen. gr. 8. Göttingen, E. Kelterborn. n. — 20
Die sozial-politischen Verhältnisse im deutschen Wäschereigewerbe. Eine Antwort auf die Frage nach Zweck u. Ziel des Central-Verbandes der Dampf-Wäschereien Deutschlands. Von Ernst Kelterborn. 1.—3. Taus. (23 S.) 904.

— Nr. 2 des **Internat. Wäscherei-Centralblatt** Göttingen. 8. Göttingen, E. Kelterborn. — 50
Dampfwäschereien u. Bekleidungs-Industrie-Berufsgenossenschaft. Wie erlangen die Dampfwäschereien e. niedrigere Gefahrenklasse bei der Berufsgenossenschaft. Von Alfons Stöckl. (8 S.) (904.)

Nr. 3 u. d. T.: Fittica, F., die Ueberführung v. Opalsäure in Chlor. Ebd. 904. — 50. — Fortsetzg. s.: Flugschriften.

Flugschriften, abolitionistische. 1. u. 2. Hft. gr. 8. Dresden (Eliasstr. 22), Frau Katharina Scheven. à — 30
1. Der Kampf gegen die Prostitution als staatlich konzessioniertes Gewerbe. Vortrag, geh. bei der konstituier. Versammlg. des Münchner Zweigvereins der internationalen Föderation am 29. X. 1901. Von Katharina Scheven. (20 S.) 902.
2. Die Uebel der Reglementierung der Prostitution. Von Katharina Scheven. (20 S.) 902.

Flugschriften, abolitionistische. 3.—6. Heft. gr. 8. Dresden (Angelikastr. 23), Frau Katharina Scheven. à n.n. — 30
3. Die gesundheitlichen Gefahren der Prostitution. Von A. Pappritz. (20 S.) 902.
4. Warum erachtet die Föderation die Prostitution nicht als strafbares Vergehen. Von Katharina Scheven. (10 S.) 904.
5. Die positiven Aufgaben u. Ziele der Föderation. Von A. Pappritz u. Katharina Scheven. (24 S.) 904.
6. Die Kasernierung der Prostitution. Vortrag, geh. in Dresden am 10. X. 1905. Von v. Düring. [Aus: „Der Abolitionist".] (15 S.) 906.

Flugschriften, abolitionistische. Hrsg. v. Katharina Scheven. 5. u. 7—9. Heft. gr. 8. Dresden (Angelikastr. 23), Frau Katharina Scheven. à Heft — 30
Baars, Ernst, unser Kampf gegen den Schmutz in Kunst u. Literatur. Vortrag, gelegentlich der 2. Generalversammlg. des deutschen Zweiges der internat. abolitionist. Förderation am 12/13. V. 1908 zu Berlin geh. [Aus: „Der Abolitionist". 908. (Heft 8.)
Bluhm, Agnes, die Strafbarkeit der Vernichtung d. keimend. Lebens (§ 218 R.St.G.B.) vom Standpunkte des Mediziners. Referat, erstattet auf der 8. Generalversammlg. des Bundes deutsch. Frauenvereine zu Breslau am 9.X.08. (8 S.) 909. (Hft. 9.)
Hoffet, Emile, warum bekämpfen wir die Reglementierung der Prostitution? (16 S.) 903. (Heft 7.)
Pappritz, A., u. Katharina Scheven, die positiven Aufgaben u. strafrechtlichen Forderungen der Förderation. 2. durchgesch. u. verm. Aufl. (31 S.) 909. (Heft 5.) — 30

Alcoholgegnerbund. [Flugschriften.] Nr. 1—7. 9—11. 13—16. 18. 19. 21. 22. 24—42. 8. Basel, Schriftstelle des Alkoholgegnerbundes, ... [1901—1903]. à fr. —. 05 *oder* fr. —. 10, *partienweise mit* Rabatt. Q

Die Flugschriften, seit ca. 1891 erscheinend, sind stereotypiert und werden jeweilen neugedruckt; von Nr. 8. 12. 17. 20 u. 23 sind seit 1900 keine Neudrucke erschienen.

Nr. 1. 5—7. 10. 11. 13—16. 18. 19. 21. 25—30. 32. 34. 35. 37—41 *u. d. T.:* Alkoholgegnerbund. ⟨Internationaler Verein zur Bekämpfung des Alkoholgenusses.⟩ [Flugschriften.]
Nr. 2—4. 31. 36 *u. d. T.:* Alkoholgegnerbund. [Flugschriften.]
Nr. 22. 33 *ohne Sammlungs-Titel.*
Nr. 9. 24. 42 *franz. u. d. T.:* Ligue Antialcoolique. ⟨Société internationale contre l'usage des boissons alcooliques.⟩ [Brochures.] Nº 9. 24. 42. Bâle... .

s. Bayer, Anna — Bleuler, Eugen — Blocher, Hermann — Brendel, C — Buchner, H[ans] — Bunge, G[ustav] von — Colla, J E — Fick, A[dolf Eugen] — Fock, [Georg Carl] — Forel, Auguste — Frick, A[dolf] — Gaule, Justus — Hoppe, Hugo — Kassowitz, Max — Kraepelin, Emil — Lang, Otto — Marthaler, Harald — Mayer, C[arl Hermann] — Ming, P[eter] A[nton] — Neumann, Ernst — Schultz, W[olfgang] — Stump, J[acob] — Waser, Hedwig — Weiss, Wilhelm.

(**Alcoholgegnerbund.** Alkoholgegnerbund. ⟨Internationaler Verein zur Bekämpfung des Alkoholgenusses.⟩ [Flugschriften.] Nr. 43/44.) 8. Basel, Friedrich Reinhardt (**Umschlag:* Schriftstelle des Alkoholgegnerbundes), 1903. (fr. —. 20) Q

s. Bunge, G[ustav] von).

[**Alcoholgegnerbund.** Internationaler Verein zur Bekämpfung des Alkoholgenusses. Flugschriften.] (Nr. 1) *u.* Nr. 10. 15. 26. [Neue Ausgaben.] 8. Basel, Schriftstelle des Alkoholgegnerbundes (Fr. Reinhardt, [1904—1905]). *je* fr. —. 10 Q

s. Bayer, Anna — Bunge, G[ustav] von — Frick, Ad[olf] — Waser, Hedwig.

[**Alcoholgegnerbund.** Internationaler Verein zur Bekämpfung des Alkoholgenusses. Flugschriften.] (Nr. 1) *u.* Nr. 5. 14. 15. 18. 24. 32. 38. 44. 45. 8. Q

(Nr. 1) *u.* Nr. 5. 14. 15. 18. 24. 32. 38. [Neue Ausgaben.] Basel, Schriftstelle des Alkoholgegnerbundes, ([19]06—[19]07) s. Bleuler, Eugen — Brendel, C — Bunge, G[ustav] von — Forel, August[e] — Gaule, Justus — Hoppe, Hugo — Waser, Hedwig.
Nr. 44. (Basel ... [19]06) s. Bleuler, E[ugen].
Nr. 45. 3. ... Aufl Basel ... [1907] s. Orelli, Frau S[usanna].

[**Alcoholgegnerbund.** Internationaler Verein zur Bekämpfung des Alkoholgenusses. Flugschriften.] 8. Basel, Schriftstelle des Alkoholgegnerbundes. Q

Nr. 5—8. 11. 13. 14. 21. 33. 35. 38. 39. 43. [Neue Ausgaben.] (1907—1909) *s.* Bunge, G[ustav] von — Fock, [Georg Carl] — Forel, Auguste — Gaule, Justus — Hoppe, Hugo — Lang, Otto — Mayer, C[arl Hermann] — Orelli, Frau S[usanna] — Weiss, Wilhelm.
Nr. 48. 1.—3. Tausend. ([19]09) *s.* Neumann, Ernst.

(**Alcoholgegnerbund.** Alk'. ⟨Internationaler Verein zur Bekämpfung des Alkoholgenusses.⟩ [Flugschriften.]) Nr. (1.) 45. (46/47.) 8. (fr. —. 10) u. —. 10 u. (—. 20)

s. Bunge, G[ustav] von — Hercod, R[obert] — Orelli, Frau S[usanna].

Flugschriften d. evangelischen Arbeitervereins zu Leipzig 1. 8. Leipzig 892. (J. C. Hinrichs' Sort.) n.n. — 15
Was trennt uns v. der Socialdemokratie? Von O. Schultze. 1. u. 2. Aufl. (8 S.)

Flugschriften d. evangel. Arbeitervereins zu Leipzig. I.—IV. gr. 8. Leipzig. Hann. Münden, R. Werther. à n. — 20
I. Was trennt uns v. d. Sozialdemokratie? Von O. Schultze. 3. Aufl. (13 S.) 895.
II. Selbsthilfe, Staatshilfe, Gotteshilfe auf soz. Gebiet. Vortrag, geh. am 4. Jan. 1895 i. d. Versammlg. d. evang. Arbeitervereins i. Krystallpalast in Leipzig v. Weber. (16 S.) 895.
III. D. Arbeit. Von O. Schultze (16 S.)
IV. Jesuwart b. d. Arbeit f. uns. Volk. Predigt, bei d. Jahresfest d. evang. Arbeitervereins z. Leipzig am 8. März 1896 in d. Matthäikirche daselbst geh. v. O. Schultze. (15 S.) 896.

— **des politischen Aufklärungsvereines.** Nr. 1 u. 2. gr. 8. Wien, C. W. Stern. n.n. — 90
1. Religion od. Kirche? Von C. W. Teifen. (16 S.) 902. n.n. — 50
2. Die gemeinsamen wirtschaftlichen Interessen Deutschlands u. Oesterreichs. Von Alfr. Weber. (19 S.) 902. n. — 40

— **des politischen Aufklärungsvereines.** Nr. 3. gr. 8. Wien, C. W. Stern. n. — 40
Die christlich-soziale Schulverwaltung Niederösterreichs 1897—1902. Von Stegm. Kraus. (50 S.) 902.

(**Berliner Flugschriften** über die Arbeiterfrage aus d. J. 1848):
Badzynski, J. Radikale Lösung der sozialen Frage.
Kann die Demokratie den Arbeitern helfen?
Das sicherste Mittel zur Abhilfe der Noth.
Radikales Mittel gegen die Noth der Arbeiter.
Zur Arbeiterfrage.
An die Arbeiter und Arbeitgeber.
Offene Darlegung der Gefahren der vorgeschlagenen künstlichen Finanzoperationen und der Prinzipien über Lösung des Kampfes zw. Kapital und Arbeit.

— **Bremer, aus dem Geisteskampf d. Gegenwart.** Hrsg. v. Fr. Steudel u. Fr. Lipsius. 1—3. Heft. gr. 8. Berlin, Concordia. 2. 20
Felden, Emil, kirchl. Liberalismus u. Radikalismus. (44 S.) (908.) (Heft 3.) — 60
Steudel, Fr., die Religion im Lichte monist. Weltanschauung. 2. Aufl. (VI, 61 S.) (908.) (Heft 1.) 1. —
Strecker, Rhard., Gott u. die Kirche. (VII, 52 S.) (908.) (Heft 2.) — 60

Flugschriften des Deutschen Bundes für weltliche Schule und Moralunterricht. No 1. (Finsterwalde N.-L. [1908]: A. Opitz.) 8° [J.] 108. 4936

— **des Evangelischen Bundes.** Hrsg.: L. Witte. 1.—60. Hft. = Serie I, II, III, IV à 12 Hfte. u. Serie V, Hft. 1. u. 2. gr. 8. [Halle, Strien.] Leipzig 887—890. Buchhdlg. d. Evangel. Bundes v. C. Braun. n. 10. 90; für die Serie v. 12 Hftn. n. 2. —
Inhaltsübersicht in alphabet. Ordnung:
Aus der Duisburger II. General-Versammlung d. Evangelischen Bundes. (34 S.) (Hft. 23.) n. — 25
— den Verhandlungen der III. General-Versammlung d. Evangelischen Bundes zu Eisenach, 30. Septbr. bis 3. Oktbr. 1889. (I.) 1. Eröffnungsansprache d. Vorsitzenden Grafen Wintzingerode-Bodenstein. 2. Bericht d. Schriftführers Leuschner. 3. Rede von Beyschlag im Wartburghofe. 4. Resolutionen. (33 S.) (Hft. 34.) n. — 20
— dasselbe. (II.) 1. Festpredigt von Braun. 2. Bildung von Parochialvereinen u. ihr Anschluß an den Evang. Bund. Von Bärwinkel. 3. Was muß seitens des Evang. Bundes auf sozialem Gebiet angestrebt u. in Angriff genommen werden? Von Weber. (38 S.) (Hft. 35.) n. — 25
— dasselbe. (III.) Der Protest gegen die römisch-katholische Entstellung d. Christentums, eine Pflicht christlicher Frömmigkeit. Von Leop. Witte. (34 S.) (Hft. 36.) n. — 20

— den Verhandlungen der IV. General-Versammlung d. Evang. Bundes zu Stuttgart, 22.—25. Septbr. 1890. 1. „Mein Reich ist nicht von dieser Welt". Festpredigt v. Haupt. 2. Generalbericht d. Schriftführers Leuschner. (26 S.) (Hft. 49.) n. — 30

— dasselbe. 1. Die Organisation der evangel. Gemeinde. Von E. Sulze. 2. Die Pflichten d. Evang. Bundes in Sachen d. evang. Mission. Von G. Warneck. (39 S.) (Hft. 46.) n. — 35

Bärwinkel, die neueste Antisklavereibewegung u. die evang. Mission in Ostafrika. (20 S.) (Hft. 30.) n. — 15

— der Evang. Bund zur Wahrung der deutsch-protestantischen Interessen. Seine Berechtigg. u. seine Aufgaben. (III, 27 S.) (Hft. 1.) n. — 25

Bärwinkel, s. oben: Aus den Verhandlungen.

Baumgarten, H., römische Triumphe. (18 S.) (Hft. 2.) n. — 20

Beyschlag, W., die römisch-katholischen Ansprüche an die preußische Volksschule. 1. u. 2. Tausend. (25 S.) (Hft. 28.) n. — 20

— der Friedensschluß zwischen Deutschland u. Rom. Vortrag. (24 S.) (Hft. 4.) n. — 20

— Reformation u. soziale Frage. 1.—4. Tausend. (24 S.) (Hft. 50.) n. — 25

— s. oben: Aus den Verhandlungen.

Blume, E., was würde uns e. vollständiger Sieg Roms kosten? 1.—4. Tausend. (36 S.) (Hft. 19.) n. — 25

Braun, s. oben: Aus den Verhandlungen.

Brief, offener, an die römisch-kathol. Erzbischöfe u. Bischöfe im Deutschen Reich. Eine evangelische Antwort auf den Fuldaer Hirtenbrief vom 20. August 1889. Der Hirtenbrief ist im Abdruck vorausgeschickt. (40 S.) (Hft. 40.) n. — 40

Brüggemann, in der Rüstkammer. 1.—3. Tausend. (19 S.) (Hft. 20.) n. — 15

Bund, der evangelische, in Frankfurt. I. Predigt, geh. in der Paulskirche zu Frankfurt a. M. am 16. August 1887 v. K. H. Vieregge. 1.—5. Tausend. (15 S.) (Hft. 8.) n. — 10

— dasselbe. II. Eröffnungsrede des Grafen Wintzingerode-Bodenstein bei der öffentlichen Versammlung am 17. Aug. 1887. 1.—5. Tausend. (15 S.) (Hft. 9.) n. — 10

— dasselbe. III. Rede auf der konstituierenden Versammlung zu Frankfurt a. M. am 17. Aug. 1887 über die Aufgaben u. den Charakter d. Evang. Bundes, geh. v. G. Fricke. 1.—5. Tausend. (20 S.) (Hft. 10.) n. — 15

Dannell, F., Wundersucht u. Wunderscheu. 1. u. 2. Tausend. (9 S.) (Hft. 29.) n. — 10

Drache, R., die religiöse Erziehung der Kinder nach dem Entwurf d. bürgerl. Gesetzbuches f. das Deutsche Reich u. Abänderungsvorschläge. (62 S.) (Hft. 32. 33.) n. — 60

— können wir trotz der Kampfesziele unseres Bundes mit den deutschen Katholiken in Frieden leben? 1. u. 2. Tausend. (17 S.) (Hft. 31.) n. — 15

Fliedner, F., römische Missionspraxis auf den Karolinen. 1.—3. Aufl. (22 S.) (Hft. 27.) n. — 15

Fricke, G., s. oben: Bund, der evangelische.

Gutbrod, G., römische Bruderliebe. Eine Geschichte aus der Reformationszeit. Den Quellen nacherzählt. (12 S.) (Hft. 41.) n. — 20

Haupt, s. oben: Aus den Verhandlungen.

Heyn, J., die Segnungen des Protestantismus für Volk und Vaterland. 1. u. 2. Aufl. (40 S.) (Hft. 42. 43.) n. — 40

Krauß, A., der sittliche Charakter der Jesuiten e. notwendige Folge ihrer ersten Erziehung. (36 S.) (Hft. 39.) n. — 20

Leuschner, s. oben: Aus den Verhandlungen.

Lipsius, R. A., unser gemeinsamer Glaubensgrund im Kampf gegen Rom. Vortrag. 1. u. 2. Aufl. (18 S.) (Hft. 37.) n. — 20

— zehn Jahre preußisch-deutscher Kirchenpolitik. 1.—5. Tausend. (28 S.) (Hft. 11.) n. — 20

Lorenz, O., ein Streifzug durch die ultramontane Presse. (35 S.) (Hft. 6.) n. — 25

Mirbt, die Entstehung d. Papsttums. Vortrag. (30 S.) (Hft. 45.) n. — 40

Nippold, F., was hat das evangel. Schwaben dem Gesamt-Protestantismus zu bieten u. was von ihm zu empfangen? (29 S.) (Hft. 48.) n. — 25

— der Verband kaufmännischer Kongregationen u. kath. kaufm. Vereine Deutschlands u. eine „öffentliche Aufforderung" der „Germania". Zwei Nachspiele der Thümmel'schen Religionsprozesse. Zur Kennzeichng. neujesuitischer Polemik hrsg. 1.—4. Tausend. (37 S.) (Hft. 18.) n. — 30

Schädel, das Martyrium Philipp's des Großmütigen in seiner belgischen Haft. 1. u. 2. Aufl. (1.—3. Tsd.) (15 S.) (Hft. 44.) n. — 20

Schulze, G., der Unterschied zwischen der katholischen u. evangelischen Sittlichkeit, gemeinverständlich dargestellt. 1.—5. Tsd. (37 S.) (Hft. 13.) n. — 30

Sulze, E., s. oben: Aus den Verhandlungen.

Thönes, der Evang. Bund u. die Toleranz. (31 S.) (Hft. 24.) n. — 25

Trede, Th., Piedigrotta. Ein Nachtbild aus dem religiösen Leben Süditaliens. 1.—4. Tausend. (20 S.) (Hft. 16.) n. — 15

Vieregge, K. H., s. oben: Bund, der Evangelische.

Warneck, G., der gegenwärtige Romanismus im Lichte seiner Heidenmission. I. Die römische Feindschaft wider die evangel. Kirche. 1.—4. Tausend. (34 S.) (Hft. 14.) n. — 25

— dasselbe. II. Das röm. Christentum. 1.—4. Tausend. (46 S.) (Hft. 17.) n. — 35

— dasselbe. III. Die römische Geschichtschreibg. 1.—4. Tausend. (35 S.) (Hft. 25.) n. — 25

— s. oben: Aus den Verhandlungen.

Weber, die Behandlung der sozialen Frage auf evangelischer Seite. Ein Bitt- u. Mahnwort. 1.—4. Tausend. (27 S.) (Hft. 15.) n. — 20

— die soziale Organisation d. römischen Katholizismus in Deutschland. Vortrag. 1.—4. Tausend. (25 S.) (Hft. 21.) n. — 35

— Reformation u. soziale Frage. (20 S.) (Hft. 47.) n. — 20

— s. oben: Aus den Verhandlungen.

Weicker, G., Luther u. Ignatius v. Loyola. 1. u. 2. Tausend. (13 S.) (Hft. 26.) n. — 10

— Luther vor u. in seinen Thesen. (8 S.) (Hft. 22.) n. — 10

Werner, J., die Reformation u. das deutsche Volkstum. 1.—4. Tausend. (26 S.) (Hft. 12.) n. — 20

Wintzingerode-Bodenstein, s. oben: Aus d. Verhandlgn.

— s. oben: Bund, der Evangelische.

Witte, L., welche Aufgaben erwachsen dem geistlichen Amte aus der gegenwärtigen Angriffsstellung Roms? Vortrag. 1. u. 2. Tausend. (33 S.) (Hft. 7.) n. — 25

— die unsichtbare Kirche u. Rom. (23 S.) (Hft. 3.) n. — 20

Witte, L., gegen röm.-kathol. Wiedertaufe. (29 S.) (Hft. 38.) n. — 15

— s. oben: Aus den Verhandlungen.

Wurm, P., die Möglichkeit eines ehrlichen u. gesegneten Zusammenwirkens von kirchlich-konservativen u. liberalen Elementen im Evangelischen Bund. Referat bei der württemberg. Landesversammlg. des Evang. Bundes in Stuttgart, 5. Juli 1887. (11 S.) (Hft. 6.) n. — 15

— des Evangelischen Bundes. Hrsg. vom Vorstand des Ev. Bundes. 51.—101. Hft. = V. Reihe 3.—12. Hft.; VI.—VIII. Reihe à 12 Hfte.; IX. Reihe 1.—5. Hft. gr. 8. Leipzig, Buchh. des Evang. Bundes v. C. Braun. n. 10. 15; für die Reihe v. 12 Hftn. n. 2. —

Inhaltsübersicht in alphabetischer Ordnung:

Aus den Verhandlungen der V. General-Versammlung d. Ev. Bundes zu Kassel vom 28. Septbr. bis 1. Oktbr. 1891. 1. Welcher Segen erwächst dem Einzelnen aus dem Anschluß an die Gemeinschaft? Von Gerh. Goebel. 2. Generalbericht. Von Leuschner. 3. Angenommene Resolutionen. (32 S.) 892. (58. Hft.) n. — 30

— dasselbe. Eröffnungsansprache von Graf v. Wintzingerode-Bodenstein. (14 S.) 892. (59. Hft.) n. — 15

— dasselbe. 1. Eröffnungspredigt in der Martinskirche. Von C. Jatho. 2. Schlußpredigt in der Martinskirche. Von J. Hans. (22 S.) 892. (60. Hft.) n. — 25

— dasselbe. Das Verhalten der röm. u. evangel. Kirche zum Staat. Von Kawerau. (26 S.) 892. (61. Hft.) n. — 25

— dasselbe. Wie hat sich protestantische Charakterfestigkeit gerade in unseren Tagen zu bewähren? Von Haupt. (21 S.) 892. (62. Hft.) n. — 25

— den Verhandlungen der VI. General-Versammlung des Evang. Bundes zu Speier, 22.—24. Aug. 1893. 1. Festpredigt üb. Hebr. 10, 32—39 v. W. Faber. 2. Eröffnungs-Ansprache des Grafen v. Wintzingerode-Bodenstein. (16 u. 13 S.) 893. (85. Hft.) n. — 30

— dasselbe. Der Kampf unserer Zeit, e. Kampf zwischen Glauben u. Aberglauben. Vortrag, geh. am Mittwoch, den 23. Aug. 1893 v. Witte. (30 S.) 893. (86. Hft.) n. — 25

— dasselbe. Das deutsche Reich u. die kirchliche Frage. Vortrag, geh. Donnerstag, den 24. Aug. 1893 v. Leuschner. (17 S.) 893. (87. Hft.) n. — 20

— den Verhandlungen der VII. General-Versammlung des Evang. Bundes zu Bochum, 6.—9. Aug. 1894. Der rechte evangelische Arbeiter. Vortrag bei der Festversammlg. am 6. Aug. 1894. Von Gümbel. (9 S.) 894. (93. Hft.) n. — 15

— dasselbe. Predigt üb. Matth. 10, 32—39 v. Hackenberg. (15 S.) 894. (94. Hft.) n. — 20

— dasselbe. Eröffnungsrede des Grafen v. Wintzingerode-Bodenstein am 8. Aug. 1894. (9 S.) 894. (95. Hft.) n. — 15

— dasselbe. Die weltüberwindende Kraft des evangelischen Glaubens. Vortrag bei der 1. öffentl. Hauptversammlg. am 8. Aug. 1894. Von Scholz. (23 S.) 894. (96. Hft.) n. — 25

— dasselbe. Generalbericht des Evang. Bundes f. d. J. 1893/94. Erstattet v. Leuschner. (24 S.) 894. (97. Hft. n. — 25

Drache, Parität — Imparität. Eine staatsrechtl. Betrachtg. (26 S.) 892. (68. Hft.) n. — 25

Faber, W., Festpredigt, s.: Aus den Verhandlungen.

Fey, Carl, der Anteil der Jesuiten an der preußischen Königskrone v. 1701. 2., verm. Ausg. (49 S.) 893. (75., 76. Hft.) n. — 40

— Gustav Adolf im Lichte der Geschichte. Eine Antwort auf die ultramontanen Verlästergn. des Schwedenkönigs. (48 S.) 894. (100., 101. Hft.) n. — 50

— Ultramontanismus u. Patriotismus. Eine zeitgemäße Betrachtg. (20 S.) 891. (51. Hft.) n. — 20

Gieselle, Frz., zwei kirchengeschichtliche Gedenktage. Der 17. April 1521 u. der 18. Juli 1870 [e. deutscher Mönch vor Kaiser u. Reich u. deutsche Bischöfe vor Papst u. Jesuiten]. (15 S.) 891. (53. Hft.) n. — 20

Goebel, Gerh., welcher Segen erwächst dem Einzelnen, s.: Aus den Verhandlungen.

Gümbel, der rechte evangel. Arbeiter, s.: Aus den Verhandlgn.

Hackenberg, Predigt, s.: Aus den Verhandlungen.

Hans, J., s.: Aus den Verhandlungen.

Haupt, Charakterfestigkeit, s.: Aus den Verhandlungen.

Herrmann, Fr., das Papsttum im Lichte d. ersten Gebotes. I. (44 S.) 892. (71., 72. Hft.) n. — 40

— dasselbe. II. (58 S.) 893. (78.—80. Hft.) n. — 50

Hoffmann, Fridolin, ein betrügerischer Bankerott im J. 1761. Ein Kapitel aus der Geschichte des Jesuitenordens. Mit e. Nachwort neu hrsg. (35 S.) 894. (90. Hft.) n. — 25

Jatho, C., s.: Aus den Verhandlungen.

Kawerau, das Verhalten der röm. u. evangel. Kirche zum Staat, s.: Aus den Verhandlungen.

Kirchenbegriff, röm. katholischer u. evangelischer. Von e. Konvertiten. (16 S.) 891. (56. Hft.) n. — 10

Krebs, Rich., Bernh. Duhr S. J. u. die Lehre der Jesuiten vom Tyrannenmord. (18 S.) 892. (67. Hft.) n. — 20

Krone, R., „Hier steh ich —" „Ich kann auch anders." Aus dem Leben e. röm.-kath. Bischofs. (24 S.) 891. (54. Hft.) n. — 20

Leuschner, römischer Angriff u. evangelische Abwehr. Vortrag, geh. am 6. Febr. im Ev. Verein zu Berlin u. am 14. Apr. in Hamburg. (13 S.) 893. (81. Hft.) n. — 15

— Generalbericht, s.: Aus den Verhandlungen.

— die unserer Kirche gebührende Stellung im öffentlichen Leben. Vortrag auf der ersten Hauptversammlg. d. Ev. Bundes f. die Prov. Sachsen. (IV, 16 S.) 891. (55. Hft.) n. — 20

— das deutsche Reich u. die kirchliche Frage, s.: Aus den Verhandlungen.

Linden, F. O. zur, Paskals Kampf wider die Jesuiten. Beitrag zur Jesuitenfrage. (30 S.) 892. (63. Hft.) n. — 25

Mayer, Th. Fr., Luther in d. Politik. (25 S.) 891. (52 Hft.) n. — 20

Merx, Adb., über die heutigen Aufgaben des Evang. Bundes. Rede, auf der V. bad. Landes-Versammlg. d. Ev. Bundes zu Mannheim, am 23. Oktbr. 1892, geh. (24 S.) 892. (73. Hft.) n. — 15

Opel, J. O., zur Erinnerung an Gustav Adolf. (54 S.) 894. (98., 99. Hft.) n. — 40

Rauter, Gust., Studentenschaft u. Evang. Bund. (20 S.) 893. (84. Hft.) n. — 20

Schmitthenner, Wisset ihr nicht, wes Geistes Kinder ihr seid? (10 S.) 891. (57. Hft.) n. — 10

Scholz, die weltüberwindende Kraft d. evangel. Glaubens, s.: Aus den Verhandlungen.

Thomassin, Charles, die echte u. die falsche Jungfrau v. Orléans. (29 S.) 893. (77. Hft.) n. — 25

Warneck, der Stand der Heidenmission im J. 1892. Mündlicher Bericht, erstattet auf der sächs. Provinzialsynode, Oktbr. 1893. (8 S.) 893. (88. Hft.) n. — 10

Weitbrecht, R., Angriff u. Abwehr. Zur Geschichte der konfessionellen Polemik im 19. Jahrh. I. Wer hat angefangen? (15 S.) 892. (65., 66. Hft.) n. — 30

— dasselbe. II. Ein erwünschter Anlaß. (40 S.) 892. (69., 70. Hft.) n. — 30

— dasselbe. III. Bilder aus Einem Land. (24 S.) 894. (89. Hft.) n. — 20

— dasselbe. IV. Die Schwesterkirche. (27 S.) 894 (90. Hft.) n. — 20

— Redemptoristen u. Jesuiten. (16 S.) 892. (61. Hft.) n. — 15

Wider den Priester Stöck u. die Jesuiten. Gedanken üb. die gerichtl. Verhandlg. vor der Strafkammer in Trier gegen den kathol. Priester Stöck wegen Entführg. e. evang. Kindes. (22 S.) 893. (74. Hft.) n. — 20

Wintzingerode-Bodenstein, Graf v., s.: Aus den Verhandlungen.

Witte, der Kampf unserer Zeit, s.: Aus den Verhandlungen.

Wuttke, warum ist Roms Macht im letzten Jahrhundert gewachsen? (24 S.) 891. (92. Hft.) n. — 20

Zimmermann, Carl, die jesuitische Dreieinigkeit. I. (65 S.) 893. (82., 83. Hft.) n. — 50

— des Evangelischen Bundes. Hrsg. v. Vorstand d. Ev. Bundes. 102.—158. Hft. (IX. Reihe, 6. Hft. bis XIV. Reihe, 2. Hft.) gr. 8. Leipzig, Buchh. d. Evang. Bundes v. C. Braun. n. 11.85; f. d. Reihe v. 12 Hftn. n. 2. —

Inhaltsübersicht in alphabet. Ordnung:

Anti-Duhr od. kurze Widerlegg. der Duhrschen Jesuiten-Fabeln. (VIII, 47 S.) 895. (106. 107. Hft.) n. — 40

Aktenstücke in Sachen: Evang. Bund gegen v. Bülow. (19 S.) 898. (149. Hft) n. — 20

Aus d. Verhandlungen d. VIII. General-Versammlg. d. Evang. Bundes z. Zwickau, 1.—3. Oktbr. 1895. Protestantismus u. Kirche. Vortrag v. E. Chr. Achelis. (21 S.) 895. (110. Hft) n. — 20

— Dasselbe. Festpredigt in d. Marienkirche v. Kölzsch. — Eröffnungsrede d Grafen v. Wintzingerode-Bodenstein. — Huldigungstelegramme u. darauf ergang. Antworten. — Kundgebgn. (27 S.) 895. (111. Hft.) n. — 20

— Dasselbe. D. gemeinsame Gefahr d. evang. Kirche u. d. deutschen Nationalität in d. Diaspora d. deutschen Grenzmarken. Vortrag v. Hermens. (66 S.) 895. (112.—114. Hft.) n. — 60

Aus d. Verhandlungen d. VIII. General-Versammlg. d. Evang. Bundes z. Zwickau, 1.—3. Oktbr. 1895. D. internat. Seite d. päpstlichen Politik u. d. Mittel d. Abwehr. Von Nippold. Vortrag, geh. a. 2. Oktbr. 1895. (88 S.) 895. (115.—118. Hft.) n. — 75

— d. Verhandlgn. d. IX. General-Versammlg. d. Evang. Bundes z. Darmstadt, 28.—30. Septbr. u. 1. Oktbr. 1896. Z. Erinnerg an d. 5. Oktbr. 1886. — Schlußwort b. d. Begrüßungsversammlg. d. Evang. Bundes in Darmstadt a. 28. Septbr. 1896. Gesprochen u. m. ein. Erweitergn. vers. v. Bärwinkel. (14 S.) 896. (126. Hft.) n. — 20

— Dasselbe. Protestantismus u. Volksschule. Vortrag, geh. a. 30. Septbr. 1896 v. Beyschlag. (28 S.) 896. (127. Hft.) n. — 25

— Dasselbe. Autorität u. Gewissen. Vortrag, geh. am 1. Oktbr. 1896 v. Brecht. (40 S.) 896. (128. Hft) n. — 35

— Dasselbe. Festpredigt in d. Stadtkirche zu Darmstadt, geh. am 29. Septbr. 1896 v. Meyer. (15 S.) 896. (129. Hft.) n. — 20

— Dasselbe. Philipp d. Großmütige u. d. Evang. Bund. Rede v. Wilh. Weissenbach. (16 S.) 896. (130. Hft.) n. — 15

— Dasselbe. Festpredigt in d. Johanniskirche zu Darmstadt v. Gerbert. (10 S.) 896. (131. Hft.) n.n. — 10

— Dasselbe. Evang. Gesellen-Vereine. Vortrag, geh. in d. Konferenz m. d. Abgeordneten d. Haupt- u. Zweigvereine v. Rud. Quandel. (11 S.) 896. (132. Hft.) n.n. — 10

— Dasselbe. Eröffnungsansprache z. Darmstadt v. Leuschner. — Ansprache am Lutherdenkmal in Worms v. Hackenberg. — Schlußwort üb. evang. Bekenntniß u. evang. Protest in d. Dreifaltigkeitskirche zu Worms v. Leuschner. (18 S.) 896. (133. Hft.) n. — 20

— d. Verhandlgn. d. X. General-Versammlg. d. Evang. Bundes zu Krefeld v. 4.—7. X. 1897. Eröffnungsrede von Graf v. Wintzingerode-Bodenstein. (15 S.) 897. (140. Hft.) n. — 15

— Dasselbe. D. Hemmungen d. deutschen Protestantismus in d. Wahrg. s. Interessen. Von Nippold. M. e. Anh. üb. d. Fälschgn. d. Vortrags in d. päpstl. Presse. (34 S.) 897. (141. Hft.) n. — 30

— Dasselbe. D. größte Gefahr f. uns. Volk: Der Ultramontanismus. Von Kremers. (19 S.) 897. (142. Hft.) n. — 15

— Dasselbe. D. evang. Bund, ein Lebensband zwischen Süd u. Nord. Von Ilkenscher. (14 S.) 897. (143. Hft.) n. — 15

— Dasselbe. D. Bedeutg. d. Evangeliums u. d. Protestantismus f. uns. Staatsleben. Von Frhrn. v. Plettenburg-Mehrum. (11 S.) 897. (144. Hft.) n. — 15

— d. Verhandlgn. d. XI. General-Versammlg. d. Evang. Bundes zu Magdeburg v. 3.—6. X. 1898. Eröffnungsrede b. d. XI. Generalversammlg. d. Evang. Bundes in Magdeburg v. Graf v. Wintzingerode-Bodenstein. (8 S.) 898. (155. Hft.) n.n. — 10

— Dasselbe. D. Sammlg. d. Evangelischen. Vortrag, geh. a. 5. X. von Meyer. (24 S.) 898. (156. Hft.) n. — 20

Dasselbe. Festpredigt, geh. am 4. X. von Döblin. — D. Stellg. d. ultramontan. Presse zu Kaiser u. Reich. Vortrag, geh. am 4. X. 1898 v. Rob. Herdieckerhoff. (19 S.) 898. (157. Hft.) n. — 15

— Dasselbe. D. Selbsthülfe d. deutschen Protestantismus geg. Rom. Ansprache v. Scholz. — Schlußansprache v. Hieber geh. am 5. X. (16 S.) 898. (158. Hft.) n. — 15

Beyschlag, Wilh., üb. d. Aussprüche Jesu an Petrus. Ev. Matth. 16, 17—19. (24 S.) 896. (124. Hft.) n. — 20

Drechsel, F., „das Prinzip d. Fortschrittes", ist es d. Katholizismus od. d. Protestantismus? E. protestant. Kritik d. Schrift des Prof. Schell. (20 S.) 897. (138. Hft.) n. — 20

Geyer, Chrn., Bilder a. d. Zeit d. Gegenreformation. (22 S.) 896. (123. Hft.) n. — 20

Hummel, Frdr., was giebt d. evang. Protestantismus d. ihm zugehör. Völkern bis heute v. d. römisch-kathol. Völkern voraus? Vortrag, geh. bei d. VII. General-Versammlg. d. Evang. Bundes z. Wahrg. d. deutsch-protest. Interessen in Bochum, v. Aug. 1894. (VII, 118 S.) 895. (102.—105. Hft.) n. — 80

Kallee, Rich., d. Ausbreitg. d. römisch.-kathol. Ordenswesens durch d. Frauenklöster in Württemberg 1864 1896. Nach amtl. Quellen bearb. (78 S.) 896. (119. 120. Hft.) n. — 80

Karfreitag u. Fronleichnamsfest. (22 S.) 897. (136. Hft.) n. — 20

Kremers, Herm., Martin Luther, d. deutsche Christ. (8 S.) 896. (125 Hft.) n.n. — 10

— Römische „Revanche". Eine Simultanisierungs-Geschichte aus d. Zeit d. Gegenreformation, nach d. Chronik v. K. S. Kremer, Pfarrer zu Kirchen-Bollenbach (Nahe) dargest. (29 S.) 897. (139. Hft.) n. — 20

Krumhaar, d. Evangelium a. d. Eichsfelde. (16 S.) 898. (147. Hft.) n. — 20

Leuschner, d. Einfluß d. röm. Kurie auf d. deutsche Gesetzgebg. (M. bes. Beziehg. auf d. „Umsturzvorlage".) (16 S.) 895. (108 Hft.) n. — 15

Müller, Hans, Kurfürst August d. Starken Übertritt z. röm. Kirche. (56 S.) 897. (134. 135. Hft.) n. — 50

Nottrott, L., wie Herzog Moritz Wilhelm v. Sachsen-Zeitz katholisch u. wieder evangelisch wurde. (26 S.) 898. (148. Hft.) n. — 30

Rocholl, Heinr., die schwarze Maria z. Einsiedeln u. d. Mutter d. Herrn n. d. Schrift. (23 S.) 895. (109. Hft.) n. — 20

Schöttler, J., was ist d. Evang. Bund, was will er sein u. bleiben? Festpredigt, geh. b. d. X. Generalversammlg. d. Evang. Bundes am 5. X. 1897 in d. Friedenskirche zu Krefeld. (10 S.) 897. (146. Hft.) n.n. — 10

Schultze, O., die „lebenden Bilder" d. Alberschweiler Fronleichnamsprozession vor Gericht. N. d. Orig.-Berichten d. „Heimat", d. „Tägl. Rundschau" u. d. „Zaberner Anzeigers" zusammengest. u. beleuchtet. (22 S.) 898. (153. Hft.) n. — 25

— Luthers 95 Thesen, im Wortlaut mitgeteilt u. nach d neuesten Forschgn. erläut. (16 S.) 898. (154. Hft.) n.n. — 10

Steinecke, Otto, eine Bittschrift evang. Böhmen an d. Regensburger Reichstag. Nach ungedr. Quellen hrsg. (32 S.) 897. (137. Hft.) n. — 25

Szyrgens, A., das Vordringen d. Katholizismus in Ostpreußen. (37 S.) 897. (145. Hft.) n. — 30

Weibel, J. L., Rom u. d. gemischten Ehen. (40 S.) 898. (151. 152. Hft.) n. — 50

Witte, Leop., Savonarola. Z. 400jähr. Gedächtnistage s. Märtyrertodes. (18 S.) 898. (150. Hft.) n. — 20

Zur Evangelisation Brasiliens. Erinnergn. u. Beobachtgn. v. ***. (43 S.) 896. (121. 122. Hft.) n. — 50

Flugschriften des Evangelischen Bundes. Hrsg. vom Vorstand des ev. Bundes. 159.—205. Hft. [XIV. Reihe 3.—XVIII. Reihe 1. Hft.] gr. 8. Leipzig, Buchh. des ev. Bundes v. C. Braun. Einzelpr. n. 9. 80; für die Reihe v. 12 Hftn. n. 2. —

Inhaltsübersicht in alphabetischer Ordnung:

Bärwinkel, Naturwissenschaft u. Gottesglaube. Ein apologet. Streifzug gegen Häckels „Welträtsel". (23 S.) 902. (Hft. 196.) n. — 25

— die Pilgerfahrt zur Einweihung der Erlöserkirche in Jerusalem. Reisebericht u. Betrachtgn. (26 S.) 899. (Hft. 161.) n. — 25

Bewegung, die evangelische, in Oesterreich. Von e. süddeutschen Pfarrer. (32 S.) 900. (Hft. 173. 174.) n. — 30

Blanckmeister, Frz., das kirchlich-religiöse Leben der römischen Kirche im Königr. Sachsen. (25 S.) 902. (Hft. 205.) n. — 25

Däublin, der Protestantismus an der Jahrhundertwende. Vortrag, geh. bei der bad. Landesversammlg. des Evangel. Bundes am 14. VI. 1900 in Heidelberg. (20 S.) 901. (Hft. 189.) n. — 20

Eberhard, E., der Fall Schell. Eine Skizze aus der römisch-kathol. Kirche zu Ende d. 19. Jahrh. (12 S.) 900. (Hft. 171.) n. — 20

Eisele, entweder — oder! Offener Brief an den Herrn Reichstagsabgeordneten Gröber. (10 S.) 899. (Hft. 166.) n. n. — 10

Falke, Rob., Fürst Bismarcks Stellung zum Christentum. (20 S.) 899. (Hft. 160.) n. — 25

Gaebelein, Raim., die politischen u. religiösen Verhältnisse Spaniens. (40 S.) 900. (Hft. 177. 178.) n. — 40

Gebhardt, E., die Entwicklung des kathol. Ordenswesens in Schlesien in den letzten Jahrzehnten u. die Lehre daraus. (19 S.) 899. (Hft. 164.) n. — 20

— die katholischen Mäßigkeitsbestrebungen. (47 S.) 902. (Hft. 198. 199.) n. — 45

— die römisch-katholische Propaganda in Schlesien. Eine Skizze. (30 S.) 901. (Hft. 192.) n. — 20

Girgensohn, Jos., das Evangelium in Rußland. (30 S.) 901. (Hft. 190.) n. — 30

Hermens, Paul, Anastasius Grün. Ein Zeitbild aus der österreich. Dichtg. (60 S.) 900. (Hft. 186. 187.) n. — 60

Jacobs, Ed., Wilhelm v. Oranien. (43 S.) 902. (Hft. 194. 195.) n. — 40

— Friedrich Leopold Graf zu Stolberg. (40 S.) 902. (Hft. 201. 202.) n. — 40

Ickstatt, J. A. v., kathol. Lobschrift auf den Protestantismus. Verf. 1772 in München, neu hrsg. v. K. Walcker. (IV, 52 S.) 900. (Hft. 181—183.) n. — 50

Kaftan, Jul., die Rechtfertigung durch den Glauben als Grundartikel der protestant. Kultur. Ein Vortrag. (16 S.) 901. (Hft. 188.) n. — 20

Kohlschmidt, Osk., neue u. alte Wege nach Rom. Ein Vortrag. (16 S.) 900. (Hft. 172.) n. — 20

Loofs, Frdr., römisch-katholische u. evangelische Lehre v. der Kirche. Predigtvortrag. (19 S.) 901. (Hft. 191.) n. — 20

Mirbt, Carl, der Ultramontanismus im 19. Jahrh. (18 S.) 902. (Hft. 204.) n. — 20

Meyer, Fr., die evangelische Bewegung in Oesterreich. (19 S.) 899. (Hft. 163.) n. — 20

— Luther, der Reformator auch der Zukunft. (22 S.) 899. (Hft. 163.) n. — 20

— der Protestantismus in Oesterreich. (23 S.) 900. (Hft. 175.) n. — 20

Müller, Gust., die römische Propaganda in unseren afrikan. Kolonien. (27 S.) 899. (Hft. 159.) n. — 25

Rehmig, H., wie e. römischer Priester 1871 in Magdeburg den Weg zur evangel. Kirche fand. Vortrag. (14 S.) 900. (Hft. 176.) n. — 20

Nippold, Fdr., der sächsische Adel u. der Protestantismus. Vortrag, geh. beim Jahresfest des sächs. Landesvereins des evangel. Bundes in Annaberg am 24. IX. 1900. (47 S.) 900. (Hft. 184. 185.) n. — 60

— die Verschuldung des deutschen Protestantismus an der Oberherrschaft des Papsttums üb. das Deutsche Reich. Vortrag in der Generalversammlung des brandenburg. Hauptvereins des evangel. Bundes in Berlin. 4. X. 1899. (19 S.) 899. (Hft. 167.) n. — 20

Nithack-Stahn, W., der Prozeß der römischen Kirche gegen Galileo Galilei. (22 S.) 902. (Hft. 200.) n. — 20

Orth, Jul., die evangelische Bewegung unter dem Klerus Frankreichs in der Gegenwart. Nach e. Vortrag, geh. am 5. II. 1899 im Evangelischen Bund zu Augsburg. (20 S.) 899. (Hft. 167.) n. — 20

Pfleiderer, Otto, Katholizismus u. Protestantismus im Lichte der Kulturgeschichte beurteilt. Rede, zur Feier v. Luthers Geburtstag am 10. XI. 1899 im Zweigverein des Evang. Bundes zu Groß-Lichterfelde geh. (16 S.) 900. (Hft. 170.) n. — 20

— Los v. Rom! (13 S.) 899. (Hft. 165.) n. — 20

Protestversammlungen, die Rixdorfer, u. die evangelische Bewegung in Österreich. Vom Preßausschuß des brandenburg. Hauptvereins d. evangel. Bundes. Mit e. Vortrag v. Bräunlich. (36 S.) 902. (Hft. 197.) n. — 25

Schmidt, W., unsre Stellung zur Polenfrage. (25 S.) 902. (Hft. 203.) n. — 20

Trede, Thdr., der Klerus Italiens. Bilder aus dem Leben. (Aus seinem Nachlaß.) (40 S.) 900. (Hft. 179. 180.) n. — 40

Warmuth, Kurt, Martin Luther im deutschen Lied. (32 S.) 902. (Hft. 193.) n. — 25

Zu Schutz u. Trutz unserer protestantischen Litteratur. (36 S.) 900. (Hft. 169.) n. — 20

— **des Evangelischen Bundes.** Hrsg. vom Vorstand des Ev. Bundes. 204 u. 206—246. (XVII. Reihe 12. Hft., XVIII. Reihe 2.—12. Hft., XIX. u. XX. Reihe à 12 Hfte. u. XXI. Reihe, 1.—6. Hft.) 8. Leipzig (C. Braun). n. 14. 95; f. die Reihe v. 12 Heften n. 2. —

Ablaßwesen, das, im modernen Katholizismus. Von e. evangel. Theologen. (17 S.) 903. (211.) n. — 20

Aurich, G., die evangelische Kirche im Reichsland Elsaß-Lothringen nach Vergangenheit u. Gegenwart. (38 S.) 903. (209 u. 210.) n. — 40

Ausweisung u. Nichtbestätigung evangelischer Geistlicher in Oesterreich 1898—1904. (53 S.) 905. (232/233.) n. — 80

Büttner, F., Johann Muthmann. Ein Erweckungsprediger aus der evangel. Diaspora. (34 S.) 906. (241.) n. — 60

Büttner, M., der Große Kurfürst. Ein Beitrag zu seinem Charakterbild. (22 S.) 903. (212.) n. — 20

— Luther u. Tetzel. (23 S.) 905. (229.) n. — 45

Campe, v., evangelisches Christentum u. Kulturfortschritt. Vortrag, geh. auf der 1. Hauptversammlg. des evangel. Bundes der Prov. Hannover zu Hildesheim am 22. V. 1905. (27 S.) 905. (236.) n. — 40

Fey, Carl, unsere Lage u. unsere Aufgaben nach dem Fall von § 2 des Jesuitengesetzes. (17 S.) 904. (223.) n. — 35

Ficker, Gerh., Bonifatius, der „Apostel der Deutschen". Ein Gedenkblatt zum Jubiläumsf. 1905. (26 S.) 905. (230.) n. — 50

Fischer, Gerh., ist Religion Privatsache? Ein Beitrag zur Würdigg. der sozialdemokrat. Programmforderg. Vortrag, geh. im evang. Bunde zu Erfurt am 2. II. 1904. (20 S.) 904. (218.) n. — 35

Forberger, Joh., der Einfluß des Katholizismus u. Protestantismus auf die wirtschaftliche Entwickelung der Völker. (60 S.) 906. (245. 246.) n. — 80

Gaspar, K., Reformation, Revolution, Restauration. (21 S.) 905. (237.) n. — 40

Gebhardt, E., die marianischen Kongregationen. (49 S.) 904. (224/225.) n. 1. —

Hegemann, Ottmar, das römische Dogma v. 1854. Eine Jubiläumsbetrachtg. (30 S.) 904. (228.) n. — 40

Herrmann, R., die jesuitische Moraltheologie. Ein Wort zur Liguori-Debatte. (40 S.) 903. (214. 215.) n. — 40

Hochmut, römischer, auch im Reformkatholizismus. Kritische Bemerkgn. üb. Ehrhard, der Katholizismus u. das 20. Jahrh. im Lichte der kirchl. Entwicklg. der Neuzeit. (24 S.) 903. (207.) n. — 25

Hochstetter, Frdr., die rechtliche Stellung der Evangelischen in Oesterreich. Vortrag auf der 2. Hauptversammlg. des deutsch-evangel. Bundes f. die Ostmark zu Eger am 1. XI. 1905. (24 S.) 905. (238.) n. — 40

Kalau v. Hofe, J., ultramontanes Staatsbürgertum. (17 S.) 905. (234.) n. — 30

Kohl, Horst, Berlichingen u. Bismarck. Wie e. kathol. Priester den ersten deutschen Reichskanzler zum Eideshelfer e. Geschichtslüge zu machen suchte. (51 S.) 903. (216.) n. — 40

Leuschner, zu Ehren des Herrn Grafen v. Wintzingerode-Bodenstein. Ein Festwort in Anlaß seines 70. Geburtstages — 12. VII. 1903. (15 S.) 903 (213.) n. — 20

Mirbt, Carl, der Ultramontanismus im 19. Jahrh. 2. Aufl. (3. u. 4. Taus.) (18 S.) 903. (204.) n. — 20

Müller, E. F. Karl, die Wahrheit üb. die römische Moral. Vortrag, bei der Versammlg. des bayer. Hauptvereins des evang. Bundes geh. am 8. IX. 1903. (26 S.) 904. (217.) n. — 20

Müller, G., Luthers Stellung zum Rechte. (40 S.) 906. (243/244.) n. — 50

Nithack-Stahn, W., Denifles Luther. (25 S.) 904. (227.) n. — 40

Pollack, Paul, von katholischer Marienverehrung. Streiflichter zur Würdigg. der 50jähr. Jubelfeier des Dogmas v. der „Unbefleckten Empfängnis". (32 S.) 904. (221.) n. — 60

Richter, Walt., für das Paul Gerhardt-Denkmal in Lübben. Ein Baustein. (22 S.) 903. (208.) n. — 25

Scheel, Otto, wie erhalten wir das geistige Erbe der Reformation in den Kämpfen der Gegenwart? Vortrag, geh. auf dem 1. Jahresfest des evangel. Bundes f. Schleswig-Holstein am 2. XII. 1903. (27 S.) 904. (219.) n. — 45

Scholz, Herm., das Einigende im Protestantismus. Vortrag, geh. in den Hauptvereinen Bremen u. Lübeck im Jan. 1906. (18 S.) 906. (239.) n. — 30

— der Evangelische Bund u. die Politik. (19 S.) 904. (222.) n. — 40

— was haben wir vom Reformkatholizismus zu erwarten? (18 S.) 903. (206.) n. — 25

Sodeur, G., Luther u. die Freiheit. (23 S.) 905. (235.) n. — 40

Stober, Frdr., was versteht der Katholik u. was der Protestant unter „Kirche"? Die röm. Grundlehre gemeinverständlich dargestellt u. evangelisch beleuchtet. (27 S.) 905. (231.) n. — 45

Tschackert, Paul, das echte Lutherbild. (15 S.) 904. (226.) n. — 30

Vertreibung, die, der evangelischen Zillertaler. Ein Vortrag. (24 S.) 904. (220.) n. — 45

Wächtler, A., der Evangelische Bund nach 20 Jahren. (28 S.) 906. (242.) n. — 40

Weitbrecht, Rich., konfessioneller Literaturbetrieb. (28 S.) 906. (240.) n. — 60

Flugschriften des evangelischen Bundes z. Wahrung d. deutsch-protestant. Interessen. 247—295. (XXI. Reihe. 7—12. Heft, XXII—XXIV. Reihe à 12 Hefte u. XXV. Reihe 1—7.) 8. Halle, Verlag des ev. Bundes. 18.25; für die Reihe v. 12 Heften 2. —

Aßmann, J., der polnische Schulkinderstreit u. der Ultramontanismus. (17 S.) Leipzig 907. (Heft 247) — 25

Basedow, A., der römische Katholizismus in den nordischen Reichen (Dänemark, Norwegen u. Schweden). (16 S.) Leipzig 908. (Heft 256. 257) — 75

Bauer, Carlo Borromeo u. seine Zeit. Ein Bild aus den Tagen der Gegenreformation als Spiegelbild f. unsere Gegenwart, entworfen aus Anlaß d. Borromäus Enzyklika. (22 S.) 910. (Heft 293) — 30

Benzler, Bischof, u. der Protestantismus. Auch e. Wort d. Aufklärg. an Katholiken u. Nichtkatholiken. Zugleich Antwort auf Bischof Benzlers Schrift „Metzer Hirtenbrief u. Evangel. Bund" vom Vorstand des Hauptvereins Lothringen des Evangel. Bundes. (51 S.) 909. (Heft 274. 275) — 75

Bornkamm, G., Priester u. Pastor. Vortr., geh. im Jugendverein d. ev. Bundes in Görlitz. (20 S.) 909. (Heft 271) — 40

Braeunlich, P., die Bemühungen der deutschen Katholikentage um die Bekehrung der Nichtkatholiken. Sonderausg. d. II. Tls., Abschn. 2 des Werkes „Die deutschen Katholikentage". Auf Grund amtl. Quellen. (83 S.) 909. (Heft 280—282.) — 75

— Der Kampf der deutschen Katholikentage gegen andere Konfessionen. 1. Sonderausg. des II. Tls., Abschn. 1 des Werkes „Die deutschen Katholikentage". Auf Grund amtl. Quellen. (78 S.) 909. (Heft 277—279) — 75

— Der Kampf der deutschen Katholikentage gegen die moderne Kultur. Sonderausg. des III. Tls., Abschn. 1 des Werkes „Die deutschen Katholikentage". Auf Grund amtl. Quellen. (54 S.) 910. (Heft 294. 295) — 70

— Katholikentage u. Toleranz. Sonderausg. des II. Tls., Abschn. 3 des Werkes „Die deutschen Katholikentage". Auf Grund amtl. Quellen. (22 S.) 909. (Heft 283) — 40

— Die deutschen Katholikentage als ultramontane Kampforganisation. Sonderausg. des I. Tls. des Werkes „Die deutschen Katholikentage". (119 S.) 910. (Heft 284—288) 1. 50

Cornill, Karl Heinr., zu Johannes Calvins Gedächtnis, 10. VII. 1909. Rede am 28. VI. 1909 in der Elisabethkirche zu Breslau bei der Calvinfeier des Evangel. Bundes. (20 S.) 909. (Heft 273) — 40

Fey, Carl, zur Ausbreitung der röm. Kirche im protestant. Deutschland, besonders in der preuß. Prov. Sachsen. (48 S.) Leipzig 907. (Heft 249. 250) — 60

— John Milton als protestantischer Charakter. (15 S.) Leipzig 908. (Heft 261/62) — 75

Forberger, Joh., die wirtschaftl. u. kulturelle Rückständigkeit der Katholiken u. ihre Ursachen. (62 S.) Leipzig 908. (Heft 263/64) 1. —

Geiger, Karl, sieben Bitt- u. Bettelreden, geh. bei d. Lutherfeiern der evangel. Gemeinde in Tübingen. (10 S.) Leipzig 908. (Heft 253) — 40

Haberkamp, Protestantismus u. nation. Politik. Auf Grund e. Vortrages, geh. auf der 22. Prov.-Versammlg. des rhein. Hauptvereins des evangel. Bundes am 28. VI. 1909. (14 S.) 909. (Heft 276) — 25

Hermens, Professor Harnacks Kaisersgeburtstagsrede 1907. Erwogen v. e. Mitgliede d. Evangel. Bundes. (24 S.) Leipzig 908. (Heft 254) — 40

Kühn, Vikt., ist Christus e. geschichtliche Person? (20 S.) 910. (Heft 290) — 40

— Haeckels Monismus, e. Gefahr f. unser Volk. (54 S.) 909. (Heft 285) — 75

Lehmann, H., aus dem Rechtsstaate Österreich. Ein Beitrag zur Geschichte der evangel. Kirche in Österreich. (22 S.) 910. (Heft 289) — 40

Meinhold, Österreich u. der Klerikalismus. Vortrag, am 15. I. 1907 im Evangel. Bunde zu Stettin geh. (86 S.) Leipzig 907. (Heft 248) — 60

Mirbt, Carl, Johannes Calvin. (Rede, geh. bei der Calvinfeier d. reformierten Gemeinde in Braunschweig, 8. VI. 1909.) (20 S.) 909. (Heft 272) — 40

Pollack, Paul, zur Entwickelung des katholischen Ordenswesens im Deutschen Reich. Ein statist. Versuch. (28 S. m. 2 Tab.) 909. (Heft 269) — 50

Raebiger, Karl, die Wegnahme der evangelischen Kirchen im Fürstent. Wohlau 1680—1708 u. die Konvention v. Altranstädt 1707. (38 S.) Leipzig 907. (Heft 251) — 50

Rönneke, K., die evangelische Kirche in Italien, ihr Bestand in der Gegenwart u. ihre Aussichten f. die Zukunft. (18 S.) Leipzig 907. (Heft 252) — 75

— Die Stellung der römischen Kirche z. Studium u. zur Verbreitung der Bibel. (38 S.) 910. (Heft 291. 292) — 50

Schulze, Mart., der persönliche Charakter des protestantischen Christentums. Ein Vortrag. (14 S.) Leipzig 908. (Heft 260) — 25

Selle, Frdr., Bonifatiusverein u. Protestantismus. (47 S.) Leipzig 908. (Heft 258. 259) — 75

Syllabus u. Modernisten Enzyklika Pius' X., v. Bgllin. (32 S.) Leipzig 908. (Heft 255) — 50

Winter, Hans, um das Recht des evangelischen Religionsunterrichts. Ein zeitgemäßer Beitrag zu dem Kapitel: Ultramontanismus u. konfessioneller Friede. (100 S.) 909. (Heft 266—270) 1. —

Wolff, Walth., Religion u. Politik. (26 S.) 909. (Heft 267) — 50

FLUGSCHRIFTEN DES BUNDES FÜR SCHULREFORM, Allgemeinen deutschen Verbandes für Erziehungs- u. Unterrichtswesen.

1. Aufgaben und Ziele des Bundes. Vorträge und Ansprachen, gehalten auf der Hauptversammlung am 19. März 1910 in Berlin von Prof. HANS CORDSEN-Hamburg, Prof. E. MEUMANN-Leipzig, Direktor W. WETEKAMP-Berlin, Dr. GERTRUD BÄUMER-Grunewald, Prof. W. STERN-Breslau, Amtsgerichtsrat Dr. P. KOEHNE-Berlin, Prof. W. WEYGANDT-Hamburg. Leipzig und Berlin 1910. Druck und Verlag von B. G. Teubner. 8°.

— christlich-sociale, z. Schulfrage. 1. u. 2. Hft. gr. 16. Wien 898. (Warnsdorf, A. Opitz.) à n. — 10

1. D. christl.-soc. Partei u. d. Lehrerschaft. E. Wort z. Aufklärg. Von Hans Bösbauer u. Ferd. Nemec. (24 S.)
2. D. Umsturz in d. Schule, veranschaulicht an Lehrern u. Schülern. Von Hans Bösbauer u. Ferd. Nemec. (18 S.)

[**Flugschriften** d. Comités 'Confessionslos'. Nr 1.] 2. Aufl. ⟨Schmargendorf⟩: Comité 'Confessionslos'; Berlin: Frowein [in Komm.] (1910). 8° [11. 1911

Flugschriften, demokratische. 8. (52 S.) Leipzig 850, Weller.
Hat gleichen Inhalt mit: Volksfreund. 1. Jahrg. 1848.

Demokratische **Flugschriften** hrsg. von Dr. Julius Moses. H. 1. Berlin: Verl. Demokratische Flugschr. 1908. 8° [09. 2136

Flugschriften, deutsche. I., s. Ueber Robert Blum's Tod.

Flugschriften, die drei, über den Münzstreit der sächsischen Albertiner und Ernestiner um 1530. Herausgegeben von W Lotz. (117 S) (Brentano und Leser, Sammlung staatswissenschaftlicher Schriften 2) Leipzig 1893

Flugschriften aus den Jahren 1704 u. 1705 des spanischen Erbfolgekrieges. (Fing. Tit.) Mit Kpf. Leipzig 1704. 11 Stücke.

Flugschriften der deutschen Gartenstadt-Gesellschaft. Nr. 2—10. gr. 8. Berlin-Schlachtensee, Deutsche Gartenstadt-Gesellschaft. n. 1. 50

2. Die englische Gartenstadtbewegg. Von Bernh. Kampffmeyer. (Umschlag: Die Vermählung v. Stadt u. Land. Ein soziales Experiment.) (24 S. m. Abbildgn.) 903. n. — 20
3. Abkehr, die, v. der Grossstadt! Hinaus aufs Land! Zur Gartenstadt! (4 S.) (904.) Unentgeltlich.
4. Genossenschaften u. Genossenschaftsstädte. 2. Aufl. 3.—4. Taus. (11 S.) (906.) n. — 10
5. Zug, der, der Industrie aufs Land. Eine Innenkolonisation. [Erweit. Sonderdruck aus: „Hand in Hand".] (10 S.) 904. n. — 10
6. Gartenstadt u. ästhetische Kultur. Von Hans Kampffmeyer. [Erweit. Umarbeitg. aus: „Kunstwart".] (15 S. m. 2 Taf.) 904. n. — 30
7. Gartenstadt, die, in Wort u. Bild. Prospekt für Lichtbilder-Vorträge. (14 S. m. Abbildgn.) 906. Unentgeltlich.
8. Die Grossstadt als Städtegründerin. Von A. Abendroth. [Aus: „Der Städtebau".] (32 S. m. Abbildgn.) 905. n. — 50
9. Gesellschaften, gemeinnützige, f. Werkstättenbau. Ein Dezentralisationsmittel. [Aus: „Handwerkszeitung."] (4 S.) 4. 905. Unentgeltlich.
10. Gartenstadt u. Landeskultur. Von Bernh. Kampffmeyer. (28 S.) 906. n. — 30

1 s. unter Flugschrift...

Flugschriften der deutschen Gesellschaft zur Bekämpfg. der Geschlechtskrankheiten. 1.—6. Hft. gr. 8. Leipzig, J. A. Barth. n. 1. 80

1. Geschlechtskrankheiten u. Kurpfuscherei. Vortrag, geh. im schles. Zweigverein der deutschen Gesellschaft zur Bekämpfg. der Geschlechtskrankheiten am 15. V. 1903. Von Carl Alexander. 2. Aufl. (24 S.) 904. n. — 30
   1. Aufl. (26 S.) 904. n. — 80.
2. Über die Bedeutung der Geschlechtskrankheiten f. die Hygiene des Auges. Vortrag, geh. in der Sitzung der Ortsgruppe Berlin der deutschen Gesellschaft zur Bekämpfung der Geschlechtskrankheiten am 22. V. 1903. Von G. Gutmann. 2. Aufl. (16 S.) 904. n. — 20
   1. Aufl. (16 S.) 904. n. — 50.
3. Wie schützen wir uns vor den Geschlechtskrankheiten u. ihren üblen Folgen? Ein Vortrag f. junge Männer, geh. im Hannoverschen Arbeiterverein im März 1903. Von Fel. Block. (32 S.) 904. n. — 80
4. Das Geschlechtliche in der Jugenderziehung. Vortrag, geh. in der öffentl. Versammlung der Ortsgruppe München der deutsch. Gesellschaft zur Bekämpfg. der Geschlechtskrankheiten im Rathause zu München am 2. II. 1904. Von Carl Kopp. (35 S.) 904. n. — 30
5. Prostitution u. Geschlechtskrankheiten. Vortrag. Von E. v. Düring. (48 S.) 905. n. — 40
6. Über Quecksilber als Heilmittel. Vortrag, geh. im Ortsverein Frankfurt a. M. des Verbandes deutscher Handlungsgehilfen Leipzig am 6. XII. 1905. Von R. Kaufmann. (24 S.) 906. n. — 30

— der deutschen Gesellschaft zur Bekämpfung der Geschlechtskrankheiten. 1—5. u. 7—11. Heft. gr. 8. Leipzig, J. A. Barth. 2. 80

Alexander, Carl, Geschlechtskrankheiten u. Heilschwindel. Ein Vortrag. 3. gänzlich umgearb. Aufl. (30 S.) 908. (Heft 1) — 30

Block, Fel., wie schützen wir uns vor den Geschlechtskrankheiten u. ihren üblen Folgen? Ein Vortrag f. junge Männer. 3. umgearb. Aufl. (32 S.) 908. (Heft 3) — 30

Gutmann, G., üb. d. Bedeutung d. Geschlechtskrankheiten f. die Hygiene des Auges. Vortrag, geh. in d. Sitzg. d. Ortsgruppe Berlin d. deutschen Gesellschaft zur Bekämpfg. der Geschlechtskrankheiten am 22. V. 1903. 3., durchgesch. Aufl. (16 S.) 910. (Heft 2) — 20

Heidenhain, A., sexuelle Belehrg. der aus der Volksschule entlassenen Mädchen. Vortrag, f. die Ostern u. Herbst jeden Jahres zu Steglitz z. Entlassg. komm. Volksschülerinnen. Mit 1 Taf. 2. verm. Aufl. (16 S.) 909. (Heft 8) — 30

Hübner, Hans, mod. Syphilisforschgn. Vortrag, geh. am 16. XI. 1906 in der Ortsgruppe Frankfurt a. M. der Deutschen Gesellschaft zur Bekämpfg d. Geschlechtskrankheiten. (16 S.) 907. (Heft 7) — 20

Jaffé, K., über den gegenwärtigen Stand der Frage der sexuellen Jugendbelehrung. Vortrag, f. Eltern u. Lehrer, geh. in der öffentl. Versammlg. des Vereins f. öffentl. Gesundheitspflege zu Hamburg am 24. II. 1908. (20 S.) 908. (Heft 11) — 30

Kopp, Carl, das Geschlechtliche in der Jugenderziehg. Vortrag, geh. in d. öffentl. Versammlg. d. Ortsgruppe München der deutschen Gesellschaft z. Bekämpfg. d. Geschlechtskrankheiten im Rathause zu München am 2. II. 1904. 2. unveränd. Aufl. (32 S.) 908. (Heft 4) — 30

Münsterberg, Otto, Prostitution u. Staat. Vortrag, geh. in der Ortsgruppe Berlin der deutschen Gesellschaft zur Bekämpfg. d. Geschlechtskrankheiten am 8. XI. 1907. (30 S.) 908. (Heft 9) — 30

Stephani u. Hollmann, 2 Ansprachen an Abiturienten. (27 S.) 910. (Heft 5) — 30

Touton, K., über sexuelle Verantwortlichkeit. Ethische u. medizinisch-hygien. Tatsachen u. Ratschläge. Ein Vortrag vor Abiturienten. [Aus: „Ztschr. f. Bekämpfg. d. Geschlechtskrankh."] (24 S.) 908 (Heft 10) — 30

— d. österreichischen „Ethischen Gesellschaft". Nr. 1. 8. Wien (H. Heller & Co.). — 30

Über das Wesen u. die Aufgabe der Ethischen Gesellschaft. Rede zur konstituier. Versammlg. der österreich. „Eth. Gesellschaft" (Wien, 10. XII. 1894). Von Frdr. Jodl. 3., um e. Vorwort verm. Aufl. (VIII, 25 S.) 909.

FLUGSCHRIFTEN DES GIORDANO BRUNO-BUNDES.

No. 1. Dr. EUGEN HEINRICH SCHMITT, Religion und Kultur. Schmargendorf bei Berlin 1904. Verlag „Renaissance" (Otto Lehmann). 8°.

No. 2. BRUNO WILLE, Auferstehung. Ideen über den Sinn des Lebens. ib. 1904. — A. u. d. T.: Auferstehung. Ideen über den Sinn des Lebens von BRUNO WILLE. Nach einem Vortrag zur Osterfeier des Giordano Bruno-Bundes Frühling 1904 im Beethovensaal zu Berlin.

Nr. 3. Professor LUDWIG KUHLENBECK, Giordano Bruno in seiner Bedeutung für die Philosophie und Kultur der Zukunft. ib. 1904. —

No. 4/5. GRAF PAUL von HOENSBROECH, Das Schulprogramm des Ultramontanismus. No. 4/5 der Flugschriften des Giordano Bruno-Bundes. ib. 1904. —

No. 6. WOLFGANG KIRCHBACH, Ziele und Aufgaben des Giordano Bruno-Bundes. No. 6 der Flugschriften des Giordano Bruno-Bundes. ib. 1905. —

— handelspolitische, hrsg. vom Handelsvertragsverein. 1.—3. Hft. gr. 8. Berlin, J. Springer. n. 1. 60

1. Volkswirthschaft, die deutsche, u. der Weltmarkt. Mit e. (farb.) graph. Taf. 1. u. 2. Aufl. (à 28 S.) 901. n. — 60
2. Wirkungen, die, der Handelsverträge von 1892—1894. (19 S.) 901. n. — 40
3. Der neue Zolltarif u. die Lebenshaltung des Arbeiters. Von Hans Kurella. (45 S.) 902. n. — 60

— handelspolitische. Hrsg. vom Handelsvertragsverein. 4—6. Heft. gr. 8. Berlin, Liebheit & Thiesen. 1. 75

Borgius, W., Rechtsverfolgung im Auslande. Materialien u. Anträge des Handelsvertragsvereins. (68 S.) 908. (Hft. 4) — 60

Nitzsche, Max, Denkschrift betr. Neuregelung der deutsch-kanadischen Handelsbeziehungen. (93 S.) 908. (Hft. 5) — 90

Welt-Pennyporto. (24 S.) 909. (Hft. 6) — 25

— der Heimat. 1., 2., 4., 7. u. 8. Hft. 8. Berlin, G. H. Meyer. à n. — 50

1. Ein Berliner Litteraturhistoriker. Dr. Richard M. Meyer u. seine „deutsche Litteratur". Von Adf. Bartels. (40 S.) 900.
2. Burenlieder. Von Fritz Lienhard. 1.—5. Tauf. (39 S.) 900.
4. Die Vorherrschaft Berlins. Litterarische Anreggn. Von Fritz Lienhard. (62 S.) 900.
7. 8. Jung-Elsaß in der Litteratur. Von Karl Storck. (72 S.) 901.

— des Bundes Heimatschutz. 3. Flugschrift. gr. 8. Halle, Gebauer-Schwetschke. n. — 50

Die Stromschnellen des Rheins bei Laufenburg u. ihre Erhaltung. Von Carl Johs. Fuchs u. Paul Schultze-Naumburg. Mit 13 Abbildgn. nach Aufnahmen der Verfasser. (41 S.) 906. 1 u. 2 u. d. T.:

— des Heimatschutzbundes. 1. u. 2. Flugschrift. gr. 8. Ebd. n. 1. 20

1. Heimatschutz u. Volkswirtschaft. Von Carl Johs. Fuchs. (23 S. m. 4 Taf.) 905. n. — 40
2. Die Entstellung unseres Landes. Von Paul Schultze-Naumburg. (Mit 71 Abbildgn.) (67 S.) 905. n. — 80

Ⓑ — des Bundes Heimatschutz u. d. Heimatschutzbundes. 905. 906. (KVL 33.) Jetzt: Meiningen (Feodorastr.), Fritz Koch.

— hygienische. Schriften f. Jedermann. 1.—21. Hft. 8. München, Seitz & Schauer. à — 20

1. Geschlechtskrank! (12 S.) 901.
2. Nervenkrank! (16 S.) 901.
3. Nierenkrank! 1. u. 2. Aufl. (à 13 S.) 901.
4. Herzkrank! 1. u. 2. Aufl. (à 17 S.) 901.
5. Hautkrank! einschließlich haarkrank! 2. Aufl. (18 S.) 901.
6. Lungenkrank! 2. Aufl. (22 S.) 901.
7. Magen- u. Darmkrank! 2. Aufl. (18 S.) 901.
8. Allgemeines zum Gesundbleiben! 2. Aufl. (18 S.) 901.
9. Ohrenkrank! 2. Aufl. (14 S.) 901.
10. Augenkrank! (20 S.) 902.
11. Hals-, Nasen- u. Rachenkrank! (16 S.) 902.
12. Zahn- u. Mundkrank! 2. Aufl. (12 S.) 902.
13. Knochen- u. Gelenkkrank! 2. Aufl. (16 S.) 902.
14. 15. Kinder, gesunde! 2. Aufl. (44 S.) 902. Geb. in Leinw. n. — 80
16—18. Frauen, gesunde! (64 S.) 902. Geb. in Leinw. n. 1. —
19. 20. Körper, der menschliche u. seine Verrichtungen. (35 S.) 902.
21. Diätvorschriften f. Zuckerkranke. (22 S.) 902.

— hygienische. 22.—30. Hft. 8. München, Seitz & Schauer. à n. — 20

22. Diätvorschriften f. Blasenkranke. (19 S.) 902.
23. Ernährung bei Nierenkrankheiten (Nierensteine u. Gicht). (22 S.) 903.
24. Ernährung f. Lungenkranke (Lungenschwindsucht). (15 S.) 903.
25. 26. Ernährung für Magenkranke u. Darmkranke. (33 S). 903.
27. 28. Ernährung im Säuglingsalter sowie f. magen- u. darmkranke Kinder. (32 S.) 903.
29. Ernährung f. Fettleibige (Entfettungskuren). (22 S.) 903.
30. Ernährung f. Magere etc. (Mastkuren). Traubenkuren. Citronenkuren. (20 S.) 903.

Ⓑ — hygienische. 30 Hfte. 901—903. (KVL 32. 34.) Jetzt: München, Verlag d. ärztl. Rundschau.

— aus den ersten Jahren der Reformation. I. Bd. 1—5. Hft. 8. Halle, Leipzig, R. Haupt. n. 4. 70; f. den Bd. (ca. 30 Bog.) n. 9. —

1. Sendbrief, e., von einem jungen Studenten zu Wittenberg an seine Eltern im Schwabenland v. wegen der Lutherischen Lehr zugeschrieben (1523). — Dialogus, e., od. Gespräch zwischen e. Vater u. Sohn die Lehre Luthers u. sonst anderer Sachen des christlichen Glaubens belangend (1523). Hrsg. v. Otto Clemen. (50 S.) 906. n. 1. —
2. Verhör u. Akta vor dem Bischof v. Meißen gegen den Bischof zu der Lochau (1522) u. Handlung des Bischofs v. Merseburg m. den zwei Pfarrern v. Schönbach u. Buch, geschehen am Dienstag nach Bartholomäi (1523). Hrsg. v. Herm. Barge. (44 S.) 906. n. 1. —
3. Metz, die scharf, wider die, die sich evangelisch nennen u. doch dem Evangelio entgegen sind (1525). Hrsg. v. Wilh. Lucke. (36 S.) 906. n. — 70
4. Gespräch, e., zwischen vier Personen, wie sie e. Gezänk haben v. der Wallfahrt im Grimmental, was f. Unrat od. Büberei daraus entstanden sei (1523 od. 1524). Hrsg. v. Otto Clemen. (37 S. m. 1 Abbildg.) 906. n. 1. —
5. Frag u. Antwort, e., v. zweien Brüdern, was f. e. seltsames Tier zu Nürnberg gewesen im Reichstag nächst vergangen, geschickt v. Rom zu beschauen das deutsch Land (1524). Hrsg. v. Otto Clemen. — Von der rechten Erhebung Bennonis, e. Sendbrief (1524). Hrsg. v. Alfr. Götze (41 S.) 906. n. 1. —

— aus den ersten Jahren d. Reformation, hrsg. v. Otto Clemen. I. Bd. 6—10. Hft.; II. Bd. 1—4. Hft.; III. Bd. 7 Hfte. u. IV. Bd. 1—3. Hft. 8. Leipzig, R. Haupt. 35.95; Subskr.-Pr. f. den Bd. 9. —

Beklagung e. Laien, genannt Hans Schwalb, üb. viel Mißbr. christl. Lebens (1521). — Ein neu Gedicht, wie die Geistlichkeit zu Erfurt gestürmt ist worden (1521). Hrsg. v. Wilh. Lucke. (30 S.) Halle 907. (I. Bd. 9. Hft.) 1. —

Brenz, Joh., v. Milderung d. Fürsten gegen die aufrührer. Bauern. Hrsg. v. G. Bossert. (37 S.) 908. (III. Bd. 4. Hft.) 1. 20

Bynwalth, Matthias, das Vaterunser, ausgelegt durch B., Prediger zu Gdantzk (1525). Hrsg. v. Herm. Freytag. — Haushaltungsbüchlein. Hrsg. v. Otto Clemen. (41 S.) 910. (IV. Bd. 2. Hft.) 1. 20

Colloquium Cochlaei cum Luthero Wormatiae olim habitum (1521). Hrsg. v. Jos. Greving. (42 S.) 910. (IV. Bd. 3. Hft.) 1. 20

Commentum seu lectura cuiusdam theologorum minimi super unam seraphicam intimationem doctoris Joannis Romani Vuonneck rectoris Basiliensis. Hrsg. v. Hanns Zwicker. (60 S.) Halle 908. (I. Bd. 7. Hft.) 1.20

[Gengenbach,] Pamphilus, ein klägliches Gespräch v. e. Abt, Curtisanen u. dem Teufel wider den frommen Papst Hadrian. Hrsg. v. Arth. Richel. (25 S.) 908. (III. Bd. 1. Hft.) —75

Gespräch, e., zwischen e. Christen u. Juden, auch e. Wirte samt seinem Hausknecht, den Eckstein Christum betreffend (1524). Hrsg. v. Walt. Haupt. — Unterredung, ein, vom Glauben durch Herrn Micheln Kromer, Pfarrherr zu Kunitz, u. e. jüd. Rabbiner (1523). Hrsg. v. Otto Clemen. (72 u. VI S.) Halle 907. (I. Bd. 10 Hft.) 1.60

Gesprächbüchlein v. e. Bauern, Belial, Erasmo Rotterodam u. Johann Fabri (1524). Hrsg. v. Otto Clemen. (21 S.) Halle 906. (I. Bd. 8. Hft.) —60

Herman, Nikol., ein Mandat Jesu Christi an alle seine getreuen Christen (1524). Hrsg. v. Geo. Loesche. (32 S.) 907. (II. Bd. 2. Hft.) 1.

Karsthans (1521). Hrsg. v. Herb. Burckhardt. (133 S.) 910. (IV. Bd. 1. Hft.) 3.60

Kegelspiel, das. Hrsg. v. Alfr. Götze. (42 S.) 909. (III. Bd. 6. Hft.) 1.60

Kettenbach's, Heinr. v., Schriften. Hrsg. v. Otto Clemen. (244 S.) 907. (II. Bd. 1. Hft.) 6.—

Meyer, Seb., e. kurzer Begriff v. Hans Knüchel. (1523.) Hrsg. v. Alfr. Götze. (42 S.) Halle 906. (I. Bd. 6. Hft.) 1.—

[Römer, Johs.,] ein schöner Dialogus v. den vier größten Beschwernissen e. jegl. Pfarrers (1521). Hrsg. v. Wilh. Lucke. (84 S.) 908. (III. Bd. 2. Hft.) 2.40

Schappeler, Christoph, Verantwortung u. Auflösung etlicher vermeinter Argument. Hrsg. v. Alfr. Götze. — Lachmann, Joh., drei christl. Ermahnungen an die Bauernschaft. Hrsg. v. G. Bossert. (117 S.) 908. (II. Bd. 4. Hft.) 4.

Stanberger, Balth., Dialogus zwischen Petro u. e. Bauern (1523). Hrsg. v. Otto Clemen. (34 S.) 908. (III. Bd. 5. Hft.) 1.20

Stifel, Mich., von d. christförmigen Lehre Luthers, e. überaus schön künstl. Lied samt seiner Nebenauslegung (1522). Hrsg. v. Wilh. Lucke. — Absag od. Fehdschrift Lucifers an Luther (1524). Das meisterl. Gedinge d. Abts v. Chemnitz (1522).

Stör, Thom., christl. Vermahnung an Antonius Thurler (1524). Hrsg. v. Otto Clemen. (III, 136 S.) 909. (III. Bd. 7. Hft.) 1.

Vereinigung, brüderlich, etzlicher Kinder Gottes sieben Artikel betr. Item e. Sendbrief Michael Sattlers an e. Gemeinde Gottes samt seinem Martyrium (1527). Hrsg. v. Walth. Köhler. (61 S.) 908. (II. Bd. 3. Hft.) 1.20

Vigilie, die deutsche, der gottlosen Papisten, Münch u. Pfaffen. Hrsg. v. Rud. Windel. (35 S.) 908. (III. Bd. 3. Hft.) 1.20

— junggermanische. Nr. 1. 8. Lorch, K. Rohm. n. —20
Jesus am Urdabronnen. Eine neue Offenbarg. Von Willy Schlüter. (13 S.) 906.

— junggermanische. Nr. 2. 8. Lorch, K. Rohm. —60
Also sprach Lodfafner. Junggermanische Heilslehre. Von Willy Schlüter. (51 S.) 907. —60

Flugschriften des Kartells der freiheitlichen Vereine Münchens. 1. Heft. gr. 8. München 907. G. Müller. 60
1. Der Kirchenzwang in der Schule. 3 Vorträge. Von Thdr. Lipps, Frdr. Goldschmit, Karl Gutmann. (IV, 52 S.)

Flugschriften, katholische, zur Wehr' u. Lehr'. Nr. 1—11. 16. Berlin 890. Germania. à n. —10
1. Luther u. die Ehe. Offener Brief an das hochwohllöbl. hess. Oberconsistorium v. Gottlieb. 13. Aufl. (74 S.)
2. Der offene Brief des Evangelischen Bundes an die römisch-katholischen Erzbischöfe u. Bischöfe im Deutschen Reich. Beleuchtet v. Gottlieb. 9. Aufl. (72 S.)
3. Das Christusbild im St. Petersdom. Herrn G. Warneck u. Hrn. Th. Trede gewidmet v. Ultramontanus Lütke. 9. Aufl. (60 S.)
4. Die Segnungen der Reformation, geschildert v. Dr. Martin Luther; in Erinnerung gebracht von e. deutschen Patrioten. 7. Aufl. (78 S.)
5. Rom u. die sociale Frage. Von Barthel. 7. Aufl. (64 S.)
6. Luther's „Freiheit e. Christenmenschen". Von Jos. Friedlieb. 6. Aufl. (62 S.)
7. Ignatius u. Luther, od. Freiheit e. Christenmenschen gemäß kathol. Auffassg. 6. Aufl. (76 S.)
8. Socialdemokraten u. Jesuiten. Ein deutsches Wort an das gläub. deutsche Volk v. Wilh. Warnkönig. 4. Aufl. (91 S.)
9. Was kann uns helfen? Kirchenregiment od. evangel. Freiheit? Worte zur Beherzigung v. Rohrbacher u. Martinet. 4. Aufl. (51 S.)
10. Das „wallende Blut" zur „Wahrung der protestantischen Interessen". Zu Nutz u. Frommen d. Christenvolkes dargestellt v. Lobgott Brodgut. 2. Aufl. (51 S.)
11. Die Socialdemokratie bei Licht besehen. Von L. v. Hammerstein. S. J. (32 S.)

Flugschriften, katholische, zur Wehr u. Lehr'. Nr. 12—90. 16. Berlin, Germania. à n. —10
Jahrg. I—IV (Nr. 1—78 excl. der beschlagnahmten Nr. 43) als Geschenkausg. in Karton. n. 8.—

Inhaltsübersicht in alphabetischer Ordnung:

Agitation, protestantische, gegen die Jesuiten. Beleuchtet durch einige der neuesten Vorkommnisse. Dazu e. ungehaltene Reichstagsrede. (64 S.) 891. (Nr. 20.)

Becket, Thomas, u. Thomas More, zwei Blutzeugen der kirchlichen Freiheit. (71 S.) 892. (Nr. 54.)

Berndorf, Frz. v., Beerdigung od. Verbrennung der Leichen? (71 S.) 892. (Nr. 47.)

Prof. Beyschlag's Anklagen gegen den Bischof v. Trier. Zur Kennzeichng. der Friedensliebe u. Wahrheitsliebe des Evang. Bundes. (60 S.) 894. (Nr. 80.)

Bilder aus dem Mönchsleben. (144 S.) 892. (Nr. 64.)

Bund, der Evangelische, u. das 8. Gebot. Schicksale e. gefälschten Concilsrede, nebst e. Rückblicke auf die Generalversammlg. d. Evang. Bundes in Speier. (61 S.) 893. (Nr. 75.)

Charakterkopf e. protestantischen Polemikers. (80 S.) 892. (Nr. 43.)

Christenthum, das, u. die Familie. Von Nic. Schl. (125 S.) 893. (Nr. 73. 74.)

Der hl. Petrus Claver, Apostel der Negersclaven. (52 S.) 894. (Nr. 83.)

Culturarbeit, die, der kathol. Kirche. Von Nic. Schl. (126 S.) 892. (Nr. 44. 45.)

Darwinismus, der, s.: Wahrheitsfreund, Nik.

Duldsamkeit, katholische u. protestantische, od. der Jesuit Perrone u. seine Ankläger. (63 S.) 892. (Nr. 48.)

Ehen, gemischte, beurtheilt nach christlichen Grundsätzen. (73 S.) 891. (Nr. 35.)

„Evangelium, das reine", der Reformation. Beleuchtet v. e. Protestanten. Nebst dem Blick in's Urchristenthum d. Prof. Adolf Harnack, Professor an der Universität zu Berlin. (70 S.) 892. (Nr. 61.)

Kaiser Ferdinand II. als Erzherzog v. Steiermark od. e. kathol. „Reformation" im 16. Jahrh. (48 S.) 894. (Nr. 88.)

Gerber, Hildebrand, „Schwindler u. Beschwindelte" od.: Bilder aus der inneren Geschichte der Freimaurerei. 4. Aufl. (76 S.) 891. (Nr. 27.)

Glaubensbekenntniß, das apostolische, u. seine Bestreiter. (61 S.) 892. (Nr. 66.)

Gottesglaube od. Gottlosigkeit? (75 S.) 892. (Nr. 49. 50.)

Gottlieb, im Dom zu Köln. Eindrücke auf e. Protestanten, geschildert im „Reichsboten". Mit Glossen versehen. 6. Aufl. (77 S.) 891. (Nr. 13.)

— die Läugnung der Gottheit Christi, e. Frevel am deutschen Volke. Ernste Gedanken. 2. Aufl. (55 S.) 891. (Nr. 19.)

Gustav Adolf, König v. Schweden. Ein traur. Jubiläum 1594—1894. (61 S.) 894. (Nr. 85.)

Hammerstein, L. v., das Fegfeuer. (63 S.) 894. (Nr. 89.)

— die religiöse Gleichgültigkeit, der gewöhnliche Weg zum Unglück. (54 S.) 893. (Nr. 76.)

— kann e. Katholik Sozialdemokrat sein? 3. Aufl. (55 S.) 891. (Nr. 18.)

— e. Ordensberuf am Ende des 19. Jahrh. (90 S.) 892. (Nr. 56. 57.)

— eine Perle, welche den Protestanten verloren ging. (Das heiligste Altarssacrament.) (94 S.) 893. (Nr. 71. 72.)

— der heilige Rock zu Trier. (62 S.) 891. (Nr. 31.)

— die Wahrheit üb. Christus u. die Evangelien, gegen socialdemokratische Wissenschaft vertheidigt. (62 S.) 894. (Nr. 81.)

— die Wallfahrt zum heiligen Rock in Trier im J. 1891. (77 S.) 891. (Nr. 42.)

— Wunder. (56 S.) 894. (Nr. 79.)

Heil, das, außer der Kirche im Widerschein der protestantischen Presse. 2. Aufl. (110 S.) 891. (Nr. 25. 26.)

— das, außer der Kirche. Zugleich als Fortsetzg. zur Flugschrift 25 u. 26. (96 S.) 892. (Nr. 59. 60.)

Hütten, R. v. der, Wesen u. Grundlehren der Freimaurerei. Ein Wort zur Warng. (95 S.) 893. (Nr. 77. 78.)

Jesuit, der erste, in Deutschland. Petrus Faber. Ein Geschichtsbild aus dem 16. Jahrh. (128 S.) 893. (Nr. 68. 69.)

Jesuiten, die, nach unparteiischen Zeugnissen. 3. Aufl. (84 S.) 891. (Nr. 12.)

Jude. Sozialdemokratie. Militär. Eine sozialpolit. Skizze v. e. Süddeutschen. (32 S.) 892. (Nr. 65.)

Kampf, der, um die Schule. (56 S.) 891. (Nr. 37.)

Karthäuser, die, v. London. Eine Illustration zum Kampfe zwischen Protestantismus u. Katholizismus im 16. Jahrh. 4. Aufl. (48 S.) 891. (Nr. 14.)

Kerkerhaft, die, d. Jesuiten Moritz Thoman. Dargestellt nach seinen eigenen Aufzeichngn. (102 S.) 891. (Nr. 38. 39.)

Kirche u. Hierarchie. (67 S.) 892. (Nr. 58.)

Kuttenangst, die, der Liberalen, od.: „So unnöthig, wie e. Kropf!" Ein offenes Wort aus Baden. (64 S.) 891. (Nr. 23.)

Landbevölkerung, die katholische, im socialdemokratischen Zukunftsstaate. Von e. Missionspriester. (54 S.) 891. (Nr. 22.)

Lehramt, das apostolische. Eine Stimme aus dem Norden. Festschrift zum goldenen Bischofsjubiläum Sr. Heil. Papst Leo's XIII. den 19. Febr. 1893. (59 S. m. Bildnis.) 893. (Nr. 67.)

Lutherfestspiel od. Lutherhohnspiel? Beiträge zur Würdigg. der modernen Lutherbühne in Deutschland. Von e. Deutschen. 2. Aufl. (94 S.) 891. (Nr. 24.)

Lütke, katholische Missionsthätigkeit in Afrika. Gegen Angriffe vertheidigt. 3. Aufl. (57 S.) 891. (Nr. 16.)

Martyrium, das, Philipps des Großmüthigen, s.: Verus, Justinus.

Moral, die, der Jesuiten u. ihrer Angreifer. 3. Aufl. (60 S.) 891. (Nr. 15.)

Morris, J., die englischen Martyrer. Ein Bild aus der Reformationszeit nach e. engl. Vortrage. (59 S.) 893. (Nr. 70.)
Noit, H. v., Blicke auf das Wirken des Evangelischen Bundes. Unterhaltung zweier Freunde. (56 S.) 894. (Nr. 84.)
— die Parität in Preussen u. dem Reiche nach den Wünschen der Brüder des „Evangelischen Bundes". (48 S.) 891. (Nr. 34.)
— wie hat es soweit kommen können? Eine kurze Frage u. e. lange Antwort. (64 S.) 892. (Nr. 46.)
Bernardino Ochino v. Siena. Ein Spiegelbild des modernen Protestantismus. (52 S.) 894. (Nr. 82.)
Pesch, Tilman, auf's Diesseits e. Jenseits! Eine Vertheidigg. der Menschenwürde gegen alle Menschenverächter. Nochmals in Erinnerg. gebracht. (57 S.) 891. (Nr. 41.)
— aus dem Dunkel zum Licht, od.: Die menschliche Vernunft auf dem Wege zur Kirche. (63 S.) 891. (Nr. 33.)
— über die Unsterblichkeit der menschlichen Seele. Das Zeugniß der Wissenschaft, in Erinnerg. gebracht. (64 S.) 891. (Nr. 40.)
Petri, Jos., Aloysius v. Gonzaga, e. Heiliger d. Jesuitenordens. (64 S.) 891. (Nr. 29.)
— die Protestkirche zu Speyer u. die Protestation v. 1529. (59 S.) 891. (Nr. 21.)
Ruhranus, F., moderne od. christliche Weltanschauung. Ein Wort zur Beleuchtg. u. Würdigg. d. Unglaubens. (91 S.) 892. (Nr. 61. 62.)
Schrift u. Ueberlieferung od. die Quellen des Glaubens. (29 S.) 894. (Nr. 90.)
Sittlichkeit, katholische u. protestantische. Mit besond. Rücksicht auf Luthers Lehre vom Ehestande. (56 S.) 892. (Nr. 55.)
Stimmen, protestantische, über das Jesuitengesetz. (55 S.) 894. (Nr. 86. 87.)
Thoman, Moritz, e. deutscher Zambesi-Missionar aus dem vorigen Jahrh. Dargestellt nach seinen eigenen Aufzeichngn. (60 S.) 891. (Nr. 36.)
Toleranz der Kalvinisten. Dem Hrn. Pred. Terlinden in die Bärenhaut! (62 S.) 891. (Nr. 30.)
Verus, Justinus, das Martyrium Philipps d. Großmüthigen in seinem wahren Lichte. (62 S.) 891. (Nr. 28.)
— was verdankt in Bayern Kunst u. Wissenschaft dem Protestantismus? (52 S.) 892. (Nr. 53.)
Wahrheitsfreund, Nik., der Darwinismus, e. Grundirrthum unserer Zeit, e. Grundlehre der Sozialdemokratie. Beleuchtet. 3. Aufl. (41 S.) 891. (Nr. 17.)
Was verdankt in Bayern Kunst u. Wissenschaft dem Protestantismus?, s.: Verus, Justinus.
Wolf, Athanas, der ewige Preßjude od. die Mauschelperiode der deutschen Litteratur. (64 S.) 891. (Nr. 32.)

Flugschriften, katholische, zur Wehr u. Lehr. Nr. 91—133. 16. Berlin, Germania. à n. — 10

Inhaltsübersicht in alphabet. Ordnung:

„Apostel, zweierlei", auf Madagaskar. (54 S.) 896. (107. Hft.)
Bauer, J., d. Antichrist. E. weit. Kennzeichng. arger Mißhandlg. d. Christenthums. (39 S.) 898. (128. Hft.)
— Kirchenstürmer u. Pfaffenfresser. E. Kennzeichng. roher Mißhandlgn. d. Christentums u. d. hl. Schrift. (47 S.) 898. (126. Hft.)
Blick, ein, in d. Reductionen v. Paraguay v. A. H. (94 S.) 895. (98. 99. Hft.)
Darwinismus u. Socialdemokratie od. Haeckel u. d. Umsturz. V. e denk. Naturforscher. (68 S.) 895. (97. Hft.)
Gröber, Kampf gegen d. Umsturz. Rede in d. Reichstagssitzg. v. 9. Jan. 1895. (63 S.) 895. (92. Hft.)
Hammerstein, L. v., S. J., d. Confession d. Kinder aus gemischten Ehen. (47 S.) 896. (108. Hft.)
— zum 25jähr. Jubiläum d. Kulturkampfes. (63 S.) 897. (114. Hft.)
— d. Lehre v. d. Rechtfertigg. durch d. Glauben allein. Das Fundament d. Protestantismus. (39 S.) 898. (127. Hft.)
— Maria, Mutter Gottes. (60 S.) 895. (102. Hft.)
— d. Sacrament d. Buße. (64 S.) 895. (93. Hft.)
— d. mosaische Schöpfungsbericht u. and. Erzählgn. d. Alten Testaments. (55 S.) 898. (133. Hft.)
Hartmuth, Friedlieb, Erfurter Parität. M. Berücksicht. d. Parität in Preußen überhaupt. Antwort auf d Broschüre „d. Parität in Erfurt" von Pastor Richard Bärwinkel. (96 S.) 896. (103. Hft.)
Hexenangst, d., des Evang. Bundes vor d. kathol. Klosterfrauen. (95 S.) 898. (124. 125. Hft.)
Jensen, M. C., warum ich katholisch geworden bin? Off. Brief d. früh. luth. Pastors J. an s. Freunde in d. dän. Landeskirche. Deutsch v. G. Ferbers. (40 S.) 895. (101. Hft.)
— wer hat Recht? Aphorismen in Briefform üb. d. größten Fragen ums. Heil. (60 S.) 896. (109. Hft.)
Kirche, d., d. Evangelien u. d. evangel. Kirchen. (80 S.) 896. (112. 113. Hft.)
Klopp, Onno, Tilly, Gustav Adolf u. d. Zerstörg. v. Magdeburg. (44 S.) 895. (93. Hft.)
Leben, katholisches, in d. sächs. Diaspora. (62 S.) 897. (115. Hft.)
Meyler, J. B., der sel. Petrus Canisius, e. Apostel Deutschlands. Zum 300jähr. Gedächtn. s. Todes nach d. besten Quellen bearb. (120 S.) 897. (116. 117. Hft.)
Noit, H. v., d. katholische Heiligen-Verehrung. (52 S.) 898. (132. Hft.)
Pfotenhauer, Pastor, u. d. „Erziehungsgrundsätze d. Jesuiten". (E. Beitrag z. Würdigg d. Werkes: Die Missionen d. Jesuiten in Paraguay.) (92 S.) 896. (104. 105. Hft.)
Savonarola, Girolamo. (98 S.) 898. (130. 131. Hft.)
Schuler, M., Lombroso, od.: d. menschl. Willensfreiheit. (48 S.) 898. (129. Hft.)
Siders, Paul v., Moral ohne Religion. E. Beleuchtg. d. Grunddogmas d. „Gesellschaft f. ethische Kultur". (44 S.) 897. (119 Hft.)
Staat u. Religion. 1. Thl. Arnoldus, R., soll d. Staat religiös od. religionslos sein? (36 S.) 897. (120. Hft.)
— Dasselbe. 2. Thl. Paul, M., Religion u. Strafgesetz. (43 S.) 897. (121. Hft.)
Vicari, Hermann v., Erzbischof v. Freiburg. E. Vorkämpfer f. d. Freiheit d. Kirche. (62 S.) 897. (118 Hft.)
Warnkönig, Wilh., Joseph v. Görres. E. Kämpe f. d. Freiheit. Dem freien deutschen Volke geschildert. (88 S.) 895. (91. Hft.)
Wenzel, Johs., Wilhelm Emmanuel Frhr. v. Ketteler. D. wissenschaftl. Behandlg. d. soc. Frage. (80 S.) 895. (100. Hft.)
— Wilh. Emmanuel Frhr. v. Ketteler. D. Lehrer u. Vorkämpfer kathol.-soc. Bestrebgn. (84 S.) 896. (96. Hft.)
— Adolph Kolping, d. Gesellenvater. (64 S. m. Bildn.) 896. (106. Hft.)
— Adolph Kolping's sociale Thätigkeit. (116 S.) 896. (110. 111. Hft.)
„Zeugniß", e. „evangelisches", im Lichte d. geschichtl. Wahrheit. E. Antwort auf d. Proteste geg. d. Canisius-Encyklika Papst Leo XIII. u. d. Artikeln d. Germania, Zeitg. f. d. deutsche Volk, Centralorgan d. Centrumspartei. 27. Jahrg. (98 S.) 897. (122. 123. Hft.)

— katholische, zur Wehr u. Lehr'. Red.: Edm. Eirund. Nr. 134.—148. 16. Berlin, Germania. à n. — 10
134. Shakespeare's Confession. Von M. Schuler. (42 S.) 899.
135. Der Vatican in seiner welthistor. Bedeutung. Von Schäfer. (44 S.) 899.
136. Die Verehrung der Heiligenreliquien in der kathol. Kirche. Von L. v. Noit. (48 S.) 899.
137. Die Armenpflege in Deutschland u. England vor u. nach der Reformation. Von Schäfer. (32 S.) 899.
138. Christus vincit, Christus regnat, Christus imperat! Von Schäfer. (51 S.) 899.
139. Eine Fahrt nach Kevelaer od. Ist das Wallfahrten zu billigen? Unterhaltung zwischen zwei Freunden. Von H. v. Noit. (51 S.) (900).
140. Die katholische Kirche in Deutschland während des nunmehr abgelaufenen 19. Jahrh. Von Schaefer. (72 S.) (900).
141. August Reichensperger. Von Bernh. Duhr. (75 S.) (900).
142. Tonning, Krohg. Eine Lebensskizze, gezeichnet v. e. seiner früheren Glaubensgenossen. Aus dem Norweg. (80 S.) (901).
143. Die Mißhandlung der Beichte durch R. Graßmann u. ‚seine Freunde'. Von J. Franz. (51 S.) (901).
144. Ueber Behandlung confessioneller Streitfragen in der Tagespresse. Briefe an e. jungen Publicisten, die auch v. Anderen m. Nutzen gelesen werden können. Von H. v. Noit. (48 S.) 901.
145. Die angebliche Rückständigkeit des Katholicismus. Eine volksthümlich-apologet. Studie. Von Karl Thüring. (112 S.) (902.)
146. Ist die kathol. Kirche intolerant? Eine oft mißverstandene Frage. Von H. v. Noit. (55 S.) 902.
147. „Qui ceciderit super lapidem istum, confringetur; super quem vero ceciderit, conteret eum". Matth. XXI, 42. Von Schaefer. (63 S.) (902).
148. Zur Geschichte des Socialismus u. der Socialdemokratie. Aus dem Vortrage des C., am 24. II. 1901 zu Grevenbroich. Von Capitaine. (79 S.) (902).

— katholische, zur Wehr u. Lehr'. Nr. 149—155. 16. Berlin, Germania. à n. — 10
149. Kirche u. Kultur. Dargestellt von P. v. C. (51 S.) (903.)
150. Wirksamkeit der Freimaurerei auf religiösem Gebiete. Von Roman Rheinisch. (44 S.) (903.)
151. 152. Der Jesuitenorden. Ursprung, Geist, Verfassung, Tätigkeit u. Sittenlehre desselben. Von Aug. Berger. (116 S.) (903.)
153. Zwei Dutzend Lügen e. Pamphlets gegen die katholische Kirche. Von G. Pabst. (64 S.) 903.
154. Die Schule ohne Religion bringt nur Unheil üb. die menschliche Gesellschaft. Von Schaefer. (43 S.) (906.)
155. Geschichte u. Notwendigkeit des Kirchenstaates. Von Roman Rheinisch. (68 S.) (906.)

— hrsg. zum Besten des **Kriegerdenkmalfonds** in Deutsch-Wagram. I—III. 8. Deutsch-Wagram. (Wien, Huber & Lahme.) à n. — 40
I. Österreichische Krieger- u. Wehrmannslieder aus dem J. 1809. Aus flieg. Blättern, handschriftl. u. gedruckten Quellen gesammelt. Von Ant. Pfalz. (39 S.) 905.
II. Die Schlacht bei Dürnkrut zwischen dem König Rudolf I. v. Habsburg u. Ottokar II., König v. Böhmen, am 26. VIII. 1278. Nach den Quellen dargestellt. Von Ant. Pfalz. (31 S. m. 1 Plan.) 905.
III. Die Franzosen in Wien im J. 1805. Nach den besten Quellen bearb. Von Ant. Pfalz. (35 S.) 905.

— dasselbe, neue Aufl., s.: Sammlung historischer Schriften.

— des **liberalen Landesverbandes** f. Württemberg. 2. Heft. 8. München, (Buchh. Nationalverein). — 10
2. Nationale Gesinnung. Von Walt. Goetz. [Aus: „Süddeut. Monatshefte".] 1—5. Taus. (8 S.) 907.
Heft 1 ist nicht im Handel.

Flugschriften d. sächs. Landesvereins d. Evang. Bundes. Nr. 1—3. gr. 8. Leipzig 890. Buchhandlg. d. Evangel. Bundes v. C. Braun. n. — 40

1. Glaube u. Cultur. Ein Wort f. unsere evangel. Kirche an die Evangelischen Sachsens v. Frdr. Meyer. (31 S.) n. — 20
2. Für den 10. Novbr. 1890. (8 S.) (Nur f. Mitglieder d. Evang. Bundes.) Unentgeltlich.
3. Das gute Recht des Evangelischen Bundes. Predigt über Col. 3, 14—17, bei der Jahresfeier d. sächs. Landesvereins d. Evangel. Bundes am 21. Oktbr. 1890 in der Frauenkirche zu Dresden, geh. v. Frdr. Meyer. (15 S.) n. — 20

— landwirtschaftliche. Nr. 1—4. 12. [Straßburg, F. Engelhardt.] Leipzig, O. Lenz. à n. — 50

1. Krankheiten, Fehler u. Mängel d. Weins u. ihre Beseitigg. Von Frdr. Ludw. Götz. (46 S.) 896.
2. Was soll u. muß jeder Landwirt v. d. Düngung wissen? Von Frdr. Ludw. Götz. 3. Aufl. (83 S.) 897.
3. D. Kupferfrage v. heutzutage. Krit. Beleuchtg. d. Schädlichkeit d. Kupferns. Von Eug. Bader. 2. Aufl. (83 S.) 897.
4. D. ration. landwirthschaftl. Obstbau. Von W. Agrikola. (85 S.) 898.

Flugschriften (Flugblätter) d. Deutschen Landwirtschafts-Gesellschaft. H. 1 ff. Berlin 1910 ff. 8°

FLUGSCHRIFTEN DES DEUTSCHEN MIETERVERBANDES.

No. 1: Förderung der Wohnungsfrage durch Baugenossenschaften. Referat auf dem 5. Verbandstage Deutscher Mietervereine in Koburg von M. KOSKA. Nebst Anhang: Ausbau der Mietervereine und des Mieterverbandes. Referat auf dem 5. Verbandstage Deutscher Mietervereine in Koburg von OTTO ZÖPHEL. Herausgegeben vom Verband Deutscher Mietervereine. Leipzig. Für den Buchhandel bei O. Zöphel. 8°.

No. 2: Wohnungsfrage und Erbbaurecht. Referat auf dem 5. Verbandstage Deutscher Mietervereine in Koburg von OTTO MEISSGEIER. Herausgegeben vom Verband Deutscher Mietervereine. ib. —

Nr. 3: Die Wohnungsnot unserer Zeit. Vortrag auf dem 6. Verbandstage Deutscher Mietervereine in Cassel von FRIEDRICH NAUMANN. Leipzig (1905). Verlag von Otto Zöphel.

(B) — d. deutschen Mieterverbandes Nr. 3. 905. (KBL 33.) Jetzt: Berlin-Schoeneberg, Buchverlag d. Hilfe.

Flugschriften d. Frankfurter Mietervereins. Nr. 1 u. 2. gr. 8. Frankfurt a/M. (R. Hülsen). n. — 90

1. Wohnungsfrage u. Stadtverordneten-Wahl. Hrsg. v. Vorstand. (16 S.) 897. n. — 30
2. Wohnungselend, d., u. f. Abhilfe in Frankfurt a/M. Dargest. n. e. Untersuchg. d. Frankfurter Mietervereins vom Herbst 1897. Hrsg. vom Vorstande. (III, 54 S.) 898. n. — 60

— für Innere Mission, hrsg. vom Mecklenb. Landes-Ausschuß f. J. M. Nr. 1—4. gr. 8. Rostock 885. (Stiller.) à n. — 30

1. Das heilige Progamm aller Mission. Predigt, geh. v. Just. Ruperti. (19 S.)
2. Die Innere Mission vor 40 Jahren u. heut. Eröffnungsansprache, geh. v. Johs. Bachmann. (18 S.)
3. Die Fürsorge f. die Lehrlinge. 2 Referate v. Hammerstein-Gnoien u. Goetze-Wismar. (18 S.)
4. Die kirchliche Gemeinpflege. Vortrag, geh. v. Joh. Krabbe. (21 S.)

— für Innere Mission, hrsg. vom Mecklenb. Landes-Ausschuß f. J. M. Nr. 5. 6. gr. 8. Rostock, (Stiller). à n. — 30

5. Die Bedeutung u. die Bedürfnisse der Rettungshäuser sonst u. jetzt. Vortrag, geh. v. Th. Schäfer. [Aus: „Monatsschr. f. Innere Mission".] (16 S.) 886.
6. Die Fürsorge für die confirmirte Jugend. Referat für die Versammlung d. Mecklenb. Landes-Ausschusses f. J. M. zu Ludwigslust am 23. Aug. 1888 v. Ulr. Behm. (23 S.) 888.

Flugschriften der hanseatisch-oldenburgischen Missions-Konferenz. 8. Bremen, Verlag der norddeutschen Missions-Gesellschaft.

Müller, Karl Frdr., bete u. arbeite! Wie evangel. Missionare schon vor 150 Jahren die Neger zur Arbeit erzogen haben. (16 S. m. Abbild.) 908. — 10

Schröder, Johs., Handel u. Mission. Vortrag, geh. im Laien-Missionsbund zu Berlin. (15 S.) 909. — 10

— des deutschen Monistenbundes. (Hrsg.: Heinr. Schmidt-Jena.) 1. Hft. 8. Brackwede 906. (Dr. W. Breitenbach.) n. — 80

Monismus u. Naturgesetz. Von Ernst Haeckel. (40 S.)

— des deutschen Monistenbundes. Nr. 2—26. 8. Berlin, Verlag des deutschen Monistenbundes. 9. 95

Diesing, Ernst, die einheitliche Weltanschauung in gemeinverständlicher Darstellung. (82 S.) gr. 8. (909.) (Hft. 22; Flugschrift 2 der Ortsgruppe Groß-Berlin.) — 40

Dorsch, Hannah, u. Arnold Dodel, eine neue Reformation. (Vom Christentum zum Monismus.) (IV, 32 S.) Brackwede 907. (Sonderheft; jetzt Hft. 7) — 30

Dosenheimer, E., der Monismus u. das Strafrecht. (36 S.) Brackwede 908. (Hft. 6) — 50

Einheit, die, in der Natur. I. Ostwald, Wilh., die Einheit der physiko-chemischen Wissenschaften. (30 S.) (909.) (Hft. 23; Flugschrift 3 der Ortsgruppe Groß-Berlin.) — 30

— dasselbe. II. Guenther, Konr., tote u. lebende Substanz. (27 S.) (910.) (Hft. 24; Flugschrift 4 der Ortsgruppe Groß-Berlin.) — 30

— dasselbe. III. Potonié, Henry, Pflanze u. Tier. (23 S.) (910.) (Hft. 25; Flugschrift 5 der Ortsgruppe Groß-Berlin.) — 30 (I—III — 90)

Heinke, C., Wissen u. Glauben in der Elektrophysik. Vortrag, geh. in der Ortsgruppe München des deutschen Monistenbundes. (24 S.) 908. (Hft. 12; Flugschrift 1 der Ortsgruppe München.) — 50

Kramer, Geo., die Religion der Zukunft. Ein Vortrag, geh. am 24. I. u. am 14. II. 1908 auf Veranlassg. des deutschen Monistenbundes Ortsgruppe Hamburg E. V. (16 S.) 908. (Hft. 11; Propaganda Flugschrift d. Ortsgruppe Hamburg.) — 10

Monismus, der, als Unheilstifter. Antwort des deutschen Monistenbundes auf den Hirtenbrief des Erzbischofs v. München am 6. I. 1909. (54 S.) 909. (Hft. 18) 50

Olshausen, A., Gehirn. Hypnotismus. Wachsuggestion. Kirchliche Suggestion. (59 S.) (909.) (Hft. 21; Flugschrift 10 der Ortsgruppe Hamburg.) — 75

Plate, Ludw., Charles Darwin. Festschrift des deutschen Monistenbundes zu seinem 100. Geburtstage. Hrsg. v. der Berliner Ortsgruppe. Mit e. Bildnis Darwins nach e. Zeichng. v. Karl Bauer. (45 S.) (909.) (Hft. 17) — 50; Luxusausg. 2. 50

Porten, M. v. der, der Monismus u. die platonischen Ideen. 2 Vorträge, geh. am 9. u. 12. X. 1908. (40 S.) Hamburg 908. (Hft. 15. 16; Flugschrift 5 u. 6 d. Ortsgruppe Hamburg.) — 50

— Das Problem der Urzeugung. Vortrag, geh. am 8. I. 1907 in der Ortsgruppe Hamburg. 2. Aufl. (15 S.) Hamburg 908. (Hft. 9; Flugschrift 1 d. Ortsgruppe Hamburg.) bar 25

— Der Sieg des Monismus in der modernen Tragödie. (29 S.) Brackwede 908. (Hft. 10; Flugschrift 2 d. Ortsgruppe Hamburg.) bar — 40

— Was enthüllt uns der Wehnert'sche Anti-Monismus? Vortrag, geh. am 12. III. 1909. (16 S.) (909.) (Hft. 20; Flugschrift 9 der Ortsgruppe Hamburg E. V.) — 30

Mau, Albr., Friedrich Paulsen üb. Ernst Haeckel. Eine krit. Untersuchg. üb. Naturforschg. u. moderne Kathederphilosophie. (48 S.) Brackwede 906. (Hft. 3) — 50

Schallmeyer, W., Vererbung u. Auslese als Faktoren zu Tüchtigkeit u. Entartung der Völker. (30 S.) Brackwede 907. (Hft. 5) — 50

Schmidt, Heinr., Monismus u. Christentum. (32 S.) Brackwede 906. (Hft. 2) — 50

— Der deutsche Monistenbund im preuß. Herrenhaus (Reinke contra Haeckel). Eine aktenmäß. Darstellg., m. Einleitg. u. Anmerkgn. hrsg. (96 S.) Brackwede 907. (Sonderheft; jetzt Hft. 8) — 75

Schnell, Herm., Weltanschauung u. Ethik des Monismus als Wissenschaft. Vortrag, geh. in der Ortsgruppe München des deutschen Monistenbundes. (32 S.) 910. (Hft. 26; Flugschrift 2 der Ortsgruppe München.) — 30

Unna, Helmholtz u. unsere heutige Weltanschauung. 2 Vorträge, geh. am 27. III. u. 10. IV. 1908 auf Veranlassg. des deutschen Monistenbundes, Ortsgruppe Hamburg. E. V. (61 S.) Hamburg 908. (Hft. 13, 14; Flugschrift 3 u. 4 d. Ortsgruppe Hamburg.) — 50

Unold, J., Monismus u. Klerikalismus. (VII, 47 S.) Brackwede 907. (Hft. 4) — 50

Waldeyer, W., Darwins Lehre, ihr heutiger Stand u. ihre wissenschaftliche u. kulturelle Bedeutung. — Unna, P. G., Darwin als Mensch. (52 S.) (909.) (Hft. 19) — 50

— dasselbe. Sonderheft. 8. Brackwede, Dr. W. Breitenbach. — 80

Siebert, F., die sexuelle Frage u. der Sinn des Lebens. (47 S.) 907.

Flugschriften des deutschen Monistenbundes. Jetzt: Berlin, Verlag des deutschen Monistenbundes.

Flugschriften, Münchener. Hrsg. v. M. G. Conrad. 1. Serie. I—VIII. gr. 8. München 891. Münch. Handelsdruckerei u. Verlagsanstalt, M. Poeßl. à n. — 10

I. Die Moderne. Öffentlicher Vortrag v. M. G. Conrad. (15 S.)
II. Deutsche Lyrik v. heute. Vortrag v. Otto Jul. Bierbaum. Mit e. Anh.: über die v. der Gesellschaft f. modernes Leben geplanten Sonderausstellgn. v. Werken der bild. Kunst. (14 S.)
III. Deutsche Lyrik v. gestern. Vortrag v. Hans v. Gumppenberg. Mit e. Vorwort v. M. G. Conrad. (16 S.)
IV. Die Volksbühne u. das moderne Drama. Vortrag v. Jul. Schaumberger. (15 S.)

V. VI. Genie u. Wahnsinn. Vortrag v. Osk. Panizza. (32 S.)
VII. Das Recht, der Staat, die Moderne. Vortrag v. M. G. Conrad. (16 S.)
VIII. Zur geschichtlichen Entwicklung des Gottesbegriffes. Vortrag v. M. Schwann. (18 S.)

— des schlesischen Museums f. Kunstgewerbe u. Altertümer. 1. Hft. gr. 8. Breslau 903. Trewendt & Granier. n. — 50
Häusliche Kunstpflege. Vortrag im Kindergartenverein am 12. III. 1903. Von Karl Masner. (16 S.)]

Flugschriften, neue. Hrsg. vom Ausschuß f. Schriftenwesen. 1.—3. Hft. gr. 8. (à 16 S.) Berlin 892. K. J. Müller. à n.n. — 5
1. Sonntag u. Montag v. F. Oldenberg. Mit 2 Abbildgn.
2. Von Kinderzucht u. Gevatterschaft v. F. Oldenberg. Mit 1 Abbildg.
3. Ein verschlossenes Buch v. F. Oldenberg.

— pädagogische. Hrsg. von Fritz v. d. Höhe. Nr. 1. 8. Kleinzschachwitz-Dresden 905. Fritz v. d. Höhe. (Nur direkt.) n. — 25
Die Schule unter „ritterlichem Wohlwollen". Ein Notschrei aus dem Lande der Obotriten. Von Kurt Eck. (12 S.)

Flugschriften, pangermanische. Nr. I.—III. gr. 8. Berlin, Verlag d. Wochenschrift „The German Times". à — 10
I. Die Deutschen u. der Burenkrieg. Von Curt A. Musgrave. (4 S.) (902).
II. Die Konzentrations-Lager. Von Heinr. Frhr. Langwerth v. Simmern. [Aus: „The German Times".] (8 S.) (902).
III. Das sterbende England. Von Curt A. Musgrave. [Aus: „The German Times".] (10 S.) (902).

— der nationalliberalen Partei. 1—3. Stück. gr. 8. Berlin. (Leipzig, Renger.) n. — 95
1. Zu den Abgeordnetenwahlen. (20 S.) 885. n. — 20
2. Hrn. v. Bennigsen's Rede in der Landesversammlung der nationalliberalen Partei der Prov. Hannover am 20. Septbr. 1885, nebst der Erklärg. der Landesversammlg. (16 S.) 885. n. — 15
3. Die Verhandlungen d. Reichstags u. Abgeordnetenhauses zur polnischen Frage. (76 S.) 886. n. — 60

— der nationalliberalen Partei. 4. Stück. gr. 8. Berlin. (Leipzig, Renger'sche Buchh.) n. — 40 (1—4.: n. 1. 35)
Zur Militairvorlage. (47 S.) 887.

— der nationalliberalen Partei. 5.—12. Hft. gr. 8. Leipzig, Renger. n. 2. 30 (1—12.: n. 3. 65)
5. Zur polit. Lage. Ueber Alters- u. Invaliditätsversicherung. Reden v. Böttcher u. Duvigneau auf dem Parteitage in Dresden am 19. Mai 1889. (ca. 30 S.) 889. — 30
6. Die Thätigkeit des Reichstags seit 1887. Zur Wahlbewegung in Hannover. Reden v. Buhl u. Sattler in der Landesversammlg. der nationalliberalen Partei in Hannover am 8. Dezbr. 1889. (23 S.) 890. — 25
7. Liberale Bestrebungen. Rede v. Böttcher auf dem Parteitage in Halle am 1. Dezbr. 1889. (ca. 20 S.) 890. — 25
8. Die Sozialdemokratie. (15 S.) 890. — 20
9. Interessante Abstimmungen d. Fortschritts- u. deutsch-freisinnigen Partei seit 1866. (33 S.) 890. — 40
10. Interessante Wahlkreise. Ein Rückblick auf die Wahlen von 1890. (ca. 30 S.) 891. — 40
11. Zur Militärvorlage u. zur inneren Lage. Reichstagsrede v. Buhl vom 1. Dezbr. 1892 u. Reichstagsrede von v. Bennigsen vom 13. Dezbr. 1892. (30 S.) 893. n. — 25
12. Ueber den Bimetallismus. Aus der Reichstags-Verhandlg. vom 12. Dezbr. 1892. (Rede v. Büsing.) (16 S.) 893. n. — 25
Hft. 4—10 sind vergriffen.

— hrsg. vom christkatholischen Preßkomitee. I—IV. 8. Aarau, H. R. Sauerländer & Co. — 90
Altmann, Fel., schützet die Kinder. Warnung vor e. päpstl. Neuerg. (19 S.) 910. (Nr. IV.) — 30
Amrhein, Konr., der Christkatholizismus. (12 S.) 908. (Nr. I) — 20
Herzog, Eduard, Heimatschutz. Predigt, geh. zur Eröffng. der 35. christkathol. Synode zu Trimbach am Tage nach d. Einweihung der dort. Kirche, am 12. VII. 1909. (11 S. m. 1. Abb.) 909. (Nr. II) — 20
Krankengabe auf d. Passionszeit. (20 S.) 910. (Nr. III) — 20

— aus der Reformationszeit, s.: Neudrucke deutscher Litteraturwerke des XVI. u. XVII. Jahrh. Nr. 173' u. 183—188.

Flugschriften des Reichsverbandes zur Bekämpfung der Sozialdemokratie. 1905 (—1908). [Sammelbd.] 4°

Flugschriften des V. S. V. [1.] Berlin: Vaterländ. Schriftenverband 1909. 8°

— schulpolitische. I. gr. 8. Stuttgart 890. Rob. Lutz. n. 1. 50
Die Schullehrer-Konferenzen. Ein Beitrag zur Kennzeichng. der gegenwärt. württemberg. Volksschulverhältnisse, dargestellt im Anschluß an die Verhandlgn. der württ. Abgeordnetenkammer 1889. Für Staatsbehörden, Abgeordnete, Geistliche u. Lehrer, sowie f. alle Gebildeten. Briefwechsel zwischen dem Schullehrer Mutig in Mutenfels u. Wahr in Wahrbach. (160 S.)

— schulpolitische. II u. III. gr. 8. Stuttgart 891. R. Lutz. n. 1. 60 (I—III.: n. 3. 10)
II. Die Konferenzfrage auf der Anklagebank. Vier Sendschreiben v. Mutig u. Wahr an ihre Gegner u. Freunde. (39 u. 16 S.) — 60
III. Die Verhandlungen in den württemberg. Kammern vom 20.—22., 27. u. 29. Mai 1891 üb. den Gesetz-Entwurf, betr.: Die Ortsschulbehörden. Stenographischer Bericht. (123 S.) n. 1. —

— sozialdemokratische. I—VI. gr. 8. Berlin, Buchh. Vorwärts. à — 10
I. Sozialdemokratie u. Arbeiterversicherung. (16 S.) 907.
II. Volksbildung, Wissensch., Kunst u. Sozialdemokr. (16 S.) 907.
III. Sozialdemokratie, die, in d. Gemeindevertretgn. (16 S.) 907.
IV. Sozialdemokratie, die, u. d. techn. Angestellten in Industrie u. Gewerbe, Bergbau, Schiffahrt u. Landwirtschaft. (16 S.) (908.)
V. Sozialdemokratie, die, u. das Heer. (16 S.) 910.
VI. Lebensmittelwucher u. Warenteuerung. (16 S.) 910.

— socialpolitische. Nr. 1 u. 2. 8. Wien 897. (Wiener Volksbuchh.) à n. — 20
1. Adel u. Kirche in Oesterreich. Von T. W. Teifen. Nach d. Confiscation 2. Aufl. (14 S.)
2. Desorganisation. Ein Leitartikel von Verus. (16 S.)

— dasselbe. Nr. 3. gr. 8. Ebd 898. n. — 15
Erdöl u. Erdwachs. Ein Bild galiz. Industrie. Von Ign. Leichner. (32 S.)

— spiritistische. Hrsg. vom spiritist. Verein „Psyche" in Berlin. I. Reihe. Nr. 1. gr. 8. Berlin 892. (K. Siegismund.) — 10
Zur Einführung in den Spiritismus. Nach e. Vortrage, geh. am 18. März 1892 im spiritist. Verein „Psyche" v. Hans Spatzier. (16 S.)

— dasselbe. II. Reihe. Nr. 1. gr. 8. Ebd. 892. n. — 10
Spiritismus u. Naturwissenschaft. Nach e. Vortrage, geh. am 1. Apr. 1892 im spiritist. Verein „Psyche" v. Carl Hoffmann. (15 S.)

SÜDWESTDEUTSCHE FLUGSCHRIFTEN. Herausgegeben von ALEXANDER TILLE.
(Heft 1.) m. d. T.: Die Grosskanalisierung der Saar, eine Lebensfrage für das Saargebiet. Rede, gehalten in der Aula des Gymnasiums zu Saarbrücken am 1. März 1904 von ALEXANDER TILLE. Saarbrücken 1904. Heckersche Buchhandlung. 8°.
(Heft 2.) m. d. T.: Die wasserwirtschaftliche Vorlage und die Kanalisierung der Mosel und der Saar. Vortrag, gehalten in der Hauptversammlung des Vereins für Kanalisierung der Mosel und der Saar zu Metz am 12. Juni 1904 von ALEXANDER TILLE. Malstatt-Burbach. Druck von A. Spiess. (Ohne bes. Titelbl.)
(Heft 3.) Lohntarifabkommen und nationale Arbeit. Vortrag, gehalten in der Generalversammlung der wirtschaftlichen Vereine der Saarindustrie am 21. Mai 1906 zu Saarbrücken von ALEXANDER TILLE. Saarbrücken 1906. Heckersche Buchhandlung.
(Heft 4.) Die wirtschaftlichen Vereine der Saarindustrie bis zum Tode des Freiherrn von Stumm-Halberg 1882—1901. Vortrag, gehalten in der Festversammlung zur Feier des fünfundzwanzigjährigen Stiftungsfestes der wirtschaftlichen Vereine der Saarindustrie am 4. Juli 1907 zu Saarbrücken von ALEXANDER TILLE. ib. 1907. Kommissionsverlag der Buchhandlung C. Schmidtke.
(Heft) 5. Die Arbeitgeberpartei und die politische Vertretung der deutschen Industrie. Vortrag, gehalten in der Hauptversammlung des Vereins zur Wahrung der gemeinsamen wirtschaftlichen Interessen der Saarindustrie, der Südwestlichen Gruppe des Vereins deutscher Eisen- und Stahlindustrieller und des Arbeitgeberverbandes der Saarindustrie am 27. Juni 1908 zu Saarbrücken von ALEXANDER TILLE. 1.—30. Tausend. ib. 1908. —
(Heft) 6. Die südwestliche Stahlindustrie des deutschen Zollgebietes. Vortrag, gehalten in der Kölner Vereinigung für rechts- und staatswissenschaftliche Fortbildung am 4. Dezember 1908 von ALEXANDER TILLE. ib. 1909. —
Heft 7. Die Verhandlungen über die Mosel-, Saar- und Lahnkanalisierung bei der Berathung des Etats der Bauverwaltung im preussischen Abgeordnetenhause 21. Legislaturperiode, 2. Session 54 Sitzung, am 16. März 1909. Abdruck aus den Verhandlungen des Hauses der Abgeordneten. ib. 1909. —
Heft 8. Die politische Arbeiterbewegung. Von ALEXANDER TILLE. ib. 1909. —

Heft 9. Der Bundesratsentwurf einer Reichsversicherungsordnung. Vortrag, gehalten in der Hauptversammlung der Südwestlichen Gruppe des Vereins deutscher Eisen- und Stahlindustrieller, des Vereins zur Wahrung der gemeinsamen wirtschaftlichen Interessen der Saarindustrie, des Arbeitgeberverbandes der Saarindustrie und des Südwestdeutschen Verbandes zur Wahrung der Interessen der Betriebskrankenkassen zu Saarbrücken am 19. Juni 1909. Von ALEXANDER TILLE. ib. 1909. —

Heft 10. Die Gründungsreden der Ortsgruppe Saarbrücken des Hansabundes, gehalten am 23. Juli 1909 im Saalbau zu Saarbrücken von ALEXANDER TILLE, ARTHUR OLLE, WILHELM WEITEN, WILHELM SCHMELZER, EUGEN CAHEN-BRACH, LOUIS LAZARD, EDMUND WEISDORFF. ib. 1909. —

Heft 11. Die Verhandlungen über die Mosel- und Saarkanalisierung im Preussischen Abgeordnetenhause am 9. März, 7. April und 4. Mai 1910. ib. 1910. —

Heft 12. Die Grundzüge der geschäftlichen Kostenberechnung. Drei Vorträge von HEINRICH MELTZER. Gehalten im Wirtschaftswissenschaftlichen Lehrgang Saarbrücken 1910. ib. 1910. —

Flugschriften, theosophische. Nr. 1—9. gr. 8. Leipzig, Theosoph. Verlagshaus. à Nr. — 20

Böhme, Edwin, Gott, Welt u. Mensch. (15 S.) (907.) (Nr. 7)
— Was ist Theosophie? (13 S.) (907.) (Nr. 1)
— Der Weg. (11 S.) (907.) (Nr. 6)
Hartmann, Frz., Philotheosophie. (8 S.) (907.) (Nr. 3)
— Der Socialismus vom Standpunkte d. occulten Wissenschaft aus betrachtet. (13 S.) (907.) (Nr. 4)
— Die theosophische Verbrüderung der Menschheit. Zur Aufklärg. üb. die internationalen theosoph. Bestrebgn. (11 S.) (907.) (Nr. 2)
Rudolph, Herm., gibt es e. Weiterbildung der Religion? (12 S.) (907.) (Nr. 5)
— Unser Sonnensystem. (14 S.) (907.) (Nr. 9)
Urgeschichte, die, der Menschheit. (Runden u. Rassen.) Nach H. P. Blavatskys „Geheimlehre". (16 S.) (907.) (Nr. 8)

(FLUGSCHRIFTEN DES ALLDEUTSCHEN VERBANDES.)

(Heft 1.) mit dem Titel: Die geschichtliche Berechtigung des deutschen Nationalbewusstseins. Rede, gehalten am 6. September 1896 in Berlin auf dem All-Deutschen Verbandstage von EDUARD HEYCK. München, 1897. J. F. Lehmann. 8°.

(Heft 2.) mit dem Titel: DEUTSCHLANDS ANSPRÜCHE an das Türkische Erbe. Herausgegeben vom All-Deutschen Verbande. ib. 1896. —

(Heft 3.) mit dem Titel: Die Behandlung der nationalen Minderheiten und die Lage des Deutschtums in Böhmen. Nach einer Rede des Landtags- und Reichsratsabgeordneten HEINRICH PRADE ..., gehalten am 3. Oktober 1896 zu Wien im österreich. Abgeordnetenhause. Herausgegeben vom All-Deutschen Verbande. ib. 1896. —

(Heft 4.) mit dem Titel: (FRITZ BLEY,) Genügt Deutschlands Wehrkraft zur See? Ein Mahnruf, herausgegeben vom All-Deutschen Verbande. ib. 1897. —

(Heft 5.) mit dem Titel: Deutsche Weltpolitik. Von ERNST HASSE. Herausgegeben vom All-Deutschen Verbande. ib. 1897. —

Heft 6 mit dem Titel: Der Niedergang deutscher, der Aufschwung fremder Seemacht. Mit 7 graphischen Tafeln. Von BRUNO WEYER. Herausgegeben vom Alldeutschen Verbande. ib. 1897. —

(Heft 6 (Doppelheft).) (2. Aufl.) mit dem Titel: Deutschlands Seegefahren. Der Verfall der deutschen Flotte und ihr geplanter Wiederaufbau. Mit 9 graphischen Tafeln. Von BRUNO WEYER. Herausgegeben vom Alldeutschen Verbande. ib. 1898. —

Heft 7 mit dem Titel: Die deutsche Flotte. Von REINHOLD WERNER. Vortrag, gehalten am 27. Oktober 1897 im Alldeutschen Verbande zu München. Herausgegeben vom Alldeutschen Verband. ib. 1898. —

FLUGSCHRIFTEN DES ALLDEUTSCHEN VERBANDES.

Heft 8. ib. 1898. — A. u. d. T.: Der Alldeutsche Verband, seine Geschichte, seine Bestrebungen und Erfolge. Von HUGO GRELL. ib. 1898. —

Heft 9. ib. 1899. — A. u. d. T.: Deutschlands Weltstellung und die nächsten Aufgaben deutscher Politik. Vortrag von EDMUND BASSENGE, gehalten in der Ortsgruppe Dresden des Alldeutschen Verbands. Herausgegeben vom Alldeutschen Verband. ib. 1899. —

Heft 10. Warum die deutsche Flotte vergrössert werden muss. Vortrag von ADOLF LEHR, gehalten auf dem Alldeutschen Verbandstage zu Hamburg. Herausgegeben vom Alldeutschen Verbande. ib. 1899. —

Heft 11. ib. 1899. — A. u. d. T.: Die slawische Gefahr in der Ostmark. Vortrag von REISMANN-GRONE, gehalten auf dem Alldeutschen Verbandstage zu Hamburg. Herausgegeben vom Alldeutschen Verbande. ib. 1899. —

Heft 12. Die deutschen Reichshäfen und das Zollbündnis mit den Niederlanden. Bericht, erstattet dem Alldeutschen Verbandstag zu Hamburg am 30. August 1899 von REISMANN-GRONE. Herausgegeben vom Alldeutschen Verband. ib. 1899. —

Heft 13 (Doppelheft). Alldeutschland an der Jahrhundertwende 1800 (und) 1900. Festvortrag, gehalten in der Hauptversammlung der Ortsgruppe Stuttgart des Alldeutschen Verbandes, 12. Februar 1900. Von FR. GUNTRAM SCHULTHEISS. ib. 1900. —

Heft 14. (Doppelheft.) ib. 1902. — A. u. d. T.: KUNDGEBUNGEN, Beschlüsse und Forderungen des Alldeutschen Verbandes 1890—1902. Zusammengestellt in der Geschäftsstelle des Alldeutschen Verbandes ... ib. 1902. —

Heft 15. Klein-Deutschland, ein Kehrbild. Von FRANZ WINTERSTEIN. Herausgegeben vom Alldeutschen Verbande. ib. 1903. —

Heft 16. ib. 1903. Im Selbstverlag des Alldeutschen Verbandes. — A. u. d. T.: Die Bilanz des neuen Kurses. Vortrag von CLASS in Mainz ..., gehalten auf dem alldeutschen Verbandstag in Plauen i. V. am 12. September 1903. ib. 1903. —

Heft 17. ib. 1904. J. F. Lehmann's Verlag. — A. u. d. T.: Marokko verloren? Ein Mahnruf in letzter Stunde von CLASS-Mainz. ib. 1904. —

Heft 18. ib. 1904. — A. u. d. T.: Warum brauchen wir Marokko? Von JOACHIM GRAF v. PFEIL. ib. 1904. —

Heft 19. ib. 1904. — A. u. d. T.: Über Volkserziehung im nationalen Sinn. Vortrag, gehalten auf dem Verbandstage des Alldeutschen Verbandes zu Lübeck am 28. Mai 1904 von JULIUS ZIEHEN. ib. 1904. —

Heft 20. ib. 1905. — A. u. d. T.: Nationale Forderungen und Pflichten. Von E. v. LIEBERT. ib. 1905. —

Heft 21. ib. 1905. — A. u. d. T.: Deutsch-Südwest-Afrika jetzt und später. Von JOACHIM GRAF v. PFEIL. ib. 1905. —

Heft 22. Überseepolitik oder Festlandspolitik? Zwei Vorträge, gehalten von REISMANN-GRONE und E. von LIEBERT auf dem Alldeutschen Verbandstage am 17. Juni 1905 zu Worms. Herausgegeben vom Alldeutschen Verbande. ib. 1905. —

Heft 23. Rasse und Volkstum. Vortrag über politische Ergebnisse der modernen Rassenforschung, gehalten auf dem Alldeutschen Verbandstage zu Worms am 17. Juni 1905 von LUDWIG KUHLENBECK. Herausgegeben vom Alldeutschen Verbande. ib. 1905. —

Heft 24. Die Ausländerfrage an den deutschen Hochschulen. Von KARL HENSING. Vortrag, gehalten auf dem Alldeutschen Verbandstage am 17. Juni 1905 zu Worms. Herausgegeben vom Alldeutschen Verbande. ib. 1905. —

Heft 25. Die russische Revolution und das baltische Deutschtum von ALFR. GEISER. Vortrag, gehalten auf dem a. o. Alldeutschen Verbandstage zu Leipzig. Herausgegeben vom Alldeutschen Verbande. ib. 1906. —

Heft 26. Das Deutschtum in Süd-Russland und an der Wolga. Von A. FAURE. Herausgegeben vom Alldeutschen Verbande. ib. 1907. —

Heft 27. Die dringendste Aufgabe der Polenpolitik. Vortrag von OTTO HÖTZSCH, gehalten auf dem alldeutschen Verbandstage in Wiesbaden am 8. September 1907. Herausgegeben vom Alldeutschen Verbande. ib. 1907. —

Heft 28. Ein offenes Wort aus Deutsch-Südwest. Von KONRAD FISCHER. Der Warmbader Distrikt. Die brennendsten wirtschaftlichen und politischen Fragen des Südens unseres Schutzgebietes. Leipzig (1909). Verlag Deutsche Zukunft. G. m. b. H.

Flugschriften d. Verbandes deutscher Handlungsgehülfen. Nr. 1 u. 2. gr. 8. Leipzig 884. (Glockner.) à n. — 30

1. Der Verband deutscher Handlungsgehülfen u. seine Krankenkasse. (11 S.)
2. Die Sicherung der Zukunft der Handlungsgehülfen u. ihrer Witwen. Ein Beitrag zur Reform im Kaufmannsstande. (24 S.)

— des Bremer Vereins f. ärztliche Mission. gr. 8. Bremen, Verlag der norddeutschen Missions-Gesellschaft.

Spieth, Jak., Krankenbehandlung bei den Eweern in Togo. Vortrag im Hallischen Verein f. ärztl. Mission. (10 S.) 909. — 10

Flugschriften des Deutschen Vereins für das nördliche Schleswig.

Bd. 1: Die Wirksamkeit der Ortsabteilungen. Referat v. Andr. J. Lorenzen. Gegeben auf der ordentlichen Sitzung der Gesamtleitung des „Deutschen Vereins für das nördliche Schleswig" am Sonnabend, den 6. Nov. 1909. in Rothenkrug. (Apenrade. 1909.) 8°

— des Vereines zum Schutze u. zur Erhaltung der Kunstdenkmäler Wiens u. Niederösterreichs. I—IV. 8. Wien 910. C. Fromme. 1.20

I. Museumsbau, der, am Karlsplatze. (14 S. m. 1 Abb.) — 20
II. Zur Rettung Alt-Wiens. (98 S. m. Abb.) — 40
III. Gedanken üb. Ausschmückung v. Landkirchen. (27 S.) — 20
IV. Das Wiener Stadtbild. Von Hans Tietze. (46 S. m. Abb.) — 40

— der kirchlich-positiven Vereinigung. 1. Heft. 8. Konstanz, J. Blanke. — 30

Braun, Wilh., was wir Kirchlich-Positive wollen. Ein Vortrag. (24 S.) 910.

Flugschriften des neuen Frankfurter Verlags. I.—VIII. gr. 8. Frankfurt a/M., Neuer Frankfurter Verlag. n. 5.85

I. Katholizismus, der, als Prinzip des Rückschritts. Von Ultramontanus. (71 S.) 901. n. — 75
II. Mein Austritt aus der katholischen Kirche. Worte zur Aufklärg. u. Mahng. Von C. Schieler. (99 S.) 901. n. — 75
III. Politik u. Moral. Eine Betrachtg. Von Ferd. Tönnies. (48 S.) 901. n. — 75
IV. Der Kampf um die neusprachliche Unterrichtsmethode. Ein offenes Wort üb. d. neusprachl. Reformunterricht an unseren höh. Schulen. Von Paul Wohlfeil. (27 S.) 901. n. — 60
V. Kampf, der, um die Kongregationen in der französischen Deputiertenkammer. Reden der Abgg. Renault-Morlière, René Viviani, Jacques Piou, Georges Trouillot, Graf des Mun, des Minist.-Präs. Waldeck-Rousseau u. der ehem. Minister-Präss. Ribot u. Henri Brisson. Nach dem stenogr. Berichte

des „Journal officiel" unter Benützung eines Referats der „Frankfurter Zeitung" bearb., übers. sowie m. Vorwort u. Einleitg. versehen v. Otto Hörth. (80 S.) 901. n. — 75
VI. Giordano Bruno, der Dichter-Philosoph u. Märtyrer der Geistesfreiheit. Seine Lebensschicksale u. seine Bedeutg., nach den Resultaten der neuesten Forschung dargestellt. Von C. Schieler. (64 S. m. 1 Bildnis.) 901. n. — 75
VII. Protestantische Kirchen in Deutschland. Von Emil Felden. (76 S.) 902. n. — 75
VIII. Bergpredigt, die. Übersichtliche Vergleichung m. verwandten Stellen der übrigen Evangelien u. Kritik derselben vom modernen Standpunkt. Bearb. v. e. Nicht-Theologen. Justus Vitalis. (69 S.) 902. n. — 75

Flugschriften, betreffend den Versuch, Religionsverfolgungen in Deutschland zu erregen. Gotha 1810. H: *Thiersch, Frdr.* (Th)

— des Volksbundes zur Bekämpfung des Schmutzes in Wort u. Bild. Nr. 3. 8. Leipzig (Fel. Dietrich). n. — 25
1. Krankhafte Richtungen der geschlechtlichen Sinnlichkeit u. ihre Entstehungsgesetze. Vortrag, geh. auf dem 1. Vortragsabend des Volksbundes. Von J. Marcinowski. 1.—10. Taus. (15 S.) 905. n. — 10
2. In Sachen des Volksbundes. Von Otto v. Leixner. 1. bis 5. Taus. (23 S.) 905. n. — 15
3. Schmutzannoncen. Eine zeitgemäße Betrachtg. v. Ekkehard. (7 S.) 906. n. — 10

Flugschriften d. Volksbundes z. Bekämpfung d. Schmutzes in Wort u. Bild. Nr. 4 u. 5. 8. Gautzsch b. Leipzig (Fel. Dietrich). — 30
4. Volksleben u. Erziehung in Haus u. Schule. Vortrag, geh. auf dem Vortragsabend d. Volksbundes am 23. 11. 1907. Von Rein. 1.—5. Taus. (16 S.) Leipzig 908. — 10
5. Im Kampf gegen die Schund-Druckerzeugnisse. Erfahrungen, Ratschläge u. Materialien. (52 S.) 910. — 20

Flugschriften über Volks- u. Jugendfeste. Hrsg. v. d. Ausschuß f. Volks- u. Jugendfeste im Zentralausschuß f. Volks- und Jugendspiele. Leipzig.

2. Schröder, N. A.: Der Knivsberg u. d. deutschen Volksfeste im nördl. Schleswig. 1899.
3. Hermann, A.: Das Sedanfest in Braunschweig. 1899.
4. Peters, W., & P. Hoffmann: Die Veranstaltung von Jugendfesten an städt. Knabenschulen. 1900.
5. Hinz, H., & Fr. Sange: Die Veranstaltung v. Jugendfesten im Freien an Landesschulen. 1900.
6. Schröder, N. A.: Die Veranstaltung v. Jugendfesten an höheren Schulen. 1900.

Zur Kenntnis und Pflege des deutschen Volksliedes. Flugschriften hrsg. von dem Deutschen Volksgesang-Vereine in Wien. 1. 2. Aufl. Wien: Deutscher Volksgesang-Verein 1899. 8° Vr.13300

— der deutschen Volkspartei. Hrsg. vom engeren Ausschuß. 1.—6. Hft. gr. 8. Frankfurt a/M. J. D. Sauerländer. à n. — 60
1. Die Verfassungsrevision in Württemberg. Von D. Saul. (37 S.) 899.
2. Die Besteuerung des Kleinhandels durch Umsatz-, Branchen-, Filial-, Personal- etc. Steuern, sowie die Lage des Kleinhandels u. die Mittel zu ihrer Besserung. Nach e. Vortrag. Von Rud. Oeser. (39 S.) 899.
3. Die Arbeitslosigkeit u. die Grundfragen der Arbeitslosen-Versicherung. Von Erich Eyck. (34 S.) 899.
4. Demokratie u. Sozialismus. Von Ost. Muser. (44 S.) 899.
5. Bericht üb. die Verhandlungen des 10. Parteitags der deutschen Volkspartei in Mainz (im Konzerthaus der Liedertafel) am 23. u. 24. IX. 1899 (m. besond. Berücksicht. der Frage der Arbeitslosen-Versicherung. (58 S.) 899.
6. Wie stellen wir uns zu den Kartellen u. Syndikaten? Vortrag, geh. auf dem 22. Parteitag der deutschen Volkspartei, am 21. IX. 1902 zu Offenburg i. Baden. Von Rud. Oeser. Auf Beschluß des Parteitags veröffentlicht. (29 S.) 902.

— der deutschen Volkspartei. Hrsg. vom engeren Ausschuß. 7. u. 8. gr. 8. Frankfurt a/M., J. D. Sauerländer. à n. — 60
7. Der Kampf um die Schule. Vortrag, geh. auf dem 29. Parteitag der deutschen Volkspartei am 26. IX. 1904 in Aschaffenburg. Auf Beschluß des Parteitags veröffentlicht. Von Ost. Muser. (48 S.) 904.
8. Die Einigung des Liberalismus u. der Demokratie. Von Ludw. Haas. (20 S.) 905.

— der deutschen Volkspartei. Hrsg. vom Engeren Ausschuß. 11. gr. 8. Kaiserslautern, Ph. Rohr. — 40
Die Lage der Privatbeamten in Deutschland. Ein Vortrag, geh. vor dem XXVIII. Parteitag der deutschen Volkspartei in Tübingen am 3. u. 4. X. 1908. Von Herm. Hummel. (24 S.) 908.

[Flugschriften d. Fortschrittlichen Volkspartei. 1910.] Sammelbd.

Flugschriften für Volks- und Jugendspiele, hrsg. v. d. Aussch. f. Volks-Jugendfeste, Leipzig, 8°. 5 Bde.
H. 1: Schröder, N. A., D. Knivsberg u. d. dtsch. Volksfeste im nördl. Schleswig, 1899.
H. 3: Hermann, August, D. Sedanfest in Braunschweig, 1899.
H. 4: Peters, W., u. Hoffmann, P., D. Veranstaltung v. Jugendfesten an städt. Knabenschulen, 1900.
H. 5: Hinze, H., u. Saupe, Fr., D. Veranstaltung v. Jugendfesten im Freien an Landschulen, 1900.
H. 6: Schröder, N. A., D. Veranstaltung v. Jugendfesten an höheren Schulen, 1900.

— volksthümliche. Nr. 1. Leipzig 890. Oesterwitz Nachf. n. — 25
Wie es im sozialdemokratischen Zukunfts-Staate aussehen würde. Gespräche üb. den Bebel'schen Staat u. üb. Zustände im gegenwärt. Deutschland. Für Jedermann dargestellt v. F. Festerhand. (32 S.)

— des internat. Wäscherei-Centralblatt Göttingen. 4. Heft. 8. Göttingen, E. Kelterborn. — 50
4. Die angebliche Notwendigkeit des Zehnstundentages f. die Fabrikarbeiterin im Wäschereigewerbe. Im Auftrag d. Central-Verbandes der Dampfwäschereien Deutschlands E. V. Von Ernst Kelterborn. 1—10. Taus. (31 S.)
Frühere Hefte s. u. d. T.: Flugschrift.

— Wiener. 1. Hft. gr. 8. Wien 887. Gottlieb. n. — 60
St. Georg v. Zwettl von E. Wengraf. 4., unveränd. Aufl. (47 S.)

— zeitgemäße. Nr. 1 u. 2. gr. 8. Znaim 897. Fournier & Haberler. à n. — 50
1. Die Clericalen. Eine Aufklärg. f. d. Volk von Mich. Huber. (35 S.)
2. D. Kampf geg. d. Sprachen-Verordngn. 3 Reden von Otto Lecher. Hrsg. v. „Znaimer deutschen Verein f. Stadt u. Land". (29 S.)

— zeitgemäße. Nr. 3 u. 4. gr. 8. Znaim, Fournier & Haberler. n. — 95
3. Obstruction u. Patriotismus. Rede, geh. in der Volksversammlg. am 16. IV. 1899 in Znaim. Von Otto Lecher. (27 S.) 899. n. — 45
4. Herrschsucht u. Eigennutz als Feinde d. Volksbildg. u. Schule. Von F. L. (18 S.) 901. n. — 50

— zeitgemäße. Nr. 5. 8. Znaim 905. Fournier & Haberler. n. — 50
Schillers nationale Bedeutung f. das deutsche Volk, nachgewiesen an e. denkwürdigen Aufführung des „Wilhelm Tell". Vortrag zur Feier d. Schillers 100. Todestage am 9. V. 1905. Von Karl Bornemann. (30 S.)

— der Zentralstelle f. Volkswohlfahrt. 1—4. Heft. gr. 8. Berlin, C. Heymann. p 1. —
Jessen, Merkbüchlein f. Zahnpflege. (1—100,000.) (Neue Aufl.) (6 S. m. Abbildgn.) 909. (Hft. 1) p — 10
Kaup, I, die Ernährungsverhältn. d. Volksschulkinder. Tatsachen u. Vorschläge. (III, 44 S.) 910. (Hft. 4) p — 80
Unterweisung, hauswirtschaftliche, f. die gesamte weibliche Jugend. (II, 42 S.) 908. (Hft. 2) p — 80
Weicker, Hans, Fürsorge f. die schulentlassene männliche Jugend namentlich im Anschluss an die Fortbildungsschule. (IV, 44 S.) 910. (Hft. 3) p — 80

Flugschriften der Rheinischen Zentrumspartei. H. 1—5. Köln 1907—1909. 8°. *(Mit Sondertit.)*

— der rheinischen Zentrumspartei. 5. Heft. gr. 8. Köln 909. J. P. Bachem. 1. 20
Selbstverwaltungskörper, die. Ihre Zuständigkeit u. die Bedeutg. der Wahlen zu denselben. (96 S.)
1—4 sind nicht im Handel.

Flugschriften-Reihe, 2., des allgemeinen evang.-protestant. Missionsvereins. 1. u. 2. Hft. gr. 8. Heidelberg, (Ev. Verlag). n. — 70
1. Ernst Faber, ein Wortführer christlichen Glaubens u. seine Werke. Von Paul Kranz. Mit 1 Bilde Fabers. (VIII, 58 S.) 901. n. — 50
2. Theorie u. Praxis e. protestantischen Missionars in China. Von Ernst Faber. Mit e. Vorwort v. Aug. Kind. (x8 S.) 902. n. — 20

Flugschriften-Reihe, 2., des allgemeinen evangelisch-protestantischen Missionsvereins. 3.—6. Heft. 8. Heidelberg (Ev. Verlag). à n. — 25
3. Das heutige Japan u. das Christentum. Von Schiller. (26 S.) 903.
4. Bunte Blätter aus Japan. Von Oppwald. (30 S.) 904.
5. Politik u. Mission in den Kolonien. Von Max Christlieb. (36 S.) 904.
6. Die Sekten des japanischen Buddhismus. Eine religionswissenschaftl. Studie. Von Hans Haas. (20 S.) 905.

Flugschriften-Reihe, zweite, des Allgem. ev.-protest. Missionsvereins. 8. u. 9. Heft. 8. Heidelberg, Ev. Verlag. à — 25
Bassermann, Heinr., Mission u. Bildung. (15 S.) 907. (Hft. 9)
Hackmann, H., Missionsarbeit in China einst u. jetzt. (18 S.) 906. (Hft. 8)
Hft. 7 u. d. T.: Furrer, das Christentum, die einzige Weltreligion. Ebd. 905. — 25

Flugschriften-Sammlung. Nr. 1 u. 2. gr. 16. Dortmund 888. (Nossen, O. Hoffmann's Buchhandlg.) à n. — 20
Citaten-Schatz aus dem Sulchan-Arukh nach der Uebersetzung von J. A. F. L. B. v. Pavly. Zur Information für Jedermann. 1. u. 2. Hft. (à 16 S.)

Flugschriften-Sammlung, allgemeine. 1. u. 2. Heft. gr. 8. Stuttgart, E. Leupoldt. n. 1. —
1. Der Wert unserer Konversations-Lexikon in kultureller Beziehung. Von Frdr. Langen u. Ludw. Ernst. (16 S.) 903. n. — 40
2. Börsenblatt, das, f. den deutschen Buchhandel. Eine Betrachtg. u. Würdigg. zugleich. Von ***. (18 S.) (903.) n. — 60

— Eckstein'sche. Nr. 1—12. gr. 8. Berlin, Eckstein Nachf. n. 7. 65
1. Das Wesen akademischer Vereinigung nach Maßgabe d. akademischen Ideale. Beitrag zur Lösung d. Universitätsfrage v. H. Krüger-Velthusen. 2. Tausend. (31 S.) 887. n. — 50
2. Der deutsche Student der Gegenwart. Von dem Verf. der Akademischen Carrière der Gegenwart. (48 S.) 887. n. 1. —
3. Aufgaben der Zukunft. An die deutsche Studentenschaft. (41 S.) 887. n. — 60
4. Wer wird das deutsche Volk vom Untergang retten? Eine ernste Frage v. Germanicus. (64 S.) 887. n. 1. —
5. Das Duell u. die Offiziere. Zeitgemäße Betrachtungen von G. O. Hilder. (37 S.) 887. n. — 75
6. Die Stellung der Offiziere gegenüber den Studenten in den Universitäts-Städten. Von R. Wild-Queisner. (28 S.) 887. n. — 50
7. Der deutsche Professor in der Politik. Von L. Gorel. (31 S.) 887. n. — 50
8. Unsere Offiziere a. D. Ein Schattenbild aus dem sozialen Leben v. G. O. Hilder. (48 S.) 887. n. — 50
9. Der Reserveoffizier als Kaufmann, Studierter und Staatsbürger v. G. O. Hilder. (56 S.) 887. n. — 60
10. Die deutschen Juden in Gegenwart u. Zukunft. Von Germanicus. (22 S.) 888. n. — 50
11. Zweck u. Mittel e. einheitlichen Organisation der deutschen Studentenschaft. Von Ed. David. Preisgekrönte Schrift. (54 S.) 888. n. — 60
12. Zur Ästhetik d. modernen Ehebruch-Dramas. Von K. Goldmann. (64 S.) 888. n. — 60

Leipziger **Flugschriften-Sammlung** zur Betäubungsfrage der Schlachttiere. Hrsg.: Sanitätsr. Dr. [Heinrich Richard] Ramdohr. H. A. Leipzig: San.R. Dr. Ramdohr [in Komm.] 1907. 8°
[illegible]

Flugschriften-Sammlung der internationalen Monatsschrift zur Bekämpfung der Trinksitten. Nr. 1—4. gr. 8. Bremerhaven, Ch. G. Tienken. n. — 55
1. Offener Brief an Wilhelm Martius in Dommitzsch bei Torgau v. A. Fick. — Einige Bemerkungen zu Wilh. Martius' „Handbuch der Trinker- u. Trunksuchtsfrage". Von Chr. G. Tienken. (8 S.) 891. n. — 10
2. Zur Alkoholfrage. Ein Wort an Wilh. Martius u. das „Blaue Kreuz". Von G. Bunge. [Aus: „Internationale Monatsschr. z. Bekämpfg. d. Trinksitten".] (7 S.) 891. n. — 10
3. Die Trinksitten u. die Sozialdemokratie. Ein Wort der Erwiderung an Hrn. Kautsky. Von Herm. Blocher. [Aus: „Internat. Monatsschr. z. Bekämpfg. d. Trinksitten".] (15 S.) 892. n. — 25
4. „Unser Bier!" Bemerkungen zu Rosenthals Schrift üb. Bier u. Branntwein. Von A. Fick. [Aus: „Internat. Monatsschr. z. Bekämpfg. der Trinksitten".] (7 S.) 893. n. — 10

Flugschriften-Sammlung d. Internationalen Monatsschrift z. Bekämpfung d. Trinksitten. Nr. 5. gr. 8. Bremerhaven 893. Leipzig, Ch. G. Tienken. n. — 20
„Was sollen wir trinken?" Von G. Bunge. (8 S.)

Flugschriften-Sammlung der Internat. Monatsschrift zur Bekämpfg. d. Trinksitten. Nr. 6. gr. 8. Bremerhaven 896. Leipzig, Ch. G. Tienken. n. — 30
(1.—6.: n.n. 1. 05)
D. Alkohol vor Gericht. Angeklagt weg. Nichtdarreichg. alkohol. Getränke. D. Alkohol als Medizin. Von Hirschfeld. [Aus: „Internat. Monatsschr. z. Bekämpfg. d. Trinksitten".]

Flugsport. Illustrierte techn. Zeitschrift u. Anzeiger f. die gesamte „Flugschiffahrt", unter Mitwirkg. bedeut. Fachmänner hrsg. v. A. K. Ursinus. 1. u. 2. Jahrg. Dezbr. 1908—Novbr. 1910. à 24 Nrn. (VI, 765 u. X, 795 S.) Lex. 8. Frankfurt a/M., Verlag des „Flugsport". à Jhrg. nn 14.—; geb. 18. —

Flug- u. Motor-Technik. Organ (Offizielle Mitteilgn.) des österreich. flugtechn. Vereines u. seines Zweigvereines f. Steiermark. Red.: Hugo L. Nikel. 4. Jahrg. 1910. 24 Nrn. (à Jhrg. ca. 36 S. m. Abbildgn.) gr. 8. Wien, Wiener techn. Verlag. 20. —

Flugwoche, die erste Zürcher, in Dübendorf 22.—26. X. 1910. (58 S. m. 23 Abbildgn.) 8. Zürich 910. Art. Institut Orell Füssli. — 80
Sonderabdruck aus „Zürcher Wochen-Chronik".

Flühblumen. Sammlung volksthümlicher Gedichte in deutscher und französischer Sprache, von F. L. Bern 1872. H: *Lehmann, Carl Friedrich.* (N. Berner Taschenb. 1910, S. 300 f.) (Zeitschr. f. Büch. 1923, S. 85)

Flühmann, Elisabeth. Die Geschichte am Seminar. 37 S. 8. Aarau, H. R. Sauerländer & Co., 1903.
30. Jahresbericht über das Töchterinstitut und Lehrerinnenseminar Aarau. Schuljahr 1902/1903. ... Beilage.... Aarau, H. R. Sauerländer & Co., 1903.

Flühmann, Elisabeth, Eine Lebensfrage für unsere Anstalt. Aarau, Lehrerinnen-Seminar 1888.
Ploegl.

[J.] **Fluhme,** Wilhelm [Gerichts-Ref. in Dortmund]: Die Theorieen der Passiv-Succession ... Dortmund, Buchdr. v. W. Crüwell, 1896; 53 S. 8.
Erlangen, Jur. Fak., Inaug.-Diss. v. 1896

Fluhr, A., Turnspiele f. die Volksschule. Ausgewählt u. entworfen. 12. (24 S.) Neustadt a/H. 885. (Kaiserslautern, Tascher.) n. — 40

Fluhr, Robert: Geologie und Hydrologie im engeren Einzugsgebiet der Streu unter besonderer Berücksichtigung bodentechnischer Fragen. 1908. 66 S. 8°
Aachen, Dr.-Ing.-Diss. v. 21. 9. 1908

Fluhrer, Hermann, Distriktstierarzt: Studien über Immunität mit besonderer Berücksichtigung veterinärmedizinischer Fragen. Erlangen 1909: Junge. 71 S. 8°
Erlangen, Phil. Diss. v. 30. Juni 1909, Ref. Fleischmann
[Geb. 5. Mai 78 Unterampfrach; Wohnort: Gralenberg; Staatsangeh.: Bayern; Vorbildung: Gymn. Schweinfurt Reife Juli 02; Studium: München 1, Stuttgart Tierärztl. Hochsch. 1, Gießen 6, Würzburg 3, Erlangen 3 S.; Rig. 17. Juni 09.] [U 09. 813

Fluhrer, Paul, die Anlage elektrischer Klingeln, s.: Hénard, G.

Fluhrer, Wilh., die Diastase. Eine ausführliche Zusammenstellung der Untersuchungen über die Vorgänge beim Maischen. München 870. Gummi. Lex. 8. (VI, 290 S.) n. 1 ⅓ ß

Fluisten, G. van [Pseud.], s.a. Arens, Wilhelm [wirkl. Name]

Fluisten, G. van, die Chronik des J. 1903, e. Zusammenstellg. der Ereignisse des J. 1903. Als Nachschlagebuch bearb. f. Politiker, Redakteure, Schriftsteller u. Zeitungsleser. (40 S.) kl. 8. Berlin 904. Gerdes & Hödel. n. 1. —

— dio staatliche Pensionsvorsicherung dor Privatbeamten, o. Beitrag zur Fördorg. dor Intorossen der Ingoniouro, Technikor, Handlungsgohilfon, Workmeistor, Journalisten, Anwaltsgohilfon, land- u. forstwirtschaftl. Vorwaltungsbeamton etc. (89 S.) gr. 8. Ebd. 903. n. — 40

— dasselbe. 2. Aufl., durchgesehen u. m. neuen Materialien ausgestattet v. Wilh. Arens. (48 S.) gr. 8. Ebd. 904. n. — 40

Fluitelis, s.a. F l u c t i b u s .

de Fluitelis, Rob., Schutzschrift für d. Aechtheit d. Rosenkreuzergesellschaft. Aus d. Latein. v. Adm. Mch. Boos (Birkholz). 8. Leipz. 782. Enobloch. 1 ₰ Aufs Neue unter d. Namen: A. Wienner. Frankf. u. Leipz. 785.

Fluitiis, s.a. F l u c t i b u s .

Fluitiis (= Flud), Robert de.
Schutzschrift für die Aechtheit der Rosenkreutzer Gesellschaft, a. d. Lat. . . . Leipzig 1782. H: *Birkholz, Adam Michael.* (MGT)

Flükiger, A., s. F l ü c k i g e r .

Flükiger, H[ans]. Die Flächenteilung des Dreiecks mit Hilfe der Hyperbel. ⟨Mit drei Tafeln.⟩ Diss. Phil. Bern. [SA. aus den Mitteilungen der Naturforschenden Gesellschaft in Bern aus dem Jahre 1910.] IV + 51 S. 8. Bern, K. J. Wyss, 1910.

Flueler, Max: Die Norddeutsche Sinfonie zur Zeit Friedrichs d. Gr., und besonders die Werke Ph. Em. Bachs. (Berlin 1908: Ebering.) 73 S. 8° ¶(Enth. nur d. Teil: Die sog. Berliner Sinfonieschule.)
Berlin, Phil. Diss. v. 9. Okt. 1908, Ref. Kretzschmar
[Geb. 1. Mai 80 Stans; Wohnort: Schwyz; Staatsangeh.: Schweiz; Vorbildung: Gymn. Schwyz Reife Juli 00; Studium: Berlin 6 S.; Rig. 30. Jan. 08.] [U 09. 169

Flueler, Norbert. Orgeln und Orgelbauten im Stifte Einsiedeln. Von P. N' Flueler, O. S. B., zweiter Archivar. Separatabzug aus «Päd[agogische] Blätter» [Jahrg. 9]. [Mit Figuren.] 59 S. 8. Einsiedeln, Schweiz, Eberle & Rickenbach, 1902.

Flume, Emil Heinrich Wilhelm, s. F l u m e , Wilhelm.

Flume, Guil., s. F l u m e , Wilhelm.

Flume, Otto, Verkehrsgeographie von Südafrika. Leipzig-Reudnitz 1905: A. Hoffmann. (76 S.) 8°
Jena, Phil. Fak., Ref. Dove, Diss. v. 5. Dez. 1905
[Geb. 23. Dez. 78 Lünen, Kr. Dortmund; Wohnort: Lünen; Staatsangeh.: Preußen; Vorbildung: Landesschule Pforta Reife O. 98; Studium: Bonn 3, Straßburg 1, Bonn 1, Berlin 5, Jena 2 S.; Rig. 31. Juli 05.]

FLUME, Wilhelm

Flume, Guil. (geb. Lünen in Westf. 22. 4. 1837): De uteri carcinomate. Berolini (1861). (30 S.) 8°
Berlin, Med. Diss. v. 12. Jan. 1861

Flume, Wilhelm (Lünen/Westf.), De chinioidino. Diss. med. Bln. (Nietack) 2. VII. 1832. 32 S. mit Biogr. (M.: Ph. Pampor.) (4.50) 9118
Oppon.: F. Hilbeck, H. Jacobi, H. Mellinghaus. — Gew.: D. Hartmann.

Flume, *(Emil Heinrich)* Wilhelm [aus Lünen a. d. Lippe]: Aus d. psychiatr. Klinik zu Bonn. Meningitis tuberculosa und Geistesstörung. '[Ein längere Zeit unt. d. Bilde e. Psychose verlaufender Fall v. chronischer Meningitis tuberculosa m. Entzündg u. Atrophie mehrerer Hirnnerven.]' ... Bonn, Univ.-Buchdr. v. C. Georgi, 1892; 27 S. 8.
Bonn, Med. Fak., Inaug.-Diss. v. [15. Okt.] 1892

Flums. Das Carbidwerk Flums. Sonderabdruck aus der «Schweizerischen Bauzeitung» Band 38 [1901], Nr. 11, 13, 14 und 15. [Illustriert.] II + 12 S. 4. Zürich, Ed. Rascher, 1901. [fr. 1.—]

Flunk, Matthias, S. J., die Eschatologie Altisraels. Argumente u. Dokumente f. die Existenz des Unsterblichkeitsglaubens in Altisrael. I. Argumente u. allgem. Grundlagen. (50 S.) 8. Innsbruck 908. F. Rauch. nn — 50

— expositio in Genesim. Privato auditorum usui accomm. I. Prolegomena. Ed. II. (106 S.) 8. Ebd. 910. 1.05

Fluntern, s.: Westentasche-Panorama-Collection.

Das Fluor und seine Verbindungen. Autorisirte deutsche Ausgabe übersetzt von T. Zettel. Berlin, 1900. 8vo. Ill.

Flur, F., im eigenen Hause nicht teurer als in e. Mietswohnung. Rentabilität des Eigenhausbaues. 4. Aufl. 31—40. Taus. Mit 50 Ansichten u. Grundrissen. (30 S.) 8. Wiesbaden 910. Westdeutsche Verlagsgesellsch. 1. —

Flurer, Ehestandsscenen, od. d. unerwartete Wiedervereinigung. Ein dramat. Gemälde in 4 A. 8. Dresd. 794. (Schöne in Berl.) 8 gr.

— Eifersucht u. Rache. Lstspl. in 5 A. 8. Dresd. 794. (Schöne in Berl.) 12 gr.

— der Freund in d. Noth, oder d. zwei Schwestern. Lstspl. in 2 A. 8. Ebd. (Ebd.) 12 gr.

Flur-Gesetz für d. Kanton Aargau nebst Vollziehungsverordng. u. Tarif. gr. 8. (55 S.) Aarau 898. H. R. Sauerländer & Co. n. — 60

Fluri, zwei Predigten. Zum Abschied v. seiner Gemeinde gehalt. zu Schiers den 7. u. 14. Juni 1846. 8. (15 S.) Chur 847. (Hitz.) n. 4 ngr.

Fluri, A., s. K a l e n d e r , Historischer.

Fluri, Adf., die Anfänge des Französischunterrichts in Bern, s.a. Aus romanischen Sprachen u. Literaturen.

Fluri, Adolf. Die Anfänge des Französischunterrichts in Bern. Sonderabdruck aus: «Aus romanischen Sprachen und Literaturen», Festgabe für Heinrich Morf. II + 22 S. 8. Halle a. d. S., Max Niemeyer, 1905. [M. —.80]

(Fluri, Ad[olf].) Konrad Justingers Handschrift. [Mit 1 Vignette und 1 Facsimile.] SA. 8. [Bern 1899.]

Fluri. Ad[olf.] Kulturgeschichtliche Mitteilungen aus den Bernischen Staatsrechnungen des XVI. Jahrhunderts. [Mit Vignetten.] 8. Bern 1894.

Fluri, Ad[olf]. Orgel und Organisten in Bern vor der Reformation. [Illustriert.] II + 35 S. 8. Bern, Buchdr. Berner Tagblatt, 1905. [fr. —.30]

Fluri, Ad[olf]. Das alte Schulhaus oben an der Herrengasse [in Bern]. [Illustriert.] Separatabdruck aus den «Blättern für bernische Geschichte, Kunst und Altertumskunde» [Jahrg. 2, Heft 1]. 15 S. 8. [Bern, Gustav Grunau, 1906.]

Fluri, Ad[olf]. Die bernische Schulordnung von 1548. Zum ersten Male hrg., mit einer Einleitung und Anmerkungen versehen. Sonderabdruck aus den Mitteilungen der Gesellschaft für deutsche Erziehungs- und Schulgeschichte. ... Jahrg. 11 ⟨1901⟩. Heft 3, S. 159—218. 60 S. 8. Berlin, A. Hofmann & Comp.

Fluri, Adf., die bernische Schulordnung v. 1591 u. ihre Erläuterungen u. Zusätze bis 1616, s.a. Mitteilungen der Gesellsch. f. deutsche Erziehgs-. u. Schulgeschichte, Beihefte.

Fluri, Adolf. Die bernische Schulordnung von 1591 und ihre Erläuterungen und Zusätze bis 1616. IV + 71 S. 8. Berlin, A. Hofmann & Komp., 1906. (M. 1. 20)
Beiträge zur Geschichte der Erziehung und des Unterrichts in der Schweiz.... (Heft 1.) - Beihefte zu den Mitteilungen der Gesellschaft für deutsche Erziehungs- und Schulgeschichte. Hrg. von der G' für d' E'- und Sch'. (Beiheft) 12....

— Die Berner Schulpfennige u. die Tischlivierer 1622 —1798. Ein Beitrag zur Münz-, Geld- u. Schulgeschichte. (VIII, 184 S. m. 12 Taf.) gr. 8. Bern 910. G. Grunau. Geb. in Leinw. 12. —

— 1.2 Taufbüchlein, das Berner.

Das Berner Taufbüchlein von 1528 (Ein kurtze gmeine form, kinder ze touffenn ...). Nach dem einzig erhaltenen Exemplar d. Berner Stadtbibliothek hrsg. von Dr. Ad. Fluri. Bern: E. Baumgart in Komm. 1904. (25 S.) 8° [F.] 04. 96

Fluri, Ad[olf]. Pierre Willommet ⟨1658—1730⟩. [Illustriert.] Separatabdruck aus den «Blättern für bernische Geschichte, Kunst und Altertumskunde» [Jahrg. 6, Heft 4]. 24 S. 8. (Bern, Gustav Grunau, [1910].)

[Fluri, P. Bonifacius.] Ein Wort als Beleuchtung der Schrift: „Georg von Ellinger, eine Selbstbiographie etc. ([Verfasst von] Ildephons Fuchs)... St. Gallen 1814." Von einem Kapitularen des Klosters Pfeffers. 8. Chur 1814.

Fluri, Max, aus Basel: Der Einfluss von Aluminiumsalzen auf das Protoplasma. Jena 1908. IV + 47 S 8°. S.-A. aus Flora oder Allgemeine botanische Zeitung. Bd. 99. Heft 2. [25. XI. 07.]
Basel. Phil. Diss. 1908/09

Fluri, Max. Der Einfluss von Aluminiumsalzen auf das Protoplasma. Diss. Phil. Basel. (Separatabdruck aus: «Flora» oder Allgemeine botanische Zeitung. Band 99, Heft 2....) IV + 47 S. 8. Jena, Gustav Fischer, 1908.

Fluri, P., siehe: *Fauch, Fr.*

Fluri, P., siehe: *Theorie und Praxis.*

Fluri, P. . Der Luft-Kurort Walzenhausen (Ct. Appenzell). Von P. F. (*Umschlag: Flury). Mit Illustrationen (*Umschlag: Bildern) (4 Tafeln) von Eugen Unold und einer Karte (etc.). 8. Zürich 1882.

Fluri, Paul, s.a. Flury.

Fluri, Paul, Übgn. z. Orthographie, Interpunktion, Wort- u. Satzlehre. 4. Aufl. Hrsg. v. d. Sekundarlehrer-Konferenz d. Kantons St. Gallen. gr. 8. (XIV, 87 S.) St. Gallen 897. Fehr. Geb. n. — 80

Fluri, Paul, Übungen zur Orthographie, Interpunktion, Wort- u. Satzlehre. 6. Aufl. Hrsg. v. der Sekundarlehrer-Konferenz des Kantons St. Gallen. gr. 8. (XIV, 87 S.) St. Gallen 901. Fehr. Geb. n. — 80

— Schlüssel zu den Aufgaben über Wort- u. Satzlehre. Zur 5. Aufl. 8°. 16 S. Ebda. — 50

Fluri, Paul, deutsches Übungsbuch, s.: Fäsch, Frdr.

Fluri, Theodor, von Olten ([Kt.] Solothurn): Isembart et Gormont Entwicklung der Sage und historische Grundlage. Basel E. Birkhäuser Dr. 1895. 1 Bl., 131 S. 8°.
Zürich. Phil. Diss. [v. 5. Juni 1895].

Flüring, Aug. Emil, Bier ist Gift! Eine Zeitfrage gründl. erörtert. 1—4. Aufl. 8. (1½ B.) Leipzig 845, Gocht.

FLURL, Matthias von

— einige Bemerkk. über den wasserfreien Gyps (Anhydrit) u. den Muriacit oder Würfelspath. 4. Münch., (Franz). 4 ƒ

Flurl, Matthias („kurfürstl. wirkl. Berg- u. Münzrath, chemal. Prof. bei d. herzogl.-marianischen Landesakad.", geb. 15. Febr. 1756 zu Straubing, † als k. Berg-, Salinen- u. Münz-Direktor zu Kissingen, d. 27. Juli 1823), *Beschreibung der Gebirge von Baiern u. der oberen Pfalz*, mit den darinn(!) vorkommenden Fossilien, auflässigen u. noch vorhandenen *Berg- u. Hüttengebäuden*, ihrer älteren u. neueren Geschichte, dann einigen Nachrichten über das *Porzellan- u. Salinenwesen*, u. anderen nützl. Bemerkgn. u. Vorschlägen, wie dem verfallenen Bergbau wieder aufzuhelfen wäre. Mit TK, f., TVign., 4 (gefalt.) Kpftaf. u. 1 petrograph. Karte (in gr. Fol., color., *And. Nachtmann* del., *Scherer* sc.). München, bey Jos. Lentner, 1792. Gr. 8°. Frzb. m. Goldschn.
16 Bll. Vorst. (incl. Widm. an Se. Exc. Sigism. Graf von u. zu Haimhausen, wirkl. geh. Rath, Oberbergwerksdirektor in Bayern etc., Ehrenpräsident d. kurf. Akad. d. Wiss., geb. 28. Dezbr. 1708, † 16. Jan. 1793 zu München), 642 S. in 42 Briefen abgefasst.

— histor. u. geolog. Beschreib. d. ehemals sehr ergiebigen Blei- u. Gallmeibergwerke am Hohenstauffen u. Rauschenberg im Landgerichte Traunstein. 4. Münch., (Franz). 6 ƒ

— histor.-geolog. Beschreib. d. Eisensteinbergbaues am sogenannt. Kressenberge im Landgerichte Traunstein. 4. Münch., Franz. 6 ƒ

Flurl, Matthias von, s. Darstellung d. Einflusses der Kant. Philosophie.

• Flurl, üb. d. Gebirgsformation Baierns. gr. 8. München, Lentner. 806.

Flurl, Matthias, *aeltere Geschichte d. Saline Reichenhall*, vorzüglich in technischer Hinsicht, bis z. Erbauung d. Hilfs-Saline *Traunstein*. Abgeles. z. Feyer d. allerhöchst. Namenstages Sr. Majest. d. Königs, d. 12. Octob. 1809, in e. öffentl. Sitzung d. k. Akad. d. Wiss. München, mit Wolffschen Schriften, 1809. 4°. Ppb., schönes breitrand. Expl.
41 S. Voran das lithogr. Portrait Hans Sim. Reifenstuhl's, Herzog Maximilian's I. Baumeister. — Selten!

Flurl, Matthias von, s. Geschichte und Erdbeschreibung der Pfalzbaiern.

— Grundlin. d. Naturgesch. 1ste Abth. 8. Ebend. 805.

— — dass. 1ste 2te 3te 4te Abthl. N. Aufl. 8. Ebend. 808—810.

Flurl, Matthias von, s. Kinderacademie.

v. Flurl, (M.) Lebens-Skizze, mit e. Nachworte v. K. v. Weiller. 8. München 825, Finsterlin.

— Rede v. d. Einfluß d. Wissenschaften auf Kultur einer Nation. 4. Ebend. 798.

— Rede von dem Einflusse d. Wissenschaften, insbesond. d. Naturlehre, auf d. Cultur e. Nation. 4. Münch. 799. J. Lindauer. 3 ƒ (bei Franz das.) 5 ƒ bei Lentner. 4 ƒ

Flurl, M. Ueber das Vorkommen der Steinkohlen zu Häring sowohl in geogn. als orytognostischer Rücksicht (Aus d. Denkschriften der kgl. Akad.) München. 1812. 4.

— über d. Vorkommen d. Steinkohlen zu Häring, sowohl in geognost. als in oryktognost. Hinsicht. gr. 4. Münch. 814. (Franz). 16 ƒ

Flurnamen und dorfgeschichtliche Beiträge aus dem Ruppiner Kreise. Gesammelt u. bearb. von Lehrern im Auftr. d. Kreislehrervereins. (Vorr.: [Wilhelm] Bartelt, Rektor in Neu-Ruppin.) *Neu-Ruppin (1904): Märkische Zeitung.* (XIX, 220 S.) 8° [F.] 04. 13384

Flurnamen, die, des Herzogt. Braunschweig. Gesammelt vom Landesverein f. Heimatschutz im Herzogt. Braunschweig. 1. Bd. gr. 8. Braunschweig, E. Appelhans & Co. 1. 50
Die Namen der Berge, Klippen, Täler, Quellen, Wasserläufe, Teiche, Ortschaften, Flurteile, Forstorte u. Wege im Amtsgerichtsbez. Harzburg, nebst e. Versuche, sie zu deuten. Von R. Wierles. Hrsg. v. Harzburger Altertums- u. Geschichtsverein. Mit 1 Übersichtskarte. (VI, 82 S.) 910.

Flurnamen und Flurgeschichte, e. Beitr. z. Heimatkunde d. Oscherslebener Umgegend, zsgest. vom Direktor u. Lehrerkoll. d. Realschule. T. 1. 1. Zur Geschichte d. Bodelaufs b. Oschersleben. 2. Aus d. Geschichte d. Oscherslebener Feldmark. 3. Tempelritter um Oschersleben. 4. Vom Sooren Anger. Anmerkungen. Von G[ustav] Breddin. Oschersleben 1908: Kaulfuß. 38 S. 8°
Oschersleben, R OP 1908 (351) [S 08. 107

Flürscheim, Bernhard, aus Gaggenau: Beiträge zur Kenntnis der Kieselwolframsäuren. *Heidelberg 1901: J. Hörning.* (36 S.) 8°
Heidelberg, Naturw.-math. Diss. v. 1901

FLÜRSCHEIM, Michael: Die große Aufgabe der Konsumvereine. Lugano 1895. 32 S.

Flürscheim, M., 1., Die heutige Aufgabe der Demokratie. 8°. Gaggenau s. a.

Flürscheim, Mich., Bausteine. Beiträge zur Sozialreform. gr. 8. (VII, 163 S.) Dresden 895. E. Pierson. n. 2. —

Ⓑ Flürscheim, Mich., Bausteine. 895. (KBB 27.) — Deutschland in 100 Jahren. 890. — Der einzige Rettungsweg. 890. (KBB 25.) Jetzt: Berlin, Verlag Berlin-Wien.

Flürscheim, Mich., 1. Bodenbesitzreform und Socialismus. (Neue Zeit. 1890.)

Flürscheim, M., Deutschland in 100 Jahren oder die Galoschen des Glücks. Ein soziales Märchen. [Aus: „Badischer Landesbote".] 8. (85 S.) Bubenheim 887. J. Schmitt. n. — 40

— Deutschland in 100 Jahren oder die Galoschen des Glücks. Ein sociales Märchen. gr. 8°. Dresden, Pierson, 1890. 2. Aufl. gr 8° Ebd. 1894.

—— Diagnose u. Heilung d. socialen Krankheit, s. Schmidt, Karl. Zünftig oder Vernünftig?

Flürscheim, Mich., die Krankheit des Wirtschaftskörpers. (68 S.) gr. 8. Wien 905. C. Konegen. n. 1. —

– Modell-Gemeinwesen. Orientierendes üb. die Freiland-Kolonie in Mexiko. [Aus: „Schweizer. Blätter f. Wirtschafts- u. Socialpolitik".] gr. 8. (24 S.) Basel 894. Dr. H. Müller. n. — 40

Not aus Ueberfluss. Beitrag z. Geschichte d. Volkswirtschaft insbesondere d. Boden-Reform. Von M(ichael) Flürscheim. Leipzig: Excelsior-Verl. (1909). 329 S. 8°

-- Pabst u. Sozialreform. Ein Appell v. dem falsch unterrichteten an den besser zu unterricht. Pabst. gr. 8. (56 S.) Düsseldorf 891. J. B. Gerlach & Co. n. — 75

—— der einzige Rettungsweg. Nebst einem Anhang: Der Hans und seine Knödel. 8. (76 S.) Ebendas. 887. *

— der einzige Rettungsweg. Lex.-8. (XII, 603 S.) Ebd. 890. n. 5. —

Die Rolle des Kapitals in der Volkswirtschaft. 8° Berlin, „Frei-Land"-Expedition, 1892.

Flürscheim, M., das Staatsmonopol d. Grundpfandrechts als Weg zur Reform unserer wirthschaftlichen Verhältnisse, s.: Zeitfragen, soziale.

Flürscheim, Mich., Währung u. Weltkrise. E. Versuch zur Beseitigung d. Geldmonopols. [Aus: „Die Zeit".] gr. 8. (48 S.) Wien 895. Verlag d. „Zeit". n. 1. —

Flürscheim, Mich., auf friedlichem Wege. Ein Vorschlag zur Lösung der sozialen Frage. 1. und 2. Aufl. gr. 8. (VI, 394 S.) Baden-Baden 884, Sommermeyer. *
Volks-Ausg. *

Flurschütz, Alb., Türken und Türkenthum. Kurze Zusammenstellung der Glaubens- und Sittenlehre des Koran mit Bezug auf das Verhältniß des Islam zum Christenthume. Iserlohn 855. Bädeker. 8. (2 Bl., 84 S.) 10 ngl.

Flury, A., Pensionats-Studien. 81 Stn. kl. 8. Zürich, in Commiss. bei S. Höhr. 1873. 1. —

Flury, Andr., ein Beitrag zur Geschichte u. Statistik des hohen Steinschnitts von 1851—1878. Inaugural-Abhandlung. gr. 8. (111 S.) Tübingen 879. (Fues.) n. 1. 60

Flury, A[ndreas]. Leitfaden zum hygienischen Unterricht für Seminaristen der Lehranstalt Schiers. Als Manuskript gedruckt. 103 S. 8. Schiers, Walt & Hoffmann, 1903. [geb. fr. 2.20]

Flury, Elise, nützl. Winke z. prakt. Erziehg. f. Eltern u. Erzieher. 12. (IX, 223 S.) Paderborn 898. F. Schöningh. n. 1. 40

Flury, Ferdinand, aus Würzburg: **Beiträge zur Kenntnis des Tellurs.** *Regensburg 1903: F. Pustet.* (38 S.) 8°
Erlangen, Phil. Diss. v. 11. Juni 1902

Flury, J., Freudigkeit im Werk des Herrn, s. a. Synodalpredigten.

Flury, J[osias]. Freudigkeit im Werk des Herrn. Synodalpredigt über 1. Korinther 15, 58 gehalten am Vorabend der Zürcherischen Kirchensynode ... 29. November 1904 ... in Zürich. Anhang: Übersicht der zürcherischen Synodalpredigten seit 1834. 26 S. 8. Zürich, Schulthess & Co., 1904. [fr. —. 50]
Synodalpredigten. Neue Reihe. Nro 8.

Flury, Paul, s.a. Fluri.

Flury, Paul. Uebungen zur Orthographie, Interpunktion, Wort und Satzlehre. Herausgegeben der Sekundarlehrer-Konferenz des Kantons St. Gallen. Vierte Auflage. Gr. in-8°. XIV, 87 S. St. Gallen, Fehr'sche Buchhandlung. cart. — 80

Flury, P[aul]. Übungen zur Orthographie, Interpunktion, Wort- und Satzlehre. 7., nach den Beschlüssen der Berliner Konferenz von 1901 bearbeitete Aufl. Hrg. von der Sekundarlehrer-Konferenz des Kantons St. Gallen. XIV + 87 S. 8. St. Gallen, Fehr, 1903. [cart. fr. —. 80]

Flury, P[aul]. Übungen zur Orthographie, Interpunktion, Wort- und Satzlehre. 8., nach den Beschlüssen der Berliner Konferenz von 1901 bearbeitete Aufl. Hrg. von der Sekundarlehrer-Konferenz des Kantons St. Gallen. XIV + 87 S. 8. St. Gallen, Fehr, 1905. [cart. fr. —. 80]

Flury, Philipp, Ertragstafeln f. die Fichte u. Buche der Schweiz nebst ergänzenden Hülfstabellen f. die Zwecke der Bonitierung u. Holzmassen-Ermittlung reiner geschlossener Bestände. [Sep.-Abdr. aus Bd. IX u. ergänzt aus früheren Bdn. der „Mitteilgn. der schweiz. Central-anstalt f. das forstl. Versuchswesen".] (75 S.) Lex. 8. Zürich 907. (Beer u. Co.) Kart. 3. 50

Flury, W[erner]. Die industrielle Entwicklung des Kantons Solothurn. Ein Beitrag zur wirtschaftlichen Heimatkunde. [Illustriert.] IV + 72 S. 8. Solothurn, Vogt & Schild, 1907.
(Beilage zur «Schweizerischen Zeitschrift für kaufmännisches Bildungswesen» [Jahrg. 1, No. 12, Dezember 1907].)

Flury, W[erner]. Handelsstand und Handelsschulen. Vortrag gehalten den 30. November 1902 in Zürich, bei Anlass der ersten Jahresversammlung des schweizerischen Vereins für kaufmännisches Bildungswesen. Separatabzug aus den «Schweiz. Blättern für Wirtschafts- u. Socialpolitik.» Hefte 7 und 8, Jahrg. 11, 1903. II + 24 S. 8. Bern, Scheitlin Spring & Cie., 1903.

Flury, W., Handelsstand u. Handelsschulen. — Waldburger, E., Bericht üb. die 1. Jahresversammlung d. schweizer. Gesellschaft f. kaufm. Bildungswesen s. a. Gesellschaft, schweizer. f. kaufm. Bildungswesen 1.

Flüß, C., Alpen-Töne, s. Alpen-Töne.

Flues, Friedrich (geb. am 16 Juni 1846 in Elberfeld): Ueber Hydrops und seine Behandlung durch warme Bäder und Schwitzkuren ... Bonn, Druck v C. Georgi 1868. 23 S., 1 Bl. 8.
Bonn, Med. Fak., Diss. v. 14 Aug. 1868

Fluske, D. Franciscus, Propositiones mathematicae ex Statica, de Ponderum Gravitatione Vratislaviae [o. J.]

Von Fluß und See. Ill. Beilage zum Wassersport. Berlin. Jg. 1905—14.

Fluß, der, der Vergessenheit. Lustsp. von le Grand, a. d. Franz. 8. Quedlinb. Biesterfeld. 77 l.

Fluß, der weiße, u. die Bleichsucht, oder gründl. Anweisung die Entstehung dieser Krankheit zu verhüten rc. gr. 8. Gotha 827. Hennings. Mrthlr.

Fluss-Charte, oder vergleichende Uebersicht der Länge der Hauptflüsse von Deutschland, entworfen von C. F. Weiland. Weimar im Verlage des geographischen Institutes 1821, gravirt von C. Halle. Ohne Maasstab. 1 Bl.

Flüsse und Gebirge, Deutschlands, in Reimen. Herausg. für die Jugend von Sch***** Tübingen 1863. gr 16.

Internat. ständiger Verband d. Schiffahrts-Kongresse. **Flüsse**, Kanäle und Häfen. Bibliogr. Notizen, umfassend d. Verzeichnis d. hauptsächlichen im Buchh. erschienenen Werke u. der in d. Zeitschr. veröffentl. Artikel von 1892 bis 1906, einschliessl. d. Berichte, Mitteilungen u. verschiedenen Studien .. Brüssel 1908: Impr. des Travaux publ. XX, 729 S. 8° 09. 7336

Flusser, Arth., Handbuch für österreichische Geschworne. gr. 8. (VIII, 240 S.) Wien 887, Perles. *

Flusser, Arth., Handbuch d. österr. Strafgesetze m. bes. Berücksicht. d. Geschwornen-Institution. gr. 8. (VIII, 240 S.) Wien 899. M. Perles. n. 2.40

Flusser, A., der Rechtsfreund. Ein prakt. Handbuch des österreich. Proceß- und Concursverfahrens, enth. das ordentl. mündl., summar., Mandats-, Mahn- und Bagatellverfahren, das Verfahren in Bestand-, Besitzstörungs-Wechsel- und Handelsstreitigkeiten, vor den Schiedsrichtern und im Concurse, und die Jurisdictionsnorm, zum Gebrauche für Jedermann, der sich in Proceß- und Concursangelegenheiten selbst vertreten will, mit 100 einschläg. Formularien. Mit einem alphabet. Sachregister. 8. (XXI, 488 S.) Prag 876, Mercy. * M 5,60.; cart. *

Flusser, A., der Rechtsfreund. Ein prakt. Handbuch des österreich. Proceß- und Concursverfahrens, enth.: Das ordentl. mündl. — summar. — Mandats-, Mahn- und Bagatellverfahren — das Verfahren in Bestands-, Besitzstörungs-, Wechsel- und Handelsstreitigkeiten — vor den Schiedsrichtern und im Concurse — und die Jurisdictionsnorm, zum Gebrauche für Jedermann, der sich in Proceß- und Concursangelegenheiten selbst vertreten will, mit 100 einschläg. Formularien. 2. Ausg. mit einem Anhang, enth. das Gesetz vom 28. Mai 1881, betr. Abhilfe wider unredl. Vorgänge bei Creditgeschäften sammt Motiven. Mit einem alphabet. Sachregister. 8. (XXI, 496 S.) Prag 882, Mercy. * M 2,40.; geb. *

Flusser Max: Die außerordentlichen Belastungen der Kirche in Oesterreich unter der Enns in den ersten Regierungsjahren Ferdinand I. 1523—1531.
II. 1905 PN 1871 Diss. Wien, Univ. 910

Flussgebiet, das, der Hauensteiner Alb im südlichen Schwarzwald, s.: **Beiträge zur Hydrographie des Grossherzogthums Baden.**

Flußgott Rhein, der, ein Pendant zu Kotzebue's Flußgott Niemen. 8. Marb. Krieger.

Flußgott Rhein u. noch Jemand. 8. Marb. 814. Krieger. 8 K

— **Rhein, der,** u. Noch Jemand; ein Freudenspiel aus d. Tagen d. Erlösung, u. die Rheinfahrt. Drama. 8. Marburg, Krieger. 814.

Flußgott Niemen u. Noch Jemand. Possen. [illegible] v. Kotzebue. 8. Königsb. Nicolovius 812.

Fluss- und Eisenbahnkarte von Mittel-Europa. Carlsruhe, C. Macklot. 1815. [illegible]

Fluss- und Gebirgskarte von Deutschland. Kupferstich u. Farbendruck. Nürnberg. Serz u. Co., 1861. qu.-Fol.

Flussnetz von Central-Europa. M. 1:3600000. Berlin, A. Meyer, 1858. Imp.-qu.-Fol

Flussnetzkarten, s.: **Atlanten,** Sala.

Fluß- und Wasserpolizei, s. **Schmädel, Max. v.**

Flußregulirung, die, in Schlesien. Berichte von Joh. Walter, Dünkelberg und Ludw. Pistacek. [Veröffentlicht über Beschluß des h. schles. Landtages vom 16. Jänner 1874.] gr. 8. (88 S.) Troppau 874. (Wien, Buchholz und Diebel.) *

Fluß-Schifffahrt, die, Preußens; eine systemat. geordnete Zusammenstellung aller auf dieselbe Bezug habenden gesetzl. Bestimmungen und Erlaſſe. Unter Benutzung amtlicher Quellen dargestellt von v. Hagen. gr. 8. (VIII und 200 S.) Stettin 857. (Nagel.) *

Flussschiffahrtskarte, s.: **Kanalkarten.**

Flusszölle (Ueber), Wasserweggelder, Chausseegelder und Durchgangszölle in besonderer Beziehung auf den § 26 des Entwurfs zu dem Reichsgrundgesetz. 8°. Frankfurt a. M. 1848.

Gegen die **Flut.** 6 Antworten auf Reichsgerichtsrat a. D. Otto Mittelstädt's Briefe: 'Vor der Flut'. Von V. V. . . . *Hagen i. W.: Riesel & C. 1898.* (17 S.) 1 Bd 8. 09. 393 4

Durch **Fluten und Flammen.** Eine Erzählung von den Covenantern. Aus d. Engl. 2. Aufl. Kassel: J.G. Oncken Nachf. 1905. (60 S.) 8° [J. u. Ant.]
— **Daheim u. Auswärts.** No 10. 06. 2979 4

[J.] Durch die **Fluth.** E. Beitrag z. Abrüstgsfrage v. A. v. B. *Berlin: H. Walther 1898.* (35 S.) 1 Bd 8. 09. 5811

Flut-Tabelle für die Saison 1876 und 1877. Seebad Norderney. Mit Angabe der besten Badezeit, der An- und Abfahrt der Dampfschiffe und Posten, sowie der Passagepreise. (18. und 19. Jahrg.) 8. (16; 18 S.) Norden und Norderney, Braams. à Jahrg. *

—— für die Saison 1878 und 1879 nebst den officiellen Taxen und Nachweisen für das königl. Seebad Norderney. Mit Angabe der besten Badezeit, der An- und Abfahrt der Dampfschiffe und Posten, sowie der Passagepreise. 20. und 21. Jahrg. gr. 8. (32; 30 S.) Norderney, Braams. à Jahrg. *

Flut-Tabelle für die Saison 1880, nebst den officiellen Taxen und Nachweisen für das königl. Seebad Norderney. Mit Angabe der besten Badezeit, der An- und Abfahrt der Dampfschiffe, Fährschiffe und Posten, sowie der Passagepreise. 22. Jahrg. 8. (90 S.) Norden, Braams. *

—— für die Saison 1881 und 1882, nebst den officiellen Taxen und Nachweisen für das königl. Seebad Norderney. Mit Tabellen der besten Badezeit, Fahrplänen, Reiserouten, Taxen, Ausflügen und 1 (lithogr.) Plane des Bades. Amtl. Ausg. 23. und 24. Jahrg. 64. (à Jahrg. XXIV, 82 S.) Ebendas. à Jahrg. *

—— für die Saison 1883 und 1884 [15. Juni bis 30. Septbr.], nebst Ortsbeschreibung und den officiellen Taxen und Nachweisen für das königl. Seebad Norderney. Mit Tabellen der besten Badezeit, Fahrplänen, Reiserouten, Taxen, Ausflügen und 1 (lithogr.) Plane des Bades. 25. und 26. Jahrg. 64. (127; 145 S.) Ebendas. à Jahrg. *

—— dass. — Auszug. 26. Jahrg. Enth.: Tabellen der besten Badezeit, Badeordnung, Fahrpläne, Passagepreise, Kurtaxen etc. und 1 Plan des Bades. 64. (32 S.) Ebendas. 884. *

Flut-Tabelle für die Saisons 1885—1887 [15. Juni bis 30. Septbr.], nebst Ortsbeschreibung und den offiziellen Taxen und Nachweisen für das königl. Seebad Norderney. Mit Angabe der besten Badezeit, Fahrplänen, Reiserouten, Postenzeiger, Ausflügen und 1 (lithogr. und) kolor. Plane des Bades. 27.—29. Jahrg. 64. (176; 191; 196 S.) Norden, Braams. à Jahrg. *

Flut-Tabelle für die Saison 1888 [15. Juni bis 30. Septbr.], nebst Ortsbeschreibung und den offiziellen Taxen und Nachweisen für das königl. Seebad Norderney. Mit Angabe der besten Badezeit, Fahrplänen, Reiserouten, Postenzeiger, Ausflügen, 1 (lithogr. und) kolor. Plane des Bades und 1 (lithogr.) Karte der Reisewege. 30. Jahrg. 32. (210 S.) Norden, Braams. *

Fluttabelle, f. die Saison 1890 [15. Juni bis 10. Oktbr.], nebst Ortsbeschreibung u. den amtlichen Preissätzen u. Nachweisen f. das königl. Seebad Norderney. Mit Angabe der Hochflut u. der Fahrpläne, Reiserouten, Postenzeiger, Ausflüge, 1 neuen mehrfarb. Plane d. Bades u. 1 Karte der Reisewege. 32. Jahrg. 32. (213 S.) Norden 890. Braams. n. — 50

Fluttabelle f. die Badezeit 1892 [1. Juni bis 10. Oktbr.], nebst Ortsbeschreibung u. den amtlichen Preissätzen u. Nachweisen für das köngl. Seebad Norderney. Mit Fahrplänen, 1 Plane d. Bades, 2 Karten u. s. w. 34. Jahrg. 32. (49; 207 S.) Norden 892, Braams. * — 50
Erscheint alljährlich.

Fluttabelle f. die Badezeit 1894 [1. Juni bis 10. Oktbr.], nebst Ortsbeschreibg. u. den amtl. Preissätzen u. Nachweisen f. das kgl. Seebad Norderney. Mit Angabe der Hochflut u. der besten Badezeit, Fahrplänen, Reisewegen, Postenzeiger, Ausflügen, Ansichten, 1 neuen mehrfarb. Plane des Bades, 1 Karte der Insel, 1 Karte der Reisewege u. s. w. 36. Jahrg. 32. (60 u. 212 S.) Norden, H. Braams. n. — 50

Fluttabelle für die Badezeit 1898 [1. VI. bis 10. X.], nebst Ortsbeschreibg. u. d. amtl. Preissätzen u. Nachweisen f. d. kgl. Seebad Norderney. M. Angabe d. Hochflut u. d. besten Badezeit, Fahrplänen, Reisewegen, Postenzeiger, Ausflügen, Ansichten, 1 neuen mehrfarb. Plane d. Bades, 1 Karte d. Insel, 1 Karte d. Reisewege etc. 40. Jahrg. 32. (55 S. u. 38 S. in 8.) Norden, H. Braams. n. — 30

Fluttabelle f. die Badezeit 1902 (1. VI. bis 10. X.), nebst Ortsbeschreibg. u. den amtl. Preissätzen u. Nachweisen u. Führer durch das königl. Seebad Norderney. Mit Angabe der Hochflut u. der besten Badezeit, Fahrplänen, Reisewegen, Ausflügen, Ansichten u. 1 neuen (farb.) Plane d. Bades. 44. Jahrg. 32. (100 u. 48 S.) Norden, H. Braams. — 50
Jahrg. 1900 erschien unt. d. T.: Jubiläums-Fluttabelle.

Fluttabelle f. die Badezeit 1905 (1. VI. bis 10. X.), nebst Ortsbeschreibg. u. den amtl. Preissätzen u. Nachweisen u. Führer durch das königl. Seebad Norderney. Mit Angabe der Hochflut u. der besten Badezeit, Fahrplänen, Reisewegen, Ausflügen, Ansichten u. 1 neuen (farb.) Plane des Bades. 47. Jahrg. (103 u. 46 S.) 16. Norden, H. Braams. n. — 50

Fluttabelle f. die Badezeit 1908. (1. VI. bis 10. X.), nebst Ortsbeschreibg. u. den amtl. Preissätzen u. Nachweisen, sowie Führer durch das kgl. Seebad Norderney. Mit Angabe der Hochflut u. der besten Badezeit, Fahrplänen, Reisewegen, Ausflügen, Ansichten u. 1 mehrfarb. Plane des Bades. 50. Jahrg. (106 u. 44 S.) 11,5×8 cm. Norden, H. Braams. — 50

Fluvius Rheni, Mosae ac Mosellae per Superiorem ac Inferiorem Germaniam .. oculis exhibitus. Aug. Vind., J. F. Probst. (1730? . . . . ille Ma

FLUX, Carl, s. F l u x , Karl.

Flux, Joan. (geb. Reichenstein in Schles.): De chloro. Berolini (1841). (28 S.) 8°
Berlin, Med. Diss. v. 25. März 1841

FLUX, Karl

Flux, Karl, funfzig zweistimmige Lieder zum Gebrauch in Schulen, nebst einer kurzen Theorie des Gesanges. gr. 8. Halle 838. Kümmel. 5/24 ℛ Schreibp. 1/3 ℛ

Flux, Carl, sechzig zweistimmige Lieder nebst kurzer Darstellung des Elementarunterrichts im Gesange zum Gebrauch in Schulen. 2. gänzlich umgearb. Aufl. Posen 869. Rehfeld. gr. 8. (V, 41 S.) n. 7½ ngr.

Flye, Andreas (Colding), Utrum de poetica recte judicare possit qui non est poeta. Präs. Sebastian Kortholt. Kiel (Barth. Reuther) Dezember 1708. 48 S. (5.50) 9120

Flygare, E., der Freisegler oder: Schuld und Sühne. Romantische Erzählung. 24 Hefte. 8. Berlin 872, Verlags-Comtoir. à Heft 30 Pf.

Flygare, Eduard, in der Fremde und Daheim. Skizzen und Novellen. Nach dem Tode des Verf. hrsg. von seiner Mutter Emilie Flygare-Carlén. 2 Thle. gr. 16. (468 S.) Leipzig (861)62, Kollmann.

Flygare, Ed., aus der Fremde und der Heimath. Skizzen und Novellen. Nach dessen Tode hrsg. von Emilie Flygare-Carlén. Aus dem Schwed. von G. Fink. gr. 16. (400 S.) Stuttgart 862, Franckh'sche Verlagsb.

FLYGARE-CARLÉN, Emilie

Carlén, Emilie
Bis in den Tod. Novellette.
s. Carlén, E.: Tutti Frutti. 1845.

— die Braut auf dem Omberg, siehe a. Ausland, das belletristische, 858—860. Bdchn

Flygare-Carlén, Emilie, die Braut auf dem Omberg, s. a. Erzählungen, klassische, der Weltlitteratur. 19. Bd.

Flygare-Carlén, Emilie, die Braut auf dem Omberg. 2. Thle. Aus dem Schwed. 8. Berlin 846, Morin. 1½ ℛ

— Camera obscura. Zeit- und Sittengemälde nebst einzelnen Lebenserinnerungen. Mit Genehmigung der Verf. veranstaltete deutsche Ausg. 1. und 2. Thl. gr. 16. (480 S.) Leipzig (861)62, Kollmann. à Thl. 15 Ngr.

— Hinter den Coulissen. Novellistische Skizzen aus dem Stockholmer Leben. 1. Bd. Leipzig 865. Gerhard. 8. (196 S.) 18 ngr.

— hinter den Coulissen. Novellistische Skizzen aus dem Stockholmer Leben. 2. Bd. Leipzig 865. Gerhard. 8. (215 S.) 20 ngr.

— die Dachkämmerchen, s. Bibliothek, europäische. — Sammlung schwed. Muster-Romane. — Unterhaltungsbibliothek.

— die Dachkämmerchen, s. a. Sammlung Schwedischer Autoren. III.

— d. Dachkämmerchen, s. a. Uebersetzungs-Bibliothek, skandinavische.

— die Dachkämmerchen. Aus dem Schwed. v. Dr. Wachenhusen. 2 Thle. 8. Grimma 845, 46, Verl.-Cpt. à n. ½ ℛ

— der Einsiedler auf der Johannisklippe, siehe a. Ausland, das belletristische, 745—759. Bdchn. — Bibliothek, Europäische, 110—113. 124 u. 125. Bd.

Flygare-Carlén, Emilie: Der Einsiedler auf der Johannis-Klippe, s.a. R o m a n e , Die besten, der Weltliteratur.

— der Einsiedler auf der Johannisklippe. Küsten-Roman. 3 Bde. A. d. Schwed. 8. Berlin 846, Morin. (à 1⅓ ℛ) 4 ℛ

Flygare-Carlén, Emilie, der Einsiedler auf der Johannis-Klippe. Küsten-Roman. Aus dem Schwed. 5 Bde. 12. (98, 215, 230, 212 u. 101 S. m. 8 Bildern.) Teschen 893. K. Prochaska. Geb. in 3 Leinw.-Bde. 2. 70

Flygare-Carlén, Emilie: Die E r k e r s t ü b - c h e n , s.a. A u s l a n d , Das belletristische.

Carlén, Emilie
Die Erkerstübchen. Eine Erzählung von Emilie Flygare-Carlén. Aus dem Schwed. Th. 1 - 4.
Stuttgart: Franckh 1845. 327 S. 8°

— Skandinavische Erzählungen, siehe: Bibliothek, Europäische, 775—780. Bdchn.

— die Familie im Thale, siehe a. Ausland, das belletristische, 1073 u. 1074. Bdchn.

Carlén, Emilie
Die Familie im Thale. Eine Erzählung von Emilie Flygare-Carlén. Aus dem Schwed. von C. F. Frisch.
Stuttgart: Franckh 1850. 156 S. 8°

Flygare-Carlén, Emilie: Das F i d e i c o m m i ß, s.a. A u s l a n d , Das belletristische.

— das Fideicommiß, s. Bibliothek, europäische. — Sammlung. — Unterhaltungsbibliothek.

Flygare-Carlén, Emilie: Das Fideicommiß, s.a. Sammlung schwedischer Musterromane.

— das Fidei-Commiß, s. a. Unterhaltungen, Skandinav.

Carlén, Emilie

Das Fideicommiß. Von Emilie Flygare-Carlén. Aus dem Schwed. Mit 1 Portr. Th. 1 - 4. 5 bis letzter.
Stuttgart: Franckh 1844. 8°

— ein Gerücht, siehe a. Ausland, das belletristische, 1694 u. 1695. Bdchn. — Ausland, das romantische, 34—54. Bd. — Bibliothek, Europäische, 331—337 u. 350. Bd. — Lese-Cabinet, belletristisches, 319—325. Lfg.

Carlén, Emilie

Ein Gerücht. Roman. Aus dem Schwed. von A. Kretzschmar. Bd. 1 - 3. 4 - 6. 7 - 9. 1o - 12. 13 - 15. 16 - 18. 19 - 21. 22 - 24.
Grimma, Leipzig: Verlags-Comptoir 185o - 1851. 8°

1-15. 185o.
16-24. 1851.

Flygare-Carlén, Emilie: Ein Handelshaus in den Scheren, s.a. Romane, Die besten, der Weltliteratur.

— ein Handelshaus in den Scheeren. Küsten-Roman. Deutsche Orig. Ausg. 2 Bde. Stockholm 859. Maaß. 8. (XV, 626; V, 1025 S.) 5 *ℬ* 15 ngr.

Carlén, Emilie

Ein Handelshaus in den Scheeren. Roman von Emilie Flygare-Carlén. Aus dem Schwed. von G. Fink. Bd. 1. 3.
Stuttgart: Franckh [um 186o]. 8°

— ein Handelshaus i. d. Scheeren. Roman. 6 Bde. [Aus: „D. besten Romane d. Weltliteratur".] 12. (116, 189, 190, 196, 194 u. 198 S. m. Abb.) Teschen 895. K. Prochaska. In 5 Leinwbdn. 8. 80

— Emma's Herz. Roman. Aus d. Schwed. von E. Eichel. 2 Thle. kl. 8. Leipzig 842, Kollmann. 3 1/3 *ℬ*

Flygare-Carlén, Emilie, Emma's Herz. Roman. Aus dem Schwed. v. E. Eichel. 2. Aufl. 3 Thle. 8. (256. 264 u. 256 S.) Leipzig 851, Kollmann. 2 *ℬ*

— Emma's Herz. Roman. Aus dem Schwed. von E. Eichel. 3. Aufl. (Sämmtliche Romane. Supplement.) 3 Thle. gr. 16. (456 S.) Leipzig 856, Kollmann.

— ein Jahr, siehe a. Ausland, das belletristische, 809—813. Bdchn.

Flygare-Carlén, Emilie: Ein Jahr, s.a. Romane, Die besten, der Weltliteratur.

— ein Jahr, s. a. Romane, klassische, der Weltliteratur. 29. 30. Bd.

— ein Jahr. Novelle. Aus dem Schwed. 2 Bde. 8. (510 S.) Berlin 848, Morin.

Flygare-Carlén, Emilie, ein Jahr. Roman. A. d. Schwed. 2 Bde. [Aus: „D. besten Romane d. Weltliteratur".] 12. (112 u. 264 S. m. Abb.) Teschen 895. K. Prochaska. In 1 Leinwbd. 1. 20

— der Jungfernthurm, siehe a. Ausland, das belletristische, 1241—1257. Bdchn.

Carlén, Emilie

Der Jungfernthurm. Seeroman von Emilie Flygare-Carlén. Aus dem Schwed. von C. F. Frisch. Th. 1 - 4.
Stuttgart: Franckh 1850 8°

— Ivar, } s. a. Sammlung schwed. Muster-
— die Kircheinweihung, } Romane.

Flygare-Carlén, Emilie: Die Kircheinweihung von Hammarby, s.a. Ausland, Das belletristische.

Carlén, Emilie

Die Kircheinweihung von Hammarby. Von Emilie Flygare-Carlén. Aus dem Schwed. Bd.chen 1 - 3. 4 - 6.
Stuttgart: Franckh 1844. 8°

Flygare-Carlén, Emilie: Waldemar Klein, s.a. Ausland, Das belletristische.

— Woldemar Klein. Novelle. Aus d. Schwed. v. E. Eichel. 8. Leipzig 843, Kollmann. 1 1/2 *ℬ*

Carlén, Emilie

Waldemar Klein. Schwedische Original-Novelle von Flygare Carlén. Aus dem Schwed. Th. 1 - 3.
Stuttgart: Franckh. 1843. 212 S. 8°

Flygare-Carlén, Emilie: Kämmerer Laßmann, s.a. Ausland, Das belletristische.

— der Kämmerer Laßmann, als Junggesell und Ehemann. A. d. Schwed. 2 Thle. gr. 12. Berlin 843, Morin. 2 1/3 *ℬ*

Carlén, Emilie

Kammerer Laßman als alter Junggeselle und Ehemann. Historischer Roman von Emilie Flygare-Carlén. Aus dem Schwed. von Dr. Stein. Th. 1 - 3. 4 bis letzter.
Stuttgart: Franckh 1844. 8°

Flygare-Carlén, E., Lebenswege, s.: Lese-Cabinet, neues belletristisches.

Flygare-Carlén, Emilie: Gustaf Lindorm, s.a. Ausland, Das belletristische.

— Gustaf Lindorm. A. d. Schwed. übers. v. E. B. 3 Thle. kl. 8. Leipzig 842, Kollmann. 3 1/3 *ℬ*

Carlén, Emilie

Gustav Lindorm; oder: Führe uns nicht in Versuchung! Von Emilie Flygare-Carlén. Aus dem Schwed. Th. 1 - 3 4 bis letzter.
Stuttgart: Franckh 1843. 8°

Carlén, Emilie

Gustav Lindorm oder Führe uns nicht in Versuchung! Von Emilie Flygare-Carlén. 3. Aufl. Bd 2.
Stuttgart: Franckh (um 1875). 175 S. 8°

s. Carlén, Emilie: Der Vormund.

Flygare-Carlén, Emilie: Die Milchbrüder, s.a. Ausland, Das belletristische.

— die Milchbrüder. Roman. Aus d. Schwed. v. E. Eichel. 3 Thle. 8. (57 B.) Leipzig 843, Kollmann.

— die Milchbrüder. Roman aus dem Schwed. v. E. Eichel. 3 Thle. 8. Ebend. 843. 3 1/2 *ℬ*

Carlén, Emilie

Die Milchbrüder. Roman von Emilie Flygare-Carlén. Aus dem Schwed. von K. Stein. Th. 1 - 3. 4 bis letzter.
Stuttgart: Franckh 1844. 8°

— eine Nacht am Bullarsee, siehe a. Ausland, das belletristische, 1144—1161. Bdchn.

Flygare-Carlén, Emilie: Eine Nacht am Bullar-See, s.a. Bibliothek, Europäische.

— eine Nacht am Bullar-See. Aus dem Schwed. 3 Bde. 8. Berlin 847, Morin.

Flygare-Carlén, Emilie: Olga, s. Bibliothek, Europäische.

— eine glückliche Parthie, siehe: Ausland, das belletristische, 1694 u. 1695. Bdchn. — Lese-Cabinet, belletristisches, 528 u. 529. Lfg.

— eine gute Partie, siehe: Bibliothek, Europäische, 615. Bd.

Flygare-Carlén, Emilie: Der Professor und seine Schützlinge, s.a. Ausland, Das belletrische.

—— der Professor u. seine Schützlinge. Aus d. Schwed. übers. v. C. B. 2 Thle. 8. (38 B.) Leipzig 842, Kollmann.

Carlén, Emilie

Der Professor und seine Schützlinge. Von Emilie Flygare-Carlén. Aus dem Schwed. Th. 1 – 5.
Stuttgart: Franckh 1844. 366 S. 8°

— der Reichsverweser. Schwed. Roman. Uebersetzt von L. Tarnowski. 3 Thle. 8. Grimma 844, Verl.-Cpt. 4½ Thlr

— ausgew. Romane. Neue ill. Ausg. 1.—48. Lfg. 8. Wien, F. Bondy. à n. — 30; in 10 Bde. geb. à n. 3. —
1. 2. Der Einsiedler v. d. Johannisklippe. (298 u. 284 S.) 895.
3. 4. Ein launenhaftes Weib. M. Illustr. v. Carl Ohnesorg. (250 u. 280 S.) 896.
5. 6. Rose v. Tistelö. M. Illustr. v. Carl Ohnesorg. (212 u. 250 S.) 897.
7. 8. Ein Jahr. Mit Illustr. v. Carl Ohnesorg. (212 u. 278 S.) 897. 98.
9. E. Nacht am Bullarsee. 1. Bd. (S. 1—206.) 898.

Flygare-Carlén's, Emilie, ausgewählte Romane. Neue illustr. Ausg. 49.—59. (Schluß-)Lfg. 8. Wien (898). F. Bondy. à n. — 30; in 10 Bdn., geb. à n. 3. —
9. Bd. Eine Nacht am Bullarsee. Mit Illustr. v. Karl Ohnesorge. 1. Bd. (S. 207—332.) — 10. Bd. Dasselbe. 2. Bd. (376 S.)

— sämmtliche Romane. (In 178 Bdchn.) Stuttgart 854—58. Franckh. 16. Jedes Bdchn. 2 ngr
1—3. Bdchn.: Die Rose von Tistelön. Erzählung aus den Scheeren. Aus dem Schwedischen von G. Fink. (Neuer Abdr.) 1—3. Bdchn. (256 S.)

— — In sorgfältiger Uebertragung aus dem Schwedischen. 1—60. Liefg. Ebend. 856—58. gr. 16. Jede Liefg. 10 ngr
1. Bd.: Ein Jahr. (376 S.) Einzeln 24 ngr
2. 3. Bd.: Ein launenhaftes Weib. 2 Bde. (392; 500 S.) Einzeln 1 Thlr 26 ngr
4. 5. Bd.: Das Fideicommiß. (376 S.) Einzeln 1 Thlr 16 ngr
6—8. Bd.: Der Einsiedler auf der Johannis-Klippe. Küsten-Roman. 3 Bde. (336; 351; 352 S.) Einzeln 2 Thlr 5 ngr
9. Bd.: Gustav Lindorm oder Führe uns nicht in Versuchung. (426 S.) Einzeln 1 Thlr
10. Bd.: Die Milchbrüder. Roman. (488 S.) Einzeln 1 Thlr
11. Bd.: Die Braut auf dem Omberg. (282 S.) Einzeln 15 ngr. — Waldemar Klein. Novelle. (197 S.) Einzeln 12 ngr
12. Bd.: Der Professor und seine Schützlinge. (349 S.) Einzeln 22 ngr
13. Bd.: Der Stellvertreter. Ein humoristisches Familiengemälde. (413 S.) Einzeln 28 ngr
14. Bd.: Die Kircheinweihung von Hammarby. (527 S.) Einzeln 1 Thlr 4 ngr
15. Bd.: Der Skjutsjunge. (344 S.) Einzeln 22 ngr
16. Bd.: Kammerer Laßmann. (478 S.) Einzeln 1 Thlr
17—19. Bd.: Der Jungferthurm. Seeroman. 3 Bde. (330; 434; 396 S.) Einzeln 2 Thlr 12 ngr
20. Bd.: Das Erkerstübchen. Novelle. (300 S.) Einzeln 20 ngr
21—23. Bd.: Eine Nacht am Bullarsee. 3 Bde. (414; 427; 446 S.) Einzeln 2 Thlr 20 ngr

— sämmtliche Romane. Supplement. A. u. d. T.: Emma's Herz. Roman. Aus dem Schwed. von C. Eichel. 3. Aufl. 3 Thle. Leipzig 856. Kollmann. 16. (154; 152; 150 S.) 1 Thlr

Flygare-Carlén's, Emilie, sämmtliche Romane. In sorgfältiger Uebertragung aus dem Schwed. 61—99. Liefg. Stuttgart 859—62. Franckh. gr. 16. Jede Liefg. 10 ngr
24. 25. 35. Bd. Ein Handelshaus in den Scheeren. Aus dem Schwed. von G. Fink. 3 Bde. (1501 S.) einzeln 3 Thlr 5 ngr
26. Bd. Paul Wärning. Abenteuer eines Scheerenjungen. (350 S.) einzeln 22 ngr
27. 28. Bd. Die Rose von Tistelön. Erzählung aus den Scheeren. 2 Bde. (583 S.) einzeln 1 Thlr 6 ngr
29—31. Bd. Ein Gerücht. 3 Bde. (1153 S.) einzeln 2 Thlr 12 ngr
32. Bd. Die Romanheldin. Novelle. (388 S.) einzeln 25 ngr
33. 34. Bd. Ein Vormund. 2 Bde. (909 S.) einzeln 1 Thlr 28 ngr
35. Bd. Binnen sechs Wochen. Novelle. (134 S.) einzeln 9 ngr — Bis in den Tod. Novellette. (48 S.) einzeln 5 ngr — Die Familie im Thale. Novelle. (146 S.) einzeln 10 ngr — Eine glückliche Parthie. Novelle. (122 S.) einzeln 8 ngr
37. 38. Bd. Schattenspiel. Zeit- u. Sittengemälde nebst speciellen Lebens-Erfahrungen. 2 Bde. (VIII, 889 S. u. Portr. in Stahlst.) einzeln 2 Thlr

Flygare-Carlén's, Emilie, sämmtliche Romane. 1—37. Bd. gr. 16. Stuttgart 856—60, Franckh'sche Verlagsh.
Inhalt:
Bd. 1. Ein Jahr. Novelle. (376 S.) 24 Ngr.
" 2., 3. Ein launenhaftes Weib. Roman. 2 Bde. (892 S.) 1 Thlr. 26 Ngr.
" 4., 5. Das Fideicommiß. Roman. 2 Bde. (728 S.) 1 Thlr. 16 Ngr.
" 6—8. Der Einsiedler auf der Johannis-Klippe. Küsten-Roman. 3 Bde. (1039 S.) 2 Thlr. 5 Ngr.
" 9. Gustav Lindorm oder: Führe uns nicht in Versuchung! (496 S.) 1 Thlr.
" 10. Die Milchbrüder. Roman. (488 S.) 1 Thlr.
" 11. Die Braut auf dem Omberg. (282 S.) 15 Ngr. — Waldemar Klein. Novelle. (197 S.) 12 Ngr.
" 12. Der Professor und seine Schützlinge. (349 S.) 22 Ngr.
" 13. Der Stellvertreter, Ein humoristisches Familiengemälde. (443 S.) 28 Ngr.
" 14. Die Kircheinweihung von Hammarby. (527 S.) 1 Thlr. 4 Ngr.
" 15. Der Skjutsjunge. Roman. (344 S.) 22 Ngr.
" 16. Kammerer Laßmann als alter Junggeselle und Ehemann. (478 S.) 1 Thlr.
" 17—19. Der Jungferthurm. Seeroman. 3 Bde. (1160 S.) 2 Thlr. 12 Ngr.
" 20. Die Erkerstübchen. Novelle. (300 S.) 20 Ngr.
" 21—23. Eine Nacht am Bullarsee. 3 Bde. (1288 S.) 2 Thlr. 20 Ngr.
" 24., 25., 35. Ein Handelshaus in den Scheeren. Aus dem Schwed. von G. Fink. 3 Bde. (1501 S.) 3 Thlr. 5 Ngr.
" 26. Paul Wärning. Abenteuer eines Scheerenjungen. (350 S.) 22 Ngr.
" 27., 28. Die Rose von Tistelön. Erzählung aus den Scheeren. 2 Bde. (583 S.) 1 Thlr. 6 Ngr.
" 29—31. Ein Gerücht. 3 Bde. (1153 S.) 2 Thlr. 12 Ngr.
" 32. Die Romanheldin. Novelle. (388 S.) 25 Ngr.
" 33., 34. Ein Vormund. 2 Bde. (909 S.) 1 Thlr. 28 Ngr.
" 36. Binnen sechs Wochen. Novelle. (134 S.) 9 Ngr. — Bis in den Tod. Novellette. (48 S.) 5 Ngr. — Die Familie im Thale. Novelle. (146 S.) 10 Ngr. — Eine glückliche Parthie. Novelle. (122 S.) 8 Ngr.
37. Schattenspiel. 1. Bd. (471 S.) 1 Thlr.

—— dass. — 38. Bd. Schattenspiel. Zeit- und Sittengemälde nebst speciellen Lebenserfahrungen. 2. Bd. gr. 16. (VIII und 418 S. mit Portr. in Stahlst.) Ebendas. 862.
1.—37. Bd. Ebendas. 1856—60. 31 Thlr. 26 Ngr.

Flygare-Carlén's, Emilie, sämmtliche Romane. In sorgfält. Uebertragung aus dem Schwed. 99. Lfg. gr. 16. (38. Bd. VIII und S. 257 — 418 mit Portr. in Stahlst. Schluß.) Stuttgart 862, Franckh'sche Verlagsh.
1.—98. Lfg. Ebendas. 1856—62. 32 Thlr. 20 Ngr.

—— sämmtliche Romane. 8. Aufl. 72 Bde. in 145 Lfgn. gr. 16. Stuttgart 872—75, Franckh'sche Buchh.
Subscriptionspreis à Lfg. * 40 Pf.; à Bd. * Complet *
Inhalt:
Lfg. 1—10. 15. 1.—6. Bd. Eine Nacht am Bullarsee. 6 Bde. (165; 159; 164; 165; 166; 102 S.)
" 11—14. 18. 7.—9. Bd. Die Rose von Tistelön. 3 Bde. (166; 160; 130 S.)
" 16. 17. 20. 24. 10. und 11. Bd. Die Milchbrüder. 2 Bde. (179; 174 S.)
" 25. 26. 12. Bd. Die Braut auf dem Omberg. (164 S.)
" 19. 21. 22. 23. 30. 31. 41. 42. 13.—16. Bd. Der Einsiedler auf der Johannis-Klippe. 4 Bde. (160; 175; 211; 186 S.)
" 32. 33. 17. Bd. Waldemar Klein. (142 S.)
" 27—29. 34—36. 43—46. 18.—22. Bd. Der Jungferthurm. 5 Bde. (168; 167; 188; 152; 163 S.)
" 37—40. 49. 50. 53—56. 23.—27. Bd. Ein Gerücht. 5 Bde. (179; 166; 163; 170; 148 S.)
" 47. 48. 51. 52. 28. und 29. Bd. Die Romanheldin. 2 Bde. (135; 143 S.)
" 59. 60. 63. 64. 69. 70. 73. 74. 30.—33. Bd. Der Vormund. 4 Bde. (162; 275; 154; 156 S.)
" 57. 58. 67. 68. 34. und 35. Bd. Kammerer Laßman. 2 Bde. (159; 191 S.)
" 61. 62. 65. 66. 36. und 37. Bd. Die Kircheinweihung von Hammarby. 2 Bde. (136; 192 S.)

- 71. 72. 75. 76. 38. und 39. Bd. Der Professor und seine Schützlinge. 2 Bde. (124; 128 S.)
- 77. 78. 81. 40. Bd. Die Erkerstübchen. (220 S.)
- 79. 80. 88. 89. 41. und 42. Bd. Gustav Lindorm. 2 Bde. (175; 180 S.)
- 82. 83. 94. 95. 43. und 44. Bd. Der Stellvertreter. 2 Bde. (148; 166 S.)
- 84—87. 90—93. 96. 97. 104. 105. 108. 45.—51. Bd. Ein Handelshaus in den Scheeren. 7 Bde. (159; 251; 164; 176; 168; 156; 95 S.)
- 98. 99. 106. 107. 52. und 53. Bd. Paul Wärning. 2 Bde. (132; 116 S.)
- 100—103. 115—118. 54.—57. Bd. Schattenspiel. 4 Bde. (151; 168; 144; 131 S.)
- 109. 110. 119. 120. 58. und 59. Bd. Der Skjutsjunge. 2 Bde. (123; 124 S.)
- 111—114. 121—125. 60.—63. Bd. Ein launenhaftes Weib. 4 Bde. (150; 135; 200; 166 S.)
- 126—129. 134—136. 64.—66. Bd. Das Fideicommiß. 3 Bde. (156; 151; 212 S.)
- 130—133. 67. und 68. Bd. Aus der Fremde und der Heimath. Skizzen und Novellen. 2 Bde. (142; 148 S.)
- 137—140. 69. und 70. Bd. Ein Jahr. 2 Bde. (135; 140 S.)
- 141—145. 71. und 72. Bd. Kleine Novellen. 2 Bde. Die Familie im Thale. Eine glückliche Parthie. (200 S.) — Binnen sechs Wochen. Bis in den Tod. (139 S.)

Flygare-Carlén's, Emilie, sämmtliche Romane. 4. (Titel-) Aufl. 180 Lfgn. oder 72 Bde. 12. (à Bd. ca. 160—180 S.) Stuttgart 884, Franckh'sche Verlagsh. à Lfg. 20 Pf. Einzeln à Bd.

Flygare-Carlén's, Emilie, sämmtliche Romane. 4. Aufl. 1. wohlf. Volksausg. 174 Lfgn. oder 72 Bde. 12. (à Lfg. 4 B.) Stuttgart 887. 888. Franckh. Subscr.-Pr. à Lfg. — 20; Einzelpr. à Bd. — 60; cplt. in 72 Bdn.: 36. —

Inhalt der Bände:

1—6. Eine Nacht am Bullarsee. 6 Bde.
7—9. Die Rose von Tistelön. 3 Bde.
10. 11. Die Milchbrüder. 2 Bde.
12. Die Braut auf dem Omberg.
13—16. Der Einsiedler auf der Johannis-Klippe. 4 Bde.
17. Waldemar Klein.
18—22. Der Jungfernthurm. 5 Bde.
23—27. Ein Gerücht. 5 Bde.
28. 29. Die Romanheldin. 2 Bde.
30—33. Der Vormund. 4 Bde.
34. 35. Kämmerer Laßmann. 2 Bde.
36. 37. Die Kirchelnweihung von Hammarby. 2 Bde.
38. 39. Der Professor und seine Schützlinge. 2 Bde.
40. Die Erkerstübchen.
41. 42. Gustav Lindorm. 2 Bde.
43. 44. Der Stellvertreter. 2 Bde.
45—51. Ein Handelshaus in den Scheeren. 7 Bde.
52. 53. Paul Wärning. 2 Bde.
54—57. Schattenspiel. 4 Bde.
58. 59. Der Skjutsjunge. 2 Bde.
60—63. Ein launenhaftes Weib. 4 Bde.
64—66. Das Fideicommiß. 3 Bde.
67. 68. Aus der Fremde und der Heimat. Skizzen und Novellen. 2 Bde.
69. 70. Ein Jahr. 2 Bde.
71. 72. Kleine Novellen. 2 Bde. Die Familie im Thale. — Eine glückliche Partie. — Binnen 6 Wochen. — Bis in den Tod.

—— dass. — **Supplemente, s. Edith.**

— die Romanheldin, siehe a. Ausland, das belletristische, 1075—1080. Bdchn. — Bibliothek, Europäische, 276 u. 284. Bd.

Carlén, Emilie

Die Romanheldin. Novelle. Von Emilie Flygare-Carlén. Aus dem Schwed. von C.F. Frisch.
Stuttgart: Franckh 1850. 392 S. 8°

Flygare-Carlén, Emilie: Die Rose von Tistelön, s.a. Ausland, Das belletrische.

—— die Rose von Tistelö, s.a. Universal-Bibliothek Nr. 1491—1495.

—— la rose de Tistelön. Récit des côtes de Suède. Traduction du suédois. gr. 8. (468 S.) Bern 876, Körber. *

—— die Rose v. Tistelön. Erzählung aus den Scheeren. 4. Aufl. 3 Thle. in 1 Bd. 12. (166, 160 u. 80 S.) Stuttgart 893. Franckh. Geb. in Leinw. n. 2. 50

—— Schattenbilder. Novellen. Aus dem Schwed. v Emil J. Jonas. Einzig autoris. deutsche Ausg. 4 Bde. 8. (251, 221, 230 u. 213 S.) Leipzig 875. E. J. Günther. n. 12.

Flygare-Carlén, Emilie, sämmtl. Schriften 2c., s. Ausland, d. belletristische.

Flygare-Carlén, Emilie: Der Skutsjunge, s.a. Ausland, Das belletristische.

—— der Skjuts-Junge, s. Sammlung schwed. Muster-Romane.

Carlén, Emilie

Der Skjutsjunge. Ein Roman von Emilie Flygare-Carlén. Aus dem Schwed. von Carl Stein. Th. 1 - 4.
Stuttgart: Franckh 1843. 359 S. 8°

— le solitaire du rocher de la vierge. Roman. Trad. du suédois. gr. 8. (795 S.) Ebend. 876. n. 8. —

Flygare-Carlén, Emilie: Der Stellvertreter, s.a. Ausland, Das belletristische.

— der Stellvertreter, s.a. Bibliothek der besten und neuesten Schwed. Romane. 10.—13. Bd.

Carlén, Emilie

Der Stellvertreter. Ein humoristisches Familiengemälde von Emilie Flygare-Carlén. Aus dem Schwed. Th. 1 - 5.
Stuttgart: Franckh 1844. 439 S. 8°

— Swea. Kleine Romane, siehe: Bibliothek, Europäische, 667 u. 668. Bd.

—— Stockholmer Scenen hinter den Coulissen, s. Bibliothek, europäische.

—— **le tuteur. Imitation libre. 4 Tomes. 16. (890 S.) Leipzig 860, A. Dürr.**

Carlén, [illegible]

Tutti Frutti. Von Emilie Flygare-Carlén u.A. Deutsch von Dr. Scherr u.A. Bd.chen 1 - 3. 4 - 6.
Stuttgart: Franckh 1845. 8°

1-3. Bis in den Tod. Novellette von Emilie Carlén.
Die Kapelle. Von C.J.L.Almqvist.
Peter und Camilla. Von Alfred de Musset.
Javotte's Geheimnisse. Von Alfred de Musset.
Der Tambour von Wagram. Von Marco de Saint-Hilaire.
4-6. Der Tambour von Wagram. (Forts.).
Ein Rheinmährchen, von Victor Hugo.
Die Hugenottenfamilie.
Die bekehrten Singalesen.

— der Vormund, siehe a. Ausland, das belletristische, 1696—1709. Bdchn. — Bibliothek, Europäische, 463—465 u. 493—495. Bd. — Lese-Cabinet, belletristisches, 401. 402. 405 406. 409—413. 426—429. Lfg.

— der Vormund, s. a. Collection Hartleben.

Carlén, Emilie

Der Vormund. Roman von Flygare Carlén. Aus dem Schwed. von G.Fink. Bd.chen 1 - 3. 4 - 8. 9 - 14.
Stuttgart: Franckh 1851 - 1852. 8°

1-8. 1851.
9-14. 1852.

Carlén, Emilie

Der Vormund. Roman. Von Emilie Flygare-Carlén. 3. Aufl. Bd 1.
Stuttgart: Franckh (um 1875). 162 S. 8°

[Beigeb.:
Gustav Lindorm oder Führe uns nicht in Versuchung.
Von Emilie Flygare-Carlén. 3. Auflage. Bd 2.]

—— Paul Wärning. Abenteuer eines jungen Scheerenbewohners. Frei nach d. Schwed. 2 Thle. 8. (21½ B.) Berlin 845 [Leipzig, Kößling'sche Buchh.]

— ein launenhaftes Weib, siehe a. Ausland, das belletristische, 1281—1293. Bdchn.

— ein launisches Weib, siehe a. Bibliothek, Europäische, 229—232. Bd.

Carlén, Emilie

Ein launenhaftes Weib. Roman von Emilie Flygare-Carlén. Aus dem Schwed. von C.F.Frisch. Bd.chen 1 - 3. 4 - 6. 7 - 10. 11 - 13.
Stuttgart: Franckh 1849. 8°

— ein launenhaftes Weib. Roman. 5. Aufl. 4 Thle. in 1 Bd. 12. (150, 135, 200 u. 166 S.) Stuttgart 893. Franckh. Geb. in Leinw. n. 3. 20

— gesammelte Werke, s. Sammlung d. neuest. u. best. Romane der Franzosen, Italiener, Spanier u. Schweden.

Carlén, Emilie

Sämmtliche Werke von Emilie Flygare-Carlén. Aus dem Schwed. von C.F. [Einzelbd.].
Stuttgart: Franckh 1845. 374 S. 8°
(Inhalt: Paul Wärning. Abenteuer eines Scheerenjungen. Th. 1 - 5.)

Carlén, Emilie

Sämmtliche Werke. Aus dem Schwed. von C.F.Frisch.
Stuttgart: Franckh 1846 - 1848. 8°

[1.3.] Der Einsiedler auf der Johannis-Klippe. Bd.chen 1 - 5. 11 - 15. 1846.
[4.] Ein Jahr. Bd.chen 1 - 5, 1847.
[5.] Eine Nacht am Bullarsee. Bd.chen 1 - 6. 1848. 2 Expl. .
[7.8.] Eine Nacht am Bullarsee. Bd.chen 7 - 12. 13 - 18. 1848.

Carlén, Emilie

Sämmtliche Werke. Deutsch von Gottlob Fink. [Einzelband].
Stuttgart: Franckh 1847. 235 S. 8°
(Inhalt: Die Braut auf dem Omberg. Bd.chen 1-3.)

Flygare Carlén, Emilie, sämmtliche Werke. Aus d. Schwedischen. 2. Aufl. 99 Bde. Stuttgart 868—70. Franckh. 16. Jeder Bd. 8 ngr.

1—5. Ein launenhaftes Weib. Roman. 5 Bde. (838 S.)
6. 7. Ein Jahr. Novelle. 2 Bde. (318 S.)
–15. Eine Nacht am Bullarsee. 3 Bde. (1288 S.)
16—22. Ein Gerücht. 3 Bde. (1153 S.)
23. 24. Paul Wärning, Abenteuer e. Scheerenjungen. (350 S.)
25—30. Der Vormund. 2 Bde. (909 S.)
31. 32. Die Romanheldin. (388 S.)
33—35. Kammerer Laßmann. (178 S.)
36—45. Ein Handelshaus in den Scheeren. 3 Bde. (1501 S.)
46—48. Die Kircheneinweihung von Hammarby. (527 S.)
49. 50. Der Skjutsjunge. (344 S.)
51—57. Der Jungferthurm. Seeroman. 3 Bde. (1160 S.)
58—63. Schattenspiel. 2 Bde. (889 S. u. Portr. in Stahlst.)
64—66. Aus der Fremde u. Heimath. 3 Bde. (400 S.)
67. 68. Der Professor u. seine Schützlinge. 2 Bde. (349 S.)
69. 70. Das Erkerstübchen. (300 S.)
71—73. Gustav Lindorm. 3 Thle. (496 S.)
74. Die Familie im Thale. Novelle. (146 S.)
75—76. Binnen sechs Wochen. Novelle. (134 S.) — Bis in den Tod. Novellette. (18 S.)
77—79. Der Stellvertreter. Ein humorist. Familiengemälde. (443 S.)
80. Waldemar Klein. Novelle. (197 S.)
81. 82. Die Braut auf dem Omberg. (233 S.)
83—88. Der Einsiedler auf der Johannis-Klippe. 3 Bde. (1030 S.)
89—92. Die Rose von Tistelön. Erzählung aus den Scheeren. 4 Thle. (583 S.)
93—96. Das Fideicommiß. 4 Thle. (669 S.)
97—99. Die Milchbrüder. Roman. (488 S.)

Flygare-Carlén, Emilie, sämmtliche Werke. Aus dem Schwed. 2. Aufl. 33.—99. Thl. (Schluß.) gr. 16. Stuttgart 868—70, Franck'sche Verlagsh. à Thl.

Inhalt:

Thl. 33—35. Kammerer Laßman. (478 S.)
" 36—45. Ein Handelshaus in den Scheeren. 3 Bde. (571; 452; 478 S.)
" 46—48. Die Kircheinweihung von Hammarby. (527 S.)
" 49. 50. Der Skjutsjunge. (344 S.)
" 51—57. Der Jungferthurm. Seeroman. 3 Bde. (III, 330; III, 434; 396 S.)
" 58—63. Schattenspiel. 2 Bde. (471 S. mit Portr. in Stahlst.; VIII, 413 S.)
" 64—66. Aus der Fremde und Heimath. 3 Thle. (400 S.)
" 67. 68. Der Professor und seine Schützlinge. 2 Thle. (349 S.)
" 69. 70. Das Erkerstübchen. 2 Thle. (300 S.)
" 71—73. Gustav Lindorm. 3 Thle. (496 S.)
74. Die Familie im Thale. Novelle. (146 S.)
Thl. 75. 76. Binnen sechs Wochen. Novelle. (134 S.) — Bis in den Tod. Novellette. (48 S.)
" 77—79. Der Stellvertreter. Ein humorist. Familiengemälde. (443 S.)
" 80. Waldemar Klein. Novelle. (197 S.)
" 81. 82. Die Braut auf dem Omberg. 2 Thle. (232 S.)
" 83—88. Der Einsiedler auf der Johannis-Klippe. 3 Bde. (336; 351; 352 S.)
" 89—92. Die Rose von Tistelön. Erzählung aus den Scheeren. 4 Thle. (583 S.)
" 93—96. Das Fideicommiß. 4 Thle. (170; 164; 172; 163 S.)
" 97—99. Die Milchbrüder. Roman. (483 S.)
1.—32. Bd. Ebendas. 1868. *ℳ 25,60.

Carlén, Emilie Ott 2076

Sämmtliche Werke von Emilie Flygare-Carlén. 3. Aufl. Bd 1-3.7-11.17-20.23-29.32-40.43-50, 60-68.71.72.
Stuttgart: Franckh (um 1875). 8°

1-3. Eine Nacht am Bullarsee. Roman. Bd 1,2,3.
7-9. Die Rose von Tistelön. Erzählung. Aus den Scheeren. Bd 1-3.
10.11. Die Milchbrüder. Roman. Bd 1.2.
17. Waldemar Klein. Novelle.
18-20. Der Jungferthurm. Seeroman. Bd 1.2.3.
23-27. Ein Gerücht. Roman. Bd 1,2.3-5.
28.29. Die Romanheldin. Novelle. Bd 1,2.
32.33. Der Vormund. Roman. Bd 3,4.
34.35. Kammerer Laßmann als alter Junggeselle und Ehemann. Roman. Bd 1,2.
36.37. Die Kircheinweihung von Hammarby. Bd 1,2.
38.39. Der Professor und seine Schützlinge. Bd 1,2.
40. Die Erkerstübchen. Novelle.
43.44. Der Stellvertreter. Humor. Familiengemälde. Bd 1,2.
45-50. Ein Handelshaus in den Scheeren. Roman. Bd 1,2.3,4.5,6.
60-63. Ein launenhaftes Weib. Roman. Bd 1,2.3,4.
64-66. Das Fideicommiß. Roman. Bd 1,2.3.
67.68. Aus der Fremde und der Heimat. Skizzen und Novellen. Bd 1,2.
71.72. Kleine Novellen. Bd 1,2.

Flygare-Carlén's, Emilie, sämtliche Werke. 6. Aufl. 1.—22. Bd. 12. Stuttgart 894. Franckh. à — 60; in Lfgn. à — 25

1.—6. Eine Nacht am Bullarsee. Roman. 6 Bde. (165, 159, 164, 165, 166 u. 102 S.)
7.—9. Die Rose v. Tistelön. Erzählung aus den Scheeren. 3 Bde. (166, 160 u. 80 S.)
10. 11. Die Milchbrüder. Roman. 2 Bde. (179 u. 174 S.)
12. Die Braut auf dem Omberg. Roman. (164 S.)
13.—16. Der Einsiedler auf der Johannes-Klippe. Küsten-Roman. 4 Bde. (160, 175, 211 u. 186 S.)
17. Waldemar Klein. Novelle. (142 S.)
18.—22. Der Jungfernturm. See-Roman. 5 Bde. (168, 176, 138, 152 u. 163 S.)

Flygare-Carlén, Emilie, sämtl. Werke. 23.—35. Bd. 12. Stuttgart 896. Franckh. à — 60; in Lfgn. à — 25

23—27. Ein Gerücht. Roman. 4. Aufl. 5 Bde. (179, 160, 163, 170 u. 148 S.)
28. 29. D. Romanheldin. Novelle. 5. Aufl. 2 Bde. (136 u. 143 S.)
30—33. D. Vormund. Roman. 4 Bde. 5. Aufl. (102, 175, 151 u. 166 S.)
34. 35. Kammerer Laßman als alter Junggeselle u. Ehemann. Roman. 2 Bde. 5. Aufl. (159 u. 190 S.)

Carlén, E., Binnen sechs Wochen, s. Ausland, das belletrist.

— binnen sechs Wochen, } s. a. Bibliothek, europäische.

Carlén, Emilie

Binnen sechs Wochen. Novelle. Aus dem Schwed von G.Fink.
Stuttgart: Franckh 1854. 146 S. 8°

Flying, s.: Efebeck, H. A. v.

Flynt, Josiah, auf der Fahrt m. Landstreichern. Aus dem engl. Tramping with Tramps v. Lili du Bois-Reymond. (VII, 259 S.) 8. Berlin 904. J. Guttentag. n. 3. —

Foa, Mme. Eugénie, l'Abbé de l'Épée, hrsg. v. E. Tournier, s.: Prosateurs français.

— l'Aveugle de Clermont, hrsg. v. J. Wychgram, s.: Prosateurs français.

— s. de Beaumont, le magasin des enfants.

Foa, Eugénie, contes historiques. Arrangés à l'usage des écoles et maisons d'éducation. Celle 853. Capaun-Karlowa. 8. (131 S.) 15 ngr.

Foa, Eugenie, sechs Geschichten junger Mädchen aus d. neuern Zeit. Nach d. Franz. v. Heinr. Aug. Löwe. Nebst e. Anh. von 2 Originalerzählungen. 8. (12 B. u. 3 Stahlst.) Leipzig 843, Hinrichssche Buchh.

Foa, Eugenie, sechs Geschichten junger Mädchen aus der neuern Zeit. Nach dem Französ. von Hnr. Aug. Löwe. Nebst e. Anhange v. 2 Originalerzählungen. Mit 3 Stahlst. 8. Leipzig 846, Hinrichs'sche Buchh. 5/6 ₰

— six histoires de jeunes filles. Mit e. Wörterb. zum Schul- u. Privatgebr. hrsg. v. Frz. Brauer. gr. 16. (13 B.) Celle 845, Schulze'sche Buchh.

Foa, Eugénie, six histoires de jeunes filles. Mit einem Wörterbuche zum Schul- und Privatgebrauche herausg. von Frz. Bauer. 2. Aufl. Celle 857. Schulze. (XI, 171 S.) n. 10 ngr

Foa, Eugénie, six histoires de jeunes filles, suite des contes historiques. Zum Schul- u. Privatgebrauch mit einem vollständigen Wörterbuche versehen von Frz. Bauer. 3. Aufl. Celle 863. Schulze. 8. (166 S.) n. 10 ngr

Foa, Eugénie, six histoires de jeunes filles, suite de contes historiques. Zum Schul- u. Privatgebrauch mit e. vollständ. Wörterbuche versehen von Frz. Bauer. 4. Aufl. Celle 868. Schulze'sche Buchhdlg. 16. (136 S.) 10 ngr

Foa, Madame Eugénie, six histoires de jeunes filles. Suite des contes historiques. Pourvue d'un vocabulaire par Fr. Bauer. 5. éd. 8. (144 S.) Celle 882. Literarische Anstalt. 1. 20

— die Jüdin. Geschichte aus den Zeiten d. Regentschaft. 2 Thle. Mit 1 Titelkpfr. gr. 12. Leipzig 835. Weber. n. 2 ₰

— Kindestreu. Ein Kranz von Erzählungen, als Geschenk für herangewachs. Mädchen gebild. Eltern. Nach d. Französ. bearb. von J. J. Kern. Mit (4) schön lith. Bildern. gr. 12. Aarau u. Thun 841, Christen. 2/3 ₰

— Mademoiselle de Lajolais, hrsg. v. Heinr. Saure, s.: Auteurs francais modernes vol. II.

Foa, Eugénie, le petits marins. Mit phraseolog. Noten und einem vollständ. Wörterbuche für den Schul- und Privatgebrauch versehen. 12. (V und 169 S.) Celle 851(52,) Schulze. Thlr.

— les petits marins. Nouveaux contes historiques. Zum Schul- u. Privatgebrauche mit einem vollständigen Wörterbuche versehen von Aug. Bauer. 2. Aufl. Ebend. 861. 12. (IV, 169 S.) n. 10 ngr

— Memoiren eines kleinen Mädchens. Nach d. Franz. Für das Alter von 6—12 Jahren. 16. (8½ B. u. 8 ill. Kpfr.) Berlin 842. [Leipzig, Brauns.]

— Mémoires d'une petite fille devenue grande. 16. (7 B. u. 8 ill. Kpfr.) Berlin 842. [Leipzig, Brauns.]

— der kleine Robinson von Paris, oder der Lohn des Fleißes und der Tugend. Eine Erzählung für die Jugend und ihre Freunde. Nach dem Französ. von C. M. 12. Wien 845, Haas'sche B. n. 2/3 ₰

— der kleine Robinson von Paris oder der Triumph der Arbeitsamkeit. Uebersetzt von L. H. Wien 860. Lechner. 8. (140 S. u. 8 lith. u. color. Abbildgn.) n. 1 ₰

[FOA, EUGÉNIE]. *Die neuen Robinsons.* Eine Erzählung für die Jugend und ihre Freunde von dem Verfasser des „Pariser Robinson". Mit vier Bildern [Lithogr. sign. lith. J. C. Ochsner]. Bern, Vereinsbuchdruckerei [1849]. 3 Bll. 159 S. (gezählt 157). Kl.-8°. Hldr. d. Z. 14.—
Übersetzung aus dem Franz. Dottin u. Ullrich geben für die frz. Erstausgabe 1865 an, Gum. 4930 schreibt aber: „Le livre nous paraît antérieur." Sie muß also vor 1849 erschienen sein.

Foa, Mme. Eugénie, Schicksale e. Polichinell. Für die deutsche Jugend bearb. von A. Cosmar. (Mit 5 ill. Kpfrn. u. gestoch. Titel mit Vign.) 16. Berlin 840. Morin. 1 ₰

FOBBE, G. A.

— Fantasie-Blüthen. Neuere Dichtungen. 8. (IV u. 237 S.) Linz 850. (Fink.) n. 28 ngr

Fobbe, G. A., Fantasie-Knospen. (Gedichte.) 8. (203 S.) Passau 847, (Ambrosi's Buchh.) •-

Fobbe, Gustav —. Ein Buch für Ernst und Scherz. 8. (174 S.) Linz. In Kommission bei V. Fink. Gmunden. Aus Joh. Habacher's Buchdruckerei. 1854.

Fobrero, A., analytische Chemie, s. Barreswil, C.

Foca guberniului cerei pentru regnul ungariei. (Landes-Regierungsblatt für das Königreich Ungarn. Zwei Abtheilungen. 4. Zwangloses Erscheinen. (Romanisch u. deutsch.)
Ofen - Pesth 1855.

Focherini, Attilio: Della condizione guiridica dei belligeranti in territorio neutro. Modena 1906. VIII + 148 S. 8°.
Freiburg i Schw. Jur. Diss 1906/1907.

Fock, siehe a. v. Brucken, H.

Fock, Alkohol u. Rassenhygiene. 1.—2. Tausf. 8. (13 S.) Basel (902). Schriftstelle des Alkoholgegner-Bundes (durch F. Reinhardt). n. — 08

Fock, über die Heilung Trunksüchtiger. (Neue [Titel-] Ausg.) (11 S.) gr. 8. Hamburg [904] 907. Gebr. Lüdeking. — 20

Fock, Andreas [aus Böbs, Fürstenthum Lübeck]: Über die Änderung der Brechungsexponenten isomorpher Mischungen mit deren chemischer Zusammensetzung. Leipzig. Wilhelm Engelmann, 1880. 8. IV, 26 S.

Fock, A., üb. die physikalischen Eigenschaften der Elemente u. ihre anschauliche Erklärung. Ein Vortrag, geh. am 26. Jan. 1891. gr. 8. (16 S.) Berlin 891. Mayer & Müller. n. 1.

Fock, A., Einleitung in die chemische Krystallographie. gr. 8. (VII, 126 S.) Leipzig 888. Engelmann. n. 3. —; geb. n.n. 3. 50

Fock, A., üb. die Grundlagen d. exacten Naturforschg. gr. 8. (VIII. 127 S.) Berlin 900. Mayer & Müller. n. 3.—

— krystallographisch-chemische Tabellen. gr. 8. (VI, 94 S.) Leipzig 890. Engelmann. n. 4. —; geb. n.n. 4. 50

Fock, Car. (geb. Schwarbe auf Rügen 20. 10. 1828): De nonnullis ad partum arte provocandum methodis. Berolini (1852). (34 S.) 8°
Berlin, Med. Diss. v. 9. Aug. 1852

Fock, (Car. Frid.) Reinoldus (geb. Stralsund 1824): De statu, quo imperatores Saxonici et Salici adversus urbes Langobardicas obtinuerint. Berolini (1848). (48 S.) 8°
Berlin, Phil. Diss. v. 22. Aug. 1848

Fock, Ernst, Oberlehrer an d. Auguste Viktoria-Schule: Die landwirtschaftlichen Betriebsverhältnisse im Regierungsbezirk Stralsund. Berlin 1910: Stein, Potsdam. 71 S. 8° (Aus: Arbeiten d. Dtsch. Landwirtsch.-Gesellsch. Betriebsverhältnisse d. dtsch. Landwirtsch.)
Greifswald, Phil. Diss. v. 12. April 1910, Ref. Oldenberg
[Geb. 28. März 83 Wittenfelde, Rügen; Wohnort: Liegnitz; Staatsangeh.: Preußen; Vorbildung: Realgymn. Stralsund Reife O. 04; Studium: Halle 1, Rostock ?, Greifswald 4 S.; Rig. 10. Nov. 09.] [U 10. 1011

Fock, Ferd. (geb. Stralsund 1815): De diabete. Berolini (1839). (30 S.) 8°
Berlin, Med. Diss. v. 16. Jan. 1839

Fock, Geo., s.: Taschenbuch f. Südwestafrika.

Fock, [Georg Carl]. Alkohol und Rassenhygiene. Von Dr. med. Fock, Arzt in Hamburg. (1.—2. Tausend.) IV + 16 S. 8. Basel, Schriftstelle des Alkoholgegnerbundes (Fr. Reinhardt, [1902]). fr. —. 10

(Alkoholgegnerbund. ⟨Internationaler Verein zur Bekämpfung des Alkoholgenusses.⟩ [Flugschriften.] Nr. 39.)

Fock, [Georg Carl]. Alkohol und Rassenhygiene. 5.—6. Tausend. 16 S. 8. Basel, Schriftstelle des Alkoholgegnerbundes, ([19]08). fr. —.10. [Alkoholgegnerbund.... Flugschriften.] Nr. 39.

Fock, Georg *Karl* [app. Arzt aus Ahrensbök]: Aus d. Frauenklinik zu Kiel. Beitrag zur Behandlung von Uteruserkrankungen mit dem constanten Strom ... Kiel, Druck d. Holsatia-Dr., 1892; 53 S. 8.
Kiel, Med. Fak., Inaug.-Diss. v. [20. Aug.] 1892

Schullengrieper und Tungenknieper. Finkenwärder Fischer- u. Seegeschichten. Von Gorch **Fock**. Mit e. Verklarung f. unbefahrene Leser. Hamburg: Glogau jr. 1910. 112 S. 8° A 12. 1703

Bibliotheca historica. Verzeichn. von circa 8600 Werken u. Abhandl. aus d. Geb. d. Gesch. u. ihrer Hilfswissenschaften mit Ausschluß d. Altertums in chronol. u. system. Anordnung mit e. Sachreg. (Von Gustav **Fock**.) 2. Ausg. *Leipzig: G. Fock 1903.* (311, XX S.) 8° (04. 486 6

Catalogus dissertationum philologicarum classicarum. Ed. 2. Verzeichnis von etwa 27400 Abhandlungen aus d. Gesamtgebiete d. klass. Philologie u. Altertumskunde zsgest. von d. Zentralstelle für Dissertationen u. Programme d. Buchhandl. Gustav **Fock**, Leipzig. 2. Aufl. (In 9 Lfgen.) Leipzig: Fock 1910. 652 S. 8° (10. 6[illegible]

Fock, Gustav, s. Monatsbericht. Bibliographischer.

Fock H. C.: Repertorium d. das Veterinairwesen in dem Herzogthum Holstein betreffenden Verordnungen, Verfügungen, Erlasse etc. Kbh. 1863. 23 S. (Særtr.). P.

Fock, Hans, Referendar a. Lübeck: Der nichtrechtsfähige Verein im heutigen Recht. Lübeck 1908: O. Wessel. (VIII, 61 S.) 8°
Jena, Jur. Fak., Ref. Thon, Diss. v. 14. Febr. 1908
[Geb. 9. Nov. 84 Lübeck; Wohnort: Lübeck; Staatsangeh.: Lübeck; Vorbildung: Gymn. Lübeck Reife O. 04; Studium: Marburg 1, Berlin 2, Jena 1, Kiel 1, Jena 1 S.; Rig. 3. Dez. 07.]

Fock, Heinr. Otto, Irrlichter. (Psychodramatische Sittenbilder.) (162 S.) 8. Berlin (905). G. Schuhr. n. 2.—

Fock, Hennie, Gedichte. 8. (IV, 83 S.) Dresden 901. E. Pierson. n. 2.—; geb. n. 3.—

FOCK, Johann Georg

— Anleit. zur gründl. Erkenntniß d. christl. Religion. 8. Wien 794. 5e verm. A. 825. Schaumburg. 9 xr (A. u. d. T.: Handb. d. Religion f. d. häusl. Erbauung. (Aue in Alt.) 8 xr Schrbp. 12 xr

— Anleit. z. gründl. Erkenntn. d. christlich. Religion. 8. Wien, Schaumburg. 804.

Fock, J. G., Anleitung z. gründl. Erkenntniß d. christl. Religion, zum Gebrauch in Schulen. 4te Aufl. gr. 8. Wien, Schaumburg. (Hamb. Gundermann in Commiss.) 814. Rthlr.

— — dasselbe. kl. 8. Ebend.
Auch unter dem Titel:
Handbuch d. Religion f. die häusl. Erbauung.

Fock, (J. G.,) Anleit. zur gründl. Erkenntniß der christlichen Religion. 5e mit Luther's Katechismus verm. Aufl. 8. Wien 825, Schaumburg u. C.

v. Fock, J. Geo., Anleitung zur gründl. Erkenntniß der christl. Religion, zum Gebrauch in den Schulen der protestant. Confessions-Verwandten in den k. k. Staaten. 6e unveränd. Aufl. 8. Wien ... Schaumburg u. Comp. 3/8 ℛ

Fock, J. G. v., Anreden u. Gebete bey d. Confirm. d. Prinzess. 8. Keil, Acad. 809.

— s. Drysdale, Predigten.

— Ermunterungsrede an seine Gemeinde nach Leopold II. geleisteter Huldigung. 8. Wien 790. Schaumburg. 4 xr

— Ermunterungsrede an d. Protestanten zu e. stillen u. ruhiger Leben. 8. Wien 794.

— Fragen über die Lehren und Vorschriften der Religion Jesu als Leitfaden bei dem Vorbereitungs-Unterrichte der Confirmanden. Kiel. 1810. P. — 2. Aufl. Sm. St. 1817. P.

— Gedächtnißpredigt auf den Tod Leopold II. 8. Wien 792. Schaumburg. 4 xr

— zwei Gelegenheitspredigten. 8. Wien 790. Schaumburg. 8 xr

Fock, Johann Georg, s. Ordnung d. Gebete u. Hand.

— Predigt v. d. Heiligkeit christl. Tempel. gr. 8. Wien, Gerold. 784.

— Rede bei der Einweihung eines neuen Begräbniszplatzes in Neumünster d. 18. Julii 1813 gehalten. Nebst einem Bericht über die Anlegung und Einrichtung dieses neuen Begräbniszplatzes und einer Abbildung desselben von Ernst Chr. Kruse. Kiel. 1815. P.

FOCK, [JOH. GEORG], Rede bei der Jahresfeier der hiesigen Armenanstalt d. 3. Juni 1800 gehalten. Kiel. P.

— und [AUG. CHR. HEINR.] NIEMANN, Reden bei der Jahresfeier der Armenanstalt in Kiel am 5. Junius 1797. Kiel. P.

— zwei Religionsvorträge über christl. Bürgertreue. 8. Wien 793. Schaumburg. 3 xr 2e Aufl., herausg. v. J. K. Velthusen. 8. Stade 793.

— zwei Religionsvorträge durch gegenwärt. Zeitumstände veranlaßt. 8. Wien 794. Schaumburg. 4 xr

— Samml. einig. Kanzelvorträge. gr. 8. Ebend. 791.

— Warnung vor d. Kirchenscheu. Eine Predigt. gr. 8. Kiel 815. Hesse. 4 xr

Fock, L. C. E. E., Versuch e. ration. Behandlung des Kropfs (Struma). gr. 8. (24 S. m. 14 zinkograph. Abb.) Wien 897. F. Deuticke. n. 1.—

FOCK, N[IC.], Freisinniges Forschen und Prüfen, den religiösen Zeitgeist betreffend, mit Beziehung auf den Glauben. Tondern. 1837.

— Otto (Rugianus), Thesibus theologicis. — Diss. de Christologia Berylli Bostreni praefatur. Greifswald (Fr. Wilh. Kunike) 31. VII. 1843. 26 S. (4.—) 9124
Opponenten: A. Baier, C. W. Bindemann, R. Ziemssen.

Fock, Otto, Schleswig-Holsteinische Erinnerungen besonders aus den J. 1848—1851. gr. 8. (XII und 363 S.) Leipzig 863, Veit und Comp.

Fock, Otto, Rügen'sch-Pommersche Geschichten aus sieben Jahrhunderten. I. Rügen 1168. Mit 1 (lith.) Karte des alten Rügen (in 4.) u. 1 (lith.) Grundriß von Arkona. Leipzig 861. Veit & Co. gr. 8. (X, 156 S.) n. 24 ngr.

— — II. Stralsund und Greifswald im Jahrhundert der Gründung. Ebend. 862. gr. 8. (X, 214 S.) n. 1 ₰ 6 ngr.

Fock, Otto, Rügensch-Pommersche Geschichten aus sieben Jahrhunderten. 3—5. Bd. Leipzig 865—68. Veit & Co. gr. 8. n. 5 ₰ 26 ngr.
III. Die Zeit der deutsch-dänischen Kämpfe im 14. Jahrh. bis zum Frieden von Stralsund 1370. (XVI, 276 S.) n. 1 ₰ 18 ngr.
IV. Innerer Zwist u. blutige Fehden. (X, 262 S.) n. 1 ₰ 18 ngr.
V. Reformation u. Revolution. (XV, 461 S.) n. 2 ₰ 20 ngr.

Fock, Otto, rügensch-pommersche Geschichten aus sieben Jahrhunderten. 6. Bd. gr. 8. Leipzig 872. Veit & Co. n. 12. — (1—6.: n. 35. 60)
Aus den letzten Zeiten pommerscher Selbständigkeit. Wallenstein u. der große Kurfürst vor Stralsund. Mit e. (chromolith.) Grundriß v. Stralsund (in gr. Fol.) zur Zeit der Wallenstein. Belagerg. (X, 580 S.)

Fock, Otto, s. Presse, Norddeutsche freie.

Fock, Otto, der Socinianismus nach seiner Stellung in der Gesammtentwickelung des christl. Geistes, nach s. histor. Verlauf u. nach s. Lehrbegriff dargestellt. 2 Abthlgn. gr. 8. (I. XVI S. u. S. 1—288. II. VIII S. u. S. 289—722.) Kiel 847, Schröder & Comp. (1. n. $1^{1}/_{2}$ ₰ 2. n. $2^{1}/_{6}$ ₰) n. $3^{2}/_{3}$ ₰

Fock, Otto, der Socinianismus nach seiner Stellung in der Gesammtentwickelung des christl. Geistes, nach seinem histor. Verlauf und nach seinem Lehrbegriff dargestellt. 2 Abthlgn. gr. 8. (XXII und 722 S.) Kiel 847, Schröder und Comp. *

Fock, Otto, s. Zeitung, Schleswig-Holsteinische.

Fock, Rhold, Die Berechtigung und die Schicksale des Gedankens deutscher Staatseinheit nachgewiesen in der Geschichte. Stralsund 1867.
Progr. Realsch. Stralsund. . . . . (D.

Focke, Carl, s. Focke, Karl.

Focke, Chr., s.a. Focke, J.

Focke, Chr., adumbratio juris mercatorii pirati reipubl. Bremens. 4. Gött. Vandenhök. 797.

— Größenbildung, vorzügl. von den Potenzen, Wurzelgrößen u. den Logarithmen, nebst zweckmäß. Aufgaben aus d. polit. Arithmetik, mit Anweisungen u. Auflösung versehen. gr. 8. Götting. 826. Vandenhöck u. R. 8 ℋ

Focke, Chr., Lehrbuch d. Elementar-Mathematik. M. 15 lith. Taf. gr. 8. (12 B.) Göttingen 832, Vandenhoeck u. Ruprecht.

Focke, Chr. H., Lehrbuch d. ebenen Geometrie zum Gebrauch sowohl für Lehrer als Lernende. Mit 132 Holzschn. gr. 8. Gött. 822. Deuerlich. 12 ℋ

—— Lehrbuch d. Physik, einfach u. zum Selbstunterr. f. Lehrer u. Lernende abgefaßt. M. 21 lith. Taf. 8. (12 B.) Göttingen 831, Kübler.

— 4 Species im weitern Sinne, oder d. entgegengesetzten Größen, Buchstabenrechnung u. Gleichung. Nebst algebraischen Aufgaben u. Anleit. zur Auflösung derselben. gr. 8. Götting. 825. Dieterich. 6 ℋ

Focke, Chrn., der Gang durch's Leben. Kurzgefaßte Selbstbiographie, im 85. Lebensjahre verfaßt. gr. 8. (81 S.) Göttingen 857, (Vandenhoeck und Ruprecht's Verlagsh.) *

Focke, (Christian. Dietericus) Augustus (geb. Stettin 5. 9. 1820): De argenti nitrici usu interno. Berolini (1842). (40 S.) 8°
Berlin, Med. Diss. v. 3. Febr. 1842

Focke, Clara, s. Focke, Klara.

Focke, D. A., deutsches Irrenwesen u. Unwesen. Ein Briefwechsel für viele Adressen. I. Die Unheilbaren u. die Verstoßenen. Neuwied 870. Heuser. gr. 8. (V, 26 S.) 5 ngr.

Focke, Frz., Böhmen ist das angestammte Vaterland der Deutschböhmen. Ein Beitrag zur Geschichte der Deutschböhmen. Mit e. Karte des deutschen Sprachgebietes in Böhmen. gr. 8. (80 S.) Warnsdorf 887. (Tetschen, O. Henckel.) n.n. 1. 25

Focke, Frz., aus dem ältesten Geschichts-Gebiete Deutsch-Böhmens. Eine geschichtliche Durchforschung des Elbe- u. Eulau-Thales sammt Umgebung [an der sächsischen Gränze] von frühester Zeit bis in die Gegenwart. 2 Bde. gr. 8. (XV, 433 u. XII, 410 S.) Königswald 879. (Prag, Kosmack & Neugebauer.) n.n. 8. —

— aus dem ältesten Geschichts-Gebiete Deutsch-Böhmens. Eine geschichtl. Durchforschg. des Elbe- u. Eulau-Thales sammt Umgebg. (an der sächs. Grenze) von frühester Zeit bis in die Gegenwart. 3 Bde. gr. 8. (XV, 433; XII, 410 u. VIII, 443 S.) Königswald b. Bodenbach 879 u. 889. (Prag, G. Neugebauer.)
Herabges. Pr. à n. 2. —

Focke, Friedrich [appr. Arzt]: Ueber Secundärglaucom nach adhärirenden Hornhautnarben. Strassburg, J. H. Ed. Heitz, Univ.-Buchdr., 1877. 8. 32 S.

Focke, Gust. Woldem., Bericht über d. Versammlung der deutsch. Naturforscher, s. Bericht.

Focke, Gust. Woldem., die Krankheit der Kartoffeln im Jahre 1845. Für Botaniker u. Landwirthe bearb. Mit 2 (color.) Taf. Abbild. Roy.-4. Bremen 846. Schünemann. $1^{1}/_{6}$ ₰

Focke, Gust. Woldem., de respiratione vegetabilium. Comment. inaug. phytologica. (Acced. tab. lapidi incisa.) 4 maj. ($4^{1}/_{2}$ B.) Heidelbergae 833, Mohr.

Focke, Gust. Woldem., physiologische Studien. A. Wirbellose Thiere. 1. Heft. I. Polygastrische Infusorien. Imp.-4. (68 S. und 3 ill. Stat.) Bremen 847, Schünemann's Vrlgsh. *

Focke, Gust. Woldemar, physiologische Studien. A.: Wirbellose Thiere. 2. Heft. I. Polygastrische Infusorien. (Fortsetzung.) Imp.-4. (III und 64 S. mit 3 Stat.) Bremen 851, Schünemann's Verlag. *
1. Heft. I. Ebendas. 1847. * 1 Thlr.

Focke, H. Rede zur Feier des Geburts- und Huldigungsfestes Friedrich Wilhelms IV. Geh. 15. October 1840. 23 S. . . .
Progt. Arnsberg 1841

Focke, Heinr., des Herrn Referendars Antrittsvisite, s.: Thalia 124.

Focke, Herm., die Quarzporphyre des centralen Thüringerwaldes. Inaugural-Dissertation. gr. 8. (59 S.) Jena 881, (Neuenhahn.)

Focke, J., s.a. Focke, Chr.

Focke, (J.) Arithmetik überhaupt, als auch im Verkehr od. vollständ. Rechenbuch für Schulen u. Selbstunterricht, enth. sämmtl. im gem. Leben vorkomm. Rechnungsarten. gr. 8. Göttingen 823, Lauffer in Lpz.

— Größenbildung, vorzüglich von den Potenzen, Wurzelgrößen u. den Logarithmen, nebst zweckmäß. Aufgaben aus der polit. Arithmetik, mit Anweisungen und Auflösung versehen. gr. 8. Göttingen 826, Vandenhöck u. R.

— Lehrbuch der ebenen Geometrie zum Gebrauch sowohl für Lehrer, als Lernende. Mit 132 Holzschn. gr. 8. Göttingen 822, Deuerlich.

Focke, J . Die hölzernen Milchrechnungen des Tavetschthals (Graubünden). Von Dr. J. Focke ([Syndicus in] Bremen). [Mit 3 Figuren.] 8 S. 8. Bremen, Carl Schünemann, (September 1902).

— 4 Species im weitern Sinne, od. d. entgegengesetzten Größen, Buchstabenrechnung u. Gleichung. Nebst algebraischen Aufgaben u. Anleit. zur Auflösung derselben. gr. 8. Göttingen 825, Dieterich.

Focke, Joh. Bremische Werkmeister aus älterer Zeit. Als Beitrag zur nordwestdeutschen Gewerbe- u. Industrie-Ausstellg. in Bremen. Hrsg. v. der histor. Gesellschaft d. Künstlervereins. gr. 8. (XXVII, 268 S. m. 2 Taf.) Bremen 890, Müller. * 6 —

Focke, Jh. Ldlf., († d. 27. Oct. 1795.) Versuch e. Kurart d. Kribbelsucht. 4. Zelle 771. Schulze. 6 gr.

Nx 313 (9) Johann Ludwig Albrecht Focke

Joh[annes] Ludolph[us] Albert[us] Focke: Tractatio de panaritio. Goettingae: Brose 1786. 97 S. 8°
[Erschien zuerst als Med. Diss. Göttingen.]

— tractat. de panaritio. 8. Götting. 786. Brose. 6 gr.

— tract. de panaritio. 8. Gött. Brose. 789.

— Unterricht für d. Hebammen. 8. Lemgo 794. Meyer. 8 gr.

— Vers. u. Curart d. Kribbelsucht. 4. Zelle. Schulz. 771.

Focke, J. Ldw. Albr., de abdominis vulneribus. 8. Gött. 798. Brose. 3 gr.

Focke, *Karl:* Über die Auflösung diophantischer Gleichungen mit Hilfe der Zahlentheorie. Magdeburg, kgl. Hofbuchdr. v. C. Friese, 1895; 27 S. 4.
Magdeburg, k. Dom-G, OP 1895 (241)

Focke, Carl [aus Coblenz]: Ueber die Bedeutung des Schrecks für die Aetiologie der multiplen Sclerose .... Berlin, gedr. bei L. Schumacher, 1888; 56 S. 8°
Berlin, Med. Fak., Inaug. Diss. v. 14. Jul. 1888

FOCKE, Klara

Focke, Clara, Skizzen vom Bosporus. 8. (IV, 150 S.) Bremen 902. J. Storm. n. 3. —

Focke, Ldw. Em., Leitfaden für den Unterricht in der Botanik auf höheren Bürgerschulen. 8. Aschersleben 846, Laue. 1/4 ß

Focke M. F. De aequationibus numericis superioris ordinis. 1856. 8

Diss. Münster.

FOCKE, Moritz

Focke, M., u. M. Krass, Lehrbuch der allgemeinen Arithmetik nebst e. Aufgaben-Sammlung zum Gebrauche an Gymnasien, Realschulen u. anderen höheren Lehranstalten. gr. 8. (IV, 211 S.) Münster 874. Coppenrath. n. 2. 50

Focke, M., und M. Kraß, Lehrbuch der allgemeinen Arithmetik, nebst einer Aufgaben-Sammlung; zum Gebrauche an Gymnasien, Realschulen und anderen höheren Lehranstalten. 2. und 3. Aufl. 8. (227 S.) Münster 878,83, Coppenrath'sche Buchh. *

Focke, M., und M. Kraß, Lehrbuch der allgemeinen Arithmetik nebst einer Aufgabensammlung; zum Gebrauche an Gymnasien, Realgymnasien und anderen höheren Lehranstalten. 4. verb. Aufl. gr. 8. (VI, 228 S.) Münster 887, Coppenrath'sche Buchh. *

Focke, M., u. M. Kraß, Lehrbuch d. allgemeinen Arithmetik, nebst e. Aufgaben-Sammlg. zum Gebrauche an Gymnasien, Realgymnasien u. anderen höheren Lehranstalten. 5., verb. Aufl. gr. 8. (VI, 228 S.) Münster i/W. 890. Coppenrath. n. 2. 50

Focke, M., u. M. Kraß, Lehrb. d. allgem. Arithmetik, nebst e. Aufgaben-Sammlung z. Gebr. an Gymnasien, Realgymnasien u. and. höh. Lehranst. 6., n. d. neuen Lehrplänen verb. Aufl. gr. 8. (VI, 229 S.) Münster 895. Coppenrath. n. 2. 50; geb. in Halbldr. n. 3. —

Focke, M., u. M. Kraß, Lehrbuch d. allgem. Arithmetik nebst e. Aufgaben-Sammlung zum Gebrauche an Gymnasien, Realgymnasien u. andern höh. Lehranstalten. 8., nach den neuen Lehrplänen verb. Aufl. gr. 8. (VI, 234 S.) Münster 902. Coppenrath. Geb. in Leinw. n. 3. —

Focke, M., u. M. Kraß, Lehrbuch d. allgemeinen Arithmetik, nebst e. Aufgaben-Sammlg. zum Gebrauche an Gymnasien, Realgymnasien u. anderen höheren Lehranstalten. 9., nach den neuen Lehrplänen verb. Aufl. (VI, 236 S.) 8. Münster 906. Universitätsbuchh. F. Coppenrath. Geb. n. 3. —

—— —— Lehrbuch der Geometrie zum Gebrauche an Gymnasien und anderen höheren Lehranstalten. 1. Thl.: Planimetrie, nebst einer Sammlung von Aufgaben und einer systemat. Anleitung zur Lösung derselben. gr. 8. (VI, 116 S. mit eingedr. Holzschn.) Münster 868, Coppenrath'sche Buchh. *

—— —— Lehrbuch der Geometrie zum Gebrauche an Gymnasien, Realgymnasien und anderen höheren Lehranstalten. 2 Thle. gr. 8. Ebendas. *
Inhalt:
Thl. 1. Planimetrie, nebst einer Sammlung von Aufgaben und einer Anleitung zur Lösung derselben. 6. und 7. Aufl. (VIII, 131 S. mit eingedr. Fig.) 880,84. * M 1,80.
" 2. Stereometrie, nebst einer Sammlung von stereometrischen Uebungslehrsätzen, Constructions-Aufgaben und Berechnungs-Aufgaben. 2. und 3. verm. und verb. Aufl. (IV, 92 S.) 877,81. * M 1,20.

—— —— Lehrbuch der Geometrie zum Gebrauche an Gymnasien, Realgymnasien und anderen höheren Lehranstalten. 1. Tl.: Planimetrie, nebst einer Sammlung von Aufgaben und einer systemat. Anleitung zur Lösung derselben. 8. Aufl. gr. 8. (VIII, 131 S. mit eingebr. Fig.) Ebendas. 886. *
2. Tl.: Stereometrie. Ebendas. 1881. * M 1.20.

— — Lehrbuch der Geometrie zum Gebrauche an Gymnasien, Realgymnasien u. anderen höheren Lehranstalten. 1. Tl.: Planimetrie, nebst e. Sammlg. v. Aufgaben u. e. systemat. Anleitg. zur Lösg. derselben. 9. Aufl. gr. 8. (VIII, 131 S. m. Fig.) Ebd. 889. n. 1. 80

—— Lehrbuch der Geometrie zum Gebrauche an Gymnasien, Realgymnasien u. anderen höheren Lehranstalten. 1. u. 2. Tl. gr. 8. Ebd. 891. * 3 —
1. Planimetrie, nebst e. Sammlg. v. Aufgaben u. e. systemat. Anleitg. zur Lösung derselben. 10. Aufl. (VIII, 131 S. m. Fig.) * 1 80.
2. Stereometrie, nebst e. Sammlg. v. stereometr. Übungslehrsätzen, Konstruktions-Aufgaben u. Berechnungs-Aufgaben. 3. verb. Aufl. (IV, 92 S. m. Fig.) * 1 20.

Focke, M., u. M. Kraß, Lehrbuch der Geometrie zum Gebrauche an Gymnasien, Realgymnasien u. anderen höheren Lehranstalten. 1. u. 2. Tl. gr. 8. Münster 894. Coppenrath. n. 3. 40; geb. n. 4. 20
1. Planimetrie, nebst e. Anh. üb. Koordinaten u. Kegelschnitte, sowie e. Sammlg. v. Aufgaben u. e. systemat. Anleitg. zu ihrer Lösg. 11., nach den neuen Lehrplänen verb. Aufl. (VIII, 155 S.) n. 2. —; geb. n. 2. 40
2. Stereometrie, nebst e. Sammlg. v. stereometr. Übungssätzen, Konstruktions-Aufgaben u. Berechnungs-Aufgaben. 6., nach den neuen Lehrplänen verb. Aufl. (IV, 104 S. m. Fig.) n. 1. 40; geb. n. 1. 80

— — Lehrbuch d. Geometrie z. Gebr. an Gymnasien, Realgymnasien u. and. höh. Lehranst. 2 Tle. gr. 8. Ebd. n. 3. 40; Einbde. à n. — 40
1. Planimetrie, nebst e. Anh. üb. Koordinaten u. Kegelschnitte, sow. e. Sammlg. v. Aufgaben u. e. systemat. Anleitg. z. ihrer Lösg. 12., n. d. neuen Lehrplänen verb. Aufl. (VIII, 158 S. m. Fig.) 896. n. 2. —
2. Stereometrie, nebst e. Sammlg. v. stereometr. Übungslehrsätzen, Konstruktions-Aufgaben u. Berechnungs-Aufgaben. 7., nach den neuen Lehrplänen verb. Aufl. (IV, 104 S. m. Fig.) 897. n. 1. 40

— — Lehrbuch der Geometrie zum Gebrauche an Gymnasien, Realgymnasien u. andern höh. Lehranstalten. 1. u. 2. Tl. gr. 8. Ebd. Geb. in Leinw. n. 4. 30
1. Planimetrie, nebst e. Anh. üb. Koordinaten u. Kegelschnitte, sowie e. Sammlg. v. Aufgaben u. e. systemat. Anleitg. zu ihrer Lösg. 13., nach d. neuen Lehrplänen verb. Aufl. (VIII, 158 S. m. Fig.) 900. n. 2. 60
2. Stereometrie, nebst e. Sammlg. v. stereometr. Übungslehrsätzen, Konstruktions-Aufgaben u. Berechnungs-Aufgaben. 8. nach den neuen Lehrplänen verb. Aufl. (IV, 104 S. m. Fig.) 902. n. 1. 80

— — Lehrbuch der Geometrie zum Gebrauch an Gymnasien, Realgymnasien u. anderen höheren Lehranstalten. 2 Tle. 8. Ebd. Geb. n. 4. 80

1. Planimetrie, nebst e. Anh. üb. Koordinaten u. Kegelschnitte, sowie e. Sammlung v. Aufgaben u. e. systematischen Anleitg. zu ihrer Lösg. 15., nach den neuen Lehrplänen verb. Aufl. (VIII, 158 S. m. Fig.) 906. n. 2. 50
2. Stereometrie, nebst einer Sammlg. v. stereometr. Übungslehrsätzen, Konstruktions-Aufgaben u. Berechnungs-Aufgaben. 9., nach den neuen Lehrplänen verb. Aufl. (IV, 104 S. m. Fig.) 906. n. 1. 80

—— —— Lehrbuch der ebenen Trigonometrie zum Gebrauchs an Gymnasien, Realgymnasien und anderen höheren Lehranstalten. 3. und 4. Aufl. 8. (67 S.) Ebendas. 881,85. *

Focke, M., u. M. Krah, Lehrbuch der ebenen Trigonometrie zum Gebrauche an Gymnasien, Realschulen u. anderen höheren Lehranstalten. 5., verb. Aufl. gr. 8. (IV, 68 S.) Münster 888. Coppenrath. n. 1. —

—— Lehrbuch der ebenen Trigonometrie zum Gebrauche an Gymnasien, Realgymnasien u. anderen höheren Lehranstalten. 6. verb. Aufl. gr. 8. (IV, 67 S. m. Fig.) Ebd. 892. * 1 —

— — Lehrbuch der ebenen Trigonometrie, nebst den Grundzügen der sphär. Trigonometrie, zum Gebrauche an Gymnasien, Realgymnasien u. andern höheren Lehranstalten. 7., nach den neuen Lehrplänen verb. Aufl. gr. 8. (IV, 80 S. m. Fig.) Ebd. 894. n. 1. 20; geb. in Halbleinw. n.n. 1. 55

Lehrbuch der Ebenen Trigonometrie nebst den Grundzügen der sphärischen Trigonometrie z. Gebr. an Gymn., Realgymn. u. and. höh. Lehranst. Bearb. von Prof. Dr. M[oritz] Focke u. Schulrat Dr. M[artin] Krass. 9., nach d. neuen Lehrplänen verb. Aufl. *Münster (Westf.): Coppenrath 1903.* (80 S.) 8° [F.]

— — Lehrbuch der ebenen Trigonometrie nebst den Grundzügen der sphärischen Trigonometrie, zum Gebrauche an Gymnasien, Realgymnasien u. andern höheren Lehranstalten. 10., nach den neuen Lehrplänen verb. Aufl. (IV, 80 S. m. Fig.) 8. Ebd. 906. Geb. n. 1. 60

— — Leitfaden zur Einführung in die Stereometrie u. Trigonometrie. Sonderausgabe f. die Unter-Sekunda, aus den gleichnam. Lehrbüchern bearb. gr. 8. (23 S. m. Fig.) Ebd. 893. Kart. n. — 50

— — Leitfaden zur Einführung i. d. Stereometrie u. Trigonometrie. Sonderausg. f. d. Unter-Secunda a. d. gleichnam. Lehrbüchern. 2., verm. u. verb. Aufl. gr. 8. (32 S. m. Fig.) Ebd. 895. Kart. n. — 60

— — Leitfaden zur Einführung in die Stereometrie u. Trigonometrie. Sonderausg. f. die Unter-Sekunda aus den gleichnam. Lehrbüchern. 3., verb. Aufl. gr. 8. (32 S. m. Fig.) Ebd. 899. Kart. n. — 60

Focke, Rud., s.: Buchgewerbe, das, u. die Kultur.

Focke, Rud., Chodowiecki u. Lichtenberg. Daniel Chodowiecki's Monatskupfer zum „Göttinger Taschen-Calender" nebst Georg Lichtenberg's Erklärgn. Mit e. kunst- u. litteraturgeschichtl. Einleitg. hrsg. 1778—1783. hoch 4. (XX, 28 S. m. 18 Taf.) Leipzig 901. Dieterich. n. 4.50; geb. n. 6.—; französ. Ausg. (XX, 30 S. m. 18 Taf.) n. 4. 50; geb. n. 6. —

Focke, Rud., Charlotte Corday. E. krit. Darstellg. ihres Lebens u. ihrer Persönlichkeit. M. 1 Bildn. n. d. Gemälde v. J. J. Hauer u. 1 Stammtaf. gr. 8. (XIV, 162 S.) Leipzig 895. Duncker & Humblot. n. 3. 60

Focke, Rud., s.: Festschrift zur Begrüssung der 6. Versammlung deutscher Bibliothekare.

Focke, Rudolf, s. Jahresbericht der Kaiser-Wilhelm-Bibliothek in Posen.

Focke, Rud., der Causalitätsbegriff bei Fichte. Inaugural-Dissertation. gr. 8. (59 S.) Königsberg 879. (Hartung.) n. 1. 65

— Das Volksbibliothekswesen in der Prov. Posen. (15 S.) gr. 8. Leipzig 909. O. Harrassowitz. — 60
Sonderabdruck aus „Blätter f. Volksbibl. u. Lesehallen".

Focke, Rud., über das Wesen der Seele, s. Vorträge, philosophische.

Focke, Theodore Moses, aus Massillon, Ohio, U. S. A.: Über die thermische Leitfähigkeit verschiedener Gläser mit Rücksicht auf ihre chemische Zusammensetzung. *Leipzig: J. A. Barth 1898.* (30 S.) 8°
Göttingen, Phil. Diss. v. [18. Nov.] 1898

Focke, W., s. Abhandlungen aus den Annalen des Wiener Museums.

Focke, Werner [aus Halle a. S.]: Theodericus Pauli, ein Geschichtsschreiber des XV. Jahrhunderts, und sein Speculum hystoriale ... (Erscheint vollst. in: Hallische Beitr. f. Geschichtsforsch. Heft 1.) Halle a. S., Hofbuchdr. v. C. A. Kaemmerer & C., 1892; 50 S., 1 Bl. 8.
Halle, Phil. Fak., Inaug.-Diss. v. 27. Juli 1892

Focke, Werner, Theodericus Pauli, e. Geschichtsschreiber d. XV. Jahrh., u. sein Speculum historiale, s. a. Beiträge, Hallische, zur Geschichtsforschung.

FOCKE, Wilhelm Olbers

Focke, batographische Abhandlungen,
—— das ältere marine Alluvium,
—— geognostische Beobachtungen bei Stade und Hemelingen,
—— zur Flora von Bremen,
—— künstliche Pflanzen-Mischlinge,
—— Variation von Primula elatior,
—— die Pyramidenpappeln,
—— die Vegetation im Winter 1879/80, 1880/81,
—— Viola Riviniana Rchb.,
} s. Abhandlungen, hrsg. vom naturwissenschaftl. Verein zu Bremen.

Focke, W. O., Capsella rubella Reut,
—— die Culturvarietäten der Pflanzen,
—— über einige Fälle von Dichotypie,
—— zur Flora von Bremen,
—— über die Nebenblätter von Exochorda,
—— die ältesten Ortsnamen des deutschen Nordseeküstenlandes,
—— die Rubi der Canaren,
—— die Rubi Siciliens,
—— Rubus Cimbricus n. sp.
—— nordwestdeutsche Rubus-Formen,
—— Tragopogon porrifolius × pratensis,
—— die Vegetation im Winter 1884/85, 1885/86, 1886/87,
—— Verzeichnis bremischer Naturforscher,
} s. Abhandlungen, hrsg. vom naturwissenschaftlichen Verein zu Bremen.

Focke W. O.: Bemerkungen über Hemerocallis-Bastarde. 1897. [Rostr. Saml.].

Focke, W. O., Eucryphiaceae, s.: Engler, A., u. K. Prantl, d natürl. Pflanzenfamilien.

Focke W. O.: Die Herkunft d. Vertreter d. nordischen Flora im niedersächsischen Tieflande. U. A. [Rostr. Saml.].

Focke W. O.: Ueber die Keimpflanzen d. Stein- u. Kernobstgewächse. 1000. [Rostr. Saml.].

Focke, Wilhelm Olbers: Zwei bremische Naturforscher, s. Scherk.

Focke, Wilh. Olbers, die Pflanzen-Mischlinge. Ein Beitrag zur Biologie der Gewächse. gr. 8. (IV, 569 S.) Berlin 881, Gebr. Bornträger. *

Focke W. O.: Die Pyramidenpappeln. 1881. [Rostr. Saml.].

Focke, W. O., Rosaceae, s.: Engler, A., u. K. Prantl, die natürlichen Pflanzenfamilien.

Focke W. O.: Die Schutzmittel d. Pflanzen gegen niedere Pilze. (1881). (5) S. (Særtr.). P.

Focke W. O.: Pflanzenbiologische Skizzen ... VI. Die Heide. [1895]. 16 S. (Særtr.). P.

Focke, Wilh. Olbers, über die Begriffe Species u. Varietas im Pflanzenreiche. gr. 8. (65 S.) Jena 875. Fischer. n. 1. 80

Focke, Wilh. Olbers, Species Ruborum, s.: Bibliotheca botanica. 72. Hft.

— Synopsis Ruborum Germaniae. Die deutschen Brombeerarten ausführlich beschrieben u. erläutert. Hrsg. vom Naturwissenschaftl. Vereine zu Bremen. gr. 8. (V, 434 S.) Bremen 877. Müller. n. 8. —

Focken, die kirchliche Beichte nach ihrem Ursprunge, ihrem Wesen u. ihrem lutherischen Brauche. Ein Conferenzvortrag. 8. (32 S.) Oldenburg 879. Schulze. n. — 50

Focken, Hayno, die Erschaffung des Dackels. Eine lust. Hundegeschichte. Mit Illustr. u. Buchschmuck v. R. Porstein. (22 S.) 8. Dresden (909). P. Alicke. 1. 25

Focken, Hayno, das schlafende Sortiment von Stallupönen bis Friedrichshafen. Eine kom. Satire in 1 Akt. (28 S.) 8. Dresden 904. P. Alicke. n.n. 1. —

FOCKEN, Jo. L.

—, Abgenöthigte Verantwortungen. 4°. 1771

Focken, Jo. L., Versuche, Beob., Erfahr. und Curart in d. sogen. Kriebelkrankh. Zelle. 4°. A. D. B. XVI, 379.

1771

Focken, Peter: Festrede am Geburtstage Sr. Majestät des Kaisers und Königs 27. Januar 1906. S. 3—14. 4.
Progr. Kgl. Wilhelms-Gymn. Emden 1906 (370).

Focken, Reinhard Hermann, aus Wiesens (Kr. Aurich): Ueber chronisch ankylosierende Entzündung der Wirbelsäule. *Jena: G. Fischer 1903.* (34 S.) 8°
Heidelberg, Med. Diss. v. 1903

Focken, Th., Analyse des Gedankenganges in Pestalozzis „Abendstunde e. Einsiedlers", s. a. Lehrer-Prüfungs- u. Informations-Arbeiten. 6. Hft.

Analyse des Gedankenganges in Pestalozzis 'Abendstunde eines Einsiedlers', bearb. v. Th. Focken, Rektor in Emden. Mit e. sorgfältig mit d. Quellen verglichenen Abdr. d. 'Abendstunde' selbst. 3. Aufl. *Minden: A. Hufeland 1903.* (56 S.) 8° [F.]
= Lehrer-Prüfungs- u. Informations-Arbeiten. H. 6. (04. 26)

Analyse des Gedankenganges in [Johann Heinrich] Pestalozzis 'Abendstunde eines Einsiedlers' bearb. von Th. Focken, Rektor in Emden. Mit e. sorgfältig mit d. Quellen verglich. Abdruck d. 'Abendstunde' selbst. 4. durchges. Aufl. Minden i. W.: A. Hufeland 1907. (56 S.) 8° [F.]
= Lehrer-Prüfungs- u. Informations-Arbeiten. H. 6. (08. 88)

— Begriff u. Wesen der Apperzeption u. ihre Wichtigkeit f. den unterrichtenden Lehrer, s.: Lehrer-Prüfungs- u. Informations-Arbeiten. 7. Hft.

Focken, Th., Lebensbild d. weil. Hauptlehrers J. H. Rohden zu Emden. [Aus: „Ostfries. Schulbl."] gr. 8. (8 S.) Emden 888. Haynel. n. — 10

Focken, Th., Ostfriesland, s. a. Vries, J. F. de.

— Ostfriesland. Für den Unterricht in der Heimatkunde bearb. Mit Illustr. u. e., v. J. Fr. de Vries gezeichneten in neuer Aufl. erschienenen (chromolith.) Karte. 8. (IV, 92 S.) Emden 883. Haynel. cart. n. — 70; ohne Karte n. — 50

Fockens, Herm. Fred. Theod., Commentatio de Jobeïde. 8maj. (13⅛ B.) Zutphaniae 836. (Lipsiae, Weigel; libr. Weidmann.) *

Fockens, H. F. F., Pulchra Jobeidis loca. gr. 8. Amsterdam 844. Müller. 2 ₰ 6 ngl

Fockens, Jac. Wilh., über die Luftwurzeln der Gewächse. Inaug.-Dissert. Göttingen 857. (Vandenhoeck u. Ruprecht. 8. (2 Bl., 84 S. u. 4 lith. Taf. in 4.) n. 20 ngl

Fockens, Pieter [aus Groningen]: Maria Stuart, eine literarhistorische studie . . . Berlin, Buchdr. v. Gustav Schade (Otto Francke) 1887; 101 S. 8.
Leipzig, Phil. Fak., Inaug.-Diss. v. 11. Jun. 1887.

Fockens, Pieter, Maria Stuart, eine literarhistorische Studie. Diss. Leipzig 1887, Gustav Fock. 8° 104 S.
Ueber die Stuartträgodien von Swinburne, Björnson, Schiller, Vondel.

Focking, Therese, das goldene ABC f. Mütter, Großmütter u. Kindergärtnerinnen. gr. 8. (VI, 304 S.) Hamburg 900. O. Meißner's Verl. 3. —; geb. n. 4. —

Focking, Th., Erzählungen, s.: Schäfer, W., Bilder aus der Tierwelt.

Focking, Therese, Fingerspiele u. Handgymnastik. 1. u. 2. (Titel-) Aufl. gr. 8. (32 S.) Berlin 891. 895. L. Oehmigke's Verl. n. — 60

Focking, Therese, Fröbel-Fibel. gr. 8. (X, 102 S. m. color. Holzschn. u. 12 Taf.) Neubrandenburg 884. Brünslow. n. 1. 25; geb. n. 1. 60

Focking, Therese, Fröbel-Fibel. 2., verb. Aufl. (80 S. m. 1 farb. Taf.) gr. 8. Leipzig 909. F. Jansa. 1.—; geb. 1. 50

— der Geburtstag der Zwillinge. Ein Tag aus dem Kinderleben. 4. (16 S. m. farb. Bildern v. Fed. Flinzer.) Wesel 891. W. Düms. Kart. n. — 80; Ausg. auf Pappe, geb. 1. 80

Focking, Therese, das Kind in der Natur. Anschauungsbilder f. Kindergarten, Schule u. Haus. gr. 8. (X, 272 S. mit 1 Holzschntaf.) Berlin 882. Maurer-Greiner. geb. n.n. 4. 50

— das Kind in der Natur. Anschauungsbilder f. Kindergarten, Schule u. Haus. (2. Aufl.) gr. 8. (VIII, 272 S.) Braunschweig 893. Wißmann. Kart. n. 2. 50

die Kinderstube. Nach Fröbels „Mutter- u. Koseliedern" frei bearb., nebst e. Festspiel. Mit 21 Bildern nach Zeichngn. v. Osc. Herrfurth. 2., sehr verm. Aufl. gr. 8. (XVI, 144 S.) Ebd. 895. Geb. in Leinw. n. 3. —

— f. die liebe Kinderwelt. Erzählungen. Mit 8 Farbendr.-Bildern v. Minna Laudien. 4. (16 S.) Wesel 888. Düms. cart. n. 1. —

— unseren Kleinen. Lehre u. Beispiel in Bildern u. Fabeln aus dem Kinderleben u. der Natur. Für Schule, Kindergarten u. Haus. Mit 30 Text-Abbildungen u. 2 Buntbildern. gr. 8. (X, 132 S.) Leipzig 881. Spamer. n. 2. —; cart. n. 2. 50

— unseren Kleinen. Lehre u. Beispiel in Bildern u. Fabeln aus dem Kinderleben u. der Natur. Für Schule, Kindergarten u. Haus. Wohlfeile (Titel-)Aufl. gr. 8. (X, 132 S. m. 30 Text-Abbildgn. u. 2 Buntbildern.) Leipzig 892. O. Spamer. n. 1. —; kart. n. 1. 50

— Räthsel f. Kindergarten u. Haus. 16. (63 S.) Leipzig 880. Schlicke. cart. n. — 80

Focking, Therese, Rätsel f. Kindergarten u. Haus. 2., verb. u. verm. Aufl. 12. (86 S.) Wien 898. A. Pichler's Wwe. & Sohn. Geb. in Leinw. n. 1. —

— was Tante Therese den Kindern erzählt, s. a. Düm's Kinderbibliothek.

— was Tante Therese den Kindern erzählt. Fabeln, Märchen u. wahre Geschichten. 12. (72 S. m. 5 Farbendr. v. W. Schäfer.) Wesel 890. Düms. cart. n. — 50

— was Tante Therese d. Kindern erzählt. Fabeln, Märchen u. wahre Geschichten. M. 5 Farbendr.-Bild. v. W. Schäfer. (Neue Aufl. 31.—36. Tauf.) 12. (72 S.) Wesel 898. W. Düms. Kart. — 50

Föcking, C. G. Ludwig [aus Kaiserslautern, Bayr. Pfalz]: Ueber asymmetrischen und symmetrischen Duryl-Methyl-Keton .... Freiburg i. B., Buchdr. v. Chr. Stroecker, 1887; 48 S. + 1 Bl. 8°
Freiburg i. B., Phil. Fak., Inaug.-Diss. v. 1887

Föckler, Fritz, Arzt: Krebs-Statistik nach den Befunden des Pathologischen Instituts zu Würzburg vom Jahre 1852—1908. Würzburg 1909: Staudenraus. 31 S. 8°
Würzburg, Med. Diss. v. 1. Sept. 1909, Ref. Borst
[Geb. 3. Sept. 77 St.-Blasien; Wohnort: Lenzkirch; Staatsangeh.: Baden; Vorbildung: Gymn. Freiburg i. B. Reife Juli 97; Studium: Freiburg i. B. 1, Erlangen 2, Würzburg 4, Freiburg i. B. 1, München 1, Würzburg 5 S.; Coll. 28. April 09: Approb. 15. Juni 07.] [U 10. 4345

Fockt, C., Zeittabellen zur Weltgeschichte in chronolog. Ordnung. N. Schlosser, Weber, Beck, Plötz u. A. bearb. u. hrsg. 12. (80 S.) Wien 894. (Leipzig, S. Schnurpfeil.) Kart. n. — 70

FOCKT, Karl Theodor

FOCKT, Carl Th., Ein moderner Blaubart. Criminalroman aus der jüngsten Zeit. Verlag der E. Czaki'schen Buchh. Wien, Druck v. J. C. Fischer & Co. (Cyclus interessanter Romane. 9. Lief.)
Verboten v. L.-G. Wien, 13. Mai 1884. § 516.

Fockt, C. Th., der Brand des Ringtheaters in Wien am 8. Decbr. 1881. Eine wahrheitsgetreue Schilderung der Katastrophe, nach authent. Quellen bearb. Mit 5 (eingedr. Holzschn.-)Abbildungen. 1—7. Aufl. 8. (80 S.) Wien 881. Hartleben. — 60

Fockt, C. Thdr., Ereignisse und Operationen in Süd-Dalmatien [Crivoscie, Bocche di Cattaro] und in den angrenzenden occupirten Ländern. I. Schilderung des Landes und Volkes und Vorgeschichte des Aufstandes. Mit 2 Karten und 12 Abbild. 1. und 2. Aufl. 8. (80 S.) Wien 882, Hartleben's Verlag.
II. s. Zimmermann, M. B.

Fockt, Karl Thdr., Geschichte d. Kreuzzüge, s.: Volksbibliothek, wissenschaftl.

Fockt, Karl Th., Kaiser Josef II. und das Geheimniß des Freihauses. Histor. Roman. 14 Lfgn. gr. 8. (344 S. mit color. Stnt.) Wien 887, Anger. à Lfg. 18 Pf.; compl.

Fockt, K. Th., Kaiser Josef II. u. das Geheimniß d. Freihauses. Historischer Roman. Mit vielen Orig.-Illustr. 10. Aufl. 8. (318 S.) Wien 889. Dirnböck. n. 2. 50

Fockt, Karl Theodor, s. Licht. Wiener Zeitschrift für Kunst u. Leben.

— großer Wiener Liebesbriefsteller. 8. (XV, 240 S.) Wien 890. Daberkow. n. 1. 60; cart. n. 2. —

Fockt, C. Th., der Ringtheater-Proceß in Wien im April u. Mai 1882. Eine genaue Darstellung der Anklage, der Zeugenberichte, der Vertheidigung u. des Urtheiles. Nach eigener Anhörung der ganzen Gerichtsverhandlung bearb. Mit den Porträts der Angeklagten (1 Holzschntaf.). 8. (96 S.) Wien 882. Hartleben. — 60

Fockt, Karl Theodor, Eszter Solymossy, das Mädchen von Tisza-Eszlár. Sensations-Roman. 8. Liefg. 1—4. (S. 1—128.) Wien. Gebrüder Rubinstein. à 15 kr.
1883.

—— Eszther Solymossy, das Mädchen von Tisza Eszlár. Sensations-Roman. 13 Hefte. gr. 8. (416 S. mit 1 Stnt.) Leipzig 883,84, Kröhl. à Heft 30 Pf.

Focsani, s.: Europa, Generalkarte.

Födál, Oskar, der Krieg in Ungarn. Mit einer Geschichte der serbischen u. croat. Wirren. Nach den besten Quellen histor. u. kritisch dargestellt. 8. (94 S.) Mannheim 849, Grohe. n. 12 ngl

Födálius, des alten Schäfers, untrügliches und unschädliches Mittel, seine Zähne gesund und schön, so wie das Zahnfleisch frisch und in seiner ihm eigenthümlichen Röthe zu erhalten, und die durch Vernachlässigung rc. entstehenden gewöhnl. Zahnübel zu beseitigen rc. 8. Hamburg 849, (Bernhardt'sche Buchh.)

Föderalist, Der baltische. Politische uncensirte liberale Wochenschrift. 1. Jahrgang, N° 1 à 4. In-8°. Genf, Elpidine. à — 75

Von der deutschen Föderation. Berlin, Schneider u. Comp. 1851. 122 S. 8.

Föderativ-Staat, über den, Gesammtstaat, das selbständige Schleswig u. den dänischen Reichstag. Von einem Friesen. gr. 8. (18 S.) Kopenhagen 851, Reitzel. n. 4 ngl

Föderativ-System, das centrale. 8. Leipzig 844, O. Wigand. n. 2 2/3 ß 2. verm. Aufl. 2 Thle. gr. 8. Ebd. 845. n. 3 ß

Fodéré, **Frz. Emm., de apoplexia, disquis. theoret.-practica. 8. Avenione 808. (Strassb., Levrault). 1 ß 8 K**

Fodéré, Prof., Essai médico-legal sur les diverses espèces de folie vraie, simulée et raisonnée, sur leurs causes et les moyens de les distinguer; sur leurs effets excusans ou atténuans devant les tribunaux, et sur leur association avec les penchans ou crime et plusieurs maladies physiques et morales. gr. in-8. Strasb. 832. (Treuttel et Würz.) 1 1/4 ß (NB. Ist früher noch nicht in d. Buchhandel gekommen.)

— Handbuch für Krankenwärter, Kindbetterinnen u. Kinderwärterinnen. 12. Straßb. 815. Levrault. 14 K

— s. K. G. T. Kortum, von d. Scropheln.

Fodere, F. E., üb. d. Kropf. u. Cretinismus. a. d. Frz. gr. 8. Berl. Himburg. 796. -

— **über den Kropf u. Cretinismus; aus d. Französ. v. H. W. Lindemann. gr. 8. Berl. 796. Reimer. 20 K**

Foderé, Frz. Emm., Pneumatologie d. menschl. Körpers in theoret. u. prakt. Beziehung, od. Untersuchn. üb. d. Natur etc. d. Blähungen, so wie d. Hysterie u. Hypochondrie u. verschied. psychischer Krankheits-Zustände namentl. d. Extase, d. Somnambulismus, d. Aber- u. Wunderglaubens u. a. Zustände eigenthüml. Art etc. In 2 Abthln. Deutsch hrsg. u. mit Anmerkn. begl. v. C. Fitzler. gr. 8. (16½ B.) Ilmenau 832, [Weimar,] Voigt.

— recherches et observations critiques sur l'éruption et la fièvre, connues sous le nom de miliaires; suivies de quelques considérations sur des épidémies varioleuses de l'année actuelle 1828, et sur quelques opinions relatives à la vaccine. gr. 8. Paris et Strassb. 828. Levrault. 22 K

— — **Voyage** aux Alpes maritimes, ou histoire naturelle, agraire, civile et médicale, du comté de Nice et pays limitrophes, enrichi de notes de comparaison avec d'autres contrées. 2 vol. in-8. Strasbourg, Levrault. 820.

Der **Föderierte.** Organ d. Deutschen Föderation revolutionärer Arbeiter. Jg. 1, No 1. *Berlin: O. Witzke 1902.* 4°

Joseph der Menschheit Segen. Eine Kantate. Abgehalten 57. 1./9. 83 bei der St. Johannis Feier der sehr ehrw. □ zur gekrönten Hoffnung, zu den 3 Adlern, und zur Beständigkeit im Or. zu W[ien]. Von [Abbé Leop.] F[oeder]l. 5783. 4 Bl. 8⁰

Kl. 1752. Verf. nach Abafis Angabe (Gesch. d. Frmrei in Oesterr. 4 S. 324) festgestellt, der aber auf S. 208 desselben Bandes Friedel als Verf. nennt.
[Abafi, L.: Gesch. d. Frmrei in Oesterreich-Ungarn. 4 (1893) S. 324.]

Gebler, Frh. v.: Ode an den Frh. v. G[ebler] bey der feierlichen Installirung der sehr ehrw. Johannis □ zur Beständigkeit im Or. zu W[ien]. Von [Leop.] F[öder]l. 57 $\frac{28.}{VII.}$ 84. [Wien 1784.] 4 Bl. 8⁰ [Umschlagtit.]

cf. Abafi, L.: Gesch. d. Frmrei in Oesterreich-Ungarn. 4 (1893) S. 324.
Kl. 1756. Selten. „Du ahmest heut dem Gott nach, dessen Priester . . .“ 157.

Z. Beständigkeit: Ueber das Sinnbild der □ zur Beständigkeit im Or. zu W[ien]. Von [Leop.]F[öder]l. o. O. 1782. 4 Bl. 8⁰ [Kupfertit.]
Kl. 1048, Tt. 2599. Selten. Gedicht.

Föderl, Osk., s.: Arbeiten aus dem Gebiete d. klinisch. Chirurgie.

Födisch: Aus dem nordwestlichen Böhmen. Beiträge zur Kenntnis d. deutschen Volkslebens in Böhmen. 29 S. 8⁰–Prag d. OR., Progr. 1869

Födisch, J. E., die deutschen Stämme in Böhmen, s. Sammlung gemeinnütziger Vorträge.

Foedisch, Ferd., Dissert. inaug. zoochemica de morbosa sanguinis temporatione, inprimis in chlorosi, hysteria et pneumonia inquisitionibus chemicis indagata, et de ferri devorati in sanguinem transitu experimentis comprobato. 4. (4¼ B.) Jenae 832, (Croeker.)

Foedisch, Frdr., der Coloradokäfer [Chrysomela (Doryphora) decemlineata] in seinen Entwickelungsstufen. Unter wissenschaftl. Leitung v. J. Brümmer in 12facher Vergrößerung nach der Natur auf Stein gezeichnet. Chromolith. gr. Fol. Dresden 877. Meinhold & Söhne. — 75

FÖDISCH, Julius Ernst

Födisch, J. E., Gemälde von Prag, s. Gemälde.

Födisch, J. E., Geographie d. Königr. Böhmen. Mit 2 (lith. u. color.) Karten (in qu. gr. 4.) gr. 8. (VI, 85 S.) Leipzig 875. Hirschfeld. n. 1. 20

— Geschichte Böhmens in Biographien u. Kulturbildern. gr. 8. (VI, 66 S.) Ebend. 875. n.n. — 90

— Heimatskunde f. deutsche Volksschulen in Böhmen, enth. 1) Heimatskunde d. Königr. Böhmen, 2) übersichtl. Darstellg. der österreichisch-ungar. Monarchie. Mit 2 (lith. u. color.) Karten (in qu. gr. 4.) gr. 8. (III, 43 S.) Ebend. 875. n. — 75

Födisch, J. E., Heimatskunde f. deutsche Volksschulen in Böhmen, enth. I. Heimatskunde d. Königreichs Böhmen. II. Uebersichtliche Darstellung der österreichisch-ungar. Monarchie. 2., unveränd. Aufl. Mit 2 (lith.) Karten. gr. 8. (III, 43 S.) Leipzig 880. Hirschfeld. n. — 60

Födisch, J. E.: Über die Methode des geographischen Unterrichtes, insbesondere der Heimatskunde, in der Volksschule. 9 S. 8⁰.– Leitmeritz LBA, Progr. 1873.

Födisch, Julius Ernst: Alte Schlösser und Weinkeller in Böhmen. In: Mitteilungen des Vereines für Geschichte der Deutschen in Böhmen. 5. Prag 1867, S. 34. -- 5*

— die deutschen Stämme in Böhmen, s.: Sammlung gemeinnütziger Vorträge.

Fodor, ..., Josephine Mainville. Eine biograph. Skizze, herausg. v. J. G. Unger. 8. Wien 823. Beck. 6 gl Kein V. 10 gl

Fodor, Dr. Adolf, Warasdin-Toeplitz in Croatien. In kurzer-Darstellung. 8. Warasdin. *J. B. Stifter. 40 kr.

Fodor, Ander, aus Budapest: Über die alkalische Verseifung von Cellulosenitrat und Traubenzuckernitrat. Zürich 1909. IV + 96 S. 8°. [3. VI. 09.]
Zürich. Phil Diss 11 S 1909 (8)

Fodor, Coloman v., Schlammbad Pistyan [Pöstyén] in Ungarn mit besond. Berücksicht. der „Massage“-Heilmethode. [Braumüller's Badebibliothek Nr. 63.] 8. (52 S.) Wien 888, Braumüller. *

—— dass. — [In ungarischer Sprache; — Braumüller's Badebibliothek Nr. 66.] 8. (44 S.) Ebendas. 888. *

Fodor, Coloman v., Schlammbad Pistyan (Pöstyén) in Ungarn m. besond. Berücksicht. der „Massage“-Heilmethode. 2., verb. Aufl. 8. (IV, 57 S.) Wien 893. W. Braumüller. n. — 80

Fodor, Coloman v., Schlammbad Pistyan (Pöstyén) in Ungarn. M. bes. Berücksicht. d. „Massage“-Heilmethode. (Braumüller's Bade-Bibliothek.) 3., verb. Aufl. 8. (IV, 56 S. m. 1 Abb.) Wien 898. W. Braumüller. n. — 90

Fodor, Coloman v., Schlammbad Pistyan (Pöstyén) in Ungarn. Mit besond. Berücksicht. d. „Massage“-Heilmethode. (Braumüller's Bade-Bibliothek). 4. verb. Aufl. 8. (IV, 56 S. m. 1 Abbildg.) Wien 902. W. Braumüller. In Leinw. kart. n. — 90

Fodor, Etienne de, Electricität direkt aus Kohle, s.: Bibliothek, elektrotechnische.

Fodor, Etienne de, Experimente m. Strömen hoher Wechselzahl u. Frequenz. Rev. u. m. Anmerkgn. versehen v. Nik. Tesla. 8. (XVI, 291 S. m. 94 Abbildgn.) Wien 894. A. Hartleben. n. 4. –

Fodor, E. de, das Glühlicht, s.: Bibliothek, elektrotechnische.

Fodor, E. de: Das Glühlicht, sein Wesen und seine Erfordernisse. Leipzig . . . 1885

Fodor, E. de, Materialien f. Kostenvoranschläge elektrischer Lichtanlagen,
— die elektrischen Motoren,
} s.: Bibliothek, elektro-technische.

Fodor, E. de: Die elektrischen Motoren mit besonderer Berücksichtigung der elektrischen Straßenbahnen. Leipzig . . . 1890

— die elektrische Schweissung u. Löthung,
— die elektrischen Verbrauchsmesser,
} s.: Bibliothek, elektro-technische.

Fodor, E. de: Die elektrischen Verbrauchsmesser. Leipzig . . . 1891

Fodor, G. (Bearb.), s. Abbazia als Kurort.

Fodor, J. Über die Bedingungen der langen Lebensdauer. Budapest 1885.

Fodor, J. [1]) Das hygien. Institut d. Universität Budapest. Budapest 1882. — [2]) Hygien. Versuchs- u. Vorlesungsapparate. Budapest 1883. 4.

Fodor, (Jos.) s. Allunger, J. C.

Fodor, Jos. v., das gesunde Haus u. die gesunde Wohnung. Drei Vorträge aus dem Cyclus der durch die königl. ungar. naturwissenschaftl. Gesellschaft in Budapest veranstalteten populären Vorlesungen, geh. am 16. u. 23. Febr., u. am 2. März 1877. Aus dem Ungar. übers. Mit 14 in den Text eingedr. Holzst. gr. 8. (87 S.) Braunschweig 878. Vieweg & Sohn. n. 1. 80

Fodor, Jos. v., Hygiene des Bodens, s.: Handbuch der Hygiene.

Fodor, Jos., hygienische Untersuchungen über Luft, Boden und Wasser, insbesondere auf ihre Beziehungen zu den epidem. Krankheiten. Im Auftrage der ungar. Akademie der Wissenschaften ausgeführt und verf. Aus dem Ungar. übers. 2 Abthlgn. gr. 8. Braunschweig, Vieweg und Sohn. *

Inhalt:

Abthl. 1. Die Luft. (XV, 140 S. mit 3 lithogr. Taf. und Abbild.) 881. *ℳ 4.

» 2. Boden und Wasser. (VIII, 378 S. mit 10 lithogr. Taf. und 1 eingedr. Holzschn.) 882. *ℳ 11.

Fodor, Jul. Die Lungenschwindsucht, ihre hygiein. Verhütung u. Behandlung. Populärwissenschaftl. Vortrag. 8. (18 S.) Wien 889, (Szelinski.) * — 24

Aus: Freies hygiein. Blatt, besonders abgedruckt.

Fodor, Julius: Ueber Variationen in d. Therapie, insb. in d. Hydrotherapie. *Wien & Leipzig 1897.*

in: Fortschritte d. Hydrotherapie. Festschr. z. vierzigjähr. Doctorjub. d. Prof. Dr. W. Winternitz. [97. 1495]

Fodor, Karoline, s. St. Martin, d. wahre Pariser Koch ꝛc.

Fodor, Nik., theoretisch-praktischer Lehrgang der ungarischen Sprache, nebst e. vollständ. Schlüssel zu den ungar. u. deutschen „Übungen" f. den Selbstunterricht. 8. (IV, 243 S.) Budapest 894. Buchh. „zur Pannonia". 2. --

Fodor-Mayerhoffer, L., zur Theorie der Verticalsonnenuhr. Lex.-8. (9 S. mit 1 eingedr. Holzschn.) Wien 884, (Gerold's Sohn.) **

Aus: Sitzungsberichte der k. Akademie der Wissenschaften, besonders abgedruckt.

FÖDRANSPERG (Födransberg), Ant. von

Foedransperg, Anton Edl. v. Von Amortisirung der Urkunden. Klgft., Leon, 1811. 46 S.

— Anleit. z. Erlang. d. dinglichen Rechte ꝛc. gr. 8. Wien, Rößl. 796.

— — dasselbe. Wien, Mösle. 791.

— Anleitung f. d. geprüften Justizbeamten ꝛc. gr. 8. Wien, Mösle. 790.

Foedransperg, Anton Edl. v. Praktische Anleitung zu Behandlung der Pupillen u. ihres Vermögens. Klgft., v. Kleinmayer & Kümel, 1810. 144 S.

— prakt. Anleit. zu Behandl. d. Pupillen u. ihres Vermögens. 8. Klagenf. 810. (Linz, Haslinger). 20 gr.

— theoret. u. prakt. Anleit. zur Erlangung d. dinglichen Rechte u. Führung d. Dienst-, Gewähr- u. Vormerkbücher. gr. 8. Wien 791. (Schaumburg). 16 gr. (v. Mösle). 1 ß

Födransberg, A. von: „Theoretische und practische Anleitung zur Erlangung der dinglichen Rechte und Führung der Dienst-, Gewähr- und Vormerkbücher", Wien 1805 (Rötzel).

Foedransperg, Anton Edl. v. Theoretische u. praktische Anleitung zu Erlangung dinglicher Rechte u. Führung der Grundbücher. Verb. u. verm. Aufl. Klgft., v. Kleinmayer & Kümel, 1808. 143 S.

Födransberg, Ant. v., alphab. Auszug a. d. allgem. Gerichts- u. Concursordnung f. Böhmen ꝛc. gr. 8. Wien, Ghelen. 783.

— Auszug aus d. Taxordnung. gr. 8. Wien 783. Ghelen. 2 gr.

— Beobacht. üb. d. allgem. Gerichtsordnung. 4 Thl. u. Reg. gr. 8. Wien, Kaulfuß. 794.

Edler v. FÖDRANSPERG, Ant.: Prakt. Beobachtungen über die allgem. Gerichtsordnung. 4 Bde. *Wien,* Patzowsky. (787—89.) 3. Aufl. 794. 95. (2 Thl. 4 Gr.) — Regist. dazu. *Ebend.* 789. 8.

... Edler v. FÖDRANSPERG, Ant.: Prakt. Beobachtungen üb. d. allg. Concursordn. *Wien.* 786. 8.

- Praktische Beobachtungen über die allgemeine Konkursordnung für Böheim, Mähren, Schlesien, Oesterreich ob- und unter der Ens, Steyermark, Kärnten ... Von -. K. k. Taubstummeninstitutsbuchdruckerey, Wien 1786 Zierch, Wien 1787-1789 Zierch, Wien 1789 1 vol. 129 S. + 17 S.

-- prakt. Beobachtt. über d. vorgeschriebene Verfahren bei Abhandll. d. Verlassenschaften ꝛc. gr. 8. Wien 789. 20 gr.

— prakt. Beobachtungen üb. das vorgeschriebene Verfahren bei Abhandlungen d. Verlassenschaften. 8. Ebend. 812.

—de miraculis, inprimis Christi. Commentatio. 8. Kopenh. 821. Gyldendal. 20 gr.

Födransperg, Heinr. Ritter v., 40 Jahre in der österreichischen Armee. Erinnerungen e. österreich. Offiziers von seinem Eintritte in die Armee bis zur Gegenwart 1854—1894. Aus dem Gedächtnisse erzählt. 2 Bde. gr. 8. Dresden 894. A. Beyer. à n. 4. —; geb. à n. 5. --

1. Vom Oktbr. 1854 bis Apr. 1866. (VIII, 271 S.)
2. Vom Mai 1866 bis 1891. (IV, 248 S.)

Edler v. FÖDRANSPERG, J. Ant.: Alphabet. Auszug aus der allgem. Gerichts-, Concurs- u. Taxordnung. 2. Aufl. *Wien,* v. Ghelen. 783. 8.

Födransperg, Josef Edl. v. Alphabetischer Auszug aus der allgemeinen Gerichts- Konkurs- u. Taxordnung. 2. Aufl. Klgft. u. Laybach, Kleinmayer, 1784. 129 S.

Foedus Mariano Josephinum ... Tridenti 1773. V: *Vilgrater, Chn.* (Jes)

Foedus inter Sacras Regias Majestates Sueciæ et Poloniæ atque rempublicam Polonam conclusum Varsaviæ ... 18./28. Nov. 1705. Die zw. Ihro Kgl. Kgl. Maj. Maj. zu Schweden und Pohlen u. der Republic Pohlen zu Warschau ... d. 18./28. Nov. 1705 geschlossene Tractaten. [Lat. u. deutsch.] — o. O. 1706. Bogen A₂—F. 8° (4°)

Foedus Medium DD. Sodalium ... Oeniponti 1771. V: *Waldner, Frz Xaver.* (Jes)

Foedus Medium D. D. Sodalium Qui in Congregatione Majore Academica Oenipontana ... Anno 1764 ... Oeniponti 1771. V: *Waldner, Franz Xaver.* (MARGR) (BIBLPORT)

Foedus minvs DD. Sodalivm ... Oeniponti 1780. V: *Aigner, Phil.* (Jes)

Foedus minus D. D. Sodalium, qui in congregatione . . . oblato Missae sacrificio enituntur mortuis confoederatis aeternam vitam . . . impetrare. [Oeniponte] 1780. V: *Aigner von Aigenhofen, Philipp Neri.* (margr) (biblport) S. a. II, 3537.

Foe, Dan. de, s. a.: **Defoe, Dan.**

— Robinson Crusoe's Abenteuer u. Schicksale während seines 28jähr. Aufenthalts auf einer unbewohnten Insel, bis zu seiner Befreiung. Aus dem Engl. Mit (20) Illustrationen von Grandville. gr. 8. Stuttg. (846) 847, Erhard. geb. 1 1/6 ℛ

Foe, Daniel de, Abenteuer u. Schicksal Robinson Crusoe's. Aus dem Engl. Mit (20 color. Holzschn.-)Illustr. v. Grandville. 3. Aufl. 8. (302 S.) Leipzig 876. Berndt. 3. 75

— Robinson Crusoe, s. a. Collection of British Authors.

de Foë, Dan., Robinson Crusoë, s. a. Jugend- u. Hausbibliothek, neue.

Foe, Dan. de, Robinson Crusoe, s. a. Schulbibliothek, französ. u. englische.

— Robinson Crusoe. Nach Carl Böttiger's deutscher Bearbeitung neu erzählt v. O. L. Heubner. Mit 111 (eingedr.) Holzschn. 8. Aufl. 16. (IV, 234 S.) Leipzig 881. G. Wigand. cart. n. 1. 20

Foe, Dan. de, Robinson Crusoe. S. Lebensschicksale, Erfahrgn. u. Abenteuer. N. d. engl. Orig f. d. deutsche Jugend bearb. v. Frdr. Meister. M. 4 Buntbild. nach Orig.-Zeichngn. von Abb. v. Rößler u. 8 Tonbild. von Ludw. Berwald. 6. Aufl. gr. 8. (III, 216 S.) Leipzig 898. Abel & Müller. Geb. in Leinw. n. 3. —

—— Robinson Crusoe's Leben u. Abenteuer. Nebst e. Lebensbeschreib. d. Verf. v. Philaret Chasles. Uebers. u. mit erläut. Noten vers. v. Carl Courtin. 2 Bde. M. 250 eingedr. Holzschn. Lex.-8. (64 B. u. Ansicht v. R's. Insel.) Stuttgart (836, 37,) 840, [Scheible, Rieger u. Sattler.]

—— dass. 2 Bde. (Ohne Holzschn.) gr. 12. (13 5/6 B. u. Portr. d. Verf.) Ebds. 836. 1 3/4 Thlr., hrbgs. Pr.

v. Foë, Daniel, Leben u. Abentheuer Robinson Crusoe's, frei bearb. von Franz A. Werner. Mit mehr als 100 in Stein gravirten Bildern. 1r Bd. 1e — 3e Lfrg. 12. Prag 839. (Scheib.) Mit Pränum. auf die letzte Lfrg. n. 1 ℛ

—— Leben u. Abenteuer Robinson Crusoe's, frei bearb. v. Franz A. Werner. Mit mehr als 100 in Stein gravirten Bildern. 2 Thle. gr. 12. (17 7/8 B.) Prag 839, [Wohl.] *
Vgl. Robinson.

— Robinson's Leben und Abenteuer. Nach dem Engl. bearb. (von Fr. Rauch. Mit 10 Bildern.) gr. 12. Berlin 841, Hasselberg. geb. 3/4 ℛ — Mit 8 schwarzen u. 2 illum. Bildern 1 ℛ — Ganz illum. 1 1/3 ℛ

— dass. im Auszuge bearbeitet von A. Hillert. Mit Titelbild. gr. 12. (Mit Einfassung.) Ebend 841. 1/2 ℛ

Foë, Dan. de, Leben u. Schicksale d. Robinson Crusoe. 8. (143 S. m. eingedr. Holzschn. u. Holzschntaf.) Wien 879. Neidl. cart. n. — 80; color. n. 1. —

de Foe, Dan., the life and adventures of Robinson Crusoe. Mit sacherklär. u. sprachwissenschaftl. Noten u. e. Wörterbuche. 12. Leipzig 846, Köhler'sche Verlagsh. 18 ngl

Foe, Dan., the life and adventures of Robinson Crusoe. Mit sacherklär. u. sprachwissenschaftl. Noten u. einem Wörterbuche. 12. (245 S.) Leipzig 847. (Winter.) 18 ngl

— Robinson Crusoe's Reisen, wunderbare Abenteuer u. Erlebnisse. Fürs Deutsche bearb. n. d. Original. 15. [Titel-] Aufl. M. 41 Text-Abb. nebst 4 Farbendr.-Bild. nach Zeichngn. v. F. H. Nicholson. gr. 8. (VI, 223 S.) Leipzig (898) 899. O. Spamer. n. 2. 50; geb. in Leinw. n. 3. —

— dasselbe. M. 8 Farbendr.-Bild. n. Aquarellen v. Rich. Gutschmidt. Kleine Ausg. 12. (219 S.) Ebd. 898. Geb. n. 1. 20

— dasselbe. Mit 8 Farbendr.-Bildern nach Aquarellen v. Rich. Gutschmidt. Kleine Ausgabe. 5. [Titel-]Aufl. 12. (219 S.) Ebd. [900.] (902). Geb. n. 1. 20

— Robinson Crusoe's Reisen, wunderbare Abenteuer u. Erlebnisse. Fürs Deutsche bearb. nach dem Original. 19. [Titel-]Aufl. Mit 41 Text-Abbildgn. nebst 4 Farbendr.-Bildern nach Zeichnungen v. F. H. Nicholson. gr. 8. (VI, 223 S.) Leipzig [901.] 903. O. Spamer. n. 2. 50; geb. in Leinw. n. 3. —

— s. auch Robinson.

— gesammelte Romane. 1.—7. Bdchen. — A. u. d. T.: Leben u. Abenteuer des Capitäns Singleton. Aus dem Engl. von Carl Kolb. 4 Thle. — Oberst Jack, oder Schicksale eines Elternlosen. 1.—3. Thl. 16. Stuttgart 842, Belser'sche Buchh. à 1/8 ℛ

— Schicksale Robinson-Crusoë's. Nach dem Engl. dargestellt von A. Geyger. 2. Ausg. kl. 16. Berlin 842, Hayn. 1/6 ℛ

— dass. mit (4) Bildern. Ebend. 842. geb. 1/4 ℛ

Foë, Dan. de, Vie et aventures de Robinson-Crusoé. Trad. de Petr. Borel. Enrichi de la vie de Daniel de Foë par Philarète Chasles; et de notes allem., grammat. et explicat., servant à la jeunesse pour la trad. de cet ouvr. p. Chs. Courtin. Orné du portr. de l'auteur. II Ts. gr. in-12. (39 3/4 B.) Stouttgart 836, [Scheible, Rieger et Sattler.] 1 3/4 Thlr., hrbgs. Pr.

Foe, Herm., Etudes sur les appendiculaires du détroit de Messine. Accompagnées de 11 planches gravées et de Vignettes. gr. 4. (55 S.) Basel 873, Georg. **
color. **

Foëx, G., „la plantation de vignes dans les sables, donne-t-elle une sécurité absolue contre le phylloxéra, et comment se comportent de telles vignes contre les attaques des autres insectes?" (Internationaler land- u. forstwirthschaftl. Congress zu Wien 1890, 24. Hft.) [Aus: „Weinzeitg."] gr. 8. (11 S.) Wien 890. (Frick.) n. — 60

Fofanow. K. M., Gedichte, s.: Universal-Bibliothek.

FOFFA, Paul

Foffa, P., das Bündnerische Münsterthal, eine histor. Skizze, nebst einem Anh. von bezügl. Urkunden. gr. 8. (XI und 479 S.) Chur 864, (Hitz.) *

Fog, B. J., das theologische Studium. Ein Vortrag. Aus dem Dän. von O. Gleiß. 8. (IV, 178 S.) Gotha 882, Schloeßmann. *

Fogg, F. M., Nula, der unglückliche Zuluhäuptling, s.: Volksbibliothek d. Lahrer Hinkenden Boten.

Fogar, Heinr., Gedichte. (89 S.) 8. Wien 903. A. Hölder. n. — 70

Fogarascher, C., Index zur deutschen Ausgabe der ungarischen Gesetzsammlung vom I. G.-A.: 1867 bis XLIV. G.-A.: 1883. gr. 8. (31 S.) Kronstadt 883. Zeidner. n. — 60

Fogarasi János, Legujabb és legteljesb nemet es magyar szótár, legujabb helyesirás szerint s az ujonan alakitott vagy feléleszelett szókkal bövitve. Harmadik jobbitott és egy, a legujabb magyar szavakat tartalmasó toldalékkal bövilett kiadás. (Deutsches u. Ungar. Wörterbuch. 3. Ausg. 2 Thle.) 8. (I: IV. 893 u. 44 S. II: IV. 700 u. 38 S.) Pest 852, Heckenast. 3 ₰

Fogarasi, Joh., német és magyar Zsebszótár. — Taschenwörterbuch d. ungar. u. deutschen Sprache. N. d. neuesten Orthographie, mit Aufnahme d. neu gebildeten u. wieder belebten ungar. Wörter. 2 Thle. gr. 12. (40⁵/₆ B.) Pesth 836, Heckenast.
Der ungar.-deutsche Theil auch einzeln 1 Thlr. 12 Gr.

Fogarasi, Joh., Wörterbuch der deutschen und ungarischen Sprache. 4., verb. und verm. Aufl. 2 Thle. Lex.-8. [1. Thl. Deutsch-ungarischer Thl. (IV und 674 S.) 2. Ungarisch-deutscher Thl. (IV und 550 S.)] Pest 860, Heckenast. à Thl. * 2 Thlr. *

Fogarasi's, Johann, Wörterbuch der deutschen und ungarischen Sprache nach den neuesten und besten Hilfsmitteln. 5. verbess. und verm. Aufl. 1. oder deutsch-ungar. Th., 2. oder ungar.-deutscher Th. (2 Bde.) gr. 8. Pest 1865.

Fogazzaro, A., Daniele Cortis, s. Engelhorn's allgemeine Romanbibliothek.

Fogazzaro, Antonio, Fedele u. andere Novellen. Deutsch v. Alwin Weise. (XIII, 242 S.) 8. Graz 907. C. J. Oehninger. Geb. in Leinw. 3. —

— Gedichte. Genehmigte Übertragg. v. Otto Haendler. (VIII, X, 186 S. m. Bildnis.) 8. München 909. G. Müller. 3.—; geb. 4.—

Fogazzaro, Antonio, das Geheimnis des Dichters. Roman. Aus dem Ital. v. E. Müller-Röder. (259 S.) 8. Berlin 904. Hüpeden & Merzyn. n. 3.—; geb. n. 4.—

Fogazzaro, Ant., das Geheimnis des Dichters. Jetzt: Berlin, Oesterheld & Co.

— der Heilige. Einzig berechtigte Uebertragg. v. M. Gagliardi. 2.—4. Aufl. (à 500 S.) 8. München 906. G. Müller. n. 5.—; geb. n. 6.—

— Der Heilige. Roman. Einzig berechtigte Übertragg. v. M. Gagliardi. 8. Aufl. (Volksausg.) (500 S.) 8. Ebd. 908. 3.—; geb. 4.—

— Zerstörte Idyllen. Genehmigte, vom Verf. durchgeseh. Übertragg. v. H. Häcker. (225 S. m. Bildnis.) 8. Graz 908. C. J. Oehninger. 3.—; geb. 3. 50

— die Kleinwelt unserer Väter. Roman. Aus dem Ital. übers. v. M. Gagliardi. Mit e. biograph. Einleitg. v. E. Gagliardi u. dem Bildnis Fogazzaros. 2. Aufl. (404 S.) 8. Stuttgart 903. Deutsche Verlags-Anstalt. n. 3. 50; geb. n. 4. 50

— dasselbe. 2. Aufl. (Neue [Titel-]Ausg.) (404 S.) 8. Kempten [903]. (905). J. Kösel. n. 3. 50; geb. in Leinw. n. 4. 50

Fogazzaro, Antonio. Die Kleinwelt unserer Väter. Roman. Aus dem Italienischen übersetzt von [Frau] M[aria] Gagliardi. ([Mit Einleitung:] Ant' Fog'. Biographische Skizze von E[rnst] Gagliardi. [Nebst 1 Porträt-Tafel.]) 3. Aufl. 514 S. 8. Kempten und München, Jos. Kösel, [1908]. [M. 3. 50, geb. 4. 50]

— die Kleinwelt unserer Zeit. Roman. Einzige berecht. Uebersetzg. aus dem Ital. von Max v. Weißenthurn. (388 S.) 8. München 903. A. Langen. n. 3. 50; geb. in Leinw. n. 4. 50

— dasselbe. (Neue [Titel-]Ausg.) (388 S.) 8. Kempten [903]. (905). J. Kösel. n. 3. 50; geb. in Leinw. n. 4. 50

Fogazzaro, Antonio, Miranda. Aus dem Italien. übers. von A. Meinhardt. 12. (128 S.) Leipzig 882, Friedrich. * geb. *

Fogazzaro, A. Malombra, s. Collection Spemann.

— wenn Könige lieben ..., s.: Bibliothek berühmter Autoren. 46.

Föge, Heinr., Abschlussorgane zur Aufnahme, Fortleitung u. Begrenzung v. Flüssigkeiten u. Gasen, s.: Unterrichtswerke (Methode Hittenkofer) Lehrfach 99.

Fogel, J. P., kurzer Inbegriff in die Grundsätze der franz. Sprache nach d. neuesten Schreibart. gr. 8. Mainz, Kupferberg. 814.

Fogel. [Theodor Jacob]: Als der wohlgebohrne und hochgelahrte Herr . . . [Gratulationsgedicht zur Vice-Rector-Wahl auf Amandus Christian **Dorn**, Prof. d. Rechtswissenschaft. 1742.] — Kiel 1742: Bartsch. 2 Bl. 4°

Fogen, M., Eitorf u. Umgegend. Zusammenstellg. aus d. Annalen d. Siegthales, sowie n. persönl. Wahrnehmgn. d. Verf. D. Männer-Gesang-Verein „Sängerkreis" in Eitorf z. s. 25jähr. Jubelfeste gewidmet. gr. 8. (167 S. m. 1 Lichtdr.) Siegburg 897. Eitorf, Männer-Gesang-Verein „Sängerkreis". 1.—

Eitorf und Umgegend. 1897. Zusammenstellung aus d. Annalen d. Siegthales sowie nach persönl. Wahrnehmungen d. Verf. (Dem Männer-Gesang-Ver. 'Sängerkreis' in Eitorf zu s. 25j. Jubel-Feste gewidm. von s. langjähr. aktiven Mitgl. M. **Fogen**, Gerichtsvollzieher.) *(Siegburg 1897: W. Reckinger).* (165 S.) 8° [F.]
Aus: Festbuch d. Männer-Gesang-Ver. 'Sängerkreis' in Eitorf. 1898.

Fogen, M., kleine Heimatkunde. Geschichte der West-Eifel insonderheit der Ortschaften des Amtsgerichtsbez. Waxweiler. (98 S. m. 1 Karte.) 8. Eitorf 899/900. (Bonn, P. Hanstein.) n. 1.—

Wiener Gürtel-Eisenbahn sammt Abzweigungen u. Verbindungen mit allen in Wien einmündenden Bahnen. Von Jos. Fogerty. Qu.-Folio. Farbendruck. Wien, C. Teufen. 40 kr. Ins. 235
1883.

Foges, Arth., Atlas der rectalen Endoskopie. Nebst e. Einführg. in die Technik der rectalen Endoskopie. gr. 8. Wien, Urban & Schwarzenberg. 28.—; in 1 Bd. geb. n 32.—
I. 40 mehrfarb. Lichtdr.-Bilder auf 20 Taf. u. 7 Abbildgn. im Texte. (V, 62 S.) 909. 14.—
II. 34 mehrfarb. Lichtdr.-Bilder auf 10 Taf. m. erklär. Text. (III u. S. 63—102.) 910. 14.—

Foges, Arth., u. O. O. Fellner, physikalische Therapie der Erkrankungen der weiblichen Sexualorgane, s.: Therapie, physikalische, in Einzeldarstellungen. 22. Hft.

Foges, Benedikt —. Alterthümer der Prager Josefstadt. Israelitischer Friedhof, Alt-Neu-Schule und andere Synagogen. Mit zwölf Abbildungen. Herausgegeben von David J. Podiebrad. Verfaßt und zum Theil nach gesammelten Daten des Herausgebers bearbeitet von — —. Prag, 1855. Druck und Papier des artist. typograph. Institutes von Karl Bellmann. (71 S. 8.) Abbildungen: Die Altneusynagoge von Osten. — Der alte Friedhof mit der Klaussynagoge. Der alte isr. Friedhof mit dem Grabe des Rabbi Marc. Fischel, gestorb. 5530. —

Foges, Bened., Alterthümer der Prager Josefstadt, israelitischer Friedhof, Alt-Neu-Schule und andere Synagogen. Hrsg. von Dav. J. Podiebrad. Zum Theil nach gesammelten Daten des Herausgebers bearb. 2., bedeutend vergrösserte und mit geschichtl. Daten verm. Aufl. br. 8. (III und 131 S. mit 14 lithogr. Abbild.) Prag 863, (Schalek.)

Foges, W. Einige Worte über den Nutzen der französischen Sprache für Gymnasialschüler. Böhm.-Leipa, O. G., 1853. 2 S. 4. Progr.

— Würdigung der verschiedenen Methoden bei dem Sprachunterrichte. Ebd. 1861. 10 S. Progr.

Foggenzenbrod, Das. [Zürich 1868.] V: *Staub, Friedrich.* (Cat. d. Stadtbibl. Zürich. Zürich 1864—97.)

Foggini, P., de beatissimi Petri apostolorum principis primatu, Romano itinere, et episcopatu dissertatio, s.: Zaccaria, F. A.

Foggrasi, s. Fogarasi.

Fogh, Johan [Assist. a. d. K. techn. Hochschule zu Dresden]: Ueber die chemischen Vorgänge bei der Elektrolyse von wässrigen Chloridlösungen. . . . Dresden, Druck v. B. G. Teubner, 1889; 39 S. + 1 Bl. 8°
Jena, Phil. Fak., Inaug.-Diss. v. 1889

Fogh, J., üb. die chemischen Vorgänge bei der Elektrolyse v. wässrigen Chloridlösungen. Inaug.-Diss. gr. 8. (39 S.) Dresden 889. (Rudolstadt, Dabis.) n. — 60

Fogl, Mathilde, Abendleuchten, s.: Weber's moderne Bibliothek.

Fogl, Mathilde, mein Herz d. Frauen, s.: Eckstein's Miniaturbibliothek.

Fögl d'Engiadina. Deutsche Ausg. für das Engadinerfest des Lesezirkels Hottingen. Jahrg. LH. № 10bis. Samstag, 5. März. Zürich 1910. [Mit Vignetten.] 12 S. fol. (Zürich, Berichthaus.) fr. 1. —

Foglar, Brüder, Novellen Buch. 2 Bde. Wien 863. Typogr.-liter. artist. Anstalt. 8. n. 2 ℬ 10 ngr.
1. Bd.: Erzählungen u. Novellen von Ludw. Foglar. [Neue Sammlung.] (XV, 307 S.)
2. Bd.: Erzählungen u. Novellen von Adf. Foglar. (VIII, 281 S.)

Foglar, Adf., Grillparzer's Ansichten üb. Litteratur, Bühne u. Leben. Aus Unterredgn. 2., verm. Aufl. gr. 8. (VI, 71 S.) Stuttgart 891. G. J. Göschen. n. 1. 80

Foglar, A., die Griechin, s.: National-Bibliothek, deutsch-österreichische.

Foglar, A., das gefährliche Lied, — die Märtyrer der Phantasie, } s.: National-Bibliothek, deutsch-österreichische.

Foglar, Adolf: Novellen-Buch, s. Foglar (Brüder).

Foglar, Ludw., Beethoven. Legenden. gr. 16. (103 S.) Wien 870. liter.-artist. Anstalt. 1. 50

Foglár, Ldw., Cypressen. Dichtungen. gr. 12. Wien 841. (Leipzig, Einhorn.) 1⅓ ℬ

Foglar, Ludw., Donau Sagen vom Ursprung bis zur Mündung des Stromes. Ein poetisches Pilgerbuch. Wien 860. Typogr. liter. artist. Anstalt. 16. (313 S.) n. 1 ℬ 10 ngr.

Foglar, Ludwig. Für Ferdinand Freiligrath. Gedicht. Wien, liter.-art. Anst. v. C. Dittmarsch. 10 kr.
1867.

Foglar, Ludw., Freudvoll und leidvoll. Neue Gedichte. gr. 16. (X und 290 S.) Leipzig 867, Matthes. *
geb. mit Goldschn. *

Foglar, Ludw., Gedichte. Neue Sammlung. 12. (350 S.) Leipzig 883, Mühle und Mittinger. *M 3,75.; geb. *

Foglar, Ludwig: Ausgewählte Gedichte, s. National-Bibliothek, Deutsch-österreichische.

Foglar, Ludwig: Neuere Gedichte, s. Dichter, Österreichische, der Gegenwart.

— Geschichten u. Gedenkblätter in Versen. 12. (III, 199 S.) Wien 883. Frank. n. 3. 60; geb. n. 5. —

— Ein Stück Leben. (Gedichte.) gr. 8. Pesth 846. Geibel. n. ⅚ ℬ

Foglár, Ludw., ein Stück Leben. (Gedichte.) gr. 8. (VIII und 157 S.) Pesth 847. (Leipzig, Geibel.) *

— Minnehof. Roman in Liedern. Wien 864. Bartelmus. gr. 8. (VII, 271 S.) n. 1 ℬ 10 ngr.

Foglar, Ludwig: Novellen, s. Dichter, Österreichische, der Gegenwart.

Foglar, Ludwig: Novellenbuch, s. Foglar (Brüder).

Still und Bewegt. Neuere Gedichte. Prag 859. Bellmann. 16. (1 Bl., 175 S.) n. 24 ngr.

— Strahlen und Schatten. Gedichte. 8. Leipzig 840, Weber. n. 1⅓ ℬ

Foglar, Ludwig: Volkserzählungen, s. National-Bibliothek, Deutsch-österreichische.

Fogler B.: Analyse d'Athalie de Jean R. 6⁴ Brünn St.-R. 75.
Progr

Fogler, B. Nothwendigkeit der Einführung einer modernen Sprache, vorzugsweise der französischen, an Realschulen und Vortheile, die dadurch für den jungen Menschen erwachsen. Brünn, St.-R., 1875. 3 S. 4. Progr.

Fogler, B. Kurzgefafste vergleichende Zusammenstellung über das Wesen und die Bedeutung des Particips im Deutschen, Italienischen, Französischen und Englischen. Brünn, O. G., 1872. 4 S. 4. Progr.

Foglio officiale s. Amtsblatt

Foglio ufficiale svizzero di commercio, s.: Handelsamtsblatt, schweizerisches.

Fogolari, Angelo dei, corrispondenza mercantile italiana corredata della traduzione tedesca delle parole e frasi più difficili che si trovano nelle lettere, con una ricca fraseologia tedesco-italiana e italiano-tedesca, compilata dietro le migliori opere di commercio. Leipzig 863. Werner. gr. 8. (XVI, 383 S.) 1 ℬ 10 ngr.

Fogolari, Angelo de, Grammatik der italienischen Sprache. Ein prakt. Lehrbuch zum Gebrauch für Schulen, wie zum Privat- und Selbstunterricht. gr. 8. (VII, 526 S.) Leipzig 869, Werner.

Fogolari, Angelo de, Grammatik der italienischen Sprache. Ein prakt. Lehrbuch zum Gebrauch f. Schulen, wie zum Privat- u. Selbstunterricht. 2., verb. u. verm. Aufl. gr. 8. (VIII, 552 S.) Leipzig 880. Werner. n. 6. —

Fogolari, Angelo de, Grammatik der italienischen Sprache. Ein praktisches Lehrbuch zum Gebrauch für Schulen, wie zum Privat- und Selbstunterricht. 3. verb. und verm. Aufl. gr. 8. (VIII, 552 S.) Leipzig 883, Jul. Werner. *

Fogolari, Angelo di, Grammatik der italienischen Sprache. Ein prakt. Lehrbuch zum Gebrauch f. Schulen, wie zum Privat- u. Selbstunterricht. 4. Aufl. (VIII, 552 S.) 8. Leipzig (907). J. Werner Verl. Geb. 6.—; erm. Pr. 3. 50

de Fogolari, Angelo, vollständige Conjugation aller unregelmäßigen Zeitwörter der italienischen Sprache u. Angabe aller Formen der mangelhaften Zeitwörter. Nebst 2 alphabetisch geordneten Registern der drei unregelmäßigen Personen des „Pasato remoto" u. der unregelmäßigen „Participi." Ein Supplem. zur Vervollständigung aller deutsch italien. Grammatiken. Zum Schul u. Privatgebrauch. Leipzig 866. Werner. gr. 8. (IV, 238 S.) 27 ngr.

Fogolari, Angelo de, italienisches Konversations- u. Taschenwörterbuch. Durch zahlreiche Noten u. Zusätze, sowie e. kurzen Abriß der italien. Grammatik erweitert u. hrsg. v. Herm. Mondschein. 16. (VI, 442 S.) Leipzig 886. Fock. cart. n. 2. 50; geb. n. 3. —

neuer Lehrgang der italienischen Sprache. Eine durch praktische Lese- u. Uebersetzungsübungen genau durchgeführte und leicht faßliche Darstellung der Regeln, Redensarten u. Eigenthümlichkeiten der italienischen Sprache. Zum Gebrauche für Schulen, wie zum Privat- u. Selbstunterricht. (In 2 Abthlgn.) 1. Abth. Ebend. 863. gr. 8. (XVI, 355 S.) 1 ℛ 5 ngr.

— neuer Lehrgang der italienischen Sprache. Eine in Prosa u. Poesie mannigfaltig ausgeführte Darstellung der am häufigsten vorkommenden Redensarten u. Eigenthümlichkeiten der italien. Sprache. Nebst e. Verzeichniß der meisten in diesem Buche angewendeten Redensarten. Zum Gebrauch für Schulen, wie zum Privat- u. Selbstunterricht. 2. Abth. Ebend. 865. gr. 8. (VIII, 397 S.) 1 ℛ 10 ngr.

Fogolari, Angelo v., italienisches Lesebuch für den Schul- und Privatunterricht. Leipzig 858. Hirschfeld. gr. 8. (VII, 472 S.) n. 1 ℛ 6 ngr.

Fogolari, Angelo v., italienisches Lesebuch f. den Schul- u. Privatunterricht. 3. Ster.-Abdr. gr. 8. (IV, 472 S.) Leipzig 873. Hirschfeld. 2. 40

— opuscoli morali. Lettere. Lipsia 857. (Werner.) 8. (VIII, 251 S.) n. 24 ngr.

Fogolari, A. v., Taschen-Wörterbuch der deutsch-italienischen u. italienisch-deutschen Sprache, s.: Gerlach, A.

—— und A. Gerlach, Taschenwörterbuch der deutsch-italienischen und italienisch-deutschen Sprache, s. Gerlach, A.

Fogolyán, Alexander, Revident der österreichisch-ungarischen Bank. Ortslexikon der Länder der ungarischen Krone unter Berücksichtigung der territorialen Einteilung der Kredit-Bezirke der oesterreichisch-ungarischen Bank. (In ungarischer und deutscher Sprache.) Fol. Kolozsvár 1903.

FOGOWITZ, Andreas Heinrich

Fogowitz, Andreas Heinrich, s.a. Herold, Heinrich. - Römer, Willibald. - Wirth, Max.

Fogowitz, A. H., Abenteuer in Arkansas, s.: Volks- u. Jugend-Erzählungen.

Fogowitz, A. H., Adlerflügel, der Häuptling der Abenatis, s.: Volks- u. Jugend-Erzählungen.

— unter den Antilopen-Comanchen, s.: Volks-Erzählungen, kleine

Fogowitz, A. H., Balladenschatz, s.: Universal-Bibliothek f. die Jugend.

— der Bukanier, s.: Volks- u. Jugend-Erzählungen.

— die Chakra Seguidilla, s.: Volks- u. Jugend-Erzählungen.

— le cheval blanc des prairies. Traduction de Alb. Godart. gr. 16. (64 S.) Metz 894. P. Even. — 25

— Robinson Crusoe, s.a. Defoe, Daniel.

— Robinson Crusoe od. Erlebnisse u. Abenteuer auf d. Karaiben-Insel. N. d. engl. Original d. Dan. Defoe f. d. Jugend neu erzählt. M. 5 feinen Farbendr.-Bild. u. Aquarellen v. W. Schäfer. gr. 8. (192 S.) Wesel 898. W. Düms. Geb. 2. 50

— Dan. Defoes Robinson Crusoe od. Erlebnisse u. Abenteuer auf der Karaiben-Insel. Nach dem engl. Original des D. f. die Jugend neu erzählt. Mit 5 feinen Farbendr.-Bildern nach Aquarellen v. W. Schäfer. 4¹/₂. Tauf. gr. 8. (192 S.) Wesel (901). W. Düms. Geb. 2. 50

Fogowitz, Andreas Heinrich: Deutsch-Afrika, s. Volks- und Jugenderzählungen.

—— des Marabout Diamant, s. Volks-Erzählungen, kleine.

— Diamar, s.: Bachem's Novellen-Sammlung.

Der | Dolch des Javanen. | Erzählung | von | A. H. Fogowitz (Max Wirth). | Druck und Verlag von Rob. Bardtenschlager in Reutlingen. (= *No.* 393).
o. J., 64 S., 161 × 107, kol. U.-Fig.: *»So habe deinen Willen« ...*, 118 × 90.
LBS d. D. oct K 3248.

— im Dorfe d. roten Pfeifenthons, s.a. Volks-Erzählungen, kleine.

Im Dorfe des roten Pfeifenthons oder: Palinque u. Maschukka. Eine indian. Geschichte aus d. Savannengegend von A[ndreas] H[einr.] **Fogowitz.** Mülheim a. d. Ruhr: J. Bagel [1901]. (62 S.) 8° [F.]

Fogowitz, Andreas Heinrich: Der Dschibbenönosch, s. Volks- und Jugenderzählungen.

—— durch Kampf zum Sieg. Eine Geschichte aus der Zeit des deutschen Befreiungskrieges. Der Jugend erzählt. 8. (84 S. mit 4 Bildern.) Breslau 880, Trewendt. cart.

— in der Eisregion, s.: Unterhaltungs-Bibliothek.

Fogowitz, Andreas Heinrich: Die Empörung der Sepoys, s. Volks- und Jugenderzählungen.

— der Erbe v. Humpry-Court, s.: Volks- u. Jugend-Erzählungen.

— Erlebnisse e. Nomaden-Jägers am Pecos-River, s.: Volks-Erzählungen, kleine.

abenteuerliche Erzählungen aus allen Weltteilen. Für die Jugend geschrieben. Mit 5 Farbendr.-Bildern v. W. Schäfer. 1.—20. Tauf. 12. (72 S.) Wesel 893. W. Düms. Kart. n. — 50

—— Erzählungen aus dem Westen, s. Volks-Erzählungen, kleine.

Fogowitz, A. H., Fabelschatz. Eine Auswahl der besten Fabeln u. Parabeln. (Von Aesop, Lessing, Gleim, Lafontaine, Curtmann u. vielen anderen.) Für die Jugend zusammengestellt u. sorgfältig durchgesehen. (128 S. m. 2 farb. Vollbildern. 8. Reutlingen (909). R. Bardtenschlager. Geb. 1. 10

— der Fährtensucher, s.: Aimard, Gustave.

— Fern v. der Heimat. Eine Erzählung. f. die reifere Jugend. 8. (168 S. m. 4 Farbdr.) Stuttgart (899). Reutlingen, R. Bardtenschlager. Geb. 2. 50

— auf gefahrvoller Flucht, s.: Volks- u. Jugend-Erzählungen.

— die Flucht der Quadrone, }
— Gion Forastero, } s.: Volks- u. Jugend-Erzählungen.

—— indianische Freundschaft, s. Volks-Erzählungen, kleine.

— „unser Fritz“, e. deutscher Held u. Sieger. Die Lebensgeschichte Friedrich III. in 20 Bildern. Der Jugend erzählt. 12. (101 S. m. 4 Farbendr.) Berlin 889. Liebau. cart. n. 1. —

— das Geheimnis des Goldsuchers, }
— das Gericht d. heiligen Vehme, } s.: Volks- u. Jugend-Erzählungen.

— kurze Geschichten f. kleine Leute. Buntes Allerlei f. Knaben u. Mädchen im Alter von 8—10 Jahren. 8. (63 S. m. 3 Farbendr.) Berlin 889. Liebau. cart. — 60

— Glutauge der Pastamowa, s.: Volks-Erzählungen, kleine.

Fogowitz, A. H., Prinzessin Goldhaar, s. a. Fahrenkrug, H.

— Prinzessin Goldhaar. Eine Erzählg. f. junge Mädchen. Mit 6 feinen Farbendr.-Bildern nach Aquarellen v. W. Schäfer. 8. (118 S.) Wesel 894. W. Düms. Geb. n. 1. —

— das Goldthal v. San Pistachio, s.: Volks- u. Jugend-Erzählungen.

—— am Grabe des Trappers, s. Volks-Erzählungen, kleine.

—— Halbblut, s. Volks- und Jugend-Erzählungen.

—— Ulrich Hauser, der Gemsenjäger, s. a. Volks-Erzählungen, kleine.

Ulrich Hauser, der Gemsenjäger. Erzählung von A[ndreas] H[einrich] Fogowitz. Mülheim a. d. Ruhr: J. Bagel [1903]. (63 S.) 8° [F.] 1-4 ·4·1

— der fliegende Holländer u. and. unterhalt. Geschichten, s. a. Düms' Knaben-Bibliothek.

Fogowitz, A. H. (Max Wirth), d. fliegende Holländer u. and. unterhalt. Geschichten. F. d. Jugend dargest. M. 6 Farbendr.-Bild. v. W. Schäfer. 8. (72 S.) Wesel 897. W. Düms. Geb. — 50

—— Onkel Toms Hütte, s. Universal-Bibliothek für die Jugend.

Fogowitz, Andreas Heinrich: Der stumme Jäger, s.a. Volkserzählungen, Kleine.

Der stumme Jäger. Scenen aus d. texanischen Kriegsleben von A[ndreas] H[einrich] Fogowitz. Mülheim a. d. Ruhr: J. Bagel [1903]. (63 S.) 8° [F.] 1-4 ·4·1

Fogowitz, Andreas Heinrich : Das Jakutenmädchen, s. Volkserzählungen, Kleine.

— Indianer, Freischärler u. Goldgräber, nach Gust. Aimard bearb., s.: Universal-Bibliothek f. die Jugend.

Fogowitz, Andreas Heinrich: Der Kapitän d. "Levithan", s. Volks- und Jugenderzählungen.

— die Kriegs-Korsaren v. St. Malo, s. a. Volksbücher, neue.

Die | Kriegs-Korsaren | von St. Malo. | Abenteuer | zu Wasser und zu Land | von | A. H. Fogowitz. | Stereotyp-Ausgabe. | Reutlingen. | Druck und Verlag von Enßlin und Laiblin. (*Neue Volksbücher*, 49 m).
o. J., 42 S. + 6 S. Anzeigen, 166 × 109, U.-Fig.: *Schon hatte René seinen Oberrock abgeworfen* ..., 71 × 82.
LBS d. D. 061 K 3520.

— die Kriegs-Korsaren v. St. Malo. Abenteuer zu Wasser u. Land. Ster.-Ausg. 8. (42 S.) Reutlingen 886. Enßlin & Laiblin. — 15

— über Land u. Meer. 19 abenteuerl. Erzählgn. Für die Jugend geschrieben. Mit 15 Farbendr.-Bildern v. W. Schäfer. 12. (72, 72 u. 72 S.) Wesel 893. W. Düms. Kart. 1. 50

— über Land u. Meer. 19 abenteuerl. Erzählgn. F. d. Jugend geschrieben. Mit 15 Farbendr.-Bild. v. W. Schäfer. (11.—20. Tauf.) 8. (72, 72 u. 72 S.) Ebd. 898. Geb. 1. 50

— im Lande der Schwarzfüße, s.: Unterhaltungs-Bibliothek.

— aus fernen Landen. Interessante u. abenteuerl. Geschichten aus allen Weltgegenden. Für die reifere Jugend. 8. (119 S. m. 4 Farbendr.) Reutlingen 891. R. Bardtenschlager. Geb. 1. 50

— aus fernen Landen. Interessante u. abenteuerl. Geschichten a. allen Weltgegenden. Für d. reifere Jugend. 2. Aufl. 8. (119 S. m. 4 Farbdr.) Reutlingen (901). R. Bardtenschlager. Geb. 2. 50

†Fogowitz, A. H. [Max Wirth], das Landhaus am Donaustrand. Eine Orig.-Erzählung für die reifere Jugend. 8. (160 S. mit 4 Chromolithogr.) Reutlingen 887, Bardtenschlager. geb.

— Lichtenstein, s.: Hauff, Wilh.

—— der Löwe der Wildnis, s. Volksbibliothek, neue.

— Hermann v. Luegg, s.: Volks-Erzählungen, kleine.

—— der Mälström, s. Volksbibliothek, neue.

— Märchen f. d. Jugend. D. allerschönsten Kinder- u. Hausmärchen. 12. (111 S. m. 4 Farbdr.) Stuttgart 898. Reutlingen, R. Bardtenschlager. Geb. 1. 20

—— Märchen und Sagen aus Nord- und Süd. Für die Jugend gesammelt und erzählt. 8. (111 S. mit 4 Buntdr.-Bildern.) Berlin 888, Liebau. geb.

— Märchen u. Sagen aus Nord u. Süd. F. d. Jugend ges. u. erzählt. 12. (112 S. m. 4 Farbdr.) Berlin 898. A. Weichert. — 50; kart. — 60

— Märchenschatz f. die Jugend. Die allerschönsten Kinder- u. Hausmärchen v. Bechstein, Grimm, Musäus etc. (112 S. m. 4 Farbdr.) 8. Ebd. (908). Geb. — 75

—— deutscher Märchenwald. Die allerschönsten Kinder- und Hausmärchen, gesammelt von A. H. F. 8. (111 S. mit 4 Chromolithogr.) Reutlingen 887, Bardtenschlager. geb.

Die Niederlassung am Mississippi. Erzählung von A[ndreas] H[einrich] Fogowitz. Mülheim a. d. Ruhr: J. Bagel [1902]. (64 S.) 8° [F.] 1-4 ·4·1

— Olitopa, die schöne Waldblume, s. a. Bibliothek interessanter Erzählungen.

—— Olitopa, s. a. Sammlung der beliebtesten Volks- und Jugendschriften.

— Olitopa, die schöne Waldblume. Erzählung aus dem Indianerleben. 8. (128 S. m. 1 Chromolith.) Mülheim 884. Bagel. cart. 1. —

Fogowitz, A. H., Opfermut u. Treue bei den Sofhones, s.: VolksErzählungen, kleine.

— unter französ. Piraten, } s.: Volks- u. Jugend-
— eine edle Rache, } Erzählungen.

— Graf Radetzky, Oesterreichs „Marschall Vorwärts". Geschichtliche Erzählg. aus den Siegestagen d. alten Kaiserreiches. 8. (112 S. m. 4 Chromolith.) Reutlingen 887. Bardtenschlager. geb. 1. 40

—— der Raub der Faktors-Tochter, s. a. Volks-Erzählungen, kleine.

Der Raub der Faktors-Tochter. Abenteuerl. Scenen im Lande d. Chinesen. Von A[ndreas] H[einrich] Fogowitz. Mülheim a. d. Ruhr: J. Bagel [1902]. (64 S.) 8° [F.] 1-4 ·4·6

—— im Reich der Fabel. Eine Auswahl der besten Fabeln und Parabeln. [Von Aesop, Lessing, Gleim, Lafontaine, Curtmann und vielen Anderen.] Für die Jugend zusammengestellt und sorgfältig durchgesehen. 8. (112 S. mit 4 Chromolithogr.) Reutlingen 887, Bardtenschlager. geb.

— im Reich der Fabel. Eine Auswahl der besten Fabeln u. Parabeln. (Von Aesop, Lessing, Gleim, Lafontaine, Curtmann u. vielen Anderen.) Für d. Jugend zusammengestellt u. sorgfältig durchgeseh. 8. (112 S. m. 4 Farbdr.) Ebd. 901. Geb. 2. 50

Fogowitz, Andreas Heinrich: Der weiße Renner der Prairien, s.a. Volkserzählungen, Kleine.

Der weiße Renner der Prärieen. Wunderbare mittelamerik. Jagdtouren von A[ndreas] H[einrich] **Fogowitz**. Mülheim a. d. Ruhr: J. Bagel [1902]. (64 S.) 8° [F.] 1904. 4647

—— Giac. Rossi, der Abruzzenräuber, s. Volksbibliothek, neue.

— Giacomo Rossi, der Abruzzenräuber,
— Michiel de Ruyter,
— die Sandbank v. Bahama,
— der Schiffsgeist,
s.: Volks- u. Jugend-Erzählungen.

Fogowitz, Andreas Heinrich: Ben Hortons merkwürdige Schicksale, s. Volkserzählungen, Kleine.

Fogowitz, Andreas Heinrich: Unter marokkanischen Seeräubern, s. Volks- und Jugenderzählungen.

Fogowitz, Andreas Heinrich: Seeleiden Isbrand Bontekoes und seiner Gefährten, s. Volkserzählungen, Kleine.

— die Skalpjäger od. der Kriegszug gegen die Navajoes, s.: Universal-Bibliothek f. die Jugend.

— der Sohn des Freihändlers. Der Despoblado,
— der Sohn des Hindu-Piraten,
s.: Volks- u. Jugend-Erzählungen.

— Streifzüge durch Länder u. Meer, s. a. Düm's Knaben-Bibliothek.

Fogowitz, A. H., Streifzüge durch Länder u. Meere. Für die Jugend geschrieben. Mit 5 Farbendr.-Bildern v. W. Schäfer. 1.—20. Taus. 12. (72 S.) Wesel 893. W. Düms. Kart. n. — 50

— aus sonnigen Tagen. Erzählungen f. Mädchen von 12—15 Jahren. gr. 8. (139 S. m. 4 Farbendr.) Berlin 889. Liebau. cart. n. 2. —

— Tavaquil, der Letzte seines Stammes, s.: Volks-Erzählungen, kleine.

— Tecumshe, der Indianerfürst, s.: Volks- u. Jugend-Erzählungen.

Fogowitz, A. H., Treuherz, s. Haus- und Reisebibliothek.

— Treuherz oder Trapper u. Steppenräuber. Schilderungen aus dem Natur- u. Menschenleben im fernen Westen. 8. (125 S. m. 1 Chromolith.) Mülheim 881. Bagel. cart. 1. —

— dasselbe. s.: Haus- u. Reisebibliothek.

—— das Truglicht, s. Volks-Erzählungen, kleine.

— an den Ufern d. Ganges, s.: Volks- u. Jugend-Erzählungen.

— der Verrat der Wyandots, s.: Volks-Erzählungen, kleine.

Fogowitz, Andreas Heinrich, s. Volksbücher, Neue.

Fogowitz, Andreas Heinrich, s. Volks- und Jugenderzählungen.

— s.: Volks-Erzählungen, kleine.

— d. Waldläufer. Erzählung a. d. amerikan. Wald- u. Prairieleben. Nach Gabr. Ferry f. d. Jugend geschrieben. M. 5 feinen Farbendr.-Bild. nach Aquarellen v. Wilh. Schäfer. gr. 8. (192 S.) Wesel 895. W. Düms. Kart. 2. 50

— der Waldmensch, s.: Volks-Erzählungen, kleine.

— aus fernen Welten. Geschichten u. Bilder. Für die Jugend geschrieben. Mit 5 Farbendr.-Bildern v. W. Schäfer. 1.—20. Taus. 12. (72 S.) Wesel 893. W. Düms. Kart. n. — 50

Fogowitz, Andreas Heinrich: Zwei Welten, s. Volkserzählungen, Kleine.

— Wenonga, der schwarze Geier, s.: Sammlung der beliebtesten Volks- und Jugendschriften.

— der Wirbelsturm, s.: Volks- u. Jugend-Erzählungen.

—— die Wunder-Niederlassung am Mississippi, s. Volks-Erzählungen, kleine.

— Pedrillo Xaltros, die Heldin der Guerillas, s.: Unterhaltungs-Bibliothek.

—— aus dem Zauberlande. Die schönsten Märchen und Sagen für die Jugend. gr. 8. (143 S. mit 4 Buntdr.-Bildern.) Berlin 888, Liebau. geb.

— Zaubervogel, s.: Volks-Erzählungen, kleine.

—— der Zug durch die Wüste del Nort, s. a. Volks-Erzählungen, kleine.

Der Zug durch die Wüste del Nort. Eine Erzählung aus d. Leben an d. Indianergrenze u. in d. Wüste von A[ndreas] H[einrich] **Fogowitz** Mülheim a. d. Ruhr: J. Bagel [1901]. (64 S.) 8° [F.] 1904. 4648

— zur See aufgelauert, s.: Volks- u. Jugend-Erzählungen.

Fogowitz, Jos., moderne Eisenbahnpolitik. Ein Beitrag zur Verkehrsfrage in Oesterreich. gr. 8. (VI, 90 S.) Wien 883. Spielhagen & Schurich. n. 2. —

Fogowitz, Jos., zur Staatsprüfung an den technischen Hochschulen. gr. 8. (23 S.) Wien 870. Spielhagen & Schurich. n. — 80

Fogt, Heinr., Grundzüge der permanenten Befestigung und der Lehre vom Angriff und der Vertheidigung von Festungen, zur Benutzung beim Unterrichte und für Selbstbelehrung nach dem Bedürfnisse aller Waffen verfaßt. Lex.-8. (XV und 109 S. mit 7 Stnt. in qu. gr. Fol.) München 859, Literarisch-artistische Anstalt. *

FOGT, Ludwig (München): Ueber Spontanfracturen und spontane Epiphysenlösungen bei constitutioneller Syphilis.- München: Wolf 1882. 50 S.
22.5.1882 - Urk (Titel: De epiphysarum solutione spontanea deque fracturis spontaneis diaphysarum.); Chr 1881/82,8
Diss.Ingolst.-Landsh.-Mchn.

Fogtberg, Constantin J. (geb. Focsani in Rumänien 3. 12.) 1847): Ueber febris puerperalis. Berlin (1870). (32 S.) 8°
Berlin, Med. Diss. v. 24. Juni 1870

Fogtle, C., theoret.-system. Wagenbauschule mit Text u. 133 Fig. 3 Hefte. Wien, früher Paterno & Co., nun S. Czeiger à 1 fl. Ins. 1349
1883.

Fogtmann, N., de Jesu Christi adscensu in coelum. Comment. 8. (9¼ B.) Hauniae 826, (Gyldendal.)

Fogtmann, (N.) de miraculis in primis Christ. Comment. 8. Hafniae 821, Gyldendal.

Fogy, Dorothea, Serpentin, Meerschaum u. Gymnit. (6. Mitteilg. üb. die Darstellg. der Kieselsäuren.) (14 S.) gr. 8. Wien 906. (A. Hölder.) n. — 50
Sonderabdruck aus: „Sitzungsber. d. k. Akad. d. Wiss."

Fohl, (Fridericus Guilelmus) Paulus (geb. Lauban 14. 3. 1838): De febri intermittente. Vratislaviae (1860). (22 S.) 8°
Breslau, Med. Diss. v. 9. Juni 1860

Fohl, L., Branntweinrecepte, s. Ficinus, F. T.

Fohl, Leop., die Zwangsversteigerung v. Immobilien nach dem preußischen Gesetze vom 13. Juli 1883 in ihren wesentlichen Theilen, insbesondere durch prakt. Beispiele u. Verfügungsentwürfe zu dem Grundbuche erläutert. 8. (VII, 220 S.) Breslau 891. J. U. Kern's Verl. Geb. in Leinw. n. 4. —

Foehlinger, F. W., Abschieds-Predigt über 2. Theß. 2, 13—17. gehalten am 1. Novbr. 1857 zu Fort-Wayne, Ja. 12. (24 S.) St. Louis, Mo. 858. (Philadelphia, Schäfer und Koradi.) *

Föhlinger, Otto, Geschichte d. Eisenbahnen in Elsass-Lothringen u. ihres Transport-Verkehres. gr. 8. (VIII, 182 S.) Strassburg 897. J. H. E. Heitz. n. 4. —

Föhlinger, Otto, Grundzüge des Eisenbahnwesens von seiner wirtschafts-, finanz-, verwaltungs- u. tarifpolitischen Seite. Zur Einführung in das Studium der Eisenbahnpolitik nach amtl. Quellen f. Kaufleute, Beamte u. Studierende, wie f. Handelslehranstalten u. Behörden bearb. (Dr. Ludw. Huberti's moderne kaufmänn. Bibliothek.) (IX, 192 S. m. 1 Taf.) gr. 8. Leipzig (903). Verlag d. mod. kaufmänn. Bibl.
Geb. in Leinw. n. 2. 75

Föhlisch, Handwerk u. Arbeiterschutzgesetzgebung. (28 S.) kl. 8. Karlsruhe 908. G. Braun'sche Hofbuchdr. — 40
Sonderabdruck aus „Bad. Gewerbezeitg."

FÖHLISCH, Alfred: Über den Schwarzwildschaden in West-Deutschland und die Mittel zu dessen Beseitigung mit besonderer Berücksichtigung Badens. - Wertheim a. M. 1880. 32 S.

Eduard Föhlisch. Zu Virgils Aeneis I. 378. 25 S. Wertheim, P 1860

Föhlisch, Eduard [aus Ziegelhausen bei Heidelberg]: Ueber benachbartes Duryl-Methyl-Keton .... Freiburg i. B., Buchdr. v. Chr. Ströcker, 1888; 48 S. + 1 Bl. 8°
Freiburg i. B., Phil. Fak., Inaug.-Diss. v. 1888

Föhlisch, J. G. E., Ansichten üb. Erziehung u. Unterricht in gelehrten Schulen. Eine Auswahl d. Schulschriften. 1. Samml. gr. 8. (21½ B., A. H. Niemeyer's Facsim., u. Titvign.) Karlsruhe 836, Braun'sche Hofbuchh.

Derselbe. Beitrag zu der Geschichte des Wertheimischen Gymnasiums. Eine Einladungsschrift zu der 50jährigen Jubiläumsfeier des Rectors Friedrich Neidhart. am 10. Juli 1821. 40 S. 8°. Wertheim, P 1821

(Ostern.) *J. G. E. Föhlisch.* Consilia scholastica von Friedrich August Wolf mit Vorerinnerungen. XXXI. und 30 S., mit den Schulnachrichten 62 S. 8°. Wertheim, P 1829

(Ostern.) *Derselbe.* Consilia etc. mit einem Anhang über lateinische Sprache von Friedrich August Wolf. VIII. und 54 S., mit den Schulnachrichten 77 und 1 nicht nummerierte Seite. 8°. Wertheim, P 1830

J. G. E. Fohlisch. De doctrinae atque institutionis discrimine commentatio. Scripsit J. G. Erdm. Fö[h]lisch, philos. doctor et A. A. L. L. Magister, Gymnasii Wertheimiensis Conrector designatus. Wertheimii in officina Hollii. 39 S. Wertheim, P 1809

(Herbst.) *Derselbe.* Erinnerungen an Dr. August Hermann Niemeyer, vormaligen Kanzler der Universität Halle, als Paedagogen. Ein Beitrag zur neueren Geschichte der Paedagogik und der Gelehrtenschulen. 94 S. 8° mit einer Tafel. (Ein Facsimile von Niemeyers Handschrift enthaltend.) Wertheim, P 1834

Dr. J. G. E. Föhlisch. Erklärung zweier Oden des Horaz I., 4 und I. 11 von Friedrich August Wolf mit Vorerinnerungen. 43 S. Wertheim, P 1849

Dr. J. G. E. Fohlisch. Die Gelehrtenschulen nach den Bedürfnissen der Gegenwart mit einem Vorwort über die Vermittlung der pädagogischen Gegensätze. 32 und 38 S. Wertheim, P 1843

Derselbe. Gesetze und Einrichtungen des Gymnasiums in Wertheim. Wertheim, P 1828

Dr. J. G. E. Föhlisch. Grundzüge der allgemeinen Menschenbildung mit Anwendung auf Schulpläne. 48 S. Wertheim, P 1853

(Herbst.) *Derselbe.* Das Gymnasium eine natürliche Vorschule der Philosophie, mit Vorerinnerungen über allgemeine Schulreformen. XXIV. und 24 S., mit den Schulnachrichten 47 S. 8°. Wertheim, P 1832

(Ostern.) *Derselbe.* Über Menschenbildung durch das Schöne mit besonderer Rücksicht auf Ton- und Zeich[n]enkunst, hauptsächlich in den Mittelschulen. Erste Abteilung. 80 S., mit Schulnachrichten 93 und 1 nicht nummerierte Seite. 8°.
(Ostern.) *Derselbe.* Über Menschenbildung durch das Schöne. Zweite Abteilung. 74 S., mit Schulnachrichten 95 und 1 nicht nummerierte Seite. 8°. Wertheim, P 1823. 1824

(Herbst.) *Derselbe.* Über Nachprüfungen und Ausbildungsmittel der Jünglinge in Mittel- und Hochschulen, mit einigen akademischen Prooemien von Friedrich August Wolf. 83 S., mit Schulnachrichten 96 S. 8° Wertheim, P 1833

Derselbe. Die Notwendigkeit der Gymnastik aus dem Standpunkt der Humanitätsbildung, besonders in unserer Zeit. Erster Abschnitt. 32, bezw. 40 S. 8°. Wertheim, P 1815

(Ostern.) *J. G. E. Föhlisch.* Die Nothwendigkeit der Turnkunst aus dem Standpunckte der Humanitätsbildung. Zweiter Abschnitt. 49, bezw. 55 S Wertheim, P 1817

(Ostern.) *J. G. E. Fohlisch.* Quomodo publica educatio a parentibus adiuvanda sit, disquisitio. 15, bezw. 16 S. 4°. Wertheim, P 1811

J. G. E. Fohlisch. Die technischen Schulen mit Vorerinnerungen über den geistigen Zusammenhang der öffentlichen Schulen. Wertheim, P 1840

(Ostern.) *Derselbe.* Über deutsche Sprachbildung aus dem Leben und für das Leben, vorzüglich in den Mittelschulen. 33 S., mit den Schulnachrichten 45 S. Wertheim, P 1818

(Ostern.) *Derselbe.* Über deutsche Sprachbildung etc. Fortsetzung. 34 S., mit den Schulnachrichten 47 S. 4°. Wertheim, P 1821

(Ostern.) *Derselbe.* Über Sprachbildung aus dem Leben und für das Leben, vorzüglich mit Rücksicht auf die deutsche Sprache. 66 S., mit Schulnachrichten 78 S. (Schluss zu den Programmen 1818 und 1819.) Wertheim, P 1822

(Ostern.) *Derselbe.* Über das Verhältnis der Mittelschule zu dem Geiste unserer Zeit. 51 S., mit den Schulnachrichten 62 S. 8°. Wertheim, P 1819

(Ostern.) *J. G. E. Fohlisch.* Über die logische Wichtigkeit der Mathematik auf Gymnasien, nebst einigen philosophischen Andeutungen. Ein Beytrag zur Gymnastik des jugendlichen Geistes. 50, bezw. 60 und 1 ungezählte Seite. 8°. Wertheim, P 1814

(Ostern.) *Derselbe.* Über Zweck, Inhalt und Form der öffentlichen Prüfungen in Mittelschulen. Erste Abteilung. 38 S., mit Schulnachrichten 60 und 1 nicht nummerierte Seite. 8°.
(Ostern.) *Derselbe.* Über Zweck, Inhalt und Form der öffentlichen Prüfungen etc. Zweite Abteilung. 58 S., mit Schulnachrichten 82 S. 8°. Wertheim, P 1825. 1826

Föhlisch, Konst. Über die Benützung des Polybius im 21. u. 22. Buche des Livius. Eine Quellenuntersuchung. 12, 11 SS.
Progr. G. *Pforzheim* 1883. 1884.

Fohmann, V., der sinnliche und religiös sittliche Anschauungsunterricht als Lehrstoff zu elementarischen Sprach-, Denk- und Stylübungen nach bewährten Grundsätzen für deutsche Elementar- und Volksschulen. gr. 8. (XV und 280 S.) Stuttgart 852, Mäcken.

Fohmann, V., der sinnliche und religiös sittliche Anschauungsunterricht als Lehrstoff zu elementarischen Sprach-, Denk- und Stylübungen nach bewährten Grundsätzen für deutsche Elementar- und Volksschulen. 2. unveränd. (Titel-)Ausg. gr. 8. (XV, 280 S.) Stuttgart (852)69, Mäcken. [Altenburg, Pierer.]

Fohmann, V., erstes Sprach- und Lesebuch für die zwei ersten Schuljahre. Ein nothwend. Hülfsmittel bei den ersten Schreib- und Leseübungen, sowie zur Begründung des Sprachunterrichtes und der Religion. 12. (102 S. und 8 lithogr. S.) Ravensburg 850, Dorn'sche Buchh. **

FOHMANN, Vinc.

Fohmann, V., Mémoire sur les vaisseaux lymphatique de la peau, les membranes muqueuses, séreuses du tissu nerveux et musculaire. Av. 10 plchs. en taille douce. Roy.-4. (4½ B.) Bonn 840, (Marcus.) *

—— Mémoires sur les communications des vaisseaux lymphatiques avec les veines, et sur les vaisseaux absorbans du placenta et du cordon ombilical. Av. 1 plche. lith. Roy.-4. (5 B.) Bonn 840, (Marcus.) *

— Naturgeschichte des Saugadersystems d. Wirbelthiere. 1s Hft. Fische. Mit 18 Kpft. gr. Fol. Heidelb. 827, Groos 8 Rthlr. Velin-Pap.

Fohmann, (Vinc.,) anatomische Untersuchungen üb. d. Verbindung d. Saugadern mit d. Venen. Mit e. Vorr. v. Fr. Tiedemann. 8. Heidelberg 821, Groos.

Fohmann, Wilh., Rechenbuch für höhere Lehranstalten, namentlich für Handelsschulen. 1. Thl. gr. 8. (VIII und 151 S.) Wiesbaden 862, Limbarth. *
Erscheint nicht weiter.

Föhn, der. Hrsg. u. Red.: Rich. Wilh. Polifka. Juni 1909—Mai 1910. 24 Hefte. 1. Heft. (à ca. 82 S. m. Abb. u. Taf.) gr. 8. Innsbruck (Heiliggeiststr. 4) Verlag „Der Föhn". 12. —

— dasselbe. Eine tirol. Halbmonatschrift f. Literatur, Kunst u. Leben. Hrsg.: Rud. Brix, Frz. Kranewitter, Rich. Wilh. Polifka. Red.: Rich. Wilh. Polifka. 2. Jahrg. Oktbr. 1910 —Septbr. 1911. 24 Hefte. (à ca. 24 S. m. 2 Taf.) Lex. 8. Ebd. 14. —

Föhn. Durch Kampf zum Sieg! ([Illustriertes Flugblatt zur kantonalen Abstimmung vom] 2. April, [gegen die Initiativbegehren].) Luzern, den 27. März 1905. 16 S. 8. (Luzern, Räber & Cie.)

Föhn. Durch Kampf zum Sieg! Luzern 1905. V: *Walther, Heinrich.* (BBullSchw 6, 1906)

Föhner, Jos., geographisches Taschenbuch. Nach den besten Quellen zusammengestellt. 8. (XV, 260 S. m. 3 Tab.) Olmütz 884. (Hölzel.) n. 2. —; geb. n. 2. 40

Föhner, Jos., Wegweiser f. die Aufnahmsprüfungen an Lehrer- u. Lehrerinnen-Bildungsanstalten. (III, 64 S.) 8. Olmütz 907. E. Hölzel. 1. —

Föhner, Wilh., die Ausgestaltung des großh. naturhistorischen Museums, s.: Sammlungen, die historischen u. naturhistorischen, in Mannheim als volkstümliche Museen.

Föhnstudien, Innsbrucker. II. 4. Wien. (A. Hölder.) n. 2. 80
Periodische Temperaturschwankungen bei Föhn u. ihr Zusammenhang m. stehenden Luftwellen. Von Alb. Defant. Mit 7 Textfig. (24 S.) 906.
Sonderabdruck aus: „Denkschr. d. k. Akad. d. Wiss."
1. s.: Ficker, Heinz v.

Föhnstudien, Innsbrucker. III u. IV. 32×24,5 cm. Wien, A. Hölder. 9. —
Ficker, H. v., weitere Beiträge zur Dynamik des Föhns. (61 S. m. 32 Fig.) 910. (IV) 6. 80
Trabert, Wilh., der physiologische Einfluss v. Föhn- u. föhnlosem Wetter. (24 S.) 907. (III) 2. 20
Sonderabdrucke aus „Denkschr. d. k. Akad. d. Wiss."

Fohr, Albert [app. Arzt aus Helena '(N.-Amerika)']: Beitrag zur Kenntnis des Pemphigus chronicus malignus ... Berlin, Druck v. E. Ebering, 1897; 67 S. 8.
Freiburg i. B., Med. Fak., Inaug.-Diss. v. 1897

Fohr, (K.,) Handzeichnungen, herausgeg. v. H. W. Eberhard. 16—36 Heft. qu. 4. Darmst. 826, Leske à 18 gr. 2 Rthlr. 6 gr. ill. à 1 Rthlr.

Föhr, Insel, s.: **Friesland**.

Nordseebad **Föhr**.
(1.) Wyck vom Norderdeich mit der Ziegelei.
(2.) Der Badestrand.
Farbige Lithogr. Hamburg. o. J. 2 Bl. Quer-Fol., 24/42 cm.

Nordseebad **Föhr**. Farbendruck v. Storch & Kramer. Berlin-Hamburg. o. J. (vor 1864). 1 Bl. Imp.-Fol., 59/68 cm.

Die **Grundsteuer** nach dem gemeinen Wert. Referat, erstattet auf d. Städtetage d. Prov. Sachsen u. d. Herzogt. Anhalt 1903. Von Dr. **Foehr**, Berg- u. Hüttendir. Mit e. Anh.: Tatsachen u. Antworten. *Berlin: J. Harrwitz Nachf. 1903.* (24 S.) 8° [3]
— **Streitfragen**, Soziale. II. 15. 04. 46

Foehr E, ein Rückblick auf 20jährige Tätigkeit des Vereins für Fremdenverkehr Stuttgart. (27 S) Stuttgart 1905

Föhr, C. Fr., die Phonolithe des Hegau's mit besond. Berücksicht. ihrer chemischen Constitution. gr. 8. (42 S.) Würzburg 883, Stahel'sche Universitäts-Buchh. *
Aus: Verhandlungen der physikalisch-medicinischen Gesellschaft in Würzburg, besonders abgedruckt.

Föhr, F., Basels Bürgerschaft, unter besond. Berücksicht. der Wirkungen der in diesem Jahrhundert erlassenen Bürgerrechtsgesetze dargestellt auf den 1. Jan. 1886 u. nach den zuverlässigsten Quellen bearb. gr. 4. (32 S.) Basel 886. (Schwabe.) n. 1. 50

Föhr (G. Fr.), Die Phonolithe des Hegaus mit besonderer Berücksichtigung ihrer chemischen Constitution. (Sep.-Abdr. aus d. Verhandl. d. phys.-med. Gesellschaft zu Würzburg. N. F. XVIII. Band.) Würzburg 1883. 8.

Föhr, Hermann [aus Marbach a./N.]: Ein Beitrag zur Rhinoplastik. . . . München, Buchdr. v. M. Ernst, 1889; 27 S. 8°
München, Med. Fak., Inaug.-Diss. v. 1889

FÖHR, Jean-Michel: Fasten-Verordnung für das Jahr 1870. 13. Februar 1870. Lux.: Peter Brück 1870. 2 S. 4°.

FÖHR, Jean-Michel: Mittheilung eines päpstlichen Indultes bezüglich der Gewinnung des Jubiläumsablasses gelegentlich des Vaticanischen Concils. 6. April 1870. Lux 1870. 2 S. fol. - Lithograph.

FÖHR, Jean-Michel: Schreiben an den Luxemburger Clerus behufs Anordnung von öffentlichen Gebeten um gedeihliche Witterung. 29. Juni 1854. Lux.: Schmit-Brück 1854. 1 S. in 4°.

Foehr, Johann Michael: De vini Mosellani vi medicatrice in morbo scorbutico observatio. Berolini 1835: Nietack. 32 S. Berlin, Med. Diss. v. 27.8.1835 -- 121*

Föhr, Jul. v., u. Ludw. **Mayer**, Hügelgräber auf der schwäbischen Alb. Untersucht u. beschrieben von J. v. F., bearb. v. L. M. Hrsg. im Auftrag d. k. Ministeriums d. Kirchen- u. Schulwesens v. der württemberg. Kommission f. Landesgeschichte. Lex.-8. (56 S. m. Textbildern u. 5 z. Thl. farb. Taf.) Stuttgart 892. W. Kohlhammer. n. 4. —

FOEHR, Karl

Polytechnikum, Das. Cöthener Akademische Blätter. Hrsg.: Dipl.-Ing. Prof. Dr. **Foehr**. Jg. 1. 1908/09. 2. 1909/10. Cöthen. 4°

Das Städtische Friedrichs-Polytechnikum. Festschrift z. Städtetag d. Provinz Sachsen u. d. Herzogtums Anhalt zu Cöthen vom 6. bis 11. Juni 1909. Von Prof. Dr. [Karl] **Foehr**, Dir. Cöthen 1909: Preuß. 36 S. 4° 09. 7655

Föhr, W., patriotisches Gedenkbuch in Prosa u. Poesie, s.: Ruthardt, C.

Föhrau, Ottomar, eine Sängerjugend. Dichtung. Nebst einem Anhange: Das Pantun. 8. (X u. 188 S.) Dresden 847, Adler u. Dietze in Comm. n. 5/6 ℳ

FOHRBACH, Herbert

s.a. Nastl, Cl.

Fohrbach, Herbert, Assi. Altlitauische Erzählg. 12. (56 S.) Tilsit 889. (W. Lohauß.) n. — 50

Fohrbach, Herbert (Cl. Nast), die Hexe. Arme Anna Feodorowna! 2 Dorfgeschichten. Ill. v. E. Klein. gr. 8. (94 S.) Stuttgart 898. C. Krabbe. n. 1. —; geb. n. 2. —

Fohrbrodt, Heinrich [pr. Arzt aus Stralsund]: Aus d. patholog.-anatom. Institut zu Greifswald. Historischer Beitrag zur Entzündungslehre ... Greifswald, Druck v. J. Abel, 1892; 50 S. 8.
Greifswald, Med. Fak., Inaug.-Diss. v. 4. Nov. 1892

Fohrbrodt, Otto: Klinische Untersuchungen über die Pepsin-Abscheidung unter normalen und pathologischen Verhältnissen. *Rostock 1898: C. Boldt.* (52 S.) 8°
Rostock, Med. Diss. v. [16. Juni] 1898

Ostsee: Deutsche Küste. Flensburger **Föhrde**. Hrgg. vom Reichs-Marineamt. 1 : 50 000. Berlin. 1910. 1 Bl. Groß-Fol. 66/109 cm. Kupferst. mit Farbenaufdruck.

Föhre, C., Die Isogonen in Asien. (Aus dem Archiv der D. Seew. 1888. No. 3.) Hamburg 1888. (13516)

Föhre, S. C. Die Beschleunigung der Tangential-Bewegung von Planet zu Planet ist eine Summirung der Schwerkraft. Halle 1887.

Föhre, S. C., die Bewegungen im Sonnenraum, insbesondere die Ursache u. das Gesetz d. Achsendrehung der Erde, der Planeten u. Monde. Ein Beitrag zum Beweise der Einheit der Kraft. Mit 1 lith. Taf. gr. 8. (128 S.) Dresden 882. Tittmann. n. 3. —

Föhre, S. C. Über den Zusammenhang der allotropischen und katalytischen Erscheinungen mit dem elektrischen Strome. Halle 1886.

Föhrenbach, Otto: Der badische Bergbau in seiner wirtschaftlichen Bedeutung vom Ausgang des Mittelalters bis zur Gegenwart. Zell im Wiesental 1910: Bauer. 63 S. 8° ¶ (Rest ersch. in e. Zeitschr.)
Freiburg i. B., Rechts- u. staatsw. Diss. v. 1910, Ref. Diehl
[Geb. 11. Juni 80 Stauten; Wohnort: Freiburg i. B.; Staatsangeh.: Baden; Vorbildung: Realgymn. Ettenheim Reife M. 05; Studium: Freiburg i. B. 6, Heidelberg 2 S.; Rig. 26. Juli 09.] [U 10. 932

Föhrenbach, O., der badische Bergbau in seiner wirtschaftlichen Bedeutung vom Ausgang des Mittelalters bis zur Gegenwart. (64 S.) gr. 8. Freiburg i/B. 910. G. Ragoczy. 1.20

Föhrenbach, W. A., das Selkethal im Harz nebst Umgebung. In 6 Gesängen geschildert. gr. 16. (56 S.) Bernburg 889. Mehrhardt. n. —50

Föhrenbach, Willy [aus Cannstatt]: Über Condensationen von Aminen, Phenolen und Alkoholen mit Dinitrometadichlorbenzol. Basel 1899. 31 S. 8°.
Basel. Phil. Diss. 1898/99.

Föhrenberg, s. Wiener Ausflugskarten.

Föhring, H., die keramische Abtheilung des Hamburgischen Museums für Kunst u. Gewerbe. [Aus: „Hamburger Correspondent".] gr. 16. (23 S.) Hamburg 878. Hoffmann & Campe Sort. —30

Föhring, H., Asyle für Obdachlose. 8°. Hamburg 1882.

— Ein Blick auf das Fürsorgewesen für entlassene Strafgefangene mit besond. Berücksichtig. Dtschlds. Oldenb. 880. Nicht im Handel. selten.

Föhring, H., die Reform u. der heutige Stand d. Gefängnißwesens in Hamburg. gr. 8. (150 S.) Hamburg 883. Hoffmann & Campe Verl. n. 2. —

Föhring, H., s. Vereinsheft. Norddeutscher Verein für Gefängnißwesen.

Fohringer Karl: Die Fahne unseres Gymnasiums in ihrer Geschichte und ihrer Weihe. 6. St. Pölten 03.
Progr.

Fohringer, Carl, s. a. Wirken, das sociale, der kathol. Kirche in Österreich. 7. Bd.

Das Sociale Wirken der katholischen Kirche in der Diöcese St. Pölten ⟨Erzherzogthum Österreich u. d. E.⟩ von Carl Fohringer, Religionsprof. in St. Pölten. *Wien: Mayer & Co in Comm. 1900.* (XV, 421 S.) 8° [F.]
— Wirken, Das Sociale, d. kathol. Kirche in Österreich. Bd 7. [ca. 6362

Föhringer: Nachtrag zu dem Aufsatze von Johann Karl Schuller: „Georg Reicherstorffer und seine Zeit." Nr. 22. 407 . . . . rgr.
Separatabdruck

Föhrl, Christian Friedrich (Bautzen), De judiciis heroicis. Von Ehren=Tafeln. Diss. jur. gentium et Lusatici. Präs. Burcard Gotthelff Struve. 9. IV. 1721. Wittbg. (Hake) 1739. 43 S. (5.—) 9128

Föhrl, Chr. Glo., († d. 16. Juli 1811.) Abriß einer gereinigten Sittenlehre. 8. o. O. 792. 4 ℋ

— s. Einrichtung d. Kirchenbücher.

Föhrl, Chr. Gli.: Uebersetz. d. vorzüglichsten Gesetze aus d. XII. Tabulis in deutschen Versen. *Lpz.* 774.

Foehse, Ludw., Abenteuer in den deutschen Kolonien Ostafrikas. Der Jugend erzählt. 12. (79 S. m. 3 Buntbildern.) Berlin 891. H. Liebau. Kart. —60

— der Adler der Berge, s.: Volksbücher, Münchener.

Die 'Alabama'. Seeräuber-Erzählung von Ludwig Foehse. *Styrum & Leipzig: A. Spaarmann [1899?].* (32 S.) 8° [F.]
— Jugend-Bibliothek, Kleine. No 130. [ca. 4562

— die feindlichen Ansiedler, s.: Volks-Erzählungen, kleine.

Foehse, Ludw., d. Ansiedler am Rufidschi. Erzählgn. aus Deutsch-Ostafrika. gr. 4. (II, 333 S. m. 8 farb. Taf.) Elberfeld (895). S. Lucas. Kart. 3.—

— Ben-Said, der Schrecken des Nyanza-Sees, } s.: Volksbücher, Münchener.
— Buffalo-Bill im Urwalde, } s.: Volksbücher, Münchener.

Der Delawaren-Häuptling. Eine Erzählung von Ludwig Foehse. *Styrum & Leipzig: A. Spaarmann [1899?].* (32 S.) 8° [F.]
— Jugend-Bibliothek, Kleine. No 139. [ca. 4570

Foehse, Ludw., durch Nacht zum Licht. Erzählungen f. die Jugend. I. Käthchens Schicksale. II. Die ungleichen Geschwister. Mit 4 feinen Farbendr.-Bildern nach Aquarellen v. Wilh. Claudius. 21.—31. Tausend. Neue Ausg. (128 S.) 8. Wesel (905). W. Düms. Geb. —60

— der Einsiedler v. Kisiwani, } s.: Volks-Erzählungen, kleine.
— die Faktorei im Makonda-Lande, } s.: Volks-Erzählungen, kleine.

— die verlassene Farm, s.: Jugend-Bibliothek, kleine

— Farvo, der Rächer, s.: Volksbücher, Münchener.

— um Freiheit u. Leben, s.: Jugend-Bibliothek, kleine.

Der Gefangene der Bleichgesichter. Eine amerikan. Erzählung von Ludwig Foehse. *Styrum & Leipzig: A. Spaarmann [1899?].* (32 S.) 8° [F.]
— Jugend-Bibliothek, Kleine. No 129. [ca. 4561

— der Gefangene der Sioux, s.: Volksbücher, Münchener.

Das Geheimnis der weissen Berge. Eine Indianer-Erzählung von Ludwig Foehse. *Styrum & Leipzig: A. Spaarmann [1899?].* (32 S.) 8° [F.]
— Jugend-Bibliothek, Kleine. No 141. [ca. 4572

— das Geheimniß des Kilimandscharo, s.: Jugend-Bibliothek, kleine.

— die Geheimnisse der verfallenen Mühle am Minnesota-River, s.: Volksbücher, Münchener.

— das Geisterschiff, s.: Jugend-Bibliothek, kleine.

Die Grenzjäger. Amerikan. Erzählung von Ludwig Foehse. *Styrum & Leipzig: A. Spaarmann [1899?].* (32 S.) 8° [F.]
— Jugend-Bibliothek, Kleine. No 142. [ca. 4573

— der bayerische Hiesel, s.: Volksbücher, Münchener.

— in der Hütte d. Einsiedlers. Der schwarze Prinz. 2 Erzählgn. f. reif. Knaben u. Mädchen. gr. 8. (263 S. m. 5 Abb.) Berlin 898. A. Weichert. Geb. in Leinw. 3.50

— der springende Jaguar, } s.: Jugend-Bibliothek, kleine.
— der Indianeraufstand, } s.: Jugend-Bibliothek, kleine.

— die Indianerburg, s.: Volksbücher, Münchener.

Foehse, Ludwig: Die Indianerprinzessin, s. Jugendbibliothek, Kleine.

Foehse, Ludwig: Der Indianerturm, s. Jugendbibliothek, Kleine.

Foehse, Ludwig: Der Inselkönig, s.a. Jugendbibliothek, Kleine.

— der Inselkönig. Eine deutsch-ostafrikan. Erzählg. v. Viktoria-Nyansa-See. 8. (120 S. m. 4 Farbendr.) Stuttgart 895. Reutlingen, R. Bardtenschlager. Geb. 2. —

Foehse, Ludw., der Inselkönig. Eine deutsch-ostafrikan. Erzählg. vom Viktoria-Nyansa-See. 8. (120 S. m. 4 Farbdr.) Reutlingen (901). R. Bardtenschlager. Geb. 2. 50

Foehse, Ludwig: I t u r i , der afrikanische Zwergkönig, s. J u g e n d b i b l i o t h e k , Kleine.

— s.: Jugend-Bibliothek, kleine.

Foehse, Ludwig: Der K a m p f am Baringo-See, s. J u g e n d b i b l i o t h e k , Kleine.

Der Kampf am Nordpol. Wilde Scenen aus nordischen Zonen. Von Ludwig Foehse. *Styrum & Leipzig: A. Spaarmann [1899?].* (32 S.) 8° [F.]
= Jugend-Bibliothek, Kleine. No 126. [os. 4558

— der weiße Kampfgenosse, s.: Volksbücher, Münchener.

Foehse, Ludwig: König K i t a f u . - Der K ö n i g der Geächteten, s. J u g e n d b i b l i o t h e k , Kleine.

Der Korsar. Eine amerikan. Erzählung von Ludwig Foehse. *Styrum & Leipzig: A. Spaarmann [1899?].* (32 S.) 8° [F.]
— Jugend-Bibliothek, Kleine. No 144. [os. 4575

— in fernen Landen. D. Jugend erzählt. gr. 4. (II, 326 S. m. 8 farb. Bild.) Elberfeld 898. S. Lucas. Geb. 3.—

Foehse, Ludwig: L e b e n d i g begraben. - L o c k s l e y , der Führer der Freischützen im Sheriffswald, s. J u g e n d b i b l i o t h e k , Kleine.

— Mango, der Seekönig, s.: Volks-Erzählungen, kleine.

— Manibur, die Bärentatze, der letzte Mandanhäuptling, s.: Volksbücher, Münchener.

Foehse, Ludw., Minnehaha, die Blume der Prairie, s. a. Volks-Erzählungen, kleine.

Minnehaha, die Blume der Prairie. Eine Indianer-Erzählung von Ludwig Foehse. Mülheim a. d. Ruhr: J. Bagel [1902]. (64 S.) 8° [F.] [os. 4641

— Muanga, der Zauberer,
— vom Müllerssohn zum Kaiser,
— der treue Narr,
— der springende Panther,
} s.: Volksbücher, Münchener.

— die Piraten von Pangani, s.: Jugend-Bibliothek, kleine.

— die Rächer der Nacht,
— die Räuber des Bakonierwaldes,
— die Räuberschenke im Walde,
} s.: Volksbücher, Münchener.

— die Reise nach dem Mars, s.: Jugend-Bibliothek, kleine.

Der Retter der Faktorei. Eine ostafrikan. Erzählung von Ludwig Foehse. *Styrum & Leipzig: A. Spaarmann [1899?].* (32 S.) 8° [F.]
— Jugend-Bibliothek, Kleine. No 143. [os. 4574

— der schwarze Ritter, s.: Volksbücher, Münchener.

Foehse, Ludwig: Der S c h a t z des Häuptlings. - Die S c h a t z k a m m e r n der Inkas, s. J u g e n d b i b l i o t h e k , Kleine.

— Käthchens Schicksale. Die ungleichen Geschwister. Erzählungen f. die Jugend. Mit 5 feinen Farbendr.-Bildern nach Aquarellen v. Wilh. Claudius. 12. (128 S.) Wesel 893. W. Düms. Kart. — 75

Foehse, Ludw., Käthchens Schicksale. — Die ungleichen Geschwister. Erzählungen f. die Jugend. Mit 5 feinen Farbendruck-Bildern nach Aquarellen v. Wilh. Claudius. 19.—20. Taus. 12. (128 S.) Wesel (900). W. Düms. Geb. — 75

— u. Auguste Weber, Schicksalswalten. 2 Erzählungen f. junge Mädchen. Mit 2 Aquarellen. 8. (128 S.) Berlin 894. A. Weichert. Geb. in Leinw. 2. 25

— Auguste Weber u. Anna Brentano-Banck, Schicksalswalten. 3 Erzählgn. f. junge Mädchen. gr. 8. (159 S. m. 2 Farbendr.-Bild.) Berlin 896. A. Weichert. Geb. in Halbleinw. 2. —; in Leinw. 2. 20

Foehse, Ludwig: Die "rote S c h l a n g e ", - Die S c h m u g g l e r , s. J u g e n d - b i b l i o t h e k , Kleine.

Der Schoschonenhäuptling. Eine Erzählung von Ludwig Foehse. *Styrum & Leipzig: A. Spaarmann [1899?].* (31 S.) 8° [F.]
= Jugend-Bibliothek, Kleine. No 128. [os. 4560

Am roten See. Eine Indianer-Erzählung von Ludwig Foehse. *Styrum & Leipzig: A. Spaarmann [1899?].* (32 S.) 8° [F.]
= Jugend-Bibliothek, Kleine. No 127. [os. 4559

Foehse, Ludwig: Der unterirdische S e e , s. J u g e n d b i b l i o t h e k , Kleine.

— der Seekönig, s.: Volksbücher, Münchener.

— die Seeräuber auf Mafia u. Fundikira. Zwei Erzählgn. aus Ostafrika. 12. (64 S. m. 8 Buntbildern. Berlin 891. H. Liebau. Kart. — 60

— der Sieg der Wahehes in Deutsch-Ostafrika, s.: Jugend-Bibliothek, kleine.

Der Siegfried der Prärie. Eine Indianer-Erzählung von Ludwig Foehse. *Styrum & Leipzig: A. Spaarmann [1899?].* (32 S.) 8° [F.]
— Jugend-Bibliothek, Kleine. No 140. [os. 4571

— der letzte Sitting Bull, s.: Volksbücher, Münchener.

— die Sklavenhändler v. Saadani, s.: Volks-Erzählungen, kleine.

— die Sklavenjäger,
— der Sohn der Freiheit,
} s.: Jugend-Bibliothek, kleine.

— der Spuk auf dem Schiffe,
— Claus Störtebecker,
} s.: Volksbücher, Münchener.

— die Strandräuber, s.: Jugend-Bibliothek, kleine.

Foehse, Ludwig: Im T h a l des Todes. - Eine rettende T h a t , s. J u g e n d b i b l i o t h e k , Kleine.

— die Teufels-Plantage, s.: Volksbücher, Münchener.

Foehse, Ludwig: Die T o t e n p o s t . - Die T o t e n v ö g e l von Kilwa. - Der Ü b e r f a l l des Fort Hunton, s. J u g e n d b i b l i o t h e k , Kleine.

Uncas, der Mohikaner. Indianer-Erzählung von Ludwig Föhre [vielm. Föhse]. *Styrum & Leipzig: A. Spaarmann [1899?].* (32 S.) 8° [F.]
— Jugend-Bibliothek, Kleine. No 125. [... 6557

— unter Wilde verschlagen. Erzählg. aus Deutschafrika. F. d. Jugend. M. 5 Farbdr.-Bild. v. W. Zweigle. 8. (VII, 101 S.) Stuttgart 896. F. Loewe.
Geb. in Leinw. n. 2. —

— unter Wilde verschlagen. Erzählung aus Deutschafrika. Für die Jugend. Mit 3 Farbdr.-Bildern v. W. Zweigle. 2. u. 3. Aufl. 8. (à VII, 101 S.) Stuttgart (900. 901). Loewe. Geb. 1. 50

— das Urwald-Gespenst, s.: Volksbücher, Münchener.

Foehse, Ludwig: Der Verrat im Königshause der Inkas, s. Jugendbibliothek, Kleine.

— s.: Volksbücher, Münchener.

— s.: Volks-Erzählungen, kleine.

Foehse, Ludwig: Der Wagogo-Häuptling. - Der Waldkönig, s. Jugendbibliothek, Kleine.

— unter Wilden u. Seeräubern. Erzählungen aus den ostafrikan. Kolonien Deutschlands. gr. 8. (144 S. m. 5 Buntbildern.) Berlin 891. H. Liebau. Kart. 2. —

— die Zerstörung v. Bagamoyo, s.: Jugend-Bibliothek, kleine.

Folchtinger, J., Beiträge z. Geschichte waidmänn. Aberglaubens,
— die Fuchsjagd,
— die Geschichte der Falkenjagd,
— Geschichte der Jagdschlösser u. Jagdfeste,
— zur Jagdgeographie,
— jagdhistorische Rückblicke,
s.: Bibliothek für Jäger u. Jagdfreunde.

Foico, Francesco. Suplica umilissima del dottor F' F', all' eccelso clementissimo suo principe = Unterthänigste Bittschrift des Doktor F' F', an seinen Erlauchten gnädigsten Landesfürsten. fol. *s. l.* 1776.

Foillet, Jaques, das Musterbuch. 1598. 4. (87 Bl. in Fksm.-Druck m. 1 Bl. Text.) Berlin 891. E. Wasmuth. In Leinw. kart. n. 25. —

Foilloux, Jac. de, Jägerbuch: übers. Fol. Danz. Knoch. 726.

Foissac, Traité théorique-pratique de la guerre des retranchemens etc. II Vol. av. planch. 8. Strasb. Levrault. 791.

Foissac, P., über den Einfluß des Klima auf den Menschen. Aus d. Franz. übersetzt von Aug. Westrumb. gr. 8. Göttingen 840. Vandenhoeck u. Ruprecht. 1 ℳ

Foissac, P., Meteorologie mit Rücksicht auf die Lehre vom Kosmos und in ihren Beziehungen zur Medicin und allgemeinen Gesundheitslehre. Ein von dem Institute zu Paris gekröntes Werk. Mit Zustimmung des Verf. deutsch bearb. u. mit Anmerkungen versehen von A. H. Emsmann. Leipzig 859. O. Wigand. gr. 8. (VIII, 656 S.) n. 3 ℳ 10 ₰

Foix, s. Saint-Foix.

Foix, Der Herzog von; nach dem Französischen des Voltaire. München 1774. V: *Courtin, Frdr. Aug. von.* (Ky) (MGT)

Foix, Franziska de, Gräfin von Chateaubriand, eine Erzählung aus dem Franz. der Fräulein von Ussieux, 8. Leipzig, 777. Müllers. 4 ggl.

Foix, Franziska v., eine heroisch-kom. Oper in 3 Aufz. v. J. C. Castelli. 8. Wien, Wallishauser. 812.

FOIX, St. de

— Einleit. in d. Gesch. d. St. Paris, a. d. Frz. 2 Thle. 8. Ebend. 757.

Foix, de St., Geschichte d. St. Paris. 5 Thle. 8. Kop. Mumme. 757—68.

* Foix, de St., Geschichte d. Stadt Paris. 5 Thle. 8. Bresl. Meyer. 796.

— l'histoire de l'ordre du St. Esprit. 12. Bouillon. (Pott et C. à Lausanne.) 775.

* — theatral. Werke, aus d. Franz. 4 Thle. 8. Leipz. Fritsch. 750—68. (à 1 Rthlr.)

* — — dieselben. franz. II Vol. 12. Leipz. Jacobäer. 763.

Foizik, Artur: Ueber das Atomgewicht des Tellurs. (Berlin 1909: Ebering.) 47 S. 8°
Berlin, Phil. Diss. v. 15. Dez. 1909, Ref. Nernst
[Geb. 9. Febr. 86 Kaltwasser, Schlesien; Wohnort: Berlin; Staatsangeh.: Preußen; Vorbildung: Luisen-Gymn. Berlin Reife O. 05; Studium: Berlin 9 S.; Rig. 18. Nov. 09.] [U 10. 151

Foke, s. Focke.

Fokke, Arnold Alcibiades und die sicilische Expedition. 27 S. G. *Emden* 1879.
Vgl. dess. Rettungen des Alkibiades. 2 Teile. (IV 87, IV 112 SS.) 8. Emden 1883—86, Haynel. 3 Mk. 75 Pf.
Progr.

Fokke, A., Alcibiades u. die sicilische Expedition. gr. 4. (27 S.) Emden 879. (Haynel.) 1. 50

Fokke, Arnold [Oberl.]: Über Hans Herrig. Wilhelmshaven, Druck v. Th. Süss, 1891; 1 Bl., 40 S. 8°.
Wilhelmshaven, k. G, OP 1891 (812)

Fokke, Arnold, üb. Hans Herrig. 8. (40 S.) Wilhelmshaven 891. (Emden, Haynel.) n. — 75

Fokke, A., Rettungen d. Alkibiades. 1. u. 2. Tl. gr. 8. Emden, Haynel. n. 3. 75
1. Die sicilische Expedition. (IV, 87 S.) 883. n. 1. 75
2. Der Aufenthalt des Alkibiades in Sparta. (IV, 112 S.) 886. n. 2. —

Fokke, Arnold, Volldampf voraus! Eine zeitgemäße Betrachtg. zur Flottenvorlage. gr. 8. (35 S.) Düsseldorf (900). A. Bagel. n. — 50

— die Waffen hoch! Ein geharnischtes Mahnwort an das deutsche Volk. gr. 8. (74 S.) Braunschweig 899. (A. Limbach.) n. — 75

Fokken, neun Dschagga-Märchen, s.: Gutmann.

FOKKER, Abraham Pieter

Fokker, A. P. Die Grundlagen der Bakteriologie. Rede, geh. beim Niederlegen des Rectorats der Universität Groningen. gr. 8. (19 S.) Lpz. 889, F. C. W. Vogel. * — 80

Fokker, A. P., Untersuchungen über Heterogenese. 1.—3. Heft. gr. 8. Groningen, Noordhoff. *
Inhalt:
Heft 1. Protoplasmawirkungen. (IV, S. 1—54.) 887. * ℳ 1.—.
» 2. Die Haematocyten. (S. 55—87 mit 1 Taf.) 887. * ℳ 1.—.
» 3. (S. 89—155 mit 4 Taf.) 888. * ℳ 3.—.

Fokker, A. P., Untersuchungen üb. Heterogenese. IV. Die Granula der Milch. gr. 8. (102 S. m. 3 Taf.) Groningen 901. P. Noordhoff. n.n. 4. —
I—III, Ebd. 887, 888, n. 5. —.

Fokker, A. P., Versuch e. neuen Bakterienlehre. (Untersuchungen aus dem hygien. Institut in Groningen.) (51 S. m. 2 Taf.) gr. 8. 's Gravenhage (Westeinde 135), 902. Ned. Boek- en Steendrukkerij. n. 2. 50

Fokt, s. Fockt.

Musée Fol — Etudes d'art et d'archéologie sur l'antiquité et la renaissance, publié aux frais de la ville de Genève. Deuxième année. Choix d'intailles et de cannes antiques, gemmes et pates, décrits par W. Fol. Tome I. accompagné de 31 planches comprenant 369 sujets. Pages 1 à 168 et pl. 1 à 31 gravée in-folio. Bâle et Genève, H. Georg. 1875 25. —

Fol, Herm., ein Beitrag zur Anatomie und Entwicklungsgeschichte einiger Rippenquallen. Inaugural-Dissertation. gr. 4. (III, 18 S. mit 4 Stnt.) Berlin 869, (Friedländer und Sohn.) *

—— dass. — gr. 8. (III, 18 S. mit 4 Stnt.) Berlin 869, (Oliven.) *

Fol, Herm., Etudes sur les appendientaires du détroit de Messine, accompagnées de 11 planches gravées et de vignettes. 55 pp. in-4. Genève et Bâle, H. Georg. Avec les planches noires 12. —
— — Avec les planches coloriées 15. —

Fol, Herm., Lehrbuch der vergleichenden mikroskopischen Anatomie m. Einschluss der vergleichenden Histologie u. Histogenie. 1. Lfg.: Die mikroskopisch-anatom. Technik. gr. 8. (208 S.) Leipzig 884. Engelmann. n. 5. —

Fol, Herm., Lehrbuch d. vergleich. mikroskop. Anatomie m. Einschl. d. vergleich. Histologie u. Histogenie. 2. (Schluss-)Lfg.: Die Zelle. M. e. ausführl. Register zu beiden Lfgn. gr. 8. (VII u. S. 209—452 m. 136 z. Tl. farb. Holzschn.) Leipzig 896. W. Engelmann. n. 9. — (kplt.: n. 14. —; geb. n.n. 16. —)

Fol, Herm., recherches sur la fécondation et le commencement de l'hénogénie chez divers animaux. Avec 10 planches gravées et des vignettes dans le texte. gr. 4. (308 S.) Basel 879. Georg. n.n. 20. —

Fol, W., s.: Musée Fol, le.

FOLARD, Chevalier de

— Geschichte des Polyb, mit Auslegungen und Anmerkungen; worinnen derselbe die Kriegskunst nach allen ihren Theilen, nebst einer Abhandlung von dem Angriffe der Plätze der Alten deutlich und gründlich abgehandelt, und in vielen Kupferstichen vorgestellet hat. Vermehret mit den vortrefflichen Kriegsgedanken des Herrn von Guichard. Aus dem Französischen. (6 Bde.) 8. Wien, Prag und Triest 1759—1760.

Kern aus den Erklärungen über die Geschichte des Polybius. Von hoher Hand. A. d. Franz. o. O. 1760. 268 S.

Folchert, Albert Über Kants Kategorienlehre. 6 S. *Guhrau* 1876. Progr.

Foelckersahm, Hamilcar Baron, Duell u. Ehrengericht. 8. (38 S.) Leipzig 893. C. G. Naumann. n. — 80

Foelckersahmb's, Melch. v., Relation üb. seine Sendung nach Stockholm im Sommer 1655. Im Auftrage der kurländ. Gesellschaft f. Literatur u. Kunst hrsg. v. H. Diederichs. (V, 34 S.) Lex. 8. Mitau 906. (J. Besthorn). 3. 50

Folden, M., geglückte Kur, s.: Eckstein's humoristische Bibliothek.

Földes, Béla, Beiträge zur Einkommenslehre. 1. Allgemeine Lehren vom Einkommen u. seiner Verteilg. 2. Der Arbeitslohn. Aus der „Socialökonomie" des Verf. (84 S.) gr. 8. Berlin 906. Puttkammer & Mühlbrecht. 2. —
Sonderabdruck aus „Ztschr. f. ung. öffentl. u. Privatrecht".

Földes [Weisz], Béla, Cautelen bei Anwendung der statistischen Methode. [Aus: „Statist. Monatsschr."] gr. 8. (22 S.) Wien 881. Hölder. n. 1. —

Földirás Alapvonalai, Mértani —. Magányosok és tanodák használatára. A' legjobb források után öszveszedte és magyaritva kiadta P. G. 12. (X, et 124 pag.) Pesten, Trattner-Karolyi nyomtatása és tulajdona. 1833. Grundzüge der geometrischen Erdbeschreibung, zum Gebrauche für Privaten und Schüler. Nach den besten Quellen zusammengesetzt und ungarisch herausgegeben von P. G.)

Földtani Közlöny. (Geologische Mittheilungen.) Zeitschrift der ungarischen geologischen Gesellschaft. Zugleich amtliches Organ der k. ungarischen geolog. Anstalt. Redigirt von Dr. Moriz Staub und Dr. Thomas Szontagh. 1889. 6 Hefte. Gr.-8. (240 S. mit 1 Tafel) 5.—

Foldváry, Kálmán, Magyarország gyümölcsészete szines rajzokban Dienys monographia hasánt alsórangu dienyészémek kozrem[illegible]ével. I-[illegible]-füjet (Koloman Földváry, Ungarns Obstsorten in color[illegible] Zeichnungen). 1 Heft 4. 20 S. Gebrüder Lauffer in Pest [illegible] kr.

Folengo, Teofilo, Moscaea od. Mückenkrieg. Ein kom. Heldengedicht in macaronisch-lat. Versen. M. Worterklärungen u. Anmerk. hrsg. v. F. W. Genthe. gr. 8. (4 B.) Eisleben 816, Kuhnt. *

Foley, Nouvelles choisies, s.: Cladel.

Foley, Charles, Mama. Eine Künstlerseele. Auswanderer. Ein Leben im Schatten, s.: Kürschner's, Jos., Bücherschatz.

Foley, Charles, Tragödien hinter den Kulissen, s.: Deva-Roman-Sammlung 58. Bd.

— ihr Trick u. andere Humoresken. 8. (70 S.) Berlin (902). C. Messer & Co. — 50

Ihr Trick. Von Charles Foley, u. andere Humoresken. *Berlin: C. Messer & Cie [1902].* (70 S.) 8°
(Sammlung ausgewählter Humoresken.) [illegible]

Folge der aus dem Hause Zollern entsprossenen Burgrafen zu Nürnberg, dann Kurfürsten u. Markgrafen zu Brandenburg, bis auf unsere Zeiten, (v. K. M. W. Petermann). 8. Bayr. 758. 2e Aufl., s. Petermann.

Folge von sächsischen Hoftrachten des 18. Jahrhunderts o. O. u. J. [um Mitte 19. Jh.] 9 Bl. Aquarelle. 4°.
Einzelfiguren aus dem Gemälde von Joh. Christian Mock: Lustlager in Czernlakow 1732 und Einzug Auguste III. in Warschau 1734 im Dresdener Schloss (1944 zerstört).

Folge, kleine, von Briefen zwischen Dr. Karl Schildener u. Dr. Thdr. Schwarz. Herausgeg. von e. beiderseitigen Freunde. gr. 8. Hamburg u. Gotha 844, Fr. u. A. Perthes. 1/2 ₰

Folge mir nach, oder das verlorne u. wiedergefundene Kreuzchen. Ein Weinachtsgeschenk für kleine Mädchen. gr. 12. Augsburg 835. (Math. Riegers Buchh.: Himmer) 1/8 ℛ
— 2e Aufl. gr. 12. Ebd. 838. Veit u. Riegers Buchh. 1/8 ℛ

— mir nach! Ein Gebetbüchlein, zunächst für christkathol. Jünglinge und Jungfrauen. Herausgeg. von einem kathol. Geistlichen. kl. 16. (Mit color. Titelblatt.) Rorschach 845, Metzger u. K. geb. 1/4 ℛ

Folge mir nach! Ein Gebet- u. Betrachtungsbuch enth. den vollständ. Text der Nachfolge Christi von Thomas a Kempis mit Betrachtungen u. einer Beigabe von Gebeten f. die Vormittags- u. Nachmittags-Andacht. Aus d. Franz. d. 3. Aufl. des Abbé Herbet, übers. v. Max v. Sauer u. m. e. Vorwort begleitet v. Jos. Frz. Allioli. Mit 32 Kpfrn. 2 Thle. gr. 12. (XXXIV u. 1528 S.) Landshut 848, Rietsch. 3 ℛ

— mir nach! Ein Gebet- u. Unterrichtsbüchlein im Geiste u. aus den Schriften des gottsel. Thomas v. Kempen. Für fromme Christen, welche ihrem Herrn u. Meister Jesus Christus auch in den Himmel folgen wollen. 32. (144 S. m. 1 Holzschn.) Münster 851, Deiters. n. 4 ngl

— mir nach! od. das verlorene u. wiedergefundene Kreuzchen. Eine Erzählung f. Kinder. Mit 1 Titelkpfr. 3. Aufl. gr. 16. (26 S.) Augsburg 848, Lampart & Co. 2 ngl — 4. Aufl. 12. (26 S.) Ebd. 851. (Leipzig, Hübner.) n. 1 ngl

Folge mir nach! Ein bibl. Bilderbuch. 12. (12 S. m. 4 farb. Bildern.) Lahr (893). E. Kaufmann. — 80

— d. Richteinigung. Bruchstück d. Zeitalters. gr. 8. Leipz. 797. Hinrichs. 4 gl

Folge, unglückliche, eines Fehlers aus Uebertreibung. 2 Thle. 8. Leipz. 778. Hilscher. 16 gl

[Folge preussischer Uniformen.] [Um 1750.]
20 Bl. Aquarelle. 8°.
Unvollständig.
Mangelhafte Kopien nach einem unbekannten Original

[Folge von Schweizer Volkstrachten.] o. O. u. J. [um 1830].
13 Bl. in kol. Lithogr. 4°.

[Folge von Schweizer Volkstrachten.] o. O. u. J. [um 1830].
18 Bl. in Lithogr. 8°.

[Folge von russischen und polnischen Volkstypen.] Hannover-Waldhausen [um 1910].
10 farb. Taf. 8°.

4775. **Folge, Welche,** dürfte die Fehde haben, die der Erzbischof von Köln veranlaßte. Reutl. 1838. V: *Fetzer, Joh. Jac.* (Kat. d. ständ. Bibl. Stuttg. 1908. S. 82.) S. a. II, 3549.

Folgen des Abends im Schauspielhause zu Altona. Hamburg 1825. 8°. (10 Mk. 50 Pfg. der Vorige, 1907.)
Beides von grosser Seltenheit!

Folgen, Die, der Aufhebung des Impfzwangs in der Schweiz. Brief an Staatsminister von Pischek in Stuttgart. Stuttg. 1895. V: *Vogt, Adolph.* (Kat. d. ständ. Bibl. Stuttg. 1904 S. 611.)

Folgen (Bedenkliche) der Tabak-Fabrikatsteuer. gr. 8°. Bremen 1893.

Folgen, Die, oder Begebenheiten in dem Schlosse Raxall ... a. d. Engl. ... Coburg u. Leipz. 1799. V: *Schuler, C. von.* (Ky) (MGT)

Folgen der directen Besteuerung Mecklenburgs für seinen Handel, in besonderer Rücksicht auf den Handel der Seestädte. 8°. Hamburg 1817.

Anonym: „Betrübte Folgen, welche der beliebte Neue Müntz-Fuss für das ganze gemeine Wesen, besonders das zu Frankfurt und die dasige Kaufmannschaft, nach sich zieht", Frankfurt a. M. 1765 (Brönner). — Vorh.: Com. Bibl. Hamburg und StB Nürnberg.

III Folgen von Briefen über die Briefe von der Maurer-Revoluzion [!] in Wien. Folge 1. 1786.
Recens: °Wiener Real-Ztg vom 14. März 1786. cf. FZ. (Wien) 4 (1877) S. 156—157 (G. Brabbée).
Nicht mehr erschienen.
[L. 26 (1868) S. 54.]

— d. bösen, der bürgerl. Kriege. 8. Kempten, Dannheimer. 790.

[illegible], die, eines Duells, oder: Die Reise nach dem Mor[illegible]lande. Eine Erzählung für die reifere christliche Jugend. [illegible]raubing 859. Schorner. 8. (140 S.) 7½ ngr

— — übereilter Ehen oder Geschichte des Schauspielers H—. mit der Gräfin v. P—. Von ihm selbst mit treuer Wahrheit geschrieben und durch Briefe u. Aktenstücke begründet. Als Fortsetzung der merkwürdigsten Lebens-Epoche. Lübeck, Fr. Bohn, 1806. 8°. XVI—408 S.

FOLGEN der Ehen, wie sie unter dem Monde geschlossen werden. (Zahmer Roman.) Bresslau u. Hirschberg, Korn, 1790. 8°. (In Hannover, Stadtbibl.)
Tit. m. Vign. u. 180 SS.

Folgen, die, der Eifersucht. Originaltrauersp. v. Presser. 8. Bresl. Korn d. ält. 786.

Folgen der Eifersucht; eine antike Novelle von D. C. Schmieder. 8. Leipz. Baner. 811.

— die, der Erziehung, od. Begebenheiten einig. Familien auf d. Lande. 8. Lpz. Sommer. 789.

FOLGEN unrichtiger und verwahrloßter Erziehung. Ein Lesebuch für Jünglinge und Mädchen von reiferem Alter. Mit 8 Kupf. u. 1 Titelvign. München, J. B. Strobel, 1794. 8°. 2+330+2 S. (60 Kr., tadellos Expl. dieser Seltenheit, Gilhofer & Ranschburg, 1908.)
— — Dasselbe. Mit Kpfrn. 2. Auflage. Ebd. 1805. Gr. 8°. 318 S.

— — unrichtiger und verwahrlosster (sic!) Erziehung, ein Lesebuch für Jünglinge und Mädchen von reiferm Alter. Mit Kpfrn. 2. Aufl. München, Strobel, 1805. Gr. 8°. 318 SS. Sehr selten!
Sittengeschichtlich wichtiges Opus mit 9 höchst originellen Kpfrn. Von besond. Interesse: Das Krankenhaus. — Die Reise in's Zuchthaus. — Das Gefängniss. — Die Folter. Zuerst gedr. ib. 1794. Gr. 8°. 2+330+2 S. Mit Kpfrn. (60 Kronen [so!] Gilhofer & Ranschburg, Wien, 1908.)

— die, des Friedens ein Wort zu Oesterreichs Bürgern. 8. Wien, Rehm. 801.

die, der Furcht und des Vorwitzes, s. Bilderbücher, Münchener.

— d. gefährlichen, ist d. Lesekabinets z. Nutzen u. Vergnügen 6r.

— glückliche, gekränkter Liebe, in d. Schicksalen der Miß Isabelle Craven u. Lord Manners. 2 Thle. 8. Leipz. Weygand. 793.

Folgen, die, d. Großmuth d. Alliirten gegen Frankreich im Jahr 1814. 8. Landsh. Weber. 815.

Folgen, Die, der Grossmuth und Redlichkeit. Ein Roman. Breslau 1762. V: *Brandes, Johann Christian.* (Schr) (ML) (MGT) »1761« (Ky)

Folgen, die heilsamen, einer Missionspredigt. Eine lehrreiche u. erbauliche Erzählung für das Volk. Von einem Katholiken. 5. Aufl. Würzburg. 857. Etlinger. 8. (180 S. u. 1 Stahlst.) 6 ngr

Von den höchstschlimmen Folgen des übertriebenen Jagdwesens in Deutschland und den hierüber angenommenen Grundsätzen der Reichsgerichte. - Ulm 1795. 72 S.

— die, der Lästersucht, oder Begebenheiten der Fanny Spingler, aus dem Franz. 8. Daselbst, 783. Müllers. 1 Rthl.

— die, einer Laune, s. a. Lese-Cabinet, belletristisches, 22. Bd., Neue Folge, 109 u. 110. Lfg.

Folgen, Die, einer Laune. A. d. Engl. . . . Leipzig 1848. V: *Jerrold, Douglas William.* (Ky)

— des Leichtsinns. Schausp. v. Cläßen. gr. 8. Lingen, Jülicher. 793.

— einer einzigen Lüge. Schausp. v. Spieß. 8. Prag, Meißner. (a. Neureutter.) 792.

Folgen, Die, einer akademischen Mädchenerziehung . . . Berlin 1786. V: *Baczko, Ludwig Adolph Franz Joseph von.* (Ky) (BGE) (MGT) (GGr)

Folgen, die, eines Maskenballs; Lustspiel von H. Clauren. 8. Dresden, Arnold. 817.

Folgen, Die, der Säkularisationen. Germanien [Zürich] 1801. V: *Wessenberg, Ignaz Heinrich Carl von.* (Wr)

Folgen (Die schädlichen) der Gewerbefreiheit und der Ablösung oder Aufhebung der Realrechte. gr. 16⁰. Augsburg, Lampart u. Co., 1849.

— v. d. schlimmen, des übertr. Jagdwesens in Deutschl. gr. 8. Ulm, Stettin. 796.

Schreckliche: Folgen der Eifersucht | oder: | Lebensgeschichte | des | Peter Vincent,' | (Fig.: *Frau stürzt in Brunnen,* 60 × 75) | welcher | seine Frau, mit der er erst 6 Monate | verheirathet war, in einen Brunnen | ersäufte. | Gedruckt bei J. Kahlbrock Wwe., Grünerstood Nr. 52.
o. J. (1858). 4 Bl. n.n., 168 × 102.
Dt. Vl.-Arch. V 1. 1135/1.

Folgen der Schwärmerey; eine Geschichte aus dem bürgerl. Leben. Augsb. 1796. V: *Kraus, W.* (Ky) (MGT)

• — der Schwärmerei, eine Geschichte aus dem bürgerlichen Leben zur Warnung u. Belehrung, mit Liedern. 8. Augsb. (Leipz. Schmidt.) 796.

Folgen | des bösen Spiels, | eine wahre Geschichte, | welche sich im Badeort Pirmont, in dem Für- | stenthum Waldeck, am 19. August 1846 | zugetragen hat. | (Fig.: *Zwei knieende Kinder, Mann mit erhobenem Sabel, Soldaten,* 78 × 80) | Bremen, 1847.
4 Bl. n. n., 184 × 110.
LBO Jahrmarktslit. R. c. 1, 15.

— traurige, frühzeitiger Verlobungen; e. wahre Gesch. zur Warnung f. Aeltern, Jünglinge u. Mädchen. 8. Magdeburg, Bauer. 800.

Folgen, Traurige, unbedachtsamer Verlobung, eine wahre Geschichte . . . Magdeburg 1800. V: *Müller, Hnr. (Aug.)* (BGE) (MGT) »frühzeitiger Verlobung« (Ky)

Folgen, die, der Trunksucht. Ein Katechismus für die Jugend. 16. Zürich 1885.

— —, Unglückliche, eines Fehlers aus Uebereilung. Eine moralische Geschichte. 2 Thle. Mit 2 TVign. Aus d. Englischen. Leipzig, bey Chrn. Glo. Hilscher. 1778. 8⁰.
442 fortl. gez. S., nebst 3 Bll. Inh. bei d. 1. Theil. (Th. 2 beginnt mit S. 231.) Enth. u. a. in Th. I.

FOLGEN. Unvermeidliche – von der neuen Verfassung, bei welcher die Bauern längstens in der 3. Generation in eine allg. Krida verfallen. Rehm, Wien 1790. 1 vol. 46 S.

Folgen, Ursachen, Verhütung u. Heilung der Korpulenz oder Fettsucht. Kritische Darstellung der seit den frühesten Zeiten bis heute gegen dieses Leiden gebräuchlichen Mittel mit besonderer Berücksichtigung des Verfahrens von Will. Banting 2c. nebst e. Anh., die Fettgeschwülste. Von e. prakt. Arzte. Aachen 865. Benrath & Vogelgesang in Comm. 8. (VI, 119 S.) 1 ₰

— üb. die, einer Vereinigung Sachsens, m. Preußens sowohl f. diese beiden Königreiche als f. Deutschl. und d. ganze Europa, v. Philaleth. 8. Berl. Wittich. 814.

— die, d. Verheimlichung; od. d. Ehescheidung. Schausp. in 3 A. v. A. K. Walder. 8. Freyb. Craz u. G. 803.

Folgen, die, einer minderjähr. Verlobung. Lstspl. in 4 A. 8. Leipz. 795. (Wienbrack; a. Nauck). 16 gr (Auch in Lütgendorf's Schriften).

Folgen, die, der Verschwörung von Plombiers, oder Enthüllungen der hinterlistigen Anschläge unserer Feinde zum Raubanfalle gegen Oesterreich in Italien und Ungarn. Aufdeckung aller geheimen Pläne, welche die Revolution zur Vernichtung Oesterreichs entworfen, und einige sehr interessante Blicke in die Vergangenheit, Gegenwart und Zukunft, für Oesterreich's Völker. 8. (26 S.) Wien, Mechith. Congr. Buchh. in Comm. 30 kr.
—— dasselbe 2. verm. Aufl. 8. (27 S.) Ebds. 1861. 30 kr.

— über d. wahrscheinlichsten, d. französ. Revolution, v. A. v. K. (Lud. Adf. Fr. Jos. v. Baczko). 8. Altona 779. Vollmer.

— was für, kann die franz. Revolution haben. 8. Nürnb. Grattenauer. 794.

Folgen, Welche, dürfte die Fehde haben, die der Erzbischof von Köln veranlasste? . . . Reutlingen 1838. V: *Fetzer, J. J.* (EngJ)

Folgen, welche, hat die Heranziehg. d. weibl. Geschlechtes z. Lehrberufe auf pädagog. u. socialem Gebiete? Zwei preisgekrönte Abhandlgn. (v. Herib. Rouvier u. Elise Engelhard), veröffentl. vom Curator. d. Wiener Pestalozzi-Stiftg. gr. 8. (28 S.) Wien 896. Manz. n. -- 40

— die wichtigen, vom europäischen Freiheitskampfe seit dem Friedensschlusse zu Paris, od. die Jahre 1814 u. 15. in histor. u. philosophischer Ansicht. 8. Berl. Fr. Maurer. 815.
(Ist d. 3te Heft d. neuesten Ereignisse, s. Ereignisse.)

Folgen, Die wichtigsten, vom europäischen Freiheitskampfe, seit dem Friedensschlusse zu Paris . . . Berlin 1815—16. V: *Damnitz.* (KA)

Folgen, die — der neueren Zollreform in Oesterreich. Mit besonderer Rücksicht auf die zum Lobe derselben in neuerer und neuester Zeit vorgeführten Blendwerke. *Wien. A. Pichler's Wtw. & S.* 2¼ Bog. Fol.

Folgen, A., eine unbedeutende Frau. Novellen. (51 S.) 8. Leipzig 910. Modernes Verlagsbureau. 2. —

FOLGER, A. F.

— Ueber lokale Eosinophilie (Gewebseosinophilie) bei zooparasitären Leiden. Berl. [1908]. 30 S. 2 Tvl. (Særtr.). P.

— Zur Pathologie d. Nebennieren bei den Haustieren. Stuttg. [1909]. (48) S. Fig. 4 Tvl. (Særtr.). P.

Folger, Ch. J. Jahresbericht des Finanzministers Ch. J. Folger dem Vereinigten Staaten-Congress eingereicht Dienstag den 6. Dec. 1881. gr. 8°. New York 1881. (Extrabeilage zu No. 1708 der „New-Yorker Handels-Zeitung".)

Folger, Dn. Emm., s. Geschichte d. Leiden Jesu.

FOLGER, FRANZ: Trauerrede auf den Tod Sr. Päpstlichen Heiligkeit Leo des XII. bei Gelegenheit des feyerlichen, zu Neusohl am 1. April 1829 abgehaltenen Trauergottesdienstes. Neusohl 1829. Gedr. bey Susanna Stephani. 19 S. - 4°

Folger Josef: Weissenfels als Literaturzentrum an der Wende des 17. und 18. Jahrhunderts.
1903 PN 1561 Diss. Wien, Univ. 123

Folgerichtigkeit, über die, des evangelischen Lehrbegriffs von der sittlichen Unvollkommenheit des Menschen und seiner Erwählung zur Seligkeit, gegen Schleiermachers Einwürfe. (v. Ammon.) (Aus dem 4ten Bande des Mag. f. Pr.) gr. 8. Hannover, Hahn. 820.

Folgerungen, die letzten, aus den Zeitansichten und den heutigen Zuständen. Vermächtniß eines Civilisirten. 8. (VI, 140 S.) Berlin 875, Staude. *

Folgerungen, die letzten, aus den Zeitansichten u. den heutigen Zuständen. Vermächtniß e. Civilisirten. 2. (Titel-) Aufl. 8. (VI, 140 S.) Berlin 877. Staude. n. 2. —

Folget mir nach! Katholisches Lehr- und Gebetbuch für fromme Seelen. Von einem Priester der Diözöse Trier. 32. (256 S. mit 1 Stahlst. und eingedr. Holzschn.) Saarlouis 852, Stein.

Folget mir nach! Vier Kreuze mit Blumen u. Sprüchen. Chromolith. 12. Berlin 882. Hübner. — 90

Folgmann, Emil: Der Einfluß des Persönlichen auf die Jugend. *Zehlendorf 1903: (A. Fischer.)* (30 S.) 4°
Zehlendorf, G i. E., OP 1903 (102)

Folgmann, Emil, der Einfluß des Persönlichen auf die Jugend. (75 S.) 8. Groß-Lichterfelde (903). B. W. Gebel. n. 1. —

Folgner, Victor *Alfred Oswald* [aus Tillowitz, Kr. Falkenb., O.-S. Assist. am botan. Inst. d. k. k. deutschen Univ. zu Prag]: Arbeit aus d. Kgl. botan. Garten d. Univ. Breslau. Beiträge zur Systematik und pflanzengeographischen Verbreitung der Pomaceen ... Wien, Druck v. C. Gerold's Sohn, 1897: 46 S., 2 Bl. 8.
Breslau, Phil. Fak., Inaug.-Diss. v. 13. März 1897

Folia haematologica. Internationales Zentralorgan für Blut- u. Serumforschg. In Verbindg. m. V. Babes, Banti, v. Baumgarten u. a. u. unter ständ. Mitarbeit v. Almquist, Amberg, Arneth, Bayor, A. Boehme u. a., sowie der hervorragendsten Fachgelehrten des In- u. Auslandes hrsg. u. geleitet v. Art. Pappenheim. 1.—3. Jahrg. 1904—1906. à 12 Nrn (I, 927; III, 933 u. I, 900 S.) Lex.-8. Berlin, A. Hirschwald. à Jhrg. n. 26. —
Erscheint v. 1907 an im Verlage von Dr. W. Klinkhardt in Leipzig zum Jahrespreise v. n. 32. —.

Folia haematologica. Internationales Zentralorgan f. Blut- u. Serumforschg. In Verbindg. m. V. Babes, Banti, v. Baumgarten u. a. unter ständ. Mitarbeit v. Amberg, Arneth, A. Ascoli u. a. hervorrag. Fachgelehrten des In- u. Auslandes hrsg. u. geleitet v. Art. Pappenheim. 4. Jahrg. 1907. 12 Nrn. (Nr. 1. IV, 140 S. m. 1 farb. Taf.) Lex. 8. Leipzig, Dr. W. Klinkhardt. 32.—

— dasselbe. Hrsg. u. geleitet von Art. Pappenheim in Gemeinschaft m. V. Babes, Banti, v. Baumgarten u. a. u. unter Mitwirkg. v. Arneth, Bensaude, Pet. Bergell u. a. hervorrag. Fachgelehrten des In- u. Auslandes. 5. Bd. etwa 50 Bogen. gr. 8. Ebd. 908. 25. —

— dasselbe. I. (morpholog.) Tl. des internationalen Zentralorgans f. Blut- u. Serumforschg. In Gemeinschaft m. V. Babes, Banti, v. Baumgarten u. a. hrsg. u. unter Mitwirkg. v. Arneth, Aubertin, Bensaude u. anderen hervorrag. Fachgelehrten des In- u. Auslandes geleitet v. Art. Pappenheim. 6—8. Bd. à 24 Hefte. (à ca. 96 S.) gr. 8. Ebd. 908. 09. à Bd. 16.—; m. dem II. Tl. zusammen 30. —

— dasselbe. Internationales Magazin f. klin. u. morpholog. Haematologie, hrsg. v. Art. Pappenheim. I. Tl.: Archiv. 9. Bd. (1. Heft. 198 S. m. 4 farb. Taf.) gr. 8. Ebd. 910. 25. —

Folia haematologica. Internationales Magazin f. klin. u. morpholog. Haematologie, hrsg. unter Beteiligg. v. Banti, v. Baumgarten, Curschmann u. a., u. geleitet in Gemeinsch. m. Arneth, Aubertin, Bensaude u. a. II. Tl.: Zentral-Organ. 9. Bd. (1. Hft IV, 99 S.) gr. 8. Leipzig 910. Dr. W. Klinkhardt. 16. —

— **neuro-biologica.** Internationales Zentralorgan f. die gesamte Biologie des Nervensystems. Hrsg. u. red. v. E. Hekma in Verbindg. m. Anton, Apáthy, Aschaffenburg u. a. u. unter Mitwirkg. v. Antoni, Ariens, Kappers, Berlin u. a. 1. Bd. (Nr. 1. IV, 152 S. m. 1 Taf.) gr. 8. Leipzig 907. [Dr. W. Klinkhardt] Leipzig, J. A. Barth. 25. —

— dasselbe. Hrsg. v. E. Hekma u. in Verbindg. m. resp. unter Mitwirkg. v. Anton, Antoni, Apáthy u. a. Red. v. E. Hekma, C. U. Ariens, G. van Rynberg. 2. u. 3. Bd. à 12 Nrn. (III. Bd. Nr. 1. IV, 96 S. m. 2 Taf.) gr. 8. Ebd. 908. 09. à Bd. 30. —

Folia ad notandum missas persolvendas et persolutas sacerdotibus perutilia. qu. 8. (146 S.) Paderborn 862, (Schöningh.) geb. *

— **serologica.** II. (serologischer) Tl. des internationalen Zentralorgans f. Blut- u. Serumforschung. In Gemeinschaft m. V. Babes, Banti, v. Baumgarten u. a. hrsg. u. unter Mitwirkg. v. Amberg, A. Ascoli, Pet. Bergell u. a. u. anderen hervorrag. Fachgelehrten des In- u. Auslandes geleitet v. Art. Pappenheim. 1. u. 2. Bd. 6. u. 7. Bd. des Gesamtorgans. ca. 30 Bog. gr. 8. Leipzig 908. 09. Dr. W. Klinkhardt. à Bd. 16.—; m. dem 1. Tl. zusammen 30. —

— dasselbe. II. (physiologischer) Tl. des internationalen Zentralorgans f. Blut- u. Serumforschung. 8. Bd. 8. Bd. des Gesamtorgans à 24 Hefte. (1. Heft. 41 S.) gr. 8. Ebd. 909. 16.—; m. dem 1. Tl. zusammen. 30. —

— dasselbe. Internationales Zentral-Organ f. die gesamte Immunitätsforschg. einschliesslich der Biologie des Blutes u. der Körpersäfte, hrsg. unter Beteiligg. v. V. Babes, v. Baumgarten, Belfanti u. a. u. geleitet in Gemeinschaft m. A. Ascoli, O. Bail, Pet. Bergell v. Art. Pappenheim. 4. Bd. (1. Heft. VIII, 122 S.) gr. 8. Ebd. 910. 16.—

Folia serologica. Jetzt: Leipzig, G. Thieme. Wird als „Zeitschrift f. Chemotherapie" weitergeführt.

Folia sparsa ex diario Vaticano Don Burcardi junioris, scopatoris secreti s. s. palatiorum apostolicorum. 16. (142 S.) Leipzig 882. O. Wigand. 1. 50

— urologica. Internationales Archiv f. d. Krankheiten der Harnorgane. Hrsg. v. James Israël, Art. Kollmann, Gust. Kulisch u. Paul Wagner, unter Mitwirkg. v. J. Albarran, R. Alessandri, Paul Asch u. a. 1—4. Bd. à 6 Nrn. (4. Bd. Nr. 1. 64 S. m. Abbildgn.) gr. 8. Ebd. 909. à Bd. 25. —

Folia sacerdotibus in innotandis missis cum celebrandis tum celebratis utilissima et commodissima. gr. 4. (48 S.) Aachen 873, Jacobi und Comp. *

Folie, la, des prétendus Esprits-forts des impies etc. II: Vol. 8. Berl. 753. Rthlr.

Folie, F., Recherches de géométrie supérieure. Évolution synthèse des théorèmes de Pascal et de Brianchon. Rapport anharmonique et involution du n^{me} ordre. 8. (42 S.) Bruxelles 878. (Bonn, Strauss.) *

Folie, Dr. J. B., pathologisch-therapeutische Abhandlung über die Krätze. gr. 8. Bamberg, Göbhardt. 816.

Folie, Lor., Leitfaden bei Ertheilung des Unterrichtes im Rechnen für Schule und Haus. 8. (II und 84 S.) Bozen 859(61). (Innsbruck, F. Rauch.) *

Folies, Mes dernières, ou opuscules d'un jeune militaire. Vienne 1790. V: *Frossard, Benjamin Sigismond.* (Cat. d. Stadtbibl. Zürich. Zürich 1864—97.)

Folies, Les, philosophiques par un homme retiré du monde. [Cassel] 1784. V: *Luchet, Jean Pierre Louis de La-Roche Du-Maine de.* (Milchs)

Folietae, Ub., de linguae latinae usu et praestantia l. 3. Rom. 574. 4. Cum Steph. Doleti formulis latin. linguae. Argent. 585. 8. Cum diss. de linguae latin. cultura et necessitate et vita Folietae ed. J. L. Moschemius. Hamb. 723. 8. Ib. 735. 8. 6 gr.

v. Foligno, der heil. Angela, Gesichte u. Unterweisungen, siehe: Bibliothek, mystische. V. Publikation.

— visionum et instructionum liber, s.: Bibliotheca mystica. Publicatio V.

v. Foligny, Angela, der rechte Weg zum ewigen Leben, s. Leitsterne 3r Bd. 1e Abthl.

Folimonoff, Demeter, theoretisch-prakt. Taschen-Grammatik zur leichten u. schnellen Erlernung der russischen Sprache, m. einer reichhalt. Wörtersammlg., Redensarten, Gesprächen u. Lesestücken. 16. (157 S. m. 2 Tab. in 4.) Wien 849, Wenedikt. n. 16 ngr

Folimonoff's, Demeter, theoretisch-praktische Taschen-Grammatik zur leichten u. schnellen Erlernung der russischen Sprache, m. e. reichhalt. Wörtersammlg., Redensarten, Gesprächen u. Lesestücken. 2. umgearb., verm. u. verb. Aufl. v. Ignaz Polzer. 16. (128 S. m. 1 Steintaf. u. 1 Tabelle in qu. 4.) Wien 875. Wenedikt. 1. 20

Folio-Bilderatlas, systematisch zusammengestellter, zur Naturgeschichte des Thierreichs. (In 8 Lfgn.) 1. Lfg. Fol. (5 ill. Stnt. mit 2 Bl. Text.) Nürnberg 866, P. C. Geißler. —

Foelix, Comte de, Astronomie des dames, s. Grandville, les étoiles.

Fölix, Englands Gesetzgebung im Fallitenwesen, s. Strafford-Carey.

Fölix, Dr. ..., über Mündlichkeit u. Oeffentlichkeit d. Gerichtsverfahrens, dann über d. Geschwornengericht. gr. 8. Carlsruhe 843, Bielefeld. 2/3 ngr

Fölix, H., s. Nachricht von Californien.

Foelix, Heinr., prakt. Anleitung, nach den neuesten Erfahrungen feinste Dessertweine aus reifen Trauben herzustellen, s.: Gall.

FOELIX, Jacob: Abhandlung über Weidgang und Weidgerechtigkeit nach der in den Rheinlanden bestehenden Gesetzgebung. - Köln 1818. VIII, 131 S.

Fölix, Jac.: Abh. üb. Waidgang u. Waidgerechtigkeiten nach d. in d. Rhein. Landen besteh. Gesetzgeb. *Köln*, DuMont Schauberg. 820. gr. 8. (12 Gr.)

--- Ders.: Praktische Anleitung nach neueren Erfahrungen alljährlich feinste Dessertweine als reine Naturgewächse, ferner vorzügliche Mittelweine selbst aus unreifen Trauben und preiswürdigen Tischwein aus den Trestern darzustellen. Nebst Beiträgen zur Geschichte der neueren Weinbereitungs-Methoden und deren Ausbeutung. Mit Abb. Abth.[1.]2. Trier: Gall 1861. -- LKRhld.*

--- Ders.: Praktische Anleitung zur Veredlung schon abgelagerter noch junger und zur Verjüngung und Verbesserung alter geringer Weine. [Verf.: Ludwig Gall. 2., nach neuern Erfahrungen vervollst. Ausg.] Trier [1854]: Schönberger. 30 S. -- 121*. LKRhld.*

Foelix, J.: Gründliche Belehrung über richtiges Gallisiren oder Veredeln des Traubenmostes in nicht guten Weinjahren durch Zucker- und Wasser-Zusätze. Nebst 4 Tab., welche alle Berechnung für Zucker und Wasser unnöthig machen. Ferner eine Vorschrift zu gutem Tresternwein, Rothwein und Aepfelwein, selbst aus halbreifen Aepfeln, sowie Einiges über Prüfung des Traubenzuckers auf seine Reinheit über Weinbouquet, Tannin (Gerbestoff), Gährmaschinen, und über Dünger der Weinberge mit Mineral-Dünger. Mainz: selbstverl. 1866. 23 S. -- 36*
--- Dass. 2., vielfach verb. u. verm. Aufl. Ebd. 1869. 39 S. -- 17*
Bibliotheca oenologica: 1870. -- Heinsius und Kayser 1871.
--- Dass. 3., vielfach verb. u. verm. Aufl. Ebd. 1872. 44 S. -- 121*

--- Ders.: Ueber Darstellung sehr guter Mittelweine aus unreifen Trauben und höchste Veredlung schon vergohrener geringer Weine zu jeder Jahreszeit, nach einem eigenthümlichen, durchaus naturgemäßen, allenthalben anwendbaren und seit 1826 vielfach im Großen bewährten Verfahren. Trier: Gall 1851. VIII, 72 S. -- 98*.121*
--- Dass. 2., vervollst. Aufl. u.d.T.: Gall: Ueber Darstellung sehr guter Mittelweine selbst aus unreifen Trauben, und höchste Veredlung schon vergohrener geringer Weine, durch nochmalige Gährung, allenthalben und zu jeder Jahreszeit. H.1.2. (H.2=1.Aufl.) Trier: Gall 1852-54. -- Gei 1*. LKRhld.*
3. Aufl. u.d.T.: Gall: Praktische Anleitung, sehr gute Mittelweine ... zu erzeugen. 1854. -- s. Nr 4715.

--- Ders.: Das Gallisieren. Vollständiges Handbuch der Weinbereitung. Trier: Gall 1867. VI, 230 S. -- 9-*. Frei 100. Gei 1

--- Ders.: Die Füll-Flasche, und deren Anwendung, als sicherstes Mittel, durch beständiges Vollerhalten der mit Wein gefüllten Fässer, die Ausbildung der Weine zu befördern, sie vor nachtheiligen Veränderungen zu bewahren, jeden Leck augenblicklich zu erkennen und zwei Drittheile an Füllwein zu ersparen. Mit 1 Abb. Trier: Gall 1851. 56 S. Vervollst. Abdruck aus: Das Neueste und Nützlichste. -- 100*

Fölix, Jac.: Gedanken über die am 12. u. 22. März 1822 zu Kreuznach Statt gehabten Verhaftungen (betr. Grümmel u. Gen). Coblenz (1822).

--- Ders.: Ausführliche Nachrichten über mein Weinbereitungs- und Weinveredlungsverfahren. Trier: Gall 1851. 24 S. -- 100*

--- Ders.: Ueber die Verbesserung der Weine, der Obstweine und des Biers, und Erhöhung der Branntwein-Ausbeute aus Trestern, Getreide und Kartoffeln, durch verschlossene Gährung, mittels: Anwendung des Vinificators. Trier: Gall 1826. 18 S. -- 43.121*

--- Ders.: Zur Weinbereitung. Trier: Gall 1855. S. 59-136. Aus: Praktische Mittheilungen zur Förderung eines rationellen Betriebs der landwirtschaftlichen Gewerbe. 1.1855. -- LKBald.*

[illegible] Peter Jos., [illegible] [illegible] des [illegible] Heimann. [illegible] des [illegible] 20. Aug. 1844. [illegible] (1844)

Das Yiddische Folk: 1908—1931. New York, NY
Weekly.

Folk, S. W. C., allgem. Handbuch f. d. bürgerl. Geschäftsleben, od. Anleit. z. Anfertig. aller im bürgerl. Leben vorkomm. Geschäftsaufsätze. Nebst 5 Anhn. 8. (16 B.) Danzig 827, Gerhard.

—— der Schnell-Lehrer d. Deutschen Sprache, od. d. Kunst, auch ohne Kenntniß u. Anwend. d. grammatikal. Regeln richtig zu sprechen u. zu schreiben. Ein unentbehrl. Handb. f. solche Personen beiderlei Geschlechts, welche die deutsche Sprache nicht gründl. erlernt haben, u. doch gerne jeden Fehler vermeiden wollen. 8. (11¼ B.) Danzig 832, Anhuth.

Folk, S. W. C., Taschenwörterbuch z. richt. Verdeutschung d. in uns. Sprache gebräuchl. ausländ. Wörter u. Ausdrücke. Ein nöthiges Hülfsb. f. alle diejen., welche die in d. Gesetzen, Verordn., öffentl. Bekanntmachn., Urkunden ꝛc. häufig vorkomm. fremden Wörter u. Ausdrücke richtig verstehen wollen. breit 12. (5 B.) Danzig 829, Gerhard. Thlr.

Folkart, M., (Frl. Martha Meyer), das liebe Ich. Novellen. (191 S.) 8. Berlin (903). D. Dreyer & Co. n. — 50

Ⓑ Folkart, M., das liebe Ich. 903. (KVL 83.) Jetzt: Berlin, B. Blaurock.

M. Folkart [d. i. Martha Meyer]. Das liebe Ich. Novellen. *Berlin: D. Dreyer & Co. [1903].* (189 S.) 8° [F.]
= Bibliothek, Dreyer's, moderner Schriftsteller. [Jg. 1, Bd 7.] [illegible]

Folkekalender, kristelig, for Nordslesvig for Aaret 1890. Udgivet af Chr. Jensen og Nic. C. Nielsen. 8. (141 S.) Breklum, Christliche Buchhandlg. n. — 40

Folkekalender, kristelig, for Nordslesvig for Aaret 1896. Udgivet af Chr. Jensen. 8. (144 S. m. Abbildgn.) Breklum, (Christl. Buchh.). n. — 40

Folkekalender, kristelig, for Nordslesvig for Aaret 1899. Udgivet af Chr. Jensen. 12. (32 u. 148 S. m. Abb.) Breklum (Christl. Buchh.). n. — 40

Folkekalender, kristelig, for Nordslesvig for 1907. Udgivet af Vahnsen og Bracker. (159 S. m. Abbildgn. u. 1 Taf.) kl. 8. Breklum, Christl. Buchh. n. — 40

Folkekalender, kristelig, for Nordslesvig for Aaret 1911. Udgivet af „Kirkelig Forening for indre Mission i Nordslesvig". (188 S. m. Abbildgn.) kl. 8. Breklum, Christl. Buchh. — 50

Folkers, Johann: Zur stilkritik der deutschen volkssage. Kiel 1910: Gutenberg-Dr. 99 S. 8°
Kiel, Phil. Diss. v. 19. Mai 1910, Ref. Kauffmann
[Geb. 12. März 87 Krummhörn; Wohnort: Krummhörn; Staatsangeh.: Oldenburg; Vorbildung: Gymn. Jever Reife O. 05; Studium: Marburg 2, München 1, Berlin 1, Kiel 5 S.; Rig. 11. Dez. 09.] [U 10. 2497

[F.] **Folkerts,** Hans [Rechtspraktikant in München]: Ist neben der Bestimmung der Reichsverfassung, dass die Verhandlungen des Reichstags öffentlich sein sollen, die Bestimmung der Geschäftsordnung, wonach geheime Sitzungen beschlossen werden können, rechtsgültig? ... München, J. Schweitzer, 1894; 1 Bl., 29 S. 8.
Erlangen, Jur. Fak., Inaug.-Diss. v. 1894

Folkerts, Hans, die Verfassungswidrigkeit des § 86 der revid. Geschäftsordnung des deutschen Reichstags vom 10. Febr. 1876, betr. die Oeffentlichkeit der Reichstagsverhandlungen. gr. 8. (29 S.) München 894. J. Schweitzer, Verl. n. — 80

Folkmann, Jos. Erwin, die gefürstete Linie des uralten und edlen Geschlechtes Kinsky. Ein geschichtlicher Versuch. Prag 861. André. Lex.-8. (76 S. u. 1 Tab. in Fol.) n. 21 *ngr*; Velinp. n. 1 *ℳ* 2 *ngr*

Folkmann, Isak [aus Szczawnik (Galiz.)]: Ausgewählte nestorianische Kirchenlieder über das Martyrium des heil. Georg von Giwargis Warda, m. Einl., Anm. u. deutscher Übs. ... Kirchhain N.-L., Druck v. M. Schmersow, *1897;* 48, 55 S., 1 Bl. 8.
Erlangen, Phil. Fak., Inaug.-Diss. v. 14. März 1896

Folkrats, B., die Brautfahrt e. deutschen Husaren. Eine Soldaten-Geschichte aus dem Kriegsjahre 1871. gr. 16 (109 S.) Bremen 876. Nordwestdeutscher Volksschriften Verl. n. — 50

Folkrats, B., die Brautfahrt e. deutschen Husaren. Eine Soldatengeschichte aus dem Kriegsjahre 1871. 8. (56 S.) Reutlingen 885. Enßlin & Laiblin. — 20

Folkwin, Freimund, Friedenskarte Europas. Ein Mahnwort zur Jahrhundertwende an die Fürsten, Staatsmänner u. Völker des Erdteils. gr. 8. (IV, 54 S.) Zweibrücken 900. Stuttgart, F. Lehmann. n. — 80

Foell, Otto, monatliche Gewinn- u. Verlustermittlung in Fabrikbetrieben. Erläutert an e. Geschäftsgang. (30 u. 82 S.) gr. 8. Berlin 909. H. Th. Hoffmann. 6.—; geb. in Leinw. 7.50

Follen, Adf. Ludw., freie Stimmen frischer Jugend. (Neue Titelausg.) 12. (96 S. m. 4 Musikbeil. in 4.) Jena (819) 848, Cröker. ½ *ℳ*

Follen, (A. L.,) Harfengrüße aus Deutschland u. d. Schweiz; nebst Kupfern u. Musik v. Kreuzer, Nägeli u. and. gr. 8. Zürich 823, Geßner.

Follen, A. L., alte christliche Lieder und Kirchengesänge, deutsch und lateinisch, nebst einem Anhange. 8. Elberfeld, Büschler. 819.

— freie Stimmen frischer Jugend. 12. Jena 819. Cröker. 10 *gr*
Mit Noten 14 *gr*

Follen, Aug. Ado. Ludw., (früher Follenius,) Bildersaal deutscher Dichtung. Zunächst f. Uebung in mündl. u. schriftl. Erzählen, im Deklamiren u. in ästhet. Kritik. — Geordnete Stoffsamml. z. Behuf e. allgem. poet. u. ästhet. Schulbild. Nebst e. Uebersicht d. deutschen Sprach- u. Literatur-Gesch. gr. 8. Winterthur 828, Steiner.
Thl. 1. Epos u. episch-lyr. Dichtungen. (24½ B.) 828. 1 Thlr. 4 Gr.
- 2. Lyrik u. Didaktik. (28 B.) 829. 1 Thlr. 6 Gr.

Follen, Aug. Adolph Ludw., Bildersaal deutscher Dichtung. Geordnete Stoffsammlung zum Behuf einer allgem. poetischen und ästhet. Bildung, zunächst auch zur Uebung im mündl. und schriftl. Erzählen, im Declamiren und in ästhet. Kritik. Neue Ausg. 2 Thle. gr. 8. (LXXV und 762 S.) Brandenburg 847, Müller.

Follen, A. A. L., Tristans Eltern, s. Tristans Eltern.

— Harfengrüße aus Deutschland u. d. Schweiz; nebst Kpf. u. Musik v. Kreuzer, Nägeli u. and. gr. 8. Zürich 823. Geßner. 1 *ℳ* 18 *gr*

Follen, A. A. L., Tristans Eltern. Von Reimar dem Alten. (Nachgelassenes Gedicht.) Gießen 857. Ricker. 8. (2 Bl., 139 S.) n. 20 *ngr*

FOLLEN, Charles

--Follen, Paul, and Münch, Fr. Erinnerungen aus Deutschlands trübster Zeit. StL. and Neustadt a. d. Haardt, 1873. 323-

Follen, Charles, a practical grammar of the german language. 13. Edition. Stereotyped. 8. (XXIV und 283 S.) Boston 848. (Philadelphia, E. Schäfer.) *

--Deutsches Lesebuch f Anfänger: G reader for beginners. Camb, 1826; 2d ed, 1831; 3d ed, 1836; repr, 1839; 10th ed, 1845; a new ed, w adds by G. A. Schmitt, Bost and Camb, 1858; repr, 1867.

Follen, Georg Wilhelm (Zweibrücken), Naturam privilegiorum tam gratiosorum quam conventionalium ex genuinis principiis exhibet. Dissert. jur. Präs. Jo. Gottfried Schaumburg. Jena (Jo. Fried. Ritter) 24. XII. 1736. 38 S. (5.—) 9184
Gew.: Ernst Wilhelm Frh. v. Wreden, Ludw. v. Savigni. — Widm. v. Präs.

— **Johann Christoph** (Darmstadt), De abusu doctrinae quod in caussis pacis Westphalicae executio citra processum locum habeat. Diss. jur. publ. Präs. Franz Justus Kortholt. Giessen (Joh. Chph. Schroeder) 1750. 118 S. (8.50) 9185
Ab S. 111: Dtsche. Urkunde betr. d. Amt Braubach.

Follenberg, C., Acten-Stücke über die unter dem Namen des Männer- und Jünglings-Bundes bekannten demagogischen Umtriebe, s. Geschichte der geheimen Verbindungen der neuesten Zeit. 7s Heft.

—— actenmäß. Darstellung d. Versuche Deutschland in Revolutions-Zustand zu bringen, s. Geschichte d. geheim. Verbindungen, 4. Hft.

Follenius, August Adolf Ludwig, s. F o l l e n.

Follenius, Em. Fr. Wlh. Er., Franz Damm, od. der Glückliche durch sich selbst. 4 Thle. 8. Leipz, 799—801. Barth 5 ₰

— s. 1) Johnson, der edle Taschenspieler. 2) Milchbrüder, die. 3) Fr. v. Schillers Geisterseher, 3r u. 4r Thl.

Follenius, O[tto], Assistent am chemischen Laboratorium zu Wiesbaden [von Wiesbaden]: Beiträge zur Kenntniss des Cadmiums, insbesondere zur quantitativen Bestimmung desselben. [S.A. aus: Zeitschrift für analyt. Chemie, Bd 13, S. 272—301, 411—438]. Wiesb. C. W. Kreidel 1874. 60 S. 8°.
Zürich, Phil. Diss. [v. 28. Nov. 1874].

Follenius, Otto (Büdingen)
Zur Diagnose des Beckens.
Giessen: Keller 1858. 58 S. u. 2 Bl. Thesen.
Diss. med. 15.1.1859. vorh. 7. 11. Δ.

Follenius, Robert, aus Darmstadt: Über die elektrochemische Reduktion von Diketonen. *Gießen 1903: J. Weinert.* (36 S.) 8°
Gießen, Phil. Diss. v. 1903

Follenius, S. v., s. a. Berger, M.

Follenius. Sofie v., allzeit wahrhaftig. Erzählung für junge Mädchen. Mit 4 Kunstdr.- u. 1 Farbendr.-Deckelbild nach Orig.-Zeichngn. v. W. Witting. 8. (III, 182 S.) Köln (901). J. P. Bachem. Geb. in Leinw. n. 2.60

Allzeit wahrhaftig. Erzählung f. junge Mädchen. Von Sofie v. Follenius. Mit 4 Kunstdr.- u. 1 Farbendr.-Deckelbild von W. Witting. *Köln: J. P. Bachem [1901].* (182 S.) 8° [F.]
= Erzählungen. Bachems illustr., f. Mädchen. 15.

— das Burggeheimnis, s. a. Bachem's illustr. Erzählgn. f. Mädchen. 12. Bd.

Das Burggeheimnis. Erzählung f. junge Mädchen. Von Sofie v. Follenius. Mit Bild. von W. Witting. *Köln: J. P. Bachem [1900].* (176 S.) 8° [F.]
= **Erzählungen,** Bachems illustr., f. Mädchen. Bd 12.

— Dorothee, s. a. Bachem's illustr. Erzählungen f. Mädchen. 10. Bd.

Dorothee. Erzählung aus d. Jahre 1848. Für junge Mädchen. Von Sofie v. **Follenius.** (Mit 4 Kunstdr.-Vollbild.) *Köln a. Rh.: J. P. Bachem [1899].* (160 S.) 8° [F.]
= **Erzählungen.** Bachems illustrierte f. Mädchen. Bd 10.

Follenius, Sofie v., die Elf. Eine Erzählg. (176 S.) 8. Basel 903. Kober. n. 1. —; geb. in Leinw. n. 1.60

Follenius, Sofie v., Führungen u. Fügungen. Eine Mädchengeschichte. Der deutschen weibl. Jugend dargeboten. M. 4 Kunstdr.-Bild. n. Zeichngn. v. O. Maehly. 8. (VI, 188 S.) Köln 897. J. P. Bachem. Geb. in Leinw. n. 2.50

[F.] Führungen u. Fügungen. E. Mädchengesch. Der deutschen weibl. Jugend dargeboten v. Sofie v. Follenius. M. 4 Kunstdruckbild. nach Zeichngn v. V. Maehly. *Köln a. Rh.: J. P. Bachem [1897].* (3 Bl., 188 S., 4 Taf.) 1 Bd 8.
= Erzählungen, Bachem's illustr., f. Mädchen. Bd 5.

— Führungen u. Fügungen. Eine Mädchengeschichte. Der deutschen weibl. Jugend dargeboten. Mit 4 Kunstdruckbildern nach Zeichnungen von O. Maehly. 2. Aufl. (194 S.) 8. Köln (904). J. P. Bachem. Geb. in Leinw. n. 2.50

Follenius, W., wozu fordern die unserer Kirche drohenden Gefahren ihre treuen Bekenner auf? Eine Pred., am 20. Juni 1838 zur Eröffn. d. Kreis-Synode Saarbrücken u. zur Jubelfeyer d. 100jähr. Erbauung d. Kirche zu Dudweiler daselbst gehalten. gr. 8. (1 B.) Saarbrücken 839, Neumann. *

Follenius, Wilhelm (Wetzlar)
Grundriß der allgemeinen Geschichte, als Leitfaden des geschichtlichen Unterrichts für Divisionsschulen, Gymnasien etc. Bd 1 + 2 (auch unter dem Titel: Grundriß der Geschichte des Mittelalters.)
Bonn: Weber 1825.
[lt. Promotionsakten gilt Bd 2 als Specimen.]
Dr. phil. Giessen 30.1.1825.

Follenius, (W.,) Grundriß d. allgem. Geschichte, als Leitfaden des geschichtl. Unterrichts für Divisionsschulen, Gymnasien rc. 1r Bd. A. u. d. T. Bachoven v. Echt, Grundr. d. alten Geschichte. gr. 8. Bonn 823. Weber.

Follenius (W.,) Grundriß der allgemeinen Geschichte u. s. w. 2r Bd. A. d. T.: Grundr. d. Gesch. d. Mittelalters. gr. 8. Bonn 825, Weber.

Follenius, W., Grundriß d. allgem. Geschichte, als Leitfaden d. geschichtl. Unterr. f. Divisions- u. Militairschulen überh. u. and. höh. Bildungsanstalten. 3. Bd. — A. u. d. T.: Grundriß d. neueren Gesch. gr. 8. (24½ B.) Bonn 831, Weber.
1. u. 2. Bd. Ebendas. 1823. 25. à 1 Thlr.

Follenius, Wilhelm Ludwig (Darmstadt)
Ueber den Nutzen und Einfluß der Chemie auf die Agricultur und auf einige andere Gewerbe im Staate.
MS. 31 S. 4°
Diss. phil. Giessen 30.11.1816. vorh. Univ.-Archiv.

Follenweider, R., Anfangsgründe zum Landschaftszeichnen. 6 Hefte, mit 36 Tafeln. qu. Fol. Basel 828. (Spittler). 6 ₰

v. Foller, niedergelegte Erfahrungen eines von 1803 bis 1849 gedienten Veteranen bezüglich der Militair Frage, zur Erläuterung der Schrift: Vergleichung der früheren Perioden der preußischen Armee rc. von demselben. Bromberg 863. Fischer. gr. 8. (21 S.) n. 5 ngr.

Foller, v. Fortsetzung zur Militair-Frage. Bromberg 1863. 8°.

Foller, Eduard, Gerichtsref.: Das Erlöschen der Vollmacht nach dem Rechte des Bürgerlichen Gesetzbuches. *Hohenlimburg 1903: Neue Hohenlimburg. Zeitung.* (24 S.) 8°
Jena, Jur. Diss. v. (28. Juli) 1903

Foller, Marie v., glückliche Kinderzeit. Erzählungen f. Kinder v. 7—12 Jahren. 8. (VIII, 228 S.) Gotha 892. F. A. Perthes. Geb. in Leinw. n. 3. —

Foller, Marie v., das menschliche Leben im Spiegel des deutschen Liedes. (16 S.) 8. Berlin (904). Schriftenvertriebsanstalt. n. — 30

Foller, Marie v., was das Kloster zum Heiligen Grabe in der Prignitz erlebt hat. Einschließlich des Kaiserbesuches am 8. VI. 1901. gr. 8. (26 S.) Wittstock 901. H. Rother. n. — 50

Foller, Richard, Rechtsanwalt bei dem Königlichen Landgericht und dem Königlichen Amtsgericht zu Dortmund: Ueber den Einfluß des Bezirks eines Amtsgerichts auf die bei diesem anhängigen bürgerlichen Rechtstreitigkeiten. Münster i. W. 1904: G. A. Hülswitt. (VII, 24 S.) 8° [J.]
Rostock, Jur. Fak., Ref. Wachenfeld, Diss. v. 31. Okt. 1904
[Geb. 23. Febr. 78 Soest; Wohnort: Dortmund; Staatsangeh.: Preußen; Vorbildung: Gymn. Münster Reife O. 96; Studium: Jena 3, Berlin 1, Marburg 2 S.; Rig. 13. Juli 04.]

Föller, Ph, Stuhl- u. Tisch-Pyramiden. (22 S.) kl. 8. Leipzig (902). Rauh & Pohle. n. 1. —

Follet, der, Courier des Salons; Damen-Modenjournal. Einziges Original für Preußen und ganz Deutschland. 1—5. Jahrg. 1848—52. à Jahrg. 24 Lfgn. (à ½ Bog. Text, mit ill. Modenkpfrn. und 1 Musterbog. in Imp.-Fol.) hoch 4. Aachen 848. (Köln, Lengfeld.) à Jahrg. *
Mit 2 Modekupfern zu jeder Lfg. à Jahrg. *

Follet, der, Courier der Salons; Damen-Modenjournal (vom Jahrg. 1856 ab hrsg. von J. S. Guigue). Jahrg. 1853—56. à 12 Lfgn. (à ½ Bog., 2 ill. Modekpfr. und 1 lithogr. Musterbog. in Imp.-Fol.) hoch 4. Aachen. (Köln, Lengfeld.) à Jahrg. *
Ausg. in 24 Lfgn. *
1—5. Jahrg. Ebendas. 1848—52. à Jahrg. * 3 Thlr.

Follet, der. Courier der Salons; Damen-Modenjournal. Hrsg. von J. S. Guigue. Jahrg. 1857—61. à Jahrg. 12 Lfgn. (à ½ Bog., 2 ill. Modekpfr. und 1 lithogr. Musterbog.) hoch 4. Aachen. Köln, Lengfeld'sche Buchh. à Jahrg. **
Ausg. in 24 Lfgn. à Jahrg. **

Follet, der. Courier der Salons; Damen-Modenjournal. Hrsgbr.: J. S. Guigue. Jahrg. 1862—64. à Jahrg. 12 Lfgn. (à ½ Bog., 2 ill. Modekpfrn. und 1 lithogr. Musterbog.) hoch 4. Aachen. Köln, Lengfeld'sche Buchh. à Jahrg. *
Ausg. in 24 Lfgn. à Jahrg. *

— dass. — Hrsgbr.: Frz. Jos. Urlichs. Jahrg. 1865. 12 Lfgn. (à ½ Bog. mit 2 ill. Modekpfrn. und 1 lithogr. Musterbog.) hoch 4. Aachen. Leipzig, Wengler. *
Ausg. in 24 Lfgn. *

Folletête, C. Documents inédits sur l'histoire de la révolution dans l'évêché de Bâle 1793—98. Rapports de l'émissaire bernois Bischof dans l'évêché. 8°. 154 p. Porrentruy, Impr. du Jura. 2 —

Folletête, C. Histoire du Régiment du Prince-Evêque de Bâle, au service de France. Etude mili aire sur le XVIIIe siècle, 1884. In-8°, 191 p. Fribourg, impr. cathol. suisse. 2 50

Folletête, Casimir. Lettres sur le centenaire de la bataille de Sempach (9 juillet 1386). In-8°. IV et 45 p. Porrentruy, Imprimerie de Léon Prêtre. — 85

Folletête, Casimir. Un négociateur suisse du Comte d'Artois pendant la Campagne de France ⟨Mars 1814⟩ ([Johann Philipp] Wildermett). Episode des origines de la Restauration. E. 8. Fribourg 1886.

Folletête, Casimir. Les origines du Jura bernois. Recueil de pièces et documents relatifs à l'histoire de la réunion de l'ancien Evêché de Bâle, au canton de Berne. 1re partie [seule parue]: Décembre 1813—23 Août 1815. [Avec 2 tableaux.] S. Porrentruy 1888.

Folletête, Casimir. La prévôté de Moutier-Grandval pendant la Révolution jusqu'à son annexion à la France. 1792–1797. ([Avec] Pièces justificatives.) S. Delémont 1892.

Folletête, C(asimir). Le régiment de l'évêché (*Umschlag:* Histoire du r' du prince-évêque) de Bâle au service de France, 1758–1792. (Étude militaire sur le XVIIIme siècle.) [Avec 1 tableau.] E. 8. Fribourg 1882 (*Umschlag:* 1883).

Follie, de la, d. Philosoph ohne Ansp., oder d. seltene Mann, e. physikal. chym. Werk. gr. 8. Frft. Andreä. 781.

Follie's Reisen d. d. Wüst. v. Sahara, a. d. Fr. 8. Bayr. (Grau, Hof.) 794.

— Dass., nebst Will. Jones Beschreib. d. Insel Hinzuan; aus d. Engl., mit Anmerkk. v. J. R. Forster. gr. 8. Berl. 795. Voß. 12 gl.

— — dass. u. Jones Hinzuan. s. Beytr. z. Kenntn. v. Afr. 2s.

Follin, E., das Ophthalmoskop als diagnostisches Hülfsmittel bei Augenkrankheiten. Sechs Vorlesungen in der chirurg. Klinik der Charité gehalten. Aus dem Französ. gr. 8. (VIII und 94 S. mit 18 Abbild. auf 8 Stnt., wovon 1 chromolithogr.) Weimar 859, Voigt.

Föllinger, Elisabeth, approb. Aerztin aus Grumbach, Regbz. Trier: Zur Kasuistik des Spasmus nutans. *Leipzig 1903: B. Georgi.* (33 S.) 8°
Leipzig, Med. Diss. v. (20. Juli) 1903

Folliot de Crenneville, Franz Karl, s. Crenneville

Follmann, H., Invalidenversicherungsgesetz, s.: Woedtke, E. v.

Follmann, M., Kinderkrankheiten u. deren naturgemäße Behandlg. gr. 8. (VI, 46 S.) Berlin 899. P. Scheller. n. — 80

Follmann, M. F. [Oberl.]: Die Mundart der Deutsch-Lothringer und Luxemburger. II. Teil: Vocalismus. (Forts. d. P-Beil. 1886.) Metz, Buchdr. P. Even, 1890; 28 S. 4°
Metz, R, MP 1890 (517)

Follmann, Mich. Ferd., Wörterbuch der deutsch-lothringischen Mundarten, s.: Quellen zur lothring. Geschichte.

Follmann, O., unterdevonische Crinoiden, s.: Festschrift, der deutschen geologischen Gesellschaft gewidmet etc.

Follmann, Otto, die Eifel, s.: Forschungen zur deutschen Landes- u. Volkskunde.

Follmann, Otto [Dr.]: Über die unterdevonischen Schichten bei Coblenz. Coblenz, *Univ.-Buchdr. v. C. Georgi in Bonn,* 1891; S. 8—88; 4°
Coblenz, k. G, P 1891 (425)

Follmann, Otto ⟨geb. am 11 Dez. 1856 in Landscheid i. d. Eifel⟩: Die unterdevonischen Schichten von Olkenbach. Ein Beitrag zur Altersbestimmung der sog. Wissenbacher Schiefer ... Bonn, Univ.-Buchdr. v. C. Georgi 1882. 2 Bl., 51 S., 1 Bl. 8. ¶ Sonderabdr. aus d. Verhandl. d. naturhist. Vereins d. preuss. Rheinl. u. Westf. XXXIX 1882 S. 129 ff.
Bonn, Phil. Fak., Diss. v. 5 Juli 1882

FOLLMER, August (Rodalben): Über Hypernephrome. Beiträge zur Casuistik. (Titel nach der Urkunde) 13.7.1906 – Urk: Chr 1906/07,22
Diss. Ingolst.-Landsh.-Mchn.

Föllmer, Wilh., die Grund- u. Bodenfrage in Deutsch-Südwest-Afrika, s.: Abhandlungen, kolonialpolitische.

Follmer, Wilh., s.: Kolonien, die deutschen.

— Die deutschen Kolonien u. die deutsche Volksgesundheit, s.: Abhandlungen, kolonialpolitische.

Föllner, J. A., die Dampfheizung u. ihre Vortheile für die Industrie, Haus- und Landwirthschaft. Oder Anweisung, die Wasserdämpfe zum Heitzen, Kochen &c. anzuwenden. Nebst Beschreibb. u. Abbildd. der dazu erforderl. Apparate. Mit 1 Taf. Abbildd. 8. Quedlinburg 833, Basse. 3/4 ß

—— der Feuerspritzen-Fabrikant. Oder Anweis., nicht nur d. gewöhnl. deutschen Feuerspritzen zweckmäßig u. wohlfeil zu erbauen, sondern auch d. engl., so wie die in neuester Zeit in Anwend. gebrachten u. höchst zweckmäßig befund. Dampf-Feuerspritzen zu construiren. Mit Abbild. (auf 3 lith. Bl. in qu. Fol.) 8. (2 B.) Quedlinburg 834, Basse.

Föllner, (J. A.,) Schutz, Rettung u. Hülfe i. Feuersgefahren, oder Beobachtt., Erfahrungen &c. Mit 82 Abbildungen. 8. Quedlinburg 826, Basse.

Follrichs, J., Landbau-Register, nebst Anh. üb. die zweckmäßigste Verwendg. der gebräuchlichsten Düngemittel. (7 S., 26 S. Formulare u. S. 11—23.) 33×21 cm. Leer 908. D. H. Zopfs & Sohn. Kart. 1.50; 50 S. Formulare 2.—; 98 S. Formulare 3. —

Folly, A[lexis]. Modèle d'ouverture et de clôture des comptes d'une exploitation rurale. [Couverture illustrée. — Publié par l']Institut agricole de Fribourg, [Bureau de] Comptabilité. 86 p. 8. Fribourg, Impr. de l'Œuvre de Saint-Paul, 1903. [fr. 1. —]

Fölmer, G., s. v. Spee, Fr., Trutz-Nachtigall.

Fölmer, (G.), Terzett und Chor. Zu „Deklamationen und Gesänge zur Feier. von des Königs Geburtstag." qu. Fol. (1 lithogr. Bl.) Lippstadt 857, [Staats.] Thlr.
Vgl.: Deklamationen und Gesänge.

Folnes, C. J., verbotene Früchte. Schauspiel in 3 Aufzügen. gr. 8. (40 S.) Leipzig 872. Mutze. n. 1. —

Folnes, C. J., die Gezeichnete, s. Theater-Repertoir, Wiener.

Folnes, C. J., aus dem Soldatenleben. Schauspiel in 4 Aufzügen. gr. 8. (54 S.) Leipzig 872. Mutze. n. 1. —

Folnesics, Johann Ludwig, s. Sonnenblume.

Folnesics, J. Ldw., Winke für weibl. Erziehungsanstalten meines Vaterlandes. 1r Heft. gr. 8. Ofen 815.

Folnesics, Johann Ludwig, s. Zeitblätter für Freunde wahrer Menschenbildung.

FOLNESICS, Josef

— u. E. W. Braun, Geschichte d. k. k. Wiener Porzellan-Manufaktur. Hrsg. v. k. k. österreich. Museum f. Kunst u. Industrie. Mit 42 Taf., darunter 12 farb., 1 Markentaf. u. 147 Illustr. im Text. (XII, 234 S.) 38×28 cm. Wien 907. Hof- u. Staatsdruckerei. Geb. in Leinw. 200. —

Folnesics, Jos., alte Innenräume österreichischer Schlösser, Paläste u. Wohnhäuser. 1. Lfg. (40 Taf. m. III S. Text.) 41×31,5 cm. Wien (910). A. Schroll & Co. In Halbleinw.-Mappe 80. —

Folnesics, Jos., Innenräume u. Hausrath der Empire- u. Biedermeierzeit in Oesterreich-Ungarn. (In 6 Lfgn.) 1.—4. Lfg. (à 12 Lichtdr.-Taf.) gr. Fol. Wien (902). A. Schroll & Co. à n. 7.50

Folnesics, Jos., Innenräume u. Hausrat der Empire- u. Biedermeierzeit in Oesterreich-Ungarn. 60 Lichtdr.-Taf. m. geschichtl. erläut. Text. 5. u. 6. Lfg. (à 12 Taf.) Fol. Wien (903). A. Schroll & Co. à n. 7.50 (kplt. in Mappe n. 54. —)

Folnesics, Josef, s. Mittheilungen des k. k. österr. Museums für Kunst u. Industrie.

Folomejew, K. J., Malebolge („Die böse Grube"). Drama in 4 Aufzügen. Aus dem russ. Mstr. frei ins Deutsche übertr. v. Maxim Blumenau. gr. 8. (56 S.) München 901. Osterholz. H. Hölzer. n. 1.25

Folprecht: Über die Zweigströme. 10 S.– Warasdin, Progr. 1856.

Folquet v. Romans, Gedichte, hrsg. v. Rud. Zenker, s.: Bibliothek, romanische.

Fölsch, Aug., Bericht über die Wasser-Versorgung der königl. Residenz- und Hauptstadt Dresden. In offiziellem Auftrage erstattet. gr. 4. (VII und 235 S.) Dresden 864, Kuntze. *

Fölsch, Aug., die Stadt-Wasserkunst in Hamburg. Nach offiziellen Quellen bearb. gr. 8. (IV und 83 S. mit 3 erläut. lithogr. Plänen in gr. Fol. und einer lithogr. Ansicht der Anlagen zu Röthenburgsort.) Hamburg 851, Perthes-Besser und Mauke. *

Foelsch, Aug., Hamburger Stadtwasserkunst, s. Gill, Henry.

— Theaterbrände u. die zur Verhütung derselben erforderlichen Schutz-Massregeln. Mit einem Verzeichniss von 523 abgebrannten Theatern u. 4 (Kpfr.-) Taf. gr. 8. (IX, 328 S.) Hamburg 878. O. Meissner. n. 8. —

— dasselbe. Ergänzungs-Heft, mit einem neuen Verzeichnisse von 108 abgebrannten Theatern. gr. 8. (68 S.) Ebend. 882. n. 1. —

Fölsch, Aug., über Theaterbrände und über die für das neue Opernhaus in Wien getroffenen Sicherheits-Massregeln. gr. 8. (52 S. mit 2 lithogr. Taf. in Fol.) Wien 870, v. Waldheim. *
Aus: Zeitschrift des oesterreich. Ingenieur- und Architekten-Vereines, besonders abgedruckt.

—— und Carl Hornbostel, Wien's Wasser-Versorgung. Eine Denkschrift, dem löbl. Gemeinderathe der Haupt- und Residenzstadt Wien überreicht. gr. 4. (VII und 68 S. mit 3 Stnt. in gr. 4. und Fol.) Wien 862, (Gerold's Sohn.) *

—— dass. — 2. Denkschrift. gr. 4. (VII und 68 S. mit 2 erläut. Stnt. in gr. 4. und qu. Imp.-Fol. und mehreren Tab.) (Ebendas.) 868. *

Fölsch, Jh. Bernh., über d. Verbindung d. Universalhistorie mit d. deutschen Staats- u. Lehnrecht. 8. Wien 775.

Fölsche, J. Ueber eine neue Bremsvorrichtung. Magdeburg 1876. 4.

FOELSING, AUGUST. Ueber einige Aether-Ester der Glycolsäure und Salicylsäure. 1. Einwirkung von Bromwasserstoffsäure. 2. Einwirkung von Ammoniak. Freiburg i. B., 1884.

FÖLSING, Johannes

— Anklagen der Mängel in den Bewahranstalten für Kinder vor der Schule u. Mittel zur möglichsten Beseitigung d. Mißstände. Ausgeg. am 12. Jan. 1846, am 100jähr. Jubiläumstage Pestalozzi's. 8. Ebend. 846. 1/12 ß

— u. C. F. Lauckhardt, pädagogische Bilder od. die moderne Erziehung in der Familie u. Kleinkinderschule in der Nähe u. Ferne betrachtet. gr. 8. (IV u. 104 S.) Essen 847, Bädeker. 1/2 ß

Foelsing, J., Blüthen u. Früchte der Kleinkinderschulen nach hundertjähr. Bestehen. Ein Handbuch für Familien u. Kleinkinderschulen. Mit dem Portr. des Verf. in Lichtdr. u. 21 lith. Taf. gr. 8. (VIII, 152 S.) Forst i. L. 880. Hoene. n. 2. 40

Fölsing, J., Dr. W. J. G. Curtmann. Sein Leben und Wirken, seine Bedeutung als Pädagoge. gr. 8. (116 S.) Leipzig 873, Siegismund und Volkening. *

— Dr. W. J. G. Curtman. Sein Leben u. Wirken, seine Bedeutung als Pädagoge. Mit Portr. Curtman's (in Holzschn.). 2. (Titel-)Ausg. gr. 8. (116 S.) Leipzig 878. Siegismund & Volkening. n. 1. 20

— dasselbe. s.: Sammelmappe, pädagogische.

— Dornenstücke zu Blüthen u. Früchte der Kleinkinderschulen nach 100jährigem Bestehen. Zu der Doppel-Feier: Dem 100jähr. Jubiläum der ersten Kleinkinderschule am 16. Juni 1879 durch Oberlin u. dem 100jähr. Geburtstage Friedrich Fröbels am 21. Apr. 1882. gr. 8. (18 S.) Forst i/L. 882. Hoene. n. — 50

— Erziehungsstoffe od. Beiträge zu e. erfolgreichen Erziehung der zarten Kindheit, in leichten Gesängen, Spielen, Körperübungen, Gebeten, Sprüchen, Erzählungen und Gedichten. gr. 16. Darmstadt 846, Leske. In engl. Einband. n. $^3/_4$ ℛ

Fölsing, J., Erziehungsstoffe für Familien und Kleinkinderschulen. 2. verm. u. theilweise umgearb. Aufl. 1. Thl. Darmstadt 860. Zernin. gr. 8. (XVIII, 251 S.) 21 ngr

Fölsing, J., Erziehungsstoffe in Gedichten, Mährchen, Gesängen, statistischen Nachrichten, erziehlichen Rathschlägen und Winken aus dem Gebiete der Kinderstube und Kleinkinderschule zu einer naturgemäßen Entwickelung der Kindheit. Für Väter und Mütter, Erzieher u. Erzieherinnen. 3. Thl. Darmstadt 854. Leske. 4. (VIII, 77 S.) n. 16 ngr

Fölsing, Johs., Erziehungsstoffe in Singspielen, Gesängen, Choralen nebst angeknüpften Beobachtungen, kurzen Erzählungen ꝛc. zu einer naturgemäßen Entwickelung der Kindheit. Für Familien, Kleinkinder- u. untere Elementarschulen. 2. Thl. 4. (XVI u. 79 S.) Darmstadt 852, Leske. n. $^7/_{12}$ ℛ (1 u. 2. n. 1 $^1/_3$ ℛ)

— Erziehungsstoffe in Singspielen, Gesängen, Chorälen nebst angeknüpften Beobachtungen ꝛc. zu einer naturgemäßen Entwickelung der Kindheit. Für Familien, Kleinkinder- u. untere Elementarschulen. 2. u. 3. Thl. 2. (Titel-) Ausg. Ebend. 861. 8. (XVI, 79; VIII, 77 S.) 2.: n. 17 $^1/_2$ ngr; 3.: n. 16 ngr

Fölsing, J., eine Fürstin, die Großherzogin Mathilde von Hessen und bei Rhein. 16. (IV und 48 S. mit lithogr. Bildniß.) Frankfurt a. M. 864, [Winter.]

Fölsing, J(ohs.), Geist der Kleinkindererziehung, insbes. die Kleinkinderschule, wie sie ist und sein soll. 2., verm. Aufl. gr. 8. (IV und 60 S.) Darmstadt 847, Pabst. *

—— der **Gesangfreund,** eine Liedersammlung für das Schul- und Volksleben. 2. Sammlung. 12. (VIII und 88 S.) Darmstadt 847, Pabst.
1. Samml. s. Dess. Sammlung.

—— **Geschichten für Kinder.** Müttern, Geschwistern, Erziehern und Erzieherinnen dargebracht. gr. 8. (VIII und 88 S. mit eingedr. Holzschn.) Darmstadt 864, Zernin. cart.

—— die **Kleinkinderschule** zu Darmstadt mit Beziehungen auf ähnliche Anstalten in Deutschland. Ein Vortrag am 6. Dezbr. 1854 in der Generalversammlung des Kleinkinderschulvereins zu Darmstadt gehalten. 1. und 2. Aufl. br. 8. (21 S. mit 1 Tab. in Fol.) Darmstadt 855, Leske. *

—— die **hessischen Kleinkinderschulen,** nach authent. Quellen zum ersten Mal zusammengestellt. 1. und 2., verm. Aufl. gr. 8. (20 S.) Darmstadt 862, (Zernin.) *

— die Kleinkinderschulen, wie sie sind u. was sie sein sollen. Material zum Fundament beim neuen Aufbau d. deutschen Volksschulwesens. gr. 8. (IV u. 142 S.) Erfurt 848, Körner. $^1/_2$ ℛ

—— **über Kleinkinderschulen,** Wohnstuben und Ausbildung deutscher Erzieherinnen. Skizzen aus dem Leben als Beitrag zum Fundament bei einem Neubau deutscher Erziehung und Gesittung. 8. (21 S.) Darmstadt 866, Zernin. *
Aus: Allgemeine Schulzeitung, besonders abgedruckt.

Fölsing, J., Lehrbuch der Englischen Sprache. gr. 8. Berlin 840. Voß. n. $^5/_6$ ℛ

Fölsing, (Dr.) J., Lehrbuch der Englischen Sprache. 1. Thl. Leitfaden f. d. elementaren Unterricht. 2. umgearb. u. verm. Aufl. gr. 8. Berlin 842, Voß'sche B. 3. Aufl. 845. $^5/_{12}$ ℛ — 2. Thl. Leitfaden f. den wissenschaftl. Unterricht. 2. umgearb. u. verm. Aufl. gr. 8. Ebend. 843. n. $^3/_4$ ℛ — 3. Aufl. 845. n. 1 ℛ

— dass. 1. Thl. A. u. d. T.: Lehrbuch f. d. elementaren Unterricht in der englischen Sprache mit vielen Lesestücken und Uebungen z. Uebersetzen aus dem Deutschen in das Englische. 3. Aufl. Berlin 846, Th. Enslin. n. $^1/_2$ ℛ

— dass. 2. Thl. A. u. d. T.: Lehrbuch für den wissenschaftl. Unterricht in der engl. Sprache mit vielen Uebungsstücken zum Uebersetzen aus dem Deutschen in das Engl. 3. verb. u. verm. Aufl. gr. 8. Ebend. 846. n. 1 ℛ

Fölsing, J., Lehrbuch der engl. Sprache. 1. Thl. A. u. d. T.: Lehrbuch f. den elementaren Unterricht in d. engl. Sprache mit vielen Lesestücken u. Uebungen z. Uebersetzen ꝛc. 4. verb. Aufl., besorgt von W. Brennecke. gr. 8. (VI u. 110 S.) Berlin 848, Th. Enslin. — 5. Aufl. gr. 8. (VI u. 108 S.) Ebd. 850. — 6. Aufl. gr. 8, (IV u. 108 S.) Ebd. 851. n. $^1/_2$ ℛ — 2. Thl. A. u. d. T.: Lehrbuch f. den wissenschaftl. Unterricht in der engl. Sprache m. vielen Uebungsstücken zum Uebersetzen aus dem Deutschen in das Englische. 5. verb. Aufl. gr. 8. (XXIV u. 256 S.) Ebd. 851. n. 1 ℛ (cplt. n. 1 $^1/_2$ ℛ)

Fölsing, J., Lehrbuch der Englischen Sprache. 1. Thl. A. u. d. T.: Lehrbuch für den elementaren Unterricht in der Englischen Sprache mit vielen Lesestücken u. Uebungen zum Uebersetzen aus dem Deutschen in das Englische. 7—10. verb. Aufl. Berlin 853—58. Th. Enslin. gr. 8. (VIII, 112 S.) n. 15 ngr

— — 2. Thl. A. u. d. T.: Lehrbuch für den wissenschaftl. Unterricht in der engl. Sprache mit vielen Uebungsstücken zum Uebersetzen aus dem Deutschen ins Englische. 6. verb. Aufl. 853. — 7. Aufl. 854. — 8. u. 9. Aufl., durchges. von E. von Dalen. Berlin 857, 58. Th. Enslin. gr. 8. (XXIV, 248 S.) n. 1 ℛ

Fölsing, J., Lehrbuch der englischen Sprache. 2 Theile. Berlin, Th. Enslin. gr. 8.
1. Thl.: Lehrbuch für den elementaren Unterricht in der englischen Sprache mit vielen Lesestücken und Uebungen zum Uebersetzen aus dem Deutschen in das Engl. 11. Aufl. 859. — 12. Aufl. 861. — 13. Aufl. 863. — 14. Aufl. 864. (VII, 128 S.) n. 15 ngr
2. Thl.: Lehrbuch für den wissenschaftlichen Unterricht in der englischen Sprache mit vielen Uebungsstücken zum Uebersetzen aus dem Deutschen ins Englische. 10. Aufl. 861. — 11. Aufl., durchgeseh. von E. van Dalen. 863. (XXIV, 218 S.) n. 1 ℛ

Fölsing, J., Lehrbuch der englischen Sprache. 2 Thle. Berlin, Th. Enslin. gr. 8. n. 1 ℛ 15 ngr
1. Thl.: Lehrbuch für den elementaren Unterricht in der englischen Sprache mit vielen Lesestücken u. Uebungen aus d. Deutschen in das Englische. 16. Aufl. 867. — 17. Aufl. 869. (VII, 128 S.) n. 15 ngr
2. Thl.: Lehrbuch für den wissenschaftlichen Unterricht in der englischen Sprache mit vielen Uebungsstücken zum Uebersetzen aus dem Deutschen ins Englische. 12. Aufl. 865. — 13. Aufl. 867. — 14. Aufl. Durchges. von E. van Dalen. 869. (XVI, 288 S.) n. 1 ℛ

— **Lehrbuch der englischen Sprache.** 2 Thle. gr. 8. Berlin 873—75. Enslin. n. 4. 50
1. Thl. Lehrbuch f. den elementaren Unterricht in der engl. Sprache m. vielen Lesestücken u. Uebgn. zum Uebersetzen aus dem Deutschen in das Englische. 18. Aufl. (VIII, 128 S.) n. 1. 50
2. Thl. Lehrbuch f. den wissenschaftl. Unterricht in der engl. Sprache, m. vielen Uebungsstücken zum Uebersetzen aus dem Deutschen ins Engl. 16. Aufl., durchgesehen v. E. van Dalen. (XVI, 295 S.) n. 3.

Fölsing, J., Lehrbuch der englischen Sprache. 1. u. 2. Thl. gr. 8. Berlin 878. 79. Enslin. n. 4. 50
1. Lehrbuch für den elementaren Unterricht in der englischen Sprache mit vielen Lesestücken u. Uebungen zum Uebersetzen aus dem Deutschen in das Englische. 21. Aufl. (VIII, 128 S.) n. 1. 50
2. Lehrbuch für den wissenschaftl. Unterricht in der englischen Sprache, mit vielen Uebungsstücken zum Uebersetzen aus dem Deutschen ins Englische. 17. Aufl., durchgesehen von C. van Dalen. (XVI, 299 S.) n. 3. —

Fölsing, J., Lehrbuch der englischen Sprache. 1. u. 2. Tl. à 2 Abtlgn., neu bearb. v. John Koch. gr. 8. (IX, 279 S.) Berlin, Th. Ch. F. Enslin. n. 7. 30
I. Elementarbuch der englischen Sprache. 22. Aufl. (XI, 279 S.) 885. n. 1. 80
II. A. Englisches Lesebuch, nebst fortlauf. Fragen u. sachl. u. sprachl. Anmerkgn. Mit Karten v. Großbritannien u. 1 Plan von London. (VIII, 370 S.) 886. n. 4. —; Einbd. n.n. — 30
B. Kurzgefaßte Grammatik, nebst Übgn. zum engl. Lesebuch. (VI, 122 S.) 886. n. 1. 50; Einbd. n.n. — 25

Foelsing-Koch, Lehrbuch der englischen Sprache. 1. Tl. gr. 8. Berlin 890. E. Goldschmidt. geb. n.n. 2. 10
Elementarbuch der englischen Sprache v. J. Foelsing. 24., verb. Aufl., bearb. v. John Koch. (X, 214 S.)

— dasselbe. 2. Tl. Verkürzte Mittelstufe. 3 Abtlgn. Bearb. v. John Koch. gr. 8. Ebd. 890. geb. n.n. 5. 10
1. Kleineres englisches Lesebuch, nebst fortlauf. Fragen u. sachl. u. sprachl. Anmerkgn. Mit Karten von Großbritannien u. e. Plan von London. (IV, 221 S.) n.n. 2. 80
2. Hauptregeln der englischen Grammatik, nebst Übungen zum kleineren engl. Lesebuch. (VI, 109 S.) — 3. Wörterverzeichnis zum kleineren englischen Lesebuch. Mit Unterstützg. v. C. Thiem bearb. (VI, 95 S.) geb. in 1 Bd. n.n. 2. 30

— dasselbe. 3. Tl. Oberstufe. Wissenschaftliche Grammatik der engl. Sprache besond. f. die Oberklassen höherer Lehranstalten u. zur Einführg. in das Universitätsstudium. Nach der 17. Aufl. v. J. Foelsing's Lehrbuch für den wissenschaftl. Unterricht in der engl. Sprache neu bearb. v. J. Koch. (VIII, 468 S. m. 1 Taf.) Berlin 890. Goldschmidt. n. 5. —; geb. n.n. 5. 30

Fölsing, J., u. John Koch, Lehrbuch der englischen Sprache. 1. Tl. gr. 8. Berlin 894. E. Goldschmidt. Geb. in Leinw. n.n. 2. 10
Elementarbuch der englischen Sprache v. J. Fölsing. 26. Aufl., bearb. v. John Koch. (X, 215 S.)

— — dasselbe. 2. Tl. Verkürzte Mittelstufe. 3 Abtlgn. Ausg. f. Mädchenschulen. Bearb. v. John Koch. gr. 8. Ebd. 891. Geb. in Leinw. n.n. 5. 10
1. Kleineres englisches Lesebuch, nebst fortlauf. Fragen u. sachl. u. sprachl. Anmerkgn. Mit (farb.) Karten v. Großbritannien u. Plan v. London. (VI, 219 S.) n.n. 2. 50
2. Hauptregeln der englischen Grammatik, nebst Übgn. zum kleineren englischen Lesebuch. (XVIII, 109 S.) — 3. Wörterverzeichnis zum kleineren englischen Lesebuch. Mit Unterstützg. v. C. Thiem bearb. (VI, 119 S.) In 1 Bd. geb. n.n. 2. 50

— — dasselbe. Mittelstufe. 3. Jahreskurs. 3 Abtlgn. gr. 8. Ebd. Geb. in Leinw. n. 6. 50
1. Kleineres englisches Lesebuch, nebst fortlauf. Fragen u. sachl. u. sprachl. Anmerkgn. 2., nach den neuen Lehrplänen bearb. Aufl. Von John Koch. (VI, 210 S.) 894. n. 2. 50
2. Schulgrammatik der englischen Sprache, nebst e. Synonymik u. Übungsstücken, bearb. v. John Koch. (VII, 200 S.) 891. n. 2. 50
3. Wörterverzeichnis zum kleineren englischen Lesebuch. Mit Unterstützg. v. C. Thiem, bearb. v. John Koch. (95 S.) 890. n. 1. 50

Foelsing, J., u. John Koch, Lehrbuch d. engl. Sprache. 1. Tl. Elementarbuch. 28. Aufl., bearb. v. John Koch. gr. 8. (X, 215 S.) Hamburg 898. H. Grand. Geb in Leinw. n.n. 2. 10

— dasselbe. 2. Tl., s.: Koch, John, Mittelstufe.

— u. **Koch**, Lehrbuch der engl. Sprache. 1. Tl. Ausg. B u. 4. Tl. Neu bearb. v. John Koch. 8. Hamburg, H. Grand. Geb. n.n. 4. 90
1. Elementarbuch der englischen Sprache. 30. Aufl. Ausg. B. (IX, 218 S.) 904. n.n. 2. 10
4. Schulgrammatik der englisch. Sprache nebst e. Synonymik u. Uebungsstücken. (Für den 3. u. die folg. Jahreskurse.) 2. verb. u. verm. Aufl. (VII, 268 S.) 905. n. 2. 80

Foelsing u. Koch, Lehrbuch der englischen Sprache. 4. Tl. 8. Hamburg, H. Grand. Geb. in Leinw. 2. 80
4. Schulgrammatik der englischen Sprache nebst e. Synonymik u. Übungsstücken. (Für den 3. u. die folg. Jahreskurse.) Von John Koch. 3. verb. u. verm. Aufl. (VII, 282 S.) 910.

— und Geo. **Heck**, erstes Lesebuch für den vereinigten Lese-, Schreib-, Sprach- u. Sach-Unterricht. Die zwei ersten Schuljahre. Darmstadt 858. Leske. gr. 8. (72 S.) n. 3 ngr

—— die Menschenerziehung oder die naturgemäße Erziehung und Entwicklung der Kindheit in den ersten Lebensjahren. Ein Buch für das Familien- und Kleinkinderschulleben. gr. 12. (XXIII und 371 S.) Leipzig 850, Brandstetter.

—— Realienbuch, ein Leitfaden der Naturkunde, Länderkunde, Geschichte und Sprachlehre für deutsche Schulen in Stadt und Land. 8. (VII und 80 S.) Oppenheim a. R. 862, Kern. geb. *

— Rechenbuch für die preuß. Gymnasien und Bürgerschulen. 1. Thl., welcher d. vier Grund-Verbindungsarten (Species) behandelt. 8. Berlin 845, Vossische Buchh. n. 1/4 ß — 2. Thl., welcher die Verhältniß-Gleichungen (Regel de tri) behandelt. 8. Ebend. 844. n. 1/4 ß

— Auflösungen dazu. 8. Ebend. 844. n. 1/4 ß

— Rechenbuch für die Preuß. Gymnasien u. Bürgerschulen. 2 Thle. 2. Aufl. 8. (207 S.) Berlin 849, Oehmigke's Verlag. (à n. 1/4 ß) n. 1/2 ß

—— Rechenbuch für Gymnasien, Real- und Bürgerschulen. 1. und 2. Thl. 4. Aufl. 1858. und 5. Aufl.; mit Berücksicht. der neueren Veränderungen im Gewichts- und Münzwesen. 8. Berlin 861, Th. Chr. Friedr. Enslin. à Thl. * 7½ Ngr. *
Inhalt:
Thl. 1. Die vier Grund-Verbindungsarten (Spezies). (108 S.)
" 2. Die Verhältniß-Gleichungen (Regel de tri). (104 S.)

— Rechenbuch für Gymnasien, Real- und Bürgerschulen. 2 Thle. 5. Aufl. 861. — 6. Aufl. mit Berücksichtigung der neueren Veränderungen im Gewichts- und Münzwesen. Berlin 864. Th. Enslin. 8. Jeder Thl. n. 7½ ngr
Inhalt: 1. Die vier Grund-Verbindungsarten. [Spezies.] (108 S.) — 2. Die Verhältniß-Gleichungen. [Regel de tri.] (101 S.)

— Auflösungen der im 2. Theile von Fölsing's Rechenbuch enthaltenen Beispiele. 6. Aufl.; mit Berücksichtigung der neuern Veränderungen im Gewichts- und Münzwesen. Ebend. 864. 8. (61 S.) n. 7½ ngr

—— Rechenbuch für Gymnasien, Real- und Bürgerschulen. 3 Thle. 8. Berlin, Th. C. F. Enslin. à Thl. * 7½ Ngr. * —
Inhalt:
Thl. 1. Die vier Grund-Verbindungsarten (Spezies). 6. Aufl. mit Berücksichtigung der neueren Veränderungen im Gewichts- und Münzwesen. (108 S.) 864.
" 2. Die Verhältniß-Gleichungen (Regel de tri). 6. Aufl. mit Berücksichtigung der neueren Veränderungen im Gewichts- und Münzwesen. (104 S.) 864.
" 3. Dezimalbrüche, Wurzelausziehung, Flächen- und Körperberechnung, bearb. von Herm. Thurein. (VI und 122 S.) 866.

Rechenbuch für Gymnasien, Real- u. Bürgerschulen. 1. u. 2. Thl. 9. Aufl. Mit Berücksichtigung der neuesten Veränderungen im Maß-, Gewichts- u. Münzwesen. Ebend. 870. 8. (101; 116 S.) Jeder Thl. n. 7½ ngr

3. Thl., welcher die Dezimalbrüche, Wurzelausziehung, Flächen- u. Körperberechnung behandelt, bearb. von Herm. Thurein. Ebend. 866. 8. (VI, 122 S.) n. 7½ ngr

Auflösungen der im 1. u. 2. Thle. enth. Beispiele. 9. Aufl. Mit Berücksichtigung der neuesten Veränderungen im Maaß-, Gewichts- u. Münzwesen. Ebend. 870. 8. (32; 59 S.) 1.: n. 5 ngr; 2.: n. 7½ ngr

—— Rechenbuch für Gymnasien, Real- und Bürgerschulen. 1. und 2. Thl. 9. und 10. Aufl. Mit Berücksicht. der neuesten Veränderungen im Maß-, Gewichts- und Münzwesen. 8. (104; 116 S.) Berlin 870,72, Th. C. F. Enslin. à Thl. * 75 Pf. *

—— dass. — 1. und 2. Thl. 11. und 12. Aufl. gr. 8. Ebendas. 874,75. à Thl. * 80 Pf. *

Inhalt:
Thl. 1. Die vier Grund- und Verbindungsarten. (Species.) (102 S.)
" 2. Verhältniß-Gleichungen. (Regel de tri.) (120 S.)
3. Thl. Ebendas. 1866. * 80 Pf.

— Rechenbuch f. Gymnasien, Real- u. Bürgerschulen. 1. u. 2. Thl. 12. Aufl. Mit Berücksicht. der neuen Verändergn. in Maß-, Gewichts- u. Münzwesen. gr. 8. Ebend. 875. à — 80

1. Die 4 Grund- u. Verbindungsarten. (Species.) (102 S.)
2. Verhältniß-Gleichgn. (Regel de tri.) (125 S.)

— dasselbe. Auflösungen zum 1. u. 2. Thl. 12. Aufl. 8. Ebend. 875. n. 1. 40

1. (32 S.) n. — 60. — 2. (40 S.) n. — 80.

—— Rechenbuch für Gymnasien, Real- und Bürgerschulen. 1. und 2. Thl. 13. und 14. Aufl. gr. 8. Ebendas. 1876,78. à Thl. * 80 Pf. *

Inhalt:
Thl. 1. Die vier Grund- und Verbindungsarten. (Species.) (107 S.)
" 2. Verhältniß-Gleichungen. (Regel de tri.) (113 S.)
3. Thl. Ebendas. 1866. * 80 Pf.

— Rechenbuch für Gymnasien, Real- u. Bürgerschulen. 1. u. 2. Tl. 15. Aufl. In Bezug auf die neue Orthogr. rev. u. teilweise umgearb. v. Fr. Bußler. 8. (110 u. 108 S.) Ebend. 881. n. — 80

— dasselbe. Auflösungen zum 1. u. 2. Tl. 15. Aufl. 8. Ebend. 881. n. 1. 40

1. (35 S.) n. — 60. — 2. (40 S.) n. — 80

Foelsing, J., Rechenbuch für Gymnasien, Real- und Bürgerschulen. 2 Tle. 16. Aufl. In Bezug auf die neue Orthographie revid. und teilweise umgearb. von Fr. Bußler. 8. Berlin 882, Th. Chr. Fr. Enslin. à Tl. * 80 Pf. *

Inhalt:
Tl. 1. Die vier Grund- und Verbindungsarten (Species). (110 S.)
" 2. Regel de tri, Prozent- und Mischungsrechnung. (108 S.)

— Rechenbuch f. Gymnasien, Realgymnasien, Ober-Realschulen, Seminare. 2 Tle. 18. Aufl., bearb. v. Otto Hoffmann. gr. 8. (VI, 90 u. 86 S.) Ebend. 886. geb. à n. 1. 20

— dasselbe. Auflösungen zum 1. u. 2. Tl. 17. Aufl., bearb. v. Otto Hofmann. 8. (26 u. 28 S.) Ebend. 885. à n. — 80

Fölsing's Rechenbuch für Gymnasien, Realgymnasien, Ober-Realschulen, Realschulen, höhere Bürgerschulen, Seminare ꝛc. 2 Tle. 19. u. 20. Aufl., bearb. v. O. Hoffmann. 8. (VI, 90 u. 86 S.) Berlin 889. E. Goldschmidt. geb. à n. 1. 20

Fölsing's Rechenbuch für Gymnasien, Realgymnasien, Ober-Realschulen, Realschulen, höhere Bürgerschulen, Seminare ꝛc. 2 Tle. 19. u. 20. Aufl., bearb. v. Otto Hoffmann. 8. (VI, 90, 86 S.) [Berl. 889, E. Goldschmidt.] Altenburg, H. A. Pierer. geb. à Tl. * 1 20; * 2 40

Fölsing, J., Rechenbuch f. Gymnasien, Realgymnasien, Ober-Realschulen, Realschulen, höhere Bürgerschulen, Seminare ꝛc. 2 Tle. Bearb. v. Otto Hoffmann. gr. 8 Altenburg 893. H. A. Pierer. Geb. à n. 1. 20

1. 21. Aufl. (VI, 90 S.) — 2. 20. u. 21. Aufl. (II, 86 S.)

Fölsing, Rechenbuch f. Gymnasien, Realgymnasien, Ober-Realschulen, Realschulen, höh. Bürgerschulen, Seminare u. s. w. 2 Tle. 23. Aufl., bearb. v. Otto Hoffmann. gr. 8. (VI, 90 u. II, 86 S.) Altenburg 897. H. A. Pierer. Geb. à n. 1. 20; Auflösungen. 18. Aufl., bearb. v. Otto Hoffmann. (28 S.) n. — 80

Fölsing, Rechenbuch f. Gymnasien, Realgymnasien, Ober-Realschulen, Realschulen, höh. Bürgerschulen, Seminare ꝛc. 2. Tl. 24. Aufl., bearb. v. Otto Hoffmann. gr. 8. (II, 86 S.) Altenburg 901. H. A. Pierer. Geb. n. 1. 20

Fölsing, Rechenbuch f. Gymnasien, Realgymnasien, Ober-Realschulen, Realschulen, höhere Bürgerschulen, Seminare ꝛc. 1. Tl. 25. Aufl., bearb. v. Otto Hoffmann. (VI, 90 S.) 8. Altenburg 905. H. A. Pierer. Geb. n. 1. 20; Auflösungen. 18., m. der 17. gleichlaut. Aufl. (26 S.) n. — 80

Fölsing, Rechenbuch f. Gymnasien, Realgymnasien, Ober-Realschulen, Realschulen, höh. Bürgerschulen, Seminare ꝛc. 1. u. 2. Tl. Bearb. v. H. Rottsahl. 26. Aufl. (VII, 112 u. IV, 92 S.) gr. 8. Altenburg 909. H. A. Pierer. Geb. à 1. 20

—— zur Reform der Kleinkinderschule. 1. und 2. Heft. 8. Darmstadt 857. 58, Leske. à Heft 8 Ngr.

Inhalt:
Heft 1. Die Kleinkinderschule an der Peterskirche in Frankfurt a. M. am 4. Juni 1857. Nach Skizzen der Vorsteherin der Anstalt Margaretha Göß sowie mehrerer Erzieher und Erzieherinnen zusammengestellt und bearb. (VI und 84 S.)
" 2. Die am 28. Mai 1858 stattgehabte 25jähr. Jubelfeier der öffentlichen Kleinkinderschule zu Darmstadt unter der allerh. Protektion Ihrer königl. Hoh. der Großherzogin von Hessen und bei Rhein. (28 S.)

—— dass. — Beiblätter zu den Erziehungsstoffen. 2. Aufl. gr. 8. (VII und 80 S.) Darmstadt 861, Zernin.

Fölsing, J., Sammlung von ein-, zwei- und dreistimmigen Schulgesängen von verschied. Meistern, nebst einer kurzen Einleitung. 12. Darmstadt 845, Pabst. 1/6 ℛ

— Sammlung v. ein-, zwei- u. dreistimm. Schulgesängen nebst einer kurzen Anleitung zum Gesang-Unterricht. 1. Samml.: 48 ein- u. zweistimm., 22 dreistimm. Gesänge enthalt. 2. verb. u. verm. Aufl. 12. (XVIII u. 48 S.) Darmstadt 847, Pabst. n. 3½ ngr — 3. verb. Aufl. 12. (XXII u. 48 S.) Ebd. 852. n. 3½ ngr

Sammlung von ein-, zwei-, drei- und vierstimmigen Schulgesängen. 2. Sammlung: 52 ein- und zweistimmige, 35 drei- u. 13 vierstimmige Gesänge enthaltend. 2. unveränd. (Titel-) Ausg. des Gesangfreundes. Gießen 853. Ferber. 12. (VIII, 88 S.) n. 6⅔ ngr

— s. Schulaufgaben.

—— und C. Roth, der Vaterlandsfreund. Ein hessisches Geschichtslesebuch in charakteristischen Darstellungen und Gedichten aus der hess. Landesgeschichte für Schule und Haus, für Jugend und Volk. 8. (VIII und 96 S. mit 1 lithogr. Karte in Fol. und 1 Holzschnt.) Darmstadt 855(56,) Leske. *

—— —— der Vaterlandsfreund. Ein Schullesebuch mit besond. Berücksicht. der Länder des Hauses Hessen, des Herzogth. Nassau, des Fürstenth. Waldeck und der freien Stadt Frankfurt a. M. Mittlere Stufe. gr. 8. (XII und 238 S. mit 1 lithogr. und ill. Karte obiger Länder in Fol.) Darmstadt 858, Leske. *

—— —— dass. — Obere Stufe. gr. 8. (XIV und 506 S. mit 1 lithogr. und ill. Karte in Fol.) Ebendas. 856.

Vgl. im 12. Bd. 1. Abthl. S. 288: Fölsing und Roth, Vaterlandsfreund.

—— Züge aus dem Leben und Wirken des Dr. Chrn. Heinr. Rinck, gewesener Kantor, Hoforganist und Kammermusikus zu Darmstadt. gr. 8. (66 S.) Erfurt 848, Körner. *

Foelsing, Joan. Henr. (geb. Berlin 18. 2. 1812): Disquisitiones de integralibus definitis. Berolini (1836). (34 S.) 4°

Berlin, Phil. Diss. v. 2. März 1836.

Fölsing, J. H. Memoire sur la substitution d'une variable imaginaire dans une intégrale définie. 19 S. . . . .
Progr. Berlin C.F. 1841

Foelsing-Koch: L e h r b u c h. . . . , s. F o e l s i n g , Johannes, u. John Koch.

Fölster, H. Sprachliche Reimuntersuchung der Miracles de Nostre Dame de Chartres des Mestre Jehan le Marchant. Diss. Marburg 1885. 44 S.

Fölster, H., sprachliche Reimuntersuchungen d. Miracles de Notre Dame de Chartres d. Mestre Johan le Marchant, s.a. Ausgaben u. Abhandlungen aus dem Gebiete der romanischen Philologie.

Folte, Heinr. Gerh., das geistliche Amt nach seinen verfaßlichen Verhältnissen und gesetzlichen Pflichten in der oldenburgischen evangelisch-lutherischen Landeskirche. Nebst einem Geschäftskalender für Geistliche, Lehrer und Aelteste. gr. 8. (XXXI und 223 S.) Oldenburg 857, Schmidt. *

Folte, H. G., s.: Glaubens-Bote, der.

Folte, Heinr. Gerh., chronologische Nachrichten zur Feier des 100jährigen Stiftungsfestes der Kirche und Gemeinde Zwischenahn, am 11. September 1859. Oldenburg 859. Stalling in Comm. gr. 8. (72 S.) n. 8 ngr.

Folteien, F. J., de lacte humano ejusque cum asinino et ovillo comparatione observ. chemicae; acc. H. Doorschodti de lacte atque J. G. Griselii de cura lactis in arthritide comment. ed. Jh. G. Fr. Franz. 8. Leipz. 770.

Folter, Die, oder der menschliche Richter. Ein deutsches Originaldrama in Prosa von einem Aufzuge. Wien 1773. V: *Weidmann, Paul.* (BrMm) (WBL)

FOLTERKAMMER, Die. Geistergeschichte. Altona, bei der Verlagsgesellschaft (Hamburg, Vollmer). 1796. 8°. 128 S. Zahm.

Foltineano, Max, Weibergeschichten, s.: Zehnpfennig-Bibliothek.

— das Zarenreich der Gegenwart. 2. Aufl. 8. (VIII, 375 S.) Berlin 889. Steinitz' Verl. n. 6. —

— s.: Zehnpfennig-Bibliothek.

Foltin, Arth., Tiroler Alpensagen, ill. v. Adf. Schlabitz. gr. 8. (XI, 304 S.) Stuttgart 897. Greiner & Pfeiffer. Geb. n. 7. 50

Foltin, Arth., unsere Kinder. Winke z. Erziehg. 8. (67 S.) Stuttgart 900. Greiner & Pfeiffer. n. — 60

Foltin Johann: Die neuen Erleichterungen in der französischen Orthographie und Syntax und deren Bedeutung für den Unterrichtserfolg auf der Unterstufe unserer Mittelschulen. 29 Waidhofen a. Th. 04. Progr.

*Foltin, Johann: Zwei Festtage: Kaiserjubiläum und Haydnfeier. S. 17—24. 8.
Progr. Niederösterr. Landes-Real- und Ober-Gymn. *Horn* 1909.

*Foltin, Johann: Reisestipendien und Ferienaufenthalt im Auslande. Nach dem Referate am Internationalen Neuphilologen-Kongreß in Paris 1909. S. 3—16. 8.
Progr. Niederösterr. Landes-Real- und Ober-Gymn. *Horn* 1909.

Foltynski. Die Binomialreihe. Landsberg 1852. 4.

Foltynski, P., s.: Kreuznach, Bad.

Foltz, Carl, s. F o l t z , Karl

Foltz, F., Rhein-Album. qu. gr. 4. (22 Stahlst.) Frankfurt a/M. 896. C. Neuland.
Geb. in Leinw. m. Goldschn. n. 10. —

Foltz, Hans: B e i c h t g e d i c h t , s. G e i l e r 's v. K a y s e r s b e r g "Ars moriendi".

Folz, Hans, Meisterlieder aus der Münchener Orig.-Handschrift u. der Weimarer Handschrift Q. 566, hrsg. v. Aug. L. Mayer, s.a. Texte, deutsche, des Mittelalters. XII.

F o l z, H., M e i s t e r l i e d e r, aus der Münchner Original-Handschrift und der Weimarer Handschrift Q 566 mit Ergänzungen aus andern Quellen hrsg. v. A. L. M a y e r. Mit 2 Tafeln. 1908. [Deutsche Texte des Mittelalters Bd. 12.] 8°. (16 Mk. 60 Pfg., neu, O. Schönhuth, München, 1909.)

Foltz, Hans, Meistersänger u. Barbier, dieses puchlein saget uns v. allen paden die vo natur heiß sein. (Nürnberg 1480.) (Facsim.-Druck.) schmal-Fol. (15 S. m. 1 Abb.) Straßburg 896. J. H. E. Heitz. n. 1. —

Folz, Hans, Spruch von der Pest 1482. Abgedr. u. erläutert (v. Ernst Martin). 8. (VI, 23 S.) Strassburg 879. Trübner. n. 1. —

Foltz, Iacobus ⟨geb. 1819 in Kreuznach⟩: Quaestiones Herodianeae ... Bonnae, form. C. Georgii (1844). 1 Bl., 35 S., 1 Bl. 8.
Bonn, Phil. Fak., Diss. v. 24 Febr. 1844

FOLTZ, Karl

Folz, C., Ernte-Statistik von Ober-Oesterreich, s. Zoepf, F.

Foltz Karl: Geschichte der Salzburger Bibliotheken.
1876 PN 59 Diss. Wien, Univ. 635

Foltz, Karl, Geschichte der Salzburger Bibliotheken. (Hrsg. v. der k. k. Central-Commission f. Erforschung u. Erhaltung der Kunst- u. histor. Denkmale.) gr. 8. (119 S.) Wien 877. (Gerold's Sohn.) n. 4. —

Foltz, Carl, die Grundlagen der Bodenproduktion von Oberösterreich. Ein Beitrag zur Kenntniß des Landes ob der Enns. Mit einer (chromolith.) Karte. gr. 8. (IV, 148 S.) Wien 878. Frick. n. 4. —

Foltz, Karl, Hilfsbuch f. d. Sprachunterricht. N. e. v. Herbart-Verein f. Rheinland u. Westfalen beifällig aufgenomm. Entwurf auf vielseit. Wunsch f. d. Hand der Schüler bearb. gr. 8. (43 S.) Bonn 896. (P. Hanstein.) n. — 30

— ist es zweckmäßig, daß jede mehrklassige Schule e. verantwortlichen Leiter hat? (56 S) 8. Elberfeld (904). S. Lucas. n. — 60

Foltz, Karl, s.: Schulaufsicht, die, u. die Rektoren in Langermannscher Beleuchtung.

— Statistik der Bodenproduktion von Oberösterreich. Im Auftrage der k. k. Landwirthschafts-Gesellschaft in Oesterreich ob der Enns zu Linz verf. Mit 1 (chromolith.) Karte. qu. gr. 4. (V, LXVII, 327 S.) Wien 878. Frick. n. 8. -

Foltz, Ludwig (Bildhauer und Architekt) „Beschreibung einer Art Kuppelgewölbe, Wendeltreppe und Mange". pg. 3—6. 4°. Mit 3 Tafeln. Stadtamhof, Joseph Mayr.
Regensburg, Progr. 1846/47

— — Ornamente des gotischen, griech. u roman. Stils. (12 Bl) Imp In Mappe. München

Foltz L, Wandtafeln. Goth. griech. u roman. Stil. (12 Bl) Imp In Mappe. München

Foltz, Max, aus Duisburg: Beiträge zur geschichte des patriziats in den deutschen städten vor dem ausbruch der zunftkämpfe ⟨Strassburg, Basel, Worms, Freiburg i. B.⟩. *Marburg 1899: (F. Foltz, Unna i. W.).* (91 S.) 8°
Marburg, Phil. Diss. v. [4. Sept.] 1899

Foltz, Max, Beiträge zur Geschichte des patriziats in den deutschen städten vor dem ausbruch der zunftkämpfe (Strassburg, Basel, Worms, Freiburg i. B.). gr. 8. (92 S.) Marburg 899. N. G. Elwert's Verl. n. 1.60

Foltz, M., s.: Urkundenbuch der Stadt Friedberg.

FOLTZ, Otto

Foltz, O., Anleitg. z. Behandlg. deutscher Gedichte auf d. Oberstufe d. Volksschule u. in d. Mittelklassen höh. Lehranst. 2 Tle. gr. 8. Dresden 898. Bleyl & Kaemmerer. n. 4. —
1. Elemente d. Poetik u. Theorie d. Lehrverfahrens. (IV, 54 S.) n. 1.20
2. Präparationen. (IV, 169 S.) n. 2.80

Foltz, O., Anleitung zur Behandlung deutscher Gedichte. 3. u. 4. Bd. Mittelstufe. 4.–6. Schulj. gr. 8. Dresden 905. Bleyl & Kaemmerer. n. 3.80; geb. in Leinw. n.n. 4.80
3. Natur u. Menschenleben. Heimat u. Fremde. (VIII, 126 S.) n. 1.80; geb. n.n. 2.30
4. Sage u. Geschichte. Krieg u. Frieden. (VIII, 140 S.) 906. n. 2. —; geb. n.n. 2.50

Foltz, O., einige Bemerkungen üb. die Ästhetik u. ihr Verhältnis zur Pädagogik, s.: Magazin, pädagogisches.

Foltz, O., die deutsche Dichtung in der Unterklasse. Ausgeführte Präparationen u. Entwürfe. 1. u. 2. Hft. gr. 8. Dresden, Bleyl & Kaemmerer. n. 4.05
1. 1. u. 2. Schulj. (IV, 140 S.) 900. n. 2.25
2. 3. Schulj. (IV, 112 S.) 900. n. 1.80

— die Ethik u. d. Ziel d. Erziehg., s. a. Beiträge z. Lehrerbildg. u. Lehrerfortbildg.

Foltz, Töchterschullehrer O., Die Ethik u. das Ziel d. Erziehung. (24 S.) Gotha 1898. E. F. Thienemann.

Foltz, Otto, Gedanken des Pädagogen u. Philosophen Herbarts. Aus Herbarts sämtl. Werken ausgewählt u. zusammengestellt. (IV, 162 S.) kl. 8. Langensalza 910. H. Beyer & Söhne. 1.85

Foltz, O., die metaphysischen Grundlagen der Herbart'schen Psychologie u. ihre Beurteilung durch Herrn Dittes. gr. 8. (IV, 99 S.) Gütersloh 886. Bertelsmann. n. 1.60

— Grundriss der Psychologie f. Lehrer- u. Lehrerinnen-Bildungs-Anstalten. Vom Standpunkte der neueren Psychologie aus entworfen. (VIII, 143 S.) 8. Osterwieck 910. A. W. Zickfeldt. Geb. in Leinw. 2. —

— Luthers Persönlichkeit, s.: Magazin, pädagogisches.

— die Phantasie in ihrem Verhältnis z. d. höh. Geistesthätigkeiten, s.: Magazin, pädagogisches.

Die Vergleichung. Ein Beitrag z. Poetik. Von O[tto] Foltz, Eisenach. Langensalza: Beyer 1910. 21 S. 8°
(Pädagogisches Magazin. H. 424.) [11. 9350]

— üb. d. Wert d. Schönen, s.: Magazin, pädagogisches.

Foltz, Ph., Referat über Leistungen der bildenden Künste, s. Bericht der Beurtheilungs-Commission bei der Industrie-Ausstellung zu München.

FOLTZ, Philipp, IV Blätter aus dem Münchner Volksleben gezeichnet von —. München . . . . . 1829. Gedruckt von J. Lacroix. 4°. Lithogr. Umschlagtitel; 4 unbez. Taf. in Lithogr. (Wirthshausscenen). (In Berlin: Bibl. Lipperheide.)

FRANKFURT am Main in topographischer, historischer und statistischer Hinsicht. Ein Führer für Fremde und Einheimische (von *Eduard Föltz-Eberle*). Frankfurt a. M. 1854.
Anon.-Lex. V. p. 113 (nach Engelmann).

Folwarczny, Carl, Handbuch der physiologischen Chemie mit Rücksicht auf pathologische Chemie und analytische Methoden. 8. (XII und 340 S. mit 4 Tab.) Wien 863, Sallmayer und Comp. *

August Folz, Dr. phil. Kaiser Friedrich II. und Papst Innocenz IV. Ihr Kampf in d. J. 1244 u. 1245. Straßburg i. E.: Schlesier & Schweikhardt 1905. (158 S.) 8°
S. 65–121 erschien u. d. T.: Untersuchungen z. Geschichte d. 1. Konzils von Lyon als Inaug.-Diss. Straßburg 1905. [05. 4985]

Folz, August: Untersuchungen zur Geschichte des ersten Konzils von Lyon. Straßburg i. E. 1905: C. Müh & Cie. (68 S.) 8°
Straßburg, Phil. Fak., Ref. Bresslau, Spahn, Diss. v. 13. Febr. 1904
[Geb. 25. Aug. 80 Kochern, Kr. Forbach, Lothringen; Wohnort: Hatten, Bez. Unter-Elsaß; Staatsangeh.: Elsaß-Lothringen; Vorbildung: Gymn. Montigny b. Metz Reife S. 99; Studium: Straßburg 9 S.; Rig. 13. Febr. 04.]

Folz, Hans, Meistersinger
s. Foltz.

Folz, Jul., Anleitung u. Stoffverteilung f. den Anschauungsunterricht in sprachig-gemischten Schulen. [1. u. 2. Jahr.] gr. 8. (28 S.) Danzig 891. A. W. Kafemann. n. —50

Folz, Jul., Anleitung u. Stoffverteilung für den Anschauungsunterricht in sprachig-gemischten Schulen. (1. u. 2. Jahr.) 2. Aufl. gr. 8. (30 S.) Danzig 899. A. W. Kafemann. n. —60

Folz, Anleitung u. Stoffverteilung f. den Anschauungsunterricht in sprachig-gemischten Schulen. (1. u. 2. Jahr.) 3. Aufl. (32 S.) 8. Danzig 904. A. W. Kafemann. n. —60

Folz, Jul., Einzeln- od. Genossenschaftseigentum? Ein Versuch zur Lösg. der Wohnungsfrage. gr. 8. (16 S.) Posen 900. F. Ebbecke. n. —50

Fölzer, E., Aussichtstürme, Motormaste, Gerüste zu Seilgetrieben, s.: Unterrichtswerke (Methode Hittenkofer) Lehrfach.

Fölzer, E., Berechnen der Eisenkonstruktionen, s.: Unterrichtswerke (Methode Hittenkofer) Nr. 43.

— Berechnung schmiedeeiserner Fabrikschornsteine, s.: Unterrichtswerke (Methode Hittenkofer).

— Betoneisenkonstruktionen, s.: Unterrichtswerke (Methode Hittenkofer). Nr. 142.

— u. L. Kraus, Hydromechanik, s.: Unterrichts-Werke (Methode Hittenkofer) Nr. 143.

— Säulen u. Stützen, s.: Unterrichtswerke (Methode Hittenkofer).

— Stein- u. Kunstbauten, s.: Abstreiter, W.

— Träger u. Brücken, s.: Unterrichtswerke (Methode Hittenkofer).

— eiserne u. durch Eisen verstärkte Treppen, s.: Unterrichtswerke (Methode Hittenkofer) Nr. 43 A.

— Vorübungen zum Ermitteln u. Berechnen der Eisenkonstruktionen, s.: Unterrichts-Werke (Methode Hittenkofer) Nr. 25 A.

Fölzer, Elvira: Die Hydria. Ein Beitrag zur griechischen Vasenkunde. Leipzig: E. A. Seemann 1906. (S. 1–25, 109–120). 8° ¶ (Umfaßt nur einen Teil der im gleichen Verlage vollst. erschienenen Schrift.)
Bonn, Phil. Fak., Ref. Loeschcke, Diss. v. 25. Juli 1906
[Geb. 20. Juni 08 Wandsbeck; Wohnort: Trier; Staatsangeh.: Preußen; Vorbildung: Gymn. Dresden-Neustadt Reife M. 99; Studium: Leipzig 3, Freiburg i. B. 2, Bonn 6 S.; Rig. 20. Juli 05.]

Fölzer, Elvira, die Hydria, s.: Beiträge zur Kunstgeschichte.

Fölzer, R., Tabellen der Rennleistungen auf den deutschen Bahnen. Nach den amtl. Quellen zusammengestellt. 1. u. 2. Hft. 8. (V S., 25 Doppels. u. 2 S. u. VII S., 34 Doppels. u. 3 S.) Berlin 892. (H. Steinitz' Verl.) à n.n. 2. —

Fomm, Ludwig: Phosphoro-Photographie des Sonnenspectrums.... München, akad. Buchdr. v. F. Straub, 1890; 28 S. u. 4 Taf. 8°
München, Phil. Fak., Inaug.-Diss. v. 1890

Fomm, L., Phosphoro-Photographie d. Sonnenspectrums. Inaug.-Diss. gr. 8. (23 S. m. 4 Lichtdr.-Taf.) München 890. (Buchholz & Werner.) n. 1. 60

Fonahn, Adf., zur Quellenkunde der persischen Medizin. (Gedruckt m. Unterstützg. d. Puschmann-Stiftg. an der Universität Leipzig.] (VI, 152 S.) Lex. 8. Leipzig 910. J. A. Barth. 12. —

Fonblanque, Albany, verworrene Fäden. Roman. Frei nach d. Englischen von L. K. 2 Bde. Köln 867. Bachem. 8. (4 Bll., 579 S.) 1 ℛ𝓅 20 𝓃𝑔𝓇

Fonblanque, Albany, verworrene Fäden. Roman. Frei nach dem Engl. von L. K. 2. Aufl. 8. (452 S.) Köln 882. Bachem. 4. —

Fonck, Franz

— u. Hugo **Kunz,** e. Beitrag zur Kenntniss der Steinzeit im mittleren Chile. [Aus: „Verhandlgn. d. deutschen wissenschaftl. Vereins zu Santiago".] gr. 8. (36 S. m. 3 Ansichten u. 1 Skizze.) Santiago 893. (Berlin, R. Friedländer & Sohn.) n. 2. 40

Fonck, Frz., Chile in der Gegenwart. In einem Vortrage geschildert. Berlin 870. Landau. gr. 8. (X, 50 S.) n. 10 𝓃𝑔𝓇

Fonck, Frz., introduccion a la orografia i jeolojia de la rejion austral de Sud-América. Entrega I. Orografia jeneral. Orografia especial relativa a la cuestion de limites. gr. 8. (XII, 98 S.) Valparaiso 893. C. F. Niemeyer. n. 3. —

Fonck, F. Dr., Naturwissenschaftliche Notizen über das südliche Chile. (Aus: Petermann's Geograph. Mittheil. 1866, Heft XII.)

Fonck, Frz., Radium u. Nervensystem. Eine Studie. (IV, 29 S.) 8. Leipzig 906. (G. Thieme.) n. — 60

— der Traum e. Arztes. Phantastisches u. Wirkliches. (VII, 47 S.) 8. Ebd. 906. n. — 80

Fonck, Franc. (Adolph.) (geb. Goch im Rheinl. 11. 3. 1830): De tympanite. Berolini (1851). (30 S.) 8°
Berlin, Med. Diss. v. 19. Aug. 1851

Fonck, Heinrich

Fonck, H., Deutsch-Ost-Afrika. Eine Schilderg. deutscher Tropen nach 10 Wanderjahren. I. Die Schutztruppe. Ihre Geschichte, Organisation u. Tätigkeit. Mit 1 Titelbilde u. 40 in den Text gedr. Abbildgn. nach eigenen photogr. Aufnahmen des Verf. (94 S.) gr. 8. Berlin 907. Vossische Buchh. n. 1. 50

Fonck, H., Deutsch-Ost-Afrika. Eine Schilderg. deutscher Tropen nach 10 Wanderjahren. II—V. gr. 8. Berlin, Vossische Buchh. 9.50. (Kplt. 11.—; in 1 Bd. geb. 12.50)
II. (Doppelheft.) Reisen u. Expeditionen im Innern m. 1 Titelbilde, 40 in den Text gedr. Abbildgn. nach eigenen photogr. Aufnahmen des Verf. u. e. Uebersichtskarte als Anlage. (III u. S. 95—230.) 907. 2. —
III. (Doppelheft.) Land u. Leute, m. 1 Titelbilde u. 51 in den Text gedr. Abbildgn. nach eigenen photogr. Aufnahmen des Verf. (III u. S. 231—349.) 908. 2. —
IV. Wild, Jagd u. Fischerei nebst Jagdordng. f. Deutsch Ostafrika. Mit 1 Titelbilde u. 49 in den Text gedr. Abbildgn. nach meist eigenen Photograph. Aufnahmen des Verf. (IV u. S. 351—533.) 909. 3. 50
V. Wirtschaftliche Verhältnisse. Mit 1 Titelbilde u. 18 in den Text gedr. Abbildgn. nach meist eigenen Photograph. Aufnahmen des Verf. (III u. S. 535—612 u. IX S.) 910. 2.

Fonck, Leop., S. J., wissenschaftliches Arbeiten, s.a.: Veröffentlichungen des biblisch-patristischen Seminars zu Innsbruck. 1.

Wissenschaftliches Arbeiten. Beiträge z. Methodik d. akad. Studiums. Von Dr. phil. et theol. Leopold **Fonck** S. J. Innsbruck: F. Rauch 1908. (XII, 339 S.) 8°
— **Veröffentlichungen** d. bibl.-patrist. Seminars zu Innsbruck. 1. [illegible]

— **Christus,** lux mundi. III. Tl.: Die Reden des Herrn. I. Bd.: Die Parabeln des Herrn im Evangelium, exegetisch u. praktisch erläutert. 3. vielfach verb. u. verm. Aufl. (5 bis 7. Taus.) (XXXIV, 927 S.) 8. Innsbruck 909. F. Rauch. 6.—; geb. 8. 40

— Die religiösen **Gefahren** der Gegenwart. Rede auf der 4. Gauversammlg. der kath. Vereine Nordschwabens zu Höchstädt a. D. am 19. VII. 1908. (16 S.) 8. Augsburg 908. (Literar. Institut v. Dr. M. Huttler.) — 20

Fonck, Leop., S. J., der **Kampf** um die Wahrheit der h. Schrift seit 25 Jahren. Beiträge zur Geschichte u. Kritik der modernen Exegese. 1. u. 2. Taus. (VIII, 215 S.) 8. Innsbruck 905. F. Rauch. n. 1. 60

— **Kollektaneen** f. wissenschaftliche Arbeiten. [Aus: „F., wissenschaftl. Arbeiten".] (24 S.) 8. Innsbruck 908. F. Rauch. — 20

Fonck, Leop., S. J., die Parabeln des Herrn im Evangelium exegetisch u. prakt. erläutert. gr. 8. (XX, 808 S.) Innsbruck 902. F. Rauch. n. 5. 30

— die **Parabeln** des Herrn im Evangelium, exegetisch u. praktisch erläutert. 2., vielfach verb. u. verm. Aufl. (3. u. 4. Taus.) (XXVIII, 903 S.) 8. Ebd. 904. n. 6. —; geb. in Halbfrz. n. 8. —

Fonck, L., Die Parabeln des Herrn im Evangelium. 3. Aufl. [Christus lux mundi. III. Teil. I. Bd.] Gr.-8°. (XXXIV, 926 S.) Innsbruck: Rauch 1909. K 7.20, geb. K 10.—

— **Streifzüge** durch die biblische Flora, s.a: **Studien,** biblische. V. 1.

Streifzüge durch die biblische Flora. Von Leopold **Fonck** S. J. *Freiburg i. Br.: Herder 1900.* (XIII, 167 S.) 8°
— **Studien, Biblische.** Bd. 5, H. 1. [illegible]

Katholische Weltanschauung u. freie Wissenschaft. Das wissenschaftl. Arbeiten Prof. Wahrmunds, s.a. **Veröffentlichungen** des Akademikerhauses Innsbruck. 2.

Katholische Weltanschauung und freie Wissenschaft. Das wissenschaftl. Arbeiten Prof. Wahrmunds krit. beleuchtet von Univ.Prof. Leopold **Fonck.** Innsbruck: (Kath. Diözesan-Komitee) 1908. (IV, 47 S.) 8° [J.]
— **Veröffentlichungen** d. Akademikerhauses Innsbruck. 2. [illegible]

Die Wunder des Herrn im Evangelium exeget. u. prakt. erl. von Leopold **Fonck.** T. 1. *Innsbruck: F. Rauch 1903.* 8° [illegible]

— Die **Wunder** des Herrn im Evangelium, exegetisch u. praktisch erläutert. I. Bd. 2. verb. Aufl. (2. u. 3. Taus.) (VIII, 469 S.) 8. Innsbruck 907. F. Rauch. 3. 60

Peter Ant. **Fonck.** Eine getreue u. vollständige Darstellung seines Prozesses. Hrsg. u. mit e. Vorw. begleitet von C. v. F. Braunschweig 1823.

Denkschrift von Peter Ant. **Fonck** zu Cöln zur Begründung des von ihm gegen das Urtheil des Assisenhofes zu Trier vom 9. Juny 1822 eingelegten Cassationsgesuches nebst Zusätzen seines Vertheidigers. Berlin 1822.

Fond, le, et la forme ou le but et le principe de la vie. Traduit de l'anglais de Mme. Mac-Intosh. 12. (251 S.) Genf 857. Leipzig, Hübner. -

Fond, de la, s.a. *Sigaud*.

Fond, Sigaud de la, Elémens de Physique théorique et 'expérimental, augmenté p. Rouland. IV Vol. av. fig. 8. Lpz. Sommer.

— — daff. deutsch. 2 Thle. m. K. 8. Wien, Tendler. 780.

Fond, St., s.a. Faujas.

Fond, St., Beschreibung d. Versuche m. d. arostatischen Maschinen des Hrn. Montgolfier aus dem Franz., s. Montgolfier.

Fonda, Gorton R[osa]: Über die Einwirkung von Kohlenoxyd auf Laugen. 1910. 85 S. 8^{0}
Karlsruhe, Dr.-Ing.-Diss. v. 2. 3. 1910

Fond Du Lac Courier: 1871? –1873?
Weekly edition of Nordwestlicher Courier. Slight variations in title. Circulation: 1872, 960 (est.).
Fond Du Lac, WI

Fond Du Lac Reform: 1865?—1869?
Republican weekly. Circulation: 1869, 500 (est.). Edited & published by D. Klintworth.
Fond Du Lac, WI

Fond Du Lac Tribüne: 1874 – 1877. Fond Du Lac, WI
Edited by Alfred Morschner.

Fond Du Lac Zeitung: 1860? –1873?
Democratic weekly. Follows Oshkosh Deutsche Zeitung (Oshkosh, Wis.). Circulation: 1870, 500. Edited & published by Theodor Friedländer, 1860–73. His pen too sharp for popularity.
Fond Dulac, WI

Fonder, L., Muster-Blätter für Bijouterie. Inhalt: das Neueste in Bracelets, Broches, Boutons etc. Mit erklärendem Texte. 1–5. Liefg. Stuttgart 860. Ebner's Kunsthdlg. Fol. Jede Liefg. (à 1 lith. Taf. m. Text.) n. 10 ngr

Fondsmarkt, der. Wochenschrift f. Finanzen, Handel, Industrie, Hypotheken- u. Versicherungs-Wesen. Hrsg.: Adf. Sandheim. 6.—8. Jahrg. 1903—1905. à 52 Nrn. (à ca. 8 S.) gr. 4. Charlottenburg (Mommsenstr. 87), Expedition. à Jhrg. n. 8.—

Fonck, L., Der Kampf um die Wahrheit der Hl. Schrift seit 25 Jahren. Gr.-8°. (VIII, 215 S.) K 1.80
Innsbruck: Fel. Rauch 1905

Fonfeder, Sam., Randbemerkungen zu Cap. 1—12 der Genesis. Berlin 868. Späth. gr. 8. (V, 250 S.) n. 1 ℛ

Fonk, Pet. Ant.; eine getreue u. vollständ. Darstell. seines Processes; herausg. u. mit e. Vorrede begleitet von C. v. F. 8. Braunschw. 823. Meyer. 1 ℛ 4 gl

— s. Kampf für Recht u. Wahrheit.

Fonk, Pt. Ant., (†...) Vertheidigungsrede, von ihm selbst vor d. königl. Assisenhofe in Trier vorgetragen. gr. 8. Köln 822. Bachem. 4 gl

— eigene Vertheidigungsreden vor d. königl. Assisenhofe in Trier, in den Sitzungen vom 6ten, 7ten u. 8ten Juni 1822 herausg. mit e. Vorwort von dessen Vertheidiger J. A. Aldenhoven. gr. 8. Köln 822. Bachem. 6 gl

Fonograf, der. Organ für Karl Faulmann's Fonografie. Hrsg. u. Red.: Wilh. Stockinger. 1. Jahrg. Juli 1879—Juni 1880. 12 Nrn. (½ autogr. B.) Wien, (Bermann & Altmann). n. 3. —

Fonografen-Zeitung, Wiener. Organ des Fonografen-Zentralvereins in Wien und des Reichenberger Fonografenvereins. Hrsgbr. und Redact.: Gust. Braut. 1. und 2. Jahrg. 1875 und 1876/77. à Jahrg. 12 Nrn. (à ½ Bog.) gr. 8. (Ebendas.) Jahrg. 1875 *
Jahrg. 1876/77 *
—— dass. — Organ des Fonografen-Zentralvereins in Wien und der Fonografenvereine in Reichenberg, Hamburg und Gablonz. Hrsgbr. und Redact.: Gust. Braut. 3. Jahrg. 1877/78. 12 Nrn. (à ¾ Bog.) gr. 8. (Ebendas.) *
—— dass. — Central-Organ für Fonografie. Hrsgbr. und Redact.: Gust. Braut. 4. und 5. Jahrg. 1878/79 und 1879/80. à Jahrg. 12 Nrn. (à ½—¾ Bog.) gr. 8. (Ebendas.) à Jahrg. *

Fonografen-Zeitung, Wiener. Central-Organ für Fonografie. Hrsgbr. und Redact.: Gust. Braut. 6. Jahrg. 1881. 12 Nrn. (à Nr. ½—¾ Bog.) gr. 8. Wien, (Bermann und Altmann.) *
Nicht weiter erschienen.

Fonografie, die, vor dem Forum der Oeffentlichkeit. Denkschrift hrsg. vom Gabelsberger Stenographen-Central-Vereine in Wien. gr. 8. (16 S.) Wien 876, [Altmann.] Bermann und Altmann. *

Fonrobert, Alexander [app. Arzt]: Aus d. physiolog. Institut zu Rostock. Über die elektrische Reizung des Herzens ... Rostock, Univ.-Buchdr. v. Adler's Erben, 1895: 34 S., 1 Bl. 8.
Rostock, Med. Fak., Inaug.-Diss. v. [28. Juni] 1895

Fons, Illimis, Doctorum . . . Bresl. 1729. V: *Beyer, Constantin*. Kat. d. Druckschr. üb. Breslau. Breslau 1903. S. 262.)

Fons, s. Delafons.

Fonseca, M. R. S. L., Jonkheer Don Antonio Lopez Suasso (Zuaso), Diaz de, la politique dégagée des illusions liberales; appel aux souverains et aux peubles. Tome I et II. gr. in-8. (Mit 10 Steindr. u. 2 Titelvign.) La Haye 838. (Leipzig, Weidmann.) n. 4⅛ ℛ

Die Stellung der Katholiken gegenüber der Wissenschaft [L'attitude du catholique devant la science]. Von Prof. Dr. G[eorge L.] **Fonsegrive**. (2. Aufl.) Aus d. Franz. übers. von J. Schieser. *Fulda 1903: Actiendr.* (57 S.) 8°

— dasselbe, s.a. Wissenschaft u. Religion. 2. Hft.

Fonssagrives, J. B., l'éducation physique des jeunes filles ou avis aux mères sur l'art de diriger leur santé et leur développement. Berlin 870. Stilke & van Muyden. 8. (XII, 327 S.) n. 1 ℛ

— entretiens familiers sur l'hygiène. 4. édit. Ebend. 870. 8. (XII, 400 S.) n. 1 ℛ

— le rôle des mères dans les maladies des enfants ou ce qu'elles doivent savoir pour seconder le médecin. 2. édit. Ebend. 870. 8. (XII, 332 S.) n. 1 ℛ

Fontaine, la, u. Boileau im Ausz. v. Trapp. gr. 12. Brschw. Schulbuchhdl. 790.

Fontaine, de la, s. Lafontaine.

Fontaine, de la, chir. medicin. Abhandl. verschied. Inh. Polen betr. m. K. gr. 8. Bresl. W. G. Korn. 792.

— Accord de la Liberté de l'Etre moral. av. l'empire de l'Etre suprême. II Vol. gr. 8. Bern, Haller. 790.

Fontaine, de la, Contes et nouvelles en vers. II Vol. 8. Lps. Barth (a. Sommer.) 780.

— — — en II parts. 12. Gött. Vandenhoek. 751.

— — — II Vol. av. fig. 12. Amst. 747.

— — — II Tom. 8. Iene, Fickelscher. 767.

— — les mêmes en II. Vol. petit 12. Londres. (Kupferberg à Mayence.) 787.

— — — en II Vol. gr. 12. ibid. 787.

Fontaine, de la, Dictionnaire des Artistes, ou notices hist. et rais. des architectes, peintres etc. 2 Vol. 8. Paris et Strasbourg, König. 776.

— Fabeln, franz. u. deutsch. herausgeg. v. Catel. 4 Thle. in 12 Büch. 8. Berl. Lagarde. 794—99. (1r. 12 gr. 2r. 16 gr. 3r. u. 4r. à 12 gr.)

— Fabeln nach dem Franz. frey bearb. f. d. Jugend. 2 Thle. mit K. 8. Lpz. Fleischer d. jüng. 803.

Fontaine, de la, Fabeln nach dem Französischen frey bearbeitet f. die Jugend. 3 Thle. m. 216 Kupf. 8. Leipz. Gerh. Fleischer. 813.

— Fables choisies en vers gr. 12. Basle, Schweighaeuser. 766.

— — les mêmes. 12. Leipzig, Heinrichs.

— — les mêmes, av. un nouv. Comment. p. Coste. 12. Paris, (Soc. Typ. Bern.)

— — les mêmes, d'après l'Edit. de Paris. IV Tom. gr. 8. Dresden, Walther. 757—66.
avec Fig.

— — les mêmes. II Vol. 8. Berl. Lagarde. 791.
Holl. Pap.

— — les mêmes. II. Vol. 12. ibid. 796.

— — les mêmes, av. des notes, II Vol. 12. Bern, Typ. 801.

— — av. un nouv. Comment. p. Coste, av. fig. 5 Vol. 8. Lps. G. Fleischer. 802.
avec fig. enlum.

— — les mêmes, av. le même. 12. Lps. Sommer. 805.

— — Edition de Crapelet. VI. Vol. av. grav. 12. Leipzig, Sommer. 803. P. V.

— — in 5 Theilen mit einer Erklärung der schwerern Wörter und Redensarten zur Erleichterung des Uebersetzens ins Deutsche, f. d. Schulgebrauch. 8. Leipzig, Fleischer. 811.

— Fables, nouv. Edit. plus complète que les précédentes avec les notes et les remarques choisies de Coste et Chamfort. III Vol. 12. Brunsv. Pluchart. 815.

Fontani fabulae selectae e gallico in lat. sermon. convers. II. Tomi. 8. maj. Rouen. 791.

Fontaine, A. de la, Mosaïque française ou extraits des prosateurs et des poètes français à l'usage des Allemands. 1. partie. Avec de nombreuses notes explicatives et un vocabulaire. 7. éd. Avec la nouvelle orthographie en français et en allemand. (VIII, 278 S.) gr. 8. Berlin-Schöneberg 903. Langenscheidt's Verl. n. 2.—; geb. n. 2.50

Fontaine, Ch. de Fryb., Dissertation sur l'entrevue du Pape avec l'Empereur etc. 8. Berne, Soc. Typ. 792.

Fontaine. (Charles-Aloyse). Notice historique sur la Chambre des Scolarques de la ville de Fribourg, depuis son origine jusqu'au XIXme siècle, par M. le Chanoine F. Éditée aux frais et sous les auspices de la Ch' des Sc'; continuée jusqu'à nos jours, avec une notice biographique sur le Chanoine F., par le Dr [Jean] Berchtold. Scolarque. ([Avec] Pièces justificatives.) 8. Fribourg 1850.

Fontaine, Ed. de la, s. La Fontaine, Ed. de.

Fontaine, Ed. de la, Luxemburger Sitten u. Bräuche. Gesammelt u. hrsg. gr. 8. (V, 168 S.) Luxemburg 883. Brück. n. 4. —

— Viandon et ses environs. 8. (41 S.) Luxemburg 885. Schamburger. n.n. 1. —

Fontaine, F.L(eopold) de la

s.: La Fontaine, F.L(eopold) de

Fontaine, H., der Amtsbez. Adelsheim nebst geschichtlichen Notizen. Mit e. Karte des Amtsbezirkes. gr. 8. (IV, 32 S.) Tauberbischofsheim 900. Karlsruhe, J. Lang. n.n. — 25

Fontaine, H., praktische Anleitung zur Abfassung v. Briefen, Geschäftsaufsätzen u. Eingaben an Behörden. Ein Hilfsbüchlein f. gewerbl. u. ländl. Fortbildungsschulen, sowie f. den Privatgebrauch. (VI, 82 S.) 8. Karlsruhe 909. J. Lang. nn — 50

— der Amtsbez. Boxberg nebst geschichtlichen Notizen. Mit e. Karte des Amtsbezirkes. gr. 8. (IV, 27 S.) Ebd. 899. n. — 20

— der Amtsbez. Tauberbischofsheim nebst geschichtlichen Notizen. 2. Aufl. Mit 1 Karte des Amtsbezirks. gr. 8. (IV, 29 S.) Ebd. 901. n. — 25
1. Aufl. (IV, 26 S.) Ebd. 899. n. — 20.

Fontaine, Hippolyte, die elektrische Beleuchtung. Deutsch bearb. von Friedr. Ross. gr. 8. (VIII, 163 S. mit 44 eingedr. Holzschn.) Wien 878, Lehmann und Wentzel. *

Fontaine, Hippolyte, die elektrische Beleuchtung. Deutsch bearb. von Frdr. Ross. Mit 44 (eingedr.) Holzschn. gr. 8. (XII, 163 S.) Wien 878. Spielhagen & Schurich. n. 5. —

Fontaine, Hippolyte, die electrische Beleuchtung. Deutsch bearb. von Friedr. Ross. 2. vollständig umgearb. und verm. Aufl. gr. 8. (XIV, 262 S. mit 81 eingedr. Holzschn.) Wien 880, [Lehmann und Wentzel.] Spielhagen und Schurich. *

Fontaine, Jean Franç., Genf, civis in Heriswil. Specimen medicum inaugurale sistens observationem rariorem tumoris abdominis ex scirrho ovariorum praesertim sinistri insigni.
Basel; med.Diss 1753

Fontaine, Louis. Erste und merkwürdige Reise durch die unbekannten Länder des mittlern Afrika . . . Leipzig 1792. H: *Reichel, Gottlieb Benjamin.* (OL) (Ky) (MGT) (BrMm)

Fontaine, Edw., erste u. merkwürd. Reise durch Afrika rc. (Aus d. Französ. v. Gli. B. Reichel.) 8. Lpz. 792. Weygand. 1 ß 4 K

Fontaine, Pierre François Léonard

Fontaine, P. F. L., Innendecorationen, Möbel u. Geräthe, s.: Percier, C.

Fontaine, P. F. L., römische Paläste, } s.: Percier,
— römische Villen u. Parkanlagen, } Charles.

Fontaine, W. v.

— Entgegnung der von Haugwitz-Rosenthal'schen Beleuchtung meiner Schrift: Die schlesische Landschaft als Credit-Institut. 8°. Dresden 1867.

··· Entleuchtung der v. Haugwitz-Rosenthal'schen Beleuchtung meiner Schrift: Die schlesische Landschaft als Credit-Institut. Dresden 868. (Breslau, Mälzer.) gr. 8. (51 S.) n. 10 ngr.

— Vide: Haugwitz-Rosenthal, Beleuchtung der Schrift.

Fontaine, W. v., die schlesische Landschaft als Credit-Institut. Berlin 867. Adolf & Co. (Cohn.) gr. 8. (21 S.) n. 10 ngr.

Fontaine, W. v., die Censur d. Landwirthes durch das richtige Soll u. Haben der doppelten Buchhaltg. nebst Betriebs-Rechng. e. Vorwerks v. 357½ Hectaren f. den Zeitraum vom 1. Juli 1870 bis 1. Juli 1871. 2. Aufl. gr. 8. (IV, 161 S.) Breslau 872. Trewendt. 3. 75

Fontaine, Werner, Referendar: Der Dienstvertrag und der entgeltliche Verwahrungsvertrag des Bürgerlichen Gesetzbuches. Rostock 1904: Adlers Erben. (87 S.) 8°
Rostock, Jur. Fak., Ref. Matthiass, Diss. v. 20. Dez. 1904
[Geb. 23. Mai 81 Wülfel b. Hannover; Wohnort: Wülfel; Staatsangeh.: Preußen; Vorbildung: Kaiser Wilh. Gymn. Hannover Reife O. 00; Studium: Tübingen 4, Göttingen 2 S.; Rig. 26. Sept. 04.]

Fontaine-Borgel, Claudius. Notice [biographique] sur Joseph-Martin Delphin (1814–1873), ancien régent et principal au Collège de Carouge.... ‹Extrait d'un travail inédit de l'auteur sur l'Histoire de l'Instruction publique à Carouge, de 1715 à nos jours.› 8. Berne 1879.

Fontaine v. Felsenbrunn, Karl, praktische Anleitung zur Vollziehung der Allerhöchsten Gebühren-Gesetze vom 9. Febr. u. 2. Aug. 1850 u. Sammlung der zu diesen Gesetzen nachträglich erflossenen Verordnungen u. Erläuterungen. Zum Gebrauche für Finanz-, Steuer-, Gerichts- u. Grundbuchs-Beamte, Auditore, Advokaten, Notare rc. 3. umgearb. u. verm. Aufl. Prag 853. Credner in Comm. gr. 8. (XXIV, 528 S.) n. 2 ℛ 6 ngr.

— Fortsetzungs- u. Supplement-Band der praktischen Anleitung zur Vollziehung der Allerh. Gebühren-Gesetze vom 9. Febr. u. 2. Aug. 1850 u. der Sammlung der zu diesen Gesetzen nachträglich erflossenen Verordnungen u. Erläuterungen. Zum Gebrauche für Finanz-, Steuer-, Gerichts- u. Grundbuchs-Beamte, Auditore rc. Prag 856. Credner in Comm. gr. 8. (XIV, 408 S.) n. 1 ℛ 20 ngr.

— — 4. umgearb. rc. Aufl. Wien 857. Gerold. gr. 8. (XXIV, 526 S.) n. 2 ℛ 20 ngr.

Fontaine v. Felsenbrunn, Karl — Praktische Anleitung zur Vollziehung der Allerhöchsten Gebührengesetze vom 9. Febr. und 2. August 1850 und Sammlung der zu diesen Gesetzen nachträglich erflossenen Verordnungen und Erläuterungen. Herausgegeben von — —. Zum Gebrauche für Finanz-, Steuer-, Gerichts- und Grundbuchsbeamte rc. 5te umgearbeitete und vermehrte Auflage, Wien, 1857. Druck und Verlag von Karl Gerolds Sohn. (XXIV. 526 S. 8)

Fontaine v. Felsenbrunn, Karl, praktische Anleitung zur Vollziehung d. provisorischen Gesetzes üb. die Gebühren von Rechtsgeschäften, Urkunden, Schriften u. Amtshandlungen in Betreff der unmittelbar zu entrichtenden Gebühren u. des Unterrichtes üb. die formelle Geschäftsbehandlg. u. Verrechnung der unmittelbaren Gebühren. Zum Gebrauche f. Steuer-, Finanz-, Gerichts- u. Grundbuchs-Beamte, Advokaten rc. gr. 8. (XVI u. 212 S.) Prag 851. (Credner & Kleinbub. — Leitmeritz, Pohlig.) n. 1 ℛ 12 ngr.

Fontaine von Felsenbrunn, Karl, s. Sammlung der erflossenen Erläuterungen über Stempel- u. Taxgesetz.

Fontaine v. Felsenbrunn, Karl, die Stellung des Subaltern-Officiers in der Compagnie u. sein Einfluss auf die Erziehung des Soldaten. gr. 8. (VII, 102 S.) Wien 893. (L. W. Seidel & Sohn.) n. 1. —

— Stempel- u. Taxgesetz, s.: Sammlung der Erläuterungen.

Fontaine v. Felsenbrunn, Karl, statistische Tabellen über die directen Steuern im Herzogth. Krain mit den nöthigen histor. Bemerkungen u. sachgemässen Erläuterungen. Laibach 867. (v. Kleinmayr & Bamberg.) gr. 4. (61 S.) 1 ℛ 7½ ngr.

Fontaine v. Felsenbrunn, Karl, Statistische Tabellen über die direkten Steuern im Herzogthume Krain mit den nöthigen historischen Bemerkungen und sachgemässen Erläuterungen. gr. 4. (61 S.) (Selbstverlag.) Laibach, Lercher in Comm. 1867 netto 1 fl.

Fontainebleau. 2 Thle. 8. (64¼ B.) Bremen 829, Heyse.

Fontan, Arthur, ou seize ans après, s. Répertoire du Théâtre francais.

Fontana, Copie figurée d'une rouleau de papyrus, trouvé en Egypte explique par Hammer. Nebst 1 Steindr. qu. Fol. Wien 832.

—, Diss. qua demonstratur, cor nervis carere. Mogunt. 4°. 1792

Fontana, F., Nabuco. Dramat. Gedicht in 4 Aufzgn. Deutsch v. Bertha v. Suttner. M. e. Vorwort v. Ludw. Fulda. 8. (XIII, 74 S.) Dresden 896. E. Pierson. n. 1. —

B) **Fontana**, F., Nabuco. 896. (KBL 29.) Jetzt: Berlin, Verlag Berlin Wien.

Fontana, Felix

[Teils. Deutsch] Felix Fontana. Abhandlung über das Vipergift, die amerikanischen Gifte, das Kirschlorbeergift u. einige andere Pflanzengifte nebst einigen Beobachtungen über den ursprünglichen Bau des thierischen Körpers, über die Wiedererzeugung der Nerven und der Beschreibung eines neuen Augenkanals. Bd 1.2. Aus dem Franz. übers. [Übers.: Karl Heinrich Spohr.] Berlin: Himburg 1787. XIV, 500 S. 1 Bd

Fontana, F., Abhandlung über das Vipergift rc. 2 Bde. m. K. gr. 4. 787. Ist jetzt Verlag von Reimer in Berlin und Lieberkind in Leipzig.

Fontana F.: Beobachtungen u. Versuche üb. die Natur d. thierischen Körper. Aus d. Ital. nebst einem Auszug aus dessen franz. Werk üb. das Viperngift u. einigen eigenen physiolog. Aufsätzen v. E. B. G. Hebenstreit. Leipz. 1785. 336 S. 1 Tvl.

Fontana, Fel., Beobachtt. über d. Natur d. thier. Körpers. Aus d. Italien., nebst e. Anh. v. E. B. G. Hebenstreit. Mit Kpf. 8. Leipz. 785. Weygand. 18 ℛ

Fontana, Fel., disquisitiones phys. mathemat. etc. c. fig. 4. maj. Vien. (Sommer, Lps.) 780.

Physische Untersuchungen über die Natur der Salpeterluft, der vom Brennbaren beraubten Luft, und der fixen Luft. Aus dem französischen und italienischen übersetzt von F. X. von Wasserberg. Wien, 1777. 8vo.

— physische Untersuchung über d. Natur d. Salpeterluft; aus d. Französ. u. Italien. v. F. X. v. Wasserberg. 8. Wien 777. Gräffer. 10 ℛ

Fontana, Fulvio & Gio. Antonio Mariani. Imagini di persone della Elvezia, Rezia, Valesia et Tirolo in abito di penitenza. [Innsbruck] 1711.
Tit.: 26 Taf. in Rad. 8°.

Fontana, Greg., disquisitiones phys.-mathematicae. c. fig. 4 maj. Leipz. 790. (List in Berl.) 4 ℛ

Fontana, Greg., disquisitiones phys. mathemat. cum fig. 4. maj. Lps. Sommer. 790.

Fontana, J[acques-]X[avier]. Kurze Lebensgeschichte Seiner Gnaden Petrus Tobias Yenni (1774–1845), Bischof von Lausannen und Genf. Von Hrn. J. X. F.... Aus dem Französischen übersetzt von einem Priester aus dem Kanton Luzern. Mit Portät[-Tafel]. 8. Freiburg in der Schweiz 1846.

Fontana, J[acques]-X[avier]. Notice biographique sur Monseigneur Pierre-Tobie Yenni (1774[–1845]), Évêque de Lausanne et Genève. 8. Fribourg en Suisse 1845.

Fontana, J[acques]-X[avier]. Notice historique et biographique sur Mr François-Pierre Zbinden (1798[–1861]). curé de Tavel. 8. Fribourg 1861.

Fontana, Joh., kathol. Katechismus. 8. Augsb. Rieger. 784.

Fontana, Justus, med. pract., gew. Assistenzarzt der geburtshülflich-gynäcologischen Klinik zu Zürich [aus Buenos-Aires]: Beitrag zur Lehre der Oophoritis chronica. Zür. J. Schabelitz Dr. 1882. 76 S., 2 Bl. 8°.
Zürich, Med. Diss. [v. 9. Aug. 1882.]

Fontana, M., Handbuch des Nützlichen u. Nothwendigen für Jedermann in Böhmen. Prag 866. Stýblo. 4. (198 S.) n. 20 ngr.

— der Schleswig-Holsteinische Krieg im J. 1864. Mit 4 Portr., 56 in den Text gedr. Abbildungen u. Plänen in Holzschn. u. 9 Karten in Steindr. Ebend. 866. Lex.-8. (VII, 376 S.) 2 ₰ 22½ ngr.; cart. n. 3 ₰ 2½ ngr.; feine Ausg. geb. n. 4 ₰

Fontana, Niccolò: Bemerkungen über die Krankheiten, womit die Europäer in warmen Himmelsstrichen und auf langen Seereisen befallen werden... (Osservazioni intorno alle malattie che attaccano gli Europei ne'climi caldi e nelle lunghe navigazioni... Dt.) 123 S., gbd.

Stendal: Franzen & Grosse 1790

JB 5.179

Fontana, Niccolò. Bemerkungen über die Krankheiten, womit die Europäer in warmen Himmelsstrichen . . . befallen werden . . . A. d. Ital. Stendal 1790. Ü: *Spohr, Carl Heinrich.* (MGT) (Ky) (EngM)

— Tagebuch d. Reise d. Schiffes Joseph u. Theresia nach d. neuen österr. Pflanzorten in Asien u. Afrika; aus d. italien. Handschr. übers. v. Jos. Eyerel. 8. Dessau u. Leipz. 782.

Fontana, Osk. Maurus, das Märchen der Stille. (87 S.) 8. Berlin (910). Verlag Neues Leben. 2.—

Fontana-Fredda [Schlagwort]

Fontana Fredda — Schlacht bei — oder Sacile. Oe. Z. 1861.

Fontane's Führer durch die Umgegend v. Berlin. Nach eigenen Erfahrgn. bearb. u. hrsg. vom Touristen-Club f. die Mark Brandenburg. (In 5 Tln.) 1.—4. Tl. 12. Berlin, F. Fontane & Co. à n. — 50
1. Osten. Enth.: die Gebiete der Oberspree, der Görlitzer, schles. u. Ostbahn m. 3 Karten u. 1 Tab. (X, 126 S.) 893.
2. Norden. Nordbahn, Stettiner Bahn, Jungfernhaide, Cremmener Bahn, Hamburger Bahn m. 4 Karten u. 1 Tab. (X, 115 S.) 893.
3. Westen u. Süden. Unter-Spree u. Havel, Wannsee-Bahn, Potsdamer Bahn, Wetzlarer Bahn, Anhalter Bahn, Dresdener Bahn m. 3 Karten u. 1 Tab. (VII, 119 S.) 891.
4. Grunewald. Unter Berücksicht. der vom Touristen-Club f. die Mark Brandenburg geschaffenen Wegebezeichng. (VIII, 80 S. m. 1 Karte.) 891.

Fontane's Führer durch d. Umgegend v. Berlin. Nach eig. Erfahrgn. bearb. u. hrsg. v. Touristen-Club f. d. Mark Brandenburg. V. (Schluß-)Thl. Stadt- u. Ringbahn. Nord- u. Südring m. 1 Karte. 12. (VI, 86 S) Berlin (896). F. Fontane & Co. n. — 50

Fontane, C., Schicksalswege. Novelle. 12. (111 S.) Berlin 882, A. Goldschmidt. *

Fontane, C., veni, vidi, vici. Mit dem Extrazuge. Novellen. 12. (115 S.) Berlin 886. Goldschmidt. n. — 50

—— eine Wette. Novelle. 12. (110 S.) Ebendas. 884. *

Fontane, Franz [aus Wilhelmshaven]: Zur Lehre von den bösartigen Geschwülsten des Eierstockes ... Berlin, C. Vogts Buchdr., *1895;* 34 S., 1 Bl. 8.
Berlin, Med. Fak., Inaug.-Diss. v. 18. Juni 1895

Wie man in Berlin zur Zeit der Königin Luise kochte. Ein gastronom. Beitrag nach den im J. 1795 niedergeschriebenen Aufzeichnungen von F(riedérique) C(harlotte) **Fontane**, geb. Werner. (Hrsg.: Jenny Sommerfeldt, geb. Fontane, Eliese Weber, geb. Fontane.) *Berlin: F. Fontane & Co. 1903.* (XIX, 231 S.) 8° [F.] [03. 15800

Fontane, Theodor

— L'Adultera, s.a. Fischer's Bibliothek zeitgenössischer Romane. I, 1.

Fontane, Thdr., l'Adultera. Novelle. 8. (223 S.) Breslau 882. Schottländer. n. 4. —; geb. n. 5. —

Fontane, Thdr., l'Adultera. 2. Aufl. 8. (249 S.) Berlin 891. F. Fontane & Co. n. 3. —; geb. n.n. 4. —

Fontane, Thdr., L'Adultera. Roman. 3. Aufl. 8. (249 S.) Ebd. 899. n. 3. —; geb. n. 4. —

— l'Adultera. Roman. 4. Aufl. (249 S.) 8. Ebd. 902. n. 3. —

L'Adultera. Roman von Theodor Fontane. Berlin: S. Fischer (1908). 167 S. 8°
(Fischers Bibliothek zeitgenössischer Romane. Jg. 1, Bd 1.) [09. 1172

Fontane, Thdr. (Hrsg.), s. Argo

— Balladen. Berlin 861. Hertz. gr. 8. (VIII, 278 S.) 1 ₰ 6 ngr.

— Ausgewählte Balladen, s. Handbibliothek, Cotta'sche.

Ausgewählte Balladen von Theodor Fontane. Stuttgart & Berlin: J. G. Cotta Nachf. [1907]. (92 S.) 8° [F.]
— Handbibliothek, Cotta'sche. No 141. [08. 2391

Fontane, Thdr., unterm Birnbaum. 8. (156 S.) Berlin 885. Grote. cart. n. 3. —; geb. n. 4. —

Unterm Birnbaum. Von Theodor Fontane. 2. Aufl. Berlin: G. Grote 1906. (156 S.) 8° [F.]
— Sammlung, Grote'sche, v. Werken zeitgenöss. Schriftsteller. Bd 3. [07. 10366

Briefe Theodor Fontanes. Zweite Sammlung. Hrsg.: Otto Pniower u. Paul Schlenther. 2. Aufl. Bd 1. 2. Berlin: Fontane 1910. 3°
[Die 1. Sammlung erschien 1905 u. d. T.: Fontane: Briefe an s. Familie.] [10. 9184

[Fontane, Theod.], Briefe Theodor Fontanes. 2. Sammlung. Hrsg. Ott Paul *Schlenther.* 4. Aufl. Bd 1. Berlin 1910. 8°.

Theodor Fontane's Briefe an seine Familie. (Vorr.: K. E. O. Fritsch.) Bd 1. 2. *Berlin: F. Fontane & Co. 1905.* 2 Bde 8° [F.]
1. Mit 1 Bildn. von Frau Emilie Fontane.
2. Mit 1 Bildn. von Th. Fontane u. s. Tochter. 2. Aufl. [06. 16359

Theodor Fontane's Briefe an seine Familie. 2. Aufl. Bd 1. 2. Berlin: F. Fontane & Co. 1905. 2 Bde 8° [F.]
1. Mit 1 Bildnis von Frau Emilie Fontane.
2. Mit 1 Bildnis von Theodor Fontane u. s. Tochter. [06. 9400 9

Theodor Fontane's Briefe an seine Familie. Bd 1. 2. Mit Bildn. Berlin: Fontane 1905–06. 8°
1. 3. Aufl. 1905. 2. 4. Aufl. 1906. [09. 17854 7

— Briefwechsel m. Wilh. Wolfsohn. Hrsg. v. Wilh. Wolters. (136 S. m. 9 [1 farb.] Vollbildern u. 1 Fksm.) 8. Berlin 910. G. Bondi. 3.—; geb. in Leinw. 4. —

— Effi Briest. Roman. 7. Aufl. 8. (520 S.) Ebd. 899. n. 6. —; geb. n. 7. —

— Effi Briest. Roman. 9.—11. Aufl. (à 520 S.) 8. Ebd. 900—903. n. 6.—; geb. n. 7.—

— dasselbe. Traduit de l'allemand par Michel Delines. (VI, 290 S.) 8. Ebd. 902. n. 3.—

— Effi Briest. Roman. 12. Aufl. (520 S.) 8. Ebd. 903. n. 6.—; geb. n. 7.—

— dasselbe. 16. Aufl. (374 S.) 8. Ebd. 905. n. 4.—

— Effi Briest. Roman. 25. Aufl. (374 S.) 8. Berlin (909). F. Fontane & Co. 4.—

—— s. Camphausen, W., vaterländische Reiterbilder aus drei Jahrhunderten.

Causerien über Theater von Theodor Fontane. Hrsg. Paul Schlenther. Berlin: F. Fontane & Co. 1905. (XX, 451 S.) 8° [F.] [o4. 1900 8

Causerien über Theater von Theodor Fontane. Hrsg. Paul Schlenther. 2. Aufl. *Berlin: F. Fontane & Co. 1905.* (XX, 451 S.) 8° [F.]

— Cecile, s. a. Fischer's Bibliothek zeitgenössischer Romane. II, 3.

Fontane, Th., Cécile. Roman. 1. u. 2. Aufl. 8. (296 S.) Berlin 887. Dominik. n. 5.—; geb. n. 6.—

— Cecile. Roman. Neue (Titel-)Ausg. 8. (296 S.) Ebd. 892. n. 3.—; geb. n.n. 4.—

Fontane, Thdr., Cécile. Roman. 3. Aufl. gr. 8. (327 S.) Berlin 900. F. Fontane & Co. n. 3.—; geb. n. 4.—

Cecile. Roman von Theodor Fontane. Berlin: S. Fischer (1909). 200 S. 8°
(Fischers Bibliothek zeitgenöss. Romane. Jg. 2. Bd 5.)

Fontane, Th., Denkmal Albrecht Thaers, s. a. Annalen der Landwirthschaft, Supplement.

Fontane T.: Denkmal Albrecht Thaer's zu Berlin. Berl. [1862]. 30, 8 S., 5 Tvl. 4°.
[M. Biografier af T. og de i Relief fremstillede Personer].
(Supplem. zu den Annalen d. Landwirthschaft ...). 373.

— s. a. Dichter-Album, Deutsches.

Fontane, Thdr., deutsches Dichter-Album. 2. u. 3. unveränd. Aufl. Berlin 852. Janke. 16. (IV, 480 S.) n. 1 ℛ 10 ngr
— — 4. verm. Aufl. Berlin 858. Bachmann. 16. (XVI, 418 S.) n. 1 ℛ 20 ngr

— Onkel Dodo, s.: Reuter's Bibliothek f. Gabelsberger-Stenographen.

— Ellernklipp. Nach e. Harzer Kirchenbuch. 8. (177 S.) Berlin 881. Hertz. 3.—; geb. n. 4.—

— Ellernklipp. Nach e. Harzer Kirchenbuch. 2. Aufl. 8. (190 S.) Berlin 899. [Besser.] J. G. Cotta Nachf. Zweigniederlassg. n. 3.—; geb. n. 4.—

— Ellernklipp. Nach e. Harzer Kirchenbuch. 3. Aufl. (196 S.) 8. Stuttgart 906. J. G. Cotta Nachf. n. 3.—; geb. n. 4.—

— Ellernklipp. Nach e. Harzer Kirchenbuch. 4. Aufl. (196 S.) 8. Stuttgart 910. J. G. Cotta Nachf. 3.—; geb. 4.—

Fontane, Th., aus England. Studien und Briefe über Londoner Theater, Kunst und Presse. Stuttgart 860. Ebner & Seubert. 8. (IX, 326 S.) 1 ℛ 15 ngr

— aus England u. Schottland. Mit e. Jugendbildnis. 8. (VI, 528 S.) Berlin 900. F. Fontane & Co. n. 6.—; geb. n. 7.—

Fontane, Thdr., Gedichte. 16. (VIII u. 296 S.) Berlin 851, Reimarus (jetzt: Ernst & Korn). In Engl. Einb. m. Goldschnitt. 1 5/6 ℛ

Fontane, Thdr., Gedichte. 2. verm. Aufl. 8. (VIII, 352 S.) Berlin 875. Hertz. 5. 40; geb. 7. 20

— Gedichte. 3., verm. Aufl. 8. (XII, 439 S. m. Bildnis in Photograv.) Berlin 889. Hertz. n. 5.—; geb. n. 6.—

— Gedichte. 4., verm. Aufl. 8. (XII, 447 S. m. Bildnis in Photograv.) Berlin 891. W. Hertz. n. 5.—; geb. n.n. 6.—

— Gedichte. 5., verm. Aufl. M. e. Bildniß. 8. (XII, 462 S.) Berlin 898. Besser. n. 5.—; geb. in Leinw. n. 6.—

— Gedichte. 6.—8. Aufl. gr. 8. (à XII, 462 S. m. Bildnis.) Stuttgart 899—902. J. G. Cotta Nachf. n. 5.—; geb. n. 6.—

— Gedichte. 10. u. 11. Aufl. (XII, 462 S. m. Bildnis.) 8. Ebd. 905. n. 5.—; geb. in Leinw. n. 6.—

Gedichte von Theodor Fontane. 12.–14. Aufl. Mit 1 Bildn. Stuttgart & Berlin: Cotta 1908. XII, 418 S. 8°

Gedichte von Theodor Fontane. Mit 1 Bildn. 15. Aufl. Stuttgart & Berlin: Cotta 1910. XII, 418 S. 8°

— die Geschichte des Erstlingswerks, s.: Franzos, Karl Emil.

Fontanes, Thdr., Geschichte des Preuß. Staates in chronolog. Tabellen. 16. Schweidnitz 842, Heege. n. 1/3 ℛ

Havelland. Die Landschaft um Spandau, Potsdam, Brandenburg. Von Theodor Fontane. Wohlf. Ausg. 6. Aufl. *Berlin: W. Hertz 1901.* (XIII, 485 S.) 8° [F.]
= Fontane: Wanderungen durch d. Mark Brandenburg. Wohlf. Ausg. Th. 3.

Havelland. Die Landschaft um Spandau, Potsdam, Brandenburg. Von Theodor Fontane. Wohlfeile Ausg. 7. Aufl. Stuttgart & Berlin: J. G. Cotta Nachf. 1905. (XIII, 485 S.) 8° [F.]
= Fontane: Wanderungen durch d. Mark Brandenburg. T. 3.

Havelland. Die Landschaft um Spandau, Potsdam, Brandenburg. Von Theodor Fontane. Wohlfeile Ausg. 8. Aufl. Stuttgart & Berlin: J. G. Cotta Nachf. 1906. (XIII, 485 S.) 8° [F.]
= Fontane: Wanderungen durch d. Mark Brandenburg. T. 3.

Havelland. Die Landschaft um Spandau, Potsdam, Brandenburg. Von Theodor Fontane. Wohlfeile Ausg. 9. u. 10. Aufl. Stuttgart & Berlin: Cotta 1907. IX, 485 S. 8°
(Fontane: Wanderungen durch d. Mark Brandenburg. T. 3.)

— Havelland. Die Landschaft um Spandau, Potsdam, Brandenburg. Illustr. Ausg. Hrsg. von Fed. v. Zobeltitz. („Wanderungen durch die Mark Brandenburg". 3. Bd.) (XVIII, 462 S.) gr. 8. Ebd. 910. Geb. in Leinw. 10.—

— Jenseit des Tweed. Bilder und Briefe aus Schottland. Berlin 860. J. Springer. gr. 8. (VIII, 352 S.) 1 ℛ 10 ngr

— Irrungen, Wirrungen. Roman. 8. (284 S.) Leipzig 888. Berlin, F. Fontane. n. 5.—; geb. n. 6.—

—— Irrungen, Wirrungen. Roman. 8. (284 S.) Leipzig 888, Steffens. *ℳ 5.—; geb. *

— dasselbe. 2. Aufl. (Billige Ausg.) 8. (300 S.) Berlin 891. F. Fontane. n. 3.—; geb. n.n. 4.—

— Irrungen, Wirrungen. Berliner Roman. 3. Aufl. 8. (300 S.) Berlin 893. F. Fontane & Co. n. 3. —; geb. n.n. 4. —

— Irrungen, Wirrungen. Berliner Roman. 5. Aufl. 8. (300 S.) Berlin 898. F. Fontane & Co. n. 3. —; geb. n. 4. —

— Irrungen Wirrungen. Berliner Roman. 6.—8. Aufl. 8. (à 300 S.) Berlin 899—902. F. Fontane & Co. n. 3. —

— Irrungen — Wirrungen. Berliner Roman. 9. u. 10. Aufl. (300 S.) 8. Berlin 903. 905. F. Fontane & Co. n. 3. —; geb. n. 4. —

Irrungen Wirrungen. Berliner Roman von Theodor Fontane. Berlin: S. Fischer (1910). 182 S. 8°.
(Fischers Bibliothek zeitgenössischer Romane. Jg. 3, Bd 1.) [11. 859]

— Irrungen, Wirrungen. Berliner Roman. 15. Aufl. Der Reihe nach 21. u. 22. Tauf. (300 S.) 8. Berlin (910). F. Fontane & Co. 3.—; geb. 4. —

— dasselbe, s. Fischer's Bibliothek zeitgenössischer Romane.

— meine Kinderjahre. Autobiographischer Roman. 1. u. 2. Aufl. 8. (VII, 321 S.) Ebd. 894. n. 4. —;

— Meine Kinderjahre. Autobiograph. Roman. 3. Aufl. 8. (VII, 321 S.) Ebd. 894. n. 4. —; geb. n. 5. —

Fontane, Thdr., meine Kinderjahre. Autobiographischer Roman. 4. Aufl. (VII, 321 S.) Berlin 903. F. Fontane & Co. n. 4. —; geb. n. 5. —

— Meine Kinderjahre. Autobiographischer Roman. 5. Aufl. (VII, 321 S.) 8. Berlin 908. F. Fontane & Co. 4.—; geb. 5. —

— der deutsche Krieg von 1866. 2 Bde. 1. Bd. 2 Hlbbde. und 2. Bd. Lex.-8. Berlin, v. Decker'sche Geh. Ober-Hofbuchdr. *

Inhalt:

Bd. 1. Der Feldzug in Böhmen und Mähren. 1. Halbbd.: Bis Königgrätz. (S. 1—466 mit 7 Portr., 164 in den Text gedr. Abbild. und Plänen in Holzschn.) 870. *M 20.

" 1. 2. Halbbd.: Königgrätz. Bis vor Wien. (III, S. 467—735 mit 3 großen Portr., 3 großen Gefechtsbildern, 199 in den Text gedr. Abbild. und Plänen in Holzschn.) 870. *M 20.

" 2. Der Feldzug in West- und Mitteldeutschland. (VII, 396 S. mit 4 großen Portr., 8 großen Gefechtsbildern in Stahlst., 149 in den Text gedr. Abbild. und 26 Plänen in Holzschn.) 871. *M 20.

— der deutsche Krieg v. 1866. Mit Illustr. v. Ludw. Burger. 2 Bde. 2. Aufl. gr. 8. Ebend. 871. 18. —; geb. n. 22. 50

1. Der Feldzug in Böhmen u. Mähren. Mit 13 großen Portr., 11 großen Gefechtsbildern (auf 24 Holzschntaf.), 234 in den Text gedr. Abbildgn. u. 39 (eingedr., Plänen in Holzschn. (XII, 735 S.)
2. Der Feldzug in West- u. Mitteldeutschland. Mit 4 großen Portr., 8 großen Gefechtsbildern (auf 12 Holzschntaf.), 149 in den Text gedr. Abbildgn. u. 26 (eingedr.) Plänen in Holzschn. (VII, 395 S.)

Fontane, Thdr., der Krieg gegen Frankreich 1870—1871. 1. Bd. 2 Halbbde., und 2. Bd. 1. Halbbd. Lex.-8. Berlin, v. Decker'sche Geh. Ober-Hofbuchdr. *

Inhalt:

Bd. 1. Der Krieg gegen das Kaiserreich. 1. Halbbd.: Bis Gravelotte, 18. August 1870. (VII, S. 1—362 mit 32 Plänen in eingedr. Holzschn.) 873. *M 6.

" 1. 2. Halbbd. Von Gravelotte bis zur Kapitulation von Metz. (19. August bis 27. October 1870.) (XXVII, S. 363—854 mit 35 Plänen in eingedr. Holzschn.) 873. *M 8,50.

" 2. Der Krieg gegen die Republik. 1. Halbbd.: In und vor Paris bis zum 24. Decbr. (VII, 427 S. mit 44 Plänen in eingedr. Holzschn.) 875. *M 7,50.

Fontane, Th., der Krieg gegen Frankreich 1870—1871. 2. (Schluß-) Bd.: Der Krieg gegen die Republik. 2. Halbbd.: Orleans bis zum Einzuge in Berlin. Lex.-8. (XV, XII, S. 429—1028 mit 104 Plänen in eingedr. Holzschn.) Berlin 876, v. Decker's Verlag. *

1. Bd. und 2. Bd. 1. Halbbd. Ebendas. 1873—75. *M 22.

— der Schleswig-Holsteinsche Krieg im J. 1864. Lex.-8. (VII und 376 S. mit 4 Portr., 56 in den Text gedr. Abbild. und Plänen in Holzschn. und 9 Karten in Steindr.) Berlin 866, v. Decker'sche geheime Ober-Hofbuchdruckerei. 2
cart. *
feine Ausg. geb. *

— Kriegsgefangen. Erlebtes 1870. 8. (VIII, 336 S.) Berlin 871, v. Decker'sche Geh. Ober-Hofbuchdr.

— Kriegsgefangen. Erlebtes 1870. Mit dem Portr. d. Dichters (in Photograv.) 2. Aufl. 8. (VIII, 286 S.) Ebd. 892. * 3 —
geb. * 4 —

Kriegsgefangen. Erlebtes 1870 von Theodor Fontane. 3. Aufl. Berlin: Fontane 1895. VIII, 285 S. 8° [09. 11490 11]

— Kriegsgefangen. Erlebtes 1870. 4. Aufl. 8. (VI, 286 S.) Ebd. 898. n. 3. —; geb. n. 4. —

Kriegsgefangen. Erlebtes 1870 von Theodor Fontane. 5. Aufl. *Berlin: F. Fontane & Co. 1900.* (286 S.) 8° [F.]

— kriegsgefangen. Erlebtes 1870. 6. Aufl. (VIII, 286 S.) 8. Ebd. 904. n. 3. —; geb. n. 4. —

— Kriegsgefangen. Erlebtes 1870. (Der Reihe nach das 12—16. Tauf.) (Hochschulausg.) (VIII, 168 S. m. Bildnis.) 8. Ebd. (910). 1.—; geb. 1. 50

— Männer u. Helden. Acht Preußenlieder. hoch 4. (40 S.) Berlin 850, Hayn. n. ⅓ ß

— Grete Minde. Nach e. altmärk. Chronik. 8. (156 S.) Ebend. 880. 3. —; geb. n. 4. —

— dass. — s. Novellenschatz, neuer deutscher.

— Grete Minde. Nach e. altmärk. Chronik. 2. Aufl. 12. (154 S.) Berlin 888. Hertz. 3. —

— Grete Minde. Nach e. altmärk. Chronik. 4. u. 5. Aufl. (à 172 S.) 8. Stuttgart 903. 906. J. G. Cotta Nachf. n. 3. —; geb. n. 4. —

— Grete Minde. Nach e. altmärk. Chronik. 6. u. 7. Aufl. (172 S.) 8. Stuttgart 908. 10. J. G. Cotta Nachf. 2.50; geb. 3. 50

— Aus dem Nachlaß. Hrsg. v. Jos. Ettlinger. 1—3. Aufl. (Je XVIII, 316 S. m. Bildnis.) 8. Berlin 908. F. Fontane & Co. 5.—; geb. 6. —

Das Oderland. Barnim-Lebus. Von Theodor Fontane. Wohlf. Ausg. 6. Aufl. *Berlin: W. Hertz 1899.* (VIII, 506 S.) 8° [F.]
— Fontane: Wanderungen durch d. Mark Brandenburg. Th. 2. [00. 14362]

Das Oderland Barnim-Lebus. Von Theodor Fontane. Wohlf. Ausg. 7. Aufl. *Stuttgart & Berlin: J. G. Cotta Nachf. 1904.* (VIII, 506 S.) 8° [F.]
— Fontane: Wanderungen durch d. Mark Brandenburg. T. 2. [04. 9338]

Das Oderland. Barnim-Lebus. Von Theodor Fontane. Wohlfeile Ausg. 8. Aufl. Stuttgart & Berlin: J. G. Cotta Nachf. 1905. (VIII, 506 S.) 8° [F.]
— Fontane: Wanderungen durch d. Mark Brandenburg. T. 2. [06. 8205]

Das Oderland. Barnim-Lebus. Von Theodor Fontane. Wohlfeile Ausg. 9. u. 10. Aufl. Stuttgart & Berlin: J. G. Cotta Nachf. 1907. (VIII, 506 S.) 8° [F.]
— Fontane: Wanderungen durch d. Mark Brandenburg. T. 2. [07. 16726]

— Graf Petöfy. Roman. 2 Thle. in 1 Bd. 2. Aufl. 8. (163 u. 122 S.) Dresden 884. Steffens. n. 7. 50

— Graf Petöfy. Roman. 2 Thle. in 1 Bd. 3. Aufl. 8. (163; 122 S.) [Dresden 885, Steffens.] Leipzig, Dürselen. *
geb. *

— Graf Petöfy. Roman. 2 Thle. in 1 Bd. Neue (Titel-)Ausg. 8. (163 u. 122 S.) Ebd. 890. n. 3. —; geb. n.n. 4. —

— Graf Petöfy. Roman. 4. Aufl. (338 S.) 8. Berlin 903. F. Fontane & Co. n. 3. —; geb. n. 4. —

[F.] Die Poggenpuhls. Roman v. Theodor Fontane. *Berlin: F. Fontane & C. 1896.* (2 Bl., 176 S.) 1 Bd 8.
(Fontane's 2-Mark-Bücher.) [96. 8908

Die Poggenpuhls. Roman von Theodor Fontane. 2. Aufl. Berlin: Fontane 1896. 176 S. 8° [09. 11491 11

— die Poggenpuhls. Roman. 4. Aufl. 8. (176 S.) Berlin 897. F. Fontane & Co. n. 2. —; geb. n. 3. —

— die Poggenpuhls. Roman. 5. u. 6. Aufl. 8. (à 176 S.) Ebd. 900. 902. n. 2. —; geb. n. 3. —

— die Poggenpuhls. Roman. 7. Aufl. (176 S.) 8. Ebd. 905. n. 2. —; geb. n. 3. —

— quitt. Roman. 8. (338 S.) Berlin 891. W. Hertz. n. 5. —; geb. n. 6. —

— Quitt. Roman. 2. Aufl. 8. (383 S.) Stuttgart 902. J. G. Cotta Nachf. n. 3. —; geb. in Leinw. n. 4. —

— Quitt. Roman. 3. Aufl. (383 S.) 8. Stuttgart 904. J. G. Cotta Nachf. n. 3. —; geb. n. 4. —

— Quitt. Roman. 5. Aufl. (383 S.) 8. Stuttgart 910. J. G. Cotta Nachf. 3.—; geb. 4. —

— von, vor u. nach der Reise. Plaudereien u. kleine Geschichten. 1. u. 2. Aufl. 8. (238 S.) Berlin 894. F. Fontane & Co. n. 3. —; geb. n. 4. —

Fontane, Thdr. Gesammelte Romane u. Novellen. 12 Bde. (334; 326; 320; 317; 312; 320; 322; 315; 319; 319; 324; 330 S. m. Bildnis in Heliograv.) Berl. 890—91, [Dominik.] Fontane u. Comp. à Bd. * 2 —; * 24 —; geb. à Bd. * 2 75; * 33 —
Auch in 48 Lfgn. à * — 50

— gesammelte Romane u. Novellen. 1.—19. Lfg. 8. (1. Bd. 334, 2. Bd. 326, 3. Bd. 320, 4. Bd. 317 S. u. 5. Bd. S. 1—240.) Berlin 890. Deutsches Verlagshaus. à Lfg. n. — 50; in Bdn. à n. 2. —; geb. à n. 2. 75

— gesammelte Romane u. Novellen. 20.—48. (Schluß-) Lfg. 8. (5. Bd. S. 241—312, 6. Bd. 320, 7. Bd. 322, 8. Bd. 315, 9. Bd. 319, 10. Bd. 319, 11. Bd. 324, 12. Bd. 330 S. m. Bildnis in Heliograv.) Ebd. 891. à n. — 50; in Bdn. à n. 2. —; geb. à n. 2. 75

— Von der schönen Rosamunde. Gedicht. 16. (60 S.) Dessau 850, Katz. ½ ℛ; in Engl. Einb. m. Goldschn. n. ⅔ ℛ

— von der schönen Rosamunde. Gedicht. 2. Aufl. 16. (32 S.) Dessau 853, Gebr. Katz.

— von der schönen Rosamunde. Gedicht. 3. Aufl. Dresden 863. Ehlermann. 16. (62 S.) n. 12 ngr.

Die Grafschaft Ruppin. Von Theodor Fontane. Wohlf. Ausg. 7. Aufl. *Berlin: W. Hertz 1899.* (XV, 559 S.) 8° [F.]
= Fontane: Wanderungen durch d. Mark Brandenburg. Th. 1. [01. 11361

Die Grafschaft Ruppin. Von Theodor Fontane. Wohlf. Ausg. 8. Aufl. *Stuttgart & Berlin: J. G. Cotta 1903.* (XV, 577 S.) 8° [F.]
— Fontane: Wanderungen durch d. Mark Brandenburg. T. 1. [03. 14494

Die Grafschaft Ruppin. Von Theodor Fontane. Wohlfeile Ausg. 9. Aufl. Stuttgart & Berlin: J. G. Cotta Nachf. 1905. (XV, 577 S.) 8° [F.]
— Fontane: Wanderungen durch d. Mark Brandenburg. T. 1. [06. 0114

Die Grafschaft Ruppin. Von Theodor Fontane. Wohlfeile Ausg. 10. u. 11. Aufl. Stuttgart & Berlin: J. G. Cotta Nachf. 1906. (XV, 577 S.) 8° [F.]
— Fontane: Wanderungen durch d. Mark Brandenburg. T. 1. [07. 18003

— Sammlung deklamatorischer Vorträge. Hrsg. v. Gust. Burchard. 8. (X, 459 S.) Ebd. 892. n. 3. —; geb. n.n. 4. —

— Schach v. Wuthenow. Erzählung aus der Zeit d. Regiments-Gensdarmes. 1. u. 2. Aufl. 8. (II, 229 S.) Leipzig 883. Friedrich. n. 5. —; Einbd. n.n. 1. —

— Schach v. Wuthenow. Erzählung aus der Zeit des Regiments Gensdarmes. 3. Aufl. 8. (242 S.) Ebd. 894. n. 3. —

— Schach v. Wuthenow. Erzählung aus der Zeit des Regiments Gensdarmes. 4. Aufl. 8. (242 S.) Berlin 901. F. Fontane & Co. n. 3. —; geb. n. 4. —

— Schach v. Wuthenow. Erzählung aus der Zeit des Regiments Gensdarmes. 5. Aufl. (242 S.) 8. Berlin 905. F. Fontane & Co. n. 3. —; geb. n. 4. —

— Christian Friedrich Scherenberg u. das literarische Berlin von 1840 bis 1860. gr. 8. (260 S.) Berlin 885. Hertz. n. 5. —; geb. n. 6. 20

— fünf Schlösser. Altes u. Neues aus Mark Brandenburg. gr. 8. (VII, 468 S.) Berlin 889. Hertz. n. 7. —; geb. n. 8. 20

— fünf Schlösser. Altes u. Neues aus Mark Brandenburg. 2. Aufl. (VIII, 454 S.) 8. Ebd. 905. n. 5. —; geb. n. 6. —

— Fünf Schlösser. Altes u. Neues aus Mark Brandenburg. 3. Aufl. (VIII, 454 S.) 8. Ebd. 910. 5.—; geb. 6. —

— ein Sommer in London. Dessau 854. Katz. 8. (VI, 281 S.) 1 ℛ 15 ngr

Spreeland. Beeskow-Storkow u. Barnim-Teltow. Von Theodor Fontane. Wohlf. Ausg. 4. Aufl. *Berlin: W. Hertz 1899.* (IX, 459 S.) 8° [F.]
= Fontane: Wanderungen durch d. Mark Brandenburg. Th. 4. [01. 11363

Spreeland. Beeskow-Storkow u. Barnim-Teltow. Von Theodor Fontane. Wohlfeile Ausg. 6. Aufl. Stuttgart & Berlin: J. G. Cotta Nachf. 1905. (IX, 459 S.) 8° [F.]
— Fontane: Wanderungen durch d. Mark Brandenburg. T. 4. [06. 0116

Spreeland. Beeskow-Storkow und Barnim-Teltow. Von Theodor Fontane. Wohlfeile Ausg. 7. u. 8. Aufl. Stuttgart & Berlin: J. G. Cotta Nachf. 1907. (IX, 459 S.) 8° [F.]
— Fontane: Wanderungen durch d. Mark Brandenburg. T. 4. [07. 18004

Spreeland. Beeskow-Storkow u. Barnim-Teltow. Von Theodor Fontane. Wohlf. Ausg. 9. u. 10. Aufl. Stuttgart & Berlin: Cotta 1910. IX, 459 S. 8°
(Fontane: Wanderungen durch d. Mark Brandenburg T. 4.) A 12. 1633 11

Fontane, Thdr., der Stechlin. Roman. 1.—5. Aufl. 8. (à 517 S.) Berlin 899. F. Fontane & Co. n. 6. —; geb. n. 7. —

— der Stechlin. Roman. 6.—9. Aufl. 8. (à 517 S.) Berlin 899—902. F. Fontane & Co. n. 6. —; geb. n. 7. —

— der Stechlin. Roman. 10. Aufl. (517 S.) 8. Berlin 903. F. Fontane & Co. n. 6. —; geb. n. 7. —

— Der Stechlin. Roman. 19. Aufl. (526 S.) 8. Berlin (909). F. Fontane & Co. 4. —

— Stine. 1.—3. Aufl. 8. (175 S.) Berlin 890. Fontane. n. 3. —; geb. n.n. 4. —

— Stine. 3. Aufl. 8. (175 S.) Ebd. 891. n. 3. —; geb. n.n. 4. —

— Stine. Roman. 4. Aufl. 8. (175 S.) Ebd. 901. n. 2. —; geb. n. 3. —

— Stine. Roman. 5. Aufl. (175 S.) 8. Ebd. 905. n. 2. —; geb. n. 3. —

— vor dem Sturm. Roman aus dem Winter 1812 auf 13. 4 Bde. 8. (162, 220, 244 u. 285 S.) Ebend. 878. 18. —

— vor dem Sturm. Roman aus d. Winter 1812 auf 13. 3. Aufl. (Wohlfeile Volksausg.) 8. (773 S.) Berlin 898. Besser. n. 4. —; geb. in Leinw. n. 5. —

— vor dem Sturm. Roman aus dem Winter 1812 auf 13. 6. u. 7. Aufl. (à 773 S.) 8. Stuttgart 904. 905. J. G. Cotta Nachf. n. 4.—; geb. in Leinw. n. 5.—

— Vor dem Sturm. Roman aus dem Winter 1812 auf 13. 9—12. Aufl. (773 S.) 8. Stuttgart 907—09. J. G. Cotta Nachf. 4.—; geb. 5.—

—— Aus den Tagen der Occupation. Eine Osterreise durch Nord-Frankreich und Elsaß-Lothringen 1871. 2 Bde. 1. und 2. Aufl. 8. (IV, 304; IV, 351 S.) Berlin 872, v. Decker'sche Geh. Ober-Hofbuchdr.

—— Frau Jenny Treibel. Roman. 1.—3. Aufl. 8. (336 S.) Ebd. 892. * 4 —; geb. ** 5 —

— Frau Jenny Treibel od. „Wo sich Herz zum Herzen find't". Roman (aus der Berliner Gesellschaft). 1. u. 2. Aufl. 8. (336 S.) Ebd. 893. n. 4. —; geb. n.n. 5. —

— Frau Jenny Treibel od. „Wo sich Herz zum Herzen find't". Roman. 4. Aufl. 8. (336 S.) Berlin 896. F. Fontane & Co. n. 4.—

— Frau Jenny Treibel od. „Wo sich Herz zum Herzen find't". Roman (aus der Berliner Gesellschaft). 5. u. 6. Aufl. 8. (à 336 S.) Ebd. 899. 901. n. 4.—; geb. n. 5.—

— Frau Jenny Treibel od. „Wo sich Herz zum Herzen find't". Roman. 7. Aufl. (336 S.) 8. Berlin 903. F. Fontane & Co. n. 4.—; geb. n. 5.—

Frau Jenny Treibel oder 'Wo sich Herz zum Herzen find't.' Roman von Theodor Fontane. Berlin: Fontane [1909]. 283 S. 8° (Bibliothek August Scherl. Bd 94.) [n. 13665]

— unwiederbringlich. Roman. 1. u. 2. Aufl. 8. (343 S.) Berlin 892. W. Hertz. n. 6. —; geb. n. 7.

— Unwiederbringlich. Roman. 3. Aufl. 8. (343 S.) Berlin 898. Besser. n. 4.—; geb. n. 5.—

Unwiederbringlich. Roman von Theodor Fontane. 3. Aufl. Berlin: W. Hertz 1898. (343 S.) 8° [F.] [... 11]

— Unwiederbringlich. Roman. 4. Aufl. 8. (385 S.) Stuttgart 902. J. G. Cotta Nachf. n. 3.—; geb. in Leinw. n. 4.—

— unwiederbringlich. Roman. 5. Aufl. (385 S.) 8. Stuttgart 904. J. G. Cotta Nachf. n. 3.—; geb. in Leinw. n. 4.—

Unwiederbringlich. Roman von Theodor Fontane. 6. Aufl. Stuttgart & Berlin: Cotta 1904. 385 S. 8° [A 11.1130.10]

— von Zwanzig bis Dreißig. Autobiographisches. 2. Aufl. 8. (XI, 679 S. m. Bildn.) Berlin 898. F. Fontane & Co. n. 8.—; geb. n. 9.—

— Von Zwanzig bis Dreißig. Autobiographisches. 5. Aufl. (VIII, 476 S. m. 40 Taf. u. 1 Fksm.) 8. Berlin 910. F. Fontane & Co. 6.—; geb. 7.50

— Wanderungen durch die Mark Brandenburg. Berlin 862. Hertz. gr. 8. (XII, 475 S.) n. 2 ⅔ß

2. Thl. Das Oderland. Barnim. Lebus. Ebend. 863. gr. 8. (V, 518 S.) n. 2 ⅔ß

- 1. Thl. Die Grafschaft Ruppin. Barnim-Teltow. 2. verm. Aufl. Ebend. 865. gr. 8. (XVI, 544 S.) n. 2 ⅔ß 10 ngr.

Fontane, Th., Wanderungen durch die Mark Brandenburg. 2. Thl. Das Oderland. Barnim. Lebus. 2. verb. Aufl. Berlin 868. Hertz. gr. 8. (VII, 548 S.) n. 2 ⅔ß 10 ngr.

— Wanderungen durch die Mark Brandenburg. 1. u. 3. Thl. Die Grafschaft Ruppin. 3. verm. Aufl. gr. 8. (XIV, 496 S.) Ebend. 873. 75. n. 15. —
1. Die Grafschaft Neu-Ruppin. 3. verm. Aufl. (XIV, 496 S.) n. 8. —
3. Ost-Havelland. Die Landschaft um Spandau, Potsdam, Brandenburg. (VIII, 460 S.) n. 7. —

— Wanderungen durch die Mark Brandenburg. 2—4. (Schluß-)Thl. gr. 8. Ebend. 880—82. à n. 7. — (cplt.: n. 29. —)
2. Das Oderland Barnim-Lebus. 3., verb. Aufl. (VI, 506 S.)
3. Havelland. Die Landschaft um Spandau, Potsdam, Brandenburg. 2, verb. Aufl. (XIII, 485 S.)
4. Spreeland Beeskow-Storkow u. Barnim-Teltow. (IX, 459 S.)

— Wanderungen durch die Mark Brandenburg. 1. Thl. Die Grafsch. Ruppin. 4. verm. Aufl. gr. 8. (XV, 474 S.) Ebend. 883. n. 7.—

— dasselbe. 4. Thl. Spreeland. Beeskow-Storkow u. Barnim-Teltow. 2. Aufl. gr. 8. (IX, 459 S) Ebend. 886. n. 7.—

— Wanderungen durch die Mark Brandenburg. 2. u. 3. Thl. gr. 8. Berlin 889. Hertz. à n. 7.—; geb. à n. 8.20
2. Das Oderland. Barnim-Lebus. 4. Aufl. (VIII, 506 S.)
3. Havelland. Die Landschaft um Spandau, Potsdam, Brandenburg. 3. Aufl. (XIII, 485 S.)

— Wanderungen durch die Mark Brandenburg. 4 Bde. Wohlf. (Titel-)Ausg. gr. 8. Berlin 892. Besser. à n. 5.—; geb. à n. 6.—; auch in 20 Lfgn. à n. 1.—
1. Die Grafschaft Ruppin. (XV, 559 S.)
2. Das Oderland. Barnim-Lebus. (VIII, 506 S.)
3. Havelland. Die Landschaft um Spandau, Potsdam, Brandenburg. (XIII, 485 S.)
4. Spreeland. Beeskow-Storkow u. Barnim-Teltow. (IX, 459 S.)

— Wanderungen durch d. Mark Brandenburg. 1. Thl. D. Grafsch. Ruppin. Wohlfeile Ausg. 6. Aufl. gr. 8. (XV, 559 S.) Ebd. 896. n. 5.—; geb. n. 6.—

— Wanderungen durch die Mark Brandenburg. 1.—4. Thl. Wohlf. Ausg. gr. 8. Berlin 899. [Besser.] J. G. Cotta Nachf. Zweigniederlassg. à n. 5.—; geb. in Leinw. à n. 6.—
1. Die Grafsch. Ruppin. 7. Aufl. (XV, 559 S.)
2. Das Oderland. Barnim-Lebus. 6. Aufl. (VIII, 506 S.)
3. Havelland. Die Landschaft um Spandau, Potsdam, Brandenburg. 5. Aufl. (XIII, 485 S.)
4. Spreeland. Beeskow-Storkow u. Barnim-Teltow. 4. Aufl. (IX, 459 S.)

— Wanderungen durch die Mark Brandenburg. 4 Tle. Wohlf. Ausg. 8. Ebd. à n. 5.—; geb. à n. 6.—
1. Die Grafsch. Ruppin. 8.—11. Aufl. (à XV, 577 S.) 903—906.
2. Das Oderland. Barnim-Lebus. 7. u. 8. Aufl. (à VIII, 506 S.) 905.
3. Havelland. Die Landschaft um Spandau, Potsdam, Brandenburg. 7. u. 8. Aufl. (à XIII, 485 S.) 905. 906.
4. Spreeland. Beeskow-Storkow u. Barnim-Teltow. 6. Aufl. (IX, 459 S.) 905.

— Wanderungen durch die Mark Brandenburg. Wohlf. Ausg. 1—4. Tl. 8. Ebd. à 5.—; geb. à 6.—
1. Die Grafsch. Ruppin. 12. u. 13. Aufl. (XV, 577 S.) 909.
2. Das Oderland. Barnim, Lebus. Wohlfeile Ausg. 9. u. 10. Aufl. (VIII, 506 S.) 907.
3. Havelland. Die Landschaft um Spandau, Potsdam, Brandenburg. 9—12. Aufl. (XIII, 485 S.) 907—910.
4. Spreeland. Beeskow-Storkow u. Barnim-Teltow. 7—10. Aufl. (IX, 459 S. m. eingedr. Kartenskizzen.) 907—910.

— dasselbe, Auswahl, s. Handbibliothek, Cotta'sche.

Theodor Fontanes Wanderungen durch die Mark Brandenburg. Auswahl, hrsg. von Hermann Berdrow. Stuttgart & Berlin: J. G. Cotta Nachf. [1905]. (228 S.) 8° [F.]
— Handbibliothek, Cotta'sche. No 121. [n4. 3008]

Fontane, Thdr., gesammelte Werke. I. Serie. (Romane u. Novellen.) 10 Bde. 8. Ebd. Subskr.-Pr. à n. 3.—; geb. in Leinw. à n. 4.—; in Halbfrz. à n. 5.—
1. Vor dem Sturm. Roman aus dem Winter 1812 auf 13. (1. Abtlg.) (555 S.) 905.
2. Vor dem Sturm. Roman aus dem Winter 1812 auf 13. (Schluß.) — Grete Minde. Nach e. altmärk Chronik. — Ellernklipp. Nach e. Harzer Kirchenbuch. (586 S.) 905.
3. L'Adultera. 5. u. 6. Aufl. — Schach v. Wuthenow. 7. u. 8. Aufl. Romane. (à 335 S.) 905.
4. Graf Petöfy, 6. Aufl. Cécile, 5. Aufl. Romane. (452 S.) 905.
5. Stine, 6. Aufl. — Irrungen, Wirrungen, 11. Aufl. (313 S.)
6. Quitt. Unterm Birnbaum. Romane. (482 S.) 905.
7. Unwiederbringlich. Roman. (308 S.) 905.
8. Frau Jenny Treibel. 8. Aufl. — Die Poggenpuhls. 8. Aufl. Romane. (367 S.) 905.
9. Effi Briest. Roman. 15. Aufl. (374 S.) 905.
10. Der Stechlin. Roman. 12. Aufl. (526 S.) 905.

Fontane, Thdr., gesammelte Werke. 2. Serie. (Gedichte — Autobiographisches — Briefe — Kritiken — Nachlaß.) 9 Bde. (XII, 418; IV, 404; IV, 503; IV, 528; IV, 547; XII, 320; IV, 348; XX, 590 u. XVIII, 464 S. m. 8 Bildnissen, 2 Taf. u. 2 Fksms.) 8. Berlin (908). F. Fontane & Co. 27.—; (1 u. 2: 57.—; Einbd. in Leinw. à 1.—; in Halbfrz. à 2.—)

[Theodor] Fontane-Brevier. Von Olga und Heinrich Spiero. Berlin: F. Fontane & Co. 1905. (197 S.) 8° [F.]

Fontaneille, Ph., pract. Anleit. zur Maulbeerbaum- u. Seidenraupenzucht, s. Anleitung.

Fontaneilles. Ph., Anleit. zum Maulbeerbaum- u. Seidenzucht, s. Graf Gh. Verri.

Fontanella, Alphons, Schönheit, Scham u. Liebe im Haushalte der Natur. Der Frauenwelt gewidmet. 12. (95 S.) Sarajevo 902. J. Studnička & Co. n. 1.—; geb. n. 1.60

Fontanelle, B., Dialogen über die Mehrheit d. Welten, übers. v. Bode. 8. 798. Ist jetzt Verlag von Reimer in Berlin.

— — Dasselbe Franz. Ebend.

Fontanelle, Julia, Handbuch der Essig- und Senfbereitung, s. Schauplatz, neuer, der Künste u. H., 33. Bd.

Fontanes, d. Grafen v., Rede am 22. Dec. 1813 gehalten, erläutert u. beleuchtet von E. M. Arndt. 8. Frankf. Körner. 814.

Fontanges oder das Schicksal der Mutter und der Tochter . . . Leipzig 1804. V: *Naubert, Christiane Benedicte geb. Hebenstreit.* (schl) (EE) (Ky)

Fontanges, od. d. Schicksal d. Mutter u. d. Tochter, vom Verf. des Walther v. Montbarry, m. 1 K. 8. Leipz. Gräff. 805.
Schreibp.

Fontani, F., Sui riti religiosi, o politici de' Greci nel puerperio. S.-A. s. a. 36 S. 4°. 1.20

Fontanieu, Kunst, durch gefärbte Glasflüsse ächte Edelsteine nachzuahmen. mit K. 8. Ulm, Stettin. 781.

Justi Fontanini Dissertatio de Corona ferrea Langobardorum. Romae et Lipsiae. 1719. 8°.

Fontaninus, Iust., de corona ferea Longobardica. 8. Lps. Weidmann. 719.

Oligrnius, Conr., (Just. Fontaninus): De pri. precc. imperialibus. *Friburg.* 706. 4. — 707. 8.

Fontannes, F. Description des Ammonites des calcaires du Château de Crussol (Ardèche). In-fol., 120 p. avec 13 planches lithographiées. Bâle, Genève et Lyon, H. Georg. 1881 35 —

Fontannes, F. Description sommaire de la faune malaiologique des formations saumâtres et d'eau douce du groupe d'Aix (Bartonien-Aquitanien) dans le Bas-Languedoc, la Provence et le Dauphiné. Gr. in-8°, 7 pl. et une table. Bâle, Lyon, Georg. 1893 15 —

Fontannes, F. Etudes stratigraphiques et paléontologiques pour servir à l'histoire de la période tertiaire dans le bassin du Rhône. III. Le groupe d'Aix dans le Dauphiné, la Provence et le Bas-Languedoc. 1re partie. Gr. in-8°, 200 p. Lyon et Bâle, H. Georg. 1885 10 —

Fontannes, F. Etudes stratigraphiques et paléontologiques pour servir à l'histoire de la période tertiaire dans le bassin du Rhône. IV. Les terrains néogènes du Plateau de Cucuron. Gr. in-8°, 97 p. et 3 pl. Lyon et Bâle, 1878. H. Georg. 6 —

Fontanus, F. Etudes stratigraphiques et paléontologiques pour servir à l'histoire de la période tertiaire dans le bassin du Rhône. Ve tome: Description de quelques espèces nouvelles ou peu connues. Gr. in-8°, 56 p. av. 3 pl. Lyon et Bâle, H. Georg. 1879. 5 —

— Transformations du paysage lyonnais pendant les derniers âges géologiques. Gr. in-8°, 21 p. Lyon et Bâle, H. Georg. 1885 1 80

FONTANO, E. (ps.), Die Probe. Der glückliche Fischer. Das Gelübde. Mit (freiem) TKpf. (Der moderne Boccaccio. I.) Budapest. M. DCCC. LXXXIV. (1884.) (Titelrücks.: Budapest. Druck von Samuel Markus, gr. Kronengasse 23.) Kl. 8°. Farbiger illustr. Umschl. 70 S.

FONTANOROSA, Des Träumenden, dritte Entzückung auf seiner gethanen Reise in die andre Welt. Gedruckt in Capo di bona speranza 1711. Rar!
Handelt über Frankreich. — Weller, fing. Druckorte.

Fontanus, F., s. Fontannes

Fontelive, E. de, Ascagne. Conte en vers. Posen 862. (Merzbach.) gr. 8. (61 S.) n. 15 ngr.

Fontenay, Christian de

de Fontenay, C., üb. d. Abstimmung in Richtercollegien. gr. 8. (37 S.) Schleswig 847, Bruhn in Comm. n. 6 ngr.

de Fontenay, C., über die Abstimmung in Richtercollegien. 2. umgearb. u. verm. Aufl. Kiel 868. Homann. gr. 8. (2 Bll., 63 S.) n. 10 ngr.

Fontenay, C. de, Register, s.: Seuffert's, J. A., Archiv für Entscheidungen der obersten Gerichte in den deutschen Staaten.

Fontenay, J. Baron de, des droits et des devoirs des Etats entre eux. Diss. Leipzig 1887, Gustav Fock. 8°. 39 S.

de Fontenay, J. baron [licencié en droit de la faculté de Paris]: Des droits et des devoirs des États entre eux . . . . Leipzig, Druck v. Breitkopf & Härtel, 1887; 39 + 1 S. 8°
Leipzig. Phil. Fak., Inaug.-Diss. v. 25. Jan. 1888

Fontenay, R[einhard le Sage] de: *Disquisitio de auctore atque aetate capitis XXXIII Deuteronomii. 46 S. 4° (2°)
Halle-Wittenberg, Phil. Diss. v. 27. Juli 1876
Geb. [Kiel 24. 4. 1851]

Fontenay, Toni, die Construction der Viaducte, Aquäducte und der Brücken von Mauerwerk. Beschreibung des Indre-Viaducts und des Verfahrens bei dessen Bau. Beschreibung der merkwürdigeren steinernen Viaducte, Aquäducte etc. in Frankreich, England, Deutschland etc. Dimensionen der bekannteren Brükken Europa's. Practische, auf Erfahrung gegründete Regeln zur Bestimmung der Dimensionen von Gewölben, Pfeilern, Stirnpfeilern etc. Aus dem Französ. übers. u. mit Zusätzen bereichert von A. W. Hertel. Nebst 10 lith. Taf. u. 6 Tab. (in Fol.). Weimar 854. Voigt. qu. gr. 4. (X, 110 S.) 2 ₰

— — Nebst 11 lith. Taf. u. 6 Tab. (in Fol.). 2. verm. Aufl. Ebend. 856. qu. gr. 4. (X, 131 S.) 2 ₰

Fontenelle, Bernard de. [Lpz. 1792.] V: *Jacobs, Chn Frdr. Wilh.* (NN) (MGT)

* **FONTENELLE**, Bernard Le Bovier de (né le 11 févr. 1657, † le 9 janv. 1757). — Des Herrn v. *Fontenelle* unter dem Namen des *Chevalier d'Her**** herausgegebene Briefe, übers. von Wolf Balthasar Adolph v. Steinwehr. Mit Titelkpf. Leipzig 1738. 8°. (In Berlin: Xz 7048.)

Fontenelle, Bernard de, unt. d. Nam. d. Chev. d'Her*** herausgeg. Briefe üb. v. Steinwehr. 8. Hannover, Schmid. 746.

* — — Her***'s Briefwechsel. (Aus d. Französ. des *B. de Fontenelle.*) Abthl. 1. (einz.). Mit Titelvignette. Danzig 1794. Kl. 8°. (In Berlin 2 Expll.: Xz 7056; an Yz 5321.)

Fontenelle, B. de. Dialogen über die Mehrheit der Welten . . . Berlin 1780. Ü: *Mylius, Wilhelm Christhelf Sigmund.* (MGT) (Ky)

de Fontenelle, Bern., Dialogen über d. Mehrheit d. Welten, übers. (v. W. C. S. Mylius). Mit Anmerk., Vorrede u. Kpf. v. J. E. Bode. 8. Berl. 780. 2e A. 789. (Reimer, a. Recht). 1 ₰ 4 gl. Dass. französ. Ebd. 1 ₰ 4 gl.

v. Fontenelle, Bernh., Dialoge über die Mehrheit der Welten, mit Bemerkungen von J. E. Bode. 8. Berlin 789. (Recht, und der Pr. 1 ₰

— üb. d. Mehrheit der Welten, neu übers. m. K. 8. Halle, Curt. 795.

— Dialogen über d. Mehrheit d. Welten; neu übers. v. R. Mit Kpf. 8. Halle 795. (Laue in Berl.) 12 gl.

— Dialogues nouv. des Morts gr. 12. Paris, (Vandenhoek à Götting.) 729.

— Entret. sur la Pluralité des mondes. s. Ausg. a. Franz. Class. 4r.

— Entretiens s. la Pluralité des mondes. 8. Halle, Kümmel. 761.

— — 8. Berlin, Himburg. 785.

Herrn Bernhards von Fontenelle Gespräche von Mehr als einer Welt zwischen einem Frauenzimmer und einem Gelehrten; Nach der neuesten französischen Auflage übersetzt, auch mit Figuren und Anmerkungen erläutert von Joh. Chr. Gottscheden... Dritte Auflage. Mit einer neuen Zugabe vermehrt. Leipzig, B. Chr. Breitkopf, 1738. Kl. 8°. *Gestoch. Frontispiz (Kopernikan. Armillarsphäre)*, 9 Bl. 294 S. 1 (leeres) Bl. *Mit 1 gefalt. Kupfer (Fixsternhimmel) und 14 Holzschnittfiguren im Text.* Etwas berieb. Pbd. d. Z.

Anstelle der in der ersten Auflage enthaltenen Übersetzung des Schäferspieles „Endymion" sind hier als Anhang beigefügt Fontenelles kritische „Gedanken von Schäfergedichten. im gleichen Vom Vorzuge der Alten oder Neuern im Absehen auf Künste und Wissenschaften".

— Historie der heidnisch. Orakel. 8. Hannov. Schmid. 731.

— — dies. 8. Lpz. 731.

— gesammelte Schauspiele, a. d. Fr. 2 Thle. 8. Hamburg, Brandt. (Hilscher in Dresden.) 756—64.

Herrn Bernhards von Fontenelle . . . Auserlesene Schriften, nämlich von mehr als einer Welt, Gespräche der Todten, und die Historie der heydnischen Orakel; vormals einzeln herausgegeben, nun aber mit verschiedenen Zugaben und schönen Kupfern vermehrter ans Licht gestellet, von J. C. Gottscheden. Leipzig, C. B. Breitkopf, 1751. 8°. LXX, 664 S. *Mit schönem Frontispizporträt (Brustbild Fontenelles mit mytholog. Umrahmung) und 4 blattgroßen Kupfern, alles nach B. Picart von Bernigeroth u. Brühl gestochen, ferner 6 hübschen Kopfstücken, Schranz sc. und mehreren Holzschnittfiguren im Text.* Etwas benutzter Pbd. d. Z. m. Rsch. 100.—

Von Goedeke nicht erwähnte erste Gesamtausgabe der 1726/30 einzeln erschienenen Gottschedschen Übersetzungen (darunter „Daß der Mond ein bewohntes Land sey, daß die andern Planeten auch bewohnt sind" etc.); die letzte dieser Übersetzungen ist das Schaferspiel Endymion, (eine freie dt. Bearbeitung des Stuckes) dem noch diejenige eines „Lob Fontenelles in lustiger Schreibart" angehangt ist. Wichtig ist auch Gottscheds beigegebene „Abhandlung von Gesprächen überhaupt mit kritischen Bemerkungen u. d. deutsche Literatur des 17. u. 18. Jahrh." — Teilw. etwas gebräuntes u. hie u. da leicht fleckiges Ex. mit Exlibris Richard M. Meyer.

— — Dasselbe Werk mit den gleichen Beizaben und Illustrationen. Leipzig, Breitkopf, 1760. 5 Bl. 724 S. Neueres HPgt. — Teilw. leicht braun- oder wasserfleckig. 85.—

— auserlesene Schriften, mit Zugabe u. Kpf. herausg. v. J. C. Gottsched. 3e A. 8. Leipz. 751. Breitkopf u. H. 12 gl.

Fontenelle, Julie

— s. Handbuch für Bäcker rc.

Fontenelle, J., Handbuch der Essigfabrikation und Senfbereitung, s. Schauplatz, neuer, der Künste und Handwerke. 33.

Fontenelle J, Handbuch der Essigfabrikation und Senfbereitung. 4.-7. Auflage. (Schauplatz der Künste und Handwerke 33) Weimar 1864-95

Fontenelle, J., Handbuch der Essigfabrikation u. Senfbereitung. 7., verm. Aufl., vollständig umgearb. u. m. den bewährtesten neueren Erfahrgn. verm. von Vict. v. Ziegler. Mit 24 Text-Abbildgn. 8. (XII, 220 S.) Weimar 895. B. F. Voigt. 3.—

— s. Handbuch f. Hut-Fabrikanten

— Handbuch d. Oelbereitung u. Oelreinigung, s. Schauplatz d. Künste, 36. Bd.

— Handbuch der Oelfabrikation, s. a. Bornemann, Geo., die fetten u. die flüchtigen Oele d. Pflanzen- u. Thierreiches.

Fontenelle J., d. Oelfabrikation u. Oelreinigung. 4. Aufl. 1864 2.25

Fontenelle, G., Handbuch der Oelfabrikation und Oelreinigung. 5. Aufl. bearb. von G. Bornemann, s. Schauplatz, neuer, der Künste und Handwerke, 36. Bd.

— — theoretisch-practisches Handbuch der Essig- und Senfbereitung,
— — theoretisch-praktisches Handbuch der Oelfabrikation,
} s. Schauplatz, neuer, der Künste rc. 33. und 36. Bd.

Fontenelle, Jul. v., vollständiges Handbuch der Bleichkunst. Eine gründl. Anleitung, Hanf, Leinen, Baumwolle, Wolle u. Seide im rohen Zustande u. als Gewebe, so wie auch Wachs, Badeschwamm, Schelllack, Papier, Stroh rc. schnell, gut und mit geringstem Aufwande zu bleichen. (Eine vollständige Zusammenstellung aller Entdeckungen, Verbesserungen u. neuen Verfahrensarten, durch welche die Bleichkunst ausgebildet ist. Mit 4 (lith.) Taf. Abbildungen (in qu. Fol.). Quedlinburg 853. Basse. 8. (IV, 176 S.) 20 gl.

— vollständ. Handbuch für Juwelen-, Schmuck-, Gold-, Silber-, Bronze- u. Münz-Arbeiter; auch für Emaille- u. Porzclainmaler, Steinschleifer u. Steinschneider, Graveure, Gürtler, Flaschner u. sonstige Blecharbeiter. Nebst Beschreibung und Abbild. aller deutschen und der vornehmsten fremden Ritter-Orden. Nach d. Franz. frei übersetzt u. mit den neuesten Entdeckungen u. Erfindungen verm. von H. E. Hebra. 1r u. 2r Bd. Mit Abbildd. gr. 12. Ulm 835, 36. Ebner. 6 ₰

Fontenella, (Jul.) die Kunst, alle Arten echter, franzôs. Senfmôstriche zu bereiten. Aus d. Franzôs. übers. 8. Quedlinb. 827. Basse.

— d. Kunst, alle Arten echter franzôs. Senfmôstriche zu bereiten. Aus d. Franzôs. übers. 8. Quedlinb. 828. Basse. 8 gl.

de Fontenelle, Julia, die Kunst der Brodbereitung nach vervollkommneten französischen Grundsätzen rc. Mit Zuziehung der bewährtesten Hülfsmittel u. der Erfahrungen praktischer Bäcker bearbeitet. Aus dem Französ. Mit 1 Steintaf. 8. Stuttgart 836. Erhard. 5/8 ₰

— u. P. Poisson, der vollkommene Papier- u. Schreib-Materialien-Händler. Nebst Belehrung über das Liniren mit Maschinen. Aus d. Franz. gr. 12. Ebd. 834. 5/6 ₰

— u. P. Poisson, Unterricht über alle Schreib-, Zeichnungs- u. Druckmaterialien, od. gründl. Anweis. zur Kenntniß aller Gattungen von Papier, Pergament, Bleistiften, Tinten etc., so wie Belehrung über d. Liniren mit Maschinen. Aus d. Französ. gr. 12. Ulm 831. Ebner. 22 ₰

Fontenoy, Madame, s. Collection of British Authors.

Fontes historici liturgiae glagolito-romanae a XIII ad XIX saeculum. Collegit, digessit et indice analitico instruxit Lucas Jelić. (VIII, 13, 18, 46, 62, 87, 98, 176 u. XLVII S.) gr. 8. Veglae 906. (Agram, L. Hartman.) n. 6. —

Fontes adhuc inediti rerum Rhenanarum. — Niederrheinische Chroniken herausg. von Gfried. Eckertz. Mit dem (lith.) Bildnisse der Göttin Erka. Köln 864. Heberle. gr. 8. (IV, 261 S.) 1 ₰ 6 ngr.

—— adhuc inediti rerum Rhenanarum. — Niederrheinische Chroniken hrsg. von Gfried. Eckertz. gr. 8. (IV und 261 S. mit dem lithogr. Bildnisse der Göttin Erka.) Köln 866, Heberle.

— adhuc inediti rerum Rhenanarum. Niederrheinische Chroniken herSg. von Gfr. Eckertz. 2. Thl. Mit e. Register für beide Thle. Köln 870. Heberle. gr. 8. (VII, 466 S.) 1 ₰ 18 ngr.

— iuris canonici selecti. (I. Ecclesia antiquissima. — II. Potestas ecclesiastica et imperium civile. — III. Ordinatio. — IV. Hierarchia ordinis et hierarchia iurisdictionis. — V. Pontifex romanus. — VI. Cardinales. — VII. Curia romana. — VIII. Legati pontificii. — IX. Metropolitae. — X. Episcopi. — XI. Capituli. — XII. Vicarii et coadiutores episcoporum. — XIII. Parochi. — XIV. Ordines et congregationes.) Collegit Andr. Galante. (VII, 679 S.) gr. 8. Innsbruck 906. Wagner. n. 17. —

— iuris germani antiqui in usum scholarum ex monumentis Germaniae historicis separatim editi. Hincmarus, de ordine palatii. Ed. Vict. Krause. gr. 8. (31 S.) Hannover 894. Hahn. n. — 50

Fontes iuris germani antiqui in usum scholarum ex monumentis Germaniae historicis separatim editi. Leges Visigothorum antiquiores. Ed. Karol. Zeumer. gr. 8. (XXII, 395 S.) Hannover 894. Hahn. n. 6. —
Unter diesem Gesamt-Titel werden von jetzt an auch ausgegeben. Edictus ceteraeque Langobardorum leges. Curavit F. Bluhme. 1870. (s.: Bd. XVII.) — u. Lex Ripuaria et lex Francorum Chamavorum. Ed. R. Sohm. 1883. (s.: Bd. XXIV.)

- iuris germanici antiqui in usum scholarum ex monumentis Germaniae historicis separatim editi. gr. 8. Hannover, Hahn.
Determinatio compendiosa de iurisdictione imperii. Auctore anonymo ut videtur Tholomeo Lucensi O. P. Ed. Marius Krammer. Accedit: Tractatus anonymus de origine ac translatione et statu romani imperii. (XLIV, 81 S.) 909. 2. —

· iuris romani antiqui, ed. Carol. Georg. Bruns. Post curas Theodori Mommseni editionibus V. et VI. adhibitas septimum ed. Otto Gradenwitz. Pars I. Leges et negotia. (XX, 435 S.) gr. 8. Tübingen 909. J. C. B. Mohr. 7.60; geb. 8.60

Fontes rerum Austriacarum.

Österreichische Geschichtsquellen. Herausgegeben von der Historischen Kommission der Kaiserlichen Akademie der Wissenschaften in Wien. 8°.

Aus „*Fontes*, I. und II. Abteilung" sind keine Separata erschienen.

I. Abteilung: *Scriptores.*

1\. Band, 1855 . . . . vgr.
Tagebuch des Wiener Arztes Johannes Tichtel aus den Jahren 1477—1495.
Selbstbiographie Siegmunds Freiherrn von Herberstein 1486—1553.
Tagebuch Johannes Cuspinians 1502—1527.
Georg Kirchmairs Denkwürdigkeiten seiner Zeit 1519—1553. Von Dr. Theodor Georg Ritter von **Karajan.**

2\. „ 1856 . . . . vgr.
Geschichtschreiber der husitischen Bewegung in Böhmen. 1. Teil. Von Dr. Konstantin Ritter von **Höfler.**

3\. „ 1862 . . . . vgr.
Siebenbürgische Chronik des Schäßburger Stadtschreibers Georg Kraus 1608 bis 1665. 1. Teil. Herausgegeben vom Ausschusse des Vereines für siebenbürgische Landeskunde.

4\. „ 1864 . . . . vgr.
Siebenbürgische Chronik des Schäßburger Stadtschreibers Georg Kraus 1608 bis 1665. 2. Teil. Herausgegeben vom Ausschusse des Vereines für siebenbürgische Landeskunde.

5\. Band, 1863 mit 1 Tafel . . . . vgr.
Codex Strahoviensis. Enthält den Bericht des sogenannten Ansbert über den Kreuzzug Kaiser Friedrichs I. und die Chroniken des Domherrn Vincentius von Prag und des Abtes Gerlach von Mühlhausen (mit 1 Tafel). Von Hippolyt **Tauschinski** und Matthias **Pangerl.**
Totenbuch der Geistlichkeit der böhmischen Brüder. Von Josef Ritter von **Fiedler.**

6\. „ 1865 . . . . vgr.
Geschichtschreiber der husitischen Bewegung in Böhmen. 2. Teil. Von Dr. Konstantin Ritter von **Höfler.**

7\. „ 1866 . . . . vgr.
Geschichtschreiber der husitischen Bewegung in Böhmen. 3. Teil. Von Dr. Konstantin Ritter von **Höfler.**

8\. „ 1875 mit 6 lithographierten Tafeln . . . . K 10.—
Die Königsaaler Geschichtsquellen mit den Zusätzen und der Fortsetzung des Domherrn Franz von Prag. Von Dr. Johann **Loserth.**

9\. „ 1904 . . . . 2.90
1. Hälfte: Die Chronik des Cerbonio Besozzi 1548—1563. Erläutert und herausgegeben von Walter **Friedensburg.**

II. Abteilung: *Diplomataria et acta.*

1\. Band, 1849 mit 9 Tafeln . . . . vgr.
Diplomatarium miscellum saeculi XIII. Urkunden zur Geschichte von Österreich, Steiermark, Kärnten, Krain, Görz, Triest, Istrien und Tirol aus den Jahren 1246—1300. Aus den Originalen des k. k. Haus-, Hof- und Staats-Archives herausgegeben von Dr. Josef **Chmel.**

2\. „ 1850 mit 4 Tafeln . . . . K 3.—
Diplomatarium Habsburgense saeculi XV. Urkunden, Briefe und Aktenstücke zur Geschichte der habsburgischen Fürsten König Ladislaus Posthumus, Erzherzog Albrecht VI. und Herzog Siegmund von Österreich. Aus den Jahren 1443—1473. Aus den Originalen oder gleichzeitigen Abschriften herausgegeben von Dr. Josef **Chmel.**

3\. „ 1851 . . . . vgr.
Liber fundationum monasterii Zwetlensis. Das Stiftungen-Buch des Zisterzienser-Klosters Zwettl. Von Johann von **Frast.**

4\. „ 1851 mit 1 Tafel . . . . vgr.
Liber fundationum ecclesiae collegiatae Claustroneoburgensis. Codex traditionum ecclesiae collegiatae Claustroneoburgensis continens donationes, fundationes commutationesque hanc ecclesiam attinentes ab anno Domini MCVIII usque circiter MCCLX. Von Maximilian **Fischer.**

5\. „ 1852 . . . . vgr.
Codex Wangianus. Urkundenbuch des Hochstiftes Trient, angelegt von Friedrich von Wangen, Bischofe von Trient und Kaiser Friedrichs II. Reichsvikar für Italien. Fortgesetzt von seinen Nachfolgern. Aus der Urschrift übertragen und mit Anmerkungen begleitet von Rudolf **Kink.**

6\. „ 1853 mit 2 lithographierten Beilagen . . . . 4.—
Summa de literis missilibus. Ein Formelbuch aus Petri de Hallis, kaiserlichen Notars, *processus judiciarius.* Von Friedrich **Firnhaber.**
Das Stiftungsbuch des Klosters St. Bernhard (mit 2 lithographierten Beilagen). Von Dr. Hartmann Josef **Zeibig.**

7\. „ 1853 . . . . vgr.
Copey-Buch der gemainen Stat Wienn 1454—1464. Von Dr. Hartmann Josef **Zeibig.**

8\. „ 1855 mit 1 farbigen Tafel . . . . vgr.
Das Saalbuch des Benediktinerstiftes Göttweig. Mit Erläuterungen und einem Anhange von Wilhelm **Karlin.**

9\. Band, 1855 . . . . vgr.
Aktenstücke zur Geschichte Franz Rákóczys und seiner Verbindungen mit dem Auslande. Aus den Papieren Ladislaus Kökenyesdis von Vetes, seines Agenten in Bayern, Frankreich, Preußen und Rußland 1705 bis 1715. 1. Band. Von Josef Ritter von **Fiedler.**

10\. „ 1857 . . . . K 6.—
Urkundenbuch des Stiftes Klosterneuburg bis zum Ende des XIV. Jahrhunderts. 1. Teil. Bearbeitet von Dr. Hartmann Josef **Zeibig.**

11\. „ 1856 . . . . vgr.
Urkunden des Zisterzienser-Stiftes Heiligenkreuz im Wiener Walde. 1. Teil. Von Johann Nepomuk **Weis.**

12\. „ 1856 . . . . vgr.
Urkunden zur älteren Handels- und Staatsgeschichte der Republik Venedig mit besonderer Beziehung auf Byzanz und die Levante. Vom 9. bis zum Ausgang des 15. Jahrhunderts. 1. Teil (814—1205). Von Dr. G. L. Fr. **Tafel** und Dr. G. M. **Thomas.**

13\. „ 1856 . . . . vgr.
Urkunden zur älteren Handels- und Staatsgeschichte der Republik Venedig mit besonderer Beziehung auf Byzanz und die Levante. Vom 9. bis zum Ausgang des 15. Jahrhunderts. 2. Teil (1205—1255). Von Dr. G. L. Fr. **Tafel** und Dr. G. M. **Thomas.**

14\. „ 1857 . . . . vgr.
Urkunden zur älteren Handels- und Staatsgeschichte der Republik Venedig mit besonderer Beziehung auf Byzanz und die Levante. Vom 9. bis zum Ausgang des 15. Jahrhunderts. 3. Teil (1256—1299). Von Dr. G. L. Fr. **Tafel** und Dr. G. M. **Thomas.**

15\. „ 1857 . . . . vgr.
Urkundenbuch zur Geschichte Siebenbürgens. 1. Teil, enthaltend Urkunden und Regesten bis zum Ausgang des Arpadischen Mannsstammes (1301). Von G. D. **Teutsch** und Friedrich **Firnhaber.**

16\. „ 1859 . . . . 5.—
Urkunden des Zisterzienser-Stiftes Heiligenkreuz im Wiener Walde. 2. Teil. Von Johann Nepomuk **Weis.**

17\. „ 1858 . . . . 7.32
Aktenstücke zur Geschichte Franz Rákóczys und seiner Verbindungen mit dem Auslande. Aus den Papieren Johann Michael Klements, seines Agenten in Preußen, England, Holland und bei dem Utrechter Kongresse 1708 bis 1715. Nebst einem Nachtrage zum 1. Bande (1703—1726). 2. Band. Von Josef Ritter von **Fiedler.**

18\. „ 1859 . . . . 6.
Urkunden der Benediktiner-Abtei unserer lieben Frau zu den Schotten in Wien vom Jahre 1158—1418. Von Dr. Ernest **Hauswirth.**

19. „ 1859 . . . . vgr.
Quellen zur Geschichte der böhmischen Brüder, vornehmlich ihren Zusammenhang mit Deutschland betreffend. Veröffentlicht von Dr. Anton **Gindely.**

20. „ 1860 . . . . vgr.
Urkundliche Beiträge zur Geschichte Böhmens und seiner Nachbarländer im Zeitalter Georgs von Podiebrad (1450—1471). Von Dr. Franz **Palacky.**

21. „ 1865 . . . . 8.—
Urkunden der Benediktiner-Abtei zum heiligen Lambert in Altenburg, Nieder-Österreich K. O. M. B. vom Jahre 1144—1522, gesammelt von Honorius **Burger.**
Das Nekrologium des ehemaligen Augustiner-Chorherrn-Stiftes St. Pölten. Mitgeteilt von Dr. Theodor **Wiedemann.**

22. „ 1863 . . . . vgr.
Die Relationen der Botschafter Venedigs über Österreich im 18. Jahrhundert. Nach den Originalen herausgegeben von Dr. Alfred Ritter von **Arneth.**

23. „ 1865 . . . . 5.—
Urkundenbuch des Zisterzienser-Stiftes B. Mariae V. zu Hohenfurt in Böhmen. Mit einem Anhange. Von Matthias **Pangerl.**

24. Band, 1865 . . . . K 5.—
Diplomatarium Portusnaonense. Series documentorum ad historiam Portusnaonis spectantium quo tempore (1276—1514) domus austriacae imperio paruit hinc inde lectorum cura et opera Josephi **Valentinelli.**

25. „ 1866 . . . . 5.—
Das Baumgartenberger Formelbuch. Eine Quelle zur Geschichte des XIII. Jahrhunderts vornehmlich der Zeiten Rudolfs von Habsburg. Zum ersten Male herausgegeben und erläutert von Hermann **Baerwald.**

26. „ 1866 . . . . 4.80
Die Relationen der Botschafter Venedigs über Deutschland und Österreich im XVII. Jahrhundert. 1. Band, Kaiser Matthias bis Kaiser Ferdinand III. Von Josef Ritter von **Fiedler.**

27. „ 1867 mit 1 Plan 5.20
Die Relationen der Botschafter Venedigs über Deutschland und Österreich im XVII. Jahrhundert. 2. Band, Kaiser Leopold I. Von Josef Ritter von **Fiedler.**

28. „ 1868 . . . . 4.—
Urkundenbuch des Stiftes Klosterneuburg bis zum Ende des XIV. Jahrhunderts. 2. Teil. Von Dr. Hartmann Josef **Zeibig.**

29. „ 1869 . . . . 3.50
Die beiden ältesten Totenbücher des Benediktinerstiftes St. Lambrecht in Obersteier. Mitgeteilt von Matthias **Pangerl.**

30. „ 1870 . . . . 4.80
Relationen venetianischer Botschafter über Deutschland und Österreich im XVI. Jahrhundert. Von Josef Ritter von **Fiedler.**

31. „ 1870 . . . . 5.—
Codex diplomaticus Austriaco-Frisingensis. Sammlung von Urkunden und Urbaren zur Geschichte der ehemals Freisingischen Besitzungen in Österreich. 1. Band. Von Josef von **Zahn.**

32. „ 1871 . . . . 5.—
Der Kongreß von Soissons. Nach den Instruktionen des kaiserlichen Kabinettes und den Berichten des kaiserlichen Botschafters Stephan Grafen Kinsky. 1. Band. Die Instruktionen und Berichte des Jahres 1729 enthaltend. Von Dr. Konstantin Ritter von **Höfler.**

33. „ 1870 . . . . 4.40
Urkundenbuch des Benediktinerstiftes Seitenstetten. Von P. Isidor **Raab.**

34. „ 1871 . . . . 7.50
Urkundenbuch des Augustiner-Chorherren-Stiftes Neustift in Tirol. Von Theodor **Mairhofer.**

35. „ 1871 . . . . 5.—
Codex diplomaticus Austriaco-Frisingensis. Sammlung von Urkunden und Urbaren zur Geschichte der ehemals Freisingischen Besitzungen in Österreich. 2. Band. Von Josef von **Zahn.**

36. „ 1871 . . . . 7.20
Codex diplomaticus Austriaco-Frisingensis. Sammlung von Urkunden und Urbaren zur Geschichte der ehemals Freisingischen Besitzungen in Österreich. 3. Band. Von Josef von **Zahn.**

37. „ 1872 mit 1 Karte . . . . 10.—
Urkundenbuch des ehemaligen Zisterzienserstiftes Goldenkron in Böhmen. Mit einem Nachtrage und einer Karte. Von Matthias **Pangerl.**

38. „ 1876 . . . . 6.—
Der Kongreß von Soissons. Nach den Instruktionen des kaiserlichen Kabinettes und den Berichten des kaiserlichen Botschafters Stephan Grafen Kinsky. 2. Band. Die Instruktionen und Berichte der kaiserlichen Botschafter in Paris vom 2. Jänner 1730 bis zum 6. März 1732. Von Dr. Konstantin Ritter von **Höfler.**

39. „ 1876 . . . . 8.—
Urkundenbuch des Benediktinerstiftes St. Paul in Kärnten. Von Beda **Schroll.**

40. Band, 1877 . . . . K 5.60
Austro-Friulana. Sammlung von Aktenstücken zur Geschichte des Konfliktes Herzog Rudolfs IV. von Österreich mit dem Patriarchate von Aquileja 1358—1365. (Mit Einschluß der vorbereitenden Dokumente von 1250 an.) Gesammelt und herausgegeben von Josef von **Zahn.**

41. „ 1879, 1. und 2. Hälfte 6.60

41. „ 1879, 1. Hälfte 3.20
Das Totenbuch des Zisterzienser-Stiftes Lilienfeld in Österreich unter der Enns, mitgeteilt von Dr. Heinrich Ritter von **Zeißberg.**

41. „ 1879, 2. Hälfte 3.40
Briefe Albrechts von Waldstein an Karl von Harrach (1625—1627). Nach den eigenhändigen Originalien des gräflich Harrachschen Archivs in Wien. Von Ferdinand **Tadra.**

42. „ 1879 . . . . 7.60
Urkunden und Aktenstücke zur österreichischen Geschichte im Zeitalter Kaiser Friedrichs III. und König Georgs von Böhmen (1440—1471). Gesammelt und herausgegeben von Dr. Adolf **Bachmann.**

43. „ 1883 . . . . vgr.
Die Geschichtsbücher der Wiedertäufer in Österreich-Ungarn, betreffend deren Schicksale in der Schweiz, Salzburg, Ober- und Niederösterreich, Mähren, Tirol, Böhmen, Süd-Deutschland, Ungarn, Siebenbürgen und Süd-Rußland in der Zeit von 1526—1785. Gesammelt, erläutert und ergänzt von Dr. Josef **Beck.**

44. „ 1885 . . . . 10.—
Briefe und Akten der österreichisch-deutschen Geschichte im Zeitalter Kaiser Friedrich III. Gesammelt und herausgegeben von Dr. Adolf **Bachmann.**

45. „ 1890. 1. Hälfte 3.60
Meinhards II. Urbare der Grafschaft Tirol. I. Teil. Von Dr. Oswald von **Zingerle.**

45. „ 1891. 2. Hälfte . . . . 9.—
Die Berichte des ersten Agenten Österreichs in den Vereinigten Staaten von Amerika, Baron de Beelen-Bertholff, an die Regierung der österreichischen Niederlande in Brüssel 1784—1789. Von Dr. Hanns **Schlitter.**

46. „ 1892 . . . . 7.20
Urkundliche Nachträge zur österreichisch-deutschen Geschichte im Zeitalter Kaiser Friedrich III. Gesammelt und herausgegeben von Dr. Adolf **Bachmann.**

47. „ 1892, 1. Hälfte 4.60
Die Reise des Papstes Pius VI. nach Wien und sein Aufenthalt daselbst. Ein Beitrag zur Geschichte der Beziehungen Josefs II. zur römischen Kurie. Von Dr. Hanns **Schlitter.**

47. „ 1894, 2. Hälfte 3.40
Pius VI. und Josef II. von der Rückkehr des Papstes nach Rom bis zum Abschlusse des Konkordats. Ein Beitrag zur Geschichte der Beziehungen Josefs II. zur römischen Kurie von 1782—1784. Von Dr. Hanns **Schlitter.**

48. „ 1896. 1. Hälfte 6.50
Briefe der Erzherzogin Marie Christine, Statthalterin der Niederlande, an Leopold II. Nebst einer Einleitung: Zur Geschichte der französischen Politik Leopold II. Von Dr. Hanns **Schlitter.**

48. „ 1896, 2. Hälfte 3.30
Die Registratur Erzherzog Maximilians (Maximilians II.) aus den Jahren 1547—1551. Aus der Handschrift des Stiftes Reun herausgegeben von Dr. Johann **Loserth.**

49. „ 1896, 1. Hälfte 3.60
Quellen zur Geschichte des Stiftes und der Herrschaft Mattsee. Herausgegeben und erläutert von Dr. Wilhelm **Erben.**

49. „ 1899, 2. Hälfte 3.30
Aktenstücke zur Geschichte der Koalition vom Jahre 1814. Von Fedor von **Demelitsch.**

50. Band, 1898 . . . . K 11.60
Akten und Korrespondenzen zur Geschichte der Gegenreformation in Innerösterreich unter Erzherzog Karl II. (1578—1590). Gesammelt und herausgegeben von Dr. Johann **Loserth.**

Register zu den Bänden 1—50 . . . . 1.—

51. Band, 1901 . . . . 12.30
Urkunden und Regesten zur Geschichte des Benediktinerstiftes Göttweig. 1. Teil: 1058—1400. Teilweise vorbereitet von Adalbert **Dungel**, bearbeitet von Pater Dr. Adalbert Fr. **Fuchs.**

52. „ 1901 . . . . 10.40
Urkunden und Regesten zur Geschichte des Benediktinerstiftes Göttweig. 2. Teil: 1401—1468. Bearbeitet von Pater Dr. Adalbert Fr. **Fuchs.**

53. „ 1901 . . . . 8.10
Josef II. und Graf Ludwig Cobenzl. Ihr Briefwechsel. 1. Band: 1780—1784. Von Dr. Adolf **Beer** und Josef Ritter von **Fiedler.**

54. „ 1901 . . . . 8.50
Josef II. und Graf Ludwig Cobenzl. Ihr Briefwechsel. 2. Band: 1785—1790. Von Dr. Adolf **Beer** und Josef Ritter von **Fiedler.**

55. „ 1902 . . . . 14.40
Urkunden und Regesten zur Geschichte des Benediktinerstiftes Göttweig. 3. Teil: 1468—1500. Bearbeitet von Pater Dr. Adalbert Fr. **Fuchs.**

56. „ 1903 . . . . 7.80
Privatbriefe Kaiser Leopold I. an den Grafen F. E. Pötting 1662—1673. 1. Teil: November 1662 bis Dezember 1668. Von Dr. Alfred Francis **Pribram** und Dr. Moritz **Landwehr** von **Pragenau.**

57. „ 1904 . . . . 7.40
Privatbriefe Kaiser Leopold I. an den Grafen F. E. Pötting 1662—1673. 2. Teil: Januar 1669 bis Dezember 1673. Von Dr. Alfred Francis **Pribram** und Dr. Moritz **Landwehr** von **Pragenau.**

58. „ 1906 . . . . 17.40
Akten und Korrespondenzen zur Geschichte der Gegenreformation in Innerösterreich unter Ferdinand II. 1. Teil: 1590—1600. Von Dr. Johann **Loserth.**

59. „ 1906 . . . . 8.90
Urkunden und Regesten zur Geschichte der aufgehobenen Kartause Aggsbach V. O. W. W. Bearbeitet von Pater Dr. Adalbert Fr. **Fuchs.**

60. „ 1907 . . . . 21.75
Akten und Korrespondenzen zur Geschichte der Gegenreformation in Innerösterreich unter Ferdinand II. 2. Teil: 1600—1637. Von Dr. Johann **Loserth.**

61. „ 1909 . . . . vgr.
Der Briefwechsel des Eneas Silvius Piccolomini. 1. Abteilung: Briefe aus der Laienzeit (1431—1445). 1. Band: Privatbriefe. Von Dr. Rudolf **Wolkan.**

62. „ 1909 . . . . vgr.
Der Briefwechsel des Eneas Silvius Piccolomini. 1. Abteilung: Briefe aus der Laienzeit (1431—1445). 2. Band: Amtliche Briefe. Von Dr. Rudolf **Wolkan.**

63. „ 1912 . . . . 18.—
Briefe und Akten zur Geschichte Wallensteins (1630—1634). 1. Band. Von Dr. Hermann **Hallwich.**

64. „ 1912 . . . . 20.—
Briefe und Akten zur Geschichte Wallensteins (1630—1634). 2. Band. Von Dr. Hermann **Hallwich.**

65. „ 1912 . . . . 20.—
Briefe und Akten zur Geschichte Wallensteins (1630—1634). 3. Band. Von Dr. Hermann **Hallwich.**

66. „ 1912 mit 1 Faksimile . . . . 20.—
Briefe und Akten zur Geschichte Wallensteins (1630—1634). 4. Band. Von Dr. Hermann **Hallwich.**

67. „ 1912 . . . . 6.50
Der Briefwechsel des Eneas Silvius Piccolomini. 2. Abteilung: Briefe als Priester und als Bischof von Triest (1447—1450). Von Dr. Rudolf **Wolkan.**

Fontes rerum Austriacarum. Oesterreichische Geschichts-Quellen. Herausg. von der Historischen Commission der k. Akad. d. Wissensch. in Wien. Wien 855—58. (Gerold.) gr. 8.

I. Abth. Scriptores.

1. Bd.: Johs. Tichtel's Tagebuch, 1477—1495. Siegm. v. Herberstein Selbstbiographie 1486—1553. Johs. Cuspinian's Tagebuch, 1502—1527 und G. Kirchmair's Denkwürdigkeiten, 1519—1553, herausg. von Th. G. v. Karajan. 855. (XXIV, 584 S.) n. 2 ₰

2. Bd.: Geschichtschreiber der husitischen Bewegung in Böhmen. Herausg. von K. Höfler. 1. Thl. 856. (LXIII, 642 S.) n. 2 ₰ 15 ngl

Fontes rerum austriacarum. Oesterr[illegible] Quellen. Herausg. von der historischen [illegible] Akademie der Wissenschaften in Wien. [illegible] rold.) gr. 8.

I. Abth. Scriptores.

3. 4. Bd.: Siebenbürgische Chronik [illegible] schreibers Geo. Kraus. 1608 [illegible] Ausschusse des Vereins für Sieb[illegible] kunde. 2 Thle. 862, 61. (VII, [illegible]) 3.: n. 1 ₰ 10 ngl; 4.: n. 1 [illegible]

5. Bd.: Codex Strahoviensis. Enthält den Bericht des sogenannten Ansbert über den Kreuzzug Kaiser Friedrichs I. und die Chroniken des Domherrn Vincentius von Prag und des Abtes Gerlach von Mühlhausen. Herausg. von Hippolyt Tauschinski und Matth. Pangerl. Todtenbuch der Geistlichkeit der Böhmischen Brüder. Herausg. von Jos. Fiedler. 863. (XXXVI, 310 S.) n. 1 ₰ 10 ngl

Fontes rerum austriacarum. Oesterreichische Geschichts-Quellen. Hersg. von der histor. Commission der k. Akad. der Wissensch. in Wien. Wien 865—70. (Gerolds Sohn.) gr. 8.

1. Abth. Scriptores.

6. Bd.: Geschichtschreiber der husitischen Bewegung in Böhmen. Hersg. von K. Höfler. 2. Thl. (845 S.) n. 2 ß 21 ngr

• 7. dass. — 3. Thl. (279 S.) 866. • 1 Thlr.

Fontes rerum austriacarum. Oesterreichische Geschichts-Quellen. Hrsg. v. der histor. Commission der kaiserl. Akademie der Wissenschaften in Wien. 1. Abth. Scriptores. 8. Bd. Lex.-8. Wien 875. Gerold's Sohn in Comm. n. 10. —

Die Königsaaler Geschichtsquellen m. den Zusätzen u. der Fortsetzg. d. Dombrn. Franz v. Prag. Hrsg. v. Jos. Loserth. (626 S. m. 6 Steintaf.)

Fontes rerum austriacarum. Osterreichische Geschichts-Quellen. Hrsg. v. der histor. Kommission der kaiserl. Akademie der Wissenschaften in Wien. I. Abtlg. Scriptores. IX. Bd. 1. Hälfte. gr. 8. Wien (904). (A. Hölder.) n. 2. 90

Chronik 1548—1563. Von Cerbonio Besozzi. Erläutert u. hrsg. v. Walt. Friedensburg. (185 S.)

Fontes rerum Austriacarum. Osterreichische Geschichts-Quellen. Hrsg. v. d. histor. Commission der kais. Akademie der Wissenschaften in Wien. II. Abth.: Diplomataria et acta. 1. Bd. Diplomatarium miscellum sec. XIII. A. u. d. T.: Urkunden zur Geschichte von Österreich, Steiermark, Kärnten, Krain, Görtz, Triest, Istrien, Tirol. Aus d. J. 1246—1300. Aus den Originalen des k. k. Haus-, Hof- u. Staats-Archives hrsg. von Jos. Chmel. gr. 8. (CX u. 320 S. m. 9 Holzschntaf.) Wien 849. (Braumüller.) n. 1 ß

— dies. II. Abth.: Diplomataria et acta. 2. Bd. Diplomatarium Habsburgense sec. XV. A. u. d. T.: Urkunden, Briefe u. Actenstücke zur Geschichte der Habsburgischen Fürsten K. Ladislaus Posth., Erzherzog Albrecht VI. u. Herzog Siegmund v. Oesterreich. Aus den J. 1443—1473. Aus Originalen od. gleichzeitigen Abschriften [meist d. k. k. Haus-, Hof- u. Staats-Archives.] Hrsg. v. Jos. Chmel. Lex. 8. (LXXVI u. 455 S. m. 4 Taf. Holzschn.) Ebd. 850. n. 1 ß

— dies. II. Abth.: Diplomataria et acta. 3. Bd.: Liber fundationum monasterii Zwetlensis. A. u. d. T.: Das „Stiftungen-Buch" des Cistercienser-Klosters Zwetl. Hrsg. von Joh. v. Frast. Lex. 8. (XVI u. 736 S.) Ebd. 851. n. 2½ ß

— dies. II. Abth.: Diplomataria et acta. 4. Bd.: Liber fundat. ecclesiae collegiatae Claustroneoburgensis. A. u. d. T.: Codex traditionum ecclesiae collegiatae Claustroneoburgensis cont. donationes, fundationes commutationesque hanc ecclesiam attinentes ab a. D. 1108 usque circiter 1260. Adjectis annotationibus et indice a Max. Fischer. Lex. 8. (XVIII u. 313 S. m. 1 lith. Taf.) Ebd. 851. n. 1 ß 6 ngr

— dies. II. Abthl. Diplomataria et acta. 5. Bd.: Codex Wangianus. A. u. d. T.: Codex Wangianus. Urkundenbuch des Hochstiftes Trient, begonnen unter Friedrich von Wangen, Bischofe v. Trient u. Kaiser Friedrich II. Reichsvicar f. Italien. Fortgesetzt v. seinen Nachfolgern. Herausggb. u. mit Anmerkgn. begleitet v. Rud. Kink. Lex. 8. (XXVIII u. 560 S.) Ebd. 852. n. 2 ß (II. 1—5: n. 7 ß 21 ngr)

II. Abth. Diplomataria et acta.

6. Bd.: I. Summa de literis missilibus. Ein Formelbuch aus Petri de Hallis, kaiserlichen Notars processus judiciarius. Herausg. von Friedr. Firnhaber. — II. Das Stiftungs-Buch des Klosters St. Bernhard. Herausg. von H. J. Zeibig. Mit 2 lith. Beilagen. 853. (3 Bl., 347 S. u. 2 lith. Taf.) 1—3.: n. 1 ß 10 ngr

7. Bd.: Copey-Buch der gemainen Stat Wienn. 1454—1464. Herausg. von H. J. Zeibig. 853. (XX, 419 S.) n. 1 ß 15 ngr

8. Bd.: Das Saal-Buch des Benedictiner-Stiftes Göttweig. Mit Erläuterungen u. einem diplomat. Anh. von Wilh. Karlin. (XII, 440 S. u. 1 lith. Schrifttaf.) n. 1 ß 20 ngr

9. Bd.: Actenstücke zur Geschichte Franz Rákóczy's und seiner Verbindungen mit dem Auslande. Aus den Papieren Ladislaus Kökenyesdi's von Vetes, seines Agenten in Baiern, Frankreich, Preussen u. Russland, 1705—1715. Herausg. von Jos. Fiedler. 1. Bd. (XXVI, 419 S.) n. 1 ß 18 ngr

10. Bd.: Urkundenbuch des Stiftes Klosterneuburg bis zum Ende des 14. Jahrh. Bearb. von H. Zeibig. 1. Thl. (LXV, 480 S.) n. 2 ß

11. Bd.: Urkunden des Cistercienser-Stiftes Heiligenkreuz im Wiener Walde. Herausg. von Joh. Nep. Weis. 1. Thl. (3 Bl., 323 S.) n. 1 ß 5 ngr

12—14. Bd.: Urkunden zur älteren Handels- und Staatsgeschichte der Republik Venedig mit besonderer Beziehung auf Byzanz u. die Levante. Vom 9. bis zum Ausgange des 15. Jahrh. Herausg. von G. L. Fr. Tafel und G. M. Thomas. 1. Thl. (814—1205.) 856. (XXII, 574 S.) n. 2 ß — 2. Thl. (1205—1255.) (XV, 496 S.) n. 1 ß 26 ngr — 3. Thl. (1256—1299.) 857. (VIII, 460 S.) n. 1 ß 14 ngr 1—3.: n. 5 ß 10 ngr

15. Bd.: Urkundenbuch zur Geschichte Siebenbürgens. 1. Thl., enthltd. Urkunden u. Regesten bis zum Ausgang des Arpadischen Mannsstammes (1301). Aus den Sammlungen des Vereins für siebenbürg. Landeskunde bearb. u. herausg. von Geo. Dav. Teutsch u. Fr. Firnhaber. 857. (LXXXIV, 265 S.) n. 1 ß 6 ngr

17. Bd.: Actenstücke zur Geschichte Franz Rákóczy's u. seiner Verbindungen mit dem Auslande. Aus den Papieren Joh. Mich. Klement's, seines Agenten in Preussen, England, Holland u. bei dem Utrechter Congresse. 1708—1715. Nebst e. Nachtrage zum 1. Bde. (1703—1726.) Herausg. von Jost Fiedler. 2. Bd. (XL, 675 S.) n. 2 ß 14 ngr

2. Abth. Diplomataria et Acta:

16. Bd.: Urkunden des Cistercienser-Stiftes Heiligenkreuz im Wiener Walde. Herausg. von Joh. Nepom. Weis. 2. Thl. 860. (VI, 521 S.) n. 1 ß 20 ngr

18. Bd.: Urkunden der Benedictiner-Abtei unserer lieben Frau zu den Schotten in Wien. Vom Jahre 1158 bis 1418. Herausg. von Ernest Hauswirth. 859. (VIII, 637 S.) n. 2 ß

19. Bd.: Quellen zur Geschichte der Böhmischen Brüder vornehmlich ihren Zusammenhang mit Deutschland betr. Veröffentlicht von Ant. Gindely. 861. (460 S.) n. 1 ß 16 ngr

20. Bd.: Urkundliche Beiträge zur Geschichte Böhmens und seiner Nachbarländer im Zeitalter Georg's v. Podiebrad [1450—1471]. Gesammelt und herausg. von Frz. Palacky. 860. (XVI, 665 S.) n. 2 ß 8 ngr

22. Bd.: Die Relationen der Botschafter Venedigs über Oesterreich im 18. Jahrhundert. Nach den Originalen herausg. von Alfr. v. Arneth. 863. (LXXVI, 359 S.)

21. Bd.: I. Urkunden der Benedictiner-Abtei zum heiligen Lambert in Altenburg, Nieder-Oesterreich K. O. M. B. vom J. 1144—1522. Gesammelt vom Abt Honor. Burger. — II. Das Necrologium des ehemaligen Augustiner-Chorherren-Stiftes St. Pölten. Mitgetheilt von Thdr. Wiedemann. (IV, 753 S.) n. 2 ß 20 ngr

23. Bd.: Urkundenbuch des Cistercienserstiftes beat. Mariä V. zu Hohenfurt in Böhmen. Hersg. von Math. Pangerl. Mit e. Anh. (VIII, 477 S.) n. 1 ß 20 ngr

24. Bd.: Diplomatarium Portusnaonense. Series documentorum ad historiam Portusnaonis spectantium, quo tempore [1276—1514] domus Austriacae imperio paruit hinc inde lectorum cura et opera Jos. Valentinelli. Quaedam praemittuntur annorum 1029—1274. (VIII, 482 S.) n. 1 ß 20 ngr

25. Bd.: Das Baumgartenberger Formelbuch. Eine Quelle zur Geschichte des 13. Jahrh. vornehmlich der Zeiten Rudolfs v. Habsburg. Zum ersten Male hersg. u. erklärt von H. Baerwald. (XIII, 493 S.) n. 1 ß 22½ ngr

26. Bd.: Die Relationen der Botschafter Venedigs über Deutschland u. Oesterreich im 17. Jahrh. Hersg. von Jos. Fiedler. 1. Bd. Kaiser Mathias bis Kaiser Ferdinand III. (XLVI, 425 S.) n. 1 ℳ 18 ngr.
27. Bd.: — — 2. Bd.: Kaiser Leopold I. Mit 1 (lith.) Plan (in 4.). (XXXI, 463 S.) n. 1 ℳ 22½ ngr.
28. Bd.: Urkundenbuch des Stiftes Klosterneuburg bis zum Ende des 14. Jahrh. Bearb. von Hartmann Zeibig. 2. Thl. (VI, 384 S.) n. 1 ℳ 10 ngr.
29. Bd.: Die beiden ältesten Todtenbücher des Benedictinerstiftes St. Lambrecht in Obersteier. Mitgetheilt von Math. Pangerl. (347 S.) n. 1 ℳ 6 ngr.
30. Bd.: Relationen venetianischer Botschafter über Deutschland u. Oesterreich im 16. Jahrh. Hersg. von Jos. Fiedler. (LVI, 419 S.) n. 1 ℳ 18 ngr.

Fontes rerum austriacarum. Oesterreichische Geschichts-Quellen. Hrsg. v. der histor. Commission der kaiserl. Akademie der Wissenschaften in Wien. 2. Abth. Diplomataria et acta. 31—38. Bd. Lex.-8. Wien 870—76. (Gerold's Sohn.) n. 50. 40; (I. 1—6. u. 8. II. 1—38.: n. 245. 90)

31. Codex diplomaticus Austriaco-Frisingensis. Sammlung v. Urkunden u. Urbaren zur Geschichte der ehemals Freisingischen Besitzgn. in Oesterreich. Hrsg. v. J. Jahn. (XX, 469 S.) n. 5. —
32. Der Congress v. Soissons. Nach den Instructionen d. kaiserl. Cabinets u. den Berichten d. kaiserl. Botschafter Stefan Grafen Kinsky. Hrsg. v. C. Höfler. 1. Bd. Die Instructionen u. Berichte d. J. 1729 enth. (XLVII, 457 S.) n. 6. —
33. Urkundenbuch d. Benedictiner-Stiftes Seitenstetten. Von Isidor Raab. (VII, 421 S.) n. 4. 40
34. Urkundenbuch d. Augustiner Chorherren-Stiftes. Neustift in Tirol. Hrsg. v. Thdr. Mairhofer. (VI, 745 S.) n. 7. 50
35. Codex diplomaticus Austriaco-Frisingensis. Sammlung v. Urkunden u. Urbaren zur Geschichte der ehemals Freisingischen Besitzgn. in Oesterreich. Hrsg. v. J. Zahn. 2. Bd. (492 S.) n. 5. —
36. Codex diplomaticus Austriaco-Frisingensis. Sammlung v. Urkunden u. Urbaren zur Geschichte der ehemals Freising. Besitzgn. in Oesterreich. Hrsg. v. J. Zahn. 3. Bd. (720 S.) n. 7. 20
37. Urkundenbuch d. ehemal. Cistercienserstiftes Goldenkron in Böhmen. Bearb. v. Math. Pangerl. Mit e. Nachtrage u. e. (chromolith.) Karte (in qu. 4.) (XVI, 692 S.) n. 10. —
38. Der Congress v. Soissons. Nach den Instructionen d. kaiserl. Cabinetes u. den Berichten d. kaiserl. Botschafters Stefan Grafen Kinsky. Hrsg. von C. v. Höfler. 2. Bd. Die Instructionen u. Berichte der kaiserl. Botschafter in Paris vom 2. Jänner 1730 bis zum 6. März 1732. (XXVIII, 437 S.) n. 6. —

Fontes rerum austriacarum. Oesterreichische Geschichts-Quellen. Hrsg. von der histor. Commission der kaiserl. Akademie der Wissenschaften in Wien. 2. Abth. Diplomata et acta. 39—42. Bd. Lex.-8. Wien 876—80. n. 27. 80 (I, 1—6, 8. II, 1—42.: n. 269. 70)

39. Urkundenbuch des Benedictiner-Stiftes St. Paul in Kärnten. Hrsg. von Beda Schroll. (VIII, 594 S.) n. 8. —
40. Austro-Friulana. Sammlung von Actenstücken zur Geschichte des Conflictes Herzog Rudolfs IV. von Oesterreich mit dem Patriarchate von Aquileja, 1358—1365. [Mit Einschluss der vorbereit. Documente von 1250 an.] Gesammelt u. hrsg. von J. v. Zahn. (XXXI, 386 S.) n. 6. 60
41. 1. Das Todtenbuch des Cistercienser-Stiftes Lilienfeld in Oesterreich unter der Enns. Mitgetheilt von H. R. v. Zeissberg. (238 S.) n. 3. 20. 2. Briefe Albrechts von Waldstein an Karl von Harrach [1625—1627]. Nach den eigenhänd. Originalen des gräfl. Harrach'schen Archivs in Wien hrsg. von Ferd. Tadra. Nebst einer Einleitung: Albrecht v. Waldstein seit der Schlacht auf dem Weissen Berge bis zu seiner Erhebung zum Herzog u. Obercommandanten der kais. Armee [1620—1625]. (S. 241—492.) n. 3. 40
42. Urkunden u. Actenstücke zur österreichischen Geschichte im Zeitalter Kaiser Friedrichs III. u. König Georgs von Böhmen [1440—1471]. Gesammelt u. hrsg. von Adph. Bachmann. (XXIX, 543 S.) n. 7. 60

Fontes rerum austriacarum. Oesterreichische Geschichts-Quellen. Hrsg. v. der histor. Commission der kaiserl. Akademie der Wissenschaften in Wien. 2. Abth. Diplomataria et acta. 43. u. 44. Bd. Lex.-8. Wien, (Gerold's Sohn). n. 19. 40

43. Die Geschichts-Bücher der Wiedertäufer in Oesterreich-Ungarn, betr. deren Schicksale in der Schweiz, Salzburg, Ober- u. Nieder-Oesterreich, Mähren, Tirol, Böhmen, Süd-Deutschland, Ungarn, Siebenbürgen u. Süd-Russland in der Zeit von 1526 bis 1785. Gesammelt, erläutert u. erklärt durch Jos. Beck. (L, 654 S.) 883. n. 9. 40
44. Briefe u. Acten zur österreichisch-deutschen Geschichte im Zeitalter Kaiser Friedrich III. Gesammelt u. hrsg. v. Adf. Bachmann. (XXXVI, 712 S.) 885. n. 10 —

Fontes rerum austriacarum. Oesterreichische Geschichtsquellen. Hrsg. v. der histor. Commission der kaiserl. Akademie der Wissenschaften in Wien. 2. Abth. Diplomataria et acta. 45. Bd. 1. Hälfte. Lex.-8. Wien 890. (Tempsky.) n. 3. 60

Meinhards II. Urbare der Grafschaft Tirol. Von O. v. Zingerle. 1. Thl. (VIII, 224 S.)

Fontes rerum austriacarum. Oesterreichische Geschichts-Quellen. Hrsg. v. d. histor. Commission der kaiserl. Akademie der Wissenschaften in Wien. 2. Abth. Diplomataria et acta. 45. Bd. 2. Hälfte, 46. Bd. u. 47. Bd., 2 Hälften. Lex.-8. Wien, (F. Tempsky). n. 24. 20

45, II. Die Berichte d. ersten Agenten Österreichs in den Vereinigten Staaten v. Amerika Baron de Beelen-Bertholff an die Regierung der österreichischen Niederlande in Brüssel 1784—1789. Hrsg. v. Hanns Schlitter. (V u. S. 275—891.) 891. n. 9. — (45. Bd. kplt.: n. 12. 60)
46. Urkundliche Nachträge zur österreichisch-deutschen Geschichte im Zeitalter Kaiser Friedrich III. Gesammelt u. hrsg. v. Adf. Bachmann. (XXVIII, 503 S.) 892. n. 7. 20
47, I. Die Reise des Papstes Pius VI. nach Wien u. sein Aufenthalt daselbst. Ein Beitrag zur Geschichte der Beziehgn. Josefs II. zur röm. Curie. Von Hanns Schlitter. (XIX, 229 S.) 892. n. 4. 60
47, II. Pius VI. u. Josef II. von der Rückkehr des Papstes nach Rom bis zum Abschlusse des Concordats. Ein Beitrag zu Geschichte der Beziehgn. Josefs II. zur röm. Curie von 1782 bis 1784. Von Hanns Schlitter. (XX, 225 S.) 894. n. 3. 40

Fontes rerum austriacarum. Oesterr. Geschichtsquellen. Hrsg. v. d. histor. Commission d. kaiserl. Akademie d. Wissensch. in Wien. 2. Abth. Diplomataria et acta. 48. Bd. 2 Hlftn. u. 49. Bd. 1. Hlfte. gr. 8. Wien 896. (C. Gerold's Sohn.) n. 13. 40

48, I. Briefe d. Erzherzogin Marie Christine, Statthalterin d. Niederlande, an Leopold II. Nebst e. Einleitg.: Z. Geschichte d. französ. Politik Leopolds II. Hrsg. v. Hanns Schlitter. (CXXI, 360 S.) n. 6. 50
48, II. D. Registratur Erzherzog Maximilians (Maximilians II.) aus d. J. 1547—1551. Aus d. Handschrift d. Stiftes Reun hrsg. v. Joh. Loserth. (X u. S. 361—600.) n. 3. 30
49, I. Quellen zur Geschichte d. Stiftes u. d. Herrschaft Mattsee. Hrsg. u. erläut. v. Wilh. Erben. (V, 226 S.) n. 3. 60

Fontes rerum austriacarum. Oesterreichische Geschichts-Quellen. Hrsg. v. der histor. Commission der kaiserl. Akademie der Wissenschaften in Wien. 2. Abth. Diplomataria et acta. 49. Bd. 2. Hälfte u. 50.—54. Bd. gr. 8. Wien (C. Gerold's Sohn). n. 54. 20

49, II. Actenstücke zur Geschichte der Coalition vom J. 1814. Von Fed. v. Demelitsch. (XIV u. S. 227—452). 899. n. 3. 30
50. Acten u. Correspondenzen zur Geschichte der Gegenreformation in Innerösterreich unter Erzherzog Karl II. (1578—1590.) Gesammelt u. hrsg. von J. Loserth. (XCVI, 747 S.) 898. n. 11. 60
51. Urkunden u. Regesten zur Geschichte des Benedictinerstiftes Göttweig. 1. Thl. 1058—1400. Theilweise vorbereitet v. Abt Adb. Dungel. Bearb. v. Adb. Fr. Fuchs. (XVIII, 815 S.) 901. n. 12. 80
52. Dasselbe. II. Thl. 1401—1468. Bearb. v. Adb. Fr. Fuchs. (VI, 696 S.) 901. n. 10. 40
53. Joseph II. u. Graf Ludwig Cobenzl. Ihr Briefwechsel. Hrsg. v. Adf. Beer u. Jos. Ritter v. Fiedler. 1. Bd. 1780—1784. (XLII. 504 S.) 901. n. 8. 10
54. Dasselbe. 2. Bd. 1785—1790. (XXVI, 541 S.) 901. n. 8. 50

Fontes rerum austriacarum. Oesterreichische Geschichts-Quellen. Hrsg. v. der histor. Commission der kaiserl. Akademie d. Wissenschaften in Wien. Register zu den Bdn. I bis L. Zusammengestellt v. Vict. Junk. gr. 8. (VIII, 60 S.) Wien 901. (C. Gerold's Sohn.) n. 1.—

— dasselbe. II. Abtlg. Diplomataria et acta. 55—59. Bd. gr. 8. Ebd. n. 55. 90

55. Urkunden u. Regesten zur Geschichte des Benedictinerstiftes Göttweig. III. Thl. 1468—1500. Bearb. v. Adalb. Fr. Fuchs. (VII, 964 S.) 902. n. 14. 40 (I—III: n. 37. 10)
56. Privatbriefe Kaiser Leopold I. an den Grafen F. E. Pötting 1662—1673. Hrsg. v. Alfr. Francis Pribram u. Mor. Landwehr v. Pragenau. 1. Tl. November 1662 bis Dezbr. 1668. (XCIV, 439 S.) 903. n. 7. 80
57. Dasselbe. 2. Tl. Jan. 1669 bis Dezbr. 1673. (495 S.) 904. n. 7. 40
58. Akten u. Korrespondenzen zur Geschichte der Gegenreformation in Innerösterreich unter Ferdinand II. 1. Tl. Die Zeiten der Regentschaft u. die Auflösg. des protestantischen Schul- u. Kirchenministeriums in Innerösterreich. 1590—1600. Gesammelt u. hrsg. v. J. Loserth. (CII, 891 S.) 906. n. 17. 40
59. Urkunden u. Regesten zur Geschichte der aufgehobenen Kartause Aggsbach V. O. W. W. Bearb. v. Adalb. Fr. Fuchs. (XXIX, 442 S.) 906. n. 8. 90

Fontes rerum austriacarum. Osterreichische Geschichtsquellen. Hrsg. v. der histor. Kommission der kaiserl. Akademie der Wissenschaften in Wien, II. Abtlg. Diplomataria et acta. 60—62. Bd. gr. 8. Wien, A. Hölder. 37. 65

60. Akten u. Korrespondenzen zur Geschichte der Gegenreformation in Innerösterreich unter Ferdinand II. 2. Tl. Von der Auflösg. des protestantischen Schul- u. Kirchenministeriums bis zum Tode Ferdinands II. 1600—1637. Gesammelt u. hrsg. v. J. Loserth. (CXXIII, 1031 S.) 907. 21.75 (1 u. 2: 39. 15)
61. Piccolomini, des Eneas Silvius, Briefwechsel. Hrsg. v. Rud. Wolkan. I. Abtlg.: Briefe aus der Laienzeit (1431—1445). I. Bd. Privatbriefe. (XXVIII, 595 S.) 909. 11. 70
62. Dasselbe. 2. Bd. Amtliche Briefe. (240 S.) 909. 4. 20

Fontes rerum Bernensium. Bern's Geschichtsquellen. 1. Bd. 1. u. 2. Lfg. 2. u. 3. Bd. Lex.-8. Bern 881. 82. Dalp in Comm. n. 50. 80

1. Umfassend den Zeitraum von der vorhelvetischen Zeit bis 1217. 1. u. 2. Lfg. (336 S.) n. 8. 40
2. Umfassend den Zeitraum von 1218, Febr., bis 1271, Juli 6. (XXVIII, 800 u. Register 85 S.) n. 20. —
3. Umfassend den Zeitraum von 1271, Juli 8, bis 1299, Decbr. 3. (783 u. Register 88 S.) n. 22. 40

— rerum Bernensium. Bern's Geschichtsquellen. 1. Bd., umfassend den Zeitraum von der vorhelvet. Zeit bis 1218, Febr. 18. 3. u. 4. Lfg. Lex.-8. (S. 337—556.) Bern 882. 83. Schmid, Francke & Co. n. 6. 40

— dasselbe. 4. Bd., umfassend die Zeit der Autonomie der Stadt Bern v. 1218 hinweg. [Fortsetzung.] 1. Lfg. Lex.-8. (96 S.) Ebend. 885. n. 2. 40 (I—IV, 1.: n. 59. 60)

— rerum Bernensium. Berns Geschichtsquellen. 4. Bd., umfassend die Zeit der Autonomie der Stadt Bern v. 1218 hinweg. [Fortsetzung.] 2.—5. [Schluss-] Lfg. Lex.-8. (IV u. S. 97—768 nebst 48 S. Register.) Bern 888. 889. Schmid, Franke & Co. n. 18. 40 (4. Bd. cplt.: n. 20. 80)

2—4 à n. 4. —. — 5. n. 6. 40.

— dasselbe. 5. Bd., umfassend die J. 1323—1331. 4 Lfgn. gr. 8. (IV, 56 u. 846 S.) Ebd. 889. 890. n. 24. —

— dasselbe. 6. Bd. 1. u. 2. Lfg. Lex.-8. (S. 1—384.) Ebd. 890. à n. 5. — (I—VI, 2.: n. 112. —)

— rerum Bernensium. Bern's Geschichtsquellen. 6. Bd. 3. u. 4. (Schluss-)Lfg. Lex.-8. Bern, (Schmid, Francke & Co.). n. 13. — (6. Bd. kplt.: n. 23. —)

3. (S. 385—576.) 890. n. 5. —. — 4. (S. 577—809 u. 65 S.) 891. n. 8. —.

— dasselbe. 7. Bd. 4 Lfgn. m. Register, umfassend die J. 1344—1353. Lex.-8. Ebd. n. 22.50 (kplt.: n. 147.50)

1. (192 S.) 891. n. 5. —. — 2. (S. 193—384.) 891. n. 5. —. — 3. (S. 385—576.) 892. n. 5. —. — 4. (VII u. S. 577—762 u. Reg. 68 S.) 893. n. 7. 50.

— dasselbe. Chronologisches Verzeichnis der Urkunden f. die Bde. I—VII. Lex.-8. (360 S.) Ebd. 893. n. 10. —

— rerum Bernensium. Berns Geschichtsquellen. 8. Bd., umfassend d. J. 1353—1366. (XVI, 880 S.) Lex.-8. Bern 903. Stämpfli & Co. n.n. 22. 40

Bd. 1—7 u. Verzeichn. d. Urkunden jetzt Ebd. n. 165. 60.

Fontes rerum Bernensium. Berns Geschichtsquellen. 9. Bd., umfassend die J. 1367 bis 1378. (III, 788 S.) Lex. 8. Bern 908. Stämpfli & Co. nn 22. —

Bd. 1—8 u. Verzeichn. d. Urkunden. Ebd. 176. —.

— rerum Bohemicarum. Tom. I. Vitae sanctorum. Fasc. 1—5. gr. 4. (XXXIV, 471 S.) Prag 871. 73. Grégr & Dattel in Comm. à n.n. 3. —

— dasselbe. Tom. II. Cosmae chronicon Boemorum cum continuatoribus. Fasc. 1—3. gr. 4. (XVIII, 294 S.) Ebend. 874. à n.n. 3. 60

— rerum Bohemicarum. Tom. II. Fasc. 4—6. (Finis.) gr. 4. Prag 876. Grégr & Dattel in Comm. n.n. 9. 60

Cosmae chronicon Boemorum cum continuatoribus. (S. 295—570.)

— dasselbe. Tom. III. 6 Fasciculi. gr. 4. Ebend. 878—82. n.n. 19. 20

1—3. Dalimili Bohemiae chronicon. (XXVIII, 301 S.) n.n. 9. 60

4—6. Annales Heinrici Heimburgensis. — Vita Karoli IV imperatoris. — Sermones post mortem Karoli IV imperatoris per Johannem, archiepiscopum Pragensem, et Mag. Adalbertum Ranconis de Ericinio facti. — Johannis Neplachonis, abbatis Opatovicensis, chronicon. — Johannis de Marignola chronicon. (IV u. S. 305—636.) n.n. 9. 60

— dasselbe. Tom. IV. Fasc. 1. gr. 4. Ebend. 882. n.n. 4. 80

Chronicon Aulae Regiae. (144 S.)

—— rerum bohemicarum. Tom. IV. Fasc. 2—5. gr. 4. Prag, (Grégr und Valečka.) [Tom. IV. Fasc. 2, 3. (S. 145—844.) 883. *ℳ 6.—.; Tom. IV. Fasc. 4, 5. (S. 845—571.) 884. **ℳ 8.80.] **

Tom. I—III, IV, Fasc. 1. Ebendas. 1871—82. **ℳ 59.40.

— rerum byzantinarum, sumptibus academiae caesareae scientiarum accuravit W. Regel. Tom. I. Fasc. 1. Lex.-8. (XX, 182 S.) Petropoli 892. (Leipzig, Voss' Sort.) n. 3. 25

— rerum germanicarum. Geschichtsquellen Deutschlands, herausgeg. von Jh. Fr. Boehmer. 1. Bd. — A. u. d. T.: Johannes Victoriensis u. andere Geschichtsquellen Deutschlands im 14. Jahrh. gr. 8. Stuttg. 843, v. Cotta. n. 3 1/6 ℛ 2. Bd. Hermannus Altahensis und andere Geschichtsquellen im 13. Jahrh. gr. 8. Ebend. 845. n. 3 1/6 ℛ

Fontes rerum Germanicarum. — Geschichtsquellen Deutschlands herausg. von Joh. Friedr. Boehmer. 3. Bd. A. u. d. T.: Martyrium Arnoldi Archiepiscopi Moguntini und andere Geschichtsquellen Deutschlands im XII. Jahrh. Stuttgart 853. Cotta. gr. 8. (LXXVIII, 642 S.) n. 3 ℛ 5 ngℛ

— rerum germanicarum. Geschichtsquellen Deutschlands, hersg. von Joh. Frdr. Boehmer. Stuttgart 868. Cotta. gr. 8.

4. Bd.: Heinricus de Diessenhofen u. andere Geschichtsquellen Deutschlands im späteren Mittelalter. Hersg. aus dem Nachlasse J. F. Böhmer's von Alfons Huber. (LXXII, 726 S.) n. 4 ℛ

— rerum polonicarum. In usum scholarum. Tom. I. gr. 8. Lemberg (Gubrynowicz & Schmidt). n. 3. —

Galli Anonymi chronicon. Recensuerunt Ludov. Finkel et Stanisl. Kętrzyński. (XIX, 123 S.) 899.

Fontes Silesiae utriusque medicati generatim. Francof. 1774. V: *Hartmann, Peter Imm.* (I.VS)

Fontes tres juris civilis Romani antiqui. Legum XII tabularum, legis Juliae et Papiae Poppaeae et edicti perpetui fragmenta. Adjectis tabulis chronolog. juris Romani. In usum lectionum Academicarum. 8maj. Amstelodami 840, Jh. Müller. n. 27 *ngl*

Fonteyne, J., Ferronnerie. Kunstschmiede-Arbeiten. 30 Taf. 2. Aufl. Fol. Berlin 884, Claesen und Comp. In Mappe *
Aus: „Documents pratiques d'architecture", besonders abgedruckt.

Fonteyne, J., die Praxis d. Architecten. Steinarbeiten, Bautischlerarbeiten, Plafonds und Kunstschmiedearbeiten. Fol. (120 autogr. Taf.) Berlin 886. Claesen & Co. In Mappe. n. 50. —
Daraus einzeln:
Arbeiten des Stein-Bildhauers. Kamine u. Grabsteine. (30 autogr. Taf.) n. 15. —
Bautischlerarbeiten. (30 autogr. Taf.) n. 15. —
Kunstschmiedearbeiten. 3. Aufl. (30 autogr. Taf.) n. 15. —
Plafonds. (30 autogr. Taf.) n. 15. —

Fontheim, Georg, Ref. in Berlin: Das Anfechtungsrecht des bürgerlichen Rechts, insbesondere seine Uebertragbarkeit, zugleich ein Beitrag zur Lehre von den Gestaltungsrechten. Berlin 1900: W. Pilz. (x, 83 S.) 8°
Leipzig, Jur. Fak., Diss. v. 22. Mai 1906
[Geb. 30. Aug. 81 Berlin; Wohnort: Charlottenburg; Staatsangeh.: Preußen; Vorbildung: Wilh.-Gymn. Berlin Reife M. 00; Studium: Berlin 3, München 1, Berlin 2 S.; Rig. 13. Juli 04.]

Das Anfechtungsrecht des bürgerlichen Rechts, insbes. s. Uebertragbarkeit, zugleich e. Beitrag z. Lehre von d. Gestaltungsrechten. Von Dr. Georg **Fontheim**. Berlin: Struppe & Winckler 1906. (VIII, 83 S.) 8°
[Erschien auch als Inaug.-Diss.] [07. 3167]

Fontheim, K., H. Kolbe u. F. A. Zürn, üb. die Wirkung der Salicylsäure als Arzneimittel. 3 Abhandlungen. [Aus: „Journal f. prakt. Chemie."] gr. 8. (11 S.) Leipzig 875. Barth. n. — 40

Fontheim, Kurt, appr. Arzt a. Liebenburg: Ueber einige Fälle von Paranoia chronica simplex. Göttingen 1904: Dieterich. (36 S.) 8°
Göttingen, Med. Fak., Ref. Weber, Diss. v. 15. Aug. 1904
[Geb. 1. März 78 Liebenburg, Hann.; Wohnort: Liebenburg; Staatsangeh.: Preußen; Vorbildung: Lyzeum Hannover Reife M. 97; Studium: Göttingen 5, Heidelberg 2, Göttingen 3 S.; Coll. 8. Aug. 04; Approb. 8. Juli 04.]

Fontheim, Kurt, Ref. in Berlin: Wie lange hat der Käufer das Recht des Entschlußwechsels bezüglich der ihm in § 463 BGB. zugebilligten Ansprüche — zugleich ein Beitrag zur Lehre von der Konstruktion der Wandlung? Borna-Leipzig 1906: R. Noske. (x, 60 S.) 8°
Leipzig, Jur. Fak., Diss. v. 24. April 1906
[Geb. 10. Nov. 82 Berlin; Wohnort: Berlin; Staatsangeh.: Preußen; Vorbildung: Wilh.-Gymn. Berlin Reife O. 02; Studium: Berlin 2, München 1, Berlin 3 S.; Rig. 28. Juli 05.]

Fonti, Bella und Clarissa, Anführerin eines furchtbaren Räubercorps im Kirchenstaate . . . Braunschw. 1805. V: *Bornschein, Joh. Ernst Daniel.* (MGT) (GGr) (Ky) (NN)

Fonti Carolino in Bohemia aquis calidis et salubribus incluto . . . S. l. [1779]. V: *Boehme, Johann Gottlob.* (BrMm)

Fonti, le, medicinali ed i bagni di Tarasp [Tarasp e Scollio] nella Bassa Engadina, Grigioni. Sunto descrittivo per i medici pratici. Chur 866. (Grell.) 8. (31 S.) 7½ *ngr*

Fontigraphia oder Brunnenbeschreibung dess uralten Wild- und Heylbaads zu Müllacken . . . Linz 1722. V: *Stocker, Joseph Ferdinand.* (EB)

Fontis, Abb. Alb.

— Reise in Dalmatien. Aus dem Ital. Mit Kupf. Bern 776. 2 Theile. 8.

— Voyage en Dalmatie. Avec figures. Trad. de l'Ital. Berne 778. 2 Vol. 8.

Fontius, C., d. Menschen Wesen u. seine Bestimmung. Ein Versuch. 8. Bremen 824. Heyse. 16 *gr*

Fonton, F. P. Jumorističeskija . . . i voennyja piśma iz glavnoi kvartiry Dunanskoj armii v 1828 i 1829 godach. T. 1. 2. Leipzig 1862. 8°. (Humorist. u. milit. Briefe aus dem Hauptquartier der Donauarmee 1828—29.)

Фонтонъ, Ф. П., Воспоминанія. Юмористическія политическія и военныя письма изъ главной квартиры дунайской арміи въ 1828 и 1829 годахъ. 2 Томъ. Изданіе 1—3. (Fonton, Erinnerungen. 2 Bde. 1.—3. Aufl.) Lex.-8. (XII und 532 S.) Leipzig 862—66, Wagner.

Fonton, Felix, Rußland in Klein-Asien oder Feldzug des Generals Paskewitsch in d. J. 1828 u. 1829. Aus dem Französ. Mit 1 Uebersichtskarte. gr. 8. (Mit 2 Tab.) Berlin 846, Mittler. n. 1½ *ß*

FONYÓ, PAUL: Kurzgefaßte katholische Kirchengeschichte für die V. und VI. Klasse der Volksschulen sowie für Bürger- und Industrieschulen. Nach der IV. Ausgabe aus dem Ungarischen. Kalotscha 1884: Anton Malatin. 51 S. - 8°
- Dass. Pressburg 1898: Stefan Eder. 54, 2 S. - 8°

FONYÓ, PAUL: Kurzgefasster Unterricht über die katholischen Ceremonien zum Gebrauche der V. und VI. Classe der Volksschulen. 2 Aufl. Pressburg 1898: Stefan Eder. 39 S. - 8°

Fonzari Lodovica e Favetti Elisa, Le tur. its' ..e per il I. orso delle scuole cittadine. Wien 1907. Scl. lbücher verlag. Geb. '. 1.50.

Foohs, Nic. Anton [aus Kerzenheim in d. Rheinpfalz]: Lockes Erkenntnistheorie. I. Tl: Der Subjektivismus . . . Würzburg, Becker's Univ.-Buchdr., 1894; 62 S., 1 Bl. 8.
Würzburg, Phil. Fak., Inaug.-Diss. v. 1894

Foopass, s.: Schweiz. Atlas.

Foord, Arthur H. [Fellow of the Geol. Soc. of London, a. formerly of the Geol. Survey of Canada]: Ueber die Orthoceren des Kohlenkalks '(Carboniferous Limestone)' von Irland und über eine neue und merkwürdige nautilusähnliche Schale aus demselben Horizont . . . München, Buchdr. Kastner & Lossen, 1896; 40 S. 8.
München, Phil. Fak., Inaug.-Diss. v. 1897

Foot, Jesse, Abhandl. über d. Lustseuche u. Urinverhaltung; aus d. Engl. v. G. Chr. Reich. 2 Thle. gr. 8. Leipz. 793 u. 94. Weidmann. 2 *ß*

— prakt. Fälle vom Nutzen d. Einspritzungen in den Krankheiten d. Harnblase u. von d. natürl. Phimosis; aus d. Engl. v. Ad. H. Meineke. Mit 1 Kpf. 8. Berl. 804. Nicolai. 12 *gr*

— über d. Lustseuche und Urinverhaltung, a. d. Engl. 2 Thle. gr. 8. Lpz. Weidmann. 793. 94. (1r. 1 Rthlr. 4 gr. 2r. 20 gr.)

Foot, Jesse, crit. Unters. d. alten und neuen Art d. Krankheit. d. Harnröhre zu behandeln, nebst einer verbess. Methode sie zu heilen. a. d. Engl. 8. Altenbg. (Acad. Buchhdl. in Jena) 777.

Foot, Jesse, krit. Untersuchung d. alten u. neuen Art, d. Krankheiten d. Harnröhre zu behandeln, nebst e. verbess. Methode, sie zu heilen; aus d. Engl. 8. Altenb. 777. Hennings in Neisse. 8 *gr*

Foote, Arthur

Foote, Arth., u. Walt. R. Spalding, Modern harmony in its theory and practice. (VII, 254 S.) 8. Leipzig (905), A. P. Schmidt. Geb. in Leinw. n. 6. —

Some practical Things in piano playing. By Arthur **Foote**. Leipzig, Boston: A. P. Schmidt (1909). 34 S. 8° [09. 18819]

Foote, Edward B., erkenne dich selbst, die Quelle des Glücks, der Gesundheit u. des Wohlstandes. Eine populäre Physiologie. Mit 200 (eingedr. Holzschn.-)Illustr. 17 Hfte. 8. (XXIV, 817 S.) New-York 880. Foote. à — 40

Foote, Edward B., das Menschensystem. Offene Volks-Sprache üb. das Menschensystem — die Gewohnheiten der Männer u. Frauen — die Ursachen u. Verhütg. der Krankheiten — unsere geschlechtl. Beziehgn. u. sociales Leben; ebenso gesunder Menschenverstand erläuternd Ursachen, Verhütg. u. Heilg. chron. Krankheiten — natürl. gegenseit. Beziehgn. der Männer u. Frauen — Gesellschaft — Liebe — Ehe — Elternstand — 2c. Mit 200 Illustr. (in Holzschn.) 13 Lfgn. 8. (817 S.) Berlin 871. 72. Burmester & Stempell. à — 50

FOOTE, Samuel. Der lahme Liebhaber. Ein Lustspiel in drey Aufzügen. Aus dem Englischen. Mit Holzschnittvignetten. Eisenach 1780. 8°.

Foote, S., the mayor of Garratt, s. Theatre, british and american.

Foote, Samuel. Dramatische Werke. Aus dem Engl. frei übersetzt. Berlin 1796—97. Ü: *Bothe, Friedrich Heinrich.* (Russell XVI, I, 2, 1854)

Foote's, S., dramat. Werke, a. dem Engl. 4 Theile. 8. Berlin, F. Nicolai. 796 — 98. (1r — 3r à 1 Rthlr. 4r. 21 gr.)

Fopp, dio Schulaufsicht. Reforat, erstattet an die Jahresversammlung in Chur den 24. Septbr. 1878. [Aus: „Schweizer. Zeitschrift f. Gemeinnützigkeit".] gr. 8. (51 S.) Zürich 878. Herzog. n. — 60

Fopp, Chr[istian], aus Köln a. Rh.: **Ein seltener Fall von Scoliosis neuromuscularis ischiadica.** *Stuttgart 1899: Union.* (60 S.) 8°
Würzburg, Med. Diss. v. 1899

Foppen, Anton, Gerichtsreferendar a. Bonn: **Über die Mitwirkung von Reichsorganen bei Grenzveränderungen und Grenzfeststellungen der deutschen Einzelstaaten untereinander und gegen das Ausland.** Bonn 1907: C. Georgi. (57 S.) 8°
Erlangen, Jur. Fak., Ref. Allfeld, Diss. v. 17. April 1907
[Geb. 21. Nov. 81 Bonn; Wohnort: Bonn; Staatsangeh.: Preußen; Vorbildung: Gymn. Bonn Reife O. 03; Studium: Bonn 6 S.; Rig. 11. März 07.]

Foppiani, Celest., s. Fabbriche, le, e i Disegni di Andr. Palladio.

Föppl, August

Föppl, Aug., über absolute u. relative Bewegung. (S. 383—396.) gr. 8. München 904. (G. Franz' Verl.) n. — 40
Sonderabdruck aus: „Sitzgsber. d. bayer. Akad. d. Wiss."

Föppl, Aug., Einführung in die Maxwell'sche Theorie der Elektrizität, s. a. Abraham, M., Theorie der Elektrizität.

Föppl, A., Einführung in die Maxwell'sche Theorie der Elektricität. Mit e. einleit. Abschnitte üb. das Rechnen m. Vectorgrössen in der Physik. gr. 8. (XVI, 413 S. m. Fig.) Leipzig 894. B. G. Teubner. n. 10. —

— Einführung in die Maxwellsche Theorie der Elektrizität, 2. Aufl., s. a. Abraham, M., Theorie der Elektrizität. 1. Bd.

Einführung in die Maxwellsche Theorie der Elektrizität. Mit e. einl. Abschn. über d. Rechnen mit Vektorgrößen in d. Physik von Dr. A[ugust] **Föppl.** 2., vollst. umgearb. Aufl. hrsg. von Dr. M[ax] Abraham. Mit 11 Fig. *Leipzig: B. G. Teubner 1904.* (XVIII, 443 S.) 8°
= Abraham, Max: Theorie d. Elektrizität. Bd 1. [04. 9129

Einführung in die Maxwellsche Theorie der Elektrizität mit e. einl. Abschnitte über d. Rechnen mit Vektorgrössen in d. Physik von Dr. A[ugust] **Föppl.** 3. vollst. umgearb. Aufl. hrsg. von Dr. M[ax] Abraham. Mit 11 Fig. Leipzig: B. G. Teubner 1907. (XVIII, 460 S.) 8°
= **Abraham,** Max: Theorie d. Elektrizität. Bd 1. [07. 17933

— das Fachwerk im Raume. Mit zahlreichen in den Text gedr. Fig. u. 2 lith. Taf. gr. 8. (VIII, 156 S.) Ebd. 892. n. 3. 60

Dr. Aug. **Föppl,** Prof. Festigkeitslehre. Mit 86 Fig. 4. Aufl. Leipzig & Berlin: Teubner 1909. XVI, 420 S. 8°
(Föppl: Vorlesungen über techn. Mechanik. Bd 3.) [09. 17137

Die Geometrie der Wirbelfelder. In Anlehng an d. Buch des Vfs üb. d. Maxwell'sche Theorie d. Elektricität u. zu dessen Ergänzg. Von Dr. A[ugust] **Föppl,** Prof. . . . in München. *Leipzig: B. G. Teubner 1897.* (X, 108 S.) 1 Bd 8. [97. 908

Foeppl, A., ausgewählte Capitel der mathematischen Theorie der Bauconstructionen. 1. u. 2. Abth. gr. 8. Leipzig 880. Felix. à n. 6. —
1. Theorie des Fachwerks. Mit 4 (lith.) Taf. u. vielen (eingedr.) Holzschn. (VIII, 136 S.)
2. Theorie der Gewölbe. Mit 4 (lith.) Taf. und vielen (eingedr.) Holzschn. (VIII, 152 S.)

— über e. Kreiselversuch zur Messung der Umdrehungsgeschwindigkeit der Erde. (S. 5—28 m. 4 Fig.) gr. 8. München 904. (G. Franz' Verl.) n. — 40
Sonderabdr. aus: „Sitzungsber. d. bayer. Akad. d. Wiss."

Föppl, A., Leitfaden u. Aufgabensammlung f. den Unterricht in der angewandten Mechanik. 1. u. 2. Hft. gr. 8. Leipzig 890. Teubner. geb. n. 4. 40
1. (IV, 140 S. m. eingedr. Fig.) n. 2. —
2. (VI, 180 S. m. eingedr. Fig.) n. 2. 40

— die graphische Lösung technischer Aufgaben für Architekten, Ingenieure, Studirende techn. Lehranstalten u. gebildete Bauhandwerker. gr. 4. (IV, 123 S.) Leipzig 877. Knapp. n. 8. —

Foeppl, A., die graphische Lösung technischer Aufgaben für Architekten, Ingenieure, Studirende technischer Lehranstalten u. gebildete Bauhandwerker. 2. Aufl. gr. 4. (IV, 123 S. mit eingedr. Fig.) Karlsruhe 885. Bielefeld's Verl. n. 4. —

— die graphische Lösung technischer Aufgaben f. Architekten, Ingenieure, Studierende technischer Lehranstalten u. gebildete Bauhandwerker. 3., unveränd. (Titel-)Aufl. gr. 4. (IV, 123 S. m. Fig.) Fulda u. Leipzig 893. J. J. Arnd. n. 4. —

Föppl, Aug., die Mechanik im 19. Jahrh. Ein akadem. Festvortrag, geh. in der Aula der k. techn. Hochschule in München am 4. XII. 1901. gr. 8. (25 S.) München 902. E. Reinhardt. n. — 80

— s.: Mitteilungen aus d. mechan.-techn. Laboratorium d. k. techn. Hochschule München.

Foeppl, A., Theorie des Fachwerks. Mit 4 Tfln. u. vielen Holzschn. Leipzig 1880. 8°.

— Theorie der Gewölbe. Mit 4 Tfln. u. vielen Holzschn. Leipzig 1881. 8°.

— über die Torsion v. runden Stäben m. veränderlichem Durchmesser. (S. 249—262.) gr. 8. München 905. (G. Franz' Verl.) n. — 40
Sonderabdr. aus: „Sitzungsber. d. bayer. Akad. d. Wiss."

Foeppl, A., die neuen Träger-Systeme für eiserne Brücken. gr. 8. Halle 878. Leipzig, Spohr.

— die neuen Träger-Systeme für eiserne Brücken. Ein Beitrag zur Theorie des Brückenbaues. gr. 8. (32 S. m. 1 Steintaf.) Leipzig 878. Spohr. n. 1. 60

— Vorlesgn. üb. techn. Mechanik. 1. Bd. Einführg. in d. Mechanik. gr. 8. (XV, 412 S. m. 78 Fig.) Leipzig 898. B. G. Teubner. Geb. in Leinw. n. 10. —

— dasselbe. 3. Bd. Festigkeitslehre. M. 70 Fig. im Text. gr. 8. (XVI, 472 S.) Ebd. 898. Geb. in Leinw. n. 12. —
Bd. 2 ist noch nicht erschienen.

— Vorlesungen üb. technische Mechanik. 4 Bde. gr. 8. Leipzig, B. G. Teubner. Geb. in Leinw. n. 44. —
1. Einführung in die Mechanik. 2. Aufl. (XIV, 422 S. m. 96 Fig.) 900. n. 10. —
2. Graphische Statik. (X, 452 S. m. 166 Fig.) 900. n. 10. —
3. Festigkeitslehre. 2. Aufl. (XVIII, 512 S. m. 79 Fig.) 900. n. 12. —
4. Dynamik. 2. Aufl. (XV, 506 S. m. 69 Fig.) 901. n. 12. —
1. Aufl. (XIV, 456 S. m. 69 Fig.) Ebd. 899. n. 12. —

— Vorlesungen üb. technische Mechanik. 1—3. Bd. 8. Leipzig, B. G. Teubner. Geb. in Leinw. n. 32. —
1. Einführung in die Mechanik. Mit 103 Fig. im Text. 3. Aufl. (XVI, 428 S.) 905. Geb. n. 10. —
2. Graphische Statik. 2. Aufl. (XII, 471 S. m. 176 Fig.) 903. Geb. n. 10. —
3. Festigkeitslehre. Mit 83 Fig. im Text. 3. Aufl. (XVI, 434 S.) 905. Geb. n. 12. —

— Vorlesungen üb. technische Mechanik. (In 6 Bdn.) 3—6. Bd. gr. 8. Leipzig. B. G. Teubner. Geb. in Leinw. 42. —
3. Festigkeitslehre. 4. Aufl. (XVI, 426 S. m. 86 Fig. 909. Geb. 10. —
4. Dynamik. 3., stark veränd. Aufl. (VIII, 422 S. m. 71 Fig.) 909. Geb. 10. —
5. Die wichtigsten Lehren der höh. Elastizitätstheorie. (XII, 391 S. m. 44 Fig.) 907. Geb. 10. —
6. Die wichtigsten Lehren der höheren Dynamik. XII, 490 S. m. 30 Abbildgn.) 910. Geb. 12. —

För miene un anner Lü's Göären. Allergehand nüe Vertellnisse för ... de leewe Kingher. Leipzig 1869. V: *Löffler, Karl.* (Nd. Jahrb. 22, S. 92) (Zeitschr. f. Büch. 1923, S. 85)

För miene un anner' Lü's Göären. 16. Leipzig 869. Gera, Griesbach's Verlag. cart.

För miene un anner Lü's Göären. Allergehand nüe Vertellnisse för de leewe Kingher. Van'n oll'n Nümärker. Leipzig 869. Grunow. 16. (VIII, 253 S.) n. 1 ℛ

For Kæmpeviserne. Et Stridsskrift. gr. 8. (60 S.) Kjøbenhavn 845, Gyldendal. n. 1/3 ℛ

For Schbaß unn for Ernschd! Schdiggelcher, in Saarbrigger Deidsch verzeehld vunn Scheene Fridderich. (103 S.)

Foral, Hugo, Ende gut, alles gut. Schauspiel in 8 Aufzügen. (87 S.) 8. Wien (VI/2, Ufergasse 14) 903. Selbstverlag. n. — 85

Foral, Hugo, Ende gut alles gut. Schauspiel in 8 Aufzügen. (78 S.) kl. 8. Leipzig 907. Verlag f. Literatur, Kunst u. Musik. 2. —

Gedichte von Foral Hugo. Leipzig: Verl. f. Lit., Kunst u. Musik 1907. 79 S. 8° [07. 15318 B

Die Sühne. Tragödie in 3 Aufz. von Hugo Foral. Wien: Selbstverl. 1904. (56 S.) 8° [F.] [07. 6310

Foramiti, N., Manuale del codice di commercio, s. Viganò, F., Biblioteca dei negozianti.

Foramitti, G. Il piccolo Tedesco. Guida per imparare la conversazione tedesca nel più breve tempo possibile. 8. (48 S.) Zürich 890, Meyer u. Zeller. — 60

Foramitti, G., il piccolo Tedesco. Guida per imparare la conversazione tedesca nel più breve tempo possibile. 2. ed. 8. (48 S.) Zürich 896. A. Raustein. n. — 60

Foramitti, G., il piccolo tedesco. Guida per imparare la conversazione tedesca nel più breve tempo possibile. 3. ed. 12. (48 S.) Zürich 899. A. Raustein. n. — 60

Foramitti, Jos.

Foramitti, J., italienisches Lesebuch f. Anfänger. gr. 8. (IV, 108 S.) Zürich 888. Meyer & Zeller. n. 1. 20

Forbach [Schlagw.]

Forbach. Rübsamen, Wilh. C., Hand-Karte vom Kreis Forbach in Lothr. 1 : 100,000. 39,5×34 cm. Farbdr. Forbach (903). H. Grein. Auf Kartenleinw. n. 1. —

Forbach [Verf.]

Forbach, Gust., s.: Bender, Ferd., klassische Bildermappe.

Forbach, *Gustav* Die Pflege der alten Kunst auf dem Gymnasium. 4 (21 S.). Progr. Großh. Neues G. *Darmstadt* 1893 (626).

Forbát, Emerich: Der Bau der Städte an Flüssen in alter und neuer Zeit. 1904. 16 S., 2 Taf. 4° ¶ Aus: Der Städtebau. Jg. 1.
Darmstadt, Dr.-Ing.-Diss. v. 16. 9. 1904

Forbát-Fischer, Entwurf f. e. Schlachthof in Altenessen, s.: Lion.

— die Kanalisation v. Mailand. (28 S. m. Abbildgn.) gr. 8. Leipzig 903. F. Leineweber. n. 1. —
Sonderabdruck aus: „Gesundheit".

Forbát-Fischer, die Kanalisation der Stadt Sidney u. ihrer Vorstädte. gr. 8. (8 S.) Leipzig 903. F. Leineweber. n. — 70
Sonderabdruck aus: „Gesundheit".

Forberg, Entwickelung des Begriffs der Religion, s.: Fichte, Joh. Gllob., die philosoph. Schriften zum Atheismusstreit.

Forberg, Adph., Schablonenschatz. Mustersammlung v. allerlei Vorlagen f. Decorationsmalerei, welche m. Schablonen auszuführen sind. 1. u. 2. Sammlg. Lex.-8. (à 24 farb Taf.) Berlin 896. 97. M. Spielmeyer. à n. 3. —; Mappe à n.n.n. — 10

Forberg, Adph., Schablonenschatz. Mustersamm- v. allerlei Vorlagen f. Decorationsmalerei, welche m. Schablonen auszuführen sind. 3. u. 4. Sammlg. (48 Farbdr.) Lex.-8. Berlin (899. 902). M. Spielmeyer. à n. 3. —; Mappe à n.n.n. — 10

— farbige Vorlagen f. Dekorationsmalerei, in d. Stilarten d. Neuzeit entworfen. 1. Hft. Fol. (6 Farbdr.) Ebd. 897. n. 6. —

— dasselbe (im naturalist. Geschmack). 1. Hft. gr. Fol. (12 farb. Taf.) Ebd. 898. n. 7. 50

Forberg, Adph., farbige Vorlagen f. Decorationsmalerei, in den Stylarten der Neuzeit entworfen. 2. Heft. (6 Farbdr.) Fol. Berlin (903). M. Spielmeyer. n. 6. —

— moderne Vorlagen f. Decorationsmalerei (im naturalistischen Geschmack). 2. u. 3. Hft. gr. Fol. (à 12 Taf.) Ebd. (901. 902). à n. 7. 50

Forberg, Ed.

Forberg, E., Abhandlung über πόδα βαίνω u. ähnl. Strukturen im Griechischen. [Programm des Gymnasium Casimirianum.] 4. (16 S.) Coburg 850. (Riemann.) n. 4 Ngr

Forberg, Ed., Bemerkungen zu einer Stelle d. Thucydides. Einl.-Schrift i. Herzogl. Gymnas. Koburg (Carl Friedr. Dietz) 30. IV. 1840. 15 S. mit Namen. (2.—) 9192

Forberg, E., Betrachtungen üb. Flavius Josephus. Pr. 1859. 18 S. 4°. —.90

Forberg, (E.,) Commentarii critici et exeget. in Zachariae vaticin. partem posteriorem partic. I. 4. Coburgi 824. (Lips. Hinrichs.)

Forberg, E., zur Erklärung des Thucydides. 1—3. Heft. Coburg 853—55. (Riemann'sche Buchhdlg.) 4. (20; 23; 15 S.) 1.: n. 3 Ngr; 2.: n. 5 Ngr; 3.: n. 4 Ngr

Forberg, zur Erklärung des Thucydides. 4. Heft. 4. (8 S.) Coburg 860, (Riemann'sche Hofbuchh.) *
1—3. Heft. Ebendas. 1853—55. * 12 Ngr.

— üb. das 2. Kapitel d. 1. Buchs d. Thucydides. [Einladungs-Programm des Gymnasium Casimirianum v. 1852.] 4. (20 S.) Coburg 852. (Riemann.) 3 ngr

— **Friedrich Carl, Examen in lyceo Salfeldano. — Annex. animadvers. in loca seleta n. t. spec. II. Saalfeld (Videmann) 3. V. 1798. 7 S. (2.50)** **9193**

— s. Antonii Panormitae.

Forberg, F. C., Apologie seines angebl. Atheismus. 8. Gotha, Perthes. 799.

— **Diss. inaug. de aesthetica transcendentali. 8. Jena 792.**

— Fragmente aus meinen Papieren, s. a. Fragmente.

— — aus meinen Papieren (von *Friedr. Carl Forberg*). Jena, bey J. G. Voigt. 1796. 8°. (In Weimar, Hofbibl.)
Titel, 2 Bll. Widm. („An Wilhelm Krüger", unterz. *F.*, J. d. 14. Oct. 1795), 1 Bl. Vorw. („An das Publicum"), 104 S. Zahm. — Viel über Philosophie, besonders Kant u. Fichte.

F. K. Forberg üb. d. Gründe u. Gesetze freyer Handll. *Jena* u. *Lpz.*, Barth. 795. 8° 5 ℛ

— über d. Gründe u. Gesetze freier Handlungen. 8. Jena 795. (Brockhaus in Leipz.) 5 ℛ

— über d. Gründe u. Gesetze freyer Handlungen. 8. Jena. (Gleditsch in Lpz.) 795.

— ist es erlaubt, zum Abendmahle zu gehen? Eine Vorbereit. zur Feier d. Abendmahls. 8. Gotha 800. Perthes. 2 ℛ

— s. Klatschrosen

— über d. Pflichten d. Gelehrten. 8. Gotha 801. Perthes. 2 ℛ

— (Hrsg.), s. Staats-Calender...,

Forberg, H., das Strafverfahren in Preußen. Eine systematische Zusammenstellung aller über das gerichtliche und außergerichtliche Strafverfahren in Preußen ergangener zur Zeit geltender gesetzl. Vorschriften mit erläuternden Anmerkungen. Berlin 857. Decker. gr. 8. (XV, 384 S.) 1 ℛ 22½ ngr

— **Joseph (Erfurt), De nephritide. Dissert. med. Erfurt (Jo. Christ. Goerling) 31. V. 1793. 16 S. (3.50)** **9194**

Forberg, M., De salutandi formulis Plautinis et Terentianis. Diss. 1913. 50 S. 2.—

Forberger, G.D.: Wazu Latein und Griechisch? 11 S.– Kesmark, Progr. 1856.

Forberger, Joh., der Einfluß des Katholizismus u. Protestantismus auf die wirtschaftliche Entwickelung der Völker, s. a. Flugschriften des Evangelischen Bundes. 245. 246.

Der Einfluss des Katholizismus und Protestantismus auf die wirtschaftliche Entwickelung der Völker. Von Joh. **Forberger**, Pastor. Leipzig: C. Braun in Komm. 1906. (60 S.) 8° [Umschlagt. F.]
— **Flugschriften** d. Evang. Bundes. 245/6. [07. 4123] 3

Forberger, Johann Samuel (Lausitz), De inflammationum curationibus variis. Diss. med. Präs. Johann Heinrich Schulze. Halle (Joh. Chn. Hilliger) März 1741. 36 S. (5.—) **9195**
Widm. v.: Friedrich Hoffmann, Präs., Johann Georg Hannimann, A. Schaarschmidt (dtsch.), A. C. Bezel (Ruglanus).

Forberger, Johs., Dichtung u. Wahrheit in Häckels Welträtseln. Ein apologet. Vortrag. (24 S.) 8. Dresden 908. C. L. Ungelenk. —20
Sonderabdruck aus „Pastoralblätter".

— **Die wirtschaftliche u. kulturelle Rückständigkeit der Katholiken und ihre Ursachen. s. a. Flugschriften des Evangel. Bundes.**

Die wirtschaftliche und kulturelle Rückständigkeit der Katholiken und ihre Ursachen. Von Johannes **Forberger**. Leipzig: C. Braun in Komm. 1908. 82 S. 8° [Umschlagt.]
(Flugschriften d. Evang. Bundes. 263/264.) [09. 311]

Forberger, Carl, Lieder in Moll. Ein Versbuch. (39 S.) kl. 8. Reichenbach (908). Haun & Sohn. 1.—

Forberger, Otto, gereimte Prosa aus d. Jugendzeit. Scherz u. Ernst. 12. (VIII, 67 S.) Leipzig 897. (G. Fock Verlag.) n. 1. 20; geb. in Leinw. m. Goldschn n. 2.—

— **Italienische Streiflichter. 8. (52 S.) Leipzig 898. C. Wild.** **n. 1. 50**

Forberger, Wenzel, Betrachtungen zu einer neuen Weltanschauung od.: Beobachtungen in der Natur. 2. erw. Aufl. (III, 24 S.) gr. 8. Leipzig (907). R. Scheibe. —60

Forbes, Archib., my experiences of the war between France and Germany, s. a. Schulbibliothek, französische u. engl.

Forbes, Arch. My experiences of the war between France and Germany. 2 v. (972) 8. London 1871. 2 £. — 2 v. (783) 16. 8. Leipzig 1871. 3,20.

Forbes, Archibald, s.: Krieg, der große, v. 189—.

Forbes, A., Mac Gahan u. a. Der Krieg zwischen Rußland und der Türkei 1877. Gesammelte Kriegsberichte der „Daily News". Aus d. Engl. von A. Helms. Berlin 1878. 8°.

— **memories and studies of war and peace, s. a. Collection of British authors.**

Memories and studies of war and peace. By Archibald **Forbes**. Copyright ed. In 2 vol. Vol. 1. 2. Leipzig: Tauchnitz 1895. 8°
(Collection of British Authors. Tauchnitz Ed. Vol. 3095/6.) [11. 11,60]

Forbes, A., soldiering a. scribbling, s.: Collection of brit. authors.

Forbes, Archibald, Kaiser Wilhelm. Nach dem Engl. bearb. gr. 8. (III, 368 S.) Gotha 888, F. A. Perthes. **geb.** *

Forbes, C. S., Garibaldi's Feldzug in beiden Sicilien, s. a. Lorck's, Carl B., Hausbibliothek.

Forbes, C. S. Garibaldis Feldzug in beiden Sicilien. Nach d. Engl. v. J. Seibt. (215.) 8. Leipzig 1861. 2.00.

Forbes, Dunk., Betr. über die Quell. d. Unglaub. u. s. w. a. d. Engl. 8. Lpz. Löwe. 751.

Forbes, Dunk., Betracht. über d. Quellen d. Unglaubens rc. Aus d. Engl., mit Anmerkk. v. G. H. Martini. 8. Lpz. 752. Löwe. 4 ℛ

Forbes, E. Ueber den Zusammenhang zwischen der gegenwärtigen Fauna und Flora der Britischen Inseln und der geol. Veränderungen, welche deren Oberfläche, besonders während der Epoche der nördlichen Ueberfluthung erlitten hat. (Uebers. aus d. Engl. v. Grf. Marschall, mit einem Vorwort v. D. Stur.) Aus d. Jahrb. d. k. k. geol. Reichsanst. 1859. 8.

Forbes, F. R. S. L. u. E. F. G. S. James, Abriß e. Geschichte der neuern Fortschritte u. des gegenwärtigen Zustandes der Meteorologie. Aus dem Report of the First and Second Meetings of the British Association for the Advancement of Sience; at York in 1831 and at Oxfort in 1832. London 1833 übersetzt u. ergänzt von W. Mahlmann. Mit 3 Taf. gr. 8. Berlin 836. Lüderitz. 2 ℛ

Forbes, Geo., elektrische Wechselströme u. unterbrochene Ströme. Nach 3 in d. Royal Institution zu London geh. Vorträgen. Deutsch v. J. Kollert. 8. (VI, 100 S. m. 38 Fig.) Leipzig 896. Quandt & Händel. n. 2. 50

Forbes, Henry O., Wanderungen eines Naturforschers im Malayischen Archipel von 1878 bis 1883. Autoris. deutsche Ausg. Aus dem Engl. von Rhold. Teuscher. Mit sehr zahlreichen Abbild. nach den Skizzen des Verf., 1 Farbendr.-Taf. und 4 Karten. 2 Bde. gr. 8. Jena, Costenoble.; [1. Bd. (XV, 300 S.) 885. *M 8.—.; geb. *M 10.—.; 2. Bd. (VIII, 254 S.) 886. *M 6.—.; geb. *M 8.—.] *
geb. *

Forbes, James David

Forbes u. James, Abriss e. Geschichte d. neueren Fortschritte u. d. gegenwärt. Zustandes d. Meteorologie. A. d. Report of the first and second meetings of the british Association for the Advancement of Science; at York in 1831 and at Oxford in 1832. London 1833. übers. u. ergänzt v. W. Mahlmann. M. 3 Taf. gr. 8. (16 B.) Berlin 836, Lüderitz'sche Vrlsbuchh.

Forbes, James D., Norwegen und seine Gletscher. Nebst Reisen in den Hochalpen der Dauphiné, v. Bern und Savoyen. Aus dem Engl. von Ernst A. Zuchold. gr. 8. (XII und 312 S. mit in den Text gedr. Holzschn., 2 Taf. in Holzschn. in qu. 4. und 1 lithogr. Karte.) Leipzig 855, Abel. *

Forbes, James D., Norwegen und seine Gletscher. Nebst Reisen in den Hochalpen von Bern, Savoyen und der Dauphiné. Aus dem Engl. von Ernst A. Zuchold. 2. (Titel-)Ausg. gr. 8. (VII und 312 S. mit in den Text gedr. Holzschn., 2 Holzschnt. in qu. 4. und 1 lithogr. Karte in qu. 8.) Leipzig (855)58, Abel. *

Forbes, James D., Norwegen und seine Gletscher. Nebst Reisen in den Hochalpen der Dauphiné, von Bern und Savoyen. Aus dem Engl. von E. A. Zuchold. Mit in den Text gedr. Holzschn., 2 Taf. (Holzschn. in 4.) u. 1 (lith.) Karte. 855. n. 2 Thlr 20 Ngr. — 2. (Titel-)Ausg. Leipzig 858. Abel. gr. 8. (XII, 312 S.) n. 1 Thlr 10 Ngr

Forbes, James D., Reisen in den Savoyer Alpen u. in andern Theilen der Penninen-Kette nebst Beobachtungen über die Gletscher. Bearbeitet von Gust. Leonhard. 3 Liefg. Mit Holzschn. 7 Tafeln u. 2 Karten. gr. 8. Stuttgart 845, 46, Schweizerbart. (à n. 1 Thlr) 3 Thlr

Forbes, John, Homöopathie, Allopathie u. die neue Schule. Bearb. v. Ad. Bauer. Lex.-8. (4⅓ B.) Wien 846, Kaulfuss Witwe, Prandel u. Comp.

Forbes, John, Homöopathie, Allopathie u. d. neue Schule. Bearb. v. Ad. Bauer. gr. 8. (73 S.) Wien 847, Kaulfuss, Prandel & Co. 18 Ngr

— — über Somnambulismus, s. Hummel.

Forbes, Murray

[Treatise upon gout. Deutsch:] Abhandlung über den Stein und die Gicht, worin die Ursachen dieser beyden Uebel untersucht u. ihre wahren Vorbauungs- u. Heilmittel gezeigt werden. [Verf.: Murray Forbes.] Nach d. 2., verb. Ausg. aus d. Engl. übers. [Übers.: Christian Friedrich Michaelis, 1727-1804] Zittau & Leipzig: Schöps 1789. X, 152 S. 8°

Forbes, Nevill: Der Gebrauch der Relativpronomina im Altrussischen. (Leipzig) 1910: (Brockhaus). 49 S. 8°
Leipzig, Phil. Diss. v. 31. Mai 1910, Ref. Leskien, Brugmann
[Geb. 19. Febr. 83 Sevenoaks, Co. Kent; Wohnort: Sevenoaks; Staatsangeh.: Großbritannien; Vorbildung: Balliol Coll. Oxford B. A. 06; Studium: Oxford 8, Leipzig 3 S.; Rig. 26. April 10.] [U 10. 3128

Forbes-Mitchell, Erinnerungen aus dem indischen Aufstand 1857/58, s.: Inglis, Lady.

Forbes-Mosse, Irene

Berberitzchen und Andere von Irene Forbes-Mosse. Berlin: S. Fischer 1910. 183 S. 8° [11. 11460

Forbes-Mosse, Irene, Mezzavoce. Gedichte. gr. 8. (144 S. m. Abbildgn.) Berlin 901. Schuster & Loeffler. Geb. in Leinw. n. 4.—

— das Rosenthor. Gedichte. (Zeichnungen v. Heinr. Vogeler-Worpswede.) (VII, 77 S.) kl. 8. Ebd. 905. Kart. n. 4.—; geb. in Ldr. n. 6.—

Forbes-Mosse, Irene, Peregrina's Sommerabende. Lieder f. e. Dämmerstunde, sowie 30 Übersetzgn. aus dem Franz., Engl. u. Dän. Mit vielen Zeichngn. v. Heinr. Vogeler-Worpswede geschmückt. (218 S.) gr. 8. Leipzig (904). Insel-Verlag. n. 5.—; geb. n. 6.—

Forbesius, G., Consider. controversiar. de justificatione. edit. a Fabricio. 4. Frft. 707.

Forbiger, Sententia de presbyteris aetate apostolorum. Sect. II. Jena (Goepferdt) 1812. 12 S. (2.50) 9196

Forbiger, Albert, kurzer Abriss der alten Geographie, als Leitfaden beim Unterrichte auf Gymnasien bearb. Lex. 8. (VI u. 512 S.) Leipzig 850, G. Mayer. 2 Thlr

Forbiger, Alb., Aufgaben zur Bildung d. latein. Styls für mittlere Klassen in Gymnasien, aus d. besten neueren Latinisten entlehnt, durch fortlauf. Anmerkk. erläutert u. mit steten Hinweis. auf d. Grammatiken v. Zumpt u. Ramshorn versehen. gr. 8. Leipz. 832. Hinrichs. 16 Gr

Forbiger, Alb., Aufgaben zur Bildung des lateinischen Styls für mittlere Classen in Gymnasien, aus den besten neueren Lateinisten entlehnt, und mit grammatischen, lexikalischen, stylistischen Anmerkungen, sowie mit steten Hinweisungen auf die Grammatiken von Zumpt, Ramshorn u. Billroth versehen. 2e Aufl. 834. 3e verm. u. verb. Aufl. gr. 8. Leipzig 837. Hinrichs. [illegible] Thlr

Forbiger, Alb., Aufgaben zur Bildung des lateinischen Stils für die mittleren und oberen Classen in Gymnasien, aus den besten neueren Latinisten entlehnt, u. mit grammat., lexikal., stilist. Anmerkungen, sowie mit steten Hinweisungen auf die Grammatiken von Zumpt, Ramshorn, Billroth und Krebs (Geist) versehen. 4. verm. u. verb. Aufl. gr. 8. Leipzig 844, Hinrichs'sche Buchh. ⅔ Thlr

Forbiger, Alb., Aufgaben zur Bildung des lateinischen Stils für die mittleren und oberen Classen in Gymnasien, aus den besten neueren Latinisten entlehnt und mit grammat., lexical., stilist. Anmerkungen, sowie mit steten Hinweisungen auf die Grammatiken von Zumpt, Krebs (Geist), Weißenborn, Madvig, Schultz, Krüger u. Kühner versehen. 5. völlig umgearb. Aufl. Leipzig 856. Hinrichs. gr. 8. (XII, 242 S.) 20 Ngr

Forbiger, Alb., Aufgaben zur Bildung des lateinischen Stils für die mittleren u. oberen Classen in Gymnasien, aus den besten neueren Latinisten entlehnt u. mit grammatikalischen, lexikalischen, stilistischen Anmerkungen, sowie mit steten Hinweisungen auf die Grammatiken von Ellendt, Krebs (Geist), Krüger rc. versehen. 6., verm. u. verb. Aufl. Leipzig 868. Hinrichs. gr. 8. (VIII, 240 S.) 20 Ngr

— Beitrr. zur Gesch. d. Nicolaischule in Leipzig. 1e Lief. gr. 8. Leipz. 826. Reclam. 16 Gr

— Albert (Leipzig) u. Ernst Gotthelf Gersdorf (Tautendorf/Altenburg), De T. Lucretii Cari carmine a scriptore serioris aetatis denuo pertractato. Diss. philol. et crit. Lpz. (Glueck) 3. VII. 1824. 134 S. (5.50) 9197

— Diss. philolog. et critica de T. Lucretii Cari carmine, a scriptore serioris aetatis denuo pertract. 8maj. Leipz 824. Reclam. 18 Gr

— Handbuch der alten Geographie, aus den Quellen bearb. 1. Bd. Historische Einleitung u. mathematische u. physische Geographie der Alten. Mit 6 Karten u. Tabellen. Lex.-8. Leipzig 842, Mayer. 4½ Thlr — 2. Bd. Politische Geographie der Alten. Asia, Africa. Mit 3 Karten. Lex.-8. Ebend. 844. 5½ Thlr

— Handbuch der alten Geographie, aus d. Quellen bearb. 3. u. letzter Bd.: [Politische Geographie der Alten.] Europa. Lex. 8. (VIII u. 1180 S.) Ebd. 848. 7 ℛ (cplt. 17 ℛ)

Forbiger, Alb., Handbuch der alten Geographie. Aus den Quellen bearb. 3 Bde. gr. 8. Hamburg 877. Haendcke & Lehmkuhl. n. 75. —
1. Historische Einleitung und mathematische u. physische Geographie der Alten. 2. Ausg. (XII, 668 S.)
2. Politische Geographie der Alten. Asien u. Africa 2. Ausg. m. 3 Karten. (X, 920 S.)
3. Europa. 2., umgearb. Ausg. (VIII, 808 S.) Einzeln n. 25. —

—— und Ernst Kärcher, lateinisch-deutsches und deutsch-lateinisches Handwörterbuch. Deutsch-lateinischer Thl. A. u. d. T.: Deutsch-lateinisches Handwörterbuch von Albert Forbiger. 2., völlig umgearb. Aufl. des deutsch-latein. Handwörterbuchs von C. Kraft und A. Forbiger. Lex.-8. (XII S. und 2716 Sp.) Stuttgart 855(56,) Metzler'sche Buchh. Thlr. *

— neues deutsch-latein. Handwörterbuch, s. F. K. Kraft.

Forbiger, Alb., Hellas u. Rom. Populäre Darstellg. d. öffentl. u. häusl. Lebens der Griechen u. Römer. 1. Abth. Rom im Zeitalter der Antonine. 3 Bde. gr. 8. (VI, 420; VII, 368 u. XV, 416 S.) Leipzig 871.74. Fues. à n. 6. —

— dasselbe. 1. Abth. 1. Bd. 2., verb. u. verm. Aufl. gr. 8. (XIV, 479 S.) Ebend. 876. n. 7. —

— dasselbe. 2. Abth.: Griechenland im Zeitalter d. Perikles. 1. Bd. [od. d. ganzen Werkes 4. Bd.] gr. 8. (XIV, 392 S.) Ebend. 876. n. 6. —

— u. Adf. Winckler, Hellas u. Rom. Populäre Darstellung des öffentlichen u. häuslichen Lebens der Griechen u. Römer. 2. Abth.: Griechenland im Zeitalter des Perikles. 2. u. 3. Bd. [des ganzen Werkes 5. u. 6., letzter Bd.] von Adf. Winckler. gr. 8. (VI, 309 u. VI, 691 S.) Leipzig. 878. 82. Fues. n. 17. — (cplt.: n. 42. —)

— — Commentatio de quibusdam Virgilii locis cum specimine novae editionis Aeneidos. (Programma in schola Nicolaitana). Lpz. (Staritz) 27.—29. IX. 1836. 34 S. mit Namen. (4.—) 9198

— Orbis terrarum antiquus. In usum scholarum XXVI tabellis descriptus. Edit. II. aucta et emend. qu. gr. 16. Lipsiae 842, Müller. $^1/_3$ ℛ

Forbiger, Alb., orbis terrarum antiquus. In usum scholarum 26 tabellis descriptus. Editio III. Leipzig 865. Müller. qu. 8. (26 Karten in Kpfrst.) n. 10 ngr.

— Progr. Zur Einweihung d. neuen Hörsäle in d. Nicolaischule, u. zur Anhörung e. Abschiedsreden. 4. Leipz. 826.

Forbiger, Alb., Taschen-Atlas der alten Welt in XXIV Blätt. Mit Text. qu. gr. 16. Leipzig 834. Müller. n. $^2/_3$ ℛ

— s. Virgilius opera.

— **Christian Samuel,** De erigendis capitibus in adventu Messiae, super psalm. XXIV. comma 7 usque ad 10. Disp. philol. Präs. Johann Christian Hebenstreit. Lpz. (Langenheim) 20. I. 1741. 48 S. mit Widm. v. Präs. (5.—) 9199

— — De vitae felicitate ex mente Solonis. Ad virum Johann Georg Walther (Rector z. Torgau) ex societatis philobiblicae Lipsiensis. Lpz. (Langenheim) Nov. 1742. 16 S. (3.50) 9201

— — Situs desertorum Bethsaidae ex evangelistis aliter, quam vulgo, determinatus. Ad viros Johann Gottfried Strauss, Gottlieb Robst, Johann Christoph Heine summos in philosophia honores auctor. collegii examinatorio-disput. Deylingiani. Lpz. (Langenheim) 8. II. 1742. 16 S. (3.50) 9200

Forbiger, F. S., Animadversiones ad quaedam Livii loca. Pr. 1825. 23 S. 1.20

Forbiger, Gottlieb Samuel

(—). Unserem innig verehrten Lehrer, Herrn Magister **Gottlieb Samuel Forbiger,** Rector a. d. St. Nicolai-Schule an seinem funfzigjährig. Magisterjubiläo ehrfurchtsvoll dargebracht von einem Kreise seiner ehemaligen Schüler. Lpz., 4. III. 1824. 4 Bl. mit Namen d. Gratulanten. (3.50) 9202

(—). Glückwunsch dem Hochehrwürdigen Lehrer Herrn Rector **M. Gottlieb Samuel Forbiger** bei seinem Amts=Jubiläum am 9ten September 1826 ehrfurchtsvoll dargebracht von d. Schülern der Nicolaischule. Lpz, (Wilh. Staritz). 4 Bl. mit Namen d. Schüler. (3.50) 9203

Forbiger, Gli. Sam., († d. 2. Mai 1828.) geograph. Beschreib. von ganz Frankreich, mit 1 Karte. 8. Leipz. 793. Meyer. 1 ℛ

— s. Catulli Carmina.

— s. Th. Harwood, Handbuch.

— institutio theologiae theoret. p. I. 8. maj. Lps. Beer. (et. Grafie.) 790.

— s. T. Kosche, Encyklopädie.

— s. Strabo, Erdbeschreib.

— Theses theologiae theoreticae, cum perpetua adnotat. exeget. Prs I. 8maj. Leipz. 790 Beer. 9½

Forbiger, Samuel: Der vernünfftige Medicus in der Physiologie, Pathologie und Praxi... Mit Beyfügung bey jedem Zufall der sichersten und bewährtesten nach des berühmten Herrn D. Stahl's Methodo eingerichteten Medicamentorium. 528 S., gbd.

Leipzig: Martini 1726

JB 1.994

Förbiger, Sam., Der vernünftige Medicus in der Phys., Path. und Praxi. Lpz. 8°. 1726. 1735. 8°.

Forbiger, Sam., vernünftiger Medicus in d. Physiologie, Pathologie u. Praxi, nach Stahls Methode. 8. Leipz. 754. Dyck. 9½

(— —). Viro **Theophil Samuel Forbiger** rectori et collegae Lipsiensis scholae Nicolait. quinta magisterii decennalia dedic. rel. scholae praecept. Lpz. (Staritz) 4. III. 1824. 4 S. (2.50) 9209

(— —). Seni maxime venerando M. **Theophil Samuel Forbiger** rectori scholae Nicolait. munera quinquaginta annos gratul. discipuli. Lpz. (Staritz) o. J. 4 Bl. (2.—) 9212

(— —). Praeceptori inpr. vener. **Theophil Samuel Forbiger** s. ven. theolog. ordinis honores sacros post decem lustra summo cum honore repet. fausta precatur schola Nicolaitana. Lpz. (Staritz) 21. II. 1827. 4 S. (2.—) 9213

— — **Prolusio qua ad audiend. in schola Nicolaitana explorat. discipul. — Inest commentatio de Lycophronis Alexandra v. 31—37. Lpz. (Staritz) 2./3. IV. 1827. 28 S. (3.50)** 9214

— — **Prolusio** animadversiones ad loca quaedam Demosthenis. Ad aud. in schola Nicolaitana. Lpz. (Glueck) 24. IX. 1822 18 S. (3.—) 9208

— — Prolusio animadversiones ad quaedam Livii loca continens, ad aud. in schola Nicolait. Lpz. (Staritz) 20. IX. 1825. 24 S. (3.30) 9211

— — Prolusio animadversiones ad quaedam Platonis loca. Qua oration. in schola Nicolait. Lpz. (Glueck) 26./27. IV. 1824. 17 S. (3.—) 9210

— **Theophil Samuel** (Leipzig), De ascensu fluidorum in tubis capillaribus. Comment. philos. I. Präs. Christophil Benedict Funck. Lpz. (Langenheim) 28. VII. 1773. 26 S. (4.20) 9204
Tl. II. s. Funccius, Ch. B.

— — Ad virum Christian Aenoth Einert epistola qua summorum in utroque jure honorum ante hos quinquaginta annos rite capt. memoriam gratul. magistror. schola Nicolait. — De caussis et initiis scholae Nicolait Lpz. (Joh. Sommer) 2. III. 1821. 25 S. m. Namen d. Gratul. (4.—) 9207

— — u. **Jo. Christian Theophil Ernesti** (Arnstadt); De muneribus ecclesiasticis aetate apostolorum. Diss. philos. I. Lpz. (Sommer) 9. XI. 1776. 50 Seiten. (5.—) 9205

— — **Saecularia tertia religionis et ecclesiae christianae per Lutherum emendari coeptae in schola Nicolaitana. — Insunt probabilia de prolusionibus emendandae inter Lipsienses religionis in Schola Nicolait. factis. Lpz. (Adolph Deutrich) Nov. 1817. 20 S. (4.20)** 9206

v. **Forbin**, Graf H., Reise nach d. Morgenlande. (Französ. u. deutsch.) Aus d. Französ. in d. Deutsche übers. u. mit histor.-geograph. Bemerkk. versehen v. F. L. Rammstein. 4 Lief. gr. 8. Prag 823—25. Bohmanns Erb. 1 ℛ 12 gℊ (Dresd. u. Leipz., Arnold). 2 ℛ 16 gℊ Dass., 4 Lief. Text; aus d. Französ. übersetzt v. F. L. Rammstein, in gr. 8. u. 78 maler. Ansichten u. 3 Pl. in Fol. Prag 823—25. Bohmanns Erb, 30 ℛ (Calve). 33 ℛ 8 gℊ Auszug daraus unt. d. T.: Palästina od. d. heil. Land; 36 maler. Darstell. in Fol., mit ausführl. Beschreib. d. heil. Landes, v. J. K. Wiez, in 8. Prag 827. Bohmanns Erb. 6 ℛ

— Reise durch Sicilien; aus d. Französ. (Aus d. ethnogr. Archiv abgedr.) gr. 8. Jena 823. Bran. 1 ℛ

v. **Forbonnais**, ..., Sätze u. Beobachtt. aus d. Oekonomie; aus d. Französ. übers. v. W. E. Neubauer. 2 Bde. gr. 8. Wien 767. (Ulm, Stettin). 20 gℊ (2r Bd. A. u. d. T.: ökonom. Beobachtt. üb. verschied. Punkte in d. Lehrgebäude d. Verf. d. ökon. Tabb.).

Forbonnais, François-Louis, Véron de. Considérations sur les finances d'Espagne, relativement à celles de France. 8°. Dresde (Paris) 1753—1755.

Forbriger, B., das Wichtigste aus der Geometrie, nebst einigen geometrischen Aufgaben, für die Hand der Volks- und Fortbildungsschüler sowie zum Gebrauch für Handwerker zusammengestellt und hrsg. 3. verm., verb. und nach der vom königl. preuß. Unterrichtsministerium angeordneten Orthographie umgearb. Aufl. 8. (31 S. mit eingedr. Holzschn.) Leipzig 880, Schulze und Comp. ✢
1. und 2. Aufl. erschienen im Selbstverlage des Verfassers.

Forbriger, F., das Vogtland. Eine historisch-topograph.-statist. Skizze m. 1 Karte u. Profilzeichngn. unter besond. Berücksicht. seiner Eisenbahnen, durchgesch. u. verm. v. B. **Forbriger**. 2. Aufl. 8. (VI, 51 S.) Reichenbach 887. Haun & Sohn. n. — 80

Forbriger, Frz., Liederbuch u. Trinksprüche zum Gebrauch bei landwirthschaftlichen Festen. gr. 16. (VI, 137 S.) Reichenbach 879. Haun & Sohn. n. — 60

Forbydes, M., die Leere. (Roman.) 8. (100 S.) Leipzig 898. W. Friedrich. n. 2. —

Forcade, L. von, Schreiben Sr. Königl. Hoh. des Prinzen von Preussen an die Stände des Bauznischen Kreises. (Bautzen 1756). 4.

Forcart, Max Curt. Ein Beitrag zur Frage des Antagonismus zwischen Bacterium coli und den Harnstoff zersetzenden Bakterien. ⟨Aus der chirurg. Privatklinik von Prof. Emil Burckhardt zu Basel.⟩ Diss. Med. Basel von Max Kurt Forcart.... [Sep. Abdr. aus: Centralblatt für die Krankheiten der Harn- und Sexual-Organe. Band 14, Heft 7.] 48 S. 8. Leipzig, Georg Thieme, 1903.

Force, la, des choses. gr. 8. (30 S.) Leipzig 849, Twietmeyer. •

Force, la, de l'Education. 8. Dresd. 755.

— — **le même.** 8. Lausanne, Pott. 762.

Force, Pigniol de la. Neuster Staat von Frankreich, mit B. G. Sturm's Vorrede. 8°. Jena, Bielck, 1723.

Force, Pig. de la, neuest. Staat. v. Frankr. mit Struvens Anmerk. 8. Jena, Schulz. 725.

Forcellini, Aegid., lexicon totius latinitatis, s. a. Facciolati, J.

* **Forcellini, Aeg.,** totius latinitatis Lexicon, cur. J. Facciolati. Ed. II. locupl. IV. Tomi. Fol. Patav. (Lips. J. A. G. Weigel in Comm.) 805.

Forcellini, Aug., Appendix ad totius latinitatis Lexicon. C. ollig. auct. fol. Patavii. (Lipsiae, Weigel in comm.) 817.

Forcellini, A., totius latinitatis Lexicon, consilio et cura J. Facciolati. Correctum et auctum ediderunt God. Hertel, Dr. Rosenhayn, Aug. Voigtländer et C. F. Wüstemann. Editio in Germania prima. Fol. Zwickau et Schneeb. 831—32. Schumann. Lief. 1—14. Pr.-Pr. à L. 1 ℛ 8 gℊ

Forcellini, Aeg., totius latinitatis Lexicon, consilio et cura Jac. Facciolati. Secund. III. edit., cujus curam gessit Jos. Furlanetto, Corr. et Auct. ed. God. Hertel, Dr Rosenhayn, Aug. Voigtlaender et C. F. Wüstemann. Ed. in Germania prima. IV Tmi. Fol. Zwickau et Schneeberg 831 — 39. (Leipzig, Kollmann.) 20 ℛ

Forcellini, Aegid., totius latinitatis lexicon, lucubratum et in hac editione novo ordine digestum, amplissime auctum atque emendatum adjecto insuper altera quasi parte Onomastico totius latinitatis cura et studio Vinc. De-Vit. Distr. 1—7 et Onomasticon. Distr. 1. et 2. gr. 4. (Tomus 1. S. 1—552 und Onomasticon S. 1—160.) Prati 858—60. München, Franz. à Distr. * * 20 Ngr. * *
Onomasticon apart à Distr. * * 25 Ngr. * *

—— totius latinitatis lexicon, lucubratum et in hac editione novo ordine digestum, amplissime auctum atque emendatum adjecto insuper altera quasi parte Onomastico totius latinitatis cura et studio Vinc. De-Vit. Distr. 8 — 32 et Onomasticon. Distr. 3—10. gr. 4. (Tomus 1. S. 553—596, Tomus 2. 1007 S., Tomus 3. 830 S., Tomus 4. S. 1—112 und Onomasticon S. 161—779.) Prati 860—68. (Leipzig, Brockhaus' Sortiment und Antiquarium.) à Distr. * 25 Ngr. *
1.—7. Distr. und Onomasticon 1. und 2. Distr. Ebendas. 1858—60.

Forcellini, Aegid., totius latinitatis lexicon in hac editione novo ordine digestum amplissime auctum atque emendatum adjecto insuper altera quasi parte onomastico totius latinitatis cura et studio Vinc. De-Vit. Distr. 33—54. gr. 4. (Tom. IV. S. 113—1021; Tom. V. 808 S.; Tom. VI. S. 1—80.) Prati 868—75. (Leipzig, Brockhaus' Sortiment und Antiquarium.) à Lfg. *ℳ 2,50. *
—— dass. — Pars altera, sive Onomasticon totius latinitatis opera et studio Vinc. De-Vit. Distr. 11—15. gr. 4. (Tom. II. S. 1—416.) Ebendas. 869—73. à Lfg. *ℳ 2,50. *
—— dass. — s. Facciolati, J.
Distr. 1—32, und Onomasticon, Distr. 1—10. Ebendas. 1858—68. *ℳ 105.

Forcellini, Aegid., totius latinitatis lexicon, lucubratum et in hac editione post tertiam auctam et emendatam a Josepho Furlanetto, novo ordine digestum, amplissime auctum atque emendatum, cura et studio Vinc. De-Vit. Distr. 55—66. (Schluss.) gr. 4. (Tom. VI. S. 81—704 und Tom. I S. LXI—CCLI.) Prati 876—79. (Leipzig, Brockhaus' Sortiment und Antiq.) Distr. 55—65 à *ℳ 2,50.; Distr. 66 *ℳ 3,50. *
Distr. 1—54. (Ebendas.) 1858—75. à *ℳ 2,50.
Compl. 6 Bde. *ℳ 166.

—— dass. — Pars altera sive Onomasticon totius latinitatis, opera et studio Vinc. De-Vit. Distr. 16. gr. 4. (Tom. II. S. 417—496 S.) (Ebendas.) 876. *
Distr. 1—15. (Ebendas.) 1859—73. à *ℳ 2,50.
Vgl.: Facciolati, J.

Forcellini, Aegid., totius latinitatis lexicon. Pars altera sive Onomasticon totius latinitatis, opera et studio Vinc. De-Vit. Distr. 17—25. gr. 4. (2. Bd. S. 497—826; 3. Bd. S. 1—392.) Prati 880—84. (Leipzig, Brockhaus' Sortiment und Antiq.) à *ℳ 2,50. *

Forcellini, Aegid., totius latinitatis lexicon. Pars altera sive Onomasticon totius latinitatis opera et studio Vinc. De-Vit. Distr. 26—33. gr. 4. (3. Bd. S. 393—752; 4. Bd. S. 1—240.) Prato 885—88. (Leipzig, Brockhaus' Sortiment und Antiq.) Distr. 26—29 und 31—33 à * Distr. 30 *ℳ 1.25. *
[Pars I.] 6 Vol. in 66 distrib. (Ebendas.) 1858—79. *ℳ 166.—. — Pars altera, distr. 1—25. (Ebendas.) 1859—84. à *ℳ 2.50.

Forcellini, Aegid. Totius latinitatis lexicon. Pars altera sive onomasticum totius latinitatis, opera et studio Vinc. De Vit lucubratum. Distr. 34—41. gr. 4. (4. Bd. S. 241—856.) Prati 889—92. (Lpz., Brockhaus.) * 18 —
[Pars I.] 6 Vol. in 66 distrib. (Ebd.) 1858—79. * 159 40. Pars altera, distr. 1—33. (Ebd.) 1859—88. * 78 50.

Forch, C., Rechenbuch zum Selbstunterricht. N. Ausg. gr. 8. Darmstadt. Heyer. 818. -

Forch, Franz (Siefersheim)
Thesen aus der gesammten Heilkunde, welche den 30.12.1824 zur Erlangung der Doctorwürde in der Medicin, Chirurgie und Geburtshülfe öffentlich vertheidigen wird, Franz Forch, aus Siefersheim.
Giessen: Schröder 1824. 6 S. vorh. 7.
Dr. med. 30.12.1824.

Forch, Carl [aus Bechtheim]: Experimentaluntersuchungen über Wärmeausdehnung wässeriger Lösungen ... M. e. Figurentaf. Leipzig, J. A. Barth, 1895; 23 S., 1 Taf. 8.
Strassburg, Math.-naturw. Fak., Inaug.-Diss. v. 1895

Forch, Carl, Dr. phil. nat.: Über die Oberflächenspannung wässeriger Lösungen. Mit 2 Taf. Leipzig: J. A. Barth 1899. 19 S., 2 Taf. 8⁰ ¶ Ohne d. Nachtrag auch in: Annalen d. Physik u. Chemie. Bd 68.
Darmstadt Te. H., Hab.-Schr. v. 27. 12. 1899

Forch, Carl, Repertorium, s.: Natur u. Offenbarung.

Forch, Otto (geb. am 27 Okt. 1829 in Alzey Rheinhessen): De Salviano interdicto ... Bonnae, typ. Krüger 1850. 33 S., 1 Bl. 8.
Bonn, Jur. Fak., Diss. v. 5 Nov. 1850

Förch, C., Rechenbuch zum Selbstunterricht. gr. 8. Darmst.... N. A. 818. Heyer. 9 g/

Förch, Franz Anton

Ueber die sittlich-religiöse Bildung der Studirenden. Von F. A. Förch, P. d. Rel. u. Dir. des k. Std.-Sem. — 1826. Ebend. — 5 — 10 gespalt. 4 S.
Progr. Amberg

Denkmal auf Wenzeslaus Gürster, Professor der Mathematik am Gymnasium und Lyceum zu Amberg, gestorben am 2. August 1828, von Fr. Ant. Förch, P. d. Rel. u. Dir. der k. Erz.-Anst. — 1828. Ebend. — S. 3 — 6.
Progr. Amberg

Förch, F. A., Neuburg und seine Fürsten. Ein historischer Versuch als Beitrag zur Geschichte des Fürstenthums Pfalz Neuburg. Neuburg a. d. D. 860. Prechter. 8. (VIII, 154 S.) n. 10 ngr.

— kurzgefaßter Unterricht über die heiligen Sakramente der Buße und des Altars für Volksschulen. 8. Aufl. Ebend. 861. 16. (24 S.) 1½ ngr.

Förch, ..., Unterricht über d. Sakramente d. Buße u. des Altars. 4e Aufl. .. Neuburg... Prechter. ⅔ g/

Forche, J.: Ueber das Zeichnen in Verbindung mit der anschaulichen Formenlehre im allgemeinen u. mit besonderer Rücksicht auf das Elementarzeichnen.
21 S. 8⁰–Troppau OR., Progr. 1854

Forcher, Hugo, Beiträge zur Statistik der Jagd. (k. k. statist. Zentralkommission. 1. internat. Jagdausstellg. Wien 1910.) (217 S.) Lex. 8. Wien 910. W. Frick.
Sonderabdruck aus „Statist. Monatschr." nn 3. —

Forcher Vinzens: Über Wolframverbindungen. S. 44. II. 150 . . . . vgr.
Separatabdruck

Forcher v. Ainbach, Frz., die alten Handelsbeziehgn. des Murbodens m. dem Auslande. Beiträge z. Werden u. Vergehen der Hammer- u. Sensenwerke u. zur Genealogie der alten Murbodener Gewerkenfamilien. (86 S. m. 3 Stammtaf.) gr. 8. Graz 907. (Leykam.) — 50
Sonderabdruck a. „Ztschr. d. hist. Ver. f. Steiermark".

Til Georg Forchhammer. [Gedicht]. Den 19. Dec. 1857. — o. O. (1857.) 2 Bl. 2° (8°)

Forchhammer s. Kothe.

Forchhammer, August Friedrich Wilhelm

Forchhammer, A., Geschichte der Herzogthümer Schleswig u. Holstein seit der Lutherischen Reformation. 1s u. 2s Heft. gr. 8. Kiel 834, 835. (Hamburg, Hereld.) 2 g/

Forchhammer, A., die Lehre v. d. Vormundschaft, n. d. im Hrzgth. Holstein geltend. Rechten. 8. (11 B.) Altona 834, Hammerich.

Die Lehre von der Vormundschaft, nach den im Herzogthum Holstein geltenden Rechten. Von August Forchhammer. Tondern. 1834. 8°.

Forchhammer, C., Laerebog i Stoffernes almindelige Chemie. 1. Deel. De enkelte Radikalers almindelige Chemie. gr. 8. Kjöbenhavn 842, Reitzel. n. 2½ g/.

Forchhammer, Ejnar, Bayreuth u. die Parsifal-Aufführung in Amsterdam. (59 S.) gr. 8. Berlin (905). [Magazin-Verlag.] Leipzig, F. Rothbarth. n. 1. —

Forchhammer, F. W., Die Sphinx, eine mythologisch-archäologische Abhandlung. S.-A. 1852. 16 S.

Forchhammer, G., s. Forchhammer, Johann Georg

Forchhammer, G., und C. Hauch, H. C. Oersted's Leben, s. Hauch.

Forchhammer, G., der imitative Sprachunterricht in der Taubstummenschule auf der Basis der Schrift (Lautschrift, Lautrechtschreibung), gestützt auf Erfahrungen in der kgl. Taubstummenschule zu Nyborg. Aus dem Dän. übers. v. E. Göpfert. gr. 8. (VIII, 142 u. 7 autogr. S.) Leipzig 899. (F. Schneider.) n. 3.—

Forchhammer, J.

— Annotatt. critic. ad C. de natura deorum libros. S.-A. 1881. 80 S.

Forchhammer, J., Annotatt. critic. ad libros C. de officiis. S.-A. 1880. 14 S.

Forchhammer, J., Caesar, Hirtius og Pollio. S. A. O. J. 88 S.

— Quaestiones criticae de vera commentarios de bellis civili, Alexandrino, Africano, Hispaniensi emendandi ratione. Hab. 1852. 114 S. 2.80

Die Bodenbildung der Herzogthümer Schleswig, Holstein und Lauenburg. (Mit 1 geognostischen Karte. Von [Johann Georg] **Forchhammer.** Altona. 1847.) Erschien als Beilage zu: Festgabe für die Mitglieder der eilften Versammlung deutscher Land- und Forstwirthe. Altona. 1847; wurde aber in den 2. Abdruck dieser Festgabe mit hineingenommen. 8°.

Forchhammer, G. Ueber Geschiebebildungen und Diluvialschrammen in Dänemark. Kopenhagen. 1845.

FORCHHAMMER, [JOH. GEORG], Ueber dauernde Niveau-Veränderungen und Spuren von Ueberfluthungen an der Westküste des Herzogthums Schleswig. Schleswig. 1837. (Aftr. af »Neues staatsbürgerl. Mag.« VI.). P.

Forchhammer, Mirly. Schlichte Worte. Erste Gedichte von M' F'. 21 S. 8. Schiers, Walt & Fopp, 1910. [fr. 1. 30]

Forchhammer, P. G., s. Forchhammer, Peter Wilhelm

Forchhammer, Peter Wilhelm

Forchhammer, P. W., Achill. Mit 1 (lith.) Karte der Ebene von Troia (in 4.). Kiel 853. Akademische Buchhdlg. 8. (1 Bl., 64 S.) n. 16 ngr.

Forchhammer, P. W., Apollons Ankunft in Delphi. Einladungsschrift zu einem am Geburtstage Winckelmanns den IX. Dec. 1840 in der akadem. Aula zu Kiel von Dr. Otto Jahn zu haltenden Vortrag. gr. 4. (Mit 2 Steintaf.) Kiel 840, Schwers'sche Buchh. 2/3 ℛ

De Areopago non privato per Ephialten homicidii judiciis contra Boeckhium disputatio. Scripsit Petr. Guil. [Peter Wilhelm] **Forchhammer.** — Kiliae: Libraria Universitatis 1828. 36 S. 8°

Forchhammer, P. W., Aristoteles und die exoterischen Reden. An Ad. Trendelenburg. Kiel 864. Homann. gr. 8. (64 S.) n. 12 ngr.

— De Aristotelis arte poetica ex Platone illustranda. Pr. 1847. 6 S. 4°.

—— die Athener u. Sokrates, die Gesetzlichen u. d. Revolutionär. gr. 8. (6 B.) Berlin 837, Nicolaische Buchh.

Ein Beitrag zum Wörterbuch der griechischen Mythensprache v. Peter Wilhelm **Forchhammer.** Leipzig. 1869. 8°

—— Beschreibung der Ebene von Troja. gr. 4. (IV und 28 S. mit 1 in Kpfr. gest. Karte von T. A. B. Spratt in gr. Fol.) Frankfurt a. M. 850. (Kiel, Akademische Buchh.) * *

(Topographische und physiographische) Beschreibung der Ebene von Troia v. Peter Wilhelm **Forchhammer.** Mit 1 Karte v. T. A. B. Spratt. Frankfurt a. M. 1850. 4°.

— Ein mythologischer Brief. Beilage zum „Daduchos". Gel. 1876. 14 S.

[Plattdeutscher Brief v. Peter Wilhelm **Forchhammer** über die Zuschüttung des ehemaligen Ziegelteichs, beginnend mit den Worten:] Min leve Fründ! [Kiel.] o. J. 2 Bl. 8° [Kopft.]
Unterzeichnet: Eer Fründ N. N.

En schreben Breef an min lewe Fründ Ed v. d. Launitz von wegen Polyklet sin Nägeln (v. Peter Wilhelm **Forchhammer.** Kiel. 1865. 2 Bl. 4°.

Forchhammer, P. W., Bundesstaat u. Einheitsstaat. Kiel 866. Akadem. Buchhdlg. gr. 8. (46 S.) 6 ngr.

Forchhammer, P. W., Daduchos. Einleitung in das Verständniss der hellen. Mythen, Mythensprache und myth. Bauten. gr. 8. (X, 146 S. mit 10 lithogr. Taf.) Kiel 875, Universitäts-Buchh. *

Forchhammer, P. W., Demokraten-Büchlein. 16. (IV u. 84 S.) Berlin 849, Nicolai. 1/4 ℛ

— Aufgesammelte Denkmale der Barmherzigkeit. 3. und letzter Theil. Zum Druck befördert von C. F. Forstmann. Flensburg. 1760.

— Neuere Denkmale der Barmherzigkeit etc. Sm. St. 1760.

—— Denkrede auf Lucian Bonaparte Prinzen v. Canino, gehalt. b. 15. August 1840 in d. akad. Aula zu Kiel. gr. 8. (2 B.) Kiel 840, Universit.-Buchh. *

— die Ebene v. Troja nach der Aufnahme von T. A. B. Spratt. Nebst einer topograph. und physiographischen Beschreibung herausggb. (Lith. in gr. Fol. Text in gr. 4. IV u. 28 S.) Frankfurt a. M., 850. (Kiel, Akadem. Buchh.) baar n. n. 4 ℛ

Forchhammer, P. W., das Erechtheion. Festgruss u. Glückwunsch dem kaiserl. deutschen archaeologischen Institut in Rom zu dessen 50jähr. Jubiläum den 21. April 1879. Mit 2 (lith. u. chromolith.) Taf. gr. 4. (20 S.) Kiel 879. (Univ.-Buchh.) 2. 25

Forchhammer, P. W., Erklärung der Ilias auf Grund der in der beigegebenen Orig.-Karte v. Spratt u. Forchhammer dargestellten topischen u. physischen Eigenthümlichkeiten der Troischen Ebene. Ein Beitrag zur Erledigg. der homer. Frage. 4. (XI, 163 S.) Kiel 884. (v. Maack.) n. 10. —

Forchhammer, P. W., Erklärung der Ilias auf Grund der in der beigegebenen Original-Karte v. Spratt u. Forchhammer dargestellten topischen u. physischen Eigenthümlichkeiten der Troischen Ebene. Ein Beitrag zur Erledigg. der homer. Frage. 2., unveränd. (Titel-) Aufl. 4. (XI, 163 S.) Kiel 888. Lipsius & Tischer. n. 10. —

— panathenäische Festrede, gehalten den 28. Juni 1841 in der Akademischen Aula in Kiel. gr. 8. Kiel 842, Universitäts-Buchh. n. 1/6 ℛ

— die Geburt der Athene. Einladungsschrift von Dr. Otto Jahn. (Mit 1 lith. Tafel.) gr. 4. Kiel 841, Schwers'sche Buchh. 5/12 ℛ

— Gedächtnissrede bei der Todtenfeier Sr. Maj. Königs Friedrich VII. am 19. December 1863 in der akadem. Aula zu Kiel gehalten. Ebend. 863. 4. (8 S.) n. 3 ngr.

— die Gründung Roms. Mit 1 (lith.) Karte (in 4.). Ebend. 868. gr. 8. (VI, 50 S.) n. 12 ngr.

— Halkyonia. Wanderung an den Ufern des halkyonischen Meeres. Sendschreiben an Herrn Geb. Rath u. Prof. Böckh zu dessen 50jährigem Doctor-Jubiläum. Berlin 857. Nicolai'sche Verlhdlg. gr. 8. (34 S. m. Holzschn. im Text.) n. 12 ngr.

—— Hellenika. Griechenland im Neuen das Alte. 1. Bd. M. 1 Kpfrt. u. 1 Karte v. Böotien. gr. 8. (23¾ B.) Berlin 837. Nicolaische Buchh.

Forchhammer, P. W., Homer. Seine Sprache. Die Kampfplätze seiner Heroen u. Götter in der Troas. Ein letztes Wort zur Erklärg. der Ilias. Mit der durch „Dardania u. D. Thor" vervollständ. Karte v. Forchhammer u. Spratt. gr. 4. (42 S.) Kiel 893. Lipsius & Tischer. n. 3. —

Itinerarium durch den Peloponnes [v. Peter Wilhelm Forchhammer]. Nauplia. 1833. 8°

Forchhammer, P. W., Kunstbestrebungen. Rückgang der höheren Geistesbildg. Rede. gr. 8. (17 S.) Kiel 886. Universitäts-Buchh. n. 1. —

Forchhammer, P. W. Die Kyanen u. die Argonauten. Nebst 3 Anlagen: 1. Die Grotte auf Ithaka. — 2. Dardanies. — 3. Νυκτὸς ἀμολγῷ. gr. 8. (29 S. m. 1 Karte.) Kiel 891, Lipsius u. Tischer. 1 60

— Materie u. Geist. [Aus: „(Münchener) Allgem. Zeitg."] gr. 8. (24 S.) Kiel 889. Universitäts-Buchhandlg. n. — 80

Über die kyklopischen Mauern Griechenlands und die schleswig-holsteinischen Felsmauern. Der 11. Versammlung deutscher Land- und Forstwirthe ein Gruss des Willkommens im Namen der Christian-Albrechts-Universität v. Peter Wilhelm Forchhammer. Mit 2 lithogr. Tafeln. Kiel. 1847. 4°.

— landwirthschaftliche Mittheilungen aus dem classischen Alterthum über Drains Guano u. Drillcultur. Sendschreiben an Herrn Wirthschaftsrath Komers in Prag. 2. Abdr. Kiel 856. Akademische Buchhdlg. gr. 8. (20 S.) n. 4 ngl

—— Mykenä und der Ursprung der Mykenischen Funde. gr. 8. (15 S.) Kiel 880, (Universitäts-Buchh.)

Forchhammer, P. W., Die Ordnung der Bücher der aristotelischen Politik. S.-A. O. J. 19 S. —.80

— Pentheus u. die Mainaden, s. Jahn, Otto.

— Prolegomena zur Mythologie als Wissenschaft u. Lexikon der Mythensprache. hoch 4. (IV, 127 S.) Kiel 891. Haeseler's Sort. n. 5.—

— De Pyramidibus commentatio. Kiliae. 1837. 4. P. (Univ.-Progr.).

— quaestionum criticarum cap. I. De Aristotelis artis poeticae cap. 4. §. 11. — Cap. II. De Sophoclis Ajacis vv. 2 et 978. Kiliae 854. (Akademische Buchhdlg.) 4. (XII; VIII S.) Jedes Cap. n. 3 ngl

— De ratione quam Aristoteles in disponendis libris de animalibus secutus sit. Pr. 1847. 8 S. 4°. —.75

Rede zur Feier des Geburtstages Herzogs Friedrich VIII v. Peter Wilhelm Forchhammer. Kiel. Druck v. C. F. Mohr. 1865. 4°.

—— Dasselbe. Kiel. Ernst Homann. 1865.

Rede zum Gedächtniss an Professor Dr. Ferdinand Weber v. [Peter Wilhelm] Forchhammer. Kiel. 1861. 8°.

Zur Reform des höheren Unterrichtswesens v. Peter Wilhelm Forchhammer. Kiel. 1882. 8°.

Forchhammer, P. W., über Reinheit der Baukunst auf Grund des Ursprungs der vier Haupt-Baustyle. Mit 9 (lith.) Bildtaf. Hamburg 856. Perthes-Besser u. Mauke. 8. (2 Bl., 76 S.) n. 24 ngl

— über Reinheit d. Baukunst auf Grund d. Ursprungs d. 4 Haupt-Baustyle. Mit 6 (lith.) Bildtaf. 2. verm. Ausg. gr. 8. (VIII, 76 S.) Kiel 875. Homann. n. 2. 40

— De Scamandro commentatio. Kiliae. 1840. 4. (Univ.-Progr.).

— Schiller-Feier. Festrede, gehalten am 10. November 1859 in der Akademischen Aula zu Kiel. Kiel 859. Schwers. gr. 8. (22 S.) n. 3 ngr

— das Schöne ist schwer. Ein am 14. Februar 1863 im Saal der Harmonie zu Kiel gehaltener Vortrag. Ebend. 863. gr. 8. (35 S.) n. 6 ngr

[Petri Guilelmi] Forchhammeri topographia Thebarum heptapylarum. Cum tabula geographica. (Progr.) Kiliae. (1854.) 4°.

— topographia Thebarum heptapylarum. Cum tab. geogr. (lith. in gr. Fol.) Kiel 854. (Akademische Buchhdlg.) 4. (19 S.) n. 7½ ngl

Forchhammer, P. W. u. K. O. Müller, zur Topographie Athens. Ein Brief aus Athen u. ein Brief nach Athen. gr. 8. Göttingen 833. Dieterich. ⅙ ℔

—— Topographie von Athen. M. 1 Plan d. alten Stadt (Fol.). gr. 8. (6½ B.) Kiel 841, Schwers'sche Buchh.

Die Ursachen des Rückgangs des höheren Unterrichtswesens v. Peter Wilhelm Forchhammer. Breslau. 1891. 8°

— Der Ursprung der Mythen. S.-A. 1860. 27 S.

Verzeichniss der Gipsabgüsse des Universitätsmuseums im Schloss und in der Universität. [Von Peter Wilhelm Forchhammer.] Kiel 1885.

—— Anhang enthaltend zwei Briefe [Gustav] Thaulow's über das Kieler Kunstmuseum von 1853 und 1860. (ebd. 1885.) 8°.

Das goldene Vliess und die Argonauten. Von Peter Wilhelm Forchhammer. Kiel. (1875.) 4°k.

— die Wanderungen der Inachostochter Jo, zugleich zum Verständniss d. gefesselten Prometheus d. Aeschylos erklärt. Mit 1 (lith.) Karte. gr. 8. (X, 96 S., nebst „Mykenä u. der Ursprung der Myken. Funde" 15 S.) Ebend. 881. 3. —

Forchhammer, P. W., Ueb. das myth. u. geograph. Wissen des Aeschylos, od. die Wanderungen der Io. S.-A. 1862. 11 S. u. 1 K. 4°. 1.—

— s. a. Zustände Schleswig-Holstein's.

Forchhammer, P. W.: Zustände Schleswig-Holstein's, geschildert in einigen Aktenstücken. Frankfurt a. M. 1850. 8°

Forchhammer, Th., euch ist heute der Heiland geboren, s.: Gelderblom, Ernst.

Forchhammer, Th., Führer durch die Orgel-Litteratur, s.: Kothe, B.

— s. Samml. d. Gesetze zu Verfügungen im Medicinalwesen in Schleswig.

— Samml. medicin. Vorlesungen. 8. Altona 824.

Forchhammer, Thom., († d. 30. Juni 1827.) de Blennii vivipari formatione et evolutione observationes. 4maj. Kiel 820. (Hamb., Perthes u. B.) 12 gl

Forchheim, Chr. Fr., wahr. Christenspiegel im Glauben, Leben und Sterben. 12. Lpz. 708. Lithlr.

— heilige Jesus und Nachtarbauken. 8. Ebend. 710.

Forchheimer, Jacob, aus Gemünden a. M.: Ueber die elektromagnetische Drehung der Polarisationsebene in Salz- und Säurelösungen. *Berlin (1899): E. Ebering.* (37 S.) 8°
Berlin, Phil. Diss. v. 21. Dez. 1899.

Forchheimer, Leo: Ein Beitrag zur Kenntnis der Geschwülste der Ohrspeicheldrüse. *Würzburg 1897: Becker.* (19 S.) 8°
Würzburg, Med. Diss. v. 1897

Forchheimer, Otto. Die öffentliche Lage der Deutschen in d. Landeshauptstadt Prag. Vortrag, geh. in der Volk-Versammlg. d. Deutschen Vereins in Prag am 2. Juli 1889. gr. 8. (17 S.) Prag 889, (Ehrlich). * — 50

Forchheimer, Philipp

Forchheimer, Ph., neuere Bagger- und Erdgrabemaschinen, s. Salomon, B.

Forchheimer, Ph., die Berechnung ebener u. gekrümmter Behälterböden. [Aus: „Zeitschr. f. Bauwesen".] Lex.-8. (23 S. m. 15 Holzschn.) Berlin 894. W. Ernst & Sohn. n. 1. 60

Forchheimer, Philipp, die Berechnung ebener u. gekrümmter Behälterböden. 2. verm. Aufl. (V, 46 S. m. 26 Abb.) Lex.8. Berlin 909. W.Ernst&Sohn. 2.40

Forchheimer. Die Eisenbahn von Ismid nach Angora. Lex.-8. (34 S. m. Holzschn. u. 3 Kpfr.-Taf.) Berl. 891, Ernst u. Sohn. * 4 —

—— über die Ergiebigkeit von Brunnen-Anlagen und Sickerschlitzen. gr. 8. (41 S.) Hannover 886, Schmorl und v. Seefeld. *
Aus: Zeitschrift des Architekten- und Ingenieur-Vereins zu Hannover, besonders abgedruckt.

— Über einige Grundwasserspiegel. (18 S. m. 10 Fig.) gr. 8. Wien 908. A. Hölder. — 95
Sonderabdruck aus „Sitzungsber. d. k. Akad. d. Wiss."

— über Sanddruck u. Bewegungs-Erscheinungen im Inneren trockenen Sandes. gr. 8. (53 S. mit eingedr. Fig. u. 1 Taf.) Aachen 883. (Mayer.) n.n. 2. 50

—— Schräm- und Schlitzmaschinen. Tunnelbohrmaschinen, s. Handbuch der Ingenieurwissenschaften.

Forchheimer. Über Temperaturänderung von Metalldrähten während der Dehnung. Aachen 1885. 4.

— englische Tunnelbauten bei Untergrundbahnen, sowie unter Flüssen u. Meeresarmen. Ein Reisebericht. Mit 19 Holzschn. u. 14 lith. Taf. Lex.-8. (VIII, 69 S.) Ebend. 884. n. 6. 80

— Verfahren zur Berechnung von Schwimmdocks. [Aus: „Zeitschr. f. Bauwesen".] Lex.-8. (21 S. m. 12 Holzschn.) Ebd. 892. n. 1. 60

— die byzantinischen Wasserbehälter in Konstantinopel, s.: Strzygowski, J., byzantinische Denkmäler.

Forchheimer, Philipp, Wasserbewegung in Wanderwellen. (24 S. m. 9 Fig.) gr. 8. Wien 903. (A. Hölder.) n. — 70
Sonderabdruck aus: „Sitzungsber. d. k. Akad. d. Wiss."

— Der Wolkenbruch im Grazer Hügelland vom 16. Juli 1913 (mit 1 Karte). S. 122. II. . . . . —.60
Separatabdruck

Forchheimer, S., Bayerns Holzhandel u. d. Donau-Main-Kanalprojekt. Vortrag. gr. 8. (24 S. m. 1 Tab.) Nürnberg 898. (J. L. Schrag.) n. — 50

Forchondt, Hieron. Guidonis Starhemberg herois fortitudine, consilio, religione Maximi laudatio funebris. 4. Viennae 1737.

Förchtgott, Johann Andreas (Bamberg), De coherede fundum emphyteuticum, vel censiticum laudemialem in solidum accipiente, ad laudemium, detracta sua rata, solvendum vel maxime obligato. Vulgo von Hinausgabs=Handlohn. Präs. Ignaz Christoph Lorber v. Störchen. Bamberg (J. G. Klietsch) 16. VI. 1756. 74 S., tlws. dtsch. (6.—) 9129

Forchtheimer, Leo, die Neundorfer Schwefelseife. 8. (4 S.) Leipzig 901. B. Konegen. n. 1.—
Sonderabdruck aus: „Reichs-Medizinal-Anzeiger".

Forchtner, C. A., Fundgrube aller schriftlichen Aufsätze für das bürgerliche Leben. Ein unentbehrlicher Haus- und Volks-Briefsteller. 3. verm. Aufl. 854. (304 S.) — 4. verm. Aufl. Wien 857. Wenedikt. 8. (288 S.) 15 ngr

Forchtner, C. A., Fundgrube aller-schriftlichen Aufsätze für das bürgerliche Leben. Ein unentbehrl. Haus- und Volks-Briefsteller. 4. Aufl. 1857. und 5., verm. Aufl. 8. (208 S. mit 1 Tab. in Fol.) Wien 860, Wenedikt.

Forchtner, C. A., Fundgrube aller schriftlichen Aufsätze für das bürgerliche Leben. Ein unentbehrlicher Haus- und Volks-Briefsteller. 5. Aufl. 860. (208 S.) — 6. bedeutend verm. Aufl. Wien 863. Wenedikt. 8. (238 S.) 15 ngr.

Forchtner, C. A., Fundgrube aller schriftlichen Aufsätze für das bürgerliche u. häusliche Leben. Ein unentbehrlicher Haus- u. Volks-Briefsteller. 7. bedeutend verm. Aufl. Wien 870. Wenedikt. 8. (VI, 280 S.) 18 ngr.; geb. 21 ngr.

Forchtner, C. A., Fundgrube aller schriftlichen Aufsätze f. das bürgerliche u. häusliche Leben. Ein unentbehrlicher Haus- u. Volks-Briefsteller. Mustersammlung von Glückwunsch-, Benachrichtigungs-, Beschenkungs- rc. Briefen. Mit einer allgemein faßlichen Anleitung, alle Arten Briefe u. Aufsätze ohne fremde Beihilfe selbst richtig u. schnell verfassen zu können, nebst einem vollständigen Titulaturbuche, sehr vielen neuen Eingangs- u. Schlußformeln, einem gründlichen Unterricht in der deutschen Rechtschreibung, einem Verzeichnisse der unregelmäßigen Zeitwörter, den neuesten Stempelgesetzen, Bestimmungen über Briefportotaxen u. Marken u. vielen anderen sehr gemeinnützigen, dem Zeitbedürfnisse entsprechenden Dingen; durchaus praktisch bearb. 8., durchgeseh. u. verm. Aufl. gr. 8. (VIII, 272 S.) Brünn 879. Karafiat. 2.—

Forchtner, C. A., Fundgrube aller schriftlichen Aufsätze f. das bürgerliche u. häusliche Leben. Universal-Briefsteller, Rechts- u. Geschäftsbuch. 9., umgearb. Aufl. gr. 8. (IV, 268 S.) Brünn 891. Karafiat & Sohn. n.n. 1. 60

Forchtner, C. A., unerschöpfl. Fundgrube aller schriftl. Aufsätze f. d. bürgerl. Leben. Ein unentbehrl. Haus- u. Volks-Briefsteller rc. 8. (237 S.) Wien 848, Wenedikts Wwe. u. Sohn. n. 12 ngr

Forck, Hermann

[J.] Geschichte der Schützen-Gesellschaft in Attendorn. Von H. Forck. Olpe: F. X. Ruegenberg 1898. (1 Bl., 87 S.) 1 Bd 8.

[J.] Forck, Hermann: Verzeichnis der in der Umgegend von Attendorn wachsenden Phanerogamen und Gefässkryptogamen nebst Angabe ihrer Standorte. Siegen, Druck v. W. Vorländer, 1891; 64 S. 8°
Attendorn, G, P 1891 (337)

Forck, W. Rechenbuch für Elementarschulen. Als Vorbereitung zum Gebrauche von Goßw. Södeland's Aufgabenbuch z. Tafelrechnen rc. 16. (36 S.) Warendorf 888, Schnell. * — 20

Forck, W., Rechenfibel f. Elementarschulen. Als Vorbereitg. zum Gebrauche v. Goswin Söleland's Aufgabenbuch zum Tafelrechnen u. zu andern Rechenheften. 12. (36 S.) Warendorf 890. J. Schnell. n. — 20

Forcke, Albert [aus Wernigerode]: Ueber einige Derivate der Meta-Toluylsäure. . . . Wernigerode, Druck v. B. Angerstein, 1888; 28 S. + 1 Bl. 8°
Rostock, Phil. Fak., Inaug.-Diss. v. 18. Dez. 1888

Forcke, Friedrich August

— über das Medicinalwesen, zunächst im Königr. Hannover. Eine Denkschr. gr. 8. Hannover 846, Helwing'sche Hfb. 1/4 ß

Forcke, Fr. Aug., historische Untersuchungen u. praktische Beobachtungen üb. den Ileus, die Invagination u. die croupartige Entzündung der Gedärme. gr. 8. Leipzig 843, Fr. Fleischer. n. 1/2 ß

Forcke, Friedrich August: Physiologisch-therapeutische Untersuchungen über das Veratrin. 146 S., gbd.

Hannover: Hahn 1837

JB 1.596

Forcke, Ulrich [Oberl.]: Kurven auf der Kugeloberfläche. Hameln, Buchdr. v. C. W. Niemeyer, 1891; S. 3—18; 4°
Hameln, st. G u. RPG, OP 1891 (296)

Forckel, Frdr., die Coburger Staatsregierung und die Preßgewerbe. Coburg 863. Streit. gr. 8. (23 S.) 2½ ngr

Forckenbeck, Hnr. Jos., († 1807.) introductio in univers. theolog. christ.-catholicum. 8. Münster 786. Aschendorff. 20 ℊ

Ford, Edward: Bemerkungen über die Krankheit des Hüftgelenkes, über weiße Kniegeschwülste, Beinfraß am Handgelenk und andre hierher gehörige Zufälle. (Observations on the disease of the hipjoint... Dt.) Aus dem Englischen übers. von einem praktischen Arzte. 204 S., gbd., 8 Taf.

Breßlau, Hirschberg u. Lissa: Korn 1795

JB 3.317

Ford, Edw., Bemerkk. über d. Krankheiten des Hüftgelenks, über weiße Kniegeschwülste, Beinfraß rc.; aus d. Engl. (v. Chr. Fr. Michaelis II.). Mit 8 Kpft. gr. 8. Bresl. 795. J. F. Korn. 1 ß 8 ℊ

Ford, John, s.a. F o r d e

Ford, John, s.a. Hannemann, Eduard.

Ford's, J., dramatische Dichtungen, s. Bodenstedt, F., Shakespeare's Zeitgenossen.

Ford, John, Perkin Warbeck, s. Theater, altenglisches.

Ford's, John, dramatische Werke. Nach dem Versmaße d. Originals übersetzt u. mit erklär. Noten versehen v. M. Wiener. 1. Bd. A. u. d. T.: Das gebrochene Herz. Trauerspiel in 5 Akten. Mit e. Vorworte von L. Tieck. 8. (XII u. 308 S.) Berlin 848, Simion. 1½ ß

Ford, P., das Abenteuer im Expreßzug, s.: Luz' Kriminal- u. Detektiv-Romane. 84. Bd.

Ford, Richard Clyde: **Scheffel als Romandichter** ⟨Scheffel as a Novelist⟩. *(München 1900.)* (60 S.) 8° ¶[In engl. Sprache.]
München, Phil. Diss. v. 1901

Ford, Steph., von d. Sünde o. Verlaumdung, herausg. v. Js. Watt; übers. v. Reinhard. 8. Braunschw. 755. Schröder. 8 ℊ

Fordan, Hans, appr. Arzt a. Bromberg: Ein Fall von Meningitis cerebrospinalis mit Durchbruch des Eiters durch das Ohr. München 1900: F. H. Ebermayer. (37 S.) 8°
Erlangen, Med. Fak., Ref. Voit, Diss. v. 15. März 1900
[Geb. 25. Dez. 75 Gnesen; Wohnort: Bromberg; Staatsangeh.: Preußen; Vorbildung: Gymn. Zeitz Reife O. 00; Studium: München 5, Freiburg i. B. 1, Erlangen 3 S.; Coll. 3. März 00; Approb. 31. März 05.]

Forde, John, s.a. F o r d

Forde's, John, dramatische Werke. s.a. Materialien zur Kunde des älteren englischen Dramas. 23. Bd.

John **Fordes** dramatische Werke. In Neudr. hrsg. von W[illy] Bang. Bd 1. Louvain: A. Uystpruyst; Leipzig: O. Harrassowitz 1908. 4°
— Materialien z. Kunde d. älteren Engl. Dramas. Bd 23. (oS. 16635

Fordemann, Adf., geometrische Betrachtungen über algebraische Gleichungen. Inaugural-Dissertation. gr. 8. (62 S. m. 1 Steintaf.) Jena 882. (Neuenhahn.) n. 1. 60

Fordemann, [**Adolf**]: Zur freieren Gestaltung des Unterrichts in Prima. 4. Burg (1910): Hopfer. S. 3. 4° ¶(Forts. d. P-Beil. 1907—09 von Dav. Coste.)
Wilmersdorf-Berlin, Bismarck-G P 1910 (105) [S 10. 113

Fordemann, Adolf: Über die Zahlformen, deren Quadratwurzel eine gegebene Kettenbruchperiode liefert. Burg 1904: A. Hopfer. (21 S.) 4°
Wilmersdorf-Berlin, Bismarck-G OP 1904 (90)

Fordenbach, Hieron., eroberte Himmelsburg. 2 Thle. Fol. Augsb. Wolf. 710.

Fordenbach, Hieron., OFM. Hundert Marianische Lob-Reden. Sechs Jahr-Gäng, Für die Monaths-Sonntäg der Marianischen Bruderschafften, Ein Jahr-Gang Für die Fest-Täg der Allerseeligsten Jungfrauen ... In drey Theil abgetheilet ... Mit sauberen Concepten und außerlösenen Materien, welche bey den Marianischen Andachten und Versamblungen deß Volcks dienlich seyn mögen. Augsburg & Frankfurt, A. Gugger für J. C. Bencard, 1711. Fol. *Allegor. Kupferfrontispiz*, 6 Bl. 82 S. 4 Bl., 74 S. 4 Bl. 84 S. 2 Bl.; 3 Bl. 89 S. 2 Bl. 95 S. 4 Bl. 112 S. 2 Bl.; 84 S. 9 Bl. (letztes leer). Leicht beschäd. Ld. d. Z.

— 100 Marianische Lobreden. 6 Jahrg. 3 Thle. Fol. Agsb. Wolf, 711.

— zweyfach. Jahrg. v. Predigten. Fol. Ebend. 712.

Forderer, J., Ephoros und Strabon. Diss. 1913. X, 69 S. 2.50

Förderer, Alb., Erinnerungen aus Rastatt 1849. 2. Aufl. 8. (VII, 126 S.) Lahr 899. Ch. Schömperlen. (Nur direkt.) 1. 50

FÖRDERER, BERTHOLD: Gedanken über den kleinen Katechismus. Anmerkungen zur Katechetik-Kunst. Wien 1780.

FÖRDERER, BERTHOLD: Lobrede auf den seligen Bernard von Offida, als das Fest seiner Seligsprechung den 10. 11. 12. April 1796 etc. zu Ofen feyerlich begangen wurde. Ofen 1796. Gedr. mit kön. Universitäts-Schriften. 31 S. - 8°

FÖRDERER, BERTHOLD: Lobrede auf den Heiligen Johann von Nepomuck, als dessen Fest von der k. k. geheimen Hofkanzley zu Wien am 4. Brachmonats 1780 feyerlich begangen wurde. Pesth 1801. Gedr. bey Thomas Mathias Trattner. 32 S. - 8° Zweite Auflage.
- Dass. Wien 1780: Mathias Trattner. 32 S. - 8°

FÖRDERER, BERTHOLD: Lobrede auf den heiligen Stephan, ersten König und Apostel Ungerlandes, als dessen Fest während des hohen Landtages, in der königlichen Schlosspfarrkirche zum heil. Sigismund, den 20. August 1790. feierlichst begangen wurde. Gehalten von Berthold Förderer. Ofen 1790. Gedr. mit königl. Universitätsschriften. Verlag Diepold. 27 S. - 190 mm

FÖRDERER, BERTHOLD: Über das heilige Meßopfer und die Verminderung der Geistlichkeit bey der Primiz des &c. Franz Borgias Schwinghammer Weltpriesters des Erzbisch. Kalotscher Kirchensprengels 1804. gehalten, als dieselbe . . . den 22. April 1804 in der Kirche der W.W. E.E. P.P. Serviten feierlich begangen wurde. Pesth 1804. Gedruckt bey Mathias Trattner. 32 S. - 8°

FÖRDERER, BERTHOLD: Predigt auf das hundertjährige Jubelfest, am Tage der unbefleckten Empfängniss Mariae; als die W. E. Väter des Kapucinerordens ihre Einführung zu Ofen in der Wasserstadt 1792 in der Ordens- und Pfarrkirche zur heiligen Elisabeth feierten. Ofen 1792. Gedr. mit königl. Universitätsschriften. 38 S. - 8°

FÖRDERER, BERTHOLD: Predigt vom Priesterstande bey der Primitz des W. E. Herrn Joseph Stuch Weltpriesters des Stuhlweißenburger Kirchensprengels am Festtage des Namens Mariae den 15. Herbstm. 1799 gehalten. Ofen 1799. Gedr. mit kön. Universitäts-Schriften. 30 S. - 8°

FÖRDERER, BERTHOLD: Predigt bey der feyerlichen Uibertragung der gnadenreichen Bildniß Mariae vom Blut in das neuerbaute Gotteshaus in der Christinastadt, den 7. Augustmonats 1797. Ofen 1797. Gedr. mit kön. Pester Universitätsschriften. 32 S. - 8°

FÖRDERER, BERTHOLD: Predigt über die Versorgungsanstalt der Armen: als das jährliche Andenken ihrer Errichtung den 14. Herbstmonat 1794. zu Ofen etc. erneuert wurde. Ofen 1794. Gedr. mit Universitätsschriften. 32 S. - 8°

FÖRDERER, BERTHOLD: Rede bey der Eröffnung des Schuljahres in der königl. Haupt Nazionalschule zu Ofen am ersten Tage des Wintermonates 1792. Ofen 1792. Gedr. mit königl. Universitätsschriften. 30 S. - 8°

Förderer, Ernst, praktische Gelegenheits-Studien am Notenblatt. Für Männergesangvereine hrsg. 12. (18 S.) Stuttgart (901). A. Auer. —25

Förderer, Ernst, die Noten, wie lerne ich sie kennen u. singen? Praktische Studien f. Gesangvereine u. Musiktreibende. 2. verb. Aufl. (21 S.) 8. Stuttgart (909). A. Auer. p — 25

— Sänger-Kompaß. Die notwendigsten Winke u. Ratschläge f. jeden Sänger e. Männergesangvereins. Aus der Praxis — für die Praxis. 16. (38 S.) Ebd. (901). — 25; Ausg. m. Anh. f. Dirigenten. (60 S.) — 30

Förderer Edler von Richtenfels, Johann Georg

— — Hof- u. Kriegs- Ergötzlichkeiten. Leipzig, Knoch. 8°.
Lpz. M. M. V. 1709. E 4 a.
Beides sonst nirgends citirt.

FÖRDERER, Joh. Geo, Edler von Richtenfels, Ritter, K. S. u. F. S. Rath, Der Arabischen Königin Sophiae, Kirchen-, Helden-, Staats- und Liebes-Romain. Leipzig, Knoch. 8°.
Lpz. M. M. V. 1709. E 4 a.

Förderer, Johann Georg Edler von Richtenfels: „Politischer Lustgarten eines Regenten, darinnen ein mit klarem Wasser springender Brunnen gezeiget wird, daraus er sich selbsten Macht und seinen Unterthanen Reichthum schöpfen könne", Frankfurt a. M. 1709.

Förderkorb-Anschlußbühne auf der Zeche Werne bei Hamm als Ersatz für Aufsatzvorrichtungen. Essen-Ruhr, 1906. 2 S. mit 1 Abb.

Siemens-Schuckertwerke G. m. b. H. Elektrisch betriebene Fördermaschinen, System Ilgner-Siemens-Schuckert, ausgeführt durch die Siemens-Schuckertwerke. o. O. (1905). (23 S.) 4° [illegible]

Der Fördermaschinist. Zeitschrift für die sozialen und wirtschaftlichen Interessen der Fördermaschinisten. Organ des Rheinisch-Westfälischen Fördermaschinisten-Verbandes. Jg. 1 (1908). Essen-Ruhr, 1908 u. ff.

Förder- u. Preispolitik, die, des staatlichen Saarkohlenbergbaues 1902—1910. s. a. Wirtschaftsfragen, südwestdeutsche.

Die Förder- und Preispolitik des staatl. Saarkohlenbergbaues 1902–1910. Denkschrift d. Handelskammer Saarbrücken. Saarbrücken: Schmidtke in Komm. 1910. 53 S. 8°
Aus d. Jahresberichte d. Kammer für 1909.
(Südwestdeutsche Wirtschaftsfragen. H. 20.) [illegible]

M. Forderreuther, Festschrift zur 44. Wanderversammlung b. Landwirte 1909 in Kempten.
Ent. Darst. der L. des Allgäus.
1909 Kempten

Förderreuther, Adolf [Assist. am elektrotechn. Laborat. d. k. techn. Hochschule München]: Über Isolations-Messungen an Leitungen für elektrische Beleuchtung. . . . München, Druck v. R. Oldenbourg, 1889; 34 S. 8°
München, Phil. Fak., Inaug.-Diss. v. 1889

Förderreuther, Fr., Beschreibung der electrischen Läutwerke auf den kgl. bayer. Staatsbahnlinien. Mit 1 (lith.) Taf. Abbildungen. [Aus: „Zeitschr. d. bayer. Archit.- u. Ingen.-Ver."] gr. 8. (20 S.) München 877. Th. Ackermann. n. — 80

Förderreuther, M., s.: Sing' ma oans!

— Uebungen u Aufgaben zur deutschen Sprachlehre f. Mittelschulen, s.: Bayberger, E.

Förderreuther, Max. Die Allgäuer Alpen. Land und Leute. Liefg. 1. [Mit Illustrationen und 2 Tafeln.] II + II S. + S. 1—64. gr.-8. Kempten und München, Jos. Kösel, [1906]. Vollständig in 8—10 Lieferungen à M. 1.20 [*cpl.* geb. 12.—]

Förderreuther, Max. Die Allgäuer Alpen. Land und Leute. Mit 423 Abbildungen im Texte, 2 Karten und 26 Kunstbeilagen von E[dward] T Compton, Richard Mahn, (F[ranz]) Defregger u. a. (8 Lieferungen.) XVI + II + 526 S. gr.-8. Kempten und München, Jos. Kösel, [1906-] 1907. (Liefg. 1—7: *je* M. 1.20, Liefg. 8: 1.60; [*cpl.* 10.—, geb. 12.—])

Förderreuther, M. „Charakteristik der in den Gewerben häufiger vorkommenden Salze". pg. 3—12. 4°. Jos. Bernard Dorn.
Kaufbeuren, Progr. 1848/49

Förderreuther, Max „Ueber die neuen Farbstoffe aus dem Steinkohlentheer". pg. 1—12. 4°. Bayreuth, Th. Burger.
Wunsiedel, Progr. 1861/62

Förderreuther, Max, u. Frdr. Würth, aus der Geschichte d. Völker. Zum Gebrauch an deutschen Mittelschulen aus Geschichtswerken alter u. neuer Zeit zusammengestellt. I. u. II. Bd.: Altertum. Lex. 8. Kempten, J. Kösel. à 6.—; geb. à 7. 20
I. (XII, 559 S. m. Abbildgn. u. 4 [3 farb.] Taf.) 909.
II. Mittelalter. (XI, 611 S. m. Abbildgn. u. 4 [3 farb., 1 Doppel] Taf.) 911.

Förderreuther, Max „Über barometrische Höhenmessungen im Fichtelgebirge". pg. 17—26. 4°. Bayreuth, Heinrich Höreth.
Wunsiedel, Progr. 1853/54

Förderreuther, Max „Die Augsburger Kaufmannschaft in den bayerischen Herzogtümern während der ersten Hälfte des fünfzehnten Jahrhunderts". pg. 3 - 47. 8°. Tobias Dannheimer.
Kempten, Progr. 1891/92

Förderreuther, Max, die Stadt Kempten u. ihre Umgebg. Ein Beitrag zur Heimatkunde. 12. (XVI, 198 S. m. Abbildgn., 17 Taf., 5 Panoramen u. 1 Karte.) Kempten 901. J. Kösel. Geb. in Leinw. n.n. 2. 50

Förderreuther, M. (Lehrer der Naturkunde) „Eine Methode, das Bier leicht und mit Sicherheit auf seine wesentlichen Bestandtheile zu untersuchen". pg. 3—9. 4°. Joseph Bernard Dorn.
Kaufbeuren, Progr. 1845/46

Förderreuther, Max „Die Naturkunde, eine Führerin zur Kirche". pg. 17 bis 26. 4°. Bayreuth, H. Höreth.
Wunsiedel, Progr. 1856/57

Förderreuther, Max „Der Broling'sche Ofen und die mit ihm im Laboratorium der hiesigen Gewerbschule angestellten Versuche, Basalt durch Guss zu verarbeiten. pg. 1—8. 4°. Mit einer Tafel. Bayreuth, Th. Burger.
Wunsiedel, Progr. 1855/56

Förderreuther, M., Geolog. Plauderei üb. d. Allgäuer Alpen. Vortrag, geh. in d. Alpenvereinssektion Allgäu-Kempten. 5. X. 1897. 12. (82 S. m. 1 Taf.) Kempten 897. (J. Kösel.) n.n. — 60

Förderreuther, Max „Proben bildlicher Darstellung von Naturalien, durch Ueberdruck derselben auf Stein erzeugt". pg. 1—3. 4°. Mit 8 Tafeln. Bayreuth, Th. Burger.
Wunsiedel, Progr. 1851/52

Förderreuther, Max „Der Speckstein, eine Monographie". pg. 1—11. 4°. Bayreuth, Theodor Burger.
Wunsiedel, Progr. 1859/60

— das Tannheimer Thal, s.: Kübler, Aug.

Förderreuther, Max „Das Wasser in seiner Wechselbeziehung zur Wärme". pg. 1—8. 4°. Bayreuth, Th. Burger'sche Off.
Wunsiedel, Progr. 1850/51

Fördert d. kathol. Kirche d. Aberglauben?, s.: Volksaufklärung.

Fördertechnik, die. Zeitschrift f. den Bau u. Betrieb der Pumpen, Gebläse, Hebezeuge u. Transportanlagen, Pressen u. Zentrifugen. Hrsg. v. Max Wille. Red.: M. Wille u. H. van Bracht. 1. Jahrg. Juli 1907—Juni 1908. 24 Hefte. (à ca. 16 S. m. Abbildgn. 31,5×23 cm. Stuttgart, Union. 16. —

Die **Fördertechnik**. Zeitschrift f. d. Bau u. Betrieb d. Pumpen, Gebläse, Hebezeuge u. Transportanlagen, Pressen u. Zentrifugen. Hrsg. von Max Wille, Geh. Reg.R. Jg. 1, H. 1–15. [Mehr nicht ersch.] Berlin, Stuttgart, Leipzig: Union 1907–08. 4° (07. 14051

— dasselbe. Zeitschrift f. den Bau u. Betrieb der Hebezeuge u. Transportanlag., Pumpen, Gebläse u. Pressen. Hrsg. unter Mitwirkg. v. Andrée, Arldt, Benoit u. a. durch Max Wille. 2. u. 3. Jahrg. 1909 u. 1910. à 12 Hefte. (VII, 336 u. VII, 800 S. m. Abbildgn.) 31×23,5 cm. Berlin, M. Krayn. à Jhrg. 12. —

Forderung an Lehrer der Trivialschulen in den k. k. österreichischen Staaten. 8. (106 S., 6 Bl, 4 Tab) Wien. Gedruckt bei Leopold Grund. 1845 Gebunden 13 kr. C M.
Verlag der Schulbücher-Verschleiß-Administration

Forderung, politische, s.a. Marquard, Fd.

Forderung, politische, aus der Reform des Kriminalprozesses in Preußen. I. Anhang zum polit. Katechismus für Preußen. Von Ferd. Marquard. 16. (28 S.) Leipzig 847, G. Mayer. *

Förderung. Berlin, 1902. 516 S. mit 360 Abb. und 9 Taf. [= „Die Entwicklung des niederrheinisch-westfälischen Steinkohlenbergbaues in der zweiten Hälfte des 19. Jahrhunderts, 5. Bd"].

Förderung (Zur) des Arbeiterwohnungswesens. Vorträge. gr. 8°. Frankfurt a. M., A. Detloff in Komm., 1901.
Adickes, Dr., Die Wohnungsfrage und die städischen Verwaltungen.
Schroeder, Dr., Die Aufgaben der Landesversicherungsanstalten in der Arbeiterwohnungsfrage.
Thorwart, Die Beschaffung erweiterten Kredits für gemeinnützige Bautätigkeit durch Erschliessung des Erwerbskapitals.

Die Förderung der Ausbreitung des Genossenschaftswesens im Kleingewerbe. Berlin 1896.

Förderung u. Ausgestaltung, die, der hauswirtschaftlichen Unterweisung, s.a. Schriften der Zentralstelle f. Volkswohlfahrt. 2. Hft.

Die **Förderung** und Ausgestaltung der hauswirtschaftlichen Unterweisung. Vorbericht u. Verhandlungen d. 2. Konferenz d. Zentralstelle f. Volkswohlfahrt 1908 in Berlin. Berlin: C. Heymann 1908. (VII, 490 S.) 8° [F.]
— **Schriften** d. Zentralstelle f. Volkswohlfahrt. N. F. H. 2. (08. 11740 9

Die **Förderung** des Baues von Wohnungen für landwirtschaftliche Arbeiter durch die Landes-Versicherungsanstalt Hannover, e. Gegenschrift auf d. Denkschrift d. Landwirtschaftskammer f. d. Prov. Hannover über d. Bestrebungen d. Landwirtschaftskammer, die Mittel d. Landes-Versicherungsanstalt Hannover in größerem Maße als bislang f. d. Arbeiterwohnungsbau in d. Landwirtschaft z. Verwendung zu bringen. Hannover: Landes-Versicherungsanst. 1909. 51 S. 8° (09. 14980 11

Förderung, die, d. Berufslehre beim Meister, s.a. **Zeitfragen, gewerbliche.**

Förderung, Die, der Berufslehre beim Meister... Zürich 1895. V: *Krebs, Werner.* (Cat. d. Stadtbibl. Zürich. Zürich 1864—97.)

Förderung (Die) der Berufslehre beim Meister. Bericht des Centralvorstandes des schweiz. Gewerbevereines über seine diesbezüglichen Untersuchungen. Verhandlungen und Beschlüsse. (Gewerbl. Zeitfragen, Heft 11.) 4°. Zürich 1895.

*Die **Förderung** des Feuerlöschwesens und der Feuersicherheit in der Provinz Sachsen. Sammlung von den drei öffentl. Feuervers.-Anstalten der Provinz Sachsen herausgegebenen betr. Druckschriften. Merseburg 1889.

Förderung, die, des Feuerlöschwesens u. der Feuersicherheit in der Prov. Sachsen. Hrsg. von der Land-Feuer-Sozietät des Herzogt. Sachsen, Prov.-Städte-Feuer-Sozietät der Prov. Sachsen u. Magdeburg. Land-Feuer-Sozietät. Nr. 1a. 8. Merseburg (903). F. Stollberg. n. — 60
Normal-Uebungsordnung f. die Feuerwehren der Prov. Sachsen. Vom 1. V. 1875. 9. Aufl. v. 1. X. 1903. (70 S. m. Fig.)

Förderung, die, der Fischzucht durch den Staat in Württemberg. Herausgegeben von der Königlichen Zentralstelle für Landwirtschaft. Stuttgart 1892

Die **Förderung** der Wohlfahrtspflege f. Landarbeiter. Bonn: Landwirtschaftskammer f. d. Rheinprov. 1907. (32 S.) 8° [F.]
— **Veröffentlichungen** d. Landwirtschaftskammer f. d. Rheinprovinz. 1907, No 2. (08. 2357

Förderung der Wohnungsreform durch die deutschen Landes-Versicherungsanstalten. Hrsg. v. Deutschen Verein f. Wohnungsreform. Frankfurt a. M. 1908: Voigt & Gleiber. 18 S. 8° (10. 739 6

Forderungen, die, d. Bauhandwerker „Vor d. Baustelle". Vernichtg. d. Entwurfs d. Regierg. u. Zerstörg. d. Kapital-Allmacht. Von *. 8. (46 S.) Hagen 898. H. Risel & Co. n. — 75**

Deutschlands Forderungen an den deutschen Bund. Mainz, Florian Kupferberg 1816. 131 S. 8.

— erweiterte, an Lehrer der deutschen Schulen, oder Sammlung katechetisch-pädagogischer Schriften, als Leitfaden zum Gebrauche für Vorlesungen über die angewandte Katechetik und Pädagogik von e. Director u. Katecheten einer k. k. Hauptschule. 2 Thle. gr. 8. Grätz 812. Kienreich. 1 ₰

Forderungen, Die, der Gegenwart an die Freimaurey . . . Breslau 1849. V: *Henschel, Aug. Wilh. Ed. Theod.* (SJL) (Tt)

Forderungen (Ueber die) an die moderne Gesellschaft, mit einem Anhange, „Aus dem Testamente des Alten vom Berge". Populäre Vorträge von Sir. gr. 8°. Zürich, C. Schmidt, 1894.

Forderungen (Die) des Gewerbestandes in Deutschland. Denkschrift an den Reichstag in Frankfurt. a. M. von dem Gewerbeverein in Heidelberg und Gen. 4°. Heidelberg 1848.

Forderungen der Gewerbetreibenden an ein Gewerbemuseum. Zürich 1904. V: *Hafner, Carl.* (Zuwachsverz. d. Bibl. Zürich 1898 ff. 8.) (BBullschw 4, 1904)

Forderungen, die, der Gymnasien an ihre Lehrer u. Schüler. Eine Stimme aus dem gebildeten Publikum. gr. 8. (32 S.) Halle 876. Schwetschke. n. — 50

Forderungen der Handels-Angestellten Oesterreichs. Stenographisches Protokoll. Verhandlungen u. Beschlüsse des 1. Reichskongresses der Handelsangestellten Oesterreichs. (84 S.) gr. 8. Wien (903). (Wiener Volksbuchh.) n. 1. —

Forderungen der Kirche an den Staat, betreffend: I. Das kirchl. Patronatrecht. II. Die Besoldung der Geistlichen. Von e. Diener der Kirche. gr. 8. Sulzbach 834. v. Seidel. 1/4 ₰

Forderungen, Liberale, für die Reichsbeamten. [Hrsg. vom] Wahlverein d. Liberalen (Freisinnige Vereinig.) (Berlin 1908.) 8°. *[Umschlagtit.]*
(Schriften d. Beamten-Ausschusses. H. 2)

— nationale. Nationalkulturelle Autonomie. Einzig berecht. Uebersetzg. aus dem Jüd. v. Dav. Balakan. (24 S.) gr. 8. Wien 906. Brüder Suschitzky. n. — 30

Forderungen (Nothwendige und berechtigte) der Arbeiter. Veröffentlicht vom demokratischen Arbeiterverein. 8°. Berlin 1869.

Forderungen der kommunistischen Partei in Deutschland. Ein Blatt. 8°. s. l. 1851.

Forderungen, die polnischen, in Betreff der Provinz Posen gegenüber dem Recht, den Verträgen und den Thatsachen. Berlin 861. J. Springer. gr. 8. (40 S.) 7½ ngr.

Die Preussischen Forderungen in Betreff der Herzogthümer Schleswig-Holstein. Separatabdruck aus der Deutschen Reichszeitung vom 2.—4. April 1865. Nr. 91—93. Braunschweig. Fol.

Forderungen des wahren deutschen Protestantismus . . . Heidelberg 1831. V: *Langsdorf, Carl Christian von.* (Ky)

Forderungen d. deutschen Protestantismus, (v. K. Chr. v. Langsdorf). gr. 8. Heidelb. 831. Winter. 18 gr.

— an Schullehrer. 8. Frburg. Fr. Wagner. 1 gr.

Forderungen an Schulmeister und Lehrer der Trivialschulen. Laibach 1778. V: *Edling, Joh. Nep. Graf.* (Franc Simonic, Slovenska Bibliografija v Ljubljani 1903, S. 95) (P. J. Safarik, Gesch. d. südslav. Literatur. Prag 1864. S. 69) (GGr VI/686, Nr. 4/2) (BiblPort)

— u. Vorschläge der Aerzte zur Abänderung der deutschen Arbeiterversicherungsgesetze. Bericht der Krankenkassenkommission des Aerztevereinsbundes an den Geschäftsausschuss desselben. (79 S.) 8. Weimar 905. R. Wagner Sohn. n. 1. —

Forderungen, Welche, sind an eine neue Militärkarte zu stellen? [Frauenfeld] 1908. V: *Merz, Hermann.* (DBullschw 13, S. 163)

— d. Zeit an d. Fußvolk u. an d. Offiziere unsrer Heere. gr. 8. Hof 822. (Münch., Finsterlin). 16 gr.

Forderungen der Zeit und der Humanität . . . Wien 1867. V: *Leidesdorf, Moses (Max).* (EB) (Ky)

— der Zeit u. der Humanität. Ideen u. Vorschläge zur Lösung der socialen Frage. Offenes Sendschreiben an den hier tagenden hohen Reichsrath, an den hiesigen löbl. Gemeinderath, sowie an alle Freunde des Fortschrittes. (Von M. Leidesdorf.) Wien 867. Manz. Lex.-8. (28 S.) n. 7 ngr

Forderungen, Zeitgemässe, für die Ausbildung der jüngeren Führerchargen für das Gefecht und den Sicherheitsdienst im Felde . . , Berlin 1868. V: *Widdern, G. C. v.* (KA)

Forderungen, zeitgemäße, für die Ausbildung der jüngeren Führerchargen für das Gefecht u. den Sicherheitsdienst im Felde [bei der Infanterie] u. der Infanterie im Campagne Schießen. Von G. C. v. W. Mit 1 (lith.) Croquis (in 4.). Berlin 869. Mittler & S. gr. 8. (60 S.) 12 ngr

Die Förderwagen auf den Königlichen Steinkohlengruben bei Saarbrücken. Abdruck. Mit Atlas. Berlin. 1872.

Fordon [Schlagwort]

Fordon, s.: Preussen. Messtischblätter.

Fordyce, David. Anfangsgründe der philosophischen Sittenlehre; a. d. Engl. Berlin 1756. Ü: *Müchler, Joh. Gg.* (Ky) (MGT)

Fordyce, Dav., Anfangsgründe d. philosoph. Sittenlehre; aus d. Engl. (v. J. G. Müchler). 8. Berl. 757. Haude u. Sp. 8 gr.

Fordyce, David. Anfangsgründe der moralischen Weltweisheit mit Joncourts Abhandlung von der Oberherrschaft Gottes . . . Zürich 1757. Ü: *Waser, Joh. Hnr.* (Cat. d. Stadtbibl. Zürich. Zürich 1864—97.)

— Anfangsgründe d. moral. Weltweisheit, mit Joncourts Abhandl. von d. Oberherrschaft Gottes. 8. Zürich 757. Orell. 12 gr.

Fordyce, D. Theodor oder die Kunst zu predigen . . . a. d. Engl. Leipz. 1754. Ü: *Kayser, Christian Bernhard.* (ML)

— Theodor, oder d. Kunst zu predigen, e. Gespräch. 8. Hannov. 770. Hahn. 16 gr.

[Teils. Deutsch] George Fordyce's praktische Abhandlungen uber das Fieber. ([Nebst] Forts.) Aus d. Engl. ubers. von Christian Friedrich Michaelis [1727-1804]. Zittau & Leipzig: Schops 1797-99. 8°
[Hauptw.:] 1797.
(Forts. [u.d.T.]:) Fordyce: Ueber das regelmäßige anhaltende Fieber und dessen gründliche Curart. 1799.

— Abhandl. üb. d. Fieber; aus d. Engl. (v. Chr. Fr. Michaelis II.). 2 Thle. gr. 8. Zittau 797 u. 99. Schöps. 1 rthl 16 gr.

Fordyce, Georg, Anfangsgründe d. Ackerbaues. s. a. Schwediauer.

Fordyce, Geo., Anfangsgr. d. Ackerbaues u. Wachsthums d. Pflanzen; aus d. Engl. übersezt u. ganz umgearb. mit Anmerkk. v. F. X. Swediaur. 8. Wien 773. Gräffer. 12 gr.

George Fordyces [Fordyce] Anfangsgründe der theoretischen und praktischen Arzneiwissenschaft. Nach d. 6. Ausg. aus d. Engl. ubers. von Christian Friedrich Michaelis [1727-1804]. Breslau: Korn 1797. 270 S. 8°

— Grundsäze d. Arzneigelahrtheit; aus d. Engl. gr. 8. Kopenh. 769. Rothe. 10 gr.

— neue Untersuchungen d. Verdauungsgeschäfts d. Nahrungsmittel; aus d. Engl. (v. Chr. Fr. Michaelis II.). 8. Zittau 793. Schöps. 12 gr.

Fordyce, James

FORDYCE, J. D., Charakter u. Wandel des weibl. Geschlechts und die Vortheile, so Jünglinge aus dem Umgange mit Frauenzimmer ziehen können. Leipzig 1776. 8°. (80 xr. Theod. Ackermann, München, vor 1875.)
Bibl. Günther III. no. 6370.

Fordyce, Jak., vom Charakter u. Wandel d. weibl. Geschlechts; aus d. Engl. 8. Leipz. 776. Weidmann. 5 ggr

Fordyce, James. Predigten für junge Frauenzimmer; a. d. Engl. Leipzig 1767. Ü: *Weisse, Christian Felix.* (Ky) (MGT) »Reden« (Winer)

-- Predigten für junge Frauenzimmer; aus d. Engl. (v. Chr. F. Weiße). 2 Bde. 8. Leipz. 767. Weidmann. 16 ggr Schrbp. 1 Thlr 8 ggr

— — dass. gr. Edit. Schrbp.

— Reden an Jünglinge. 2 Bde. 8. Leipz. 778. Weibmann. 20 ggr

Fordyce, Jak., Weihgeschenk für Töchter von Stand und Erziehung. Aus dem Engl. von Ludw. Neuffer. 8. Ulm 837. Ebner'sche Buchh. 1¼ Thlr

Fordyce, John Addison [aus Chicago (U. S. A.)]: Bacillen-Befund bei Syphilis .... Berlin, Buchdr. v. Gustav Schade (Otto Francke) (1888): 29 + 1 S. + 1 Bl. 8°
Berlin, Med. Fak., Inaug.-Diss. v. 8. März 1888

Fordyce, William

— Hausbüchlein, welches d. Krankheit d. Croup verhüten lehrt. Aus d. Engl. 2e A. 8. Frankf. 819. Bock. (Lpz., Müller). 4 ggr

— genaue Untersuchung d. venerischen Krankheit. 8. Altenbg. (Academ. Bchhdl. in Jena.) 769.

— genaue Untersuchung d. venerischen Krankheit. 8. Altenb. 769. Hennings in Neisse. 6 ggr

Fordyce, William: Genaue Untersuchung der venerischen Krankheit. (A Review of the venereal disease and its remedies. Dt.) 118 S., gbd.

Altenburg: Richter 1769

JB 4.606

Fordyce, Wlh., Untersuchung d. Ursachen; Zufälle u. Heilung d. faulen u. entzündungsartigen Fieber u. d. damit verknüpften Bräune; aus d. Engl. 8. Leipz. 774. Hahn. 14 ggr

Foreest, D. van, u. J. D. **Tresling**, der internationale Schachkongress zu Amsterdam im Aug. 1889. 8. (101 S. m. Diagrammen.) Utrecht 891. J. L. Beijers. n. 2. —

Foregger, Richard: Freundesgabe zum 60. Geburtstage von Peter Rosegger, s. Heimgarten, 60. Jg. 1. Geburtstagsheft.

FOREGGER-GREIFFENTURN, RICH. VON. Kritische Untersuchung elektrolytischer Bestimmungs- und Trennungs-Methoden für die Metalle; Silber, Kupfer, Blei, Eisen, Mangan, Cobalt, Nickel, Zink, unter Beifügung einiger Verfahren. (Bern) Stuttgart, 1896.

Forel, Mr., Le spectateur moderne ou le journal intéressant des droits du roi de Prusse en Silésie et de tous ses exploits avec un poëme épique sur la paix. Berlin (1745). 8

Forel, A., siehe: *Kölle, Theodor.*

Forel, Aug., gesammelte hirnanatomische Abhandlungen m. e. Aufsatz üb. die Aufgaben der Neurobiologie. (III, 247 S. m. 12 Taf.) Lex. 8. München 907. E. Reinhardt. 10 --

Forel, Auguste

— **Abstinenz od. Mässigkeit?**, s. a. **Grenzfragen des Nerven- u. Seelenlebens.**

Forel, A[uguste]. Abstinenz oder Mässigkeit? 22 S. gr.-8. Wiesbaden, J. F. Bergmann, 1910. [M. —.65]
(Grenzfragen des Nerven- und Seelenlebens. Hrg. von Dr. L[eopold] Loewenfeld .... Heft 74.)

Forel, A. Alkohol und Geistesstörungen. Vortrag gehalten in Basel am 13. Oktober 1891 im Verein zur Bekämpfung des Alkoholgenusses (Sektion Basel). Kl. in-8°. 24 S. Basel, L. Reinhardt. 1891 — 20

Forel, A., Alkohol und Geistesstörungen. (24 S. m. 1 Facs.) Bremerhaven 1892. Tienken.

Forel Aug., Alkohol u. Geistesstörungen. Vortrag. Ganz umgearb., 2. Aufl. 8. (24 S.) Basel (Spalenvorst. 14) 895. (Schriftstelle d. Internat. Vereins z. Bekämpfg. d. Alkoholgenusses.) n.n. — 10

Forel, Aug., Alkohol u. Geistesstörungen. Ein Vortrag. 12.—18. Taus. dieser Ausg. 8. (24 S.) Basel (902). Schriftstelle des Alkoholgegnerbundes (durch F. Reinhardt). n. — 08

— Alkohol u. Geistesstörungen. Ein Vortrag. Neue, durchgeseh. Aufl. 18—20. Taus. (23 S.) 8. Basel (908). Schriftstelle des Alkoholgegnerbundes. — 10

Forel, Aug., Alkohol u. venerische Krankheiten. Vortrag, gehalten a. d. VIII. intern. Congresse gegen d. Alkoholismus in Wien. gr. 8. (19 S.) Wien 901. M. Perles. — 60
Sonderabdruck aus: „Wiener med. Wochenschr."

Alkohol, Vererbung und Sexualleben. Von Prof. Dr. A(ugust) **Forel.** Vortrag, geh. auf d. 10. internat. Kongreß gegen d. Alkoholismus 1905. Mit 12 Abb. auf 1 Taf. (1. bis 4. Taus.) Berlin: J. Michaelis (1905). (25 S.) 8° [F.]
— **Arbeiter-Abstinenten-Bund**, Deutscher. No 10. [07. 10143

-- dasselbe, s. a. Arbeiter-Abstinenten-Bund, deutsch.

Alkohol, Vererbung und Sexualleben. Von Prof. Dr. A[ugust] **Forel.** Vortrag, geh. auf d. 10. internat. Kongr. gegen d. Alkoholismus. Mit 12 Abb. (Verr.: Simon Katzenstein. 11.–15. Taus.) Berlin: Deutscher Arbeiter-Abstinenten-Bund [1907]. (35 S.) 8° [07. 12884

Forel, A[uguste]. Alkohol, Vererbung und Sexualleben. ... Mit 12 Abbildungen auf 1 Tafel. [2. u. 3. Aufl.] Berlin, Deutscher Arbeiter-Abstinenten-Bund ..., [1907].
[2. Aufl.:] Vortrag, gehalten auf dem 10. internat. Kongress gegen den Alkoholismus. ⟨5. bis 10. Tausend.⟩ 28 S. kl.-8. Berlin, D' A'-A'-B', J. Michaelis. (M. —.25.) — Deutscher Arbeiter-Abstinenten-Bund. [Flugschriften] No. 10.
[3. Aufl.:] V', g' auf dem 10. internationalen K' g' den A'. (11. bis 15. Tausend.) 40 S. 8. Berlin, D' A'-A'-B' ⟨J. Michaelis⟩. (M. —.80)

Forel, A[uguste]. Ameisen aus Ceylon (gesammelt von Prof. K[arl] Escherich, einige von Prof. E[douard] Bugnion). Separatabdruck aus Termitenleben auf Ceylon. Von K. E'. II S. + S. 213—228. 8. Jena, Gustav Fischer, 1911.

Forel, A[uguste]. Ameisen aus der Kolonie Erythräa. Gesammelt von Prof. Dr. K[arl] Escherich ⟨nebst einigen in West-Abessinien von Herrn A[lfred] Ilg gesammelten Ameisen⟩. Bestimmt und beschrieben von Dr. A. F'. Abdruck aus den Zoologischen Jahrbüchern .... Abteilung für Systematik, Geographie und Biologie der Tiere. Band 29. Heft 3 4. II S. + S. 243—274. 8. Jena, Gustav Fischer, 1910.

Forel, A[uguste]. Ameisen aus Guatemala usw., Paraguay und Argentinien. ⟨Hym.⟩ ([SA. aus:] Deutsche Entomol. Zeitschrift 1909. Heft 2.) S. 239—269. 8. [Berlin, Nicolai.]

Forel, A[uguste]. Ameisen aus Java. Gesammelt von Prof. Karl Kraepelin 1904. Beschrieben von A. F'. Aus «Mitteilungen aus dem Naturhistorischen Museum». [Jahrg.] 22. ⟨2. Beiheft zum Jahrbuch der Hamburgischen Wissenschaftlichen Anstalten. [Jahrg.] 22.⟩ 26 S. gr.-8. Hamburg, Komm. Lucas Gräfe & Sillem, 1905.

Forel, A[uguste]. Ameisen aus Java und Krakatau, beobachtet und gesammelt von Herrn Edward Jacobson, bestimmt und beschrieben von Dr. A. F'. ⟨Mit 2 Tafeln und 3 Textfiguren⟩. [SA. aus:] Notes from the Leyden Museum, Vol. 31. S. 221—253. 8. [Leyden, E. J. Brill, 1909.]

Forel, Aug[uste]. In und mit Pflanzen lebende Ameisen aus dem Amazonas-Gebiet und aus Peru, gesammelt von Herrn E Ule und beschrieben von Aug. F' in Chigny ⟨Schweiz⟩. Abdruck aus den Zoologischen Jahrbüchern. Abtheilung für Systematik, Geographie und Biologie der Thiere.... Band 20. Heft 6. 1904. II S. + S. 677—708. 8. Jena, Gustav Fischer, 1904. N 3980[5]

— Ameisen v. Madagaskar, den Comoren u. Ostafrika, s.: Reise in Ostafrika.

Forel. A[uguste]. Einige neue Ameisen aus Südbrasilien, Java, Natal und Mossamedes. Separatabdruck [d. i. Ausschnitt] aus den Mittheilungen der schweiz. entom. Gesellschaft Bd. 10, Heft 8. S. 297—311. 8. [Schaffhausen, Bolli & Böcherer, 1901.]

Forel, Aug, Ameisen aus Nossi-Bé, Majunga, Juan de Nova (Madagaskar), den Aldabra-Inseln u. Sansibar. Ges. v. A. Voeltzkow aus Berlin. M. e. Anh. üb. d. v. A. Brauer in Marburg auf d. Seychellen u. v. Perrot auf Ste. Marie (Madagaskar) ges. Ameisen. [Aus: „Abhandlgn. d. Senckenberg. naturforsch. Gesellsch.". 21. Bd. (Voeltzkow, wissenschaftl. Ergebnisse der Reisen in Madagaskar u. Ost-Afrika 1889—1895).] gr. 4. (24 S. m. 3 Abb.) Frankfurt a/M. 897. (M. Diesterweg.) n. 1.20

Ⓑ -- Ameisen a. Nossi-Bé. 897. (KBL 29.) Jetzt: Frankfurt a. M. (Viktoria-Allee 7), Senckenberg. naturforsch. Gesellsch. Erm. Pr. nn — 50

Forel, A. Die Ameisen der Antille St. Thomas.

Forel, A[uguste]. Ameisen aus Sao Paulo ⟨Brasilien⟩, Paraguay etc. Gesammelt von Prof. Herm[ann] v[on] Ihering, Dr. Lutz, Dr. Fiebrig etc. Beschrieben von Dr. A. F'. ⟨Mit zwei Abbildungen im Texte.⟩ (Separat-Abdruck aus den «Verhandlungen» der k. k. zoologisch-botanischen Gesellschaft in Wien, Jahrg. 1908.) III S. + S. 340—418. 8. [Wien, A. Hölder.]

Forel, A[uguste]. Der Argumentenbankerott des Mässigkeitsstandpunktes. Separatabdruck aus der Internat. Monatsschrift [zur Bekämpfung der Trinksitten. Jahrg. 11,] Nr. 7, Juli 1901. 6 S. 8. [Basel, Schriftstelle des Alkoholgegnerbundes.]

Forel, Aug[uste]. Beispiele phylogenetischer Wirkungen und Rückwirkungen bei den Instinkten und dem Körperbau der Ameisen als Belege für die Evolutionslehre und die psychophysiologische Identitätslehre. Sonder-Abdruck aus « Journal für Psychologie und Neurologie » Band 1, 1902 (Heft 3). S. 99—110. 4. Leipzig, Johann Ambrosius Barth.

Forel. A. Beitrag zur Kenntniss der Sinnesempfindungen der Insekten. München 1878.

Forel, August, aus Morges (Kt. Waadt): Beiträge zur Kenntniss des Thalamus opticus und der ihn umgebenden Gebilde bei den Säugethieren. ([S. A.] Aus dem LXVI. Bande der Sitzb. der k. Akad. der Wissensch. III. Abth. Juni-Heft. Jahrg. 1872 [S. 25—58]). Zür. (Wien K. K. Hof- u. Staatsdruckerei) 1872. 1 Bl., 33 S., 2 Taf., 1 Bl. Thesen. 8°. Zürich, Med. Diss. [v. 7. Dec. 1872].

Forel, F. Auguste, Beiträge zur Kenntniss des Thalamus opticus und der ihn umgebenden Gebilde bei den Säugethieren. Lex.-8. (33 S. mit 2 chromolithogr. Taf. in qu. Fol.) Wien 872, (Gerold's Sohn.) *

Aus: Sitzungsberichte der k. Akademie der Wissenschaften, besonders abgedruckt.

Forel, A[uguste]. Einige biologische Beobachtungen des Herrn Prof. Dr. E[mil August] Göldi an brasilianischen Ameisen. [Illustriert.] (Sonderabdruck aus dem «Biologischen Centralblatt». Bd. 25. Nr. 6. 15. März 1905.) S. 170—181. 8. (Erlangen, Fr. Junge.)

Forel, A(ugust[e]). Die Berechtigung der vergleichenden Psychologie und ihre Objekte. Sonder-Abdruck aus « Journal für Psychologie und Neurologie » Band 1, 1902. 10 S. 4. Leipzig, Johann Ambrosius Barth.

Forel, A.: Neunter Bericht des zürcherischen Hilfsvereins für Geisteskranke für das Jahr 1884. Zürich. 1885.

(Forel, A[uguste].) Nochmals Herr Dr. [Albrecht] Bethe und die Insekten-Psychologie. Sonderabdruck aus dem «Biologischen Centralblatt». Bd. 23. Nr. 1. 1. Januar 1903. 4 S. 8. (Erlangen, Fr. Junge.)

Forel, A. La boisson dans nos mœurs. Valeur hygiénique et sociale de l'alcool, ses relations avec les mœurs universitaires. Discours. In-8°. 47 p. Genève (Bâle, Imprimerie, L. Reinhardt). 1894 — 40

— la boisson dans nos moeurs. Valeur hygiénique et sociale de l'alcool; ses relations avec les moeurs universitaires. Discours prononcé les 7 et 18 septembre 1890 devant les sociétés d'abstinence des étudiants des universités de Christiania et Upsala. 2. éd. 8. (46 S.) Ebd. 895. n.n. — 10

— la boisson dans nos moeurs. Valeur hygiénique et sociale de l'alcool; ses relations avec les moeurs universitaires. Discours prononcé les 7 et 18 septembre 1890 devant les sociétés d'abstinence des étudiants des universités de Christiania et Upsala. 3. ed. (46 S.) 8. Basel (905). Schriftstelle des Alkoholgegnerbundes (durch F. Reinhardt.) n.n. — 10

— La boisson dans nos moeurs. Valeur hygiénique et sociale de l'alcool; ses relations avec les moeurs universitaires. Discours prononcé devant les sociétés d'abstinence des étudiants des universités de Christiania et Upsala. Nouvelle éd., entièrement revue. 9. et 10. mille. (40 S.) 8. Basel (909). Schriftstelle des Alkoholgegnerbundes. p — 15

(Forel, A[uguste].) Professor (Joseph-René-Léopold) Delbœuf (1831—[1896]) aus Lüttich †. [Necrolog.] SA. 8. Leipzig [1896].

Forel, August[e]. Die psychischen Eigenschaften der Ameisen und einiger anderen Insekten. Separat-Abdruck aus der «Umschau» Nr. 34 u. 35, Übersicht über die Fortschritte und Bewegungen auf dem Gesamtgebiet der Wissenschaft und Technik. 22 S. 8. ⟨Frankfurt a. M., H. Bechhold, [August 1901].⟩

Forel, A[uguste]. Die Eigentümlichkeiten des Geruchsinnes bei den Insekten. ⟨Sonderabdruck aus den Verhandlungen des V. Internationalen Zoologen-Congresses zu Berlin, 1901.⟩ II S. + S. 806—815. 8. Jena, Gustav Fischer, 1902.

Forel, A[uguste], und Dufour, H[enri]. Ueber die Empfindlichkeit der Ameisen für Ultra-violett und Röntgen'sche Strahlen. Von Prof. A. Forel ⟨Chigny⟩ und Prof. H. Dufour in Lausanne. Abdruck aus den Zoologischen Jahrbüchern. Abtheilung für Systematik.... Hrg. von Professor Dr. J[ohann] W[ilhelm] Spengel in Giessen. Band 17. Heft 2. 1902. II S. + S. 335—338. 8. Jena, Gustav Fischer.

Forel, Aug., zum Entwurfe e. schweizerischen Irrengesetzes. [Aus: „Zeitschr. f. Schweizer Strafrecht".] gr. 8. (19 S.) Zürich 893. Nicht im Handel.

— Die Errichtung von Trinkerasylen und deren Einfügung in die Gesetzgebung. Referat gehalten in Basel. Gr. in-8°. 48 S. Aarau, H. R. Sauerländer. 1891

Forel, Aug. Die Errichtung von Trinker-Asylen u. deren Einfügung in die Gesetzgebung. [Haupt-Referat f. die Versammlg. der schweiz. Schutzaufsichts-Vereine f. entlassene Sträflinge am 13. Oktbr. 1891 zu Basel.] gr. 8. (60 S.) Bremerhaven 892, Tienken. * — 80

— sexuelle Ethik. Ein Vortrag, geh. am 23. III. 1906 auf Veranlassung des „Neuen Vereins" in München. Mit e. Anh.: Beispiele ethisch-sexueller Konflikte aus dem Leben. 1.—25. Taus. (à 55 S.) gr. 8. München 906. E. Reinhardt. 1.—

— Sexuelle Ethik. Ein Vortrag, geh. am 23. III. 1906 auf Veranlassg. des „Neuen Vereins" in München. Mit e. Anh.: Beispiele ethisch-sexueller Konflikte aus d. Leben. 26—30. Taus. (56 S.) gr. 8. München (908). E. Reinhardt. 1.—

— die psychischen Fähigkeiten der Ameisen u. einiger anderer Insekten; m. e. Anh. üb. die Eigentümlichkeiten des Geruchsinnes bei jenen Tieren. Vorträge, geh. den 13. VIII. 1901 am V. internationalen Zoologen-Kongress zu Berlin. gr. 8. (58 S. m. 1 Taf.) München 901. E. Reinhardt. n. 1.50

Forel, A[uguste]. Die psychischen Fähigkeiten der Ameisen und einiger anderer Insekten. ⟨Sonderabdruck aus den Verhandlungen des V. Internationalen Zoologen-Congresses zu Berlin, 1901.⟩ II + 29 S. 8. Jena, Gustav Fischer, 1902.

Die psychischen Fähigkeiten der Ameisen und einiger anderer Insekten; mit e. Anh. über d. Eigentümlichkeiten d. Geruchsinnes bei jenen Tieren. Vorträge geh. 1901 zu Berlin von Dr. August Forel, vorm. Prof., Zürich. 3. u. 4. Aufl. München: E. Reinhardt 1907. (57 S.) 8° (07.4471 II

— Formicidae, s.: Fauna, die, Südwest-Australiens.

— Formicidae vom westlichen u. zentralen Südwestafrika, s.: Denkschriften der medicinisch-naturwissenschaftlichen Gesellschaft zu Jena. XVI, 1.

— Formiciden, s. a. Ergebnisse der Hamburger Magalhaensischen Sammelreise. 7 Lfg.

Formiciden bearb. von Prof. A[ugust] Forel ⟨Chigny⟩. Hamburg: L. Friederichsen & Co. 1904. (7 S.) 4°(8°)
— Ergebnisse d. Hamburger Magalhaens. Sammelreise. Lfg 7, 8. (05. 84

— Formiciden aus dem Bismarck-Archipel, s. a. Mitteilungen aus dem zoolog. Museum in Berlin. II. 1.

Forel, Aug[uste]. Formiciden aus dem Bismarck-Archipel, auf Grundlage des von Prof. Dr. F[riedrich] Dahl gesammelten Materials bearb. (Abgedruckt aus: «Mitteilungen aus dem Zoologischen Museum in Berlin», Band 2.) 37 S. gr.-8. Berlin, Komm. R. Friedländer & Sohn, 1901. [M. 3.—]

— Formiciden des naturhistorischen Museums zu Hamburg. Neue Calyptomyrmex-, Dacryon-, Podomyrma- u. Echinopla-Arten. Lex.-8. (S. 43—82.) Hamburg 901. (L. Gräfe & Sillem.) n. —60
Sonderabdruck aus: „Mitteilgn. a. d. naturhistor. Museum".

— Formiciden aus dem naturhistorischen Museum in Hamburg. II. Tl. Neueingänge seit 1900. (20 S.) Lex. 8. Hamburg 907. (L. Gräfe & Sillem.) — 60
Sonderabdr. aus „Mittlgn. a. d. naturhist. Museum".

— les fourmis de la Suisse. Systématique, notices anatomiques et physiologiques, architecture, distribution géographique, nouvelles expériences et observations de moeurs. Ouvrage couronné par la société helvétique des sciences naturelles. gr. 4. (IV, 457 S. m. 2 Steintaf.) Zürich 874. (Basel, Georg.) n.n. 12.—

— zur Frage der staatl. Regulirung der Prostitution, s. a. Tages- u. Lebensfragen.

Forel, August: Zur Frage der staatl. Regulierung der Prostitution. Eine Ansprache. — Bremerhaven u. Leipzig: Tienken 1892. 31 S. 8° (Tages- u. Lebensfragen. 1.)

— die sexuelle Frage. Eine naturwissenschaftl., psycholog., hygien. u. soziolog. Studie f. Gebildete. 1.—15. Taus. (VIII, 587 S. m. 23 Fig. auf 6 Taf.) gr. 8. München 905. E. Reinhardt. n. 8.—; geb. in Leinw. n. 9.50

Forel, August[e]. Die sexuelle Frage. Eine naturwissenschaftliche, psychologische, hygienische und soziologische Studie für Gebildete. 4. und 5. verbesserte und vermehrte Aufl. ⟨16.—25. Tausend⟩. [Mit 23 Figuren auf 6 Tafeln.] XII + 623 S. 8. München, Ernst Reinhardt, 1906. [M. 8.—, geb. 9.50]
(Die drei ersten Auflagen *sind gleichlautend, ohne* Revision.)

Forel, August[e]. Die sexuelle Frage. Eine naturwissenschaftliche, psychologische, hygienische und soziologische Studie für Gebildete. 6. und 7. Aufl. ⟨26.—35. Tausend⟩. [Mit 23 Figuren auf 6 Tafeln.] XII + 627 S. 8. München, Ernst Reinhardt, 1907. [M. 8.—, geb. 9.50]
Ausg. A. — Ausg. B: Lieferungs-Ausgabe, 1908. (Vollständig in 20 Lieferungen zu M. —.40) —

— Die sex. Frage. Eine naturwissensch., psychol., hygien. u. soziolog. Studie f. Gebildete. 8. u. 9. Aufl. (36 bis 45. Taus. (XII, 628 S. m. 23 Abbildgn. u. Taf.) gr. 8. München 909. E. Reinhardt. 8.—; geb. in Lw. 9.50

Forel, Aug., das Gedächtniss und seine Abnormitäten. Rathhausvortrag, geh. am 11. Dezbr. 1884. gr. 8. (45 S.) Zürich 885. Orell Füssli & Co. Verl. n. 2.—

Gehirn und Seele. Ein Vortrag geh. bei d. 66. Versamml. deutscher Naturforscher u. Aerzte in Wien 1894 von August Forel, Prof., Zürich. 2. Aufl. *Bonn: E. Strauss 1894.* (32 S.) 8° (**. 1894 5

— Gehirn u. Seele. Ein Vortrag, geh. bei der 66. Versammlg. deutscher Naturforscher u. Aerzte in Wien am 26. Septbr. 1894. 3. Aufl. gr. 8. (32 S.) Bonn 894. E. Strauss' Verl. n. 1.—

Gehirn und Seele. Ein Vortrag geh. in Wien 1894 von August Forel, Prof., Zürich. 5. u. 6. Aufl. *Bonn: E. Strauss 1899.* (41 S.) 8° (99

— Gehirn u. Seele. Ein Vortrag, geh. b. d. 66. Versammlg. deutsch. Naturforsch. u. Aerzte in Wien am 26. IX. 1894. 7. u. 8. Aufl. gr. 8. (42 S.) Bonn 902. E. Strauss. n. 1.—

— Gehirn u. Seele. Vortrag, geh. bei der 66. Versammlung deutscher Naturforscher u. Aerzte in Wien am 26. IX. 1894. 9. Aufl. (45 S.) gr. 8. Stuttgart 906. A. Kröner. n. 1.—

Forel, August[e]. Gehirn und Seele. Vortrag, gehalten bei der 66. Versammlung deutscher Naturforscher und Ärzte in Wien am 26. September 1894. 10. [unveränderte] Aufl. 45 S. 8. Stuttgart, Alfred Kröner, 1907. (M. 1.—)

— Gehirn u. Seele. 11., vollständig neu bearb. Aufl. (95 S.) gr. 8. Leipzig 910. A. Kröner. 1.—

— Die Gehirnhygiene der Schüler. Vortrag, geh. in der Vereinsversammlg. am 20. III. 1908. (Schriften des Vereins f. Schulreform.) (29 S.) gr. 8. Wien 908. Manz. — 85

— Die Gesundheitspflege des Geistes, s.: Clouston, T. S.

Forel, Aug., e. Gutachten üb. e. Fall v. spontanem Somnambulismus, s.: Schriften der Gesellschaft f. psychologische Forschung.

— Der Guttempler-Orden. Ein sozialer Reformator. Bremerhaven und Zürich 1896. Mk. —.20.

[F.] Der Guttempler-Orden. '(Independent Order of Good Templars.)' E. sozialer Reformator. Seine Gesch., s. Zweck, s. Grundsätze, s. Organisation u. s. Thätigkeit. Im Auftr. d. Schweizerischen Grossloge d. I. O. G. T. vf. v. Dr. August Forel, Prof. ... an d. Univ. Zürich ... *(Basel: Dr. v. F. Reinhardt [1898].)* (32 S.) 1 Bd 8. (98. 9516

Forel, August[e]. Der Guttempler-Orden. ⟨Independent Order of Good Templars.⟩ Ein sozialer Reformator. Seine Geschichte, sein Zweck, seine Grundsätze, seine Organisation und seine Thätigkeit. Im Auftrage der Schweizerischen Großloge des I. O. G. T. verfasst. [Neuer Abdruck.] 32 S. 8. ⟨Zu beziehen beim Groß-Sekretär⟩ (Frau M. Geiger, Olten, Aarauerstrasse; Dr. von Fr. Reinhardt, Basel, [1901]). unter 10 Ex. à fr. —. 20, unter 100 Ex. à fr. —. 15, darüber à fr. —. 10; *im* Buchh. fr. —. 40

— der Guttempler-Orden. (Independent Order of Good Templars.) Ein sozialer Reformator. Seine Geschichte, sein Zweck, seine Grundsätze, seine Organisation u. seine Thätigkeit. Im Auftrage der schweizer. Großloge des I. O. G. T. verf. (32 S.) 8. Flensburg (904). Deutschlands Großloge II. n.n. — 15

Forel, August[e]. Der Guttempler-Orden ⟨Independent Order of Good Templars, neutral⟩. Ein sozialer Reformator. Seine Geschichte, sein Zweck, seine Grundsätze, seine Organisation und seine Tätigkeit. Im Auftrage der Schweizerischen Grossloge des I. O. (N.) G. T. verfasst. [Neu-Ausgabe.] 30 S. 8. Schaffhausen ⟨Schweiz⟩, Internationales Schriftendepot der Schweizer. Grossloge ⟨neutral⟩, Joos-Bäschlin, [1908]. [im] Buchh. fr. —. 40

— die Heilung der Stuhlverstopfung durch Suggestion. Eine prakt. u. theoret. Studie. gr. 8. (10 S.) Berlin 894. H. Brieger. n. — 50

— Hygiene der Nerven u. des Geistes, s. a. Bibliothek der Gesundheitspflege. 9. Bd.

— Hygiene der Nerven u. des Geistes im gesunden u. kranken Zustande, s. a. Bibliothek, illustrierte, der Gesundheitspflege.

Forel, August[e]. Hygiene der Nerven und des Geistes im gesunden und kranken Zustande. Mit 16 Illustrationen (*br., Umschlag:* Mit 6 Tafeln und 8 Textabbildungen). 288 S. 8. Stuttgart, Ernst Heinrich Moritz, (1903).

Ausg. A: (Bibliothek der Gesundheitspflege — Bibliothek der Volksbildung. Serie 1 —. Band 9.) (br. M. 2.50, geb. M. 3. —)
Ausg. B: sep. [br. M. 2.50, geb. M. 3. —]

Forel, August[e]. Hygiene der Nerven und des Geistes im gesunden und kranken Zustande. Mit 10 Illustrationen [wovon 3 Tafeln]. 2. Aufl. ⟨4. bis 6. Tausend.⟩ 296 S. 8. Stuttgart, Ernst Heinrich Moritz, 1905. (M. 2.50, geb. 3. —)
(Bibliothek der Gesundheitspflege Bd. 9. 2. Aufl.)

Forel, August[e]. Hygiene der Nerven und des Geistes im gesunden und kranken Zustande. Mit 10 Illustrationen, darunter 4 Tafeln. 3. revidierte und vermehrte Aufl. ⟨7. bis 9. Tausend.⟩ 319 S. 8. Stuttgart, Ernst Heinrich Moritz, 1908. (M. 3.50, geb. 4.50)
(Illustrierte Bibliothek der Gesundheitspflege. Band 9. 3. vermehrte Aufl.)

Forel, A[uguste]. Die Hypnose vor der (Berlin-Brandenburg.) Aerztekammer. Separatabdruck aus der Münchener medizinischen Wochenschrift, (Jahrg. 50,) No. 32, 1903. II + 10 S. 8. ⟨München, J. F. Lehmann.⟩

Forel, A., der Hypnotismus, seine Bedeutung und seine Handhabung. gr. 8. (88 S.) Stuttgart 889. Enke. n. 2. 40

— der Hypnotismus, seine psycho-physiologische, medicinische, strafrechtliche Bedeutung u. seine Handhabung. 2., umgearb. u. verm. Aufl. gr. 8. (XI, 172 S.) Stuttgart 891. F. Enke. n. 4. —

— d. Hypnotismus, s. psycho-physiologische, medicin. strafrechtl. Bedeutg. u. s. Handhabg. 3., verb. Aufl. Mit Adnotationen v. O. Vogt. gr. 8. (X, 223 S.) Stuttgart 895. F. Enke. n. 5. —

— der Hypnotismus u. die suggestive Psychotherapie. 4. umgearb. Aufl. gr. 8. (VIII, 256 S.) Stuttgart 902. F. Enke. n. 5. —; geb. in Leinw. n. 6. —

— Der Hypnotismus. Seine psychol., psycho-physiol. u. therapeut. Bedeutg. od. Die Suggestion u. Psychotherapie. 5., umgearb. Aufl. (VIII, 287 S.) Lex. 8. Stuttgart 907. F. Enke. 6. —; geb. in Leinw. n 7. —

Forel, August[e]. Die psycho-physiologische Identitätstheorie als wissenschaftliches Postulat. Sonderabdruck aus der Festschrift für I[sidor] Rosenthal. II S. + S. 121—132. 8. Leipzig, Georg Thieme, 1906.

— s.: Journal f. Psychologie u. Neurologie.

— Jugend-Evolution, Kultur u. Narkose. Der neutrale Guttemplerorden. Eine Ansprache an die Jugend. 1—5. Taus. (23 S.) gr. 8. München 908. E. Reinhardt. — 50

Forel, Auguste, s. Juliusburger, Otto: Gegen den Alkohol.

Ethische und rechtliche Konflikte im Sexualleben in und ausserhalb der Ehe von Dr. med. August Forel. 1.–5. Taus. München: Reinhardt 1909. 66 S. 8° [illegible]

Forel, Aug., Kulturbestrebungen der Gegenwart. Vortrag, geh. in Bern am 27. II. 1910 f. den internat. Orden f. Ethik u. Kultur. (53 S.) gr. 8. München 910. E. Reinhardt. — 50

Forel, August[e]. Leben und Tod. Ein Vortrag. 1.—5. Tausend. 32 S. 8. München, Ernst Reinhardt, 1908. [M. —.80]

Forel, A(ug[uste]). Malthusianismus oder Eugenik? (Bewusste Regulierung und Besserung der Zeugungen.) Vortrag gehalten im neomalthusianischen Kongress zu Haag ⟨Holland⟩ am 29. Juli 1910. 32 S. 8. München, Ernst Reinhardt, 1911. (M. —.50)

— bewährte Mittel zur Bekämpfung d. Trinkelendes. Ein Vortrag. Hrsg. vom Verein zur Bekämpfg. d. Alkoholgenusses. 8. (32 S.) Bremerhaven 892. Ch. G. Tienken. n. — 20

— bewährte Mittel zur Bekämpfung des Trinkelendes. Ein Vortrag. Neue vollst. umgearb. Aufl. 1.—2. Taus. dieser Ausg. 8. (31 S.) Basel (902). Schriftstelle des Alkoholgegnerbundes (durch F. Reinhardt). n. — 08

— Bewährte Mittel zur Bekämpfung des Trinkelendes. Ein Vortrag. Neue, umgearb. Aufl. 5—6. Taus. (31 S.) 8. Basel (908). Schriftstelle des Alkoholgegnerbundes. n — 10

Forel, Aug(ust[e]). Richard Semon's Mneme als erhaltendes Prinzip im Wechsel des organischen Geschehens und Semon, Über die Erblichkeit der Tagesperiode. Sonderdruck [aus:] Archiv für Rassen- und Gesellschafts-Biologie.... Jahrg. 2. Heft 2. März-April 1905. II S. + S. 169—197 + 1 S. 8. Berlin, Verlag der Archiv-Gesellschaft, 1905.

Forel, August[e]. Monismus und Psychologie. [Von] Professor Dr. August Forel. Sonderdruck aus der Politisch-anthropologischen Revue. Jahrg. 2. Heft 1. [1903.] 8 S. gr.-8. ⟨Eisenach und Leipzig, Thüringische Verlags-Anstalt.⟩

Forel, August[e]. Die theoretische und praktische menschliche Moral und die hypothetische Offenbarungsmoral. Vortrag, gehalten in der «Ligue pour l'action morale» ... zu Lausanne am 5. Dezember 1902. [Aus dem Französischen.] Separat-Abdruck aus den Mitteilungen der Ethischen Gesellschaft in Wien. [27 S.] 8. [Wien, J. Eisenstein & Co., 1903.]

— die Nester der Ameisen, s.: Neujahrsblatt, hrsg. v. der naturforschenden Gesellschaft in Zürich.

— la pénétration de la lumière dans les lacs d'eau douce. [Aus: „Festschrift f. A. v. Kölliker".] gr. 4. (10 S.) Leipzig 887. Engelmann. n. — 80

— über Polymorphismus u. Variation bei den Ameisen, s. a. Jahrbücher, zoologische. VII. Suppl.-Bd.

Forel, August[e]. Ueber Polymorphismus und Variation bei den Ameisen. Abdruck aus den Zoologischen Jahrbüchern.... Supplement 7: Festschrift zum 70. Geburtstag des ... Prof. Dr. August Weismann.... II S. + S. 571—586. 8. Jena, Gustav Fischer, 1904.

Forel, August[e]. Ueber Polymorphismus und Variation bei den Ameisen. Separatabdruck aus der Festschrift zum 70. Geburtstage des ... Professor Dr. August Weismann. Supplement VII der Zoologischen Jahrbücher.... II S. + S. 571—586. 8. Jena, Gustav Fischer, 1904. [M. 1. —]
Ausg. B. — *Ausg. A:* Ueberreicht vom Verfasser

— die Reform der Gesellschaft durch die völlige Enthaltung von alkoholischen Getränken. 12. (8 S.) Bremerhaven 891. Ch. G. Tienken. n. — 10

Forel, August[e]. Die Reform der Gesellschaft durch die völlige Enthaltung von alkoholischen Getränken. 2. Aufl. II + 8 S. 8. Leipzig, Chr. G. Fienken, 1901. M. —. 10
(Publikation des Sanatoriums «Villa Margaretha» in Nesse bei Loxstedt ⟨Hannover⟩.)

— la réforme sociale par l'abstinence totale des boissons alcooliques et l'Ordre des Bons Templiers. Société internationale contre l'usage des boissons alcooliques. 8. (11 S.) Basel 895. Schriftstelle d. Internat. Vereins z. Bekämpfg. d. Alkoholgenusses. n.n. — 05

Forel, Auguste. La réforme sociale par l'abstinence totale des boissons alcooliques et l'Ordre des Bons Templiers. [Nouveau tirage.] 12 p. 8. Bâle, Dépôt Central de la Ligue Antialcoolique, [1901]. fr. —. 05

[Alcoholgegnerbund =] Ligue Antialcoolique. ⟨Société internationale contre l'usage des boissons alcooliques.⟩ [Brochures.] N° 9.

Forel, Auguste. Le rôle social de l'alcool. Reproduction autorisée de la Revue d'Économie politique. Paris, ... Année 1902. IV + 16 p. 8. Bâle, Dépôt Central de la Ligue Antialcoolique, [1903]. fr. —. 10

[Alcoholgegnerbund =] Ligue antialcoolique. ⟨Société internationale contre l'usage des boissons alcooliques.⟩ [Brochures.] N° 42.

— Die Rolle des Alkohols bei sexuellen Perversionen, Epilepsie etc. Vortrag. Leipzig 1894.

— Die Rolle der Heuchelei, der Beschränktheit u. d. Unwissenheit in d. landläufigen Moral. Ein Vortrag. Aus dem Franz. übers. v. Monistenkreis Genf. (40 S.) 8. Zürich 908. (München, E. Reinhardt.) — 50

Forel, Aug[uste]. Selbst-Biographie eines Falles von Mania acuta. Mitgetheilt von Dr. Aug. Forel, ehemals Professor... in Zürich. Sonder-Abdruck aus dem Archiv für Psychiatrie [und Nervenkrankheiten...]. Bd. 34. Heft 3. II + 39 S. 8. [Berlin, A. Hirschwald, 1901.]

— Das Sinnesleben der Insekten. Eine Sammlg. v. experimentellen u. krit. Studien üb. Insektenpsychologie. Vom Verf. durchgeseh. u. durch zahlr. Zusätze verm. Übersetzg. v. Maria Semon. (XV, 393 S. m. 2 [1 farb.] Taf.) gr. 8. München 910. E. Reinhardt. 7.—; geb. in Leinw. n 8. 50

Forel, A[uguste]. Terminologie und Weltsprache. Separat-Abdruck [*d. i.* Ausschnitt] aus der «Zeitschrift für Hypnotismus», Band 10, Heft 5. S. 248—252. 8. Leipzig, Johann Ambrosius Barth, [1901].

Forel, A[uguste]. Du traitement des causes pathologiques du crime. Thèses présentées ... (au 9e Congrès annuel de l'union ...). (Extrait [du] Bulletin de l'Union Internationale de Droit Pénal. Vol. 9, [2e Fascicule] = Sonderabdruck [aus] Mitteilungen der Internationalen kriminalistischen Vereinigung. Band 9, [Heft 2].) II p. + p. 388—391. 8. [Berlin, J. Guttentag, 1903.]

Gegen die Trinksitten. 2 Vorträge von August Forel, Prof., Zürich. *Bremerhaven & Leipzig: Ch. G. Tienken 1893.* (35. 24 S.) 8° [Umschlagt. 5.]
[Sondert. 1.] Die Trinksitten, ihre hygien. u. sociale Bedeutung. (2. Aufl.)
[2.] Alkohol u. Geistesstörungen. *Basel: L. Reinhardt 1891.* (os. 6,) 11

— die Trinksitten, ihre hygienische u. soziale Bedeutg. Ihre Beziehgn. zur akadem. Jugend. Eine Ansprache an die Enthaltsamkeits-Vereine der Studenten zu Christiania u. Upsala am 7. u. 13. IX. 1890. 19.—23. Tausend dieser Ausg. 8. (31 S.) Ebd. (890). n. — 08

— d. Trinksitten, ihre hygien. u. sociale Bedeutg. Ihre Beziehgn. z. akadem. Jugend. E. Ansprache a. d. Enthaltsamkeits-Vereine d. Studenten zu Christiania u. Upsala am 7. u. 13. Septbr. 1890. 8. (31 S.) Ebd. 894. n.n. — 10

— die Trinksitten, ihre hygien. u. sociale Bedeutg., ihre Beziehgn. zur akadem. Jugend. Eine Ansprache an den Enthaltsamkeits-Verein der Studenten zu Christiania u. zu Upsala am 7. u. 13. Septbr. 1890. gr. 8. (31 S.) Stuttgart 891. Enke. n. — 60

Forel, A.: Die Trinksitten, ihre hygienische und soziale Bedeutung. Ihre Beziehungen zur akademischen Jugend. Eine Ansprache an die Enthaltsamkeitsvereine der Studenten zu Christiana und Upsala am 7. u. 13. September 1900. 2. Aufl. 31 S. 8°. Basel. 1891.

Die Trinksitten, ihre hygienische und soziale Bedeutung. Ihre Beziehungen zur akademischen Jugend. Eine Ansprache an die Enthaltsamkeitsvereine der Studenten in Christiania und Upsala. Bremerhaven 1892. Mk. —.50. 30 S. — Basel 1894. 31 S. Fr. —.40.

Forel, August[e]. Die Trinksitten, ihre hygienische und soziale Bedeutung. Ihre Beziehungen zur akademischen Jugend. Ansprache an die Enthaltsamkeits-Vereine der Studenten zu Christiania und Upsala gehalten am 7. und 13. September 1890. 50 S. 8. Basel, Friedrich Reinhardt, [1901]. [fr. —. 60]

Forel, August[e]. Die Trinksitten, ihre hygienische und sociale Bedeutung. Ihre Beziehungen zur akademischen Jugend. Eine Ansprache an die Enthaltsamkeits-Vereine der Studenten zu Christiania und Upsala am 7. und 13. September 1890. (24.—25. Tausend dieser Ausgabe.) IV + 32 S. 8. Basel, Schriftstelle des Alkoholgegnerbundes (Fr. Reinhardt, [1903]). (fr. —. 10)
(Alkoholgegnerbund. ⟨Internationaler Verein zur Bekämpfung des Alkoholgenusses.⟩ [Flugschriften.] Nr. 5.)

Forel, August[e]. Die Trinksitten, ihre hygienische und soziale Bedeutung. Ihre Beziehungen zur Akademischen Jugend. Eine Ansprache an die Enthaltsamkeits-Vereine der Studenten zu Christiania und Upsala. Neue, umgearbeitete Aufl. 28.—30. Tausend. IV + 32 S. 8. Basel, Schriftstelle des Alkoholgegnerbundes (Fr. Reinhardt, VI-VII. [19]06). fr. —. 10
[Alcoholgegnerbund.... Flugschriften.] Nr. 5.

— Die Trinksitten, ihre hygienische u. soziale Bedeutung. Ihre Beziehgn. zur akadem. Jugend. Eine Ansprache an die Enthaltsamkeits-Vereine der Studenten zu Christiania u. Upsala. Neue, umgearb. Aufl. 31—33. Taus. (31 S.) 8. Basel (909). Schriftstelle d. Alkoholgegnerbundes. p — 10

Forel. Prof. Aug(ust[e]) Forel, Die sexuelle Frage: Urteile der Presse, nebst Aufsatz von Ludwig Thoma. 80 S. 8. München, Ernst Reinhardt, 1907.

Forel, A(ugust[e]), [und] Mahaim, A[lbert]. Verbrechen und konstitutionelle Seelenabnormitäten. Die soziale Plage der Gleichgewichtslosen im Verhältnis zu ihrer verminderten Verantwortlichkeit. Unter Mitwirkung von Prof. A. M'... von Prof. Dr. A. F'.... Die Anarchisten – Luccheni – Impulsivität – Querulanten – Pathologische Schwindler – Fehlen des ethischen Gefühls – Die Alkoholiker. (Aus dem Französischen übersetzt von F[riedrich Carl] Jahn. 1.–3. Tausend.) IV + 179 S. 8. München, Ernst Reinhardt, 1907. [M. 2. 50]
Franz. Original-Ausg., Genève 1902

— über das Verhältniss der experimentellen Atrophie u. Degenerationsmethode zur Anatomie u. Histologie d. Centralnervensystems. Ursprung d. IX., X. u. XII. Hirnnerven. Unter Mitwirkg. v. Mayser u. Ganser. [Aus: „Festschr. zur Feier d. 50jähr. Doctor-Jubiläums der Herren v. Nägeli u. v. Kölliker".] Imp.-4. (14 S. m. 1 Taf.) Zürich 891. A. Müller's Verl. u. 3. —

Forel, Aug[uste]. Richard Semons Weiterentwicklung seiner Theorie über die Mneme. [Mit 1 Figur.] Sonderabdruck aus Archiv für Rassen- und Gesellschafts-Biologie. (Jahrg. 7.) 1910. Heft 1. II + 34 S. 8. Leipzig, B. G. Teubner.

Forel, A., Prof. Dr., Irrenanstalts-Direktor. Ein Wort zur Frage des Alkoholismus. Zürich 1886. 3 S. 8°.

— s.: **Zeitschrift f. Hypnotismus etc.**

Forel, August[e]. Ueber die Zurechnungsfähigkeit des normalen Menschen. Ein Vortrag gehalten in der Schweizerischen Gesellschaft für ethische Kultur in Zürich. 23 S. 8. München, Ernst Reinhardt, ([Druck:] Fr. Reinhardt, Basel), 1901. [M. —.80] N 65

2. [Titel-]Auflage. 1901. [M. —.80]

— über die **Zurechnungsfähigkeit** des normalen Menschen. Ein Vortrag, geh. in der schweizer. Gesellschaft f. eth. Kultur in Zürich. 3. Aufl. gr. 8. (27 S.) München 901. E. Reinhardt. n. —80

Forel, August[e]. Ueber die Zurechnungsfähigkeit des normalen Menschen. Ein Vortrag gehalten in der Schweizerischen Gesellschaft für ethische Kultur in Zürich. 27 S. 8. München, Ernst Reinhardt. [M. —. 80]

4. Aufl. München, E' R' (Druck von Fr. Reinhardt, Basel), 1902.
5. und 6 [unveränderte] Aufl. München, E' R', 1907.

— Ueber die **Zurechnungsfähigkeit** d. normalen Menschen. Ein Vortrag, geh. in der schweiz. Gesellschaft f. eth. Kultur in Zürich. 5. u. 6. Aufl. (27 S.) gr. 8. Ebd. 907. —80

— Die verminderte Zurechnungsfähigkeit. Die Zukunft v. Maximilian Harden. 8°. 7. Januar 1899.

Forel, Alexis s. Mémoire sur quelques insectes qui nuisent à la vigne dans le Canton de Vaud.

Forel, F. Auguste, s. Forel, Auguste

Forel, François-Alphonse

Forel, F. A., einige Beobachtungen über die Entwicklung des zelligen Muskelgewebes. Beiträge zur Entwicklungsgeschichte der Najaden. Inaug.-Abhdlg. Würzburg 866. Stuber. gr. 8. (VII, 40 S. u. 3 lith. Taff.) n. 20 *ngr.*

Forel, François-Alphonse s. Dufour, Charles, & Forel, François-Alphonse —

Forel, F. A., **expériences** sur la température du corps humain dans l'acte de l'ascension sur les montagnes. [Aus: „Bulletin de la Soc. médicale de la Suisse romande."] gr. 8. (116 S. m. 2 lith. Curventaf. in 4.) Basel 874. Georg. n. 2. 50

Forel, F[rançois]-A[lphonse]. La faune profonde des lacs suisses. Mémoire couronné par la Société Helvétique des Sciences Naturelles.... (N. Denkschr. Schweizer. Ges. für Naturwiss. Band 29.) 4. (Zürich 1885.)

Forel, F.-A. La faune profonde des lacs suisses. Mémoire couronné par la Société helvétique des sciences naturelles. In-4°, 234 p. Bâle, H. Georg. 1885 12 —

— Das Gedächtniss und seine Abnormitäten. Vortrag. Gr. in-8°. Zürich, Orell Füssli & Cie. 1 — 1885.

Forel, F. A., d. Gletscherlawine an d. Altels, s.: Heim Alb.

Forel, F.-A. Le grain du glacier. In-8°, 47 p. Bâle, H. Georg. 1882. 1 50
*** Tiré des archives, des sciences physiques.

Forel, F. A., Handbuch der Seenkunde. Allgemeine Limnologie. (Bibliothek geograph. Handbücher. Hrsg. v. Frdr. Ratzel.) gr. 8. (X, 249 S. m. 16 Abbildgn. u. 1 Taf.) Stuttgart 901. J. Engelhorn. n. 7. —

— s. Heim, Albert. Die Gletscherlawine an der Altels. Zürich 1895

— s. Keller, Ferdinand. Pfahlbauten. Siebenter Bericht. Zürich 1876

Forel, F. A. Le Léman. Monographie limnologique. Tome I. Gr. in-8°. 540 p. Fig. dans le texte et carte du bassin du Léman au 1 : 100,000. Lausanne F. Rouge; Bâle et Genève H. Georg. 15 —
*** L'ouvrage se composera de trois volumes. 1892

Forel, F. A., professeur. Le Léman, monographie limnologique. Tome second. Hydraulique - Thermique - Optique - Acoustique - Chimie. Gr. in-8°. 650 p. Carte, planches, gravures dans le texte. Lausanne. F. Rouge. Bâle et Genève, Georg & Co. 1895 relié 20 —; broché 18 -

Forel, F.-A.: Le lac Léman. Précis scientifique. Geographie, hydrographie, géologie, météorologie, physique, chimie, faunes, flores, archéologie, etc. Deuxième édition, revue et augmentée. Bale-Genève-Lyon 1886. 76 S. 8°

— s. Montreux.

Forel, F. A., siehe: *Neujahrsblatt der Naturforsch. Gesellschaft Zürich.*

Forel, F.-A., la pénétration de la lumière dans les lacs d'eau douce. gr. 4. (10 S.) Leipzig 887, Engelmann. *
Aus: Festschrift für A. v. Kölliker, besonders abgedruckt.

— **résultat** des recherches exécutées dans les lacs de la Suisse occidentale depuis l'année 1866, s.: **Mittheilungen** der antiquarischen Gesellschaft in Zürich.

Die Schwankungen des Bodensees. Von Dr. F[rançois] A[lphonse] **Forel**, Lausanne. Frei aus d. Franz. übers. von Eberhard Graf Zeppelin. Mit 1 Taf. Lindau i. B.: J. T. Stettner in Komm. 1893. (S. 49–77.) 4°(8°)
— Bodensee-Forschungen. Abschn. 6.
— **Schriften** d. Vereins f. Geschichte d. Bodensees u. s. Umgebung. H. 22, [Beil. 6.] [07. 7109

Forel, F. A. (Dr. u. Prof. zu Lausanne). Faunistische Studien i. d. Süsswasserseen d. Schweiz. 8°. 9 S. (Sep. Abdr. aus d. Zeitschr. f. wissenschaftl. Zoologie). 1878

Die Temperatur-Verhältnisse des Bodensees. Von Dr. F[rançois] A[lphonse] **Forel**, Prof., Lausanne, aus d. Franz. übers. von Eberhard Graf Zeppelin. (Lindau i. B.: J. T. Stettner in Komm. 1893.) (30 S.) 4°(8°)
— Bodensee-Forschungen. Abschn. 4.
— **Schriften** d. Vereins f. Geschichte d. Bodensees u. s. Umgebung. H. 22, [Beil. 4.] [07. 7167

Transparenz und Farbe des Bodenseewassers. Von Dr. F[rançois] A[lphonse] **Forel**, Prof., Lausanne, frei aus d. Franz. übers. von Eberhard Graf Zeppelin. Mit 1 Taf. Lindau i. B.: J. T. Stettner in Komm. 1893. (S. 33–46.) 4°(8°)
— Bodensee-Forschungen. Abschn. 5.
— **Schriften** d. Vereins f. Geschichte d. Bodensees u. s. Umgebung. H. 22, [Beil. 5.] [07. 7168

Forel, F[rançois]-A[lphonse]. Tremblement de terre du 30 décembre 1879. [Avec 1 carte.] ([Supplément de:] Jahrbücher des Tellurischen Observatoriums zu Bern.... 1880.) 4. (Bern 1881.)

Forel, F. A., et L. Du Pasquier. Les variations périodiques des glaciers. I[r] rapport. 1895. In-8°. 19 p. Genève, Georg & Co. 1897 — 80
*** Extrait des Archives des sciences physiques et naturelles.

Forel, F. A., et Leon du Pasquier. Les variations périodiques des glaciers. II. Rapport 1896. Gr. 8°. 28 p. Genève et Bâle, Georg & Co. 1898 — 80
, Extrait des Archives des sciences physiques et naturelles.

Forel, F.-A. Les variations périodiques des glaciers des Alpes. 5e rapport, 1884. In-12°, 37 p. Berne. 1885 1 —
, Extrait du „Jahrbuch des S. A. C.", vol. XX.

— Les Variations périodiques des Glaciers des Alpes. Berne 1887.

Forel, F[rançois-]A[lphonse]. Die Vermessung des Rhone-Gletschers durch den Schweizer Alpenclub. Referat beim 4. internationalen alpinen Congress in Salzburg. [A.] 8. ([Wien] 1882.)

— Die Vermessung des Rhone-Gletschers durch den Schweizer Alpen Club. Referat beim IV. internat. Congress in Salzburg. In-8°, 18 p.
, Separat-Abdruck aus der Zeitschrift des deutschen und österreichischen Alpenvereins, 1882.

Forell, Alfred, Assistenzarzt: Aus d. med. Abt. d. Krankenh. München r. I. (Oberarzt: Sittmann.) Klinische Beiträge zur Lehre von der Meningokokken-Meningitis mit besonderer Berücksichtigung der akut tödlichen Fälle. München 1910: Kastner & Callwey. 17 S. 8°
München, Med. Diss. v. 29. Juli 1910, Ref. v. Müller
[Geb. 30. Juli 81 Cöln; Wohnort: München; Staatsangeh.: Preußen; Vorbildung: Marzellen-Gymn. Cöln Reife O. 01; Studium: Freiburg i. B. 1, Berlin 1, München 3, Berlin 2, München 4 S.; Coll. 29. Juli 10; Approb. 1. April 08.] [U 10. 3503

Forell, Geo. v., wie man sich verlobt. Novellen. (III, 139 S.) 8. Dresden 904. E. Pierson. n. 2. —; geb. n. 3. —

v. Forell, Hnr., Versuch einer Anweisung zu den prakt. Belagerungs-Arbeiten. Mit 14 Steindrucktaf. gr. 8. Essen 837. Bädeker. n 2 ₰

Forell, Nathan: Beitrag zur Kenntniss der α Bromzimmtsäuren.... Breslau, Druck v. G. Hoyer & Comp. (1888); 31 + 1 S. 8°
Leipzig, Phil. Fak., Inaug.-Diss. v. 11. Dez. 1888

Forell, R., Festungsordnung des 11. Deutschen Turnfestes Frankfurt a. M. 1908, einzig autoris. Ausg. m. b. Abb. d. Originalskizzen d. historischen Teils, Frankfurt a. M., 20 S., Quer-8°.

Forelle, Jos., gute Vorsätze. Predigt gehalten in der kathol. Kirche zu Reichenstein. 8. (20 S.) Neiße 847, Hennings. 2 ₰

— freundl. Winke u. Rathschläge für die liebe aufblühende Jugend, gegeben bei der ersten heil. Communionfeier einer Anzahl Katechumenen; anbei das von ihnen bei dieser Feier abgelegte Glaubensbekenntniß u. ein über sie gesproch. Gebet. 8. (40 S.) Breslau 848, F. Aderholz. n. 1/6 ₰

Forello, Chr., (Fr. Ph. Phil. Hoffmann), Dialogen über d. zehn Gebote. gr. 8. Frankf. 801. Andreä. 1 ₰ Schrbp. 1 ₰ 8 ₰

— f. Predigten nach Grundsätzen d. heil. Kirche.

Forer, Laurenz

Forerus, Laurenz, Disputier-Kunst für die einfältigen Katholischen, d. i. Form u. Weis, wie sich der gemeine unstudierte Mann, wenn er in Glaubenssachen von den Unkatholischen, teils Evangelischen, teils Reformierten, angefochten wird, zu verantworten habe. In 6 Gesprächen beschrieben. Gedruckt zu Ingolstadt 1656, 8°. — Neuerdings herausgegeben durch einen Priester des Bistums Würzburg (J. M. Dür?). Würzburg. Stahel, 1861. 8°, VIII, 155 S., 1,20 Mk.
Über den gewandten u. fruchtbaren Polemiker Forer s. Kirchenlex. s. v. u. Hurter a. a. O. I, 426—7.

Forer, Laurenz, Leben Jesu Christi nach den 4 Evangelisten. München, 1730, 4°.
1. Aufl. München, 1637—1640, 8°, 2 Teile.

Forer, Laurentius, das Leben und Leiden Jesu Christi. Nach den heil. vier Evangelisten zusammengestellt und erklärt, mit Glaubens- und Lebenslehren, auch liebreichen Tröstungen und Gebeten. Eine Hauspostille für das katholische Volk. Neu bearb. von Joh. Mart. Dür. 2 Thle. Regensburg 856. Manz. 4. (IV, 526; VIII, 278 S. u. 1 Stahlst.) 2 ₰ 7½ ₰

Forerius, Petrus, Leben, f. Leben.

de la Forest, Art u. Weise, die Protestanten zur katholischen Kirche zurückzuführen, u. die Katholiken in ihrem Glauben zu befestigen. Nach dem Französ. bearb. Regensburg 867. Manz. 8. (XVI, 386 S.) 1 ₰

Forest's neue Wandbilder zur Hohenzollern-Geschichte. 1. Hohenzollernburg. 75,5×105 cm. Farbdr. Dresden (902). A. Müller-Fröbelhaus. n. 4. 75; m. Leinw.-Rand u. Oesen n. 5. —; auf Pappe n. 6. —; auf Leinw. m. Stäben n. 7. 50; m. Müllers Orig.-Aufzug n. 8. 50

Forest, Ant., Begr. d. römischen Alterthümer. 8. Frankfurt. 737.

Forest, Jules, Commercial correspondence, s. Findeisen, C. F.

Forest, J., et C. F. Findeisen, Correspondance commerciale, s. a. Webers illustr. Handbücher. 153. Bd.

Forest, J., correspondance commerciale. D'après l'ouvrage de même nom en langue allemande par C. F. Findeisen. Kaufmänn. Korrespondenz in französ. Sprache. 12. (X, 274 S.) Leipzig 895. J. J. Weber. Geb. in Leinw. n. 3. 50

— Exercices de phraséologie et de style. (VIII, 214 S.) 8. Leipzig 907. Renger. Geb. in Leinw. 2. 80

Forest, J., la jeune France littéraire ou nouveau choix de morceaux tirés de la littérature française contemporaine recueillis et annotés. gr. 8. (VIII, 322 S.) Altenburg 892. H. A. Pierer. n. 4. —

Forest, Louis, das Geheimnis d. Schwarzwaldes, s.: Erzählungen, 1001, s. Jung u. Alt.

— dasselbe, s.: Perfall, Ant. Frhr. v., Jack.

Forest, Louis, das Vergessen?, s.: Cahu, Théodore.

Forest, Louis Shepard de, das ableitende Verfahren mittelst Fontanelle oder Haarseil bei Erkrankungen des Central-Nervensystems. Inaugural-Dissertation. gr. 8. (32 S.) Jena 885, (Neuenhahn.) *

Forest, Max, prakt. Arzt in Strassburg (Els.): Ein **Beitrag** zur Kenntnis des Vorkommens von Tetanuskeimen auf der bewohnten Erdoberfläche. *Strassburg i. E.: J. Singer 1901.* (27 S.) 8°
Strassburg, Med. Diss. v. 1900

Forester, Diss. de melancholia. Fref. 4°. Auch: *Doering*, I, 166. 1790

Forester, Thom., Norwegen u. sein Volk. Aus d. Engl. v. M. B. Lindau. Mit e. (lith.) Karte v. Norwegen (in Fol.) u. e. (lithochrom.) Ansicht d. Thales bei Gudvangen. gr. 8. (VIII u. 319 S.) Dresden 852, Kuntze. n. 1⅓ ₰

Foresti, Antonio. Historische Welt-Cart, d. i. Ordentliche Beschreibung der vier grössesten Reich der Welt . . . A. d. Ital. Augsb. 1716-22. U: *Schlüter, Gg.* (AarF)

FORESTI, ANTONIUS, S. J. Historische Welt-Cart, Das ist: Ordentliche Beschreibung der vier grössesten Reich der Welt, Von Nino, dem ersten Assyrischen Kayser an, biß auf die jetzt glücklich aus dem Hauß Oesterreich regierende Kayserl. Majest. Und der Monarchie Christi, Von S. Petro, dem ersten Pabst an, biß auf unsere Zeiten. Denen beygefüget werden die Beschreibungen aller andern Königreichen, welche nach Zertheilung der Römischen Monarchie ihren Ursprung genommen ... Erstlich in Italiänischer Sprach beschrieben ... anjetzo aber in die Teutsche Sprach übersetzet von Einem Liebhaber der Geschichten [GEORG SCHLÜTER]. Erster [Zweyter, Dritter, Fünffter, Sechster] Theil. Der Dritte Druck. Augspurg, Georg Schlüter und Martin Happach, 1723. (Band 3: 1719; Band 5: 1721, Band 6: 1722). Folio. *Mit einem prachtvollen Frontispiz, 4 Herrscher unter einem von Gott und vielen Engeln bevölkerten Himmel darstellend, aus welchem ein Füllhorn Szepter und Kronen auf die Erde gießt.* 10 Bl. XVI, 642 S. 10 Bl.; 4 Bl. 497 S. 5 Bl.; 8 Bl. 692 S. 6 Bl.; (der 4. Band fehlt); 2 Bl. 463 S. 4 Bl.; 4 Bl. 696 S. 5 Bl. Mit Druckermarke in jedem Band. OPgt. 150.—

De B.-S. III, 885. Graeße II, 615. Die beiden ersten Bände liegen in der 3., die Bände 3, 5 und 6 in der ersten Ausgabe vor; der 4. Band (die Geschichte Englands enthaltend) fehlt. Das Werk stellt den ersten Versuch einer umfassenden Welthistorie dar. Da der Autor vor der Vollendung starb, führten A. Zeno, D. Suarez u. A. das Werk weiter. Diese 1. dt. Übersetzung umfaßt auch die späteren Zusätze und Supplemente

Foresti, G. Villach in 1000 Versen. Villach, Weiler, 1893. 117 S.

Foresti, Giovanni, il poeta e la lira. Erste Anleitg. zum Studium italien. Poesie. gr. 8. (IV, 93 S.) Graz 872. Cieslar. 1. 50

Forestiere, (il) istruito nelle cose più pregevoli e curiose antiche e moderne della Città di Venezia e delle Isole circonvicine. Nuovamente compilato cogli ultimi cambiamenti ed adornato con 70 Rami delle principali Prospettive e Vedute. 18. Venezia. 819. (Vienna, Volke).

Forêt, la, de Sicile. Drame lyrique en 2 Act. et en prose, p. Pixérécourt. Brschw. Pluchart. •

Forêts, Chasse et Pêche: Forêts. Supplément. Elaboré par la division Forêts, Chasse et Pêche ⟨Inspectorat fédéral des Forêts⟩ du Département féd' de l'Intérieur. ([Rédigé par son] secrétaire, M. W[ilhelm] de Sury. [Avec] table générale du Fascicule [entier] Forêts.) VIII p. + p. 151–231. 8. Berne, K.-J. Wyss, 1907. [fr. 1.—] Lesesaal

Ausg. B mit französ. Titeln. — Bibliographie nationale suisse... Fascicule V 9e.

Les *forêts* domaniales et d'établissements publics en Autriche ... Publ. p. le ministère i. r. de l'agriculture à Vienne. Vienne 1900. 42 S. 4°.

Forfatter-Lexicon, almindeligt, for Kongeriget Danmark med tilhørende Bilande fra 1814—1840, eller Fortegnelse over de sammesteds fødte Forfattere og Forfatterinder, som levede ved Begyndelsen af Aaret 1814, eller siden ere fødte med Anførelse af deres vigtigste Levnets-Omstændigheder og af deres trykte Arbeider; samt over de i Hertugdømmerne og i Udlandet fødte Forfattere, som i bemeldte Tidsrum have opholdt sig i Danmark og der udgivet Skrifter. Ved Th. H. Erslew, besørget for Forlagsforeningen i Kjøbenhavn. 14 Hfte. Lex. 8. (1. Bd. 832 S. 2. Bd. 746 S. 3. Bd. 704 S.) Kjøbenhavn 811—53. (Gyldendal.) (à Hft. n. 28 ngr) n. 13 rß 2 ngr

Foerg, Anton

Foerg, A., die Bedeutung des Balkens im menschlichen Hirn in anatomischer und pathologischer Beziehung. Mit 6 (lith.) Taf. Abbildgn. München 855. (Augsburg, Pilon u. Co.) Fol. (2 Bl., 55 S.) n. 2 rß

Förg, Ant., Beiträge zur Kenntniß vom innern Baue des menschlichen Gehirns. Enthaltend: Die Beschreibung des verlängerten Markes, der Varol'schen Brücke u. der großen Hirnschenkel, nebst e. kurzen Skizze d. gesammten Hirnbaues. Mit 3 Taf. gr. 8. Stuttgart 844, Schweizerbart. $1^3/_4$ rß

Foerg, Anton: Grundlinien zu einer morphologischen Betrachtung des Gehirns. Als Programm zu seiner demnächst erscheinenden morphologischen Darstellung des Cerebrospinalorgans des Menschen. 35 S., gbd.

München: Franz 1839

Foerg, Anton: Das Rückenmark des Menschen mit den Ursprüngen seiner Nerven. In morphologischer Beziehung dargestellt. 54 S., gbd., Abb.

München: Franz 1839

FÖRG, Anton (Söflingen): De cerebri structura. (Titel nach der Urkunde)
21.8.1852 - Urk; F 60
Diss. Ingolst.-Landsh.-Mchn.

Förg, F., Neuburg und seine Fürsten; histor. Versuch als Beitrag zur Geschichte des Fürstenthums Pfalz-Neuburg. Neuburg 1860. 8.

Förg, Gotthilf [app. Arzt aus Ludwigsburg]: Über Rachenadenome und ihre seitherige Behandlung mit besonderer Berücksichtigung des in der Heidelberger ambul. Klinik für Hals- und Nasenkranke üblichen Verfahrens. ... Würzburg, Becker's Univ.-Buchdr., 1890; 2 Bl., 31 S. 8°

Heidelberg, Med. Fak., Inaug.-Diss. v. [29. Jul.] 1890

Förg, G., über Rachenadenome u. ihre seitherige Behandlung m. besond. Berücksicht. d. in der Heidelberger ambul. Klinik f. Hals- u. Nasenkranke üblichen Verfahrens. gr. 8. (31 S.) Würzburg 890. (Heidelberg, K. Groos.) n. — 60

Förg, Hans, appr. Arzt: Über Entstehung des Hydrocephalus internus nach Meningitis cerebrospinalis epidemica. Nürnberg 1909: Hilz. 23 S. 8°

Erlangen, Med. Diss. v. 21. Sept. 1909, Ref. Jamin

[Geb. 9. Nov. 82 Nürnberg; Wohnort: Nürnberg; Staatsangeh.: Bayern; Vorbildung: Gymn. Fürth Reife Juli 02; Studium: Erlangen 8, Bonn 1, Berlin 1 S.; Coll. 8. März 09; Approb. 31. Dez. 08.] [U 10. 797

Förg, Karl, Assist. d. K. Kreis-Oberrealsch. zu Nürnberg: Die Bestimmung des Standpunktes und der äusseren Orientierungselemente in der Photogrammetrie bei bekannter innerer Orientierung. 1909. 67 S., 1 Taf. 8° ¶ Auch bei Schrag in Nürnberg u. als: Wissenschaftl. Beilage zum Jahresberichte der K. Kreis-Oberrealschule Nürnberg 1908/09.

München, Dr.-Ing.-Diss. v. 26. 3. 1909

Förg, Karl, s. Fischermädchen, das. — Metastasio, Isaak u. dessen Joas.

Förg, Karl, († d. 18. April 1799.), s. **Zuschauer, d., in Baiern.**

Foerg, Richard

Über die Glykolisierung von Biosen. S. 112. Hb. 191 . . . . vgr.
Separatabdruck

Foerg Richard: Über die Heptacetylchlormaltose. S. 110. Hb. 1054 . . . . vgr.
Separatabdruck

v. Forgách, Frhr. Ldw., **dem Wiener Donau-Kanal auch bei kleinem Wasser das zur Schifffahrt hinlängliche Wasser zu verschaffen.** Mit 1 Steintaf. gr. 8. **Wien 835. (Gerold.)** $^1/_3$ rß

v. Forgách, Ldw. Freiherr, über die zweckmäßigste Führung des Donaustromes in der Höhe Wiens, mit Inbegriff des Wiener Donaukanales. gr. 8. (Mit 3 lith. Bl.) Wien 840. (Beck.) n. $1^2/_3$ rß

Forgat, Beschr. d. Sphäre d. Frag. u. Antw. 8. Frankfurt, Bayrhofer. 775.

Forgatsch, Ludw. Frhr., die schiffbare Donau v. Ulm bis an das Schwarze Meer. Lex. 8. (48 S.) Wien 849, Beck in Comm. n. 8 ngr

Forgber, Georg, approb. Arzt aus Havemark (Prov. Sachs.): Ein Fall von primärem Nierencarcinom mit zentraler Vereiterung. *München 1902: M. Ernst.* (28 S.) 8°

München, Med. Diss. v. 1902

Forger

Festlied zur Eröffnung der neu hergerichteten Logensäle. [Am Ende:] Gewidmet von Forger. [Dat.:] Offenbach a. M. 1890. 1 Bl. 2° [Kopftit.]
Ohne Noten: „O liebe Brüder hier im Saal, . . .“
138.

Forges, de, sous la Ligne, s. Théâtre franç. nouv. Suite, Livr. 3.

de Forges, Schubry, Comédie-Vaudeville, — Les Charmetées ou la jeunesse de J. J. Rousseau, — et P. Vermond, Lekain à Draguignan, } s. Répertoire du Théâtre fr. No. 137. 176. 211.

Forgeson, James, Anweis. zum Selbstunterricht im Zeichnen nach den Regeln d. Perspektive f. Künstler u. Liebhaber, mit 9 Kpf. übersetzt von Becker. 8. Hanau, Scharneck. 814.

Forget, C., Grundriss der Krankheiten d. Herzens, der Gefässe u. d. Blutes. gr. 8. (XX u. 593 S.) Giessen 852, Ricker. n. 2 ℛ

Forget, I., s.: Synaxarium Alexandrinum.

Forgues s. a. Laforgue.

Forgue, L. la

— Kunst d. Zahnarztes rc. a. d. Fr. m. Anm. u. Zus. v. Arensjohn. m. K. 8. Berlin, Unger. 803.

Forgue, L. la, d. Zahnarzneykunst in ihr. ganz. Umfange. m. Anm. u. Zus. v. Angermann. 2 Thle. m. K. gr. 8. Leipzig, Hinrichs. 803.

Beliny.

Forgues, E. D., une parque. Ma vie de garçon. Réminiscences d'un vieux gentleman. Imitations de l'anglais. 12. (III und 496 S.) Leipzig 861, A. Dürr. *

Forgues, E. D., le général Sir Robert Wilson commissaire anglais au camp russe pendant la guerre de 1812. Naumburg 861. Patz. gr. 8. (49 S.) n. 10 ngr.

Forgwer, Emil, a. Breslau: Ueber die beim Reifungsprozesse der Roggen- und Weizenkörner vorkommenden quantitativen und qualitativen Veränderungen. Breslau 1906: H. Fleischmann. (39 S.) 8°
Jena, Phil. Fak., Ref. Edler, Diss. v. 5. Febr. 1906
[Geb. 25. Sept. 80 Ponientzütz, Kr. Ratibor; Wohnort: Breslau; Staatsangeh.: Preußen; Vorbildung: Landw. Schule Brieg Einj.-Freiw.-Zeugn. O. 99; Studium: Breslau 4, Jena 3 S.; Rig. 9. Dez. 05.]

Biologiska föreningens förhandlingar. Verhandlungen d. biolog. Ver. in Stockholm. Red.: Prof. Dr. Robert Tigerstedt (4: Prof. Dr. Wilhelm Leche). Med tafl. och afb. Bd 1–4. Stockholm: Samson & Wallin; Leipzig: F. W. C. Vogel (4: & Berlin: R. Friedländer & Sohn) 1888–1892. 4 Bde 8°
1. 1888–1889. 2. 1889–1890. 3. 1890–1891. 4. 1891–1892. [05. 477

Forhandlinger ved de skandinaviske Naturforskeres fjerde Möde i Christiania den 11—18. Juli 1844. gr. 8. (436 S. u. 2 lith. Taf.) Christiania 847. (Kopenhagen, Gyldendal.) n. 1 7/12 ℛ

— ved de skandinaviske Naturforskeres femte Møde, der holdtes i Kjøbenhavn fra den 12. til den 17. Juli 1847. gr. 8. (XIV u. 989 S. m. Holzschnitt. u. 2 Tab. in gr. Fol. 4 lith. Taf. in qu. 4.) Kjøbenhavn 849, Gyldendal. (Leipzig, Lorck.) n. 2 1/3 ℛ

Forjahn, Gustav, Assistenzarzt im Schleswig-Holstein'schen Trainbataillon Nr. 9: Aus der chirurgischen Klinik zu Rostock. Beitrag zur Chirurgie des Mesenterium mit besonderer Berücksichtigung der Prognose. Borna-Leipzig 1904: R. Noske. (41 S.) 8°
Rostock, Med. Fak., Ref. Müller, Diss. v. 20. Dez. 1904
[Geb. 30. Mai 77 Wustrow; Wohnort: Flensburg; Staatsangeh.: Meckl.-Schw.; Vorbildung: Gymn. Doberan Reife O. 98; Studium: Halle 3; Rostock 6 S.; Coll. 26. März 03; Approb. 24. März 03.]

Föringer (k. Hof- u. Staatsbibl.-Custos), *2 Bilder Alt-Münchens* (a. Eingang in den Zwinger am ehemal. Schwabingerthor zu München; b. der ehemal. Jungferthurm zu M.) aus der vom Histor. Vereine von u. für Oberbayern angelegten Sammlung oberbayer. Bau- u. Kunst-Denkmäler. Mitgeth. u. erläut. von —. Mit 2 Kpfrn. (Sep.-Abdr. aus d. oberbayer. Archive, Bd. X. Heft 1.) München 1848. Gr.-8°. 16 S. Cart.

Föringer, Lebensskizze Schmeller's. (Beilage zum 16. Jahresbericht des historischen Vereins von und für Oberbayern.) München 855. (Franz.) gr. 8. (55 S.) n. 10 ngr

FÖRINGER, Lebensskizze Schmellers. (Nachträgliche Beilage zum XVI. Jahresberichte des historischen Vereins von und für Oberbayern.) München, 1855. Druck von Dr. C. Wolf & Sohn. 8°.

Föringer, Ernst, die Ophthalmologie in der Veterinär-Medicin, s. a. Vorträge für Thierärzte.

Föringer E.: Die Ophthalmoskopie in der Veterinär-Medicin. Jena 1881. 30 S.
(Vorträge f. Thierärzte. Ser. 4 H. 4). 327.

Föringer, H. K. (1802—80), über die Handschriften u. Ausgaben der ehemal. bayer. Landtafel, u. über deren Benutzung f. Geschichte u. Topographie. Geles. in der Sitzung d. histor. Classe d. k. Ak. d. Wiss. zu München, am 20. Novbr. 1847. (S.-A. aus d. Münchener gelehrt. Anz. 1848. Bd. 26. Nr. 13—17.) München 1848. 4°. 38 S. (à 2 Col.). Cart.

Forinyák, Maria, rund um die Liebe. (414 S.) 8. Wien 910. C. Konegen. 4.50; geb. 5.50

v. **Foris**, Jul., das Doppelbild, oder der verfehlte Schuß. Novelle. 8. Breslau 834, Friedländer. 3/4 ℛ Herabg. Pr. 5/12 ℛ

Fork. Program zur Empfehlung einer allgemeinen Armen-Versorgung. *Wien.* 1783

Forke, (Oeconomie-Commissär,) s. Welchen Nutzen gewährt die Chemie.

Forke, Alfred

Forke, Alfred

Forke, A., Blüthen chinesischer Dichtung. Mit 21 reproducirten chines. Orig.-Pinselzeichngn. Aus der Zeit der Han- u. Sechs-Dynastie. II. Jahrh. vor Christus bis zum VI. Jahrh. nach Christus. Aus dem Chines. metrisch übers. gr. 8. (XVI, 148 S.) Magdeburg 899. (Faber.) n. 4.—: geb. n.n. 4.75

Forke, Alfr., die indischen Märchen u. ihre Bedeutung f. die vergleich. Märchenforschg. (77 S.) 8. Berlin 911. K. Curtius. 1.80

— Die Rechtssätze des chines. Handels, s.: Chung Hui Wang.

Forke, Alfred [Gerichtsref. aus Magdeburg]: Die begriffliche Unterscheidung zwischen Urheberschaft und Beihülfe. . . . Magdeburg, R. Wapler, Buchdr., 1890; 2 Bl., 46 S. 8°
Rostock, Jur. Fak., Inaug.-Diss. v. [15. Dez.] 1890

— Die Völker Chinas, s. a. Vorträge, Berliner. 1.

Die Völker Chinas. Vorträge, geh. im Seminar f. Orient. Sprachen zu Berlin v. Dr. Alfred **Forke**, Prof. Berlin: K. Curtius 1907. (90 S.) 8° [F.]
= **Vorträge**, Berliner. 1. [07. 6366

s.: Wang Ch'ung, Lun-Hêng.

Forke, F. W., Anleitung den Flachsbau nach der besten od. belgischen Art u. Weise zu betreiben u. e. vorzügl. Leinsamen zu gewinnen. 2. Aufl. gr. 8. (16 S.) Braunschweig 871. (Quedlinburg, Ernst.) —50

— landwirthschaftliche Denksprüche u. Betrachtungen. 2. verm. Aufl. 8. (XVI, 32 S.) Quedlinburg 871. Ernst. —50

Forke, L. I. G., de vermibus medicatis. 4. Gotting. Brose. 786.

Forke, Karl Wilh. Friedr., die kleine Bibel, od. bibl. Gotteslehre in Worten d. heil. Schrift. Ein Leitfaden beim Religionsunterr. d. Jugend in Schule u. Kirche. Im Anh. M. Luthers kl. Katechismus. 8. (6⅓ B.) Braunschweig 838. [Leipzig, Gebhardt u. Reisland.] *

Forke, Karl Wlh., die kleine Bibel, oder biblische Gotteslehre in Worten der heiligen Schrift. Ein Leitfaden beim Religionsunterrichte der Jugend in Schule u. Kirche. Im Anhange Dr. Martin Luthers kleiner Katechismus (und: d. Einmal-Eins.) 8. Braunschweig 838. Lucius. n. 1/6 ₰

Forke, W., s. Auswahl d. vorzügl. Gedichte zum Declamiren.

Forke, W., Auswahl d. vorzügl. Gedichte z. Declamiren f. d. oberen Klassen d. Gymnasien. Neue Ausg. 8. (26 B.) Quedlinburg 832, Ernst.

Forkel, Madame, (mit D. M. Liebeskind identisch), s. 1) Erscheinung, die nächtliche. 2) Honorie, Sommerville. 3) Leben Ant. Legers. 4) D. M. Liebeskind. 5) Smith, Celestine.

Forkel, A., die Arten der Spitze in moderner Bearbeitung. (32 Taf. in Photolith. u. Steindr.) gr. Fol. Plauen (904). Ch. Stoll. in Mappe n. 28. —

Forkel, A., Formenschatz der modernen Flächenverzierung, s.: Oettel, A.

— moderne Zierformen f. Textil-Industrie. Fol. (16 Lichtdr.-Taf.) Plauen 898. Ch. Stoll In Mappe n. 10. —

Forkel, August Otto, s. Forkel, Otto

Forkel, F., das Staatsrecht der Herzogthümer Sachsen-Coburg-Gotha, s.: Handbuch d. öffentlichen Rechts der Gegenwart.

Forkel, Joh. Nik. (Hrsg.), s. Almanach, Musikalischer für Deutschland.

— s. Arteaga, Geschichte.

— genauere Bestimmung einiger musikal. Begriffe. gr. 8. Gött. 780. Vandenhöck u. R. 3 ggl

— musikal. kritische Bibliothek. 3 Thle. gr. 8. Gotha, Ettinger. 772—79

— musikal.-krit. Bibliothek. 3 Thle. gr. 8. Gotha 777—79. Ettinger. 3 ₰ 8 ggl

— über d. beste Einrichtung öffentl. Concerte. 4. Götting. 779.

Forkel, J. N., Allgemeine Geschichte der Musik. Mit Kupf. Leipzig 787-801. 2 Bde. 4. 11 rthl. 8 gr. (I. 3 rthl. 8 gr. II. 8 rthl.)

— allgem. Geschichte d. Musik. 2 Bde. m. K. gr. 4. Leipzig, Schwickert. 788—801. (1r 3 Rthlr. 8 gr. 2r 8 Rthlr.)

— allgem. Geschichte d. Musik. 2 Bde, mit 10 Kpft. gr. 4. Leipz. 780—801 Schwickert. 11 ₰ 8 ggl

Forkel, Jh. Nikl., († d. 20. März 1818.) über J. S. Bachs Leben, Kunst u. Kunstwerke. gr. 4. Leipz. 803. Hofmeister. 1 ₰

— Ueber Johann Sebastian Bach's Leben, Kunst und Kunstwerke. Neue, unveränderte Ausgabe. Leipzig 1855.

— allgem. Literatur d. Musik. gr. 8. Lpz. 792. Schwickert. 1 ₰ 16 ggl

— über d. Theorie d. Musik, in sofern sie Liebhabern u. Kennern nothwendig u. nützl. ist. 4. Götting. 777. Vandenhöck u. R. 3 ggl

Forkel, Otto: Fürst Bismarck's Stellung zur Landwirtschaft ⟨1847—1890⟩. Bamberg 1910: Mahlmeister. 99 S. 8°
Erlangen, Phil. Diss. v. 26. April 1910, Ref. v. Eheberg
[Geb. 25. Mai 70 Nieder-Ramstadt; Wohnort: Kreuznach; Staatsangeh.: Bayern; Vorbildung: Realgymn. Darmstadt Reife O. 94; Studium: Heidelberg 2, München 3, Freiburg i. B. 3, Erlangen 3 S.; Rig. 23. Febr. 10.] [U 10. 852

[F.] Forkel, *August* Otto [Dr. iur.]: Die vorläufige Vollstreckbarkeit in der Deutschen Civilprozessordnung. E. civilprozessuale Abhandlg. Wildenfels, 1895; 2 Bl., 36 S. 8.
Leipzig, Jur. Fak., Inaug.-Diss. v. [8. März] 1895**)

Forkel, Otto, d. vorläuf. Vollstreckbarkeit in d. deutschen Civilprozeßordnung. E. civilprozessuale Abhandlg. gr. 8. (III, 36 S.) Wildenfels 895. (Leipzig, Buchh. G. Fock.) n. 1. —

Forkel, Wilhelm, appr. Arzt: Ein Beitrag zur Lehre vom Gliom. Mit 1 Taf. München 1909: Wolf. 25 S. 8°
München, Med. Diss. v. 16. April 1909, Ref. v. Bollinger
[Geb. 22. März 84 Darmstadt; Wohnort: Darmstadt; Staatsangeh.: Hessen; Vorbildung: Ludwig-Georgs-Gymn. Darmstadt Reife M. 02; Studium: München 5, Berlin 1, München 4 S.; Coll. 16. April 09; Approb. 4. April 09.] [U 09. 3309

Forker, Alfr., ein geplagter Schulmeister, s.: Jentsch, Alfr.

Forker, Otto, 12 Tafeln Marmorgruppen, enth. 25 Abbildgn. Entworfen u. gez. qu. 8. (3 S. Text.) Stuttgart (902). P. Mähler. n. 1. 50

Forker, Otto, 12 Tafeln Marmorgruppen, enth. 25 Abb. (Neue Ausg.) Mit Text. (8 S.) qu. 16. Suttgart (905). P. Mähler. n. 1. 50

Forkert, Friedrich Moritz, aus Falkenberg ⟨Preuss.⟩: Beiträge zu den Bildern aus dem altfranzösischen Volksleben auf Grund der 'Miracles de Nostre Dame' par personnages. T. 1 u. 2 'Glaubensleben und kirchliches Leben'. *Bonn 1901: C. Georgi.* (146 S.) 8° ¶ (Erscheint mit einem 3. Teil, das weltliche Leben behandelnd, in Buchform.)
Heidelberg, Phil. Diss. v. 1901

(Forkert, Johann Gabriel) (Übers.):

s.: Helvetius, (Claude Adrien): Discurs über den Geist des Menschen. (De l'Esprit. Dt.) Leipzig u. Liegnitz: 1760

JB 5.598

— s. Wochenblatt für lustige Brüder.

Forkmann, Paul, Frankenberg u. seine nächste Umgebung in Geschichte u. Sage. (IV, 68 S.) gr. 8. Frankenberg 903. (Leipzig, Fritzsche & Schmidt.) Kart. n. — 80

Forlani, F., ore di Ozio. Saggi letterari. 8. (IV, 94 S.) Innsbruck 871. Wagner. n. 1. 60

Forlani, Dr. Francesco, l'isterismo nei suoi rapporti colla follia e colla responsabilita. Memorie medico-legali. gr. 8. (XII u. 191 S.) Wien, Manz'sche B. Verl.-Conto. 2 fl.

FORLANI, Casimirus: De causis cur quidam librorum sacrorum N. T. apud Eusebium ἀντιλεγόμενα vocantur. — (1859) 58 S. 8° (Handschr.)
Diss. Wien, Univ. Diss. 192

Form und Glaubensfragen bey der Taufe zweyer Juden zu Zürich den 12. Merz 1771. [Zürich 1771.] V: *Lavater, Joh. Casp.* (CLZür Forts. II) (Cat. d. Stadtbibl. Zürich. Zürich 1864—97.)

Form, über d., d. gerichtl. Verfahrens in Dominialsachen u. andern, d. Staat betreff. Angelegenheiten. Zur leichten Uebersicht d. sich hierauf bezieh. Gesetze. (Von H. G. W. Daniels.) gr. 8. Köln 824. Bachem. 20 gr

Form, G., u. C. Diefenbach, Beschreibung d. Reg.-Bez. Düsseldorf. Für den Schulgebrauch eingerichtet u. methodisch bearb. Mit 1 dem Text zugrunde gelegten (chromolith.) Karte d. Regierungsbezirks. 8. Aufl. 8. (64 S.) Düsseldorf 886. A. Bagel. —40

Form, G., u. C. Diefenbach, Beschreibung d. Reg.-Bez. Düsseldorf für Schüler. Methodisch bearb. Mit e. dem Text zu Grunde gelegten (chromolith.) Karte des Reg.-Bez. (in gr. 4.) 8. (44 S.) Düsseldorf 879. A. Bagel. — 30

Formacher auf **Lilienberg**, Frdr. v.

Formacher, F. v., und A. Dimitz, praktische Darstellung des neuen Stempel- und Gebühren-Gesetzes, s. **Dimitz**, A.

Formacher auf Lilienberg, Frdr. v., und Aug. Dimitz, Handbuch des Gebühren-Gesetzes vom 9. Februar 1850. Eingerichtet für den Gebrauch sowohl der Finanz- und Justiz-Beamten, Advocaten und Notare, als auch der Privaten. Laibach 860. v. Kleinmayr & Bamberg. gr. 8. (VIII, 671 S.) n. 2 ₰ 10 ngr.

(F) Der **Formaldehyd**. Seine Darstellung und Eigenschaften, seine Anwendung in der Technik und Medicin. Boarbeitet von Dr. L. **Vanino** unter Mitwirkung von Dr. E. **Seitter**. Mit 10 Abbildungen. [Chemisch-technische Bibliothek Bd. 248.] **Wien, Pest. Leipzig**. 1901. Hartleben. 8°. VI, 104 S. K 2.20

Formanek, Ed., Beitrag zur Flora des mittleren u. südlichen Mährens. 8. (115 S.) Brünn 888. Winkler. n. 2.—

Formanek, Ed.: Das Gesetz der Befruchtung in der organischen Natur. 26 S. 8° – Weidenau, RG., Progr. 1872.

Formánek, E., das Gesetz der Befruchtung in der organischen Natur. Wien 872. (Pichler's Wwe. & Sohn.) n. — 60

— Rosen des Hochgesenkes. Nebst kritischen Erläuterungen über die Kitaibel'schen Arten aus der Section Alpinae und Incanae, von J. B. **Keller**. 4. (12 S.) Brünn 887. (Berlin, Friedländer & Sohn.) n. 1.—

Beitrag zur Lehre über die Function der Schilddrüse v. Dr Emanuel **Formánek**, Assist. d. medic. Chemie, u. Dr Ladislaus **Haškovec**, Assist. ... in Prag. *Wien: A. Hölder 1895.* (65 - 116 S.) 8.
= Zeit- u. Streitfragen, Klinische. Bd IX. H. 3, 4, (4). [96. 27

Formánek, Eman., u. Ladisl. Haškovec, Beitrag zur Lehre üb. d. Function d. Schilddrüse. — Johann Martin Charcot v. Ladisl. **Haškovec**. gr. 8. (80 S.) Wien 896. A. Hölder. n. 2.—

Formanek Emanuel: Über den Einfluß heißer Bäder auf die Stickstoff- und Harnsäure-Ausscheidung beim Menschen. S. 101. III. 278 . . . . . . vgr.
Separatabdruck

Formanek, J. C., čitanka pro dívky vyšších a měštanskych škol. I. oddělení. gr. 8. (140 S.) Taboře. Neuhaus 872. Jansky. n. 1. 40

Formanek, Jaromir, Geschichte d. k. k. Infanterie-Regiments Nr. 41, derzeit Josef Freiherr Vecsey de Vecse et Böröllyö-Iságfa, k. k. Feldmarschall-Lieutenant. 1. Bd. Das alte Regiment. Von der Errichtg. d. Regiments bis zur Verlegg. d. Werbbezirks nach Galizien. 1701—1806. Lex.-8. (XI, 858 S. m. 1 Portr.) Czernowitz 886. (Pardini.) n. 12.—

Formanek, J., Geschichte d. k. k. Infanterie-Regiments Nr. 41, derzeit Josef Freiherr Vecsey de Vecse et Böröllyö-Iságfa, k. k. Feldmarschall-Lieutenant. Nach authent. Quellen bearb. 2. Bd. Das neue Regiment. Von der Verlegg. d. Werbbezirkes nach Galizien bis zur Gegenwart. 1807—1887. Lex.-8. (VII, 897 u. 101 S. m. 1 Portr.) Czernowitz 887. (Pardini.) n. 12.— (cplt. 2 Bde.: n. 24.—)

Spektralanalytischer Nachweis künstlicher organischer Farbstoffe. Zum Gebrauch bei Untersuchungen bearb. von J[aroslav] **Formánek**. Mit Textfig. u. 58 Taf. *Berlin: J. Springer 1900.* (IX, 196 S.) 8° [00. 8941

— die qualitative Spectralanalyse anorganischer Körper. gr. 8. (XII, 169 S. m. 21 Abbildgn. u. 8 lith. Taf.) Berlin 900. R. Mückenberger. Geb. in Leinw. n. 8.—

Die qualitative Spektralanalyse anorganischer und organischer Körper. Von J[aroslav] **Formánek**, Doz. 2., verm. Aufl. Mit 92 Fig. u. 6 Taf. Berlin: R. Mückenberger 1905. (XI, 333 S.) 8° [05. 13805

Untersuchung und Nachweis organischer Farbstoffe auf spektroskopischem Wege. Von Jaroslav **Formánek**, Prof., unter Mitw. von Dr. Eugen **Grandmougin**, Prof. 2., vollst. umgearb. u. verm. Aufl. T. 1. Berlin: J. Springer 1908. 8°
1. Aufl. u. d. T.: Spektralanalyt. Nachweis künstl. organ. Farbstoffe von **Formánek**. [08. 17863

Formani, P., lagunes vénitiennes. Fac simile d'aquarelles. qu. schmal Fol. (4 Farbdr.) Berlin (899). W. Schultz-Engelhard. 6.—

Formatbuch d. Buchdruckerkunst. 8. Lübeck. 724.

Format-Buch, Neu verbessertes auf der Löbl. Kunst-Buchdruckerey nützlich zu gebrauchendes. Lübeck 1724. V: *Tschernig, J. N.* (cb)

Formatio temporum verborum regularium, et paradigma conjugationis graecae. (2 Tabellen.) gr. Fol. Wien 827. Geistinger. 4 gr

Formation, Die, der Hannoverschen Armee und die militärischen Einrichtungen im Königreiche Hannover. Hannover 1846. V: *Wesselhöft, G. J. G.* (Priv.-Bibl. König v. Hannover. Hann. 1858.) (Löwe, Bibliogr. d. Hann. u. Braunschw. Gesch. Hann. 1908. S. 198.)

Formation, die, der Hannoverschen Armee u. die militairischen Einrichtungen im Königr. Hannover. gr. 8. Hannover 846, Kius. n. 2/3 ₰

Formation des holstein-lauenburg. Bundes-Contingents. Kopenhagen 1842. 2°.

Formation, Die, der freiwilligen **Jäger-Detachements** bei der **Preussischen Armee** im Jahre 1813. 2. und 3. Heft. Beihft. z. „Milit.-Wochenblatt". Berlin 1845—1847.

Formation und Dislocation, Die neue, der k. preussischen Armee in tabellarischer Übersicht. Berlin 1866. V: *König, v.* (KA)

—— die neue, und Dislocation der königl. preuß. Armee in tabellarischer Ueberſicht nebſt der Uniformirung ſämmtl. Truppen, Eintheilung der Regimenter der verſchied. Waffen, Angabe der Militair-Behörden und Bildungs-Anſtalten. Nach amtl. Quellen von v. K. 2.—4., verb. Ausg. pro 1867. 4. (18 S.) Berlin 867, Schleſier.

Neue Formation, nach welcher die Landmiliz des hohen Standes Solothurn in den 6 Quartieren, ein jedes von 6 Auszügen solle eingerichtet werden. 8. Solothurn 1793.

Formation u. Taktik der franzöſiſchen Armee. Mit 6 Beilagen. gr. 8. (VIII, 264 S.) Berlin 893. R. Eiſenſchmidt. n. 6. —

Formation, die, u. der Wirkungskreis der königl. bayeriſchen Bank. Königlich Allerhöchſte Verordnung v. 13. Dezbr. 1878. 8. (10 S.) Würzburg 880. Stahel. — 25

(Taktische Formationen franz. Infanterie.) 24 Tafeln. (Straßburg c. 1780.) 8°.

Formations-Tabelle d. latein. Declination u. Conjugation. gr. Fol. Bresl. 804. Holläufer. 2 ℳ

— d. latein. Declination u. Conjugation zur Erläuterung für d. erſten Anfänger. gr. Fol. Halle 813. Schwetſchke u. S. 2 ℳ

Formazin, F., Führer durch die Ostseebäder Dievenow u. das Soolbad Cammin in Pom., s.: Knauff, Ph.

Formby, H., der Monotheismus der Offenbarung und das Heidenthum, s. Krieg, Corn.

Formby, H., Der Monotheismus der Offenbarung und das Heidentum. Religionsgeſchichtliche Studie. Aus dem Engliſchen bearbeitet u. mit Noten verſehen von Kornel Krieg. Mainz, Kirchheim, 1880, gr. 8°, VIII, 368 S., 6 Mk.

Formel, Die artilleristische, für „lebendige Kraft“ bei Panzer-Versuchen. Beihft. z. „Milit.-Wochenblatt“. — Berlin 1866.

Formel, Draiſiſche ꝛc., ſ. Drais.

Das Formelbuch d. Domherrn v. Protzau, hrsg. v. Wattenbach. Bresl. 862.

Formelbuch, das, des Bischofs Salomo III. von Konstanz aus dem 9. Jahrhundert herausg. und erläutert von Ernst Dümmler. Leipzig 857. Hirzel. gr. 8. (XXXVIII, 174 S.) n. 1 ß 15 ngr

Formelle, das, des Plänklerdienſtes, oder Leitfaden zur leichteſten und ſicherſten Anweiſung und Führung der Plänkler-Abtheilungen auf dem Exerzierplatze. Baſirt auf die neueſten Vorſchriften für die königl. bayer. Infanterie, 1. Theil des Unterrichts für die Waffenübungen. Bearb. von einem Sachverſtändigen. 3 Hefte. Bayreuth 864. (Gieſſel.) 16. n. 12 ngr

Inhalt: 1. Unterricht in der Sektion u. Halbzug. (50 S.) n. 3 ngr — 2. Unterricht im Zug und in der Kompagnie. (63 S.) n. 4 ngr — 3. Unterricht vor geſchloſſenen größeren Truppenkörpern. (67 S.) n. 1/6 ß

Formeln u. Briefe, Alamannische, aus dem 9. Jahrh., hrsg. von F. v. Wyss, s. a. Mittheilungen der antiquar. Gesellschaft in Zurich, VII. Bd. 2. Hft.

Formeln. Alamannische F' und Briefe aus dem neunten Jahrhundert. hrg. von Prof. Dr. Friedrich von Wyss. [Mit 1 Tafel.] (Mittheil. Ant. Ges. Zürich. Band 7, Heft 2.) 4. (Zürich 1850.)

Formeln f. d. geiſtl. Funktionen: Taufe, Trauung, Konfirmation, Kommunion, Ordination, Präſentation u. Begräbnis. gr. 8. (16 S.) Hermannſtadt 895. (L. Michaelis.) — 60

Formeln, Die, der Geometrie und Trigonometrie. Berlin 1827. V: *Radowitz, Jos. Maria Ernst Chn Wilh. v.* (AArK) (Ky)

Breslau, Hirschb. u. Lissa 1795. Ü: *Michaelis, Christian Frdr.* (Ky) (MGT) (OL) (EngM)

Formeln, (die) d. reinen Mathematik, ſ. Handbuch f. d. Anwend. d. Mathematik.

Formeln der reinen und angewandten Mathematik, der Physik und Chemie. Wien 1853. V: *Károly, Ludw.* (Pk) (KU)

Formeln, mathematiſche, ſ.: Miniatur-Bibliothek.

Formeln, Rechnungsbeispiele und Tafeln zur Berechnung von Koordinaten für die winkeltreue schiefachsige Zylinderprojektion mit Nullpunkt Bern. Bern 1903. V: *Rosenmund, Max.* (BBullSchw 4. 1904.

Formeln und Tafeln zur Berechnung der geographischen Coordinaten aus den Richtungen und Längen der Dreieckseiten 1., 2. und 3. Ordnung. Berlin, trigon. Abth. der Landesaufnahme. 1878. 3 Hefte.

— der Trigonometrie u. Stereometrie. (7 S.) gr. 8. Limburg 902. H. A. Herz. n. — 25

Formelsammlung, Mathematische. Von J. Sch. Stuttgart 1870

Formeltafeln f. d. Kreisfunctionen, s. Arneth, A.

Formel-Tafeln, für die Kreisfunctionen (v. A. Arneth.) Mit 1 Holzſchn.-Taf. gr. 8. Heidelberg 835. (Oßwald.) 1/8 ß

Formen des Gleichgewichts ꝛc., ſ. Theorie d. Gewölbe ꝛc.

Formen, die, der althochdeutſchen u. mittelhochdeutſchen Conjugation u. Declination. (Mit 1 Tab.) Solothurn 844, Jent u. Gaßmann. n. 1/6 ß

Formen, Der festen Körper, des Gleichgewichts bei zwei äussern Stützpunkten . . . Leipz. 1831. V: *Bandhauer, G.* (BiblMath)

Formen & Modelliren, das. Illustr. Anleitung zur selbstständ. Erlerng. der Formerei m. Gips & Leim u. des Modellirens in Thon, Wachs, Plastilin, Gummi-Knetmasse etc. f. Dilettanten, Kunstgewerbetreibende u. Techniker. Hrsg. v. der Schriftleitg. der „Kunstmaterialien- u. Luxuspapier-Zeitung“. 12. (67 S.) München VII (900). Geschäftsstelle der „Kunstmaterialien- u. Luxuspapier-Zeitg.“ 1. —

— die, der Natur für Naturforſcher, Künſtler u. Mathematiker, mit 16 Abbild. 1. Hft. Von C. S. 8. Schw. Hall 843, Haspel. n. 1/3 ß

Formen, neue, f. Graphik u. Flächenkunst. (20 farb. Taf.) 34,5×49,5 cm. Plauen (910). C. F. Schulz & Co. In Halbleinw.-Mappe 25. —

Formen-Gießer, der erfahrne, oder die Kunſt, in Metall, Thon, Gyps, Schwefel, Zinn ꝛc., abzuformen. Mit 1 Kupfertafel. 8. Leipzig 821, Central-Compt.

Formenlehre. Th. 1. Potsdam & Leipzig: Bonness & Hachfeld [1897]. 8° [F.]
— Baugewerbe, Das gesamte. Bd 7. [02. 1198]

Formenlehre. T. 1. 2. Potsdam & Leipzig: Bonneß & Hachfeld [um 1900]. 2 Bde 8° [F.]
— Baugewerbe, Das gesamte. Bd 7. [14. 8619]

Die Architektonische Formenlehre. Handbuch zum Studium und Unterricht der Renaissance-Formen für Meister und Gehilfen der Baugewerbe, Prüfungs-Candidaten, angehende Architekten und Gewerbeschüler. Insbesondere auch als Behelf für Ingenieure, Maschinenbauer und Techniker beim Entwerfen und Ausführen von Hochbauten. Herausgegeben von Architekt J. Klein. 3. vermehrte und verbesserte Auflage. III. Heft: Die Maueröffnungen (Fensterbildungen) etc. Mit 70 Text-Figuren und einer 60×92 cm grossen Tafel. Wien. 1899. Spielhagen & Schurich. Gr.-8°. 47 S. fl. 1.20

Architektonische Formenlehre. Herausgegeben von E. Bischoff und F. S. Meyer. 2., gänzlich neugestaltete Auflage von Hittenkofers „Vergleichende architektonische Formenlehre". Verlag von Karl Scholtze (W. Junghans) in Leipzig. M. 30.—. (Min.-Erl. vom 8. Mai 1907, Z. 14613.)

Formenlehre, deutsche, ein Handbüchlein für die Schüler beim methodischen Unterricht in der neueren Grammatik d. deutschen Sprache. 8. Offenbach 840. Heinemann. 1/8 ℔

Formenlehre, Deutsche — 8. (16 S.) Lemberg. Druck von Pet. Piller 1852.

Formenlehre, lateinische, bearb. nach den Grundsätzen v. Poelhmann's Gedächtnislehre. (VII, 107 S.) gr. 8. München (905). (Leipzig, Jordan & Co.) n. 2. 50

Formenlehre, lateinische, für Sexta u. Quinta. In engem Anschluß an Ellendt-Seyffert. gr. 8. (IV, 71 S.) Hamburg 883. Nolte. cart. n. 1. —

Formenlehre der französ. Sprache. Eine nöthige Beigabe zu den Lehrbüchern v. Ahn, Seidenstücker u. Simon, hauptsächl. f. solche Schulanstalten, in denen sie im Gebrauch sind. gr. 8. (15 S.) Altona 847, Lehmkuhl. — 2. unveränd. Aufl. gr. 8. (15 S.) Ebd. 852. 3 ℔

—— der lateinischen Sprache zum wörtlichen Auswendiglernen für Sexta und Quinta. 2. Aufl. 8. (85 S.) Metz 879, Gebr. Even. cart. *

Ischler Formen-Salon. Verantw. Redakteur: Leopold Mayer. Druck und Eigenthum der Josef Wimmer'schen Buchdruckerei. 4. 2spaltig. Erscheint Mai und Juni wöchentlich zweimal, Juli und August wöchentlich dreimal, September wöchentlich zweimal. (Erste Nummer am 20. Mai ausgegeb.) Ischl 1856.

Formensammlung für das Freihandzeichnen an Volks- und Bürgerschulen. Nach methodischen Grundsätzen und mit Rücksicht auf die gesetzlichen Bestimmungen zusammengestellt von A. Bayr und M. Wunderlich. IV. Heft. Für die 5. Classe. 6. unveränderte Auflage. Wien. 1899. Hölder. 16°. 24 S. fl. —.36

Formensammlung für das Freihandzeichnen an Volks- und Bürgerschulen. Nach methodischen Grundsätzen und mit Rücksicht auf die gesetzlichen Bestimmungen zusammengestellt von E. Bayr und M. Wunderlich. 1. Heft für die 1. und 2. Classe. 7., unveränderte Auflage. 3. Heft für die 4. Classe. 7., unveränderte Auflage. 4. Heft für die 5. Classe. 7., unveränderte Auflage. 5. Heft für die 6. Classe der Volksschule, beziehungsweise für die 1. Classe der dreiclassigen Bürgerschule. 5. Auflage. Wien. 1901. Hölder. 8°. 1. und 2. Heft 16 S. K —.56, 3. Heft 20 S. K —.64. 4. Heft 24 S. K —.72, 5. Heft 28 S. K 1.20.

Formenschatz, der. Eine Quelle der Belehrung und Anregung für Künstler und Gewerbtreibende, wie für alle Freunde stylvoller Schönheiten aus den Werken der besten Meister aller Zeiten und Völker. Hrsg. von Geo. Hirth. Jahrg. 1880—1883. à Jahrg. 12 Hefte. gr. 4. (à Heft 12—16 Taf. in Facs.-Druck.) Leipzig, Hirth. à Jahrg. *
Französische Ausg. u. d. T.: L'art pratique.
Jahrg. 1881 erschien auch u. d. T.: Hirth, Geo., das deutsche Zimmer der Renaissance.

Formenschatz, der. Eine Quelle der Belehrg u. Anregg. f. Künstler u. Gewerbtreibende, wie f. alle Freunde stilvoller Schönheit aus den Werken der besten Meister aller Zeiten u. Völker. Hrsg. v. Geo. Hirth. Jahrg. 1883—1886. à 12 Hfte. (à 12—16 Taf. in Fcsm.-Druck.) gr. 4. München, Hirth. à Jahrg. n. 15. —; einzelne Hfte. à n. 1. 25

Formenschatz, der. Eine Quelle der Belehrung und Anregung für Künstler und Gewerbtreibende, wie für alle Freunde stylvoller Schönheit aus den Werken der besten Meister aller Zeiten und Völker. Hrsg. von Geo. Hirth. Jahrg. 1884—1888. à Jahrg. 12 Hefte. (à Heft 12—16 Taf. in Facs.-Dr.) gr. 4. München, Hirth. à Jahrg. * Einzelhefte à *
Französ. Ausg. u. d. T.: l'Art pratique. — Engl. Ausg. u. d. T.: Art treasure.

Formenschatz, der. Eine Quelle der Belehrg. u. Anregg. für Künstler u. Gewerbtreibende, wie für alle Freunde stylvoller Schönheit aus den Werken der besten Meister aller Zeiten und Völker. Hrsg. von G. Hirth. Jahrg. 1887—1890. à 12 Hfte. (à 12—16 Taf. in Fcsm.-Druck.) gr. 4. München, Hirth. à Jahrg. n. 15. —; einzelne Hfte. à n. 1. 25

Formenschatz, der. Eine Quelle der Belehrg. u. Anregg. f. Künstler u. Gewerbtreibende, wie f. alle Freunde stylvoller Schönheit aus den Werken der besten Meister aller Zeiten u. Völker. Hrsg. v. Geo. Hirth. Jahrg. 1891—1895. à 12 Hfte. (à 12—16 Taf. in Fksm.-Druck.) gr. 4. München, G. Hirth. à Jahrg. n. 15. —; einzelne Hfte. à n. 1. 25

Formenschatz, der. Eine Quelle d. Belehrg. u. Anregg. f. Künstler u. Gewerbtreibende, wie f. alle Freunde stylvoller Schönheit, aus d. Werken d. besten Meister aller Zeiten u. Völker. Hrsg. v. Geo. Hirth. Jahrg. 1896 u. 1897. à 12 Hfte. (à 16 Taf. in Fksm.-Dr.) gr. 4. München, G. Hirth. à Jahrg. n. 15. —; einz. Hfte. n. 1. 25

Formenschatz, d., Fortsetzg., s.: Hirth, Geo.

Formenschatz der modernen Flächen-Verzierung. Herausgegeben von A Ottel, A Porkel, R Schauer und H Benker. Serie 2-4. Bl 13-48. fol Plauen

— japanesischer, gesammelt von S. Bing. Unter Mitarbeiterschaft v. J. Brinckmann, C. Graff, G. Hirth etc. Deutsche Ausg. 1. u. 2. Jahrg. à 12 Hfte. hoch 4. (à Hft. 16 S. m. eingedr. Illustr. u. Taf.) Leipzig 888. 889. E. A. Seemann. à Jahrg. n. 20. —; einzelne Hfte. à n. 2. —

— japanischer. Unter Mitwirkg. v. Just. Brinkmann, Jul. Lessing, Arth. Pabst, Carl Graff, Geo. Hirth u. a. hrsg. v. S. Bing. Deutsche Ausg. 3. Jahrg. 1890. 12 Hfte. hoch 4. (à Hft. ca. 12 S. m. eingedr. Illustr. u. 10 Taf.) Leipzig, E. A. Seemann. n. 20. —; einzelne Hfte. à n. 2. — (1.—3. Jahrg. zusammen, geb. in japanischem Geschmack. n. 90. —)
Erschien nicht weiter.

Formenschatz, der, der Renaissance. Eine Quelle der Belehrung u. Anregung f. Künstler u. Gewerbtreibende, wie für alle Freunde stylvoller Schönheit aus den Werken der Dürer u. Holbein, Vischer etc. Hrsg. v. Geo. Hirth. 1—20. Hft. gr. 4. (252 Taf. in Fcsm.-Druck m. 18 S. Text.) München 877. 78. Hirth. à n. 1. —

— dasselbe. Jahrg. 1879—1882. à 12 Hefte. gr. 4. (à Hft. ca. 16 Taf. in Fcsm.-Druck.) Ebend. à Jahrg. n. 15. —; einz. Hfte. à n. 1. 25

Formentini, Jos. Baron, Führer im climatischen Curorte Görz [Österreich's Nizza] u. seiner Umgebung, m. e. lit. Karte der Provinz. 8. (94 S.) Görz 884. Paternolli. n. 1. 20

Formentini, Jos. Flor., *zu Tolmein u. Biglia, Frh., Mitgl. der k.k. Ackerbau-Ges. v. Görz.* Beiträge zur Geschichte der Grafschaft Görz von den ältesten bekannten Zeiten bis zum Aussterben der Görzer Dynastie 1500 nebst histor. Skizzen der uralten Patriarchate von Aquileja u. Grado, des Herzogth. Kärnten u. der gef. Grafschaft Tirol. *Görz,* gedr. b. *Seitz.* I.—V. Lief. (vollst.) 84 S., 5 Bl. 8°. Mit 1 Stammtaf. der Graf. v. Murzthal-Eppenstein. Die Lief. 12 kr.

Formentini, J. F. Frh., Beiträge zur inneren Geschichte der Grafschaft Görz von den ältesten bekannten Zeiten bis zum Aussterben der Görzer Dinastie 1500 etc. Mit Stammbaum d. Familie Mürzthal-Eppenstein Görz 1856. 8.

Formenwelt aus dem Naturreiche. Aufnahmen von M Gerlach und H Hinterberger. (71 T) (Quelle 5) qu 4° Wien (1906)

Former, Georg Hugo

Das Recht im Irrenwesen mit Gesetzesvorschlägen für Ergänzungsbestimmungen zum BGB. u. zur Deutschen ZPO. von Georg Hugo Former, Lt, a. D. *Schleswig 1901: Schleswiger Anzeiger.* (X, 30 S.) 8° 1.00 m

Förmer, Huge, über d. Beschaffenheit u. Absicht d. Versuchung Christi in d. Wüsten. 8. Dresd. 782. Hilscher. 12 gr.

Formes, K., aus meinem Kunst- u. Bühnenleben. Erinnerungen des Bassisten K. F. Bearb. von W. Koch. 8. (123 S. m. Portr.) Köln 888. Gehly'sche Buchdr. n. 1.—

Förmes, P., Lese- u. Anschauungsbuch, s.: Röder, F.

Formey, Alfr., nach Hause! Gedichte. 8. (VIII, 135 S.) Wien 875. (Helf's Verl.) n.n. 2. —

— himmelan! Geistliche Lieder. 16. (32 S.) Dessau 872. Reißner. n. — 50; geb. m. Goldschn. n. 1. 50

Formey, Alfr., auf stillen Höhen. Gedichte. 8. (VIII, 262 S.) Wien 885. Rosner. n. 4. —

Formey, Alfr., auf stillen Höhen. Gedichte. 2. (Titel-) Aufl. 8. (VIII, 262 S.) Leipzig 892. Literar. Anstalt A. Schulze. n. 4. —

Formey, Alfr., Philipp Melanchthon. Festrede z. Jubelfeier s. 400jähr. Geburtstages a. 16. II. 1897, b. Schulgottesdienst in d. evang. Stadtkirche A. B. zu Wien geh. E. Erinnerungsblatt f. d. evang. Schuljugend Wiens. 8. (26 S.) Wien 897. (Leipzig, Literar. Anstalt, A. Schulze.) — 30

— das evangelische Predigtamt e. Helferamt zum Leben. Antritts-Predigt üb. Matthäi 4, V. 4, geh. am Sonntag Invocavit 1875 in der evangel. Gumpendorfer Kirche A. C. in Wien. gr. 8. (14 S.) Wien 875. Fromme. n. — 40

Formey, A., Strandgut des Herzens. Gedichte. 8. (VIII, 308 S.) Wien 888. Rosner. n. 4. —

— Strandgut d. Herzens. Gedichte. 2. (Titel-)Aufl. 8. (VIII, 308 S.) Ebd. 892. n. 4. —

Formey, Alfr., aus Wald und Wogen. Gedichte. 8. (XIII, 303 S.) Wien 884, Rosner. *

— aus Wald u. Wogen. Gedichte. 2. (Titel)-Aufl. 8. (XIII, 303 S.) Ebd. 892. n. 4. —

Formey, D., Ifflands Krankheitsgeschichte. 8. Berlin, Dunker u. Humblott. 814.

Formey, Johann Heinrich Samuel

— Abhandl. von d. moral. Erziehung d. Kinder; aus d. Französ. 8. Berl. 767. Lange. 10 gr.

— abrégé de physique. II Tom. 8. Berl. 770, 72. Horvath in Potsd. 1 rthl. 12 gr.

— abrégé de toutes les sciences. VIII Tom. 8. Potsd. 764 —78. N. Ed. 778. Horvath. 6 rthl.

— Abrégé de toutes les Sciences, jolie édit. 16. Vienne. (Kupferberg à Mayence.) 784.

— Abrégé de toutes les Sciences à l'usage des enfans av. fig. 12. Paris. (Sommer, Leipz.)

Formey, Jean Henri Samuel. Christliche Andachtsübungen. A. d. Franz. Leipz. 1770. Ü: *Gellius, Johann Gottfried.* (ML)

Formey, Jo. Hnr. Sam., († d. 8. März 1797.) Andachtsübungen zum Gebrauch aller Gläubigen; aus d. Französ. gr. 8. Leipz. 770. Currich. (Brockhaus). 1 rthl. 12 gr.

— Anti-Emil. 8. Ebend. 762.

— Anti-Emile. 8. Berl. Horvath. 763.

— Anti-Emil. 8. Potsd. 763. Horvath. 16 gr. Dass. deutsch. 8. Ebd. 763. 8 gr.

— s. Apulejî, Discours 2c. —— Charl. Bonnet, entretiens.

— Briefe v. Predigen. 8. Brem. Rump. 754.

— Conseils pour former une bibliothèque peu nombreuse, mais choisie. 8. Berl. 746. 750. 51. 55. 56. 75.

— Conseils pour former une bibliothèque. 8. Berl. 758.

— Croze, la, abrégé

— défense de la réligion et de la législation, tirée d'Emile. 8. Berl. 764. Horvath in Potsd. 6 gr.

— Dictionnaire instructif, ou l'on trouve les princip. termes des sciences et des arts etc. II Vols. gr. 8. Halle 767. Gebauer. 2 rthl.

— Discours moraux, pour servir de suite au philosophe chrétien. II Tom. gr. 12. Berl. 764 u. 65. Jasperd. 2 ℛ

Formey, Joh. Heinr. Sam., Discours prononcé dans l'assemblée publique de l'académie royale des sciences et belles-lettres le 25. Janvier 1787. Par le secrétaire perpétuel. A Berlin (16. Seit.)

— diversités historiques trad. du grec d'Elien et enrichies de remarques. 8. Berl. 764. Nicolai. 20 gl

— Elementa philosophiae s. medulla Wolfiana. 8. Berl. 747.

Formey, Eloge de M. Eller, précédée d'un discours prononcé dans l'assemblée publique de l'Académie le 29 Janv. 1761 par le Sécrétaire perpétuel. Berlin 1761. 8.

Eloge du prince Henri de Prusse. Lû dans l'assemblée extraordinaire de l'Académie . . . le 30. Dec. 1767 (par J. H. S. Formey.) Berlin 1768. 8

Formey, J. H. Sam. Éloges de Mm. les maréchaux de Schwerin et Keith. 8. s. l. (Berlin) 1760.

Formey, Eloges de . . . comtes de Podewils et de Gotter, et de M. Jacobi, Sproegel, Beemann, et Humbert, précédés d'un discours prononcé dans l'assemblée publique de l'Académie Royale des Sciences et Belles-Lettres, le Jeudi 27. Janv. 1763. Berlin 1763. 8.

— Encyclopédie des Enfans, ou Abrégé de toutes les sciences. 12. Bern, Haller. 784.

— Encyclopédie des enfans, ou abrégé de toutes les sciences. 12. Genf 787. Haller. 12 gl

— entretiens de morale pratique. 8. Potsd. 778. Horvath. 18 gl

Formey, Jean Hor. Sam., Entretiens philosophiques tirés de l'essay analytique sur les facultés de l'âme par *Bonnet.* Brl. 8°.
1769

— Entwurf d. Physik. 2 Thle. 8. Berl. 770—73. Horvath in Potsd. 1 ℛ

Formey, J. H. S. Entwurf der Physik. 2. Theil. A. d. Franz. Berl. 1772. Ü: *Heyde, Johann Daniel.* (ML)

Formey, J. H. S. Entwurf aller Wissenschaften; a. d. Franz. Berlin 1765-78. Ü (Th. 1—7): *Bierling, Frdr. Imman.* (Ky)

— La France littéraire, ou Dictionn. des Auteurs franc. vivans. 8. Berl. 756.

— la France littéraire, ou Dictionn. des auteurs franc. vivans. 8. Berl. 757. 1 ℛ

Formey, Jh. Hnr. Sam., s. Gemälde von d. alten Rom.

— Grundsätze d. Sittenlehre. 2 Thle. (2r Thl.) aus d. Französ. v. J. G. Krünitz. gr. 8. Berl. 762. (Aue in Altona). 1 ℛ 8 gl

— kurzgefaßte Historie d. Philosophie. 8. Berl. 763. Horvath in Potsd. 10 gl

— Journal épistolaire. Vol. I. 8. Berl. 755. . . .

Formey, J. H. S. Kern scharfsinniger Gedanken . . . Berlin 1762. Ü: *Steinwehr, Wolf Bathasar Adolph von.* (Ky)

— Kern scharfsinniger Gedanken d. Julie v. Steinwehr. 8. Berl. 762. Pauli. 7 gl

— Lettres sur l'état présent des sciences et des moeurs. II Vols en III Tomes. 8. Berl. 759 et 60. Haude u. Sp. 3 ℛ

— mélanges littéraires et philosophiques. II Vols. 8. Berl. 754. 1 ℛ 6 gl

— mélanges littéraires et philosoph. II Tom. 8. Berl. 755.

— mélanges philosophiques. II Vols. 12. Leide 754.

(Formey.) Mémoires de Maximilien Emanuel, Duc de Wirtemberg, Colonel d'un Régiment des Dragons au service de Suède dep. 1703 jusqu'en 1709 après la bataille de Poltova; par Mr. F. P. (333.) 12. Amsterdam et Leipzig 1740.

Formey, Joh. Heinr. Sam., Panégyrique du Roi. A Berlin 1745. 4. (4 Bl.)

— pensées raisonnables opposées aux pensées philosophiques. Berl. 749—50.

Formey, J. H. S. Der christliche Philosoph; a. d. Franz. Frankf. a. M. 1753—57. Ü (Th. 1. 2): *Osterländer.* (Ky) (Milchs) Ü (Th. 3): *Schlegel, Joh. Aug.* (ML)

— d. christl. Philosoph; aus d. Französ. (v. Osterländer). 4 Thle. 8. Frankf. 753—69. Brönner. 1 ℛ 16 gl

Formey, J. H. S. Der Heydnische Philosoph. A. d. Franz. Frankf. u. Leipz. 1760-61. Ü: *Junker, Gg Adam.* (BrMm)

— heidnischer Philosoph, oder Gedanken d. Plinius. 3 Thle. 8. Frankf. 761. Brönner. 2 ℛ

— le philosophe chrétien. IV Vols. 8. Leiden 750, 752, 754, 56.

— le philosophe chrétien. IV Tom. 12. Gött. 750.

— — le même. IV Vol. 12. Leips. 753.

— Predigt b. d. Jubelf. s. 50 jährig. Lehramts. 8. Berlin, Lange. 781.

— Predigt zur Jubelfeier seines Predigtamts gehalten im April 1781. Aus d. Französ. v. Krünitz. 8. Berl. 781.

Formey, Predigt, bey Gelegenheit des Sieges bey Prag, zu Berlin in der Kirche auf der Friedrichstadt gehalten. Aus dem Französ. übers. (Mit 2 Anmerk.) 1757. 4.

Formey, J. H. S. Preisschrift von der moralischen Erziehung der Kinder; a. d. Franz. . . . Königsberg 1769. Ü: *Zückert, Johann Friedrich.* (ML)

— principes du droit de la nature et des gens, extrait du grand ouvrage latin de M. de Wolf. III Vols. 12. Amsterd. 758. (Kupferberg in Mainz). 16 gl

— principes élémentaires des belles lettres. 8. Berl. 759.

Formey, J. H. S. Moralische Reden . . . Frankf. u. Leipz. 1764—66. Ü: *Krünitz, Joh. Georg.* (Milchs)

— moral. Reden, als Fortsetz. d. christl. Philosophen; aus d. Französ. v. J. G. Krünitz. 2 Bde, 8. Frankf. 764 u. 67. Bronner. 1 Rthl.

Sermon prononcé à l'occasion de la mort de S. A. R. Mgr. Le Prince Frédéric Henri Charles sur Esaie 60. 8. dans le temple du fauxbourg de Coepenick, le dimanche 14 Juin, Jour de Communion. Par Mr. Formey. A Berlin 1767. 8.

— sermon à l'occasion de la mort de S. A. R. Monseign. le Prince de Prusse. 8. Berl. 758. Lange. 3 gr.

— Sermons sur divers Textes de l'Ecriture sainte. 8. Berl. 739.

– s.a. Souvenir d'un citoyen.

(Formey, J. H. Sam.) Souvenirs d'un citoyen. 2 v. 8. Berlin 1787. — 2 v. 8. ib. 1794.

Formey, J. H. S., Souvenirs d'un Citoyen. II Vol. gr. 8. Berl. Lagarde. 789. Rthlr. Holl. P.

Formey, Jean Henri Samuel, Souvenirs d'un citoyen. Berl. 1789. 2 vol. 8. Le même. Ibid. 1797. 2 vol. 8.

— le système du vrai bonheur. 8. Berl. 750. 4 gr.

— traité sur l'éducation morale, ouvrage qui a remporté le prix le 21. Mai 1763 à la Soc. des sciences de Harlem. 8. Berl. 767. Lange. 14 gr.

— traités des tropes pour servir d'introduction à la rhétorique de Mr. du Marsais. 8. Leipz. 757. Hahn. 12 gr.

— le triomphe de l'évidence. II Vols. 8. Berl. 756. Lange. 1 Rthl.

— Trostgründe für Personen, die ein sieches Leben führen; aus d. Französ. 8. Leipz. 762. (Brockhaus). 4 gr.

— Trostgründe f. Personen d. e. sieches Leben führ. a. d. Fr. 8. Leipz. Gleditsch. 762.

— Unterredungen über d. prakt. Moral. 8. Berl. 778. Horvath in Potsd. 12 gr.

— psychol. Unterredungen über d. Kräfte d. Seele. (Aus Bonnet's analyt. Versuchen.) Aus d. Französ. 8. Berl. 769. Horvath in Potsd. 16 gr.

— üb. d. Ursprung d. Gesellsch. u. d. Sprache. 8. Berlin, Pauli. 765.

Formey, J. H. S. Versuch von der Anmuth in den Schriften . . . Hamb. [17??]. Ü: *Salomon, Adelgunde Concordie.* (ML)

— Vie de J. Phil. Baratier. 8. Braunschw. 755. Schulbuchhandl. 5 gr.

Formey, J. H. S. La Vie de J. P. Baratier . . . Nouvelle édition . . . Frankf. et Leipz. 1755. H: *Choffin, David Etienne.* (BrMm)

— vindiciae reformator. et imprimis Lutheri, contra objectiones Card. Quirini, c. fig. 8. Berl. 750. (Sander). 4 gr.

— Vindiciae beator. reformator. et speciat. Lutheri contra objectiones Quirini. c. fig. 8. Frcft. Academ. Handl. 750.

Vindiciae B. reformatorum et imprimis Lutheri contra varias objectiones ab Emin. S.R.E. Cardinali A.M. Quirini propositas Sam. Formey [Johann Heinrich Samuel Formey]. Francofurti ad Viadrum: Kleyb 1750. XII, 96 S. 8°

— Vortheile d. hohen Alters; aus d. Französ. nach Spaldings glückl. Alter. 8. Berl. 760. Rüdiger. 6 gr.

Formey, Johann Ludwig

Formey, J. L., Bemerkungen über den Kropf und Nachricht über ein dagegen neu entdecktes wirks. Mittel. 8. Berlin, Rücker. 820.

Formey, (Johann) L(udwig): Bemerkungen über den Kropf und Nachricht über ein dagegen neu entdecktes wirksames Mittel. 2.Aufl. 36 S., gbd.

Berlin: Rücker 1821

JB 2.066

Bemerkungen über den Kropf und Nachricht über ein dagegen neu entdecktes wirksames Mittel. Von L. Formey [Johann Ludwig Formey.] 3., verm. Aufl. Berlin: Rücker 1822. 52 S. 8°

— allgem. Betrachtt. üb. d. Natur u. d. Behandl. d. Kinderkrankheiten. gr. 8. Berl. 811. Saalfeld. 5 gr. (Aus Heckers Annalen besond. abgedr.)

— — Biographie Selle's. 8. Ebend. 820.

— Biographie Selle's. Mit 1 Kpf. 8. Berl. 821. Rücker. 6 gr.

— medicin. Ephemeriden v. Berlin. 4 Hefte. 8. Berl. 799—800. Rauck. 2 Rthl.

Formey, (Johann Ludwig) (Praef.u.Comm.):

s.: Gilbert, (Nicolas Pierre): Ueber die Krankheiten, welche während des Preussisch-Polnischen Feldzuges bey der grossen französischen Armée herrschten. (Tableau historique des maladies internes...qui ont affligé la Grande Armée. Dt.) Übers. von (Johann August) Bock. Erfurt: 1808

JB 3.590

— d. König u. seine Ritter. 4. Berlin, Maurer'sche Buchh. 816.

— A. W. Ifflands Krankheitsgeschichte. 8. Berl. 814. Duncker u. H. 8 gr.

[Johannes] Ludovicus Formey: Quaedam circa systematis absorbentis pathologiam. Halae 1788: Franck. 70 S. 8°

Halle, Med. Diss.v. 20.Juni 1788

— s. Th. G. A. Roose, Miscellen.

— vermischte medicin. Schriften. 1r Bd. gr. 8. Berl. 821. Mücker. 1 ℛ 12 ℊ weiß P. 1 ℛ 18 ℊ

— Versuch e. medicin. Topographie von Berlin. gr. 8. Berl. 790. Belitz. (Reimer). 2 ℛ

Formey, (Johann) Ludwig: Versuch einer medicinischen Topographie von Berlin. 382 S., gbd, 4 Tab.

Berlin: Felisch 1796

JB 5.628

Formey, Joh(ann) Ludw(ig): Versuch einer Würdigung des Pulses. 204 S., gbd.

Berlin: Rücker 1823

JB 2.449

— über d. Wasserkopf d. Kinder. 8. Berl. 181.

— von d. Wassersucht d. Gehirnhöhlen. (Aus Horns Archiv ꝛc. besond. abgedr.) gr. 8. Berl. 810. Dümmler. 8 ℊ

— v. d. Wassersucht d. Gehirnhöhlen. (a. Horns Archiv f. d. medicin. Erfahr. besond. abgedr.) gr. 8. Berlin; Hitzig. 810.

— über den gegenwärt. Zustand d. Medicin in Hinsicht auf d. Bildung künftiger Aerzte. 8. Berl. 809. Amelang. 8 ℊ

Formhals, R[ichard]: Über die Calciumsilicide und deren Aufnahmefähigkeit für Stickstoff. 1909. 45 S. 8° ¶ Ausz. in: Zeitschrift f. anorgan. Chemie. Bd 64.
Darmstadt, Dr.-Ing.-Diss. v. 1. 8. 1909

Formica, Aloisia. Nach den Papieren eines Staatsgefangenen. 8. Bunzlau 836. Appun. 1 1/4 ℛ

Formichi, Carlo, il primo capitolo della Brahma-Upanishad coll' annessovi commento di Nârâyaṇa, tradotto e criticamente discusso. hoch 4. (VII, 15 S.) Kiel 897. Lipsius & Tischer. n. 2. —

Formio, Flüchtlinge; e. Samml. von Erzähll., Novellen u. Gemälde. 1r Bd. Halle 799. Hendel. 18 ℊ

Formont, Maxime, die Entnervte. Roman. Autoris. Übersetzg. (241 S.) 8. Budapest 905. G. Grimm. n. 3. —

FORMONT, Maxime. Die Entnervte. Budapest, Gustav Grimm (um 1909).
[E. II, 339.]
Verb. Rostock 13. 11. 09: M. 34/09.

(B) Formont, M., die Entnervte. 905. (ABL 33.) Infolge Rechtsspruchs unbrauchbar gemacht.

Formosa [Sachliches OW]

Formosa ... [1:700,000.] [Mit 4 Nebenkarten.] *[Shanghai: R. A. de Villard 1903.]* (1 Kartenbl. 42×57 cm.) [lith.] [kol.] [illegible]

Formosa, [Schlagw.]

Formosa. Villard, R. A. de, Karte der Insel Formosa. (Mit engl. u. chines. Nomenklatur.) 59 × 44,5 cm. Lith. u. kolor. Shanghai 895. (Leipzig, K. F. Koehler's Antiqu.) n. 3. —

Formstecher, Felix, aus [illegible] a. M. Über die Reduktionsprodukte des Allylbenzoylessigesters. *Leipzig 1902: Metzger & Wittig.* (47 S.) 8°
Leipzig, Phil. Diss. v. [illegible] Okt. [illegible]

Formstecher, S.

— israelitisches Andachtsbüchlein zur Erweckung u. Ausbildung der ersten religiösen Gefühle u. Begriffe. Ein Geschenk für gute Kinder. 12. Offenbach 836. Wächtershäuser, jetzt Heinemann. 5/12 ℛ

Formstecher, S., Buchenstein und Cohnberg. Ein Familiengemälde aus der Gegenwart. Frankfurt a. M. 863. Bechhold. 8. (VIII, 299 S.) 1 ℛ 10 ngr.

Formstecher, S., Zwölf Predigten. No. I. gr. 8. Würzburg 833. Etlinger. 5/6 ℛ

Formstecher, S., die Religion des Geistes, eine wissenschaftl. Darstellung des Judenthums nach seinem Charakter, Entwicklungsgange u. Berufe in der Menschheit. gr. 8. Frankfurt a/M. 841, Hermann'sche Buchh.; Suchsland. n. 1 3/4 ℛ

— mosaische Religionslehre, für die israelitische [illegible] schule dargestellt. Gießen 860. [illegible] 8. (XVI, [illegible] S.) n. 10 ngr.

Formstein, G., Handbüchlein für Chemiker, Maler, Anstreicher, Wagenlackirer, Färber u. Möbelfabrikanten, oder zweckmäßige Belehrung, die schönsten Farben, Firnisse, Lacke u. Beizen auf eine billige Weise anzufertigen, so wie eine Anweisung neue Wagen zu lackiren. 2e Aufl. 8. Wesel 840. Klönne. 1/2 ℛ

Formula concordiae ed. Francke, s. Libri symbolici.

Formula confutationis Aug. Confess. c. lat. e Cod. Msc. ed. Chr. Gfr. Müllero. 8maj. Leipz. 808. W. Vogel. 1 ℛ 6 ℊ

Formula Reformationis a Luthero et theologis Vitebergensibus anno 1545 proposita et in memoriam ecclesiarum evangelicarum jubilaei saecularis tertii denuo edita a studiosis theologiae utriusque evangelicae confessionis in Universitate Litterarum Vratislaviensi. Vratislaviae 1817. (35 S.) 4° *[Im Buchhandel 1818 bei Holäufer in Breslau.]*

Formula Reformationis a Luthero et theologis Vitebergensibus Anno 1545 proposita et in Memoriam evangelicorum Jubilaei secularis tertii etc. 4. Vratislaviae, Holäufer. 818.

— regiminis de anno MDCXVII. Regierungsformel vom J. 1817. Unterwerfungs-Verträge zwischen d. Könige Sigismund August u. dem Heermeister Gotthard Kettler, abgeschlossen zu Wilna d. 28. Nov. 1561, u. d. Privilegium, welches König Sigismund August d. liefländ. Adel im J. 1561 in Wilna ertheilet. Uebersetzt v. H. L. Birkel. 8. Mitau 807.

Formula, Verthädigete, consensus Ecclesiasticarum Helveticarum Reformatarum. Zürich 1723. V: *Hottinger, Joh. Jac.* (Cat. d. Stadtbibl. Zürich. Zürich 1864—97.)

Formulae, Colloquiorum puerilium, latino-germanico-hungaricae. Stephanopoli 1714. V: *Heyden, Sebald.* (PK)

Formulae caute loquendi . . . Guelpherbyti 1714. H: *Fabricius, Johann.* (Myl)

Formulae magistrales Aquisgranenses. In usum operariorum et pauperum. Aachen 857. Benrath u. Vogelgesang. 24. (31 S.) n. 5 ngl

Formulae magistrales Berolinenses in usum pauperum. Fol. (1 B.) Berlin 851. Gaertner. 3 ngl

— magistrales Berolinenses in usum pauperum. Editio altera, aucta. Berolini 854. Gaertner. 32. (13 S.) n. 2 ngl

Formulae magistrales Berolinenses in usum pauperum. Mit einem Anh.: Anleitung für die Armenärzte zur Kostenersparniss beim Verordnen der Arzneien. gr. 8. (14 S.) Berlin 864, Gaertner. *

Formulae magistrales Berolinenses in usum pauperum. Mit einem Anhang, enthaltend: 1. Anleitung für die Herren Armenärzte zur Kosten-Ersparniss beim Verordnen der Arzneien. 2. Die Handverkaufs-Preise. gr. 8. (16 S.) Berlin 884, Gaertner's Verlag. *

Formulae magistrales Berolinenses in usum pauperum. Mit einem Anhang, enthaltend: 1. Anleitung für die Herren Armenärzte zur Kosten-Ersparniss beim Verordnen der Arzneien. 2. Die Handverkaufs-Preise. Ausg. für 1885. gr. 8. (15 S.) Berlin 885, Gaertner's Verlag. *
Erscheint alljährlich im Januar in neuer Ausg.; von 1886 an u. d. T.:

—— magistrales Berolinenses. Mit einem Anhang, enthaltend: 1. Die Handverkaufs-Preise. 2. Anleitung zur Kosten-Ersparniss beim Verordnen von Arzneien. Ausg. für 1886—1888. gr. 8. (16; 18; 23 S.) Ebendas. à Jahrg. *

Formulae magistrales Berolinenses. Mit einem Anh., enth.: 1. Die Handverkaufs-Preise. 2. Anleitung zur Kosten-Ersparniss beim Verordnen von Arzneien. Ausg. f. 1889—1892. 8. (24; 24; 16; 36 S.) Berl., Gaertner. Ausg. 1889—91 à * — 50; 1892 * — 80

Formulae magistrales Berolinenses. Mit e. Anh., enth.: 1. Die Handverkaufs-Preise in den Apotheken. 2. Anleitung zur Kosten-Ersparniss bei dem Verordnen v. Arzneien. Hrsg. v. der Armen-Direktion in Berlin. Ausg. f. 1894. gr. 8. (46 S.) Berlin 894. R. Gaertner.

Formulae magistrales Berolinenses. M. e. Anh., enth.: 1. D. Handverkaufs-Preise in den Apotheken. 2. Anleitg. z. Kosten-Ersparniss bei d. Verordnen v. Arzneien. Hrsg. v. d. Armen-Direction in Berlin Ausg. f. 1898. gr. 8. (64 S.) Berlin 898. R. Gaertner. n. 1. —

Formulae magistrales Berolinenses. Mit e. Anh., enth.: 1. Die Handverkaufs-Preise in den Apotheken. 2. Anleitung zur Kosten-Ersparniss bei dem Verordnen v. Arzneien. Hrsg. v. der Armen-Direction in Berlin. Ausg. f. 1901. gr. 8. (64 S.) Berlin 901. [R. Gaertner.] Weidmann. Kart. n. 1. —

Formulae magistrales Berolinenses. Mit e. Anh., enth.: 1. Die Handverkaufs-Preise in den Apotheken. 2. Anleitung zur Kosten-Ersparnis bei dem Verordnen v. Arzneien. Hrsg. v. der Armen-Direktion in Berlin. Ausg. f. 1906. (64 S) 8. Berlin 906. Weidmann. Kart. n. 1. —

Formulae magistrales Berolinenses. Hrsg. v. d. Armen-Direktion in Berlin. Ausg. f. 1910. (65 S.) 8. Berlin 910. Weidmann. Geb. 1. —

Formulae medicaminum selectae Nosocomii communis. 16. Hafniae 846. (Leipzig, Hartmann.) n. 4 ngl

Formulae Merowingici et Karolingici aevi. Accedunt ordines judiciorum dei. Edidit Kar. Zeumer. Insunt 3 tabulae. Hannoverae 1886. 4.
A. u. d. T.: Mon. Germ. hist. Legum sect. 5. . . . . (P.)

Formulaire pharmaceutique à l'usage des hôpitaux milit. de la Républ. Fr. gr. 8. Bas. Decker. 796.

Formulaire pharmaceutique, à l'usage des hôpitaux militaires. 8. Berl. 812. (Maurers B.) 12 gl

Formulaires des Prières 12. Grätz, Ferstl. 815.

Formular behufs Aufnahme in die Trinkerheilstätte Ellikon. 4 8.

Formular zur Aufstellung u. Verrechnung der „Allgemeinen-Unkosten". (Geschäftsunkosten.) Zusammengestellt für den Gebrauch in gewerbl. Fortbildungsschulen u. f. selbständige Gewerbetreibende. (4 S.) 4. Berlin 905. L. Oehmigke's Verl. n.n. — 10; 10 Stück zusammengeh. 1. —

Formular zu einer ökonomisch-kammeralistischen Beschreibung einer Herrschaft oder eines Gutes in Böhmen. [Prag 1787.] V: *Mader, Joseph Ritter von.* (WBL)

Formular zur Beschreibung einer Stadt oder sonst eines erheblichen Orts, besonders in Böhmen. [Prag 1788.] V: *Mader, Joseph Ritter von.* (WBL)

Formular | Der | Einrichtung | Eines | schriftlichen Prozesses, | zu Folge der neuen Gerichtsordnung. | Vom 3ten Wintermonat 1786. | [Vignette] | Lutzemburg, | Bey der Wittib J. B. Kleber, Seiner Kayserlichen Königlichen Majestät Buchdrucker. | MDCCLXXXVII. |
IV, 53 S. (davon mehrere S. leer), 4° (330 x 210 mm).

Formular einer Kinds-Taufe, nebst denen Gebethen bey Privat-Communionen . . . O. O. 1755. V: *Zobel, Nicolaus Ernst.* (ML)

Formular f. Knappschaftsvereins-Satzungen nach den Bestimmgn. d. VII. Titels d. neuen Berggesetzes f. das Königr. Bayern vom 20. März 1869. Für die Betheiligten als Anleitg. bei der Aufstellg. solcher Satzgn. bekannt gegeben vom königl. bayer. Oberbergamte. 8. (44 S.) München 871. Franz. — 45

Formular der vorläufigen Mittheilungen an solche, die sich zur Aufnahme in den Bund der Freimaurer melden. [New York ca 1872.] 8 S. 8° 193.

Formulär, pharmaceutisches, s. a. Flittner.

Formular, pharmaceutisches, a. d. Franz. v. Flittner. Fol. Berlin, W. Oehmiake. 810.

Formular, pharmaceutisches, für d. französ. Militär-Hospital; aus d. Französ. übers. u. herausg. v. C. G. Flittner. Fol. Berl. 812. (Sander). 18 gr. Dass. aus d. Französ. v. P. Boye. gr. 8. Hamb., (Campe). 12 gr.

— zu e. allgem. Pfarrbuche. Fol. Landsh. 810. Thomann, 3 gr.

Das St. Pauler **Formular.** Briefe u. Urkunden aus d. Zeit König Wenzels II. Gefunden u. hrsg. v. Dr. Johann Loserth, Prof. ... an d. Univ. Graz. Hrsg. v. Ver. f. Gesch. d. Deutschen in Böhmen. *Prag: Selbstv.; in Comm. bei H. Dominicus 1896.* (3 Bl., 91 S.) 1 Bd 4. (97. 48

Formular pharmazeut. Spezialitäten, hrsg. v. Luxemburger Apothekerverein 1907. 2. verb. u. verm. Aufl. (70 u. XV S.) 16. Luxemburg (Pelikanapotheke, H. Gusenbürger). (Nur direkt.) Geb. nn 2. —

Formular bey der Taufe eines Kindes . . . [Riga 1807.] V: *Seltenreich, Carl Christian.* (MGT)

Formular wornach intus benanter Bedienter, den abzulegenden Eyd, eigenhändig geschrieben, unterschrieben mit seinem Pittschaft besiegelt, an die Königl. Teutsche Cantzeley einzusenden hat. (Aus der Zeit Friedrich V.) 1 Bl. Fol.

Formularbuch. Praktische Anleitg. m. Mustern zur Abfassg. bezw. Selbstanfertigg. letztwill. Verordngn., verschiedenart. Verträge u. sonst. Beurkundgn. gr. 8. (VII, 77 S.) Breslau 891. Leipzig, H. Paul. [n. 2. —] Herabg. Pr. — 75

Formularbuch, allgemeines. Zum Gebrauch bei dem öffentlichen Gottesdienste in den Evangel. Mennoniten-Gemeinden. Monsheim 852. (Worms, Schmidt.) gr. 8. (XV, 280 S.) 22½ ngr

Formularbuch, Allgemeines und vollständiges, für die gottesdienstlichen Handlungen in den taufgesinnten Gemeinden. Neuwied 1807. V: *Dahlem, Valentin.* (Ky)

Formular-Buch für den Amtsgerichts-Prozeß mit praktischer Anleitung zum Prozeßbetriebe für Jedermann. Leichtfaßlichste durch Beispiele veranschaulichte Darstellung des Prozeßverfahrens v. 1. Octbr. 1879. gr. 8. (32 S.) Berlin 882. (Trautwein.) n. — 30; cart. n. — 50

[F.] **Formularbuch** für Amts- und Gemeinde-Vorsteher nebst Formul. f. d. Bearbtg d. Gutsvorstands- u. Standesamtssachen ... Erläutergn u. Anweisgn f. d. ... Handhabg d. Büreaugeschäfte. Hrsg. unter Fachmänn. Mitw. v. d. Redaktion d. Vwaltgsblattes 'Die Landgemeinde'. 'B. Krey)' ... *Berlin: H. Krey 1895.* (334 S.) 1 Bd 8. [illegible]

— ausführliches, zum Reichs-Gesetzbuch f. Industrie, Handel u. Gewerbe. Enth. Formulare zu Kauf- u. Leihverträgen, Lehrlingsverträgen, Handelsgesellschafts-Verträgen, Gesuchen, Vollmachten, Anträgen aller Art, Bürgschaften, Verpfändgn. Zahlungsbefehlen, Anmeldgn. v. Konkursfordergn., Arrestgesuchen ꝛc., ferner zu allen im Civil- u. Strafprozeßverfahren vorkomm. Klagen u. Klagebeantwortgn., Interventionen, Ladgn. v. Zeugen u. Sachverständigen durch die Parteien, Berufg. u. Berufungsrechtfertigungsschriften ꝛc., Anzeigen, An- u. Abmeldgn., betr. Kranken- u. Unfallversicherg. der Arbeiter ꝛc. Hrsg. v. der Redaktion d. Reichs-Gesetzbuches. gr. 8. (199 S.) Berlin 886. Bruer & Co. geb. n. 4. 75

Formularbuch, ausführliches, zu den deutschen Reichs-Gesetzen. Enth. Formulare zu Kauf- u. Leihverträgen, Lehrlingsverträgen, Handelsgesellschafts-Verträgen, Vollmachten, Anträgen aller Art, Arrestgesuchen ꝛc., ferner zu allen im Civil- u. Strafprozeßverfahren vorkomm. Klagen u. Klagebeantwortgn., An- u. Abmeldgn., betr. Kranken- u. Unfallversicherg. der Arbeiter ꝛc. ꝛc. Hrsg. v. der Redaction d. Reichs-Gesetzbuches. 3. Aufl. gr. 8. (XI, 187 S.) Hamburg u. Berlin 889. Bruer & Co. geb. n. 3. 50

Formularbuch, Des klugen Beamten . . . wohl eingerichtetes. Nürnberg 1760. 1772. V: *Schweser, Chph Heinrich.* (EB)

— zur Buchhaltung beim Kegelspiel. gr. 4. (54 S.) Halle 881. Anton. n. 1. 50

Formularbuch f. die freiwillige Gerichtsbarkeit. Auf Veranlassg. des Berliner Anwaltvereins verf. v. Gerhard, Ed. Goldmann, Ernst Heinitz, Fel. Landau, Lilienthal, W. Loewenfeld, Erich Meyßner, Herm. Oberneck, Herm. Veit Simon, Jul. Stadthagen, J. Stranz, Herm. Staub, R. Wilke. 1. u. 2. Thl. gr. 8. Berlin 901. C. Heymann. à n. 8. —

1. Handelsrecht. (VIII, 176 S.)
2. Bürgerliches Gesetzbuch. Allgemeiner Theil u. Recht der Schuldverhältnisse. (S. 177—328.)

Formularbuch f. die freiwillige Gerichtsbarkeit. Auf Veranlassg. des Berliner Anwaltvereins verf. von Gerhard, Ed. Goldmann, Ernst Heinitz, Fel. Landau, Lilienthal, W. Loewenfeld, Erich Meyßner, Herm. Oberneck, Jul. Rausnitz, Herm. Veit Simon, Jul. Stadthagen, J. Stranz, Herm. Staub, R. Wilke. 2. Tl. Bürgerliches Gesetzbuch. (3.—5. Lfg.) gr. 8. Berlin, C. Heymann. n. 10. — (Kplt. n. 16. —; geb. n. 18. —)

3. Sachenrecht. (S. 329—458.) 903. n. 2. 50
4. Familienrecht. (VIII u. S. 459—606.) 905. n. 3. —
5. Erbrecht. (XXVII u. S. 607—842.) 906. n. 4. 50

Formularbuch f. die freiwill. Gerichtsbarkeit. Auf Veranlassg. des Berliner Anwaltvereins verf. v. Gerhard, Ed. Goldmann, Ernst Heinitz, Fel. Landau, Lilienthal, W. Loewenfeld, Erich Meyßner, Herm. Oberneck, Jul. Rausnitz, Herm. Veit Simon, Jul. Stadthagen, J. Stranz, Herm. Staub, R. Wilke. 2. Aufl. (XXVII, 842 S.) gr. 8. Berlin 907. C. Heymann. 16.—; geb. 18. —

Formularbuch für alle gerichtlichen und außergerichtlichen Geschäfte, als: Klagen, Eingaben, Formulare aus dem Wechsel- und Handelsrecht, Verträge, Testamente, Vollmachten ꝛc., nebst einer ausführl. Darstellung des Prozeß-Verfahrens nach der neuen Civilprozeß-Ordnung für das deutsche Reich mit einschläg. Formularen. (1.—4. Aufl.) gr. 8. (VIII, 148 S.) Berlin 879, Burmester und Stempell. cart. *

—— für alle gerichtlichen und außergerichtlichen Geschäfte, als: Klagen, Eingaben, Formulare aus dem Wechsel- und Handelsrecht, Verträge, Testamente, Vollmachten ꝛc., nebst einer ausführlichen Darstellung des Proceß-Verfahrens nach der neuen Civilproceß-Ordnung für das deutsche Reich mit einschläg. Formularen. 5.—12. Aufl. gr. 8. (VIII, 148 S.) Berlin 880—84, Burmester und Stempell. cart. *

Spätere Auflagen s. Johannes, Formularbuch.

Formularbuch f. alle gerichtlichen u. außergerichtlichen Geschäfte als: Klagen, Eingaben, Formulare aus dem Wechsel- u. Handelsrecht Verträge, Testamente, Vollmachten ꝛc., nebst e. ausführl. Darstellg. d. Prozeß-Verfahrens nach der neuen Civilprozeß-Ordnung f. das deutsche Reich m. einschläg. Formularen. 13. Aufl. gr. 8. (VIII, 148 S.) Berlin 885. Burmester & Stempell. geb. n. 1. 50

Formularbuch zu Geschäftsaufsätzen. 3 Thle. 8. Stuttg. 796—806. (Sonnewald). 1 ℛ 4 𝒢

— für angehende baier. Geschäfts-Männer im Justiz- u. Administrativfach. 1r, 2r Heft. gr. 8. Augsb. 825. Bürglen. (Nürnb., Haubenstricker). 18 𝒢

(Kleiner Geschäftsbriefsteller.) Ein **Formular**- und Musterbuch zur Abfassung von Briefen des geschäftlichen Lebens, Eingaben, Kontrakten … *Mülheim a. d. Ruhr: J. Bagel [1897?].* (45 S., 1 Bl.) 1 Bd 8. [97. 5178

Formular- u. Musterbuch, e., zur Abfassung von Briefen des geschäftlichen Lebens, Eingaben, Kontrakten, Verträgen, Quittungen, Schuldscheinen, Wechseln ꝛc. (Umschlag: Kleiner Geschäftsbriefsteller.) (47 S.) 12. Mülheim a/R. (901). J. Bagel. — 25; ermäßigter Preis — 20

Formularbuch, neues, oder Anleitung zur vorsichtigen Abschließung der Verträge u. Vornahme anderer Rechtsgeschäfte. Bearb. von e. prakt. Juristen. Freiburg i. Br. 870. Schmidt. 8. (XVI, 221 S.) n. 20 ngr; geb. n. 25 ngr

— **neues**, oder Anleitung zur vorsichtigen Abschließung von Verträgen aller Art, als: Tauschvertrag, Pacht- u. Mieth-Vertrag ꝛc., nebst einer gründlichen Belehrung über Vornahme anderer Rechtsgeschäfte. 2. bill. (Titel-) Ausg. Bearb. v. e. prakt. Juristen. 8. (XVI, 221 S.) Freiburg i/Br. 878. Schmidt-Vogler. 1. 50; geb. n. 2. —

— dasselbe. Billige Ausg. 8. (XI, 221 S.) Ebend. 881. 1.20; geb. 1. 50

—— **neues**, oder Anleitung zu vorsichtiger Abschließung von Verträgen aller Art, als: Tauschvertrag, Pacht- und Mieth-Vertrag ꝛc., nebst einer gründl. Belehrung über Vornahme anderer Rechtsgeschäfte. Billige Ausg. 8. (XI, 221 S.) Freiburg i. Br. 882, Schmidt-Vogler. ℳ 1,20.; geb.

— **neuestes**, zur selbstständigen Prozeßführung vor den Amts- u. Ortsgerichten. Zum prakt. Gebrauch eingerichtet. Imp.-4. (21 Bl.) Nürnberg 881. Hennings. n. 1. —

Formularbuch, neuestes, zur selbständigen Prozessführung vor den Amts-Ortsgerichten. Esslingen 1883

Formularbuch zu Notariatshandlungen und Urkunden der bayerischen Staatsbürger und Notare. (8 Liefgn.) München 863. Franz. 8. (640 S.) Jede Liefg. 6 ngr

— enth. **Prozeßformulare** f. die Militärstrafgerichtsordng. vom 1. XII. 1898. gr. 8. (VIII, 252 S.) Berlin 900. E. S. Mittler & Sohn. n. 2. 40; kart. n. 2. 70

— dasselbe. (Ausg. f. die Marine.) gr. 8. (VIII, 252 S.) Ebd. 900. Kart. n. 2. 70

Formularbuch enth. Prozeßformulare f. d. Militärstrafgerichtsordnung. München 1900.

Formularbuch zu den Deutschen Reichsgesetzen. 5. Aufl. (480 S) Berlin 1900

Vollständiges Formularbuch des heut. Reichsprocesses. 5 Thle. *Frankfurt.* 760. 4. (1 Thl. 4 Gr.)

Formulare

— 18 liturgische z. zur Vervollständigung u. Bereicherung d. Entwurfs e. Agende für d. evangel.-protestant. Kirche des Großherzogth. Baden. gr. 8. Karlsr. 831. (Winter in Heidelb.) 8 𝒢

Formulare für Akte der freiwilligen Gerichtsbarkeit. Eine Anleitg. zur Berechng. der Kosten u. Stempel, bearb. im Anschlusse an gegebene prakt. Fälle, unter Beifügg. der dabei vorkomm. Verhandlgn. [Aus: „Büreaubl. f. gerichtl. Beamte".] gr. 8. (127 S.) Berlin 889. Nauck & Co. cart. n. 1. 40

Formulare und praktische Anweisung zur schriftlichen Geschäftsführung in allen Fällen des bürgerl. Lebens. Nebst Bemerkk. zu der in vielen Angelegenheiten nöthigen Beobachtt. gesetzl. Vorschriften — über die Anwendung des Stempelpapiers ꝛc. u. einem Anhange von Wort-Erklärungen. 1s Hft. 8. Burg 837. (Magdeburg, Richter.) 1/12 ℛ

Formulare zu anthropologischen Aufnahmen. schmal-Fol. (2 S.) Berlin 893. (D. Reimer.) — 5

Formulare zu Berichten, kurzen Anzeigen, Unterlegungen … Dorpat 1826. V: *Nielsen, Christian Heinrich.* (Ky) (R-N)

Formulare zu Berichten, kurzen Anzeigen, Unterlegungen, Gesuchen u. bei Gericht beizubringenden kurzen Schriften ꝛc. (Von Chr. H. Nielsen.) 8. Dorpat 826.

Formulare zur Beschreibung einer Fabrike überhaupt, und besonders in Böhmen. [Prag 1787.] V: *Mader, Joseph Ritter von.* (WBI.)

Formulare zur Erläuterung der wichtigeren das neue Strafverfahren betreffenden Vorschriften. 2 Hefte. Dresden 856. Meinhold. gr. 8. (44; 44 S.) Jedes Heft 6 ngr

Formulare zur Erläuterung der Civilgerichts-Ordnung … Cöln 1810. H: *Willmanns, B.* (Wa)

Formulare, 533 gerichtliche u. außergerichtliche, Gesuche, Lehr- u. Mietsverträge, Kontrakte, Eingaben, Urkunden f. Handel u. Gewerbe u. s. w. auf Grund der deutschen Reichsgesetze unter Mitwirkg. v. Böhm, Caro, J. Thomse u. a. hrsg. v. Jos. Kürschner. (864 S.) Lex.-8. Berlin (904). H. Hillger. n. 3. 60
Sonderabdruck aus: „Kürschner's Rechtslexikon".

— u. Gebete für Prediger. 8. Stralf., Struck. 16 𝒢

Formulare zu Geschäfts-Aufsätzen. Ausg. A. 3. verb. Aufl. gr. 4. (20 Bl.) Cottbus (901). O. Enke. n. — 20

— dasselbe. Ausg. B. 2. Aufl. gr. 4. (24 Bl.) Ebd. (901). n. — 40

Formulare f. die heiligen Handlungen der evangelisch-lutherischen Kirche. 4. (64 S.) Greiz 871. (Bredt.) n. — 80

Formulare f. Konfirmation u. Trauung, s.: Kirchenbuch f. d. evang. Kirche in Württemberg.

Formulare z. bürgerl. Prozeßordnung; aus d. Franz. des Delaporte übersetzt u. mit Anmerk. u. Verweisungen auf die Gesetze versehen von Markort u. Oldenburg. gr. 8. Hamb. Hoffmann u. Campe. 812. Rthlr.

Formulare des Rechnungs-Abschlusses sammt Beilagen und erläuternden Bemerkungen. 4. (30 S.) Wien: Hof- und Staatsdruckerei 1895.

Formulare, die, des deutsch. Rechtsanwalts. 2. Aufl. Hrsg. v. wirtschaftl. Verband deutscher Rechtsanwälte. (141 S.) 33,5×22,5 cm. Mainz 910. Zentralbuchh. deutsch. Rechtsanwälte. (Nur direkt.) Geb. in Halbleinw. 3. 50

— zu den deutschen Reichsgesetzen. I. Handels- u. Wechselrecht, Börsengesetzgeb., Patent- u. Musterschutz rc., Gewerberecht, Kranken-, Unfall- u. Invalidenversicherg. rc. rc. II. Bürgerliches Recht, Civilprozeß, Konkurs-, Strafrecht, Strafprozeß rc. rc. Bearb. u. hrsg. v. der Red. des Reichsgesetzbuches f. Industrie, Handel u. Gewerbe unter Leitg. v. W. Maraun. 5. erweit. Aufl. 2 Thle. in 1 Bd. gr. 8. (XVI, 184, 278 u. 18 S.) Berlin 900. Bruer & Co. Geb. in Leinw. n. 5. —

—— und Recepttaschenbuch, s. Gräfe, Ed. Ad.

– f. d. hl. Taufe, s. Kirchenbuch f. d. evang. Kirche in Württemberg

— bei d. Taufe u. Privat-Communion, wie auch Collecten vom Tod u. Begräbniß rc. 8. Leipz. 813. (Tauchnitz). 3 Ngr.

— vollständ., des heutigen Reichsprocesses. 5 Thle. 4. Frankf. 760. 1⅓ 4 Ngr.

Formulare wie vom 1. November 1748 an und forthin die Richtigkeit bei den Regimentern zu Fus und zu Pferdt gepflogen werden solle. Fol. Mayland 1749.

(Formulare betr. die Wirksamkeit der Executions-Commission des Königlichen Stadtgerichts zu Berlin. Aus den 1850 --70er Jahren.) [Metallogr.] fol.

— f. Zahlungsbefehle, Klagen u. dergl. (68 S.) 4. Leipzig 905. Roßberg'sche Verlagsbuchh. Kart. n. 3. 50

Formular-Handbuch z. preuß. Prozeß-Ordnung, s. Neigebaur.

Formularheft f. Fach- u. Fortbildungsschulen v. pfälzischen Schulmännern. (87 S.) 4. Kaiserslautern 904. H. Kayser. n.n. — 50

Formularia hungarica matricarum et ex his adornandorum extractuum item lexicon manuale latino-hungaricum et germano-hungaricum nominum baptismalium, dignitatum, officiorum etc. — Formularien zur Einrichtung u. Führung der Kirchen-Matrikeln u. Ertheilung der Kirchenzeugnisse in ungar. Sprache laut §. 7. des Gesetzartikels VI. von 1839—1840. 2 Thle. Latein.-ungar. Theil. — Deutsch-ungar. Theil. 12. (Mit 8 Tab.) Tirnau 843, Wachter. 2/3 ℳ (einzeln jeder Theil 5/12 ℳ)

FORMULARIEN zur Einrichtung und Führung der Kirchen-Matrikeln und Ertheilung der Kirchenzeugnisse in ungarischer Sprache, laut § 7. Gesetzesartikels VI. von 1839-1840. Nebst einem lateinisch-ungarischen und deutsch-ungarischen Hilfswörterbuche für Geistliche, Aerzte etc. enthaltend die Benennung von Krankheiten, Taufnamen, Monaten, Tagen, Militär- und Civil-, Verwaltungs- und Gerichtsstellen, Districten, Kreisen, Bezirken, Stühlen, Militärgrenzländern, Frei- und andern Städten ... Ungarns, Kroatiens, Slavoniens, Siebenbürgens, Dalmatiens u. s. w. Tyrnau 1843: Felix Wachter. 4. 4, 76 S. - 8°

Anonym: „Formularien zur Führung einer wohleingerichteten Haushaltrechnung, nach einer ganz neuen Methode", Wien 1766 (Trattner).

Formularien zur Kenntniß der provisorischen Civil-Prozeßordnung vom 16. Sept. 1852. Hft 2 u. 3. — 8. (S. 121-336). Preßburg, vormals Schmid'sche Buchdruck. 1853. (Példányok az 1852 Szeptember 16kan kibocsátott . . . in Deutscher und Ungarischer Sprache.)

Formularien zur Notariats-Ordnung vom 25. Juli 1871 R.-G.-B. Nr. 75 u. 76 m. dem Anh. der einschläg. Bestimmungen dieses Gesetzes u. e. Auszuge aus dem Stempel- u. Gebührengesetze. Hrsg. vom Vereine der Notare im Königr. Böhmen. gr. 8. (XI, 139 S.) Prag 871. (Dominicus.) n. 2. —

— zur österreichischen Notariatsordnung vom 25. Juli 1871. Entworfen vom Ausschusse d. Vereines der Notare in Oesterreich ob u. unter der Enns u. Salzburg. Zugleich Supplementhft. d. Schimkowsky'schen Handbuches zur neuen österr. Notariatsordng. gr. 8. (72 S.) Wien 871. Manz. n. 1. 20

Formularien civilgerichtlicher Protokolle und Ausfertigungen. Veröffentlicht von dem k. k. Oberlandesgerichte zu Eperies in Folge Beschlusses vom 10. April 1855 Nr. 2911. Leutschau, 1855. Gedr. bei Joh. Werthmüller u. Sohn. (397 S. 1 Bl. 4.)

Formularien civilgerichtlicher Protokolle und Ausfertigungen. Umfassend die Civilproceß-, Concurs- und Wechselordnung u. das Verfahren in Wechselsachen. Veröffentlicht von dem k. k. Oberlandesgerichte zu Eperies. 2. verb. Aufl. Wien 856. Manz. gr. 8. (2 Bl., 591 S.) 2 ℳ

Formularien civilgerichtlicher Protokolle u. Ausfertigungen. Umfassend die Civilprocess-, Concurs- u. Wechselordnung, das Verfahren in Wechselsachen und das Verfahren ausser Streitsachen. Veröffentlicht von dem k. k. Oberlandesgerichte zu Eperies. III. verb. Aufl. *Wien* 1858. Dr. u. Verl. von *Friedr. Manz*. 555 S. 1 Bl. 8°. 3 fl.

Formularien zur Straf-Prozeß-Ordnung vom 17. Jänner 1850. Veröffentlicht von dem k. k. Justiz-Ministerium. 4. brosch. 1 Heft. (VIII und 80 S.) Wien. Aus der k. k. Hof- und Staatsdruckerei. 1850.

Formularien zur Strafprozeß-Ordnung vom 29. Juli 1853 und zu der Instruktion über die innere Amtswirksamkeit und die Geschäftsordnung der Gerichtsbehörden in strafgerichtlichen Angelegenheiten vom 16. Juni 1854. Veröffentlicht von dem k. k. Oberlandesgerichte zu Eperies. Zweite verbesserte Auflage. Wien, 1856. Druck und Verlag von Friedrich Manz. (VIII. 94 S. 8.)

Formularien zur Trauung u. Eheverkündigung. Festgestellt auf Grund d. kirchl. Gesetzes vom 23. Nov. 1875. Anh. zum Kirchenbuch f. die evangel. Kirche in Württemberg. 2. Thl. Handlungen. gr. 8. (47 S.) Stuttgart 876. Belser. geb. m. Goldschn. n. 1. 50

Formularien f. Verträge u. f. Eingaben im nicht streitigen Verfahren. Ein Handbuch f. Advocaten u. Notare. Auf Grundlage des Handbuches v. Jul. Schimkowsky. gr. 8. (III, 622 S.) Wien 902. Manz. n. 9.60; geb. n. 11.60

Formularien z. neuen Civilprozeß-Ordnung, s.: Publikationen d. Verbandes d. rechts- u. staatswissenschaftl. Literatur in Prag.

Formularienbuch für Advokaten und Notare der österreichischen Monarchie. Enthaltend die üblichsten Eingaben und Verträge zum bürgerlichen Gesetzbuche, zur Gerichts- und Concurs- sowie zur Wechselordnung. gr. 8. (IV und 427 S.) Wien 856(57) Manz.

-- zur Executionsordnung. Anh. f. d. Verfachbuchsländer. Hrsg. v. k. k. Justizministerium. gr. 8. (XV, 59 S.) Ebd. 897. n. 1. 32

Formularienbuch zur Civilproceßordnung und Executions-Ordnung. Herausgegeben vom k. k. Justizministerium. Gr.-8. (XXXII, 322 S.) 1.80 Geb. Wien: Manz 1897. 2.30

Formularienbuch zur Civilprozeßordnung u. Executionsordnung. Hrsg. v. k. k. Justizministerium. 3. Abdr. gr. 8. (XXXII, 322 S) Wien 898. (Manz.) n. 3. 60; geb. in Leinw. n. 4. 60

Formularienbuch zur Civilprozeßordnung u. Executionsordnung. Hrsg. vom k. k. Justizministerium. Nachtrag. gr. 8. (X. 84 S.) Wien 899. (Manz.) Kart. n. 1. 40

— dasselbe. 2. Aufl. gr. 8. (XXXVI, 356 S.) Ebd. 902. Geb. in Leinw. n. 5. 20

Formularienbuch zur Zivilprozeßordng. u. Exekutionsordng. Hrsg. v. k. k. Justizministerium. 3. Aufl. (XXXVI, 366 S.) gr. 8. Wien 908. Manz. 3.50; geb. n 4. 50

Formularien-Handbuch für die k. k. Gendarmerie . . . Wien 1870. H: *Gavenda, Ant. Frh. v.* (EB)

Formularien-Handbuch für die k. k. Gendarmerie. Ein Leitfaden zum Verfassen von Dienstschriften über die im Bereiche eines Gendarmerie-Postens am häufigsten vorkommenden Fälle. Mit über 100 Beispielen. Unter Mitwirkung eines k. k. Gendarmerie-Wachtmeisters gesammelt und zusammengestellt. 2. Auflage. kl. 8. Wien 1871.

Formularien-Handbuch zur Verfassung der in der k. k. Armee am häufigsten vorkommenden Rapporte, Eingaben, Tabellen u. dgl. Dienstschriften. Zusammengestellt von einem k. k. Officier. 8. (IV und 120 S.) Wien 864, Markgraf und Müller. *

Formularien-Sammlung zu gerichtlichen protokollarischen Aufnahmen und deren Erledigungen für das Verfahren außer Streitsachen nach dem kaiserl. Patente vom 9. August 1854, Nr. 208 R.-G. Bl., nach dem allgemeinen bürgerl. Gesetzbuche, sowie zu den Vorschriften über die Behandlung alter Depositen und über Amortisirungen. Verfaßt und zusammengestellt von Dr. Gustav Bradatsch. Gr.-8. (178 S.) Wien: Perles 1892. 2.—

Formular-Mappe, f. die ländliche Fortbildungsschule im Anschluß an die Berufs- u. Bürgerkunde. Zusammengestellt nach den Saupe'schen Stoffen. Ausg. C der Bodesohn'schen Formular-Mappe. qu. 8. Wittenberg (906). R. Herrosé. In Mappe n. 1. 20

— für die Berliner Pflichtfortbildungs-Schule (gewerbliche Klassen). Mit Text auf dem Umschlag. gr. 4. Berlin (906). F. Ashelm. n. — 65; f. kaufmänn. Klassen n. — 75

Formules des mutations. Extrait du règlement sur le service de la solde et sur les revues du 25. Déc. 1837. 32. Paris et Strasbourg 838. Levrault. 1/8 ℔

Fornara, J. C. (Hrsg.), s. Wand-Blatt-Kalender, Katholischer, protestantischer . . .

Fornari, M., die Wunder u. Geheimnisse der Geisterwelt. s.: Gallerie, neue, des Uebernatürlichen.

Fornaro, Beschreibung der Ausrüstungsgegenstände der Geschütze, s. Handbuch für schweizer. Artillerie-Offiziere.

[Fornaro, Franz Joseph.] Das Zehnt-Recht der Pfarrherren gegen den Einbruch jakobinischer Partheygänger, vertheidiget von Friedle Wahrsager dem Jüngern. 8. Berg Sinay [St. Gallen] 1795.

Fornaro, M[aria] Clara Isabella. Tagebuch des Klosters Seedorf aus der sogenannten Franzosenzeit, geführt von der ehrw. Chorfrau M. Klara J F.... gewesene ... Abtissin ... des Gotteshauses. [Mit Akten-Beilagen.] kl.-4. (Altdorf 1899.)

Denkschrift an die Ereignisse im Lande Uri vor hundert Jahren. [Nr 5.]

Fornasari, merkwürdige Prophezeihungen auf die Jahre 1855 bis 1874. (Enthüllung höchstwichtiger Geheimnisse. Nach dem italien. Original. 1. u. 2. unveränd. Aufl. Tübingen (855). (Ulm, Nübling.) 16. (31 S.) 2 ngr

Fornasari Edler v. Verce, Andr. J.

— prakt. Anleitung zum Uebersetzen aus d. Deutschen in das Italienische, mit beigefügter Phraseologie. Zur Erlangung der nöthigen Gewandtheit im Style herausg. 2e verm. Aufl. gr. 12. Wien 833. Heubner. 7/8 ℔

— theoret.-prakt. Anleit. zur Erlernung d. italien. Sprache, gr. 8. Wien 815. 2e A. 817. Mit n. T. 819. 3e A. 821. 4e A. 824. 5e A. 827. 6e A. 830. Volke. 1 ℔ 12 gr

— theoret.-praktische Anleitung zur Erlernung der italien. Sprache, in einer neuen u. faßlichern Darstellung der auf ihre richtigen u. einfachsten Grundsätze zurückgeführten Regeln. 7e verm. u. verb. Origin.-Ausg. gr. 8. Wien 834. 9e Origin.-Aufl. 840. Volke. 1 1/2 ℔

— theoret.-pract. Anleitung zur Erlernung der italienischen Sprache in einer neuen u. faßlicheren Darstellung der auf ihre richtigen u. einfachsten Grundsätze zurückgeführten Regeln. 10. neu durchges. u. verb. Aufl. gr. 8. Wien 843, Volke's Buchh. 1 1/2 ℔ — 11. verb. Aufl. gr. 8. Ebend. 845. 1 1/2 ℔

Fornasari-Verce's, A. J. v., theoretisch-praktische Anleitung zur Erlernung der italienischen Sprache in einer neuen und faßlicheren Darstellung der auf ihre richtigen und einfachsten Grundsätze zurückgeführten Regeln. 12—15. Aufl. 1847—52. und 16., nach den besten neueren Grammatikern wesentlich ergänzte und verb., mit einem neuen Lesebuche aus class. Schriftstellern zum Schulgebrauch verseh. Aufl. gr. 8. (VI und 432 S.) Wien 852, Manz.

v. Fornasari-Verce, A. J. Edler, theoret.-prakt. Anleitung zur Erlernung der italien. Sprache in e. neuen u. faßlicheren Darstellung der auf ihre richtigen u. einfachsten Grundsätze zurückgeführten Regeln. 13. Aufl. gr. 8. (VIII u. 469 S.) Wien 848, Volke. — 14. Aufl. gr. 8. (VIII u. 469 S.) Ebd. 850. (Leipzig, Kummer.) — 15. nach den besten neueren Grammatikern wesentlich ergänzte u. verb., m. e. neuen Lesebuche aus class. Schriftstellern zum Schulgebrauch versehene Aufl. gr. 8. (VI u. 432 S.) Wien 852, Volke's Sohn. (Leipzig, Kummer.) n. 1 1/2 ℔ — 16. nach den besten neueren Grammatikern wesentl. ergänzte rc. Aufl. gr. 8. (VI u. 432 S.) Wien 852, Manz. 1 1/2 ℔

Fornasari-Verce's, A. J. v., theoretisch-praktische Anleitung zur Erlernung der italienischen Sprache in einer neuen und faßlicheren Darstellung der auf ihre richtigen und einfachsten Grundsätze zurückgeführten Regeln. 17. Aufl. 854. — 18. Aufl. 855. — 19. mit der 18. gleichlautende Aufl. Wien 857. Manz. gr. 8. (VIII, 447 S.) 1 ℔ 15 ngr

Fornasari-Verce's, A. J. v., theoretisch-praktische Anleitung zur Erlernung der italienischen Sprache in einer neuen und faßlicheren Darstellung der auf ihre richtigen und einfachsten Grundsätze zurückgeführten Regeln. 21. m. der 20. gleichlautende Aufl. Leipzig 862. Wagner. (J. M. Gebhardt.) gr. 8. (VIII, 447 S.) 1 ℔ 15 ngr

v. Fornasari-Verce, A. J., theoretisch-praktische Anleitung zur Erlernung der italienischen Sprache in einer neuen u. faßlichen Darstellung der auf ihre richtigen u. einfachsten Grundsätze zurückgeführten Regeln. 23. Aufl. 867. — 24., mit der 23. gleichlautende Aufl. Leipzig 870. Gebhardt. gr. 8. (VIII, 447 S.) 1 ₰ 15 ngr.

Fornasari-Verce's, A. J. Edler v., theoretisch-praktische Anleitung zur Erlernung der italienischen Sprache in einer neuen und faßlicheren Darstellung der auf ihre richt. und einfachsten Grundsätze zurückgeführten Regeln. 24. und 25. Aufl. 1870,72, und 26. mit der 25. gleichlaut. Aufl. gr. 8. (VIII, 447 S.) Leipzig 875, Gebhardt's Verlag.

Fornasari-Verce's, A. J. v., theoretisch-praktische Anleitung zur Erlernung der italienischen Sprache in einer neuen u. faßlicheren Darstellung der auf ihre richtigen und einfachsten Grundsätze zurückgeführten Regeln. 27., mit der 26. gleichlaut. Aufl. gr. 8. (VIII, 447 S.) Leipzig 881. Gebhardt. 4. 50; geb. n. 5. 10

— Anleit. zum Uebersetzen aus d. Deutschen ins Italienische, mit Phraseologie. 12. Wien 826. Heubner. 16 gl

Fornasari, Nob. di Verci, Andr. J., Anthologia italiana ossia Prose e Poesie tratte da più celebri Autori italiani antichi e moderni etc. II Voll. 8. Wien 827. Heubner. 2 ₰ 12 gl

— gründl. Anweis. zur Erlernung d. italien. Sprache. gr. 8. Wien 809. Wimmer. 1 ₰ 8 gl 2. unveränd. Aufl. gr. 8. Ebd. 821. 1 ₰ 8 gl

—— Auswahl deutscher und italienischer Handelsbriefe, aufs Vollständigste, erstere mit untergelegter italienischer, letztere dagegen mit deutscher Phraseologie, und im Anhang mit einem deutsch-italien. kaufmänn. Wörterbuche versehen. Ein Lehr- und Hilfsbuch zur prakt. Einübung des italien., so wie für Italiener des deutschen Handels-Geschäftsstyles und der betr. techn. Terminologie. Für Handelsbeflissene überhaupt, und mit besond. Rücksicht auf Real- und Handels-Schulen. gr. 8. (XIV und 373 S.) Wien 861, Gerold's Sohn. *

—— Auswahl deutscher u. ital. Justiz- u. polit. Verordn., Decrete rc., zur pract. Einübung d. ital. Geschäftssprache u. d. Styls, mit e. Anh. d. deutschen u. ital. Benennung d. k. k. Behörden u. Dienststufen. gr. 12. (18 B.) Wien 829, Heubner.

— Auswahl italienischer Prosa aus der neuesten Literatur. Für Anfänger jedes Alters, als italien. Leseübung f. Deutsche, u. als Uebersetzungsübung ins Deutsche f. Italiener, nebst Bezeichnung der Betonung rc. 2. Aufl. gr. 8. (VIII u. 177 S.) Wien 852, Lechner. n. 28 ngr

— Corso teorico-pratico della lingua Tedesca. Part. I. gr. 8. Wien 824, Heubner.

v. Fornasari-Verce, Andr. J., Corso teoretico-pratico della lingua tedesca, seguito da un trattato sulla versificazione nonché da una storia concisa della letteratura tedesca. Ediz. II., rifusa et accresciuta. 8maj. (Mit 2 Blätt. Vorschriften.) Vienna 837. Volke. $1^1/_2$ ₰

— Cours théoret. et pratique de la langue Italienne. Part. I. 2e Ausg. gr. 8. Wien 826, Volke.

—— Cours théoret. et prat. de la langue italienne, simplifiée et réduite à ses vrais principes. 3. édit. orig. gr. in-8. (21 B.) Vienne 835, Volke.

Fornasari-Verce, A. J. de, cours théorique et pratique de la langue italienne, simplifiée et réduite à ses vrais principes. 4. édit rev. et corrigée. gr. in-8. ($24^1/_2$ B.) Wien 843. Volke's Buchh.

—— Cours théorique et pratique de la langue italienne, simplifiée et reduite à ses vrais principes. 5. Edition, revue et corrigée. 2 Livr. gr. 8. (1. Livr. S. 1—256.) Vienne 852(53,) Manz.

Fornasari-Verce, A. J. de, cours théorique et pratique de la langue italienne, simplifiée et réduite à ses vrais principes. 8. éd. gr. 8. (VIII, 892 S.) Leipzig 884. Gebhardt. n. 4. 80

Fornasari, Nob. di Verce, Andr. J., nouvelle Grammaire, ou Cours théorique et pratique de la langue italienne, simplifiée et reduite à ses vrais principes suivi d'un traité de la Poésie italienne. II Part. gr. 8. Wien 820. 2e Aufl. 826. Volke. 2 ₰ (vergl. *Filippi*, le n. maître italien.)

—— Grammatica teorico-pratica della lingua tedesca. Edizione 3., rifusa e migliorata. gr. 8. (IV und 484 S.) Vienna 851(52,) Tendler und Comp.

—— Grammatica teorico-pratica della lingua tedesca. Edizione IV., rifusa e migliorata. gr. 8. (XII und 420 S.) Vienna 856(57,) Lechner's Universitäts-Buchh. *

— rationelle theoretisch-praktische Grammatik zum Unterricht in der italienischen Sprache. Mit sehr zweckfördernden rc. ganz neu eingereiheten italienischen mnemonischen Uebungen und einschlägigen Interlinear-Uebersetzungs-Aufgaben. Zum Schul- u. Selbstunterricht herausg. 5. Aufl. 857. — 6. u. 7. ganz umgearb. rc. Aufl. des „prakt. Cursus." Wien 858. Lechner. gr. 8. (XVI, 528 S.) n. 1 ₰ 10 ngr

rationelle theoretisch-praktische Grammatik zum Unterrichte in der italienischen Sprache. Mit sehr zweckfördernden, nach jedem Abschnitte der neubegründeten vereinfachten Regellehre, zur Veranschaulichung ihrer praktischen Anwendung, ganz neu eingereihten italienischen mnemonischen Uebungen und einschlägigen Interlinear-Uebersetzungs Aufgaben. Zum Schul- und Selbstunterrichte herausg. 8. ganz umgearb. u. verm. Aufl. des „praktischen Cursus." Wien 863. Lechner. gr. 8. (XV, 528 S.) n. 1 ₰ 10 ngr

— rationelle theoretisch praktische Grammatik zum Unterrichte in der italienischen Sprache. Mit sehr zweckfördernden, nach jedem Abschnitte der neubegründeten, vereinfachten Regellehre, zur Veranschaulichung ihrer prakt. Anwendung, ganz neu eingereihten italien. mnemonischen Uebungen u. einschlägigen Interlinear-Uebersetzungs-Aufgaben. Zum Schul- u. Selbstunterrichte herausg. 9. ganz umgearb. u. verm. Aufl. des „praktischen Cursus". Wien 866. Lechner. gr. 8. (XVI, 528 S.) n. 1 ₰ 10 ngr

—— vollständige, rationelle, theoretisch-praktische Grammatik der italienischen Sprache. Zum Schul- und Selbstunterricht hrsg. 5., umgearb. und mit vielen mnemotechn. Uebungen verm. Aufl. (In 2 Lfgn.) gr. 8. (1. Lfg. S. 1—368.) Wien 856, Lechner's Universitäts-Buchh. *

— prakt. Cursus zum ersten Unterricht in d. italien. Sprache für Anfänger. Nach einer eigenen ganz neuen sehr faßl. prakt. Methode bearb. gr. 8. Wien 831. Heubner. 1 ₰ 4 gl

v. Fornasari-Verce, A. J. Edl., practischer Cursus zum Unterricht in der italienischen Sprache für Anfänger. Eine pract. Grammatik mit Interlinear-Uebersetzungsübungen, nach einer eigenen, ganz neuen, die Erlernung der Sprache besonders erleichternden Methode, gemeinfaßlich für Studirende u. Nichtstudirte bearb. 3. durchaus umgearb. u. verm. Orig.-Ausg. gr. 8. Wien 840, Heubner. $1^1/_6$ ₰

—— theoretisch-praktischer Leitfaden zur Erlernung der italienischen Sprache, nach einer ganz neuen und faßlichen Methode für jedes Alter bearb. gr. 8. (IV und 288 S.) Wien 855, Seidel.

— italienisches Lesebuch für Anfänger u. Selbstlernende. Enthltd. interessante Prosastücke jeder Art: Briefe, Beschreibungen, histor. Fest Schilderungen rc. Zum Schul- u. Privatgebrauch herausg. 3. Aufl. Ebend. 866. gr. 8. (VII, 232 S.) 27 ngr

— italien. Leseübungen für Anfänger jedes Alters. 2 Bdchn. gr. 12. Wien 839. Tendler u. Schäfer. $1^3/_8$ ₰

— Letture Italiane compilate per esercizio di traduzione dall' Italiano in Tedesco. — Italienische Leseübungen für Anfänger jedes Alters. gr. 12. Vienna 844, Tendler et Schaefer. 1/2 ₰

— novelle scelte dei più celebri scrittori italiani. Illustrate con notizie alla vita ed alle opere de' medesimi e con brevi note e spiegazioni tedesche etc. 12. Wien 818. Volke. 1 ₰ 4 gr.

— Teatro scelto dei varj autori moderni ad uso degli studiosi della lingua italiana. 12. Wien 818. Volke. 20 gr.

—— kleine italienische Schulgrammatik. Mit eigenen, nach jedem theoret. Abschnitte eingereihten italien. Gedächtniß-Uebungen und einschlägigen Interlinear-Uebersetzungs-Aufgaben. Mit besond. Rücksicht auf Real- und Handelsschulen hrsg. gr. 8. (VIII und 248 S.) Wien 857, Lechner's Universitäts-Buchh. *

— kleine italienische Schulgrammatik. Mit eigenen, nach jedem theoretischen Abschnitte eingereihten italienischen Gedächtniß-Uebungen und einschlägigen Interlinear-Uebersetzungs-Aufgaben. Mit besonderer Rücksicht auf Real- und Handelsschulen herausg. 2. verb. Aufl. Ebend. 864. gr. 8. (VIII, 248 S.) 27 ngr.

— kleine italienische Schulgrammatik. Mit eigenen, nach jedem theoret. Abschnitte eingereihten italien. Gedächtniß-Uebgn. u. einschläg. Interlinear-Uebersetzungsaufgaben. Mit besond. Rücksicht auf Real- u. Handelsschulen. 3. Aufl. gr. 8. (1. Lfg. 48 S.) Wien 875. Lechner's Verl. n. 2. 70

— Supplimento Pratico della Grammatica italiano-tedesca e italiano-francese. A. u. d. T.: Dialoghi italiani all' uso delle scuole delle persone che si servono dell' una o dell' altra edizione della Grammatica di Fornasari-Verce. Composti dal Giov. Kgghensteino. gr. 8. Dresden et Leipzig 833. Arnold. 5/8 ₰

— prakt. Uebungen zum Uebersetzen aus d. Deutschen ins Italienische. 1e Abthl. enthalt. d. Neugierige, ein Lustspiel von d. Madame de Genlis. 12. Wien 821. Volke. 12 gr.

— Uebungsstücke zum Uebersetzen aus dem Deutschen in das Italienische, bestehend in einem Lustspiele, geschichtlichen Anekdoten, Charakterzüge 2c. mit beigefügter vollständiger italienischer Phraseologie, um den Uebergang von der Grammatik zum Styl zu vermitteln. 5. Aufl. Wien 864. Gerold. 8. (VIII, 195 S.) n. 24 ngr.

— Uibungen zum Uibersetzen aus dem Deutschen in das Italienische, mit vollständ. Phraseologie. 3. verm. Aufl. 12. Wien 846. Heubner. n. 1 ₰

—— Uibungen zum Uibersetzen aus dem Deutschen in das Italienische, mit vollständ. Phraseologie. 3., verm. Aufl. 12. (VIII und 369 S.) Wien 847, Heubner's Verlag. *

Fornasari Edler v. Verce, J., die Befestigungen im französisch-italienischen Grenzgebiete. Nach bisher veröffentlichten Quellen. [Aus: „Mitthoilgn. üb. Gegenstände d. Artillerie- u. Geniowesens".] gr. 8. (34 S. m. 3 Taf.) Wien 889. (v. Waldheim.) n. 1. 60

Fornasari Edler v. Verce, Laur., theoret.-prakt. Anleitung zu Stil-Uebungen in der italien. Sprache. Ein Leitfaden für Sprachbeflissene, welche die Regeln der Grammatik bereits inne haben, u. sich mit dem Geiste der italien. Sprache näher vertraut machen wollen. Zusammengestellt u. systematisch geordnet. 8. (230 S.) Wien 850, Pichler's Wwe. 1/2 ₰

— Italienische Conversations-Grammatik f. Deutsche. Nach e. originellen u. faßlichen Methode bearb. gr. 8. (IV u. 416 S.) Wien 852, Seidel. 1 ₰ 3 ngr.

Fornasari, Edler v. Verce, Laurenz, die Kunst, die italien. Sprache schnell zu erlernen, s. a. Kunst, die, der Polyglottie.

Fornasari, Laurenz, Die Kunst, die italienische Sprache schnell zu erlernen. Kurzgefaßte, theoretisch-praktische Anleitung, die italienische Sprache in kürzester Zeit durch Selbstunterricht sich anzueignen. Zweite, verbesserte und vermehrte Auflage. 8. (VIII, 190 S.) Geb. (Bibliothek der Sprachenkunde. Band 3. 2. Auflage.) 1.10
Wien: Hartleben 1887

Fornasari, Laurenz, Edler von Verce, Die Kunst, die italienische Sprache schnell zu erlernen. Kurzgefaßte theoretisch-praktische Anleitung, die italienische Sprache in kürzester Zeit durch Selbstunterricht sich anzueignen. Mit zahlreichen Uebungsaufgaben, Beispielen unter den Regeln, italienischen Lesestücken mit deutschen Erklärungsworten und einem reichhaltigen Wörterverzeichniß Vierte, verbesserte und vermehrte Auflage. 8 (VIII, 190 S.) Geb. [Bibliothek der Sprachenkunde. 3. Theil. 4. Aufl.] Wien: Hartleben 1893. 1.10

Fornasari, Laurenz Edler von Verce, Die Kunst, die italienische Sprache schnell zu erlernen. Kurzgefaßte, theoretisch praktische Anleitung, die italienische Sprache in kürzester Zeit durch Selbstunterricht sich anzueignen. Mit zahlreichen Übungsaufgaben, Beispielen unter den Regeln, italienische Lesestücken mit deutschen Erklärungsnoten und einem reichhaltigen Wörterverzeichniß. 5., verbesserte und vermehrte Auflage. 8. (VIII und 190 S.) Geb. (Bibliothek der Sprachenkunde. 3. Theil. 5. Auflage) Wien: Hartleben 1895. 1.10

Fornasari, Laurenz, Edler von Verce. Die Kunst, die italienische Sprache schnell zu erlernen. Kurzgefaßte theoretisch-praktische Anleitung, die italienische Sprache in kürzester Zeit durch Selbstunterricht sich anzueignen. Mit zahlreichen Uebungsaufgaben, Beispielen unter den Regeln, italienischen Lesestücken mit deutschen Erklärungsnoten und einem reichhaltigen Wörterverzeichniß. Sechste, verbesserte und vermehrte Auflage. 8. (VIII, 190 S.) [Bibliothek der Sprachenkunde, 3. Theil, 6. Auflage.] Gebunden Wien: Hartleben 1897. 1.10

FORNASARI Edler von Verce, Laurenz
Die Kunst, die italienische Sprache schnell zu erlernen. Kurzgefasste theoretisch-praktische Anleitung, die italienische Sprache in kürzester Zeit durch Selbstunterricht sich anzueignen. Mit zahlreichen Uebungsaufgaben, Beispielen unter den Regeln, italienischen Lesestücken mit deutschen Erklärungsnoten und einem reichhaltigen Wörterverzeichnis. Von Laurenz Fornasari Edlen von Verce. 7., verbesserte und vermehrte Auflage. Wien. Pest. Leipzig. [1901.] Hartleben. 8°. VIII, 190 S. Geb. K 2.20

Fornasari, L. Edler von Verce, Die Kunst, die italienische Sprache schnell zu erlernen. 8. Aufl. [Die Kunst der Polyglottie. 3. Teil.] 8°. (VIII, 190 S.) Wien: Hartleben 1907. geb. K 2.20

—— pract. Cursus z. ersten Unterr. in d. ital. Sprache f. Anfänger. Nach e. eigenen, ganz neuen sehr faßl. pract. Methode bearb. 1., u. 2. Aufl. (à 25 B.) Wien 831, 35, Heubner. à

Fornasari Edler v. Verce, Laurenz. Praktisches Lehrbuch der italienischen Sprache, s. a. Kunst, die, der Polyglottie.

Fornasari, Laurenz, Praktisches Lehrbuch der Italienischen Sprache für den Selbstunterricht. Kurzgefaßte theoretisch-praktische Anleitung, die Italienische Sprache in kürzester Zeit durch Selbstunterricht sich anzueignen. Mit zahlreichen Uebungs-Aufgaben, Beispielen unter den Regeln, italienischen Lesestücken mit deutschen Erklärungsnoten und einem reichhaltigen Wörterverzeichniß. Dritte, verbesserte und vermehrte Auflage. 8. (VIII, 190 S.) [Bibliothek der Sprachenkunde. 3. Theil. Dritte Auflage.] Geb. 1.10
Wien: Hartleben 1891.

Fornasari v. Verce, Laurenz, theoretisch-praktischer Leitfaden zur Erlernung der italienischen Sprache, nach einer ganz neuen und faßlichen Methode für jedes Alter bearb. Wien 855 Seidel. gr. 8. (IV, 288 S.) 24 ngr

Fornasari v. Verce, Laur., theoretisch-praktischer Leitfaden zur Erlernung der italienischen Sprache, nach einer neuen und leichtfaßlichen Methode für jedes Alter bearb. 2., verm. Aufl. Wien 861. Seidel & Sohn. gr. 8. (XXIV, 311 S.) n. 1 ℛ

v. Fornasari-Verce, Laur., theoretisch-praktischer Leitfaden zur Erlernung der italienischen Sprache, nach e. neuen u. leichtfaßlichen Methode für jedes Alter bearb. 3., verb. u. verm. Aufl. Wien 867. Seidel & S. gr. 8. (XVI, 353 S.) n. 1 ℛ

Fornasari Edler v. Verce, Laurenz, theoretisch-praktischer Leitfaden zur Erlernung der italienischen Sprache, nach e. neuen u. leichtfaßl. Methode f. jedes Alter. 4. verb. u. verm. Aufl. 1. Hft. gr. 8. (XVI, 160 S.) Wien 872. Seidel & Sohn. n. 3. 60

Fornasari Edler v. Verce, Laurenz, theoretisch-praktischer Leitfaden zur Erlernung der italienischen Sprache, nach einer neuen und leichtfaßl. Methode für jedes Alter. 4. verb. und verm. Aufl. 1. Heft. gr. 8. (XVI, 160 S.) Wien 878, Seidel und Sohn. *

Fornaschon, Herm., kritische Betrachtung der Irrlichterfrage. gr. 8. (60 S.) Güstrow 899. (Opitz & Co.) n. 1. 50
Sonderabdruck aus: „Archiv d. Ver. d. Naturgesch. in Meckl."

Fornaschon, üb. Irrlichter. [Aus: „Archiv des Vereins der Freunde der Naturgeschichte in Meckl."] gr. 8. (8 S.) Güstrow 893. (Opitz & Co.) n. — 20

— in Pflicht u. Recht begründete Forderungen der deutschen Volksschule am Morgen des 20. Jahrh. gr. 8. (23 S.) Lübeck 901. Lübcke & Nöhring. n. — 40

Forndrans Schicksale; e. Roman auf uns. Zeiten berechnet. 2 Thle. 8. Eisenach, Wittekind. 799.

Fornenberg, Johannes van (Haag/Holland), De jure dotium. Disp. jur. Rector Anton Schulting. o. O., 2. XI. 1717. 20 S. (4.50) 9219

Forner, Franz Albert, aus Ostrowo b. Inowrazlaw, Assistenzarzt bei d. Kadettenhause in Köslin: **Beiträge zur Kenntnis der Involution der fibromuskulären Uterusschicht im Puerperium.** *Berlin (1904): G. Schade.* (27 S.) 8°
Berlin, Med. Diss. v. 5. Aug. 1904

[F.] Geschichte des Kalvarienberges zu Tölz u. der Eremiten-Kongregation im Bistum Freising. Aus Urkunden zsgest. u. bearb. v. Michael Forner. ... (In 3 Lfgn.) *Tölz: Selbstv.: in Komm. bei J. Dewitz 1897.* (4 Bl., 222 S.) 1 Bd 8.

Fornerod, A. [cand. med. aus Zurich]: Beiträge über Typhlitis, Perityphlitis und ihre operative Behandlung. . . . Würzburg, J. M. Richter's Buchdr., 1869; 32 S. 8°
Würzburg, Med. Fak., Inaug.-Diss. v. 1869

Fornerod, Constant s. Preiswerk, Samuel I, und Fornerod, Constant.

Fornerod-Stadler, A., über die Konstruction der Geschütz-Röhren. Eine Studie aus dem Franz. übers. gr. 8. (44 S.) Frauenfeld 880. (Huber.) n. 1. 20

Fornet, Arthur, aus Berlin: Beitrag zur Chemie der Stilbenderivate. Berlin 1908. VI + 47 S. 8°. [28. XII. 08.]
Zürich Phil. Diss. II. S. 1908/09.

Fornet, Jos., kurze Aeußerung über d. entehrenden Kunstgriffe d. Verf. des Beitrags zur Berichtigung d. Urtheile über d. Tanz. 8. Leutschau 797.

— vom Tanz, nach d. Sinne d. Lehre Jesu Christi, mit e. Anhang: Kann auch e. treuer Diener Christi Tanz-Gesellschaften beiwohnen? 8. Leutschau 796.

Fornet, Julius (geb. Berlin 22. 1. 1847): Beitrag zur Therapie des Starrkrampfs. Berlin (1869). (32 S.) 8°
Berlin, Med. Diss. v. 12. Aug. 1869

Fornet, W., der Biograph. Kurze aus Quellen geschöpfte Darstellung der Bildungsgeschichte u. des Lebens solcher Personen aller Zeiten u. Länder, welche sich um Wissenschaft, Kunst, Literatur, Industrie u. Leben überhaupt verdient gemacht haben. Ein Volks- u. Lesebuch. gr. 8. Berlin 845, Rubach. ½ ℛ

Fornet, Walther (Eduard. Wilh.) (geb. Berlin 20. 4. 1844): Exponitur an et quatenus post delictum consummatum poenitentia quae dicitur efficax impunitati locum det, tam secundum jus commune quam secundum leges in singulis Germaniae civitatibus latas. Berolini (1867). (VIII, 103 S.) 8°
Berlin, Jur. Diss. v. 14. Dez. 1867

Fornet, Walther, exponitur, an et quatenus post delictum consummatum poenitentia quae dicitur efficax impunitati locum det, tam secundum jus commune, quam secundum leges in singulis Germaniae civitatibus latas. Dissert. inaug. Berlin 868. (Weber & Co.) gr. 8. (VIII, 101 S.) n. 10 ngr.

Fornet, Walter, aus Friedrichsberg b. Berlin, Unterarzt beim 5. Bad. Inf.-Reg. No 113 Freiburg: **Über Cardoldermatitis.** *Berlin (1903): G. Schade.* (30 S.) 8° ¶ (Erschien im Auszuge in: Archiv f. Dermatol. u. Syphilis, Bd 60, H. 2.)
Berlin, Med. Diss. v. 6. März 1903

Fornet, Wilh., Deutsches Lesebuch in Biographien. 2. Aufl. (Titel-Ausg. des 1845 erschienenen: „Der Biograph.") Mit dem Portr. Gideons v. Laudon (in Stahlst.) gr. 8. (138 S.) Leipzig 851, Baensch. n. ⅓ ℛ

Fornet, W., allgemeine Weltgeschichte für Töchter gebildeter Stände. Ein Leitfaden zum Gebrauche in Schulen und zum Selbst-Unterrichte. gr. 8. Berl. 840. Rubach. ⅔ ℛ — dass. mit 2 Kpfrn., auf weiß Druckpapier u. gebunden 1⅓ ℛ

— allgem. Weltgeschichte f. Töchter. (Neue Titel-Ausg.) 8. (X u. 249 S. m. 2 Kpfrn.) Ebd. (829) 849. 1 ℛ

Forni, Masuch u. Kuh, Zeitschrift f. gutsherrl.-bäuerl. Verhältnisse, s. Zeitschrift.

Forni, Peter Graf, Panorama v. der Kaiser-Warte bei Bruneck (Tirol). Geometrisch aufgenommen u. gezeichnet. Seehöhe 1023 M. Radius 0,283 M. Bestimmungen nach der Generalstabskarte (1 : 75,000). 24,5×200 cm. Steindr. Mit 1 Bl. Text. gr. 8. Bruneck 893. (W. Voigt.) n. 1. 50

Fornici, J., Institutiones liturgicae quas ad usum seminarii romani digessit. Editio nova in usum clericorum et seminariorum clericalium cui plurimae accesserunt notae, ex probatis auctoribus desumptae. III Fasc. 8. (Fasc. I et II. X und 280 S.) Monasterii 853, Cazin. *

Fornsee, Heinrich Ritter Wawra v. (Red.), s. Gartenzeitung, Wiener illustrirte.

Fornsögur. Vatnsdælasaga, Hallfredarsaga, Flóamannasaga. Herausg. von Gudbrandr Vigfússon und Thdr. Möbius. Leipzig 860. Hinrichs. gr.8. (XXXII, 239 S.) n.1 ₰ 20 ngr.

FSC
www.fsc.org
MIX
Papier | Fördert gute Waldnutzung
FSC® C083411

Kolibri 360 GmbH
Ferdinand-Jühlke-Straße 7
99095 Erfurt, Deutschland
produktsicherheit@kolibri360.de